- 총 32회분 기출문제 수록
- 문제 바로 아래 해설, 페이지 하단에 정답 제시하여
- 빠른 학습 가능

양재호의 도시계획기사 기출편

공학박사 양재호 지음

- 2012년 기출문제 + 정답 및 상세해설
- 2014년 기출문제 + 정답 및 상세해설
- 2016년 기출문제 + 정답 및 상세해설
- 2018년 기출문제 + 정답 및 상세해설
- 2020년 기출문제 + 정답 및 상세해설
- 2022년 1, 2회 기출문제 + 정답 및 상세해설
- 2013년 기출문제 + 정답 및 상세해설
- 2015년 기출문제 + 정답 및 상세해설
- 2017년 기출문제 + 정답 및 상세해설
- 2019년 기출문제 + 정답 및 상세해설
- 2021년 기출문제 + 정답 및 상세해설

동영상 강의
TransEdu www.transedu.net

인터넷 카페
NAVER 도시교통인의모임 검색

동영상 강의

인터넷 카페

TranBooks

양재호의 도시계획기사 기출편은 아래와 같은 특징을 가지고 있습니다.

◉ 최근 11개년 공개된 기출문제 총망라
2012년부터 2022년 2회까지 총 33회차 3,300문항에 이르는 문제들을 회차별로 정리하였고 상세한 해설을 달아 이론편에서 학습한 내용을 점검하고 보완할 수 있도록 하였습니다.

◉ 문제 + 해설로 재편집
기존 문제 따로, 해설 따로 구분된 편집 방식이 학습하기 불편하다는 수험생들의 의견을 적극 수렴하여 각 문제 바로 밑에 해설을 넣고, 페이지 하단에 답안을 넣어 즉각적인 학습이 가능하도록 재편집하였습니다. 수험생 여러분의 보다 쉬운 학습에 도움이 되리라 확신합니다. 앞으로도 수험생 여러분의 의견에 지속적으로 귀 기울여 수험생 친화적인 교재로 발전해 나갈 것을 약속드립니다.

◉ 동영상강의 선택 가능
트랜스에듀 도시계획기사 동영상강의를 통해 대한민국 유일의 양재호 박사 저자 직강 강의를 수강하실 수 있습니다. 동영상강의는 본 교재를 기초로 하여 촬영된 것이므로 전체적으로 강의를 수강한 후 학습을 진행하시면 획기적으로 빠르고 쉽게 자격증을 취득하실 수 있을 것입니다.
http://transedu.net

◉ 커뮤니티 카페 운영
네이버 카페 " 도시교통인의모임"에서 교재의 최신 정오표도 올려드리고, 궁금한 문제를 올려 회원간 질의 응답 및 토의를 진행하고 있습니다. 학습에 큰 도움이 되시리라 믿습니다.
https://cafe.naver.com/trafficengineer

이러한 과정들을 통해 보다 정확도 높고 쉽게 이해할 수 있는 교재로 거듭나게 됨을 기쁘게 생각합니다. 본 교재와 도시계획기사 이론편의 병행 활용을 통해 수험생 여러분의 학습시간 절약과 함께 합격 확률을 급격히 높이게 될 수 있으리라 확신합니다.
아무쪼록 양재호의 도시계획기사 교재를 학습하시는 모든 분들께 합격의 영광이 함께하시기를 간절히 기원드립니다. 감사합니다.

공학박사 양재호 드림

저자의 글

  이번 도시계획기사 최신판은 그 동안 느꼈던 부족한 부분을 대폭 보완, 수정하여 출간하게 되었습니다. 보다 자세하고 정교한 내용으로 수험생 여러분께 도움을 드릴 수 있게 되어 기쁘게 생각합니다.

  이번 최신판은 그 동안 발견된 오류를 모두 수정하고, 최신 기출문제를 반영함으로써 수험생 여러분들이 보다 쉽게 합격하실 수 있도록 성심껏 준비한 야심작입니다.

  이 책이 나오기까지 도움을 주신 분들이 많습니다. 책 출간의 순간까지 함께 고민하고 애써주신 트랜북스 출판사 관계자 여러분께 진심으로 감사의 말씀을 드립니다.

저자 양재호

머리말

도시계획기사는 도시계획이나 도시공학을 공부한 4년제 대학의 학생이라면 가지고 있는 것이 당연하게 느껴질 만큼 그 필요성을 인정받고 있는 자격증입니다. 이러한 연유로 도시계획분야 취업 시 도시계획기사는 가히 절대적인 조건이자, 가산점 부여의 혜택을 받을 수 있는 기본적인 요건이기도 합니다.

이렇게 중요한 도시계획기사 자격증을 보다 쉽고 빠르게 취득할 수 있는 방법을 고민하여 출간된 교재가 바로 이 책, 양재호의 도시계획기사가 되겠습니다.

도시계획기사

자격시험 안내

- 자격명 : 도시계획기사
- 관련부처 : 국토교통부
- 영문명 : Engineer Urban Planning
- 시행기관 : 한국산업인력공단

2025년 시험일정

등급	회별	필기시험			실기(면접)시험		
		원서접수 인터넷	시험 시행	합격 (예정)자 발표	원서접수 인터넷	시험 시행	합격자 발표
도시 계획 기사	제1회	1.13~1.16 빈자리접수 : 2.1~2.2	2.07 ~3.04	3.12	3.24~3.27 빈자리접수 : 4.13~4.14	4.19~5.09	06.13
	제2회	4.14~4.17 빈자리접수 : 5.4~5.5	5.10 ~5.30	6.11	6.23~6.26 빈자리접수 : 7.13~7.14	7.19~8.06	09.12
	제3회	7.21~7.24 빈자리접수 : 8.03~8.04	8.9 ~9.01	9.10	9.22~9.25	11.1~11.21	12.24

※ 원서접수시간은 원서접수 첫날 09:00부터 마지막 날 18:00까지임.
※ 필기시험 합격예정자 및 최종합격자 발표시간은 해당 발표일 09:00임.
※ 시험 일정은 종목별, 지역별로 상이할수 있음
  [접수 일정 전에 공지되는해당 회별 수험자 안내(Q-net 공지사항 게시)] 참조 필수

시험수수료

- 필기 : 19,400원
- 실기 : 25,700원

출제경향 : 필답형 실기시험

도시계획, 도시재개발계획, 특정지역계획 등 국토의 효율적인 개발을 위한 계획 수립 및 집행과정에 필요한 사회적/물리적 여건에 대한 예측을 통하여 원활한 기능 수행이 가능한 각종 시설의 배치계획을 수립하고 이를 기호화/가시화하여 도면화 작업을 수행하는 능력을 평가

1. 출제기준 : 필기출제기준·실기출제기준 참고
2. 취득방법
   ① 시행처 : 한국산업인력공단
   ② 관련학과 : 대학 및 전문대학의 도시계획학, 도시공학, 도시 및 지역계획학, 환경공학,
                토목공학, 건축공학 관련학과
   ③ 시험과목
     - 필기 : 1. 도시계획론 2. 도시설계 및 단지계획 3. 도시개발론 4. 국토 및 지역계획 5. 도시계획관계법규
     - 실기 : 도시계획 실무

도시계획기사

④ 검정방법
- 필기 : 객관식 4지 택일형, 과목당 20문항(과목당 30분)
- 실기 : 작업형(4시간 정도)
- ※ 제1과제(내용:인구추정 등/1시간)와 제2과제(내용:도면작성/3시간)로 구분하여 1일에 연속적으로 시행

⑤ 합격기준
- 필기 : 100점을 만점으로 하여 과목당 40점 이상, 전 과목 평균 60점 이상
- 실기 : 100점을 만점으로 하여 60점 이상

기본정보

개요
균형 있는 국토발전을 위하여 한 도시 또는 한 도시와 연결된 일정 범위 내지 권역을 대상으로 하여 하천이나 산악, 자원분배 정도에 따른 지역을 설정하여 자원의 효율적인 이용을 극대화할 수 있는 전문인력의 필요성 대두.

변천과정

1974.10.16. 대통령령 제7283호	1987.07.01. 대통령령 제12195호	1998.05.09. 대통령령 제15794호 ~ 현재
지역 및 도시계획기사1급	도시계획기사 1급	도시계획기사

수행직무
도시계획, 도시재개발계획, 특정지역계획 등 국토의 효율적인 개발을 위한 계획수립 과 그 집행 과정에 참여. - 인구, 경제, 물리적 시설, 토지이용, 집행관리 등을 포함하여 각종 예측기법을 통해 미래의 인구규모, 경제적 여건 등을 예측하고 이를 토대로 원활한 기능수행이 가능 한 각종 시설의 배치계획을 수립하고 이를 가시화하기 위하여 도면에 계획내용을 나타내는 업무 수행.

실시기관 홈페이지
http://www.q-net.or.kr

실시기관명
한국산업인력공단

도시계획기사

진로와 전망

- 정부 기관, 지방자치단체의 도시계획직/교통직 공무원, 정부투자기관, 민간 건설 회사로 진출할 수 있다. 과거 정부 주도로 이루어졌던 대규모 개발사업, 개발에 따른 환경/사회 문제 해결 등을 위해 고용이 증가하는 요인이 있었으나, 기존 개발방식의 한계 및 높은 도시화율, 도시개발 트렌드 변화, 인구 및 사회구성 변화, 건설경기 변동 등에 의해 앞으로는 일정한 고용 수준을 유지할 것으로 보인다.

검정현황

연도	필기			실기		
	응시	합격	합격률(%)	응시	합격	합격률(%)
2024	2,507	1,454	58.0	1,840	843	45.8
2023	2,388	1,491	62.4	1,808	873	48.3
2022	2,167	1,366	63.0	1,860	587	31.6
2021	2,384	1,272	53.4	1,708	787	46.1
2020	1,952	1,192	61.1	2,003	539	26.9
2019	2,180	1,251	57.4	1,958	407	20.8
2018	2,078	1,062	51.1	1,687	475	28.2
2017	1,940	946	48.8	1,241	431	34.7
2016	1,689	867	51.3	1,074	523	48.7
2015	1,641	867	48.9	1,043	457	43.8
2014	1,587	736	46.4	1,102	478	43.4
2013	1,639	1,057	64.5	1,355	607	44.8
2012	1,866	1,036	55.5	1,587	635	40
2011	2,232	1,280	57.3	2,199	276	12.6
2010	2,651	1,475	55.6	3,224	655	20.3
2009	3,136	1,819	58.0	3,008	345	11.5
2008	3,370	1,189	35.3	2,229	579	26
2007	3,134	1,407	44.9	2,809	695	24.7
2006	3,493	1,238	35.4	1,805	590	32.7
2005	2,578	684	26.5	1,335	387	29
2004	1,802	640	35.5	1,132	317	28
2003	1,466	398	27.1	621	77	12.4
2002	997	200	20.1	423	93	22
2001	1,032	231	22.4	522	48	9.2
1977~2000	19,526	7,243	37.1	9,449	2,33	23.6
소계	71,435	32,337	45.3	49,022	13,937	28.4

도시계획기사

필기시험 원서접수
- 접수기간 내에 인터넷을 이용하여 원서접수
- 큐넷 비회원의 경우 우선 회원가입(필히 사진등록)
- 지역에 상관없이 원하는 시험장 선택 가능

수험사항 통보
- 수험일시와 장소는 접수 즉시 통보됨
- 본인이 신청한 수험장소와 종목의 수험표 기재사항과 일치 여부 확인

필기시험 시험일 유의사항
- 입실시간 미준수 시 시험응시 불가
- 수험표, 신분증, 필기구(흑색 사인펜 등) 지참

합격자 발표
인터넷 게시 공고, ARS를 통한 확인(단, CBT 시험은 인터넷 게시 공고)

응시자격 서류심사
대상 : 기술사, 기능장, 기사, 산업기사, 전문사무 분야 중 응시자격 제한 종목(도시계획기사 해당)

- 응시자격서류 제출기한 내(토, 일, 공휴일 제외)에 소정의 응시자격서류(졸업증명서, 공단 소정 경력증명서 등)를 제출하지 아니할 경우에는 필기시험 합격예정이 무효됩니다.
- 응시자격서류를 제출하여 합격처리된 사람에 한하여 실기접수가 가능함.
- (기사,산업기사,서비스) 온라인 응시자격서류제출은 필기시험 원서접수일부터 합격자발표일+7일까지 가능

도시계획기사

실기시험 접수안내

실기시험 원서접수
- 접수기간 내에 인터넷을 이용하여 원서접수
- 비회원의 경우 우선 회원가입
- 반드시 사진을 등록 후 접수

필기시험 합격(예정)자 응시자격 서류 제출 및 심사
- 대상 : 응시자격이 제한된 종목(기술사, 기능장, 기사, 산업기사, 전문사무 일부 종목)
- 필기시험 접수지역과 관계없이 공단 지역본부 및 지사에 응시자격서류 제출
- 기술자격취득자(필기시험일 이전 취득자) 중 동일 직무분야의 동일 등급 또는 하위 등급의 종목에 응시할 경우 응시자격서류를 제출할 필요가 없음
- 응시자격서류를 제출하여 합격처리된 사람에 한하여 실기시험접수가 가능함

필기시험 면제자 제출 서류
기능경기대회 입상자로서 필기시험 면제자 입상 확인서(전산조회가 가능한 경우 입상 확인서 미제출)

국가기술자격법 시행규칙 제18조에 의한 필기시험 면제 대상자
- 공공교육훈련기관 : 해당 교육훈련기관장이 확인한 서류
- 학원 등 사설교육훈련기관 : 해당 교육훈련기관장 및 위탁기관장이 확인한 서류와 감독기관 또는 지방노동관서장이 확인한 서류
- 우선선정직종 훈련기관 : 해당 교육훈련기관장 및 우선선정직종훈련을 관할하는 공단 소속기관장이 확인한 서류
  ※ 자세한 사항은 한국산업인력공단 지역본부 및 지사로 문의

실기시험 시험일자 및 장소 안내
접수 시 수험자 본인 선택(먼저 접수하는 수험자가 시험일자 및 시험장 선택의 폭이 넓음)

실기시험일정 변경기준
1. 아래와 같은 사유에 한하여 삭업형 실기시험일자를 변경해 주고 있으며, 변경요청은 우리공단 해당 종목 시행지역 본부 및 지사를 방문하여 요청이 가능
2. 방문 시에는 신분증(대리인일 경우 본인 및 대리인 신분증), 수험표, 근거서류(시험일자 변경신청서, 청첩장, 부고장, 진단서, 타기관 시행 시험인 경우는 시험일자가 표시되어 있는 수험표 등)을 지참
   ※ 단, 회별 시행일자가 1일로 한정되어 있는 종목은 제외

3. 사유
- 예비군 훈련 또는 군입영
- 본인, 배우자, 직계존비속, 형제자매의 관혼상제(결혼, 사망) 및 본인이 출산하는 경우
- 국가행사 및 정규교육기관의 학력고사, 입학고사, 정규학교의 중간·기말고사, 타 기관에서 시행하는 국가 및 민간자격시험과 우리 공단에서 시행하는 작업형 실기시험의 일정이 중복된 경우. 단, 접수 시 공단시험일정과 위에 제기된 시험일정이 중복됨을 사전에 인지한 경우에는 변경불가
- 공단 검정일정의 중복(동일회 2종목의 일정이 중복되는 경우, 필기시험과 실기시험의 일정이 중복되는 경우)
- 개인사정으로 일정 변경(갑작스러운 질병 등) : 진단서 첨부로 일정변경
- 천재지변에 의한 일정변경

실기일정 및 타지사 이동 사유

한국산업인력공단에서 시행하는 실기시험은 필답형, 작업형, 복합형으로 구분하여 시행하고 있으며, 필답형(복합형 필답분 포함)은 실기시험 시 특별한 시설과 장비가 필요하지 않고 교실만 있으면 시험을 치를 수 있기 때문에 전 수험자를 대상으로 토요일 또는 일요일에 검정을 시행하고 있습니다.

작업형 실기시험은 시행종목에 따라 필요한 시설, 장비, 재료 등이 각각 다르며, 시험장의 대부분을 임차하여 사용하는 현 상황에서 임차기관의 일정 등을 무시하고 모든 일정을 우리공단의 시험일정에 맞추도록 강요할 수 없는 사항이므로 한번 시행 시 10만명이 넘는 모든 수험자를 토요일 또는 일요일에만 시행할 수가 없는 실정입니다. 우리공단에서도 위와 같은 문제점을 해결하기 위하여 우리공단 자체시험장 설치 등을 통하여 수험자가 희망하는 일정에 응시할 수 있는 상시검정 제도를 도입하여 한식조리기능사, 미용사 등 일부 종목에 대하여 시행을 하고 있으며 수험자의 편의를 위하여 동 제도를 점차적으로 확대해 나가고 있습니다.

실기시험이 작업형으로 시행되는 일부 종목은 접수지역(지사)에 접수인원이 소수이고 관할 지역내에 시험장 및 시설 장비가 없는 경우에 한하여 접수지역에서 시행을 하지 못하고 부득이하게 타지역으로 이동하여 시행하게 됨을 양지하여 주시기 바랍니다.

국가기술자격검정 작업형 실기시험의 특성상 평일에도 시행할 수밖에 없는 점과 일부 종목에 대해서 타지역으로 이동 시행할 수밖에 없는 점을 감안하시어 실기시험 준비에 차질이 없도록 하시기 바랍니다.

차 례

기출문제 및 해설

2012년 1회 ·········· 14	2018년 1회 ·········· 404
2012년 2회 ·········· 35	2018년 2회 ·········· 425
2012년 4회 ·········· 56	2018년 4회 ·········· 443
2013년 1회 ·········· 78	2019년 1회 ·········· 462
2013년 2회 ·········· 100	2019년 2회 ·········· 481
2013년 4회 ·········· 122	2019년 4회 ·········· 499
2014년 1회 ·········· 146	2020년 1·2회 ·········· 517
2014년 2회 ·········· 168	2020년 3회 ·········· 536
2014년 4회 ·········· 190	2020년 4회 ·········· 554
2015년 1회 ·········· 211	2021년 1회 ·········· 572
2015년 2회 ·········· 233	2021년 2회 ·········· 589
2015년 4회 ·········· 254	2021년 4회 ·········· 607
2016년 1회 ·········· 275	2022년 1회 ·········· 625
2016년 2회 ·········· 298	2022년 2회 ·········· 644
2016년 4회 ·········· 321	
2017년 1회 ·········· 338	
2017년 2회 ·········· 362	
2017년 4회 ·········· 384	

ENGINEER URBAN PLANNING

2012년 ~ 2022년 기출문제 및 해설

2012년 1회 기출문제 및 해설
2012년 2회 기출문제 및 해설
2012년 4회 기출문제 및 해설
2013년 1회 기출문제 및 해설
2013년 2회 기출문제 및 해설
2013년 4회 기출문제 및 해설
2014년 1회 기출문제 및 해설
2014년 2회 기출문제 및 해설
2014년 4회 기출문제 및 해설
2015년 1회 기출문제 및 해설
2015년 2회 기출문제 및 해설
2015년 4회 기출문제 및 해설
2016년 1회 기출문제 및 해설
2016년 2회 기출문제 및 해설
2016년 4회 기출문제 및 해설
2017년 1회 기출문제 및 해설
2017년 2회 기출문제 및 해설
2017년 4회 기출문제 및 해설
2018년 1회 기출문제 및 해설
2018년 2회 기출문제 및 해설
2018년 4회 기출문제 및 해설
2019년 1회 기출문제 및 해설
2019년 2회 기출문제 및 해설
2019년 4회 기출문제 및 해설
2020년 1·2회 기출문제 및 해설
2020년 3회 기출문제 및 해설
2020년 4회 기출문제 및 해설
2021년 1회 기출문제 및 해설
2021년 2회 기출문제 및 해설
2021년 4회 기출문제 및 해설
2022년 1회 기출문제 및 해설
2022년 2회 기출문제 및 해설

2012년 기출문제

제1과목 도시계획론

01 다음의 도시계획 관련 이론 중 논리의 일관성이나 최적의 대안을 제시하기보다는 지속적인 계획의 조정이나 적용을 통하여 계획의 목표를 추구하는 접근 방법은?

① 종합적 계획이론(Synoptic Planing)
② 점진적 계획이론(Incremental Planing)
③ 교류적 계획이론(Transective Planing)
④ 급진적 계획이론(Radical Planing)

해 설
점진적 계획이론(Incremental Planing)
• 린드블롬(C. Lindblom)에 의해 주창한 이론
• 총체적 계획의 비현실성을 비판하면서 인간의 지적 능력의 한계와 의사결정의 제약으로 총체적 분석은 불가능하므로 제한된 대안만을 고려해야 한다는 이론
• 현상을 부분적·점진적으로 개선할 수 있는 제한된 수의 대안을 검토·선택하는 것
• 총체적 계획에 있어 목표, 문제해결, 대안평가와 결정의 집행 등이 지나치게 중앙집중적인 점을 보완
• 논리적 일관성이나 최적의 해결대안을 제시하기보다는 지속적인 조정과 적응을 통한 계획의 목표 추구에 접근하는 방법
• 세계 어느 곳에서도 적용이 가능한 현실적 이론임

02 다음 중 압축도시(Compact City)의 도시구조로 적합하지 않은 것은?

① 저에너지 소비   ② 저이동 유발
③ 저오염 배출   ④ 저밀도 건축

해 설
압축도시는 고밀도 복합개발, 저이동, 저에너지, 저오염을 목표로 한다.

03 다음 중 4단계 교통수요추정법에 대한 설명이 옳지 않은 것은?

① 교통수요추정에서 전통적으로 가장 많이 사용되어 온 방법이다.
② 총체적 자료에 의존하기 때문에 통행자의 행태적 측면은 거의 고려하지 않는다.
③ 계획가나 분석가의 주관이 개입될 여지가 전혀 없다는 특징이 있다.
④ 분석결과에 대한 적절성을 검증하면서 순서적으로 추정해 가는 장점이 있다.

해 설
4단계 교통수요추정법
• 전통적으로 가장 많이 사용되어 온 방법이다.
• 총체적 자료에 의존하므로 통행자의 개별 행태측면이 고려되지 않는다.
• 계획가나 분석가의 주관이 개입될 우려가 있다.
• 분석결과에 대한 적절성을 검증하면서 순서적으로 추정해 가는 장점이 있다.

04 다음 중 우리나라 국가 GIS(NGIS) 3차 사업(2006~2010)의 기본계획 방향에 해당하지 않는 것은?

① GIS 기반 전자정부 구현
② GIS를 이용한 뉴비지니스 창출
③ 유비쿼터스 환경을 지향한 지능형 국토건설
④ 국가공간정보의 디지털 구축 초석 마련

해 설
3차 사업의 목표는 GIS 기반 전자정부 구현, GIS 서비스를 통한 삶의 방식 개선, GIS를 이용한 뉴비즈니스 창출이다.

05 다음 중 경관법에 따른 경관계획의 내용으로 포함되어야 하는 사항에 해당하지 않는 것은?

① 경관자원의 조사 및 평가에 관한 사항
② 경관 형성의 전망 및 대책 수립에 관한 사항
③ 경관계획의 수립권자 및 대상지역 수립에 관한 사항
④ 경관지구와 미관지구의 관리 및 운영에 관한 사항

해 설
경관계획의 내용은 경관법 제9조(경관계획의 내용)에 제시되어 있고, 수립권자 및 대상지역에 관한 사항은 경관법 제7조(경관계획의 수립권자 및 대상지역)에 제시되어있다.

06 아래의 설명과 같은 르네상스 시대의 이상도시를 구성하고자 하였던 사람은?

> 중앙광장과 방사형 도로로 도시를 구성하고 도시에 장중함을 부여하고 군사전략상 이동을 원활하게 하기 위하여 넓고 곧은 도로를 선호하였다. 경관적인 면에서는 도로를 따라 세워져 있는 건물들이 한꺼번에 많이 시야에 들어올 수 있도록 고려하였다.

① 비아지오 로제티   ② 도메니코 폰타나
③ 레온 알베르티   ④ 레오나르도 다빈치

정답 01 ② 02 ④ 03 ③ 04 ④ 05 ③ 06 ③

> **해설**
> 르네상스 시대의 대표적인 도시계획가로는 레온 알베르티(Alberti), 아베를리노(Averlino), 스카모치(Scamozzi) 등을 꼽을 수 있으며, 이 중 알베르티는 르네상스 시대의 이상도시안을 제시한 최초의 인물로 평가된다.

07 도시계획가가 지리 및 공간자료를 바탕으로 수행할 수 있는 주요 활동인 4M에 해당하지 않는 것은?

① 측정(Measurement)   ② 도면화(Mapping)
③ 입체화(Massing)   ④ 모형화(Modeling)

> **해설**
> 4M은 측정(Measurement), 도면화(Mapping), 관찰(Monitoring), 모형화(Modeling)를 말한다.

08 다음 중 고대 메소포타미아와 이집트의 도시에서 시작되었던 것을 히포다무스(Hippodamus)가 그리스 도시계획에 적용시킨 것은?

① 격자형 가로망   ② 공공시설의 중앙배치
③ 공중정원의 설치   ④ 성곽의 축조

> **해설**
> 히포다무스(Hippodamus, 도시계획의 아버지)는 격자형 가로망, 건축통제 및 하부구조 강조, 도시계획 학문과 도시계획가가 직업인으로 되어야 함을 주장하였다.

09 다음 중 도시공간이나 가로에서 시각적 연속성을 수기 위한 경관계획 요소로 옳은 것은?

① 시각 회랑(Visual Corridor)
② 시각 개폐율(Visual Openness)
③ 시각 차폐율(Visual Block Ratio)
④ 조망점(View Point)

> **해설**
> 시각 회랑에 의한 방법
> • 산림 경관을 분석하는 데 이용
>   리튼(Litton) : 산림 경관을 7가지 유형으로 구분하고 이들 경관 Type을 지배하는 4가지 우세 요소와 또 이들 경관미를 변화시키는 8가지 경관의 변화미를 제시
> • 7가지 유형 : 전경관(Open된 경관), 지형, 위요(둘러싸인 경관), 초점, 관개, 세부, 일시경관
> • 4가지 우세 요소 : 선, 색채, 형태, 질감
> • 8가지 변화 요인 : 운동, 빛, 계절, 시간, 기후조건, 거리, 관찰위치, 규모

10 다음 중 베버(M. Weber)가 정의한 도시의 의미로 옳은 것은?

① 지적 엘리트를 포함한 각종 비농업적 전문가가 많으며 상당한 규모의 인구와 인구밀도를 갖는 공동체
② 주민의 대부분이 공업적 또는 상업적인 영리수입에 의해 생활하고 정주하는 곳
③ 농촌에 비해 전문직 종사자가 많고 인공환경이 우월하며 인구 구성의 이질성이 강한 곳
④ 도시의 결정요인은 예술, 문화, 종교, 민주주의 정치형태이며, 평등한 시민이 활기에 차 있는 곳

> **해설**
> 도시의 정의
> • 막스 베버 : 공·상업적 취락지
> • 휘레이 : 진보된 인간의 결합형태
> • 코퍼 : 도시계획을 전제로 한 계획된 지역사회
> • 워스 : 사회학적 측면의 정착지
> • 스노 : 행정학적 측면의 도시

11 다음 중 용도지구의 분류에 해당하지 않는 것은?

① 개발진흥지구   ② 자연환경보전지구
③ 특정용도제한지구   ④ 시설보호지구

> **해설**
> 용도지구는 경관, 고도, 방화, 방재, 보호, 취락, 개발진흥, 복합용도지구, 특정용도제한지구가 있다. ※ 참고 : 2017. 4. 18. 부로 국토의 계획 및 이용에 관한 법률 제37조(용도지구의 지정) 조항이 개정되면서 미관지구 와 시설보호지구 조항이 삭제되고, 복합용도지구가 추가되었으며, 보존지구가 보호지구로 변경되었다.

12 다음의 설명에 해당하는 도시는?

> • 고대 로마제국의 지방 항구도시
> • 머큐리오 거리
> • 인구는 2만 5천~3만 명 정도
> • 격자형 가로구성과 도로의 포장 및 보도 설치
> • 이중벽으로 둘러싸인 달걀 모양의 도시형태

① 카스트라   ② 팀가드
③ 아오스타   ④ 폼페이

정답 07 ③ 08 ① 09 ① 10 ② 11 ②, ④ 12 ④

> **[해설]**
> 폼페이(Pompeii)
> - 폼페이는 AD 79년에 화산폭발로 잿더미 속에 묻혀 있다가 1,700여 년 만에 발굴됨
> - 칼리굴라(Arch of Caligula), 헤르쿠렐룸 극장, 프레스코 벽화, 원형 극장
> - 머큐리오 거리(Via Vi Mercurio), 체계적인 격자형 구성과 포장된 차도 및 보도구분 설치된 도로체계
> - 인구는 2만 5천~3만 명 정도로 추정
> - 이중 벽으로 둘러싸인 달걀 모양의 도시형태

13 1990년대 이후 미국에서 시작된 도시개발전략으로, 도시공간의 무분별한 확산에 따른 도시문제를 환경계획 및 설계를 통해 해결하고자 하는 건축, 도시계획운동을 지칭하는 것은?
① 컴팩트 시티
② 어반빌리지
③ 뉴어바니즘
④ 생태도시계획

> **[해설]**
> 뉴어바니즘(New Urbanism)
> - 현대도시가 겪어온 여러 가지 문제점 들을 해결하기 위해서 도시 중심을 복원하고, 확산하는 교외를 재구성하며, 파괴적인 개발행위를 영속화하려는 정책과 관례를 바꾸려는 운동
> - 자동차 위주의 근대도시계획에 대한 반발로 사람 중심의 도시환경을 도시계획적 운동의 하나로서 도시설계를 이끌고 있는 사조

14 다음 중 데그로브가 주장한 도시성장관리의 필요성으로 옳지 않은 것은?
① 상업적이고 무질서한 개발 등을 통한 생태계의 파괴와 환경오염을 예방하기 위한 것이다.
② 도시개발로 인한 공지의 감소 및 농경지의 도시용 토지로의 전환을 유도하기 위한 것이다.
③ 도시성장으로 인한 교통의 혼잡가중을 방지하기 위한 것이다.
④ 공공부문 사회간접자본 비용 지출을 축소하기 위한 것이다.

> **[해설]**
> 도시성장관리는 도시개발로 인한 공지의 감소 및 농경지의 도시용 토지로의 전환 방지를 목표로 한다.

15 다음 중 도시계획의 의의와 필요성에 대한 설명으로 옳지 않은 것은?
① 도시의 여러 가지 기능을 원활하게 해준다.
② 주민들이 생활하기에 풍요롭고 양호한 환경을 만들어 준다.
③ 개인 및 집단행동을 우선시하며 외부효과를 고려하는 기능이 있다.
④ 공공 및 민간활동의 분배효과를 고려하는 사회적 기능을 수행한다.

> **[해설]**
> 도시계획은 개인 및 집단행동을 통한 독점을 방지하기 위해서 필요하다.

16 다음과 같은 특징을 가지고 있는 공원의 종류는?

- 목적 : 하나의 도시지역을 초과하는 광역적인 이용에 제공할 목적으로 하는 근린공원
- 유치거리 : 제한 없음
- 규모 : 100만 m² 이상

① 도보권 근린공원
② 광역권 근린공원
③ 근린생활권 근린공원
④ 도시자연권 근린공원

> **[해설]**
> 광역권 근린공원은 100만 ㎡ 이상의 규모를 갖추어야 한다.

17 다음 중 「도시공원 및 녹지 등에 관한 법률」에 따른 공원녹지에 해당하지 않는 것은?
① 도시공원, 녹지, 유원지
② 광장, 보행자전용도로 등 녹지가 조성된 공간 또는 시설
③ 도시자연공원구역
④ 나무, 잔디, 꽃, 지피식물 등의 식생이 자라는 공간

> **[해설]**
> 도시공원 및 녹지 등에 관한 법률 제2조(정의)
> 이 법에서 사용하는 용어의 뜻은 다음과 같다.
> "공원녹지"란 쾌적한 도시환경을 조성하고 시민의 휴식과 정서 함양에 이바지하는 다음 각 목의 공간 또는 시설을 말한다.
> 가. 도시공원, 녹지, 유원지, 공공공지(公共空地) 및 저수지
> 나. 나무, 잔디, 꽃, 지피식물(地被植物) 등의 식생(이하 "식생"이라 한다)이 자라는 공간
> 다. 그 밖에 국토교통부령으로 정하는 공간 또는 시설

정답 13 ③ 14 ② 15 ③ 16 ② 17 ③

18 다음 중 4단계 교통수요추정법을 단계별로 옳게 나열한 것은?

```
(1) 노선 배정      (2) 통행 발생
(3) 수단 선택      (4) 통행 배분
```

① (1) - (3) - (4) - (2)
② (4) - (2) - (1) - (3)
③ (3) - (1) - (4) - (2)
④ (2) - (4) - (3) - (1)

해설

4단계 교통수요추정법은 다음 순으로 구성된다.
1. 통행 발생(Trip Generation)
2. 통행 배분(Trip Distribution)
3. 수단 선택(Modal Split)
4. 노선 배정(Traffic Assignment)

19 다음 중 통행 기종점표에 나타난 통행량의 신뢰성을 검증하기 위한 조사는?

① 쿼터라인 조사
② 대중교통 통행조사
③ 스크린라인 조사
④ 보행자 통행조사

해설

1. 목적 : 조사지역 내에서 조사된 교통량의 정밀도를 점검하고 수정·보완하기 위함
2. 고려사항
- 라인이 존의 중심을 지나지 않도록 한다.
- 폐쇄선(Cordon Line)과 근접하지 않도록 한다.
- 여러 개의 라인 설정 시 라인 간 적정 간격을 유지하여야 한다.
3. 조사방법 : 간선도로 상 가상선을 그어 통과하는 교통량을 조사, 간선도로선 상에 위치한 교차로를 통과하는 차량을 조사

20 다음 그림이 나타내는 이론과 "3(빗금친 부분)"에 해당하는 토지이용이 옳게 연결된 것은?

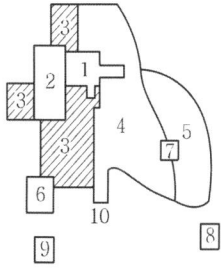

① 다핵심이론 - 고소득층 주거지구
② 선형이론 - 도매경공업지구
③ 다핵심이론 - 저소득층 주거지구
④ 선형이론 - 점이지대

해설

다핵설(해리스, 울만)
- 지리학적 입장, 동심+선형, 대도시 토지이용 형태 설명(유동적 현대도시에 적합), 동태적 설명 부족, 가장 비조직적 이론
- 1.CBD, 3.저소득, 7.외곽상업지구

제2과목 도시설계 및 단지계획

21 다음 중 특별계획구역에 대한 설명으로 옳지 않은 것은?

① 특별계획구역이란 지구단위계획구역 중에서 현상설계 등에 의하여 창의적 개발안을 받아들일 필요가 있거나 계획안을 작성하는 데 상당한 기간이 걸릴 것으로 예상되어 충분한 시간을 가질 필요가 있을 때에 별도의 개발안을 만들어 지구단위계획으로 수용·결정하는 구역을 말한다.
② 복잡한 지형의 재개발구역을 종합적으로 개발하는 경우와 같이 지형조건상 지반의 높낮이 차이가 심하여 건축적으로 상세한 입체계획을 수립하여야 하는 경우 특별계획구역으로 지정한다.
③ 특별계획구역에 대한 계획내용은 지구단위계획에 포함하여 결정한다.
④ 구역 내 권리관계가 복잡하여 민간개발보다 공공개발과의 연계가 주목적이지만 주민의 합의가 있는 경우는 민간사업과 연계가 가능하다.

해설

특별계획구역
1. 정의
- 지구단위계획구역 중 현상설계 등에 의하여 창의적 개발안을 받아들일 필요가 있거나 계획안을 작성하는 데 상당한 기간이 걸릴 것으로 예상되어 충분한 시간을 가질 필요가 있을 때 별도의 개발안을 만들어 지구단위계획으로 수용, 결정하는 구역
- 미국식 PUD 제도를 국내에 도입
2. 특별계획구역의 지정대상
- 하나의 대지 안에 여러 동의 건축물과 다양한 용도를 수용하기 위해 특별한 건축 프로그램에 의한 복합적 개발이 필요한 경우 : 대규모 쇼핑단지, 전시장, 터미널, 농수산물 도매시장, 출판단지 등 일반화되기 어려운 특수기능의 건축시설 등
- 지형조건상 지반고 차이가 심하여 건축적으로 상세한 입체계획이

수립되어야 할 경우 : 복잡한 지형의 재개발구역을 종합적으로 개발하는 경우 등
• 지구단위계획구역 내 일정지역에 대해 좋은 설계안을 반영하기 위해 현상설계 등을 하고자 할 경우
• 주요 지표물 지점으로서 지구단위계획안 작성 당시에는 대지 소유자의 개발프로그램이 뚜렷하지 않으나 앞으로 협의를 통하여 좋은 개발안을 유도할 필요가 있는 경우
• 공공사업 시행, 대형 건축물 등 공동개발 필요지역
• 기타 지구단위계획구역의 지정 목적을 달성하기 위하여 필요한 경우
3. 특별계획구역에 대한 지구단위계획 작성절차
• 지구단위계획을 입안할 때 지정조건에 부합하는 곳을 '특별계획구역'으로 지정
• 특별계획구역에 대한 계획내용 설정 – 지구단위계획에 포함하여 결정[계획내용(현상설계안 등의 평가기준으로 사용) – 특별계획구역의 지정목적, 전체 지구단위계획과의 관계, 개발방향 등에 대한 사항 제시]
• 상세 계획안 작성 – 적절한 시기에 현상설계 등을 통하여 상세한 계획안 작성
• 별도의 계획 승인과정을 거쳐 도시관리계획으로 결정
• 도시관리계획으로 결정 범위 설정 – 건축물의 용도, 건축물의 형태·색채 등

사항이 포함되어야 한다. 다만, 제1호의2를 내용으로 하는 지구단위계획의 경우에는 그러하지 아니하다.
1. 용도지역이나 용도지구를 대통령령으로 정하는 범위에서 세분하거나 변경하는 사항
1의2. 기존의 용도지구를 폐지하고 그 용도지구에서의 건축물이나 그 밖의 시설의 용도·종류 및 규모 등의 제한을 대체하는 사항
2. 대통령령으로 정하는 기반시설의 배치와 규모
3. 도로로 둘러싸인 일단의 지역 또는 계획적인 개발·정비를 위하여 구획된 일단의 토지의 규모와 조성계획
4. 건축물의 용도제한, 건축물의 건폐율 또는 용적률, 건축물 높이의 최고한도 또는 최저한도]
5. 건축물의 배치·형태·색채 또는 건축선에 관한 계획
6. 환경관리계획 또는 경관계획
7. 보행안전 등을 고려한 교통처리계획
8. 그 밖에 토지이용의 합리화, 도시나 농·산·어촌의 기능 증진 등에 필요한 사항으로서 대통령령으로 정하는 사항

22 다음 중 건축물의 특정 층이 계획에서 정한 선의 수직면을 넘어 돌출하여 건축할 수 없는 것으로, 보행공간이나 공동주차통로 등의 확보가 필요한 곳에 지정하는 것은?

① 건축지정선 ② 벽면지정선
③ 벽면한계선 ④ 건축한계선

해설
벽면한계선 : 특정한 층에서 보행공간(공공보행통로 등) 등을 확보할 필요가 있는 경우에 사용할 수 있다. 이 경우 건축한계선의 후퇴부분에는 보행공간 등에 필요한 도시설계적 계획요소를 제시한다.

23 다음 중 제1종 지구단위계획의 부문별 계획을 수립하는 경우 포함하여야 하는 사항에 해당하지 않는 것은?

① 용도지역 및 지구
② 교육시설의 배치와 규모계획
③ 경관계획
④ 건축물의 형태와 색채에 관한 계획

해설
국토의 계획 및 이용에 관한 법률 제52조(지구단위계획의 내용) 지구단위계획구역의 지정목적을 이루기 위하여 지구단위계획에는 다음 각 호의 사항 중 제2호와 제4호의 사항을 포함한 둘 이상의

24 다음 중 공동주택의 일조 등의 확보를 위한 높이 제한에 대한 설명으로 옳은 것은?

① 같은 대지에서 두 동 이상의 건축물이 서로 마주보고 있는 경우 그 대지의 모든 세대가 하지를 기준으로 9시에서 15시 사이에 2시간 이상을 계속하여 일조를 확보할 수 있는 거리 이상으로 할 수 있다.
② 같은 대지에서 두 동 이상의 건축물이 서로 마주보고 있는 경우 그 대지의 모든 세대가 하지를 기준으로 10시에서 15시 사이에 2시간 이상을 계속하여 일조를 확보할 수 있는 거리 이상으로 할 수 있다.
③ 같은 대지에서 두 동 이상의 건축물이 서로 마주보고 있는 경우 그 대지의 모든 세대가 동지를 기준으로 9시에서 15시 사이에 2시간 이상을 계속하여 일조를 확보할 수 있는 거리 이상으로 할 수 있다.
④ 같은 대지에서 두 동 이상의 건축물이 서로 마주보고 있는 경우 그 대지의 모든 세대가 동지를 기준으로 10시에서 15시 사이에 2시간 이상을 계속하여 일조를 확보할 수 있는 거리 이상으로 할 수 있다.

해설
건축법 시행령 제86조(일조 등의 확보를 위한 건축물의 높이 제한) 같은 대지에서 두 동(棟) 이상의 건축물이 서로 마주보고 있는 경우(한 동의 건축물 각 부분이 서로 마주보고 있는 경우를 포함한다)에 건축물 각 부분 사이의 거리는 다음 각 목의 거리 이상을 띄어 건축할 것. 다만, 그 대지의 모든 세대가 동지(冬至)를 기준으로 9시에서 15시 사이에 2시간 이상을 계속하여 일조(日照)를 확보할 수 있는 거리 이상으로 할 수 있다.

25. 다음 중 획지계획에 대한 설명으로 옳지 않은 것은?
   ① 획지계획의 기본목표는 주택용지의 경우 토지이용의 효율성과 주거의 쾌적성을 보장하는 것이다.
   ② 다양한 규모의 획지로 분할하여 여러 계층의 수요를 고르게 만족시킬 수 있도록 하여야 한다.
   ③ 용도에 맞는 적정 획지를 계획하도록 한다.
   ④ 간선가로망 주변에 소형 가구를 많이 배치하여 상업시설과 부대시설에 의한 가로변의 미관 저해를 방지토록 한다.

   해 설
   간선가로망 주변에 소형 가구를 많이 배치하면 미관이 저해된다.

26. 다음 중 우리나라에서 도시설계제도가 도입된 것에 관한 설명으로 옳지 않은 것은?
   ① 지구단위계획과 같은 제도를 처음 도입한 것은 건축법을 통해 도시설계 조항을 법제화한 1980년이었다.
   ② 도시설계를 처음으로 도입할 당시 주된 관심사는 간선가로변의 미관 개선에 있었다.
   ③ 도시설계제도가 도입된 지 5년 후인 1985년에 상세계획제도가 도입되었다.
   ④ 도시설계제도와 관련된 법규 중 지구지정 규정의 신설은 1991년에 이뤄졌다.

   해 설
   상세계획제도는 1991년 12월 도시계획법이 개정되면서 도입되었다.

27. 카밀로지테는 광장의 최대크기는 광장을 지배하고 있는 넓은 건물 높이의 얼마를 초과해서는 안 된다고 제시하였는가?
   ① 0.5배
   ② 0.75배
   ③ 1.0배
   ④ 2.0배

   해 설
   카밀로지테는 광장의 최대크기는 광장을 지배하고 있는 넓은 건물 높이의 2배를 초과해서는 안 된다고 제시하였다.

28. 다음 중 교통광장에 대한 설명으로 옳지 않은 것은?
   ① 교통광장은 교차점 광장, 역전광장, 주요시설 광장 등으로 구분한다.
   ② 역전에서 교통 혼잡을 방지하고 이용자의 편의를 도모하기 위하여 철도역 앞에 설치한다. 주간선도로의 교차지점에 광장을 설치하는 경우 접속도로의 기능에 따라 입체교차방식으로 하거나 교통섬, 변속차로 등에 의한 평면 교차방식으로 한다.
   ③ 교차점광장은 각종 차량과 보행자를 원활하게 소통시키기 위하여 필요한 곳에 설치한다.
   ④ 교통광장은 보행광장, 근린광장, 건축물 부설광장으로 구분한다.

   해 설
   교통광장은 교차점 광장, 역전광장, 주요시설 광장 등으로 구분한다.

29. 다음 중 평행주차형식 외의 경우에 일반형과 장애인 전용 주차단위구획의 규모기준이 모두 옳은 것은?
   ① 일반형 2.0×6.0, 장애인용 3.3×5.0
   ② 일반형 2.0×5.0, 장애인용 3.3×6.0
   ③ 일반형 2.3×6.0, 장애인용 3.3×5.0
   ④ 일반형 2.3×5.0, 장애인용 3.3×5.0

   해 설

종류	너비×길이	비고
일반주차장	2.3m×5.0m 이상	경형자동차=2m×3.5m
지체장애자 전용주차장	3.3m×5.0m 이상	• 노외주차장은 5% 이상 설치 • 노외주차장은 20대마다 1대 비율로 설치
평행주차 형식	2.0m×6.0m 이상	-

30. 다음 중 주거단지계획의 기본적인 목표와 거리가 먼 것은?
   ① 에너지의 효율적 이용과 절약
   ② 거주자 상호 간의 접촉 최소화
   ③ 거주자의 건강과 쾌적성 유지
   ④ 변화에의 융통성과 적응성 부여

   해 설
   단지계획은 이웃과의 의사소통을 목적으로 하여 거주자 상호 간의 접촉이 자연스럽게 이루어져서 공동체 의식이 형성되도록 함(클러스터형 주호군 배치, 공용공간 조성, 보차분형 가로망 계획)

정답 25 ④ 26 ③ 27 ④ 28 ④ 29 ④ 30 ②

31 다음 중 등고선과 단면의 관계가 옳지 않은 것은?

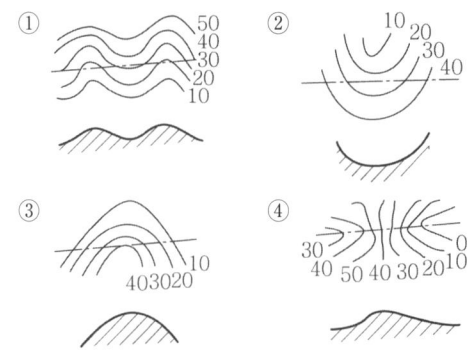

해 설
등고선과 단면의 관계

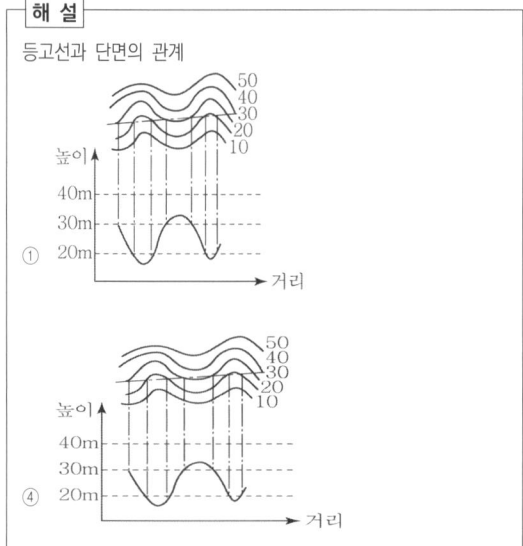

32 다음 중 도시의 개방공간에서 시민이 얻을 수 있는 만족감이 아닌 것은?

① 생활의 풍요로움
② 제한된 도시생활의 연속
③ 자발적 활동
④ 자유감

해 설
개방공간을 통해 생활의 풍요로움과 자발성, 자유감 등의 만족을 얻을 수 있다.

33 다음 중 도시계획시설로서 학교의 결정기준으로 옳지 않은 것은?

① 초등학교는 근린주구구역단위로 설치하고 근린주거구역의 범위는 새로이 개발되는 지역의 경우에 2천 세대 내지 3천 세대를 1개의 근린주거구역으로 한다.
② 초등학교의 통학거리는 1천 미터 이내로 하고 소음도가 80db 이하를 유지하도록 설치한다.
③ 중학교 및 고등학교는 2개의 근린주거구역단위에 1개의 비율로 배치하되, 적절히 조절할 수 있다.
④ 일조, 통풍 및 배수가 잘 되는 지역에 설치한다.

해 설
도시·군계획시설의 결정·구조 및 설치기준에 관한 규칙
제5장 공공·문화체육시설 제1절 학교
제89조(학교의 결정기준) ①학교의 결정기준은 다음 각 호와 같다.
10. 초등학교는 2개의 근린주거구역단위에 1개의 비율로, 중학교 및 고등학교는 3개 근린주거구역단위에 1개의 비율로 배치할 것.
11. 초등학교는 학생들이 안전하고 편리하게 통학할 수 있도록 다른 공공시설의 이용관계를 고려하여야 하며, 통학거리는 1천5백미터 이내로 할 것.
→ 발표 당시에는 ②번이 정답이었으나, 규칙의 변경으로 ①, ②, ③번이 옳지 않은 보기가 되었다.

34 다음 중 도보권 근린공원의 유치거리와 규모기준이 모두 옳은 것은?

① 500m 이하, 30,000㎡ 이상
② 500m 이하, 50,000㎡ 이상
③ 1,000m 이하, 30,000㎡ 이상
④ 1,000m 이하, 50,000㎡ 이상

해 설
도시공원의 크기

공원 구분		유치거리	규모	해당 공원 면적	건폐율	공원시설 부지 면적
소공원		제한 없음	제한 없음	전부 해당	5%	20% 이하
어린이공원		250m 이하	1천5백 m² 이상	전부 해당	5%	60% 이하
근린공원	근린생활권 근린공원	500m 이하	1만 m² 이상	3만 m² 미만	20%	40% 이하
	도보권 근린공원	1천 m 이하	3만 m² 이상	3만 m² 이상 10만 m² 미만	15%	
	도시지역권 근린공원	제한 없음	10만 m² 이상	10만 m² 이상	10%	
	광역권 근린공원	제한 없음	100만 m² 이상			

정답 31 ①, ④ 32 ② 33 ①, ②, ③ 34 ③

35 다음 중 기단부의 옥상을 옥상정원으로 개발하여 고층 주거부의 오픈스페이스로 활용할 수 있으며, 신개발지의 대규모 쇼핑타운에 적합한 복합용도 건물의 형태에 따른 유형은?

① 단순수직중첩형 ② 병렬연결형
③ 독립분리형 ④ 플랫폼형

> **해설**
> 복합용도 건물은 건물형태에 따라 단순수직중첩형, 수평분리형(병렬연결형), 플랫폼형으로 구분된다. 이 중 대규모 쇼핑타운에 적합한 유형은 플랫폼형이다.

36 다음 중 케빈 린치가 주장한 도시를 이미지화할 수 있도록 하는 도시의 물리적 구조에 관한 요소에 해당하지 않는 것은?

① 구역(District) ② 링크(Link)
③ 결절점(Node) ④ 랜드마크(Landmark)

> **해설**
> 케빈 린치가 주장한 도시의 물리적 구조 요소는 경계(Edge), 결절점(Node), 도로(Path), 지구(District), 랜드마크(Landmark)이다.

37 다음 중 국토의 계획 및 이용에 관한 법령에 따라 제1종 지구단위계획으로 지정할 수 있는 지역이 아닌 것은?

① 주택법에 따른 대지조성사업지구
② 관광진흥법에 따라 지정된 관광특구
③ 택지개발촉진법에 따라 지정된 택지개발예정지구
④ 국토의 계획 및 이용에 관한 법률에 따라 지정된 도시자연공원구역

> **해설**
> 도시자연공원구역은 도시·군관리계획으로 결정한다.

38 다음 중 페리가 주장한 근린주구이론의 내용으로 옳지 않는 것은?

① 초등학교를 중심으로 구성한다.
② 소공원과 위탁공간의 체계가 있어야 한다.
③ 상업시설은 주구의 중심에 배치한다.
④ 주구의 경계는 간선도로에 의해 구획되어야 한다.

> **해설**
> 근린주구에서 상업시설은 도로의 결절점 혹은 옆 근린단위의 상점구역과 인접한다.

39 다음 중 도로의 배치간격 기준으로 옳지 않은 것은?

① 주간선도로와 주간선도로의 배치간격 : 2,000m 내외
② 주간선도로와 보조간선도로의 배치간격 : 500m 내외
③ 보조간선도로와 집산도로의 배치간격 : 250m 내외
④ 국지도로의 배치간격 : 가구의 짧은 변 사이의 배치간격은 90m 내지 150m 내외, 긴변 사이의 배치간격은 25m 내지 60m 내외

> **해설**
> 도로배치간격
>
> | 구분 | 배치간격 | 곡률반경 |
> |---|---|---|
> | 주간선도로와 주간선도로 | 1,000m 내외(외곽부 1~3km) | 15m 이상 |
> | 주간선도로와 보조간선도로 | 500m 내외(주거 500~1,500m) | 12m 이상 |
> | 보조간선도로와 집산도로 | 250m 내외(주거 250~500m) | 10m 이상 |
> | 국지도로 | 장축 90~150m, 단축 25~60m | 6m 이상 |

40 아래의 조건에 따른 공업지역의 소요면적은 얼마인가?

- 도시(경제)인구 : 10만
- 취업률 : 33%
- 취업자 중 제조업 인구 구성비 : 10%
- 제조업 인구 1인당 점유토지면적 : 100㎡
- 공공용지율 : 25%

① 29.7ha ② 44ha
③ 48.9ha ④ 88ha

> **해설**
> 공업지역 전체 면적
> • 공업부지면적 = 업종별 종업원 1인당 면적의 원단위 × 종업원 수
>   = 100 × (100,000 × 0.33 × 0.1) = 33 × 10⁴ = 33ha
> • 공업지역 전체 면적 = 33/(1 - 0.25) = 33/0.75 = 44ha

정답 35 ④ 36 ② 37 ④ 38 ③ 39 ① 40 ②

제3과목 도시개발론

41 다음 중 프로젝트의 사업성을 평가하는 지표로 가장 적절하지 못한 것은?

① 순현재가치 ② 내부수익률
③ 할인율   ④ 수익성 지수

해설
사업성 평가지표에는 수익성 지수(PI ; Profitability Index), 순현재가치법(Net Present Value), 내부수익률(FIRR) 등이 있다.

42 다음 중 도시개발을 위한 자금조달수단인 부채조달방식이 지분조달방식과 비교하여 갖는 단점으로 옳지 않은 것은?

① 원리금의 상환 부담이 있다.
② 기업이 이자비용에 대한 손비 인정이 어려워 금융비용의 증대가 초래된다.
③ 과도한 차입비중은 기업재무구조를 악화시켜 부실확률, 부도확률을 증대시킬 수 있다.
④ 중소기업의 경우 신용이 취약한 기업은 차입수단, 규모, 시기, 비용상의 문제점이 존재한다.

해설
부채조달방식은 기업의 이자비용에 대한 손실비가 인정되어 금융비용 절감이 가능하다는 장점이 있다.

43 다음의 수요추정방법 중 정량적인 예측모형이 아닌 것은?

① 회귀분석법 ② Huff모형
③ 시나리오법 ④ 중력모형

해설
시나리오법은 비계량적(정성적) 방법이다.

44 다음 중 프로젝트를 기업 측면이 아니라 사회적 측면에서 평가하는 것으로, 분석의 대상이 일반적으로 공공투자사업이나 정책이 되는 타당성 분석은?

① 경제적 타당성 분석 ② 재무적 타당성 분석
③ 파급효과 분석   ④ 행정적 타당성 분석

해설
도시개발의 사업 타당성 분석
도시개발사업에서 타당성 분석이라 함은 협의의 타당성 분석에 해당하는 경제적 타당성 분석을 의미함
1. 경제적 타당성
• 도시개발사업에 소요되는 비용보다 발생되는 수익이 많을 때 타당성이 인정됨
• 영향변수 : 개발대상 부지의 규모, 위치, 토지가격, 시장가격, 시장여건, 법/제도
• 분석기법 : 순현재가치(NPV), 내부수익률(IRR) 등이 사용됨
2. 법·제도적 타당성
• 추진하려는 도시개발사업과 관련된 법·제도상의 제약을 검토하는 것
• 도시계획사업(3개의 법률), 비도시계획사업(5개의 법률)을 포함한 수십 가지의 법률 검토
3. 물리적·기술적 타당성
• 토양의 수용능력, 지하수, 하중, 유해물질 등 개발대상 부지의 적합성 검토

45 기업의 자금조달방법을 크게 직접금융과 간접금융으로 분류할 때 다음 중 직접금융에 관한 설명으로 옳은 것은?

① 정부의 각 부처에서 실시 중인 정책금융으로부터의 조달을 포함한다.
② 은행 등 일반금융으로부터의 조달, 불특정 다수인으로부터의 사채 발행을 통하여 자금을 조달한다.
③ 개별적인 금전소비대차계약에 의한 차입과 사채 발행을 통한 자금조달로 분류할 수 있다.
④ 일반투자자를 주주로 끌어들이는 방법을 통하여 기업이 필요로 하는 자금을 조달한다.

해설
기업의 자금조달방법
1. 내부자금 : 기업의 이익의 사내유보금, 순비금, 감가상각 충당금
2. 외부자금 : 국내금융과 해외금융 이는 각각 직접금융과 간접금융으로 구분됨
㉠ 직접금융
• 대출자와 차입자 간에 직접자금을 거래하는 형태
• 주주를 모집하여 기업에 필요한 자금을 조달(신주발행, 기업공개, MBO, MBJ, 트레이드 세즈, M&A)
㉡ 간접금융
• 자금을 중개하는 기관을 통해 수요자와 공급자가 연결되는 형태
• 정책금융(정부), 일반금융(은행), 사채 발행을 통한 조달

46 다음 중 아래의 ㉠과 ㉡에 들어갈 말이 모두 옳은 것은?

> 도시개발구역을 지정하는 자가 환지방식에 대한 개발계획을 수립하려면 환지방식이 적용되는 지역의 토지면적의 (㉠) 이상에 해당하는 토지 소유자와 그 지역의 토지 소유자 총수의 (㉡) 이상의 동의를 받아야 한다.

① ㉠ 2/3, ㉡ 2/3
② ㉠ 2/3, ㉡ 1/2
③ ㉠ 1/2, ㉡ 1/2
④ ㉠ 1/2, ㉡ 2/3

해설
필요 동의 수
1. 지정권자가 환지방식의 도시개발계획을 수립할 때(도시개발구역의 지정) : 환지방식을 적용하려 할 때는 토지면적의 2/3 이상에 해당하는 토지소유자와 그 지역의 토지소유자 총수의 1/2 이상의 동의를 얻어야 함 – 국가, 지자체는 예외
2. 환지방식의 시행자
- 토지소유자(토지면적의 2/3 이상의 토지소유)
- 도시개발조합(토지소유자 7인 이상, 소유자 총수의 1/2, 토지면적의 2/3 이상의 동의)
3. 전면매수방식의 토지수용 조건 : 토지소유자, 법인, 부동산 투자회사 등 – 사업대상 토지면적의 3분의 2 이상에 해당하는 토지를 소유하고 토지소유자 총수의 2분의 1 이상에 해당하는 자의 동의

47 다음 중 지속가능한 개발을 위해 나타난 도시개발 패러다임으로 가장 거리가 먼 것은?

① 뉴어바니즘
② 스마트 성장
③ 컴팩트시티
④ 타운빌리지

해설
스마트 성장, 컴팩트시티, 뉴어바니즘은 지속가능한 개발 형태로 압축개발 및 복합용도개발을 적용하는 도시개발방법이다.

48 다음 중 수출기반모형이 가정하는 사항이 아닌 것은?

① 동일한 노동 생산성
② 동일한 소비수준
③ 폐쇄된 경제
④ 동일한 생산비

해설
수출기반모형의 가정
- 동일한 노동 생산성 : 지역과 전국 간의 노동생산성이 동일
- 동일한 소비수준 : 지역과 전국 간의 동일한 소득수준으로 가정함
- 폐쇄된 경제(Closed Economy) : 국가 간 교역이 없음을 의미

49 다음 중 Miles, Berens and Weiss(2000)의 정의를 바탕으로 하는 도시개발에서의 타당성 분석에 포함되는 개념으로 옳지 않은 것은?

① 타당성은 그 프로젝트의 확실한 성공을 보장하지 않는다.
② 타당성 분석 이전에 설정된 프로젝트의 명료한 목적에 대한 충족 여부에 따라 결정된다.
③ 타당성 분석은 선택된 수단의 적합성을 실험하는 것이다.
④ 타당성 분석이란 제약사항이 없는 상태에서 프로젝트의 적합성을 실험하는 것이다.

해설
- 타당성은 확실성을 제공하지 않는다.
- 타당성 분석 이전에 설정된 프로젝트의 목적에 대한 충족여부로 결정됨
- 타당성 분석은 선택된 수단의 적합성을 검토하는 것임
- 제도적, 물리적, 재정적, 환경적 제약하에서 프로젝트의 적합성을 실험하는 것

50 다음 중 개발권양도제(TDR)에 대한 설명으로 옳지 않은 것은?

① 토지소유자의 개발제한에 대한 보상을 함으로써 높은 공정성을 확보할 수 있다.
② 보상가격 산정에 있어 시장기구를 활용할 수 없다.
③ 자원배분의 왜곡을 어느 정도 방지할 수 있다.
④ 보상비용이 과다할 수 있으며, 제도의 시행에 많은 준비와 기획이 요구된다.

해설
TDR의 특징
- 토지소유권과 개발권의 분리가 가능하다는 점에서 착안한 기법으로, 토지의 개발권을 다른 필지로 이전하여 추가 개발하는 방식이다.
- 역사적 건축물이나 자연환경 보존지역, 특정지역 개발에 유용하며 기존 용도지역제의 경직성을 보완하여 시장주도형 도시개발에 유연하게 대처할 수 있으며 공익적인 차원에서 사유재산의 보호, 즉 토지보상 문제를 해결할 수 있다는 이점이 있다.
- 역사적 보존가치가 있는 지역에 높이 등 건축제한이 필요한 경우, 제한으로 인해 개발하지 못하는 부분만큼 다른 지역 토지소유주에게 매각해서 보상받는 방법
- 규제를 받는 토지소유주는 제한을 받은 만큼 보상을 받게 되고 개발권을 이양받은 토지소유주는 법적 한도를 넘어서 그 만큼 더 개발할 수 있게 된다.
- 영국의 경우 미개발된 지역의 계획적 개발을 유도하기 위하여 정부가 개발권을 강제로 매입하여 유보함으로써 무계획인 개발을

정답 46 ② 47 ④ 48 ④ 49 ④ 50 ②

- 방지하고 있다.
- 미국의 경우 이미 개발된 도심지의 건축물 가운데 역사적인 건축물의 법적 개발 용적률을 주위 건물주 또는 지주에게 이양함으로써 역사적 건축물로 보존하기 위한 수단으로 사용하고 있다.
- 개발권이양제도는 개발권(용적률 등)이 주위 건물에 이양됨에 따라, 이양받은 지역의 건물이 고층화되어 결국에는 경관, 채광, 통풍 등의 측면에서 보존의 의미를 약화시킬 우려가 있다.
- 토지소유자에 대한 보상비용 절감이 가능하나 개발권이 이양된 지역의 건물 규모가 과대해지는 문제점이 있다.

51 다음 중 환지계획의 작성 시 포함되지 않는 사항은?

① 환지설계
② 필지별 환지명세
③ 필지별·권리별로 된 청산 대상 토지명세
④ 환지청산금 징수시기

해설
환지계획에 포함되는 사항은 환지설계, 필지별로 된 환지명세, 필지별·권리별로 된 청산 대상 토지명세, 체비지 또는 보류지의 명세(환지예정지 지정 명세는 포함되지 않음), 축척 1,200분의 1 이상의 환지예정지도이다.

52 다음 중 도시개발사업에서의 인허가에 대한 설명으로 옳지 않은 것은?

① 허가란 법령에 의하여 금지되어 있는 행위를 해제하여 적법하게 하는 것을 의미한다.
② 인가란 제3자의 행위를 보충하여 그 법률상의 효력을 완성시키는 행위를 의미한다.
③ 승인은 국가 또는 지방자치단체가 특정 행위에 대하여 부여하는 동의 승낙 등을 의미한다.
④ 허가를 요하는 행위를 허가 없이 행하거나 인가를 받지 않고 한 행위는 처벌의 대상이 된다.

해설
허가와 인가를 구분하여야 한다. "허가"를 요하는 행위를 허가 없이 행하면 처벌의 대상이 되지만, 인가의 대상이 되는 행위를 인가 없이 행한다 해도 처벌이나 강제를 받지는 않는다.

53 다음 중 금융기관이나 기업이 보유하고 있는 장기성 유가증권, 대출채권, 외상매출금 등의 자산을 담보로 증권을 발행하여 투자자에게 매각함으로써 자금을 조달하는 금융기법은?

① 자산담보부 증권(ABS)
② 공인담보부 증권(CBS)
③ 유동화전문회사(SPC)
④ 리츠(REITS)

해설
지분 조달방식과 부채 조달방식
1. 정의

지분 조달 방안	• 투자조합(신디케이션·파트너십·합작회사 등)의 조합원 모집을 통한 재원의 조달방식 • 원리금이나 이자상환 부담은 없으나 회사의 통제권의 일부를 포기해야 함
부채 조달 방식	• 대출(Loan) : 금융기관(은행권이나 보험회사와 같은 장기투자기관)으로부터 조달하는 방식 • 공적 차입(Public Debt) : 자본시장에서 다양한 형태의 증권을 발행하여 자금을 직접 조달하는 방식[회사채, 자산담보 증권 등 - 우리나라(회사채), 미국(자금중개체 (Conduit)을 통해 조달함]

2. 특징

구분	지분 조달방식	부채 조달방식
장점	• 원리금이나 이자의 상환 부담이 없음 • 사업아이디어가 발전적으로 진행됨 • 투자가가 자문가로서의 역할을 수행	• 차입 여건만 충족되면 손쉽게 차입 가능 • 기업의 이자비용에 대한 손실비가 인정되어 금융비용 절감이 가능
단점	• 회사 통제권 일부 포기(소유주의 지분축소) • 판매된 지분은 다시 회수하기 어려움 • 지분투자가들의 동의를 구하는 문제 발생 • 자금조달이 복잡하여 전문가의 자문 필요 • 자본시장 여건에 따라 조달조건이 변함 • 중소기업은 주식공개매매 한계 • 유통시장 미발달 • 매매 활성화 한계(기업가치 불안정 문제)	• 원리금 상환 부담 • 과도한 차입비중은 기업재무구조를 악화시킴 • 중소기업의 경우 신용이 취약한 기업은 차입수단, 규모, 시기, 비용상의 문제 존재

54 다음 중 대중교통중심개발(TOD)에 대한 설명으로 옳지 않은 것은?

① 철도역, 버스정류장 등 대중교통역과 대중교통 노선의 거점을 중심으로 저밀도로 개발하여 쾌적성을 추구한다.
② 대중교통 수단으로 보행접근거리 및 시간을 단축시킴으로써 자동차에 대한 의존도를 줄일 수 있도록 한다.
③ 대중교통의 이용률을 높임으로써 교통 혼잡과 도

정답 51 ④ 52 ④ 53 ① 54 ①

시에너지 소비를 경감시킬 수 있도록 한다.
④ 생태적으로 민감한 지역이나 수변지, 양질의 자연환경을 보전하기 위하여 양호한 공지의 보전을 추구한다.

해설
대중교통중심개발(TOD)은 고밀도 개발을 기본전제로 한다.

55 다음 중 재정비촉진사업에 해당하지 않는 것은?
① 도시개발법에 의한 도시개발사업
② 택지개발촉진법에 의한 택지개발사업
③ 재래시장 육성을 위한 특별법에 의한 시장정비사업
④ 국토의 계획 및 이용에 관한 법률에 의한 도시계획시설 사업

해설
재정비촉진지구 안에서 시행되는 다음의 사업
• 「도시 및 주거환경정비법」에 의한 주거환경개선사업·주택재개발사업·주택재건축사업·도시환경정비사업
• 「도시개발법」에 의한 도시개발사업
• 「재래시장 육성을 위한 특별법」에 의한 시장정비사업
• 「국토의 계획 및 이용에 관한 법률」에 의한 도시계획시설사업

56 다음 중 공공기관을 지방으로 이전하는 계기로, 성장거점지역에 조성되는 도시로 지역의 대학, 연구소, 지방자치단체가 협력하여 새로운 성장동력을 창출하는 기반이 될 것으로 기대되는 것은?
① 행복도시   ② 혁신도시
③ 기업도시   ④ 뉴타운

해설
혁신도시
• 정의 : 이전공공기관을 수용하여 기업·대학·연구소·공공기관 등의 기관이 서로 긴밀하게 협력할 수 있는 혁신여건과 수준 높은 주거·교육·문화 등의 정주(定住)환경을 갖추도록 개발하는 미래형 도시
• 목적 : 공공기관 지방이전 시책 등에 따라 수도권에서 수도권이 아닌 지역으로 이전하는 공공기관 등을 수용하는 혁신도시의 건설을 위하여 필요한 사항과 해당 공공기관 및 그 소속 직원에 대한 지원에 관한 사항을 규정함으로써 공공기관의 지방이전을 촉진하고 국가균형발전과 국가경쟁력 강화에 이바지함

57 다음 중 개발금융에 관한 설명으로 가장 거리가 먼 것은?

① 개발금융이란 약 3~4년의 기간 동안 건설에 필요한 전체 개발비용이나 일부에 대한 단기이자 지불공채를 지칭한다.
② 마케팅, 토지수용, 건설작업 등에 필요한 비용 등도 개발비용에 포함된다.
③ 투자금융회사는 기본 대출이자와 동일한 이자율을 설정하고 지분의 공유를 요구하지 않아 시행자들이 선호한다.
④ 부동산 개발금융의 원천은 지분에 의한 조달과 부채에 의한 조달로 나눌 수 있다.

해설
투자금융회사는 사업의 위험성 때문에 기본 대출이자보다 많은 이자를 요구하고, 경우에 따라서 사업의 일정 부분의 지분을 요구하는 경우도 있음(PF)

58 다음 중 도시 및 주거환경정비법에 의한 정비사업의 종류에 해당하지 않는 것은?
① 재개발사업   ② 재건축사업
③ 주거환경개선사업 ④ 리모델링사업

해설
정비사업의 종류로는 주거환경개선사업, 재개발사업, 재건축사업이 있다.

59 다음 중 도시개발에 대한 설명으로 옳지 않은 것은?
① 도시개발은 택지문제의 해결에만 중점을 두어야만 한다.
② 도시계획과 연계성을 고려하여 개발방향이 제시되어야 한다.
③ 경제성장에 따른 삶의 질 향상과 생활양식의 변화 등도 고려하여야 한다.
④ 공공의 질서 안녕과 공공복리의 증진에 기여함을 목표로 한다.

해설
도시개발의 목적
• 인구성장과 도시인구의 증가로 인한 주택공급 확대
• 경제성장에 따른 삶의 질 향상
• 기술의 발전에 따른 주거, 업무 등 입지 선택의 변화에 부응하기 위해
• 도시의 건전한 발전을 도모하고 공공의 안녕질서와 공공복리의 증진
• 도시민 전체의 활동에 대한 능률성과 안전성 증대

정답 55 ②   56 ②   57 ③   58 ④   59 ①

60 다음 중 관리상 부실로 인하여 도시환경이 악화될 우려가 예견되거나 이미 악화된 지역에 대하여 기존 시설을 보존하면서 노후 및 불량화 요인만을 제거하는, 즉 부분적인 철거재개발 형식으로 구역 전체의 기능과 환경을 회복하거나 개선시키는 소극적인 재개발 시행방식은?

① 수복재개발
② 부완재개발
③ 보전재개발
④ 지구단위재개발

[해설]
수복재개발(Rehabilitation)
- 지구수복에 의한 재개발은 도시기능과 생활환경이 점차 악화되고 있는 대상지에서 건축물의 신축을 부분적으로 허용하되 나머지 건축물을 수리·개조함으로써 점진적으로 개선하는 재개발방법
- 대상지 안에 보존할 가치가 있는 건축물에 대해서는 되도록 증축 및 개량을 통해 그 가치를 증진
- 지구수복은 전면재개발과 지구보존의 복합적 성격을 지니고 있어 지구환경에 어울리지 않는 건축물의 개선을 권고하고 지정하는 내용도 포함

제4과목 국토 및 지역계획

61 도시체계 속에서 도시규모가 어떤 모양으로 분포하는가를 설명하려는 여러 가지 모형들 중 중심지 이론에 바탕을 둔 것은?

① 베크만 모형
② 시장기회모형
③ 사이먼의 비례효과 법칙
④ 엔트로피 극대화 모형

[해설]
중심지 이론에 바탕을 둔 모형은 베크만 모형이다.

62 다음 중 성장극(Growth Pole)이라는 용어를 처음으로 사용한 프랑스의 경제학자는?

① Losch
② Perroux
③ Hirshman
④ Myrdal

[해설]
1955년 페로우(F. Perroux)에 의해 '성장극'이라는 용어가 정착되었음. 슘페터(쇄신이론)와 케인즈 → 페로우(경제적 차원) → 보드빌(지리적 차원) → 허쉬만, 프리드만(성장중심지)

63 다음 중 토다로의 인구이동 모형에 대한 설명으로 가장 적합한 것은?

① 주로 선진국의 농촌과 도시 간의 인구이동현상을 설명하는 모형이다.
② 도시에서 주변 농촌으로 역류하는 인구이동현상을 설명하는 모형이다.
③ 실질소득보다 기대소득의 개념으로 인구이동현상을 설명하는 모형이다.
④ 사회주의국가의 농촌과 도시 간의 인구이동현상을 설명하는 모형이다.

[해설]
토다로(M. Todaro)는 지역 간 인구이동을 지역 간의 기대소득 격차에 의해 발생한다고 주장하였다.

64 다음 중 크리스탈러가 중심지 이론에서 제시한 공간조직원리에 해당하지 않는 것은?

① 시장원리
② 입지원리
③ 행정원리
④ 교통원리

[해설]
크리스탈러의 중심지 계층의 포섭원리에는 시장원리(K=3), 교통원리(K=4), 행정원리(K=7)가 있다.

65 다음 중 제4차 국토종합계획 수정계획(2006~2020)에서 국토축별 발전방향에 대한 설명으로 가장 옳은 것은?

① 동해안축 : 환태평양 진출을 위한 해양물류 및 산업경제력 강화
② 남해안축 : 유라시아 진출 및 남북교류의 거점지대로 육성
③ 중부내륙축 : 국제물류, 관광, 산업특화지대로 육성
④ 서해안축 : 동북아를 향한 국제물류, 비즈니스, 신산업, 문화관광 기반의 성장동력육성

해설
- 남해안축 : 환태평양 진출을 위한 해양물류 및 산업경쟁력 강화
- 서해안축 : 중국 등 동북아를 향한 국제물류·비즈니스, 신산업, 문화관광 기반의 성장 동력 육성
- 동해안축 : 유라시아 진출 및 남북교류의 거점지대로 육성

66 다음 중 전국을 28개의 생활권으로 구분하고 각 생활권을 성격과 규모에 따라 대도시 생활권, 지방도시생활권, 농촌도시생활권으로 구분하였던 국토계획은?

① 제1차 국토종합개발계획
② 제2차 국토종합개발계획
③ 제3차 국토종합개발계획
④ 제4차 국토종합개발계획

해설
제2차 국토종합개발계획(1982~1991) : 28개의 지역생활권으로 분류(대도시생활권 5, 지방도시생활권 17, 농촌도시생활권 6)

67 다음 중 런던의 무질서한 확산을 방지하기 위해 그린벨트를 주요 내용으로 하는 대런던계획을 작성한 사람은?

① 페리   ② 하워드
③ 아베크롬비   ④ 르 코르뷔지에

해설
영국 패트릭 아베크롬비(P. Abercrombie, 1944년)는 대런던계획을 작성하여 그린벨트 개념을 본격적으로 도입하였다.

68 다음 중 아래의 특징을 갖는 지역의 종류는?

- 한때는 경제성장을 하였으나 여러 가지 경제 여건의 변화로 장기적인 경제력 침체단계에 들어간 지역
- 석탄 등 풍부한 지하자원의 개발로 한때 호황을 누렸던 지하자원 채취지역이나 한때 수요가 많았던 제품을 생산했던 산업화된 지역

① 낙후지역   ② 침체지역
③ 과밀지역   ④ 과소지역

해설
지역의 구분
1. 침체지역(沈滯地域, Developed Regions in Recession)
- 한때는 경제적으로 성장하였으나 여러 가지 경제여건의 변화로 장기적인 경제적 침체단계에 들어간 지역
- 예를 들어 석탄을 생산했던 지역들이 대체에너지의 개발로 산업이 쇠퇴함에 따라 경제적 성장이 침체하게 되는 지역들이다.
2. 낙후지역(落後地域, Depressed Area)
- 지역개발계획에서 다른 지역의 일반적인 사회·경제적인 지표의 수준 이하에 머물러 있는 지역
- 지역균형개발사업 – 낙후지역의 개발을 위한 기반시설의 설치와 지역주민의 생활 및 소득수준 향상을 위하여 필요하다고 인정되는 사업으로서 시행령에서 규정한 도로사업, 상하수도 시설사업, 하천의 개축·보수사업, 관광지 및 관광단지조성사업, 공업단지조성사업, 어항시설사업 및 기타 사업
- 소규모 농업과 침체산업이 지배적인 경제구조를 지니고, 새로운 경제활동을 흡인할 수 있는 입지매력이 거의 없는 지역(한센의 동질지역구분)
3. 과밀지역(過密地域, Congested Regions)
인구와 산업이 과도하게 집중됨으로써 그 지역의 재정이나 개발능력으로는 유입인구나 산업의 수용에 필요한 주택, 학교, 도로, 상하수도 등 도시기반시설을 제공하기에 미흡하여 도시문제가 일어나는 지역

69 다음 중 Technopolis의 구성요건이 되는 3대 존이 아닌 것은?

① Industrial Zone
② Academic Zone
③ Administrative Zone
④ Habitation Zone

해설
테크노폴리스의 기능(Tatsuno, 1986)
쾌적한 자연환경과 효율적인 모도시의 생활기반 서비스를 바탕으로 첨단산업의 활력을 도입함으로써 산업(첨단기술산업군, Industrial Zone), 대학(학술연구기관, Academic Zone), 주거(쾌적한 생활환경 및 도시 서비스, Habitation Zone)의 3가지 기능이 잘 조화된 도시환경을 실현시키기 위한 방안

70 다음 중 제4차 국토종합계획 수정계획의 주요내용으로 가장 거리가 먼 것은?

① 동북아시대의 국토경영과 통일기반 조성
② 분권형 국토계획과 집행체계의 구축
③ 네트워크형 인프라 구축
④ 사회간접자본의 확충과 국토 이용의 효율화

정답 66 ② 67 ③ 68 ② 69 ③ 70 ④

해설

제4차 국토종합계획 수정계획(2006~2020년)의 기본 틀

기조	기본목표	추진전략
「약동하는 통합국토」의 실현	상생하는 균형국토	자립형 지역발전 기반의 구축
	경쟁력 있는 개방국토	동북아 시대의 국토경영과 통일기반 조성
	살기 좋은 복지국토	네트워크형 인프라 구축
	지속가능한 녹색국토	아름답고 인간적인 정주환경 조성
	번영하는 통일국토	지속가능한 국토 및 자원관리
		분권형 국토계획 및 집행체계 구축

(국토축과 경제권역의 형성)

71 다음의 조건을 가진 A도시의 섬유업에 관한 LQ 지수는?

- 조건 : A 시의 섬유업 총 고용자 수 : 5만 명
- A시의 총 고용자 수 : 40만 명
- 전국의 섬유업 총 고용자 수 : 35만 명
- 전국의 총 고용자 수 : 140만 명

① 0.5   ② 1.2
③ 2.0   ④ 2.4

해설

입지계수(LQ ; Location Quotient)
- 가정 : 지역과 전국 간의 노동생산성, 소비수준, 수요패턴, 상품이 동일하다.
- LQ 산정

$$LQ = \frac{E_{ir}/E_r}{E_{in}/E_n}$$

$$= \frac{r지역의\ i산업\ 고용\ 수/r지역\ 전체\ 고용\ 수}{전국의\ i산업\ 고용\ 수/전국의\ 고용\ 수}$$

$$= \frac{r지역의\ i산업\ 고용\ 점유비}{전국의\ i산업\ 고용\ 점유비} = \frac{\frac{5}{40}}{\frac{35}{140}} = 0.5$$

72 다음 중 국토 및 지역계획의 공간단위로서 지역을 구분하는 동질성의 원칙과 관계가 없는 것은?

① 보드빌   ② 요인분석법
③ 누스   ④ 베리

해설

베리의 요인분석은 주성분 분석으로 변수들을 요인으로 추출해내는 기법이다. 따라서 보드빌의 지역분류 중 동질지역, 베리의 요인분석은 동질성의 원칙과 관계가 있다.

73 다음 중 성장거점도시 선택기준으로 적절하지 못한 것은?

① 도시성장의 영향이 파급될 수 있는 잠재력이 있는 배후지를 가져야 한다.
② 정부의 지원뿐만 아니라 도시 자체가 개발 잠재력을 가지고 있어야 한다.
③ 전 국토의 균형발전을 도모해야 하므로 지리적 범위가 넓어야 한다.
④ 도시에서 수용하게 될 산업, 교육, 문화 등 추가적인 기능의 입지조건이 적절해야 한다.

해설

성장거점도시의 선정기준
1. 페로우의 선정기준
   프랑스의 페로우(Perroux ; Growth Pole Theory Enter)는 개발은 공간적(空間的)·선택적(選擇的)이어야 한다는 전제하에 다음과 같이 그 기준을 제시
   - 선도(先導)적이고 급격한 성장이 기대되는 입지(立地)
   - 보다 높은 지역승수효과(地域乘數效果)를 발휘할 수 있는 지역
2. 프리드만의 선정기준 : 프리드만(Friedman)이 제시한 성장거점 선정기준
   - 지배효과(支配效果)가 클 것
   - 정보(情報)효과가 클 것
   - 심리적(心理的) 효과가 클 것
   - 연계(連繫) 효과가 클 것
   - 근대화(近代化) 효과가 클 것
   - 생산(生産) 효과가 클 것

74 어떤 국가의 도시규모가 지프의 순위규모법칙에 의한 순위규모분포($q=1$)를 따른다고 할 때 수위도시 인구가 100만 명이면 제4순위 도시의 인구는 얼마로 예상할 수 있는가?

① 40만 명   ② 33만 명
③ 25만 명   ④ 20만 명

해설

$$P_r(r번째\ 순위도시인구) = \frac{P_L}{r^q} = \frac{최상위\ 도시의\ 인구}{도시순위^q}$$

여기서, $P_1 = 100$만 명, $q=1$, $r=4$일 때

$$P_4 = \frac{P_1}{4^{(1)}} = \frac{100만}{4} = 25만\ 명$$

75 다음 중 지역적인 차원에서 산업부문 간 경제활동의 상호의존관계를 설명하고 최종 수요의 규모 변동에 따른 경제적 파급효과를 분석할 수 있는 모형은?

① Economic Base Model
② Input - output Model
③ Shift - share Model
④ Location Quotient Model

해설
지역산업 연관모형(지역 투입산출 모형, Regional Input - output Model)
- 1940년경 레온티에프(Leontief)가 도입하여 Isard에 의해 정립된 이론
- 지역적인 차원에서 산업부문간 경제활동의 상호의존관계를 설명할 뿐만 아니라 최종수요의 규모변동에 따른 경제적 파급효과를 분석하는 방법으로 우리나라에서는 1960년대부터 활용

76 다음 중 알프레드 베버가 제시한 입지이론의 입지인자에 해당하지 않는 것은?

① 운송비   ② 노동비
③ 집적이익 ④ 시설비

해설
알프레드 베버(A. Weber)의 공업입지이론의 입지결정인자는 수송비, 노동비, 집적이익(집적경제)이다.

77 다음 중 후버 피셔의 지역발전 5단계설의 두 번째 단계에 해당하는 것은?

① 1차 산업 전문화 및 지역 간 교역의 단계
② 2차 산업의 도입단계
③ 다양한 공업화 이행단계
④ 수출용 3차 산업 전문단계

해설
후버 피셔의 지역발전 5단계는 자족적 최저생존경제단계, 1차 산업단계, 2차 산업 도입단계, 공업의 다양화 단계, 3차 산업의 전문화 단계로 구성된다.

78 다음 중 쇄신의 공간적 확산에 대한 설명으로 옳은 것은?

① 계층확산은 거리의 마찰효과에 가장 큰 영향을 받는다.
② 전염확산은 도시계층의 형태 또는 구성에 큰 영향을 받는다.
③ 모릴은 어떤 지역에서의 쇄신 채택률을 수리모형으로 설명하려 하였다.
④ 이전 확산은 계층확산과 전염확산으로 구분할 수 있다.

해설
쇄신 확산이론(베리, Berry)
1. 공간적 확산(진행과정)
   ㉠ 전염적 확산
   - 거리마찰효과 – 헤거스트랜드   • 변수 – 교통거리
   ㉡ 계층적 확산
   - 가구적 확산 – 소비적 확산(상류층 → 중류층 → 하류층으로 확산)
   - 기업적 쇄신 – 대도시 → 중간도시 → 소도시로 확산
2. 정보전달방법에 의한 분류
   ㉠ 이전확산 : 인구이동에 의한 확산
   ㉡ 팽창확산 : 쇄신적 정보만 확산
3. 모릴 – 쇄신 채택률 수리모형 설명 노력

79 다음 중 윌리암슨이 주장한 지역 간 소득격차와 국가발전단계와의 관계에 대한 설명으로 가장 옳은 것은?

① 윌리암슨은 미르달의 이론을 경험적으로 검증하였다.
② 지역 간 소득격차는 국가발전의 초기단계에 가장 적다.
③ 지역 간 소득격차는 역U자형 곡선을 그린다.
④ 누적적 인과법칙에 의하여 지역격차가 발생함을 밝혔다.

해설
윌리암슨(Williamson)은 지역 간 소득격차의 변화에 응용하여 지역 간 격차도 경제발전 초기단계에 증가하고 후기에 감소하는 역U곡선의 형태임을 입증하였다.

80 다음 중 리(E. S. Lee)가 인구이동을 설명하기 위해 사용한 개념에 해당하지 않는 것은?

① 흡인요인   ② 밀어내는 요인
③ 확률적 요인 ④ 중간개입 장애요인

해설
리(E. S. Lee)의 인구이동이론은 흡인, 배출, 중간개입 장애요인 개념이 사용되었다.

정답 75 ② 76 ④ 77 ① 78 ③ 79 ③ 80 ③

제5과목 도시계획관계법규

81 다음 중 기반시설에 속하지 않는 것은?

① 도로, 철도, 항만, 공항, 주차장 등 교통시설
② 광장, 공원, 녹지 등 공간시설
③ 하수도, 폐기물처리시설 등 환경기초시설
④ 아파트, 연립주택, 다세대주택 등 주거시설

해설
기반시설의 분류
당해 시설 그 자체의 기능발휘와 이용을 위하여 필요한 부대시설 및 편익시설을 포함
- 공간시설 : 광장(교통광장, 일반광장, 경관광장, 지하광장, 건축물부설광장)·공원·녹지·유원지·공공공지
- 공공·문화체육시설 : 학교·운동장·공공청사·문화시설·체육시설·도서관·연구시설·사회복지시설·공공직업훈련시설·청소년수련시설
- 교통시설 : 도로(일반도로, 자동차전용도로, 보행자전용도로, 자전거전용도로, 고가도로, 지하도로)·철도·항만·공항·주차장·자동차정류장(여객자동차터미널, 화물터미널, 공영차고지)·궤도·삭도·운하, 자동차 및 건설기계검사시설, 자동차 및 건설기계운전학원
- 유통·공급시설 : 유통업무설비, 수도·전기·가스·열공급설비, 방송·통신시설, 공동구·시장, 유류저장 및 송유설비
- 보건위생시설 : 화장장·공동묘지·납골시설·장례식장·도축장·종합의료시설
- 환경기초시설 : 하수도·폐기물처리시설·수질오염방지시설·폐차장
- 방재시설 : 하천·유수지·저수지·방화설비·방풍설비·방수설비·사방설비·방조설비

82 다음 중 수도권 정비계획법에 따라 과밀부담금에 대한 설명으로 옳지 않은 것은?

① 과밀부담금은 건축비의 100분의 10으로 하되, 지역별 여건 등을 고려하여 대통령령으로 정하는 바에 따라 건축비의 100분의 5까지 조정할 수 있다.
② 과밀부담금의 부과 대상은 성장관리권역에 속하는 지역이다.
③ 과밀부담금은 부과대상 건축물이 속한 지역을 관할하는 시·도지사가 부과, 징수한다.
④ 시·도지사는 납부 의무자가 납부기한까지 과밀부담금을 내지 아니하면 부담금의 100분의 5에 해당하는 가산금을 부과할 수 있다.

해설
과밀부담금의 부과 대상은 과밀억제권역 안(서울만 해당)에 속하는 지역이다.

83 다음 중 단지조성사업 등으로 설치되는 노외주차장에 경형 자동차를 위한 전용주차구획을 설치하여야 하는 기준으로 옳은 것은?

① 노외주차장 총 주차대수의 1% 이상
② 노외주차장 총 주차대수의 3% 이상
③ 노외주차장 총 주차대수의 5% 이상
④ 노외주차장 총 주차대수의 10% 이상

해설
2016. 7. 19.에 주차장법 시행령이 개정되어 노외주차장 총주차대수의 10% 이상이 되었다.

84 다음 중 수도권 정비법령에서 규정하고 있는 인구집중유발시설 기준으로 옳지 않은 것은?

① 고등교육법 제2조에 따른 학교로서 교육대학 또는 전문대학
② 업무용 시설이 주용도인 건축물로서 그 연면적이 30,000㎡ 이상인 업무용 건축물
③ 건축물의 연면적이 1,000㎡ 이상인 중앙행정기관 및 그 소속기관의 청사
④ 판매용 시설이 주용도인 건축물로서 그 연면적이 15,000㎡ 이상인 판매용 건축물

해설
업무용 시설이 주용도인 건축물로서 그 연면적이 25,000㎡ 이상인 업무용 건축물이어야 한다.

85 다음 중 주차장법령상 부설주차장 설치에 관한 기준이 옳은 것은?

① 부설주차장의 설치의무는 도시계획구역 안에서만 적용된다.
② 부설주차장이 주차대수 400대의 규모 이하이면 시설물 외 부지 인근에 단독 또는 공동으로 부설주차장을 설치할 수 있다.
③ 특별시장, 광역시장, 특별자치도지사 또는 시장은 부설주차장을 설치하면 교통혼잡이 가중될 우려가 있는 지역에 대하여는 부설주차장의 설치를 제한할 수 있다.
④ 시설물의 위치, 용도, 규모 및 부설주차장의 규모 등이 국토교통부령으로 정하는 기준에 해당할 때

에는 해당 주차장의 설치에 드는 비용을 시장, 군수, 구청장에게 납부하는 것으로 부설주차장의 설치를 갈음할 수 있다.

해 설
① 도시지역, 지구단위계획구역 및 지방자치단체의 조례로 정하는 관리지역에서 적용
② 300대 이하
④ 대통령령으로 정하는 기준에 해당할 때이다.

86 다음 중 도시공원의 구분에 따른 규모기준이 옳은 것은?

① 어린이공원 1,500㎡
② 묘지공원 10,000㎡
③ 도보권 근린공원 20,000㎡
④ 체육공원 30,000㎡

해 설
② 묘지공원 100,000㎡
③ 도보권 근린공원 30,000㎡
④ 체육공원 10,000㎡

87 다음 중 주택법상 각각 별개의 주택단지로 볼 수 있는 기준시설에 해당하지 않는 것은?

① 철도, 고속도로
② 폭 15m 이상인 일반도로
③ 폭 8m 이상인 도시계획 예정도로
④ 자동차 전용도로

해 설
별개의 주택단지 구분기준
주택법 제2조(정의)
6. "주택단지"란 제16조에 따른 주택건설사업계획 또는 대지조성사업계획의 승인을 받아 주택과 그 부대시설 및 복리시설(福利施設)을 건설하거나 대지를 조성하는 데 사용되는 일단(一團)의 토지를 말한다. 다만, 다음 각 목의 시설로 분리된 토지는 각각 별개의 주택단지로 본다.
가. 철도·고속도로·자동차전용도로
나. 폭 20미터 이상인 일반도로
다. 폭 8미터 이상인 도시계획예정도로
라. 가목부터 다목까지의 시설에 준하는 것으로서 대통령령으로 정하는 시설
주택법 시행규칙 제4조(주택단지의 구분기준이 되는 도로)
법 제2조 제6호 라목에서 "대통령령으로 정하는 시설"이란 보행자 및 자동차의 통행이 가능한 도로로서 다음 각 호의 어느 하나에 해당

하는 도로를 말한다.
1. 「국토의 계획 및 이용에 관한 법률」에 의한 도시·군계획시설인 도로로서 국토교통부령이 정하는 도로
2. 「도로법」에 의한 일반국도·특별시도·광역시도 또는 지방도
3. 그 밖에 관계 법령에 의하여 설치된 도로로서 제1호 및 제2호에 준하는 도로

88 다음의 공원시설 중 유희시설에 해당되지 않는 것은?

① 시소
② 정글짐
③ 사다리
④ 야외극장

해 설
유희시설에는 시소·정글짐·사다리·순환회전차·궤도·모험놀이장, 유원시설(「관광진흥법」에 따른 유기시설 또는 유기기구를 말한다), 발물놀이터·뱃놀이터 및 낚시터 그 밖에 이와 유사한 시설로서 도시민의 여가선용을 위한 놀이시설이 있다. 야외극장은 교양시설에 해당한다.

89 다음 중 개발밀도관리구역에 대한 설명으로 옳지 않은 것은?

① 개발밀도관리구역의 지정기준, 관리 등에 관하여 필요한 사항은 대통령령으로 정하는 바에 따라 국토교통부장관이 정한다.
② 개발밀도 관리구역은 개발행위로 인한 기반시설의 설치가 곤란한 주거지역에 대해서만 지정할 수 있었다.
③ 특별시장, 광역시장, 시장 또는 군수는 개발밀도 관리관청에서는 대통령령이 정하는 범위 내에서 관련 조항에 따른 건폐율 또는 용적률을 강화하여 적용한다.
④ 개발밀도 관리구역을 지정 또는 변경하려면 해당 지방자치단체에 설치된 도시계획위원회의 심의를 거쳐야 한다.

해 설
국토의 계획 및 이용에 관한 법률에 의한 개발밀도관리구역 개발로 인하여 기반시설이 부족할 것이 예상되나 기반시설의 설치가 곤란한 지역을 대상으로 건폐율 또는 용적률을 강화하여 적용하기 위하여 지정하는 구역이라면 지정 가능하다.

90 특별시장, 광역시장, 시장 또는 군수는 몇 년마다 관할구역의 도시기본계획에 대하여 그 타당성 여부를 전반적으로 재검토하여 정비하여야 하는가?

정답 86 ① 87 ② 88 ④ 89 ② 90 ②

① 3년　　　② 5년
③ 10년　　④ 20년

해설
국토의 계획 및 이용에 관한 법률 제23조(도시·군기본계획의 정비) 특별시장·광역시장·특별자치시장·특별자치도지사·시장 또는 군수는 5년마다 관할 구역의 도시·군기본계획에 대하여 그 타당성 여부를 전반적으로 재검토하여 정비하여야 한다.

91 도시 및 주거환경정비법령상 시장, 군수가 아닌 사업시행자가 시행하는 정비사업의 정비계획에 따라 설치되는 도시계획 시설 중 그 건설에 소요되는 비용의 전부 또는 일부를 시장, 군수가 부담할 수 있는 정비기반 시설에 해당하지 않는 것은?

① 광장　　② 공동구
③ 철도　　④ 공원

해설
주요 정비기반시설에는 도로, 상·하수도, 공원, 공용주차장, 공동구, 녹지, 하천, 공공공지, 광장, 임시수용시설이 있다.

92 다음 중 도시개발법상 도시개발구역의 지정권자가 도시개발사업의 시행자를 변경할 수 있는 경우에 해당하지 않는 것은?

① 도시개발사업에 관한 기초조사를 실시한 결과가 포함된 기본계획을 제출하지 않는 경우
② 시행자로 지정된 자가 대통령령으로 정하는 기간에 도시개발사업에 관한 실시 계획의 인가를 신청하지 아니하는 경우
③ 행정처분 등으로 시행자의 지정이나 실시계획의 인가가 취소된 경우
④ 시행자의 부도로 도시개발사업의 목적을 달성하기 어렵다고 인정되는 경우

해설
지정권자는 다음의 경우 시행자를 변경할 수 있다.
• 도시개발사업에 관한 실시계획의 인가를 받은 후 2년 이내에 사업을 착수하지 아니하는 경우
• 행정처분으로 시행자의 지정이나 실시계획의 인가가 취소된 경우
• 시행자의 부도·파산, 그 밖에 이와 유사한 사유로 도시개발사업의 목적을 달성하기 어렵다고 인정되는 경우
• 시행자로 지정된 자가 다른 도시개발구역 지정의 고시일부터 1년 이내에 실시계획의 인가를 신청하지 아니하는 경우(다만, 지정권자가

연장이 불가피하다고 인정하는 경우 6개월의 범위에서 연장 가능)

93 다음 중 국토교통부장관이 개발제한구역의 지정 및 해제를 도시관리계획으로 결정할 수 있는 경우와 가장 거리가 먼 것은?

① 도시의 무질서한 확산을 방지할 필요가 있을 때
② 도시민의 건전한 생활환경을 확보하기 위하여 도시의 개발을 제한할 필요가 있는 경우
③ 국방부장관의 요청으로 보안상 도시의 개발을 제한할 필요가 있는 경우
④ 올림픽 등 국제행사에 대비하여 대규모 자연공간을 확보할 필요가 있는 경우

해설
국토의 계획 및 이용에 관한 법률 제38조(개발제한구역의 지정) 국토교통부장관은 도시의 무질서한 확산을 방지하고 도시주변의 자연환경을 보전하여 도시민의 건전한 생활환경을 확보하기 위하여 도시의 개발을 제한할 필요가 있거나 국방부장관의 요청이 있어 보안상 도시의 개발을 제한할 필요가 있다고 인정되면 개발제한구역의 지정 또는 변경을 도시·군관리계획으로 결정할 수 있다.

94 다음 중 도시개발법령에 따라 도시개발구역으로 지정할 수 있는 대상지역과 규모기준이 옳은 것은?

① 도시지역 중 주거지역 : 3만 제곱미터 이상
② 도시지역 중 공업지역 : 5만 제곱미터 이상
③ 도시지역 중 자연녹지지역 : 1만 제곱미터 이상
④ 도시지역 외의 지역 : 66만 제곱미터 이상

해설
도시개발구역의 규모
• 주거지역, 상업지역, 자연녹지·생산녹지 = 1만 m² 이상
• 공업지역 = 3만 m² 이상
• 도시지역 밖 = 30만 m² 이상

95 다음 중 국토기본법에 따른 국토계획의 구분과 정의가 옳지 않은 것은?

① 국토종합계획은 국토 전역을 대상으로 하여 국토의 장기적인 발전방향을 제시하는 종합계획이다.
② 도 종합계획은 도 또는 특별자치도의 관할구역을 대상으로 하여 해당 지역의 장기적인 발전방향을 제시하는 종합계획이다.

③ 지역계획은 특정 지역을 대상으로 특별한 정책목적을 달성하기 위하여 수립하는 계획이다.
④ 부문별 계획은 특정 지역을 대상으로 특정 부문에 대한 단기적인 발전방향을 제시하는 계획이다.

> [해설]
> 부문별 계획은 국토 전역을 대상으로 하여 특정 부문에 대한 장기적인 발전방향을 제시하는 계획을 말한다.

96 다음 산업단지의 지정에 관한 설명으로 옳지 않은 것은?

① 일반산업단지는 시·도지사 또는 대통령령이 정하는 시장이 지정한다. 단, 대통령령이 정하는 면적 미만의 산업단지의 경우에는 시장·군수 또는 구청장이 지정할 수 있다.
② 국토교통부장관은 관계 중앙행정기관의 장과 협의 후 심의회의 심의를 거쳐 국가산업단지를 지정하여야 한다.
③ 도시첨단산업단지는 국토교통부장관이 지정하는 경우, 시·도지사의 신청을 받아 지정한다.
④ 시장·군수 또는 구청장은 시·도지사에게 도시첨단산업단지의 지정을 신청하고자 하는 때에는 산업단지 개발계획을 입안하여 제출하여야 한다.

> [해설]
> 도시첨단산업단지는 국토교통부장관, 시·도지사 또는 제7조 제1항 본문에 따라 대통령령으로 정하는 시장이 지정하며, 시·도지사(특별자치도지사는 제외한다)가 지정하는 경우에는 시장·군수 또는 구청장의 신청을 받아 지정한다. 다만, 대통령령으로 정하는 면적 미만인 경우에는 시장·군수 또는 구청장이 직접 지정할 수 있다. 〈개정 2014.1.14.〉

97 다음 중 공동주택 중심의 양호한 주거환경을 보호하기 위하여 세분하여 지정하는 용도지역은?

① 제1종 전용주거지역 ② 제2종 전용주거지역
③ 제1종 일반주거지역 ④ 제2종 일반주거지역

> [해설]
> 주거지역
> 1. 준주거 : 주거기능을 위주로 이를 지원하는 일부상업기능 및 업무기능을 보완하기 위하여 필요한 지역
> 2. 일반주거지역 : 편리한 주거환경을 조성하기 위하여 필요한 지역
> • 제1종 일반주거지역 : 저층주택을 중심으로 편리한 주거환경을 조성하기 위하여 필요한 지역
> • 제2종 일반주거지역 : 중층주택을 중심으로 편리한 주거환경을 조성하기 위하여 필요한 지역
> • 제3종 일반주거지역 : 고층주택을 중심으로 편리한 주거환경을 조성하기 위하여 필요한 지역
> 3. 전용주거지역 : 양호한 주거환경을 보호하기 위하여 필요한 지역
> • 제1종 전용주거지역 : 단독주택 중심의 양호한 주거환경을 보호하기 위하여 필요한 지역
> • 제2종 전용주거지역 : 공동주택 중심의 양호한 주거환경을 보호하기 위하여 필요한 지역

98 다음 중 도시 및 주거환경정비법에 따라 사업시행자가 관리처분계획에 포함시켜야 하는 사항에 해당하지 않는 것은?

① 분양설계
② 손실보상 및 토지의 수용
③ 정비사업비의 추산액 및 그에 따른 조합원 부담규모와 부담시기
④ 분양대상자의 분양예정인 대지 또는 건축물 추산액

> [해설]
> 관리처분계획의 내용
> 1. 분양설계
> 2. 분양대상자의 주소 및 성명
> 3. 분양대상자별 분양 예정인 대지 또는 건축물의 추산액
> 4. 분양대상자별 종전 토지 또는 건축물의 명세 및 사업시행인가의 고시가 있는 날을 기준으로 한 가격
> 5. 분양대상자의 종전 토지 또는 건축물에 관한 소유권의 권리명세
> 6. 정비사업의 추산액 및 그에 따른 조합원부담 규모 및 시기
> 7. 그 밖의 사항
> • 현금으로 청산하는 토지 등 소유자별 기존의 토지·건축물·그 밖의 권리의 명세와 이에 대한 청산방법
> • 새로이 설치되는 정비기반시설의 명세와 용도가 폐지되는 정비기반시설의 명세
> • 보류지 등의 명세와 추산가액 및 처분방법
> • 비용의 부담비율에 의한 대지 및 건축물의 분양계획과 그 비용부담의 한도·방법·시기

99 다음 중 도시지역의 시급한 주택난을 해소하기 위하여 주택건설에 필요한 택지의 취득, 개발, 공급 및 관리 등에 관하여 특례를 규정함으로써 국민 주거생활의 안정과 복지 향상에 이바지함을 목적으로 하는 법률은?

① 주택법
② 택지개발촉진법

정답 96 ③ 97 ② 98 ② 99 ②

③ 도시개발법
④ 도시 및 주거환경 정비법

해 설

① 주택법의 목적 : 국민의 주거안정과 주거수준 향상
② 택지개발법의 목적 : 도시지역의 택지난 해소, 국민주거의 안정과 복지 향상
③ 도시개발법 : 계획적이고 체계적인 도시개발, 쾌적한 도시환경 조성, 공공복리 증진
④ 도시 및 주거환경 정비법 : 도시기능의 회복, 도시환경 개선 및 주거생활의 질 향상(주거환경이 불량한 지역 정비, 노후·불량 건축물 개량)

100 다음 중 건축법령상 두 필지 이상의 필지를 하나의 대지로 할 수 있는 토지가 아닌 것은?

① 하나의 건축물을 두 필지 이상에 걸쳐 건축하는 경우
② 국토의 계획 및 이용에 관한 법률에 따른 도시계획시설에 해당하는 건축물을 건축하는 경우 그 도시계획시설이 설치되는 일단의 토지
③ 건축물의 사용승인을 신청할 때 둘 이상의 필지를 하나의 필지로 합칠 것을 조건으로 건축허가를 하는 경우 그 필지가 합쳐지는 토지
④ 도로의 지표 아래에 건축하는 건축물의 경우 국토교통부장관이 그 건축물이 건축되는 토지로 정하는 토지

해 설

도로의 지표 아래에 건축하는 건축물의 경우 : 특별시장·광역시장·특별자치시장·특별자치도지사·시장·군수 또는 구청장(자치구의 구청장을 말한다. 이하 같다)이 그 건축물이 건축되는 토지로 정하는 토지여야 한다.

정답 100 ④

2회 2012년 기출문제

제1과목 도시계획론

01 넬슨(Arthur C. Nelson)과 듀칸(Janes B. Ducan)이 정리한 성장관리정책의 목적에 해당하지 않는 것은?

① 어반 스프롤(Urban Sprawl)의 방지
② 세수의 증대
③ 효율적인 도시형태의 구축
④ 경제적 효율성 제고

해설
도시성장관리는 지속가능 발전이 목적이므로 세수 확대를 위한 개발 위주의 관리와는 방향이 다르다.

02 성장관리에 대해서 주 및 자치체가 자신의 행정구역에 있어서 장래 개발의 속도, 양, 형태, 위치, 질에 의도적인 영향을 주고자 하는 것으로 정의를 내린 학자는?

① J. Gottmann   ② P. Healey
③ D. Godshalk   ④ H. Hoyt

해설
D. Godshalk
현대적 의미의 도시성장관리는 광역자치단체 및 기초자치단체가 자신의 행정구역 내에서 장래 개발의 속도, 양, 형태, 위치, 질에 의도적인 영향을 주고자 하는 행위로 이해할 수 있다.

03 도시공간구조 이론 중 해리스와 울만이 제시한 다핵심구조이론(Multiple-Nuclei Theory)에서의 기능지역에 해당하지 않는 것은?

① 도시교통시설지역   ② CBD
③ 중공업지역   ④ 교외주거지역

해설
다핵심이론의 기능지역에는 1. CBD(중심업무지구), 2. 도매, 경공업지구, 3. 저급주택지구, 4. 중산층 주택지구, 5. 고급 주택지구, 6. 중공업지구, 7. 부심(주변업무지구), 8. 신주택지구, 9. 신공업지구가 있다.

04 토지이용에서 도시문제를 야기하는 대표적인 요인으로 거리가 먼 것은?

① 외부효과
② 이용 주체 간의 경합성
③ 기능 중심의 교통계획과 차별성
④ 토지의 난개발

해설
토지이용계획의 과제
1. 외부효과
   • 내부적인 요인에 대비하여 외부대상에 의해 발생하는 영향
   • 외부경제성 : 외부경제적 영향에서 경제성을 높이는 경우
   • 외부불경제성 : 불이익을 초래하는 경우
   • 외부경제성은 최대화하고 외부불경제성은 최소화하는 토지이용계획 수립
2. 이용주체 간 경합
   • 토지이용의 결정과 관련된 수많은 주체 간의 경제에 의해 토지이용이 결정됨
   • 결정과정에서 서로 상반된 이해관계의 대립 발생
   • 대립은 국가 – 도시 – 지구 등 계획 공간수준에서 발생함
   • 토지이용계획은 이러한 상호마찰을 최소화하고 대립 및 모순을 조정하는 기능을 가짐
3. 난개발
   • 토지소유자 자의에 의한 개발이나 방치로 공공비용의 과중이나 토지의 경제성을 저하시키는 현상
   • 대표적인 형태가 무계획적인 시가지 확산(UrbanSprawl)임
   • 토지이용계획은 이러한 난개발을 방지하고 공공시설 정비 기능을 지님

05 계획이론 중 종합적 계획이 갖는 비현실성에 대한 비판과 보완에서 출발하여, 논리적 일관성이나 최적의 해결 대안을 제시하는 것보다는 지속적인 조정과 적용을 통하여 계획의 목표를 추구하는 접근방법을 제시한 이론과 학자의 연결이 옳은 것은?

① Friedmann - 교류적 계획(Transactive Planning)
② Davidoff - 옹호적 계획(Advocacy Planning)
③ Faludi - 체계적 계획(System Planning)
④ Lindblom - 점진적 계획(Incremental Planning)

해설
점진적 계획(Incremental Planning)
• 린드블롬(C. Lindblom)에 의해 주창한 이론
• 총합적 계획의 비현실성을 비판하면서 인간의 지적능력의 한계와

정답 01 ② 02 ③ 03 ① 04 ③ 05 ④

의사결정의 제약으로 총합적 분석은 불가능하므로 제한된 대안만을 고려해야 한다는 이론
- 현상을 부분적 점진적으로 개선할 수 있는 제한된 수의 대안을 검토·선택하는 것
- 총합적 계획에 있어 목표, 문제해결, 대안평가와 결정의 집행 등이 지나치게 중앙집중적인 점을 보완
- 논리적 일관성이나 최적의 해결대안을 제시하기보다는 지속적인 조정과 적응을 통한 계획의 목표 추구에 대한 접근방법
- 세계 어느 곳에서도 적용이 가능한 현실적 이론임

06 다음 중 도시를 도시기능에 따라 분류한 것은?

① 산업도시 ② 침상도시(Bed Town)
③ 중소도시 ④ 급성장도시

해설

도시의 기능적 분류
- 종합도시 : 보통도시, 표준도시
- 정치도시(행정도시) : 워싱턴, 브라질리아, 뉴델리, 뉴욕(경제도시)
- 문화도시 : 문화재를 많이 갖고 있거나 문화시설이 많은 도시
- 관광도시 : 제주
- 침상도시(기숙사도시, 위성도시)
- 군사도시 : 진해
- 휴양도시 : 마이애미, 호놀룰루, 프랑스의 니스
- 항만도시 : LA, 부산, 상해
- 학원도시(교육도시) : 보스턴, 청주

07 도시에 대한 일반적인 설명으로 가장 거리가 먼 것은?

① 도시는 다수의 인구가 비교적 좁은 장소에 밀집하여 거주하며 농촌에 비하여 인구밀도가 비교적 높다.
② 1차 산업의 비율이 낮고 2·3차 산업의 비율이 높은 비농업적 활동이 주로 일어나는 곳이다.
③ 도시는 행정·경제·문화의 중심지 기능을 담당하며 독특한 문화와 새로운 문명을 개척하는 삶의 터전이 된다.
④ 주민 구성에 있어 이질적인 집단의 성격이 강하고, 주민 간의 상호접촉은 빈번하고 광범위하며, 주로 항시적이고 직접적인 특징이 있다.

해설

도시의 특성
- 인구 및 직업의 구성 : 제조업·판매업에 종사하는 사람, 지식인, 전문인들로 구성
- 규모와 인구밀도 측면 : 일정규모 이상의 인구와 높은 인구밀도
- 주민의 구성 : 이질적 집단, 익명성 보장, 개성이 강함
- 주민들 간의 상호 접촉 : 빈번하고 광범위하지만 일시적이고 간접적

- 인구의 유동성 : 유동성이 높고, 변화의 중심지
- 각종 기능 및 시설 : 각종 기능 분화, 특정 기능 집적, 행정적·물리적 생활시설이 많음

08 도시교통문제에 관심을 갖고 도시규모의 과대화를 방지하고 과잉교통을 배제하며 도시환경의 악화를 방지하기 위하여 선상의 유통체계가 도시형태를 결정하도록 하는 선형도시안을 주장한 사람은?

① 테일러(Taylor) ② 언윈(Unwin)
③ 마타(Mata) ④ 게데스(Geddes)

해설

소리아 이 마타(A. Soria Y Mata) – 선형도시(Linear City)
- 도시 교통문제에 관심
- 도시규모의 과대화 방지
- 과잉교통 배제
- 도시환경의 악화를 방지하기 위하여 선상의 유통체계가 도시형태를 결정하도록 함

09 개발로 인하여 기반시설이 부족할 것으로 예상되나 기반시설을 설치하기 곤란한 지역을 대상으로 건폐율이나 용적률을 강화하여 적용하기 위하여 지정하는 구역을 무엇이라고 하는가?

① 개발밀도관리구역
② 기반시설부담구역
③ 시가화 조정구역
④ 성장억제구역

해설

"개발밀도관리구역"이란 개발로 인하여 기반시설이 부족할 것으로 예상되나 기반시설을 설치하기 곤란한 지역을 대상으로 건폐율이나 용적률을 강화하여 적용하기 위하여 제66조에 따라 지정하는 구역을 말한다.

10 용적률이 600%이고 12층인 건축물의 건폐율은?

① 30% ② 40%
③ 50% ④ 60%

해설

$$건폐율 = \frac{용적률}{평균층수}, \quad 건폐율 = \frac{600\%}{12층} = 50\%$$

11 국토계획의 개념으로 틀린 것은?

① 국토계획은 전 국토를 대상으로 하는 계획이다.
② 국토계획은 국토에서 일어나는 여러 가지 인간 활동의 공간적 배분 문제를 다루는 공간계획이다.
③ 국토계획은 국토의 공간구성과 관련되는 모든 분야가 망라되는 종합계획이다.
④ 국토계획은 지방자치단체가 주체가 되어 수립한 계획을 종합한 계획이다.

해 설
국토계획의 성격
- 경제계획, 사회계획, 물리계획을 종합하는 종합계획이다.
- 하위운영계획의 지침을 제시하는 지침제시적 계획으로 국가의 정책계획이다.
- 지역적 수준의 범위는 최상위인 국가를 바탕으로 하는 계획이다.
- 계획기간이 20년인 장기계획이다.
- 국토의 균형발전을 목표, 국토의 미래상과 장기적 발전방향을 종합적으로 설정
- 국토에서 일어나는 여러 가지 인간활동의 공간적 배분문제를 다루는 공간계획

12 도시에서 보전 가치가 높은 특정 지역에 대해 용도를 규제하는 대신 그에 상승하는 개발권을 토지소유자에게 부여하여 제한되는 권리만큼의 손실을 보상해주는 제도는?

① 도시재개발제도 ② 개발권양도제도
③ 도시재정비제도 ④ 뉴타운개발제도

해 설
- 개발권양도제란 토지의 개발권을 이전할 수 있는 권리로 개발권이양제라고도 한다.
- 기존 지역제에서 역사적 건축물의 보전과 농지나 자연환경의 보전 등을 위해 정해진 용적률 등 중에서 정해진 미이용 부분을 인근 토지소유자에게 양도 또는 매매를 통한 이전이 가능하도록 한 제도이다.

13 집산도로의 기능에 대한 설명으로 옳은 것은?

① 가구를 구획하고 택지로의 접근성을 높이는 것을 목적으로 한다.
② 근린주거구역의 교통을 보조간선도로에 연결하여 근린주거구역 내 교통의 집산기능을 한다.
③ 도시 내 주요 지역을 연결하거나, 시·군의 골격을 형성한다.
④ 대량 통과교통의 처리를 목적으로 하여 도시 내의 골격을 형성한다.

해 설
집산도로는 근린생활권의 교통을 보조간선도로에 연결 또는 집산하는 도로를 말한다.

14 다음 중 학자와 그 계획안이 일치하지 않는 것은?

① Ebenezer Howard - 전원도시
② Tony Garnier - 공업도시
③ P. Abercrombie - 대런던계획
④ Frank Lloyd Wright - 빛나는 도시

해 설
빛나는 도시는 르 코르뷔지에가 주장하였다.

15 학자에 따른 도시의 정의가 잘못 연결된 것은?

① 워스(L. Wirth) - 사회적으로 이질적인 사람들로 구성되어 있고 상대적으로 넓은 면적과 높은 인구밀도를 가진 정주지다.
② 웨버(M. Weber) - 주민의 대부분이 농업이 아닌 공업이나 상업에 종사하여 얻은 수입으로 생활하는 커다란 취락이다.
③ 다비도프(P. Davidof) - 도시의 결정요인은 인구나 건물이 아니라 예술·문화·종교·민주적 정치형태다.
④ 쇼버그(G. Sjoberg) - 지적 엘리트를 포함한 각종 비농업적 전문가가 많으며 상당한 규모의 인구와 인구밀도를 갖는 공동체다.

해 설
선택이론(Choice Theory)
- 다비도프(Paul Davidoff)와 라이너(T. A. Reiner)에 의해 제시된 이론
- 도시계획에서 계획 과정을 하나의 선택행위의 연속으로 보는 이론으로 선택된 가치와 목표를 구체적으로 실현시킬 대안들을 찾아내어 그중 가장 좋은 안을 선택하는 것
- 주민들로 하여금 그들의 가치를 찾아내어 스스로 결정·선택하도록 유도하는 것
- H. Simon 제안 → A. Etzioni 구체화 → A. Reiner 결정이론 적용
- 일부과정에만 적용가능하며, 선택이 제한적이다.

정답 11 ④ 12 ② 13 ② 14 ④ 15 ③

16 경합성과 배제성에 따른 재화의 분류 중 A에 해당하는 재화에 대한 설명으로 옳은 것은?

배제 여부 경합 여부	배제 가능	배제 불가능
경합	A	B
비경합	C	D

① 대가를 지불할 필요성이 없고 소비를 제한할 방법도 없기 때문에 아무도 생산하려고 하지 않는다.
② 시장기구가 재화를 공급할 수 없기 때문에 공급의 문제가 심각하다.
③ 시장기구를 통한 공급이 가능하며, 이렇게 하는 것이 자원배분상 효율적이다.
④ 측정이 곤란하고 소비자에게 선택의 여지가 없어 재화의 공급량과 가격 결정에 공공이 개입하게 된다.

해설
A 재화는 배제, 경합의 성격을 가지므로 민간재(사적재)라 한다. 자본주의 사회에서 민간재는 시장기구를 통하여 수요와 공급이 결정된다.

17 1967년 도시 내의 상업·업무지역을 중심형 상업지구(Nucleation), 가로변 상업지구(Ribbon) 및 특화지구(Specialized Area)로 구분한 학자는?

① 프라우푸트(Proudfoot)
② 샤핀과 카이저(Chapin & Kaiser)
③ 베리(Berry)
④ 무스(Muth)

해설
베리(Berry)
1967년 도시 내의 상업·업무지역을 중심형 상업지구(Nucleation), 가로변 상업지구(Ribbon) 및 특화지구(Specialized Area)로 구분

18 도시정보체계(Urban Information System)의 하나인 토지정보체계(Land Information System)를 구축함으로써 얻을 수 있는 장점으로 틀린 것은?

① 관계 행정기관 상호 간의 자료교환체계의 구축으로 관련 업무의 신속화가 가능
② 시민들에게 토지정보 제공으로 투명한 토지행정 실현
③ 토지 관련 일상 업무의 효율화와 계획 수립 업무의 과학화 실현
④ 정확한 토지정보 구축으로 인한 토지가치 상승

해설
토지정보체계(Land Information System)를 구축함으로써 얻을 수 있는 장점
• 관계 행정기관 상호 간의 자료교환체계의 구축으로 관련 업무의 신속화 가능
• 시민들에게 토지정보 제공으로 투명한 토지행정 실현
• 토지 관련 일상 업무의 효율화와 계획 수립 업무의 과학화 실현

19 인구성장의 상한선이 있는 것으로 가정하여 대도시 지역의 인구 예측에 유용하게 사용될 수 있는 S자형의 비대칭곡선 형태를 띠는 인구추정모형은?

① 지수성장모형
② 수정된 지수성장모형
③ 곰페르츠모형
④ 비율예측모형

해설
곰페르츠모형
수정된 지수모형으로 지역인구가 처음에는 완만하게 증가하다 어느 시점을 지나면 급격히 증가하고 다시 완만하게 증가(S자형 성장)하는 지역에 적용

20 도시의 새로운 계획 패러다임의 방향이 아닌 것은?

① 시민참여의 확대와 계획 및 개발주체의 단일화
② 도·농 통합적 계획으로의 전환
③ 에너지 절약형 도시개발로의 전환
④ 입체적·기능통합적 토지이용관리

해설
개발주체의 단일화보다는 다변화가 필요하다.

제2과목 도시설계 및 단지계획

21 1875년 영국에서 불결한 도시주거환경을 제거하기 위해 새로이 건설되는 주택의 상하수도 시설과 정원 크기 및 주변도로의 폭 등 주거환경기준을 규제하는 목적으로 제정된 법은?

① 건축법(Building Code)
② 미관지구에 관한 법(Law of Beautification District)
③ 단지조성법(Site Planning Act)
④ 공중위생법(Public Health Act)

> **해설**
> 영국의 공중위생법
> 1. 영국의 주거환경 관련 법률 : 산업혁명이 일찍 시작된 영국은 노동자들의 열악한 주거 및 주거환경이 커다란 사회문제였으며 이러한 주거환경문제를 해결하기 위한 노력으로「공중위생법(Public Health Act)」,「노동자계급 숙사법(Labouring Health Act), 1851년」,「런던계획법,1894년」,「주거 및 도시계획 등의 법(Housing, Town Planning ect. Act, 1909년)이 제정되었다.
> 2. 공중위생법의 내용
>   • 공중위생의 입장에서 유해물질 근절과 질병예방을 위한 대응이 이루어짐
>   • 과밀지구, 불안전 배수, 고여 있는 오수, 화장실의 비위생적인 주택에 대한 대책

22 주거단지 계획 시 생활권의 단계와 생활 시설배치의 관계로 옳은 것은?

① 생활권의 단계에 따라 시설의 종류와 규모를 달리한다.
② 시설의 종류는 동일하고 생활권의 단계에 따라 규모를 달리한다.
③ 생활권의 단계와 관계없이 초등학교는 항상 1개소만 둔다.
④ 생활권의 단계와 관계없이 도보거리 500m를 기준으로 시설을 배치한다.

> **해설**
> 생활시설 배치
> 시설권의 종류와 규모는 생활권의 종류와 규모에 따라 달리 배치해야 함

구분 생활권	설정 기준	인구 규모	고려사항	비고
소 생활권	행정동 기준	2~3 만(인)	• 초·중학교의 학군 • 시장권역 • 역세권역 • 지형적·인위적 제약성 • 지역적 특수성	근린주구 중심 (Neighbour-hood)
중 생활권	2~4 개소 생활권	10 만(인)	• 중·고교의 학군 • 계획의도적 구분 • 산세, 하천 등 자연환경 • 시설배치 기준을 고려	지역· 커뮤니티 (Community)
대 생활권	구단위	50 만(인)	• 도로, 철도 등이 인문적 환경 • 부도심권 형성 및 도심기능 분산을 유도한 계획성	부도심권 중심 (Sub-core)

23 주택단지의 총 세대수가 2,000세대 이상인 경우, 주택단지에 이르는 진입도로의 폭 또는 기간도로와 접하는 폭은 최소 얼마 이상으로 하여야 하는가?

① 20m ② 15m
③ 12m ④ 8m

> **해설**
> 진입도로 최소폭원
>
> | 세대수 | ~100세대 | ~300세대 | ~500세대 | ~1,000세대 | ~2,000세대 | 2,000세대~ |
> |---|---|---|---|---|---|---|
> | 진입도로(m) | 6 | 6 | 8 | 12 | 15 | 20 |

24 Spreiregen은 외부공간에서의 폐쇄성은 수직면에서 관찰자까지의 거리(D)와 수직면의 높이(H) 간의 비율로 결정되고, Ashihara는 사람의 키에 대한 벽면이나 구조물의 높이에 의해서 폐쇄성이 결정된다고 했다. 다음 중 Spreiregen과 Ashihara이 폐쇄성이 거의 상실되는 기점으로 설명한 각각의 조건이 모두 옳은 것은?

① D/H=1, 180cm ② D/H=2, 150cm
③ D/H=3, 120cm ④ D/H=4, 60cm

정답 21 ④ 22 ① 23 ① 24 ④

해설

폭과 높이에 따른 외부 공간의 시각적 규모
C. Stein, K. Lynch, P. Spreiregen, Y. Ashihara 등에 의해 연구됨
- D/H ≤ 1(45°) : 폐쇄감을 느끼기 시작, 건물 높이에 대한 인식 불가능
- 1 ≤ D/H ≤ 2(30°) : 균형감, 안정감, 거리감 인식 가능
- 2 ≤ D/H ≤ 3(18°) : 폐쇄감을 느끼는 최소의 비례
- 3 ≤ D/H(14°) : 폐쇄감 상실, 노출감 인식
- 4 < D/H : 공간의 폐쇄성을 잃게 되어 영향력이 희미해져 공허감과 노출감을 느끼며 상호 연관성이 없게된다. (요시노부 아시하라)

25 보행자 공간의 역할과 거리가 먼 것은?

① 쾌적한 보행자 공간의 조성을 통해 연도상가의 환경을 개선시킬 수 있다.
② 안락하고 편리한 보행자 공간을 이용하여 보행자들이 목적지까지 편리하게 도달할 수 있게 한다.
③ 산책, 놀이, 대화등의 생활공간으로 활용될 수 있다.
④ 특정 주택단지의 정체성을 높여 저소득 계층과의 구분이 가능하도록 해준다.

해설

보행자전용공간(Pedestrian Mall)
- 주로 상업지역에 설치되어 안전하고 쾌적한 보행을 유도하여 주변 상가의 활성화를 도모하는 시설
- 도심지역의 차량혼잡으로 인한 소음, 배기가스, 교통사고 등으로부터 보행인을 보호하여 쾌적한 구매행위가 일어날 수 있도록 기존 도로를 재정비하여 보행몰을 조성, 신도시에서는 계획 초기부터 체계적으로 조성되기도 함
- 차량 진입을 완전히 배제한 것을 풀몰(Full Mall)이라고 하고 공공교통의 진입만을 제한적으로 허용하는 세미몰(Semi Mall) 등이 있음

26 지구단위계획의 특별계획구역에 대한 설명으로 틀린 것은?

① 지구단위계획구역 중에서 계획의 수립 및 실현에 상당한 기간이 걸릴 것으로 예상되어 별도의 개발안이 필요한 경우에는 특별계획구역으로 지정할 수 없다.
② 특별계획구역에 대한 계획내용은 지구단위계획에 포함하여 결정한다.
③ 지구단위계획을 입안할 때 조건에 해당하는 곳을 특별계획구역으로 반영하여 함께 지정한다.
④ 도시·군관리계획으로 결정하는 데 있어 법령에서 지구단위계획으로 결정하도록 한 부분이 있는 경우에는 이들 모두를 도시·군관리계획으로 결정하여야 한다.

해설

특별계획구역
1. 정의
   - 지구단위계획구역 중 현상설계 등에 의하여 창의적 개발안을 받아들일 필요가 있거나 계획안을 작성하는 데 상당한 기간이 걸릴 것으로 예상되어 충분한 시간을 가질 필요가 있을 때 별도의 개발안을 만들어 지구단위계획으로 수용, 결정하는 구역
   - 미국식 PUD 제도를 국내에 도입
2. 특별계획구역의 지정대상
   - 하나의 대지 안에 여러 동의 건축물과 다양한 용도를 수용하기 위해 특별한 건축 프로그램에 의한 복합적 개발이 필요한 경우 : 대규모 쇼핑단지, 전시장, 터미널, 농수산물 도매시장, 출판단지 등 일반화되기 어려운 특수기능의 건축시설 등
   - 지형조건상 지반고 차이가 심하여 건축적으로 상세한 입체계획이 수립되어야 할 경우 : 복잡한 지형의 재개발구역을 종합적으로 개발하는 경우 등
   - 지구단위계획구역 내 일정지역에 대해 좋은 설계안을 반영하기 위해 현상설계 등을 하고자 할 경우
   - 주요 지표물 지점으로서 지구단위계획안 작성 당시에는 대지 소유자의 개발프로그램이 뚜렷하지 않으나 앞으로 협의를 통하여 좋은 개발안을 유도할 필요가 있는 경우
   - 공공사업 시행, 대형 건축물 등 공동개발 필요지역
   - 기타 지구단위계획구역의 지정 목적을 달성하기 위하여 필요한 경우

27 카멜로지테(Camillo Sitte)의 예술적 원리에 근거한 도시공간의 내용과 거리가 먼 것은?

① 도시공간은 연속적으로 존재해야 한다.
② 고대와 중세의 도시공간과는 다른 새로운 예술적 도시 공간을 조성해야 한다.
③ 도시를 확장하는 데 문화재의 보존문제에 관심을 가져야 한다.
④ 건물은 광장이나 기타 요소와 상호 관계되는 경우에만 의미를 갖는다.

해설

카멜로지테(Camillo Sitte)
- 예술적 원리를 준용한 도시계획
- 도시미화 운동의 근간, 도시구성요소들 간의 관계미학
- 고든쿨렌(Gordon Cullen)과 케빈린치(Kevin Lynch)에 의한 도시 이미지 연구로 발전

정답 25 ④ 26 ① 27 ②

28. 슈퍼블럭(Super Block)의 장점과 거리가 먼 것은?

① 공동의 오픈스페이스 확보
② 전통적 가로경관의 유지
③ 공급처리시설의 공동화 가능
④ 자동차 통과교통의 방지

해설
슈퍼블럭(Super Block)의 장점
• 건물을 집약화함으로써 고층화·효율화 가능
• 충분한 공동의 오픈스페이스 확보 용이
• 보도와 차도의 완전한 분리 가능
• 전력, 난방, 하수, 쓰레기 수집 등 도시시설의 공동화 가능

29. 경관분석을 위해 구역의 넓이, 분석의 정밀도 등에 따라 그리드(Grid)의 크기를 나누고 등급화하여 등급별 그리드 수에 의해 경관의 특색을 도출하는 경관 분석방법은?

① 기호화 방법
② 생태학적 방법
③ 사진판독법
④ 메시(Mesh)에 의한 방법

해설
경관분석기법
1. 기호화방법[케빈 린치(Kevin Lynch), 웍스켓(Wor-skett)]
   • 케빈 린치 : 도시 경관을 분석함에 있어서 기호를 만들어 이를 도시경관분석에 이용하여 도면 작성
   • 웍스켓 : 경관을 조망하는 시점에서 그 형태를 기호화
2. 심미적 요소의 계량화 방법
   • 레오폴드(Leopold)
   • 경관의 질적 요소를 계량화하여 경관 평가에 객관화 시도
3. 사진에 의한 방법
   • 세퍼(Shafer), 미트(James Miets)
   • 항공사진이나 일정지점에서 대상물을 촬영하여 경관을 분석하는 방법. 8×10inch 크기의 흑백사진을 가지고 자연 경관에 대한 시각적 선호에 관한 계량적 모델을 제시. 비교적 모델의 적합성이 높음
4. 메시(Mesh)에 의한 방법
   • 자연경관을 위요 공간과 조망 공간의 두 종류로 체계화하고 각 요인을 일정한 간격의 메시로 구획한 도면상에서 분석하고 이를 종합하여 경관의 질을 평가하는 방법
5. 시각회랑(Visual Corridor)에 의한 방법
   • 리튼(Litton)
   • 거시경관 : 전경관(Panoramic Landscape), 지형경관(Feature Landscape), 위요경관(Enclosed Land-scape), 초점경관(Focal Landscape)
   • 세부경관 : 관개경관(Canopied Landscape), 세부경관(Detailed Landscape), 일시적 경관(Ephemeral Landscape)

30. 생활편익시설의 배치 시, 노선형에 비해 집합형으로 배치하였을 때의 특징으로 틀린 것은?

① 시설 상호 간의 유기적 관련성이 높다.
② 상점의 입장에서는 충분한 주차공간의 확보가 어렵다.
③ 공공공간의 공동 이용으로 용지의 면적이 절약된다.
④ 활력 있는 가로 분위기를 조성할 수 있다.

해설
시설배치 중 집중형의 특징

장점	단점
• 시설 상호 간 유기적 관련성이 높음 • 시설의 다양성과 선택성이 높음 • 용지 절약	• 원거리 (외곽부 거주자 접근 불리) • 동선체계 • 주차공간 확보문제 (자동차 위주의 접근)

31. 페리의 근린주구이론에서 근린단위(Neighborhood Unit)의 규모를 결정하는 구분 기준이 되는 시설은?

① 동사무소
② 우체국
③ 놀이터
④ 초등학교

해설
근린주구 이론의 근린단위 규모결정 기준시설은 "초등학교"이다.

32. 도시설계에 관하여 아래와 같이 주장한 미국의 사회학자는?

근대도시의 획일화된 형태와 기능적인 용도 분리, 가로와의 관계를 의식하지 않은 비정형적인 오픈스페이스 등은 사회범죄와 전통적인 커뮤니티의 해체, 기계적이고 단조로운 인간생활을 조장함으로써 도시는 점점 삭막해져가고 있다. 이러한 문제의식을 바탕으로 전통적인 도시공간의 사례조사를 통하여 용도 혼합에 의한 가로공간의 조성과 적정 밀도의 저층고밀개발, 보차공존 도로의 조성 등을 통하여 근대도시의 부정적 속성을 해결하여야 한다.

정답 28 ② 29 ④ 30 ④ 31 ④ 32 ②

① Herbert Gans ② Jane Jacobs
③ Kevin Lynch ④ Paul D. Spreiregen

해설
도시설계 정착기(60년대)의 제이콥스(Jane Jacobs)
• 물리적 환경에 대한 전문가적 관심
• 근대도시의 문제점 제시

33 지구단위계획구역의 지정에 관한 도시·군관리계획 결정의 고시일부터 얼마 이내에 그 지구단위계획구역에 관한 지구단위계획이 결정·고시되지 아니하면 그 효력을 잃는가?

① 1년 이내 ② 2년 이내
③ 3년 이내 ④ 4년 이내

해설
지구단위계획구역의 실효
지구단위계획구역의 지정에 관한 도시·군관리계획결정의 고시일로부터 3년 이내에 당해 지구단위계획구역에 관한 지구단위계획이 결정·고시되지 아니하는 경우에는 그 3년이 되는 날의 다음 날에 당해 지구단위계획구역의 지정에 관한 도시·군관리계획결정은 그 효력을 상실

34 주간선도로와 보조간선도로의 배치간격 기준은?

① 1,000m 내외 ② 750m 내외
③ 500m 내외 ④ 250m 내외

해설
주간선도로와 보조간선도로의 배치간격
• 도심(500m)
• 주거(500~1,500m)
• 곡선반경(12m 이상)

35 공원·녹지체계의 유형 중 일정 폭의 녹지를 직선적으로 길게 조성하는 것으로 완충녹지에서 많이 볼 수 있으며, 인도의 찬디가르(Chandigarh)에서 볼 수 있는 유형은?

① 집중형 ② 분산형
③ 대상형 ④ 격자형

해설
샹디가르(찬디가르)
인도 편잡주의 수도이며 르 코르뷔지에에 의해 설계됨
• 배치의 상징성 : 삼권분리와 경관의 고려(히말라야 산맥을 배경으로 경관적 배려)
• 배치의 기하학적 질서 : 물리적·시간적 간격 조절
• 대지로부터 분리된 마천루와 공원화된 도시지면 : 차량이동을 위한 길은 행정지구 하부를 가로지르고 공원을 산책하는 사람에게는 차량이 보이지 않도록 함, 풍부한 녹지대 확보(대상형 녹지대 확보)

36 1970년 네덜란드의 델프트시에서 최초로 등장한 보차공존 도로는?

① 쿨데삭(Cul-De-Sac)
② 본엘프(Woonerf)
③ 커뮤니티 도로
④ 트랜싯몰(Transit Mall)

해설
보행자와 차량의 관계(보차공존 방식)
• 보·차를 동일한 공간에 배치하되 차량통행 억제의 다양한 기법 사용
• 보행자 위주의 안전 확보, 주거환경 개선, 차량통행은 부수적
• 네덜란드의 본엘프 도로(생활의 터), 일본의 커뮤니티도로(보행환경개선 – 일방향통행), 독일의 보차공존구간(30~40m 간격으로 주행속도 억제시설 설치)

37 주거단지 내의 밀도계획을 아래와 같이 하고자 할 때, 상정인구밀도에 의하여 계산한 주거용지의 총 면적은?

구분 밀도	계획인구	인구밀도
고밀도	12,500인	250인/ha
중밀도	9,000인	200인/ha
저밀도	5,000인	100인/ha

① 80ha ② 105ha
③ 125ha ④ 145ha

해설
주거용지의 총 면적
$= \Sigma\left(\dfrac{\text{계획인구}}{\text{인구밀도}}\right) = \dfrac{12,500}{250} + \dfrac{9,000}{200} + \dfrac{5,000}{100} = 145\text{ha}$

38 도로의 종류에서 도로의 사용 및 형태별 구분에 해당하지 않는 것은?

① 일반도로 ② 고가도로
③ 간선도로 ④ 지하도로

정답 33 ③ 34 ③ 35 ③ 36 ② 37 ④ 38 ③

> **해 설**
> 도로의 사용 및 형태별 구분 : 일반도로, 자동차전용도로, 보행자전용도로, 자전거전용도로, 고가도로, 지하도로
> ③ 간선도로는 도로의 기능별 분류에 해당한다.

39 주거형 지구단위계획에서 단독주택용지의 가구 및 획지계획 기준으로 틀린 것은?

① 획지의 형상은 건축물의 규모와 배치, 인동간격, 높이, 토지이용, 차량동선, 녹지공간의 확보 등을 고려하여 장방형 또는 정방형의 형태를 결정하되, 가능하면 남북방향으로의 긴 장방형으로 한다.
② 단독주택용 획지로 구성된 소가구는 근린의식 형성이 용이하도록 10~24획지 내외로 구성하며, 장변이 120m를 초과할 경우에는 장변 중간에 보행자도로를 삽입하는 것이 좋다.
③ 대가구의 규모는 어린이 놀이터 하나를 유지하는 거리로 반경 150~250m를 기준으로 한다.
④ 대가구 내 도로계획은 단조로움과 통과교통 방지를 위하여 3지 교차도로 및 루프(Loop)형 도로를 배치한다.

> **해 설**
> 단독주택지 가구 및 획지계획
> 1. 간선도로변 획지기법
> • 가구의 장변길이가 150m 이상일 경우 3~4m의 보행자 통로를 설치하여 보행거리를 줄임
> • 간선도로변에 시설녹지가 없는 경우 세장비가 큰 대형의 획지를 1켜로 배치하여 도로변의 소음·진동을 줄이고 가로경관을 증진시킴
> 2. 소가구 획지기법
> • 가구 단변의 길이는 30~50m, 남북 간은 짧게(26~34m), 동서 간은 길게(32~44m)
> • 가구 장변의 길이는 90~130m, 150m 이상일 경우 보행거리가 길고, 지루함
> 3. 대가구 획지기법
> • 대가구의 단위규모는 어린이놀이터의 이용반경과 주거가구를 인지할 수 있는 소가구의 적절한 조합으로 결정
> • 길을 건너지 않고 어린이놀이터를 이용할 수 있는 반경 100~150m
> • 소가구 조합에 의한 대가구 구성 시 구획도로는 평행으로 4~5개가 적합
> • 단변의 길이 180~250m, 장변의 길이 250~350m

40 케빈 린치(Kevin Lynch)가 그의 저서 "도시의 이미지"에서 공공이미지를 만들어 내는 5가지 요소로 정의하지 않은 곳은?

① 결절점(Node) ② 조경(Landscape)
③ 지구(District) ④ 통로(Paths)

> **해 설**
> 케빈 린치(Kevin Lynch)의 도시이미지 구성요소
> 지구(District), 연변(Edge), 결절(Node), 통로(Path), 표지물(Land Mark)

제3과목 도시개발론

41 도시개발사업의 방식 중 수용 또는 사용방식이 환지방식이나 혼용방식과 비교하여 갖는 특징으로 옳지 않은 것은?

① 초기투자비가 막대한 편이다.
② 이주대책을 마련하는 데에 어려움이 따를 수 있다.
③ 사업기간이 상대적으로 많이 걸린다.
④ 전면매수에 따른 토지주의 반발이 많아질 수 있다.

> **해 설**
> 수용 또는 사용에 의한 방식은 매수에 의해 이루어지므로 환지와 관련된 협의 및 행정처리기간이 필요 없어 기간이 상대적으로 적게 걸린다.

42 자산담보부증권(ABS)에 대한 설명으로 옳지 않은 것은?

① 자산을 기초로 발생하는 경우에는 대차대조표에는 영향을 미치지 않는 부외금융이라는 이점이 있다.
② 사업주의 신용이 낮은 경우에도 자금을 조달할 수 있다.
③ 대출과 달리 유가증권의 형태로 유동화한다.
④ 다른 수단에 비하여 간편하지만 운용보수가 높다.

> **해 설**
> 자산담보부 증권(ABS ; Asset-Backed Securities)의 특징
> • 사업주의 신용이 낮은 경우에도 자금 조달 가능
> • 자산을 기초로 ABS를 발행할 경우 대차대조표에 영향을 미치지 않는 부외금융(Off-balance-sheet Finan-cing)임
> • 다른 방법에 비해 간편하고 운용보수 등이 저렴
> • 자금 조달비용 절감효과
> • 자금 고정화 현상을 완화, 자본의 유동성 제고

정답 39 ③ 40 ② 41 ③ 42 ④

43 개발수요분석에 활용되는 예측 모형 중 정량적 모형에 해당하지 않는 것은?

① Huff모형 ② 중력모형
③ 시계열분석 ④ 델파이법

해 설

1. 계량적(정량적) 방법
   - 인과분석, 시계열모형, 다변량해석법, 중력모형, Huff모형, 마르코프 과정 등
   - 자료가 있는 경우 그 패턴을 찾아서 수요를 예측
2. 비계량적(정성적) 방법
   - 델파이, 집단회의법, 시나리오법, 의사결정나무법, 판단결정모델, 비교 유추
   - 과거 자료가 없는 경우, 즉 신규 상품이나 서비스가 없는 경우 실증적인 방법

44 환지계획에서 사업에 필요한 경비를 조달하고 공공시설 설치에 필요한 용지를 확보하기 위해 정하는 것은?

① 체비지·보류지 ② 청산환지
③ 입체환지 ④ 증환지

해 설

환지방식 관련 용어
- 체비지·보류지 : 사업에 필요한 경비 조달, 공공시설 설치에 필요한 토지 확보를 위한 토지
- 입체환지 : 과소 토지가 되지 않도록 건축물과 이것이 있는 토지의 공유 지분을 주는 것
- 환지예정지 : 권리는 인정하나, 사용·수익은 인정되지 않는다.
- 청산금 : 손실을 받은 사람에게 현금으로 정산하여 교부
- 감보 : 종전토지보다 토지면적이 감소하는 것
- 증환지(감환지) : 종전보다 토지가 늘어나는(줄어드는) 환지

45 프로젝트 파이낸싱(PF ; Project Financing)의 자금조달 형태 중 가장 큰 비중을 차지하며 대부분 상업은행에서 제공되는 차입금(이자수익을 목적으로 투자)이 이에 해당하는 것은?

① 선순위 채권 ② 후순위 채무
③ 자기자본 ④ 부동산펀드

해 설

PF의 자금조달 형태
PF의 자금원은 자기자본, 후순위채무, 선순위채무로 구분됨
- 자기자본투자 : 투자회수순위에서 가장 낮은 순위로 위험도가 높으나 사업성과에 따라 높은 사업이익을 확보할 수 있음
- 자기자본투자는 전략적 투자자(시공권확보, 영업권확보, 신규사업진출 등이 투자목적인 자), 재무적 투자자(배당수익이 목적인 자)가 있음
- 선순위 채권(Senior Debt) : PF에서 가장 큰 비중을 차지하며 대부분 상업은행으로부터의 차입금(이자수익을 목적으로 투자)
- 후순위 채무(Subordinated Debt) : 자기자본과 선순위채무의 중간적 성격의 금융, 부채비율 계산 시 자기자본으로 간주, 공사비 초과분 조달, 적정 채무비율 유지, 기타 보증채무 상환 등에 사용

46 대중교통역과 대중교통 노선의 거점을 중심으로 보행거리 내에 있는 토지를 복합고밀로 개발하여 대중교통의 이용률을 높이고 교통혼잡과 도시에너지 소비를 경감시키고자 Peter Calthorpe에 의해 처음으로 주창된 것은?

① TDR ② TOD
③ PUD ④ TOP

해 설

대중교통지향형 도시개발(TOD ; Transit-Oriented Development)의 정의
- 캘솝(Peter Calthorpe)에 의해 처음 주창된 도시개발방식 : 철도역과 버스정류장 주변 도보접근이 가능한 10~15분 (650~1,000m) 거리에 대중교통지향적 근린지역을 형성하여 대중교통체계가 잘 정비된 도심지구를 중심으로 고밀개발을 추구하고, 외곽지역에는 저밀도의 개발을 추구하는 방식임
- 일반적 정의 : 도시대중교통축의 대중교통정류장을 중심으로 하는 보행권 및 역세권을 공간범위로 하여 대중교통 친화적인 공간이 조성되도록 도시개발을 하는 것

47 국가나 지방자치단체가 도시개발사업에 필요한 토지 등을 수용하거나 사용하기 위한 기준은?

① 사업대상 토지면적의 1/3 이상에 해당하는 토지를 소유하고 토지 소유자 총수의 1/2 이상에 해당하는 자의 동의를 받아야 한다.
② 사업대상 토지면적의 1/2 이상에 해당하는 토지를 소유하고 토지 소유자 총수의 1/3 이상에 해당하는 자의 동의를 받아야 한다.
③ 사업대상 토지면적의 2/3 이상에 해당하는 토지를 소유하고 토지 소유자 총수의 1/2 이상에 해당하는 자의 동의를 받아야 한다.
④ 사업대상 토지면적의 2/3 이상에 해당하는 토지를 소유하고 토지 소유자 총수의 1/3 이상에 해당하는 자의 동의를 받아야 한다.

정답 43 ④ 44 ① 45 ① 46 ② 47 ③

> **해 설**
>
> 필요 동의 수
> 1. 지정권자가 환지방식의 도시개발계획을 수립할 때(도시개발구역의 지정) : 환지방식을 적용하려 할 때는 토지면적의 2/3 이상에 해당하는 토지소유자와 그 지역의 토지소유자 총수의 1/2 이상의 동의를 얻어야 함 - 국가, 지자체는 예외
> 2. 환지방식의 시행자
>   - 토지소유자(토지면적의 2/3 이상의 토지소유)
>   - 도시개발조합(토지소유자 7인 이상, 소유자 총수의 1/2, 토지면적의 2/3 이상의 동의)
> 3. 전면매수방식의 토지수용 조건 : 토지소유자, 법인, 부동산 투자회사 등 - 사업대상 토지면적의 2/3 이상에 해당하는 토지를 소유하고 토지소유자 총수의 1/2 이상에 해당하는 자의 동의

48 도로의 기능별 구분 및 그 내용이 옳지 않은 것은?(단, 도시계획시설의 결정·구조 및 설치기준에 관한 규칙에 따른다.)

① 주간선도로 : 시·군 내 주요 지역을 연결하거나 시·군 상호 간을 연결하여 대량 통과교통을 처리하는 도로
② 보조간선도로 : 주간선도로를 집산도로 또는 주요 교통발생원과 연결하여 시·군 교통의 집산기능을 하는 도로
③ 집산도로 : 가구를 구획하는 도로
④ 특수도로 : 보행자전용도로, 자전거전용도로 등 자동차 외의 교통에 전용되는 도로

> **해 설**
>
> 도로의 기능별 구분
>
> | 구분 | 내용 |
> |---|---|
> | 주간선도로 | 시·군내 주요지역을 연결하거나 시·군 상호간을 연결하여 대량통과교통을 처리하는 도로로서 시·군의 골격을 형성하는 도로 |
> | 보조간선도로 | 주간선도로를 집산도로 또는 주요 교통발생원과 연결하여 시·군 교통의 집산기능을 하는 도로로서 근린주거구역의 외곽을 형성하는 도로 |
> | 집산도로 | 근린주거구역의 교통을 보조간선도로에 연결하여 근린주거구역내 교통의 집산기능을 하는 도로로서 근린주거구역의 내부를 구획하는 도로 |
> | 국지도로 | 가구(街區 : 도로로 둘러싸인 일단의 지역)를 구획하는 도로 |
> | 특수도로 | 보행자전용도로·자전거전용도로 등 자동차 외의 교통에 전용되는 도로 |

49 수도권에 집중되어 있는 공공기관을 지방으로 이전하는 계기로 이들 기관과 지역의 대학, 연구소, 지방자치단체가 협력하여 지역의 새로운 성장동력을 창출하는 것을 목표로 하는 것은?

① 혁신도시개발사업
② 기업도시개발사업
③ 행정중심복합도시사업
④ 도시환경재정비사업

> **해 설**
>
> 혁신도시
> - 정의 : 이전공공기관을 수용하여 기업·대학·연구소·공공기관 등의 기관이 서로 긴밀하게 협력할 수 있는 혁신여건과 수준 높은 주거·교육·문화 등의 정주(定住)환경을 갖추도록 공공기관 지방 이전에 따른 혁신도시 건설 및 지원에 관한 특별법에 따라 개발하는 미래형 도시
> - 목적 : 공공기관 지방이전 시책 등에 따라 수도권에서 수도권이 아닌 지역으로 이전하는 공공기관 등을 수용하는 혁신도시의 건설을 위하여 필요한 사항과 해당 공공기관 및 그 소속 직원에 대한 지원에 관한 사항을 규정함으로써 공공기관의 지방이전을 촉진하고 국가균형발전과 국가경쟁력 강화에 이바지함

50 바다, 하천, 호수 등 수변공간을 가지는 육지에 개발된 공간을 무엇이라 하는가?

① 워터프론트 ② 역세권
③ 지하공간   ④ 텔레포트

> **해 설**
>
> 워터프론트(水邊空間, Waterfront)
> - 일반적 정의 : 바다, 하천, 호수 등 수변공간을 가지는 육지에 인공적으로 개발된 공간을 의미함
> - 우리나라 : 해변, 강변 등 비교적 규모가 큰 수역의 육지에 진행되는 개발
> - 일본 : 해안선에 접한 육역 주변 및 그것에 근접한 수역을 병행한 공간

51 일반마케팅과 비교하여 도시마케팅이 갖는 특징으로 옳지 않은 것은?

① 마케팅의 핵심적인 주체는 도시정부다.
② 도시의 발전이나 성장보다는 이윤의 극대화를 마케팅의 주요 목표로 한다.
③ 도시 또는 도시 내 특정 장소라는 일정한 공간적 단위 그 자체를 상품화한다.

정답 48 ③ 49 ① 50 ① 51 ②

④ 상품 자체가 지리적으로 이동할 수 없어, 이를 생산·판매·소비하는 경제주체들의 이동이 중요하다.

> **해설**
> 도시마케팅은 도시의 발전이나 성장을 주요 목표로 한다.

52 1920년대에 위성도시안을 제안한 사람이 아닌 자는?

① 테일러(G. R. Taylor) ② 라딩(A. Rading)
③ 기버드(F. Gibberd) ④ 휘튼(R. Whitten)

> **해설**
> 1920년대 위성도시 제안론자
> • 위성도시의 발달은 하워드의 전원도시에서 유래
> • 테일러(G. R. Taylor), 언윈(R. Unwin), 휘튼(R. Whitten), 라딩(A. Rading)

53 도시개발의 사업성 분석을 위한 사업성 평가 지표 중, 순현재가치(FNPV ; Financial Net Present Value)에 관한 설명으로 맞는 것은?

① 프로젝트로부터 발생하는 할인된 전체 수입을 할인된 전체 비용으로 나눈 값이다.
② 프로젝트로부터 발생하는 수입과 비용을 같게 만들어주는 할인율이다.
③ 순현재가치가 1보다 클 때 프로젝트의 사업성은 있다고 할 수 있으며, 반대로 1보다 작을 때 그 프로젝트의 사업성은 없는 것으로 평가된다.
④ 프로젝트로부터 발생하는 할인된 전체 수입에서 할인된 전체 비용을 뺀 값이다.

> **해설**
> 순현재가치법(Net Present Value)
> • 편익과 수입 현재가치로 환산하여 평가하는 방법
> • $FNPV = \sum_{t=0}^{T} \frac{R_t}{(1+r_0)^t} - \sum_{t=0}^{T} \frac{C_t}{(1+r_0)^t}$
> • FNPV > 0 : 프로젝트의 사업성이 있음

54 도시개발사업을 위한 재원조달방안인 지분조달방식에 대한 설명으로 옳지 않은 것은?

① 원리금이나 이자의 상환부담이 없다.
② 중소기업의 경우 주식 공개매매, 유통시장이 발달되지 않는다.
③ 자본시장의 여건에 따라 조달이 민감하게 영향을 받는다.
④ 조달규모의 증대로 소유자의 지분이 크게 확대된다.

> **해설**
> 지분조달방식의 특징
> 1. 장점
>   • 원리금이나 이자의 상환부담이 없음
>   • 사업아이디어가 발전적으로 진행됨
>   • 투자가가 자문가로서의 역할을 수행
> 2. 단점
>   • 회사 통제권의 일부를 포기해야 함
>   • 판매된 지분은 미래에 다시 회수하기 어려움
>   • 지분투자자들은 사업계획에 동의하지 않으므로 문제발생 가능
>   • 자금조달이 복잡하여 변호사나 회계사 등 전문가의 자문 필요
>   • 자본시장의 여건에 따라 조달조건이 민감하게 변함
>   • 조달규모 증대 시 소유주의 지분 축소가 불가피
>   • 중소기업 등은 주식 공개매매, 유통시장이 발달되지 않음
>   • 기업가치 불안정으로 매매활성화에 한계가 존재함

55 공공사업의 비용과 편익을 사회적 입장에서 분석하여, 수익률을 계산하고 이를 바탕으로 공공투자사업이나 정책의 타당성을 분석하는 것을 무엇이라 하는가?

① 재무분석 ② 민감도분석
③ 자금순환분석 ④ 경제성 분석

> **해설**
> 1. 도시개발의 사업 타당성 분석
>   도시개발사업에서 타당성 분석이라 함은 협의의 타당성 분석에 해당하는 경제적 타당성 분석을 의미함
> 2. 경제적 타당성
>   • 도시개발 사업에 소요되는 비용보다 발생되는 수익이 많을 때 타당성이 인정됨
>   • 영향변수 : 개발대상 부지의 규모, 위치, 토지가격, 시장가격, 시장여건, 법/제도
>   • 분석기법 : 순현가치(NPV), 내부수익률(IRR) 등이 사용됨

56 단일 또는 소수의 프로젝트를 신디케이트하는 경우 또는 부동산 사업의 자본을 모집하기 위한 수단으로 파트너십(Partnership)의 형태가 많이 활용되고 있다. 다음은 어떤 형태의 파트너십을 설명하고 있는가?

의무와 채무에 대하여 무한책임을 부담하는 일반 파트너가 존재하지 않는 형태. 주로 공인 회계사, 변호사, 건축사 등의 업무 및 관련 사업을 위하여 구성하는 전문직 동업 형태.

① 일반 파트너십(General Partnership)
② 무한 파트너십(Unlimited Partnership)
③ 유한 파트너십(Limited Partnership)
④ 유한책임 파트너십(Limited Liability Partner-ship)

해설

공동(Partnership)
- 일반 파트너십(General Partnership) : 통상의 파트너십, 민법상 조합으로 둘 이상의 동업자(Partner)가 공동으로 사업을 수행·이윤 분할 형태
- 유한 파트너십(Limited Partnership) : 최소 한 명 이상의 일반파트너(사업의 소유자 - 무한책임, 경영참여)와 여타의 유한파트너(출자한도 내에서 유한책임 - 경영이나 지배에 참여 불가능)로 구성됨
- 유한책임 파트너십(Limited Liability Partnership) : 무한책임을 부담하는 일반파트너가 존재하지 않는 형태, 주로 공인중개사, 변호사, 건축사 등의 업무 및 관련 사업을 위하여 구성되는 전문직 동업형태

57 압축도시(Compact City)에 대한 설명으로 옳지 않은 것은?

① 토지이용은 고밀개발을 추구한다.
② 압축도시 개발은 직주근접과 관련이 있다.
③ 압축도시 개발을 위해서는 단일용도의 토지이용이 이루어져야 한다.
④ 에너지사용을 줄이고 환경오염을 최소화할 수 있는 도시형태다.

해설

압축도시(Compact City)
1. 정의
   - 전원도시론과 같이 교외지역에 주거지역을 저밀도로 확산시키는 개발방식 대신 시가화된 기존의 도시 또는 신도시로 설정된 지역을 고밀도로 집중적으로 개발하는 방식임
   - 고밀도 도시개발을 통하여 도시 주변의 자연환경을 보존하며 하는 방법, 즉 주거, 공공시설을 일정공간에 집적화, 나머지 지역을 녹색 도시화하며 난방, 전력공급, 교통 등에서 에너지 절약을 효율적으로 달성할 수 있는 도시로, 환경적으로 지속 가능한 도시의 형태이다.
2. 방법
   - 다수의 교외지역에 확산된 개발보다는 소수의 고밀개발을 통하여 환경에의 부하를 최소화하여 정주지 개발의 효율성을 높임
   - 도시의 방만한 교외확산을 방지하고 고밀도 복합용도로 개발함
   - 미개발지를 보호할 수 있게 되어 자연생태계에 대한 부하를 최소화함

58 나폴레옹 3세의 명령에 의해 오스만이 추진한 것으로 근대적 도시재개발의 시작이라고 할 수 있는 것은?

① 런던 개조계획
② 파리 대개조계획
③ 콜럼비아 도시미운동
④ 말로법에 의한 주거환경개선사업

해설

파리 대개조계획(1852년)
1. 오스만
   - 1853년부터 17년 동안 파리지사를 지내며 파리를 근대화하는 데 공을 세움
   - 나폴레옹 3세의 명령에 의해 실시
2. 특징
   - 파리의 인구급증으로 인한 비위생적인 상태와 계속되는 도시반란에 이용되는 건물을 없애고 치안 유지를 목적으로 대대적인 재건축을 단행
   - 도로, 상하수도, 스카이라인 규제
   - 노동자 거주지역을 외곽으로 옮기고 시내도로망과 상하수도를 정비하여 시내를 관통하는 오늘날의 대로(大路) 체계 고안
   - 일드라시테를 행정과 종교 중심지로 만들었으며, 불로뉴와 뱅센 공원, 파리 오페라하우스와 중앙상가 레잘 등 파리 시내의 유서 깊은 광장, 교회, 극장, 공공건물 등은 모두 그의 기획과 관리력에서 나옴

59 용도지역제와 획지분할규제를 근간으로 하는 미국의 종래 택지개발방식이 지니는 문제점을 극복하기 위한 제도로, 공적 입장에서 요구되는 환경의 질과 개발자의 입장에서 요구되는 사업성을 동시에 추구하고자 한 것은?

① TDR
② IP
③ PUD
④ U-City

해설

계획 단위개발(PUD ; Planned Unit Development)의 정의
- 계획단위 개발로 대상지 전체를 일체적이고 유기적으로 계획하고 설계하여 개발하는 방식으로 최소면적, 개발자의 자격요건, 용적률, 건축물의 높이, 주차시설 등에 관한 일반지

침을 정해주고 개발자는 이 지침의 범위 내에서 사업대상지와 사업내용의 특성에 맞추어 토지이용계획과 단지계획을 수립하여 정부의 인가를 받은 후 종합적으로 개발하는 방식
• 우리나라의 지구단위계획 내의 특별계획구역제도와 유사하다.

60 재개발을 시행하는 방식에 따른 분류에 해당하지 않는 것은?

① 수복재개발(Rehabilitation)
② 단지재개발(Reblocking)
③ 보전재개발(Conservation)
④ 전면재개발(Redevelopment)

해설
시행방법에 따른 재개발방식의 분류
수복(보수)재개발(Rehabilitation), 보전재개발(Conservation), 철거(전면)재개발

제4과목 국토 및 지역계획

61 로렌츠 곡선(Lorenz Curve)을 통해 파악할 수 있는 것은?

① 지역생산구조   ② 지역소득분배
③ 지역고용구조   ④ 지역소득수준

해설

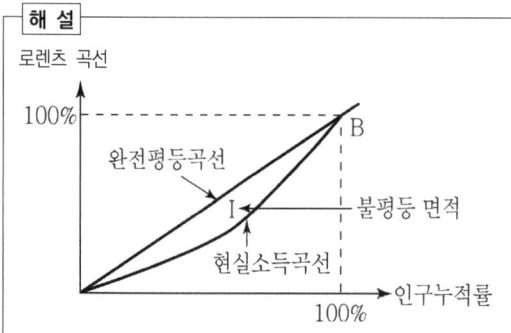

로렌츠 곡선

• 횡축(저소득 인구부터 소득인구 누적분 백분비), 종축(소득액의 누적 백분비)
• 완전 평등분포 : 45°의 직선
• 현실의 소득분포 곡선은 아래쪽으로 활처럼 굽는 경향이 있음
• 불평등 면적 : 완전평등분포선과 곡선 사이의 면적

62 다음 중 P. Cooke(1992)가 제시한 지역혁신체제의 상부구조(Super Structure)에 해당하지 않는 것은?

① 지역의 조직과 제도
② 지역의 문화
③ 지역의 규범
④ 지역의 연구소 및 금융기관

해설
P. Cooke(1992)가 제시한 지역혁신체제의 상부구조(Super Structure) : 지역의 조직과 제도, 지역의 문화, 지역의 규범

63 본 튀넨이 주장한 농업입지이론에서 토지이용패턴에 영향을 주는 근본적인 요인은 무엇인가?

① 임금수준   ② 인구밀도
③ 중심부로의 접근성 ④ 토지의 비옥도

해설
1. 개요
   ㉠ 튀넨의 고립국이론(= 1차 산업입지이론, 농업입지이론)
   ㉡ 지대의 원인
   • 토지비옥도는 동일하다고 가정하고, 수송비의 차이를 지대로 봄
   • 지대 = 매상고 · 생산비 · 수송비
2. 특징
   • 지대가 높은 도심 : 근교농업(집약적 토지이용, 고가의 곡물 생산)
   • 지대가 낮은 도심외곽 : 조방적 토지이용
   • 작물·경제활동에 따라 한계지대곡선은 달라짐
   • 농산물 가격·생산비·수송비·인간의 형태 변화는 지대를 변화시킴

64 지역문제가 발생하는 원인으로 틀린 것은?

① 지역마다 가지고 있는 자연자원 또는 입지적 조건의 차이가 있기 때문에 발생한다.
② 지역분석에 대한 기술의 개발에 상대적인 비교방법이 발달하였기 때문에 발생한다.
③ 지역마다 특유한 산업구조를 갖게 되며 이것이 경제적으로 영향을 주기 때문에 발생한다.
④ 지역주민의 발전의지, 발전이나 성장에 유익한 가치관이나 문화적 특성이 지역마다 다르기 때문에 발생한다.

해설

지역문제 발생요인
- 지역 특유의 산업구조 문제
- 지역의 자연자원 또는 지리적(입지적) 조건
- 지역 간 인구특성의 차이 : 도시(과밀), 농촌(과소), 발전의지, 가치관과 문화적 특성의 차이

65 합리적 계획모형을 비판하는 데서 출발하여 계획은 자본주의 생산양식의 관점에서 분석되어야 하며 특정 이념에만 기능하는 대신 역사적 관계와 정치·사회·경제적 맥락을 전반적으로 조명하여야 한다고 강조하는 지역계획모형은?

① 혼합적 계획(Mixed Planning) 모형
② 옹호적 계획(Advocacy Planning) 모형
③ 교류적 계획(Transactive Planning) 모형
④ 정치경제 계획(Political Economy Planning) 모형

해설

- 합리적 계획모형에 대한 비판적 입장에서 비롯된 이론
- 합리적 계획모형은 의사결정에 있어 합리성을 지나치게 강조하여 보편적이고 특정한 구조에 구애받지 않는 일련의 계획과정을 만들어냄
- 합리적 계획 모형은 계획의 목적에 초점을 맞추기보다는 그 수단에 지나치게 집착함
- 합리적 계획모형은 제한된 합리성을 인정함에도 불구하고 이론과 실제 간의 연결고리를 더욱 복잡하게 하는 경향을 지님
- 계획의 실제 응용에 있어 항상 괴리가 발생하는 문제
- 1970년대 계획이론의 다원화 시대로 접어들고 이때 가장 대표적인 패러다임이 정치경제모형임
- 계획을 정부의 집합적인 간섭으로 조망하면서, 도시에서의 끊임없는 계층 간의 갈등을 정부가 간섭하는 과정을 통해 현대의 계획을 분석하고 설명
- 계획의 실행은 자본 축적과정의 맥락 안에서 존재하며, 자본주의 생산양식의 관점에서 분석되어야 함
- 자본주의 사회의 결정적인 계층 간의 갈등이 도시현상에도 조명되어야 함
- 계획의 실행은 사회·역사적 맥락 안에서 비판적으로 분석되어야 함

66 크리스탈러(W. Christaller)의 중심지이론에서 중심지의 계층을 형성하는 포섭원리에 해당하지 않는 것은?

① 시장원리   ② 교통원리
③ 행정원리   ④ 임계원리

해설

포섭원리는 시장, 교통, 행정, 제4의 원리(시장행정)로 이루어져 있다.

67 수도권정비계획법상 수도권정비권역의 구분에 해당하지 않는 것은?

① 과밀억제권역   ② 개발유도권역
③ 자연보전권역   ④ 성장관리권역

해설

수도권정비계획에 의한 권역 구분 : 과밀억제권역, 성장관리권역, 자연보전권역

68 국토의 다핵화를 위하여 대전 및 광주 등 제1차 성장거점과 청주, 춘천, 전주 등 제2차 성장거점을 제시하고 전국을 28개의 지역생활권으로 나누어 생활권의 성격과 규모에 따라 5개의 대도시생활권, 17개의 지방도시생활권, 6개의 농촌도시생활권으로 구분하였던 계획은?

① 제1차 국토종합개발계획
② 제2차 국토종합개발계획
③ 제3차 국토종합개발계획
④ 제4차 국토종합계획

해설

제2차 국토종합개발계획(1982~1991)
- 양대도시의 성장 억제 및 성장거점 도시의 육성에 의한 국토균형발전 추구
- 28개 지역생활권(대도시생활권 5, 지방도시생활권 17, 농촌도시생활권 6)
- 4개 지역경제권(수도권, 중부권, 서남권, 동남권)
- 특정 지역(태백산, 제주도, 다도해, 88 고속국도 주변)

69 도시지역의 주거입지를 설명하는 주거지 상쇄모형에서 상쇄의 대상이 되는 것은?

① 주거비용과 통근비용
② 소득과 소비
③ 주택규모와 주택의 질적 수준
④ 승용차와 대중교통

해설

주거지 상쇄모형은 도시 내 토지이용자들이 교통비용과 임대료 간의

정답 65 ④ 66 ④ 67 ② 68 ② 69 ①

상호교환(Trade-off)을 통해 입지비용을 최소화하려고 노력하는 모형이다.

70 전국의 인구는 5천만 명, 전국의 섬유산업 종사자 수가 1백만 명이고, A도시의 인구가 2백만 명, 섬유산업 종사자 수가 5만 명일 때 A도시 섬유 산업의 입지계수(LQ)는?

① 0.8
② 1.0
③ 1.25
④ 1.5

해설
$LQ = \dfrac{50,000/2,000,000}{1,000,000/50,000,000} = 1.25$, LQ>1이므로 특화산업(기반산업)

71 그리스의 도시계획가인 독시아디스(Doxiadis)가 제시한 인간정주사회의 구성요소가 아닌 것은?

① 네트워크
② 자연
③ 인간
④ 문화

해설
독시아디스의 인간정주사회의 구성요소(5요소)
인간, 사회, 자연, 네트워크, 구조물

72 베버(Alfred Weber)의 공업입지론에서 공장의 최적입지를 결정하는 세 가지 요인에 해당하지 않는 것은?

① 운송비
② 노동비
③ 집적의 이익
④ 소비자 규모

해설
알프레드 베버(A. Weber)의 공업입지이론의 입지결정인자는 수송비, 노동비, 집적이익(집적경제)이다.

73 광역계획권이 도의 관할 구역에 속해 있는 경우, 다음 중 광역계획권을 지정하는 자는?

① 대통령
② 도지사
③ 국무총리
④ 국토교통부장관

해설
국토의 계획 및 이용에 관한 법률 제10조에 의거, 광역계획권이 도의 관할 구역에 속하여 있는 경우 광역계획권은 도지사가 지정한다.

74 다음 중 결절지역의 분석에 적용하는 자료로 거리가 먼 것은?

① 전신·전화
② 도매 시장권
③ 산업별 구성비
④ 인구 이동과 통근

해설
결절지역(結節地域, Node Region = 분극지역)은 인구이동, 상품과 서비스의 흐름, 전화 등 정보의 흐름이 규칙적으로 유지되는 특성이 있다.

75 한센(N. Hansen)이 과밀지역, 중간지역, 낙후지역으로 지역을 구분한 기준은?

① 기능지역
② 동질지역
③ 사업지역
④ 계획지역

해설
한센의 동질지역 구분
• 과밀지역 = 한계사회비용 > 한계사회편익
• 중간지역 = 한계비용 < 한계편익
• 낙후지역 = 소규모 농업과 침체산업이 지배적인 경제구조를 지니고, 새로운 경제활동을 흡인할 수 있는 입지매력이 거의 없는 지역
• 한계비용(限界費用) : 일정 생산량 수준에 있어서의 총 생산비는 총 고정비용과 총 가변비용의 합계이다. 한계비용은 일정 생산량에 한 단위 더 추가 생산할 때의 총 생산비 증가액을 말한다. 또는 총 비용의 증가분을 생산량의 증가분으로 나눈 값을 말하기도 한다.

76 수도권정비계획에서 징수된 과밀부담금을 「국가균형발전특별법」에 따른 광역·지역발전 특별회계와 과밀부담금을 징수한 건축물이 있는 시·도에 귀속하는 배분 비율은?

① 25% : 75%
② 50% : 50%
③ 75% : 25%
④ 100% : 0%

해설
수도권정비계획법 제16조(부담금의 배분)에 의거, 징수된 부담금의 100분의 50은 「국가균형발전 특별법」에 따른 지역발전특별회계에 귀속하고, 100분의 50은 부담금을 징수한 건축물이 있는 시·도에 귀속한다. 〈개정 2009.4.22., 2014.1.7.〉

정답 70 ③ 71 ④ 72 ④ 73 ② 74 ③ 75 ② 76 ②

77 환경정책기본법에 근거하여 토지의 환경성을 평가하여 보전이 필요한 지역과 개발이 가능한 지역을 구분하고, 그 결과를 지형도에 표시한 도면은?

① 국토환경성평가도 ② 비오톱지도
③ 토지적성평가도 ④ 생태·자연도

해설
환경정책기본법 제23조(환경친화적 계획기법 등의 작성·보급)
환경부장관은 국토환경을 효율적으로 보전하고 국토를 환경친화적으로 이용하기 위하여 국토에 대한 환경적 가치를 평가하여 등급으로 표시한 환경성 평가지도를 작성·보급할 수 있다.

78 인간이 필요로 하는 최소한의 재화와 서비스 품목을 소득집단에게 공급해 주고자 하는 지역개발 전략은?

① 농촌개발전략 ② 기본수요전략
③ 오지개발전략 ④ 성장거점전략

해설
기본수요이론(Basic Needs Theory)
- 기존 지역발전 이론으로 인해 발생된 지역불균형, 빈곤, 산업문제 등에 대처
- 빈곤계층이 품위 있는 생활을 하는 데 기본이 되는 최소한의 물품과 서비스를 보장
- 적정 규모의 지역에서 생산요소를 지역의 공동소유로 하고, 모든 주민에게 동등한 기회를 부여하여 기본수요를 충족시키면서 지역발전을 유도

79 고트만(J. Gottmann)은 미국 동북부 대서양 연안지대에 나타나는 연담도시형의 대규모 대도시군을 무엇이라 하였는가?

① 메트로폴리스 ② 메갈로폴리스
③ 다이애나폴리스 ④ 에큐메네폴리스

해설
메갈로폴리스
1. 고트만(J. Gottmann) : 1957년
   - 각 도시는 띠 모양으로 연속되어 여러 분야에 관해서 상호 연대 관계가 강하고 서로 유기적으로 연결되어 마치 하나의 도시 활동을 하는 광역 지역을 이루고 있는 것
2. 메갈로폴리스의 성격
   - 미국 동해안의 보스턴에서 뉴욕을 거쳐 워싱턴에 이르는 약 800km의 지대가 연속된 거대한 도시화 지대로 이를 American Megalopolis라고 한다.(메갈로폴리스는 메트

로폴리스보다 더욱 넓은 개념의 초거대도시)
- 대도시권(大都市圈)이란 도시의 기능 일부를 분담하거나 대도시의 영향을 강하게 받는 권역으로 대도시는 지역의 경제활동이나 주민의 일상생활을 통제하는 중심이 된다. 특히 대도시는 도시기능의 고도화·세분화가 급속히 진전되고 동시에 주변지역으로 팽창되어 가므로 광역적인 대책이 필요하게 된다.

80 지역의 경제성장을 순환적·누적적 인과원리 (Principle of Circular and Cumulative Causation)로 설명한 학자는?

① Myrdal ② Smith
③ Rabnau ④ Hirschman

해설
미르달(G. Myrdal, 1957) : 역류효과가 파급효과보다 훨씬 크다.
- 저서 『경제이론과 저발전지역(Economic Theory & Under-developed Regions)』
- 순환적·누적적 인과원칙
- 성장극은 내부 또는 외부경제(External Economy)에 힘입어 다른 지역의 성장을 희생하면서 자신만의 성장을 조장
- 외부경제는 노동력, 사회간접자본, 신규기업 등의 유인력을 말함
- 역류효과(Backwash Effects)와 확산효과(Spread Effects)로 불균형 성장 설명
- 파급효과의 가능성을 인정하면서도 배후지역의 사회경제적 환경 악화로 모든 생산 요소가 다시 중심지역으로 집중되는 역류효과가 후진국의 보다 일반적인 현상이라고 주장

제5과목 도시계획관계법규

81 특별시장·광역시장·특별자치도지사·시장 또는 군수가 설치하는 주차장 특별회계의 재원이 아닌 것은?

① 과징금의 징수금
② 해당 지방자치단체의 일반회계로부터의 전입금
③ 자동차세 징수액의 20%에 해당하는 금액
④ 정부의 보조금

해설
주차장 특별회계의 재원은 수입금 및 납부금 중 해당 구청장이 설치·관리하는 노상주차장 및 노외주차장의 주차요금과 대통령으로 정하는 납부금, 과징금의 징수금, 해당 지방자치단체의 일반회계로

정답 77 ① 78 ② 79 ② 80 ① 81 ③

부터의 전입금, 특별시 또는 광역시의 보조금, 시장 등이 부과·징수한 과태료, 이행강제금의 징수금이다.

82 산업입지 및 개발에 관한 법률에 의거하여 산업입지정책에 관한 중요 사항을 심의하기 위하여 국토교통부에 두는 위원회는?

① 산업입지정책심의회
② 산업입지평가위원회
③ 산업정책위원회
④ 국토정책심의회

해설
산업입지 및 개발에 관한 법률 제3조(산업입지정책심의회)
산업입지정책에 관한 중요 사항을 심의하기 위하여 국토교통부에 산업입지정책심의회(이하 "심의회"라 한다)를 둔다. 〈개정 2013.3.23.〉

83 과밀부담금의 산정 기준으로 옳은 것은?

① 과밀부담금은 건축비의 100분의 10으로 한다.
② 지역별 여건에 따라 과밀부담금을 건축비의 100분의 3까지 조정할 수 있다.
③ 건축비는 해당 권역 건축물들의 표준 건축비를 기준으로 한다.
④ 과밀부담금의 산정방식은 신축과 증축의 경우에 동일하다.

해설
수도권정비계획법 제14조(부담금의 산정 기준)
① 부담금은 건축비의 100분의 10으로 하되, 지역별 여건 등을 고려하여 대통령령으로 정하는 바에 따라 건축비의 100분의 5까지 조정(調整)할 수 있다.
② 제1항에 따른 건축비는 국토교통부장관이 고시하는 표준 건축비를 기준으로 산정한다. 〈개정 2013.3.23.〉
③ 부담금의 산정에 관한 구체적인 사항은 대통령령으로 정한다.

84 건축물을 건축하고자 하는 자가 그 대지의 일부를 공공시설부지로 제공하는 경우에 당해 건축물에 대한 규정 용적률의 200% 이하의 범위 안에서 대지면적의 제공비율에 따라 용적률을 따로 정할 수 있는 지역·지구 또는 구역에 해당하지 않는 것은?(단, 국토의 계획 및 이용에 관한 법령에 따른다.)

① 도시 및 주거환경정비법에 의한 도시환경정비사업을 시행하기 위한 정비구역
② 재건축사업을 시행하기 위한 정비구역
③ 상업지역
④ 개발진흥지구

해설
개발진흥지구는 120% 이내에서 정할 수 있다.

85 다음 중 공공·문화체육시설에 포함되지 않는 것은?

① 시장
② 청소년수련시설
③ 학교
④ 사회복지시설

해설
공공·문화체육시설에는 학교·운동장·공공청사·문화시설·공공필요성이 인정되는 체육시설·연구시설·사회복지시설·공공직업훈련시설·청소년수련시설이 해당한다. 시장은 유통·공급시설이다.

86 관광진흥법상에 정의된 내용으로 옳은 것은?

① 관광펜션업은 관광숙박업에 해당한다.
② 관광지란 자연적 또는 문화적 관광자원을 갖추고 관광객을 위한 기본적인 편의시설을 설치하는 지역이다.
③ 관광지 및 관광단지의 지정권자는 문화체육관광부장관이다.
④ 시·도지사는 관광개발기본계획을 수립하여야 한다.

해설
관광펜션업은 관광 편의시설업에 속한다. 관광지 및 관광단지는 시·도지사가 지정하며, 관광개발기본계획은 문화체육관광부장관이 수립, 공고한다.

87 개발밀도관리구역에 대한 설명으로 틀린 것은?

① 개발행위가 집중되어 해당 지역의 계획적 관리를 위하여 필요한 경우 시·도지사가 지정한다.
② 개발밀도관리구역에서는 당해 용도지역에 적용되는 용적률의 최대한도의 50%의 범위에서 용적률을 강화하여 적용한다.
③ 당해 지역의 도로율이 국토교통부령으로 정하는 용도지역별 도로율에 20% 이상 미달하는 지역에 대하여 개발밀도관리구역으로 지정할 수 있다.
④ 향후 2년 이내에 당해 지역의 학생 수가 학교수용 능력의 20% 이상을 초과할 것으로 예상되는 지역을 개발밀도관리구역으로 지정할 수 있다.

해설
개발행위가 집중되어 해당 지역의 계획적 관리를 위하여 필요하다고 인정될 때 특별시장·광역시장·특별자치시장·특별자치도지사·시장 또는 군수가 지정하는 것은 기반시설부담구역이다.

88 도시개발법에 따라 도시개발구역으로 지정할 수 있는 대상 지역 및 규모 기준이 틀린 것은?(단, 도시지역의 경우이다.)

① 주거지역 : 1만 m² 이상
② 공업지역 : 3만 m² 이상
③ 자연녹지지역 : 1만 m² 이상
④ 상업지역 : 3만 m² 이상

해설
도시개발구역의 규모는 도시지역의 경우 주거지역, 상업지역, 자연녹지·생산녹지 = 1만 m² 이상, 공업지역 = 3만 m² 이상이다. 도시지역 밖은 30만 m² 이상이다.

89 수도권정비계획에 관한 설명으로 틀린 것은?

① 수도권정비계획의 대상이 되는 수도권이란 서울특별시와 인천광역시만을 말한다.
② 수도권정비계획은 수도권의 도시·군계획, 그 밖에 다른 법령에 따른 토지이용계획 또는 개발계획 등에 우선하며, 그 계획의 기본이 된다. 다만, 수도권의 군사에 관한 사항에 대하여는 그러하지 아니하다.
③ 중앙행정기관의 장과 서울특별시장·광역시장은 수도권정비계획을 입안한다.
④ 국토교통부장관은 수도권정비계획안을 수도권정비위원회의 심의를 거친 후 국무회의의 심의와 대통령의 승인을 받아 결정한다.

해설
수도권이란 서울특별시, 인천광역시, 경기도를 말한다.

90 주택건설사업을 시행하려는 자가 사업계획승인권자에게 사업계획승인을 받아야 하는 주택건설사업과 대지조성사업의 규모 기준으로 옳은 것은?

① 단독주택 : 20호 이상, 면적 : 1만 m² 이상
② 단독주택 : 50호 이상, 면적 : 10만 m² 이상
③ 단독주택 : 30호 이상, 면적 : 1만 m² 이상
④ 단독주택 : 50호 이상, 면적 : 20만 m² 이상

해설
주택건설사업을 시행하려는 자가 국토교통부장관에게 등록하여야 하는 호수(세대수) 기준
• 주택건설사업자 : 연간 단독주택 20호, 공동주택 20세대, 도시형 생활주택의 경우 30세대 이상
• 대지조성사업자 : 연간 1만 m² 이상으로 국토교통부장관에게 등록

91 도시공원 및 녹지 등에 관한 법률상 도시공원의 규모기준이 옳은 것은?

① 어린이공원 : 1,500m² 이상
② 근린생활권근린공원 : 30,000m² 이상
③ 소공원 : 1,000m² 이상
④ 도보권근린공원 : 100,000m² 이상

해설
② 근린생활권근린공원 : 10,000m² 이상
③ 소공원 : 제한없음
④ 도보권근린공원 : 30,000m² 이상

92 주차장법령상 부설주차장을 시설물의 부지 인근에 설치할 수 있는 시설물의 부지 인근의 범위 기준으로 아래의 ㉠과 ㉡에 들어갈 말이 모두 옳은 것은?

해당 부지의 경계선으로부터 부설주차장의 경계선까지의 직선거리 (㉠)미터 이내 또는 도보거리 (㉡) 미터 이내

① ㉠ 100, ㉡ 200
② ㉠ 200, ㉡ 300
③ ㉠ 300, ㉡ 500
④ ㉠ 300, ㉡ 600

해설
주차장법 시행령 제7조(부설주차장의 인근 설치)
법 제19조 제4항 후단에 따른 시설물의 부지 인근의 범위는 다음 각 호의 어느 하나의 범위에서 특별자치도·시·군 또는 자치구(이하 "시·군 또는 구"라 한다)의 조례로 정한다.
1. 해당 부지의 경계선으로부터 부설주차장의 경계선까지의 직선거리 300미터 이내 또는 도보거리 600미터 이내
2. 해당 시설물이 있는 동·리(행정동·리를 말한다. 이하 이 호에서 같다) 및 그 시설물과의 통행 여건이 편리하다고 인정되는 인접 동·리

정답 88 ④ 89 ① 90 ① 91 ① 92 ④

93 택지개발지구에서 특별자치도지사·시장·군수 또는 자치구의 구청장의 허가를 받지 아니하고 할 수 있는 행위는?

① 죽목의 벌채 및 식재
② 이동이 용이하지 아니한 물건을 1개월 이상 쌓아 놓는 행위
③ 토지분할
④ 경작을 위한 토지의 형질 변경

해설
허가 없이 할 수 있는 행위는 농림수산물의 생산에 직접 이용되는 것으로서 국토교통부령으로 정하는 간이공작물의 설치, 경작을 위한 토지의 형질변경, 택지개발지구의 개발에 지장을 주지 아니하고 자연경관을 손상하지 아니하는 범위에서의 토석 채취, 택지개발지구에 존치하기로 결정된 대지에 물건을 쌓아놓는 행위, 관상용 죽목의 임시식재(경작지에서의 임시식재는 제외한다)이다.

94 주차장법상 주차전용건축물에 관한 설명으로 틀린 것은?

① 주차전용건축물이란 건축물의 연면적 중 주차장으로 사용되는 부분의 비율이 95% 이상인 것을 말한다.
② 기계식 주차장의 연면적은 기계식 주차장 장치에 의하여 자동차를 주차할 수 있는 면적과 기계실, 관리사무소 등의 면적을 합하여 계산한다.
③ 노외주차장인 주차전용건축물의 건폐율은 90% 이내의 범위에서 특별시·광역시·시 또는 군의 조례로 정한다.
④ 노외주차장의 설치를 제한하는 지역의 주차전용건축물의 경우에는 해당 지방자치단체의 조례로 정하는 바에 따라 주차장 외의 용도로 사용되는 부분에 설치할 수 있는 시설의 종류를 해당 지역의 구역별로 제한할 수 있다.

해설
노외주차장인 주차전용건축물은 건폐율뿐만 아니라 용적률, 대지면적, 높이제한을 받는다.

95 택지개발촉진법에 따른 환매권에 대한 내용으로 옳은 것은?

① 환매권자는 환매로써 제3자에게 대항할 수 있다.
② 환매권자의 권리의 소멸에 관하여는 공익사업을 위한 토지 등의 취득 및 보상에 관한 법률을 준용할 수 없다.
③ 환매권자는 환매권이 발생한 날로부터 2년 이내에 환매할 수 있다.
④ 환매권은 택지개발지구의 지정 해제에 의한 사유로만 권리가 발생한다.

해설
환매권자의 권리의 소멸에 관하여는 공익사업을 위한 토지 등의 취득 및 보상에 관한 법률을 준용하고, 환매는 보상금에 가산금을 더하여 시행자에게 지급하고 환매할 수 있다. 환매권은 택지개발지구의 지정 해제 또는 변경, 실시계획의 승인 취소 또는 변경, 그 밖의 사유로 권리가 발생된다.

96 다음 중 신고 체육시설업에 해당하지 않는 것은?

① 골프연습장업
② 스키장업
③ 빙상장업
④ 종합 체육시설업

해설
스키장업은 등록체육시설업이다.

97 시행자가 도시개발사업을 원활히 시행하기 위하여 특히 필요한 경우에는 토지 또는 건축물 소유자의 신청을 받아 건축물의 일부와 그 건축물이 있는 토지의 공유지분을 부여하는 것을 무엇이라 하는가?

① 보류지
② 체비지
③ 증감환지
④ 입체환지

해설
- 토지소유자의 동의를 얻어 환지의 목적인 토지에 갈음하여 시행자가 처분할 권한이 있는 건축물의 일부와 그 건축물이 있는 토지의 공유지분을 부여
- 집단체비지 내에 공동주택 또는 상가를 건설하는 경우

98 도시계획시설의 결정에 대한 설명으로 틀린 것은?

① 기반시설에 대한 도시관리계획결정은 당해 도시계획시설의 종류와 기능에 따라 그 위치·면적 등을 결정하여야 한다.
② 둘 이상의 도시계획시설을 같은 토지에 함께 결정할 수 없다.

③ 도시계획시설이 그 규모로 인하여 공간이용에 상당한 영향을 주는 건축물인 시설의 경우 건폐율·용적률 및 높이의 범위를 함께 결정하여야 한다.
④ 도시계획시설이 위치하는 지역의 적정하고 합리적인 토지이용을 촉진하기 위하여 도시계획시설이 위치하는 공간의 일부만을 구획하여 도시계획시설을 결정할 수 있다.

> **해설**
> 도시·군계획시설의 결정·구조 및 설치기준에 관한 규칙 제3조(도시·군계획시설의 중복결정)에 의거 토지를 합리적으로 이용하기 위하여 필요한 경우에는 둘 이상의 도시·군계획시설을 같은 토지에 함께 결정할 수 있다.

99 시장·군수가 직접 정비사업(주거환경개선사업은 제외)의 시행자가 될 수 있는 경우가 아닌 것은?

① 천재·지변 및 그 밖의 불가피한 사유로 인하여 긴급히 정비사업을 시행할 필요가 있다고 인정되는 때
② 당해 정비구역 안의 국·공유지 면적이 전체 토지면적의 3분의 1 이상일 때
③ 지방자치단체의 장이 시행하는 도시·군계획사업과 병행하여 정비사업을 시행할 필요가 있다고 인정되는 때
④ 순환정비방식에 의하여 정비사업을 시행할 필요가 있다고 인정되는 때

> **해설**
> 시장·군수는 당해 정비구역 안의 국·공유지면적 또는 국·공유지와 주택공사 등이 소유한 토지를 합한 면적이 전체 토지면적의 2분의 1 이상으로서 토지 등 소유자의 과반수가 시장·군수 또는 주택공사 등을 사업시행자로 지정하는 것에 동의하는 때에 시행자가 될 수 있다.

100 택지개발사업의 시행자가 될 수 없는 자는?

① 주민 조합
② 국가
③ 한국토지주택공사
④ 지방공사

> **해설**
> • 택지개발사업 공공시행자 : 국가, 지방자치단체, 한국토지주택공사, 지방공사
> • 택지개발사업 시행자 : 공공시행자 + 등록업자

정답 99 ② 100 ①

4회 2012년 기출문제

제1과목 도시계획론

01 미래의 도시계획 방향으로 적합하지 않은 것은?

① 개발지향적 도시계획
② 에너지절약형 도시계획
③ 환경친화적 도시계획
④ 주민참여적 도시계획

해설

도시계획의 새로운 패러다임
1. 환경중시 : 환경친화적 도시계획, 에너지절약적 도시계획(Compact City)
   - ESSD, Eco-City
   - Greenbelt, 공공재 등 외부효과에 따른 공적 규제
   - 입체적 토지이용 : TDR, Special Zoning, District, Incentive Zoning
   - 기능 통합적 토지이용 : MXD, PUD, TDR, Performance STDs Zoning, Gentrification
2. 균형성장 : 균형성장 지향적 도시계획
   - 도시성장 관리(Urban Growth Management) : Impact Fee, UGBs, MXD, Down Zoning
   - 집중과 분산 : 분산된 집중, Compact City
   - Rubanism, Ruban Community : 도농통합시, 농촌도시권, 농도지구
3. 도시의 문화화 : 문화지향적 도시계획
   - 장소성(Placeness) : 공간(Space), 대상(Object), 활동(Active)
   - 공공공간의 Amenity
   - 문화예술지구 : 전통문화, 향토축제, 가로경관, 친수공간
4. 기타 : 주민참여적 도시계획
   - 시민이 함께 만드는 도시 : NGO, CBO(Community-Based-Organization)
   - 통일시대를 대비한 도시계획
   - 3차원 가상도시, U-시티(Ubiquitous City)

02 압축도시에 대한 설명이 틀린 것은?

① 토지이용의 집적을 통한 토지의 이용가치를 높이기 위해 나온 개발방식이다.
② 친환경적인 도시개발이 가능하고 사회적 비율을 최소화할 수 있다.
③ 도시의 기능을 과도하게 분리시킴으로써 불필요한 통행을 유발하는 일이 빈번하다.
④ 도심부는 도시의 경제·사회·문화적 중심지로서 압축도시 개발의 핵심적 조성대상이 될 수 있다.

해설

압축도시(Compact City)
1. 정의
   - 전원도시론과 같이 교외지역에 주거지역을 저밀도로 확산시키는 개발방식 대신 시가화된 기존의 도시 또는 신도시로 설정된 지역을 고밀도로 집중적으로 개발하는 방식임
   - 고밀도 도시개발을 통하여 도시 주변의 자연환경을 보존하는 방법, 즉 주거, 공공시설을 일정공간에 집적화, 나머지 지역을 녹색 도시화하며 난방, 전력공급, 교통 등에서 에너지 절약을 효율적으로 달성할 수 있는 도시로, 환경적으로 지속 가능한 도시의 형태이다.
2. 방법
   - 다수의 교외지역에 확산된 개발보다는 소수의 고밀도 개발을 통하여 환경에의 부하를 최소화하여 정주지개발의 효율성을 높임
   - 도시의 방만한 교외확산을 방지하고 고밀도 복합용도로 개발함
   - 미개발지를 보호할 수 있게 되어 자연생태계에 대한 부하를 최소화함
3. 특징
   - 자연자원의 무분별한 훼손 방지
   - 직주근접을 통해 교외지역에서 발생하는 교통량 최소화
   - 인프라 및 에너지의 효율적 이용을 도모
   - 공원, 정원 등과 같은 녹지공간의 부족을 초래

03 고대 그리스 도시의 특징으로 틀린 것은?

① 도시 입구와 신전을 축으로 중간지점에 아고라를 배치하였다.
② 본토의 해안지역에서 자연적으로 발생한 도시는 질서 있는 격자형의 도로망을 갖추었다.
③ 페르시아와의 전쟁 후 복구과정에서 격자형 가로망 체계가 일부 본토의 도시에서 채택되었다.
④ 주로 자연항을 사용하였으나 필요한 경우 제방을 쌓아 인공항만을 건설하였다.

해설

그리스 고대도시
1. 아테네(Athene) - B.C 8C 경 : 아테네(Athene)의 도시는 이원적 체제(Acropolis, Agora)를 갖춤
2. 아테네의 도시계획
   ㉠ 인구 30만 정도 : 시민권 20만, 노예 12만 정도
   ㉡ Plato(427~347 BC) : 『Republic』
   - 아테네 민주정치의 몰락 예언 : 사치·향락·금권정치 등을 역설적으로 비판
   - 디스토피아(Dystopia) ↔ 유토피아(Utopia)
   - 이상도시 규모 : 5천~1만 명 수준, 직접 민주정치가 가능한 규모

정답 01 ① 02 ③ 03 ②

ⓒ 아크로폴리스(Acropolis) : 도시가 내려다보이는 언덕 위에 위치, 정신적 심장(신전)
ⓓ 아고라(Agora) : 도시광장, 민주주의 실현장소, 시장+정치+토론+학습의 장
3. 페리클레스(Pelicles) 시대
  ㉠ 히포다무스(Hippodamus, 도시계획의 아버지)
   • 격자형 가로망 주장(Gridiron)
   • 문예부흥 이후 격자형 도시계획의 근원
  ㉡ 알렉산더(Alexander)
   • 아리스토텔레스(Aristoteles)의 제자로서 도시예찬론자
   • 정복 도시에 히포다모스적 도시계획 실시

04 1893년 시카고에서 개최된 만국박람회를 계기로 D. Burnham의 도시디자인 철학에 따라 모든 도시들은 역사적 공간에 오픈스페이스를 확보하고 광장과 정원에 분수를 설치하도록 하였으며 도시규모에 따라 공공건축물을 규제하였던 것으로 이후 미국 도시설계의 기원을 이룬 것은?

① 도시미화운동
② 전원도시운동
③ 보아잔계획
④ 이상도시론

[해설]
도시미화운동(City Beautiful Movement)
1. 정의
  • 1933년 미국 시카고세계무역박람회의 개최를 개기로 하여 모든 도시들은 역사적 공간에 오픈스페이스를 확보하고, 건축예술의 강조, 가로광장 등의 문화적 조형과 도시공원의 건설을 추구하는 운동으로 다니엘 번헴(D. H. Burnham)이 주도하여 19C 말~20C 초까지 활발히 진행됨
2. 특징
  • 도시설계(Urban Design)의 기원
  • 도시규모에 따라 공공건축물을 규제하는 도심부계획을 주축으로 함
  • 도시 중심부의 활력을 되찾게 하기 위해 상류층들을 끌어들임
  • 도시미화운동은 19세기 유럽의 수도를 그 기원으로 함(오스망의 파리재건, 비에나의 환상도로 건설이 모델)
  • 도시미화운동은 중앙집권적 사회체제에 바탕을 둠
  • 도시미화운동의 패턴은 정적이며, 절대적이고, 권위주의적임(도시의 주체인 시민생활이나 지각과는 괴리가 있음)
  • 도덕적으로 사회를 개선하는 방안으로 도시의 아름다움을 추구했던 사회개혁운동
  • 도시미화운동은 매우 구조화되고 정형적이며 사실적인 미를 강조하는 도시계획적 접근

05 상업지역 이용인구 40,000명, 1인당 평균상면적 15m², 건폐율 50%, 공공용지율 40%, 평균층수가 10층인 경우 상업지역의 소요면적은?

① 20.0 ha
② 15.8 ha
③ 12.5 ha
④ 10.0 ha

[해설]
$$상업지 면적 = \frac{상업지역 내의 수용인구 \times 1인당 점유면적}{평균층수 \times 건폐율 \times (1-공공용지율)}$$
$$= \frac{40,000 \times 15m^2}{10 \times 0.5 \times (1-0.4)} = 200,000m^2 = 20.0ha$$

06 파겐스가 제시한 직접적이고 영향이 큰 쇄신적 주민참여기법에 해당하지 않는 것은?

① 델파이 방법
② 명목집단방법
③ 혼합적 탐색방법
④ 샤레트 방법

[해설]
주민참여(民間參與)
1. 정의 : 일정지역이 비엘리트 주민이 공적인 결정권을 가진 자들에게 정책 또는 계획의 결정에 관하여 영향을 미칠 의도를 가지고 하는 행위
2. 필요성
  • 행정의 민주화
  • 행정의 효율화
  • 행정목표의 달성
  • 사회·경제적인 제 문제의 효과적 해결이라 할 수 있음
3. 주민참여기법(파겐스)
  • 델파이 방법
  • 명목집단방법
  • 샤레트 방법

07 지리정보시스템(GIS)에서 활용하는 자료에 대한 설명으로 옳은 것은?

① GIS의 자료는 크게 도형자료와 속성자료로 구분된다.
② 자료구조 측면에서 GIS 자료는 그리드와 래스터 자료로 구분된다.
③ 래스터 자료는 점, 선, 면을 자료 저장과 표현의 기본단위로 이용한다.
④ 래스터 자료는 저장의 기본단위 크기를 크게 할수록 정밀도가 향상된다.

정답 04 ① 05 ① 06 ③ 07 ①

> [해설]
>
> GIS
> 1. 정의 : 국토계획, 지역계획, 자원개발계획, 공사계획 등 각종 계획의 입안과 추진에 필요한 토지, 자원, 환경, 사회, 문화에 관계된 각종 자료를 컴퓨터에 종합적·체계적으로 저장 처리하는 시스템
> 2. 특징
>   - 대량의 정보를 쉽게 저장·관리
>   - 원하는 정보의 검색 및 변환이 가능함
>   - 정보의 조작 및 측정이 가능함
>   - 복잡한 정보의 분류·분석이 가능함
>   - 다양한 정보의 중첩을 통한 종합적 해석이 가능함
>   - 입지 선정의 적합성 판단 등에 이용 가능
>   - 다양한 모델링 기법을 통한 가상공간 표현 가능
> 3. 자료처리체계
>
> | | 자료 | 위치자료, 특성자료(도형, 영상, 속성자료) |
> |---|---|---|
> | 자료 입력 | 입력 | • 수동입력 : 자판입력, 좌표입력, 수동 디지타이징
• 자동입력 : 스캐닝, 기존수치 파일 입력 |
> | | 자료구조 (부호화) 격자 방식 | 라스터 방식으로 중첩과 조작이 용이함 |
> | | 선추적 방식 | 벡터 방식으로 압축이 용이하며 지도와 유사 |
> | 자료 처리 | DB | Data 저장방식 |
> | | DBMS | DB의 운용방식 |
> | | 조작처리 | 공간자료 분석, 속성자료 분석, 공간 및 속성자료 분석 |
> | 출력 | 출력 | 지도, 도면, 표, 사진, 보고서 등 다양한 형태로 출력가능 |

08 다음 중 4단계 교통수요 추정법을 단계별로 옳게 나열한 것은?

(1) 통행 발생   (2) 수단 선택
(3) 노선 배정   (4) 통행 배분

① (1) - (2) - (4) - (3)
② (1) - (4) - (2) - (3)
③ (4) - (2) - (1) - (3)
④ (4) - (1) - (2) - (3)

> [해설]
> 4단계 교통수요 추정은 통행 발생 – 통행 분포(배분) – 수단 선택 – 통행(노선) 배정의 순으로 이루어진다.

09 도시공간구조를 설명한 호이트의 선형이론과 관련이 없는 것은?

① 상류층의 거주지 입지 선택 능력에 의해 도시 내 거주지 유형이 결정된다.
② 도시의 발단은 교통축을 따라 도심에서 외곽으로 부채꼴 모양으로 분화되어간다.
③ 도심부에 고급주택지가 형성되어 있고, 외곽지로 갈수록 서소득층의 주택시가 형성된다.
④ 버제스의 동심원이론에 교통망의 중요성을 부각하고 도시성장 패턴의 방향성을 추가한 것으로 볼 수 있다.

> [해설]
>
> 1. 호이트(H. Hoyt : 1939) : 142개 미국 도시 연구결과, 각 기능이 도심에서 뻗은 교통로를 따라 방사상의 부채꼴(Sector Structure)로 형성된다고 주장함
> 2. 방법
>   - 교통축을 따라 도심에서 외곽으로 부채꼴 모양으로 분화함
>   - 도시 내 거주지 유형 : 상류층의 거주지 입지선택능력에 의해 결정됨
>   - 내부구조 : 방사상의 교통로에 의한 지대분포의 유형에 의하여 선상 배열
>
>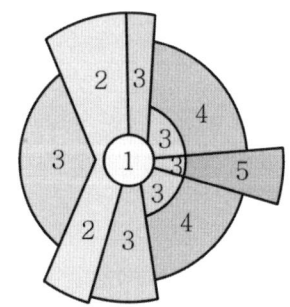
>
> 1. 중심 업무 지구   2. 도매, 경공업 지구
> 3. 저급 주택 지구   4. 중산층 주택 지구
> 5. 고급 주택 지구
>
> 3. 특징
>   - 도시의 형태 변화에는 상업기능이 주거기능보다 더 중요한 영향을 미침
>   - 선형이론의 비판 : W. Firey
>   - 물리적인 공간도 입지과정에 있어 문화적으로 성격 지어짐(문화인인 요소 중요)
>   - 문화에 따라 달라지는 가치체계의 소산으로 사회체계를 고려해야 함

10 토지이용 또는 토지시장에 정부의 공적 개입이 정당화되는 이유로 거리가 먼 것은?

① 공간적 부조화 등 외부효과의 발생
② 개인과 공공의 가치 일치
③ 정보의 부족 및 불로소득의 발생
④ 공공재 공급의 필요성

해설
공영개발의 필요성
• 시장실패의 시정 : 토지의 자연적 특성에 의한 시장의 구조적 결함 및 외부효과의 발생, 시장정보의 비효율적 할당 등은 시장 기구를 통한 토지자원의 최적배분을 어렵게 하고 있으며, 이 같은 시장실패는 토지시장에 대한 공공개입의 근거이며 필요성을 강조하고 있다.
• 공정성의 추구 : 공공복리 증진이라는 사회정의에 입각한 공평성을 달성하기 위해 국가가 개입

11 기반시설로서 광장의 구분에 해당하지 않는 것은?

① 공중광장
② 일반광장
③ 경관광장
④ 건축물 부설광장

해설
기반시설의 종류
기반시설로서 광장은 교통, 일반, 경관, 지하, 건축물부설광장으로 구분한다.

12 1980년대 계획된 우리나라 제1기 신도시와 비교하여 2000년대에 추진된 제2기 신도시의 계획 특성이 아닌 것은?

① 친환경, 첨단과 같은 신도시로서의 테마를 강조하였다.
② 제1기 신도시에 비해 토지이용에 있어 고밀도를 유지하였다.
③ 대중교통지향적인 교통체계를 갖추었다.
④ 녹지율을 높여 그린네트워크를 지향하였다.

해설
1. 제1기 신도시와 제2기 신도시의 계획특성 비교

구분	제1기 신도시	제2기 신도시
건설기간	1989~1995년	2001~2015년
신도시명	분당, 일산, 평촌, 산본, 중동(5개)	판교, 화성, 김포, 송파 등(10개)
지구면적	50.09㎢	85.63㎢
수용인구	117만 명	95만 명
평균밀도	233인/ha	110인/ha
인구	4,341만 명 (수도권 1,860만 명)	4,829만 명 (수도권 2,334만 명)
주택보급률	63%(수도권 57%)	94%(수도권 89%)
1인당 GNP	$ 4,994	$10,250
가구원 수	4명/가구	2.5~3명/가구
주거선호기준	주거의 질	주거+오픈스페이스의 질

2. 제2기 신도시의 계획특성
• 친환경, 첨단과 같은 신도시로서의 테마를 강조하였다.
• 대중교통지향적인 교통체계를 갖추었다.
• 녹지율을 높여 그린네트워크를 지향하였다.

13 도시계획의 자료조사방법에 따른 구분상 다음 중 2차 자료 수집방법에 해당하는 것은?

① 현지조사
② 면접조사
③ 설문조사
④ 문헌자료조사

해설
자료수집방법 및 내용

1차 자료	현지조사	• 관찰법 • 실측법	
	면접조사	• 개인면접법 • 전화면접법 • 집단면접법	• 전수조사 • 표본조사 (사례연구, 확률추출)
	설문조사	• 개인설문조사 • 우편설문조사 • 집단설문조사	
2차 자료	• 문헌자료조사 • 통계자료조사	• 공식자료 • 비공식자료	• 세계단위자료 • 국가단위자료 • 지역단위자료 • 국지단위자료 • 필지단위자료
	지도분석		

정답 10 ② 11 ① 12 ② 13 ④

14 다음 중 아래의 설명에 해당하는 시스템은?

> 도시를 대상으로 하는 공간자료와 속성자료를 통합하여 토지 및 시설물의 관리, 도로의 계획 및 보수자원 활용 및 환경보존 등 다양한 사용목적에 맞게 구축된 공간정보 데이터베이스로, 행정체계·도로·건물의 형상 및 면적·인구·지명 등의 속성자료로 구성되어 있다.

① UIS(Urban Information System)
② KLIS(Korea Land Information System)
③ UPIS(Urban Planning Information System)
④ NGIS(National Geography Information System)

해설
도시정보시스템(UIS, UGIS)
도시를 대상으로 한 GIS 체계로 도시정보를 컴퓨터로 일괄 관리, 검색, 분석, 집계하여 도시 서비스를 증진하는 시스템

15 현대도시와 관련한 계획가와 관련 계획 및 주장의 연결이 옳은 것은?

① 멈포드 - 근린주구단위계획
② 르 코르뷔지에 - 대런던계획
③ 라이트 - 브로드에이커시티
④ 아베크롬비 - 보아잔계획

해설
도시설계의 이상적 모델
도시설계는 유지적인 것과 무관하면서 사회 자체의 설계와 긴밀한 관계를 가진 이상적이거나 관념적인 모델이 있다.
- 토마스모어 : 유토피아
- 로버트오웬 : 협동마을
- 라이트(Wright) : 브로드에이커 시티(Broadacre City)
- 하워드 : 전원도시(Garden city)
- 르 코르뷔지에 : 빛나는 도시
- 프리드만(Friedmann) : 도시 위의 도시

16 다음 중 토지이용계획의 역할로 틀린 것은?

① 도시공간의 기능과 구조를 결정한다.
② 장래를 위한 토지를 보전하게 한다.
③ 시가지 확산과 과밀을 유도한다.
④ 토지이용의 규제와 실현수단을 제공한다.

해설
토지이용계획의 역할
- 도시의 현재와 장래의 공간 구성(도시기반시설을 배치하고 정비하는 주요한 인자)
- 토지이용의 규제와 실행수단의 제시(개발 억제 및 투자계획에 대한 정책수단의 역할)
- 지구단위계획에 대한 지침 제시(3차원적 공간계획으로 기능배치와 밀도, 형태를 포함한다.)
- 난개발 방지(계획적 개발을 유도)
- 장래를 위한 토지의 보존

17 비유클리드 용도지역제로 지역사회가 필요로 하는 복합사무실, 연구소, 다세대주택 등을 위한 용도로의 토지이용을 목적으로 조례상에는 특정한 용도지구로 설정하고, 그 요건을 미리 정하나 구체적으로 어디에 설정할지는 유보해 둠을 의미하는 기법은?

① 부동용도지역
② 조건부용도지역
③ 계약용도지역
④ 계획단위개발

해설
부동지역제(Float Zoning)
- 적용특례나 특례조치는 Zoning의 완결을 전제로 개별 용도 차원에서 이루어지지만, 부동지역제는 Zoning의 결정에 탄력성을 부여할 목적으로 용도지역 차원에서 이루어지는 특례조치이다.
- Floating이라는 의미는 일반적인 Zoning 조례의 규제규정에서 볼 수 있는 모든 토지 용도지구가 반드시 Zoning 도면에 처음부터 선이 그어지는 것이 아니라, Zoning 조례상에는 특정한 용도지구로 설정하고, 그 요건을 미리 정하나 구체적으로 어디에 설정할 것인지는 유보해둠으로써 단지 관념상으로는 이 용도지구는 자치단체구역 내의 여기저기를 '부동(浮動)'하기 때문이다. Zoning 조례가 요건을 만족시키는 용도가 신청되면 그 시점에 Zoning 도면상에 '고정'된다.
- PUD, 대형쇼핑센터 등 특정개발자의 구체적 제안을 지자체 및 의회의 협의를 거쳐 유연하게 적용하는 용도지역제이다.

18 토지이용계획의 실현수단을 크게 직접적 수단과 간접적 수단으로 구분할 때 다음 중 간접적 수단이 아닌 것은?

① 지역, 지구, 구역의 지정
② 도시개발사업
③ 도시시설의 정비
④ 지구단위계획

정답 14 ① 15 ③ 16 ③ 17 ① 18 ②

해설

토지이용계획 실현수단
1. 간접적 실현수단
  ㉠ 규제(Regulation, 공공개입)
   • 용도지역제(Zoning)
   • 도시설계, 지구단위계획
   • 획지분할규제
  ㉡ 유도(Incentive)
   • 세제·금융지원
   • 행정·재정적 지원, 인허가 의제
   • 인프라(도시기반시설) 설치 – 도로정비 등
2. 직접적 실현수단
  ㉠ 시계획사업
   • 도시개발사업
   • 도시계획시설사업
   • 정비사업
  ㉡ 기타 개발사업

19 인구·물리적 측면에서 도시의 정의에 해당하지 않는 것은?

① 인구구성에서 2·3차 산업의 종사자 비율이 높은 지역
② 고층의 건물군과 도로, 상하수도, 기타 물리적 시설물이 집적된 지역
③ 농촌지역보다 상대적으로 많은 정주인구와 높은 인구밀도를 갖는 지역
④ 비교적 동질적인 성격의 인구가 대단위 집단으로 정주하고 있는 지역

해설

도시의 일반적 정의
• 영구적 거주지, 많은 인구, 높은 인구밀도, 이질성이 높은 지역
• 외형 : 정주인구의 대량 집중
• 경제구조 : 2, 3차 산업에 종사하는 인구구성비가 큼
• 정치·행정적 영향력이 크고 각종 활동의 중심역할을 하는 곳

20 에버니저 하워드가 주장한 전원도시의 원칙으로 틀린 것은?

① 도시의 계획인구를 제한한다.
② 도시 주위에 넓은 농업지대를 영구히 보전하여 도시와 농촌의 장점을 결합한다.
③ 시민경제를 유지할 수 있는 산업을 유치하여 경제 기반을 확보한다.
④ 도시의 발달에 따른 개발이익은 공유화하되 토지는 사유화를 원칙으로 한다.

해설

전원도시론(田園都市論) : 에버니저하워드(Ebenezer Howard)
1. 정의
  • 거대도시 또는 과대한 도시화를 방지, 완화하면서 도시와 전원의 조화 도모
2. 조건
  • 인구는 3~5만 정도
  • 도시 주변에 넓은 농업지대 보유
  • 자족이 가능한 산업 보유
  • 도시 내부에 충분한 공지 확보
  • 도시의 토지는 공유함
3. 전개
  • 1903년 런던 북쪽 35mile 거리에 리치워드(Letch-worth) 건설
  • 1919년 런던에서 20mile 거리에 웰인(Welwyn) 건설
  • 이후 각국에서 전원도시를 개발하려 노력 중

제2과목 도시설계 및 단지계획

21 우리나라 조선시대 때 건조된 읍성에 대한 설명으로 틀린 것은?

① 우리나라의 전통적·지리적 방식에 의해 입지가 결정되었다.
② 당시 지방의 통치를 위해 관리를 파견하기 위한 행정도시의 성격을 갖는다.
③ 외부의 적으로부터의 효과적인 방어를 위해 주로 산 정상에 건조되었다.
④ 지역의 지형특성에 따라 주요 시설들의 배치가 이루어졌다.

해설

방어를 고려하긴 하였으나 산 정상에 건조하지는 않음

22 계획밀도를 물리적 밀도·활동밀도·입체 밀도로 구분할 때 다음 중 물리적 밀도에 포함되지 않는 것은?

① 건폐율 ② 용적률
③ 인구밀도 ④ 토지이용률

해설

인구밀도는 활동밀도에 속한다.

23 순인구밀도가 200인/ha이고 주택용지율이 60%일 때, 총 인구밀도는?

① 80인/ha ② 120인/ha
③ 265인/ha ④ 340인/ha

해설

- 순인구밀도 = $\dfrac{\text{총인구}}{\text{주택용지면적}} = \dfrac{\text{총인구}}{\text{총 면적} \times \text{주택용지율}}$
  $= \dfrac{\text{총 인구밀도}}{\text{주택용지율}}$
- 총 인구밀도 = 순인구밀도 × 주택용지율
  = 200인/ha × 0.6 = 120인/ha

24 단지계획의 목표를 설정할 때에 고려하여야 할 사항으로 가장 거리가 먼 것은?

① 건강과 쾌적성 ② 경제적 다양성
③ 기능의 충족성 ④ 이웃과의 의사소통

해설

단지계획의 목표
- 건강과 쾌적성(Health and Amenity)
- 기능의 충족성(Functional Integration)
- 이웃과의 유대(Communication)
- 환경선택의 다양성(Choice)
- 개발비용의 효율성(Efficiency)
- 변화에 대한 적응성(Adaptability)

25 보행자의 안전을 고려하여 단지 내 차량의 속도를 제한하기 위해 도로에 적용하는 기법으로 적합하지 않은 것은?

① 도로의 형태를 의도적으로 불규칙하게 만든다.
② 입구 및 도로 폭을 좁게 한다.
③ 도로표면상에 차량감속시설물(Hump)을 설치한다.
④ 직선 구간을 길게 한다.

해설

직선 구간을 길게 하면 오히려 통과속도가 증가한다.

26 다음 중 생활권 크기가 작은 것부터 바르게 나열된 것은?

① 인보구 - 근린분구 - 근린주구
② 인보구 - 근린주구 - 근린분구
③ 근린분구 - 근린주구 - 인보구
④ 근린분구 - 인보구 - 근린주구

해설

생활권의 크기

구분	인보구	근린분구	근린주구
반경	100m 전후	150~200m 전후	300~400m 전후
인구	200~800명 정도	3,000~5,000명 정도	10,000~20,000명 정도
중심 기본시설	유아놀이터, 구멍가게	유치원, 어린이공원, 근린상점, 버스정류장, 진료소	초등학교, 동사무소, 노인정, 우체국, 파출소, 보건소
상호관계	• 근린생활권의 최소단위 • 가까운 친분 관계를 유지	• 4~6개의 인보구 • 주민 간에 면식이 가능한 최소단위	• 4~5개의 근린분구 • 보행으로 중심부와 연결 가능 범위 • 도시관리계획의 최소단위
특징	-	국지도로를 골격으로 함	간선도로, 녹지 등에 의해 다른 지역과 구별

27 단지계획에 있어서 인동간격의 결정요소가 아닌 것은?

① 일조 ② 도로
③ 프라이버시 ④ 조망

해설

인동간격
집단 주택지의 계획에서, 건축물 상호의 내면 간격과 필요한 일조 및 채광을 확보하고, 재해 특히 화재에 대한 안전성, 개인의 사생활과 건강생활을 즐기기 위한 정원 따위의 공간을 확보하기 위하여 두는 간격

28 단지계획 중 공원 및 녹지계획과 관련된 설명으로 적합하지 않은 것은?

① 기존의 생태환경은 최대한 보존·활용한다.
② 비옥도가 양호한 표토층은 채취·보관 후 활용하도록 한다.
③ 소수의 대규모 공원보다는 다수의 소공원을 조성하는 것이 생태성 강화 및 종다양성 확보를 위해

바람직하다.
④ 친환경적인 단지조성을 위해 자연지형은 최대한 살리며 절성토를 최소화하여야 한다.

해설
단지계획 중 공원 및 녹지계획
• 기존의 생태환경은 최대한 보존·활용
• 비옥도가 양호한 표토층은 채취·보관 후 활용
• 자연지형은 최대한 살리며 절성토를 최소화

29 케빈 린치가 주장한 도시경관 이미지의 구성요소에 해당하지 않는 것은?

① 연접부　　② 결절점
③ 지구　　　④ 광경

해설
린치의 도시이미지
지구(District), 연변(Edge), 결절(Node), 통로(Path), 표지물(Landmark)

30 도시설계 제어의 유형 중 유도적 성격이 강한 제도가 아닌 것은?

① 특별허가　　② 보상지역지구제
③ 개발권 이양　④ 계획단위개발

해설
특별허가는 규제적 성격이 강한 제도로 특수적 규제수법에 해당한다.

31 도시의 구성에 있어서 도로의 위계체계를 명확히 함과 동시에 거주환경지역을 설정하여 일상생활에서 보행자를 우선하도록 주장한 보고서는?

① Barlow Report
② Buchanan Report
③ Utwatt Report
④ Regional Survey of New York and its Environs Vol. III.

해설
뷰캐넌 보고서(Buchanan Report)의 특징
• 지역의 바깥을 둘러싸는 도로의 네트워크와 거주환경지역으로 구성됨
• 거주환경지역으로 지정된 지역에서는 자동차교통의 위험 없이 사람들이 안심하고 거주할 수 있으며 도보와 통학과 쇼핑을 할 수 있도록 함
• 자동차의 완전배제가 아니라 생활환경을 침해하지 않는 범위 내에서는 허용
• 영국에서는 뷰캐넌 보고서가 각 지역의 도시교통처리의 원동력이 되어 중소도시의 장기 자동차교통대책의 일환으로 종합교통계획으로 입안 발표됨

32 슈퍼블럭(Super Block)에 대한 설명이 틀린 것은?

① 래드번 시스템이라고 불리기도 한다.
② 건물을 집약함으로써 고층화와 효율화가 가능하다.
③ 전력, 난방 등 도시 시설의 공동화가 가능하다.
④ 블럭화로 인해 오픈스페이스의 확보가 어렵다.

해설
슈퍼블럭(Super Block)의 특징
1. 장점
   • 건물을 집약화함으로써 고층화, 효율화 가능
   • 충분한 공동의 오픈스페이스 확보가 용이
   • 보도와 차도의 완전한 분리가 가능
   • 전력, 난방, 하수, 쓰레기 수집 등 도시시설의 공동화가 가능
2. 단점
   • 주변지가 앙등, 도시의 외연적 확산, 외부 불경제효과 발생, 기반시설 부담으로 주택가격 상승, 획일적 주거환경
   • 주변지역과 부정합성 및 가구폐쇄로 도시성 상실
   • 중심시설 중앙 배치로 간선도로변의 활성화 기회 상실

33 기능별 구분에 따른 각 도로에 대한 설명이 옳은 것은?

① 가구를 구획하는 도로는 국지도로이다.
② 근린주거구역의 골격을 형성하고 근린주거구역 내 교통의 집산기능을 하는 도로는 보조간선도로이다.
③ 근린주거구역의 외곽을 현성하고 시·군 교통의 집산기능을 하는 도로는 주간선도로이다.
④ 대량통과교통의 처리를 목적으로 하며 시·군의 골격을 형성하는 도로는 집산도로이다.

해설
기능별 구분
• 주간선도로 : 시·군내 주요지역을 연결하거나 시·군 상호 간을 연결하여 대량통과교통을 처리하는 도로로서 시·군의 골격을 형성하는 도로
• 보조간선도로 : 주간선도로를 집산도로 또는 주요 교통발생원과 연결하여 시·군 교통의 집산기능을 하는 도로로서 근린주거구역의 외

- 집산도로 : 근린주거구역의 교통을 보조간선도로에 연결하여 근린주거구역 내 교통의 집산기능을 하는 도로로서 근린주거구역의 내부를 구획하는 도로
- 국지도로 : 가구(도로로 둘러싸인 일단의 지역)를 구획하는 도로
- 특수도로 : 보행자전용도로·자전거전용도로 등 자동차 외의 교통에 전용되는 도로

34 오픈스페이스의 기능에 대한 설명이 틀린 것은?

① 시냇물·연못·동산 등과 같은 자연 경관적 요소들을 제공한다.
② 오픈스페이스의 적극적 확보를 위하여 평탄한 곳과 접근성이 뛰어난 곳을 우선 확보하여야 한다.
③ 기종의 자연환경을 보전·향상시켜 줄 수 있는 수단을 제공한다.
④ 공기정화를 위한 순환통로의 기능을 수행함으로써 미기후의 형성에 영향을 준다.

해설
오픈스페이스(Open Space)의 기능
1. 생태적 기능
 - 단지생태계의 기반 조성
 - 대기오염, 수질오염의 정화
 - 소음, 먼지 등의 차폐
 - 미기후의 조절
 - 화재, 홍수 등의 재난예방 및 완화
 - 환경친화적 단지 조성에 기여
2. 사회적 기능
 - 휴식 및 레크리에이션 기회의 제공
 - 재해 혹은 사고 시 피난처의 제공
 - 단지주민의 정신건강, 정서함양에 기여
 - 단지주민 간 접촉기회의 증진
3. 경관적 기능
 - 단지의 경관미, 스카이라인의 질 향상
 - 특징 있는 공간 조성으로 단지의 정체성 고양
 - 인공구조물의 건조함 완화
 - 단지외부공간의 차경 또는 차폐

35 2m의 등고선 간격(표고차, h)으로 5%의 경사도를 얻으려면 등고선과 등고선 간의 거리(D)는 얼마나 되어야 하는가?

① 20m
② 30m
③ 40m
④ 50m

해설
등고선에서 수평거리 계산

$$5 = \frac{2}{D} \times 100$$

$$\therefore D = \frac{2}{5} \times 100 = 40$$

36 다음 중 페리가 제안한 근린주구의 물리적 기본요소가 아닌 것은?

① 초등학교
② 공동체의식
③ 작은 공원과 운동장
④ 작은 가게

해설
페리의 근린주구의 물리적 기본요소 4가지
1. 초등학교
2. 작은 공원과 운동장
3. 작은 가게
4. 건물배치와 도로체계

37 평균층수, 건폐율 및 용적률의 관계에 대한 설명으로 옳은 것은?(단, 언급되지 않은 조건은 동일한 것으로 가정한다.)

① 평균층수와 용적률은 일정한 상관관계가 없다.
② 평균층수가 높아지면 용적률도 높아진다.
③ 건폐율이 높아지면 용적률은 낮아진다.
④ 용적률과 건폐율은 일정한 상관관계가 없다.

해설
용적률 = 평균층수 × 건폐율

38 다음 중 세계보건기구(WHO) 주거위생위원회가 제시한 건강한 인간적 기본생활욕구를 충족시키는 주거환경 기준이 아닌 것은?

① 안전성
② 건강성
③ 경제성
④ 편리성

해설
WHO의 주거환경 목표
1961년 세계보건기구(WHO)는 주거환경의 4가지 이념을 제시함
- 쾌적성(Amenity) : 양호한 경관 보전, 오픈스페이스, 역사성, 프라이버시
- 안전성(Safety) : 사고 방지, 방재
- 보건성(Health) : 일조, 통풍, 공해 방지 등
- 편리성(Convenience) : 접근성, 공공시설의 질

39 지구단위계획의 수립과 관련한 설명이 틀린 것은?

① 지구단위계획은 향후 20년 내외에 걸쳐 나타날 시·군의 성장, 발전 등의 여건 변화를 고려하여 수립한다.
② 지구단위 계획은 인간과 자연이 공존하는 환경친화적 환경을 조성하고 지속가능한 개발 또는 관리가 가능하도록 하기 위한 계획이다.
③ 지구단위계획구역의 지역은 지구단위계획을 통한 체계적·계획적 개발 또는 관리가 필요한 지역을 대상으로 함을 원칙으로 한다.
④ 지구단위계획구역은 결정된 날부터 5년 이내에는 이를 변경하지 않는 것을 원칙으로 한다.

해설

지구단위계획의 성격
1. 도시 내 일정구역에 대하여 수립하는 도시관리계획의 일부(도시관리계획-10년단위로 수립 5년마다 정비)
2. 선행의 도시계획을 필요로 하는 도시계획
3. 인간과 자연이 공존하는 환경친화적 도시환경을 조성을 위한 도시계획
4. 평면적 계획과 입체적 계획과의 조화에 중점을 둠
    - 도시계획 : 토지이용계획과 도시기반시설의 정비 등에 중점
    - 건축계획 : 건축물 등 입체적 시설계획에 중점
    - 지구단위계획 : 토지이용계획과 건축물계획 등이 서로 환류되도록 함으로써 평면적 토지이용계획과 입체적 시설계획이 서로 조화를 이루도록 하는 데 중점을 둠
5. 개선효과가 지구단위계획구역 인근에 미쳐 도시 전체의 기능이나 미관 등의 개선에 도움을 주기 위한 계획

40 유비쿼터스 도시(U-city)에 대한 설명으로 가장 적합한 것은?

① 인터넷에 가상으로 존재하는 도시를 통칭
② 물리 공간에 IT 기술이 융·복합되어 시민에게 다양한 서비스를 제공하는 도시
③ 최첨단 친환경 기술이 접목된 지속가능한 저탄소 녹색도시
④ 녹지공간이 풍부하여 쾌적하고 살기 좋은 도시

해설

유비쿼터스 도시(Ubiquitous, U-City)
1. 정의
    - Ubiquitous란 라틴어로 '언제 어디서나 존재한다'는 의미
    - 때와 장소에 관계없이 전산망에 접근할 수 있는 네트워크를 지칭하며, 우리나라에서는 시공자재(時空自在)라는 한자어로 표현함(국토연구원)

2. 방법
    - 'Anytime, Anywhere, Anydevice'가 가능해야 함
    - 모바일 기술로 인터넷 검색과 홈네트워크 상용화
    - PDA와 LBS(Location Based Service)를 이용한 자동차길 안내
    - 지능형 교통망 ITS(Intelligent Transport System) 구축, 생활 편익 및 공공서비스 실시

제3과목 도시개발론

41 도시개발사업의 수요를 파악하기 위한 정량적 예측모형에 해당하지 않는 것은?

① 시계열분석   ② 회귀모형
③ 중력모형   ④ 의사결정나무기법

해설

수요예측 모형

계량적 (정량적) 방법	• 인과분석, 시계열모형, 다변량해석법, 중력모형, Huff 모형, 마르코프 과정 등 • 자료가 있는 경우 그 패턴을 찾아서 수요를 예측
	예측변수 : 인구규모, 가구규모, 고용자 수, 주택보급률(공가율), 주택규모 및 용적률
비계량적 (정성적) 방법	• 델파이, 집단의견법, 시나리오법, 의사결정나무법, 판단결정모델, 비교 유추 • 과거 자료가 없는 경우, 즉 신규 상품이나 서비스가 없는 경우 실증적인 방법
	예측변수 : 생활양식의 변화, 대상지역 주민의 경제적 여건(소득, 주택가격, 구매성향), 접근성, 구매력, 소비 및 지출의 형태

42 개발권양도제(TDR)의 장점으로 틀린 것은?

① 토지소유자의 개발 제한에 대해 보상함으로써 높은 공정성의 확보가 가능하다.
② 보상가격 산정에 있어 시장 기구를 활용할 수 있어 자원배분의 왜곡을 방지할 수 있다.
③ 개발규제의 실질적인 영속성을 제공한다.
④ 클러스터링에 의한 개발비용의 절약이 가능하다.

해설

개발권양도제(TDR)는 토지소유자에 대한 보상비용 절감이 가능하나 개발권이 이양된 지역의 건물 규모가 과대해지는 문제점이 있다.

정답 39 ① 40 ② 41 ④ 42 ④

43 부동산사업 자본모집을 위한 수단으로서 파트너십에 대한 설명으로 틀린 것은?

① 일반 파트너십의 설립은 정식 절차 없이 구두 또는 문서에 의해서도 가능하다.
② 일반 파트너십은 유형자산뿐만 아니라 기술아이디어, 노하우 같은 무형자산도 가능하다.
③ 유한 파트너십에서 유한 파트너는 경영과정에 참여할 수 있어 일반 파트너와 달리 무한 책임을 진다.
④ 유한책임 파트너십에서는 의무와 채무에 대하여 무한책임을 부담하는 일반 파트너가 존재하지 않는다.

해설
공동(Partnership)
- 일반 파트너십(General Partnership) : 통상의 파트너십, 민법상 조합으로 둘 이상의 동업자(Partner)가 공동으로 사업을 수행·이윤분할 형태
- 유한 파트너십(Limited Partnership) : 최소 한 명 이상의 일반파트너(사업의 소유자 : 무한책임, 경영참여)와 여타의 유한파트너(출자한도 내에서 유한책임 : 경영이나 지배에 참여 불가능)로 구성됨
- 유한책임 파트너십(Limited Liability Partnership) : 무한책임을 부담하는 일반파트너가 존재하지 않는 형태, 주로 공인중개사, 변호사, 건축사 등의 업무 및 관련 사업을 위하여 구성되는 전문직 동업형태

44 도시 및 주거환경정비법령상, 주거환경개선사업의 경우 임대주택의 규모는 건설하는 주택 전체 세대수의 얼마 이하로 하도록 규정하고 있는가?

① 100분의 30 이하
② 100분의 50 이하
③ 100분의 80 이하
④ 100분의 90 이하

해설
주거환경개선사업의 경우 임대주택 규모
도시 및 주거환경정비법 제10조(임대주택 및 주택규모별 건설비율)
① 정비계획의 입안권자는 주택수급의 안정과 저소득 주민의 입주기회 확대를 위하여 정비사업으로 건설하는 주택에 대하여 다음 각 호의 구분에 따른 범위에서 국토교통부장관이 정하여 고시하는 임대주택 및 주택규모별 건설비율 등을 정비계획에 반영하여야 한다.
1. 「주택법」 제2조 제6호에 따른 국민주택규모의 주택이 전체 세대 수의 100분의 90 이하에서 대통령령으로 정하는 범위
2. 임대주택(「민간임대주택에 관한 특별법」에 따른 민간임대주택 및 「공공주택 특별법」에 따른 공공임대주택을 말한다. 이하 같다)이 전체 세대수 또는 전체 연면적의 100분의 30 이하로서 대통령령으로 정하는 범위

45 도시 및 주거환경정비법에 따른 정비사업의 종류가 아닌 것은?

① 재개발사업
② 도시개발사업
③ 주거환경개선사업
④ 재건축사업

해설
정비사업의 유형

대분류	사업시행근거법률	도시개발의 유형
도시·군계획사업	도시 및 주거환경정비법	주거환경개선사업
		재개발사업
		재건축사업

46 도시개발법에 따른 도시개발사업의 시행방식 중 해당 토지의 지가가 주변보다 높거나 대지의 효용 증진을 위한 정비를 목적으로 하여 사업 시행 전에 존재하던 관리관계에 변동을 가하지 않고 사업 시행 후의 새로이 조성된 대지에 기존의 권리를 이전하는 방식은?

① 수용방식
② 환지방식
③ 매수방식
④ 사용방식

해설
환지방식(토지구획정리방식)
- 기존 시가지나 교외농지 등을 정비하거나 택지로 조성
- 도로·공원 등의 공공시설 용지를 토지소유자가 제공
- 토지의 분할 및 구획을 통하여 토지의 이용을 증진
- 토지소유자의 감소된 면적은 사업이 종료된 이후에 종전의 권리에 상응하는 토지 또는 건축물을 토지소유자에게 환지하는 방법

47 도시개발법령상 도시개발구역으로 지정할 수 있는 대상지역 및 규모기준이 틀린 것은?(단, 도시지역의 경우임)

① 주거지역 : 1만 m² 이상
② 상업지역 : 1만 m² 이상
③ 공업지역 : 1만 m² 이상
④ 자연녹지지역 : 1만 m² 이상

해설
도시개발구역의 규모
- 주거지역, 상업지역, 자연녹지·생산녹지 : 1만 m² 이상
- 공업지역 : 3만 m² 이상
- 도시지역 밖 : 30만 m² 이상

48 Calthorpe이 제시한 TOD 7가지 원칙에 해당되지 않는 것은?

① 지구 내에는 걸어서 목적지까지 갈 수 있는 보행친화적인 가로망 구성
② 기존 근린지구 내에 대중교통노선을 따라 재개발 촉진
③ 공공공간의 건물배치 및 근린 생활의 중심지로 조성
④ 주택의 유형, 밀도, 비용 등은 고층, 고밀, 고급화를 지향하고 통일된 유형을 배치

해설

Calthorpe(1993)의 TOD 7가지 원칙
1. 대중교통서비스를 유지할 수 있는 고밀도를 유지
2. 역으로부터 보행거리 내에 주거, 상업, 직장, 공원, 공공시설 배치
3. 지구 내에는 걸어서 목적지까지 갈 수 있는 보행친화적인 가로망 구성
4. 주택의 유형, 밀도, 비용의 혼합배치
5. 양질의 자연환경과 공지 보전
6. 공공공간을 건물배치 및 근린생활의 중심지로 조성
7. 기존 근린지구 내에 대중교통 노선을 따라 재개발 촉진

49 도시개발에서 발생 가능한 위험의 유형을 시장위험, 금융위험, 건설관련위험으로 나눌 때, 다음 중 시장위험과 관련된 사항이 아닌 것은?

① 문화재의 출토   ② 소비자의 선호도 변화
③ 경제구조 변화   ④ 분양가 책정의 적정성

해설

시장위험(Market Risk)
• 사업기간 중 인플레이션, 이자율 변동, 소비자의 선호도 변화, 토지조성계획과 분양가 책정의 적정성, 자재값 앙등, 노임문제 등에 의해 비용이 예상보다 상승하므로 발생하는 위험
• 시장위험을 줄이기 위해 시장분석(Market Analysis)과 타당성 분석(Feasibility Analysis)을 실시

50 도시개발의 개념적 정의로 적합하지 않은 것은?

① 도시적 형태와 기능을 지니지 않은 토지에 도시적 기능을 부여한 것
② 기존의 도시적 용지에 대해 도시기능 제고를 목적으로 토지의 형상이나 이용에 변화를 일으키는 개발행위
③ 도시가 성장·변화함에 따라 새로이 요구되는 도시 공간을 창출하고 공급하는 행위
④ 도시 외곽지역에서 농업용 등 비도시적 용도의 토지를 관리·유지하는 것

해설

도시개발의 개요
1. 도시개발의 정의
 ㉠일반적 정의: 도시변화의 수요에 대응하여 도시발전을 도모하기 위한 일련의 의도적 행위
 ㉡광의의 개념
   도시성장을 관리하고 도시발전을 도모하기 위한 경제, 사회 등 모든 개발행위의 총체
 ㉢협의의 개념
   • 물리적 측면에서의 신개발, 재개발과 같은 도시공간개발
   • 조성에 의한 개량, 건축에 의한 개량
2. 도시개발의 범위
 ㉠광의 : 아직 도시적 형태와 기능을 지니지 않은 토지에 도시적 기능을 부여
 ㉡협의 : 도시개발의 범주에 토지이용 용도만의 부여도 포함됨
 ㉢실제적 : 계획적 개발을 전제로 하여 계획적 개발체제 속에 진행되는 개발

51 도시개발수요를 분석하기 위한 정성적 예측모형 중 조사하고자 하는 특정 사항에 대하여 전문가 집단을 대상으로 반복 앙케이트를 수행하여 의견을 수집하는 방법은?

① 델파이법   ② 지수평활법
③ 박스젠킨스법   ④ 의사결정나무기법

해설

델파이(Delphi) 방법
1. 정의
 • 델파이(Delphi) : 고대 그리스 아폴로 신전이 있던 도시의 이름으로 아폴로 신전의 여사제가 그리스 현인들로부터 의견을 수렴하였다는 데에서 유래
 • 1964년 미국의 RAND 연구소에서 최초로 시도
 • 계획 수립 시에 장기적 미래 예측을 할 경우에 주로 쓰임
2. 방법
 • 전문가 집단을 대상으로 하여 특정 사항에 대해 설문조사를 반복함으로써 의견(직관)을 조사
 • 지속적인 피드백이 실시됨

52 도시개발의 시장원리에 관한 설명 중 틀린 것은?

① 이윤극대화를 추구하는 완전경쟁시장에서 토지는 최대의 수익을 얻을 수 있는 형태로 개발·이용된다.

정답 48 ④ 49 ① 50 ④ 51 ① 52 ③

② 토지의 개발용도는 토지의 입지조건과 이에 따른 개발 수요의 특성에 따라 달라진다.
③ 토지의 가격은 여러 개발업자가 토지를 매입하기 위하여 지불하고자 하는 지대 중 가장 빈도수가 높은 가격에 의해 결정된다.
④ 토지시장에서 특정 토지가 어떠한 용도로 개발·이용될 것인가는 그 토지를 여러 가지 용도로 개발·이용하였을 때 예상되는 수익들을 비교하여 결정된다.

> **해설**
> 토지의 가격은 빈도수 높은 가격이 아닌 최고 가격으로 결정된다.

53 다음 중 Robert Goodland(1994)가 제안한 지속가능한 도시개발을 위한 지속성의 분류에 해당하지 않는 것은?

① 사회적 지속성 : 문화, 역사, 제도
② 환경적 지속성 : 환경의 질, 생태계 용량, 지연자원
③ 경제적 지속성 : 경제자본, 산업, 사업
④ 기술적 지속성 : 과학, 기술개발

> **해설**
> Robert Goodland(1994)가 제안한 지속가능한 도시개발을 위한 지속성 요소
> • 사회문화적 지속성·사회개발, 사회적 혼합을 위한 주택건설 : 역사·문화적 지속성 확보
> • 경제적 지속성·자족시설용지 조성 : 개발유보지 확보, 홍수예방 등을 위한 유수지 조성
> • 경관 및 환경적 지속성·경관 형성 및 관리를 위한 계획 : 환경적 지속성 제고를 위한 계획(자연순응형 개발, 접근성 제고, 밀도, 에너지 이용 및 자원순환, 생태적 환경조성, 대중교통체계 확립)

54 사업성 평가지표에 대한 설명이 옳은 것은?

① 사업성 평가에 일반적으로 사용되는 지표로는 수익성 지수(PI), 순현재가치(NPV), 내부수익률(IRP)이 있다.
② 순현재가치가 0보다 클 때 프로젝트의 사업성을 판단할 수 없다.
③ 내부수익률이 자본비용보다 작을 때 사업성이 있는 것으로 평가된다.
④ 수익성 지수가 1보다 작을 때 사업성이 있는 것으로 평가된다.

> **해설**
> 1. 정의
>   • 수익성 없는 사업에 투자하여 기업이 부실한 경영상태로 빠지지 않도록 하기 위하여 프로젝트의 비용과 수입을 추정 분석하는 것
>   • 평가 지표 : 수익성 지수(PI ; Profitability Index), 순현가치(FNPV ; Financial Net Present Value), 내부수익률(FIRR : Financial Internal Rate of Return)
> 2. 수익성 지수(PI ; Profitability Index) = B/C와 동일
>   • PI>1 비용에 비해 더 큰 수입 → 수익성 있음
> 3. 순현재가치법(Net Present Value)
>   • 편익과 수입 현재가치로 환산하여 평가하는 방법
>   • FNPV>기대수익 → 프로젝트의 사업성이 있음
> 4. 내부수익률(FIRR, λ)
>   • 현재 가치의 편익과 비용을 서로 동일하게 만드는 할인율
>   • FIRR>기대수익률 → 사업성이 있음

55 미래의 불확실성에 대응하기 위한 분석방법인 시나리오 분석에 대한 설명으로 틀린 것은?

① 장래에 일어날 수 있는 일이 어떠한 영향을 미치게 되는가를 시나리오적인 문장으로 표현한다.
② 보통 현상연장형 낙관적 시나리오, 비관적 시나리오의 3가지 종류를 준비한다.
③ 전문가에게 각 시나리오 중 어느 것이 실현된 것인가를 평가받거나 또는 각각의 시나리오의 발생확률을 평가받는다.
④ 연속된 의사결정이 도식적으로 표현되어 이해가 쉽고, 각 시나리오별 대안의 기댓값 산출이 가능하다.

> **해설**
> 연속된 의사결정이 도식적으로 표현되어 이해가 쉽고, 각 시나리오별 대안의 기댓값 산출이 가능한 기법은 의사결정나무를 통한 분석법이다.

56 다음 중 ㉠, ㉡에 들어갈 내용이 모두 옳은 것은?

> 지정권자는 환지방식의 도시개발사업에 대한 개발계획을 수립하면서 환지방식이 적용되는 지역의 토지 면적의 (㉠)에 해당하는 토지소유자와 그 지역의 토지 소유자 총수의 (㉡)의 동의를 받아야 한다.

① ㉠ 3분의 2 이상, ㉡ 3분의 2 이상
② ㉠ 3분의 2 이상, ㉡ 2분의 1 이상
③ ㉠ 3분의 1 이상, ㉡ 3분의 1 이상
④ ㉠ 3분의 1 이상, ㉡ 3분의 2 이상

정답 53 ④ 54 ① 55 ④ 56 ②

> **[해 설]**
> 필요 동의 수
> 1. 지정권자가 환지방식의 도시개발계획을 수립할 때(도시개발구역의 지정)
>   • 환지방식을 적용하려 할 때는 토지면적의 2/3 이상에 해당하는 토지소유자와 그 지역의 토지소유자 총수의 1/2 이상의 동의를 얻어야 함 : 국가, 지자체는 예외
> 2. 환지방식의 시행자
>   토지소유자(토지면적의 2/3 이상의 토지소유)
>   • 도시개발조합(토지소유자 7인 이상, 소유자 총수의 1/2, 토지면적의 2/3 이상의 동의)
> 3. 전면매수방식의 토지수용 조건
>   • 토지소유자, 법인, 부동산 투자회사 등 : 사업대상 토지면적의 3분의 2 이상에 해당하는 토지를 소유하고 토지소유자 총수의 2분의 1 이상에 해당하는 자의 동의 필요

57 도시재정비 촉진을 위한 특별법에 따른 재정비촉진계획의 수립에 대한 내용이 틀린 것은?

① 재정비촉진계획이란 재정비촉진지구의 재정비촉진사업을 계획적이고 체계적으로 추진하기 위한 재정비촉진지구의 토지이용, 기반시설의 설치 등에 관한 계획을 말한다.
② 시장·군수·구청장은 재정비촉진계획을 수립 또는 변경하려는 경우에는 그 내용을 14일 이상 주민에게 공람하고 지방 의회의 의견을 들은 후 공청회를 개최하여야 한다.
③ 시·도지사 또는 대도시시장은 재정비 촉진계획 수립의 전 과정을 총괄 진행·조정하게 하기 위하여 도시계획·도시설계·건축 등 분야의 전문가를 총괄계획가로 위촉할 수 있다.
④ 시장·군수·구청장은 재정비촉진계획을 수립하여 지방 도시계획위원회의 심의를 거쳐 국토교통부장관에게 결정을 신청하여야 한다.

> **[해 설]**
> 시장·군수·구청장은 재정비촉진계획을 수립하여 지방 도시계획위원회의 심의를 거쳐 국토교통부장관이 아닌 특별시장·광역시장 또는 도지사에게 결정을 신청하여야 한다.

58 다음 중 신도시의 개발 목적으로 틀린 것은?

① 저개발지역의 발전을 촉진하여 지역발전의 거점으로 성장시키고자 하는 경우
② 대도시에 인구나 산업의 집중을 꾀하고자 하는 경우
③ 새로운 산업기지로 발전시켜 고용기회를 확대하고 주민의 소득증대를 꾀하고자 하는 경우
④ 국가적 필요에 따라 신수도로 활용하기 위하여 도시를 새로 개발하는 경우

> **[해 설]**
> 신도시 입지선정의 기준
> • 국토공간상의 기준 : 지역개발거점, 기존 대도시의 집중이 아닌 분산 및 균형발전
> • 지역의 물질적인 상태 : 토지이용상황, 개발밀도, 건설비, 생활환경, 도시경관 등
> • 사회경제적 기준 : 지가, 신도시의 계획규모, 대도시권과의 거리, 광역권의 시장성 등
> • 자원의 기준 : 경제적 자립을 이룩하면서 계속 발전하기 위한 지상자원, 지하자원, 대기권자원 등
> • 환경적 기준 : 미관·정취·건전한 환경이 개발, 보존될 수 있는 곳

59 다음 중 시행방식에 따른 재개발의 유형이 아닌 것은?

① 전면재개발 ② 수복재개발
③ 전환재개발 ④ 보전재개발

> **[해 설]**
> 시행방법에 따른 재개발방식의 분류
> • 수복(보수)재개발(Rehabilitation) : 시설을 그대로 유지하며 불량된 요소만을 제거하는 소극적 방법
> • 보전재개발(Conservation) : 사전에불량·노후화의 진행을 방지하는 소극적 방법
> • 철거(전면)재개발(Redevelopment) : 완전제거 후 새로운 환경 조성(대표적 도시재개발 유형)

60 주택종합계획에 관한 내용으로 틀린 것은?

① 국토교통부장관이 국민의 주거안정과 주거수준의 향상을 도모하기 위하여 수립
② 주택종합계획은 국토기본법에 따른 국토종합계획에 적합하여야 한다.
③ 연도별 계획과 10년 단위의 계획으로 구분되며, 연도별 계획은 해당 연도 2월 말까지 수립하여야 한다.
④ 주택종합계획안을 마련하여 관계 중앙행정기관의 장과 협의 후 중앙도시계획 위원회의 심의를 거쳐 확정한다.

정답 57 ④ 58 ② 59 ③ 60 ④

> **[해설]**
> 주거종합계획안을 마련하여 관계 중앙행정기관의 장과 협의한 후 제8조에 따른 주거정책심의위원회의 심의를 거쳐 확정한다.

제4과목 국토 및 지역계획

61 도시지역과 그 주변지역의 무질서한 시가화를 방지하고 계획적·단계적인 개발을 도모하기 위하여 일정 기간 동안 시가화를 유보할 필요가 있다고 인정되어 국토교통부장관이 지정하는 구역은?

① 특정시설제한구역 ② 시가화 조정구역
③ 개발제한구역 ④ 도시개발 예정구역

> **[해설]**
> 시가화 조정구역
> • 도시지역과 그 주변의 무질서한 시가화 방지(국토교통부장관)
> • 일정 기간 동안 시가화 유보(5~20년 이내의 범위에서 정함)

62 다음 중 지역문제의 발생 원인으로 가장 거리가 먼 것은?

① 지역 내 특정 자연자원의 부존 여부와 입지조건의 차이
② 지역주민들의 요구 수준의 차이
③ 정부가 추진하는 선성장, 후분배의 경제개발 정책방향
④ 해당 지역 지배산업의 전 세계 또는 다른 지역의 산업들과의 경쟁력 수준

> **[해설]**
> 1. 지역문제 발생요인
> • 지역산업의 구조적 문제
> • 지역의 지리적 조건
> • 지역 간 인구특성의 차이 : 도시(과밀), 농촌(과소)
> 2. 지역문제
> • 지역 간 문제 : 도농경계지역문제, 접경지역, 개발 및 낙후지역(탄광, 도서 등)
> • 지역 내 문제 : 도시문제(과밀), 농촌문제(과소) → 도농통합으로 접근

63 성장거점이론에 있어서 선도산업이 갖는 특성이 아닌 것은?

① 진보된 수준의 기술을 요구하는 새롭고 동적인 산업이다.
② 다른 부분과 강한 산업적 연계를 갖는다.
③ 성정을 유도하고 그 성장을 다른 곳으로 확산시킨다.
④ 다른 산업에 비하여 성장속도는 느리나 안정된 성장을 보인다.

> **[해설]**
> 추진력 있는 산업(=선도산업)(페로우, F. Perroux)
> • 성장에 대한 열의를 고무할 수 있는 새로운 기술의 역동적인 산업
> • 산업의 규모가 커서 경제적 지배력을 행사할 수 있는 산업
> • 수요에 대한 소득 탄력성이 높아 다른 산업에 비해 성장속도가 빠른 산업
> • 여타부분과의 산업 간 연계성이 높은 산업(전후방 연계성이 높음)

64 다음 중 수도권정비계획안의 승인권자는?

① 대통령 ② 국무총리
③ 국토교통부장관 ④ 경기도지사

> **[해설]**
> 국토교통부장관(입안) → 수도권정비위원회(심의) → 국무위원회(심의) → 대통령(승인)

65 보드빌의 지역분류에 해당하지 않는 것은?

① 동질지역 ② 결절지역
③ 계획지역 ④ 낙후지역

> **[해설]**
> 보드빌의 지역분류는 동질지역, 결절지역(분극지역), 계획지역으로 구성된다.

66 다음 중 지역계획이론의 범주에 포함되지 않는 것은?

① 경제기반이론 ② 입지론
③ 선형이론 ④ 성장거점이론

> **[해설]**
> 지역계획이론의 범주 : 경제기반이론, 입지론, 성장거점이론

정답 61 ② 62 ② 63 ④ 64 ① 65 ④ 66 ③

67 광역개발사업의 효율적 추진을 위하여 필요한 경우 관계기관 간의 원활한 협조체제를 구축하고 의견을 교환하기 위하여 관계 중앙행정기관 및 광역시·도의 관계 공무원과 민간 전문가가 참여토록 국토교통부장관이 구성하여 운영하는 기구는?

① 광역개발협의회　② 지역발전협의회
③ 국가균형발전위원회　④ 자치단체협의회

해 설
광역개발협의회(지역균형개발 및 지방중소기업 육성에 관한 법률 시행령 제10조)
국토교통부장관은 광역개발사업의 효율적인 추진을 위하여 필요한 경우에는 관계 기관 간의 원활한 협조체제 구축과 의견 교환을 위하여 관계 중앙행정기관 및 광역시·도의 관계 공무원과 민간 전문가가 참여하는 광역개발협의회를 구성하여 운영할 수 있다.
광역개발협의회의 구성과 운영에 필요한 사항은 국토교통부장관이 정한다.
※ 본 조항이 포함된 지역균형개발 및 지방중소기업 육성에 관한 법률은 2014년 12월 30일 일부 조항만을 남기고 대부분 삭제되었음

68 도시순위규모법칙에 따른 q값이 과거 1.0에서 현재 2.0으로 증가한 어느 나라의 도시체계에 대한 설명으로 가장 옳은 것은?

① 과거에는 도시인구의 분포가 균등하지 못하였으나 현재는 균등한 분포에 근접하고 있다.
② 과거에는 인구분포가 균형을 이루었으나 현재는 주요 도시의 인구가 농촌 인구의 2배가 되었다.
③ 과거보다 수위 도시 또는 소수의 몇몇 대도시에 더욱 많은 인구가 집중하였다.
④ 과거보다 도시화의 속도가 2배로 증가하였다.

해 설
순위규모법칙
- q = 1은 순위규모분포로 어느 나라에서 수위도시의 인구분포가 1이라면 나머지 도시의 인구는 1/2, 1/3, 1/4… 분포임
- q = 2는 수위도시의 인구를 1로 했을 때 나머지 도시의 인구는 1/4, 1/9, 1/16…로, 이는 하위도시로 갈수록 인구수가 급격히 작아지는 것을 의미하므로 수위도시나 소수의 대도시로의 인구집중이 더욱 커짐을 의미함

69 1930년대와 1940년대 초의 자연자원 중심의 대표적 지역계획인 '테네시계곡 개발계획'이 이루어진 곳은?

① 미국　② 영국
③ 독일　④ 이탈리아

해 설
테네시계곡 개발사업(TVA)
미국에서 지역개발계획의 선구적 사례로 1930년대 전후 실업자 구제 및 공업도시 개발을 위해 테네시강 유역에 다수의 다목적댐을 건설하여 전력과 수자원공급을 목표로 하였다.

70 버제스의 동심원 구조에서 근로자 주택지대에 해당하는 곳은?

① 1　② 2
③ 3　④ 4

해 설
0. CBD(중심업무지구), 1. 점이지대, 2. 근로자 주택지대, 3. 중산층 주택지대, 4. 통근자지대

71 다음 중 아래와 같이 주장한 학자는?

- 한 지역은 중심도시와 주변지역으로 구성된다.
- 중심도시와 주변지역 간에는 순환인과관계가 이루어지고 역류와 확산효과가 이루어진다.
- 역류효과와 확산효과는 주기적인 상향 또는 하향운동을 일으킴으로써 지역 간 격차를 지속시킨다.

① Haggett　② Myrdal
③ Kaldor　④ Williamson

해 설
미르달(G. Myrdal) : 역류효과(역류효과, Backwash Eff-ects)
- 한 지역은 중심도시와 주변지역으로 구성된다.
- 중심도시와 주변지역 간에는 순환인과관계가 이루어지고 역류와 확산효과가 이루어진다.
- 역류효과와 확산효과는 주기적인 상향 또는 하향운동을 일으킴으로써 지역 간 격차를 지속시킨다.
- 성장지역의 부(富)와 기술 등이 주변지역으로 파급되어 지역 간 격차가 줄어드는 것이 아니라, 오히려 주변지역의 자본, 노동 등 생산요소가 계속해서 성장지역으로 흘러 들어가는 현상
- 이로 인해 성장지역은 계속 성장하고 주변지역은 계속 낙후지역으로 남게 되는 것

정답　67 ①　68 ③　69 ①　70 ②　71 ②

72 다음 중 국토계획의 필요성에 해당하지 않는 것은?

① 유한적 국토자원의 효과적 활용
② 국토 관련 행정의 중앙집중 및 규제력 강화
③ 지역격차와 불균형 문제 해소
④ 상위 정책 간 마찰 조정과 하위정책에 대한 지침 제시

해설

국토계획의 필요성
- 대도시의 집중 및 과밀문제 해결을 위해
- 농촌지역의 황폐화, 개발의욕의 상실과 상대적 박탈감 팽배 문제 해결을 위해
- 지역 불균형 개발 문제 해결 – 도농 간의 격차, 종주도시와 낙후지역 문제
- 자원의 효과적 개발을 위해
- 실업구제, 산업진흥, 국력회복을 위해
- 국가 주도적 경제개발 추진 문제 해결을 위해(정책 간 상충 방지, 하위정책의 지침 제시)

73 동질지역을 구분하는 방법에 해당하지 않는 것은?

① 보드빌의 가중지수법
② 베리의 요인분석법
③ 글라손의 표준편차크기법
④ 크리스탈러의 중심지 체계분석

해설

크리스탈러의 중심지 이론은 정주체계와 관련한 이론이다.

74 다음의 도시계획이론 중 상황의 종합적 분석과 최적의 대안선택이 가능하다고 보는 규범적이며 이상적인 접근방법은?

① 합리적 접근방법
② 만족화 접근방법
③ 점진적 접근방법
④ 혼합주사적 접근방법

해설

합리적 접근방법(Tinbergen, M. Dimock, J. Dewey)
- 상황을 종합적으로 분석하고 최적의 대안 선택이 가능하다고 보는 규범적이며 이상적인 접근방법
- 조건 : 명확한 규정, 완전한 지식과 정보, 인간과 조직의 합리성
- 절차 : 문제의 객관화·구체화 → 조직화를 통한 계량화 → 완전한 정보를 이용한 분석 → 대안 추출 → 각각의 대안 비교·분석 → 객관적, 합리적 기준에 의해 최적대안 선정
- 순수합리모형, 종합적 합리모형이라고도 함

75 다음 중 웨버의 공업입지론에서 입지를 결정하는 인자에 해당하지 않는 것은?

① 운송비
② 노동비
③ 집적경제
④ 제품수요

해설

베버의 최소비용이론
1. 최소수송비원리 : 총 수송비가 최소가 되는 지점에 입지하는 것이 최적입지이다.
2. 노동비에 따른 최적입지의 변화 : 만일 어느 지역이 상대적으로 노동비가 저렴하다면 최적입지는 최소수송비지점에서 벗어날 수 있다.(노동지향형 입지)
3. 집적이익에 따른 최적지점의 변화 : 서로 다른 기업들이 한 지점에 집적함으로써 생산비용을 절감할 수 있을 때 최소수송비지점에서 이동할 수 있다.(집적지향형 입지)
4. 원료지수(M) = 사용된 편재원료 중량/최종생산물 중량
   - M>1이면 중량감소형 원료 – 원료지향형 입지
   - M=1이면 중량불변형 원료 – 입지자유형
   - M<1이면 중량증가형 원료 – 시장지향형 입지

76 다음 중 참여정부의 국가균형발전정책과 관련이 없는 것은?

① 행정중심복합도시 건설
② 공공기관의 지방 이전
③ 경제특구 육성
④ 수도권 규제 완화

해설

참여정부(노무현정부, 2003년 2월 25일~2008년 2월 24일)
국가의 균형개발을 구현하기 위하여 계획한 정책수단으로서의 도시개발
- 행정중심복합도시 건설
- 혁신도시 : 공공기관의 지방 이전
- 기업도시 : 경제특구 육성

77 다음의 지역개발이론 중 성격이 다른 하나는?

① 기본수요이론
② 불균형성장이론
③ 농정적개발론
④ 지속가능한개발론

해설

②는 하향적 개발이론, ①, ③, ④는 상향적 개발이론이다.

정답 72 ② 73 ④ 74 ① 75 ④ 76 ④ 77 ②

78 크리스탈러의 중심지 이론에서 1개의 중심지가 그 중심지 및 3개의 하위 중심지를 포섭하는 원리는?

① 시장의 원리 ② 행정의 원리
③ 교통의 원리 ④ 근린의 원리

해설

포섭의 원리
- 시장원리(K = 3) : 상위 중심지가 하위 중심지 3개를 포섭함
- 교통원리(K = 4) : 상위 중심지가 하위 중심지 4개를 포섭함
- 행정원리(K = 7) : 상위 중심지가 하위 중심지 7개를 포섭함

※ 문제에서 주어진 '그 중심지 및 3개의 하위 중심지'란 총 4개의 하위 중심지를 의미함

79 제3차 수도권정비계획에 관한 설명으로 틀린 것은?

① 계획기간은 2006~2020년까지 15년간이다.
② 공간적 범위는 수도권 전체이다.
③ 제4차 국토종합계획 수정계획과는 계획기간이 일치하지 않는다.
④ 제2차 수도권정비계획을 조기에 종료하고, 새로운 수도권의 비전과 발전방향을 담아 수립하였다.

해설

제3차 수도권정비계획과 제4차 국토종합계획 수정계획은 계획기간이 2006~2020년(15년간)으로 일치한다.

80 크리스탈러의 중심지이론에서 가정하는 내용이 틀린 것은?

① 균일한 인구밀도를 갖는 동질적 공간이다.
② 교통비는 소비자가 지불한다.
③ 모든 소비자의 구매력은 동일하다.
④ 수송비용은 방향에 따라 달라진다.

해설

중심지이론(中心地理論, Central Place Theory)의 가정
- 등질 평야 지대
- 교통수단과 접근성이 동일
- 운송비는 거리에 비례
- 소비자는 중심지 주변에 균등 분포
- 소비자의 성향과 구매력은 모두 동일
- 최소 비용으로 재화를 구입하는 경제인

제5과목 도시계획관계법규

81 도시·주거환경정비기본계획에 관한 설명으로 옳지 않은 것은?

① 20년 단위로 수립하여야 한다.
② 대도시가 아닌 경우 도지사가 기본계획의 수립이 필요하다고 인정하는 시를 제외하고 기본계획을 수립하지 아니할 수 있다.
③ 기본계획에 대하여 5년마다 타당성 여부를 검토하여 그 결과를 기본계획에 반영하여야 한다.
④ 기본계획의 작성기준 및 작성방법은 국토교통부장관이 이를 정한다.

해설

도시 및 주거환경정비 기본계획은 특별시장·광역시장 또는 시장이 10년 단위로 수립하고 5년마다 그 타당성 여부를 검토한다.

82 광역도시계획의 수립권자에 대한 설명으로 옳지 않은 것은?

① 광역계획권이 같은 도의 관할구역에 속하여 있는 경우 관할 시장 또는 군수가 공동으로 수립한다.
② 광역계획권이 둘 이상의 시·도의 관할 구역에 걸쳐 있는 경우 국토교통부장관이 수립한다.
③ 국가계획과 관련된 광역도시계획의 수립이 필요한 경우 국토교통부장관이 수립한다.
④ 광역계획권을 지정한 날부터 3년이 지날 때까지 관할 시·도지사로부터 광역도시계획의 승인 신청이 없는 경우 국토교통부장관이 수립한다.

해설

광역계획권이 둘 이상의 시·도의 관할 구역에 걸쳐 있는 경우 관할 시·도지사가 공동으로 수립한다.

83 도시지역의 시급한 주택난을 해소하기 위하여 주택건설에 필요한 택지의 취득, 개발, 공급 및 관리 등에 관하여 특례를 규정함으로써 국민 주거생활의 안정과 복지 향상에 이바지함을 목적으로 하는 것은?

① 주택건설촉진법 ② 택지개발촉진법
③ 도시개발법   ④ 주택법

정답 78 ③ 79 ③ 80 ④ 81 ① 82 ② 83 ②

> **해 설**
>
> 각종 법규의 목적
> - 주택건설촉진법 : 국민의 주거안정과 주거수준 향상
> - 택지개발촉진법 : 도시지역의 택지난 해소, 국민주거의 안정과 복지향상
> - 건축법 : 건축물의 안전·기능 및 미관을 향상시킴으로써 공공복리의 증진에 이바지함
> - 도시개발법 : 계획적이고 체계적인 도시개발, 쾌적한 도시환경 조성, 공공복리 증진
> - 도시 및 주거환경 정비법 : 도시기능의 회복, 도시환경을 개선하고 주거생활의 질을 높임(주거환경이 불량한 지역 정비, 노후·불량 건축물 개량)

84 국토의 용도지역 구분에 해당하지 않는 것은?

① 도시지역 ② 관리지역
③ 비도시지역 ④ 자연환경보전지역

> **해 설**
>
> 용도지역은 도시지역, 관리지역, 농림지역, 자연환경보전지역으로 구분된다.

85 도시·군계획시설 결정이 고시된 도시·군계획시설에 대하여 고시일부터 얼마가 지날 때까지 그 시설의 설치에 관한 도시·군계획시설 사업이 시행되지 아니하는 경우 그 도시·군계획시설 사업이 효력을 잃는가?

① 10년 ② 15년
③ 20년 ④ 30년

> **해 설**
>
> 도시·군계획시설 결정이 고시된 도시·군계획시설에 대하여 그 고시일부터 20년이 지날 때까지 그 시설의 설치에 관한 도시·군계획시설 사업이 시행되지 아니하는 경우 그 도시·군계획시설 결정은 그 고시일부터 20년이 되는 날의 다음 날에 그 효력을 잃는다. 〈개정 2011.4.14.〉

86 환지에 의한 도시개발사업에서 과소 토지의 기준에 관한 설명이 옳지 않은 것은?

① 과소 토지의 기준이 되는 면적은 대통령령으로 정하는 범위에서 시행자가 규약·정관 또는 시행규정으로 정한다.
② 과소 토지 여부의 판단은 관리면적을 기준으로 한다.
③ 기존 건축물이 없는 경우 과소 토지의 기준이 되는 면적을 국토교통부장관이 정하는 바에 따라 따로 정할 수 있다.
④ 환지로 지정할 토지의 필지 수가 도시개발사업으로 조성되는 토지의 필지 수보다 적은 경우, 대통령이 정하는 바에 따라 과소 토지의 기준이 되는 면적을 따로 정할 수 있다.

> **해 설**
>
> 환지로 지정할 토지의 필지 수가 도시개발사업으로 조성되는 토지의 필지 수보다 많은 경우, 대통령이 정하는 바에 따라 과소 토지의 기준이 되는 면적을 따로 정할 수 있다.

87 다음 중 도시공원 및 녹지 등에 관한 법률에 따른 도시공원의 종류에 해당하지 않는 것은?(단, 시·도의 조례로 정하는 공원은 고려하지 않는다.)

① 근린공원 ② 중앙공원
③ 어린이공원 ④ 묘지공원

> **해 설**
>
> 도시공원의 종류
>
> | 공원 구분 | | 특성 |
> |---|---|---|
> | 1. 생활권공원 | | 도시생활권의 기반공원 성격으로 설치·관리되는 공원 |
> | (1) 소공원 | | 소규모 토지를 이용하여 도시민의 휴식 및 정서함양을 도모 |
> | (2) 어린이공원 | | 어린이의 보건 및 정서생활의 향상에 기여 |
> | (3) 근린공원 | | 지역생활권 거주자의 보건·휴양 및 정서생활의 향상에 기여 |
> | | • 근린생활권근린공원 | 주로 인근에 거주하는 자의 이용에 제공할 것을 목적으로 함 |
> | | • 도보권근린공원 | 주로 도보권 안에 거주하는 자의 이용에 제공할 것을 목적으로 함 |
> | | • 도시지역권근린공원 | 도시지역 안에 거주하는 전체 주민의 종합적인 이용에 제공 |
> | | • 광역권근린공원 | 해당 도시공원의 기능을 도시지역을 초과하는 광역적인 이용에 제공 |
> | 2. 주제공원 | | 생활권공원 외에 다양한 목적으로 설치되는 공원 |
> | (1) 역사공원 | | 도시의 역사적 장소나 시설물, 유적·유물 등을 활용하여 도시민의 휴식·교육을 목적으로 함 |
> | (2) 문화공원 | | 도시의 각종 문화적 특징을 활용하여 도시민의 휴식·교육을 목적으로 함 |

정답 84 ③ 85 ③ 86 ④ 87 ②

공원 구분	특성
(3) 수변공원	도시의 하천변·호수변 등 수변공간을 활용하여 도시민의 여가·휴식을 목적으로 함
(4) 묘지공원	묘지 이용자에게 휴식 등을 제공하기 위하여 묘지와 공원시설을 혼합하여 설치하는 공원
(5) 체육공원	체육활동을 통하여 건전한 신체와 정신을 배양함을 목적으로 설치하는 공원
(6) 특별시·광역시 또는 도의 조례가 정하는 공원	

88 다음 중 국토의 계획 및 이용에 관한 법률에 따른 도시·군계획사업에 해당하지 않는 것은?

① 도시·군계획 시설사업
② 도시개발법에 따른 도시개발사업
③ 도시 및 주거환경정비법에 따른 정비사업
④ 택지개발촉진법에 따른 택지개발사업

해설
국토의 계획 및 이용에 관한 법률 제2조(정의)
11. "도시·군계획사업"이란 도시·군관리계획을 시행하기 위한 다음 각 목의 사업을 말한다. 가. 도시·군계획시설사업나. 「도시개발법」에 따른 도시개발사업다. 「도시 및 주거환경정비법」에 따른 정비사업

89 도시공원 및 녹지 등에 관한 법규상 하나의 도시지역 안에 있어서 도시공원의 확보기준은?(단, 개발제한구역 및 녹지지역을 제외한 도시지역 안에서의 경우는 고려하지 않는다.)

① 해당 도시지역 안에 거주하는 주민 1인당 $3m^2$ 이상
② 해당 도시지역 안에 거주하는 주민 1인당 $4m^2$ 이상
③ 해당 도시지역 안에 거주하는 주민 1인당 $5m^2$ 이상
④ 해당 도시지역 안에 거주하는 주민 1인당 $6m^2$ 이상

해설
하나의 도시지역 안에 있어서의 도시공원의 확보기준은 해당 도시지역 안에 거주하는 주민 1인당 $6m^2$ 이상이다.

90 다음 중 수도권 정비계획법에 따른 대규모 개발사업의 종류에 해당하지 않는 택지조성사업은? (단, 면적이 모두 100만 제곱미터 이상의 경우)

① 도시 및 주거환경정비법에 따른 주거환경개선사업
② 택지개발촉진법에 따른 택지개발사업
③ 주택법에 따른 주택건설사업
④ 산업입지 및 개발에 관한 법률에 따른 산업단지 및 특수지역에서의 주택지 조성사업

해설
다음 각 목의 어느 하나에 해당하는 택지조성사업(이하 "택지조성사업"이라 한다)으로서 그 면적이 100만제곱미터 이상인 것
가. 「택지개발촉진법」에 따른 택지개발사업
나. 「주택법」에 따른 주택건설사업 및 대지조성사업
다. 「산업입지 및 개발에 관한 법률」에 따른 산업단지 및 특수지역에서의 주택지 조성사업

91 부설주차장의 설치의무가 면제되는 시설물의 위치·용도·규모 및 부설주차장의 규모 기준으로 옳지 않은 것은?

① 연면적 1만 m^2 이상의 판매시설 및 운수시설에 해당하지 아니하는 시설물
② 연면적 1만5천 m^2 이상의 문화 및 집회시설 위락시설에 해당하지 아니하는 시설
③ 주차대수가 500대 이하인 규모의 부설주차장의 경우
④ 도로교통법에 따른 차량통행의 금지 또는 주변의 토지이용상황으로 인하여 부설주차장의 설치가 곤란하다고 시장·군수 또는 구청장이 인정하는 장소

해설
주차대수가 300대 이하인 규모의 부설주차장의 경우 설치의무가 면제된다.

92 다음 중 건축법령상 공동주택에 해당하지 않는 것은?

① 연립주택
② 다가구주택
③ 다세대주택
④ 기숙사

해설
- 아파트 : 주택으로 쓰이는 층수가 5층 이상
- 연립주택 : 1개 동의 바닥면적의 합계가 $660m^2$ 초과+4층 이하인 주택
- 다세대주택 : 1개 동의 바닥면적의 합계가 $660m^2$ 이하+4층 이하인 주택

정답 88 ④ 89 ④ 90 ① 91 ③ 92 ②

• 기숙사 : 학교·공장 등의 학생·종업원 등을 위해 사용 + 공동취사 + 독립된 주거의 형태를 갖추지 아니한 것

93 다음 중 국토기본법에 따른 국토계획의 구분에 해당하지 않는 것은?

① 부문별 계획　② 도종합계획
③ 시·군종합계획　④ 권역별 계획

해 설

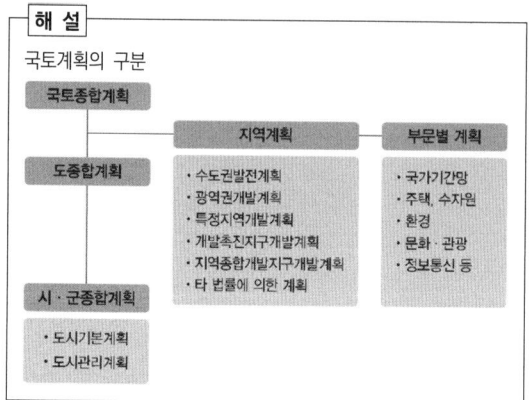

94 주택법에 의한 최저주거기준에 대한 설명으로 옳지 않은 것은?

① 국토교통부장관은 국민이 쾌적하고 살기 좋은 생활을 하기 위하여 필요한 최저주거기준을 설정·공고하여야 한다.
② 국토교통부기준에는 최저주거기준을 설정·공고하려는 경우에는 미리 관계중앙행정기관의 장과 협의한 후 주택정책위원회의 심의를 거쳐야 한다.
③ 최저주거기준에서는 주거면적, 용도별 방의 개수, 주택의 구조·설비·성능 및 환경요소 등의 사항이 포함되어야 한다.
④ 최저주거기준은 사회적·경제적인 여건변화를 고려하여 5년마다 그 적합성을 심의받아야 한다.

해 설

주거기본법 제17조(최저주거기준의 설정) ⑤ 국토교통부장관은 "주거종합계획과 연계"하여 5년마다 최저주거기준의 타당성을 재검토하여야 한다. 〈신설 2024. 12. 3.〉

95 도시개발사업의 전부 또는 일부를 환지방식으로 시행하기 위하여 시행자가 작성하는 환지계획의 내용에 해당하지 않는 것은?

① 환지설계
② 환지예정지 지정 명세
③ 필지별로 된 환지 명세
④ 축척 1,200분의 1 이상의 환지예정지도

해 설

환지계획에 포함되는 사항
• 환지설계
• 필지별로 된 환지명세
• 필지별·권리별로 된 청산 대상 토지 명세
• 체비지 또는 보류지의 명세(환지예정지 지정 명세는 포함되지 않음)
• 축척 1,200분의 1 이상의 환지예정지도

96 도시공원 및 녹지 등에 관한 법률에 따른 도시공원에 관한 설명으로 옳지 않은 것은?

① 도시공원은 도시지역에서 도시자연경관을 보호하고 시민의 건강·휴양 및 정서생활을 향상시키는 데에 이바지하기 위하여 설치·지정한다.
② 공원시설은 도시공원의 효용을 다하기 위하여 설치하는 시설로, 그네·미끄럼틀과 같은 유희시설을 포함한다.
③ 도시공원의 설치기준, 관리기준 및 안전기준은 대통령령으로 정한다.
④ 도시공원이 위치한 행정구역을 관할하는 특별시장, 광역시장, 특별자치시장, 특별자치도지사, 시장 또는 군수는 그 도시공원의 조성계획을 입안하여야 한다.

해 설

도시공원의 설치기준, 관리기준 및 안전기준은 국토교통부령으로 정한다.

97 출구와 입구를 각각 따로 설치하여야 하는 노외주차장의 규모기준은?

① 주차대수 300대를 초과하는 규모
② 주차대수 400대를 초과하는 규모
③ 주차대수 500대를 초과하는 규모
④ 주차대수 600대를 초과하는 규모

해 설

주차대수 400대를 초과하는 규모의 노외주차장의 경우에는 노외주차장의 출구와 입구를 각각 따로 설치하여야 한다.

98. 다음 중 중앙도시계획위원회에 대한 설명으로 옳은 것은?

① 위원장과 부위원장 각 1명을 포함하여 20명 이상 25명 이내의 위원으로 구성한다.
② 중앙도시계획위원회의 위원장은 국토교통부장관이다.
③ 공무원이 아닌 위원의 수는 10명 이상으로 하고, 그 임기는 3년으로 한다.
④ 위원은 관계 중앙행정기관의 공무원과 도시·군계획과 관련된 분야에 관한 학식과 경험이 풍부한 자 중에서 국토교통부장관이 임명하거나 위촉한다.

해 설
① 위원장·부위원장 각 1인을 포함한 25인 이상 30인 이내의 위원으로 구성한다.
② 위원장·부위원장은 위원 중에서 국토교통부장관이 임명 또는 위촉한다.
③ 공무원이 아닌 위원의 수는 10인 이상으로 하고, 그 임기는 2년으로 한다.

99. 시장·군수 또는 구청장은 도시개발구역의 지정에 관한 주민의 의견을 청취하려는 경우 해당 사항을 최소 얼마 이상 일반인에게 공람시켜야 하는가?

① 14일 ② 1개월
③ 3개월 ④ 6개월

해 설
「도시개발법 시행령」 제11조(주민의 의견 청취)
② 시장·군수 또는 구청장은 관계 서류 사본을 송부받거나 법 제7조에 따라 주민의 의견을 청취하려는 경우에는 전국 또는 해당 지방을 주된 보급지역으로 하는 둘 이상의 일간신문과 해당 시·군 또는 구의 인터넷 홈페이지에 공고하고 14일 이상 일반인에게 공람시켜야 한다.

100. 산업단지의 종류와 그 지정권자의 연결이 옳지 않은 것은?

① 국가산업단지 : 국토교통부장관
② 일반산업단지 : 시·도지사
③ 도시첨단산업단지 : 시·도지사
④ 농공단지 : 시·도지사

해 설
산업입지 및 개발에 관한 법률 제8조(농공단지의 지정)
농공단지는 특별자치도지사 또는 시장·군수·구청장이 지정한다. 〈개정 2011.8.4.〉

정답 98 ④ 99 ① 100 ④

1회 2013년 기출문제

제1과목 도시계획론

01 페리(C. A. Perry)가 주장한 근린주구이론에 대한 비판의 의견과 관계가 없는 것은?

① 근린주구단위가 교통량이 많은 간선도로에 의해 구획됨으로써 도시 안의 섬이 되었고, 이로써 가정의 욕구는 만족되었을지 몰라도 고용의 기회가 많이 줄어드는 계기가 되었다.
② 근린주구계획은 초등학교에 초점을 맞추고 있는데, 대부분 사회적 상호작용이 어린 학생으로부터 유발된 친근감을 통하여 시작된다는 것은 불명확하다.
③ 지역의 특성을 고려하여 다양한 형태의 주거단지와 대규모의 상업시설을 배치시킴으로써, 지역 커뮤니티를 와해시키는 결과를 초래하였다.
④ 미국에서 발달한 근린주구계획은 커뮤니티 형성을 위하여 비슷한 계층을 집합시키는 계획이 이루어짐으로써 인종적 분리, 소득계층의 분리를 가져와 지역사회 형성을 오히려 방해하였다.

해 설
근린주구 이론의 문제점
1. 폐쇄적이고 배타적인 자족공동체
   - 근린주구단위는 계층 간·인종 간 분리를 조장함으로써 계획가들이 추구하고자 하는 시대적 목표의 달성을 오히려 어렵게 할 우려가 있다.
2. 성장에 대한 신축성의 결여
3. 전통적 가로기능의 축소 및 경관의 훼손 초래
4. 자족적인 주거단지를 형성하기에는 너무 작다.
   - 근린주구 단위 규모가 자족적인 주거단지를 형성하기에는 너무 작으며, 초등학교를 중심으로 계획기준이 설정되어 있어 근린주구 내에서 상호 복합적인 활동이 이루어지기에 부적합하다.
5. 시대에 뒤떨어진 개념
   - 도시인의 기본적 동기인 새로운 접촉·경쟁적 기회·익명성 등을 무시하고 농촌생활로의 복귀에 기반을 둔 이론
   - 도시인의 유동성은 점점 더 확대되기 때문에 근린주구의 자족적인 생활단위로 제한하는 것은 무리임(R. Issacs)

02 영국의 도시계획가인 게데스(P. Geddes)가 구분한 도시활동의 요소가 아닌 것은?

① 생활 ② 생산
③ 교통 ④ 위락

해 설
도시성격에 따른 기본적 도시기능
- 게데스(P. Geddes) : 생활, 생산, 위락
- 르 코르뷔지에(Le Corbusier) : 생활(주거), 생산(근로), 위락(여가), 교통

03 1970년대 중반 이후 미국에 도입된 성장관리정책에 대하여 넬슨(Arthur C. Nelson)과 듀칸(Janes B. Ducan)이 제시한 목적과 거리가 먼 내용은?

① 경제적 형평성 제고
② 효율적인 도시형태 구축
③ 납세자의 보호
④ 어반스프롤의 방지

해 설
도시성장관리
1. 정의
   - 균형있는 도시성장을 위하여 각종 개발의 형태, 시기, 규모, 방법 등을 적절하게 조정하는 공공의 대응
   - 성장이 느린 곳에서는 개발을 장려하고 성장이 빠른 곳은 공공서비스의 공급에 맞춰서 개발을 지연시킴으로써 계획의 일관성을 유지하게 하거나 공공서비스 수준이 악화되지 않는 범위 내에서의 개발만을 허용하는 기법
2. 도시성장관리의 목표
   - 도시개발로 인한 공지의 감소 및 농경지의 도시용 토지로의 전환방지
   - 도시성장으로 인한 교통의 혼잡 가중 방지 : 어반 스프롤(Urban Sprawl) 방지
   - 환경문제에 대한 관심으로 무질서한 개발, 상업적 개발 등을 통한 생태계의 파괴와 환경오염 예방
   - 공공부문, 사회간접자본 비용지출의 축소
   - 도시민의 생활의 질 향상

04 20세기 이후에 발표된 도시계획 헌장들 중 최초의 도시계획 헌장으로서, 이후 전 세계 도시계획 및 설계분야의 발전에 많은 영향을 미친 것은?

① 뉴어바니즘(New Urbanism) 헌장
② 메가리드(Megaride) 헌장
③ 아테네(Athens) 헌장
④ 마추피추(Machu - Picchu) 헌장

정답 01 ③ 02 ③ 03 ① 04 ③

해설
아테네(Athens) 헌장
1933년 그리스 아테네에서 개최된 제4회 근대건축국제회의의 결론인 도시계획헌장을 말한다. 20세기 이후 발표된 도시계획 헌장들 중 최초의 도시계획헌장으로 전 세계 도시계획 및 설계분야의 발전에 많은 영향을 미쳤다.

05 경관관리의 기본원칙으로 가장 옳은 것은?

① 관광객과 외부인의 생활 및 경제활동을 적극 유도할 수 있는 경관이 유지될 수 있도록 관리할 것
② 우수한 경관을 보전하고 훼손된 경관을 개선·복원하고 새롭게 형성되는 경관은 개성 있는 요소를 가지도록 유도할 것
③ 각 지역의 경관이 보편성을 가질 수 있도록 하며, 지역 주민의 참여를 배제할 것
④ 개발과 관련된 행위는 주변 경관과 별도의 이미지를 갖도록 특성화할 것

해설
경관관리제도의 기본방향
- 도시지형의 복원과 재발견
- 읽기 쉬운(Legible) 도시구조와 활력
- 도시경관의 전경(Grand Vision)과 명쾌한 줄거리 제시
- 행정력과 시민신뢰도에 근거한 공공계획
- 공공 선도의 경관관리
- 토지이용 조정의 혁신
※ 경관계획은 주민의 요구와 기대에 부응해야 하며 지역적 특성 및 경관적 특성을 고려하여 주변과 잘 조화되도록 계획한다.

06 도시인구 추정방법 중 인구성장의 상한선을 미리 상정한 후에 미래 인구를 추계하는 인구예측모형으로, 곡선이 S자형의 비대칭곡선으로 이루어진 추세분석은?

① 지수모형(Exponential Model)
② 곰페르츠모형(Gompertz Model)
③ 로지스틱모형(Logistic Model)
④ 회귀모형(Regression Model)

해설
- 곰페르츠모형 : 수정된 지수모형으로 지역인구가 처음에는 완만하게 증가하다 어느 시점을 지나면 급격히 증가하고 다시 완만하게 증가(비대칭 S자형 성장)하는 지역에 적용
- 로지스틱모형 : 곰페르츠모형에 상한선을 설정해 추계하는 모형으로 정부가 강력하게 인구성장을 통제하고자 하는 상한선이 있거나 성장의 물리적 한계가 있는 지역에 적용
※ 곰페르츠, 로지스틱 모두 상한선을 가질 수 있으나 비대칭 S자형 성장은 곰페르츠만의 특성이다.

07 지리공간데이터를 분석·가공하여 국토계획, 지역계획, 도시계획 등의 각종 계획의 입안과 추진에 필요한 토지, 자원, 환경, 사회, 문화와 관계된 각종 자료를 컴퓨터에 종합적·체계적으로 저장하고 처리할 수 있는 시스템의 특징과 거리가 먼 것은?

① 대량의 정보를 쉽게 저장하고 관리할 수 있다.
② 원하는 정보의 검색 및 변환이 가능하다.
③ 다양한 정보의 중첩을 통한 종합적 해석이 가능하다.
④ 복잡한 정보를 분류하고 해석하는 데 유용하나 한 번 구축된 데이터는 업데이트하기 어렵다.

해설
지리정보시스템(GIS)의 특징
- 대량의 정보를 쉽게 저장 관리할 수 있음
- 원하는 정보의 검색 및 변환이 가능함
- 정보의 조작 및 측정이 가능함
- 복잡한 정보의 분류·분석이 가능함
- 다양한 정보의 중첩을 통한 종합적 해석이 가능함
- 입지 선정의 적합성 판단 등에 이용가능
- 다양한 모델링 기법을 통한 가상공간 표현가능

08 다음 중 1960년대 이후 나타난 우리나라 도시화 현상의 특징으로 거리가 먼 것은?

① 짧은 기간 동안 산업화와 더불어 진행되었다.
② 생활권 중심의 지방거점도시들이 균형적으로 성장하였다.
③ 경부축을 중심으로 산업단지의 개발 등 집중적인 투자가 진행되었다.
④ 대도시와 수도권 중심으로 인구가 집중되었다.

해설
1960년대 이후
- 급격한 도시 성장 : 경제 개발에 따른 이촌 향도 현상
- 신흥공업도시 성장 : 울산, 포항, 창원 등
- 거대도시(서울, 부산), 수도권 위성도시 발달
- 지방도시의 쇠퇴

정답 05 ② 06 ② 07 ④ 08 ②

09 전국의 고용인구 5천만 명, 전국의 섬유산업 종사자 수 1백만 명일 때, 고용인구 2백만 명, 섬유산업 종사자 수가 5만 명인 도시의 섬유산업에 대한 입지상계수(LQ)는 얼마인가?

① 0.5
② 0.8
③ 1.25
④ 1.5

해설

$$LQ_i = \frac{E_i^r / E^r}{E_i^n / E^n} = \frac{5만/200만}{100만/5000만} = 1.25$$

10 필지주의의 소규모 개발에 의한 난개발, 단조로운 경관, 과도한 용도 순화 등의 문제를 해결하기 위하여 일정 규모 이상의 개발에 있어서 전체를 하나의 규제단위로 하여 전체 지역의 조화를 꾀한 토지이용규제방식은?

① 개발권이양제(TDR)
② 상여지역제(Incentive Zoning)
③ 계획단위개발(PUD)
④ 성능지역제(Performance Zoning)

해설

계획단위개발(PUD ; Planned Unit Development)
계획단위개발로 대상지 전체를 일체적이고 유기적으로 계획하고 설계하여 개발하는 방식으로 우리나라의 지구단위계획 내의 특별계획구역제도와 유사하다.

11 도로망의 구성 형태별 특징이 잘못 연결된 것은?

① 격자형 : 도심의 기념비적인 건물을 중심으로 주변과 연결한다.
② 방사형 : 교통량이 도심으로 집중하는 경향이 있다.
③ 대각선 삽입형 : 격자형과 교차하므로 토지이용상 비효율적이다.
④ 방사환상형 : 인구 100만 이상의 대도시 계획에 적합하다.

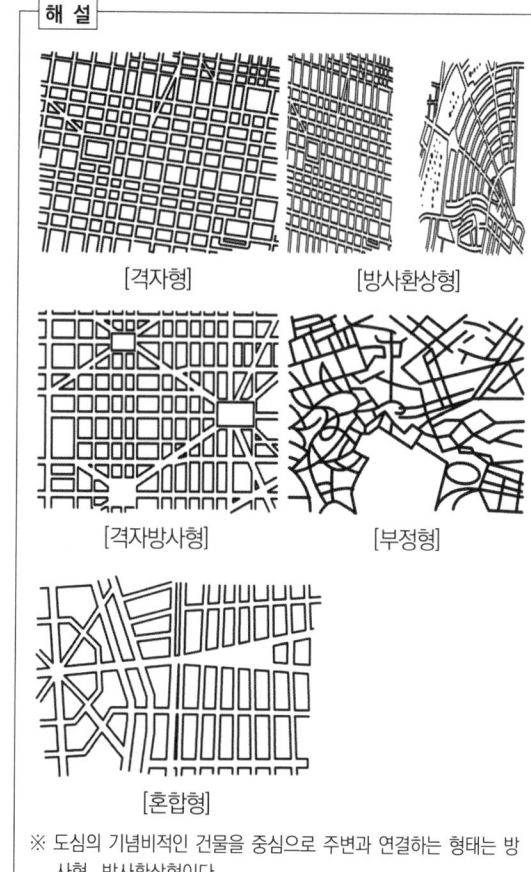

[격자형] [방사환상형]
[격자방사형] [부정형]
[혼합형]

※ 도심의 기념비적인 건물을 중심으로 주변과 연결하는 형태는 방사형, 방사환상형이다.

12 도시의 부양능력에 비하여 지나치게 많은 인구가 집중하여 인구적으로만 비대해진 도시화를 무엇이라 하는가?

① 역도시화(De-urbanization)
② 어반스프롤(Urban Sprawl)
③ 외부경제(External Economy)
④ 가도시화(Pseudo-urbanization)

해설

가도시화(Pseudo-urbanization)
• 도시의 부양 능력에 비해 지나치게 많은 인구가 집중하여 인구만 비대해진 도시화
• 제3세계로 불리는 개발도상국가에서 흔히 볼 수 있는 산업화와 무관한 도시화 – 맥기(T.C. McGee)

13 다음 중 르 코르뷔지에(Le Corbusier)가 1920년대에 제안한 현대도시 계획안에서의 도시계획과 설계이론을 구성하는 요소에 해당하지 않는 것은?

① 수직적 건물 구성
② 고층건물 사이의 충분한 녹지공간
③ 보차접근의 분리
④ 도시중심부의 대규모 상징적 오픈스페이스

해설
르 코르뷔지에(Le Corbusier) : 빛나는 도시(The Radiant City) 조건
- 도시의 과밀 완화(도심인구밀도 = 3,000/ha, 주변인구밀도 = 300/ha)
- 도심의 고밀도화 고층화로 거주밀도를 높임(0.5mile의 인동간격)
- 공지면적을 넓혀 수목면적을 높임(건폐율 5%의 오픈스페이스 확보)
- 교통수단의 확충(철도, 비행기 교통을 포함한 입체교통센터를 배치)

14 계획이론 중 다비도프(Davidoff)에 의해 주창되었으며, 1960년대 미국의 법조계에서 형성된 피해구제절차와 같은 사회제도를 계획 개념으로 수용하여 주로 강자에 대한 약자의 이익을 보호하는 데 적용된 이론은?

① 종합적 계획
② 교류적 계획
③ 옹호적 계획
④ 급진적 계획

해설
옹호이론(Advocacy Planning)
- 다비도프(P. Davidoff)
- 강자에 대항하여 약자의 이익을 보호, 지역 주민의 이익을 대변하려는 접근방법
- 다원적인 가치가 혼재하므로 단일 계획안보다는 복수의 다원적 계획안이 바람직함

15 도시내부공간 구조모형 중의 하나인 동심원이론에 대한 설명으로 틀린 것은?

① 도시생태학을 기본이론으로 하고 있다.
② 도시 성장의 일반적인 과정 속에는 집중과 분산의 개념이 동시에 포함된다고 보았다.
③ 토지이용은 중심업무지구로부터 5개의 동심원으로 구성된다.
④ 도시 내의 각종 활동과 기능은 주요 교통로를 따라 이루어진다.

해설
동심원 구조설(동심원이론)
버제스(E. Burgess ; 1925)
- 시카고시를 대상으로 도시성장과 사회계층의 공간적 분화과정을 밝힘
- 도시의 팽창이 도시 내부구조에 미치는 영향과 거주지 분화의 사회적 공간현상을 연구
- 교통로가 동심원 형태에 미치는 영향을 과소평가함

16 미래 도시의 기능과 구조 변화로 옳지 않은 것은?

① 도시의 공간적 구조는 다양하고 확대되어 나타날 것이다.
② 시민생활의 편의성과 경제활동의 능률성을 극대화할 것이다.
③ 사회기능이 통일되어 사회적 구조가 단일화될 것이다.
④ 제도적 구조는 민주적이고 자치적인 요소가 강화될 것이다.

해설
도시기능과 구조의 변화
1. 도시기능의 변화
   - 정주·휴식기능과 경제·산업기능 및 교육·문화기능은 지속
   - 미래는 정보·국제기능과 자치·정치 기능이 두드러질 것임
2. 도시구조의 변화
   - 공간적 구조 : 다양성과 확대성(지하공간의 개발)
   - 물리적 구조 : 시민생활의 편의성과 경제활동의 능률성을 극대화
   - 산업구조 : 고부가가치를 지향
   - 사회적 구조 : 사회기능의 분화로 더욱 다원화되고 다양화되는 구조로 변모
   - 제도적 구조 : 민주적이고 자치적인 요소를 강화

17 도시계획의 필요성으로 옳지 않은 것은?

① 토지이용의 효율화를 높이기 위하여
② 공공재의 남용을 방지하기 위하여
③ 인간사회의 개인적 목표를 이루기 위하여
④ 도시가 원활히 기능할 수 있게 하기 위하여

해설
도시계획의 필요성
- 토지이용의 효율성 제고, 공공재의 남용방지, 기업의 독점권 방지, 공공서비스의 제공, 시장경제 실패의 개선, 인간사회의 공동목표와 가치 구현 등을 위해
- 도시토지이용에 있어 시간 및 공간의 조화를 추구

정답 13 ④ 14 ③ 15 ④ 16 ③ 17 ③

18 주민의 사교, 오락, 휴식 및 공동체 활성화 등을 위하여 근린주거구역별로 설치하고, 시·군 전반에 걸쳐 계통적으로 균형을 이루도록 하여야 하는 일반광장의 종류는?

① 중심대광장
② 교차점광장
③ 경관광장
④ 근린광장

해 설

일반광장 중 근린광장은 아래의 조건을 만족하여야 한다.
(1) 주민의 사교, 오락, 휴식 및 공동체 활성화 등을 위하여 근린주거구역별로 설치할 것
(2) 시장·학교 등 다수인이 모였다 흩어지는 시설과 연계되도록 인근의 토지이용현황을 고려할 것
(3) 시·군 전반에 걸쳐 계통적으로 균형을 이루도록 할 것

19 다음 중 머디(R. A. Muride, 1997)가 미국의 여러 도시들을 대상으로 사회공간구조의 분석 결과를 밝혀낸 다핵패턴을 이루게 되는 유형에 해당하지 않는 것은?

① 사회·경제적 지위
② 가족구조
③ 인종그룹
④ 사회제도구조

해 설

사회지역 구조이론(Muride, 1997)
사회공간구조 형성 유형
• 사회·경제적 지위 : 호이트의 부채꼴 이론과 유사한 공간이용형태를 보임
• 가족구성, 세대유형 : 버제스의 동심원 이론 형태를 보임
• 인종그룹 : 서로 다른 인종끼리 분리되어 독자적인 지역사회를 형성·다핵패턴을 보임

20 부동산 소유자 간 또는 개발업자와 구입자 사이에 체결되는 민사계약으로 지역제보다 훨씬 상세하고 엄격한 규정으로 되어 있으며, 일반적으로 토지·건물대장 및 권리서에 기재되어 부동산 매매 시 신규 구입자에게로 승계되는 것으로 미국의 근대도시 계획성립기에 지역제의 바탕이 된 제도는?

① 협약(Covenant)
② 획지분할규제(Subdivision Control)
③ 공도(Official Mapping)
④ 성장관리(Growth Management)

해 설

협약(Covenant)
• 부동산 소유자 간 또는 개발업자와 구입자 사이에 체결되는 민사계약
• 미국의 근대도시계획 성립기에 지역제의 바탕이 된 제도
• 지역제보다 훨씬 상세하고 엄격한 규정으로 구성되었음
• 일반적으로 토지·건물대장 및 권리서에 기재되어 부동산 매매 시 신규 구입자에게 승계

제2과목 도시설계 및 단지계획

21 근린생활권의 위계가 옳은 것은?

① 근린주구 > 근린분구 > 인보구
② 근린분구 > 근린주구 > 인보구
③ 인보구 > 근린분구 > 근린주구
④ 근린분구 > 인보구 > 근린주구

해 설

주택단지의 구성단위

구분	인보구	근린분구	근린주구
반경	100m 전후	150~200m 전후	300~400m 전후
인구	200~800명 정도	3,000~5,000명 정도	10,000~20,000명 정도

22 래드번(Radburn) 계획의 기본원리와 가장 거리가 먼 것은?

① 슈퍼블록의 구성
② 보·차의 혼용
③ 공동의 오픈스페이스 조성
④ 기능에 따른 도로 구분

해 설

래드번 계획 : 라이트와 스타인(H. Wright, C. Stein)
• 자동차 통과교통의 배제를 위한 슈퍼블럭의 구성
• 보도와 차도의 입체적 분리
• Cul-de-sac형의 세로·가로망 구성
• 공동의 오픈스페이스 조성
• 도로는 목적별로 4종류의 도로 설치

- 단지 중앙에는 대공원 설치
- 초등학교 800m, 중학교 1,600m 반경권

23 순인구밀도가 250인/ha이고 주택용지율이 70%일 때, 총인구밀도는?

① 105인/ha ② 175인/ha
③ 265인/ha ④ 305인/ha

해설
총인구밀도 = 순인구밀도 × 주택용지율 = 250 × 0.7 = 175

24 부정형한 지형에도 적용하기 용이하고 통과교통이 차단되어 보행자들이 안전하게 보행할 수 있으나, 개별획지로의 접근성은 다소 불리한 도로유형은?

① 격자형 도로 ② T자형 도로
③ 쿨데삭형 도로 ④ S자형 도로

해설
쿨데삭(Cul-de-sac)형 도로
1. 정의
   도로의 한쪽 끝을 폐쇄함으로써 단지 내 교통을 한쪽 방향으로만 집중시키게 된다.

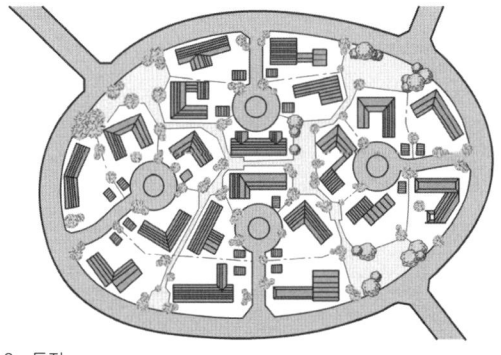

2. 특징
   주거단지에 조성되는 도로유형 중 부정형한 지형이나 경사지 등에 주로 이용되며, 통과 교통이 차단되어 보행자들이 안전하게 보행할 수 있으나 개별 획지로의 접근성은 다소 불리한 도로

25 산업혁명 이후 발생한 영국의 전원도시운동의 전개과정에 대한 설명으로 틀린 것은?

① 레치워스(Letchworth), 웰윈(Welwyn) 등이 건설되면서 본격화되었다.
② 도시인구의 대부분이 도시산업시설을 집적지에 혼재함으로써 나타난 도시사회의 문제들을 해결하고자 제시되었다.
③ 레치워스(Letchworth)는 스와송(Louis de Soi-ssons)에 의하여 계획되었다.
④ 전원도시운동의 파급효과는 이후 여러 나라의 위성도시 및 신도시의 개발방향으로 계승되었다.

해설
영국의 전원도시운동의 전개과정
- 1898년 하워드 전원도시이론 정립
- 1903년 런던 북쪽 35mile(54km) 거리에 레치워스(Letchworth) 건설 : 레이몬드 언윈(Raymond Unwin)과 배리 파커(Barry Parker)에 의해 건설
- 1919년 런던에서 20mile(32km) 거리에 웰윈(Welwyn) 건설
- New Town으로 발전

26 다음 그림과 같은 지형에서 A-B 두 지점 사이의 경사가 10%라면 A-B 간의 수평거리는?(단, 등고선은 5m 간격임)

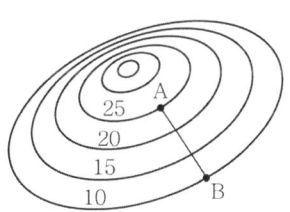

① 100m ② 150m
③ 200m ④ 250m

해설
A-B 간의 수평거리 계산
- A와 B점의 등고선을 이용한 높이차 계산 = 25 - 10 = 15m
- A와 B점 간의 수평거리 계산

$$10\% = \frac{15}{수평거리} \times 100$$

$$\therefore 수평거리 = \frac{15}{10} \times 100 = 150m$$

27 다음 중 1대당 주차 소요면적이 가장 작은 각도주차형식은?(단, 소형차의 경우이며 장애인용 주차단위 구획의 경우는 고려하지 않는다.)

① 30° 전진주차 ② 45° 전진주차
③ 60° 후진주차 ④ 90° 후진주차

정답 23 ② 24 ③ 25 ③ 26 ② 27 ④

> **해설**
>
> 주차형식 특징
> - 평행주차 : 작은 공간 사용
> - 경사각 주차(Angle Parking) : 보통 45° 주차와 60° 주차 두 가지가 있음
> - 직각주차 : 공간 이용이 가장 경제적(수용 대수가 가장 많음), 2방향 통행이 가능하여 편리
> - 사각주차 : 폭이 좁은 공간에 유용, 일반적으로 60° 전진 주차가 사용상 편리함(교통순환이 빠름)

28 다음과 같은 특징을 갖는 아파트의 주호형식은?

> 설비를 집중화할 수 있으며, 고층화된 아파트에서 많이 채택되며 아파트의 시각적인 경관통로(Visual Corridor)를 유지할 수 있다. 반면 복도 및 코너부분의 일부 세대는 채광, 소음, 환기 등에 어려움이 있다.

① 편복도 판상형 ② 중복도 판상형
③ 탑상(Tower)형 ④ 복층 단차형

> **해설**
>
> 탑상형(Tower Type)과 판상형
> 1. 탑상형(Tower Type)
>   ㉠ 정의 : 집중형이라고도 하며, 중앙에 엘리베이터와 계단홀을 배치하고 주위에 많은 단위주거를 집중배치
>   ㉡ 특징
>   - 고층 타워 형태로 랜드마크적 상징성과 오픈 스페이스 증가, 개방 및 환기 유리
>   - 단위주거의 조건에 따라 일조조건이 나빠지므로 평면계획의 고려가 필요
>   - 용적률은 높으나 사생활 침해 우려
> 2. 판상형
>   ㉠ 정의 : 직육면체 모양으로 앞쪽에는 발코니, 뒤쪽에는 부엌창과 현관문이 달린 형태의 판의 형태
>   ㉡ 특징
>   - 한 개 동에서 모든 가구가 같은 방향을 바라보게 됨
>   - 모든 가구를 한국인이 선호하는 남향 또는 남동향으로 낼 수 있는 구조(일조, 조망권 우수)
>   - 사생활 침해가 없고, 발코니 면적이 크게 나옴

29 다음 주호군 형성기법 중 영역형성기법을 나타내는 것이 아닌 것은?

①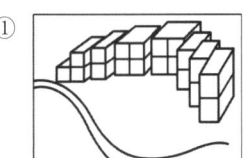
②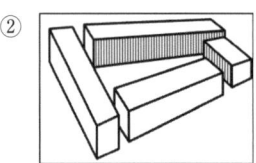
③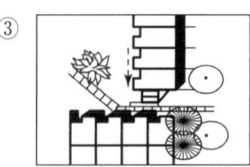
④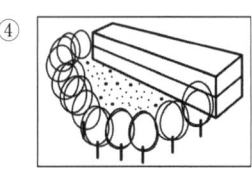

> **해설**
>
> 영역성 확보방법
> 수목의 배치, 계단이나 침상정원의 설치, 오버브리지의 설치, 건물을 어긋나게 배치, 건물 저층부의 필로티 처리, 진입부 양측 건물 디테일의 조형적 처리, 가벽이나 대문 혹은 문주의 설치, 열주나 회랑의 설치

30 도시공원 중 주로 도보권 안에 거주하는 자의 이용에 제공할 것을 목적으로 하는 도보권 근린공원의 유치거리 기준으로 옳은 것은?

① 250m 이하 ② 500m 이하
③ 1,000m 이하 ④ 1,500m 이하

> **해설**
>
> 도시공원의 설치 및 규모의 기준
>
> | 구분 | 유치거리 | 규모 |
> | --- | --- | --- |
> | 근린생활권 근린공원 | 500m 이하 | 1만 m² 이상 |
> | 도보권 근린공원 | 1천m 이하 | 3만 m² 이상 |
> | 도시지역권 근린공원 | 제한 없음 | 10만 m² 이상 |
> | 광역권 근린공원 | 제한 없음 | 100만 m² 이상 |

31 도시공원및녹지등에관한법률에 따른 녹지의 세분에 해당하지 않는 것은?

① 시설녹지 ② 연결녹지
③ 경관녹지 ④ 완충녹지

해설

녹지의 종류

녹지 구분	특성
완충녹지	대기오염·소음·진동·악취 등의 공해와 각종 사고나 자연재해 등을 방지하기 위한 녹지
경관녹지	도시의 자연적 환경을 보전·개선·복원함으로써 도시경관을 향상시키기 위한 녹지
연결녹지	도시 안의 공원·하천·산지 등을 유기적으로 연결하고 도시민에게 산책공간의 역할을 하는 등 여가·휴식을 제공하는 선형의 녹지

32 도시설계 관련 학자들의 연구 내용이 잘못 연결된 것은?

① Kevin Lynch - 도시의 이미지
② Gorden Cullen - 연속시각(Serial Vision)이론
③ Christopher Alexander - 전이공간
④ Oscar Newman - 방어공간(Defensible Space)

해설

- 케빈 린치(Kevin Lynch) : 도시는 "사람에 의해서 이미지화되는 것"이라고 주장하며 1960년대에 「도시의 이미지(The Image of The City)」라는 도시론을 발표
- 고든 컬렌(Gordon Cullen) : 도시이미지 연구와 연속시각이론, 도시이해 및 인식방법, 형태요소의 추출
- 뉴만(Oscar Newman) : 도시공간의 위계적 구성체계(공적 영역, 반공적 영역, 사적 영역의 매개공간 계획)

33 경관조성의 기본방향으로 틀린 것은?

① 지역의 기후, 식생, 지형 등 자연조건에 순응해야 한다.
② 조화와 개성을 부여할 수 있어야 한다.
③ 보행자 공간을 중심으로 휴식, 놀이, 교육, 교류의 공간을 배치한다.
④ 인간척도보다는 도시의 상징이 될 수 있는 랜드마크를 우선 발굴 또는 조성하여야 한다.

해설

경관계획의 기본방향
- 자연조건 반영 : 주변의 자연조건에 순응, 계절적 특성 반영·이용
- 조화와 개성의 부여 : 상징성을 부여, 조화와 개성을 부여하여 생활의 장을 조성
- 커뮤니티 감각의 부여 : 등의 공간배치, 인간척도를 지닌 공간 창출

- 역사와 문화의 표현 : 지역의 역사와 전통적인 생활양식 및 공간 이미지 부여

34 보행자도로와 차도를 동일한 공간에 설치하고 보행자의 안전성을 향상하는 동시에 주거환경을 개선하는 방안으로 1970년대에 제시되었으며, 보행자를 위주로 하는 도로에 차량이 부수적이고 제한적으로 이용하는 방식은?

① 보차혼용방식
② 보차병행방식
③ 보차분리방식
④ 보차공존방식

해설

보차공존방식
- 보·차를 동일한 공간에 배치하되 차량통행억제의 다양한 기법 사용
- 보행자 위주의 안전확보, 주거환경 개선, 차량통행은 부수적
- 네덜란드의 본엘프 도로(생활의 터), 일본의 커뮤니티 도로(보행환경 개선 - 일방향통행)
- 독일의 보차공존구간(30~40m 간격으로 주행속도 억제시설 설치)

35 지구단위계획에 관한 설명이 틀린 것은?

① 지구단위계획에 의하여 다른 도시·군관리계획이 변경되는 경우에 가급적 양자를 동시에 입안하도록 한다.
② 다른 도시·군관리계획에 의하여 지구단위계획이 변경되는 경우에는 가급적 양자를 동시에 입안하도록 한다.
③ 지구단위계획은 광역도시계획, 도시·군기본계획 등의 상위계획, 도시·군관리계획 및 수도권정비계획 등 관련계획의 내용과 취지를 반영하여야 한다.
④ 지구단위계획은 도시개발법·택지개발촉진법 등 개별사업법으로 지정된 사업구역에 대한 개발계획과 별도로 이들에 우선하여 수립하여야 한다.

해설

지구단위계획 종합분석
- 자연환경, 인문환경, 상위 및 관련계획에 대한 조사·분석 내용을 종합하여 당해 지구단위계획구역의 문제점과 잠재력을 그 지구단위계획구역의 지정목적과 연계하여 도출한다.
- 개발사업구역에 당해 지구단위계획구역이 지정되어 있고, 개발계획 또는 사업계획이 수립되어 있는 경우에는 당해 개발 또는 사업의 시행과 도시계획적 관리라는 차원에서 문제점과 잠재력을 도출하여야 한다.

정답 32 ③ 33 ④ 34 ④ 35 ④

36 다음 중 지구단위계획구역의 지정권자가 아닌 자는?

① 국토교통부장관
② 도지사
③ 군수
④ 대도시 시장

해설
지구단위계획 지정권자 : 국토교통부장관, 시·도지사

37 페리(Clarence A. Perry)가 주장한 근린단위(Neighbourhood Unit)에 관한 6가지 원칙에 해당하지 않는 것은?

① 하나의 초등학교를 유지할 수 있는 인구규모를 갖도록 개발한다.
② 주민들에게 필요한 작은 공원과 여가공간의 체계가 수립되어야 한다.
③ 학교와 기타 다른 공공시설부지는 근린단위의 중심에 적절히 모여 있어야 한다.
④ 통과교통을 허용하되 가로망은 근린단위 안의 순환이 원활하도록 설계해야 한다.

해설
근린주구(근린단위, Neighbourhood Unit) 구성의 6가지 원리, 페리(C. A. Perry, 1929년)
1. 규모
   - 하나의 초등학교가 필요하게 되는 인구에 대응하는 규모(반경 400m 정도)
   - 초교생 1,000~2,000명, 거주인구 5,000~6,000명
2. 경계
   - 통과교통이 내부를 관통하지 않고, 네 면 모두가 간선도로에 의해 구획
3. 오픈스페이스
   - 계획된 소공원과 여가공간(운동장 등)의 체계 수립
   - 소공원과 레크리에이션 용지 10% 이상 확보
4. 공공시설
   - 근린주구 중심에 위치
   - 학교와 공공시설은 주구중심부에 적절히 통합배치
5. 근린상가
   - 도로의 결절점에 위치 혹은 옆 근린단위의 상점구역과 인접
6. 지구 내 가로체계
   - 특수한 가로체계를 갖고, 보행동선과 차량동선 분리
   - 단지 내부 교통체계는 쿨데삭과 루프형 집분산도로, 주구외곽은 간선도로로 계획

38 지구단위계획 수립 시 상업용지의 획지 및 가구계획 기준으로 옳지 않은 것은?

① 구역 중심지의 주간선도로 또는 보조간선도로의 교차로 주변에 계획한다.
② 주간선도로 또는 보조간선도로를 따라 배치되는 가구는 2열 이상으로 배열이 되도록 한다.
③ 가구규모는 시설입지에 대한 다양한 요구를 충족시킬 수 있도록 다양한 규모로 계획한다.
④ 도로에서의 접근이 용이하도록 계획한다.

해설
상업용지의 획지 및 가구계획
1. 가구계획
   - 구역 중심지의 주간선도로 또는 보조간선도로의 교차로 주변에 계획
   - 주간선도로 또는 보조간선도로를 따라 1열 배열이 되도록 하고 그 뒷면에 2열 배열로 하여 도로에서 접근이 용이하도록 함
   - 가능한 정형화된 형태를 유지
2. 가구 규모 : 시설입지에 대한 다양한 요구를 충족시킬 수 있도록 다양한 규모로 계획
3. 가구의 단변 : 1열 배치인 경우 20~60m가 적당하며, 장변은 단변의 2 내지 3배인 80~200m가 적당

39 공동주택의 배치 시 도로 및 주차장의 경계선으로부터 공동주택의 외벽까지 최소 얼마 이상을 띄워야 하는가?(단, 기타의 경우는 고려하지 않는다.)

① 1m
② 2m
③ 3m
④ 5m

해설
주택건설 기준 등에 관한 규정에서 공동주택 등의 배치 도로(주택단지 안의 도로 포함) 및 주차장(지하 또는 필로티 기타 이와 유사한 구조에 설치하는 주차장 및 차로를 제외)의 경계선으로부터 공동주택의 외벽까지의 거리는 2m 이상 띄워야 하고, 띄운 부분에 조경 등 식재(다만, 필로티에 설치된 보행용 도로에 사업계획승인권자가 인정하는 보행자 안전시설이 설치된 경우 제외)

40 건폐율 60 %로 규제되고 있는 지역에 연면적 3,000m²의 건물을 5층으로 짓고자 할 때 필요한 최소한의 대지면적은?

① 800m²
② 900m²
③ 1,000m²
④ 1,200m²

정답 36 ③ 37 ④ 38 ② 39 ② 40 ③

[해설]

건폐율 60% = 바닥면적/대지면적 = $\frac{600m^2}{x}$

$x = \frac{600m^2}{60\%} = \frac{600m^2}{0.60} = 1,000m^2$

제3과목 도시개발론

41 다음 중 운용시장의 형태가 공개시장(Public Market)이고 자본의 성격이 대출투자(Debt Financing)인 유형에 속하는 부동산 투자는?

① 상업용 저당채권 ② 사모부동산펀드
③ 직접대출   ④ 직접투자

[해설]

부동산 투자의 유형

구분	공개시장 (Public Market)	민간시장 (Private Market)
자본투자 (Equity Financing)	부동산투자회사 (REITs) 부동산간접투자기구	직접투자 사모부동산펀드
대출투자 (Debt Financing)	상업용저당채권 (CMBS) 부동산간접투자기구	직접대출 (Loans) 사모부동산펀드

42 개발권 양도제(TDR)의 목적으로 가장 거리가 먼 것은?

① 납세자 보호   ② 역사적 건축물 보호
③ 과밀지역의 개발제한 ④ 사업 인프라비용 절감

[해설]

개발권 양도제(TDR ; Transfer of Development Right)
- 영미법에서는 토지소유권을 사용권, 수익권, 처분권 등 각각 독립된 여러 가지 '권리의 묶음'으로 파악
- 개발권은 토지의 소유권에서 분리될 수 있는 권리로 이해
- 토지의 개발권을 다른 필지로 이전하여 추가 개발하는 방식
- 역사적 보존가치가 있는 지역에 높이 등 건축제한을 할 필요가 있는 경우, 제한으로 인해 개발하지 못하는 부분만큼 다른 지역 토지 소유주에게 매각해서 보상하는 방법
- 규제를 받는 토지소유주는 제한을 받은 만큼 보상을 받게 되고 개발권을 이양받은 토지소유주는 법적 한도를 넘어서 그 만큼 더 개발할 수 있게 됨

43 다음 중 Huff 모형에 대한 설명으로 옳지 않은 것은?

① 개별소매점의 고객 흡입력을 계산하는 방법이다.
② 상업시설을 이용할 확률은 상업시설의 크기와 관계가 있다.
③ 모형에서 중요한 변수 중 하나는 상점까지의 거리다.
④ 상업시설을 이용할 확률은 상점까지의 거리에 비례한다.

[해설]

허프의 소매지역이론
1. 정의
   - 상권에 관한 이론으로 대도시 내부의 구매중심점은 소비자의 기호와 소득 정도, 교통의 편의관계 등 소비자 행태를 고려하여 선택된 상품을 판매하여야 상권이 형성된다는 경험적인 확률이론임
2. 특징
   - 미시적 분석에 관심, 특히 소비자 행태에 주목
   - 소비자는 가까운 곳에서 상품을 선택하는 경향이 있다.(이동시간에 반비례함)
   - 적당한 거리에 고차중심지가 있으면 인근의 저차를 지나친다.(상업시설의 크기에 비례함)
   - 고차계층일수록 수송가능성이 더 확대된다.(상업시설의 크기가 클수록 상권이 큼)

44 영국의 근대도시화과정에서 나타난 도시화의 문제를 해결하고자 전원도시의 개념을 처음으로 주장한 사람은?

① 레이몬드 언윈
② 르 꼬르뷔지에
③ 에베네즈 하워드
④ 피에르 랑팡

[해설]

근대적 도시개발
1. 산업혁명 이후 급격한 도시인구 증가 → 도시문제 야기(주택부족, 주거환경 악화 등)
2. 근대적 도시계획과 도시개발 등장 → 물리적 환경 개선을 통한 살기 좋은 환경을 조성 : 노동자 계층을 위한 주택공급과 주거환경 개선을 위한 해결책 제시
   - 오웬(Owen, Robert)의 협동마을(Village of Unity and Cooperation, 1817)
   - 푸리에(Fourier, Charles)의 팔란스테르(Phalanstre, 1847) 등
3. 인간관계가 중시되는 공동사회를 만들기 위한 이상도시안(案) 제시 → 도시와 농촌의 매력을 함께 지닌 자족적인 커뮤니티(하워드의 전원도시론) - 이후 주거지 계획의 기본이념

정답 41 ① 42 ④ 43 ④ 44 ③

45 산업입지 및 개발에 관한 법률에 따라, 산업의 적정한 지방 분산을 촉진하고 지역경제의 활성화를 위하여 지정하는 산업단지는?

① 국가산업단지 ② 일반지방산업단지
③ 도시첨단산업단지 ④ 농공단지

해설

산업단지의 분류
1. 국가산업단지 : 국가기간산업·첨단과학기술산업 등을 육성하거나 개발촉진이 필요한 낙후지역이나 2 이상의 특별시·광역시 또는 도에 걸치는 지역을 산업단지로 개발하기 위하여 지정된 산업단지
2. 지방산업단지 : 다음의 구분에 의한 산업단지를 말한다.
   - 일반지방산업단지 : 산업의 적정한 지방분산을 촉진하고 지역경제의 활성화를 위하여 지정된 산업단지
   - 도시첨단산업단지 : 지식산업·문화산업·정보통신산업 등 첨단산업의 육성을 위하여 도시계획법에 의한 도시계획구역 안에 지정된 산업단지
3. 농공단지 : 대통령령이 정하는 농어촌지역에 농어민의 소득 증대를 위한 산업을 유치·육성하기 위하여 지정된 산업단지

46 민관합동의 부동산개발금융방식인 프로젝트파이낸싱(PF)에 대한 설명으로 틀린 것은?

① 협의의 의미로 프로젝트 자체의 사업성과 그로부터의 현금흐름을 바탕으로 자금을 조달하는 것을 말한다.
② PF의 특징 중 하나인 비소구금융(Non-recourse Financing)이란 투자자의 부담을 투자액 범위 내로 한정하는 방식을 말한다.
③ PF의 특징 중 하나인 부외금융(Off-balance-sheet Financing)이란 프로젝트회사의 부채가 손익계산서상에 나타남으로써 프로젝트회사의 자본감소가 사업성에 영향이 없도록 하는 것을 의미한다.
④ 광의의 의미로 특정 사업의 소요자금을 조달하기 위한 일체의 금융방식을 의미하며 개발사업과 관련한 모든 금융방식을 프로젝트파이낸싱이라 할 수 있다.

해설

프로젝트 파이낸싱(PF ; Project Financing)
1. 정의
   - 광의의 의미 : 특정사업의 소요자금을 조달하기 위한 일체의 금융방식, 즉 개발사업과 관련된 모든 금융방식
   - 협의의 의미 : 프로젝트 자체의 사업성과 그로부터 현금흐름을 바탕으로 자금을 조달하는 것

2. 특징
   - 비소구금융(Non-recourse Financing) : 투자의 부담을 투자액 범위 내로 한정하는 방식, PF는 완전한 비소금융 조건은 드물며 대부분 제한적인 비소금융형태를 취함
   - 부외금융(Off-balance-sheet Financing) : 프로젝트회사의 부채가 대차대조표에 나타나지 않으므로 부채 증가가 사업주의 부채율에 영향을 미치지 않음을 의미함. 프로젝트 수행을 위해 일정한 조건을 갖춘 별도의 프로젝트회사를 설립함으로써 부외금융효과를 얻을 수 있음

47 다음 중 사업타당성을 판단할 수 없는 도시개발사업은?

① A사업의 순현재가치(FNPV)가 1,000억 원이다.
② B사업의 내부수익률(FIRR)은 10%이며, 기대수익률은 9%이다.
③ C사업의 비용편익비(B/C Ratio)가 0.95이다.
④ D사업은 1년차에 비용이 1,000억 원 발생하고, 5년차에 수익이 1,100억 원 발생하였다.

해설

연차별 비용이 모두 제시되어야 순현재가치 혹은 B/C 등을 계산할 수 있는데 D사업의 경우는 2, 3, 4년차의 비용과 수익을 알 수 없으므로 사업타당성을 판단할 수 없다. 또한, 1년차 비용 1,000억 원과 5년차 수익 1,100억 원이 전부라 할 지라도 이자율이 제시되지 않았으므로 현재가치화나 직접적인 비교가 불가능하다. 따라서 D사업은 사업타당성의 판단이 불가능하다.

48 환지방식 개발사업의 특성이 아닌 것은?

① 원칙적으로 지구 내 토지소유자는 토지를 수용당하거나 떠나야 하는 문제가 없다.
② 권리자는 사업에 필요한 비용을 비교적 공평하게 분담한다.
③ 사업시행자는 토지를 매입할 필요가 없으므로 그만큼 비용이 줄어든다.
④ 공공시설 관리자는 필요한 공공용지를 조성원가에 확보할 수 있고, 사업시행에 유리한 장소에 용지를 마련하여 이윤을 최대화할 수 있다.

해설

환지방식의 특징
- 적은 자본으로 사업 시행이 가능 – 체비지 매각 등에 의한 자금조달
- 도로·공원 등의 공공시설 용지를 토지소유자가 제공
- 토지의 분할 및 구획을 통하여 토지의 이용을 증진
- 민원발생의 소지가 전면매수방식보다 적다. – 소규모 토지소유자들은 토지가 환지되지 않고 청산됨으로써 문제가 발생할 수 있음

- 토지의 권리관계 변동이 발생되지 않음 - 지나친 개발이익의 사유화 문제 발생 가능
- 일부 토지소유자의 반대에도 불구하고 토지소유자 총수의 1/2 이상 토지면적의 2/3 이상 동의 시 사업 시행이 가능함(동의에 상당한 시일 필요)

49 1958년 네덜란드 헤이그에서 열린 제1회 도시재개발에 관한 국제세미나에서 정의한 재개발 방법에 해당하지 않는 것은?

① 전면재개발(Redevelopment)
② 개량재개발(Remodeling)
③ 수복재개발(Rehabilitation)
④ 보전재개발(Conservation)

해 설
도시재개발의 정의
1958년 네덜란드의 헤이그에서 열린 도시재개발에 관한 제1회 국제세미나에서 지구재개발(Redevelopment), 지구수복재개발(Re-habilitation), 지구보전재개발(Conser-vation)로 정의했다.

50 수요예측방법의 시계열분석기법인 이동평균법에 대한 설명이 아닌 것은?

① 3개월 미만의 단기분석에 사용한다.
② 규모가 작은 신제품의 시장 예측에 사용한다.
③ 배우기 쉬우나 결과해석이 어렵다.
④ 이용비용이 매우 적다.

해 설
정량적 수요예측모형 - 시계열(Time Serial) 모형
이동평균법 : 3개월 미만에 적용, 신제품 시장예측, 배우기 쉽고 결과해석이 용이

51 부동산금융에 관한 설명 중 틀린 것은?

① 부동산금융은 기간을 기준으로 단기금융과 장기금융으로 구분한다.
② 부동산개발금융은 단기금융과 타인자본이 가장 큰 비중을 차지한다.
③ 개발단계에서 민간금융기관들은 사업의 총비용과 개발에 따른 수익성을 가장 중요시한다.
④ 관리운용단계에서는 개발된 부동산의 임대나 매각 등과 관련한 사업 자체의 수익성이 중요한 고려요소이다.

해 설
1. 부동산금융의 분류

구분	단기금융	장기금융
자기자본	• 직접투자 • 합작투자	• 장기투자 • 연기금, 생명보험회사, 리츠 등
타인자본	가장 큰 비중을 차지	• 장기대출 • 연기금, 생명보험회사 등

2. 단계에 따른 구분

구분	계획단계	시공단계 (개발단계)	운영단계 (관리운용단계)
비용형태	사업계획, 토지매입, 인허가 관련 비용	시공, 마케팅 관련 비용	운영 및 임대관련비용
자금형태	자기자본, 연결금융, 대출	공사대출 (단기대출)	장기대출, 장기투자
자금조달처	개발자, 합작투자가	은행 중심의 민간금융기관	연기금, 보험사 리츠 등의 장기투자기관

52 인구가 10만 명인 도시에서 다음 조건에 맞게 상업지역의 면적을 산출하려면 약 얼마인가?

- 1인당 연상면적 : 15m²
- 상업지역 이용인구는 전체 인구의 50%
- 층수 : 3층, 건폐율 70%, 공공용지율 : 40%

① 262.5 ha
② 59.5 ha
③ 35.7 ha
④ 21.4 ha

해 설
$$상업지면적 = \frac{100,000 \times 0.5 \times 15m^2}{3 \times 0.7 \times (1-0.4)} = 595,238m^2 = 59.5ha$$

53 개발사업의 위험을 재무·건설·운영·정책 및 환경위험의 네 가지로 분류할 때, 사업의 진행단계에서 사업계획 변동위험, 분양 및 임대 위험, 소유권 이전단계의 위험이 존재하는 유형은?

① 재무위험
② 건설위험
③ 운영위험
④ 정책 및 환경위험

해설

추진단계별 개발사업의 위험

구분	재무위험	건설위험	운영위험	정책 및 환경위험
준비단계	거시, 미시 경제 위험	기술적 위험	• 사업협약 이행 위험 • 사업계획 변동 위험	• 법률적 위험 • 인허가 위험 • 정치변동 위험
진행단계	• 거시, 미시 경제 위험 • 자금조달 위험 • 비용 증가 위험 • 현금흐름 위험	• 공사지연 위험 • 부실시공 위험	• 사업계획 변동위험 • 분양 및 임대 위험	• 정치변동 위험 • 법률적 위험 • 인허가 위험 • 자연재해사고 위험 • 경제정책급변 위험
사후단계	• 거시, 미시경제 위험 • 현금흐름 가변위험	하자 보수 위험	• 관리운영 위험 • 시설물 결함 위험	

54 대중교통중심개발(TOD)의 주요 원칙으로 틀린 것은?

① 대중교통 정거장을 중심으로 개발하고 대중교통 정류장으로부터 보행거리 내에 상업, 주거, 업무, 공공시설 등을 혼합 배치한다.
② 지역 내 목적지 간 보행친화적인 가로망을 구축한다.
③ 생태적으로 민감한 지역이나 수변지, 양호한 공지의 보전을 추구한다.
④ TOD 내에는 대중교통서비스를 제공할 수 있는 수준의 저밀도 공동주택만을 조성한다.

해설

Calthorpe(1993)의 TOD 7가지 원칙
1. 대중교통서비스를 유지할 수 있는 고밀도를 유지
2. 역으로부터 보행거리 내에 주거, 상업, 직장, 공원, 공공시설 배치
3. 지구 내에는 걸어서 목적지까지 갈 수 있는 보행친화적인 가로망 구성
4. 주택의 유형, 밀도, 비용의 혼합배치
5. 양질의 자연환경과 공지 보전
6. 공공공간을 건물배치 및 근린생활의 중심지로 조성
7. 기존 근린지구 내에 대중교통 노선을 따라 재개발 촉진

55 도시 및 주거환경정비법에서 규정하는 정비사업의 유형이 아닌 것은?

① 주거환경개선사업　② 재개발사업
③ 재건축사업　　　　④ 도심재개발사업

해설

정비사업의 종류

대분류	사업시행 근거법률	도시개발의 유형
도시·군계획사업	도시 및 주거환경정비법	주거환경개선사업
		재개발사업
		재건축사업

56 도시개발사업의 토지확보방식에 따른 사업 분류에 해당하지 않는 것은?

① 수용·사용방식　　② 혼용방식
③ 환지방식　　　　　④ 상환방식

해설

도시개발사업방식의 종류(토지확보방식(토지의 취득방식)에 따른 도시개발사업의 유형)
• 전면매수방식(수용 또는 사용에 의한 방식): 도시개발구역 안의 토지 등을 수용 또는 사용방식에 의한 사업 시행(공영개발)
• 환지방식: 사업비용을 구역 내의 토지를 처분하여 조달, 줄어든 토지를 환지받음(예전의 토지구획정리사업)
• 혼용방식: 부분적으로 전면매수방식과 환지방식에 의해 시행될 때

57 「도시개발법」에 아래와 같이 규정한 내용은?

> 행정청인 시행자는 도시개발사업의 시행으로 사업 시행 후의 토지 가액의 총액이 사업 시행 전의 토지 가액의 총액보다 줄어든 경우에는 그 차액에 해당하는 금액을 대통령령으로 정하는 기준에 따라 종전의 토지소유자나 임차권자 등에게 지급하여야 한다.

① 환지청산금　　　② 입체환지보상금
③ 감보보상금　　　④ 감가보상금

해설

감가보상금
1. 도시개발법 제45조(감가보상금)
　행정청인 시행자는 도시개발사업의 시행으로 사업 시행 후의 토

지 가액(價額)의 총액이 사업 시행 전의 토지 가액의 총액보다 줄어든 경우에는 그 차액에 해당하는 감가보상금을 대통령령으로 정하는 기준에 따라 종전의 토지 소유자나 임차권자 등에게 지급하여야 한다.
2. 도시개발법 시행령 제67조(감가보상 기준)
법 제45조에 따라 감가보상금으로 지급하여야 할 금액은 도시개발사업 시행 후의 토지가액의 총액과 시행 전의 토지가액의 총액과의 차액을 시행 전의 토지가액의 총액으로 나누어 얻은 수치에 종전의 토지 또는 그 토지에 대하여 수익할 수 있는 권리의 시행 전의 가액을 곱한 금액으로 한다.

58 다음 중 주민참여형 도시개발의 유형과 가장 거리가 먼 것은?

① BTL방식 ② 민간협약
③ 주민투표 ④ 지구차원의 계획

해설
BTL 방식은 민간투자 사회간접자본(SOC)의 사업추진방식의 한 종류이다.

59 택지개발사업의 시행자로 지정될 수 없는 자는?

① 국가·지방자치단체
② 「지방공기업법」에 따른 지방공사
③ 「한국토지주택공사법」에 따른 한국토지주택공사
④ 토지소유자 조합

해설
택지개발사업의 시행자(원칙 : 공공기관)
• 국가·지방자치단체
• LH공사(한국토지공사·대한주택공사)
• 지방공기업법에 의한 지방공사
• 주택건설 등 사업자가 공공시행자와 공동으로 개발사업을 시행하는 자
• 공공시행자는 택지개발사업의 일부를 주택건설 등 사업자로 하여금 대행하게 할 수 있다.

60 도시지역의 인구변화에 따른 도시화 단계의 순서가 옳은 것은?

① 도시화 단계 → 반도시화 단계 → 재도시화 단계 → 교외화 단계
② 도시화 단계 → 교외화 단계 → 반도시화 단계 → 재도시화 단계
③ 도시화 단계 → 재도시화 단계 → 교외화 단계 → 반도시화 단계
④ 도시화 단계 → 재도시화 단계 → 반도시화 단계 → 교외화 단계

해설
버그(van den Berg)와 클라센(Klassen)의 도시화 4단계(도시공간의 순환과정)
집중적 도시화 → 교외화 → 역도시화(반도시화) → 재도시화

제4과목 국토 및 지역계획

61 영국에서 1930년대에 지역계획에 큰 영향을 미친 보고서 중 스코트(Scott) 보고서의 주요 내용으로 옳은 것은?

① 인구분산과 공업재배치
② 토지공개념
③ 개발이익의 사회적 환원
④ 그린벨트

해설
1930년대 영국에서 지역개발과 계획발전에 큰 영향을 미친 3가지 보고서
• 스코트(Scott) 보고서 : 그린벨트와 농촌계획에 대한 내용
• 바로우(Barlow) 보고서 : 인구분산과 공업재배치에 관한 내용
• 아스와트(Uthwatt) 보고서 : 개발이익환수와 토지공개념에 관한 내용

62 국가발전의 목표를 경제적 효율성보다 사회 내 모든 집단과 개인생활의 질적 향상에 치중하는 발전전략은?

① 기초수요이론 ② 성장거점이론
③ 종속이론 ④ 불균형 개발이론

해설
기본수요이론(기초수요이론)의 기본개념
• 기존 지역발전 이론으로 인해 발생된 지역불균형, 빈곤, 산업문제 등에 대처
• 빈곤계층이 품위 있는 생활을 하는 데 기본이 되는 최소한의 물품과 서비스를 보장
• 적정규모의 지역에서 생산요소를 지역의 공동소유로 하고, 모든 주민에게 동등한 기회를 부여하여 기본수요를 충족시키면서 지역발전을 유도

정답 58 ① 59 ④ 60 ② 61 ④ 62 ①

63 국토기본법에서 정한 국토관리의 기본이념으로 적합하지 않은 것은?

① 국토의 균형 있는 발전
② 경쟁력 있는 국토여건의 조성
③ 환경친화적인 국토관리
④ 국토에 따른 사회체제의 개혁

[해설]
국토계획의 기본방향
- 국토의 균형 있는 발전
- 경쟁력 있는 국토여건의 조성
- 환경친화적 국토관리

64 최근 적용되고 있는 신개념의 주택보급률에 관한 설명 중 틀린 것은?

① 주택 수를 일반가구 수로 나누어 계산한다.
② 1인가구를 가구 수에 포함시킨다.
③ 주택재고의 배분상태(자가 보유율)를 보여준다.
④ 주택보급률이 낮을수록 주택공급이 부족함을 나타낸다.

[해설]
신주택보급률
주택 수를 일반가구 수로 나누어 계산하는 것은 기존의 주택보급률과 동일하다. 주택보급률을 산정할 때 1인 가구를 포함하는 한편 다가구 주택을 한 주택으로 보지 않고 개별 가구 모두를 주택 수에 포함시켜 산정한다는 점이 기존 주택보급률 산정방식과의 차이점이다.

65 중심성을 통해 도시규모의 적정성을 이해하며, 그 중심성에 의해 도시들은 한 지역 내에 있어서 공간상의 기능적 계측 구도를 형성하고 있다고 이해한다. 울만(E. Ullman)이 제시하는 중심성을 측정하는 기준이 아닌 것은?

① 인구규모
② 도시 간 전화통화 수
③ 도·소매 거래량
④ 세금

[해설]
울만의 중심성 측정기준
- 인구규모
- 도시간 전화통화 수
- 도소매 거래량

66 크리스탈러의 중심지 이론(Central Place Theory)에서 가정한 내용으로 틀린 것은?

① 모든 지역의 생산원가는 동일한 수준이다.
② 자연자원이 균일하게 분포한 평탄한 공간이다.
③ 상품의 수송비용은 거리에 비례한다.
④ 인구가 균일하게 분포한다.

[해설]
중심지(中心地) 이론가정
- 등질 평야 지대
- 교통수단과 접근성이 동일
- 운송비는 거리에 비례
- 소비자는 중심지 주변에 균등 분포
- 소비자의 성향과 구매력은 모두 동일
- 최소 비용으로 재화를 구입하는 경제인

67 국토기본법에 의한 지역계획으로서 특정지역을 대상으로 경제·사회·문화·관광 등을 전략적으로 발전시키기 위하여 수립하는 개발계획은?

① 수도권 발전계획
② 광역권 개발계획
③ 특정지역 개발계획
④ 개발촉진지구 개발계획

[해설]
지역계획
특정한 지역을 대상으로 특별한 정책목적을 달성하기 위하여 수립하는 계획
- 수도권발전계획 : 수도권에 과도하게 집중된 인구와 산업의 분산 및 적정배치를 유도하기 위하여 수립하는 계획
- 광역권개발계획 : 광역시와 그 주변지역, 산업단지와 그 배후지역 또는 여러 도시가 상호 인접하여 동일한 생활권을 이루고 있는 지역 등을 광역적·체계적으로 개발하기 위한 계획
- 특정지역개발계획 : 특정한 지역을 대상으로 경제·사회·문화·관광 등을 전략적으로 발전시키기 위하여 수립하는 개발계획
- 개발촉진지구개발계획 : 다른 지역에 비하여 개발수준이나 소득기반이 현저히 열악한 낙후지역을 대상으로 이의 개발을 촉진하기 위하여 수립하는 계획
- 그 밖에 다른 법률에 의하여 수립하는 지역계획 : 「국토기본법」에 의한 지역계획체계 외에도 「수도권정비계획법」에 의한 수도권정비계획, 「오지개발촉진법」에 의한 오지개발, 「농어촌발전특별조치법」에 의한 농어촌정주권 개발, 「도서개발촉진법」에 의한 도서개발 등이 지역계획에 포함된다.

※ 기존의 광역권개발계획은 지역개발계획으로 명칭과 내용이 변경되었고, 특정지역개발계획, 개발촉진지구개발계획은 삭제되었다. 〈2014.6.3〉

68 다음 중 지역계획의 형성 배경과 가장 거리가 먼 것은?

① 지역적 문제의 심각성을 인식하고 개선하고자 했던 계획적 노력과 이론적 발전이 있었기 때문이다.
② 산업화 및 도시화에 따른 지역의 기능적인 문제가 발생하였기 때문이다.
③ 지역주의 또는 지방주의에 부응하는 지역계획에 대한 요구 때문이다.
④ 고도의 경제 성장으로 인해 발생한 산업 간의 성장 격차를 줄여 산업 간 균형성장을 우선적으로 필요로 하였기 때문이다.

해설
지역계획의 형성 배경
지역의 개발과 사회 경제적 문제 해결 및 지역 간 불균형을 개선하고자 하는 노력에서 시작되었다. 따라서 고도경제성장에서 발생한 산업 간 성장 격차가 아닌 지역 간 성장격차 완화를 위한 노력이다.

69 다음 중 성장거점이론의 기본전제에 해당하지 않는 것은?

① 규모경제의 극대화를 위해 소수지역에 투자를 집중한다.
② 지역혁신을 도시지역에서부터 시도하여 농어촌 지역으로 확산한다.
③ 기반투자는 이용인구가 밀집된 곳의 우선순위가 높다.
④ 지역 간 투자의 균등배분을 통한 균형발전을 도모한다.

해설
성장거점이론(Growth Pole Theory) 기본개념
제한된 자원을 투자의 효율성을 제고하여 지역의 균형발전을 유도하기 위해 투자와 재원의 분배를 선택과 집중의 논리에 입각하여 발전 역량이 있는 거점지역에 집중시키는 전략

70 수출기반이론(경제기반이론)의 장점으로 틀린 것은?

① 지역성장이론 중 가장 단순하고 분명하다.
② 산업활동을 기반활동과 비기반활동으로 구분하기 용이하다.
③ 다양한 공간적 범위에 적용이 가능하다.
④ 다른 모형에 비하여 분석에 필요한 자료의 양이 상대적으로 적다.

해설
경제기반이론(經濟基盤理論, Economic Base Theory) 장점
• 모형분석이 용이 - 국가경제의 총량모형을 도시 및 지역성장분석에 쉽게 응용
• 성장모형 속에 내생적 성장요인을 내포하고 있고 생산요소의 지역 간 이동이 고려
• 논리적 간결성과 예측가능성을 지니고 있다.
• 불충분한 자료라도 고용예측을 통해 지역경제예측이 가능
• 산업 간 연관성만 파악되면 지역생산은 물론 고용도 쉽게 예측 가능

71 투입-산출표(Input-output Table)의 이용을 체계적인 기법으로 완성시킨 사람은?

① 케네(Quesnay)
② 레온티예프(Leontief)
③ 프리드만(J. Friedmann)
④ 티부(Tiebout)

해설
지역산업 연관모형(지역 투입입산출 모형, Regional Input-output Model, Input-output Table)
1940년경 투입산출표(Input-output Table)의 이용을 체계적인 기법으로 완성시킨 레온티예프(Leontief)가 도입하여 아이자드(Isard)에 의해 정립된 이론이다. 지역적인 차원에서 산업부문 간 경제활동의 상호의존관계를 설명할 뿐만 아니라 최종수요의 규모변동에 따른 경제적 파급효과를 분석하는 방법으로 우리나라에서는 1960년대부터 활용

72 지역구분에 관한 다음 설명 중 옳은 것은?

① 부더빌(Boudeville)은 동질지역, 분극지역, 계획권역, 사업지역의 네 가지 유형으로 구분하였다.
② 클라센(Klaassen)은 1인당 소득수준과 지역경제성장률을 이용하여 결절지역을 넷으로 구분하였다.
③ 한센(Hansen)은 미국 대도시권 표준통계구역(SMSA)의 설정기준을 제시하였다.
④ 힐호스트(Hillhorst)는 동질성과 의존성이라는 기준과 분석 및 계획이라는 구분의 목적에 따라 지역을 구분하였다.

정답 68 ④ 69 ④ 70 ② 71 ② 72 ④

해설

1. 보드빌의 지역분류는 동질지역, 결절지역(분극지역), 계획지역으로 구성된다.
2. 클라센(L. Klaassen)의 동질지역 구분
   $\left(\dfrac{g_i}{g}=g_o\ 성장률\right),\ \left(\dfrac{y_i}{y}=y_o\ 소득\right)$
   여기서, $g_i,\ y_i$는 지역의 성장률과 지역의 소득
   $g,\ y$는 국가의 성장률과 국가의 소득
   ⊙ 번성지역 – ($g_o>1,\ y_o>1$)
   ⓒ 발전도상 저개발지역 – ($g_o>1,\ y_o<1$)
   ⓒ 잠재적 저개발지역 – ($g_o<1,\ y_o>1$)
   ⓔ 저개발지역 – ($g_o<1,\ y_o<1$)
3. 한센(N. Hansen)의 동질지역 구분
   ⊙ 과밀지역 – 한계사회비용>한계사회편익
   ⓒ 중간지역 – 한계비용<한계편익
   ⓒ 낙후지역 – 소규모 농업과 침체산업이 지배적인 경제구조를 지니고, 새로운 경제활동을 흡인할 수 있는 입지매력이 거의 없는 지역
   ⓔ 한계비용(限界費用)
      • 한계비용은 일정한 생산량에다 한 단위 더 추가 생산할 때의 총 생산비 증가액
      • 일정 생산량의 수준에 있어서의 총 생산비는 총 고정비용과 총 가변비용의 합계
      • 총 비용의 증가분을 생산량의 증가분으로 나눈 값
4. 힐호스트(Hilhorst)의 지역분류

기준 목적	분석	계획
의존성	분극지역	계획권역
동질성	동질지역	사업지역

73 입지적 상호의존이론과 최소비용입지이론의 통합을 시도한 학자는?

① 베버(Weber) ② 아이자드(Isard)
③ 호텔링(Hotelling) ④ 그린헛(Greenhut)

해설

수익극대화 이론
• 최소비용이론, 최대수요이론 입지상호의존성이론을 통합한 이론
• 그린허트(Greenhut) : 최적 입지점은 최소비용점과 최대수요점의 차이가 가장 큰 지점

74 크리스탈러(W. Christaller)가 도시정주지를 설명하는 데 사용한 R(Range, 범위)과 T(Threshold, 한계거리)의 개념에 따라 기업이 손해를 보는 상황을 설명한 것은?

① $R>T$ ② $R<T$
③ $R=T$ ④ $T=1$

해설

중심지의 성립
• 최소요구치(Threshold) : 중심 기능이 존속하기 위해 필요한 최소한의 수요, 상권
• 재화의 도달 범위(Range of Goods) : 재화와 서비스의 도달 거리 또는 범위
• 중심지 성립 조건 : 최소요구치<재화의 도달 범위

75 런던의 고성장을 통제하고, 지역정책수단을 국가이익차원에서 채택할 것을 건의한 바로우 보고서와 고용정책에 관한 비버리지 보고서를 작성하여, 전후 영국지역정책의 기초를 다진 기구는?

① 비영리산업단지공사
② 세계경제발전위원회
③ 특별지역재건협회
④ 인구 및 산업분포에 관한 왕립위원회

해설

• 인구 및 산업분포에 관한 왕립위원회
• 바로우 보고서, 비버리지 보고서를 작성하여 전후 영국지역정책의 기초를 다짐
• 바로우(Barlow) 보고서 : 인구분산과 공업재배치에 관한 이론 및 정책연구

76 지역이 가지고 있는 입지특성이나 생산환경의 변화에 따른 추세를 고려하여 지역산업의 전문화 정도를 추계하는 지역산업 성장분석기법은?

① 변이할당분석법(Shift - Share Analysis)
② 경제기반승수법(Enconomic Base Multiflier Analysis)
③ 경제활동참가율(Labor Force Participation Rate)
④ 지역산업연관분석(Input - Output Analysis)

해설

변이할당분석(Shift-Share Analysis)
1. 정의 : 도시의 주요 산업별 성장원인을 규명하고, 도시의 성장력을 측정하는 방법
2. 방법
   ⊙ 도시 및 도시산업의 성장효과를 전국의 경제성장효과, 지역의 산업구조효과, 도시의 입지경쟁력에 의한 효과 등으로 구분하여

분석
ⓒ 성장요인
- 변이할당분석에 따르면 특정지역 R에 위치한 산업 i의 성장요인은 크게 3단계로 나눔
- 성장요인 = 국가성장효과(N_G) + 산업구조효과(I_M) + 지역할당효과(R_S) = 도시총소득(총고용성장)

77 성장거점지역에 있는 선도산업(leading Industry)의 특성이 아닌 것은?

① 진보된 수준의 기술을 요구하는 새롭고 동적인 산업이다.
② 다른 산업보다 빠르게 성장한다.
③ 전방파급효과가 크고, 후방파급효과는 없다.
④ 쇄신에 대한 능력이 뛰어난 성장산업이다.

해설
성장거점이론(Growth Pole Theory) 성장거점
1. 특징
- 전방연쇄효과 : 선도산업의 발전이 그 생산물을 사용하여 생산할 수 있는 새로운 산업을 발전시키는 효과
- 후방연쇄효과 : 선도산업이 설립되면 그 선도산업에 투입될 중간생산재를 생산하는 산업의 발전이 유도되는 효과
2. 전방파급효과가 크고, 후방파급효과가 작다.
→ 전방파급효과가 크고, 후방파급효과도 크다.

78 우리나라의 인구규모별 도시순위가 아래와 같을 때 데이비스(K. Davis)의 종주화지수는 얼마인가?

순위	도시명	인구수(명)
1위	서울	9,762,546
2위	부산	3,512,547
3위	대구	2,517,680
4위	인천	2,456,016
5위	광주	1,413,644

① 2.78   ② 1.15
③ 0.99   ④ 0.62

해설
종주화지수
1. 수위도시에 집중 정도를 나타내는 지표에는 수위도와 종주화지수가 주로 사용되고 있음
2. 종주화지수

$$= \frac{제1위도시\ 인구규모}{(2위도시+3위도시+4위도시)의\ 인구규모}$$

$$= \frac{9,762,546}{3,512,547+2,517,680+2,456,016} = 1.1508$$

79 다음 지역계획의 이론들을 그 발생시기가 빠른 것부터 순서대로 옳게 나열한 것은?

⊙ 사회계획론(Mannheim)
ⓒ 합리주의(Simon)
ⓒ 혼합주사적 계획(Etzioni)
ⓐ 교류적 계획(Friedmann)

① ⊙ - ⓒ - ⓒ - ⓐ
② ⊙ - ⓒ - ⓐ - ⓒ
③ ⊙ - ⓒ - ⓒ - ⓒ
④ ⓐ - ⓒ - ⓒ - ⓒ

해설
계획이론의 발생순서 : 합리주의 → 점증이론 → 체계적 종합이론(혼합주사적 계획) → 선택이론 → 거래·교환이론(교류적 계획)

80 우리나라 국토계획의 성격과 가장 거리가 먼 것은?

① 추상적·장기적 계획   ② 정책지향적 계획
③ 문제지향적 계획   ④ 경제·사회적 계획

해설
우리나라 국토계획의 성격 : 추상적·장기적 계획, 정책지향적 계획, 경제·사회적 계획

제5과목 도시계획관계법규

81 건축법에서 지하층이란 건축물의 바닥이 지표면 아래에 있는 층으로 바닥에서 지표면까지 평균 높이가 해당 층 높이의 얼마 이상인 것을 말하는가?

① 2분의 1 이상   ② 3분의 1 이상
③ 4분의 1 이상   ④ 5분의 1 이상

해설
지하층의 규정 : 지표 하부 높이가 해당 층의 1/2 이상일 경우는 지하층으로 봄

82 산업입지 및 개발에 관한 법률상 산업단지 지정의 제한에 대한 아래 설명과 관련하여 밑줄 그은 부분에 대한 기준이 잘못 제시된 것은?

정답 77 ③   78 ②   79 ①   80 ③   81 ①   82 ③

산업단지 지정권자는 지정된 산업단지의 면적 또는 미분양 비율이 산업단지의 종류별로 **대통령령으로 정하는 면적 또는 미분양 비율**에 해당하는 지방자치단체인 경우 산업단지를 지정하여서는 아니 된다.

① 국가산업단지 : 시·도별로 미분양 비율 15% 이상
② 일반산업단지 : 시·도별로 미분양 비율 30% 이상
③ 도시첨단산업단지 : 시·도별로 미분양비율 15% 이상
④ 농공단지 : 시·군·자치구별로 100만 m²부터 200만 m²까지의 범위 안에서 농공단지개발 세부지침이 정하는 면적 이상 또는 미분양 비율 30% 이상

해설
도시첨단산업단지 : 시·도별로 미분양비율 30 % 이상

83 다음 공원시설 중 휴양시설에 해당하지 않는 것은?

① 야유회장 ② 야영장
③ 노인복지회관 ④ 전망대

해설
도시공원 및 녹지 등에 관한 법률 시행규칙 별표 1 공원시설의 종류(제3조 관련)
휴양시설에는 야유회장 및 야영장(바비큐시설 및 급수시설을 포함한다) 그 밖에 이와 유사한 시설로서 자연공간과 어울려 도시민에게 휴식공간을 제공하기 위한 시설, 경로당, 노인복지관이 있다. 전망대는 편익시설에 해당한다.

84 택지개발사업 시행자가 토지매수 업무와 손실보상 업무를 위탁할 때 토지매수 금액과 손실보상 금액의 얼마의 범위에서 대통령령으로 정하는 요율의 위탁수수료를 지급하여야 하는가?

① $\frac{5}{100}$의 범위 ② $\frac{4}{100}$의 범위
③ $\frac{3}{100}$의 범위 ④ $\frac{2}{100}$의 범위

해설
택지개발촉진법 제17조(토지매수 업무 등의 위탁) 조항에 의거 지방자치단체가 아닌 시행자가 토지매수 업무와 손실보상 업무를 위탁할 때에는 토지매수 금액과 손실보상 금액의 100분의 3의 범위에서 대통령령으로 정하는 요율의 위탁수수료를 지급하여야 한다.

85 다음 중 자주식 주차장의 형태에 해당하지 않는 것은?

① 건축물식 ② 기계식
③ 지하식 ④ 지평식

해설
주차장법 시행규칙 제2조(주차장의 형태)
법 제6조 제1항에 따른 주차장의 형태는 운전자가 자동차를 직접 운전하여 주차장으로 들어가는 주차장(이하 "자주식주차장"이라 한다)과 법 제2조 제3호에 따른 기계식 주차장(이하 "기계식 주차장"이라 한다)으로 구분하되, 이를 다시 다음과 같이 세분한다.
1. 자주식 주차장 : 지하식·지평식(地平式) 또는 건축물식(공작물식을 포함한다. 이하 같다.)
2. 기계식 주차장 : 지하식·건축물식
[전문개정 2010.10.29.]

86 도시·군계획시설의 결정·구조 및 설치기준에 관한 규칙에 따른 도로의 일반적 결정기준이 틀린 것은?

① 도로의 폭은 당해 시·군의 인구 및 발전전망을 감안한 교통수단별 교통량분담계획, 당해 도로의 기능과 인근의 토지이용계획에 의하여 결정한다.
② 기존 도로를 확장하는 경우에는 원칙적으로 양측 방향으로 확장하도록 한다.
③ 보조간선도로와 집산도로의 배치간격은 250m 내외로 한다.
④ 국도대체우회도로 및 자동차전용도로에는 집산도로 또는 국지도로가 직접 연결되지 않도록 한다.

해설
도시·군계획시설의 결정·구조 및 설치기준에 관한 규칙 제10조(도로의 일반적 결정기준) 제10항에 의거 기존 도로를 확장하는 경우에는 원칙적으로 한쪽 방향으로 확장하도록 한다.

87 다음 중 건폐율에 관한 내용이 틀린 것은?

① 건폐율이란 대지면적에 대한 건축면적의 비율이다.
② 도시지역 내 주거지역의 건폐율 최대한도는 70% 이하이다.
③ 수산자원보호구역의 건폐율에 관한 기준은 90% 이하의 범위에서 국토교통부령으로 정하는 기준에 따라 조례로 따로 정한다.
④ 토지이용의 과밀화를 방지하기 위하여 건폐율을 강화할 필요가 있는 경우, 대통령령으로 정하는 기준에 따라 조례로 건폐율을 따로 정할 수 있다.

해설
수산자원보호구역의 건폐율 기준은 따로 없다.

88 도시개발법에 따른 아래 내용에서 ( )에 들어갈 내용이 모두 옳은 것은?

> 조합 설립의 인가를 신청하려면 해당 도시개발구역의 토지면적의 (㉠) 이상에 해당하는 토지소유자와 그 구역의 토지소유자 총수의 (㉡) 이상의 동의를 받아야 한다.

① ㉠ 3분의 2, ㉡ 3분의 2
② ㉠ 3분의 2, ㉡ 2분의 1
③ ㉠ 2분의 1, ㉡ 3분의 2
④ ㉠ 2분의 1, ㉡ 2분의 1

해설
도시개발법 제13조(조합 설립의 인가)
제1항에 따라 조합 설립의 인가를 신청하려면 해당 도시개발구역의 토지면적의 3분의 2 이상에 해당하는 토지 소유자와 그 구역의 토지 소유자 총수의 2분의 1 이상의 동의를 받아야 한다.

89 도시·군계획시설의 결정·구조 및 설치기준에 관한 규칙에서 자동차운전학원, 장례식장, 유통업무설비가 모두 입지할 수 있는 용도지역은?

① 일반주거지역
② 준공업지역
③ 유통상업지역
④ 생산녹지지역

해설
모두 입지 가능한 용도지역 : 준주거지역, 일반상업지역, 일반공업지역, 준공업지역, 계획관리지역

구분	입지 가능한 용도지역
자동차 및 건설기계운전학원	준주거지역·일반상업지역·일반공업지역·준공업지역·자연녹지지역 및 계획관리지역
장례식장	준주거지역·일반상업지역·근린상업지역·일반공업지역·준공업지역·보전녹지지역·자연녹지지역 및 계획관리지역
유통업무설비	준주거지역·중심상업지역·일반상업지역·근린상업지역·유통상업지역·일반공업지역·준공업지역 및 계획관리지역

※ 2018. 12. 27부로 제47조 (자동차 및 건설기계운전학원의 결정기준), 제146조(장례식장의 결정기준) 조항은 삭제되었다.

90 택지개발사업, 산업단지개발사업, 도시재개발사업, 도시철도건설사업, 그 밖에 단지 조성 등을 목적으로 하는 사업을 시행할 때에 일정 규모 이상 설치하여야 하는 주차장은?

① 노상주차장
② 노외주차장
③ 부설주차장
④ 노면주차장

해설
- 설치·폐지한 자는(설치관리자)는 시장, 군수, 구청장에게 통보하여야 한다.
- 설치하여야 하는 경우 : 단지조성사업 – 택지개발, 주택지 조성, 아파트지구개발, 정비사업(도시재개발), 산업단지개발, 도시철도건설사업

91 주택법상 사업주체가 대통령령으로 정하는 호수 이상의 주택건설사업을 시행하는 경우 지방자치단체가 설치하는 도로 및 상하수도시설에 대한 설치비용에 대하여 얼마의 범위에서 국가가 보조할 수 있는가?

① 그 비용의 전부
② 그 비용의 2분의 1
③ 그 비용의 3분의 1
④ 그 비용의 4분의 1

해설
- 원칙 : 설치의무자가 비용 부담
- 보조 : 도로, 상하수도 설치비용의 1/2 범위 안에서 국가보조 가능

92 개발제한구역의 지정에 따라 국토교통부장관이 매수청구인에게 매수대상토지임을 알린 경우, 몇 년의 범위에서 대통령령으로 정하는 기간에 매수계획을 수립하여 그 매수대상토지를 매입하여야 하는가?

① 2년의 범위
② 3년의 범위
③ 5년의 범위
④ 10년의 범위

해설
개발제한구역의 지정 및 관리에 관한 특별조치법 제18조(매수청구의 절차 등)
국토교통부장관은 제1항에 따라 매수대상토지임을 알린 경우에는 5년의 범위에서 대통령령으로 정하는 기간에 매수계획을 수립하여 그 매수대상토지를 매수하여야 한다. 〈개정 2013.3.23.〉

정답 88 ② 89 ② 90 ② 91 ② 92 ③

93 국토기본법에서 수립하는 조사 및 계획의 수립 주체가 잘못 연결된 것은?

① 국토종합계획의 수립 - 국토교통부장관
② 도종합계획의 수립 - 도지사
③ 부문별 계획의 수립 - 중앙행정기관의 장
④ 국토조사 - 지방자치단체의 장

해설
국토조사는 국토교통부장관이 한다.

94 개발밀도관리구역으로의 지정기준이 적합하지 않은 지역은?

① 당해 지역의 도로 서비스 수준이 매우 낮아 차량통행이 현저하게 지체되는 지역
② 당해 지역의 도로율이 국토교통부령이 정하는 용도지역별 도로율에 20% 이상 미달하는 지역
③ 향후 2년 이내에 당해 지역의 하수 발생량이 하수시설의 시설용량을 초과할 것으로 예상되는 지역
④ 향후 2년 이내에 당해 지역의 학생 수가 학교수용능력을 50% 이상 초과할 것으로 예상되는 지역

해설
향후 2년 이내에 당해 지역의 학생수가 학교수용능력을 20퍼센트 이상 초과할 것으로 예상되는 지역

95 다음 중 중앙도시계획위원회에 대한 설명이 옳은 것은?

① 위원장과 부위원장 각 1명을 포함하여 25명 이상 30명 이내의 위원으로 구성한다.
② 중앙도시계획위원회의 위원장은 국토교통부장관이다.
③ 공무원이 아닌 위원의 수는 10명 이상으로 하고, 그 임기는 3년으로 한다.
④ 위원은 관계 중앙행정기관의 공무원과 도시계획에 관한 학식과 경험이 풍부한 자 중에서 위원장이 임명하거나 위촉한다.

해설
- 중앙도시계획위원회의 위원장과 부위원장은 위원 중에서 국토교통부장관이 임명하거나 위촉한다.
- 공무원이 아닌 위원의 수는 10명 이상으로 하고, 그 임기는 2년으로 한다.
- 위원은 관계 중앙행정기관의 공무원과 토지이용, 건축, 주택, 교통, 공간정보, 환경, 법률, 복지, 방재, 문화, 농림 등 도시·군계획과 관련된 분야에 관한 학식과 경험이 풍부한 자 중에서 국토교통부장관이 임명하거나 위촉한다.

96 다음 중 도시·군기본계획의 원칙적인 수립권자가 아닌 자는?

① 국토교통부장관   ② 광역시장
③ 시장 또는 군수   ④ 특별시장

해설
도시기본계획 수립권자 및 승인권자
- 특별시장·광역시장·시장 또는 군수(공청회 → 지방의회의 의견청취) 수립 → 국토교통부장관 승인(중앙행정기관 장과 협의 → 중앙도시계획위원회 심의) → 송부, 열람 → 공고(수립권자)
- 단 시장 또는 군수가 도시기본계획을 수립 또는 변경 시 → 도지사가 승인권자(행정기관의 장과 협의 → 지방도시계획위원회 심의)

97 수도권정비계획법에 따른 수도권의 권역 구분이 모두 옳은 것은?

① 과밀억제권역, 자연보전권역, 개발유도권역
② 성장관리권역, 이전촉진권역, 환경보전권역
③ 성장관리권역, 개발유도권역, 환경보전권역
④ 과밀억제권역, 성장관리권역, 자연보전권역

해설
수도권정비계획법 제6조(권역의 구분과 지정)
수도권의 인구와 산업을 적정하게 배치하기 위하여 수도권을 다음과 같이 구분한다.
1. 과밀억제권역 : 인구와 산업이 지나치게 집중되었거나 집중될 우려가 있어 이전하거나 정비할 필요가 있는 지역
2. 성장관리권역 : 과밀억제권역으로부터 이전하는 인구와 산업을 계획적으로 유치하고 산업의 입지와 도시의 개발을 적정하게 관리할 필요가 있는 지역
3. 자연보전권역 : 한강 수계의 수질과 녹지 등 자연환경을 보전할 필요가 있는 지역

98 택지개발지구가 고시된 날부터 최대 얼마 이내에 시행자가 택지개발사업 실시계획의 작성 또는 승인 신청을 하지 아니하는 경우 지정권자는 그 지정을 해제하여야 하는가?

① 2년 이내   ② 3년 이내
③ 5년 이내   ④ 10년 이내

정답 93 ④ 94 ④ 95 ① 96 ① 97 ④ 98 ②

> **해설**
> 택지개발법 제3조
> 지정권자는 제1항 또는 제3항에 따른 택지개발지구가 제6항에 따라 고시된 날부터 3년 이내에 제9조에 따라 시행자가 택지개발사업 실시계획의 작성 또는 승인 신청을 하지 아니하는 경우에는 그 지정을 해제하여야 한다.

99. 도시개발법에 따르면 청산금을 받을 권리나 징수할 권리를 얼마동안 행사하지 아니하면 시효로 소멸하는가?

① 1년
② 3년
③ 5년
④ 10년

> **해설**
> 도시개발법 제47조(청산금의 소멸시효) 청산금을 받을 권리나 징수할 권리를 5년간 행사하지 아니하면 시효로 소멸한다.

100. 과밀부담금의 감면에 대한 내용으로 틀린 것은?

① 국가나 지방자치단체가 건축하는 건축물에는 부담금을 부과하지 아니한다.
② 과학기술기본법에 따른 과학연구단지에는 부담금을 부과하지 아니한다.
③ 건축물 중 수도권만을 관할하는 공공법인의 사무소에 대하여는 부담금을 부과하지 아니한다.
④ 도시 및 주거환경정비법에 따른 도시환경정비사업으로 건축하는 건축물에는 부담금의 100분의 50을 감면한다.

> **해설**
> 국가, 지자체, 수도권 공공법인인 경우 부담금을 부과하지 아니한다.

정답 99 ③ 100 ②

2회 2013년 기출문제

제1과목 도시계획론

01 도시재개발사업의 문제점과 개선방안에 대한 설명이 틀린 것은?

① 상위계획에 입각한 일관성 있는 정책이기보다 행정편의 위주의 대책으로 시행된 경우가 많았다.
② 주로 지구단위의 미시적 관점에서 진행되어 주변지역과 전체 도시와의 체계성이 상실되고 있다.
③ 토지이용의 고도화를 위해 초고층 업무 상업기능 위주로 진행되어 다양한 도시문제를 양산하고 있다.
④ 도심재개발사업의 활성화와 주거환경의 개선을 위해 복합용도개발보다는 순수한 주택단지 계획 기술의 개발에 힘쓸 필요가 있다.

[해설] 복합용도개발을 통해 직주근접을 실현할 필요가 있다.

02 도시의 물리적 계획의 3대 요소가 아닌 것은?

① 시설　　② 밀도
③ 배치　　④ 동선

[해설] 도시의 구성요소

유기적(일반적) 3대 구성요소	인구	착수계수로서 가장 기본적인 요소
	활동	주거(생활), 생산, 위락
	토지시설	건축시설, 통운시설, 토지적 시설
물리적 3대 구성요소	밀도	인구밀도, 건축밀도
	배치	
	동선	

03 토지이용과 교통체계 간의 관계에 대한 설명이 틀린 것은?

① 도시 내에서 토지이용과 교통체계는 상호 밀접하게 작용하는 '체인(Chain)'과 같은 관계다.
② 도시개발을 통한 토지이용상태의 변화는 통행을 유발한다.
③ 교통수요의 증가는 토지이용에 영향을 주어 지가 상승의 요인이 된다.
④ 교통시설의 확충은 토지이용에 부정적인 외부효과만을 증가시킨다.

[해설] 교통시설의 확충은 토지이용에 다양한 효과(외부경제, 외부불경제)를 발생시킨다.

04 지역 내의 조망대상을 한눈에 조망할 수 있고 시계의 범위가 넓으며 파노라마적인 경관을 감상할 수 있는 경관유형은?

① 부감경　　② 앙감경
③ 수평경　　④ 입체경

[해설]
경관의 유형
시점과 대상에 따른 분류

경관유형	대상범위	경관 특성	주요시점
부감경	시점에서 대상을 내려봄	지역 내 조망대상을 한눈에 조망	건축물 옥상 등
앙감경	시점에서 대상을 올려봄	한정적이고 폐쇄적인 공간	시가지에서 산을 조망
수평경	시점과 대상의 높이가 같음	탁 트인 곳에서의 조망	넓은 개활지

05 인구가 정률변화를 할 때 적합하며, 인구가 기하급수적인 증가를 나타내고 있어 단기간에 급속히 팽창하는 신도시의 인구 예측에 유용하나 인구의 과도 예측을 초래할 위험성이 있는 인구예측모형은?

① 선형모형　　② 지수성장모형
③ 로지스틱모형　　④ 곰페르츠모형

[해설]
- 선형모형 : 인구가 증감하는 경향이 미래에도 계속될 것으로 예상되는 지역에 적용
- 지수모형 : 단기간에 급속히 팽창하는 신개발지역의 인구예측에 유용
- 수정된 지수모형 : 인구성장의 상한선(k)을 설정한 후 그 상한선에 가까워지면 향후 인구성장 허용수준(K-Pt)의 일정비율만큼 성장속도가 떨어지는 것으로 가정하는 모형
- 곰페르츠모형 : 수정된 지수모형으로 지역인구가 처음에는 완만하게 증가하다 어느 시점을 지나면 급격히 증가하고 다시 완만하게 증가(S자형 성장)하는 지역에 적용
- 로지스틱모형 : 곰페르츠모형에 상한선을 설정해 추계하는 모형으

정답 01 ④　02 ①　03 ④　04 ①　05 ②

로 정부가 강력하게 인구성장을 통제하고자 하는 상한선이 있거나 성장의 물리적 한계가 있는 지역에 적용
- 비교방법 : 유사한 역사적 배경을 가지고 있는 다른 지역의 인구변화 추세를 이용하여 예측
- 비율예측방법 : 특정지역의 인구가 보다 큰 지역에 의존할 경우, 두 지역의 인구 간 비율이 일정하게 계속될 것이라는 가정하에 예측

06 다음 중 지속가능한 개발(발전)을 위한 선언문이 아닌 것은?

① 리우선언문
② 지방의제(Agenda) 21
③ 요하네스버그 선언문
④ 카를스바트 결의

해설

1. 1992년 6월 브라질의 리우데자네이루에서 열린 정상회담 결의사항
   - 「의제 21」(Agenda 21) : 지구헌장, 21세기의 구체적인 지구환경보전의 실천강령
   - 「기후변화방지협약」, 「산림원칙」, 「생물다양성협약」 등 기타 세부의제 채택
   - 1994년 지구환경회의에서는 92년 리우정상회담의 결의사항을 구체화시키고 발전시키기 위하여 「지방의제 21」 작성
2. 요하네스버그 선언문
   - 지속가능발전의 3대 축인 환경보호 및 경제·사회발전의 상호 의존성과 보완성을 강화하고 전진시키기 위한 공동의 책임을 가진다.

07 도시계획의 다양한 수법에 대한 설명이 틀린 것은?

① 뉴어바니즘(New Urbanism)은 자동차 위주의 도시계획에서 사람 중심의 도시환경을 도시계획적으로 적용하는 운동으로, 보행자 이외의 개인 및 대중교통수단을 배제한다.
② 에코시티(Eco-City)는 환경적으로 건전하고 지속가능한 개발을 위해 환경보전과 개발을 조화시켜 도시를 조성하고자 한다.
③ 압축도시(Compact City)는 집중된 개발을 통하여 도시의 통행수요 및 에너지 사용을 감소시키는 도시형태로 고밀개발을 통한 직주근접을 도모한다.
④ U-City는 언제 어디서나 편리하게 도시네트워크를 이용하고 정보를 얻을 수 있는 새로운 형태의 미래형 도시이다.

해설

뉴어바니즘(New Urbanism)
차량 중심의 도시로 대표되는 근대적 모더니즘의 슈퍼블록 개발방식에서 커뮤니티를 중심으로 가로의 활성화를 도모하는 새로운 도시구성방법으로 미국의 뉴어바니즘(New Urbanism) 운동과 영국의 어반빌리지(Urban Village) 운동이 대표적이다.
※ 보행자 위주의 정책을 편다는 것이지 개인 및 대중교통수단을 완전히 배제한다는 의미는 아니다.

08 옹호적 계획(Advocacy Planning)에 대한 설명이 틀린 것은?

① 다비도프(Davidoff)에 의해 주창된 옹호적 계획은 피해 구제 절차(Adversary Procedures)와 같은 사회제도를 계획 개념으로 수용한 것이라고 할 수 있다.
② 계획의 직접적 영향을 받는 사람들조차도 무관심한 계획안으로부터 발생할 수 있는 이익을 주민의 관점에서 옹호한다.
③ 이론상으로 사회는 너무 많은 차원의 가치가 혼재하고 있는 공간이기 때문에 복수의 다원적인 계획보다는 단일 계획안을 수립하는 것이 바람직하다고 본다.
④ 계획이 일방적으로 공공의 이익을 규정하는 전통을 타파하는 면에서 성공적이었다.

해설

옹호적 계획(Advocacy Planning)
- 다비도프(Paul Davidoff)에 의해 주창된 이론
- 강자에 대한 약자의 이익을 보호하는 데 적용, 지역주민의 이익을 대변
- 다원적인 가치가 혼재하고 있는 사회에서는 단일 계획안보다는 복수의 다원적인 계획안들을 수립하는 것이 바람직하다고 봄
- 사회정책의 수립 과정을 막후의 협상에서 공개적인 계획과정으로 끌어내는 데 기여함
- 대규모 프로젝트가 유발할 수 있는 환경적인 영향과 사회적인 영향에 대한 사전적 평가 요구
- 도시계획의 기술적 측면을 과소평가하게 되어 정치화하게 되며, 반대를 위한 반대운동이 전개되는 폐단이 있다.
- 피해구제절차와 같은 사회제도를 계획 개념으로 수용한 계획이론

09 지리정보시스템(GIS)에 대한 설명으로 옳지 않은 것은?

① GIS의 자료는 도형자료(Graphic Data)와 속성자료(Attribute Data)로 구분할 수 있다.
② GIS를 도시계획분야에 적용하고자 하였으나 관련 자료의 취득이 어려워 현재 시스템 적용이 어렵다.
③ GIS는 지리적 공간상에서 실세계의 각종 객체들의 위치와 관련된 속성정보를 다루는 것이다.

정답 06 ④ 07 ① 08 ③ 09 ②

④ GIS의 공간자료를 토지측량, 항공 및 위성사진 측량, 범세계 위치결정체계(GPS)를 사용하여 수집할 수 있다.

해설

지리정보시스템(GIS)
1. 정의 : 국토계획, 지역계획, 자원개발계획, 공사계획 등 각종 계획의 입안과 추진에 필요한 토지, 자원, 환경, 사회, 문화에 관계된 각종 자료를 컴퓨터에 종합적·체계적으로 저장 처리하는 시스템
2. 특징
   - 대량의 정보를 쉽게 저장 관리
   - 원하는 정보의 검색 및 변환이 가능함
   - 정보의 조작 및 측정이 가능함
   - 복잡한 정보의 분류·분석이 가능함
   - 다양한 정보의 중첩을 통한 종합적 해석이 가능함
   - 입지 선정의 적합성 판단 등에 이용 가능
   - 다양한 모델링 기법을 통한 가상공간 표현 가능

10 4단계 교통수요추정법에 해당하지 않는 단계는?

① 통행 발생 ② 수단 선택
③ 통행 배분 ④ 통행 평가

해설

4단계 수요추정방법 순서
통행 발생 – 통행 분포 – 교통수단 선택 – 통행 배분

11 주택지의 말단부에서는 자동차와 사람이 공존하는 것이 더 바람직하며, 주택지 내 도로는 단순한 교통시설이 아니라 시민생활의 터전이 되어야 한다는 생각으로 네덜란드의 델프트에서 처음 등장한 보차공존도로 방식은?

① 본엘프(Woonerf)
② 커뮤니티 몰(Community Mall)
③ 거주환경지역(Environmental Area)
④ 보행자 데크(Pedestrian Deck)

해설

보행자와 차량과의 관계

보차공존방식	· 보행자와 차량을 동일한 공간에 배치하되 차량통행 억제 등의 다양한 기법 사용 · 보행자 위주의 안전확보, 주거환경 개선, 차량통행은 부수적
대표사례	· 네덜란드 : 본 엘프(Woonerf, 생활의 터) · 일본 : 커뮤니티도로(보행환경 개선 – 일방향통행) · 독일 : 보차공존구간(30~40m 간격으로 주행속도 억제시설 설치)

12 국토의계획및이용에관한법률상 미관을 유지하기 위하여 지정하는 용도지구는?

① 보존지구   ② 주차장정비지구
③ 미관지구   ④ 고도지구

해설

용도지구	세분	내용
미관지구	중심지미관지구	토지의 이용도가 높은 지역의 미관을 유지·관리하기 위하여 필요한 지구
	역사문화미관지구	문화재와 문화적으로 보존가치가 큰 건축물 등의 미관을 유지·관리하기 위하여 필요한 지구
	일반미관지구	중심지미관지구 및 역사문화미관지구 외의 지역으로서 미관을 유지·관리하기 위하여 필요한 지구

※ 참고 : 2017. 4. 18. 부로 국토의 계획 및 이용에 관한 법률 제37조(용도지구의 지정) 조항이 개정되면서 미관지구 와 시설보호지구 조항이 삭제되고, 복합용도지구가 추가되었으며, 보존지구가 보호지구로 변경되었다.

13 산업성장의 요인에 따른 변이할당분석에서 지역경제의 총변화(Total Share)가 50, 국가경제 성장효과(National Share)가 45, 도시경쟁력에 의한 효과(Local Factor)가 –10일 때, 산업구조효과(Industry Mix)는 얼마인가?

① –5   ② 5
③ –15   ④ 15

해설

총변화 효과
도시의 총소득(= 총 고용성장)
= 국가경제성장효과 + 산업구조변화효과 + 도시입지경쟁력효과
50 = 45 + 산업구조변화효과 + (–10)
∴ 산업구조변화효과 = 15

14 도심공동화로 인해 나타나는 현상으로 옳은 것은?

① 직주근접현상 발생 ② 주거환경의 개선
③ 기성시가지의 활성화 ④ 야간인구의 격감

해설
도심공동화(都心空洞化, Donut Phenomenon)
교외화로 인한 도시권의 확장으로 기존 도시 중심부의 인구와 산업 등이 교외지나 농촌지역으로 이전하게 되어 도시 중심부의 인구가 감소하는 현상

15 그리스의 건축가이며 도시계획가인 히포다무스는 도시계획에 관한 3조이론을 제안하였다. 여기서 3개조로 이루어진 건물집단 및 지구와 도로배치를 구분하기 위해 구성된 시민계급을 구성하는 집단이 아닌 것은?

① 사제집단 ② 농부집단
③ 무장한 군인집단 ④ 예술가 집단

해설
히포다무스(Hippodamus, 도시계획의 아버지) : 3조이론 제안
3개조로 이루어진 건물집단 및 지구와 도로배치를 구분하기 위해 구성된 시민계급을 구성하는 집단 구분 : 농부집단, 무장한 군인집단, 예술가집단

16 주거, 상업, 공업 등의 용도에 따른 규제가 아니고 실제의 토지이용에 기초하여 발생하는 각종 결과를 주변에 대한 영향에 따라 규제하고자 하는 방식은?

① 유도지역제 ② 계획단위규제
③ 성능지역규제 ④ 혼합지역제

해설
성능지역규제
실제의 토지이용에 기초하여 발생하는 각종 결과를 주변에 대한 영향에 따라 규제

17 토지이용계획을 실현하기 위하여 강제적 수단을 통한 용도지역의 규제내용이 아닌 것은?

① 용도의 규제 ② 건폐율의 규제
③ 건축물의 소유권 제한 ④ 건축물의 높이 제한

해설
토지이용계획 규제수단

간접적 실현수단	규제 수단	지역·지구·구역의 지정 (용도, 건폐율, 용적률, 높이 규제)	• 용도지역, 용도지구, 용도구역 • 개발행위허가 • 기반시설연동제(개발밀도관리구역, 기반시설부담금)
		지구단위계획	제1종지구단위계획, 제2종지구단위계획
	유도적 수단	세제해택 등	지방세 감면 등
		도시시설의 정비 등	도로, 상하수도 등의 정비
직접적 실현수단	도시 계획 사업	도시개발사업	도시개발구역
		도시계획시설사업	
		정비사업	정비구역
	기타 개발사업		• 주택건설사업, 대지조성사업 • 택지개발사업, 산업단지 개발사업

※ 우리나라에서는 지역·지구·구역의 지정을 통한 건축물의 용도, 건폐율, 용적률, 높이 규제 등을 실시하고 있으나 건축물의 소유권 제한은 헌법에 위배되므로 규제할 수 없다.

18 도시인구의 증가속도가 도시산업의 발달속도보다 훨씬 커서 직장과 주택이 없는 사람들이 도시 빈민화하고 슬럼지구를 형성하며, 이들이 생존을 위해 비공식 경제부문에 종사하는 등 도시 경제의 잉여 부분에 기생하면서 살아가야 하는 현상을 무엇이라고 하는가?

① 젠트리피케이션 ② 역도시화
③ 가도시화 ④ 종주도시화

해설
용어해설
• 젠트리피케이션 : 도심공동화 현상에 따른 문제를 해결하기 위해 재개발사업 등을 통해 도심의 활성화를 도모하는 현상
• 역도시화 : 일명 유턴(U-turn) 현상이라고도 하며 대도시에서 비도시지역으로 인구의 전출이 전입을 초과함으로써 대도시의 상주인구가 감소하는 현상
• 종주도시화 : 한 국가의 많은 도시 중에서 인구 규모나 기능 등이

정답 14 ④ 15 ① 16 ③ 17 ③ 18 ③

한 도시에 집중되어 여타 도시들을 지배하는 현상으로 개발도상국에서 나타나는 도시화 과정 중에 이같은 도시불균형상태가 심하게 나타나며, 종주도시는 시민소득이나 소비성향, 정치·문화활동의 집중 그리고 고용기회 등이 도시에 편중되어 도시 간의 이중구조현상을 나타낸다.

19 토지이용계획의 역할로 옳지 않은 것은?

① 도시의 외연적 확산을 촉진시킨다.
② 토지이용의 규제와 실행수단을 제시해 준다.
③ 계획적인 개발을 유도하여 난개발을 억제시킨다.
④ 도시의 현재와 장래의 공간구성과 토지이용 형태가 결정된다.

해설
토지이용계획의 역할
- 도시의 현재와 미래의 공간 구성
- 토지이용의 규제와 실행수단 제시
  지상·공중·지하의 3차원적 공간계획을 대상으로 하여 기능배치뿐만 아니라 밀도와 형태를 포함
- 지구단위계획에 대한 지침 제시
  국토 및 지역계획의 지침을 수용하고 지구단위계획에 지침을 전달
- 난개발 방지
- 장래를 위한 토지의 보존

20 도시지역과 그 주변지역의 무질서한 시가화를 방지하고 계획적·단계적 개발을 도모하기 위해 일정 기간 시가화를 유보하기 위해 지정하는 용도구역은?

① 개발제한구역
② 도시자연공원구역
③ 계획관리구역
④ 시가화조정구역

해설
시가화조정구역의 지정
시·도지사는 직접 또는 관계 행정기관의 장의 요청을 받아 도시지역과 그 주변지역의 무질서한 시가화를 방지하고 계획적·단계적인 개발을 도모하기 위하여 대통령령으로 정하는 기간 동안 시가화를 유보할 필요가 있다고 인정되면 시가화조정구역의 지정 또는 변경을 도시·군관리계획으로 결정할 수 있다. 다만, 국가계획과 연계하여 시가화조정구역의 지정 또는 변경이 필요한 경우에는 국토교통부장관이 직접 시가화조정구역의 지정 또는 변경을 도시·군관리계획으로 결정할 수 있다. 〈개정 2011. 4.14., 2013.3.23., 2013.7.16.〉

제2과목 도시설계 및 단지계획

21 학교의 결정기준과 관련한 규정상 새로이 개발되는 지역의 경우 몇 세대를 기준으로 근린주거구역으로 하는가?(단, 도시·군계획시설의 결정·구조 및 설치기준에 관한 규칙에 따름)

① 2천 세대 내지 3천 세대
② 3천 세대 내지 4천 세대
③ 4천 세대 내지 5천 세대
④ 5천 세대 내지 6천 세대

해설
근린주거구역의 범위는 이미 개발된 지역의 경우에는 개발현황에 따라 정하고, 새로이 개발되는 지역(재개발 또는 재건축되는 지역을 포함한다)의 경우에는 2천세대 내지 3천세대를 1개 근린주거구역으로 한다. 다만, 인접한 지역의 개발여건을 고려하여 필요한 경우에는 2천세대 미만인 지역을 근린주거구역으로 할 수 있다.

22 각 가구를 잇는 도로가 하나이며 막다른 도로의 형태로 통과교통을 최소화하고, 부정형한 지형에 적용이 용이하며 주거환경의 쾌적성과 안전성을 용이하게 확보할 수 있는 국지도로의 형태는?

① 십(+)자형
② 쿨데삭(Cul-de-Sac)
③ T자형
④ 격자형

해설
쿨데삭형 도로의 특징
주거단지에 조성되는 도로 유형 중 부정형한 지형이나 경사지 등에 주로 이용되며, 통과 교통이 차단되어 보행자들이 안전하게 보행할 수 있으나, 개별 획지로의 접근성은 다소 불리한 도로

23 다음 중 근린주구(Neighborhood Unit)와 관련이 없는 것은?

① 페리(C. A. Perry)
② 스타인(Clarence S. Stein)
③ 래드번(Radburn) 계획
④ 아디케스(F. Adickes)

정답 19 ① 20 ④ 21 ① 22 ② 23 ④

> **해 설**
> 페리는 근린주구이론을 처음 주장하였고, 라이트와 스타인이 근린주구 이론을 적용하여 래드번 계획을 제시하였다. 1902년에 독일에서 시행된 아디케스법은 민간의 토지를 지방정부가 도시계획에 따라 개발한 후 재분배하는 토지구획정리에 대한 법이다.

24 우리나라의 도시설계 관련 제도에 대한 설명이 틀린 것은?

① 우리나라의 도시설계는 독일의 지구상세계획(B-Plan), 일본의 지구계획제도의 영향을 받아 제도화되었다.
② 1980년대에는 건축법에 도시설계 관련 규정이 처음 포함되었다.
③ 1990년대에는 건축법에 상세계획제도가 도입되었다.
④ 2000년 도시계획법 개정을 통해 지구단위계획제도가 도입되었다.

> **해 설**
> 1. 도시설계제도(1980년 1월 건축법 개정)
>   • 도시미관 조성이라는 관점에서 도시설계제도를 건축법 제8조 제②항에 근거를 두어 도입
>   • 그 후 도시설계제도는 제도적 보강을 통하여 건축법 제8장(제60~제67조)으로 확대 규정되어 시행
> 2. 상세계획제도(1991년 12월 도시계획법 개정)
>   • 상세계획구역의 지정(구도시계획법 제20조의3)이라는 조항으로 도입
>   • 1994년 건설부 훈령으로 상세계획 수립지침을 제정하여 시행
> 3. 지구단위계획)2000년 1월 도시계획법이 개정)
>   • 종전의 건축법상의 도시설계제도와 도시계획법상의 상세계획제도가 통합되어 지구단위계획이라는 도시계획제도로 되어 2000년 7월부터 시행
>   • 국토계획및이용에관한법률(2002년)
>   • 제1·2종 지구단위계획 도입

25 케빈 린치(Kevin Lynch)가 제안한 도시를 이미지화하는 물리적 구조에 관한 요소가 아닌 것은?

① 통로(Path)
② 가장자리(Edge)
③ 결절점(Node)
④ 조경(Landscape)

> **해 설**
> 도시 이미지(케빈 린치)
>
> | 린치의 도시 이미지 | 지구(District), 연변(Edge), 결절(Node), 통로(Path), 표지물(Landmark) |
> |---|---|
> | 린치의 환경 이미지 | 특징(Identity), 구조(Structure), 의미(Meaning) |
> | 린치의 동태적 도시구성 형태 | 입도(인구밀도, 용적률), 접근성(교통시설 패턴의 시간적 차원), 초집구성(결절의 상호관계로 고정된 활동위치의 공간적 표현) |

26 건폐율 60%, 용적률 540 %를 적용할 경우 최대층수는?(단, 각 층의 평면이 동일한 경우이다.)

① 3층   ② 5층
③ 9층   ④ 14층

> **해 설**
> 층수 산정
> 건폐율×층수=용적률
> $\therefore 층수 = \dfrac{용적률}{건폐율} = \dfrac{540}{60} = 9층$

27 건축물의 배치계획에 관한 용어의 설명이 옳은 것은?

① 공개공간이란 지표면과 맞닿는 층에서 필로티 구조로 조성된 공지를 말한다.
② 건축지정선은 건축물을 도로에서 일정 거리 후퇴시켜 건축하게 할 필요가 있는 곳에 지정한다.
③ 쌈지형 공지란 일반 대중에게 특정 시기에 개방하고, 교목, 벤치 등을 일체 설치할 수 없는 공지를 말한다.
④ 침상형 공지란 지하공공보행통로와 연결되는 지하부분의 대지 내 공지를 말한다.

> **해 설**
> 건축지정선
> • 가로경관이 연속적인 형태를 유지
> • 구역 내 중요 가로변의 건축물을 가지런하게 할 필요가 있는 경우에 사용
> • 침상형 공지 : 지하공공 보행통로와 연결되는 지하부분의 대지 내 공지

정답 24 ③ 25 ④ 26 ③ 27 ②, ④

28 주거단지 계획 시 자연·환경적 요소의 고려가 옳지 않은 것은?

① 지형(등고선)을 고려하여 건물의 배치를 결정하였다.
② 여름철 과다한 일조를 피하기 위해 인동간격을 축소하였다.
③ 여름철 바람 방향을 개방할 수 있도록 도로와 건물을 배치하였다.
④ 토양이나 식생이 덮인 지표면을 확대하여 온도와 습도를 조절하였다.

해 설
단지계획의 요소 • 물리적 요소 : 대지, 가로망, 공원녹지, 주거동, 공공시설상가 • 사회적 요소 : 근린의식, 영역, 프라이버시, 안전성, 이미지 • 생태적 요소 : 자연적 요소(지형, 지세, 일조, 통풍, 채광, 미기후, 수문, 지하수), 환경적 요소(환경오염, 소음, 쓰레기) • 시각적 요소 : 공공이미지, 환경이미지

29 지구단위계획에서의 공동개발 및 합벽건축에 대한 설명으로 틀린 것은?

① 미관개선만을 목적으로 하는 공동개발 또는 합벽건축의 지정은 피한다.
② 교통혼잡을 유발하는 대규모 시설이 입지하지 못하도록 필요한 경우에는 대지규모의 상한기준을 설정하여 적정 규모의 공동개발이 되도록 유도한다.
③ 대지의 규모와 형상, 주변상황 등을 고려하여 공동개발을 권장하거나 억제하는 등 다양한 수법을 제시할 수 있다.
④ 공동개발의 계획수립은 주민의 의견보다는 전문가의 미래 예측 능력과 주관적인 판단이 가장 중요하다.

해 설
공동개발의 계획 수립은 주민의 의견이 무엇보다 중요하다.

30 주택단지계획 시 주택용지율을 70%, 총 인구밀도를 210인/ha로 한다면 이곳의 순인구밀도는?

① 147인/ha ② 210인/ha
③ 300인/ha ④ 333인/ha

해 설
순인구밀도 = $\dfrac{총 인구밀도}{주택용지율} = \dfrac{210}{0.7} = 300$인/ha

31 공동구의 설치로 인한 장점이 아닌 것은?

① 도시미관의 향상 ② 방재효율의 향상
③ 설비 갱신의 용이 ④ 초기 설치비용의 절감

해 설
공동구의 장점 • 도로교통의 원활화 • 노면의 내구력 증대 • 설비 개선의 용이 • 방재효율의 향상 • 유지관리비의 절감 • 도시미관의 향상

32 다음 중 토지이용계획을 수립함에 있어 정량적인 예측 변수에 해당하지 않는 것은?

① 가구규모 ② 인구규모
③ 생활양식의 변화 ④ 고용자수

계획수립 방법 및 예측변수

계량적 (정량적) 방법	• 인과분석, 시계열모형, 다변량해석법, 중력모형, Huff모형, 마르코프 과정 등 • 자료가 있는 경우 그 패턴을 찾아서 수요를 예측
	예측변수 : 인구규모, 가구규모, 고용자 수, 주택보급률(공가율), 주택규모 및 용적률
비계량적 (정성적) 방법	• 델파이, 집단회의법, 시나리오법, 의사결정나무법, 판단결정모델, 비교 유추 • 과거 자료가 없는 경우, 즉 신규 상품이나 서비스가 없는 경우 실증적인 방법
	예측변수 : 생활양식의 변화, 대상지역 주민의 경제적 여건(소득, 주택가격, 구매성향), 접근성, 구매력, 소비 및 지출의 형태

33 상업시설용지의 배치유형을 집중형과 노선형으로 구분할 때, 집중형에 비해 노선형이 갖는 특징으로 틀린 것은?

① 자동차 위주의 접근을 유도한다.
② 단일 목적의 활동이 일어나는 것이 기대될 때 적용한다.
③ 도시미관이 손상될 우려가 있다.
④ 도로와 거주지 사이의 소음을 완충하는 역할을 한다.

정답 28 ② 29 ④ 30 ③ 31 ④ 32 ③ 33 ①

> **[해 설]**
> 시설배치 중 노선형의 특징
>
> | 장점 | 단점 |
> |---|---|
> | • 대중교통·단지 주변 이용자 이용편리
• 활력 있는 가로 분위기
• 단지 내 시설기능 분리 용이 | • 도로교통 혼잡 초래
• 보행 위주의 강력한 생활권 중심 형성 곤란
• 도시미관 손상 가능 |

34 지구단위계획구역의 지정 및 지구단위계획 수립을 위해 실시하여야 하는 기초조사를 하지 아니할 수 있는 경우 기준이 아닌 것은?

① 당해 지구단위계획구역이 도심지(상업지역과 상업지역에 연접한 지역)에 위치하는 경우
② 당해 지구단위계획구역의 지정목적이 당해 구역을 정비 또는 관리하고자 하는 경우로서 지구단위계획의 내용에 너비 10미터 이상의 도로의 설치계획이 없는 경우
③ 당해 지구단위계획구역 또는 도시·군계획시설 부지가 다른 법률에 따라 지역·지구·구역·단지 등으로 지정되거나 개발계획이 수립된 경우
④ 당해 지구단위계획구역 안의 나대지면적이 전체 구역 면적의 2%에 미달하는 경우

> **[해 설]**
> 해당 지구단위계획구역의 지정목적이 해당 구역을 정비 또는 관리하고자 하는 경우로서 지구단위계획의 내용에 너비 12미터 이상 도로의 설치계획이 없는 경우에는 기초조사를 하지 아니할 수 있다.

35 복층형 주택(메조네트, Maisonnette) 형식에 대한 설명으로 틀린 것은?

① 1개 주호가 2개층을 사용하는 경우 Duplex라고 한다.
② 단면 형태가 복잡해져 구조, 설비 등의 구성 및 설계에 세심한 고려가 필요하다.
③ 일반적으로 작은 규모(약 132m²) 이하의 주거형식으로 적합하다.
④ 공용복도가 없는 층에서는 직통 두 방향으로 개구부를 둘 수 있어서 통풍과 채광에 유리하다.

> **[해 설]**
> 복층형(Maisonnette)
> 1. 정의
>   • 공동주택에서 각 단위거주가 2층에 걸쳐 있는 복층형 거주형식으로, 아래층에는 거실과 부엌을 두고 위층에는 침실을 두는 평면구성
> 2. 특징
>   • 편복도형에서 쓰이는 경우가 많다.
>   • 복도는 1층 걸러서 설치할 수 있으므로 공용통로의 면적 절약 및 엘리베이터의 정지층이 감소하는 경제적 이점이 있다.
>   • 위층은 통풍과 프라이버시에 좋으나, 단층형에 비해 면적이 커지는 경우가 많다.
>   • 중복도형이나 계단식형에 이용되기도 하고 스킵플로어(Skip Floor)형과 조합하여 평면적으로나 입체적으로 구성이 복잡해지는 예도 있다.

36 슈퍼블럭에 관한 설명으로 틀린 것은?

① 1960년대 이후 영국의 주택이론가들에 의해 창안되었다.
② 충분한 공동의 오픈스페이스를 확보할 수 있다.
③ 불필요한 도로의 면적을 줄이고 보차분리가 가능하다.
④ 대형 건물, 집합주택을 배치하기에 적당하다.

> **[해 설]**
> 슈퍼블럭(Super Block)
> 1. 정의
>   • 대형 가구의 내부에 자동차의 통과교통을 없애고, 보행자 전용도로를 조성하여 쾌적하고 편리한 주거생활공간을 창출
>   • 1928년 라이트(H. Wright)와 스타인(C. Stein)에 의해 계획된 미국의 뉴저지의 래드번(Radburn) 계획에서 처음 사용된 후, 각국의 뉴타운과 커뮤니티 계획에 널리 적용됨
> 2. 장점
>   • 건물을 집약화함으로써 고층화, 효율화가 가능
>   • 충분한 공동의 오픈스페이스 확보가 용이
>   • 보도와 차도의 완전한 분리가 가능
>   • 전력, 난방, 하수, 쓰레기 수집 등 도시시설의 공동화가 가능
> 3. 단점
>   • 주변지가 앙등, 도시의 외연적 확산, 외부 불경제효과 발생, 기반시설 부담으로 주택가격 상승, 획일적 주거환경
>   • 주변지역과 부정합성 및 가구폐쇄로 도시성 상실
>   • 중심시설 중앙 배치로 간선도로변의 활성화 기회 상실

37 단지계획 수립 시, 각 지역 규모의 산출계수에 해당하지 않는 것은?

① 공공용지율
② 지역생산가동률
③ 각 산업별 종사자수와 점유인구 1인당 소요면적
④ 건폐율

정답 34 ② 35 ③ 36 ① 37 ②

> **해설**
> 단지계획 수립 시 산출계수 : 공공용지율, 각 산업별 종사자수와 점유인구 1인당 소요면적, 건폐율

38 공원 및 녹지체계의 유형 중 녹지의 연결성과 접근성의 측면에서 바람직하다고 볼 수 있으나, 한정된 녹지가 넓은 면적에 분포하게 되어 녹지의 폭이 좁아지는 단점이 있는 것은?

① 단지 녹지를 한곳으로 모으는 집중형
② 단지 내 녹지를 고르게 분포시키는 분산형
③ 일정폭의 녹지를 길게 조성하는 대상형
④ 대상형 가로, 세로로 겹쳐 놓은 격자형

> **해설**
> 대상형 가로, 세로로 겹쳐 놓은 격자형
> - 장점 : 공원 및 녹지체계의 유형 중 녹지의 연결성과 접근성의 측면에서 바람직함
> - 단점 : 한정된 녹지가 넓은 면적에 분포하게 되어 녹지의 폭이 좁아지게 됨

39 공공적 성격이 강하여 특별히 확보해야 하는 시설의 경우, 특화거리 또는 단지 조성의 경우에 적용하는 용도제한의 종류 구분에 해당하는 것은?

① 지정 ② 권장
③ 불허 ④ 지하층

> **해설**
> 건축물 용도제한의 종류 구분
>
> | 구분 | | 적용 대상 | 성격 |
> |---|---|---|---|
> | 불허 용도 | 전층 불허 | 구역의 지정목적과 계획목표에 부합하지 않는 용도의 입지 불허 | 규제 |
> | | 1층 불허 | 가로의 성격을 해치는 용도의 1층 입지 불허 | |
> | 지정 용도 | 지정 | • 공공적 성격이 강하여 특별히 확보해야 하는 시설의 경우
• 특화거리 또는 단지조성의 경우 등 | 규제 + 권장 |
> | 권장 용도 | 전층 권장 | 구역 위상에 부합하는 용도의 입지를 통한 기능 강화가 필요한 경우 등 | 권장 |
> | | 1층 전면 | 가로활성화와 보행지원이 필요한 경우 등 | |
> | | 지하층 | 공공지하공간과의 연계가 필요한 경우 등 | |

40 오픈 스페이스(Open Space)에서 시민이 누릴 수 있는 것과 거리가 먼 것은?

① 자유감
② 자발적 활동
③ 새로운 생활환경의 접촉
④ 제한된 도시생활의 연속

> **해설**
> 오픈스페이스(Open Space)의 기능
> - 생태적 기능 : 단지 생태계의 기반조성, 대기오염, 수질오염의 정화, 미기후의 조절
> - 사회적 기능 : 단지 주민의 정신건강·정서함양에 기여, 단지 주민 간 접촉기회의 증진
> - 경관적 기능 : 단지의 정체성 고양, 단지 외부공간의 차경 또는 차폐

제3과목 도시개발론

41 재개발의 일반적인 목적으로 옳지 않은 것은?

① 주택 및 물리적 시설의 불량·노후화의 개선과 예방
② 다양한 공공시설과 서비스의 적정한 배치 및 공급
③ 경제적 효율성의 확대 방지
④ 주민의 사회경제적 조건 향상과 공동체적 삶의 질 향상

> **해설**
> 도시개발의 목적
> - 인구성장과 도시인구의 증가로 인한 주택공급 확대
> - 경제성장에 따른 삶의 질 향상
> - 기술의 발전에 따른 주거, 업무 등 입지선택의 변화에 부응하기 위해
> - 도시의 건전한 발전을 도모하고 공공의 안녕질서와 공공복리의 증진
> - 도시민 전체의 활동에 대한 능률성과 안전성 증대

42 기업금융과 대별되는 프로젝트 파이낸싱에 대한 설명으로 옳은 것은?

① 비소구금융 및 부외금융의 특성을 갖는다.
② 상환 재원은 사업주의 전체 재원을 기반으로 한다.
③ 공공기관 입장에서는 사업위험의 분산효과가 작다.
④ 민간의 입장에서는 기업금융에 비하여 금융비용의 절감이 불가능하다.

> **해설**
> 프로젝트 파이낸싱(PF ; Project Financing) 방법
> • 담보 : 해당 프로젝트 자산
> • 상환재원 : 프로젝트에서 발생하는 수익
> • 차입비용 : 일반대출금리보다 높음
> • 채무수용능력 : 부외금융으로 채무수용능력 제고
> • 정부지원 : 많은 경우 정부의 강력한 지원 필요
> • 사업성 검토 : 프로젝트 평가능력이 사업 성패의 관건
> • 사후관리 : 엄격한 사후관리
> • 적용분야 : 발전소, 고속도로, 터널 등 대형사업부문
> • 비소구금융(Non-Recourse Financing) : 투자의 부담을 투자액 범위 내로 한정하는 방식, PF는 완전한 비소구금융 조건은 드물며 대부분 제한적인 비소구금융형태를 취함(모기업에 대한 소구권 행사 배제 또는 제한, 상환청구권 제한)
> • 부외금융(Off-Balance-Sheet Financing) : 프로젝트회사의 부채가 대차대조표에 나타나지 않으므로 부채 증가가 사업주의 부채율에 영향을 미치지 않음을 의미함. 프로젝트 수행을 위해 일정한 조건을 갖춘 별도의 프로젝트회사(SPC)를 설립함으로써 부외금융 효과를 얻을 수 있다.

43 다음 중 개발권양도제에 대한 설명이 틀린 것은?

① 개발유도지역의 지가수준이 높거나 토지이용규제가 강하면 개발권에 대한 수요가 줄어든다.
② 도시의 성장관리수법의 하나로 활용되는 제도이다.
③ 공공이 토지소유주에게 용도 규제에 상응하는 토지주의 손실금액만큼의 개발권을 부여한다.
④ 개발권의 신축적인 운영을 위해 개발권수급은행의 운영을 고려할 수 있다.

> **해설**
> 개발권양도제(TDR ; Transfer of Development Right)의 특징
> • 토지소유권과 개발권의 분리가 가능하다는 점에서 착안한 기법으로, 토지의 개발권을 다른 필지로 이전하여 추가 개발하는 방식이다.
> • 역사적 건축물이나 자연환경 보존지역, 특정지역 개발에 유용하며 기존용도지역제의 경직성을 보완하여 시장주도형 도시개발에 유연하게 대처할 수 있으며 공익적인 차원에서 사유재산의 보호, 즉 토지보상 문제를 해결할 수 있다는 이점이 있다.
> • 역사적 보존가치가 있는 지역에 높이 등 건축제한이 필요한 경우, 제한으로 인해 개발하지 못하는 부분만큼 다른 지역 토지소유주에게 매각해서 보상받는 방법
> • 규제를 받는 토지소유주는 제한을 받은 만큼 보상을 받게 되고 개발권을 이양받은 토지소유주는 법적 한도를 넘어서 그만큼 더 개발할 수 있게 된다.
> • 영국의 경우 미개발된 지역의 계획적 개발을 유도하기 위하여 정부가 개발권을 강제로 매입하여 유보함으로써 무계획적인 개발을 방지하고 있다.
> • 미국의 경우 이미 개발된 도심지의 건축물 가운데 역사적인 건축물의 법적 개발 용적률을 주위 건물주 또는 지주에게 이양함으로써 역사적 건축물로 보존하기 위한 수단으로 사용하고 있다.
> • 개발권이양제도는 개발권(용적률 등)이 주위건물에 이양됨에 따라, 이양받은 지역의 건물이 고층화되어 결국에는 경관, 채광, 통풍 등의 측면에서 보존의 의미를 악화시킬 우려가 있다.
> • 토지소유자에 대한 보상비용 절감이 가능하나 개발권이 이양된 지역의 건물 규모가 과대해지는 문제점이 있다.

44 버그가 구분한 4단계의 도시화 단계 중 아래 설명에 해당하는 것은?

> 3차 산업 종사자 수의 비중이 높아지고 소득향상이 지속됨에 따라 악화된 도시환경을 피하여 농촌지역에서의 생활을 선호하는 사람들의 수가 증가하게 된다. 이에 따라 기존 도심부의 쇠퇴, 유휴화 현상이 두드러지고 신도시 개발보다 도시쇠퇴지역 재생에 대한 개발수요가 발생한다.

① 도시화단계(Stage of Urbanization)
② 교외화 단계(Stage of Sububanization)
③ 반도시화 단계(Stage of Deurbanization)
④ 재도시화 단계(Stage of Reurbanization)

> **해설**
> 반도시화 단계(Stage of Deurbanization)
> 앨빈 토플러가 명명한 정보화 혁명과 함께 후기산업사회로의 진전에 따라 3차산업 종사자 수의 비중이 높아지고, 소득향상이 지속되며, 자가용 이용의 증가추세로 직장 근처나 대중교통시설 이용 가능성 등은 주거입지 선정에 있어 큰 의미를 갖기 어렵다. 이에 따라 악화된 도시환경을 피하여 쾌적한 생활여건을 제공하고 생활서비스 공급도 개선되고 있는 농촌지역에서의 생활을 선호하는 사람의 수가 증가하게 된다. 이러한 추세에 따라 기존 도심부의 쇠퇴, 유휴화 현상이 두드러지게 나타나고 도시의 인구는 감소하는 현상이 나타나게 된다. 이러한 단계에서는 도시 외곽의 신시가지나 신도시에 대한 개발수요는 사라지는 대신 산업구조조정에 따라 문을 닫게 된 기존 도심의 공장지대를 재개발하거나 기타 도시쇠퇴지역 재생을 위한 개발수요가 발생하게 된다.

45 도시개발법령에 따라 도시개발구역으로 지정할 수 있는 대상지역별 규모기준이 틀린 것은?

① 도시지역 안 공업지역 : 3만 m^2 이상
② 도시지역 안 자연녹지지역 : 1만 m^2 이상
③ 도시지역 안 주거지역 : 1만 m^2 이상
④ 도시지역 외의 지역 : 50만 m^2 이상

정답 43 ① 44 ③ 45 ④

> **[해 설]**
> 도시개발구역의 규모
> - 주거지역, 상업지역, 자연녹지·생산녹지 : 1만 m² 이상
> - 공업지역 : 3만 m² 이상
> - 도시지역 밖 : 30만 m² 이상

46 다음 중 주민참여형 도시개발의 유형으로 거리가 먼 것은?

① 개발협정(Development Agreements)
② 지분협약
③ 주민투표
④ 민간협약(Covenants)

> **[해 설]**
> 주민참여형 도시개발의 유형
> - 개발협정
> - 주민투표
> - 주민발의
> - 민간협약
> - 지구차원의 계획

47 환경친화적 도시개발을 실현하기 위해 선택할 수 있는 최선의 대안으로 적합하지 않은 것은?

① 개발물량의 최소화 ② 환경훼손의 최소화
③ 오염발생의 최소화 ④ 개발주체의 최소화

> **[해 설]**
> 환경친화적 도시개발의 요건
> - 개발물량의 최소화
> - 환경훼손의 최소화
> - 오염발생의 최소화

48 생활환경을 저해할 원인이 있거나 구조적으로는 보존가능하나 유지관리가 불충분하게 행해지는 경우, 기존 시설을 보존하면서 노후 및 불량화 요인만을 제거하는 재개발방식은?

① 전면재개발(Redevelopment)
② 개량재개발(Improvement)
③ 수복재개발(Rehabilitation)
④ 보전재개발(Conservation)

> **[해 설]**
> 수복재개발 – 노후·불량화요인을 제거시키는 재개발
> - 지구수복에 의한 재개발은 도시기능과 생활환경이 점차 악화되고 있는 대상지에서 건축물의 신축을 부분적으로 허용하되 나머지 건축물을 수리·개조함으로써 점진적으로 개선하는 재개발방법
> - 대상지 안에 보존할 가치가 있는 건축물에 대해서는 되도록 증축 및 개량을 통해 그 가치를 증진
> - 지구수복은 전면재개발과 지구보존의 복합적 성격을 지니고 있어 지구환경에 어울리지 않는 건축물의 개선을 권고하고 지정하는 내용도 포함

49 도시의 외연적 확산이 도시개발에 주는 영향으로 가장 거리가 먼 것은?

① 통근 비용 증대
② 기반시설 투자비용 확대
③ 도심공동화 유발
④ 도시재생(Urban Renewal) 촉진

> **[해 설]**
> 교외화의 특징
> - 도시교통의 발달로 인하여 공기가 맑고 땅값이 싼 교외지역으로 주거지가 이전하게 되며, 또한 업무중심지구는 땅값이 비싸고 생활환경이 나빠 자연히 주거지로의 기능이 약화되어 교외화가 촉진됨
> - 도심공동화(都心空洞化, Donut Phenomenon) 야기
> 교외화로 인한 도시권의 확장은 기존 도시 중심부의 인구와 산업 등이 교외나 농촌지역으로 이전함으로써 도시 중심부는 인구감소현상이 나타남
> - 직주분리현상 발생
> 교외화는 도심의 직장과 교외(변두리)의 거주지로 직장과 주거의 분리를 야기 통근비용의 증가를 유발함

50 토지의 용도에 따른 도시개발 유형 구분에 해당하지 않는 것은?

① 복합단지개발 ② 공업용지개발
③ 유통단지개발 ④ 토지신탁개발

> **[해 설]**
> 토지의 용도에 따른 도시개발 유형 구분
> - 택지개발 : 주거, 상업, 업무용 건축물을 건축하기 위한 용지 조성을 그 목적으로 하나 대개의 경우 주거용지의 개발이 대상이 되고 있다.
> - 공업용지개발 : 공장의 설치를 목적으로 함
> - 관광용지개발 : 관광시설의 설치를 목적으로 함
> - 유통단지개발 : 유통시설용지와 지원시설용지 등의 조성을 목적으로 함

- 개발촉진지구의 개발
- 복합단지개발 : 주거단지를 비롯하여 산업단지, 교육·연구단지, 문화단지, 관광단지, 유통시설, 기반시설 등을 종합적으로 계획하여 일단의 단지로 개발하는 것을 목적으로 한다.

51 「도시재정비 촉진을 위한 특별법」상에 정의된 재정비 촉진사업에 포함되지 않는 것은?

① 「도시 및 주거환경정비법」에 따른 주거환경개선사업
② 「주택법」에 따른 주택건설사업
③ 「국토의 계획 및 이용에 관한 법률」에 따른 도시·군계획시설사업
④ 「전통시장 및 상점가 육성을 위한 특별법」에 따른 시장정비사업

해 설

재정비촉진지구 안에서 시행되는 다음의 사업
- 「도시 및 주거환경정비법」에 의한 주거환경개선사업·재개발사업·재건축사업
- 「도시개발법」에 의한 도시개발사업
- 「재래시장 육성을 위한 특별법」에 의한 시장정비사업
- 「국토의 계획 및 이용에 관한 법률」에 의한 도시계획시설사업

52 부동산펀드의 유형을 운용시장의 형태에 따라 구분할 때, 다음 중 민간시장(Private Market) 부문에 해당하지 않는 것은?

① 직접투자
② 사모부동산 펀드
③ 상업용 저당채권
④ 직접대출

해 설

부동산 투자의 유형

구분	공개시장 (Public Market)	민간시장 (Private Market)
자본투자 (Equity Financing)	· 부동산투자회사(REITs) · 부동산간접투자기구	· 직접투자 · 사모부동산펀드
대출투자 (Debt Financing)	· 상업용 저당채권(CMBS) · 부동산간접투자기구	· 직접대출(Loans) · 사모부동산펀드

53 도시개발의 과정에서 시장분석 시 전반적인 현황을 검토하기 위하여 SWOT 분석을 시도하기도 한다. 이 중 '어떤 대상지나 실체에게 외적으로 주어진 부정적인 측면'은 다음 중 어느 것인가?

① 강점(Strength)
② 약점(Weakness)
③ 기회요소(Opportunity)
④ 위협요소(Threat)

해 설

- 내부환경분석 : 나의 상황(경쟁자와 비교)
- Strength(강점), Weakness(약점)
- 외부환경분석 : 자신을 제외한 모든 것
- Opportunities(기회), Threats(위협) : 외적으로 주어진 부정적 측면 = 위협

54 다음 ( ) 안의 내용이 순서대로 모두 옳은 것은?

a. 타인자본 때문에 발생되는 이자가 지렛대의 역할을 하여 영업이익의 변화에 대한 주당이익의 변화폭이 커지는 현상을 ( )라고 한다.
b. ( )은 상충이론과 더불어 기업의 자본구조를 설명하는 영향력 있는 이론 중 하나로, 기업이 영업활동에 필요한 자금을 조달함에 있어 특정 우선순위를 가진다.
c. ( )은 소유와 경영이 분리된 기업환경 하에서 수탁책임을 가지는 경영자들이 주체인 주주들이 원하는 목적과 다른 목적을 추구함으로써 문제가 발생한다는 이론이다.

① 재무레버리지효과, 자본조달순서이론, 대리인이론
② 지렛대효과, 대리인이론, 자본조달순서이론
③ 재무레버리지효과, 자금조달순서이론, 경영이론
④ 지렛대효과, 경영인이론, 자금조달순서이론

해 설

1. 레버리지 효과(Leverage Effect) = 지렛대효과
   - 타인의 자본 때문에 발생하는 이자가 지렛대 역할을 하여 영업이익의 변화에 대한 주당이익의 변화폭이 더욱 커지는 현상
2. 자본조달 순서이론(Pecking Order Theory)
   - 기업이 영업활동에 필요한 자금을 조달함에 있어 우선순위가 있음
3. 대리인 이론(Agency Theory)
   - 소유와 경영이 분리된 기업환경하에서 수탁책임을 가지는 경영자들이 주체인 주주들이 원하는 기업가치의 극대화보다는 기업의 외형적 성장, 매출액의 극대화 혹은 경영자의 사적 이득을 추구함으로써 대리인의 문제발생

정답 51 ② 52 ③ 53 ④ 54 ①

55 대중교통중심개발(TOD ; Transit Oriented Development)의 개념과 거리가 먼 것은?

① 복합고밀개발
② 보행거리 내 상업, 주거, 업무, 공공시설 배치
③ 자동차에 대한 의존도 감소
④ 주민참여의 극대화

> **해 설**
> TOD의 주요원칙
> • 대중교통중심의 개발 : 보행거리 내에 주거·상업·공공시설 등을 혼합배치 복합용도개발 보행친화적 가로망 구축
> • 다양한 주거유형, 밀도, 가격 등을 제공
> • 생태민감지역이나 수변지, 양호한 공지 보전추구

56 도시개발 실시 과정에서 매장 문화재의 출토, 환경오염 및 지역 주민 민원에 의한 공사 중단, 추가 공사의 발생 등과 관련된 위험의 유형은?

① 시장위험(Market Risk)
② 재해위험(Disaster Risk)
③ 금융위험(Financial Risk)
④ 건설관련위험(Construction Risk)

> **해 설**
> 건설관련위험(Construction Risk)
> • 도시개발 실시과정에서 매장문화재 출토, 환경오염 및 지역주민의 민원에 의한 공사 중단, 추가공사의 발생, 시공회사의 도산 등과 관련한 위험
> • 도시개발조사 및 기획단계에서 사전조사 철저, 지역주민에 대한 설명회, 개발대지 축소, 손해보험 및 보증보험 가입의 제도화 등을 실시함

57 다음 중 지분조달방식의 일반적인 특징이 아닌 것은?

① 투자금액을 상환하지 않아도 된다.
② 회사통제권을 일부 포기해야 한다.
③ 지분투자자의 최대 관심사는 사업의 성장과 확장에 있다.
④ 사업자가 현금이 긴요할 경우 선호되지 않는다.

> **해 설**
> 지분조달방식의 특징
> 1. 장점
> • 원리금이나 이자의 상환부담이 없음
> • 사업 아이디어가 발전적으로 진행됨
> • 투자가가 자문가로서의 역할을 수행
> 2. 단점
> • 회사의 통제권 일부를 포기해야 함
> • 판매된 지분은 미래에 다시 회수하기 어렵다.
> • 지분투자가들은 사업계획에 동의하지 않으므로 문제발생 가능
> • 자금조달이 복잡하여 변호사나 회계사 등의 전문가의 자문 필요
> • 자본시장의 여건에 따라 조달조건이 민감하게 변함
> • 조달규모 증대 시 소유주의 지분축소가 불가피
> • 중소기업 등은 주식 공개매매, 유통시장이 발달되지 않음
> • 기업가치 불안정으로 매매활성화에 한계가 존재함

58 다음의 경우 상업용지의 면적을 추계한 값이 옳은 것은?

> • 상업지 이용인구 : 58,800명
> • 1인당 상면적 : 20m²
> • 건폐율 : 70 %
> • 평균층수 : 3층
> • 공공용지율 : 30 %

① 800,000m²
② 1,000,000m²
③ 1,020,400m²
④ 1,120,000m²

> **해 설**
> $$상업지\ 면적 = \frac{이용인구 \times 1인당\ 상면적}{평균층수 \times 건폐율 \times (1-공공공지율)}$$
> $$= \frac{58,800 \times 20}{3 \times 0.7 \times (1-0.3)} = 800,000m^2$$

59 도시개발사업을 위한 민간투자유치방법 중, 국가 또는 지방자치단체 소유의 기존 시설을 정비한 사업 시행자에게 일정 기간 동안만 해당 시설에 대한 소유권을 인정하는 방식은?

① BOT 방식
② BTO 방식
③ ROT 방식
④ ROO 방식

> **해 설**
> 민간투자 사회간접자본(S.O.C)의 사업추진방식의 종류
> • ROT(Rehabilitate-Operate-Transfer 시설 정비 후 운영권 위탁방식)
> • 국가 또는 지방자치단체 소유의 기존 시설을 정비한 사업시행자에게 일정기간 동안 시설에 대한 운영권을 인정

정답 55 ④ 56 ④ 57 ④ 58 ① 59 ③

60. 도시개발사업의 각 아이템별로 정량적 방법에 의해 추정하는 수요 중, 현재 다른 곳에서 상업활동을 하고 있는데, 어떤 이유로 개발 대상부지에 입주하여 상업활동을 하거나 업종을 바꾸고자 하는 경우에의 수요는?

① 가변수요 ② 이전수요
③ 신규수요 ④ 증설수요

해설
토지수요 : 파생적 수요 또는 간접수요
- 유효수요 : 구입할 의사와 지불능력이 있는 수요
- 가수요 : 수요자는 자본이득의 획득을 목적으로 함
- 신규수요 : 구매력이 생겨서 처음 부동산을 소유하고자 하는 수요
- 교체수요 : 현재의 부동산을 처분하여 다른 부동산으로 교체하고자 하는 수요
- 자역(自域)수요 : 인근지역 내에서 이동하는 수요
- 이동(이전)수요 : 인근지역 외부에서 인근지역으로 이동하는 수요

제4과목 국토 및 지역계획

61. 지역의 불균형 정도를 측정하는 데 활용될 수 없는 것은?

① 허프모형 ② 파레토계수
③ 지니계수 ④ 로렌츠곡선

해설
- 지역의 소득격차를 측정하는 방법에는 파레토계수, 로렌츠계수, 지니의 집중계수, 쿠즈네츠의 비, 테일의 지수 등이 사용된다.
- 허프 모형은 경제활동의 공간적 배분 시 사용된다.

62. 성장극(Growth Pole)의 특성이 아닌 것은?

① 성장을 유도하고 그 성장을 다른 곳으로 확산시킨다.
② 성장을 촉진시키는 쇄신, 새로운 아이디어를 받아들이는 성향을 갖는다.
③ 다른 산업보다 빠르게 성장한다.
④ 다른 산업과의 연계성(Linkage)을 갖지는 않는다.

해설
성장극의 특징
- 대규모성(大規模性) : 최소한 지역의 적정 성장을 유도할 수 있는 규모는 되어야 함
- 급속한 성장 : 추진력 있는 산업은 지역발전을 위해 급속한 성장이 가능한 산업이어야 하지만 경기의 변화에 영향이 적은 탄력성이 높은 안정적인 산업이어야 함
- 타 산업과의 높은 연계성(連繫性) : 추진력 있는 산업은 타 산업과의 연관성이 높아 추가적 산업성장을 유발할 수 있는 산업이므로 전·후방 연계가 강해야 함
- 전방연쇄효과(Forward Linkages) : 선도산업(Leading Industry)의 발전이 그의 생산물을 사용하여 생산할 수 있는 새로운 산업을 발전시키는 효과
- 후방연쇄효과(Backward Linkages) : 선도산업이 설립되면 그 선도산업에 투입될 중간생산재를 생산하는 산업의 발전이 유도되는 효과

63. 다양한 계획의 주관적인 평가 결과를 여러 차례의 앙케이트를 반복 실시하여 평가함으로써 주관적 평가의 객관화를 도모하는 분석방법은?

① 트리모형법 ② 투입산출법
③ 델파이 방법 ④ 준실험에 의한 방법

해설
델파이법(Delphi method)
조사하고자 하는 특정사항에 대한 전문가 집단을 대상으로 반복 앙케이트를 행하여 의견(직관)을 수집하는 방법으로 1964년 미국의 RAND연구소에서 최초로 시도되었다. 이는 직관에 의한 예측이고, 수요를 어떠한 프로세스로 분해하는 방법과는 달라 총량을 직접적으로 측정하는 방법이라 할 수 있다.

64. 1960년대에 지역경제학자들이 국가경제의 성장모형으로 개발한 모형을 지역 간 생산요소의 이동을 특징으로 하는 개방적인 지역경제의 성장에 적용하기 시작한 것으로, 지역의 경제성장은 노동, 자본, 기술 등 생산요소의 증가에 의하여 결정되며 이러한 생산요소가 지역 간에 이동함에 따라 장기적으로는 지역 간 소득격차를 좁힌다고 주장하는 이론은?

① 중심·변경이론 ② 종속이론
③ 쇄신확산이론 ④ 신고전이론

해설
신고전이론
1. 정의 : 생산성의 증가가 성장의 기초로 여겨 공급 측면을 강조한 성장이론으로 지역 간 생산요소의 이동에 의해 성장을 파악하였다.

정답 60 ② 61 ① 62 ④ 63 ③ 64 ④

2. 기본특징 : 지역경제 성장의 원동력이 해당 지역의 공급능력에 있다고 이해하고 이러한 공급능력을 결정하는 핵심적인 생산요소인 자본 및 노동의 부존량 및 확보에 의해 지역성장이 결정된다고 보는 공급 중시 이론
3. 신고전이론의 핵심
   - 지역 간 요소 가격의 차이 → 지역 간 자유로운 생산요소의 이동 → 해당지역 요소생산성의 증대 → 생산능력 증대 → 생산 증가 → 지역경제성장
   - 생산요소의 이동
     도시의 임금이 낮아지면 높은 수익이 발생되므로 자본은 고임금지역에서 저임금지역으로 움직이게 되어 한계요소수익이 같아질 때까지 생산요소가 움직여 자동적으로 소득 균형이 이루어진다.

65
광역시와 그 주변지역, 산업단지와 그 배후지역 또는 여러 도시가 서로 인접하여 같은 생활권을 이루고 있는 지역 등을 광역적·체계적으로 개발하기 위해 수립하는 지역계획은?

① 광역권개발계획　② 도시·군기본계획
③ 도종합계획　　　④ 시·군종합계획

해설
지역개발계획
성장 잠재력을 보유한 낙후지역 또는 거점지역 등과 그 인근지역을 종합적·체계적으로 발전시키기 위하여 수립하는 계획
※ 기존의 광역권개발계획은 지역개발계획으로 명칭과 내용이 변경되었고, 특정지역개발계획, 개발촉진지구개발계획은 삭제되었다. 〈2014.6.3〉

66
다음 지역개발전략 중에서 성격이 다른 하나는?

① 성장거점 개발전략
② 불균형 개발전략
③ 하향식 개발전략
④ 내생적 개발전략

해설
하향식 개발에 성장거점, 불균형개발이 포함되며, 상향식 개발에 내생적, 지역주도 개발이 포함된다.

67
베버(A. Weber)의 산업입지론에 제시된 생산비용을 결정하는 요인으로 거리가 먼 것은?

① 수송비　② 노동비
③ 수요　　④ 직접경제

해설
알프레드 베버(A. Weber)의 공업입지이론
수송비, 노동비와 집적이익을 고려하여 생산에 드는 총 비용이 최소가 되는 곳에 산업이 입지한다.

68
지프(Zipf)의 순위규모모형 $\left(P_r = \dfrac{P_1}{r^q}\right)$에 대한 설명이 옳은 것은?(단, P_r : 순위 r 번째 도시 인구, P_1 : 수위도시 인구, r : 인구규모에 의한 도시의 순위, q : 상수)

① $q=1$일 때 중간계층의 도시 성장이 활발한 상태이다.
② q값은 국가의 크기에 관계없다.
③ q가 1보다 크면 클수록 종주분포가 심화되어 있음을 나타낸다.
④ q가 0에 가까우면 가까울수록 동규모의 도시가 적게 분포함을 나타낸다.

해설
지프(Zipf)의 순위규모 모형
$P_r(r$번째 순위도시인구$) = \dfrac{P_L}{r^q} = \dfrac{\text{최상위 도시의 인구}}{\text{도시순위}^q}$
- $q=0$: 같은 규모
- $q=1$: 순위규모분포(1, 1/2, 1/3)
- $q<1$: 중간규모분포(중간규모도시가 우세)
- $q>1$: 과두분포(상위 몇 개 도시에 집중)
- $q=\infty$: 한 개 도시
- $q\gg1$: 종주분포(수위도시에 집중)
- q는 국가의 크기가 작을수록 커진다.

69
중심지이론에서 시장권의 크기와 그 요인의 관계에 대한 설명이 틀린 것은?

① 용역 생산의 규모의 경제가 클수록 시장권은 커진다.
② 재화나 용역에 대한 수요밀도(Density of Demand)가 클수록 시장권은 커진다.
③ 수송비용이 낮을수록 시장권은 커진다.
④ 재화 생산의 규모의 경제가 클수록 시장권은 커진다.

해설
시장권 크기 결정 요인 중 규모의 경제란 재화생산에 대한 규모의 경제를 의미한다. 즉 재화를 생산하기 위한 규모가 적정 규모가 되면 생산비용이 감소하는 원리이다.

70 A도시의 기계산업 고용 점유비가 20%이고 전국의 기계산업 고용 점유비가 10%일 때, A도시의 기계산업의 LQ지수와 산업의 특성을 모두 옳게 설명한 것은?

① LQ지수는 0.5이고 지역산업의 특화가 되지 않은 산업이다.
② LQ지수는 0.5이고 지역의 수요를 충당하고 잉여분을 외부로 수출하는 특화된 산업이다.
③ LQ지수는 2.0이고 지역의 수요를 충당하고 잉여분을 외부로 수출하는 특화된 산업이다.
④ LQ지수는 2.0이고 지역산업의 특화가 되지 않은 산업이다.

해 설

$$LQ = \frac{E_{ir}/E_r}{E_{IN}/E_n} = \frac{r지역의\ i산업\ 고용수/r지역\ 전체\ 고용수}{전국의\ i산업고용수/전국의\ 고용수}$$
$$= \frac{r지역의\ i산업\ 고용\ 점유비}{전국의\ i산업\ 고용\ 점유비}$$
$$= \frac{20\%}{10\%} = 2\ (기반산업)$$

- LQ>1 – 특화산업(기반산업)
- LQ<1 – 비기반산업
- LQ=1 – 전국이 같은 수준

71 공간적 거점을 중심으로 기능적 연계가 밀접하게 형성된 지역범위로, 상호의존적 또는 상호보완적 관계를 가진 몇 개의 공간단위를 하나로 묶은 지역을 일컫는 것은?

① 동질지역   ② 중간지역
③ 낙후지역   ④ 결절지역

해 설

보드빌(S. Boudeville)의 지역분류
- 동질지역 : 공동적 특성에 공간적 단위를 하나로 묶은 지역
- 결절지역(분극지역) : 상호의존적·보완적 관계를 가진 몇 개의 공간단위를 하나로 묶는 지역
- 계획지역 : 목적에 따라 중심지역과 주변지역을 묶어 설정한 지역

72 기업의 지방 입지 유도를 위해 지원하는 내용이 아닌 것은?

① 도로, 항만, 용수, 전력, 통신 등 기반 시설 지원
② 재정·금융 지원의 확대, 토지이용규제 완화
③ 과밀 부담금, 중과세 부과
④ 소요 인력의 자체 육성을 위한 고등교육기관 설립권 우선 부여

해 설

기업의 지방입지 유도를 위해서는 각종 세금을 감면해주는 지원이 필요하다.

73 기반부문의 고용인구가 100명, 비기반부문의 고용인구가 200명일 경우, 기반비(A)와 경제기반승수(B)는 얼마인가?

① $A = 0.5$, $B = 2.0$ ② $A = 0.5$, $B = 3.0$
③ $A = 2.0$, $B = 2.0$ ④ $A = 2.0$, $B = 3.0$

해 설

기반비와 기반승수 산정
- 경제기반승수(B) = $\frac{지역의\ 총\ 고용인구}{지역의\ 수출산업고용인구}$
  $= \frac{300}{100} = 3.0$
- 기반비(A) = $\frac{비기반산업\ 인구수}{기반산업\ 인구수} = \frac{200}{100} = 2$
- B/N비 = $\frac{기반산업인구수}{비기반산업인구수} = \frac{100}{200} = 0.5$

74 North의 경제기반이론(Economic Base Theory)에 따라 다음 중 다른 셋과 구별되는 부문은?

① 수출부문(Export Sector)
② 비기반부문(Non - Basic Sector)
③ 지방부문(Local Sector)
④ 서비스부문(Service Sector)

해 설

경제기반이론(Economic Base Theory)의 기반부문과 비기반부문의 구분
1. 기반부문(Basic Sector)
   - 경쟁력을 갖추고 있는 수출산업으로 재화나 용역을 외부에 수출함으로써 화폐를 벌어들여 도시경제의 성장을 가져오게 하는 부문
   - 수출부문(Export Sector), 생산부문
2. 비기반부문(Non - basic Sector)
   - 생산된 재화나 용역은 지역 자체 내에서 소비됨으로써 외부지역으로 수출되지 않고 기반산업을 보조하는 중간재 역할을 함
   - 지방부문(Local Sector), 서비스부문(Service Sector)

정답 70 ③ 71 ④ 72 ③ 73 ④ 74 ①

75 국토기본법에 따른 국토계획의 구분이 틀린 것은?

① 국토종합계획은 국토 전역을 대상으로 국토의 장기적인 발전방향을 제시하는 종합계획이다.
② 부문별 계획은 국토 전역을 대상으로 특정부문에 대한 장기적인 발전방향을 제시하는 계획이다.
③ 지역계획은 특정한 지역을 대상으로 특별한 정책목적을 달성하기 위하여 수립하는 계획이다.
④ 시·군종합계획은 도 또는 특별자치도의 관할구역을 대상으로 해당 지역의 장기적인 발전방향을 제시하는 종합계획이다.

해설

국토계획의 구분과 내용, 수립권자

구분	내용	수립권자
국토종합계획	국토 전역에 대한 기본적이고 장기적인 발전방향을 제시하는 종합계획, 최상위 국토계획	국토교통부장관
도종합계획	도의 관할구역에 대한 장기적인 발전방향을 제시하는 종합계획	도지사
시군종합계획	시(특별시·광역시 포함)·군(광역시의 군 제외)의 관할구역에 대한 기본적인 공간구조와 장기발전방향을 제시하고, 토지이용·교통·환경·안전·산업·정보통신·보건·후생·문화 등에 관하여 수립하는 계획	시장, 군수
지역계획	특정한 지역에서 특별한 정책목적을 달성하기 위하여 수립하는 계획	중앙행정기관의 장 또는 지방자치단체의 장
부문별 계획	국토 전역을 대상으로 하여 특정부문에 대한 장기적인 발전방향을 제시하는 계획	중앙행정기관의 장

76 제4차 국토종합계획 수정계획(2011~2020)에 반영된 핵심 정책방향이 아닌 것은?

① 기후변화·기상이변에 대한 선제적 방재능력 강화
② 대륙과 해양을 연결하는 글로벌 거점기능 강화
③ 저탄소·에너지 절감형 녹색국토 실현
④ 지역기능 강화를 위한 교통·통신 자본의 확충

해설

제4차 국토종합계획 수정계획(2011~2020) 핵심 정책방향
- 광역화·특성화를 통한 지역경쟁력 강화
  (5+2)광역경제권 육성, 초광역벨트의 신성장축화, 거점도시권 육성
- 저탄소·에너지 절감형 녹색국토 실현
  녹색도시계획, 그린홈, 녹색교통체계, 생태산업단지, 에코산업
- 기후변화·기상이변에 대한 선제적 방재능력 강화
  방재계획, 재해지도 작성, U-방재시스템 구축, 도시내 방재체제 강화
- 새로워진 강과 산·바다를 연계한 품격 있는 국토 창조江山海 통합형 국토관리네트워크, 수변의 여가·건강·복지공간화
- 인구·사회구조 변화에 대응한 사회인프라 확충
  수요맞춤형 주택공급, 보육시설·노인복지시설 확충, 다문화지원
- 대륙과 해양을 연결하는 글로벌 거점기능 강화
  글로벌 게이트웨이 확충, 초국경 교통망 구축, 초국경 지역개발 협력
- 국토관리시스템의 선진화·효율화
  국토재생 중심 전략, 국토수용능력을 고려한 개발, 지자체 책임성

77 다음 중 보드빌(Boudeville)에 의한 지역 분류가 옳은 것은?

① 성장지역 – 침체지역 – 쇠퇴지역
② 동질지역 – 결절지역 – 계획권역
③ 과밀지역 – 중간지역 – 후진지역
④ 보완지역 – 대체지역 – 발전지역

해설

보드빌의 지역분류
- 동질지역 : 공동적 특성에 공간적 단위를 하나로 묶은 지역
- 결절지역(분극지역) : 상호의존적·보완적 관계를 가진 몇 개의 공간단위를 하나로 묶는 지역
- 계획지역 : 목적에 따라 중심지역과 주변지역을 묶어 설정한 지역

78 친환경적 공간계획(국토계획, 지역계획, 도시계획)의 수단으로 적합하지 않은 것은?

① Green GNP 개념 도입
② 거대도시와 도시광역화 개발
③ 압축도시(Compact City) 개발
④ 복합토지이용(Mixed Land use) 도입

해설

친환경적 공간계획
- Green GDP : 세계자원연구소(WRI)가 선보인 환경계산 방법으로 환경오염에 의한 피해와 자연자원 감소의 경제적 손실을 GDP

에서 차감하여 계산한 GDP로 자원의 고갈 및 환경훼손에 따른 기회비용을 계산하는 방법
• 압축도시(Compact City) : 집중개발을 통한 도시의 통행수요 및 에너지 사용을 감소시키는 에너지절약적인 도시 자연환경 보전과 도시생활의 질 향상을 동시에 해결하는 도시로 환경적으로 지속가능한 개발이다.
• 복합토지이용(Mixed Land use) : 복합토지이용은 복합용도개발의 근거로 상호보완이 가능한 용도를 합리적으로 계획하여 서로 밀접한 관계를 가질 수 있도록 연계하여 개발하는 것으로 도심지역의 평면적 확산 방지, 토지이용효율 증진, 도심공동화 방지, 직주근접에 의한 교통난 완화의 장점을 가지고 있다.

79 인구예측모형을 요소모형과 비요소모형으로 구분할 때, 다음 중 요소모형에 해당하는 것은?

① 선형모형
② 연령 계층별 생존모형
③ 지수모형
④ 곰페르츠 모형

해설
• 도시인구를 출생, 사망 및 인구이동이라는 세 가지 요소를 합산하여 인구변화를 예측하는 방식으로 인구예측모형이라고도 함
• 자료수집의 한계를 가지고 있음
• 요소모형으로는 연령집단생잔모형과 인구이동모형 등이 있음

80 지역계획의 수립과정에 있어 상향식(Bottom-Up) 방식의 특징으로 옳은 것은?

① 미시적이고 지역 변화에 적응하는 접근의 모색
② 성장 거점에 의한 개발 파급효과의 가속
③ 총량적인 개발과 성장의 지향
④ 계획의 신속한 수립과 집행

해설
상향적(Bottom-Up Development Approach)계획의 정의
• 지역주민의 욕구와 참여에 바탕을 둔 복지 지향적 개발방식으로, 지역의 자원을 효율적으로 사용하는 것을 의미하며, 모든 사람이 개발의 열매로부터 자신의 몫을 가져야 한다는 배분적 형평성을 내포하고 있다.
• 종속이론, 균형개발이론(고용지향, 소득재분배, 생태중심개발, 도농접근법 기본수요접근법)
※ ②, ③, ④는 모두 하향식 접근방법으로 중앙집권적 계획방식의 장점임

제5과목 도시계획관계법규

81 공익사업을 위한 토지 등의 취득 및 보상에 관한 법률에 의한 협의에 응하여 그가 소유하는 택지개발지구의 토지의 전부를 시행자에게 양도한 자에게 국토교통부령이 정하는 규모의 택지를 수의계약으로 공급하는 경우, 시행자는 1세대당 1필지를 기준으로 얼마의 규모로 1필지를 공급하여야 하는가?

① 85m² 이상 130m² 이하
② 100m² 이상 165m² 이하
③ 165m² 이상 230m² 이하
④ 165m² 이상 1,265m² 이하

해설
발표된 정답은 ④이나, 2015. 11. 18 택지개발촉진법 시행규칙이 개정되어 1필지당 140m² 이상 265m² 이하의 규모로 변경되었다.

82 국토의 계획 및 이용에 관한 법률 시행령에 따라 건축물을 건축하고자 하는 자가 그 대지의 일부를 공공시설부지로 제공하는 경우 당해 건축물에 대한 규정 용적률의 200% 이하의 범위 안에서 대지면적의 제공비율에 따라 용적률을 따로 정할 수 있는 지역·지구 또는 구역에 해당하지 않는 것은?

① 재건축사업을 시행하기 위한 정비구역
② 재개발사업을 시행하기 위한 정비구역
③ 상업지역
④ 개발진흥지구

해설
개발진흥지구는 120% 이내에서 정할 수 있다.

83 국토기본법에 의한 국토정책위원회에 대한 설명으로 옳은 것은?

① 위원장 1명, 부위원장 3명을 포함한 40명 이내의 위원으로 구성한다.

정답 79 ② 80 ① 81 답없음 82 ④ 83 ②

② 국무총리 소속으로 둔다.
③ 위촉위원의 임기는 3년으로 한다.
④ 위원장은 국토교통부장관이 되고 부위원장은 위촉위원 중에서 위원장이 임명한다.

해설
국토정책위원회 구성
1. 위원장 1명 : 국무총리
2. 부위원장 2명 : 국토교통부장관, 위촉위원 중에서 호선으로 선정
3. 위원 : 부위원장 포함 40명 이내
- 당연직위원 : 중앙행정기관의 장과 국무총리실장, 지역발전위원회 위원장
- 위촉위원(임기 2년) : 국토계획 및 정책에 관하여 학식과 경험이 풍부한 사람으로서 국무총리가 위촉
- 지역계획의 경우 해당 시·도지사는 위원 정수에도 불구하고 해당 사항에 한정하여 위원이 된다.

84 수도권정비계획법의 정의에 따른 "대규모 개발사업" 기준이 틀린 것은?

① 「택지개발촉진법」에 따른 택지개발사업으로서 그 면적이 100만 m² 이상인 것
② 「주택법」에 따른 주택건설사업으로서 그 면적이 100만 m² 이상인 것
③ 「도시개발법」에 따른 도시개발사업으로서 그 면적이 10만 m² 이상인 것
④ 「산업입지 및 개발에 관한 법률」에 따른 산업단지개발사업으로서 그 면적이 30만 m² 이상인 것

해설
「도시개발법」에 따른 도시개발사업으로서 그 면적이 100만제곱미터 이상인 것 또는 그 면적이 100만제곱미터 미만인 도시개발사업으로서 공업용도로 구획되는 면적이 30만제곱미터 이상인 것

85 도시 및 주거환경정비법상 정비사업의 시행을 위한 토지 또는 건축물의 소유권과 그 밖의 권리에 대한 수용 또는 사용에 관하여 「공익사업을 위한 토지 등의 취득 및 보상에 관한 법률」을 준용하는 경우, 사업 인정 및 그 고시가 있는 것으로 보는 시기는?

① 도시 및 주거환경정비 기본계획의 승인이 있을 때
② 정비계획의 수립 및 정비구역의 지정이 있을 때
③ 사업시행인가의 고시가 있을 때
④ 관리처분인가의 고시가 있을 때

해설
「공익사업을위한토지등의취득및보상에관한법률」을 준용함에 있어서 사업시행인가의 고시가 있는 때에는 「공익사업을위한토지등의취득및보상에관한법률」 제20조 제1항 및 제22조 제1항의 규정에 의한 사업인정 및 그 고시가 있은 것으로 본다. 〈개정 2007.12.21.〉

86 수도권 정비계획법에 따른 권역에 해당하지 않는 것은?

① 과밀억제권역
② 이전촉진권역
③ 성장관리권역
④ 자연보전권역

해설
수도권 정비계획에 의한 권역구분
- 과밀억제권역 : 인구·산업의 집중으로 이전·정비가 필요한 지역
- 성장관리권역 : 인구·산업의 계획적 유치·개발이 필요한 지역
- 자연보전권역 : 한강수계의 수질 및 녹지 등의 자연환경보전

87 도시 및 주거환경정비법 및 동법 시행규칙에 따라 사업시행자가 정비사업을 시행하는 지역에 공동구를 설치하는 경우, 이를 관리하는 자는?

① 시장·군수
② 전력 및 통신설비 회사
③ 주택 분양 대상자
④ 국토교통부장관

해설
도시 및 주거환경정비법 시행규칙 제17조(공동구의 관리) 조항에 의거 공동구는 시장·군수등이 관리한다.

88 도시 및 주거환경정비법상 조합의 법인격에 대한 설명으로 옳은 것은?

① 조합은 법인으로 할 수 없다.
② 조합은 조합 설립의 인가를 받은 날부터 60일 이내에 등기함으로써 성립한다.
③ 조합은 그 명칭 중에 "정비사업조합"이라는 문자를 사용하여야 한다.
④ 조합의 공식적 업무 시작일은 대통령령으로 정하는 사업 승인일로부터 시작된다.

해설
조합은 법인으로 하며 설립의 인가를 받은 날부터 30일 이내에 등기해야 한다. 명칭 사용 시 정비사업조합이라는 문자를 사용하여야 한다.

89 광역도시계획의 수립권자에 대한 설명이 틀린 것은?

① 광역계획권이 같은 도의 관할구역에 속하여 있는 경우 관할 시장 또는 군수가 공동으로 수립한다.
② 광역계획권이 둘 이상의 시·도의 관할구역에 걸쳐 있는 경우 관할 도지사가 단독으로 수립한다.
③ 국가계획과 관련된 광역도시계획의 수립이 필요한 경우 국토교통부장관이 수립한다.
④ 광역계획권을 지정한 날부터 3년이 지날 때까지 관할 시·도지사로부터 광역도시계획의 승인 신청이 없는 경우 국토교통부장관이 수립한다.

해 설
광역계획권이 둘 이상의 시·도의 관할 구역에 걸쳐 있는 경우 관할 시·도지사가 공동으로 수립한다.

90 건축법상 건축물의 대지는 최소 얼마 이상이 도로에 접하여야 하는가?(단, 도로는 자동차만의 통행에 사용되는 도로를 제외한다.)

① 2m ② 4m
③ 5m ④ 6m

해 설
건축물의 대지
• 2m 이상을 도로(자동차만의 통행에 사용되는 도로를 제외)에 접해야 함
• 연면적의 합계가 2천m² 이상인 건축물의 대지 : 너비 6m 이상의 도로에 4m 이상 접하여야 함

91 주차장법상 공공시설의 지하에 노외주차장을 설치하기 위하여 도시·군계획시설사업의 실시계획인가를 받은 경우 노외주차장의 최초의 사용기간 동안 그 부지에 대한 점용료 및 그 시설물에 대한 사용료를 면제한다. 다음 중 이에 해당하지 않는 공공시설은?

① 도로 ② 광장
③ 녹지 ④ 공원

해 설
• 공공시설의 지하에 설치 시 : 도로, 광장, 공원, 학교(초, 중, 고), 공공시설(공용청사, 주차장, 운동장)
• 공공시설의 지상에 설치 시 : 공공시설(공용청사, 주차장, 운동장, 하천, 유수지)

92 도시 및 주거환경정비법상 주택의 규모 및 건설비율에 대한 아래 내용에서 ㉠과 ㉡에 들어갈 내용이 모두 옳은 것은?

국토교통부장관은 주택수급의 안정과 저소득 주민의 입주기회 확대를 위하여 정비사업으로 건설하는 주택에 대하여 주택의 규모 및 규모별 비율 등을 정하여 고시할 수 있으며, 사업시행자는 고시된 내용에 따라 주택을 건설하여야 한다.
1. 「주택법」 제2조 제3호에 따른 국민주택규모의 주택이 전체 세대 수의 (㉠) 이하로서 대통령령으로 정하는 범위
2. 임대주택이 전체 세대수 또는 전체 연면적의 (㉡) 이하로서 대통령령으로 정하는 범위

① ㉠ 100분의 90, ㉡ 100분의 50
② ㉠ 100분의 90, ㉡ 100분의 30
③ ㉠ 100분의 50, ㉡ 100분의 30
④ ㉠ 100분의 50, ㉡ 100분의 20

해 설
㉠ 「주택법」 제2조 제6호에 따른 국민주택 규모의 주택이 전체 세대 수의 100분의 90 이하로서 대통령령으로 정하는 범위
㉡ 임대주택(「민간임대주택에 관한 특별법」에 따른 민간임대주택 및 「공공주택 특별법」에 따른 공공임대주택을 말한다. 이하 같다)이 전체 세대수 또는 전체 연면적의 100분의 30 이하로서 대통령령으로 정하는 범위

93 국토의 계획 및 이용에 관한 법률상 도시군계획시설사업의 시행자가 도시군계획시설사업에 관한 조사측량을 위해 타인의 토지에 출입하고자 할 때, 출입하려는 날의 며칠 전까지 그 토지의 소유자·점유자 또는 관리인에게 그 일시와 장소를 알려야 하는가?(단, 시행자가 행정청인 경우는 제외)

① 14일 ② 7일
③ 5일   ④ 3일

해 설
타인의 토지에 출입하려는 자는 특별시장·광역시장·특별자치시장·특별자치도지사·시장 또는 군수의 허가를 받아야 하며, 출입하려는

정답 89 ② 90 ① 91 ③ 92 ② 93 ②

날의 7일 전까지 그 토지의 소유자·점유자 또는 관리인에게 그 일시와 장소를 알려야 한다. 다만, 행정청인 도시·군계획시설사업의 시행자는 허가를 받지 아니하고 타인의 토지에 출입할 수 있다.
※ 정답이 ④로 발표되었으나 현행 법률상 ②번이 정답이다

94 개발제한구역의 지정 및 관리에 관한 특별조치법상 개발제한구역을 관할하는 시·도지사는 몇 년을 단위로 개발제한구역관리계획을 수립하여 승인을 받아야 하는가?

① 2년   ② 3년
③ 5년   ④ 10년

해설
시·도지사가 5년 단위로 일정한 사항이 포함된 관리계획을 수립한다.

95 다음 중 택지개발사업의 시행자로 지정될 수 없는 자는?

① 토지소유자 조합   ② 한국토지주택공사
③ 지방자치단체   ④ 지방공사

해설
• 택지개발사업 공공시행자 : 국가, 지방자치단체, 한국토지주택공사, 지방공사
• 택지개발사업 시행자 : 공공시행자 + 등록업자

96 다음 중 산업입지 및 개발에 관한 법률에 따른 산업단지에 해당하는 것으로만 나열된 것은?

① 국가산업단지, 일반산업단지, 농공단지
② 국가산업단지, 도시산업단지, 농공산업단지
③ 국가산업단지, 일반산업단지, 특수산업단지
④ 국가산업단지, 지역산업단지, 농공단지

해설
산업단지의 분류
• 국가산업단지 : 국가기간산업·첨단과학기술산업 등을 육성하거나 개발촉진이 필요한 낙후지역이나 2 이상의 특별시·광역시 또는 도에 걸치는 지역을 산업단지로 개발하기 위하여 지정된 산업단지
• 일반산업단지 : 산업의 적정한 지방분산을 촉진하고 지역경제의 활성화를 위하여 지정된 산업단지
• 도시첨단산업단지 : 지식산업·문화산업·정보통신산업 등 첨단산업의 육성을 위하여 도시지역 안에 지정된 산업단지
• 농공단지 : 대통령령이 정하는 농어촌지역에 농어민의 소득증대를 위한 산업을 유치·육성하기 위하여 지정된 산업단지

97 도시공원에서 그 도시공원을 관리하는 특별시장·광역시장·특별자치시장·시장 또는 군수의 점용허가를 받아야 할 사항은?

① 토지의 형질을 변경하는 경우
② 산림의 경영을 목적으로 솎아 베는 경우
③ 나무를 베는 행위 없이 나무를 심는 경우
④ 농사를 짓기 위하여 자기 소유의 논을 갈거나 파는 경우

해설
도시공원의 점용허가를 받아야 하는 행위는 아래와 같다.
1. 공원시설 외의 시설·건축물 또는 공작물을 설치하는 행위
2. 토지의 형질 변경
3. 죽목(竹木)을 베거나 심는 행위
4. 흙과 돌의 채취
5. 물건을 쌓아놓는 행위

98 자주식 주차장으로서 지하식 또는 건축물식 노외주차장의 사람이 출입하는 통로의 경우, 벽면에서부터 50센티미터 이내를 제외한 바닥면의 최소 조도 기준이 옳은 것은?

① 10럭스 이상
② 50럭스 이상
③ 300럭스 이상
④ 최소 조도 기준 없음

해설
주차장법 시행규칙 제6조(노외주차장의 구조·설비기준) ①항
9. 자주식 주차장으로서 지하식 또는 건축물식 노외주차장에는 벽면에서부터 50센티미터 이내를 제외한 바닥면의 최소 조도(照度)와 최대 조도를 다음 각 목과 같이 한다.
  다. 사람이 출입하는 통로 : 최소 조도는 50럭스 이상, 최대 조도는 없음

99 경관법에 따른 경관계획의 수립권자 및 대상지역 기준이 틀린 것은?(단, '군'은 광역시 관할 구역 안에 있는 군을 제외한 경우를 말한다.)

① 특별자치도의 경우에는 특별자치도지사가 수립한다.

② 경관계획이 대상지역이 2 이상의 시 또는 군의 관할 구역에 걸쳐있는 경우로서 해당 시장·군수가 요청하거나 도지사가 필요하다고 인정하는 경우에는 관할 도지사가 수립한다.
③ 경관계획의 대상지역이 2 이상의 특별시·광역시·시 또는 군의 관할 구역에 걸쳐있는 경우에는 관할 특별시장 또는 광역시장이 수립한다.
④ 경관계획의 대상지역이 특별시·광역시·시 또는 군의 관할 구역 전부 또는 일부에 속하는 경우에는 관할 특별시장·광역시장·시장 또는 군수가 수립한다.

> **해설**
> 특별시장·광역시장·특별자치시장·도지사, 시장·군수, 행정시장, 구청장 등 또는 경제자유구역청장은 둘 이상의 특별시·광역시·특별자치시·도, 시·군·구, 행정시 또는 경제자유구역청의 관할구역에 걸쳐있는 지역을 대상으로 공동으로 경관계획을 수립할 수 있다.

100 도시·군관리계획결정의 고시일부터 얼마가 되는 날까지 지형도면의 고시가 없는 경우 그 도시·군관리계획결정은 효력을 잃는가?

① 1년 ② 2년
③ 3년 ④ 5년

> **해설**
> 지역·지구 등의 지정일부터 2년이 되는 날까지 지형도면 등을 고시하여야 하며, 지형도면 등의 고시가 없는 경우에는 그 2년이 되는 날의 다음 날부터 그 지정의 효력을 잃는다.

정답 100 ②

2013년 기출문제

제1과목 도시계획론

01 다음 중 도시화 현상으로 보기 어려운 것은?

① 2·3차 산업의 종사자 수 증가
② 도시의 주·야간 인구격차 감소
③ 도시지역의 확대
④ 도시지역 내 건물의 고층화와 고밀화

해설

도시화
1. 도시화의 정의 : 도시화란 산업의 발달에 따라 인구의 도시집중과 도시사회 내의 여러 가지 변화를 지칭하는 포괄적 개념이므로 도시화는 경제발전과 함께 진행된다.
2. 도시화로 인한 변화
   - 도시의 인구나 인구밀도의 변화 : 도시의 주·야간 인구의 격차 증가(직주분리현상 발생)
   - 도시민의 의식구조, 사회계층 생활양식, 인간관계의 변화
   - 도시의 기능과 영향력으로 인한 도시구조의 변화 : 도시지역의 확대, 도시지역 내 건물의 고층화와 고밀화
   - 산업구조의 변화 : 2·3차 산업의 종사자 수 증가

02 도시공간구조 이론인 Hoyt의 선형이론에서, 선형 형태를 형성하는 데 영향을 주는 핵심적 요인은?

① 가로변 상업지역
② 공업단지의 입지
③ 고소득층의 주거지역
④ 저소득층의 주거지역

해설

선형설 (쐐기이론)	호이트	교통노선을 따라 확대되는 부채꼴 모양
		상류층의 거주지 입지 선택능력에 의해 도시 내 거주지 유형이 결정됨(경제학적 입장)
		도시 내 주택가격 분포유형 분석
		내부구조 : 방사상의 교통로에 의한 지대분포의 유형에 의하여 선상 배열, 중심업무지구 → 도매·경공업지구 → 저급주택지구 → 중산층 주택지구 → 고급주택지구

03 도시조사에 이용되는 회귀분석모형에 대한 설명으로 틀린 것은?

① 단순회귀분석이란 하나의 종속변수와 하나의 독립변수 사이의 관계를 추정하는 분석이다.
② 다중회귀분석이란 하나의 종속변수와 여러 개의 독립변수 사이의 관계를 추정하는 분석이다.
③ 회귀계수는 추정하려는 독립변수의 파라메타를 뜻하며, 일반적으로 최소제곱법에 의하여 회귀계수를 추정한다.
④ 추정된 회귀선이 표본자료를 얼마나 잘 설명하는가를 나타내는 통계량을 상관계수라고 하며, S^2로 표시한다.

해설

1. 정의 : 독립변수와 종속변수의 인과관계를 규명하고 이를 근거로 종속변수에 대한 미래 예측을 실시하는 통계적 분석방법
2. 종류 : 단순선형회귀분석, 다중선형회귀분석
3. 특징
   - 토지이용계획의 분석과정에서 하나의 도구
   - 예측과 추정능력을 높일 수 있다.(최소제곱법 사용)
   - 여러 변수의 인과관계를 통계학적 분석기법으로 예측, 추정능력을 높일 수 있다.
   - 컴퓨터의 발달로 많은 변수의 계산 및 해석도 가능
   - 질적 변수처리와 다중 공선성 문제(설명변수 간 상관관계)를 가진다.

※ 상관계수는 R로 표현한다.

04 도시의 성격을 설명하는 데 있어 인구규모를 기준으로 인간정주사회를 15단계의 공간단위로 분류한 학자는?

① 멈포드(L. Mumford)
② 독시아디스(C. A. Doxiadis)
③ 베버(M. Weber)
④ 쿠퍼(J. M. Cowper)

해설

- 그리스의 도시계획가
- 인간 정주학적(EKISTICS) 유형분류 : 인간정주공간을 15개의 공간단위로 구분
- 도시형성 이전단계(6단계) : 개인 → 방 → 주거(4인) → 주거군 → 소근린 → 근린(1500)
- 도시형성 이후단계(9단계)

정답 01 ② 02 ③ 03 ④ 04 ②

구분	영문	인구
소도시	Town	
도시		5만
대도시	City	
거대도시	Metropolis	200만
연담도시	Conurbation	1,400만
대상도시	Megalopolis	1억
도시화지역	Urban Region	
대륙도시	Urbanized Continent	
세계도시	Ecumenopolis	300억

05 요소모형에 의한 인구 추정에 고려되지 않는 요소는?

① 상주인구 ② 사망인구
③ 유입·유출인구 ④ 출생인구

해 설

요소모형
1. 도시인구를 출생, 사망 및 인구이동이라는 세 가지 요소를 합산하여 인구변화를 예측하는 방식으로 인구예측모형이라고도 함
2. 자료수집 한계를 가지고 있음
3. 요소모형으로는 연령집단생잔모형과 인구이동모형 등이 있음
4. 방법
   - 연령집단생잔모형 : 전체인구를 연령계층별, 성별로 나누어 집단별로 일정 시점 이후까지 생존하는 인구를 예측하여 합산하는 방법
   - 인구이동모형 : 인구가 일정 기간 동안 유입하고 유출하는 것을 계산해 미래의 특정 시점의 인구를 예측하는 방법

06 도시조사의 목적으로 옳지 않은 것은?

① 도시의 위치와 역할에 대한 이해
② 도시 당면과제의 인식과 해결방안 모색
③ 조사자료의 한시적 활용
④ 장래 시가화 동향 예측

해 설

도시조사의 목적
- 도시의 역할 파악
- 도시 발전과정과의 기능파악
- 도시문제의 인식
- 양호한 Stock의 파악
- 동질적인 지구의 구분

- 시가화 동향 및 특성변화의 예측
- 도시목표 설정

07 인구 100만 이상 대도시계획에 적합하며, 횡적인 연결은 환상선으로, 도심부와 교외 및 외곽은 방사선으로 연결한 형태로 대표적인 도시로 도쿄, 파리, 모스크바가 해당되는 도로망 형태는?

① 격자형 ② 방사형
③ 방사환상형 ④ 대각선 삽입형

해 설

환상방사형(방사환상형)
- 도심부는 방사형 방식, 주변부는 환상형 방식으로 잇는 가로방식, 인구 100만 이상 대도시에 적합
- 자연발생적으로 확대되는 도시에서 많이 나타나는 형식으로서 도시의 중심적 통일성을 강조

08 지속가능한 도시가 추구하여야 할 기본 목표가 아닌 것은?

① 환경부하가 높은 첨단도시
② 도시경관의 개선 및 보전
③ 환경친화적 교통·물류체계의 정비
④ 쾌적한 도시공간의 정비 및 확보

해 설

환경부하가 높은 자연공생형 도시에서 환경부하란 처리용량으로 환경부하가 높다는 것은 처리해야 할 용량이 많다는 의미이므로 바람직하지 못함 → 환경부하가 낮은 자연공생형 도시

09 도시공간구조 이론 중 다핵심이론을 주장한 학자는?

① 버제스(E. W. Burgess)
② 매킨지(H. Mackenzie)
③ 에릭센(E. G. Ericksen)
④ 해리스와 울만(C. D. Harris & E. L. Ulman)

해 설

다핵심 이론
- 해리스과 울만(Harris & Ullman, 1945)
- 도시의 확대성장에 따라 도시 토지이용은 단핵에서 다수의 분리된 핵의 통합으로 이루어진 도시구조가 형성됨

정답 05 ① 06 ③ 07 ③ 08 ① 09 ④

10 고대 그리스 도시국가에 관한 설명으로 틀린 것은?

① 아테네를 제외한 대부분의 폴리스는 소규모의 성벽에 의해 도시부와 전원부로 구분되는 형태를 취하였다.
② 도시 형태는 원칙적으로 정방형 또는 직사각형이며, 카르도와 데쿠마누스가 격자가로망의 기초였다.
③ 시가지 내에는 아고라(Agora)라는 광장이 있어 정치 및 교역활동과 같은 다양한 용도로 사용되었다.
④ 밀레투스, 비잔티움, 시라쿠사, 네아폴리스, 알렉산드리아는 대표적인 그리스의 식민도시다.

해설
카르도와 데쿠마누스는 로마를 4등분하는 간선도로의 명칭이다.

11 뒤르켐(Durkheim)이 지적한 도시의 아노미(Anomie) 현상에 대한 설명으로 옳은 것은?

① 도시 인구의 증가로 인한 도시 기반시설의 부족현상이다.
② 도시에 대해 적대감을 갖는 것으로, 사회적 도덕적 생활에 대한 위협이라는 관점에서 생겨났다.
③ 도시의 기능분화로 인해 발생하는 도시의 윤리적 문제다.
④ 도시화의 진행에 따라 나타나는 사회병리현상으로, 흔히 대도시화로 인한 인간소외 등의 몰가치상황을 의미한다.

해설
1. 정의 : 급격한 도시화는 많은 문제를 야기하는데 이러한 도시문제를 도시병리현상이라 하며 크게 사회병리와 개인병리로 나눌 수 있다.
2. 종류
   • 사회병리 : 가족병리(이혼, 가출), 직장병리(실업, 빈곤, 도산, 비정규직), 지역병리(슬럼, 교통혼잡, 주택부족, 공해), 문화병리(미신, 사교) 등
   • 개인병리 : 범죄, 자살, 매춘, 중독, 노인소외, 심신장애

12 클라센과 버그(Klassen & Berg)의 도시권 공간구조 변화단계 이론 중, 도시발전의 쇠퇴기로 인구의 분산이 광역화되어 중심부와 교외를 포함하는 대도시권 전체의 인구가 감소하는 단계는?

① 도시화
② 교외화
③ 역도시화
④ 재도시화

해설
클라센 - 버그(Klassen & Berg) 도시발전 6단계

구분	성장기				쇠퇴기	
	도시화		교외화		역도시화	
	절대적 집중	상대적 집중	상대적 집중	절대적 분산	절대적 분산	상대적 분산
단계	(1)	(2)	(3)	(4)	(5)	(6)
중심 인구	+	+ +	+	-	-	- -
교외 인구	-	+	+ +	+	+	-
도시 전 인구	+	+ +	+	+	-	-

+는 증가, + +는 대폭 증가, -는 감소, - -는 대폭 감소

13 교통계획의 수립에서 교통분석과 예측의 공간단위로서 교통존을 설정하는 방법으로 옳지 않은 것은?

① 각 존은 가급적 동질적인 토지이용을 포함하도록 한다.
② 각 존은 행정구역과 가급적 일치시킨다.
③ 각 존의 경계는 간선도로와 일치하도록 한다.
④ 각 존의 크기는 도시의 인구규모와 상관없이 동일하게 설정한다.

해설
교통존(Traffic Zone) 설정기준
• 가급적 동질적인 토지이용
• 가급적 행정구역과 일치
• 가급적 간선도로가 존 경계선과 일치하도록 한다.
• 소규모도시는 한 존당 1,000~3,000명, 대도시는 한 존당 5,000~10,000명 포함
• 존 내부통행량은 가급적 최소화시킨다.

14 1990년대에 미국과 캐나다에서 도시의 무분별한 확산에 의한 도시 문제를 극복하기 위해 제시된 도시개발 패러다임은?

① 낭만주의　　② 효용주의
③ 뉴어바니즘　④ 창조혁신도시

> **해설**
> 뉴어바니즘(New Urbanism)
> 1. 정의
> - 현대도시가 겪어온 여러 가지 문제점 들을 해결하기 위해서 도시 중심을 복원하고, 확산하는 교외를 재구성하며, 파괴적인 개발행위를 영속화하려는 정책과 관례를 바꾸려는 운동
> - 자동차 위주의 근대도시계획에 대한 반발로 사람 중심의 도시환경을 도시계획적 운동의 하나로서 도시설계를 이끌고 있는 사조
> 2. 방법
> - 대중교통수단을 이용한 지역 간 연결교통 네트워크 구성(TOD - 대중교통중심적 개발)
> - 보행자 네트워크에 의한 도심지 내 부분적 개조와 신개발지 간의 연계(TND - 전통적 근린지역)
> - 도시재개발지역의 경계부위 디자인에 의한 주변경관의 조화 추구

15 토지적성평가제도의 도입 배경 및 필요성으로 가장 거리가 먼 것은?

① 농업용 토지의 생산성 증대
② 토지의 난개발 방지
③ 종합적 국토관리 틀 구축
④ 친환경 국토관리를 위한 계획의 기반 정보 제공

> **해설**
> 토지적성 평가제도
> 1. 정의(도입 배경 및 필요성)
> 　전 국토의 "환경 친화적이고 지속가능한 개발"을 보장하고 개발과 보전이 조화되는 "선 계획-후 개발의 국토관리체계"를 구축하기 위하여 각종의 토지이용계획이나 주요시설의 설치에 관한 계획을 입안하고자 하는 경우에 토지의 환경생태적·물리적·공간적 특성을 종합적으로 고려하여 개별 토지가 갖는 환경적·사회적 가치를 과학적으로 평가함으로써 보전할 토지와 개발 가능한 토지를 체계적으로 판단할 수 있도록 계획을 입안하는 단계에서 실시하는 기초조사
> 2. 토지적성평가를 실시하는 경우
> - 관리지역을 보전관리지역·생산관리지역 및 계획관리지역으로 세분하는 등 용도지역이나 용도지구를 지정 또는 변경하는 경우
> - 일정한 지역·지구 안에서 도시계획시설을 설치하기 위한 계획을 입안하고자 하는 경우
> - 도시개발사업 및 정비사업에 관한 계획 또는 지구단위계획을 수립하는 경우

16 공동구의 장점에 해당하지 않는 것은?

① 빈번한 노면굴착에 의한 교통장애를 제거할 수 있다.
② 노상공작물의 철거로 노면의 이용가치가 증대된다.
③ 수용하는 도관의 유지관리가 용이하다.
④ 기존 가로에 도관의 이설 및 신설이 용이하다.

> **해설**
> 1. 공동구의 설치로 인한 장점
> - 도로교통의 원활화
> - 노면의 내구력 증대
> - 설비개선의 용이
> - 방재효율의 향상
> - 유지관리비의 절감(유지관리 편리)
> - 도시미관의 향상
> 2. 공동구의 설치로 인한 단점
> - 초기 설치비용 과다
> - 설치 및 관리 어려움
> - 기존 가로에 적용하기 어려워 신설 도로 위주로 설치됨

17 바노벳(J. M. Banovetz)이 주장한 도시의 특성으로 옳지 않은 것은?

① 도시는 사회적 공동체다.
② 도시는 법인격을 갖는 사회단위다.
③ 도시는 혈연 공동체다.
④ 도시는 공공재의 생산단위다.

> **해설**
> 바노벳(J. M. Banovetz)이 주장한 도시의 특성
> - 사회적 공동체
> - 법인격을 갖는 사회단위
> - 공공재의 생산단위

18 토지이용계획 실현수단을 크게 규제수단, 계획수단, 개발수단, 유도수단으로 나눌 때, 다음 중 직접적인 토지이용 "계획수단"에 해당하는 것은?

① 지구단위계획　　② 세금 혜택
③ 도시재개발사업　④ 도시계획시설 정비

> **해설**
> 토지이용계획 실행수단

정답　14 ③　15 ①　16 ④　17 ③　18 ①

간접적 실현 수단	규제수단 (Regulation, 공공개입)	용도지역제(지역·지구·구역의 지정: 용도, 건폐율, 용적률, 높이 규제), 도시설계, 지구단위계획, 획지분할규제	• 용도지역, 용도지구, 용도구역 • 개발행위허가 • 기반시설연동제(개발밀도관리구역, 기반시설부담금)
	계획수단	지구단위계획	제1종 및 제2종 지구단위계획
	유도적 수단 (Incentive)	세제혜택 등	지방세 감면, 보조금 등 금융지원 행정적 지원(인허가 의제 등)
		인프라(도시기반시설) 설치, 도시시설의 정비 등	도로, 상하수도 등의 정비
직접적 실현 수단	도시계획 사업	도시개발사업	도시개발구역
		도시계획시설사업	
		정비사업	정비구역
	기타개발사업		• 주택건설사업 대지조성사업 • 택지개발사업 산업단지 개발사업

19 계획이론에 대한 설명 중 옳지 않은 것은?

① 점진적 계획(Incremental Planning)은 지속적인 조정과 적용을 통해 계획의 목표를 추구하는 접근방식을 제시한다.
② 종합적 계획(Synoptic Planning)은 결정론적 모형을 구성하고 계량적 분석방법을 많이 활용하는 특징이 있다.
③ 옹호적 계획(Advocacy Planning)은 공익적 차원에서 계획가들로 하여금 국가기관에 대해 빈민들의 요구를 대변하도록 하였다.
④ 협력적 계획(Collaborative Planning)은 소수의 전문가 집단들이 상호작용하는 과정이 계획이라고 강조한다.

해 설

합리적 계획이론을 중심으로 한 분류
허드슨(Hudson)은 계획이론의 발전과 변화과정을 종합하여 모두 다섯 가지의 계획으로 분류함
1. 종합적 계획 2. 점진적 계획 3. 교류적 계획
4. 옹호적 계획 5. 급진적 계획

20 도시·군관리계획도서 중 계획도를 작성하는 지형도의 축척 기준으로 옳은 것은?

① 1/500 또는 1/1,000
② 1/1,000 또는 1/5,000
③ 1/5,000 또는 1/10,000
④ 1/25,000 또는 1/50,000

해 설

도시·군관리계획 수립지침상의 도면축척
도시·군관리계획조서 및 도면
• 도시·군관리계획조서는 도시·군관리계획조서 작성기준에 맞추어 별도로 작성한다.
• 도시·군관리계획도면은 도시·군관리계획도면 작성지침에 맞추어 정확하게 표시하고, 계획도면은 축척 1/1,000 또는 1/5,000(1/1,000 또는 1/5,000 축척이 없는 경우에는 1/25,000)의 지형도(수치지형도를 포함한다)로 한다. 다만, 지형도가 없는 경우에는 해도·해저지형도 등의 도면으로 지형도를 갈음할 수 있다.

제2과목 도시설계 및 단지계획

21 지구단위계획구역 지정절차에서 시장 또는 군수가 할 수 없는 것은?

① 기초조사
② 지구단위계획구역의 지정 입안
③ 지구단위계획구역의 지정 결정
④ 지구단위계획구역 지정안 작성

해 설

지구단위계획구역의 지정절차

행정절차	수행 주체
기초조사	특별시장·광역시장·시장·군수
지구단위계획구역지정안 작성	특별시장·광역시장·시장·군수
주민의견 청취	
시·군·구 도시계획위원회 자문	
지구단위계획구역의 지정 입안	특별시장·광역시장·시장·군수
결정신청	관계행정기관의 장과 협의(30일 이내 처리)
시·도 도시계획위원회 심의	
지구단위계획구역의 지정 결정·고시	특별시장·광역시장·도지사
송부	
일반열람	특별시장·광역시장·시장·군수

22 개발밀도에 관한 설명으로 옳은 것은?

① 계획의 타당성 여부에 대한 중요한 판단기준이 되며 주거환경의 질을 결정한다.
② 호수밀도는 단위면적당 거주인구를 의미한다.
③ 통풍, 채광, 일조 등 국지기후와는 관련이 없다.
④ 개발 사업자의 수익성을 고려하여 밀도를 결정한다.

해 설
개발밀도 설정의 일반적 원칙
1. 인구 및 호수밀도
- 인구 및 호수에 관련된 밀도는 단지 시설의 양과 질을 결정하는 기초
- 배치의 기본원칙 : 시설들 상호 간의 규모와 배치상의 균형을 갖추도록 하는 것 시설 상호 간의 균형을 이룬 배치는 양호한 단지환경의 질을 의미
2. 건축밀도
- 건폐율 : 단지 내 최소한 공지를 확보하여 통풍, 일조, 채광, 방재 등을 갖춘 쾌적한 환경조성
- 용적률 : 토지이용의 입체화 정도 표현
- 토지이용률 : 단지 전체 면적에 대한 시설면적의 비율(%)로 단지 배치 및 시설계획의 기준. 토지의 효율적 이용과 환경의 질을 설명해 주는 기준
- 많은 인구를 수용하기 위해서는 주택용지의 토지이용률을 줄이는 대신 주택용지의 순밀도를 높여야 한다.

23 슈퍼블럭(Super Block)에 대한 설명으로 틀린 것은?

① 블럭 내부에 큰 오픈스페이스(Open Space)를 만들 수 있다.
② 대형가구의 내부에 교통량을 증대시키는 경향이 있다.
③ 주거환경의 쾌적성을 높일 수 있다.
④ 래드번(Radburn) 계획은 슈퍼블럭으로 계획된 것이다.

해 설
슈퍼블럭(Super Block)의 특징

장점	• 보도와 차도의 완전한 분리가 가능 • 통과교통 방지 가능 • 건물 집약화를 통한 고층화, 효율화 • 다양한 주택공급 가능하므로 다양한 주택의 선택이 가능 • 충분한 공동의 오픈스페이스 확보 • 전력, 난방, 하수, 쓰레기 수집 등 도시시설의 공동화 • 공공시설 및 편익시설 확보 용이 • 기반시설비용 경감
단점	• 주변지가 앙등 • 도시의 외연적 확산 • 외부 불경제효과 발생 • 기반시설 부담으로 주택가격 상승 • 획일적 주거환경 • 주변지역과 부정합성 및 가구폐쇄로 도시성 상실 • 중심시설 중앙 배치로 간선도로변의 활성화 기회 상실

24 단지개발의 기법으로 거리가 먼 것은?

① 기존의 사연시형을 최소한으로 변형시켜 건물을 입지시킨다.
② 기존의 식생을 최대한 보전할 수 있도록 건물을 입지시킨다.
③ 건물 사이의 간격은 일조·채광·통풍 등을 고려하여 적절한 거리를 유지하도록 한다.
④ 태양열의 이용을 최대로 하기 위해 가급적 수목의 배식비율을 줄인다.

해 설
태양열 이용 최대화를 위해 태양열 이용을 위한 장비의 입지설정 및 효율적 운영이 중요하다. 수목 배식비율은 직접적인 관계가 없다.

25 공동주택의 단위주거 구성형식으로 중앙에 엘리베이터나 계단실을 두고 많은 주호를 집중 배치하는 형식으로 부지 조건에 따른 설계가 용이하고 설비의 집중화가 가능한 것은?

① 탑상형   ② 편복도형
③ 단차형   ④ 일반 단층형

해 설
공동주택의 주호형식
탑상형(Tower Type, =집중형)
- 중앙에 엘리베이터나 계단실 두고 많은 주호를 집중 배치하는 형식
- 설비의 집중화 가능
- 고층화된 아파트에서 많이 채택
- 복도 및 코너 부분의 일부 세대는 채광, 소음, 환기 등이 불리

26 단독주택의 획지규모를 결정하는 요인이 아닌 것은?

① 모든 계층의 고밀도 주택 구입 수요전망에 의한 규모
② 법적 규제사항
③ 건전한 사회구조의 구성을 위해 요구되는 주택규모
④ 가구원 수와 가구 유형에 따른 쾌적한 주거 수준

정답 22 ① 23 ② 24 ④ 25 ① 26 ①

> **[해설]**
> 획지규모 결정요인
> - 다양한 수요계층의 요구를 골고루 만족시킬 수 있도록 함(주택구입 수요전망을 고려)
> - 건전한 사회구조의 구성을 위해 요구되는 주택규모
> - 가구원 수와 가구유형에 따른 쾌적한 주택규모
> - 법적 규제사항 : 건폐율, 용적률, 대지면적의 최소한도, 대지와 도로와의 관계, 대지 내 공지, 높이제한 등

27 지구단위계획 중 특별계획구역의 지정대상이 아닌 것은?

① 공공사업 시행 이외의 모든 사업에 대하여 지구단위계획구역의 지정목적을 달성하기 위하여 필요한 경우
② 순차 개발하는 경우 후순위개발 대상지역
③ 지구단위계획구역 안의 일정지역에 대하여 우수한 설계안을 반영하기 위하여 현상설계를 하고자 하는 경우
④ 하나의 대지 안에 여러 동의 건축물과 다양한 용도를 수용하기 위하여 특별한 건축적 프로그램을 만들어 복합적 개발을 필요로 하는 경우

> **[해설]**
> 특별계획구역의 지정대상
> - 하나의 대지 안에 여러 동의 건축물과 다양한 용도를 수용하기 위해 특별한 건축 프로그램에 의한 복합적 개발이 필요한 경우 : 대규모 쇼핑단지, 전시장, 터미널, 농수산물 도매시장, 출판단지 등 일반화되기 어려운 특수기능의 건축시설 등
> - 지형조건상 지반고 차이가 심하여 건축적으로 상세한 입체계획이 수립되어야 할 경우 : 복잡한 지형의 재개발구역을 종합적으로 개발하는 경우 등
> - 지구단위계획구역 내 일정지역에 대해 좋은 설계안을 반영하기 위해 현상설계 등을 하고자 할 경우
> - 주요 지표물 지점으로서 지구단위계획안 작성 당시에는 대지 소유자의 개발프로그램이 뚜렷하지 않으나 앞으로 협의를 통하여 좋은 개발안을 유도할 필요가 있는 경우
> - 공공 사업시행, 대형 건축물 등 공동개발 필요지역
> - 기타 지구단위계획구역의 지정 목적을 달성하기 위하여 필요한 경우

28 도시설계의 의미와 역할에 대한 설명으로 틀린 것은?

① 아름답고 쾌적한 도시환경이 조성되도록 물리적 환경을 구성하는 요소들을 유기적으로 통합되도록 한다.
② 도시건축(Urban Architecture)에서부터 도시의 공간계획을 포괄하는 작업영역을 가진다.
③ 직접적으로 도시환경을 조성하기도 하고 간접적으로 도시환경을 조성할 수 있는 근거나 기준을 작성한다.
④ 현재 제도로서의 도시설계는 지구단위계획과 상세계획이 있고 이는 제1·2종지구단위계획과 특별설계구역계획으로 구분한다.

> **[해설]**
> 법규개정으로 현재는 1종과 2종 지구단위계획에서 지구단위계획으로 통합되었다.

29 건축물의 배치와 건축선에 관한 설명으로 옳은 것은?

① 벽면한계선은 가로경관이 연속적인 형태를 유지하거나 구역 내 중요 가로변의 건축물을 가지런하게 할 필요가 있는 경우에 사용할 수 있다.
② 건축지정선은 특정지역에서 상점가의 1층 벽면을 가지런하게 하거나 고층부의 벽면의 위치를 지정하는 등 특정 층의 벽면의 위치를 규제할 필요가 있는 경우에 지정할 수 있다.
③ 벽면지정선은 특정한 층에서 보행공간 등을 확보할 필요가 있는 경우에 사용할 수 있다.
④ 건축한계선은 도로에 있는 사람이 개방감을 가질 수 있도록 건축물을 도로에서 일정 거리 후퇴시켜 건축하게 할 필요가 있는 곳에 지정할 수 있다.

> **[해설]**
> 지구단위계획 수립지침에서의 벽면한계선
>
> | | |
> |---|---|
> | 건축지정선 | 가로경관이 연속적인 형태를 유지하거나 상업지역에서 중요 가로변의 건물을 가지런하게 할 필요가 있는 경우에 사용할 수 있다. |
> | 벽면지정선 | 특정지역에서 상점가의 1층 벽면을 가지런히 하거나 고층부의 벽면의 위치를 지정하는 등 특정층의 벽면위치를 규제할 필요가 있는 경우에 지정할 수 있다. |
> | 건축한계선 | 도로에 있는 사람이 개방감을 가질 수있도록 건축물을 도로에서 일정거리 후퇴시켜 건축하게 할 필요가 있는 곳에 지정할 수 있다. |
> | 벽면한계선 | 특정한 층에서 보행공간(공공보행통로 등) 등을 확보할 필요가 있는 경우에 사용할 수 있다. 이 경우 건축한계선의 후퇴부에는 보행공간 등에 필요한 도시설계적 계획요소를 제시한다. |

30 도시설계 기법 중 경험주의적 전통에 입각한 도시설계가로 평가받는 사람은?

① 르 꼬르뷔지에(Le Corbusier)
② 알도 로시(Aldo Rossi)
③ 롭 크리에(Rob Krier)
④ 고든 컬렌(Gordon Cullen)

[해설]
고든 컬렌(Gordon Cullen)
- 경험주의적 전통에 입각한 도시설계가로 평가
- 도시이미지 연구와 연속시각이론
- 도시이해 및 인식방법, 형태요소의 추출
- 도시경관은 건축적 요소, 회화적 요소, 시각적 요소 및 실제적 요소 등을 혼합한 연속된 시각적 개념

31 다음 중 경관분석기법에 해당하지 않는 것은?

① 사진에 의한 방법
② 메시(Mesh)에 의한 방법
③ 기호화 방법
④ 군락측도방법

[해설]
경관분석기법
- 기호화 방법 : 린치(Lynch)
- 심미적 요소의 계량화 방법 : 레오폴드(Leopold)
- 메시분석방법
- 시각 회랑에 의한 방법 : 리튼(Litton)
- 사진에 의한 분석방법
- 게슈탈트(Gestalt)에 의한 방법 : C. 에렌펠스

32 등고선 간격에 의한 경사 분석을 할 때, 2m의 등고선 간격(H)으로 5 %의 경사도(G)를 얻으려면 등고선과 등고선 간의 수평거리(D)는 얼마로 하여야 하는가?

① D = 10m   ② D = 25m
③ D = 40m   ④ D = 100m

[해설]

$$5 = \frac{2}{D} \times 100$$

$$\therefore D = \frac{2}{5} \times 100 = 40$$

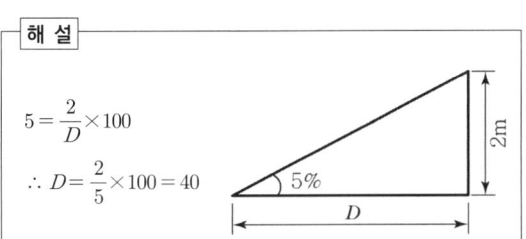

33 동일한 주호가 배열된 단독주택지라도 개발 주택의 거주자에 따라 주택의 외부장식, 공간표현 방식이 서로 다르다고 한다. 이러한 거주자의 독특한 공간표현양식을 무엇이라 하는가?

① 사회적 접촉(Social Contact)
② 개인화(Personalization)
③ 의사화(Simulation)
④ 군집(Cluster)

[해설]
개인화(Personalization)
동일한 주호가 배열된 단독주택지라도 개발 주택의 거주자에 따라 주택의 외부장식, 공간표현방식이 서로 다르게 나타나는 독특한 공간표현양식

34 도시의 스카이 라인 형성에 직접적인 영향을 미치지 않는 지표는?

① 압면차폐도   ② 용적률
③ 가구(街區) 크기   ④ 건축물 높이

[해설]
스카이 라인(Skyline) 형성
1. 지붕은 주변지역과 조화되는 색채로 통일하고 경사는 동일하게 함
2. 파출소·도서관·면사무소 등 공공시설물을 랜드마크로 조성
3. 15층 이상으로 건축물을 건축하는 경우
   - 당해 구역을 조망할 수 있는 도로법에 의한 간선도로에서 컴퓨터 시뮬레이션을 실시
   - 당해 구역 안의 시설 배치 및 층수에 관한 계획이 배경이 되는 산이나 주변경관의 훼손 여부 검토
4. 경사지·구릉지
   - 가급적 시설입지를 제한
   - 주변지역과 조화를 이루도록 건축물 등의 건폐율·용적률 및 높이를 제한

35 아래 조건에서 상업지역의 면적은?

- 건폐율 : 0.8
- 공공용지율 : 0.4
- 평균층수 : 10층
- 수용인구 : 60,000명
- 1인당 점유면적 : 12m²

① 13.0 ha   ② 14.0 ha
③ 15.0 ha   ④ 18.0 ha

해설

$$상업지\ 면적 = \frac{1인당\ 상면적 \times 상업지\ 이용인구}{용적률 \times (1-공공용지율)}$$
$$= \frac{(12 \times 60,000명)}{(0.8 \times 10)(1-0.4)} = \frac{720,000}{4.8}$$
$$= 150,000m^2 = 15.0ha$$

36 지구단위계획에서 가로구역별 건축물 최고 높이를 지정하고자 할 때 고려할 사항이 아닌 것은?

① 해당 가로구역의 주차능력
② 해당 가로구역의 상·하수도 등 간선시설의 수용능력
③ 해당 가로구역이 접하는 도로의 너비
④ 도시미관 및 경관계획

해설

1. 건축물 높이제한
2. 시장·군수·구청장은 가로구역(도로로 둘러싸인 일단의 지역)에 대해 건축물의 최고 높이를 지정·공고할 수 있다.
3. 고려사항
   - 도시관리계획 등의 토지이용계획
   - 당해 가로구역이 접하는 도로의 너비
   - 당해 가로구역의 상하수도 등 기반시설의 수용능력
   - 도시미관 및 경관계획
   - 당해 도시의 장래 발전계획
4. 순서 : 시장·군수(공고안) → 15일 이상 주민 열람 → 지방건축위원회 심의

37 우리나라에 상세계획제도가 도입된 것에 대한 설명으로 옳은 것은?

① 2000년대 초반에 들어 처음 도입되었다.
② 도시설계제도의 한계를 보완한다는 명분으로 도입되었다.
③ 상세계획은 주로 건축물의 규제에 관한 것이다.
④ 도시설계제도와 동일한 근거법에 의해 제도화되었다.

해설

상세계획제도
1. 변천
   - 1991년 12월 도시계획법 개정 : 상세계획구역의 지정(구도시계획법 제20조의3)이라는 조항으로 도입
   - 1994년 건설부 훈령으로 상세계획 수립지침을 제정하여 시행
2. 목적
   - 도시기능 및 미관증진
   - 토지이용 합리화
   - 도시환경의 효율적 운영관리
3. 구역지정
   - 산업단지조성사업지구, 택지개발예정지구
   - 재개발구역
   - 토지구역정리사업지구
   - 시가지 조성사업지구
   - 철도역 500m 이내(역세권)
4. 계획내용
   - 지역지구 지정변경
   - 도시계획시설 배치
   - 가구·획지규모, 조성계획
   - 건축물 용도, 건폐율, 용적률, 높이
   - 건축물 배치, 형태, 색채, 디자인, 공지계획
   - 도시경관 조성계획
   - 보행안전 등을 고려한 교통처리계획
5. 문제점
   - 도시설계제도와 상세계획제도는 거의 5~6년 이상 각각 건축법과 도시계획법을 근거로 하면서 따로따로 운용되어 옴
   - 유사한 두 제도의 중복 운영에 따른 혼선과 불편을 해소하기 위하여 두 제도를 통합하여 지구단위계획제도로 발전

38 주거단지 내 공동시설 계획 시 고려할 사항으로 틀린 것은?

① 공동시설은 이용성, 기능상의 상관성, 토지이용의 효율성에 따라 인접 배치한다.
② 증축을 고려한 융통성 있는 공간을 확보한다.
③ 중심을 형성할 수 있는 곳에 설치한다.
④ 이용 빈도가 높은 건물은 가급적 이용거리를 멀리 한다.

해설

근린생활시설 배치 시 고려사항
- 유사한 이용권이나 이용빈도를 갖는 시설, 가능한 접근시키는 것이 바람직한 시설, 집적함으로써 토지이용의 효율성이 있거나 새로운 매력을 낳을 수 있는 시설은 가능한 인접 배치
- 장래의 변화에 대처할 수 있도록 증설 또는 확충하기 위한 용지 등을 확보
- 지역의 구매시설 및 다른 점포의 분포에 따라 하나의 중심을 형성할 수 있는 장소에 설치
- 중심에는 광역시설을 설치하며 공원, 녹지, 학교 등과 관련시켜 계획
- 토지이용도가 높은 시설물은 가능한 한 이용거리를 짧게 계획

39 샹디가르(Chandigarh)에 적용된 공원녹지 체계유형은?

① 집중형　② 분산형
③ 대상형　④ 격자형

해 설

샹디가르(Chandigarh)
인도 펀잡주의 수도이며 르 코르뷔지에에 의해 설계됨
- 배치의 상징성 : 3권분리와 경관의 고려(히말라야산맥을 배경으로 경관적 배려)
- 배치의 기하학적 질서 : 물리적·시간적 간격 조절
- 대지로부터 분리된 마천루와 공원화된 도시지면 : 차량이동을 위한 길은 행정지구 하부를 가로지르고 공원을 산책하는 사람에게는 차량이 보이지 않도록 함. 풍부한 녹지대 확보(대상형 녹지대 확보)

40 보행자 통행이 주이고 차량 통행이 부수적인 도로계획기법으로, 1970년 네덜란드 델프트시에 최초로 등장한 본엘프(Woonerf)가 대표적인 것은?

① 보차공존도로
② 보행전용도로
③ 카프리존
④ 보차혼용도로

해 설

보행자와 차량의 관계

보차혼용 방식	· 보·차가 동일 공간을 사용하는 방식 · 우리나라의 10m 이하의 주거지역 내의 도로에 적용
보차병행 방식	· 도로 측면에 보도를 분리하는 방식 · 주로 폭 12m 이상의 국지도로, 보조간선도로에 적용, 차량교통이 많은 주거지역
보차분리 방식	· 보·차 체계를 완전분리(평면분리·입체분리, 시간분리·면적분리) · 도로 폭이 12m 이상인 도로
보차공존 방식	· 보·차를 동일한 공간에 배치하되 차량통행억제의 다양한 기법 사용 · 보행자 위주의 안전확보, 주거환경 개선, 차량통행은 부수적 · 네덜란드의 본엘프도로(생활의 터), 일본의 커뮤니티도로(보행환경 개선 - 일방향 통행), 독일의 보차공존구간(30~40m 간격으로 주행속도 억제 시설 설치)

제3과목 도시개발론

41 도시화의 단계 중 사람들이 좋은 주거환경과 쾌적성에 대한 관심이 증가됨에 따라 신시가지 또는 신도시에 대한 개발수요가 높아지며 도심으로의 통근교통 문제와 도시의 평면적 확산이 주요 도시문제가 되는 단계는?

① 도시화 단계(Stage of Urbanization)
② 교외화 단계(Stage of Suburbanization)
③ 반도시화 단계(Stage of Deurbanization)
④ 재도시화 단계(Stage of Reurbanization)

해 설

교외화 현상(분산적 도시화)
1. 정의
  : 도시의 인구집중은 도시권의 확산현상을 초래함으로써 도시근교의 도시화를 촉진하게 되며 이러한 교외확산현상과 대도시의 팽창현상을 교외화라 한다.
2. 특징
  - 도시교통의 발달로 인하여 공기가 맑고 땅값이 싼 교외지역으로 주거지가 이전하게 되며, 또한 업무중심지구는 땅값이 비싸고 생활환경이 나빠 자연히 주거지로의 기능이 약화되어 교외화가 촉진됨
  - 도심공동화(都心空洞化, Donut Phenomenon) 야기
    교외로 인한 도시권의 확장은 기존 도시 중심부의 인구와 산업 등이 교외지나 농촌지역으로 이전함으로써 도시 중심부는 인구감소현상 → 신도시 건설
  - 직주분리현상 발생 : 교외화는 도심의 직장과 교외(변두리)의 거주지로 직장과 주거의 분리를 야기하게 되는 현상

42 경제성 분석에서 가치화 불능효과에 대한 설명으로 옳은 것은?

① 가치화 불능효과는 조건부 가치측정법을 이용하여도 금전적인 가치로 나타낼 수 없다.
② 가치화 불능효과는 구체적인 수치로 나타낼 수는 있으나 효과의 가치를 화폐단위로 나타낼 수 없는 효과다.
③ 가치화 불능효과와 시장재 효과를 명확하게 구분하는 기준이 존재하여 경제성 분석에 유용하다.
④ 가치화 불능효과의 예로는 재화, 서비스 시장의 변화를 들 수 있다.

정답 39 ③ 40 ① 41 ② 42 ②

해 설

계량분석의 범위(계량화 불능효과, 가치화 불능효과, 시장재 효과)

구분	항목	계량화 여부	가치화 여부
계량 불능 효과	사회정의, 지역갈등, 민주화, 개인의 자유 등	불가능	불가능
가치화 불능 효과	전염병의 발병률, 교통사고 발생률, 사망률, 환경수준의 변화 등	가능	불가능
시장재 효과	재화 및 서비스 시장의 변화	가능	가능

43 도시개발 여건 분석에 대한 설명으로 틀린 것은?

① 부지의 이용가치를 극대화하기 위해 그 부지의 입지조건을 면밀히 분석할 필요가 있다.
② 입지의 특성은 물리적 요인과 지리적 요인, 법적·제도적 요인, 경제적 요인 등으로 구분할 수 있다.
③ 입지분석은 개발의 컨셉을 사업화하기 위한 일련의 타당성 분석 과정 가운데 가장 먼저 행해지게 된다.
④ 물리적 요인을 분석하는 것을 일반분석이라 하고, 지리적 요인, 제도적·경제적 요인을 분석하는 것을 부지분석이라 한다.

해 설

도시의 개발 여건 분석

입지 여건 분석		부지의 이용가치를 극대화하기 위한 분석으로 개발 콘셉트를 사업화하기 위한 일련의 타당성 분석 가운데 가장 먼저 행해지는 분석
입지의 특성	물리적 여건 분석	개발대상 부지 자체가 가지고 있는 자연지리적, 물리적 특성을 분석하는 것
	지리적 여건 분석	부지 자체가 아닌 그 부지가 속해 있는 좀더 넓은 범위인 지역단위 여건을 분석하는 것으로 수요를 예측하는 데 기초가 됨
	법적·제도적 여건 분석	개발은 규제에 영향을 받으므로 개발과 관련된 규제에 대한 분석을 수행하는 것
	경제적 여건 분석	경제적 입지분석을 통해 지역이나 장소에 경쟁력을 확보할 수 있는 사업개발 아이템을 개발함
기타 권리분석		개발대상부지 내의 소유권, 임차권 등에 대한 각종 권리분석

44 다음 중 주민참여형 도시개발의 유형이 아닌 것은?

① 주민발의
② 개발협정
③ 주민투표
④ 공공협약

해 설

주민참여형 도시개발의 유형
- 개발협정
- 주민투표
- 주민발의
- 민간협약
- 지구차원의 계획

45 도시개발사업의 각 아이템별로 수요가 어느 정도 있는지를 파악하기 위한 정량적 예측모형인 시계열 분석(Time Series Analysis) 기법이 아닌 것은?

① 이동평균법
② 지수평활법
③ 인과분석법
④ 박스-젠킨스법

해 설

시계열(Time Serial) 모형 분석기법
- 이동평균법 : 3개월 미만에 적용, 신제품시장 예측, 배우기 쉽고 결과해석이 용이
- 지수평활법 : 3개월 미만에 적용, 신제품시장 예측, 배우기 쉬움
- 박스젠킨스법 : 1~2년에 적용, 중장기 제품시장 예측, 배우기는 어려우나 결과해석 용이
- XII ARMA : 단·중기 적용, 기업별 판매 예측, 배우기는 쉬우나 결과해석이 어려움

46 복합용도개발(MXD)의 사회적·경제적 효과로 가장 거리가 먼 것은?

① 도시의 외연적 확산 완화
② 수직 통행의 감소를 통한 교통혼잡 완화
③ 직주근접에 따른 통행거리 감소
④ 도시개발 리스크의 감소

해 설

복합용도개발은 수직통행의 증가를 가져온다. 수직통행이 감소될 경우, 감소한 통행이 수평통행으로 전환되므로 교통혼잡이 가중될 우려가 있다.

47 개발사업 시행 주체에 따른 도시개발방식에 대한 설명으로 가장 거리가 먼 것은?

① 공공개발은 국가나 지방자치단체가 직접 시행하는 도시개발이며, 공사 또는 지방공기업이 시행

하는 경우는 공공개발에서 제외된다.
② 합동개발이란 공공이 사업주체가 되고 민간이 자본과 기술을 투입하여 택지를 조성하는 공영개발 방식이다.
③ 민간개발이란 토지소유자 또는 토지소유자로 구성된 조합, 순수 민간기업 등이 사업시행자가 되는 개발이다.
④ 제3섹터개발은 관·민 양 부문이 공동출자하여 설립된 반관반민의 법인조직이 사업시행자가 되는 개발이다.

해 설

개발 주체에 따른 분류

공영개발 (공공개발)	국가·지자체·공사가 택지개발의 주체가 되는 공공부문으로서 개발
민간개발	민간부문의 활동주체가 적법한 절차로 소규모의 부지를 개량·개선하는 개발
민관합동개발 (제3섹터개발)	공영개발 + 민간개발

48 민관합동 부동산개발금융방식인 프로젝트 파이낸싱(Project Financing)의 자금조달 형태에 관한 설명으로 틀린 것은?

① 자금원 중 자기 자본투자는 투자회수 순위에서 가장 높은 순위를 지니므로 위험도가 가장 낮다고 할 수 있다.
② 자기 자본투자자는 전략적 투자자와 재무적 투자자로 분류되며 재무적 투자자는 사업에 의한 배당수익에 투자목적이 있다.
③ 자금원 중 선순위 채권(Senior Debt)은 프로젝트 파이낸싱에서 가장 큰 비중을 차지하는 자금이다.
④ 자금원 중 선순위 채권(Senior Debt)은 대부분 상업은행으로부터의 차입금이 이에 해당되며 이자수익을 목적으로 투자한다.

해 설

프로젝트 파이낸싱(Project Financing)의 자금조달 형태
프로젝트 파이낸싱의 자금원은 자기자본, 선순위채권, 후순위채권으로 구분됨
1. 자기자본투자
   ㉠ 투자회수의 순위에서 가장 낮은 순위를 지니므로 위험도가 가장 높음
   ㉡ 전략적 투자자와 재무적 투자자로 분류
   • 전략적 투자자 : 시공권 확보, 영업권 확보, 신규사업진출 등이 투자목적인 자
   • 재무적 투자자 : 배당수익이 목적인 자
2. 선순위 채권(Senior Debt)
   • 프로젝트 파이낸싱에서 가장 큰 비중을 차지하는 자금
   • 대부분 상업은행으로부터의 차입금이 이에 해당되며 이자수익을 목적으로 투자
3. 후순위 채권(Subordinated Debt)
   • 자기자본과 선순위채무의 중간적 성격의 금융
   • 부채비율 계산 시 자기자본으로 간주
   • 공사비 초과분 조달, 적정재무비율 유지, 기타 보증채무 상환 등에 사용

49 마케팅 목표를 이루기 위하여 마케팅 활동에서 사용하는 여러 가지 전략을 종합적으로 균형이 잡히도록 조정·구성하는 마케팅 믹스(4P's Mix)의 4P로 옳은 것은?

① Product, Price, Purpose, Promotion
② Product, Price, Place, Promotion
③ Property, Price, Place, Pride
④ Property, Price, Purpose, Pride

해 설

마케팅 믹스 전략(4P 믹스 전략)
1. 맥카시(McCarthy, 1960) : 기업이 표적시장에 도달하기 위해 이용되는 마케팅 요소의 결합
2. 마케팅 구성요소(4P)
   • 제품 전략(Product)
   • 가격 전략(Price)
   • 장소 전략(Place)
   • 커뮤니케이션(홍보) 전략(Promotion)

50 지하공간의 개발 배경으로 적절하지 않은 것은?

① 우리나라는 비교적 안정적인 사암으로 지질이 구성되어 있고 암반의 규모 및 면적이 넓어 대규모 지하공간 개발에 적합한 자연적 요건을 가지고 있다.
② 급격한 도시화와 수도권 편중에 의한 인구 유입에 따른 개발 가능한 토지 공급의 부족문제를 해결할 수 있다.
③ 과도한 집중으로 인해 도시의 기능이 저해되고 있는 현상을 지하공간의 개발을 통해 완화할 수 있다.
④ 도시미관을 저해하는 시설 또는 혐오시설을 지하에 배치하여 지상공간을 더욱 쾌적하게 활용할 수 있다.

해설

지하공간개발

분류기준	분류	비고
개발목적		공간확대, 열손실 감소, 냉동력의 유지, 소음·진동·습기 변화 차단, 방호목적
개발배경	자연적 배경	비교적 안정한 암반층에서는 대규모 지하공간개발 가능
	환경, 사회적 배경	• 도시개발공간의 수요 증가 • 도시기능 개선의 압력 • 환경보전

51 건축과 자연의 상호연속을 위해 제안한 필로티의 개념을 더욱 확대하여 도로와는 별도의 공중보랑(Pedestrian Deck)의 설치를 주장한 곳은?

① Team X   ② CIAM
③ YB   ④ WCED

해설

Team X
공중보랑(Pedestrian Deck)개념 도입(Peter & Allison Smithson, Golden Lane Project, 1952년) – 인간의 사회적인 욕구, 행위의 개념을 중시하여 아파트의 공중보도를 통해 사람들이 일상적으로 만나고 소통을 하는 Community 형성의 개념을 제안

52 개발사업의 실행(사업성) 평가를 위해 사용되는 경제적 타당성 분석의 지표가 아닌 것은?

① 순현재가치(NPV)   ② B/C 비율
③ 내부수익률(IRR)   ④ 승수효과

해설

사업성 평가지표
• 수익성 지수(P.I ; Profitability index) = B/C와 동일
• 순현재가치법(Net Present Value) : 편익과 수입을 현재가치로 환산하여 평가하는 방법
• 내부수익률(FIRR) : 현재가치의 편익과 비용을 서로 동일하게 만드는 할인율

53 도시개발사업 시행의 위탁에 관한 내용으로 옳은 것은?

① 시행자는 도시개발사업을 위한 토지 매수 업무를 국가나 관할지방자치단체에 위탁할 수 없다.
② 시행자가 대통령령으로 정하는 공공시설의 건설사업에 대한 시행을 위탁할 수 있는 기관에는 한국토지주택공사, 한국철도공사, 한국감정원이 포함된다.
③ 시행자는 도시개발사업을 위한 기초조사와 손실보상 업무에 한해서는 관할지방자치단체에 위탁할 수 없다.
④ 시행자는 대통령령으로 정하는 공공시설의 건설과 공유수면의 매립에 관한 업무를 대통령령으로 정하는 바에 따라 국가, 지방자치단체에 위탁하여 시행할 수 있다.

해설

도시개발사업시행의 위탁
• 시행자는 공공시설의 건설과 공유수면의 매립에 관한 업무를 국가, 지방자치단체, 공공기관·정부출연기관 또는 지방공사에 위탁하여 시행할 수 있다.
• 시행자는 도시개발사업을 위한 기초조사, 토지 매수 업무, 손실보상 업무, 주민 이주대책사업(이주대책의 수립·실시, 이주정착금의 지급, 보상과 관련된 부대업무만을 위탁 등)을 관할 지방자치단체, 공공기관·정부출연기관·정부출자기관 또는 지방공사에 위탁할 수 있다.
• 시행자가 요율의 위탁 수수료를 그 업무를 위탁받아 시행하는 자에게 지급하여야 한다.
• 지정권자의 승인을 받아 「자본시장과 금융투자업에 관한 법률」에 따른 신탁업자와 신탁계약을 체결하여 도시개발사업을 시행할 수 있다.

54 다음 내용이 설명하는 것으로 옳은 것은?

> 철도역, 버스정류장 등 대중교통역과 대중교통 노선의 거점을 중심으로 복합고밀개발하여 자동차에 대한 의존도를 줄이고 대중교통의 이용률을 높여 교통 혼잡과 도시에너지 소비를 경감시키는 것으로 Peter Calthorpe에 의해 처음 주장되었다.

① MXD   ② TOD
③ PUD   ④ Zoning

해설
대중교통중심개발(TOD ; Transit Oriented Development)의 정의
- 피터 캘솝(Peter Calthorpe, 1993)이 주창
- 철도역과 버스정류장 주변 도보 접근이 가능한 거리에 대중교통지향적 근린지역을 구성
- 대중교통체계가 잘 정비된 도심지구는 고밀개발, 외곽지역은 저밀 개발을 추구하는 방식
- 공간범위 : 도시대중교통축의 대중교통정류장을 중심으로 하는 보행권 및 역세권

55 민간이 자금을 투자하여 사회기반시설을 건설하면 정부가 일정 운영기간 동안 이를 임차하여 시설을 사용하고 그 대가로 임대료를 지급하는 방식은?

① BTO 방식 ② BTL 방식
③ BOT 방식 ④ BOO 방식

해설
BTL(Build-Transfer-Lease 건설·이전 후 리스방식)
민간시행자가 사회간접자본을 건설한 후 주무관청에 소유권을 넘겨주고 관리운영권을 일정 기간 리스하여 사용하는 방식

56 도시개발사업 아이템의 정량적 수요예측의 기법 중 상권에 대한 이론을 가장 체계적으로 정립한 것으로, 개별 소매점의 고객흡입력을 계산하는 기법은?

① 델파이법 ② 중력모형
③ Huff 모형 ④ 판단결정모형

해설
- 대도시에서 쇼핑패턴을 결정하는 중력(확률)모형
- 개별 소매점의 고객흡입력을 계산하는 기법
- 경쟁점포수·거리·크기에 따라 확률이 달라짐
- 상권에 대한 이론을 가장 체계적으로 정립

57 부동산 신탁의 종류 중 임대형 토지신탁과 분양형 토지 신탁이 속하는 신탁의 종류는?

① 관리형 신탁 ② 운용형 신탁
③ 처분형 신탁 ④ 관리·처분형 신탁

해설
부동산 신탁의 주요 업무
개발신탁(운용형 신탁)
- 토지소유자인 위탁자가 해당 토지를 신탁회사에 신탁하면 신탁회사는 토지에 건축, 택지 조성 등의 사업을 시행한 후 분양·임대하여 수익을 위탁자에게 돌려주는 제도
- 토지소유자가 개발자금이 없거나 개발방법 등을 모를 경우 이용
- 신탁회사는 토지에 대한 입지조사, 기획입안·사업진행·자금조달·임차인 모집·분양·관리운영 등 모든 업무를 대행
- 개발 후 건물을 임대하는 임대형 토지신탁과 분양하는 분양형 토지신탁으로 구분됨

58 부채에 의한 재원조달방식이 아닌 것은?

① 회사채 ② 자산담보부증권
③ 투자조합 ④ 대출

해설
부채조달방식(Debt Capital Financing)
- 부채조달방식 : 금융기관으로부터의 대출(Loan)과 자본시장에서 다양한 형태의 증권을 발행하여 자금을 직접 조달하는 공적 차입(Public Debt) 방식이 있음
- 대출(Loan) : 은행권이나 보험회사와 같은 장기투자기관을 이용, 고정금리 대출에 대한 대체조달 수단들은 다음과 같음
  수익참여대출(Equity Participation Loan), 토지의 Sale & Lease Back, 원금거치 대출(Interest-Only Loans), 복리대출(Accrual Loans), 지분전환대출(Con-vertible Mortage)
- 공적 차입(Public Debt) : 회사채, 자산담보부 증권 등의 다양한 형태의 증권 발행을 이용, 우리나라(회사채), 미국(자금중개체인 Conduit을 통해 조달함)

59 재개발방식에 따른 재개발 유형에 해당하지 않는 것은?

① 공공시설정비 재개발
② 수복 재개발
③ 전면 재개발
④ 보존 재개발

해설
재개발사업방식
철거 재개발(전면 재개발)(Redevelopment), 수복 재개발(보수 재개발)(Rehabilitation), 보전 재개발(보존 재개발)(Conservation), 순환 재개발(환류 재개발)(Regeneration)

정답 55 ② 56 ③ 57 ② 58 ③ 59 ①

60 「도시 및 주거환경정비법」에서 정의하는 정비사업의 유형이 아닌 것은?

① 주거환경개선사업
② 국민주택건설사업
③ 재건축사업
④ 재개발사업

해설

정비사업의 유형

대분류	사업시행 근거법률	도시개발의 유형
도시계획사업	도시 및 주거환경정비법	주거환경개선사업
		재개발사업
		재건축사업

제4과목 국토 및 지역계획

61 프로젝트 A의 실행에 따라 다음과 같이 비용과 편익이 발생한다면 순현재가치(Net Present Value)는?(단, 당해 연도부터 편익이 발생하였으며, 할인율은 8 %, 단위는 백만 원이다.)

	원년	1년	2년	3년
비용	50	40	35	40
편익	55	50	40	55

① 30.45백만 원
② 40.45백만 원
③ 50.45백만 원
④ 60.45백만 원

해설

순현재가치(NPV)
투자로 인한 현금 유입과 유출을 화폐의 시간적 가치를 고려하여 투자 여부 결정 $NPV = \sum_{n=0}^{n} \frac{B_n - C_n}{(1+r)^n} > 0$일 때 수익성 있음

$B = \frac{55}{(1+0.08)^0} + \frac{50}{(1+0.08)^1} + \frac{40}{(1+0.08)^2} + \frac{55}{(1+0.08)^3}$
$= 179.25$

$C = \frac{50}{(1+0.08)^0} + \frac{40}{(1+0.08)^1} + \frac{35}{(1+0.08)^2} + \frac{40}{(1+0.08)^3}$
$= 148.80$

$NPV = B - C = 179.25 - 148.80 = 30.45$

62 카스텔(Castells)이 사회구성이론을 통해 도시구조의 발전과정을 설명하고자 도시공간을 경제부문 측면에서 분류한 4가지의 공간적인 유형이 아닌 것은?

① 여가공간(Leisure Space)
② 생산공간(Production Space)
③ 교환공간(Exchange Space)
④ 소비공간(Consumption Space)

해설

카스텔(Castells)의 공간적 유형 : 생산공간, 소비공간, 교환공간, 분배공간

63 다음 중 지역계획의 학문적 성격으로 옳지 않은 것은?

① 종합 과학적이며 학제적인 학문이다.
② 국토 전체에 관한 총량적인 내용을 다루는 학문이다.
③ 규범적이고 실천적인 학문이다.
④ 공간적 배분과 형평성에 학문적 패러다임을 둔다.

해설

국토 전체에 대한 총량을 다루는 학문은 국토계획이다.
지역계획 : 종합적 학문이며 규범적·실천적, 공간적 학문
• 정치·경제·사회 모든 분야를 망라할 뿐 아니라 인문과학과 자연과학의 종합된 종합과학
• 행위를 규제하는 규범적 학문
• 지역문제에 대한 진단과 처방을 내리는 실천·임상적 학문
• 공간을 대상으로 공간적 배분과 형평성을 중시하는 학문

64 국토 전역을 대상으로 하여 국토의 장기적인 발전방향을 제시하는 최상위 국토계획은?

① 시·군종합계획
② 국토종합계획
③ 도종합계획
④ 광역개발계획

해설

국토계획의 구분과 내용, 수립권자

구분	내용	수립권자
국토종합계획	국토 전역에 대한 기본적이고 장기적인 발전방향을 제시하는 종합계획, 최상위 국토계획	국토교통부장관
도종합계획	도의 관할구역에 대한 장기적인 발전방향을 제시하는 종합계획	도지사

구분	내용	수립권자
시군종합계획	시(특별시·광역시 포함)·군(광역시의 군 제외)의 관할구역에 대한 기본적인 공간구조와 장기발전방향을 제시하고, 토지이용·교통·환경·안전·산업·정보통신·보건·후생·문화 등에 관하여 수립하는 계획	시장, 군수
지역계획	특정한 지역에서 특별한 정책목적을 달성하기 위하여 수립하는 계획	중앙행정기관의 장 또는 지방자치단체의 장
부문별 계획	국토 전역을 대상으로 하여 특정 부문에 대한 장기적인 발전방향을 제시하는 계획	중앙 행정 기관의 장

65 도시와 농촌의 구분이 불분명해지고 도시계획과 농촌계획의 통합적 접근이 필요하게 됨에 따라 1932년 도시계획법을 「도시 및 농촌계획법」으로 개정한 나라는?

① 영국　　② 미국
③ 독일　　④ 프랑스

[해설]
영국의 국토 및 지역계획의 변천
- 1890년 : 도시화율 50% 상회
- 하워드(전원도시), 게데스(연담도시)
- 1932년 : 도시와 농촌의 통합적 계획 : 도시계획법 → 도시 및 농촌계획법
- 2차대전 후 : 지역계획 급격한 발전

66 다음의 지역계획 및 지역개발과 관련된 이론이 등장하기 시작한 순서가 빠른 것부터 옳게 나열된 것은?

㉠ 기본수요이론(Basic Needs Theory)
㉡ 성장거점이론(Growth Pole Theory)
㉢ 종속이론(Dependency Theory)

① ㉠ → ㉡ → ㉢
② ㉢ → ㉡ → ㉠
③ ㉡ → ㉠ → ㉢
④ ㉡ → ㉢ → ㉠

[해설]
지역개발이론
- 성장거점이론(Growth Pole Theory) : 1950년대 등장
- 종속이론(Dependent Theory) : 1960년대 등장
- 기본수요이론(Basic Needs Theory) : 1970년대 등장

67 수도권정비계획법상 수도권의 과밀을 해소하기 위한 목적으로 시행하는 규제수단으로 옳지 않은 것은?

① 과밀부담금 부과　　② 개발제한구역 지정
③ 총량규제　　　　　④ 대규모 개발사업 규제

[해설]
수도권정비계획에 따른 규제수단
- 권역의 구분 : 과밀억제권역, 성장관리권역, 자연보전권역
- 광역적 기반시설 : 대규모 개발사업 시행 시 인구영향평가·교통영향평가 및 환경영향평가를 반영 설치
- 총량규제 : 학교와 공장 등의 인구집중유발시설이 수도권에 집중하지 않도록 총 허용 용량에 의한 규제
- 과밀부담금 : 과밀억제권역 안(서울만 해당)에서 인구집중유발시설 중 업무용 건축물·판매용 건축물·공공청사·복합용 건축물을 건축하고자 할 때

68 다음의 지역발전이론 중 그 성격이 가장 다른 하나는?

① 농촌종합개발전략　　② 기초수요전략
③ 성장거점이론　　　　④ 농정적 개발론

[해설]
성장거점이론은 하향적 계획에 속한다.

69 다음 중 지역(Regions)의 개념적 구성요소로 가장 거리가 먼 것은?

① 국토의 하위 공간단위
② 단위별 면적규모의 동일성
③ 지리적 연속성
④ 공통적 또는 보완적 특성으로 묶인 기능적 연계성

[해설]
단위별로 면적규모가 같지는 않다.

70 우리나라 국토계획의 필요성에 대한 설명으로 가장 거리가 먼 것은?

① 지역격차 완화 및 균형된 지역발전
② 향상된 생활환경의 균등한 공급
③ 국토자원이용의 효율성 증대
④ 특정지역개발의 유도와 관리

정답　65 ①　66 ④　67 ②　68 ③　69 ②　70 ④

해설

국토계획의 필요성
- 대도시의 집중 및 과밀문제 해결을 위해
- 농촌지역의 황폐화, 개발의욕의 상실과 상대적 박탈감 팽배 문제 해결을 위해
- 지역불균형 개발문제 해결 – 도농 간의 격차, 종주도시와 낙후지역 문제
- 자원의 효과적 개발을 위해
- 실업구제, 산업진흥, 국력회복을 위해
- 국가 주도적 경제개발 추진문제 해결을 위해(정책 간 상충방지, 하위정책의 지침 제시)

71 본 튀넨이 제시한 농업용 토지의 지대이론에서 토지의 지대를 결정하는 요인에 해당하지 않는 것은?

① 거리
② 제품의 단위가격
③ 생산단위비용
④ 인구밀도

해설

1. 튀넨의 고립국이론(= 1차산업입지이론, 농업입지이론)
2. 지대의 원인 : 토지비옥도는 동일하다고 가정하고, 수송비의 차이를 지대로 봄, 지대 = 매상고 – 생산비 – 수송비
3. 특징
   - 지대가 높은 도심 : 근교농업(집약적 토지이용, 고가의 곡물생산)
   - 지대가 낮은 도심외곽 : 조방적 토지이용
   - 작물·경제활동에 따라 한계지대곡선은 달라짐
   - 농산물 가격·생산비·수송비·인간의 형태 변화는 지대를 변화시킴

72 레닌(V. I. Lenin, 1993년)이 종속이론에서 주장한 후진국의 자본주의적 발전 특성으로 옳은 것은?

① 선진자본주의 국가의 자본은 후진국을 지배하지 않는다.
② 선진자본주의 국가는 후진국에서 경제적 상호주의 입장을 취한다.
③ 선진자본주의 국가는 후진국에 대한 국제적 독점권을 형성한다.
④ 선진자본주의 국가의 자본은 후진국에서 많은 이윤을 남기고, 이것을 후진국에 재투자한다.

해설

종속이론(Dependent Theory)
1. 중심과 주변의 관계는 종속관계이며 이 불평등 관계가 항구적인 현상임을 강조
2. 신지역발전이론(비판적 지역성장이론)으로 1960년대 등장
3. 종속이론에 관한 레닌(V. I. Lenin, 1993년)의 주장
   - 자본주의제는 구조적으로 선진국의 독점 및 불균형 발전을 지향하므로 개발도상국은 착취를 당하여 결국 저발전 상태에 존재하게 된다는 이론
   - 선진자본주의 국가는 후진국에 대한 국제적 독점권을 형성한다.
4. 불균등 거래에 따른 소득격차의 발생
   - 후진국에서 발생한 이윤의 선진국 송금
   - 회효과(상품 제조 과정에 중소기업이 참여하여 발전하는 효과)가 일어나지 않음
   - 선진국에서 도입되는 과학기술이 후진국의 산업발전에 기여하지 못함
   - 선진국과 후진국 사이의 종속관계에 의한 문제점, 도시와 농촌 사이에도 출현

73 다음 중 보드빌(O. Boudeville)에 의한 지역 구분에 해당하지 않는 것은?

① 낙후지역(Lagging Region)
② 계획지역(Planning Region)
③ 분극지역(Polarized Region)
④ 동질지역(Hamogeneous Area)

해설

보드빌의 지역분류
- 동질지역(同質地域, Homogeneous Area)
- 결절(분극)지역(結節地域, Node Region)
- 계획지역(計劃地域, Planning Region)

74 A도시는 성장거점도시로 육성되면서 역류효과가 심화되고 있고 이로 인하여 도시의 인구증가속도가 도시산업의 성장속도보다 빠른 현상이 나타나고 있다. A도시를 가장 잘 설명하고 있는 것은?

① 주거환경이 향상된다.
② 가도시화(Pseudo - Urbanization) 현상이 나타난다.
③ 전체 생산량이 늘어나 살기가 좋아진다.
④ 공식부문(Formal Sector)이 늘어난다.

해설

도시현상
- 성장거점도시로 육성되면 극화현상에 의해 주변의 인구와 산업이 성장거점도시로 몰려드는 역류효과가 발생함
- 역류효과가 발생하면 인구와 산업의 집중이 발생하게 되나 인구증가율이 산업의 성장속도보다 빠를 경우 비공식 3차 산업의 인구가 증가하는 가도시화 현상이 발생하게 됨

정답 71 ④ 72 ③ 73 ① 74 ②

75 지역 간 인구이동에 관한 라벤슈타인(E. G. Ravenstein)의 인구이동 법칙에 대한 설명이 옳은 것은?

① 지역 간의 인구이동은 지역 간의 거리에 비례한다.
② 지역 간 인구이동은 농촌에서 근처의 소도시로, 소도시에서 가장 빨리 성장하는 다른 도시로 이동하는 단계적 이동형태를 취한다.
③ 도시 - 농촌 간 인구이동 성향에 있어서 일반적으로 도시출신이 농촌출신보다 높은 이동성향을 지니고 있다.
④ 교통수단, 상업의 발전은 인구이동의 감소를 유도한다.

해설
- 인구이동과 거리 : 두 지역 간의 인구이동률은 이 두 지역 간의 거리에 반비례한다. 먼거리 이동자는 큰 상공업의 중심지로 가는 경향이 있다.
- 단계적 이동인구 : 지역 간 인구이동은 일반적으로 농촌에서 근처의 소도시로, 소도시에서 가장 빨리 성장하는 다른 도시로 이동하는 단계적 이동의 형태를 취한다.
- 주류와 반주류 : 인구이동의 주된 흐름은 그것을 상쇄하는 반주류를 일으킨다.
- 도농 간 이동성향 : 일반적으로 도시출신은 농촌출신보다 인구이동의 성향이 낮다. 따라서 지역 간 순인구이동의 흐름은 농촌에서 도시로의 방향이 지배적이다.
- 교통, 통신기술와 인구이동 : 교통, 통신수단의 발달과 상공업 발달의 결과로 인구이동은 시간의 흐름에 따라 증가하는 내재적 경향을 가진다.
- 경제적 동기의 지배 : 탄압적인 입법, 과중한 조세, 나쁜 기후, 비우호적인 사회분위기 등과 같은 강제적 방법 등이 인구의 이동을 일으키기도 하지만, 인구이동을 일으키는 요인 중 가장 지배적인 동기는 경제적인 것이다.

76 다음 중 미국 지역개발계획의 선구적 사례가 된 것은?

① 다모달개발사업
② 테네시계곡개발사업
③ 실리콘밸리사업
④ 리서치트라이앵글사업

해설
테네시계곡 개발공사(TVA ; Tennessee Valley Authority)
- 미국 남부의 종합적 개발을 위하여 설립된 공사(公社)
- 1933년 뉴딜정책의 일환으로 연방정부에 의하여 창설
- 1930년대 전후 실업자 구제 및 공업도시 개발을 위해 테네시강 유역에 다수의 다목적댐을 건설하여 전력과 수자원 공급을 목표로 함
- 미국에서 지역개발계획의 선구적 사례

77 다음 중 제4차 국토종합계획 수정계획(2006~2020)에서의 국토계획 5대 목표에 따른 전략에 해당하지 않는 것은?

① 다핵분산형 국토구조 형성 및 지역 특화발전
② 국토의 개방거점 확충 및 상생적 국제협력 선도
③ 도시 및 농촌의 정주환경 개선 및 복지 증진
④ 국토의 환경친화적 개발억제 및 아름다운 국토조성

해설
제4차 국토종합계획 수정계획 추진전략 : 6대전략
- 자립형 지역발전 기반의 구축
- 동북아시대의 국토경영과 통일기반 조성
- 네트워크형 인프라 구축
- 아름답고 인간적인 정주환경 조성
- 지속 가능한 국토 및 자원관리
- 분권형 국토계획 및 집행체계 구축

78 허쉬만(Hirschman)이 설명한 적하(Trickling Down) 효과에 대한 내용으로 옳지 않은 것은?

① 소득이 높은 중심도시가 잉여자본을 주변지역에 투자하면 주변지역은 빠르게 성장하게 된다.
② 중심도시가 주변지역에서 농산물을 구입하게 되면 주변지역은 수출의 증대로 성장하게 된다.
③ 중심도시는 주변지역의 실업자를 흡수하게 되고 주변지역의 근로자들은 중심도시에서 직업을 구하고 소득을 올릴 수 있게 된다.
④ 중심도시가 주변 지역의 경제력을 흡수하여 성장 발전을 하게 되므로, 주변 지역의 발전은 둔화된다.

해설
허쉬만(A. O. Hirschman, 1958) : 성극효과, 분극효과(= 적하효과) 유발
- "경제개발전략(The Stratage of Economic Develop-ment)"
- 성극효과(Polarization Effects)와 적하효과(Trickling Down Effects = 분극효과)로 불균형 성장 설명
- 배후지역의 낙후 원인을 수요 부족에서 찾고, 이것이 전후방연쇄효과의 미약과 지역 간 상호연계의 취약성을 낳는다고 주장. 그러나 장기적으로 중심지역이 제공하는 분극효과를 통해 배후지역의 경제도 성장하게 될 것이라고 전망
- 정부 정책은 주변 지역에 역점을 두어 지역격차 해소 및 지역 간 균형 개발

정답 75 ② 76 ② 77 ④ 78 ④

79 'Competitive Advantage of Nations'란 저서를 통해 국가경제의 경쟁력은 투입요소뿐 아니라 사회 전반적인 여건이나 환경에도 크게 영향을 받는다는 산업 클러스터론을 제안한 학자는?

① 마이클 포터(Michael E. Poter)
② 알버트 허쉬만(Albert Hirshman)
③ 필립 쿠크(Phillips Cooke)
④ 헤리 리차드슨(Herry Richardson)

[해설]
마이클 포터(Michael E. Poter)
국가경쟁력이론(Competitive Advantage of Nations)을 펼치면서 전문된 산업지역에 대해 산업 클러스터라는 용어를 사용하여 학계에 확산시킴

80 페로우(F. Perroux)가 제시한 성장극(Growth Pole)의 특성으로 옳지 않은 것은?

① 성장극은 자체의 성장을 유도하고 성장을 다른 곳으로 확산시킨다.
② 성장극은 경제적 지배력을 가질 수 있을 만큼 충분히 큰 규모를 갖는다.
③ 성장극은 다른 산업과의 연계에 있어서 독립성이 강한 특징이 있다.
④ 성장극은 전체 산업의 평균성장률보다 빠른 성장 속도를 갖는다.

[해설]
성장거점이론의 기본개념

선도산업 (Leading Industry)	• 성장에 대한 열의를 고무할 수 있는 새로운 기술의 역동적인 산업 • 산업의 규모가 커서 경제적 지배력을 행사할 수 있는 산업 • 수요에 대한 소득 탄력성이 높아 다른 산업에 비해 성장속도가 빠른 산업 • 여타 부문과의 산업 간 연계성이 높은 산업(전후방 연계성이 높음)
극화현상	성장극이 주변지역의 경쟁에서 항상 유리한 입장을 취하여 성장극 주변지역에서 유능한 두뇌를 흡수하여 주변지역의 경제활동을 둔화시키는 현상
확산효과	중심지의 잉여자본과 과학기술이 주변지역으로 흘러들어오는 것으로서 역류효과가 보다 강력하므로 불균형 성장 유발

제5과목 도시계획관계법규

81 도시·군계획시설의 결정·구조 및 설치기준에 관한 규칙상 도로의 배치간격 기준이 틀린 것은?

① 주간선도로와 주간선도로 : 2천미터 내외
② 국지도로 간(가구의 짧은 변 사이) : 90미터 내지 150미터 내외
③ 주간선도로와 보조간선도로 : 500미터 내외
④ 보조간선도로와 집산도로 : 250미터 내외

[해설]
도로의 배치간격
• 주간선도로와 주간선도로 : 1,000m 내외
• 주간선도로와 보조간선도로 : 500m 내외
• 보조간선도로와 집산도로 : 250m 내외
• 국지도로 간 : 가구의 짧은변 사이=90m~150m 내외, 가구의 긴 변 사이=25m~60m 내외

82 간선시설의 설치에 관한 아래의 내용에서 ⊙과 ⓒ에 해당하는 규모기준이 모두 옳은 것은?

> 사업주체가 ⊙대통령령으로 정하는 호수 이상의 주택건설사업을 시행하는 경우 또는 ⓒ대통령령으로 정하는 면적 이상의 대지조성사업을 시행하는 경우 각 호에 해당하는 자는 각각 해당 간선시설을 설치하여야 한다.

① ⊙ 100호, ⓒ 16,500제곱미터
② ⊙ 100호, ⓒ 33,000제곱미터
③ ⊙ 200호, ⓒ 16,500제곱미터
④ ⊙ 200호, ⓒ 33,000제곱미터

[해설]
간선시설 설치대상
100호 이상의 주택건설사업 또는 16,500m² 이상의 대지조성사업을 시행하는 경우 그 해당자는 간선시설을 설치해야 한다.

83 다음 중 산업단지개발사업의 시행자가 될 수 없는 자는?

① 중소기업진흥에 관한 법률에 따른 중소기업진흥공단
② 산업단지 안의 토지의 소유자 또는 그들이 산업단지 개발을 위하여 설립한 조합

정답 79 ① 80 ③ 81 ① 82 ① 83 ③

③ 해당 산업단지개발계획에 적합한 시설을 설치하여 입주하려는 자와 산업단지개발에 관한 자문계약을 체결한 부동산투자자문회사
④ 산업직접활성화 및 공장설립에 관한 법률의 규정에 따라 설립된 한국산업단지공단

해 설

부동산투자자문회사 → 부동산신탁업자
※ 참고) 2018. 12. 31부로 중소기업진흥공단에서 중소벤처기업진흥공단으로 공단명이 변경되었다.

84. 택지개발사업 실시계획의 작성 및 승인에서 지정권자의 승인을 받지 않아도 되는 대통령령으로 정하는 경미한 사항의 변경에 해당하지 않는 것은?

① 사업비의 100분의 10의 범위에서의 사업비의 증감
② 사업면적이 100분의 10의 범위에서의 면적의 감소
③ 3,000m² 미만인 공공시설의 위치 및 면적 변경
④ 승인을 얻은 사업비의 범위에서의 설비 및 시설의 설치 변경

해 설

1. 택지개발촉진법 제9조(택지개발사업 실시계획의 작성 및 승인 등) 시행자는 대통령령으로 정하는 바에 따라 택지개발사업 실시계획(이하 "실시계획"이라 한다)을 작성하고, 지정권자가 아닌 시행자는 실시계획에 대하여 지정권자의 승인을 받아야 한다. 승인된 실시계획을 변경(대통령령으로 정하는 경미한 사항의 변경은 제외한다)하려는 경우에도 같다.
2. 택지개발촉진법 시행령 제8조(실시계획의 작성 및 승인 등)
   ⑤ 법 제9조 제1항 후단에서 "대통령령으로 정하는 경미한 사항의 변경"이란 다음 각 호의 요건을 충족하는 경우를 말한다.
   1. 사업비의 100분의 10 범위에서의 증감
   2. 사업면적의 100분의 10 범위에서의 감소
   3. 승인을 받은 사업비의 범위에서 설비 및 시설의 설치 변경

85. 수도권의 권역 구분과 지정에 관한 설명이 틀린 것은?

① 과밀억제권역, 성장관리권역 및 자연보전권역의 범위는 국토교통부령으로 정한다.
② 과밀억제권역은 인구와 산업이 지나치게 집중되었거나 집중될 우려가 있어 이전하거나 정비할 필요가 있는 지역을 말한다.
③ 성장관리권역은 과밀억제권역으로부터 이전하는 인구와 산업을 계획적으로 유지하고 산업의 입지와 도시의 개발을 적정하게 관리할 필요가 있는 지역을 말한다.
④ 자연보전권역은 한강 수계의 수질과 녹지 등 자연환경을 보전할 필요가 있는 지역을 말한다.

해 설

수도권 정비계획에 의한 권역구분
과밀억제권역, 성장관리권역 및 자연보전권역의 범위는 대통령령으로 정한다.(수도권정비계획법 시행령 별표 1. 과밀억제권역, 성장관리권역 및 자연보전권역의 범위(제9조 관련))

86. 도시개발채권에 대한 설명으로 틀린 것은?

① 지방자치단체의 장은 도시개발사업 또는 도시·군계획 시설사업에 필요한 자금을 조달하기 위하여 도시개발채권을 발행할 수 있다.
② 도시개발채권의 소멸시효는 상환일부터 기산하여 원금은 2년 이자는 5년으로 한다.
③ 시·도지사가 도시개발채권을 발행하려는 경우 안전 행정부장관의 승인을 받아야 하는 상황이 있다.
④ 도시개발채권의 상환은 5년부터 10년까지의 범위에서 지방자치단체의 조례로 정한다.

해 설

1. 도시개발채권의 발행(도시개발법 제62조)
   • 지방자치단체의 장은 도시개발사업 또는 도시·군계획시설사업에 필요한 자금을 조달하기 위하여 도시개발채권을 발행할 수 있다.
   • 도시개발채권의 소멸시효는 상환일부터 기산(起算)하여 원금은 5년, 이자는 2년으로 한다.
2. 도시개발채권의 발행방법 등 (도시개발법 시행령 제83조)
   • 도시개발채권의 이율은 채권의 발행 당시의 국채·공채 등의 금리와 특별회계의 상황 등을 고려하여 해당 시·도의 조례로 정하되, 행정자치부장관의 승인을 받아야 한다.
   • 법 제62조에 따른 도시개발채권의 상환은 5년부터 10년까지의 범위에서 지방자치단체의 조례로 정한다.

87. 관광진흥법상 특별자치도지사·시장·군수·구청장이 관할구역 내 관광특구를 방문하는 외국인 관광객의 유치촉진 등을 위하여 수립하고 시행하는 계획은?

① 관광권역계획
② 관광기본계획
③ 관광특구진흥계획
④ 관광활성화계획

정답 84 ③ 85 ① 86 ② 87 ③

해 설
관광특구의 정의
외국인관광객의 유치촉진을 위하여 관광활동과 관련된 관계법령의 적용이 배제·완화되고, 관광여건을 집중적으로 조성할 필요가 있는 지역으로, 이 법에 의하여 지정된 곳

88 국토기본법상 다른 법률에서 다른 위원회의 심의를 거치도록 하여 국토정책위원회의 심의를 거치지 아니하는 사항은?

① 부문별 계획에 관한 사항
② 도종합계획에 관한 사항
③ 국토계획평가에 관한 사항
④ 국토종합계획에 관한 사항

해 설
국토정책위원회 심의사항
• 국토종합계획에 관한 사항
• 도종합계획에 관한 사항
• 지역계획에 관한 사항(다른 위원회의 심의를 거친 경우 생략 가능)
• 부문별 계획에 관한 사항(다른 위원회의 심의를 거친 경우 생략 가능)
• 국토계획평가에 관한 사항
• 국토계획 및 국토계획에 관한 처분 등의 조정에 관한 사항
• 국토정책위원회의 심의를 거치도록 한 사항
• 그 밖에 국토정책위원회 위원장, 분과위원회 위원장이 회의에 부치는 사항

89 도시 및 주거환경정비법상 조합의 설립인가에 관한 아래 내용 중 ( ) 안에 들어갈 내용이 옳은 것은?

재개발사업의 추진위원회가 조합을 설립하려면 토지 등 소유자의 ( ) 이상 및 토지면적의 2분의 1 이상의 토지소유자의 동의를 얻어 첨부하여야 하는 서류를 첨부하여 시장·군수의 인가를 받아야 한다.

① 2분의 1   ② 3분의 2
③ 4분의 3   ④ 5분의 4

해 설
정비사업 실시 단계 및 조합 결성
기본계획 수립 → 정비계획 수립 → 정비구역 지정 → 추진위구성 (1/2 주민 동의) → 안전진단 → 조합 설립(재건축-각동의 2/3, 전체의 3/4 이상의 동의)인가 신청 → 사업시행인가 → 관리처분계

획 인가 → (이주 → 착공 → 분양 → 완공)
※ 2007년 12월에 4/5에서 3/4로 변경됨

90 다음 중 도시공원의 종류에 해당하지 않는 것은?

① 근린공원   ② 묘지공원
③ 체육공원   ④ 국립공원

해 설
도시공원의 종류

공원 구분
1. 생활권공원
(1) 소공원
(2) 어린이공원
(3) 근린공원
• 근린생활권 근린공원 • 도시지역권 근린공원
• 도보권 근린공원 • 광역권 근린공원
2. 주제공원
(1) 역사공원
(2) 문화공원
(3) 수변공원
(4) 묘지공원
(5) 체육공원
(6) 특별시·광역시 또는 도의 조례가 정하는 공원

91 택지개발촉진법령상 택지의 공급에 관한 설명이 틀린 것은?

① 시행자는 그가 개발한 택지를 국민주택규모의 주택건설용지와 기타의 주택건설용지 및 법의 관련 조항에 따른 공공시설용지로 구분하여 공급한다.
② 주택법에 의한 사업주체 중 국가, 지방자치단체 또는 국토교통부령이 정하는 공공기관에 공급할 경우 수의계약의 방법으로 택지를 우선 공급하여야 한다.
③ 시행자는 공공시설용지를 제외하고는 국민주택규모의 주택건설용지로 택지를 우선 공급하여야 한다.
④ 판매시설용지 등 영리를 목적으로 사용될 택지는 공개추첨에 의하여 공급한다.

정답 88 ① 89 ③ 90 ④ 91 ④

> **해 설**
>
> 택지의 공급
> 1. 공급방법
>   - 시행자는 국토교통부장관의 승인을 받아야 함
>   - 국민주택의 건설용지는 택지조성원가 이하로 우선 공급
> 2. 분양·임대, 택지조성원가 산정
>   - 시행자는 미리 정한 가격으로 추첨으로 분양·임대(원칙)
> 3. 추첨에 의한 분양·임대의 예외
>   ㉠ 경쟁입찰
>   - 판매시설용지, 공동주택의 건설용지 외의 택지
>   ㉡ 수의계약
>   - 공공기관에 공급할 경우, 공공시설을 설치할 수 있는 자에게 공급할 경우
>   - 시행자에게 토지를 양도한 자, 시행자에게 토지를 양도한 토지소유 주택건설사업자, 시행자에게 토지를 양도한 주택조합(사업에 필요한 토지면적의 2분의 1이상 취득)
>   - 바람직한 도시발전을 위하여 특별설계(창의적인 개발안, 복합적 개발 설계)를 통한 개발을 위해 선정된 자, 존치되는 시설물의 유지관리에 소요되는 최소범위
>   ㉢ 택지를 수의계약으로 공급할 때의 규모
>   - 1세대당 1필지를 기준으로 하여 1필지당 165m² 이상, 230m² 이하의 규모로 공급
>   - 개발제한구역은 1필지당 165m² 이상, 265m² 이하의 규모로 공급

92 도시개발구역지정의 해제에 관한 아래의 내용에서 ( ) 안에 공통으로 들어갈 내용으로 옳은 것은?

> 도시개발구역의 지정은 다음 각 호의 어느 하나에 규정된 날의 다음 날에 해제된 것으로 본다.
> 1. 도시개발구역이 지정·고시된 날부터 ( )이 되는 날까지 실시계획의 인가를 신청하지 아니하는 경우에는 그 ( )이 되는 날

① 2년　　② 3년
③ 5년　　④ 7년

> **해 설**
>
> 도시개발법 제10조(도시개발구역 지정의 해제)
> ① 도시개발구역의 지정은 다음 각 호의 어느 하나에 규정된 날의 다음 날에 해제된 것으로 본다.
>   1. 도시개발구역이 지정·고시된 날부터 3년이 되는 날까지 제17조에 따른 실시계획의 인가를 신청하지 아니하는 경우에는 그 3년이 되는 날

93 국토기본법에 따른 환경친화적 국토관리의 내용으로 거리가 먼 것은?

① 국토에 관한 계획 또는 사업을 수립·집행할 때에는 자연환경과 생활환경에 미치는 영향을 사전에 고려하여야 하며, 환경에 미치는 부정적인 영향이 최소화될 수 있도록 하여야 한다.
② 국토의 무질서한 개발을 방지하고 국민 생활에 필요한 토지를 원활하게 공급하기 위하여 토지이용에 관한 종합적인 계획을 수립하고 이에 따라 국토 공간을 체계적으로 관리하여야 한다.
③ 지역 간 경쟁을 통하여 국민생활의 질적 향상을 도모하고 국토의 지리적 특성을 살려 국가 경쟁력을 강화할 수 있는 기간시설을 설치하여야 한다.
④ 자연생태계를 통합적으로 관리·보전하고 훼손된 자연생태계를 복원하기 위한 종합적인 시책을 추진하여 인간이 자연과 더불어 살 수 있는 쾌적한 국토 환경을 조성하여야 한다.

> **해 설**
>
> - 자연환경과 생활환경에 미치는 영향을 사전에 고려, 환경에 미치는 부정적인 영향을 최소화함
> - 국토공간을 체계적으로 관리 : 국토의 무질서한 개발을 방지하고 국민생활에 필요한 토지를 원활하게 공급하기 위하여 토지이용에 관한 종합적 계획을 수립함
> - 인간이 자연과 더불어 살 수 있는 쾌적한 국토환경을 조성 : 자연생태계를 통합적으로 관리·보전하고 훼손된 자연생태계를 복원하기 위한 종합적인 시책을 추진함

94 수도권 정비계획법상의 인구집중유발시설 기준이 틀린 것은?

① 고등교육법 규정에 따른 산업대학 또는 전문대학
② 산업집적활성화 및 공장설립에 관한 법률의 규정에 따른 공장으로서 건축물의 연면적이 500m² 이상인 것
③ 중앙행정기관 및 그 소속기관의 청사로서 건축물의 연면적이 500m² 이상인 것
④ 업무용 시설이 주용도인 건축물로서 그 연면적이 25,000m² 이상인 건축물

> **해 설**
>
> 수도권정비계획법 시행령 제3조(인구집중유발시설의 종류 등)
> 1. 「고등교육법」에 따른 학교로서 대학, 산업대학, 교육대학 또는 전문대학
> 2. 「산업집적활성화 및 공장설립에 관한 법률」에 따른 공장으로서 건축물의 연면적이 500m² 이상
> 3. 중앙행정기관, 공공법인의 공공청사(도서관, 전시장, 공연장, 군

정답　92 ②　93 ③　94 ③

사시설 중 군부대의 청사, 국가정보원 및 그 소속 기관의 청사는 제외)와 사무소(연구소와 연수 시설 등을 포함)로서 건축물의 연면적이 1,000m² 이상
- 공공법인 : 정부가 자본금의 50/100 이상 출자한 법인, 정부 출연 대상 법인, 정부출자 기업체, 개별 법률에 따라 직접 설립된 법인
4. 판매용 건축물, 업무용 건축물 및 복합 건축물
  • 판매용 건축물 : 판매용 시설 면적의 합계가 15,000m² 이상인 건축물(위락시설, 제1종 근린생활시설, 제2종 근린생활시설, 문화 및 집회시설, 운동시설, 창고시설)
  • 업무용 건축물 : 업무용 시설 면적의 합계가 25,000m² 이상인 건축물
  • 복합 건축물 : 복합시설의 면적의 합계가 25,000m² 이상인 건축물
  • 단, 지방자치단체가 출자·출연한 법인의 사무소로 사용되는 건축물, 자연보전권역이 아닌 지역에 설치되는 벤처기업집적시설 및 국제회의시설 중 전문회의시설은 제외
5. 교육원, 직업훈련소, 운전 및 정비 관련 직업훈련소 등의 연수시설로서 건축물의 연면적이 30,000m² 이상(지자체나 출자·출연한 법인의 시설 제외)

95 건축법상 지하층이란 건축물의 바닥이 지표면 아래에 있는 층으로 바닥에서 지표면까지 평균 높이가 해당 층 높이의 얼마 이상인 것을 말하는가?

① 2분의 1 ② 3분의 1
③ 4분의 1 ④ 5분의 1

해 설
건축법 제2조(정의)
5. "지하층"이란 건축물의 바닥이 지표면 아래에 있는 층으로서 바닥에서 지표면까지 평균높이가 해당 층 높이의 2분의 1 이상인 것을 말한다.

96 주택법에 따른 용어의 정의가 틀린 것은?

① 공동주택이란 건축물의 벽·복도·계단이나 그 밖의 설비 등의 전부 또는 일부를 공동으로 사용하는 각 세대가 하나의 건축물 안에서 각각 독립된 주거생활을 할 수 있는 구조로 된 주택을 말한다.
② 국민주택이란 국민주택기금으로부터 자금을 지원받아 건설되거나 개량되는 주택으로서 주거전용면적이 1호 또는 1세대당 85제곱미터 이하인 주택을 말한다.
③ 도시형 생활주택이란 150세대 미만의 국민주택 규모에 해당하는 주택으로서 단지형 다세대주택, 원룸형 주택, 기숙사형 주택을 말한다.
④ 에너지절약형 친환경주택이란 저에너지 건물 조성기술 등 대통령으로 정하는 기술을 이용하여 에너지 사용량을 절감하거나 이산화탄소 배출량을 저감할 수 있도록 건설된 주택을 말한다.

해 설
도시형 생활주택 : 300세대 미만의 국민주택 규모에 해당하는 주택

97 수도권정비계획법령에 따른 다음 내용 중 틀린 것은?

① 국토교통부장관은 인구집중유발시설에 대하여 신설 또는 증설의 총허용량을 정하여 이를 초과하는 신설 또는 증설을 제한할 수 있다.
② 도시 및 주거환경정비법에 따른 도시환경정비사업으로 건축하는 건축물에 과밀부담금의 100분의 50을 감면한다.
③ 과밀부담금 산정 시 건축비는 국토교통부장관이 고시하는 표준건축비를 기준으로 산정한다.
④ 징수된 부담금의 100분의 50은 부담금을 징수한 건축물이 있는 구에 귀속된다.

해 설
수도권정비계획법 제16조(부담금의 배분)
징수된 부담금의 100분의 50은 「국가균형발전 특별법」에 따른 지역발전특별회계에 귀속하고, 100분의 50은 부담금을 징수한 건축물이 있는 시·도에 귀속한다.

98 교통광장에 대한 설명이 틀린 것은?

① 교통광장은 교차점광장, 역전광장 및 주요시설광장으로 구분한다.
② 교차점광장은 혼잡한 주요도로의 교차지점에서 각종 차량과 보행자를 원활히 소통시키기 위하여 필요한 곳에 설치한다.
③ 역전광장은 대중교통수단 및 주차시설과 원활히 연계되도록 설치한다.
④ 주요시설광장에는 주민의 집회·행사 또는 휴식을 위한 시설과 보행자의 통행에 지장이 없는 시설을 설치한다.

해 설
교통광장
• 교차점광장 : 혼잡한 주요도로의 교차지점에 설치, 입체교차방식

(자동차전용도로), 입체교차방식이나 교통섬·변속차로 등에 의한 평면교차방식(주간선도로)
• 역전광장 : 역전에서의 교통혼잡을 방지, 도로와의 연결, 대중교통수단 및 주차시설과 원활히 연계
• 주요시설광장 : 항만·공항 등 일반교통의 혼잡요인이 있는 주요시설에 대한 원활한 교통처리를 위해

99 주차장법령상 단지조성사업 등으로 설치되는 노외주차장에 경형 자동차를 위한 전용주차구획을 노외주차장 총 주차대수의 얼마 이상 설치하여야 하는가?

① 3 %
② 5 %
③ 10 %
④ 15 %

해설
문제의 출제 당시 발표된 답은 5%였으나 2016.7.19. 법이 개정되어 노외주차장 총주차대수의 10% 이상이 되었다.

100 주차장법 시행규칙상 노외주차장에 설치할 수 있는 부대시설에 해당하지 않는 것은?(단, 시·군 또는 구의 조례로 정하는 이용자 편의시설은 고려하지 않는다.)

① 관리사무소
② 자동차 관련 수리시설 및 장식품 판매점
③ 노외주차장의 관리·운영상 필요한 편의시설
④ 공중화장실

해설
주차장법 시행규칙 제6조(노외주차장의 구조·설비기준)
④ 노외주차장에 설치할 수 있는 부대시설은 다음 각 호와 같다. 다만, 그 설치하는 부대시설의 총면적은 주차장 총시설면적(주차장으로 사용되는 면적과 주차장 외의 용도로 사용되는 면적을 합한 면적을 말한다. 이하 같다)의 20퍼센트를 초과하여서는 아니 된다. 〈개정 2010.10.29., 2012.7.2.〉
1. 관리사무소, 휴게소 및 공중화장실
2. 간이매점, 자동차 장식품 판매점 및 전기자동차 충전시설(특별시장·광역시장, 시장·군수 또는 구청장이 설치한 노외주차장만 해당한다.)
2의2. 「석유 및 석유대체연료 사업법 시행령」 제2조 제3호에 따른 주유소(특별시장·광역시장, 시장·군수 또는 구청장이 설치한 노외주차장만 해당한다.)
3. 노외주차장의 관리·운영상 필요한 편의시설
4. 특별자치도·시·군 또는 자치구(이하 "시·군 또는 구"라 한다)의 조례로 정하는 이용자 편의시설

정답 99 ③ 100 ②

1회 2014년 기출문제

제1과목 도시계획론

01 계획이론을 실체적 이론(Substantive Theories)과 절차적 이론(Procedural Theories)으로 구분할 때, 실체적 이론에 대한 설명으로 틀린 것은?

① 경제 또는 사회의 구조나 현상 등을 설명하고 예측하여 문제의 해결 대안을 제시하는 이론이다.
② 다양한 계획 활동에 있어 필요로 하는 분야별 전문지식에 관한 이론이다.
③ 도시계획에서 실체적 이론이란 토지이용계획, 교통계획 등에 관한 이론이 된다.
④ 계획이 추구하는 목표와 가치에 따라 계획안을 만들어 내는 과정에 관한 공통적이고 일반적인 이론이다.

해 설
실체적 이론
- 계획에 대한 전문지식이나 내용에 관한 이론(계획의 대상 및 구성 요소에 대한 이론)
- 다양한 계획 활동에 있어 각기 필요로 하는 분야별 전문지식에 관한 이론
- 경제계획의 경우 경제성장이론과 분배이론, 도시계획의 경우 토지이용계획이론과 교통계획이론 등

02 버제스(Burgess)가 주장한 도시공간이론에서 수공업이나 소규모의 공장이 입지함으로써 주거환경이 악화되고 지가가 하락하여 비공식 부문의 종사자들이 유입되면서 슬럼 및 불량주택지구를 형성하는 지대는?

① 슬럼지대　　② 노동자주택지대
③ 점이지대　　④ 통근자지대

해 설
동심원이론에서 제2지대인 점이지대는 변천지대로 유동성이 심한 지역이다. 이는 원래 도심 주변에서 주거기능을 담당하던 지역이 도심과의 거리가 가깝기 때문에 수공업이나 소규모 공장이 입지함으로써 주거환경이 악화되면서 지가가 하락하여 비공식 부문의 종사자들이 대거 유입되면서 슬럼이나 불량주택지구를 형성하게 된다.

03 도시조사 자료를 자료원에 대한 접근이 직접적 혹은 간접적이냐에 따라 1차 자료와 2차 자료로 구분할 때, 이에 대한 설명으로 틀린 것은?

① 1차 자료는 도시계획의 대상이 되는 단위 지역이나 당해 지역의 주민들로부터 현지조사나 관찰, 면접 등을 통해 직접적으로 도출한 자료이다.
② 2차 자료에 비해 1차 자료는 비교적 적은 노력과 비용으로 계획가가 원하는 정보를 얻을 수 있다.
③ 1차 자료는 계획가가 원하는 현실감 있는 정확한 정보를 제공해 줄 수 있다는 장점이 있다.
④ 도시계획을 위한 도시조사에서는 1차 조사와 2차 조사가 병행하여 이루어지는 것이 일반적이다.

해 설
자료의 구분

구분	형태	특징
1차 자료	현지조사, 관찰, 면접을 통한 직접적 자료	• 현실감 우수 • 비용과 시간 과다
2차 자료	기존의 서적, 간행물, 각종 통계자료	• 시간과 비용 면에서 유리 • 적정성, 현실성 문제

04 바람직한 미래의 도시상으로 거리가 먼 것은?

① 건전한 삶의 공간을 창조하는 도시
② 중앙집권적인 자치체로서의 기능과 역할을 하는 도시
③ 생산적인 활동 여건을 구비하는 도시
④ 복지사회 체제를 확립하는 도시

해 설
미래의 도시상
- 건전한 삶의 공간 창조
- 복지사회 체제 확립
- 민주적인 기능과 역할을 충실히 수행
- 생산적인 활동 여건 구비
- 발전적인 성장 기반 강화

05 영국 환경부에서 1932년 지자체 행정구역 전역을 대상으로 공간계획을 수립하는 제도를 만든 근거 법령은?

① 도시 및 농촌계획법　② 도시기본법
③ 연방건설법　　　　　④ 건축법과 건축령

정답 01 ④ 02 ③ 03 ② 04 ② 05 ①

해 설

바람직한 미래 도시
- 1932년 영국의 도시 및 농촌계획법(Town and Country Planning Act) : 지자체 행정구역 전역을 대상으로 공간계획을 수립하는 제도
- 1928년 미국의 표준도시계획수권법(Standard City Planning Enabling Law) : 도시기본계획(Comprehensive Planning)을 제도화

06 토지이용의 밀도 유형과 측정지표가 잘못 연결된 것은?

① 1인당 주거면적 = 주거건물면적/가구 수
② 용적률 = 건물면적/토지면적
③ 건폐율 = 건물바닥면적/토지면적
④ 호수밀도 = 주택 수/토지면적

해 설

- 호수밀도 = 주택 수/토지면적
- 용적률 = 평균층수×건폐율 = 호수밀도×1호당 연면적
  = 호수밀도×인구밀도×1인당 주택 연면적
  = 건물면적/토지면적
- 건폐율 = 건물바닥면적/토지면적
- 평균층수 = 총층수/건물동수 = 연상면적/건축면적
  = 용적률/건폐율
- 공지율 = 공지면적/부지면적
- 건폐율 + 공지율 = 1
- 총밀도 = 순밀도×주택용지율(순밀도>총밀도)

07 교통계획을 계획기간에 따라 분류할 때, 단기교통계획에 비하여 장기교통계획이 갖는 특징으로 틀린 것은?

① 소수의 대안 위주이다.
② 다양한 교통수단을 동시에 고려한다.
③ 교통수요가 비교적 고정되어 있음을 가정한다.
④ 자본집약적이다.

해 설

장기교통계획과 단기교통계획의 차이점

장기교통계획	단기교통계획
• 소수대안	• 다수대안
• 유사대안	• 서로 다른 대안
• 교통수요가 비교적 고정	• 교통수요 변화가 가능
• 단일교통수단 위주	• 다양한 교통수단을 동시에 고려
• 공공기관 정책	• 공공기관 및 민간기관 정책
• 장기적인 관점	• 단기적인 관점
• 시설지향적	• 서비스지향적
• 자본집약적	• 저자본비용
• 추정지향적	• 환류(Feedback) 지향적

08 다음 기반시설 중 유통·공급시설이 아닌 것은?

① 방송·통신시설 ② 유통업무설비
③ 공동구 ④ 방수설비

해 설

유통·공급시설
- 수도, 전기, 가스, 열공급설비, 유류저장 및 송유설비, 방송·통신시설, 공동구, 시장, 유통업무설비
- 방수설비는 방재시설이다.

09 둘 이상의 시 또는 군의 공간구조 및 기능을 상호 연계시키고 환경을 보전하며 광역시설을 체계적으로 정비하기 위하여 필요한 경우 지정한 계획권의 장기발전방향을 제시하는 계획은?

① 도시·군기본계획 ② 국토 및 지역계획
③ 수도권정비계획 ④ 광역도시계획

해 설

광역도시계획
1. 정의
   - 광역계획권의 장기발전방향을 제시하는 계획
2. 광역계획권
   - 지정권자 : 국토교통부장관
   - 목적 : 2 이상의 특별시·광역시·시 또는 군의 공간구조 및 기능을 상호 연계시키고 환경을 보전하며 광역시설을 체계적으로 정비하기 위하여 필요한 경우
   - 단위 : 인접한 2 이상의 특별시·광역시·시 또는 군의 관할구역의 전부 또는 일부를 관할구역 단위로 지정함

10 우리 도시의 경제기반 약화, 인구감소, 고령화 사회 등 경제 사회적 여건 변화에 대응하여 과거 국토해양부가 제시한 '미래도시 비전 2020'에서 제시한 4대 정책목표(4C City)가 아닌 것은?

① 경쟁력(Competitive) 있는 활력도시
② 편리한(Convenient) 생활도시
③ 조용한(Calm) 전원도시
④ 깨끗한(Clean) 녹색도시

해 설

미래도시 비전 2020(2008년 10월 10일, 제2회 도시의 날 행사 시 국토해양부 발표)
4대 정책목표(4C City) : 경쟁력(Competitive) 있는 활력도시, 편리한(Convenient) 생활도시, 매력적인(Charming) 문화도시, 깨끗한(Clean) 녹색도시

정답 06 ① 07 ② 08 ④ 09 ④ 10 ③

11 유클리드 지역제(Euclidean Zoning)에 대한 설명으로 틀린 것은?

① 주택지에 공장·아파트 등을 배제하는 용도의 순화를 도모하였다.
② 개발의 억제보다 개발의 유도 및 촉진에 관심을 두었다.
③ 토지의 용도를 사전에 확정적으로 지정하였다.
④ 토지이용의 규제는 각각의 필지 단위를 중심으로 하였다.

해설

유클리드 지역제와 비(非)유클리드 지역제

유클리드 지역제	비유클리드 지역제
용도를 사전에 확정적으로 계획	변화에 적응할 수 있는 지역제
상위용도(주거 등)를 하위용도(공장 등)로부터 보호	공장지역에서 주택의 혼재가 주거의 안녕, 공업효율 증대, 도시 전체의 발전상의 문제로 파악
과도한 민간개발을 막기 위해 발전 억제에 주력	단순한 개발의 억제보다는 개발유도 기능
토지이용의 규모단위를 개별의 대지로 하여 누적시킴으로써 양호한 시가지 형성	단지 전체를 규제단위로 하여 그 안에서 배치 등에 자율권을 부여
주택지에 있어서 공장, 아파트 등을 극력 배제, 용도순화	용도를 적절히 조합

12 토지와 시설에 대한 물리적 계획 요소가 아닌 것은?

① 밀도 ② 동선
③ 배치 ④ 용도

해설

유기적 3대 구성요소	인구, 활동, 토지·시설
물리적 3대 구성요소	동선, 배치, 밀도

13 다음 중 개발권 양도제도(TDR)에 대한 설명으로 옳지 않은 것은?

① 실제 적용된 예는 많지 않으나 보전과 개발, 재개발과의 조화를 도모할 수 있는 제도이다.
② 개발할 토지 총량의 한도 내에서 개발권을 부여한다.
③ 토지이용의 분산을 도모하기 위한 것으로 대도시 문제 해결을 위해 도입된 제도이다.
④ 어떤 토지에 규정되어 있는 개발허용한도 가운데 미사용 부분을 다른 토지에 이전하여 토지이용을 실현하는 권리이다.

해설

해당 지역의 효율적인 개발을 위한 방법인 개발권 양도제(TDR ; Transfer of Development Right)로는 토지이용의 분산을 도모하기는 어렵다.

14 2010년 현재 인구 40만 명, 주거지 면적 2,000ha인 도시가 2020년 목표 인구를 50만 명, 인구 밀도를 200인/ha로 하고자 할 때 추가적으로 필요로 하는 주택지면적은?

① 500ha ② 1,000ha
③ 1,500ha ④ 2,500ha

해설

$$순밀도(인/ha) = \frac{총인구}{주택면적}$$

$$순밀도(인/ha) = \frac{총인구}{주택면적} \quad 200인/ha = \frac{400,000인}{2,000ha}$$

$$200인/ha = \frac{500,000인}{x\,ha} \quad x\,ha = \frac{500,000}{200} = 2,500\,ha$$

$$2,500ha - 2,000ha = 500ha$$

15 해당 토지에 대한 용도지역·지구·구역, 도시계획시설, 도시계획사업과 입안내용, 각종 규제에 대한 저촉 여부를 확인하는 내용 및 지적도에 도시계획선을 표시한 도면으로 구성된 것을 무엇이라 하는가?

① 건축물대장 ② 토지이용계획 확인원
③ 토지대장 ④ 재산세 과세대장

해설

1. 확인원 내용
「토지이용규제 기본법」 제5조 각 호에 따른 지역·지구 등의 지정 내용과 그 지역·지구 등에서의 행위제한 내용, 그리고 같은 법 시행령 제9조 제4항에서 정하는 사항

2. 유의사항
- 지형도면을 작성·고시하지 않는 경우, 고시가 곤란한 경우 확인 안 됨
- 「국토의 계획 및 이용에 관한 법률」에 따른 지구단위계획구역에 해당하는 경우에는 담당 과에서 토지이용과 관련한 계획을 별도로 확인받아야 함

16 도시화의 단계와 직접 이익의 발생의 관계에서, 각 구간 a, b, c에 알맞은 도시화단계를 순서대로 나열한 것은?

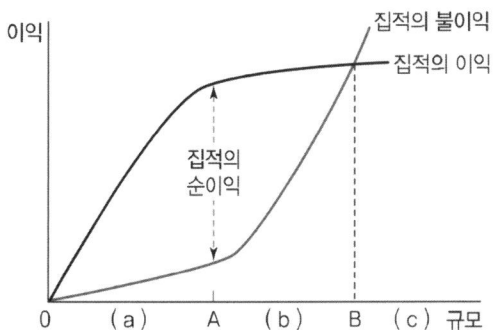

① 집중적 도시화 - 분산적 도시화 - 역도시화
② 집중적 도시화 - 역도시화 - 분산적 도시화
③ 분산적 도시화 - 집중적 도시화 - 역도시화
④ 분산적 - 역도시화 - 집중적 도시화

해 설
클라센의 도시화 3단계

1단계	집중적 도시화(협의의 도시화)
2단계	분산적 도시화(교외화, Sub-Urbanization)
3단계	역도시화

17 근대건축국제회의(CIAM)의 아테네헌장(1933)에서 구분한 도시의 활동 기능에 해당하지 않는 것은?

① 공공   ② 주거
③ 위락   ④ 교통

해 설
CIAM(국제근대건축가협회)
• 도시의 네 가지 기능은 주거, 여가, 근로, 교통
• 도시계획은 주거단위를 중핵으로 하여 이들 기능의 상호관계를 결정해야 함
• 이상도시의 목표 : 초록, 태양, 공간

18 프리드만(Friedmann)에 의해 발전된 계획이론으로 공익이라고 정의되는 불확실한 계획의 목표를 추구하기 위한 과학적 접근방법을 비판하면서 인간적 요소를 강조하여 계획의 집행에 직접 영향을 받는 사람들과의 대화를 통해 계획을 수립하여야 한다는 계획이론은?

① 종합적 계획(Synoptic Planning)
② 점진적 계획(Incremental Planning)
③ 교류적 계획(Transactive Planning)
④ 옹호적 계획(Advocacy Planning)

해 설
교류적 계획(Transaction Planning)
• 프리드만(J. Friedmann)에 의해 발전한 계획
• 공익이라는 불확실한 목표를 추구하기보다는 계획과 관련된 사람들 간의 상호교류와 대화를 통해 계획을 수립하는 것으로 계획은 합리적이고 과학적이어야 한다는 인식에 대한 비판적 반응
• 인간의 존엄성에 기초를 두는 신휴머니즘적 사고에 기초
• 계획가와 계획에 영향을 받는 사람들 간 대화와 이를 통한 사회적 학습과정 형성을 중시

19 집단생잔법에 대한 설명으로 올바른 것은?

① 기준년도의 인구와 출생률, 사망률, 인구이동 등의 변화요인을 고려하여 장래인구를 예측한다.
② 과거의 일정 기간에 나타난 실제 인구의 변화자료에 복리이율방식을 적용하여 장래인구를 예측한다.
③ 경제적 압출요인과 흡인요인이 도시인구를 변화시키는 요소라고 가정하고, 이들 간의 관계를 방정식으로 표현하여 장래인구를 예측한다.
④ 장래 산업개발계획을 바탕으로 업종별 취업인구의 예측 결과를 바탕으로 총인구를 예측한다.

해 설
집단생잔방법(Cohort Survival Method)
1. 출생률, 사망률, 인구이동 등을 고려 인구 추정
  • $P_t = P_o + B_{o-t} + I_{o-t} - O_{o-t}$
  여기서, 기준연도의 인구(P_o)에 특정기간($t-0$ 년) 동안의 출생인구(B)와 유입인구(I)를 더하고 사망인구(D)와 유출인구(O) 산정
2. 특징
  • 도시 서비스 제공을 위한 자료로 유용
3. 종류
  • 요인별 인구 구성방법
  • 인구 생잔방법

정답 16 ① 17 ① 18 ③ 19 ①

20 서양 중세도시의 규모 결정에 가장 큰 영향을 미친 것은?

① 방위, 교통을 비롯한 지리적 요인
② 방어를 위한 성곽 축조 능력
③ 교회와 수도원의 인문사회적 요인
④ 토지, 물, 식량을 비롯한 생활요소의 공급능력

해 설
중세도시의 규모 결정에 가장 큰 영향을 미친 요소 : 토지, 물, 식량을 비롯한 생활요소의 공급능력

제2과목 도시설계 및 단지계획

21 생활권의 위계가 큰 것에서 작은 것으로의 나열이 옳은 것은?

① 근린주구 → 근린분구 → 인보구 → 지역(지구)
② 지역(지구) → 근린주구 → 근린분구 → 인보구
③ 지역(지구) → 인보구 → 근린주구 → 근린분구
③ 지역(지구) → 근린분구 → 인보구 → 근린주구

해 설
근린생활권의 종류

구분	인보구	근린분구	근린주구
반경	100m 전후	150~200m 전후	300~400m 전후
인구	200~800명 정도	3,000~5,000명 정도	10,000~20,000명 정도

22 다음 중 뷰캐넌보고서(Buchannan Report)의 "통과교통으로부터 생활환경 보호"의 개념과 가장 관계있는 것은?

① 슈퍼블럭
② 거주환경지역
③ 보행자데크
③ 획지분할

해 설
뷰캐넌 보고서(Buchanan Report)의 특징
- 지역의 바깥을 둘러싸는 도로의 네트워크와 거주환경지역으로 구성됨
- 거주환경지역으로 지정된 지역에서는 자동차교통의 위험 없이 사람들이 안심하고 거주할 수 있으며 도보와 통학과 쇼핑을 할 수 있도록 함
- 자동차의 완전 배제가 아니라 생활환경을 침해하지 않은 범위 내에서는 허용
- 영국에서는 뷰캐넌 보고서가 각 지역의 도시교통처리의 원동력이 되어 중소도시의 장기 자동차교통대책의 일환으로 종합교통계획으로 입안 발표됨

23 공동주택을 건설하는 주택단지에서 기본적으로 공해방지 또는 조경을 위한 식재 등의 필요한 조치를 하기 위하여 확보하여야 하는 녹지의 기준면적은?

① 그 단지면적의 10%에 해당하는 면적
② 그 단지면적의 20%에 해당하는 면적
③ 그 단지면적의 30%에 해당하는 면적
④ 그 단지면적의 40%에 해당하는 면적

해 설
공동주택을 건설하는 주택단지에는 그 단지면적의 30/100에 해당하는 면적의 녹지를 확보하여 공해방지 또는 조경을 위한 식재 기타 필요한 조치를 하여야 한다.
→ 주택건설기준 등에 관한 규정 제29조(조경시설등) 조항은 2014.10.28.부로 전체 삭제되어 현행법상 존재하지 않는다.

24 국토교통부장관, 시·도지사, 시장 또는 군수가 지구단위계획구역으로 지정할 수 있는 대상이 아닌 것은?

① 유통단지개발촉진법에 의한 유통단지
② 도시개발법에 따라 지정된 도시개발구역
③ 주택법에 따른 대지조성사업지구
④ 도시 및 주거환경정비법에 따라 지정된 정비구역

해 설
지구단위계획구역지정 대상지역
- 용도지구, 도시개발구역, 정비구역, 택지개발예정지구, 대지조성사업지구, 산업단지, 관광특구
- 개발제한구역·도시자연공원구역·시가화조정구역·공원에서 해제되는 구역
- 녹지지역에서 주거·상업·공업지역으로 변경되는 구역, 새로이 도시지역으로 편입되는 구역
- 도시지역의 체계적·계획적인 관리 또는 개발이 필요한 지역
- 양호한 환경의 확보 또는 기능 및 미관의 증진 등을 위하여 필요한

지역
- 정비구역·택지개발예정지구에서 시행되는 사업이 완료된 후 10년이 경과된 지역
- 시가화조정구역·공원에서 해제되는 지역으로서 면적이 30만 m^2 이상인 지역
- 녹지지역에서 주거·상업·공업지역으로 변경되는 지역으로서 면적이 30만 m^2 이상인 지역
- 체계적·계획적인 개발 또는 관리가 필요한 지역

25. 지구단위계획에 대한 도시·군관리계획 결정도의 표시기호가 틀린 것은?

① 건축지정선
② 건축한계선
③ 벽면지정선
④ 공공보행통로

해설

획지 및 건축물 등에 관한 지구단위계획 표시기호

지구단위계획구역	—·—
획지경계선	지적경계선보다 약간 굵은 실선
대지분할가능선	……
건축물의 용도	허용용도 / 권장용도
건축물의 용적률, 건폐율, 높이	용적률 / 최고높이 / 건폐율 / 최저높이
건축지정선	⊔ ⊔ ⊔
건축한계선	———
벽면지정선	……

벽면한계선	……
공공보행통로	▓▓▓▓
합벽건축	○ → ← ○
공동개발	○ -·- ○
차량출입허용구간	├─▲─┤
차량출입불허구간	├─×─┤
보행주출입구	△
공동주택단지의 분산상가	●
공동주택단지의 단지 내 도로	←——→
공동주택단지의 주택유형/평형	유형 / 평형
특별계획구역	굵은 실선

※ 상기 범례 외 필요한 범례는 별도로 작성하여 사용할 수 있다.

26. 구릉지 주택이 획지계획에 있어 일조와 조망을 확보하기 위해 우선적으로 고려해야 할 사항은?

① 경사향(Aspect)
② 미기후(Micro - climate)
③ 수문(Hydrology)
④ 토질(Soil)

해설

산지·구릉지를 활용한 주택지 계획 : 주택배치 및 획지계획
- 완경사지는 단독주택을 배치하고, 급경사지에는 연립, 테라스하우스 등의 집합주택을 계획
- 북사면 경사지는 남사면 경사지보다 택지규모를 크게 하고, 남북 장방형으로 배치하여 도로의 남측으로 구조물을 설치함으로써 일조권이 최대한 확보되도록 함
- 경사의 극복은 택지배할선에서 처리하도록 하고, 성토와 절토의 균형이 대지 내에서 이루어지도록 획지규모를 설정

정답 25 ② 26 ①

27 시라바니(Hamid Shiravani)가 제시한 도시설계의 요소에 해당하지 않는 것은?

① 토지이용(Landuse)
② 건물형태와 매싱(Building Form and Massing)
③ 보존(Preservation)
④ 환경의 질(Quality of Environment)

해설
시라바니(Hamid Shiravani)가 제시한 도시설계의 요소
- 토지이용(Landuse)
- 건물형태와 매싱(Building Form and Massing)
- 보존(Preservation)

28 해미드(Hamid)가 제시한 도시설계의 규범적 접근방식(Cannonic Approach)의 분류에 포함되지 않는 것은?

① 체계적 방법(The System Approach)
② 단편적 방법(The Fragmental Process)
③ 개괄적 방법(The Synoptic Method)
④ 점진적 방법(The Incremental Method)

해설
해미드 시라바니(Hamid Shiravani)가 제시한 도시설계의 규범적 접근방식(Cannonic Approach)의 분류
- 단편적 방법(The Fragmental Process)
- 개괄적 방법(The Synoptic Method)
- 점진적 방법(The Incremental Method)

29 아래의 설명에 해당하는 것은?

> 1933년에 마르세이유와 아테네 사이의 파트리스 선상에서 개최된 회의로 주제는 '기능적 도시(The Functional City)'에 관한 것이었다. 그리고 본 회의의 성과는 1943년에 '아테네 헌장(Athens Charter)'으로 구체화 되었다.

① 근대건축가협회 회의
② 모범도시건설계획 회의
③ 국제전원도시협회 회의
④ 근린주구개발 회의

해설
CIAM(국제근대건축가협회)
- 1928년 르 코르뷔지에(Le Corbusier)의 주장을 지지하는 각국의 건축가들에 의해 결성된 건축가 및 도시계획가 모임
- 1933년 아테네 회의에서 현대도시의 존재방식에 대한 생각을 정리하여 95조로 이루어진 아테네헌장을 발표

30 주거단지 경관계획의 기본방향으로 가장 적합하지 않은 것은?

① 자연조건의 반영
② 조화와 개성의 부여
③ 획일적 시각적 이미지
④ 커뮤니티 감각의 부여

해설
- 자연조건 반영 : 주변의 자연조건에 순응, 계절적 특성 반영·이용
- 조화와 개성의 부여 : 상징성을 부여, 조화와 개성을 부여하여 생활의 장을 조성
- 커뮤니티 감각의 부여 : 휴식·교류 등의 공간배치, 인간척도를 지닌 공간 창출
- 역사와 문화의 표현 : 지역의 역사와 전통적인 생활양식 및 공간 이미지 부여

31 도시공원 및 녹지 등에 관한 법률에 의한 경관녹지의 기능으로 가장 옳은 것은?

① 도시민에게 산책 공간으로 제공하는 선형의 녹지
② 재해 발생 시 주민의 피난지대 확보
③ 도시의 자연적 환경 보전 또는 개선
④ 대기오염, 소음, 진동 등 공해의 차단 및 완화

해설
경관녹지 : 자연경관의 보전과 주민의 일상생활의 쾌적성과 안정성 확보를 위한 녹지

32 1967년 뉴욕에서 처음으로 채택되기 시작한 제도로, 도심부 내 특정지역이나 부지에서 공공과 민간의 개발을 효율적으로 유도, 촉진함으로써 공공이 의도하는 구체적인 도시설계 목표를 달성하기 위해 개발된 특수한 형태의 지역지구제는?

① 영향지역지구제(Impact Zoning)
② 유동지역지구제(Floating Zoning)
③ 특별지역지구제(Special Zoning)
④ 성능지역지구제(Performance Zoning)

해설
- 1967년 뉴욕에서 처음으로 채택
- 도심부 내 특정지역이나 부지에서 공공과 민간의 개발을 효율적으로 유도, 촉진함으로써 공공이 의도하는 구체적인 도시설계 목표를 달성하기 위해 개발된 특수한 형태의 지역지구제

정답 27 ④ 28 ① 29 ① 30 ③ 31 ③ 32 ③

33. 영국 밀톤 케인즈(Milton Keynes)의 특징으로 틀린 것은?
   ① 영국 런던의 확산 인구를 수용하기 위한 신도시이다.
   ② 근린분구의 구성을 통하여 사회 계층의 혼합을 도모하였다.
   ③ 전형적인 침상도시(Bed Town)이다.
   ④ 주요 간선도로는 격자형으로 이루어져 있고, RED WAY를 통해 차량과 보행자를 분리하였다.

   ─ 해설 ─
   1. 개요
      • 런던과 버밍엄 사이에 위치한 신도시
      • 블럭 내부에 다양한 주거형식과 녹지체계 도입
      • 블럭 중심에 중심시설을 배치(간선도로 교차부)한 제3세대의 신도시
      • 영국 런던의 확산 인구를 수용하기 위한 신도시
   2. 계획목표
      • 편리한 교통체계와 커뮤니케이션 시스템을 부여
      • 교육·노동·주택의 선택기회 부여
      • 소득계층과 사회구조의 다양화와 균형화 추구
      • 경관·환경·녹지계획을 통한 매력 있는 도시 창출
      • 공공의식 고양, 주민참여 유도, 자원의 효율적 이용
   3. 계획의 특징
      • 단기적, 장기적으로 개발하여 시대 변화에 따른 다양한 아이디어 수용
      • 근린분구의 구성을 통하여 사회 계층의 혼합을 도모
      • 주요 간선도로를 격자형으로 구성한 격자패턴의 토지이용계획
      • 개인교통 위주의 교통체계, 보행 위주의 주구 내 교통체계인 RED WAY를 통해 차량과 보행자를 분리
      • 도시의 각 지역에 신속히 연결할 수 있는 교통노선을 향해 외향적으로 계획되고, 확장 가능한 도로계획
      • 1km×1km의 슈퍼블럭 개념 사용
      • 소득수준과 가족형태에 따른 다양한 주택형식의 공급, 주택은 민간분양과 임대주택으로 공급
      • 커뮤니티센터는 모든 주택으로부터 500m를 넘지 않도록 계획

34. 주택단지의 총 세대 수가 2,000세대 이상인 경우 기간도로와 접하거나 기간도로로부터 당해 단지에 이르는 진입도로의 폭은 최소 얼마 이상이어야 하는가?
   ① 8m 이상
   ② 12m 이상
   ③ 15m 이상
   ④ 20m 이상

   ─ 해설 ─
   • 1~300세대 : 6m   • 300~500세대 : 8m
   • 500~1,000세대 : 12m   • 1,000~2,000세대 : 15m
   • 2,000세대 이상 : 20m

35. 도시지역 외 지역에 지정하는 지구단위계획구역을 당해 구역의 중심기능에 따라 구분할 때, 그 분류에 해당하지 않는 것은?
   ① 주거형
   ② 역사문화형
   ③ 산업유통형
   ④ 관광휴양형

   ─ 해설 ─
   제2종 지구단위계획
   제2종 지구단위계획구역은 당해 구역의 중심기능에 따라 주거형, 산업형, 유통형, 관광·휴양형 또는 복합형 등으로 지정목적을 구분할 것
   → 법규 변경으로 2012년 이후부터 "지구단위계획"으로 통합되었다.

36. 단지계획에 있어서 생활 편익시설의 배치방법에 대한 설명으로 가장 적합한 것은?
   ① 상가는 단지 내의 통합주차장과 인접하여 배치한다.
   ② 근린공공시설은 다른 관련 시설과 독립적으로 분리·배치한다.
   ③ 어린이놀이터는 주차장과 인접한 곳에 배치한다.
   ④ 초등학교는 가급적 근린분구단위의 중심에 배치한다.

   ─ 해설 ─
   생활 편익시설 배치
   • 상가는 주차장 인근에 배치하여 접근성 개선과 주차문제 해결
   • 공공시설은 다른 시설들과 상호 연계하여 시설의 효율성을 높임
   • 어린이 놀이터가 주차장 출입구 등에 인접한 경우 교통사고 가능성이 증가함
   • 초등학교는 근린분구가 아닌 근린주구의 중심 기본시설임

37. 다음과 같은 도시계획 조건에서 소요되는 상업지역의 적정 면적은?

   • 건폐율 : 60%
   • 공공용지율 : 40%
   • 평균층수 : 5층
   • 상업지역 내 수용인구 : 30,000명
   • 1인당 적정 상업시설 적정 면적 : 12m²

   ① 15ha
   ② 20ha
   ③ 150ha
   ④ 200ha

정답 33 ③ 34 ④ 35 ② 36 ① 37 ②

해설

$$상업지\ 면적 = \frac{1인당\ 상면적 \times 상업지이용인구}{용적률 \times (1-공공용지율)}$$
$$= \frac{(12 \times 30,000명)}{(0.6 \times 5)(1-0.4)} = 20 \times 10^4 m^2$$

38 도시·군관리계획과 지구단위계획에 대한 설명 중에서 잘못 기술된 것은?

① 도시·군관리계획은 그 범위가 특별시·광역시·특별자치시·특별자치도·시 또는 군 전체에 미친다.
② 도시·군관리계획은 토지이용계획과 기반시설의 정비 등에 중점을 둔다.
③ 지구단위계획은 관할 행정구역 내의 일부 지역을 대상으로 토지이용계획과 건축물계획이 서로 환류되도록 한다.
④ 지구단위계획은 특정 필지에 대한 입체적 토지이용계획과 평면적 시설계획이 조화를 이루도록 하는 데 중점을 둔다.

해설

지구단위계획의 성격
1. 도시 내 일정구역에 대하여 수립하는 도시관리계획의 일부
  ※ 도시관리계획 – 10년 단위로 수립, 5년마다 정비
2. 선행의 도시계획을 필요로 하는 도시계획
3. 인간과 자연이 공존하는 환경친화적 도시환경 조성을 위한 도시계획
4. 평면적 계획과 입체적 계획과의 조화에 중점을 둠
  • 도시계획 : 토지이용계획과 도시기반시설의 정비 등에 중점
  • 건축계획 : 건축물 등 입체적 시설계획에 중점
  • 지구단위계획 : 토지이용계획과 건축물계획 등이 서로 환류되도록 함으로써 평면적 토지이용계획과 입체적 시설계획이 서로 조화를 이루도록 하는 데 중점을 둠
5. 개선효과가 지구단위계획구역 인근에 미처 도시 전체의 기능이나 미관 등의 개선에 도움을 주게 됨

39 도시설계 관련 제도의 변천과 관련한 다음 사항 중, 각 제도가 도입되었던 당시의 법적 근거가 틀린 것은?

① 지구단위계획제도 : 국토의 계획 및 이용에 관한 법률
② 도시설계 지구지정제도 : 도시계획법
③ 미관지구제도 : 건축법
④ 상세계획제도 : 도시계획법

해설

미관지구는 국토의 계획 및 이용에 관한 법률을 근거로 한다.

40 국토의 계획 및 이용에 관한 법률에 의한 지구단위계획구역의 지정목적을 이루기 위하여 지구단위계획에 반드시 포함되어야 하는 사항이 아닌 것은?

① 대통령령으로 정하는 기반시설의 배치와 규모
② 건축물 높이의 최고한도 또는 최저한도
③ 건축물의 용도제한, 건축물의 건폐율 또는 용적률
④ 건축물의 배치·형태·색채 또는 건축선에 관한 계획

해설

지구단위계획의 내용
①, ②, ③을 비롯한 4가지 이상의 내용이 포함되어야 함
 • 기반시설의 배치와 규모
 • 건축물의 용도제한·건폐율·용적률·높이의 최고한도 또는 최저한도
 • 보행안전 등을 고려한 교통처리계획
 • 용도지역 또는 용도지구를 그 범위 안에서 세분하거나 변경하는 사항
 • 일단의 토지 규모와 조성계획
 • 건축물의 배치·형태·색채·건축선에 관한 계획
 • 환경관리계획, 경관계획
 • 토지이용의 합리화, 도시 또는 농·산·어촌의 기능 증진 등에 필요한 사항
※ 건축물의 배치·형태·색채·건축선에 관한 계획은 필수 포함사항은 아니다.

제3과목 도시개발론

41 도시 및 주거환경정비법에 의한 정비사업이 아닌 것은?

① 주거환경개선사업   ② 재건축사업
③ 재개발사업   ④ 재정비촉진사업

해설

정비사업의 종류
• 주거환경개선사업   • 재개발사업   • 재건축사업

42 도시재정비 촉진을 위한 특별법에서의 도시재정비 촉진지구의 특성에 따른 유형이 아닌 것은?

① 주거지형 ② 중심지형
③ 상업지형 ④ 고밀복합형

해설
재정비촉진지구의 종류
- 주거지형 : 노후·불량주택과 건축물이 밀집한 지역으로서 주로 주거환경의 개선과 기반시설의 정비가 필요한 지구
- 중심지형 : 상업지역·공업지역 또는 역세권·지하철역·간선도로의 교차지 등으로서 토지의 효율적 이용과 도심 또는 부도심 등의 도시기능의 회복이 필요한 지구
- 고밀복합형 : 주요 역세권, 간선도로의 교차지 등 양호한 기반시설을 갖추고 있어 대중교통 이용이 용이한 지역으로서 도심 내 소형주택의 공급 확대, 토지의 고도이용과 건축물의 복합개발이 필요한 지구

43 경제성 분석 시, 계량화 및 가치화가 불가능한 효과에 금전적 가치를 부여해야 할 필요성이 있는 경우 사용하는 방법은?

① 변이 - 할당 분석 ② 조건부 가치측정법
③ 권리분석 ④ 시장성분석

해설
- 계량화 및 가치화가 불가능한 효과에 금전적 가치를 부여해야 할 필요성이 있는 경우 사용하는 방법
- 가상적인 상황을 시뮬레이션하여 제시한 후, 관련 대상자들이 해당 상황에서 어떻게 행동할 것인지를 설문조사를 통해 자료를 수집한 다음 조사 대상자들의 지불의사액(WTP)을 측정하는 기법

44 수요예측의 정성적 예측모형으로 조사하고자 하는 특정사항에 대한 전문가 집단을 대상으로 반복 앙케이트를 시행하여 의견을 조사하는 방법은?

① 델파이 방법 ② 판단결정모델
③ 로짓 모형 ④ 허프(Huff) 모형

해설

델파이(Delphi) 방법	
정의	- 델파이(Delphi) : 고대 그리스 아폴로 신전이 있던 도시의 이름 - 아폴로 신전의 여사제가 그리스 현인들로부터 의견을 수렴하였다는 데에서 유래 - 계획 수립 시에 장기적 미래 예측 시에 주로 쓰임
방법	- 전문가 집단을 대상으로 하여 특정사항에 대해 설문 조사를 반복함으로써 의견을 조사 - 지속적인 피드백이 실시됨
특징	- 토론에서 발생하기 쉬운 심리적 교란이 없음 - 최초의 앙케이트를 반복 수렴한다는 데에서 여러 사람의 판단이 피드백 되기에 결론을 의미 있게 받아들일 수 있음 - 예측을 하는데 회의방식보다 서면을 통한 설문 방식이 올바른 결론에 도달할 가능성이 높다는 가정에 근거함 - 과정 : 예측과제의 추출처리 → 조사표 설계 → 조사대상자 선정 → 조사 실시 → 조사결과의 집계와 분석

45 TND(Traditional Neighborhood Development)에 대한 설명으로 틀린 것은?

① 커뮤니티가 살아 있던 이전 도시들을 모티브로 삼아 과거도시의 계획적 특성을 현대 도시에 적용하고자 한 도시개발 수법이다.
② 보행중심적 근린주구를 의미한다.
③ 현대 도시에서 나타나는 고밀개발의 폐해를 비판하고 저밀개발을 유도한다.
④ 도시 내 보행, 자전거, 대중교통 이용을 장려한다.

해설
TND(Traditional Neighborhood District)
TND는 고밀도 복합개발을 유도한다.

46 도시개발방식의 유형별 분류가 틀린 것은?

① 개발 주체 : 공공개발, 민간개발, 민관합동개발
② 토지취득방식 : 수용방식, 환지방식, 혼용방식
③ 개발대상지역 : 신도시개발, 위성도시개발
④ 토지의 용도 : 택지개발, 유통단지개발, 복합단지개발

해설
- 개발 주체에 따른 분류 : 공영개발, 민간개발, 민관합동개발
- 토지취득방식에 따른 분류 : 환지방식, 매수방식(수용 또는 사용에 의한 방식), 혼용방식, 합동개발방식
- 토지의 용도에 따른 도시개발방식 유형 구분 : 공업용지개발, 관광용지개발, 유통단지개발, 개발촉진지구개발, 복합단지개발

47 일반적인 부동산개발금융 방식의 구분 중 부채에 의한 조달방식으로 대출자가 부동산 개발에 의해 발생하는 수익의 배분에 일부 참여하는 방식은?

① Sale & Lease Back ② Participation Loan
③ Interest Only Loans ④ 자산매입 조건부 대출

정답 42 ③ 43 ② 44 ① 45 ③ 46 ③ 47 ②

해설
수익참여대출(Equity Participation Loan)이란 대출자는 낮은 계약금리로 돈을 빌려주고 부동산이 생성하는 소득에 참여하는 방식이다.

해설
BTL(Build-Transfer-Lease 건설·이전 후 리스방식)은 민간시행자가 사회간접자본을 건설한 후 주무관청에 소유권을 넘겨주고 관리운영권을 일정기간 리스하여 사용하는 방식이다.

48 압축도시(Compact City)에 대한 설명으로 틀린 것은?

① 토지이용은 단일이용(Unit Land Use)을 추구해야 한다.
② 지속가능한 개발이 가능하도록 등장한 도시개발 패러다임 중 하나이다.
③ 압축도시의 개념은 직주근접과 관련이 있다.
④ 환경부하를 최소화하고 정주지 개발의 효율성을 높이려는 목적을 갖는다.

해설
압축도시(Compact City)
1. 정의
   - 시가화된 기존의 도시 또는 신도시로 설정된 지역을 고밀도로 집중 개발하는 방식
   - 고밀도 도시개발을 통하여 도시 주변의 자연환경을 보존하며 개발하는 방법, 즉 주거, 공공시설을 일정공간에 집적화, 나머지 지역을 녹색 도시화하며 난방, 전력공급, 교통 등에서 효율적인 에너지 절약 목표를 달성할 수 있는 도시로, 환경적으로 지속가능한 도시의 형태
   - 90년대 유럽위원회가 개념을 제안
2. 방법
   - 다수의 확산 개발보다는 소수의 고밀개발을 통하여 환경부하를 최소화함으로써 고효율 정주지 개발을 도모
   - 미개발지를 보호할 수 있게 되어 자연생태계 보호 가능
3. 특징
   - 자연자원의 훼손 최소화
   - 직주근접 방식을 채택하여 출퇴근으로 인해 발생되는 교통량 최소화
   - 인프라 및 에너지의 효율적 이용
   - 적은 부지의 고밀도 개발로 인한 공원, 정원 등과 같은 녹지공간의 부족을 초래

49 민간사업자가 건설한 사회기반시설의 소유권을 일단 정부에 이전하고 다시 정부로부터 관리운영권을 임대받는 방식은?

① ABS
② PF
③ CM
④ BTL

50 아래 조건에 따른 상업용지의 수요 면적은?

- 상업지역 예상 이용인구 : 407천 명
- 이용인구 1인당 평균상면적 : 15m²
- 평균층수 : 5층, 건폐율 : 65%, 공공용지율 : 40%

① 0.75km²
② 1.13km²
③ 3.13km²
④ 5.81km²

해설
$$상업지\ 면적 = \frac{이용인구 \times 1인당\ 상면적}{평균층수 \times 건폐율 \times (1-공공공지율)}$$
$$= \frac{407,000 \times 15}{5 \times 0.65 \times (1-0.4)} = 3,130,769m^2 = 3.13km^2$$

51 21세기 지구환경시대에 등장한 도시개발 패러다임으로 가장 거리가 먼 것은?

① 스마트 성장(Smart Growth)
② 위성도시(Satellite Town)
③ 컴팩트시티(Compact City)
④ 어반빌리지(Urban Village)

해설
1. 스마트 성장(Smart Growth)
   - 도시성장 관리수단의 한 유형으로 1980년대 후반 미국 교외의 저밀도화로 인한 스프롤(Sprawl, 난개발) 문제 해결책으로 도입
   - 기 개발된 지역 안에서 개발을 통해 공공시설 등 신개발로 인한 사회비용 절감차원에서 시행
2. 압축도시(Compact City)
   - 환경적으로 지속가능하고 도시민의 삶의 질 증진을 위해 교통수요는 감소시키며 복합적 토지이용을 통한 도시개발
   - 90년대 유럽위원회가 압축도시 개념을 제안
3. 어반빌리지(Urban Village)
   - 1989년 영국에서 쾌적하고 인간적 스케일의 도시환경을 목표로 시작됨
   - 경제적, 사회적, 환경적으로 지속가능한 커뮤니티 개발

정답 48 ① 49 ④ 50 ③ 51 ②

52 환지방식과 관련된 용어에 대한 설명이 틀린 것은?

① 환지란 사업 시행 전에 존재하던 권리 관계에 변동을 가하고 각 토지의 위치, 지적, 토지이용상황 및 환경 등을 고려하여 사업 시행 후 새로이 조성된 대지에 기존의 권리를 이전하는 행위를 말한다.
② 보류란 환지방식에 의하여 조성되는 토지 중 일반환지 대상 토지 외의 토지를 말하며 체비지, 공공시설용지 및 기타 용지를 말한다.
③ 체비지란 도시개발사업으로 인하여 발생하는 사업비용을 충당하기 위하여 사업 시행자가 취득하여 집행 또는 매각하는 토지를 말한다.
④ 감보란 토지소유자는 환지방식 개발사업으로 얻은 각각의 수익에 따라 사업비용의 충당과 공공시설의 설치를 위한 용지를 부담하여야 하는데 이에 따라 종전의 토지면적에 비해 환지의 면적이 감소하는 것을 말한다.

> **해설**
> 환지방식의 특징
> • 적은 자본으로 사업시행이 가능, 체비지 매각 등에 의한 자금조달
> • 도로·공원 등의 공공시설 용지를 토지소유자가 제공
> • 토지의 분할 및 구획을 통하여 토지의 이용을 증진
> • 민원발생의 소지가 전면매수방식보다 적음. 소규모 토지소유자들은 토지가 환지되지 않고 청산됨으로써 문제가 발생할 수 있음
> • 토지의 권리관계 변동이 발생되지 않음 지나친 개발이익의 사유화 문제 발생 가능
> • 일부토지소유자의 반대에도 불구하고 토지소유자 총수의 1/2 이상 토지면적의 2/3 이상 동의 시 사업시행이 가능함(동의에 상당한 시일이 필요)

53 지분조달방안의 수법으로 2인 이상의 주체(극소수의 개인투자가 또는 기관)가 부동산 개발 등의 목적을 달성하기 위해 공동으로 사업하는 기업형태는?

① 합작사업(Joint Venture)
② 신디케이트(Syndicate)
③ 유한 파트너십(LP ; Limited Partnership)
④ 유한 책임파트너십(LLP ; Limited Liability Partnership)

> **해설**
> 합작사업(Joint Venture)
> • 정의 : 2인 이상의 주체(극소수의 개인투자가 또는 기관)가 부동산 개발 등의 목적을 달성하기 위해 공동으로 사업하는 기업형태
> • 방법 : 부동산 투자를 원하는 보험회사와 전문성이 뛰어난 개발업자가 합작회사를 구성하여 사업하는 방식

54 수익성 지수(PI ; Profitability Index)에 대한 설명으로 틀린 것은?

① 수익성 지수가 1보다 클 때 해당 프로젝트는 사업성이 있는 것으로 평가한다.
② 프로젝트로부터 발생하는 할인된 전체 수입을 할인된 전체 비용으로 나눈 값이다.
③ 순현재가치(NPV)가 0이면 수익성 지수도 0이다.
④ 여러 프로젝트의 평가에서 순현재가치법과 수익성 지수평가법은 서로 다른 대안을 택할 수 있다.

> **해설**
> 수익성 지수(PI ; Profitability Index) = B/C와 동일
> NPV가 0이면 수익성 지수는 1이다.

55 시·도지사는 지정하려는 택지개발지구 면적의 규모가 최고 얼마 이상인 경우 국토교통부장관의 승인을 받아야 하는가?

① 30만 m^2 ② 90만 m^2
③ 100만 m^2 ④ 330만 m^2

> **해설**
> 권한의 위임 또는 위탁
> 1. 권한위임권자 : 국토교통부장관 → 시·도지사, 지방국토관리청장
> 2. 330만 m^2 이하 권한의 위임 또는 위탁사항
>   • 경미한 사항(예정지구 면적 축소 또는 10% 범위 안에서의 확대 변경)
>   • 택지개발계획의 승인과 고시에 관한 권한
> 3. 20만 m^2 이하 권한의 위임 또는 위탁사항
>   • 예정지구의 지정·변경·해제, 시행자지정·고시에 관한 권한
> 4. 330만 m^2 초과 시는 권한위임의 범위를 초과하므로 국토교통부장관의 승인을 받아야 한다.

56 부동산 시장 및 각종 생산과 설비를 위한 투자의 경우에도 널리 사용되는 개념으로, 기업의 부채에 대한 이자가 영업이익의 변동 세후 순이익의 변동을 확대시키는 현상은?

① 승수 효과 ② 쿠르노 효과
③ 레버리지 효과 ④ 파레토 효과

정답 52 ① 53 ① 54 ③ 55 ④ 56 ③

해 설

레버리지 효과(Leverage Effect, 지렛대 효과)
1. 정의
   - 타인자본 때문에 발생하는 이자가 지렛대 역할을 하여 영업이익의 변화에 대한 주당이익의 변화폭이 더욱 커지는 현상
2. 특징
   - 부동산시장뿐만 아니라 각종 생산 및 설비투자 등의 경우에도 널리 사용됨
   - 재무레버리지 효과가 유리하게 작용하는 경우 기업은 차입이나 우선주 발행을 통한 자본 조달이 보통주 발행을 통한 자금조달보다 큰 주당이익을 가져옴
   - 부채를 많이 사용하면 큰 이익을 볼 수도 있지만 큰 손해도 볼 수 있음

57 국토의 계획 및 이용에 관한 법률상의 개발행위 허가에 관한 설명 중 옳지 않은 것은?

① 도시계획사업에 의한 개발행위도 당해 지자체 도시계획위원회 심의를 통하여 허가대상이 된다.
② 건축물의 건축 또는 공작물의 설치, 토지의 형질 변경, 토석의 채취, 토지분할, 녹지지역·관리지역 또는 자연환경 보전지역에 물건을 1월 이상 쌓아놓는 경우는 개발 행위 허가대상이다.
③ 관리지역의 토지형질변경의 허용범위는 3만 m² 미만이다.
④ 개발행위를 하려는 자는 특별시장·광역시장·특별자치시장·특별자치도지사·시장 또는 군수의 허가를 받아야 한다.

해 설

1. 개발행위허가제
   계획의 적정성, 기반시설의 확보 여부, 주변 환경과의 조화 등을 고려하여 개발행위에 대한 허가 여부를 결정함으로써 난개발을 방지하기 위한 제도
2. 개발제한구역의 지정 및 관리에 관한 특별조치법 제12조(개발제한구역에서의 행위제한)
   개발제한구역에서는 건축물의 건축 및 용도변경, 공작물의 설치, 토지의 형질변경, 죽목(竹木)의 벌채, 토지의 분할, 물건을 쌓아놓는 행위 또는 「국토의 계획 및 이용에 관한 법률」 제2조 제11호에 따른 도시·군계획사업(이하 "도시·군계획사업"이라 한다)의 시행을 할 수 없다.

58 역사보존도시의 필요성 및 의의와 가장 거리가 먼 것은?

① 도시의 품격보다는 수적인 인구 유발을 통하여 도시의 활력을 부여하는 역할을 한다.
② 개성적이고 다양한 경관을 나타내어, 고층화·대형화·획일화되어 가는 도시 환경의 문제점을 해소하여 도시에 다양성을 부여한다.
③ 역사 환경이 형성된 배경과 사상을 이해하고, 과거와 현재를 연결시켜 도시의 역사성을 인식하는 도시 속 경험을 통해 도시생활을 풍부하게 한다.
④ 도시의 발전과 맥락을 이해할 수 있는 전통적 기반 보존을 통해 다른 도시와의 차별성을 부각시킬 수 있다.

해 설

1. 역사보존도시의 정의
   - 단순히 과거로부터 도시가 존재하였다는 의미만을 갖는 것이 아니라 일정한 문화적 질서 속에서 유지되어온 사람들의 집약된 공간이며 미래의 발전적 삶을 위한 지표로서 의미를 갖는 도시
2. 역사보전도시의 특징
   - 도시의 다양성 부여 : 고층화, 대형화, 획일화되어 가는 도시환경의 문제점 해소
   - 도시의 역사성 부여를 통한 도시생활의 풍요 제공
   - 도시활성화의 자원으로 활용 가능 : 문화 관광자원으로 도시를 활성화시킴
   - 도시의 Identity 확립

59 재개발의 유형에 대한 설명이 옳은 것은?

① 철거 재개발(Redevelopment) : 도시환경 및 시설에 있어서 불량 또는 노후화 현상이 현재까지는 발생하지 않았으나 현 상태로 방치할 경우 환경 악화가 예상되는 지역에 예방적 조처로 시행하는 방식
② 수복 재개발(Rehabilitation) : 관리상 부실로 인하여 도시환경이 악화될 우려가 있거나 이미 악화된 지역에 대하여 기존시설을 보존하면서 구역 전체의 기능과 환경을 회복하거나 개선하는 소극적인 방식
③ 보존 재개발(Conservation) : 낙후되고 노후화된 기존의 도시지역의 시설을 보수, 확장, 새로운 시설을 첨가하는 방법을 통하여 도시환경을 개선하는 방식
④ 개량 재개발(Improvement) : 기존의 시설을 전면적으로 철거하고 새로운 시설물로 대체시켜 쾌적하고 능률적이며 기능적인 도시환경을 창출해내는 적극적인 방식

해설

재개발사업방식

철거 재개발 (전면 재개발)	완전제거 새로운 환경조성(대표적 도시재개발 유형)
수복 재개발 (보수 재개발)	시설을 그대로 유지하며 불량된 요소만을 제거하는 소극적 방법
보전 재개발	사전에 불량·노후화의 진행을 방지하는 소극적 방법
순환 재개발	재개발구역의 일부 지역 또는 당해 재개발구역 외의 지역에 주택을 건설하거나 건설된 주택(양 주택을 합하여 "순환용주택"이라 함)을 활용하여 재개발구역을 순차적으로 개발하거나 재개발구역 또는 재개발사업시행지구를 수개의 공구로 분할하여 순차적으로 시행하는 재개발방식

60 도시마케팅에 대한 설명으로 가장 거리가 먼 것은?

① 도시마케팅의 시장은 공공서비스를 생산하고 공급하는 도시정부와 그것을 소비하는 단위들이 커뮤니케이션하는 도시공간이다.
② 도시정부 혹은 도시 내의 공·사적 주체가 목표 시장에 대해 경쟁 도시보다 효율적으로 상품을 제공하고 만족을 극대화하기 위해 효율적으로 관리하는 것이다.
③ 도시나 도시 내 특정 장소를 상품화하는 것으로, 일반재화나 용역과는 다른 특징을 갖는다.
④ 재화나 서비스를 다른 지역에서 수입하여 부가가치를 창출하는 것을 주요 목적으로 한다.

해설

1. 도시마케팅의 특징
   • 도시마케팅의 고객은 크게 투자기업, 관광객 및 방문객, 주민 등으로 구분될 수 있다.
   • 도시마케팅의 시장은 공공서비스를 생산하고 공급하는 도시정부들과 그것을 소비하는 단위들이 커뮤니케이션 하는 도시공간이다.
   • 도시마케팅은 도시나 도시 내 특정 장소를 상품화하는 것으로, 일반 재화 및 용역과 다른 특징을 가지고 있다.
   • 도시마케팅의 상품은 도시의 이미지, 해당 도시의 역사 문화적 자산, 숙박시설 및 각종 서비스 등이 어우러져 하나의 상품을 구성하며 소비를 통해 변형되거나 소멸될 수 없다.
   • 도시정부 혹은 도시 내의 공·사적 주체가 목표 시장에 대해 경쟁 도시보다 효율적으로 상품을 제공하고 만족을 극대화하기 위해 효율적으로 관리하는 것이다.
   • 도시마케팅의 고객 : 주민, 투자기업, 관광객 및 방문객

2. 도시마케팅의 필수 고려사항
   • 도시자족성과 도시마케팅 : 고용자족성, 생활자족성, 환경자족성에 대한 제고를 통한 지역경제의 활성화
   • 도시경쟁력과 도시마케팅 : 도시의 상품가치를 높여 도시의 경쟁력 향상
   • 아이디어 및 차별성 : 창의적 아이디어를 통해 다른 도시와의 차별화된 이미지 형성

제4과목 국토 및 지역계획

61 제1차 국토종합개발계획에서의 권역 설정이 옳은 것은?

① 4대권 8중권 17소권
② 28개 지방정주생활권
③ 9개 광역생활권
④ 4개 대도시경제권

해설

국토종합개발계획의 개발권역
제1차 국토종합개발계획(1972~1981) : 4대권(한강, 금강, 낙동강, 섬진강 유역권), 8중권(수도권, 태백권, 충청권, 전주권, 대구권, 부산권, 광주권, 제주권), 17소권

62 어떤 지역의 총 고용인구는 500,000명이고 이 중 비기반부문의 고용인구가 400,000명이다. 그런데 이 지역에 외부지역으로의 수출만을 목적으로 하는 기반활동이 새롭게 입지하여 5,000명의 고용 증가가 예상된다면 이 지역의 총 고용인구는 얼마나 증가하는가?

① 10,000명   ② 15,000명
③ 20,000명   ④ 25,000명

해설

총 고용인구
• 경제기반승수 $= \dfrac{\text{총 고용인구}}{\text{기반산업고용인구}}$
$= \dfrac{500,000}{(500,000-400,000)} = 5$

경제기반승수는 단기적으로 변화가 없으므로
• 총 고용인구 변화 = 경제기반승수 × 기반산업고용인구 변화
= 5 × 5,000 = 25,000명

정답 60 ④   61 ①   62 ④

63 허쉬만(Hirshman)의 불균형 지역성장이론을 가장 잘 설명하는 것은?

① 대약진(Big - Push) 전략
② 역류효과(Backwash Effect)와 파급효과(Spread Effect)
③ 쇄신의 계층적 파급(Hierarchical Diffusion)
④ 극화(Polarization)와 적하효과(Trickling Down)

해설

불균형 성장이론
- 정의 : 신고전학파의 주장처럼 시장 방임은 생산요소의 자동적인 이동에 의해 지역 간 균형이 이루어지는 것이 아니라 오히려 지역 간의 격차를 확대시킨다는 이론
- 미르달 : 역류효과가 파급효과보다 훨씬 크다.
- 허쉬만(A. O. Hirschman, 1958) : 성극효과, 적하효과(= 분극효과) 유발 : "경제개발전략(The Stratage of Economic Development)"
- 성극효과(Polarization Effects)와 적하효과(Trickl - ing Down Effects = 분극효과)로 불균형 성장 설명 : 배후지역의 낙후 원인을 수요 부족으로 판단하였고, 부족한 수요가 전후방연쇄효과의 미약과 지역 간 상호연계의 취약성을 낳는다고 주장함
- 장기적으로는 중심지역이 제공하는 분극효과를 통해 배후지역의 경제도 성장하게 될 것이라고 전망
- 정부 정책은 주변지역에 역점을 두어 지역격차 해소 및 지역 간 균형개발하는 방향으로 추진되어야 한다고 주장

64 서울시 주변에 위치한 수원, 안성, 용인 등으로 대학교가 이전되거나 분교가 설치되는 현상과 가장 직접적으로 관련 있는 것은?

① 국토기본법
② 수도권정비계획법
③ 경기도 도시계획조례
④ 서울특별시 도시계획조례

해설

수도권정비계획법 제4조(수도권정비계획의 수립)
① 국토교통부장관은 수도권의 인구 및 산업의 집중을 억제하고 적정하게 배치하기 위하여 중앙행정기관의 장과 서울특별시장·광역시장 또는 도지사(이하 "시·도지사"라 한다)의 의견을 들어 다음 각 호의 사항이 포함된 수도권정비계획안을 입안한다. 〈개정 2013.3.23.〉
  4. 인구집중유발시설 및 개발사업의 관리에 관한 사항

수도권정비계획법 제2조(정의)
  3. "인구집중유발시설"이란 학교, 공장, 공공 청사, 업무용 건축물, 판매용 건축물, 연수 시설, 그 밖에 인구 집중을 유발하는 시설로서 대통령령으로 정하는 종류 및 규모 이상의 시설을 말한다.

수도권정비계획법 시행령 제3조(인구집중유발시설의 종류 등)
  법 제2조 제3호에 따른 인구집중유발시설은 다음 각 호의 어느 하나에 해당하는 시설을 말한다. 이 경우 제3호부터 제5호까지의 시설에 해당하는 건축물의 연면적 또는 시설의 면적을 산정할 때 대지가 연접하고 소유자(제3호의 공공 청사인 경우에는 사용자를 포함한다)가 같은 건축물에 대하여는 각 건축물의 연면적 또는 시설의 면적을 합산한다. 〈개정 2009.7.27., 2011.3.9〉
  1. 「고등교육법」 제2조에 따른 학교로서 대학, 산업대학, 교육대학 또는 전문대학(이에 준하는 각종학교를 각각 포함한다. 이하 같다)

65 최상위 도시의 인구를 기준으로 도시의 순위와 인구규모와의 관계를 이용하여 도시 정주체계를 분석한 대표적인 학자는?

① 지프(Zipf)
② 베버(A. Weber)
③ 뢰쉬(Losch)
④ 아이자드(Isard)

해설

- 순위 - 규모법칙 : 한 국가에서 수위도시의 인구(최상의 도시인구)를 바탕으로 도시 순위 간 인구분포를 이용, 도시의 정주체계를 분석하는 방법
- 지프의 모형과 Auerbach 모형이 대표적임

66 인구 200만 명의 A시와 인구 50만 명의 B시가 40km 떨어진 곳에 위치하고 있다. 컨버스의 수정소매인력이론에 의해 제안된 시장분기점은 A시로부터 얼마의 거리에서 형성되는가?

① 10.0km
② 13.3km
③ 26.7km
④ 30.0km

해설

- 레일리의 법칙은 만유인력법칙을 이용한다.
- $R = \dfrac{200}{x^2} = \dfrac{50}{(40-x)^2} = \dfrac{50}{40^2 - 80x + x^2}$
  $200(40^2 - 80x + x^2) = 50x^2$ ∴ $X = 80, 26.7$

67 독시아디스가 설정한 인간의 정주공간단위가 작은 것부터 큰 것으로 옳게 나열한 것은?

① Town - City - Metropolis - Megalopolis - Conurbation
② City - Town - Metropolis - Conurbation -

Megalopolis
③ Town - City - Metropolis - Conurbation - Megalopolis
④ City - Town - Conurbation - Megalopolis - Metropolis

해설

독시아디스(C. A. Doxiadis, 1963)
• 그리스의 도시계획가
• 에키스틱스(EKISTICS) 이론을 발전시켜 델로스(Delos)선언을 채택
• 인간정주학 구성요소(5요소) - 인간, 사회, 자연, 네트워크, 구조물
• 3차원 공간에 대한 4차원으로서 시간에 초점을 맞추어 다이나믹하게 발전하는 미래도시 - 다이나폴리스(dynapolis)
• 인간 정주학적(EKISTICS) 유형에 의한 분류(15단계) : 인간정주공간을 15개의 단위로 구분
• 도시형성 이전단계 : 개인 → 방 → 주거(4인) → 주거군 → 소근린 → 근린(1500)
• 도시형성 이후 단계

구분	영문	인구
소도시	Town	
도시		5만
대도시	City	
거대도시	Metropolis	200만
연담도시	Conurbation	1,400만
대상도시	Megalopolis	1억
도시화지역	Urban Region	
대륙도시	Urbanized Continent	
세계도시	Ecumenopolis	300억

68 지수성장모형의 설명 중 틀린 것은?

① 과거 인구가 거의 동일하게 증가되거나 감소되었고 미래에도 이와 같은 추세가 계속될 것으로 예상되는 도시에 적용한다.
② 인구가 정률 변화를 할 때 적합한 모형으로 증가율은 과거의 일정기간에 나타난 실제인구의 변화로부터 계산할 수 있다.
③ 안정적인 인구변화 추세를 나타내는 도시의 경우 이 방법을 사용하면 인구의 과도 예측을 초래할 위험이 높다.
④ 인구의 기하급수적인 증가를 나타내고 있기 때문에 단기간에 급속히 팽창하는 신도시의 인구를 예측하는 경우에 유용하다.

해설

• 지수모형(지수성장모형) : 단기간에 급속히 팽창하는 신개발지역의 인구예측에 유용
• 수정된 지수모형 : 인구성장의 상한선(k)을 설정한 후 그 상한선에 가까워지면 향후 인구성장 허용수준(K - Pt)의 일정비율만큼 성장 속도가 떨어지는 것으로 가정하는 모형

69 국토의 난개발 방지를 위해 새로 제정한 국토기본법과 국토의 계획 및 이용에 관한 법률로 통합 폐지된 법률이 아닌 것은?

① 국토이용관리법
② 도시계획법
③ 도시개발법
④ 국토건설종합계획법

해설

국토기본법과 국토의 계획 및 이용에 관한 법률로 통합 폐지된 법률

폐지된 법률	주요 내용	변천	통합된 법률	변천
국토이용관리법	국토의 효율적인 이용과 관리	1972년 제정 2002년 폐지	국토의 계획 및 이용에 관한 법률	2002년 제정
도시계획법	도시계획의 수립 및 집행에 필요한 사항을 규정	1962년 제정 2002년 폐지		
국토건설종합계획법	국토건설종합계획과 국토조사에 관한 사항 규정	1963년 제정 2000년 폐지	국토기본법	2000년 제정

70 계획권역(Planning Region)에 대한 설명으로 틀린 것은?

① 지역의 의존성보다는 동질성에 기초한 지역개념이다.
② 대개의 경우 정치, 경제, 사회, 문화적인 유대가 깊고 특히 어떤 중심지와 주변 지역과의 기능적 의존관계가 존재하는 범위를 묶어 설정하게 된다.
③ 계획의 필요에 따라 설정된 지역을 가리킨다.
④ 고용 또는 소득의 극대화나 지역개발의 극대화 등 어떤 목적을 가장 경제적인 방법으로 달성케 하는 연속된 공간이다.

해설

권역의 성격
- 고용 또는 소득의 극대화나 지역개발의 극대화 등 어떤 목적을 가장 경제적인 방법으로 달성케 하는 연속된 공간
- 계획의 필요에 따라 설정된 지역
- 계획지역(Planning Region)으로 사용되기도 함
- 대개의 경우 정치, 경제, 사회, 문화적인 유대가 깊고 특히 어떤 중심지와 주변 지역과의 기능적 의존관계가 존재하는 범위를 묶어 설정하게 된다.
- 대체적으로 행정구역과 일치

71 크리스탈러가 주장한 중심지이론(Central Place Theory)의 포섭원리로서 설명되지 않은 것은?

① 중심원리 : K = 1 ② 시장원리 : K = 3
③ 교통원리 : K = 4 ④ 행정원리 : K = 7

해설

중심지이론(Central Place Theory)의 포섭원칙
1. 시장의 원리(Marketing Principle, K = 3 System) (= 시장성 원칙)
2. 교통의 원리(Transportation Principle, K = 4 System)
3. 행정의 원리(K = 7 System)

72 수도권으로의 기능 집중에 따른 도시문제와 거리가 먼 것은?

① 도시경관의 악화 ② 교통난의 심화
③ 환경문제 심화   ④ 인력난 가중

해설

인력난 가중은 지방의 문제이다.

73 다음 중 프랑스 파리권의 집중억제를 위하여 실시한 정책이 아닌 것은?

① 오스만의 파리대개조계획
② 파리소재 대학의 지방이전
③ 신축 건물에 대한 부담금제도
④ 일정규모 이상의 기업체의 신증축 시 사전허가제 적용

해설

파리대개조계획은 도시환경을 개선하기 위한 계획이었다.

74 다음 중 대도시지역의 공간구조를 설명하는 대표적 유형으로 볼 수 없는 것은?

① 방사회랑형 ② 위성도시형
③ 확산도시형 ④ 단핵도시형

해설

대도시지역의 공간구조를 설명하는 대표적 유형
- 방사회랑형
- 위성도시형
- 확산도시형
- 압축도시형

75 다음의 지역 문제 해결책 중 그 성격이 가장 다른 하나는?

① 산업이전법(영국)
② 공업배치법(영국)
③ 특수지역개발촉진법(영국)
④ 테네시강 종합개발계획(미국)

해설

산업이전법, 공업배치법, 특수지역개발촉진법은 지역 간 불균형 발전문제를 완화하기 위한 법이며 테네시강 종합개발계획은 전후 발생한 경제공황의 문제를 해결하기 위해 시도한 경제발전을 위한 종합적 계획이다.

76 지역산업연관분석모형의 기본가정과 거리가 먼 것은?

① 모든 산업은 하나의 선형적·동질적 생산함수를 갖는다.
② 측정 기간 동안 교역계수는 동일하다.
③ 각 산업의 생산물은 결합생산물로 추계한다.
④ 외부경제와 비경제는 없다.

해설

- 구조방정식이 지닌 1차성의 가정 : 일정불변의 생산계수를 의미, 1차성의 가정은 모든 재화와 원료의 가격, 기업의 판매상태가 일정불변임을 의미(비현실적)
- 생산물은 원초적 생산요소, 중간재, 최종재로 구분하여 추계

77 지역 간 균형과 사회계층 간 형평성을 중시하는 개발 방식을 주요 전략으로 하여, 지역생활권개발의 이론적 근거가 되는 것은?

① 성장거점이론 ② 기본수요이론
③ 경제기반이론 ④ 중심지이론

정답 71 ① 72 ④ 73 ① 74 ④ 75 ④ 76 ③ 77 ②

해 설

1. 지역생활권(地域生活圈, Regional Community) 전략
   ㉠ 생활권을 중심으로 한 기본수요전략을 개발전략으로 한다. 특히 초점을 두고 있는 생활권은 일상생활권과 주간생활권이다.
   ㉡ 기본수요
   • 인간의 수요는 인간으로서 정상적인 기능을 함에 필요한 최저수요라는 의미의 객관적 수요와 인간이 충족되어야 할 것으로 인지하는 주관적 수요 두 가지 측면을 가지고 있다.
   • 이 두 가지의 상이한 기준을 타협하여 얻은 것이 기본수요(Basic Minimum Needs)라고 표현되며, 일반적으로 적절한 식생활, 주택 등 가계의 사적소비, 식수·보건·대중교통·교육 등 지역사회의 서비스공급을 포함하며 여기에 국민의 참여를 포함시키기도 한다.

78 지역의 소득격차를 측정하는 방법이 아닌 것은?

① 로렌츠곡선   ② 지니계수
③ 쿠즈네츠비   ④ 허프모형

해 설

지역의 소득격차를 측정하는 방법에는 파레토계수, 로렌츠계수, 지니의 집중계수, 쿠즈네츠의 비, 테일의 지수 등이 사용된다.

79 쇄신의 공간적 확산 유형으로 가장 거리가 먼 것은?

① 전염확산   ② 역류확산
③ 계층확산   ④ 이전확산

해 설

쇄신 확산의 유형(베리, Berry)
1. 공간적 확산(진행과정)
   • 전염적 확산
   • 계층적 확산 – 가구적 확산, 기업적 쇄신
2. 정보전달방법에 의한 분류
   • 이전확산
   • 팽창확산

80 지역계획과정에서 주민 참여의 기대 효과로 볼 수 없는 것은?

① 주민의 지지와 협조를 통한 집행의 효율화
② 주민요구에 대한 행정책임의 강화
③ 주민의 심리적 욕구충족과 주체성 회복
④ 주민요구를 통한 행정 수요 파악으로 사업의 우선순위 결정에 도움

해 설

주민참여의 순기능
• 주민의 심리적 욕구충족과 주체성 회복
• 주민의 권리, 재산상의 침해 예방 또는 극소화
• 자치단체의 행정실태 파악
• 주민의식 성숙, 사회적·정치적 능력 향상 도모
• 주민의 지지와 협조를 통한 집행의 효율화
• 자치단체와 주민 간 거리 단축으로 협조관계 강화
• 결정에 대한 책임분담이 가능해짐
• 주민요구를 통한 행정수요 파악으로 사업의 우선순위 결정에 도움

제5과목 도시계획관계법규

81 도시·군계획시설의 결정·구조 및 설치 기준에 관한 규칙상 용도지역별 도로율 기준이 틀린 것은?

① 주거지역 : 20% 이상 30% 미만
② 상업지역 : 25% 이상 35% 미만
③ 공업지역 : 10% 이상 20% 미만
④ 녹지지역 : 5% 이상 15% 미만

해 설

• 총 도로율 : 상업지역(25~35%), 주거지역(20~30%), 공업지역(10~20%)
• 주간선도로율 : 상업지역(10~15%), 주거지역(10~15 %), 공업지역(5~10%)

82 주차장법령상 설치된 부설주차장의 용도를 변경할 수 있는 경우가 아닌 것은?

① 도시개발법에 따른 도시개발사업으로 인하여 그 전부 또는 일부를 사용할 수 없게 된 주차장으로서 시·도지사의 확인을 받은 경우
② 시설물의 내부 또는 그 부지 안에서 주차장의 위치를 변경하는 경우로 시장·군수 또는 구청장이 주차장의 이용에 지장이 없다고 인정하는 경우
③ 해당 시설물의 부설주차장의 설치 기준을 초과하는 주차장으로서 그 초과 부분에 대하여 시장·군수 또는 구청장의 확인을 받은 경우
④ 도로교통법의 규정에 따라 차량통행이 금지되어 시장·군수 또는 구청장이 해당 주차장의 이용이 사실상 불가능하다고 인정한 경우

정답 78 ④   79 ②   80 ②   81 ④   82 ①

> **해설**
> 「국토의 계획 및 이용에 관한 법률」 제2조 제10호에 따른 도시·군계획시설사업으로 인하여 그 전부 또는 일부를 사용할 수 없게 된 주차장으로서 시장·군수 또는 구청장의 확인을 받은 경우에 용도를 변경할 수 있다.

83 도시·군관리계획 입안에 있어 주민 의견 청취 공고 및 공람에 관한 설명 중 옳은 것은?

① 당해 지역을 주된 보급지역으로 하는 하나의 일간신문에 공고하고 14일간 일반이 열람할 수 있도록 하여야 한다.
② 당해 지역을 주된 보급지역으로 하는 2 이상의 일간신문과 당해 시군의 인터넷 홈페이지에 14일 이상 일반인이 열람할 수 있도록 하여야 한다.
③ 중앙지 일간신문에 1회 이상 공고하고 14일간 일반이 열람할 수 있도록 하여야 한다.
④ 중앙지 일간신문에 2회 이상 공고하고 20일간 일반이 열람할 수 있도록 하여야 한다.

> **해설**
> 국토의 계획 및 이용에 관한 법률 시행령 제22조(주민 및 지방의회의 의견청취)
> ② 특별시장·광역시장·특별자치시장·특별자치도지사·시장 또는 군수는 법 제28조 제4항에 따라 도시·군관리계획의 입안에 관하여 주민의 의견을 청취하고자 하는 때에는 도시·군관리계획안의 주요 내용을 전국 또는 해당 특별시·광역시·특별자치시·특별자치도·시 또는 군의 지역을 주된 보급지역으로 하는 2 이상의 일간신문과 해당 특별시·광역시·특별자치시·특별자치도·시 또는 군의 인터넷 홈페이지 등에 공고하고 도시·군관리계획안을 14일 이상 일반이 열람할 수 있도록 하여야 한다.

84 도시공원 및 녹지 등에 관한 법률상 도시공원에 해당하지 않는 것은?

① 국립공원 ② 체육공원
③ 묘지공원 ④ 어린이공원

> **해설**
> | 공원 구분 |
> |---|
> | 1. 생활권공원 |
> | (1) 소공원 |
> | (2) 어린이공원 |
> | (3) 근린공원 |
> | • 근린생활권 근린공원 ・ 도시지역권 근린공원 |
> | • 도보권 근린공원 ・ 광역권 근린공원 |

> | 공원 구분 |
> |---|
> | 2. 주제공원 |
> | (1) 역사공원 (2) 문화공원 |
> | (3) 수변공원 (4) 묘지공원 |
> | (5) 체육공원 |
> | (6) 특별시·광역시 또는 도의 조례가 정하는 공원 |

85 체육시설의 설치·이용에 관한 법률에 따른 공공체육시설에 해당하지 않는 것은?

① 전문체육시설
② 재활체육시설
③ 직장체육시설
④ 생활체육시설

> **해설**
> 「체육시설의 설치 및 이용에 관한 법률」의 공공체육시설
> • 전문체육시설 : 국내·외 경기대회 개최와 선수훈련 등에 필요한 체육시설
> • 생활체육시설 : 주민이 쉽게 이용할 수 있는 체육시설
> • 직장체육시설 : 상시 근무자 500인 이상인 직장에 설치하는 체육시설

86 수도권정비계획법령에서 규정하는 광역적 기반시설에 해당하지 않는 것은?

① 대규모 개발사업지구와 주변 도시 간의 교통시설
② 환경오염 방지시설 및 폐기물 처리시설
③ 용수공급계획에 의한 용수공급시설
④ 대규모 개발사업지구 내의 주요 연수시설

> **해설**
> 대규모개발사업 시 관계행정기관의 장은 인구영향평가·교통영향평가 및 환경영향평가를 토대로 인구집중문제·교통문제·환경오염문제 등을 방지하기 위한 방안과 광역적 기반시설의 설치계획을 수립하여야 한다.
> • 대규모개발사업지구와 주변 도시 간의 교통시설
> • 환경오염방지시설 및 폐기물처리시설
> • 용수공급계획에 의한 용수공급시설
> • 기타 광역적 정비가 필요한 시설

87 개발제한구역관리계획에 관한 설명으로 옳은 것은?

① 개발제한구역관리계획은 도시·군관리계획으로 결정한다.

정답 83 ② 84 ① 85 ② 86 ④ 87 ②

② 국토교통부장관이 직접 관리계획을 수립하려면 중앙도시계획위원회의 심의를 거쳐야 한다.
③ 10년 단위로 수립하여 5년마다 재정비하여야 한다.
④ 시장·군수가 수립하여 시·도지사의 승인을 받아야 한다.

해설

개발제한구역관리계획
1. 수립권자
   ㉠ 시·도지사가 5년 단위로 일정한 사항이 포함된 관리계획을 수립
   ㉡ 미리 관계 시장·군수 또는 구청장의 의견 → 지방도시계획위원회의 심의
2. 결정권자
   ㉠ 국토교통부장관
   ㉡ 관리계획의 수립 또는 변경에 대한 승인 – 관계 중앙행정기관의 장과 협의 → 중앙도시계획위원회의 심의
   ㉢ 시·도지사가 관리계획을 변경하려면 국토교통부장관의 승인을 받아야 함(경미한 사항 예외)
   • 개발제한구역의 현황 및 실태에 관한 조사계획의 변경
   • 도시계획시설의 변경(건축물의 건축 연면적 또는 토지의 형질변경 면적의 감소, 면적의 10분의 1 이하의 증가, 승인받은 부지에서 건축 연면적의 증가 – 4층 이하 건축물)

88 도시·군계획시설로서 광장의 구분에 해당하지 않는 것은?

① 교통광장
② 일반광장
③ 보행광장
④ 지하광장

해설

광장
• 교통광장　　• 일반광장　　• 경관광장
• 지하광장　　• 건축물부설광장

89 도시·군관리계획에 포함되지 않는 것은?

① 용도지역·용도지구의 지정 또는 변경에 관한 계획
② 기반시설의 설치·정비 또는 개량에 관한 계획
③ 광역계획권의 장기발전방향에 관한 계획
④ 도시개발사업이나 정비사업에 관한 계획

해설

도시·군관리계획
특별시·광역시·시·군의 개발·정비 및 보전을 위하여 수립하는 토지이용·교통·환경·경관·안전·산업·정보통신·보건·후생·안보·문화 등에 관한 다음의 계획
• 지구단위계획구역의 지정 또는 변경에 관한 계획과 지구단위계획
• 용도지역·용도지구의 지정 또는 변경에 관한 계획

• 개발제한구역·도시자연공원구역·시가화조정구역·수산자원보호구역의 지정 또는 변경에 관한 계획
• 기반시설의 설치·정비 또는 개량에 관한 계획
• 도시개발사업 또는 정비사업에 관한 계획

90 건축법상 건축을 하는 건축주가 해당 지방자치단체의 조례로 정하는 기준에 따라 대지에 조경이나 그 밖에 필요한 조치를 하여야 하는 기준은?

① 면적이 100m² 이상인 대지에 건축을 하는 경우
② 면적이 150m² 이상인 대지에 건축을 하는 경우
③ 면적이 165m² 이상인 대지에 건축을 하는 경우
④ 면적이 200m² 이상인 대지에 건축을 하는 경우

해설

건축법 제42조(대지의 조경)
① 면적이 200제곱미터 이상인 대지에 건축을 하는 건축주는 용도지역 및 건축물의 규모에 따라 해당 지방자치단체의 조례로 정하는 기준에 따라 대지에 조경이나 그 밖에 필요한 조치를 하여야 한다. 다만, 조경이 필요하지 아니한 건축물로서 대통령령으로 정하는 건축물에 대하여는 조경 등의 조치를 하지 아니할 수 있으며, 옥상 조경 등 대통령령으로 따로 기준을 정하는 경우에는 그 기준에 따른다.
② 국토교통부장관은 식재(植栽) 기준, 조경 시설물의 종류 및 설치 방법, 옥상 조경의 방법 등 조경에 필요한 사항을 정하여 고시할 수 있다. 〈개정 2013.3.23.〉

91 주차장법상 단지조성사업 등으로 설치되는 노외주차장에 경형자동차를 위한 전용주차구획을 설치하여야 하는 비율 기준으로 옳은 것은?

① 노외주차장 총주차대수의 2% 이상
② 노외주차장 총주차대수의 3% 이상
③ 노외주차장 총주차대수의 4% 이상
④ 노외주차장 총주차대수의 5% 이상

해설

문제 출제 당시 기준은 5% 이상이었으나, 2016.7.19. 법이 개정되어 노외주차장 총주차대수의 10% 이상이 되었다.

92 택지개발촉진법상의 공공시설용지가 아닌 것은?

① 어린이놀이터를 설치하기 위한 토지
② 공동주택을 설치하기 위한 토지
③ 일반목욕장을 설치하기 위한 토지
④ 노인정을 설치하기 위한 토지

정답　88 ③　89 ③　90 ④　91 (답 없음)　92 ②

> **[해 설]**
> 택지개발촉진법 시행령 제2조(공공시설의 범위) 「택지개발촉진법」(이하 "법"이라 한다) 제2조 제2호에서 "대통령령으로 정하는 시설"이란 다음 각 호의 시설을 말한다. 〈개정 2015.11.11.〉
> 1. 어린이놀이터, 노인정, 집회소(마을회관을 포함한다), 그 밖에 주거생활의 편익을 위하여 이용되는 시설로서 국토교통부령으로 정하는 시설
>
> 택지개발촉진법 시행규칙 제2조(공공시설의 범위)
> ① 「택지개발촉진법 시행령」(이하 "영"이라 한다) 제2조 제1호에서 "주거생활의 편익을 위하여 이용되는 시설로서 국토교통부령이 정하는 시설"이란 다음 각 호의 시설을 말한다. 〈개정 2005.3.9., 2008.3.14., 2010.6.15., 2013.3.23., 2015.11.18.〉
> 4. 일반목욕장

93 국토의 계획 및 이용에 관한 법률과 동법 시행령에서 규정한 용도지구에 해당하는 것은?

① 개발진흥지구 ② 산업촉진지구
③ 도시시설지구 ④ 시설용지지구

> **[해 설]**
> 국토의 계획 및 이용에 관한 법률과 동법 시행령에서 규정한 용도지구 : 경관, 고도, 방화, 방재, 보호, 취락, 개발진흥, 복합용도지구, 특정용도제한

94 수도권정비계획법령상 관계 행정기관의 장이 성장관리권역에서 공업지역을 지정할 수 없는 지역은?

① 과밀억제권역에서 이전하는 공장 등을 계획적으로 유치하기 위하여 필요한 지역
② 인구증가율이 수도권의 평균 인구증가율보다 낮은 지역
③ 공장이 밀집된 지역을 재정비하기 위하여 필요한 지역
④ 개발 수준이 다른 지역에 비하여 뚜렷하게 낮은 지역의 주민 소득기반을 확충하기 위하여 필요한 지역

> **[해 설]**
> 수도권정비계획법 제8조(성장관리권역의 행위 제한)
> ① 관계 행정기관의 장은 성장관리권역이 적정하게 성장하도록 하되, 지나친 인구집중을 초래하지 않도록 대통령령으로 정하는 학교, 공공 청사, 연수 시설, 그 밖의 인구집중유발시설의 신설·증설이나 그 허가 등을 하여서는 아니 된다.
> ② 관계 행정기관의 장은 성장관리권역에서 공업지역을 지정하려면 대통령령으로 정하는 범위에서 수도권정비계획으로 정하는 바에 따라야 한다.

> 수도권정비계획법 시행령 제12조(성장관리권역의 행위 제한)
> ② 법 제8조 제2항에서 "대통령령으로 정하는 범위"란 다음 각 호의 어느 하나에 해당하는 지역을 말한다.
> 1. 과밀억제권역에서 이전하는 공장 등을 계획적으로 유치하기 위하여 필요한 지역
> 2. 개발 수준이 다른 지역에 비하여 뚜렷하게 낮은 지역의 주민 소득 기반을 확충하기 위하여 필요한 지역
> 3. 공장이 밀집된 지역을 재정비하기 위하여 필요한 지역
> 4. 관계 중앙행정기관의 장이 산업정책상 필요하다고 인정하여 국토교통부장관에게 요청한 지역

95 해당 용도지역별 용적률의 최대한도가 가장 낮은 것부터 순서대로 옳게 나열한 것은?

가. 제1종 전용주거지역	라. 일반상업지역
나. 중심상업지역	마. 전용공업지역
다. 준주거지역	바. 보전녹지지역

① 바, 가, 다, 마, 라, 나
② 바, 가, 다, 라, 마, 나
③ 바, 가, 마, 다, 나, 라
④ 바, 가, 다, 마, 라, 나

> **[해 설]**
> 가. 제1종 전용주거지역 : 50% 이상 100% 이하
> 나. 중심상업지역 : 400% 이상 1천500% 이하
> 다. 준주거지역 : 200% 이상 500% 이하
> 라. 일반상업지역 : 300% 이상 1천300% 이하
> 마. 전용공업지역 : 150% 이상 300% 이하
> 바. 보전녹지지역 : 50% 이상 80% 이하
> ※ 정답이 ④로 발표되었으나, 보기에 답 없음. "바, 가, 마, 다, 라, 나"가 되어야 함.

96 택지개발촉진법상 환매권에 관한 설명으로 틀린 것은?

① 수용 당시의 토지 등의 소유자로부터 승계를 받은 자는 환매권자가 될 수 없다.
② 수용한 토지 등의 전부 또는 일부가 필요 없게 되었을 때에 환매권자는 필요 없게 된 날부터 1년 이내에 환매할 수 있다.
③ 환매권자는 환매로써 제3자에게 대항할 수 있다.
④ 환매권자는 토지 등의 수용 당시 받은 보상금에 대통령령으로 정한 금액을 가산하여 시행자에게 지급하고 이를 환매할 수 있다.

정답 93 ① 94 ② 95 (답 없음) 96 ①

해설
토지 등의 전부 또는 일부가 필요 없게 된 때에는 수용 당시의 토지 등의 소유자 또는 그 포괄승계인(이하 "환매권자"라 한다.)은 필요 없게 된 날로부터 1년 내에 토지 등의 수용 당시 지급받은 보상금에 대통령령으로 정한 금액을 가산하여 시행자에게 지급하고 이를 환매할 수 있다.

97 도시개발법상 환지방식으로 사업을 시행하는 경우 시행자가 청산금을 징수하거나 교부하는 시기 기준은?(단, 환지를 정하지 아니하는 토지에 대한 경우는 고려하지 않는다.)

① 등기완료 후   ② 공사시행 완료 보고 후
③ 환지처분 공고 후   ④ 환지계획 인가 후

해설
도시개발법 제46조(청산금의 징수·교부 등)
① 시행자는 환지처분이 공고된 후에 확정된 청산금을 징수하거나 교부하여야 한다. 다만, 제30조와 제31조에 따라 환지를 정하지 아니하는 토지에 대하여는 환지처분 전이라도 청산금을 교부할 수 있다.

98 도시공원 및 녹지 등에 관한 법률상 "공원관리청"에 해당하는 자는?

① 국립공원관리공단   ② 국토교통부장관
③ 시장 또는 군수   ④ 도지사

해설
도시공원 및 녹지 등에 관한 법률 제20조(도시공원 및 공원시설 관리의 위탁)
① 공원관리청은 도시공원 또는 공원시설의 관리를 공원관리청이 아닌 자에게 위탁할 수 있다. 〈개정 2017.4.18〉

99 중앙행정기관의 장이나 지방자치단체의 장이 다른 법률에 따라 토지이용에 관한 지역·지구·구역 또는 구획 등 중 대통령령으로 정하는 면적 이상을 지정 또는 변경하려면 국토교통부장관의 협의나 승인을 받아야 한다. 이때 국토교통부장관이 협의 또는 승인을 하기 위해 중앙도시계획위원회의 심의를 거치지 않아도 되는 경우는?

① 농림지역에서「농지법」에 따른 농업진흥지역을 지정하는 경우
② 자연환경보전지역에서「수도법」에 따른 상수원보호구역을 지정하는 경우
③ 보전관리지역이나 생산관리지역에서「습지보전법」에 따른 습지보호지역을 지정하는 경우
④ 자연환경보전지역에서「자연환경보전법」에 따른 생태·경관보전지역을 지정하는 경우

해설
국토의 계획 및 이용에 관한 법률 제8조(다른 법률에 따른 토지이용에 관한 구역 등의 지정 제한 등)
⑤ 국토교통부장관 또는 시·도지사는 제2항 및 제3항에 따라 협의 또는 승인을 하려면 제106조에 따른 중앙도시계획위원회(이하 "중앙도시계획위원회"라 한다) 또는 제113조 제1항에 따른 시·도도시계획위원회(이하 "시·도도시계획위원회"라 한다)의 심의를 거쳐야 한다. 다만, 다음 각 호의 경우에는 그러하지 아니하다. 〈개정 2010.2.4., 2011.7.28., 2013.3. 23., 2013. 7.16.〉
1. 보전관리지역이나 생산관리지역에서 다음 각 목의 구역 등을 지정하는 경우
  가.「산지관리법」제4조 제1항 제1호에 따른 보전산지
  나.「야생생물 보호 및 관리에 관한 법률」제33조에 따른 야생생물 보호구역
  다.「습지보전법」제8조에 따른 습지보호지역
  라.「토양환경보전법」제17조에 따른 토양보전대책지역

100 도시 및 주거환경정비법령상 정비계획의 변경 시 주민에 대한 서면통보, 주민설명회, 주민공람 및 지방의회의 의견청취절차를 거치지 아니할 수 있는 경우가 아닌 것은?

① 정비구역면적의 10퍼센트 미만의 변경인 경우
② 공동이용시설 설치계획의 변경인 경우
③ 건축물의 건폐율 또는 용적률을 축소하는 경우
④ 정비사업 시행예정시기를 3년의 범위 안에서 조정하는 경우

해설
정비계획의 수립 및 내용 : 경미한 변경
• 정비구역이 통합 또는 분할되는 변경
• 정비구역면적의 10% 미만의 변경
• 건축계획의 변경 없는 정비기반시설의 위치 변경·규모의 10% 미만의 변경
• 공동이용시설·재난방지에 관한 계획의 변경
• 시행예정시기를 3년의 범위 안에서 조정
• 건축물의 건폐율·용적률·연면적·최고높이·최고층수를 축소하거나 3% 미만의 확대
※ 발표된 답은 ④번이나, 2018. 2. 29 법규 변경으로 현행법상 답 없음

정답 97 ③   98 ③   99 ③   100 ④ (답 없음)

2회 2014년 기출문제

제1과목 도시계획론

01 케빈 린치가 제시한 도시경관 이미지의 구성요소가 아닌 것은?
① Landmark ② Edge
③ District ④ Zone

해설
케빈 린치(Kevin Lynch)
- 케빈 린치의 도시이미지 구성요소 : 지구(District), 연변(Edge), 결절(Node), 통로(Path), 표지물(Landmark)
- 케빈 린치의 환경이미지 구성요소 : 동일성(Identity), 구조성(Structure), 의미성(Meaning)

02 도시성장관리의 목적이 아닌 것은?
① 어반스프롤(Urban Sprawl)의 방지
② 교통용량의 확장과 재개발 억제
③ 도시민의 삶의 질 향상
④ 효율적인 도시 형태의 구축

해설
도시성장관리의 목표
- 도시개발로 인한 공지의 감소 및 농경지의 도시용 토지로의 전환 방지
- 도시성장으로 인한 교통의 혼잡가중 방지
- 환경문제에 대한 관심으로 무질서한 개발, 상업적 개발 등을 통한 생태계의 파괴와 환경오염 예방
- 공공부문, 사회간접자본 비용지출의 축소
- 도시민의 생활의 질 향상

03 다음 조건일 때 주거지역 전체면적으로 알맞은 것은?

> ㄱ : 계획인구 15,000인
> ㄴ : 단독주택 비율 : 70%, 3인/호, 40호/ha
> ㄷ : 공동주택 비율 : 30%, 3인/호, 120호/ha

① 80ha ② 90ha
③ 100ha ④ 120ha

해설
$$순밀도(인/ha) = \frac{총인구}{주택면적}$$
$$단독주택 주택면적 = \frac{총인구}{순밀도(인/ha)} = \frac{15,000 \times 0.7}{120} = 87.5$$
$$공동주택 주택면적 = \frac{총인구}{순밀도(인/ha)} = \frac{15,000 \times 0.3}{360} = 12.5$$
단독 + 공동 = 87.5 + 12.5 = 100ha

04 미래사회 변화에 대비한 새로운 계획 패러다임의 방향으로 보기 어려운 것은?
① 자원 및 에너지 절약형 도시개발로의 전환
② 도·농 분리적 계획으로 생태 환경 보존
③ 시민참여 확대와 개발 주체의 다양화
④ 입체적·기능 통합적 토지이용관리

해설
도시계획의 새로운 패러다임
- 환경 중시 : ESSD와 Eco-city, 외부효과에 따른 공적 규제, 입체적 토지이용, 기능통합적 토지이용
- 균형성장 : 도시성장 관리, 집중과 분산, 도농통합시, 농촌도시권, 농도지구
- 도시의 문화화 : 장소성(Placeness), 공공공간의 Ame-nity, 문화예술지구
- 기타 : 시민이 함께 만드는 도시, 통일시대를 대비한 도시계획, 3차원 가상도시, U-시티(Ubiquitous City)

05 자본주의 사회의 도시계획에 대한 비판적 분석을 통해 형성되었으며, 도시에서 일어나는 끊임없는 계층 간의 갈등에 대해 정부가 간섭하는 과정을 통해 현대의 도시계획을 분석하고 설명한 계획이론 모형은?
① 협력적 계획 모형 ② 정치경제 계획 모형
③ 유기적 계획 모형 ④ 합리적 계획 모형

해설
정치경제 계획 모형
- 합리적 계획 모형에 대한 비판적 입장에서 비롯된 이론
- 계획을 정부의 집합적인 간섭으로 조망하면서, 도시에서의 끊임없는 계층 간의 갈등을 정부가 간섭하는 과정을 통해 현대의 계획을 분석하고 설명
- 계획의 실행은 자본 축적과정의 맥락 안에서 존재하며, 자본주의 생산양식의 관점에서 분석되어야 함
- 자본주의 사회의 결정적인 계층 간의 갈등이 도시현상에도 조명되어야 함
- 계획의 실행은 사회·역사적 맥락 안에서 비판적으로 분석되어야 함

정답 01 ④ 02 ② 03 ③ 04 ② 05 ②

06 철도의 지하정거장, 지하도 또는 지하상가와 연결하여 교통처리를 원활히 하고 이용자에게 휴식을 제공하기 위하여 필요한 곳에 설치하는 광장은?

① 지하광장
② 건축물광장
③ 경관광장
④ 교통광장

해설
지하광장
교통처리를 원활히 하고 이용자에게 휴식을 제공하기 위해, 출입구는 도로와 연결

07 튀넨(Von Thunen)의 지대이론에 대한 설명이 옳지 않은 것은?

① 지대는 토지의 위치에 따라 달라진다.
② 지대는 농산물이 생산되는 토지와 그 농산물이 판매되는 시장과의 거리에 의해 결정된다.
③ 생산성이 같은 토지라도 시장으로부터의 거리에 따라 지대가 달라진다.
④ 시장에서 멀어질수록 인구 밀도는 낮고 지대는 높다.

해설
농업입지이론
1. 개요
  ㉠ 튀넨의 고립국이론
  ㉡ 지대의 원인
    • 토지비옥도는 동일하다고 가정하고, 수송비의 차이를 지대로 봄
    • 지대 = 매상고 – 생산비 – 수송비
2. 특징
  ㉠ 지대가 높은 도심 : 근교농업(집약적 토지이용, 고가의 곡물생산)
  ㉡ 지대가 낮은 도심외곽 : 조방적 토지이용
  ㉢ 작물·경제활동에 따라 한계지대곡선은 달라짐
  ㉣ 농산물 가격·생산비·수송비·인간의 형태 변화는 지대를 변화시킴

08 도시의 구성요소에 관한 설명으로 틀린 것은?

① 시민은 도시를 구성하는 가장 기본적인 요소이다.
② 게데스(P. Geddes)는 도시 활동을 생활, 생산, 위락의 세 가지 요소로 구분하였다.
③ 도시화의 컨트롤 수단으로서 인구이동의 통제는 토지이용규제보다 더 유효하고 적법하다.
④ 도시 활동을 수용하고 지원하기 위해 토지 및 시설이 필요하다.

해설
도시화의 컨트롤 수단으로 인구이동을 통제하는 것은 토지이용을 규제하는 것보다 비효율적이다.
도시성격에 따른 기본적 도시기능
• 게데스(P. Geddes) : 생활, 생산, 위락
• 르 코르뷔지에(Le Corbusier) : 생활(주거), 생산(근로), 위락(여가) + 교통
※ 르 코르뷔지에가 교통을 추가한 이유 : 교통과 통신의 발달이 생활, 생산, 위락 등의 기본적인 도시활동을 기능적으로 분화시키거나 통합하는 역할을 수행한다고 판단

09 도시계획을 위한 자료 수집의 접근방법에 따라 1차 자료와 2차 자료로 구분할 때, 다음 중 1차 자료가 아닌 것은?

① 현지조사
② 면접조사
③ 설문조사
④ 통계분석

해설
도시조사 : 자료원에 대한 접근에 따라 1차, 2차 자료로 구분

1차 자료	현지조사	관찰법
		실측법
	면접조사	개인면접법
		전화면접법
		집단면접법
	설문조사	개인설문조사
		우편설문조사
		집단설문조사
2차 자료	문헌자료조사 통계자료조사	공식자료
		비공식자료
	지도분석	

10 고대 도시 및 도시 계획적 특성이 틀린 것은?

① 동양의 고대도시 기원은 기원전 2000년경 황하 중류지방 산동성 지역에 형성된 상 왕조에서부터 비롯되었다.
② 고대 그리스 도시는 도시 입구와 신전을 축으로 중간 지점에 아고라(Agora)를 배치하였다.
③ 로마는 광장(Forum)을 중심으로 발전하였다.
④ 히포다무스는 고대 그리스 도시에 방사형 가로체계를 발전시켰다.

정답 06 ① 07 ④ 08 ③ 09 ④ 10 ④

> **해설**
>
> 히포다무스(Hippodamus, 도시계획의 아버지)
> 1. 격자형 가로망 주장
>   - 아테네의 정복식민도시는 모두 격자형
>   - 문예부흥 이후 격자형 도시계획의 근원
>   - 미국이 대표적, 건축통제 및 하부구조 강조
>   - 하수도 먼저 설치
> 2. 도시계획 학문가와 도시계획가가 직업인으로 되어야 함
> 3. 3조이론 제안
>   3개조로 이루어진 건물집단 및 지구와 도로배치를 구분하기 위해 구성된 시민계급을 구성하는 집단 구분 : 농부집단, 무장한 군인집단, 예술가집단

11 도시기본계획에서 토지이용계획을 위한 토지의 용도 구분에 해당하지 않는 것은?

① 보전용지
② 시가화용지
③ 보전예정용지
④ 시가화예정용지

> **해설**
>
> 목표연도 토지수요를 추정하여 산정된 면적을 기준으로 시가화예정용지, 시가화용지, 보전용지로 토지이용을 계획한다.

12 뉴어바니즘(New Urbanism)의 기본 개념으로 틀린 것은?

① 근린주구 구성기법에 근거한 걷고 싶은 보행환경체계 구축
② 다양한 주거양식의 혼합
③ 디자인코드(Design Code)에 의한 건축물
④ 도시공간의 위계 파괴를 통한 자유스러운 토지이용유도

> **해설**
>
> 뉴어바니즘의 기본원리(헌장, 1996년)
> 보행환경(Walkability), 연계성(Connectivity), 복합용도와 다양성(Mixeduse & Diversity), 주택혼합(Mixed Housing), 도시설계와 건축(Urban Design & Archi tecture), 근린주구 구조(Neighborhood Structure), 고밀도 개발(Increased Density), 스마트 교통체계(Smart Transportation), 지속가능성(Sustainability), 삶의 질(Quality of Life)

13 도시계획 및 개발시 도시의 소프트웨어적 측면을 중요시 하는 경향 중 하나로, 문화, 정보, 미디어 분야 등을 중심으로 관, 산, 학, 연 간의 효과적인 융합이 시너지 효과를 일으킬 수 있는 새로운 산업기반을 갖춘 미래형 도시는?

① 창조적 혁신도시
② 친환경 생태도시
③ 행정중심복합도시
④ 도시재생

> **해설**
>
> 혁신도시 - 공공기관 지방이전에 따른 혁신도시 건설 및 지원에 관한 특별법 제2조(정의)
> 이전공공기관을 수용하여 기업·대학·연구소·공공기관 등의 기관이 서로 긴밀하게 협력할 수 있는 혁신여건과 수준 높은 주거·교육·문화 등의 정주(定住)환경을 갖추도록 이 법에 따라 개발하는 미래형 도시를 말한다.
> - 목적 : 공공기관 지방 이전 시책 등에 따라 수도권에서 수도권이 아닌 지역으로 이전하는 공공기관 등을 수용하는 혁신도시의 건설을 위하여 필요한 사항과 해당 공공기관 및 그 소속 직원에 대한 지원에 관한 사항을 규정함으로써 공공기관의 지방 이전을 촉진하고 국가균형발전과 국가경쟁력 강화에 이바지함

14 도시계획시설의 민간 투자방식에 대한 설명이 틀린 것은?

① BOT 방식 : 시설의 준공 후 일정 기간 동안 사업시행자에게 소유권이 인정되며, 기간 만료 시 국가 또는 지방 자치단체에 소유권이 이전되는 방식
② BTO 방식 : 시설의 준공과 동시에 국가 또는 지방자치단체에 소유권이 귀속되며, 사업시행자에게 일정기간 시설의 관리 운영권을 인정하는 방식
③ BOO 방식 : 시설의 준공과 동시에 국가 또는 지방자치단체에 소유권이 인정되는 방식
④ BLT 방식 : 사업시행자가 시설 준공 후 일정 기간 동안 운영권을 정부에 임대하고 임대 기간 종료 후 시설물을 국가 또는 지방자치단체에 이전하는 방식

> **해설**
>
> 민간투자 사회간접자본(SOC)의 사업추진방식의 종류
> BOO(Build-Own-Operate 건설·소유 운영방식) : 사회간접자본시설의 준공과 동시에 사업시행자에게 당해시설의 소유권을 인정

15 도시기반시설은 목적 측면에서 사익의 추구인가 공익의 추구인가로 구분하고 도시 내 존재의 필요성에 따라 필수성과 선택성으로 구분한다. 이를 4가지의 유형으로 분류하면 공익성·필수성이면 공공재의 성격이 강하고 사익성·선택성이면

민간부문에 의한 공급이 가능하다. 다음 시설 중 민간부문의 공급 가능성이 가장 높은 것은?

① 수영장 ② 문화시설
③ 사회복지시설 ④ 학교

해설

목적 \ 필요성	공익성	사익성
필수성	순공공재	공동소유재
선택성	요금제	민간재

16 1893년 미국 시카고의 만국박람회 개최를 계기로 시작된 도시미화운동이 19세기와 20세기의 토지이용 및 도시계획수립에 미친 영향과 거리가 먼 것은?

① 도시를 미적으로 개선함으로써 도시빈민층들에게 새로운 시민의식과 윤리적 가치를 불어 넣을 수 있었으며 이를 통해 어느 정도 사회악을 제거할 수 있었다.
② 미국의 도시들이 유럽의 미술양식을 이용하여 유럽의 도시들과 문화적으로 대등한 위치에 도달할 수 있었다.
③ 도시빈민층의 생활환경개선을 위해 도심부에 많은 민간 임대주택의 건설과 일자리 창출을 통해 모두가 평등한 사회를 이룩할 수 있었다.
④ 도시 중심부의 활력을 되찾게 함으로써 상류층을 끌어들여서 도시를 번창시킬 수 있었다.

해설
1. 정의
   1933년 미국 시카고세계무역박람회의 개최를 개기로 하여 모든 도시들은 역사적 공간에 오픈스페이스를 확보하고, 건축예술의 강조, 가로광장 등의 문화적 조형과 도시공원의 건설을 추구하는 운동으로 다니엘 벤헴(D. H. Burnham)이 주도하여 19C 말~20C 초까지 활발히 진행됨
2. 특징
   • 도시설계(Urban design)의 기원
   • 도시규모에 따라 공공건축물을 규제하는 도심부계획을 주축으로 함
   • 도시 중심부의 활력을 되찾게 하기 위해 상류층들을 끌어들임
   • 도시미화운동은 19세기 유럽의 수도를 그 기원으로 함(오스망의 파리재건, 비에나의 환상도로 건설이 모델)
   • 도시미화운동은 중앙집권적 사회체제에 바탕을 둠
   • 도시미화운동의 패턴은 정적이며, 절대적이고, 권위주의적임 (도시의 주체인 시민생활이나 지각과는 괴리가 있음)
   • 도덕적으로 사회를 개선하는 방안으로 도시의 아름다움을 추구했던 사회개혁운동
   • 도시미화운동은 매우 구조화되고 정형적이며 사실적인 미를 강조하는 도시계획적 접근

17 우리나라 도시계획제도의 성립과 변화 과정에 대한 설명으로 틀린 것은?

① 근대 도시계획제도는 1934년 제정된 조선시가지계획령에서 비롯되었다.
② 1962년 도시계획법이 제정되면서 일제의 잔재를 청산하고 새로운 도시계획체계를 확립했다.
③ 1981년 도시계획법이 전면 개정되면서 20년 장기의 도시기본계획수립을 제도화하였다.
④ 2002년 국토의 계획 및 이용에 관한 법률을 제정하면서 각각 다른 법률에 의하여 도시지역과 비도시지역으로 관리하도록 운영을 이원화하였다.

해설
도시계획 관련 제도의 변천
2002년 : 국토이용체계 전면적 개편
• 종전 도시지역과 비도시지역으로 구분하여 도시계획법과 국토이용관리법으로 이원화되어 있던 법률을 통합하여 국토의 계획 및 이용에 관한 법률을 제정
• 종전 국토3법(국토건설종합계획법, 국토이용관리법, 도시계획법)
• 개편 국토2법(국토기본법, 국토의 계획 및 이용에 관한 법률)

18 인구 증가에 따른 집적의 순이익이 감소하기 시작하여 집적의 이익과 불이익이 같아지는(집적의 순이익이 0이 되는) 때까지 나타나는 도시화 현상은?

① 집중적 도시화 ② 분산적 도시화
③ 역도시화와 탈도시화 ④ 재도시화

해설
분산적 도시화(Sub-Urbanization)
1. 인구 증가가 지속되어 중심도시에서 인구와 산업을 더 이상 수용할 수 없게 되어 주변지역 혹은 교외지역으로 인구와 산업이 분산되는 과정
2. 인구 증가에 따른 집적의 이익의 증가가 집적의 불이익의 증가보다 작아져 집적의 순이익이 감소하기 시작하는 A에서 집적의 이익과 집적의 불이익이 같아져 집적의 순이익이 0이 되는 때에 나타남
3. 분산적 도시화 단계에서 주변지역으로 시가지의 공간적인 확산 과정이 진행되는데, 이를 교외화(Sub-Urbanization)라고도 함

정답 16 ③ 17 ④ 18 ②

- 분산적 도시화 또는 교외화를 가능하게 하는 것은 도시교통기관의 발달 때문임
- 분산적 도시화가 지속되면 인구가 밀집한 외곽지역을 중심으로 부도심이나 지구중심이 형성되어 도시구조는 다핵화 현상으로 발전하게 됨

19 국토계획에 대한 설명이 틀린 것은?

① 전 국토를 대상으로 국토를 균형있게 발전시키고 국민의 삶의 질을 개선시키고자 하는 공간계획이다.
② 각 지방자치단체가 계획 수립의 주체가 되는 계획이다.
③ 국토의 공간구성과 관련있는 모든 분야가 망라되는 종합계획이다.
④ 하위계획과 구체적인 집행계획에 지침을 제시하는 지침제시적 계획이다.

해 설

국토계획의 성격
- 경제계획, 사회계획, 물리계획을 종합하는 종합계획이다.
- 하위운영계획의 지침을 제시하는 지침제시적 계획으로 국가의 정책계획이다.
- 지역적 수준의 범위는 최상위인 국가를 바탕으로 하는 계획이다.
- 계획기간이 20년인 장기계획이다.
- 국토의 균형발전을 목표, 국토의 미래상과 장기적 발전방향을 종합적으로 설정
- 국토에서 일어나는 여러 가지 인간활동의 공간적 배분문제를 다루는 공간계획

20 4단계 교통수요 추정방법에 대한 설명이 틀린 것은?

① 통행발생, 통행배분, 교통수단선택, 노선배정의 4단계로 나누어 순서적으로 통행량을 구하는 기법이다.
② 현재 교통여건을 지배하고 있는 교통체계의 메커니즘이 장래에도 크게 변하지 않는다고 가정한다.
③ 4단계를 거치는 동안 계획가나 분석가의 주관이 개입되지 않아, 객관적인 분석 결과를 얻을 수 있다.
④ 총체적 자료에 의존하기 때문에 통행자의 총체적·평균적 특성만 산출될 뿐, 행태적 측면은 거의 무시된다.

해 설

4단계 교통수요추정법

1. 전통적으로 가장 많이 사용되어온 방법이다.
2. 총체적 자료에 의존하므로 통행자의 개별 행태 측면이 고려되지 않는다.
3. 계획가나 분석가의 주관이 개입될 우려가 있다.
4. 분석결과에 대한 적절성을 검증하면서 순서적으로 추정해 가는 장점이 있다.

제2과목 도시설계 및 단지계획

21 다음 중 우리나라에 도시설계 제도가 도입된 것에 관한 설명으로 옳지 않은 것은?

① 제도로서의 도시설계를 처음 도입한 것은 1980년 건축법에 도시설계조항을 법제화한 것이다.
② 도시설계를 처음 도입할 당시 주된 관심사는 간선가로변의 미관 개선에 있었다.
③ 도시설계제도가 도입된 지 5년 후인 1985년에 상세계획제도가 도입되었다.
④ 도시설계 제도와 관련된 법규 중 지구지정 규정의 신설은 1991년에 이루어졌다.

해 설

상세계획제도
- 1991년 12월 도시계획법 개정
  상세계획구역의 지정(구도시계획법 제20조의3)이라는 조항으로 도입
- 1994년 건설부 훈령으로 상세계획 수립지침을 제정하여 시행

22 지구단위계획의 보행동선계획 수립시 유의하여 검토하여야 하는 사항 중 틀린 것은?

① 대지의 규모가 커서 보행자가 우회하지 않게 대지 안에 공공보행통로를 지정하는 방안을 검토한다.
② 건축선 후퇴부분에 대하여 주차장 부족에 따른 주차공간으로 활용을 적극 권장한다.
③ 보행동선은 계획구역과 구역 이외의 지역과도 네트워크가 형성되도록 하여야 한다.
④ 통과교통 억제를 위한 시설 등을 조성하여 보행자 전용도로의 설치를 검토하여야 한다.

해 설

- 구역의 유형별 특성을 감안하여 보행환경을 체계화

- 각각의 필지가 아닌 가구별 보행동선이 되도록 계획
- 건축선 후퇴부분은 보행에 장애를 주는 지장물이 설치되거나 주차 공간으로 사용하는 것을 피하도록 함
- 통과교통 억제를 위한 시설 등을 조성
- 주요한 보행축에는 보행자우선도로를 고려
- 대지의 규모가 커서 보행자가 우회하게 되는 불편이 없도록 한다.
- 주차장·광장·교통시설 등 보행자이용시설은 보행자가 걸어서 쉽게 이용하고 보행자가 보호될 수 있는 환경조성

23 국토의 계획 및 이용에 관한 법률에 규정된 지구단위계획의 내용이 아닌 것은?

① 단계별 집행계획
② 기반시설의 배치와 규모
③ 용도지역 또는 지구의 세분이나 변경
④ 건축물의 배치, 형태, 색채 및 건축선에 관한 계획

해 설

지구단위계획의 내용
①, ②, ③의 내용을 포함하여 4가지 이상의 내용이 포함되어야 함
- 기반시설의 배치와 규모
- 건축물의 용도제한·건폐율·용적률·높이의 최고한도 또는 최저한도
- 보행안전 등을 고려한 교통처리계획
- 용도지역 또는 용도지구를 그 범위 안에서 세분하거나 변경하는 사항
- 일단의 토지의 규모와 조성계획
- 건축물의 배치·형태·색채·건축선에 관한 계획
- 환경관리계획, 경관계획
- 토지이용의 합리화, 도시 또는 농·산·어촌의 기능 증진 등에 필요한 사항

24 다음 중 단지계획의 수립과정을 크게 목표설정단계, 조사·분석단계, 기본구상·대안설정 단계, 기본계획·기본설계단계, 실시설계·집행계획단계로 구분할 때, 해당 단계에 대한 설명이 옳지 않은 것은?

① 목표설정단계 : 계획의 전제가 되는 목표를 세우는 것과 그 계획목표에 따라 궁극적으로 달성하고자 하는 목적을 규정하고 구체화하는 단계이다.
② 조사·분석단계 : 답사와 통계적인 자료로부터 기초조사를 수행한다.
③ 기본구상·대안설정단계 : 설정한 목표에 따라 계획의 지침과 방향을 작성하는 과정이다.
④ 기본계획·기본설계단계 : 건축·토목·조경·각종 설비 등으로 구분되어 각 분야의 전문가에게 의뢰하여 작성한다.

해 설

기본계획·기본설계단계
- 건물배치·형태·유통체계·모든 외부공간 및 이에 관련된 내부공간에서의 행위·토지형태·중요한 조경처리·옥외공간에 영향을 미치는 사항들이 나타남
- 평면도·단면도·투시도, 컴퓨터그래픽과 프로그램, 예산계획이 첨부되며 의뢰인은 의례적으로 이를 검토함

25 범죄예방환경설계(CPTED)의 기법 중 바람직하지 않은 것은?

① 주변에서 눈에 띄지 않게 외부공간을 조성한다.
② 주민들이 모여 어울릴 수 있는 장소를 조성한다.
③ 도시 및 단지 내 시설물을 깨끗하고 정상적으로 유지한다.
④ 건물 및 시설물과 외부공간은 서로 잘 보이도록 배치를 조절한다.

해 설

- 범죄예방환경설계(CPTED) : 적절한 설계와 건축환경을 활용하여 범죄의 발생수준과 범죄에 대한 공포를 감소시켜 생활의 질을 향상시키는 설계기법
- 자연스러운 감시 : 건물이나 시설물 배치 시 시야를 가리는 구조물 등을 없애 가시권을 최대한 보장함으로써 공공장소의 자연적 감시가 이루어지도록 계획

26 공원 및 녹지의 계획에 관한 내용 중 맞는 것은?

① 어린이공원의 면적은 500m² 이상으로 한다.
② 도보권 근린공원의 면적은 1만 m² 이상으로 한다.
③ 공원이용자의 안전을 위해 입구를 제외하고는 가급적 도로를 배치하지 않는다.
④ 근린공원은 휴식, 여가, 운동 등 이용자의 옥외활동을 수용할 수 있도록 계획한다.

해 설

근린공원
1. 성격
- 근린공원이란 주로 1개의 근린주구(Neighborhood-unit)의 주민이 이용하기에 편리한 위치, 규모, 시설을 갖춘 도시공원
- 근린거주자의 보건, 휴양·정서생활의 향상에 기여함을 목적으로 설치하는 공원으로 이용자의 옥외활동을 수용할 수 있도록 계획한다.
- 근린공원은 이용거리 500m 이내의 근린생활권 근린공원으로부터 도시지역보다 넓은 광역권 근린공원에 이르기까지 그 범위가 넓으며, 그 최소면적도 10,000~ 1,000,000m²로서 그 범

정답 23 ① 24 ④ 25 ① 26 ④

위가 상당히 넓다.
2. 입지
- 근린공원은 1개의 정주단위를 이용권으로 안전하고 편리하며, 쾌적하게 이용할 수 있는 곳에 입지시키는 것을 원칙함
- 근린주민들이 500m 정도 걸어서 찾아올 수 있는 위치를 기준으로 함

27 도서관에 대한 설명 중 적절치 못한 것은?

① 도서관의 기획단계에서부터 장래 확장을 위한 대비를 미리 하여야 한다.
② 지역의 특성과 기능에 따라 도서관의 적절한 계열화를 도모하여야 한다.
③ 규모가 큰 도서관이나 본관은 녹지지역 등 주변환경이 수려한 곳에 설치한다.
④ 도서관은 도서관법에 따라 공공도서관, 전문도서관으로 나눌 수 있다.

해 설
도서관 : 규모가 큰 도서관이나 도서관의 본관은 도심지로서 이용자가 접근하기 쉽도록 대중교통수단의 이용이 편리하고, 위치를 확인하기 쉬운 곳에 설치할 것

28 단지계획의 도로망 구성에 있어서 도로의 폭원에 따라 대로·중로·소로로 구분할 경우, 다음 중 중로에 속하지 않는 규모는?

① 12m   ② 15m
③ 20m   ④ 25m

해 설
도로의 폭원별 분류에서 중로의 범위
25m 미만~12m 이상

29 준주거지역으로 용도지역을 지정할 경우 결정조건과 관계가 먼 것은?

① 주택지를 통과하는 주요 간선도로 및 철도역 주변의 주택지
② 계획적 주택단지 내에 상업시설용지가 요구되는 지역
③ 주거와 상업용도가 혼재하고 있지만 주로 주거환경을 보호해야 할 지역
④ 중·고층주택을 입지시켜 인근의 주거 및 근린상업시설 등이 조화될 필요가 있는 지역

해 설
준주거지역
준주거지역으로 용도지역을 지정할 경우 결정조건은 다음과 같다.
- 주거용도와 상업용도가 혼재하지만 주로 주거환경을 보호하여야 할 지역
- 중심시가지 또는 역 주변의 상업지역에 접한 주택지로서 상업적 활동의 보완이 필요한 지역
- 상업지역 및 공업지역에 접한 주택지로 어느 정도 용도의 혼재를 인정하는 지역
- 주택지를 통과하는 주요 간선도로 및 철도역 주변의 주택지
- 주거지역과 상업지역 사이에 완충기능이 요구되는 지역
- 계획적 주택단지 내의 상업시설용지가 요구되는 지역
- 장례식장·공장 등 주거환경을 침해할 수 있는 시설은 주거기능과 분리시켜 배치하고, 주변에 완충녹지를 배치토록 한다.
- 일반공업지역·전용공업지역과의 경계는 도로·하천 등의 지형지물에 의하여 명확히 구분한다.

30 다음 중 지구단위계획에서 결정할 수 있는 도시·군계획시설에 해당하지 않는 것은?

① 공원시설 : 공원묘지
② 유통·공급시설 : 공동구
③ 공간시설 : 공공공지
④ 공공·문화체육시설 : 도서관

해 설
지구단위계획으로 결정하는 도시·군계획시설의 종류
도시·군계획시설의 구분에 공원시설은 없다. 공공문화체육시설에서 도서관은 2016.2.12. 법개정을 통해 삭제되었다.

31 다음 중 괄호 안에 맞는 것은?

> 지구단위계획구역의 지정에 관한 도시·군관리계획결정의 고시일로부터 ( ) 이내에 당해 지구단위계획구역에 관한 지구단위계획이 결정·고시되지 아니하는 경우에는 다음날에 그 효력을 상실한다.

① 1년   ② 2년
③ 3년   ④ 5년

해 설
지구단위계획구역의 지정에 관한 도시관리계획결정의 고시일로부터 3년 이내에 당해 지구단위계획구역에 관한 지구단위계획이 결정·고시되지 아니하는 경우에는 그 3년이 되는 날의 다음 날에 당해 지구단위계획구역의 지정에 관한 도시관리계획결정은 그 효력을 상실한다.

정답 27 ③ 28 ④ 29 ④ 30 ①, ④ 31 ③

32 다음 중 주택건설기준 등에 관한 규정상에서 500세대 이상의 주택을 건설하는 주택단지에 의무적으로 설치하지 않아도 되는 시설은?

① 유치원　　　　② 어린이놀이터
③ 관리사무소　　④ 주민운동시설

> **해 설**
> 주택단지 안에 설치하는 시설의 설치기준
> • 어린이 놀이터, 관리사무소 : 50세대 이상
> • 경로당 등 : 100세대 이상
> • 주민운동시설 : 500세대 이상
> • 유치원 : 2,000세대 이상

33 C.A. Perry의 근린주구 개념으로 옳지 않은 것은?

① 크기는 초등학교 1개교를 유치할 수 있는 인구가 적당하다.
② 간선도로로서 경계되어 구획되어야 한다.
③ 지구내의 근린점포는 단지의 중심에 집중되어야 한다.
④ 내부 교통은 단지 내에서 원활하도록 하고 통과교통에 사용되지 않도록 한다.

> **해 설**
> ③ 지구 내의 점포라 함은 공공시설에 해당한다.
> 근린주구 기본개념
> • 공공시설 : 학교와 공공시설은 적당한 면적을 가지며 단지의 중심 위치에 적절히 통합 배치되어야 한다.
> • 지구 내 상업시설(근린점포) : 주민에게 적절한 서비스를 제공하는 1~2개소 이상의 상업지구가 주거지 또는 교통의 결절점이나 인접 근린주구의 유사지구 부분에 설치되어야 한다.

34 다음 중 아래와 같은 특징을 갖는 주택유형은?

> • 대개 2~3층이며, 아래층은 거실·부엌과 같은 생활공간이, 위층은 침실 등 휴식공간이 위치한다.
> • 단위주택마다 개인정원이나 뜰을 갖추고 있다.
> • 각 주호의 프라이버시가 중요한 요소이기 때문에, 정원의 프라이버시 확보를 위한 방법으로서 양쪽 경계벽의 구조가 중요하다.

① 연립주택　　　② 다세대주택
③ 중정형주택　　④ 타운하우스

> **해 설**
> 타운하우스(Town House)
> • 공동의 경계벽으로 인한 공사비 절감
> • 하나의 세대가 2개 층을 사용
> • 자신들의 집에 직접 출입, 개인정원·뜰을 갖춤
> • 어린이를 감시하기 쉽게 주택 근처에 놀이터 등을 갖춤

35 다음 중 국지도로 계획에 사용되는 기본패턴에 속하지 않는 것은?

① T자형　　　　② 격자형
③ 사다리형　　　④ Cul-de-sac형

> **해 설**
> 국지도로 기본패턴(국지도로 계획에 사용되는 기본패턴) : 구획도로 구성 형식
>
> | | |
> |---|---|
> | 격자형
(일반적 형식) | • 통과교통 허용으로 안전성이 낮다.
• 도로의 위계가 불분명하고 부정형 지형에 적용 곤란
• 각 택지에 대한 서비스 용이, 토지이용효율 증대
• 공간의 폐쇄성이 결여되어 장소성이 약하며, 단조로운 가구형성 |
> | T자형
(통과교통 배제) | • 교차점에서 격자형보다 안전하며 주행속도는 낮음
• 손실되는 토지가 적고 단조로운 가구 형성, 방향성 불분명
• 구획도로와 국지도로의 빈번한 교차 발생 |
> | Loop형
(차량 우회 교통 발생) | • 통과교통감소로 안전한 도로공간 및 생활공간 형성
• 정돈된 경관연출 가능 |
> | Cul-de-sac형
(통과교통 최대한 배제) | • 어린이 안전 및 주민의 일체성 확보와 쾌적성 우수
• 부정형 지형에 적용이 용이하고 회차부분을 활력있는 공간으로 조성가능
• 각 획지의 서비스 차량 진입 불편 및 집찾기 불편 |

36 다음 중 도시·군관리계획결정도의 표시기호인 ㉠과 ㉡에 대한 설명으로 옳은 것은?

① ㉠ : 벽면한계선　　② ㉡ : 건축한계선
③ ㉠ : 벽면지정선　　④ ㉡ : 건축지정선

정답　32 ①　33 ③　34 ④　35 ③　36 ④

[해설]

획지 및 건축물 등에 관한 지구단위계획 표시기호

특별계획구역	지구단위계획구역
굵은 실선	— ‥ —
획지경계선	대지분할가능선
지적경계선보다 약간 굵은 실선	······
건축지정선	건축한계선
⊔ ⊔ ⊔	———
벽면지정선	벽면한계선
········	· · · · ·
공동주택단지의 분산상가	공동주택단지의 단지 내 도로
●	◀——▶
공동개발	합벽건축
○ — — ○	○→←○
공공보행통로	보행주출입구
⊠⊠⊠⊠	△
차량출입허용구간	차량출입불허구간
▲	⊢×⊣
건축물의 용도	공동주택단지의 주택유형/평형
허용용도 / 권장용도	유형 / 평형
건축물의 용적률, 건폐율, 높이	
용적률 / 건폐율	최고높이 / 최저높이

37 지구단위계획구역에서 대지면적의 일부가 공공시설부지로 제공되도록 계획되는 경우, 다음의 조건에서 완화받을 수 있는 건폐율의 범위는?

〈조건〉
대지면적 : 10,000m², 조례로 정한 건폐율 : 50%
공공시설부지로 제공하는 면적 : 1,000m²

① 53% 이내 ② 55% 이내
③ 57% 이내 ④ 60% 이내

[해설]

건폐율 완화
$= 해당\ 용도지역에\ 적용되는\ 건폐율 \times \left(1 + \dfrac{공공시설부지\ 제공면적}{당초\ 대지면적}\right)$
$= 0.5\left(1 + \dfrac{1,000}{10,000}\right) = 0.5(1.1) = 0.55$ ∴ 55% 이내

38 다음 중 래드번(Radburn) 계획의 특징으로 가장 거리가 먼 것은?

① 보도와 차도를 분리하여 계획하였다.
② 주택 내부의 공간 배치에 있어서 거실과 침실은 차량 접근 도로쪽에 가깝게 배치하였다.
③ 쿨데삭(Cul-de-sac)형의 가로망을 일정한 간격으로 배열하고 쿨데삭 주변에 주택을 배치하였다.
④ 슈퍼블럭 내 차도를 단일기능 체계로 계획하였다.

[해설]

래드번 계획(Radburn-H. Wright, C. Stein)의 기본원리
• 자동차 통과교통의 배제를 위한 슈퍼블럭의 구성
• 기능에 다른 4가지 종류의 도로로 구분
• 보도망(Pedestrian Network)의 형성 및 보도와 차도(고가차도)의 입체적 분리
• 쿨데삭(Cul-de-sac)형의 세가로망 구성에 의해 주택의 거실을 차도에서 보도·정원을 향하도록 배치함
• 주택단지 어디로나 통할 수 있는 공동의 오픈스페이스를 조성

39 주민제안에 의해 지구단위계획구역 및 계획입안을 할 때 제출되는 계획설명서에 반드시 포함되어야 하는 사항이 아닌 것은?

① 재원조달방안
② 환경에 대한 검토결과
③ 교통에 대한 검토결과
④ 도시·군관리계획으로 결정할 지구단위계획의 내용 및 사유

[해설]
도시·군관리계획수립지침 제2절 계획설명서
계획설명서에는 기초조사결과서, 토지적성평가검토서, 재해취약성분석 결과서, 교통성검토서, 환경성검토서, 경관검토서, 도시·군계획시설 재검토서(장기미집행 시설을 해제하는 경우에는 해제 이후의 관리방안을 포함한다)가 첨부되어야 한다. 다만, 도시·군관리계획이 「도시교통정비촉진법」 제15조에 따른 교통영향평가 대상인 경우에는 교통성 검토서를 교통영향평가로 대체할 수 있다.

40 지구단위계획구역으로 반드시 지정하여야 하는 지역은?

① 도시 및 주거환경정비법에 의하여 지정된 정비구역에서 시행되는 사업이 완료된 후 5년이 경과된 지역
② 택지개발촉진법에 의한 택지개발예정지구에서 시행되는 사업이 완료된 후 7년이 경과된 지역
③ 녹지지역에서 주거지역·상업지역 또는 공업지역으로 변경되는 지역으로서 그 면적이 30만 m²인 지역
④ 시가화조정구역 또는 공원에서 해제되는 지역으로서 그 면적이 20만 m²인 지역

[해설]
지구단위계획구역으로 반드시 지정하여야 하는 지역
- 정비구역·택지개발예정지구에서 시행되는 사업이 완료된 후 10년이 경과된 지역
- 시가화조정구역 또는 공원에서 해제되는 지역, 녹지지역에서 주거지역·상업지역 또는 공업지역으로 변경되는 지역으로 그 면적이 30만 m² 이상인 지역

제3과목 도시개발론

41 개발수요를 예측하기 위한 예측 기법 중, 전문가 집단을 대상으로 반복 앙케이트를 행하여 의견을 수집하는 방법은?

① 중력모형   ② 이동평균법
③ 인과분석법 ④ 델파이법

[해설]
1. 정의
- 고대그리스의 아폴로 신전이 있던 도시의 이름으로 아폴로 신전의 여사제가 그리스 현인들로부터 의견을 널리 수렴하였다는 데에서 유래

- 각종계획에서 계획수립을 위한 장기적인 미래예측에 많이 쓰이는 방법
2. 방법
- 전문가 집단을 대상으로 앙케이트 반복을 통해 의견을 조사하여 반영하는 방법
- 지속적인 피드백 실시
3. 특징
- 토론에서 발생하기 쉬운 심리적 교란이 없음
- 여러 사람의 판단이 환류·수렴되기 때문에 결론이 의미있게 받아들여질 수 있음

42 자산유동화에 관한 법률의 제정으로 도입되었으며, 주택저당대출채권, 매출채권, 부동산 등 현금흐름이 창출될 수 있는 자산을 유동화전문회사에 양도하고, 유동화전문회사가 이들 자산을 기초로 자기명의로 발행하여 투자자에게 매각하는 채권 또는 증권을 무엇이라 하는가?

① 메자닌 금융(Mezzanin Financing)
② 리츠(REITs)
③ 부동산신탁
④ 자산담보부증권(ABS)

[해설]
자산담보부증권(ABS ; Asset-Backed Securities)
금융기관이나 기업이 보유한 장기성 유가증권·대출채권·외상매출금 등의 자산을 담보로 증권을 발행하여 투자자에게 매각함으로써 자금을 조달하는 금융기법

43 Calthorpe(1993)가 정리한 TOD(Transit Oriented Development)의 원칙으로 틀린 것은?

① 지상공간이 아닌 지하공간을 최대한 활용
② 주택의 유형, 밀도, 비용의 혼합 배치
③ 공공공간을 건물배치 및 근린생활의 중심지로 조성
④ 기존 근린지구 내에 대중교통 노선을 따라 재개발 촉진

[해설]
피터 칼소프(Peter Calthorpe, 1993)의 TOD 7가지 원칙
- 대중교통서비스를 유지할 수 있는 고밀도를 유지
- 역으로부터 보행거리 내에 주거, 상업, 직장, 공원, 공공시설 배치
- 지구 내에는 걸어서 목적지까지 갈 수 있는 보행친화적인 가로망 구성
- 주택의 유형, 밀도, 비용의 혼합배치
- 양질의 자연환경과 공지 보전
- 공공공간을 건물배치 및 근린생활의 중심지로 조성
- 기존 근린지구 내에 대중교통 노선을 따라 재개발 촉진

정답 40 ③ 41 ④ 42 ④ 43 ①

44 1981년 미국의 샌프란시스코를 필두로 하여 도심재개발에 적용된 연계정책(Linkage Policy)에 대한 설명으로 가장 거리가 먼 것은?

① D. Keating, G. McMahon 등이 링키지(Linkage)란 용어를 사용하였다.
② 링키지에 대한 정의의 폭이 각기 다른 것은 연계프로그램의 정책적 내용이 차츰 확대되어 나가고 있음을 반영하는 것으로 볼 수 있다.
③ 시당국이 신규로 상업적 개발을 허가해 주는 대신 개발업자에게 일정한 주택, 고용기회, 보육시설, 교통시설 등의 건설을 촉구하는 다양한 프로그램으로 정의하기도 한다.
④ 업무, 상업시설 등을 고려하여 고소득 주택과의 연계만을 추구하는 것이 일반적이다.

해 설
연계정책(Linkage Policy)
도시재생 또는 도시부흥에 의해 쇠퇴한 도심과 기성시가지의 재도시화로 인해 도시 내부의 양극화 현상의 심화로 이원도시(Dual City)를 형성하게 되고 이에 대한 대책으로 양극화를 해소할 수 있는 새로운 유형의 도시개발로 선진국의 도시에서 채택하기 시작한 정책
- 따라서, 고소득 주택과의 연계뿐만 아니라 저소득층의 주택건설 촉진하려는 개발 형태를 갖는다.

45 입찰지대(Bid-Rent)에 대한 설명이 틀린 것은?

① 입찰지대가 높은 곳은 일반적으로 개발 밀도가 높다.
② 입찰지대는 중심지가 가장 높고 외곽으로 갈수록 낮아진다.
③ 입찰지대는 동심원이론을 설명하는 경제학적 토대가 된다.
④ 입찰지대가 가장 낮은 곳은 일반적으로 상업용 토지로 이용된다.

해 설
1. 지가(Land Price) : 접근성과 밀접한 관계가 있으며 도심이 가장 높음
2. 접근성(Accessibility)
3. 지대(Rent) – 토지이용에서 얻어지는 수익
4. 지대와 토지이용
   • 지대와 접근성의 차이 : 접근성이 높으면 지대 높음
   • 상업·업무 지구 → 공업지구 → 주거지구
5. 거리 조락(Distance Decay)
   • 지가와 접근성 : 접근성이 클수록 지가가 높다.
• 도심(CBD)이 가장 접근성이 높으며, 최고지가지점(PLVI ; Peak Land Value Intersection)임

46 레오 반덴 버그(Leo van den Berg)가 인구변화에 따라 구분한 도시화의 4단계에 해당하지 않는 것은?

① 도시화 단계(Stage of Urbanization)
② 교외화 단계(Stage of Suburbanization)
③ 반도시화 단계(Stage of Deurbanization)
④ 신도시화 단계(Stage of New-Urbanization)

해 설
버그(Van den Berg)와 클라센(Klassen)의 도시화 4단계(도시공간의 순환과정)
집중적 도시화(Stage of Urbanization) → 교외화(Stage of Suburbanization) → 역도시화(Stage of Deurban-ization), 반도시화 → 재도시화(Stage of ReUrbanization)

47 계획단위개발(PUD)의 4단계 시행절차의 순서가 옳은 것은?

| a. 예비개발계획 | b. 사전회의 |
| c. 최종개발계획 | d. 개별개발계획 |

① a-b-d-c   ② b-c-d-a
③ b-d-a-c   ④ a-d-b-c

해 설
계획단위개발(PUD)은 사전회의 – 개별개발계획 – 예비개발계획 – 최종개발계획 순으로 진행된다.

48 급격한 도시화로 인한 도시문제를 해결하고자 제시한 이상도시 계획안과 계획가의 연결이 틀린 것은?

① 팔란스테르(Phalanstere) - 리차드슨(Richardson)
② 선형도시(Linear City) - 소리아 이 마타(A. Soria Y Mata)
③ 모형도시(Model Town) - 풀만(Pullman)
④ 공업도시(Une Cite Industrielle) - 가르니에(T. Garnier)

[해설]
푸리에(C. Fourier)의 팔란스테르(Phalanstere)
1829년 도시 대신 단일 건물인 팔란스테르(Phalanstere) 제안

49 재개발사업의 시행 방식 중 사업시행자가 해당 부지 또는 인접 지역에 소유하고 있는 토지를 이용하여 재개발지역 주민 일부를 이주시키고 그 지역을 먼저 개발한 뒤 입주시키고 순차적으로 다른 지역으로 확산해 나가는 것은?

① 자력재개발방식　② 위탁재개발방식
③ 순환재개발방식　④ 합동재개발방식

[해설]
순환재개발
재개발구역의 일부 지역 또는 당해 재개발구역 외의 지역에 주택을 건설하거나 건설된 주택(양 주택을 합하여 "순환용주택"이라 함)을 활용하여 재개발구역을 순차적으로 개발하거나 재개발구역 또는 재개발사업시행지구를 수개의 공구로 분할하여 순차적으로 시행하는 재개발방식

50 도시개발법에 따른 도시개발구역 지정대상지역 및 규모기준이 틀린 것은?

① 주거지역 및 상업지역(도시지역) : 1만 제곱미터 이상
② 도시지역 외의 지역 : 10만 제곱미터 이상
③ 자연녹지지역(도시지역) : 1만 제곱미터 이상
④ 공업지역(도시지역) : 3만 제곱미터 이상

[해설]
도시개발구역 규모
- 주거·상업, 자연·생산녹지 : 1만 m² 이상
- 공업지역 : 3만 m² 이상
- 도시지역 외의 지역 : 30만 m² 이상

51 도시저소득주민이 집단으로 거주하는 지역으로서 정비기반시설이 극히 열악하고, 노후·불량 건축물이 과도하게 밀집한 지역에서 주거환경을 개선하기 위하여 시행하는 정비사업은?

① 주거환경개선사업　② 재개발사업
③ 재건축사업　　　　④ 도시환경정비사업

[해설]
주거환경개선사업
- 도시저소득 주민이 집단거주하는 지역으로서
- 정비기반시설이 극히 열악하고 노후·불량건축물이 과도하게 밀집한 지역의 주거환경을 개선
- 단독주택 및 다세대주택이 밀집한 지역에서 정비기반시설과 공동이용시설 확충을 통하여 주거환경을 보전·정비·개량하기 위한 사업
- 정비구역에서 정비기반시설 및 공동이용시설을 새로 설치하거나 확대하고 토지등소유자가 스스로 주택을 보전·정비하거나 개량하는 방법
- 정비구역의 전부 또는 일부를 수용하여 주택을 건설한 후 토지등소유자에게 우선 공급하거나 대지를 토지등소유자 또는 토지등소유자 외의 자에게 공급하는 방법
- 환지로 공급하는 방법
- 인가받은 관리처분계획에 따라 주택 및 부대시설·복리시설을 건설하여 공급하는 방법

52 도시재정비 촉진을 위한 특별법에 따른 재정비촉진사업에 해당하는 것은?

① 기업도시개발 특별법에 따른 기업도시개발사업
② 주택법에 따른 국민주택건설사업
③ 전통시장 및 상점가 육성을 위한 특별법에 따른 시장정비사업
④ 공공주택건설 등에 관한 특별법에 따른 공공주택건설사업

[해설]
재정비촉진지구 안에서 시행되는 다음의 사업
- 「도시 및 주거환경정비법」에 의한 주거환경개선사업·주택재개발사업·주택재건축사업·도시환경정비사업
- 「도시개발법」에 의한 도시개발사업
- 「재래시장 육성을 위한 특별법」에 의한 시장정비사업
- 「국토의 계획 및 이용에 관한 법률」에 의한 도시계획시설사업

53 특수목적회사(SPC)에 대한 설명으로 틀린 것은?

① 채권 매각과 원리금 상환이 주요 업무이다.
② 부실채권 처리 업무가 끝난 후 개발회사로 발전한다.
③ 파산 위험 분리 등의 목적으로 유동화 대상자산을 양도받아 유동화 업무를 담당한다.
④ 부실채권을 매수해 국내외의 투자자들에게 매각하는 중개기관 역할을 한다.

정답　49 ③　50 ②　51 ①　52 ③　53 ②

해설
유동화전문회사, 특수목적회사(SPC ; Special Purpose Company)는 자산관리와 자산매각 등을 통해 투자원리금 상환을 위한 자금 마련으로 부실채권 처리업무가 끝나면 자동으로 사라지게 됨

54 일정 규모 이상의 단지개발에 있어서 단지 전체를 규제단위로 하여 지역제나 택지분할규제와 같은 일반적 규제를 적용하지 않고 밀도규제 완화, 용도 혼합 등 유연한 토지이용규제를 통하여 단지 전체의 조화를 도모하는 도시개발방법은?

① 계획단위개발 ② 단지계획
③ 적용특례 ④ 혼합지역제

해설
계획단위개발(PUD)
일단의 지구를 하나의 계획단위로 보아 그 지구의 특성에 맞는 설계기준을 개발자와 그 개발을 관장하는 당국 간의 협상과정을 통해 융통성 있게 능률적으로 책정, 허용함으로써 공적 입장에서 요구되는 환경의 질과 개발자의 입장에서 요구되는 사업성을 동시에 추구하는 제도로 우리나라의 지구단위계획 내의 특별계획구역제도와 유사

55 대기오염, 소음, 진동, 악취, 그 밖에 이에 준하는 공해와 각종 사고나 자연재해, 그 밖에 이에 준하는 재해 등의 방지를 위하여 설치하는 녹지는?

① 방재녹지 ② 경관녹지
③ 연결녹지 ④ 완충녹지

해설
녹지의 종류
도시지역 안에서 자연환경을 보전하거나 개선하고, 공해나 재해를 방지함으로써 도시경관의 향상을 도모하기 위하여 도시관리계획으로 결정된 것

완충녹지	대기오염·소음·진동·악취 등의 공해와 각종 사고나 자연재해 등의 방지를 위하여 설치하는 녹지
경관녹지	도시의 자연적 환경을 보전·개선·복원함으로써 도시경관을 향상시키기 위하여 설치하는 녹지
연결녹지	도시 안의 공원·하천·산지 등을 유기적으로 연결하고 도시민에게 산책공간의 역할을 하는 등 여가·휴식을 제공하는 선형의 녹지

56 시장분석 중 시장상황을 전반적으로 검토하기 위한 SWOT분석의 내용이 옳은 것은?

① S(Straight) - W(Wonder) - O(Order) - T(Training)
② S(Strength) - W(Weakness) - O(Opportunity) - T(Threat)
③ S(Strength) - W(Weakness) - O(Order) - T(Training)
④ S(Straight) - W(Wonder) - O(Opportunity) - T(Threat)

해설
SWOT분석
• 강점(Strength) • 약점(Weakness)
• 기회(Opportunity) • 위협(Threat)

57 환지계획구역의 면적이 1,000m², 보류지의 면적이 400m², 시행자에게 무상귀속되는 공공시설면적이 150m²일 때, 환지계획구역의 평균 토지부담률은 약 얼마인가?

① 19.4% ② 29.4%
③ 39.4% ④ 49.4%

해설
$$\frac{\text{보류지면적} - \text{시행자에게 무상귀속되는 공공시설면적}}{\text{환지계획구역면적} - \text{시행자에게 무상귀속되는 공공시설면적}} \times 100$$
$$= \frac{400\text{m}^2 - 150\text{m}^2}{1{,}000\text{m}^2 - 150\text{m}^2} \times 100 = 29.41\%$$

58 토지상환채권의 발행 규모는 그 토지상환채권으로 상환할 토지·건축물이 해당 도시개발사업으로 조성되는 분양토지 또는 분양건축물 면적의 얼마를 초과하지 아니하도록 하여야 하는가?

① 2분의 1 ② 3분의 1
③ 4분의 1 ④ 5분의 1

해설
토지상환채권 발행규모
상환할 토지·건축물이 분양토지 또는 분양건축물 면적의 1/2 미만이어야 함

정답 54 ① 55 ④ 56 ② 57 ② 58 ①

59 도시의 개발 여건 분석에 대한 설명이 틀린 것은?

① 입지분석 : 부지의 이용가치를 극대화하기 위한 분석으로 개발 콘셉트를 사업화하기 위한 일련의 타당성 분석 가운데 가장 먼저 행해지는 것
② 물리적 여건 분석 : 지역이나 장소에 경쟁력을 확보할 수 있는 사업 아이템을 개발하는 것
③ 지리적 여건분석 : 부지 자체가 아닌 그 부지가 속해 있는 좀 더 넓은 범위인 지역 단위의 여건을 분석하는 것
④ 법적·제도적 여건분석 : 개발은 규제에 영향을 받으므로 개발과 관련된 규제에 대한 분석을 수행하는 것

해 설
도시의 개발 여건 분석 중 물리적 여건분석
개발대상 부지 자체가 가지고 있는 자연지리적, 물리적 특성을 분석하는 것

60 도시개발사업 방식 중 도시개발 대상지의 토지 취득 방법에 따른 개발방식이 아닌 것은?

① 혼용방식
② 환지방식
③ 전면임대방식
④ 수용·사용방식

해 설
토지취득방법에 따른 도시개발사업방식
환지방식, 매수방식(수용 또는 사용), 혼용방식(환지 + 매수)

제4과목 국토 및 지역계획

61 제1차 국토종합개발계획에서의 권역 설정이 옳은 것은?

① 9개 광역생활권
② 28개 지방정주생활권
③ 4대권 8중권 17소권
④ 4개 대도시경제권

해 설
제1차 국토종합개발계획에서의 권역설정
• 4대권(한강, 금강, 낙동강, 섬진강)
• 8중권(수도권, 태백권, 충청권, 전주권, 대구권, 부산권, 광주권, 제주권)
• 17소권

62 지역발전의 경제기반이론에 기초하여 아래 사례 지역의 고용통계를 활용하여 기반승수를 구하면 얼마인가?

• 기반산업부문고용 : 25,000명
• 비기반산업부문고용 : 50,000명
• 총 인구 : 150,000명

① 0.17
② 0.50
③ 2.00
④ 3.00

해 설
$$경제기반승수 = \frac{기반인구 + 비기반인구}{기반인구}$$
$$= \frac{25,000 + 50,000}{25,000} = 3.00$$

63 다음 각 학자들과 그들이 주장한 지역 구분이 바르게 짝지어진 것은?

① Boudeville : 동질·분극·계획·사업지역
② Herbertson : 지리적·경제·사회문화지역
③ Hilhorst : 과밀·중간·낙후지역
④ Hansen : 대도시·중소도시·농촌지역

해 설
• 보드빌(S. Boudeville)의 지역 구분 : 동질지역, 결절지역(분극지역), 계획지역
• 힐호스트(Hilhorst)의 지역 구분 : 분극지역, 계획권역, 동질지역, 사업지역
• 한센(N. Hansen)의 동질지역 구분 : 과밀지역, 중간지역, 낙후지역
• 허버트슨(Herbertson)의 지역 구분 : 지리적·경제·사회문화지역

64 다음 중 입지계수법(Location Quotient Method)에 대한 설명으로 옳지 않은 것은?

① A지역 특정산업의 입지계수(LQ값)가 1보다 크면 A지역은 해당 산업이 비교적 특화되어 있다는 의미다.
② 중간재의 특성을 고려한 장점이 있다.
③ 수출기반모형 중 하나인 입지계수법은 수요모형에 해당한다.
④ 어떤 산업의 생산품에 대한 수요수준이 전국적으로 동일하다고 가정하는 모순이 있다.

정답 59 ② 60 ③ 61 ③ 62 ④ 63 ② 64 ②

해 설

입지계수(LQ ; Location Quotient) 단점
- 다른 공급 측면을 무시하고 있다.(수출만을 고려하여 수입은 고려하지 않음)
- 기반·비기반산업의 구분이 어렵다.
- 내적 요인(산업의 구조조정, 기술혁신)이 성장에 기여하는 측면을 제대로 설명하지 못함

65 지역계획에 대한 설명으로 가장 적절한 것은?

① 지역계획은 최하위 공간 단위계획과 전국계획 사이의 중간 계층적 공간 계획을 의미한다.
② 지역계획은 최소 1개 이상의 공간 단위를 대상으로 한 전국계획 하위 체계의 공간 계획이다.
③ 지역계획은 국가 경제성장 정책의 수행을 위한 사회경제적 수단을 제시하는 전략적 종합 계획이다.
④ 지역계획은 도시의 광역화에 따라 발생하는 문제를 효과적으로 대처하기 위한 중앙 정부에 의한 조정적 계획이다.

해 설

지역계획 : 종합적 학문이며 규범적·실천적, 공간적 학문
- 정치·경제·사회 모든 분야를 망라할 뿐 아니라 인문과학과 자연과학의 종합된 종합과학
- 행위를 규제하는 규범적 학문
- 지역문제에 대한 진단과 처방을 내리는 실천·임상적 학문
- 공간을 대상으로 공간적 배분과 형평성을 중시하는 학문

66 로렌츠 곡선(Lorenz Curve)이 지역계획 수립 시에 활용되는 경우로 적당한 것은?

① 지역 간 인구이동의 분석 및 예측
② 국민소득의 지역 간 분포격차 분석
③ 지역인구의 성별, 연령별, 인구구조분석
④ 지역적인 차원에서의 산업부분 간 경제활동의 상호의존관계 분석

해 설

로렌츠 곡선
로렌츠 곡선은 소득분포를 파악하는 데 사용되는 방법으로 완전평등 곡선 아래 면적에 현실소득곡선을 뺀 아래 면적인 불평등 면적을 이용하는 방법이다.

67 다음 중 윌리암슨(Williamson)이 주장한 지역 간 소득격차와 국가발전 단계와의 관계에 대한 설명으로 가장 옳은 것은?

① 지역 간 소득격차는 역U자형 곡선을 그린다.
② 지역 간 소득격차는 국가 발전의 초기단계에 가장 적다.
③ 윌리암슨은 미르달의 이론을 경험적으로 검증하였다.
④ 누적적 인과법칙에 의하여 지역격차가 발생함을 밝혔다.

해 설

윌리암슨(Williamson)은 지역 간 소득격차의 변화에 응용하여 지역 간 격차도 경제발전 초기단계에 증가하고 후기에 감소하는 역U곡선의 형태임을 입증

68 우리나라의 제1차 및 제2차 국토종합개발계획에 주로 이용되었던 개발 방식은?

① 농촌지역 개발방식   ② 거점개발방식
③ 완전균형개발방식   ④ 자유방임개발방식

해 설

국토종합계획의 개발방식

구분	제1차 국토계획 (1972~1981)	제2차 국토계획 (1982~1991)
특징 및 문제점	• 거점개발방식의 채택 • 경부측 중심의 양극화 초래 • 지역 격차 심화 • 생활 환경 악화 • 환경 파괴	• 양대도시의 성장 억제 및 성장거점 도시의 육성에 의한 국토균형 발전 추구 • 구체적 집행수단의 결여로 국토의 불균형 지속

69 다음 중 경제기반이론(Economic Base Theory)에 관한 설명으로 가장 거리가 먼 것은?

① 기반활동만이 지역경제의 원동력이고 비기반활동은 지역성장에 기여하지 않는 부수적인 활동이라고 가정한다.
② 개념적으로 지역의 경제활동을 단순하게 기반활동과 비기반활동으로 분류하기 어려운 산업활동이 있다.

③ 지역의 성장이 지역에서 생산되는 재화의 외부 수요에 의해 결정된다는 것에 기초한다.
④ 경제기반승수가 계속 변화한다고 가정하기 때문에 모형은 실제로 단기 예측에는 부적절하다.

해 설
수출기반성장이론(Export Base Model)에서는 경제기반승수가 일정하다고 가정한다. 이 가정은 수출기반성장이론을 비현실적으로 만드는 단점이다.

70 수도권정비계획법에서 구분하고 있는 권역의 종류로서 옳지 않은 것은?
① 과밀억제권역　② 성장관리권역
③ 자연보전권역　④ 개발촉진권역

해 설
수도권정비계획에 의한 권역 구분
• 과밀억제권역 : 인구·산업의 집중으로 이전·정비가 필요한 지역
• 성장관리권역 : 인구·산업의 계획적 유치·개발이 필요한 지역
• 자연보전권역 : 한강수계의 수질 및 녹지 등의 자연환경보전이 필요한 지역

71 지역문제의 해결을 위해 여러 가지 대안을 도출하고 이를 평가하여 최종안을 결정하고자 할 때 다음 중 가장 적절하지 못한 방법은?
① 비용편익분석(Benefit/Cost Analysis)
② 계획대차대조표법(Planning Balance Sheet)
③ 정수계획법(Integer Programming)
④ 목표성취행렬법(Goals Achievement Matrix)

해 설
다면적 종합적 평가방법
• 비용편익분석의 확대
• 계획대차대조표(Planning Balance Sheet)
• 목표달성행렬법(Goals Achievement Matrix)

72 다음 중 국토 및 지역계획의 기능별 분류로서 옳지 않은 것은?
① 배분적 계획(Allocative Planning)
② 지역적 계획(Regional Local Planning)
③ 성장유도 계획(Growth Promoting Planning)
④ 쇄신적 계획(Innovative Planning)

해 설
계획기능 : 규제계획(토지이용계획), 배분계획(기존체제의 효율화계획), 진흥(성장유도)계획, 개혁(쇄신)계획(기존체제의 변화 유발계획)

73 국토기본법에 의하여 수립되어야 할 지역계획에 해당하지 않는 것은?
① 수도권발전계획
② 광역권개발계획
③ 부문별 계획
④ 개발촉진지구개발계획

해 설
국토기본법 제16조(지역계획의 수립)
① 중앙행정기관의 장 또는 지방자치단체의 장은 지역 특성에 맞는 정비나 개발을 위하여 필요하다고 인정하면 관계 중앙행정기관의 장과 협의하여 관계 법률에서 정하는 바에 따라 다음 각 호의 구분에 따른 지역계획을 수립할 수 있다. 〈개정 2014.6.3.〉
1. 수도권발전계획 : 수도권에 과도하게 집중된 인구와 산업의 분산 및 적정배치를 유도하기 위하여 수립하는 계획
2. 지역개발계획 : 성장 잠재력을 보유한 낙후지역 또는 거점지역 등과 그 인근지역을 종합적·체계적으로 발전시키기 위하여 수립하는 계획
3. 삭제 〈2014.6.3.〉
4. 삭제 〈2014.6.3.〉
5. 그 밖에 다른 법률에 따라 수립하는 지역계획
※ 기존의 광역권개발계획은 지역개발계획으로 명칭과 내용이 변경되었고, 특정지역개발계획, 개발촉진지구개발계획은 삭제되었다. 〈2014.6.3.〉

74 다음과 같은 인구 조건에서 종주화지수(Primary Index)는 얼마인가?(단, 전국의 인구는 2,000만 명이다.)

도시	A	B	C	D
인구수(명)	1,200만	300만	200만	100만

① 0.60　② 0.75
③ 2.0　④ 3.3

해 설
수위도시에 집중 정도를 나타내는 지표에는 수위도와 종주화지수가 주로 사용되고 있음
• 수위도 = $\dfrac{\text{제1위 도시 인구규모}}{\text{제2위 도시 인구규모}} = \dfrac{1,200만}{300만} = 4$
• 종주화지수

정답　70 ④　71 ③　72 ②　73 ③　74 ③

$$= \frac{\text{제1위 도시 인구규모}}{(\text{2위 도시}+\text{3위 도시}+\text{4위 도시})\text{의 인구규모}}$$
$$= \frac{1{,}200만}{300만+200만+100만} = 2$$

75 지역의 외부수요가 지역경제의 성장을 선도함을 전제한 모형은?

① 투입산출모형 ② 수출기반모형
③ 지역혁신모형 ④ 섹터모형

해설

경제기반이론(經濟基盤理論, Economic Base Theory)
- 수출기반성장이론(Export Base Model)이라고도 하며, 지역의 성장은 신고전학모형이 주장하는 것처럼 생산요소의 유입·유출로 인한 외부관계에 있는 것이 아니라 지역 내부에 기인한다는 입장이다.
- 지역성장은 지역 내부의 풍부한 천연자원으로 말미암아 이 자원을 원료로 하는 산업이 타 지역에 비해 비교우위를 갖게 됨에 따라 자본과 노동이 유입되어 지역의 성장을 가져왔다는 미국의 실증적 경험을 바탕으로 발전된 이론이다.

76 우리나라의 국토 및 지역계획의 문제점으로 가장 거리가 먼 것은?

① 지역주민이 직접 입안하는 계획
② 계획입안기관의 독주성 및 형식성
③ 관련 계획과의 연계적 체계성 결여
④ 외부경제와 비경제는 없다.

해설

국토 및 지역계획의 문제점
1. 수립단계의 문제점
   - 계획입안기관의 독주성과 형식성
   - 다른 계획과의 연계적 체계성 결여
   - 법 절차상 계획의 결정까지 시간 과다 소요
2. 실천단계의 문제점
   - 계획실현 저조
   - 주민의 참여와 협조의 부족
   - 평가제도의 미흡

77 개발촉진지구지정에 관한 설명으로 틀린 것은?

① 국토교통부장관은 개발수준이 낮아 개발이 필요하다고 인정될 경우에는 광역시장 또는 도지사의 요청을 받아 개발촉진지구를 지정할 수 있다.
② 국토교통부장관은 개발촉진지구를 지정하는 경우 지역총생산 또는 재정자립도 등을 고려하여 최소한의 범위 내에서 지정하여야 한다.
③ 개발촉진지구지정기간이 경과한 때에는 그 기간 만료일부터 개발촉진지구의 지정이 해제된 것으로 본다.
④ 수도권정비계획법에 의해 수도권에는 개발촉진지구를 지정할 수 없다.

해설

③ 만료일부터 → 만료일 다음날부터

「지역균형개발 및 지방중소기업 육성에 관한 법률」에 의한 개발촉진지구 지정 해지 절차
- 지정기간이 경과한 때에는 그 기간 만료일의 다음날부터 개발촉진지구의 지정 해제
- 실시계획의 승인을 얻은 사업지구에 대하여는 그 실시계획에서 정한 사업기간 만료일의 다음날부터
- 개발사업이 완료되거나 개발의 전망이 없게 된 때 → 국토교통부장관이 직접 또는 광역시장이나 도지사의 요청 → 관계중앙행정기관의 장 및 당해 지방자치단체의 장과의 협의 → 개발촉진지구의 지정을 해제

78 다음 중 대도시의 성장 억제를 위한 정책과 가장 거리가 먼 것은?

① 광역도시계획 ② 수도권정비계획
③ 과밀부담금제도 ④ 개발제한구역 지정

해설

- 국토의 균형발전을 위한 대도시권 성장관리전략에는 수도권 성장관리전략, 광역도시권 개발전략, 개발제한구역제도 등이 있다. 특히 수도권 성장관리전략은 수도권정비계획법에 의거하여 시행되고 있는데 이법은 수도권정비계획의 수립 및 과밀부담금제를 두어서 수도권의 과밀을 억제하고 있다.
- 광역도시계획 – 광역계획권의 장기발전방향을 제시하는 계획

79 토다로(Michael Todaro)의 인구이동 모형에 대한 설명으로 가장 타당한 것은?

① 주로 선진국의 농촌과 도시 간의 인구이동현상을 설명하는 모형이다.
② 도시에서 주변 농촌으로 역류하는 인구이동현상을 설명하는 모형이다.
③ 실질소득보다 기대소득의 개념으로 인구이동현상을 설명하는 모형이다.
④ 사회주의 국가의 농촌과 도시 간의 인구이동현상을 설명하는 모형이다.

정답 75 ② 76 ① 77 ③ 78 ① 79 ③

해설
토다로(M. Todaro)는 지역 간 인구이동을 지역 간의 기대소득 격차에 의해 발생한다고 주장하였다.

80 다음 그림은 크리스탈러의 중심지 계층에 관한 포섭원리 중 어떤 원리를 나타내는 것인가?

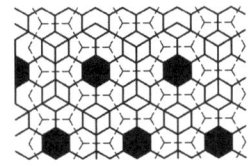

① 시장원리 ② 교통원리
③ 행정원리 ④ 확산원리

해설
시장의 원리(Marketing Principle, K=3 System)
• 시장권이 3개의 상위중심지에 의해 1/3씩 분할 포섭(6×1/3+1 =3)
• 고차중심지의 보완구역은 저차중심지보다 3배가 넓어짐(K=3 System)

제5과목 도시계획관계법규

81 도시 및 주거환경정비법상 주거환경개선사업을 목적으로 우선 매각하는 국·공유지의 매각가격은 평가금액의 얼마를 기준으로 하는가?

① 100분의 90 ② 100분의 80
③ 100분의 70 ④ 100분의 50

해설
도시 및 주거환경정비법 제66조(국유·공유 재산의 처분 등)
④ 정비구역안의 국유·공유 재산은 「국유재산법」 제9조 또는 「공유재산 및 물품 관리법」 제10조에 따른 국유재산관리계획 또는 공유재산관리계획과 「국유재산법」 제43조 및 「공유재산 및 물품 관리법」 제29조에 따른 계약의 방법에도 불구하고 사업시행자 또는 점유자 및 사용자에게 다른 사람에 우선하여 수의계약으로 매각 또는 임대할 수 있다. 〈개정 2009.1.30., 2012.2.1.〉
⑥ 제4항에 따라 정비사업을 목적으로 우선 매각하는 국유지·공유지의 평가는 사업시행인가의 고시가 있은 날을 기준으로 하여 행하며, 주거환경개선사업의 경우 매각가격은 이 평가금액의 100분의 80으로 한다. 다만, 사업시행인가의 고시가 있은 날부터 3년 이내에 매매계약을 체결하지 아니한 국유지·공유지는 「국유재산법」 또는 「공유재산 및 물품 관리법」에서 정하는 바에 따른다. 〈개정 2012.2.1.〉 [제목개정 2012.2.1.]

82 중앙도시계획위원회의 구성과 운영 등에 대한 설명이 옳은 것은?

① 중앙도시계획위원회는 국토교통부에 둔다.
② 위원장과 부위원장은 위원 중에서 국무총리가 임명하거나 위촉한다.
③ 위원장은 중앙도시계획위원회의 업무를 총괄하며, 지방도시계획위원회의 의장이 된다.
④ 회의는 재적위원 2/3의 출석으로 개의하고, 출석위원 3/4의 찬성으로 의결한다.

해설
국토의 계획 및 이용에 관한 법률 제106조(중앙도시계획위원회) 다음 각 호의 업무를 수행하기 위하여 국토교통부에 중앙도시계획위원회를 둔다. 〈개정 2011.4.14., 2013.3.23.〉

83 도시개발사업의 환지계획에 대한 설명으로 틀린 것은?

① 환지계획은 종전의 토지와 환지의 위치·지목·면적·토지·수리·이용 상황, 그 밖의 사항을 종합적으로 고려하여 합리적으로 정하여야 한다.
② 국가나 지방자치단체가 시행자인 경우, 건축물의 일부와 그 건축물이 있는 토지의 공유지분을 부여할 수 없다.
③ 환지를 정하거나 그 대상에서 제외한 경우 그 과부족분은 금전으로 청산하여야 한다.
④ 시행자는 도시개발사업에 필요한 경비에 충당하기 위하여 일정한 토지를 환지로 정하지 아니하고 보류지로 정할 수 있으며, 그중 일부를 체비지로 정하여 필요한 경비에 충당할 수 있다.

해설
1. 작성기준
• 종전의 토지 및 환지의 위치·지목·면적·토질·수리·이용상황·환경 등의 기타 사항을 고려하여 결정
• 토지의 형태, 토양은 기준이 되지 못함
2. 동의에 의한 환지의 부지정
• 토지소유자의 신청 또는 동의가 있는 때에는 당해 토지의 전부 또는 일부에 대하여 환지를 정하지 아니할 수 있음
• 도시개발사업에 필요한 경비에 충당하거나 규약·정관·시행규정

정답 80 ① 81 ② 82 ① 83 ②

또는 실시계획이 정하는 목적을 위하여 일정한 토지를 환지로 정하지 아니하고 체비 또는 보류지로 정할 수 있음
3. 면적의 적정화를 위한 조정
   - 면적이 광대한 토지 등의 경우 면적을 감소하여 환지(감환지)를 정할 수 있으며 나머지 지분은 금전으로 청산함
4. 입체환지
   - 토지소유자의 동의를 얻어 환지의 목적인 토지에 갈음하여 시행자가 처분할 권한이 있는 건축물의 일부와 그 건축물이 있는 토지의 공유지분을 부여
   - 집단체비지 내에 공동주택 또는 상가를 건설하는 경우
5. 공공시설용지에 관한 조치
   - 공공시설의 용지에 대하여는 환지적용의 기준을 적용하지 아니할 수 있음
   - 종전의 공공시설의 전부 또는 일부의 용도가 폐지 또는 변경되어 불용으로 될 토지에 대하여는 다른 토지에 대한 환지의 대상으로 책정

84 국토의 계획 및 이용에 관한 법률상 시설보호지구에 해당되지 않는 것은?

① 학교시설보호지구 ② 군사시설보호지구
③ 항만시설보호지구 ④ 공항시설보호지구

[해설]
시설보호지구
학교시설보호, 공용시설보호, 공항시설보호, 항만시설보호지구
※ 2017.12.29.부로 국토의 계획 및 이용에 관한 법률 개정으로 시설보호지구 조항이 삭제되었다.

85 공간계획의 기본이 되는 법률로, 국토에 관한 계획 및 정책의 수립·시행에 관한 기본적인 사항을 정함으로써 국토의 건전한 발전과 국민의 복리 향상에 이바지함을 목적으로 제정·시행되는 것은?

① 국토기본법
② 택지개발촉진법
③ 도시개발법
④ 국토의 계획 및 이용에 관한 법률

[해설]
국토기본법 총칙
- 국토관리의 기본이념 : 국토에 관한 계획 및 정책은 개발과 환경의 조화를 바탕으로, 국토를 균형 있게 발전시키고 국가의 경쟁력을 높이며, 국민의 삶의 질을 개선함으로써 국토의 지속 가능한 발전을 도모할 수 있도록 이를 수립·집행하여야 함
- 국토의 균형 있는 발전
- 경쟁력 있는 국토 여건의 조성
- 환경친화적 국토관리

86 도시개발법에 의한 개발계획의 규모가 100만 m² 이상인 경우 도시공원 또는 녹지의 확보 기준으로 옳은 것은?

① 상주인구 1인당 3m² 이상 또는 개발 부지 면적의 5% 이상 큰 면적
② 상주인구 1인당 5m² 이상 또는 개발 부지 면적의 7% 이상 중 큰 면적
③ 상주인구 1인당 7m² 이상 또는 개발 부지 면적의 10%이상 중 큰 면적
④ 상주인구 1인당 9m² 이상 또는 개발 부지 면적의 12%이상 중 큰 면적

[해설]
개발계획 규모별 도시공원 또는 녹지의 확보기준

기준 개발계획	규모	도시공원 또는 녹지의 확보기준 (둘 중 큰 값 사용)	
		상주인구 1인당 면적	개발부지면적 대비(%)
개발계획	1만 m² 이상 30만 m² 미만	3m²	5
	30만 m² 이상 100만 m² 미만	6m²	9
	100만 m² 이상	9m²	12

87 산업입지 및 개발에 관한 법령상 사업시행자가 개발토지·시설 등을 분양 또는 임대받을 자를 선정함에 있어, 산업시설용지를 우선적으로 선정 받을 수 있는 자가 아닌 경우?

① 수도권정비계획법의 관련 규정에 의한 과밀억제권역으로부터 이전하고자 하는 자
② 국외에서 운영하던 사업장을 국내로 이전하려는 자
③ 재생계획에 의하여 이전이 요구되는 자
④ 관련 법률의 규정에 따라 증축을 원하는 공장을 소유하고 있는 자

[해설]
산업시설용지의 경우 우선 분양
- 과밀억제권역으로부터 이전하고자 하는 자
- 아파트형 공장을 설립하고자 하는 자
- 산업시설용지를 분양받아 임대사업을 영위하고자 하는 자
- 협동화실천계획의 승인을 얻어 시행하려는 자
- 산업단지재정비계획에 의하여 이전이 요구되는 자
- 관련 법률의 규정에 의하여 이전이 요구되는 공장을 소유하고 있는 자

88 자연보전권역의 행위제한 완화대상이 아닌 것은?(단, 보기상 ①~③의 사업은 오염수도권정비법령에 따라 총량관리계획 시행지역에서 시행하는 것을 말한다.)

① 관광지조성사업 중 시설계획지구의 면적이 3만 m² 이상인 것으로서 수도권정비위원회 심의를 거친 것
② 6만 m² 이하의 도시개발사업 중 수도권정비위원회 심의를 거친 것
③ 30만 m² 이상의 택지조성사업 중 수도권정비위원회 심의를 거친 것
④ 자연보전권역에서의 전문대학, 대학원대학 또는 소규모 대학의 이전

해 설
1. 제한행위
   - 3만 m² 이상의 택지조성사업, 도시개발사업, 지역종합개발사업, 공업용지조성사업, 관광지조성사업 등의 개발사업
2. 제한완화
   - 6만 m² 이하의 개발사업으로 수도권정비위원회의 심의를 거친 것
   - 총량범위 내의 전문대학·대학원대학·50인 이하의 대학

89 도시·군계획시설의 결정·구조 및 설치기준에 관한 규칙에 따른 도시·군계획시설의 결정·설치 기준이 옳은 것은?

① 도로는 규모별 구분과 기능별 구분이 일치하여야 한다.
② 철도역은 제1종 전용주거지역·보전녹지지역 및 보전관리지역 외의 지역에 설치하여야 한다.
③ 주차장은 원활한 교통의 연계를 위하여 주간선도로에 진·출입구를 설치하도록 한다.
④ 교차점광장은 각종 차량과 보행자 흐름을 방해할 우려가 있으므로 주요 도로의 교차 지점에는 가급적 설치를 피한다.

해 설
유통업무설비(철도역이 여기에 해당)
준주거·중심상업·일반상업·근린상업·유통상업·일반공업·준공업 및 계획관리지역에 한하여 설치(할인점·전문점은 자연녹지지역에 설치 가능)

90 주차장법에 따른 주차장의 종류가 아닌 것은?
① 공공주차장 ② 노상주차장
③ 노외주차장 ④ 부설주차장

해 설
주차장법에 의한 주차장의 분류
- 노상주차장 : 도로의 노면 또는 교차점 광장의 일정한 구역에 설치된 주차장(일반인 이용)
- 노외주차장 : 도로의 노면 또는 교차점 광장 외의 장소에 설치된 주차장(일반인 이용)
- 건축물부설주차장 : 건축물, 골프연습장, 기타 주차수요를 유발하는 시설에 부설된 주차장(시설이용자＋일반인 이용)

91 도시개발사업의 개발계획 수립 및 시행 등과 관련한 대상지 주민의 동의 기준이 옳은 것은?

① 환지 방식의 개발계획 수립 시 환지 방식이 적용되는 지역의 토지면적의 3분의 2 이상에 해당하는 토지 소유자와 그 지역의 토지 소유자 총 수의 3분의 1 이상의 동의를 받아야 한다.
② 조합·설립의 인가를 신청하려면 해당 도시개발구역의 토지면적의 3분의 1 이상에 해당하는 토지 소유자와 그 구역의 토지 소유자 총수의 2분의 1이상의 동의를 받아야 한다.
③ 도시개발구역의 토지 소유자가 토지 등을 수용하는 경우 사업대상 토지면적의 3분의 2이상에 해당하는 토지를 소유하고 토지 소유자 총수의 3분의 1 이상에 해당하는 자의 동의를 받아야 한다.
④ 토지 소유자가 도시개발구역의 지정을 제안하려는 경우 대상 구역 토지면적의 3분의 2 이상에 해당하는 토지소유자의 동의를 받아야 한다.

해 설
도시개발법 제22조(토지등의 수용 또는 사용)
① 시행자는 도시개발사업에 필요한 토지 등을 수용하거나 사용할 수 있다. 다만, 제11조 제1항 제5호 및 제7호부터 제11호까지의 규정(같은 항 제1호부터 제4호까지의 규정에 해당하는 자가 100분의 50 비율을 초과하여 출자한 경우는 제외한다)에 해당하는 시행자는 사업대상 토지면적의 3분의 2 이상에 해당하는 토지를 소유하고 토지 소유자 총수의 2분의 1 이상에 해당하는 자의 동의를 받아야 한다. 이 경우 토지 소유자의 동의요건 산정 기준일은 도시개발구역지정 고시일을 기준으로 하며, 그 기준일 이후 시행자가 취득한 토지에 대하여는 동의 요건에 필요한 토지 소유자의 총수에 포함하고 이를 동의한 자의 수로 산정한다.

정답 88 ③ 89 ② 90 ① 91 ④

92 주택종합계획에 포함되어야 할 내용이 아닌 것은?

① 주택정책의 기본목표에 관한 사항
② 택지의 수요·공급 및 관리에 관한 사항
③ 주택의 재건축에 관한 사항
④ 주택자금의 조달 및 운용에 관한 사항

[해설]
주택종합계획에 포함되어야 할 내용
- 주택정책의 기본목표 및 방향에 관한 사항
- 국민주택·임대주택 건설 및 공급에 관한 사항
- 주택·택지의 수요·공급 및 관리에 관한 사항
- 주택자금 조달 및 운용에 관한 사항
- 저소득자·무주택자 등 주거복지 차원에서 지원이 필요한 계층에 대한 주택지원에 관한 사항
- 건전하고 지속 가능한 주거환경의 조성 및 정비에 관한 사항
- 주택의 리모델링에 관한 사항

93 건축법상 용어의 정의가 틀린 것은?

① 대지 : 측량·수로조사 및 지적에 관한 법률에 따라 각 필지로 나눈 토지
② 건축 : 건축물을 신축·증축·개축·재축·이전 또는 대수선하는 것
③ 건폐율 : 대지면적에 대한 건축면적의 비율
④ 용적률 : 대지면적에 대한 연면적의 비율

[해설]
- 건축 : 건축물을 신축·증축·개축·재축(再築)하거나 건축물을 이전하는 것
- 대수선 : 건축물의 기둥(3개 이상 수선), 보(3개 이상 수선), 지붕틀(3개 이상 수선), 내력벽(30㎡ 이상 수선), 방화벽(수선 이상), 주계단(피난계단 등의 수선 이상), 등의 구조나 외부 형태를 수선·변경(미관지구에서 담장 포함, 가구나 세대간 경계벽 수선 이상)하거나 증설하는 것

94 택지개발지구가 고시된 날부터 얼마 이내에 택지개발사업 실시계획의 작성 또는 승인신청을 하지 아니하는 경우, 그 지정이 해제되는가?

① 6개월 이내   ② 1년 이내
③ 2년 이내   ④ 3년 이내

[해설]
택지개발법 제3조
⑤ 지정권자는 제1항 또는 제3항에 따른 택지개발지구가 제6항에 따라 고시된 날부터 3년 이내에 제9조에 따라 시행자가 택지개발사업 실시계획의 작성 또는 승인 신청을 하지 아니하는 경우에는 그 지정을 해제하여야 한다.

95 개발제한구역의 지정 및 관리에 관한 특별조치법령에 따른 취락지구의 지정기준 및 정비에 관한 설명으로 틀린 것은?

① 취락을 구성하는 주택의 수가 10호 이상이어야 한다.
② 취락지구 1만 ㎡당 주택의 수가 원칙적으로 30호 이상이어야 한다.
③ 취락지구의 경계 설정 시 지목이 대인 경우에는 가능한 한 필지가 분할되지 아니하도록 한다.
④ 취락지구정비사업을 시행할 때에는 국토의 계획 및 이용에 관한 법률에 따라 취락지구를 지구단위계획구역으로 지정한다.

[해설]
개발제한구역의 지정 및 관리에 관한 특별조치법 시행령 제25조(취락지구의 지정기준 및 정비)
법 제15조 제2항에 따른 취락지구(이하 "취락지구"라 한다)의 지정기준은 다음 각 호와 같다. 〈개정 2009.8.5., 2012.4.10., 2013.3.23.〉
2. 취락지구 1만 제곱미터당 주택의 수(이하 "호수밀도"라 한다)가 10호 이상일 것. 다만, 시·도지사는 해당 지역이 상수원보호구역에 해당하거나 이축(移築) 수요를 수용할 필요가 있는 등 지역의 특성상 필요한 경우에는 취락지구의 지정 면적, 취락지구의 경계선 설정 및 제4항에 따른 취락지구정비계획의 내용에 대하여 국토교통부장관과 협의한 후, 해당 시·도의 도시·군계획에 관한 조례로 정하는 바에 따라 호수밀도를 5호 이상으로 할 수 있다.

96 도시·군관리계획 결정이 효력을 발생하는 시기 기준은?

① 지형도면을 고시한 날부터
② 도시계획위원회의 심의 후 다음 날부터
③ 도시관리계획결정이 고시가 된 날부터 3일 후
④ 도시·군관리계획결정이 고시가 된 날부터 5일 후

[해설]
도시·군관리계획결정의 효력
지형도면을 고시한 날부터 발생 〈개정 2013.7.16.〉
※ 개정 전은 고시한 날부터 5일 후에 효력이 발생하였으나, 개정되어 지형도면을 고시한 날부터 발생한다.

97 국토계획의 종류 및 수립권자의 연결이 옳은 것은?
① 도종합계획 : 도지사 또는 국토교통부장관
② 부문별 계획 : 중앙행정기관의 장 또는 지방자치단체의 장
③ 국토종합계획 : 국무총리
④ 지역계획 : 중앙행정기관의 장 또는 지방자치단체의 장

해설
- 도종합계획 : 도지사
- 부문별 계획 : 중앙행정기관의 장
- 국토종합계획 : 국토교통부장관
- 지역계획 : 중앙행정기관의 장 또는 지방자치단체의 장

98 국민주택기금에 관한 내용이 틀린 것은?
① 국민주택기금은 국토교통부장관이 운용·관리한다.
② 국민주택기금의 운용·관리에 관한 사무를 위탁받은 기금수탁자는 대통령령으로 정하는 바에 따라 국민주택기금의 조성 및 운용 상황을 국토교통부장관에게 보고하여야 한다.
③ 국토교통부장관은 국민주택기금의 운용에 관한 계획을 수립하려는 경우에는 미리 기획재정부장관과 협의하여야 한다.
④ 국민주택기금의 회계연도·운용계획 및 결산 등에 관하여는 원칙적으로 국민연금법을 적용한다.

해설
국민주택기금
- 국민주택기금의 운용·관리
- 국민주택기금의 회계연도·운용계획 및 결산 등에 관하여 이 법에 특별한 규정이 있는 경우 외에는 「국가재정법」을 적용

99 관광진흥법상 관광지 및 관광단지의 개발에 관한 설명으로 옳은 것은?
① 관광지 및 관광단지는 문화체육관광부장관이 지정한다.
② 관광지 및 관광단지의 조성계획은 문화체육관광부장관의 승인을 받아야 한다.
③ 시·도지사(특별자치도지사는 제외)는 관광개발기본계획에 따라 구분된 권역을 대상으로 권역별 관광계획을 수립하여야 한다.
④ 시장·군수·구청장이 관광단지 조성계획을 변경하는 경우 국토교통부장관의 승인을 받아야 한다.

해설
관광진흥법상 각종 계획 : 권역별 관광개발계획(권역계획)
- 수립권자 : 시·도지사(기본계획에 의하여 구분된 권역을 대상으로 함), 2 이상의 시·도에 걸치는 경우(협의, 문화체육관광부장관이 지정)
- 수립시기 : 5년마다 수립

100 문화재와 문화적으로 보존가치가 큰 건축물 등의 미관을 유지·관리할 필요가 있어 지정하는 것은?
① 경관지구
② 일반미관지구
③ 역사문화미관지구
④ 중심지미관지구

해설
- 미관지구 : 미관을 유지하기 위하여 필요한 지구
- 중심지미관지구 : 토지의 이용도가 높은 지역의 미관을 유지·관리하기 위하여 필요한 지구
- 역사문화미관지구 : 문화재와 문화적으로 보존가치가 큰 건축물 등의 미관을 유지·관리하기 위하여 필요한 지구
- 일반미관지구 : 중심지미관지구 및 역사문화미관지구 외의 지역으로서 미관을 유지·관리하기 위하여 필요한 지구
- ※ 참고 : 2017. 4. 18. 부로 국토의 계획 및 이용에 관한 법률 제37조(용도지구의 지정) 조항이 개정되면서 미관지구 와 시설보호지구 조항이 삭제되고, 복합용도지구가 추가되었으며, 보존지구가 보호지구로 변경되었다.

정답 97 ④ 98 ④ 99 ③ 100 ③

제1과목 도시계획론

01 다음 중 미래 도시의 새로운 계획 패러다임의 방향으로 가장 거리가 먼 것은?

① 미래 사회에 맞는 새로운 U-도시계획
② 지속가능한 도시개발로의 전환
③ 시민참여의 확대와 계획 및 개발 주체의 다양화
④ 지역별 특화를 위한 도농분리적 계획체계로의 전환

[해설]
- 환경중시 : ESSD와 Eco-City, 외부효과에 따른 공적 규제, 입체적 토지이용, 기능통합적 토지이용
- 균형성장 : 도시성장 관리, 집중과 분산, 도농통합시, 농촌도시권, 농도지구
- 도시의 문화화 : 장소성(Placeness), 공공공간의 Ame-nity, 문화예술지구
- 기타 : 시민이 함께 만드는 도시, 통일시대를 대비한 도시계획, 3차원 가상도시, U-시티(Ubiquitous City)

02 교통 수요추정에서 전통적으로 가장 많이 사용되는 4단계 수요추정방법을 순서대로 바르게 나열한 것은?

① 통행분포 - 통행발생 - 통행배분 - 교통수단선택
② 통행분포 - 교통수단선택 - 통행발생 - 통행배분
③ 통행발생 - 통행분포 - 교통수단선택 - 통행배분
④ 통행발생 - 통행배분 - 교통수단선택 - 통행분포

[해설]
4단계 수요추정방법 순서
통행발생 - 통행분포 - 교통수단선택 - 통행배분

03 도시화 현상에 대한 정의로서 바람직하지 않은 것은?

① 도시화는 도시의 행정구역이 넓어지는 현상이다.
② 도시화는 농촌인구가 도시지역으로 이동하는 현상이다.
③ 도시화는 농촌적 생활양식이 도시적 생활양식으로 변화하는 현상이다.
④ 도시화는 인간의 삶터가 공간적, 사회·경제적 측면에서 도시적으로 변화해 가는 현상이다.

[해설]
도시화
1. 도시화의 일반적 정의
   - 도시 내의 모든 요소들이 상호작용을 통해 변화해가는 하나의 실증적 종합현상
   - 단순한 도시인구의 증가뿐만 아니라, 인간생활양식의 변화와 산업사회로 변화 의미
   - 도시화란 비도시지역이 도시지역의 속성을 갖추게 되어가는 과정
2. 도시화의 학문적 정의
   - 생태학적 입장(Ecological Aspect)
     도시화란 도시의 영향력이 인접지역이나 농촌으로 침투·확대되어 나가는 현상
   - 체제론적 입장(Systems Theory)
     도시화란 도시라고 하는 시스템이 분화·융합되어 나가는 과정
   - 사회학적 입장(Sociological Aspect)
     도시화는 인간의 행위유형이 도시적 성질로 변환하는 것
   - 인구학적 입장(Demographic Aspect)
     도시인구의 증가를 도시화로 정의
   - 산업구조적 입장(Industrial Aspect)
     1차 산업이 2, 3차 산업으로 변화하는 것
   - 공간구조적 입장(Spatial Structural Aspect)
     도시의 공간과 기능 및 영역이 확산하는 현상

04 시가지의 토지이용에 있어서 지나친 기능분리나 사적 공간의 확보를 지양하고 적절한 기능의 혼재와 이동거리 단축에 의한 토지자원의 절약과 자동차에 의한 환경의 파괴를 막아보자는 노력에서 등장한 개념은 무엇인가?

① 도시재생(Urban Regeneration)
② 뉴어바니즘(New Urbanism)
③ 친환경 생태도시(Eco City)
④ 스마트성장관리(Smart Urban Growth Management)

[해설]
뉴어바니즘(New Urbanism)의 기본원칙
뉴어바니즘은 복합용도개발을 통해 기능의 혼합을 유도하여 이동거리를 단축하고 이를 통해 자동차 이용감소를 유도하여 환경파괴를 막으며 토지자원의 절약을 통한 삶의 질 향상과 지속가능한 개발을 목표로 하고 있다.

05 과거 10년간 등비급수적으로 인구가 증가하여 현재인구가 150만이고, 10년 전 인구는 100만

정답 01 ④ 02 ③ 03 ① 04 ② 05 ③

인 도시가 있다. 이 도시의 연평균 인구증가율은 얼마인가?

① 1.1% ② 2.1%
③ 4.1% ④ 5.1%

해설
$p_n = p_o(1+r)^n$, $p_{10} = p_o(1+r)^{10}$
$1,500,000 = 1,000,000(1+r)^{10}$, $r = 4.1\%$

06 다음 중 인구성장의 상한선을 두고 있지 않은 도시인구 예측모형은?

① 지수성장모형 ② 수정된 지수성장모형
③ 곰페르츠모형 ④ 로지스틱모형

해설
지수성장모형
- 인구성장의 상한선 없이 기하급수적으로 증가함을 가정한 모형
- 증가율은 과거 일정기간에 나타난 실제 인구의 변화로부터 계산
- 단기간에 급속히 인구가 팽창하는 신도시에 적용

07 토지이용의 입지 배분 시 주거지역의 입지선정 기준으로 적합하지 않은 것은?

① 지형조건 ② 도시의 경제권
③ 주변환경 ④ 접근성

해설
주거지역의 입지조건

구분	주거지역
적지 조건	• 토지가 비교적 높으며 언덕지고 한적한 곳 • 하수처리가 잘 되고 남향인 곳 • 통근·통학이 편리한 곳 • 매연·분진·유독가스·소음 등 공해가 없는 곳
배치 기준	• 역사적으로 주거지역인 곳 • 근린분구·주구·커뮤니티를 구성하도록 집단 주택지 배치
구성 형태	• 대도시에서 도심 부도심 근처에는 고밀도 배치 • 중간부에는 중층(3~5층) 배치 • 외곽지에는 저밀도 독립주택가구 배치
도상색	• 노랑

08 다음 중 도시공원에 관한 설명으로 옳은 것은?

① 주제공원의 종류로 역사공원, 문화공원, 수변공원, 묘지공원, 체육공원, 근린공원이 있다.
② 근린공원은 어린이의 보건 및 정서생활의 향상에 기여하기 위하여 설치하는 공원이다.
③ 근린공원은 규모에 따라 근린생활권, 도보권, 도시지역권, 광역권으로 구분할 수 있다.
④ 묘지공원은 하천·호수 등의 수변과 접하고 있어 친수공간을 조성할 수 있는 곳에 설치한다.

해설
도시공원의 종류
근린공원은 생활권공원에 속한다. 어린이의 보건 및 정서생활의 향상에 이바지하기 위하여 설치하는 공원은 어린이공원이다. 도시의 하천가·호숫가 등 수변공간을 활용하여 도시민의 여가·휴식을 목적으로 설치하는 공원은 수변공원이다.

09 다음의 설명에 해당하는 도시는?

- 고대 로마제국의 지방 항구도시
- 머큐리오(Mercurio) 거리
- 인구는 2만 5천~3만 명 정도
- 격자형 가로 구성과 도로의 포장 및 보도 설치
- 이중 벽으로 둘러싸인 달걀 모양의 도시 형태

① 카스트라(Castra) ② 팀가드(Timgard)
③ 아오스타(Aosta) ④ 폼페이(Pompeii)

해설
폼페이(Pompeii)
- 폼페이는 AD 79년에 화산폭발로 잿더미 속에 묻혀 있다가 1,700여 년 만에 발굴됨
- 칼리굴라(Arch Of Caligula), 헤르쿠레늄 극장, 프레스코 벽화, 원형극장
- 머큐리오거리(Via Vi Mercurio), 체계적인 격자형 구성과 포장된 차도 및 보도 구분 설치된 도로체계

10 유비쿼터스도시를 정의하는 3대 구성요소로 가장 거리가 먼 것은?

① 유비쿼터스도시산업
② 유비쿼터스도시서비스
③ 유비쿼터스도시기반시설
④ 유비쿼터스도시기술

정답 06 ① 07 ② 08 ③ 09 ④ 10 ①

> **해설**
>
> 유비쿼터스도시(Ubiquitous, U-CITY)의 3대 구성요소
> - 유비쿼터스도시서비스
> - 유비쿼터스도시기반시설
> - 유비쿼터스도시기술

> **해설**
>
> 중세도시의 도시계획
> - 보루형 도시 : 방어를 위해 성벽 등을 갖는 도시로 개별도시가 고립됨
> - 간선도로망 형태 : 집중형, 중세적 광장(Square)
> - 중세도시 물리적 요소 : 성벽, 시장, 사원
> - 중세도시 구별 : 성채도시, 상업도시 등

11 다음 중 어느 특정지역이 용도상으로 필요하다고 규정만 해두고 도면상의 배치결정은 유보하는 지역제 기법은?

① 부동지역제(Float Zoning)
② 특례조치(Special Exception)
③ 혼합지역제(Inclusive Zoning)
④ 성능지역규제(Performance Zoning)

> **해설**
>
> 비(非)유클리드 지역제 중 부동지역제(Float Zoning)
> - 적용특례나 특례조치는 Zoning의 완결을 전제로 개별 용도차원에서 이루어지지만, 부동지역제는 Zoning의 결정에 탄력성을 부여할 목적으로 용도지역차원에서 이루어지는 특례조치이다.
> - Floating이라는 의미는 일반적인 Zoning 조례의 규제규정에서 볼 수 있는 모든 토지 용도지구가 반드시 Zoning 도면에 처음부터 선이 그어지는 것이 아니라, Zoning 조례상에는 특정한 용도지구로 설정하고, 그 요건을 미리 정하나 구체적으로 어디에 설정할 것인지는 유보해둠으로써 단지 관념상으로는 이 용도지구는 자치단체구역 내의 여기저기를 '부동(浮動)'하기 때문이다. Zoning 조례가 요건을 만족시키는 용도가 신청되면 그 시점에 Zoning 도면상에 '고정'되게 된다.
> - PUD, 대형쇼핑센터 등 특정개발자의 구체적 제안을 지자체 및 의회의 협의를 거쳐 유연하게 적용하는 용도지역제

12 다음 중 중세 유럽의 도시가 갖는 물리적 특성에 대한 설명으로 옳지 않은 것은?

① 성벽과 대규모 사원이 도시 공간의 주된 구성요소이다.
② 도심을 강조하기 위해 직선을 중심으로 계획하고, 엄격한 용도규제를 통하여 도시 내부 기능을 분리하였다.
③ 필요한 기회가 주어질 때마다 이를 활용하는 유기적계획(Organic Planning)의 형태로 진행되었다.
④ 방어를 위해 사용된 해자, 운하, 강이 개별도시를 고립시켰다.

13 다음 중 GIS에 대한 설명으로 옳지 않은 것은?

① GIS는 지리·공간 정보를 받아들여 체계적으로 저장·검색·변형·분석하고, 사용자에게 유용한 새로운 형태의 정보로 표현하는 등의 작업을 수행하기 위한 기술이나 작동과정 혹은 도구이다.
② GIS는 기술적인 측면뿐 아니라 GIS를 사용하는 지원인력 및 시설의 측면을 모두 망라하는 것으로 파악한다.
③ GIS를 이용한 공간분석을 통해 입력된 정보를 지리적으로 검색하고 표현할 수 있다.
④ 벡터 자료는 정방형 셀을 자료저장과 표현의 기본단위로 하기 때문에 격자형태의 결과물로 생성하게 된다.

> **해설**
>
> GIS(지리정보시스템) 자료 형태
> - 격자방식 : 라스터 방식(정방형 셀)으로 중첩과 조작이 용이하며, 그리드 형태의 결과물 생성에 유리
> - 선추적방식 : 벡터 방식(수식)으로 압축이 용이하며 지도와 유사한 형태의 도형제작에 유리

14 다음 중 도로의 기능별 구분에 따른 설명으로 옳지 않은 것은?

① 주간선도로 : 시·군 상호 간을 연결하여 대량 통과교통을 처리하는 도로로서 시·군의 골격을 형성하는 도로
② 보조간선도로 : 시·군 교통의 집산기능을 하는 도로로서 근린주거구역의 외곽을 형성하는 도로
③ 국지도로 : 근린주거구역 내 교통의 집산기능을 하는 도로로서 근린주거구역 내부를 구획하는 도로
④ 특수도로 : 보행자전용도로·자전거전용도로 등 자동차 외의 교통에 전용되는 도로

[해설]

주간선도로	시·군내 주요지역을 연결하거나 시·군 상호간을 연결하여 대량통과교통을 처리하는 도로로서 시·군의 골격을 형성하는 도로
보조간선도로	주간선도로를 집산도로 또는 주요 교통발생원과 연결하여 시·군 교통의 집산기능을 하는 도로로서 근린주거구역의 외곽을 형성하는 도로
집산도로	근린주거구역의 교통을 보조간선도로에 연결하여 근린주거구역내 교통의 집산기능을 하는 도로로서 근린주거구역의 내부를 구획하는 도로
국지도로	가구(街區 : 도로로 둘러싸인 일단의 지역)를 구획하는 도로
특수도로	보행자전용도로·자전거전용도로 등 자동차 외의 교통에 전용되는 도로

15 우리나라 용도지역지구제의 특징에 대한 설명으로 옳지 않은 것은?

① 용도지역지구제는 토지이용의 특화 또는 순화를 도모하기 위하여 도시의 토지이용도를 구분하는 제도이다.
② 용도지역지구제는 이용목적에 부합하지 않는 건축 등의 행위는 규제하고 부합하는 행위는 유도하는 제도적 장치이다.
③ 용도지역지구제는 공공의 건강과 복리를 증진시키기 위한 것으로 이의 실현을 위해 법적 규제를 통하여 개인의 토지이용을 제한한다.
④ 용도지역지구제에 있어 용도지역은 상호 중복지정이 가능하고, 용도지구는 중복지정이 허용되지 않는다.

[해설]
국계법 제2조(정의) 15항에 의거 용도지역은 서로 중복되지 아니하여야 한다.

16 계획이론 중에서 약자의 이익을 보호하고, 지역주민의 이익을 대변하는 접근방법인 옹호이론을 주장한 학자는?

① 다비도프(Davidoff)
② 린드블롬(Lindblom)
③ 에티지오니(Etizioni)
④ 프리드만(Friedman)

[해설]
옹호이론(창도적 접근방법 : Advocacy Planning)
• 다비도프(P. Davidoff)
• 강자에 대항하여 약자의 이익을 보호, 지역 주민의 이익을 대변하려는 접근방법
• 다원적인 가치가 혼재하므로 단일 계획안보다는 복수의 다원적 계획안이 바람직함

17 지역의 산업성장을 국가 전체의 성장요인, 산업구조적 요인, 지역의 경쟁력 요인으로 구분하여 지역경제를 분석하고 예측하는 기법은?

① 경제기반모형
② 투입산출분석
③ 변이할당분석
④ 비용편익분석

[해설]
변이할당분석(Shift-share Analysis)의 정의
도시의 주요 산업별 성장원인을 규명하고, 도시의 성장력을 측정하는 방법이다. 성장의 요인을 전국의 경제성장효과, 지역의 산업구조효과, 도시의 입지경쟁력에 의한 효과 등으로 구분하여 분석한다.

18 개발행위 허가대상 및 규모로 옳지 않은 것은?

① 주거·상업·자연녹지·생산녹지지역 : 10,000m² 미만
② 공업지역 : 50,000m² 미만
③ 보전녹지 및 자연환경보전지역 : 5,000m² 미만
④ 관리지역 및 농림지역 : 30,000m² 미만

[해설]
국토의 계획 및 이용에 관한 법률 시행령 제55조(개발행위허가의 규모) 공업지역은 30,000m² 미만을 기준으로 한다.

19 토지이용계획의 수립과정을 상향적 접근과 하향적 접근으로 구분할 때, 이에 대한 설명이 옳지 않은 것은?

① 상위계획의 지침을 받아 도시의 기본계획을 설정하는 것은 상향적 접근이다.
② 도시 내 지구수준의 문제점 해결을 우선하는 것은 상향적 접근이다.
③ 기성시가지의 유형별 대책을 수립하는 것은 상향적 접근이다.
④ 도시 차원에서 도시 전체의 기본 구조를 중시하는 것은 하향적 접근이다.

정답 15 ④ 16 ① 17 ③ 18 ② 19 ①

해설
국가주도의 계획으로 국가에서 국토에 대한 기본계획을 수립하면 이를 하부의 계획주체들은 상위의 계획에 위배됨이 없이 계획을 수립하는 방식을 하향식 계획이라 한다.

20 아래 그림이 나타내는 이론과 "3(빗금 친 부분)"에 해당하는 토지이용이 모두 옳게 연결된 것은?

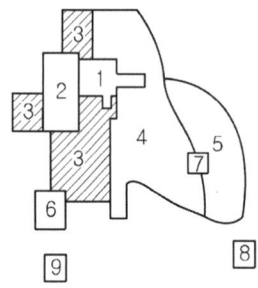

① 다핵심이론 - 고소득층 주거지구
② 선형이론 - 도매경공업지구
③ 다핵심이론 - 저소득층 주거지구
④ 선형이론 - 점이지대

해설

| 다핵설 | 해리스 울만 | 지리학적 입장, 동심+선형, 대도시 토지이용 형태 설명(유동적 현대도시에 적합), 동태적 설명 부족, 가장 비조직적 이론 |
| | | 1.CBD, 3.저소득, 7.외곽상업지구 |

제2과목 도시설계 및 단지계획

21 래드번(Radburn) 계획의 기본 원리가 아닌 것은?

① 슈퍼블럭(Super Block)을 구성하였다.
② 쿨데삭형의 세가로망을 구성하였다.
③ 주거단지 내에 통과 교통을 허용하였다.
④ 도로를 기능별로 구분하여 설치하였다.

해설
래드번 계획[라이트(H. Wright)와 스타인(C. Stein)]
• 슈퍼블럭(Super Block)은 개발녹지로 둘러싸이고 자동차 통과교통이 배제됨
• 쿨데삭(Cul-de-sac)형의 세가로망 구성을 통해 주택의 거실을 보도·정원을 향하도록 배치
• 도로를 기능에 따라 4가지로 구분하여 설치

22 다음 중 특별계획구역에 대한 설명으로 옳지 않은 것은?

① 지구단위계획구역 중에서 현상설계 등에 의하여 창의적 개발안을 받아들일 필요가 있거나 계획의 수립 및 실현에 상당한 시간이 걸릴 것으로 예상되어 충분한 시간을 가질 필요가 있을 때에 별도의 개발안을 만들어 지구단위계획으로 수용 결정하는 구역을 말한다.
② 복잡한 지형의 재개발구역을 종합적으로 개발하는 경우와 같이 지형조건상 지반의 높낮이 차이가 심하여 건축적으로 상세한 입체계획을 수립하여야 하는 경우 특별계획구역으로 지정한다.
③ 특별계획구역에 대한 계획내용은 지구단위계획에 포함하여 결정한다.
④ 구역 내 권리관계가 복잡하여 민간개발보다 공공개발과 연계가 주목적이지만 주민의 합의가 있는 경우는 민간사업과 연계가 가능하다.

해설
특별계획구역
1. 정의
 • 지구단위계획구역 중 현상설계 등에 의하여 창의적 개발안을 받아들일 필요가 있거나 계획안을 작성하는 데 상당한 기간이 걸릴 것으로 예상되어 충분한 시간을 가질 필요가 있을 때 별도의 개발안을 만들어 지구단위계획으로 수용, 결정하는 구역
 • 미국식 PUD 제도를 국내 도입한 제도
2. 특별계획구역의 지정대상
 • 지형조건상 지반고 차이가 심하여 건축적으로 상세한 입체계획이 수립되어야 할 경우
 • 복잡한 지형의 재개발구역을 종합적으로 개발하는 경우 등
3. 특별계획구역에 대한 지구단위계획 작성절차
 • 지구단위계획을 입안할 때 지정조건에 부합하는 곳을 '특별계획구역'으로 지정

23 페리(C.A. Perry)가 주장한 근린주구론의 원칙이 아닌 것은?

① 주거단위는 하나의 초등학교 운영에 필요한 인구에 대응하는 규모를 가져야 하고, 그 규모는 인구밀도에 의해 결정된다.
② 주거단위는 주거지 안으로 지나는 통과교통이 내

부를 관통하지 않고 우회되어야 하며, 네 면 모두 충분한 폭원의 간선도로(Arterial Street of High Way)로 위요되어야 한다.
③ 하나의 근린주구는 상위도시를 기준으로 구축된 가로체계에 의존하고, 원활한 순환체계 속에서 통과 교통을 체계적으로 수용할 수 있는 입체적인 가로망으로 계획한다.
④ 개개 근린주구의 요구에 부합하도록 계획된 소공원과 레크리에이션 체계를 갖춘다.

해설
페리의 근린주구는 통과 교통이 내부를 관통하지 않고, 네 면 모두가 간선도로에 의해 구획된다.

24 단지계획에서 보차공존도로의 설치 목적과 거리가 먼 것은?

① 노상주차 억제를 통한 안전성 확보
② 식재공간 확보를 통한 쾌적성 증대
③ 통과교통 억제를 통한 안전성 확보
④ 국지도로와의 교차지점 감소를 통한 효율성 확보

해설
보차공존도로의 목표
• 안전성(통과교통, 주행속도, 노상주차 억제)
• 편리성(주민의 진출입 및 배달·수거 편리)
• 쾌적성(식재공간 확보, 쾌적한 보행환경, 경관 향상)

25 도시설계 또는 지구단위계획과 비교하여 단지계획이 갖는 정의 및 특성으로 틀린 것은?

① 대지조성계획이다.
② 지침제시적인 규제계획이다.
③ 시설물의 배치까지도 포함한다.
④ 밀도, 용적, 형태, 기능과 패턴 등을 마련한다.

해설
단지계획의 특징
• 계획대상이 뚜렷하다.(대지나 주택에 대한 계획)
• 계획목표나 내용이 상세하며 구체적이다.(시설물 종류와 배치에 대한 상세계획)
• 사업계획의 성격을 갖는다.
• 평면적·입체적 토지이용(밀도, 용적, 형태, 기능과 패턴 등을 마련하는 계획)
• 기술적 측면을 중시하며, 단기계획이다.

26 획지계획에 대한 설명으로 틀린 것은?

① 획지(Lot)는 개발이 이루어지는 최소 단위이다.
② 앞으로 진행될 단위 개발의 토지기반을 마련해주는 행위다.
③ 획지의 형태와 규모는 개발의 용도와 밀도, 가로구성, 경관조성 등이 실제적으로 실현되는 데 영향을 준다.
④ 획지계획은 토지이용의 효율성과 주거의 쾌적성 중 하나의 목적만을 선택하여 추구할 수 있도록 계획하여야 한다.

해설
1. 획지의 정의
• 획지(Lot)란 개발이 이루어지는 최소의 단위이며, 획지계획은 장래 일어날 단위개발의 토지기반을 마련하는 과정임
• 획지는 계획적 관점(토지분할행위), 물리적 관점(건축물의 구조와 형태를 달리하는 개별단위로서의 토지), 경제적 관점(동일한 가격평가의 기준이 되는 단위토지)
• 향후 환지계획을 감안하여 토지의 용도·획지의 형태와 규모·개발의 용도 및 밀도, 가로구성, 경관조성 등 여러 사항이 고려되어야 한다.
2. 획지계획의 방향
• 획지계획은 주택지의 경우 적정규모의 필지구획, 즉 토지이용의 효율성 및 주거의 쾌적성 확보와 여러 수요계층을 골고루 만족시킬 수 있는 다양한 규모의 배분을 추구
• 상업지의 경우 용도에 맞는 적정한 획지의 규모기준을 추구

27 다음 중 공동주택 건립을 위한 지구단위계획에서의 친환경 계획요소로 가장 거리가 먼 것은?

① 비오톱 조성   ② 투수성 바닥처리
③ 자원 재활용   ④ 조망권 확보

해설
단위계획 요소별 작성기준
①, ②, ③은 환경계획과 관련된 계획요소이며, ④는 경관상세계획과 관련된 계획요소이다.

28 사방이 가로에 의하여 둘러싸인 일단의 토지를 무엇이라 하는가?

① 획지(Lot)   ② 가구(Block)
③ 단지(Site)   ④ 지구(District)

정답 24 ④   25 ②   26 ④   27 ④   28 ②

[해설]
- 가구 : 사방이 가로에 의하여 둘러싸인 (도로로 둘러싸인) 일단의 토지
- 획지 : 계획적인 개발·정비를 위하여 구획된 일단의 토지
- 단지 : 주택, 공장 등이 집단을 이루고 있는 일정 구역
- 지구 : 일정한 목적 때문에 특별히 지정된 지역

29 경관분석의 방법에 해당하지 않는 것은?
① 그린 매트릭스(Green Matrix)에 의한 방법
② 시각회랑(Visual Corridor)에 의한 방법
③ 게슈탈트(Gestalt)에 의한 방법
④ 기호화 방법

[해설]
경관분석기법
- 기호화 방법 : 린치(Lynch)
- 심미적 요소의 계량화 방법 : 레오폴드(Leopold)
- 메시분석방법
- 시각 회랑에 의한 방법 : 리튼(Litton)
- 사진에 의한 분석방법
- 게슈탈트(Gestalt)에 의한 방법 : C. 에렌펠스

30 주거환경의 제 요소 중 자연·환경적 측면에 대한 설명으로 틀린 것은?
① 일조는 단독적 요소라기보다는 조합, 프라이버시와 함께 고려되기 때문에 건물의 높이만을 감안하여 일률적으로 규정할 수 없다.
② 인공성 표면재료(아스팔트, 콘크리트, 돌 등)는 토양이나 식생으로 피복된 지표면보다 열 전달의 속도와 강도가 약하다.
③ 지형이나 지세는 도로의 구배, 토지이용, 건물의 배치, 시각적인 효과, 유수의 형태 등에 있어 주거환경의 결정에 있어서 중요한 요소이다.
④ 식생, 특히 교목은 단지 내 오픈스페이스의 일사량 조절에 큰 영향을 미치는 요소이다.

[해설]
인공성 표면재료(아스팔트, 콘크리트, 돌 등)는 토양이나 식생으로 피복된 지표면보다 열 전달의 속도와 강도가 빠르고 강하다.

31 도시지역 내 지구단위계획구역을 지정할 수 있는 용도지구가 아닌 것은?
① 경관지구 ② 리모델링지구
③ 보존지구 ④ 개발진흥지구

[해설]
국토의 계획 및 이용에 관한 법률 제37조(용도지구의 지정)
① 국토교통부장관, 시·도지사 또는 대도시 시장은 다음 각 호의 어느 하나에 해당하는 용도지구의 지정 또는 변경을 도시·군관리계획으로 결정한다.
 1. 경관지구 : 경관을 보호·형성하기 위하여 필요한 지구
 6. 보존지구 : 문화재, 중요 시설물 및 문화적·생태적으로 보존가치가 큰 지역의 보호와 보존을 위하여 필요한 지구
 9. 개발진흥지구 : 주거기능·상업기능·공업기능·유통물류기능·관광기능·휴양기능 등을 집중적으로 개발·정비할 필요가 있는 지구
※ 참고 : 2017. 4. 18. 부로 국토의 계획 및 이용에 관한 법률 제37조(용도지구의 지정) 조항이 개정되면서 미관지구 와 시설보호지구 조항이 삭제되고, 복합용도지구가 추가되었으며, 보존지구가 보호지구로 변경되었다.

32 도시 안에서 상업 등 특정기능을 강화하거나 도시 팽창에 따라 기존 도시의 기능을 흡수·보완하는 새로운 시가지를 개발하고자 하는 경우 지구단위계획구역의 지정 목적은?
① 기존 시가지의 관리 ② 복합용도개발
③ 기존 시가지의 정비 ④ 개발진흥지구

[해설]
제1종 지구단위계획의 유형과 그 목적
④ 신시가지의 개발(개발진흥지구) : 도시 안에서 상업 등 특정기능을 강화하거나 도시 팽창에 따라 기존 도시의 기능을 흡수·보완하는 새로운 시가지를 개발하고자 하는 경우

33 도시계획시설로서 초등학교는 근린주거구역단위로 설치하며, 근린주거구역의 중심시설이 되도록 한다. 이때 새로이 개발되는 지역의 경우 1개의 근린주거구역의 범위는 몇 세대를 기준으로 결정하게 되는가?(단, 이미 개발된 지역과 인접한 지역의 개발여건을 고려하여 필요한 경우 세대수를 조정하는 것은 고려하지 않음)
① 500세대 내지 1,000세대
② 1,000세대 내지 2,000세대
③ 2,000세대 내지 3,000세대
④ 5,000세대 내지 10,000세대

정답 29 ① 30 ② 31 ②, ③ 32 ④ 33 ③

해설
근린주구 구성의 6가지 원리(규모)
- 하나의 초등학교가 필요하게 되는 인구에 대응하는 규모(반경 300~400m 정도)
- 초등학교생 1,000~2,000명, 거주인구 5,000~6,000 명 (2,000~3,000세대 정도)

34 케빈 린치(Kevin Lynch)가 주장한 도시 이미지의 구성요소가 아닌 것은?

① 패스(Path) ② 노드(Node)
③ 그레인(Grain) ④ 디스트릭트(District)

해설
케빈 린치의 도시이미지(물리적 구조에 관한 요소)
경계(Edge), 결절점(Node), 도로(Path), 지구(District), 랜드마크(Landmark)

35 쿨데삭(Cul-de-sac) 도로에 대한 설명으로 옳은 것은?

① 보도와 차도의 분리가 힘들다.
② 부정형한 지형에 적용이 곤란하다.
③ 운전자가 전체 도로망을 인지하기 쉽다.
④ 통과 차량의 통행을 억제하는 효과가 있다.

해설
쿨데삭(Cul-de-sac)은 통과교통을 억제하여 보행자의 안전한 보행을 확보함과 동시에 통과차량의 통행을 억제하는 효과가 있다.

장점	• 통과 교통이 차단되어 보행자들이 안전하게 보행할 수 있음 • 주거환경의 안전성과 쾌적성을 확보할 수 있다. • 각 가구와 관계없는 자동차의 진입을 방지할 수 있다. • 통과교통이 차단되므로 주민들의 일체성이 확보됨 • 국지도로와 별도로 보행자 전용도로를 설치할 수 있어 쾌적한 동선 확보 • 부정형 지형에 적용이 용이하고 회차부분을 활력 있는 공간으로 조성 가능 • 구획도로와 별도로 보행자전용 도로를 설치하는 것이 가능
단점	• 우회도로가 없기 때문에 방재·방범상 불리하다. • 각 획지로 접근하는 서비스 차량의 진입이 곤란하고 집 찾기 곤란

36 가, 나 지점 사이의 평균 경사도는 얼마인가?(단, 두 지점사이의 수평거리는 500m 이다.)

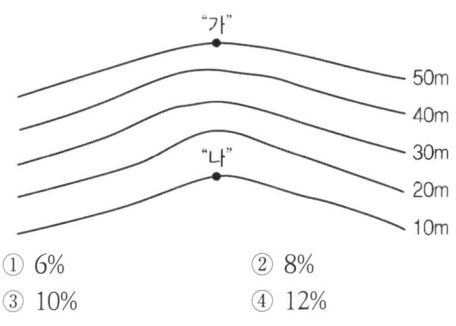

① 6% ② 8%
③ 10% ④ 12%

해설
등고선에서 경사도 계산

경사도 = $\dfrac{\text{등고선 간격 (높이)}}{\text{등고선 간의 수평거리}} \times 100$

경사도 = $\dfrac{40}{500} \times 100 = 8\%$

37 1가구의 단층형으로서 주거공간이 마당을 부분 또는 전부 에워싸고 있는 주택형태를 무엇이라고 하는가?

① Terrace House ② Town House
③ Patio House ④ Row House

해설
중정형 주택(Patio House)
- 우리나라 전통가옥에 많이 적용되는 형태로 중정(뜰)형 전통가옥은 한 가구 자체가 중정을 가지고 있으나 중정형 주택은 다수의 세대가 공동의 중정(뜰)을 가지고 있는 형태로 아트리움하우스(Atrium House)라고도 함
- 파티오(Patio) : 건물로 둘러싸인 정원. 즉, 중정(中庭)을 뜻함
- 코트하우스(Court House) : 도심지 주택 형식으로 중정(中庭)을 주택의 중심으로 한 형식

38 주거단지 내의 공원·녹지의 기능이 아닌 것은?

① 대기오염 및 수질오염을 정화
② 미기후 조절 가능
③ 차경(借景) 기회 억제
④ 화재·홍수 등의 재난 예방과 완화

해설
주거단지 내 공원·녹지의 기능
공원 및 녹지의 기능은 차경 기회의 확대를 가져오게 된다. 여기서 차경(借景)이라 함은 사전적 의미로 경치를 빌린다는 것이며, 이는 주변의 아름다운 경관을 조망할 수 있는 것을 의미한다.

39 슈퍼블럭을 구성함으로써 얻는 효과로 가장 거리가 먼 것은?

① 건물을 집약화함으로써 고층화 및 효율화에 기여한다.
② 충분한 공동의 오픈스페이스 확보가 가능하다.
③ 블럭 주변부 가로의 활성화에 기여한다.
④ 전력, 난방, 하수, 쓰레기 등 도시시설의 공동화가 용이하다.

해설
슈퍼블럭(Super Block)의 장점
• 보도와 차도의 완전한 분리가 가능
• 통과교통 방지 가능
• 건물 집약화를 통한 고층화, 효율화
• 다양한 주택 공급에 따른 다양한 주택의 선택이 가능
• 충분한 공동의 오픈스페이스 확보
• 전력, 난방, 하수, 쓰레기 수집 등 도시시설의 공동화
• 공공시설 및 편익시설 확보 용이
• 기반시설비용 경감

40 도시설계와 관련된 공간 척도의 설명으로 틀린 것은?

① 르네상스시대의 건축가인 알베르티는 광장의 경우, 장변과 단변의 비가 2 : 1, 주변 건물의 높이는 광장 단변폭의 1/3 또는 2/7 이하가 적당하다고 하였다.
② 19세기 독일의 건축가 메르텐츠는 건물과 시점 간의 거리(D)와 건물 높이(H)의 비율은 D/H = 2, 앙각 35도에서 건축물을 전체적으로 파악할 수 있다고 하였다.
③ 헷지맨과 피츠는 건축높이의 약 2배만큼의 거리에서 보지 않으면, 건축을 전체로서 볼 수 없다고 하였다.
④ 요시노부 아시하라는 도로폭보다 작은 치수의 전포폭이 반복될 때 가로는 활기에 넘친다고 하였다.

해설
메르텐츠(H. Maertents) - 19세기 독일의 건축가
인간이 전방을 바라볼 때, 40도의 앙각이 되며, 건물 상부에 있는 하늘을 바라보는 각도를 고려한다면, 건물과 시점 간의 거리(D)와 건물의 높이(H)와의 비율은 D/H = 2, 앙각 27도에서 건축을 전체적으로 파악할 수 있다.

제3과목 도시개발론

41 사업성 분석 체계 중 연차별 투자비용 추정 단계에서 이루어지는 작업은 무엇인가?

① 할인율 설정
② 용지별 분양가격 추정
③ 연차별 분양수입 추정
④ 직접비 및 간접비 추정

해설
사업성 분석
• 분석의 전제 : 사업의 개요, 투자계획과 분양계획, 할인율 결정
• 연차별 투자비용 추정 : 직접비 및 간접비 추정, 연차별 투자비용 추정
• 연차별 분양수입 추정 : 용지별 분양가격 추정, 연차별 분양수입 추정
• 사업성 평가 : 현금흐름표 작성, 사업성 평가

42 다음 중 사업성 평가에 사용되는 지표에 대한 일반적인 설명이 옳지 않은 것은?

① 내부수익률이 자본비용보다 클 때 프로젝트는 사업성이 있는 것으로 평가된다.
② 수익성 지수가 1보다 클 때 해당 프로젝트는 사업성이 있는 것으로 평가된다.
③ 순현재가치가 1보다 작을 때 그 프로젝트의 사업성은 없는 것으로 평가된다.
④ 수익성 지수는 프로젝트로부터 발생하는 할인된 전체 수입을 할인된 전체비용으로 나눈 값이다.

해설
사업성 분석
순현재가치법(Net Present Value)
• 편익과 수입 현재가치로 환산하여 평가하는 방법
• $FNPV = \sum_{t=0}^{T} \frac{R_t}{(1+r_0)^t} - \sum_{t=0}^{T} \frac{C_t}{(1+r_0)^t}$
• FNPV > 기대수익 → 프로젝트의 사업성이 있음

43 리모델링 사업의 근거법은 무엇인가?

① 도시 및 주거환경정비법
② 주택법
③ 국토의 계획 및 이용에 관한 법률
④ 임대주택법

해설
리모델링 사업의 근거법 : 주택법 제66조(리모델링의 허가 등)

44 다음 중 시행방식에 따른 재개발사업의 분류에 해당하지 않는 것은?

① 환류재개발(Regeneration)
② 전면재개발(Redevelopment)
③ 수복재개발(Rehabilitation)
④ 보전재개발(Conservation)

> **해설**
> 시행방법에 따른 재개발방식의 분류
> • 수복(보수)재개발(Rehabilitation) : 시설을 그대로 유지하며 불량된 요소만을 제거하는 소극적 방법
> • 보전재개발(Conservation) : 사전에 불량·노후화의 진행을 방지하는 소극적 방법
> • 철거(전면)재개발(Redevelopment) : 완전 제거 후 새로운 환경 조성(대표적 도시재개발 유형)

45 마케팅을 활성화하기 위한 경영활동의 계획에서 반드시 수반되어야 하는 마케팅전략(STP)의 세 단계는?

① Stimulating, Tightening, Positioning
② Stimulating, Tightening, Pursuing
③ Standardization, Targeting, Pursuing
④ Segmentation, Targeting, Positioning

> **해설**
> STP 전략 - Segmentation, Target, Positioning
> • 시장세분화(Segmentation)
> • 표적시장(Targeting)
> • 차별화(Positioning)

46 다음은 도시 및 주거환경정비법에 의한 사업시행을 위해서 거쳐야 하는 절차들이다. 이들 중에서 가장 마지막에 이루어지는 절차는?

① 정비구역의 지정
② 조합의 설립
③ 관리처분계획인가
④ 사업시행인가

> **해설**
> 기본계획 수립 → 정비계획 수립 → 정비구역지정 → 추진위구성(1/2 주민동의) → 안전진단 → 조합 설립(재건축 - 각 동의 2/3, 전체의 3/4 이상의 동의) 인가 신청 → 사업시행인가 → 관리처분계획 인가 → 이주 → 착공 → 분양 → 완공

47 다음 중 개발권양도제(TDR)에 대한 설명으로 옳지 않은 것은?

① 토지소유자의 개발제한에 대한 보상을 하므로 높은 공정성을 확보할 수 있다.
② 보상가격산정에 있어 시장기구를 활용할 수 없다.
③ 자원배분의 왜곡을 어느 정도 방지할 수 있다.
④ 보상비용이 과다할 수 있으며, 제도의 시행에 많은 준비와 기획이 요구된다.

> **해설**
> TDR의 특징
> • 토지소유권과 개발권의 분리가 가능하다는 점에서 착안한 기법으로, 토지의 개발권을 다른 필지로 이전하여 추가 개발하는 방식이다.
> • 역사적 건축물이나 자연환경 보존지역, 특정지역 개발에 유용하며 기존용도지역제의 경직성을 보완하여 시장주도형 도시개발에 유연하게 대처할 수 있으며 공익적인 차원에서 사유재산의 보호, 즉 토지보상 문제를 해결할 수 있다는 이점이 있다.

48 도시개발을 위한 입지분석 단계에서 토지공부 분석을 통하여 알 수 없는 사항은 무엇인가?

① 지적현황
② 지장물
③ 부지의 위치
④ 소유자

> **해설**
> 물리적 여건 분석의 종류
> • 자연 특성 분석 : 지형, 지질, 경사도, 식생 등의 분석
> • 토지공부(土地公簿) 분석 : 부지의 일반적인 특성(위치, 규모, 소유자, 지가, 지목, 지적현황 등) 분석
> • 기반시설 특성 분석 : 전력, 통신, 상하수도, 가스 등의 현황분석

49 1920년대에 위성도시안을 제안한 사람이 아닌 자는?

① 테일러(G.R. Taylor)
② 라딩(A. Rading)
③ 기버드(F. Gibberd)
④ 휘튼(R. Whitten)

> **해설**
> 1920년대 위성도시 제안론자
> • 위성도시의 발달은 하워드의 전원도시에서 유래
> • 테일러(G.R. Taylor), 언윈(R. Unwin), 휘튼(R. Whit-ten), 라딩(A. Rading)

정답 44 ① 45 ④ 46 ③ 47 ② 48 ② 49 ③

50
다음 중 금융기관이나 기업이 보유하고 있는 장기성 유가증권, 대출채권, 외상매출금 등의 자산을 담보로 증권을 발행하여 투자자에게 매각함으로써 자금을 조달하는 금융기법은?

① 자산담보부증권(ABS)
② 공인담보부증권(CBS)
③ 유동화전문회사(SPC)
④ 리츠(REITs)

해 설
자산담보부 증권(ABS ; Asset-Backed Securities)
금융기관이나 기업이 보유한 장기성 유가증권·대출채권·외상매출금 등의 자산을 담보로 증권을 발행하여 투자자에게 매각함으로써 자금을 조달하는 금융기법

51
마케팅의 개념에서 D. Schultz는 공급자 관점의 4P의 전략을 수요자 입장의 4C 전략으로 전환하였는데 올바르게 짝지어진 것은?

① 상품(Product) → 소비자(Customer Value)
② 상품(Product) → 비용(Cost to the Customer)
③ 홍보(Promotion) → 편리성(Convenience)
④ 장소(Place) → 의사소통(Communication)

해 설
4Cs 전략
- 수요자 입장에서 접근하는 마케팅 방법(Schultz, 1996)
- 마케팅 구성요소(4C)

4Ps	4Cs
제품(Product)	소비자 가치(Customer value)
가격(Price)	소비자 비용(Cost of the Customer)
장소(Place)	편리성(Convenience)
홍보(Promotion)	의사소통(Communication)

52
도시개발사업의 경제적 타당성 분석에 관한 설명으로 가장 거리가 먼 것은?

① 경제적 타당성 분석의 전개과정은 상식적이고 합리적으로 도시개발사업을 평가한다.
② 도시개발사업의 경제적 타당성 분석에서 할인율은 고려하지 않는다.
③ 경제적 타당성 분석의 평가지표로 비용 - 편익비(B/C), 내부수익률(IRR)을 이용할 수 있다.
④ 도시개발에서의 경제적 타당성은 개발 사업에 소요되는 비용보다 발생되는 수익이 많을 때에 인정된다.

해 설
도시개발의 경제적 타당성
경제적 타당성 분석에 있어 할인율의 결정은 필수불가결하다.

53
1960년대 이후 미국의 계획단위개발(PUD)의 본격적 시행을 통하여 몇 가지 문제점이 지적되었다. 다음 중 계획단위개발의 문제점으로 볼 수 없는 것은?

① 평범한 고밀도단지의 형성 우려
② 고용기회를 갖추지 못한 채 대량인구 유입 우려
③ 공동 오픈스페이스 등 과도한 유지·관리비용 발생
④ 지방자치단체 개발관리능력의 저하

해 설
계획단위개발(PUD ; Planned Unit Development)의 특징
- 혼합토지이용
- 대규모 개발에 따른 하부시설의 설치비용과 개발비용 절감
- 근린생활권 개념을 도입하여 개별 필지의 개발을 억제하고 집단개발 유도
- 기존 용도지구상의 규제내용에 관계없이 밀도, 토지이용 패턴, 녹지공간, 설계요소 등에 신축성이 있고 다양하게 개발할 수 있음
※ 규제를 PUD로 묶어주는 역할이 바로 지방자치단체의 개발관리능력이다.

54
도시개발의 패러다임 중 자연자원의 무분별한 훼손을 막고 직주근접을 통해 교외지역에서 발생하는 교통량을 최소화하여 인프라 및 에너지의 효율적 이용을 도모하려는 것은?

① 뉴어바니즘(New Urbanism)
② 어반 빌리지(Urban Village)
③ 스마트 성장(Smart Growth)
④ 컴팩트시티(Compact City)

해 설
압축도시(Compact City)
- 시가화된 기존의 도시 또는 신도시로 설정된 지역을 고밀도로 집중 개발하는 방식
- 고밀도 도시개발을 통하여 도시 주변의 자연환경을 보존하며 개발

- 하는 방법. 즉, 주거, 공공시설을 일정공간에 집적화, 나머지 지역을 녹색 도시화하며 난방, 전력공급, 교통 등에서 효율적인 에너지 절약 목표를 달성할 수 있는 도시로, 환경적으로 지속 가능한 도시의 형태
- 90년대 유럽위원회가 개념을 제안

55 도시개발사업의 평가를 위한 지표인 수익성 지수 (PI)를 산정하는 식으로 옳은 것은?

r^c : 기업의 할인율
t : 프로젝트의 최종년도
R_t : t년도 발생한 프로젝트의 수입
C_t : t년도 발생한 프로젝트의 비용

① $\sum_{t=0}^{T} \frac{R_t}{(1+r^c)^t} - \sum_{t=0}^{T} \frac{C_t}{(1+r^c)^t}$

② $\sum_{t=0}^{T} \frac{R_t}{(1+r^c)^t} + \sum_{t=0}^{T} \frac{C_t}{(1+r^c)^t}$

③ $\sum_{t=0}^{T} \frac{R_t}{(1+r^c)^t} / \sum_{t=0}^{T} \frac{C_t}{(1+r^c)^t}$

④ $\sum_{t=0}^{T} \frac{R_t}{(1+r^c)^t} \times \sum_{t=0}^{T} \frac{C_t}{(1+r^c)^t}$

해 설

수익성 지수(P.I ; Profitability Index) = B/C와 동일
- 정의 : PI = $\sum_{t=0}^{T} \frac{R_t}{(1+r_0)^t} / \sum_{t=0}^{T} \frac{C_t}{(1+r_0)^t}$
  여기서, R : t년도에 발생한 사업수입
  C_t : t년도에 발생한 사업비용
  r_0 : 기업의 할인율
  T : 사업기간
- 평가 : PI>1 비용에 비해 더 큰 수입 → 수익성 있음

56 도시개발사업에서 환지방식에 대한 설명 중 옳은 것은?

① 감보란 시행자가 환지방식에 의해 신설 또는 확장된 공공시설용지를 제외한 토지를 권리자에게 배분하는 것을 말한다.
② 환지계획은 입체환지를 원칙으로 한다.
③ 환지설계의 방법에는 평가식, 면적식, 감보비율식이 있다.
④ 환지계획구역에서 평균토지부담률은 최소 50% 이상이어야 한다.

해 설

1. 입체환지 : 과소 토지가 되지 않도록 건축물과 토지의 공유 지분을 주는 것
2. 감보 : 종전보다 토지면적이 감소하는 것
- 환지설계의 원칙 : 적응환지, 평면환지, 제자리 환지
- 환지설계방식 : 평가식 환지(가격기준 = 원칙), 면적식 환지(면적기준), 절충식
- 환지계획구역에서 평균토지부담률은 50%를 넘지 못하도록 되어 있다. 그러나 지정권자가 당해 구역의 특성을 고려하여 60%까지 설정하는 것이 가능하며, 토지소유자 전원이 동의하면 60%를 초과할 수 있도록 유연한 운영규정을 두고 있다.

57 다음 중 기업도시의 기능별 유형에 해당하지 않는 것은?

① 제조업과 교역 위주의 산업교역형 기업도시
② 연구개발 위주의 지식기반형 기업도시
③ 관광·레저·문화 위주의 관광레저형 기업도시
④ 지역의 정체성을 살려주는 특성화형 기업도시

해 설

기업도시의 구분
- 산업교역형 기업도시 : 제조업과 교역 위주의 기업도시
- 지식기반형 기업도시 : 연구개발 위주의 기업도시
- 관광레저형 기업도시 : 관광·레저·문화 위주의 기업도시

58 다음 중 공공기관을 지방으로 이전하는 계기로 지역의 성장거점지역에 조성되는 도시로, 지역의 대학·연구소·지방자치단체가 협력하여 새로운 성장동력을 창출하는 기반이 될 것으로 기대되는 것은?

① 행복도시
② 혁신도시
③ 기업도시
④ 뉴타운

해 설

혁신도시
이전 공공기관을 수용하여 기업·대학·연구소·공공기관 등의 기관이 서로 긴밀하게 협력할 수 있는 혁신여건과 수준 높은 주거·교육·문화 등의 정주(定住)환경을 갖추도록 이 법에 따라 개발하는 미래형 도시

정답 55 ③ 56 ① 57 ④ 58 ②

59 다수의 대안이 제시되었을 때 다면적 평가기준에 의해 복잡한 문제를 체계적으로 단순 구조화하여 합리적 결정을 내릴 수 있도록 유도하는 분석방법은?

① CVM(Contingency Valuation Method)
② NPV(Net Present Value)
③ IRR(Internal Rate of Return)
④ AHP(Analytical Hierarchical Process)

해설
다수의 대안이 제시되었을 때 다면적 평가기준에 의해 제기되는 복잡한 문제를 체계적으로 단순 구조화시킴으로써 의사결정자가 합리적으로 최선의 결정을 내릴 수 있도록 유도하는 방법

60 다음 중 관리상 부실로 인하여 도시환경이 악화될 우려가 예견되거나 이미 악화된 지역에 대하여 기존 시설을 보존하면서 노후 및 불량화 요인만을 제거하는, 즉 부분적인 철거재개발 형식으로 구역 전체의 기능과 환경을 회복하거나 개선시키는 소극적인 재개발 시행방식은?

① 보완재개발(Recover)
② 수복재개발(Rehabilitation)
③ 보전재개발(Conservation)
④ 지구단위재개발(Sectiondevelopment)

해설
시행방법에 따른 재개발 방식의 분류
- 수복재개발 : 노후·불량화 요인을 제거하는 재개발
- 지구수복에 의한 재개발은 도시기능과 생활환경이 점차 악화되고 있는 대상지에서 건축물의 신축을 부분적으로 허용하되 나머지 건축물을 수리·개조함으로써 점진적으로 개선하는 재개발방법
- 대상지 안에 보존할 가치가 있는 건축물에 대해서는 되도록 증축 및 개량을 통해 그 가치를 증진
- 지구수복은 전면재개발과 지구보존의 복합적 성격을 지니고 있어 지구환경에 어울리지 않는 건축물의 개선을 권고하고 지정하는 내용도 포함

제4과목 국토 및 지역계획

61 국토계획의 효율적 관리를 위한 국토조사방법에 대한 설명으로 옳지 않은 것은?

① 국토교통부장관은 국토에 관한 계획 및 정책의 수립과 집행에 활용하기 위하여 국토종합계획의 수립 시에 정기조사를 실시한다.
② 국토교통부장관이 필요하다고 인정하는 경우 특정지역 또는 부문 등을 대상으로 수시조사를 실시할 수 있다.
③ 국토교통부장관은 중앙행정기관의 장 또는 지방자치단체의 장에게 조사에 필요한 자료의 제출을 요청하거나 조사 사항 중 일부에 대하여 직접 조사하도록 요청할 수 있다.
④ 국토교통부장관은 효율적 국토조사를 위해 조사항목 및 조사 주체 등 필요한 사항에 대하여 관계중앙행정기관의 장 및 시·도지사와 사전협의를 거쳐 국토조사계획을 수립할 수 있다.

해설
정기조사는 계획의 수립 시가 아니라 매년 실시하는 조사이다.

62 다음 중 지역계획이 하나의 학문영역으로서 출발하게 된 세 가지 근간 중 하나가 아닌 것은?

① 현실 지향적이며 참여적이고 사회적 측면을 강조하는 경향으로부터 발전한 지역계획학
② 도시계획의 확대된 개념으로서 도시계획과 농촌계획을 연속적 개념으로 접근하는 지역계획학
③ 지리학과 경제학의 공간정책적 접근방법의 발전된 형태로서 정립된 지역계획학
④ 사회주의 내지 계획경제체제하에서 국가계획의 하위계획 이론으로서 성립된 지역계획학

해설
지역계획이 하나의 학문영역으로서 출발하게 된 세 가지 근간
1. 도시계획의 확대된 개념으로서 도시계획과 농촌계획을 연속적 개념으로 접근하는 지역계획학
2. 지리학과 경제학의 공간정책적 접근방법의 발전된 형태로서 정립된 지역계획학
3. 사회주의 내지 계획경제체제하에서 국가계획의 하위계획 이론으로서 성립된 지역계획학

63 다음 중 리(E.S. Lee)가 인구이동을 설명하기 위해 사용한 개념에 해당하지 않는 것은?

① 흡인요인
② 밀어내는 요인
③ 확률적 요인
④ 중간개입 장애요인

> **[해 설]**
> 1. 인구이동의 3가지 변수
>   - 인구흡입요인 : 긍정적인 의미의 선별성이 높음
>   - 인구배출요인 : 부정적인 의미의 선별성이 높음
>   - 출발지와 목적지 간의 중간개입 장애요인
> 2. 특징 : 인구이동은 선별성을 지님

64 공공투자분석에 사용되는 내부수익률에 관한 설명 중 옳지 않은 것은?

① 결정된 평가기간 내에 총 편익과 투입된 총비용을 일치시키는 이자율이다.
② 내부수익률은 상호배타적인 사업의 절대적 규모의 차이를 적절히 고려한다.
③ 사업시행의 순현재가치가 0이 되도록 하는 할인율로 계산된다.
④ 투자사업이 원만히 진행된다는 전제하에서 기대되는 예상수익률이다.

> **[해 설]**
> 내부수익률(IRR)
> - 현재가치의 편익과 비용을 서로 동일하게 만드는 할인율이다. 즉, 결정된 평가기간 내에 총 편익과 투입된 총비용을 일치시키는 이자율을 말한다.
> - $\sum_t \dfrac{B_t}{(1+\lambda)^t} = \sum_t \dfrac{C_t}{(1+\lambda)^t}$ (여기서, λ : 내부수익률)
> - 사업시행의 순현재가치가 0이 되도록 하는 할인율로 계산된다.
> - 투자사업이 원만히 진행된다는 전제하에서 기대되는 예상수익률이다.

65 국토계획 및 정책에 관한 중요사항을 심의하기 위하여 마련된 국무총리 소속기관은?

① 중앙도시계획위원회
② 국토계획위원회
③ 국토정책위원회
④ 국가균형발전위원회

> **[해 설]**
> 1. 소속 : 국무총리 소속, 국토계획 및 정책에 관한 중요 사항을 심의
> 2. 심의사항
>   - 국토종합계획에 관한 사항
>   - 도종합계획에 관한 사항
>   - 지역계획에 관한 사항(다른 위원회의 심의를 거친 경우 생략 가능)
>   - 부문별 계획에 관한 사항(다른 위원회의 심의를 거친 경우 생략 가능)
>   - 국토계획평가에 관한 사항
>   - 국토계획 및 국토계획에 관한 처분 등의 조정에 관한 사항
>   - 국토정책위원회의 심의를 거치도록 한 사항
>   - 그 밖에 국토정책위원회 위원장, 분과위원회 위원장이 회의에 부치는 사항

66 다음 중 도시공간의 확장과 분화는 지속적인 침입(Invasion)과 계승(Succession)의 과정을 통해 이루어진다고 설명하는 도시 공간 구조 이론은?

① 선형이론
② 다핵이론
③ 동심원이론
④ 다차원이론

> **[해 설]**
> 도시공간의 형성 요인, 동심원이론
> - 도시 내부의 거주지 분화과정 : 침입(Invasion) → 경쟁(Competition) → 계승(Succession)의 과정
> - 도시를 사회, 경제, 문화의 요소들로 구성된 도시생태로 파악
> - 내부공간구조 : 동심원 형태로 분화

67 지역 간 소득격차를 나타내는 지니계수(Gini Coefficient)가 1일 경우를 설명한 것으로 옳은 것은?

① 지역 간 소득이 완전히 균등배분되어 있음
② 지역 간 소득이 완전히 불균등 상태임
③ 지역 간 소득 격차를 잘 알 수 없음
④ 지역 간 소득이 상당히 불균형적임

> **[해 설]**
> 지니의 집중계수(Gini Coefficient)
>
>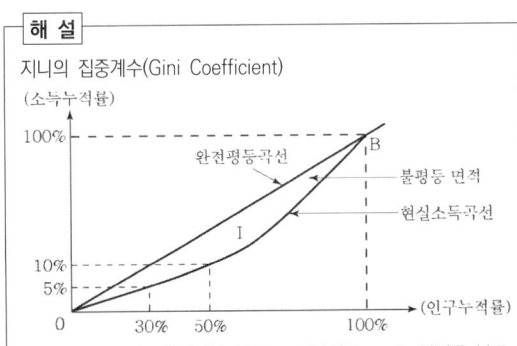
>
> - 지니계수 → 0 : 완전평등 분포
> - 지니계수 → 1 : 불평등 분포
> - 지니계수 = $\dfrac{\text{불평등 면적(I)}}{\triangle AOB \text{ 면적}}$
> - 로렌츠 곡선의 불평등 면적에 2배를 한 것
> ※ ② 0과 1 사이에 위치(0은 완전 평등, 1은 완전 불균등)
> ③ 가중치를 고려함

68 다음 중 제4차 국토종합계획 수정계획(2006~2020)의 주요 내용으로 가장 거리가 먼 것은?

① 동북아 시대의 국토경영과 통일기반 조성
② 분권형 국토계획과 집행체계의 구축
③ 네트워크형 인프라 구축
④ 사회간접자본의 확충과 국토이용관리 효율화

> **해 설**
> 제4차 국토종합계획 수정계획(2006~2020년)의 기본 틀

69 다음의 조건을 가진 A시의 섬유업에 관한 LQ 지수는?

〈조건〉
- A시의 섬유업 총 고용자 수 : 5만 명
- A시의 총 고용자 수 : 40만 명
- 전국의 섬유업 총 고용자 수 : 35만 명
- 전국의 총 고용자 수 : 140만 명

① 0.5 ② 1.2
③ 2.0 ④ 2.4

> **해 설**
> LQ 산정
> $$LQ = \frac{E_{ir}/E_r}{E_{in}/E_n} = \frac{r지역의\ i산업\ 고용\ 수/r지역\ 전체\ 고용\ 수}{전국의\ i산업\ 고용\ 수/전국의\ 고용\ 수}$$
> $$= \frac{50,000/400,000}{350,000/1,400,000} = 0.5(비기반산업)$$

70 산업 및 생활기반시설 등이 다른 지역에 비하여 현저히 낙후된 지역을 종합적으로 개발함으로써 지역주민의 소득 증대와 복지 향상을 기하고 지역 간 격차를 해소하여 국토의 균형 있는 발전을 도모함을 목적으로 하였던 것은?

① 오지종합개발계획 ② 접경지역개발계획
③ 도서종합개발계획 ④ 개발밀도정비계획

> **해 설**
> 오지개발촉진법의 목적
> - 지역주민의 소득 증대와 복지 향상을 기하고, 지역 간 소득격차를 해소하여 국토의 균형 있는 발전 도모
> - 오지종합개발계획 : 산업 및 생활기반시설 등이 다른 지역에 비하여 현저히 낙후된 오지지역을 종합적으로 개발함으로써 지역주민의 소득 증대와 복지 향상을 기하고, 지역 간 격차를 해소하여 국토의 균형 있는 발전을 도모하기 위하여 수립

71 다음 중 대표적으로 사용되는 공공시설 입지모형과 그에 대한 설명으로 옳지 않은 것은?

① 거리최소화 입지모형 : 수요가 이산되어 있는 네트워크상에서 모든 시설이용자들의 평균통행시간을 최소화하도록 p개의 시설을 입지시킨다.
② 한정시간 입지모형 : 정해진 시간 또는 거리 이내에 모든 수요가 충족되도록 하는 최소한의 시설수와 그 입지를 찾는다.
③ 최대수요 입지모형 : 일정한 시간이나 기준거리 내에서 가장 많은 고객에서 서비스가 도달되도록 p개의 시설을 배치한다.
④ 최소비용 입지모형 : p개의 시설을 입지시키는 데 소요되는 비용을 최소화하는 입지를 찾는다.

> **해 설**
> 해석모형(공공시설입지모형)
> 이론적 배경 : 1차적으로 이용자의 시설접근성을 높이는 경제적 효율성
> 1. 거리최소화모형
> - 이용자의 통행거리를 최소화, 소비하는 시간개념을 가미한 입지모형
> - 시설 수는 시설 건립에 따른 비용과 운영비에 대한 이용자의 절약 시간의 기회비용을 비교하여 의사결정
> 2. 시간최소화모형
> - 이용자가 소비하는 시간개념은 거리와 동일
> - 지역 내 필요한 시설 수는 공공시설 이용자의 총 이용가치를 높이는 데 중요
> 3. 최대수요모형
> - 공공기관은 가능한 일정한 시간 내에 많은 이용자들에게 서비스가 전달되도록 필요한 시설수를 설치해야 한다.
> - 시설이용자의 최대수요를 충족할 수 있는 지역에 입지해야 함

72 지역균형개발 및 지방중소기업 육성에 관한 법률상 지역종합개발지구의 지정 대상에 해당하는 지역은?

① 주요 산업 및 기반시설의 이전·쇠퇴나 지역의 부존자원 고갈 등으로 새로운 지역경제 기반의 구축이 필요한 지역

② 역사·문화 유산의 보전·정비 또는 관광자원의 개발 등을 위하여 기반시설의 설치, 주변지역과의 연계개발 또는 정비가 필요한 지역
③ 자연재해 및 산업재해 등으로부터 항구적인 복구와 정비가 필요한 지역
④ 산업·유통·교육·연구·문화·관광·주거·업무 단지 등의 조성사업과 기반시설 설치사업 등을 상호 연계하여 동시에 또는 순차적으로 시행할 필요가 있는 지역

해설

지역종합개발지구의 지정
지역균형개발 및 지방중소기업 육성에 관한 법률 제38조의2
① 국토교통부장관은 공공기관의 유치 등 지역의 혁신거점을 구축하고 특화발전을 선도하기 위하여 종합적인 지역개발이 필요하다고 인정하는 경우에는 직접 또는 시·도지사의 요청을 받아 다음 각 호의 어느 하나에 해당하는 지역을 지역종합개발지구로 지정할 수 있다.
  1. 「국가균형발전 특별법」 제18조에 따른 공공기관(이하 "공공기관"이라 한다) 및 같은 법 제19조에 따른 기업·대학의 지방 이전시책과 연계하여 지역개발사업을 시행하려는 지역
  2. 산업·유통·교육·연구·문화·관광·주거·업무 단지 등의 조성사업과 기반시설 설치사업 등을 상호 연계하여 동시에 또는 순차적으로 시행할 필요가 있는 지역
※ 지역종합개발지구의 지정에 관한 사항은 2015년 1월 1일부로 법에서 삭제되었다.

73 A도시와 B도시가 있다. 컨버스의 수정소매인력이론을 이용하여 A도시로부터 분기점까지의 거리를 구하면 얼마인가?(단, A도시의 도시 인구 100,000인, B도시의 도시 인구 900,000인, A도시와 B도시 간 거리는 200km)

① 30km
② 50km
③ 70km
④ 75km

해설

- 레일리의 법칙은 만유인력법칙을 이용한다.
- $R = \dfrac{100,000}{x^2} = \dfrac{900,000}{(200-x)^2} = \dfrac{900,000}{200^2 - 400x + x^2}$
  $200^2 - 400x + x^2 = 9x^2$, $40,000 - 400x - 8x^2 = 0$,
  $(400 - 8x)(100 + x) = 0$, $X = 50$ or -100, ∴ $X = 50$

74 국가혁신체제를 '새로운 기술의 창출, 변경, 확산을 유도하는 공적, 사적 제도들의 네트워크' 라고 정의한 사람은?

① Webber
② Marshall
③ Myrdal
④ Freeman

해설

프리만(Freeman)
- 국가혁신체제를 새로운 기술의 창출, 변경, 확산을 유도하는 공적, 사적 제도들의 네트워크라고 정의
- 모든 발명이 혁신을 이끌어내지는 않으며, 혁신은 새로운 제품, 공정, 시스템, 장치가 상업적 거래를 통해 이루어져 새로운 기술의 상업화를 촉진하는 활동을 의미한다고 주장
- 미국 등 선진국에 비해 상대적으로 기초과학이 부족함에도 불구하고 시장에서 높은 성과를 창출한 일본의 성장에 주목하여 일본의 질적인 R&D 투자를 성공의 요인으로 강조

75 다음 중 지역 간 불균형 성장이론을 옹호한 학자는?

① 넉스(Nurkse)
② 허쉬만(Hirschman)
③ 루이스(Lewis)
④ 로젠스타인 로단(Rosenstein - Rodan)

해설

불균형 성장이론
- 정의 : 신고전학파의 주장처럼 시장 방임은 생산요소의 자동적인 이동에 의해 지역 간 균형이 이루어지는 것이 아니라 오히려 지역 간의 격차를 확대시킨다는 이론
- 미르달 : 역류효과가 파급효과보다 훨씬 크다.
- 허쉬만 : 성극효과, 분극효과(=적하효과) 유발

76 다음 중 국토 및 지역개발의 관점에서 중앙 정부 주도의 하향식 개발을 지향하는 것은?

① 도농통합개발
② 지역생활권개발
③ 성장거점개발
④ 농어촌정주권개발

해설

하향식(Top-down, Development from Above) 개발
- 부족한 재원 때문에 선도적 산업과 도시에 선별적으로 투자하여 그 투자이익이 다시 여타 산업이나 주변지역에 흘러 들어가기를 기대하는 개발방식이다.
- 경제성장이론, 공간구조이론, 불균형개발이론, 성장거점개발

정답 73 ② 74 ④ 75 ② 76 ③

77 국토기본법상의 지역계획에 해당하지 않은 것은?

① 광역권개발계획
② 특정지역개발계획
③ 도종합계획
④ 수도권발전계획

[해설]
지역계획
특정한 지역을 대상으로 특별한 정책목적을 달성하기 위하여 수립하는 계획
- 수도권발전계획
- 광역권개발계획
- 특정지역개발계획
- 개발촉진지구개발계획
- 그 밖에 다른 법률에 의하여 수립하는 지역계획

78 다음 중 국토기본법상 국토관리의 기본이념으로 옳지 않은 것은?

① 국토의 균형 있는 발전
② 경쟁력 있는 국토 여건의 조성
③ 거점개발에 의한 집적이익의 추구
④ 환경친화적 국토관리

[해설]
- 국토의 균형 있는 발전
- 경쟁력 있는 국토 여건의 조성
- 환경친화적 국토관리

79 지역개발의 테크노폴리스전략은 첨단산업의 발전 가능성이 성공의 주요한 요소이다. 첨단산업의 입지조건에서 일반적으로 가장 불리한 것은?

① 양호한 국내외 항공의 접근성
② 대규모 공업단지 소재 도시
③ 양호한 주거환경
④ 대학 등의 연구기관 존재

[해설]
테크노폴리스 입지조건
고속의 교통체계, 양질의 노동력, 도시기능 및 학술기능의 집적, 양호한 자연환경

80 다음 중 크리스탈러의 중심지이론에 대한 설명으로 옳지 않은 것은?

① 중심지로부터 재화나 용역을 공급받는 주변 지역을 배후지역, 시장권 또는 보완지역이라 한다.
② 중심지이론은 3차 산업이 공간상에서 어떻게 입지하고 어떤 원리에 의하여 분포 패턴이 결정되는지를 설명한다.
③ 중심지 간 관계성을 나타내는 K값은 시장의 원리, 교통의 원리, 행정의 원리 중 시장의 원리에서 가장 크다.
④ 중심지이론에서 지리적 공간은 자원과 인구가 균등하게 분포되어 있는 평면공간으로 가정한다.

[해설]
중심지(中心地) 이론
1. 정의
   - 정주체계를 구성하고 있는 취락 상호 간 도시의 분포, 거리 및 상호계층 간의 지역구조에 관한 현상을 설명하는 이론
   - 3차 산업에 대한 입지이론
2. 가정
   - 등질 평야 지대
   - 교통수단과 접근성이 동일
   - 운송비는 거리에 비례
   - 소비자는 중심지 주변에 균등 분포
   - 소비자의 성향과 구매력은 모두 동일
   - 최소 비용으로 재화를 구입하는 경제인
3. 중심지의 성립
   - 최소요구치(Threshold) – 중심 기능이 존속하기 위해 필요한 최소한의 수요, 상권
   - 재화의 도달 범위(Range of Goods) – 재화와 서비스의 도달 거리 또는 범위
   - 중심지 성립 조건 – 최소요구치<재화의 도달 범위
4. 중심지의 변화(포섭원리, Nesting Principle)
   - 시장의 원리(Marketing Principle, K=3 System)
   - 교통원리(Transportation Principle, K=4 System)
   - 행정원리(K=7 System)
   - 시장–행정모형(제4의 원리)

제5과목 도시계획관계법규

81 도시기능의 회복이 필요하거나 주거환경이 불량한 지역을 계획적으로 정비하고 노후·불량건축물을 효율적으로 개량하기 위하여 필요한 사항을 규정함으로써 도시환경을 개선하고 주거생활의 질을 높이는 데 이바지함을 목적으로 하는 법률은?

① 국토의 계획 및 이용에 관한 법률
② 수도권정비계획법
③ 도시 및 주거환경정비법
④ 도시개발법

해 설
도시기능의 회복, 도시환경을 개선하고 주거생활의 질을 높임(주거환경이 불량한 지역 정비, 노후·불량 건축물 개량)

82 주택법상 주택종합계획을 수립하기 위한 사항에 포함되지 않는 것은?

① 주택정책의 기본목표 및 기본방향에 관한 사항
② 주택·택지의 수요·공급 및 관리에 관한 사항
③ 주택의 노후도 정도 및 현황에 관한 사항
④ 주택의 리모델링에 관한 사항

해 설
주택종합계획
1. 정의
  • 국민의 주거안정과 주거수준 향상을 도모하기 위하여 수립하며 주택의 건설·공급에 관한 종합적 장(10년)·단기(연도별)계획이다.
2. 내용
  • 주택정책의 기본목표 및 방향에 관한 사항
  • 국민주택·임대주택 건설 및 공급에 관한 사항
  • 주택·택지의 수요·공급 및 관리에 관한 사항
  • 주택자금 조달 및 운용에 관한 사항
  • 저소득자·무주택자 등 주거복지 차원에서 지원이 필요한 계층에 대한 주택지원에 관한 사항
  • 건전하고 지속 가능한 주거환경의 조성 및 정비에 관한 사항
  • 주택의 리모델링에 관한 사항
→ 주택종합계획의 수립과 관련된 조항인 주택법 제7조 및 제8조가 2015. 06. 22부로 삭제되었다. 따라서, 현행법상 답이 없다.

83 도시공원의 효용을 다하기 위하여 설치하는 시설이 아닌 것은?

① 화단, 분수, 조각 등 조경시설
② 휴게소, 긴 의자 등 휴양시설
③ 실외사격장, 골프장 등의 운동시설
④ 식물원, 박물관, 야외음악당 등 교양시설

해 설
공원시설
도시공원의 효용을 다하기 위하여 설치하는 다음 각목의 시설
• 유희시설(그네·미끄럼틀 등)
• 운동시설(테니스장·수영장·궁도장 등)
• 휴양시설(휴게소, 긴 의자 등)
• 편익시설(주차장·매점·화장실 등)
• 교양시설(식물원·동물원·수족관·박물관·야외음악당 등)
• 조경시설(화단·분수·조각 등)
• 공원관리시설(관리사무소·출입문·울타리·담장 등)
• 도로 또는 광장

84 다음 중 산업단지개발사업에서 종래의 시설이 사업시행자에게 무상으로 귀속되고, 새로 설치한 시설은 국가 또는 지방자치단체에 무상으로 귀속되는 공공시설의 범위에 해당되지 않는 것은?

① 도로 ② 하천 ③ 하수도 ④ 쓰레기소각장

해 설
※ ④ 쓰레기소각장은 건축 후 관련 업체에 매각하게 된다.

85 국토기본법에서 규정하고 있는 지역계획의 종류와 그에 대한 설명이 옳지 않은 것은?

① 특정지역개발계획 : 특정지역을 대상으로 경제·사회·문화·관광 등을 전략적으로 발전시키기 위하여 수립하는 계획
② 개발촉진지구개발계획 : 다른 지역에 비하여 개발수준이나 소득기반이 현저히 열악한 낙후지역의 개발을 촉진하기 위하여 수립하는 계획
③ 광역도시계획 : 대상지역의 토지이용을 합리화하고 그 기능을 증진시키며 미관을 개선하고 양호한 환경을 확보하기 위하여 수립하는 계획
④ 수도권발전계획 : 수도권에 과도하게 집중된 인구와 산업의 분산 및 적정배치를 유도하기 위하여 수립하는 계획

해 설
지역계획
기존의 광역권개발계획은 지역개발계획으로 명칭과 내용이 변경되었고, 특정지역개발계획, 개발촉진지구개발계획은 삭제되었다.

정답 81 ③ 82 ③ 83 ③ 84 ④ 85 ①, ②, ③

⟨2014.6.3.⟩ 따라서 발표된 답은 ③번이나, 현행법상 옳지 않은 것은 ①, ②, ③이다.

86 도시·군계획시설의 결정·구조 및 설치기준에 관한 규칙상 정하고 있는 용도지역별 도로율이 틀린 것은?

① 주거지역 : 20퍼센트 이상 30퍼센트 미만
② 상업지역 : 25퍼센트 이상 35퍼센트 미만
③ 공업지역 : 10퍼센트 이상 20퍼센트 미만
④ 녹지지역 : 5퍼센트 이상 15퍼센트 미만

해 설
도로율
• 총 도로율 : 상업지역(25~35%), 주거지역(20~30%), 공업지역(10~20%)
• 주간선도로율 : 상업지역(10~15%), 주거지역(10~15%), 공업지역(5~10%)

87 둘 이상의 용도지역·지구·구역(용도지역등)에 하나의 대지가 걸치는 경우의 적용 기준에 대한 다음 설명 중 틀린 것은?

① 하나의 대지가 둘 이상의 용도지역 등에 걸친 경우 건폐율과 용적률 이외의 건축 제한 등에 관한 사항은 그 대지 중 가장 넓은 면적이 속하는 용도지역 등에 관한 규정을 적용한다.
② 건축물이 미관지구나 고도지구에 걸쳐 있는 경우에는 그 건축물 및 대지의 전부에 대하여 미관지구나 고도지구의 건축물 및 대지에 관한 규정을 적용한다.
③ 하나의 건축물이 방화지구와 그 밖의 용도지역 등에 걸쳐 있는 경우에는 그 일부에 대하여 방화지구의 건축물에 관한 규정을 적용한다.
④ 하나의 대지가 녹지지역과 그 밖의 용도지역 등에 걸쳐 있는 경우에는 각각의 용도지역 등의 건축물 및 토지에 관한 규정을 적용한다.

해 설
하나의 건축물이 방화지구와 그 밖의 구역에 걸치는 경우에는 그 전부에 대하여 방화지구 안의 건축물에 관한 이 법의 규정을 적용한다.
※ 2017.04.18. 건축법 개정으로 미관지구에 걸치는 경우가 삭제되었음.

88 도시·군계획시설로서 광장의 구분에 해당하지 않는 것은?

① 교통광장
② 건축물부설광장
③ 지하광장
④ 미관광장

해 설
도시·군계획시설로서 광장의 구분
• 교통광장 : 교차점광장, 역전광장, 주요 시설광장
• 일반광장 : 중심대광장, 근린광장
• 경관광장
• 지하광장
• 건축물부설광장

89 개발로 인하여 기반시설이 부족할 것으로 예상되나 기반시설을 설치하기 곤란한 지역을 대상으로 건폐율이나 용적률을 강화하여 적용하기 위하여 지정하는 구역은?

① 기반시설부담구역
② 개발밀도관리구역
③ 지구단위계획구역
④ 시가화조정구역

해 설
개발밀도 관리구역의 정의
시장 또는 군수는 주거·상업 또는 공업지역에서의 개발행위로 인하여 기반시설(도시계획시설을 포함)의 처리·공급 또는 수용능력이 부족할 것으로 예상되는 지역 중 기반시설의 설치가 곤란한 지역을 개발밀도관리구역으로 지정할 수 있다. 개발로 인하여 기반시설이 부족할 것이 예상되나 기반시설의 설치가 곤란한 지역을 대상으로 건폐율 또는 용적률을 강화하여 적용하기 위하여 지정하는 구역

90 도시·군관리계획의 설명으로 옳지 않은 것은?

① 지역적 특성 및 계획의 방향·목표에 관한 계획
② 기반시설의 설치·정비 또는 개량에 관한 계획
③ 용도지역·용도지구의 지정 또는 변경에 관한 계획
④ 지구단위계획구역의 지정 또는 변경에 관한 계획과 지구단위 계획

해 설
도시·군관리계획의 내용
• 용도지역·용도지구의 지정 또는 변경에 관한 계획
• 개발제한구역·도시자연공원구역·시가화조정구역·수산자원보호구역의 지정 또는 변경에 관한 계획

- 기반시설의 설치·정비 또는 개량에 관한 계획
- 도시개발사업 또는 정비사업에 관한 계획
- 지구단위계획구역의 지정 또는 변경에 관한 계획과 지구단위계획

91 다음은 도시공원 및 녹지 등에 관한 법령에 따른 도시공원의 면적기준이다. (㉠)과 (㉡)에 들어갈 말이 모두 옳은 것은?

> 하나의 도시지역 안에 있어서의 도시공원의 확보기준은 해당 도시지역 안에 거주하는 주민 1인당 (㉠) 이상으로 하고, 개발제한구역 및 녹지지역을 제외한 도시지역 안에 있어서의 도시공원의 확보기준은 해당 도시지역 안에 거주하는 주민 1인당 (㉡) 이상으로 한다.

① ㉠ $9m^2$, ㉡ $6m^2$
② ㉠ $8m^2$, ㉡ $5m^2$
③ ㉠ $7m^2$, ㉡ $4m^2$
④ ㉠ $6m^2$, ㉡ $3m^2$

해설
도시공원 및 녹지 등에 관한 법률상 도시공원의 확보기준
하나의 도시지역 안에서 도시공원의 확보기준은 다음과 같다.
- 해당 도시지역 안에 거주하는 주민 1인당 $6m^2$ 이상
- 개발제한구역 및 녹지지역을 제외한 도시지역 안에 있어서의 도시공원의 확보기준은 해당 도시지역 안에 거주하는 주민 1인당 $3m^2$ 이상으로 한다.

92 개발행위허가의 대상으로 볼 수 없는 것은?

① 토석의 채취
② 경작을 위한 토지의 형질 변경
③ 건축물의 건축 또는 공작물 설치
④ 녹지지역·관리지역 또는 자연환경보전지역에 물건을 1개월 이상 쌓아 놓는 행위

해설
개발행위 허가
- 건축물의 건축 또는 공작물의 설치
- 토지의 형질 변경(경작을 위한 토지의 형질 변경을 제외한다.)
- 토석의 채취
- 토지분할(건축법 제49조의 규정에 의한 건축물이 있는 대지를 제외한다.)
- 녹지지역·관리지역 또는 자연환경보전지역 안에 물건을 1월 이상 쌓아놓는 행위

93 도시·군기본계획의 수립 시 공청회 개최에 관련된 사항들 중 옳지 않은 것은?

① 공청회 개최에 관련된 사항을 일간신문에 공고하여야 한다.
② 공청회 개최일 10일 전까지 관계행정기관의 공보에 공고하여야 한다.
③ 공고 시 주요 사항으로는 개최목적, 개최예정일시 및 장소, 도시·군기본계획의 개요, 기타 필요한 사항으로 한다.
④ 공청회 개최 시에는 관할구역을 수개의 지역으로 구분하여 개최할 수 있다.

해설
공청회(광역도시계획 수립을 위한 공청회 기준 준용)
국토의 계획 및 이용에 관한 법률 시행령 제12조(광역도시계획의 수립을 위한 공청회)
① 국토교통부장관, 시·도지사, 시장 또는 군수는 법 제14조 제1항에 따라 공청회를 개최하려면 다음 각 호의 사항을 해당 광역계획권에 속하는 특별시·광역시·특별자치시·특별자치도·시 또는 군의 지역을 주된 보급지역으로 하는 일간신문에 공청회 개최예정일 14일전까지 1회 이상 공고하여야 한다.
1. 공청회의 개최목적
2. 공청회의 개최예정일시 및 장소
3. 수립 또는 변경하고자 하는 광역도시계획의 개요
4. 그 밖에 필요한 사항

94 다음 중 주차장법상 주차장의 종류에 해당하지 않는 것은?

① 노상주차장 ② 노변주차장
③ 노외주차장 ④ 부설주차장

해설
주차장법에 의한 주차장의 분류
- 노상주차장 : 도로의 노면 또는 교차점광장의 일정한 구역에 설치된 주차장(일반인 이용)
- 노외주차장 : 도로의 노면 또는 교차점광장 외의 장소에 설치된 주차장(일반인 이용)
- 건축물부설주차장 : 건축물, 골프연습장, 기타 주차수요를 유발하는 시설에 부설된 주차장(시설이용자+일반인 이용)

95 다음 중 도로의 규모별 분류에 대한 내용으로 옳은 것은?

① 광로 1류 : 폭 40미터 이상인 도로
② 대로 1류 : 폭 35미터 이상 40미터 미만인 도로
③ 중로 1류 : 폭 25미터 이상 35미터 미만인 도로
④ 소로 1류 : 폭 12미터 이상 15미터 미만인 도로

정답 91 ④ 92 ② 93 ② 94 ② 95 ②

해설
도로의 규모별 도로폭(단위 : m)

구분	1류
광로	70m 이상
대로	35m 이상~40m 미만
중로	20m 이상~25m 미만
소로	10m 이상~12m 미만

96 개발제한구역의 지정목적에 해당되지 않는 것은?

① 도시의 무질서한 확산 방지
② 도시주변의 자연환경 보전
③ 도시민의 건전한 생활환경 확보
④ 도시 내 중요 시설 보호

해설
개발제한구역의 지정목적
- 개발제한구역의 지정과 개발제한구역에서의 행위 제한, 주민에 대한 지원, 토지 매수, 그 밖에 개발제한구역을 효율적으로 관리하는 데에 필요한 사항을 정함으로써
- 도시의 무질서한 확산을 방지하고 도시 주변의 자연환경을 보전하여 도시민의 건전한 생활환경을 확보하는 것을 목적함

97 수도권정비계획법령상 대규모개발사업의 종류가 아닌 것은?

① 택지개발촉진법에 의한 사업부지 면적이 100만 m² 이상인 택지개발사업
② 주택법에 의한 사업부지 면적이 100만 m² 이상인 주택건설사업 및 대지조성사업
③ 산업입지 및 개발에 관한 법률에 의한 사업부지 면적이 30만 m² 이상인 산업단지개발사업
④ 관광진흥법에 의한 관광지조성사업으로서 시설계획지구의 면적이 5만 m² 이상인 관광단지 조성사업

해설
대규모개발사업의 종류 및 규모
10만 m² 이상 : 관광지조성사업(관광지 및 관광단지조성사업과 관광시설조성사업, 유원지설치사업, 온천이용시설설치사업)으로서 시설계획지구(단, 공유수면매립지에서의 관광지조성사업=30만 m² 이상)

98 다음 중 도시형 생활주택에 대한 주택건설사업을 시행하려는 자가 국토교통부장관에게 등록하여야 하는 호수(세대수) 기준은?

① 10세대 이상   ② 20세대 이상
③ 30세대 이상   ④ 50세대 이상

해설
도시형 생활주택에 대한 주택건설사업을 시행하려는 자가 국토교통부장관에게 등록하여야 하는 호수(세대수) 기준
- 주택건설사업자 : 연간 단독주택 20호, 공동주택 20세대, 도시형 생활주택의 경우 30세대 이상
- 대지조성사업자 : 연간 1만 m² 이상으로 국토교통부장관에 등록

99 도시개발법령상 환지방식으로 도시개발사업을 시행할 경우 시행자가 도시개발사업에 필요한 경비를 충당하기 위하여 환지로 정하지 않고 보류지로 정한 토지로 옳은 것은?

① 체비지   ② 담보지
③ 유보지   ④ 이택지

해설
동의에 의한 환지의 부지정
- 토지소유자의 신청 또는 동의가 있는 때에는 당해 토지의 전부 또는 일부에 대하여 환지를 정하지 아니할 수 있음
- 도시개발사업에 필요한 경비에 충당하거나 규약·정관·시행규정 또는 실시계획이 정하는 목적을 위하여 일정한 토지를 환지로 정하지 아니하고 체비지 또는 보류지로 정할 수 있음

100 건축법령상 공개공지에 대한 설명으로 옳지 않은 것은?

① 공개공지의 면적은 대지면적의 100분의 5 이하의 범위에서 건축조례로 정한다.
② 공개공지는 누구나 이용할 수 있는 곳임을 알기 쉽게 국토교통부령으로 정하는 표지판을 1개소 이상 설치한다.
③ 공개공지에는 물건을 쌓아 놓거나 출입을 차단하는 시설을 설치하시 아니한다.
④ 환경친화적으로 편리하게 이용할 수 있도록 긴 의자 또는 파고라 등 건축조례로 정하는 시설을 설치한다.

해설
공개공지 등의 확보
건축법 시행령 제27조의2(공개 공지 등의 확보) 2항 조항에 의거 공개공지의 면적은 대지면적의 10% 범위 안에서 건축조례로 정한다.

1회 2015년 기출문제

제1과목 도시계획론

01 다음 중 획지에 부여된 용적률과 실제 이용되고 있는 용적률과의 차이를 다른 부지에 이전할 수 있는 제도는?

① 계획단위개발제도(PUD)
② 개발권양도제도(TDR)
③ 혼합용도개발제도(MXD)
④ 공중권제도(Air Rights)

해 설
개발권양도제도(TDR)
역사적 건축물의 보전과 농지나 자연환경의 보전 등을 위해 정해진 용적률 중 미이용부분을 다른 지역에 이전하거나 매매할 수 있게 하는 제도

02 토지이용규제의 실현수단을 직접적 수단과 간접적 수단으로 분류할 때, 다음 중 규제와 유도를 주요 내용으로 하는 간접적 수단에 해당하지 않는 것은?

① 지역·지구·구역의 지정
② 세금, 보조금의 혜택
③ 도시개발사업
④ 도시시설의 정비

해 설
도시개발사업은 직접적 수단에 해당한다.

03 도시경제분석 방법 중 아래의 설명에 해당하는 것은?

- 경제활동의 분석에 있어 최종 생산물의 생산에 투입되는 중간재를 고려하고 있다.
- 생산구조·산업구조의 예측, 지역 간의 산업 관련 등을 분석하는 데 주로 사용된다.
- 방법이 간단하고 신뢰성이 있으나, 투입계수의 불변성이라는 단점을 가지고 있다.

① 투입산출모형
② 변이-할당분석모형
③ 입지상모형
④ 지수곡선모형

해 설
지역산업 연관모형 (지역 투입산출 모형, Regional Input-output Model)
1. 장점
   - 통계적 시계열분석법이 보여 줄 수 없는 지역 간 및 지역 내의 산업 연관관계 파악 가능
   - 최종수요부문에서의 수요 증가가 중간 재생산부문에 미치는 경제적 효과 측정
   - 장래의 최종수요 증가에 따른 고용승수효과 측정 가능
2. 단점
   - 구조방정식이 지닌 1차성의 가정은 일정불변의 생산계수를 의미
   - 1차성의 가정은 모든 재화와 원료의 가격, 기업의 판매상태가 일정불변임을 의미(비현실적)
   - 산업부문을 정확하게 구분하기 위해서는 전문적 지식 필요
   - 자료수집에 있어서 현장조사 필요(자료수집이 어려우며 많은 비용 필요)

04 다음 중 도시·군계획시설에 대한 설명으로 옳지 않은 것은?

① 도시·군계획시설은 시민의 공동생활과 도시의 경제·사회활동을 원활하게 지원하기 위한 시설이다.
② 도시·군계획시설은 도시 전체의 발전과 여타 시설과의 기능적 조화를 도모하기 위한 기반시설이다.
③ 도시·군계획시설은 기반시설의 공공성 확보를 위해 정부가 직접 설치하며 민간은 참여하지 못한다.
④ 도시·군계획시설은 도시·군관리계획으로 결정한다.

해 설
도시·군계획시설 중 주차장, 자동차 및 건설기계검사시설, 자동차 및 건설기계운전학원, 납골시설, 장례식장 등 많은 시설이 민간에 의해 공급된다.

05 장기교통계획 수립의 특징에 해당되는 것은?

① 교통수요 변화가능
② 다양한 교통수단 동시 고려
③ 환류지향적
④ 시설지향적

해 설
장기교통계획
소수대안, 유사대안, 교통수요가 비교적 고정, 단일교통수단 위주, 공공기관 정책, 장기적인 관점, 시설지향적, 자본집약적, 추정지향적

정답 01 ② 02 ③ 03 ① 04 ③ 05 ④

06 도시계획에서 활용되는 자료를 자료원에 대한 접근이 직접적인지 간접적인지에 따라 1차·2차 자료로 구분할 때 이에 대한 설명으로 옳지 않은 것은?

① 1차 자료는 계획가가 원하는 현실감 있는 정확한 정보를 제공해 줄 수 있지만 방대한 정보를 얻는 것에는 한계가 있다.
② 2차 자료를 통해 공간적으로 멀리 떨어진 곳이나 시간적으로 조사가 불가능한 과거의 자료를 비교적 적은 노력과 비용으로 이용할 수 있다.
③ 서적이나 정기간행물, 각종 통계자료 등은 중요한 1차 자료원이다.
④ 2차 자료는 대부분이 정부기관에 의해서 행정구역단위로 조사·정리되어 있고 도시계획 자체를 위해 조사된 것이 아니므로 도시계획의 목적에 부합되지 않는 한계가 있다.

해설
서적이나 정기간행물, 각종 통계자료 등은 중요한 2차 자료원이다.

07 다음 중 인구노령화 측도 지표와 관련한 설명으로 옳지 않은 것은?

① 노령인구부양이란 65세 이상 인구를 경제활동인구(15~64세)로 나눈 비율이다.
② 노령화 지수란 65세 이상의 노령층 인구를 유년층 인구(0~14세)로 나눈 비율이다.
③ UN에서 정한 기준에 따르면, 노령화 지수가 14% 이상이면 고령화 사회, 20% 이상이면 고령사회라고 한다.
④ 우리나라는 이미 고령화 사회에 진입해 있으며, 향후 도시계획 수립의 새로운 방향 모색이 필요한 시점이다.

해설
1. 노령인구부양비 : 65세 이상 인구를 경제활동인구(15~64세)로 나눈 비율
2. 노령화 지수 : 노령인구를 연소인구(0~14세)로 나눈 비율
3. UN 규정 : 총 인구에서 65세 이상 인구가 차지하는 비율이
 • 7% 이상이면 고령화 사회(Aging Society)
 • 14% 이상이면 고령사회(Aged Society)
 • 20% 이상이면 초고령사회(Super Aged Society) 혹은 후기 고령사회(Post-Aged Society)
 • 2015년 기준 대한민국 노인비율 : 13% 고령사회 기준(14%)에 약간 미달

08 다음 중 아래의 설명과 같은 특징을 갖는 것은?

• 찰스 황태자의 『영국건축비평서』가 출발점이 됨
• 10가지 원칙을 토대로 복합적 토지이용과 오픈커뮤니티를 지향
• 교외지역의 녹지개발보다는 기성시가지 및 기개발지역의 재생에 주안점을 둠

① 뉴어바니즘(New Urbanism)
② 전통이웃개발(Traditional Neighborhood Development)
③ 도시미화운동(City Beautiful Movement)
④ 어반빌리지운동(Urban Village Movement)

해설
어반빌리지(Urban Village)
• 1980년대 후반 영국의 찰스 황태자가 이끌던 Urban Village Group이 현대의 모더니즘에 대한 반향으로 제안한 대안
• 과거의 인간적이고 혼합용도 지향적이며 아름다운 경관을 지닌 주거환경을 추구

09 도시공원 및 녹지 등에 관한 법률상 공해·재해·사고의 방지를 위하여 설치하는 녹지의 유형으로 옳은 것은?

① 경관녹지   ② 미관녹지
③ 완충녹지   ④ 자연녹지

해설
완충녹지
대기오염·소음·진동·악취 등의 공해와 각종 사고나 자연재해 등의 방지를 위하여 설치하는 녹지

10 환경과 개발에 관한 유엔회의(UNCED)를 통한 개발과 환경을 조화시키는 도시개발에 대한 내용으로 옳은 것은?

① 지속가능한 도시개발
② 자원·에너지 절약형 도시개발
③ 도·농 통합적 도시개발
④ 입체적·기능 통합적 도시개발

> **[해 설]**
> 지속가능한 개발은 환경의 수용능력을 고려하여 그 범위 내에서 개발하는 것으로, 1992년 브라질 리우데자네이루에서 개최된 환경과 개발에 관한 UN 회의(UNCED ; United Nations Conference on Environment and Development)를 통하여 '환경적으로 건전하고 지속가능한 개발(ESSD ; Environmentally Sound and Sustainable Development)'의 개념이 일반화되었음

11 다음 중 경관요소의 특징에 따른 구분에 대한 설명으로 옳지 않은 것은?

① 1차적 경관요소는 간접적으로 경관을 조작하여 경관의 개선을 유도하는 비물리적 경관계획요소이다.
② 2차적 경관요소의 주 내용은 경관컨트롤을 위한 규제 및 인센티브 요소이다.
③ 3차적 경관요소는 인간의지와 관계없이 형성되는 경관으로서 비물리적, 비조작적 영역으로 볼 수 있는 상징적 경관요소이다.
④ 경관계획의 궁극적 목표는 3차적 경관을 바람직하게 형성하는 데 둘 수 있다.

> **[해 설]**
> 1차적 경관요소는 물리적 경관계획요소이다.

12 다음 중 도시계획이론의 옹호적 계획에 대한 설명으로 옳은 것은?

① 목표와 문제, 수단과 제약조건 등이 통합적으로 명료하게 제시되는 계획이론이다.
② 분권화된 협상과정과 상호절충과정을 통하여 이루어지는 계획이 합리적임을 주장한 계획이론이다.
③ 계획은 합리적이며 과학적이어야 한다는 인식에 바탕을 둔 계획이론이다.
④ 피해구제절차와 같은 사회제도를 계획 개념으로 수용한 계획이론이다.

> **[해 설]**
> 옹호적 계획(Advocacy Planning)
> • 다비도프(Paul Davidoff)에 의해 주창된 이론
> • 강자에 대한 약자의 이익을 보호하는 데 적용
> • 다원적인 가치가 혼재하고 있는 사회에서는 단일계획안보다는 복수의 다원적인 계획안들을 수립하는 것이 바람직하다고 봄
> • 사회정책의 수립 과정을 막후 협상에서 공개적인 계획과정으로 끌어내는 데 기여함

• 대규모 프로젝트가 유발할 수 있는 환경적인 영향과 사회적인 영향에 대한 사전적 평가 요구
• 도시계획의 기술적 측면을 과소평가하게 되어 정치화 하게 되며, 반대를 위한 반대운동이 전개되는 폐단이 있다.
• 피해구제절차와 같은 사회제도를 계획 개념으로 수용한 계획이론

13 다음 중 고대 메소포타미아와 이집트의 도시에서 시작되었던 것을 히포다무스(Hippodamus)가 그리스의 도시계획에 적용시킨 것은?

① 격자형 가로망
② 공공시설의 중앙배치
③ 공중정원의 설치
④ 성곽의 축조

> **[해 설]**
> 히포다무스(Hippodamus, 도시계획의 아버지)
> • 격자형 가로망 주장
> • 아테네의 정복식민도시는 모두 격자형
> • 문예부흥 이후 격자형 도시계획 적용
> • 미국이 대표적, 건축통제 및 하부구조 강조
> • 하수도 먼저 설치
> ※ 도시계획 학문과 도시계획가가 직업인으로 되어야 함

14 다음 중 도시·군기본계획에 대한 설명으로 옳지 않은 것은?

① 도시·군기본계획은 도시·군관리계획의 상위계획적 성격을 갖는다.
② 도시·군기본계획은 20년을 단위로 수립되는 장기계획으로, 매 10년마다 타당성 여부를 검토한다.
③ 도시·군기본계획은 물적 측면 뿐 아니라 인구·산업·사회개발 등 사회·경제적 측면을 포괄하는 종합계획이다.
④ 도시·군기본계획의 수립기준은 대통령령으로 정하는 바에 따라 국토교통부장관이 정한다.

> **[해 설]**
> 도시·군기본계획의 정비
> 5년마다 관할구역의 도시·군기본계획에 대하여 그 타당성 여부를 전반적으로 재검토하여 정비하여야 한다.

15 다음 중 초기의 용도지역제인 유클리드 지역제(Euclidean Zoning)에 대한 설명으로 옳지 않은 것은?

정답 11 ① 12 ④ 13 ① 14 ② 15 ②

① 상위용도(주거 등)을 하위용도(공장 등)로부터 보호하면 충분하다는 전제하에 누적식 지역제를 채택하였다.
② 실제의 토지이용에 근거하여 발생하는 각종 결과를 기준하여 규제하는 성과규제지역제이다.
③ 과도한 민간개발을 막기 위하여 개발촉진보다는 억제에 더 관심을 두었다.
④ 토지이용의 규제단위를 각각의 필지로 하여 이를 통해 양호한 시가지를 형성하고자 하였다.

해설
유클리드 지역제
- 용도를 사전에 확정적으로 계획
- 상위용도(주거 등)를 하위용도(공장 등)로부터 보호
- 과도한 민간개발을 막기 위해 발전 억제에 주력
- 토지이용의 규모단위를 개별의 대지로 하여 누적시킴으로써 양호한 시가지 형성
- 주택지에 있어서 공장, 아파트 등을 극력배제, 용도순화

16 전국의 총 고용인구는 3,000만 명이고, 전국의 제조업 고용인구는 600만 명이다. 가상도시의 총 고용인구가 50만 명일 때 가상도시의 제조업 고용인구는 몇 명인가?(단, 가상도시의 제조업의 입지계수는 1이다.)

① 5만 명 ② 10만 명
③ 15만 명 ④ 20만 명

해설
$$LQ_i = \frac{E_i^r / E^r}{E_i^n / E^n} = \frac{x/50만}{600만/3,000만} = 1$$
$$x = \frac{x/50만}{600만/3,000만} = \frac{600만}{3,000만} \times 50만 = 10만\ 명$$

17 전통건조물 및 문화재의 보전과 보호를 위해 지정할 수 있는 용도지구가 아닌 것은?

① 보존지구 ② 역사문화미관지구
③ 최고고도지구 ④ 최저고도지구

해설
최저고도지구는 토지이용을 고도화하는 경우에 사용한다. 따라서 전통건조물 및 문화재의 보전과 보호에는 도움이 되지 않는다
※ 참고 : 2017.12.29.부로 국토의 계획 및 이용에 관한 법률 시행령 제31조(용도지구의 지정) 조항이 개정되면서 미관지구 와 시설보호지구 조항이 삭제되고, 복합용도지구가 추가되었으며, 보존지구가 보호지구로 변경되었다.

18 다음의 설명에 해당하는 것은?

- 20세기 초 미국의 상업주의적 개발방식과 겉치레에 그치는 도시미화운동에 비판을 가하며 삶의 토대를 구체적 장소환경에서 찾아야 하며 가장 인간주의적이고 문화적 폭이 넓은 도시계획이 되어야 함을 강조한다.
- 도시구조형식은 근린주구의 개념을 따르며 소단위의 새로운 주거형태의 개발을 주장하였다.
- 멈포드, 빙, 매케이, 애커만 등이 주축이 되었다.

① 미국지역계획가협회
② 세계건축가협회
③ 르네상스운동
④ 에키스틱스운동

해설
1. 배경
   - 20세기 초 미국의 상업주의적 개발방식과 도시미화운동 비판
   - 인간주의적이고 문화적 폭이 넓은 도시계획을 강조
   - 근린주구 개념의 새로운 소단위 주거형태 주장
2. 멈포드, 빙, 매케이, 애커만 등이 주축
3. 6개의 일반적 주제
   - 지속 가능한 건축(Sustainable Architecture), 건축과 사회(Architecture and Society), 도시화(Urban-ization), 거주지(Habitat), 문화적 정체성(Cultural Identity), 시설(Facilities)

19 크리스탈러(W. Christaller)의 중심지 이론에서 작은 중심지에서 큰 중심지로 확대되어 가는 중심지 계층의 포섭이론 중 K=3에 해당되는 원리는?

① 행정원리 ② 교통원리
③ 시장원리 ④ 문화원리

해설
중심지의 변화(포섭원리, Nesting Principle)
- 시장의 원리(Marketing Principle, K=3 System)
- 시장권이 3개의 상위중심지에 의해 1/3씩 분할 포섭(6×1/3+1 =3)
- 고차중심지의 보완구역은 저차중심지보다 3배가 넓어짐(K=3 System)

20 다음의 설명은 도시계획에서의 GIS 활용분야 중 어느 분야에 대한 설명인가?

> 전 국토의 "환경 친화적이고 지속가능한 개발"을 보장하고 개발과 보전이 조화되는 "선 계획-후 개발의 국토관리체계"를 구축하기 위하여 각종의 토지이용계획이나 주요 시설의 설치에 관한 계획을 입안하고자 하는 경우에 토지의 환경생태적·물리적·공간적 특성을 종합적으로 고려 및 평가하여 보전할 토지와 개발 가능한 토지를 체계적으로 판단하는 데 활용되는 분야

① 토지적성평가
② 토지이용계획
③ 토지보전가치평가
④ 국토관리평가

해설
토지적성평가제도의 정의(도입 배경 및 필요성)
전 국토의 "환경 친화적이고 지속가능한 개발"을 보장하고 개발과 보전이 조화되는 "선 계획-후 개발의 국토관리체계"를 구축하기 위하여 각종의 토지이용계획이나 주요 시설의 설치에 관한 계획을 입안하고자 하는 경우에 토지의 환경생태적·물리적·공간적 특성을 종합적으로 고려하여 개별 토지가 갖는 환경적·사회적 가치를 과학적으로 평가함으로써 보전할 토지와 개발 가능한 토지를 체계적으로 판단할 수 있도록 계획을 입안하는 단계에서 실시하는 기초조사

제2과목 도시설계 및 단지계획

21 C. A. Perry가 주장한 근린주구 개념에 의한 초등학교의 적정 유치거리는?

① 200~400m
② 400~800m
③ 800~1,200m
④ 1,200~1,500m

해설
페리의 근린주구이론은 초등학교 학구를 기준단위로 설정하며 이는 반경 약 400m, 최대통학거리 800m를 기준으로 한다.

22 대지면적 15,000m²에 60%의 건폐율로 연면적 45,000m²의 아파트를 건축할 경우 그 평균 층수는?(단, 각 층의 바닥면적은 동일함)

① 3층
② 4층
③ 5층
④ 6층

해설
용적률 = 건물면적/토지면적 = 평균층수×건폐율
$$\frac{45,000}{15,000} = \frac{x}{0.6}, \quad x = 3 \times 0.6 = 5$$

23 주택단지설계에 대한 설명으로 가장 거리가 먼 것은?

① 토지이용의 효율성을 위해서 세장비는 가능한 한 커야 한다.
② 동서축 가구의 획지는 세장비를 크게 하는 것이 일조의 확보에 유리하다.
③ 남북축 가구의 획지는 세장비를 크게 하는 것이 일조의 확보에 유리하다.
④ 간선도로변 가구의 길이가 150m를 초과하게 되면 중간에 폭 3~4m의 보행통로를 배치하는 것이 좋다.

해설
단독주택의 획지계획(세장비)
• 앞길이에 대한 안길이의 비
• 동서축 가구획지는 세장비를 크게 하고, 남북축 가구의 획지는 세장비를 작게 하는 것이 일조권 확보에 유리하다.
• 획지 규모가 180~240m²일 경우 세장비는 1.2~1.5 정도가 적당하다.
• 획지 규모가 작을 경우 토지이용의 효율성을 위해서 세장비는 가능한 한 크게 하는 것이 좋다.

24 다음 중 건축물의 특정 층이 계획에서 정한 선의 수직면을 넘어 돌출하여 건축할 수 없는 것으로, 보행공간이나 공동주차통로 등의 확보가 필요한 곳에 지정하는 것은?

① 건축지정선
② 벽면지정선
③ 벽면한계선
④ 건축한계선

해설
지구단위계획 수립지침에서의 벽면한계선
특정 층에서 보행공간(공공보행통로 등) 등을 확보할 필요가 있는 경우에 사용할 수 있다. 이 경우 건축한계선의 후퇴부분에는 보행공간 등에 필요한 도시설계적 계획요소를 제시한다.

정답 20 ① 21 ② 22 ③ 23 ③ 24 ③

25 뉴어바니즘의 주요 계획기법 중 하나인 TND (전통적 근린지역) 계획에 관한 내용 중 옳지 않은 것은?

① 반경 1/4mile의 보행 중심 커뮤니티와 장소성을 가진 주거지
② 다양한 타입의 주택
③ 좁은 격자형 가로를 통한 교통량의 분산과 속도 감소
④ 행정적 통일성을 위한 Top-down형 계획

해설
eighborhood District)
1. 전통적 근린지역(TND ; Traditional Neighborhood District)의 기본원칙
  • 모든 주거자는 걸어서 5분 만에 근린센터에 도달
  • 다양한 타입의 주택, 주구 모서리에 상점과 오피스 위치
  • 초등학교는 아이들이 도보로 가능한 거리에 배치
  • 작은 운동장을 근거리(200m)에 배치
  • 선택과 교통량 분산을 위해 격자형 가로 사용
  • 가로는 좁고 수목으로 그늘을 형성(보행자 안전제고)
  • 차고는 길의 후면에 위치하며 소로를 통해 접근
  • 근린주구센터 설치(랜드마크, 각종 문화·종교시설 배치)
  • 자족적으로 운영되도록 조직
2. 계획기법
  • 크기 : 중심부에서 가장자리까지의 거리(걸어서 10분정도, 1/4~1/3마일 정도)
  • 교통시스템 : 작은 블럭을 가진 가로패턴(복합적인 루트, 분산된 자동차 교통, 짧은 보행거리 제공)
  • 가로디자인 : 자동차 속도 감소를 위한 차폭 감소, 교통분산을 위한 네트워크체계
  • 공간구조 : 주거, 상점, 직장을 혼합하여 균형잡힌 공간구조
  • 개발패턴 : 공공건물은 눈에 잘 띄는 대지에 위치
  • 건축계획 : 건축적인 표준과 기준 설정
  • 오픈스페이스 : 커뮤니티와 자연의 유기적인 관계를 높임
  • 대지개발 및 환경 : 대지의 개발기준을 명확하게 함, 환경과 관련된 가이드라인을 명확히 함

26 다음 가, 나 두 지점 사이의 경사가 10%일 때 두 지점의 표고차(등고차)는?

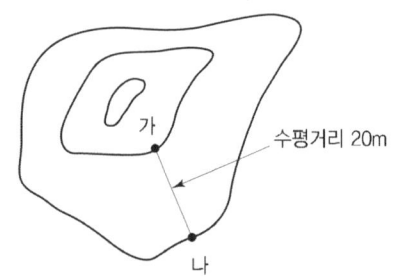

① 1m   ② 2m
③ 20m   ④ 200m

해설
등고선에서 경사도 계산
$$경사도 = \frac{등고선\ 간격(높이)}{등고선간의\ 수평거리} \times 100$$
$$10\% = \frac{표고차(등고차)}{20} \times 100$$
$$표고차(등고차) = \frac{200}{100} = 2$$

27 가로에 면한 건물의 주 용도가 사람들과의 접촉이 자주 일어날 수 있도록 하기 위해 상업·업무단지의 획지 계획 시 건물과의 관계에서 무엇을 가장 중요시해야 하는가?

① 융통성   ② 전면성
③ 적정성   ④ 방향성

해설
상업·업무단지 획지계획(획지의 형상)
• 건축물의 형태 및 가로경관 형성에 중요한 요소임
• 건축하고자 하는 건축물의 용도와 관련하여 적합하게 결정해야 하며 새로이 조성되는 토지는 적정한 형상의 제시가 필요함
• 내부도로의 활용 및 차량, 보행자의 진·출입을 고려하여 결정하되 가급적 정형화함
• 획지의 방향과 세장비는 보행접근성, 서비스 동선, 개방·폐쇄성, 채광, 건물의 이용도 및 기능을 고려하여 결정 : 과도한 세장비는 피하고 보통(1 : 0.8~1 : 1.5)정도가 되게 함
※ 건물과의 관계에서는 전면성을 강조해야 함을 의미

28 다음 중 교통광장에 대한 설명으로 옳지 않은 것은?

① 교통광장은 교차점광장, 역전광장, 주요시설광장으로 구분한다.
② 역전에서의 교통혼잡을 방지하고 이용자의 편의를 도모하기 위하여 철도역 앞에 설치한다.
③ 주간선도로의 교차지점에 광장을 설치하는 경우 접속도로의 기능에 따라 입체교차방식으로 하거나 교통섬, 변속차로 등에 의한 평면교차방식으로 한다.
④ 전체 주민이 쉽게 이용할 수 있도록 교통중심지에 설치한다.

해 설
교통광장

구분	결정 기준
교차점 광장	주간선도로의 교차지점인 경우에는 접속도로의 기능에 따라 입체교차방식으로 하거나 교통섬·변속차로 등에 의한 평면교차방식으로 할 것. 다만, 도심부나 지형여건상 광장의 설치가 부적합한 경우에는 그러하지 아니하다.
역전 광장	역전에서의 교통혼잡을 방지하고 이용자의 편의를 도모하기 위하여 철도역 앞에 설치할 것
주요 시설 광장	• 항만·공항 등 일반교통의 혼잡요인이 있는 주요시설에 대한 원활한 교통처리를 위하여 당해 시설과 접하는 부분에 설치할 것 • 주요 시설의 설치계획에 교통광장의 기능을 갖는 시설계획이 포함된 때에는 그 계획에 의할 것

29 래드번(Radburn) 주택단지계획의 특성에 해당되지 않는 것은?

① 단지 내에 통과교통 불허용
② 중앙에 대공원 설치
③ 단지 내에 직장과 주거의 혼합배치
④ 주거구는 슈퍼블럭(Super Block) 단위로 계획

해 설
- 정의 : 라이트와 스타인이 근린주구이론을 적용, 뉴욕에서 24km 떨어진 뉴저지 페어론 시에 계획된 새로운 자동차시대의 주거단지
- 특징 : 슈퍼블럭, 보도와 차도의 입체적 분리(보도망 형성), 쿨데삭 형의 가로망(통과교통배제), 기능에 따른 4종류 도로 설치, 오픈스페이스, 단지 중앙에 대공원 설치, 계획인구(25,000인)

30 일반적인 스카이라인 형성기준과 거리가 먼 것은?

① 단일 고층건물의 배경에 산이 있을 경우, 건물의 높이는 산 높이의 60~70%가 되게 한다.
② 고층건물 주변에 일정높이의 건물이 있을 경우, 고층건물의 높이는 주변건물 높이의 160~170%가 되게 한다.
③ 주변건물에 비하여 현저하게 높은 건물은 위로 갈수록 좁아지는 피라미드 형태 또는 첨탑 형태로 한다.
④ 신도시와 같이 고층건물을 집합적으로 계획할 경우, 주요 조망점에서 볼 때 하나의 형태로 겹쳐서 보이게 한다.

해 설
1. 지붕은 주변지역과 조화되는 색채로 통일하고 경사는 동일하게 함
2. 파출소·도서관·면사무소 등 공공시설물을 랜드마크로 조성
3. 15층 이상으로 건축물을 건축하는 경우
   - 당해 구역을 조망할 수 있는 도로법에 의한 간선도로에서 컴퓨터 시뮬레이션을 실시
   - 당해 구역 안의 시설 배치 및 층수에 관한 계획이 배경이 되는 산이나 주변경관의 훼손 여부 검토
4. 경사지·구릉지
   - 가급적 시설입지를 제한
   - 주변지역과 조화를 이루도록 건축물 등의 건폐율·용적률 및 높이를 제한
5. 단일 고층건물의 배경에 산이 있을 경우, 건물의 높이는 산 높이의 60~70%가 되게 한다.
6. 고층건물 주변에 일정높이의 건물이 있을 경우, 고층건물의 높이는 주변건물 높이의 160~170%가 되게 한다.
7. 주변건물에 비하여 현저하게 높은 건물은 위로 갈수록 좁아지는 피라미드 형태, 또는 첨탑 형태로 한다.
8. 압면차폐도, 용적률, 건축물 높이 등이 직접적인 영향을 미친다.

31 경관분석을 위해 구역의 넓이, 분석의 정밀도 등에 따라 그리드(Grid)의 크기를 나누고 등급화하여 등급별 그리드 수에 의해 경관의 특색을 도출하는 경관 분석 방법은?

① 기호화 방법
② 생태학적 방법
③ 사진판독법
④ 매시(Mesh)에 의한 방법

해 설
메시(Mesh)에 의한 방법
자연경관을 요요 공간과 조망 공간의 두 종류로 체계화하고 각 요인을 일정한 간격의 메시로 구획한 도면상에서 각 분석한 후 이를 종합하여 경관의 질을 평가하는 방법

32 지구단위계획에 대한 도시·군관리계획 결정도의 축척으로 옳은 것은?

① 1/500~1/1,000
② 1/1,000~1/5,000
③ 1/5,000~1/10,000
④ 1/10,000~1/25,000

해 설
도시·군관리계획 수립지침상의 도면 축척

제3절 도시·군관리계획조서 및 도면

- 도시·군관리계획조서는 도시·군관리계획조서 작성기준에 맞추어 별도로 작성한다.
- 도시·군관리계획도면은 도시·군관리계획도면 작성지침에 맞추어 정확하게 표시하고, 계획도면은 축척 1/1,000 또는 1/5,000(1/1,000 또는 1/5,000 축척이 없는 경우에는 1/25,000)의 지형도(수치지형도를 포함한다)로 한다. 다만, 지형도가 없는 경우에는 해도·해저지형도 등의 도면으로 지형도를 갈음할 수 있다.

33 케빈 린치(Kevin Lynch)에 의한 도시이미지를 결정하는 요소가 아닌 것은?

① 중심몰(Mall)
② 경계(Edge)
③ 통로(Path)
④ 랜드마크(Landmark)

해설
린치의 도시이미지 결정요소
지구(District), 연변(Edge), 결절(Node), 통로(Path), 표지물(Landmark)

34 다음 중 주택법에 따라 별개의 주택단지로 분리하는 기준이 되는 시설로 틀린 것은?

① 폭 15m 이하인 일반도로
② 폭 8m 이상인 도시계획예정도로
③ 철도·고속도로·자동차전용도로
④ 도로법에 의한 일반국도·특별시도·광역시도 또는 지방도

해설
주택법에 따른 용어정리 : 주택단지
다음의 시설로 분리된 토지는 각각 별개의 주택단지로 본다.
- 철도·고속도로·자동차전용도로
- 폭 20m 이상인 일반도로
- 폭 8m 이상인 도시계획예정도로

35 경관상세계획의 수립 대상 지역에서 경관상세계획을 수립하는 경우의 고려사항으로 가장 거리가 먼 것은?

① 당해 구역의 미래상을 개개의 건축물을 통하여 체험하는 것이 아니라 구역 전체를 미래지향적인 관점에서 입체적으로 체험할 수 있도록 한다.
② 안내표지판·가로시설물 등은 당해 구역의 이미지를 연출하는 데 중요한 역할을 하므로 구역분위기의 특성과 정체성을 인지할 수 있도록 한다.
③ 문화재·산·수변 및 특정 건축물의 조망권을 위하여 조망점을 설정하는 경우 근경보다 원경이 원활하게 확보되도록 한다.
④ 지표물은 주민이나 방문자에게 방향감을 제공하는 등 당해 지역에 대한 이미지를 강화시킬 수 있도록 상징적 요소를 개발하여 적재적소에 배치하도록 한다.

해설
경관상세계획 수립 시 고려사항
- 종합적이고 일체감 있는 경관조성계획 제시
- 상징적 요소를 개발하여 적재적소에 배치
- 건축물(유형 및 입체형태 등), 가로 및 공공공간 등을 복합적으로 계획
- 구역 전체를 미래 지향적인 관점에서 입체적으로 체험할 수 있도록 함
- 향토문화의 구현과 지역특정 이미지의 부각을 위한 계획
- 형태와 색채, 로고, 문양 등을 특색 있게 계획하고 랜드마크 등 경관의 주요 요소들을 중심으로 계획
- 근경과 원경 모두에서 주변과 조화

36 단지설계를 위한 대지분석(Site Analysis)의 내용으로 옳지 않은 것은?

① 지형, 경사, 지질 등의 자연환경
② 인구, 가구, 토지이용 등의 사회적 환경
③ 접근교통수단, 도로망체계 등의 교통환경
④ 분석자의 선호에 기반한 시각적 경관

해설
대지분석(垈地分析, Site Analysis) 항목
1. 도로조건
   - 접근성 및 정면성 부여에 중요한 요인, 주된 정면은 교통량이 많은 주도로 쪽을 향하도록 배치
   - 2면 도로일 경우 주도로 쪽으로 보행자 출입구, 부도로 쪽으로 차량출입구 배치
2. 방위 및 조망
   - 에너지 절약을 위하여 남향이 유리하며 동서향 배치는 지양
   - 조망이 좋은 부분은 평면계획 시 전면창 및 코너 부분은 원형창 등을 이용하여 조망 최대 이용
3. 주변환경분석 : 주변의 소음원이 있는 경우 수목들을 이용하여 차음
4. 대지의 구배 및 지반조건 : 건물의 배치, 접근성, 토지이용계획 및 구조계획에 중요한 영향을 미침
5. 도시기반시설 : 상하수도, 가스, 전기 등의 도시설비 현황

37 공동주택을 건설하는 지점의 소음도가 최소 얼마 이상인 경우에 방음시설을 설치하여야 하는가?

① 45dB ② 55dB
③ 65dB ④ 75dB

> **해설**
> 소음 정도
> 공동주택의 소음도는 65dB 이하이여야 하며, 소음이 기준치보다 높을 경우 소음저감대책을 강구하여야 한다.

38 토지이용을 합리화하고 그 기능을 증진시키며, 경관과 미관을 개선하고, 체계적 및 계획적으로 개발관리하기 위하여 건축물 및 그 밖의 시설의 용도와 종류 및 규모, 건폐율 또는 용적률을 완화하여 수립하는 계획을 무엇이라 하는가?

① 토지이용계획 ② 지구단위계획
③ 개발계획   ④ 경관계획

> **해설**
> 지구단위계획의 정의
> 당해 지구단위계획 구역의 토지이용을 합리화하고 그 기능을 증진시키며 경관·미관을 개선하고 양호한 환경을 확보하며, 당해 구역을 체계적·계획적으로 관리하기 위하여 수립하는 계획

39 주거단지 계획 시 남북 간의 인동간격을 두는 가장 큰 이유는?

① 통풍   ② 재해방지
③ 일조   ④ 사생활보호

> **해설**
> 인동간격
> 집단 주택지의 계획에서, 건축물 상호의 내면 간격과 필요한 일조 및 채광을 확보하고, 재해 특히 화재에 대한 안전성, 개인의 사생활과 건강생활을 즐기기 위한 정원 따위의 공간을 확보하기 위하여 두는 간격
> • 겨울철에는 태양의 고도가 낮아 일조시간이 짧다. 따라서 일조시간을 늘리기 위해 남북방향의 배치 시에 인동간격이 중요하게 되는데 남쪽 건물의 그림자가 북쪽 건물을 그림자로 덮을 경우 일조시간이 짧아지므로 충분한 시간 동안 일조가 가능하도록 인동간격을 확보한다.
> • 동일 대지 안에서 2동 이상의 건축물이 서로 마주보고 있는 경우 동지 시 9~15시 사이에 건축조례가 정하는 시간 이상을 연속하여 일조가 가능한 범위 안에서 정한다.

40 도시의 구성에 있어서 도로의 위계체제를 명확히 함과 동시에 거주환경지역(Environmental Area)을 설정하여 일상생활에서 보행자를 우선하도록 주장한 보고서는?

① Barlow Report
② Buchanan Report
③ Utwatt Report
④ 보차공존방식

> **해설**
> 1963년에 발표된 뷰캐넌 보고서(인구 50만의 도시 리즈에 대한 조사 연구)는 거주환경지역 지정과 이를 보호하는 도로망 구성을 위해 같은 위계 혹은 차 상위 및 차 하위 도로가 접속하게 하여, 자동차는 간선도로를 장애 없이 주행할 수 있는 동시에 통과교통으로부터 거주자의 일상생활의 보호와 건축물과 도로의 유기적 관계를 유지하게 한다는 원칙을 거주지역에 적용하고자 하는 방안

제3과목 도시개발론

41 다음 중 경제성 분석의 5단계 과정으로 옳은 것은?

① 정책과정 → 분석체계 수립 → 자료 수집 → 분석 실시 → 결정 및 선택
② 분석체계 수립 → 정책과정 → 자료 수집 → 분석 실시 → 결정 및 선택
③ 자료 수집 → 정책과정 → 분석체계 수립 → 분석 실시 → 결정 및 선택
④ 정책과정 → 자료 수집 → 분석체계 수립 → 분석 실시 → 결정 및 선택

> **해설**
> 경제성 분석 단계
> • 정책과정의 단계 : 정책의 전반적인 성격, 내용, 기타 분석에 필요한 기본적인 사항 결정
> • 분석체계 수립 단계 : 정책효과의 항목화와 분석범위 결정
> • 자료 수집 단계 : 분석을 위한 실제 자료를 수집하는 단계
> • 분석 실시 단계 : 정책의 효과를 비용과 편익으로 구분하여 측정하는 단계
> • 선택 및 결정단계 : 정책결정가가 분석가의 분석결과를 토대로 정책대안을 결정하는 단계

정답 37 ③ 38 ② 39 ③ 40 ② 41 ①

42 기업의 타당성 분석(사업성 분석) 중 개발사업의 연차별 투자비용을 추정하는 단계에서 비용을 크게 직접비와 간접비로 나누어 사업비용을 추정할 때, 다음 중 직접비에 해당하는 것은?

① 용지비
② 판매비
③ 일반관리비
④ 금융비용

해설
사업성 분석 시 연차별 투자비용 추정(= 직접비 + 간접비)
• 직접비 : 용지비, 조성비, 직접인건비
• 간접비 : 판매비, 일반관리비, 금융비용

43 다음 중 도시개발법상 도시개발구역의 전부를 환지방식으로 시행하는 경우 시행자로 지정될 수 있는 자는?

① 국가 또는 지방자치단체
② 한국관광공사
③ '지방공기업법'에 따라 설립된 지방공사
④ 도시개발구역의 토지소유자가 설립한 조합

해설
환지방식 시행자
• 지자체, 공사, 국가 등
• 전부를 환지방식으로 실시할 경우 - 토지소유자, 도시개발조합(토지소유자 7인 이상, 소유자 총수의 1/2, 토지면적의 2/3 이상의 동의)

44 다음의 수요추정방법 중 정량적인 예측모형이 아닌 것은?

① 회귀분석법
② Huff 모형
③ 시나리오법
④ 중력모형

해설
수요예측모형
• 계량적(정량적) 방법 : 인과분석, 시계열모형, 다변량해석법, 중력모형, Huff모형, 마르코프과정 등
• 비계량적(정성적) 방법 : 델파이, 집단회의법, 시나리오법, 의사결정나무법, 판단결정모델, 비교 유추

45 다음 중 계획단위개발(PUD)의 4단계 시행절차에 해당되지 않는 것은?

① 현황조사분석
② 개별개발계획
③ 예비개발계획
④ 최종개발계획

해설
계획단위개발(PUD ;Planned Unit Development)의 시행순서
사전회의 - 개별개발계획 - 예비개발계획 - 최종개발계획

46 다음 중 제3섹터 개발방식에 대한 설명으로 옳은 것은?

① 국가나 지방자치단체, 정부투자기관인 공사 또는 지방공기업 등이 사업시행자이다.
② 토지소유자나 순수 민간기업 등이 사업시행자이다.
③ 공공이 사업주체가 되고 민간이 자본과 기술을 투입하여 택지를 조성하는 방식이다.
④ 민관이 공동출자하여 설립한 법인조직이 개발하는 방식이다.

해설
제3섹터의 개념
공공부문과 민간부문이 공동출자하여 독립적으로 만든 합동법인 형태의 기구 및 사업주체가 시행하는 사업방식

47 다음 중 정비기반시설은 양호하나 노후·불량건축물이 밀집한 지역에서 주거환경을 개선하기 위하여 시행하는 사업은?

① 주거환경개선사업
② 재개발사업
③ 재건축사업
④ 도시환경정비사업

해설
재건축사업
• 정비기반시설은 양호하나 노후·불량건축물에 해당하는 공동주택이 밀집한 지역에서 주거환경을 개선하기 위한 사업
• 인가받은 관리처분계획에 따라 주택, 부대시설·복리시설 및 오피스텔을 건설하여 공급하는 방법
• 주택단지에 있지 아니하는 건축물의 경우에는 지형여건·주변의 환경으로 보아 사업 시행상 불가피한 경우로서 정비구역으로 보는 사업에 한정
• 오피스텔을 건설하여 공급하는 경우에는 「국토의 계획 및 이용에 관한 법률」에 따른 준주거지역 및 상업지역에서만 건설할 수 있다. 이 경우 오피스텔의 연면적은 전체 건축물 연면적의 100분의 30 이하이어야 한다.

48 다음 Berg가 제안한 도시화의 단계 중 교통여건의 개선, 주거환경의 질적 수준 개선 등의 도시개발 또는 도시재생사업을 통해 중심도시의 활성화를 도모하는 단계는?

① 도시화 단계(Stage of Urbanization)
② 교외화 단계(Stage of Suburbanization)
③ 반도시화 단계(Stage of Deurbanization)
④ 재도시화 단계(Stage of Reurbanization)

[해설]
도시화 4단계(도시공간의 순환과정)
• 집중적 도시화 → 교외화 → 역도시화 → 재도시화
• 재도시화 : 도심이 재개발됨으로써 기존의 노동자 주거지역이 중산층·고소득계층에게 점유되고 주거지역이 질적·환경적으로 좋아지는 현상으로 선진자본주의 국가 도시들에게 주로 일어남

49 용도지역제와 획지분할규제를 근간으로 하는 미국의 종래 택지개발방식이 지니는 문제점을 극복하기 위한 제도로, 공적 입장에서 요구되는 환경의 질과 개발자의 입장에서 요구되는 사업성을 동시에 추구하고자 한 것은?

① TDR   ② IP
③ PUD   ④ U-city

[해설]
계획단위개발(PUD ; Planned Unit Development)의 정의
• 계획단위 개발로 대상지 전체를 일체적이고 유기적으로 계획하고 설계하여 개발하는 방식으로 최소면적, 개발자의 자격요건, 용적률, 건축물의 높이, 주차시설 등에 관한 일반지침을 정해주고 개발자는 이 지침의 범위 내에서 사업대상지와 사업내용의 특성에 맞추어 토지이용계획과 단지계획을 수립하여 정부의 인가를 받은 후 종합적으로 개발하는 방식
• 우리나라의 지구단위계획 내의 특별계획구역제도와 유사하다.

50 다음 중 프로젝트를 기업 측면이 아니라 사회적 측면에서 평가하는 것으로, 분석의 대상이 일반적으로 공공투자 사업이나 정책이 되는 타당성 분석은?

① 경제적 타당성 분석   ② 재무적 타당성 분석
④ 파급효과 타당성 분석   ④ 행정적 타당성 분석

[해설]
경제적 타당성 분석은 재무적 수입뿐만 아니라 사회적 편익까지 포함하여 수입으로 판단하여 타당성을 분석하는 기법이다. 따라서 사회적 측면의 타당성을 포함하는 분석기법은 경제적 타당성 분석(경제성 분석)이다.

51 다음의 사업추진방식 중 민간사업자가 시설의 완공 후 소유권을 이전한 뒤, 민간이 일정 기간 동안 시설물을 직접 관리·운영하여 투자비를 회수하는 것은?

① BTL 방식   ② BTO 방식
③ BOT 방식   ④ BOO 방식

[해설]
민간투자 사회간접자본(SOC)의 사업추진방식의 종류 중 BTO (Build-Transfer-Operate, 건설·양도 후 운영방식) 사회간접자본시설의 준공과 동시에 당해 시설의 소유권이 국가 또는 지방자치단체에 귀속되며 사업 시행자에게 일정기간의 시설관리운영권을 인정

52 주택재개발방식인 1970년 초의 자력재개발에 대한 설명으로 가장 거리가 먼 것은?

① 구청장이 사업시행자가 되어 도로, 공원 등 도시기반시설은 공공이 설치한다.
② 주민이 재정을 부담하여 5층 이하의 공동주택을 건립하는 사업이다.
③ 주민의 재정문제 등으로 활발히 추진되지 못하였다.
④ 토지구획정리사업의 환지기법을 적용하였다.

[해설]
자력재개발방식
• 1973년부터 시행된 자력재개발방식은 지방자치단체가 시행자가 되어, 공공시설 설치 및 행정지원 등을 담당하고 주택은 주민이 건립하는 형태로 운영하는 방식
• 구획정리기법을 도입하여 관리처분계획 절차를 통해 환지된 토지에 주민자력으로 주택을 건립하고, 지방자치단체는 공공부문의 투자를 실시하는 기법
• 자력재개발에 의한 방식의 경우 대부분 단독주택 또는 연립주택 등 저층·저밀도의 개발이 이루어짐

53 우리나라의 도시개발을 크게 도시계획사업과 비도시계획사업으로 구분할 때, 다음 중 비도시계획사업의 종류가 아닌 것은?

정답 48 ④ 49 ③ 50 ① 51 ② 52 ② 53 ④

① 택지개발촉진법에 의한 택지개발사업
② 산업입지 및 개발에 관한 법률에 의한 산업단지개발사업
③ 주택법에 의한 대지조성사업
④ 도시 및 주거환경정비법에 의한 도시환경정비사업

해설

도시계획사업과 비도시계획사업의 구분

대분류	사업시행 근거법률	도시개발의 유형
도시계획사업	도시개발법	도시개발사업
	도시 및 주거환경정비법	주거환경개선사업
		재개발사업
		재건축사업
비도시계획사업 (특별법, 촉진법)	택지개발촉진법	택지개발사업
	주택법	주택건설사업
	산업입지 및 개발에 관한 법률	산업단지개발사업
	유통단지개발촉진법	유통단지개발사업
	기업도시특별법	기업도시개발사업
	행복도시특별법	행복도시개발사업
	혁신도시특별법	혁신도시건설사업
	경제자유구역특별법	경제자유구역개발사업
	도시재정비 촉진을 위한 특별법	도시재정비사업
	지역균형개발 및 지방중소기업 육성에 관한 법률	개발촉진지구개발사업
	국민임대주택건설특별법	국민임대주택건설사업

54 도시마케팅에서 필수적인 고려사항과 가장 거리가 먼 것은?

① 도시자족성
② 도시운영성과
③ 도시경쟁력
④ 아이디어 및 차별성

해설

도시마케팅의 필수 고려사항
• 도시자족성과 도시마케팅 : 고용자족성, 생활자족성, 환경자족성에 대한 제고를 통한 지역경제의 활성화
• 도시경쟁력과 도시마케팅 : 도시의 상품가치를 높여 도시의 경쟁력 향상
• 아이디어 및 차별성 : 창의적 아이디어를 통해 다른 도시와의 차별화된 이미지 형성

55 주거지역의 양호한 환경조성과 시가지 도시경관 보호를 위해 지정하는 지구는 무엇인가?

① 자연경관지구
② 중심지미관지구
③ 시가지경관지구
④ 일반미관지구

해설

경관지구
• 자연경관지구 : 산지·구릉지 등 자연경관의 보호 또는 도시의 자연풍치를 유지하기 위하여 필요한 지구
• 수변경관지구 : 지역 내 주요 수계의 수변 자연경관을 보호·유지하기 위하여 필요한 지구
• 시가지경관지구 : 주거지역의 양호한 환경 조성과 시가지의 도시경관을 보호하기 위하여 필요한 지구

56 다음 중 정비사업을 계획적으로 시행하기 위한 정비구역으로 지정할 수 있는 지역 기준이 옳지 않은 것은?

① 순환용 주택을 건설하기 위하여 필요한 지역
② 철거민이 50세대 이상 규모로 정착한 지역이거나 인구가 과도하게 밀집되어 있고 기반시설의 정비가 불량하여 주거환경이 열악하고 그 개선이 시급한 지역
③ 건축물이 과도하게 밀집되어 있어 그 구역 안의 토지의 합리적인 이용과 가치의 증진을 도모하기 곤란한 지역
④ 최저고도에 미달하는 건축물이 당해 지역 안의 건축물의 바닥면적합계의 2분의 1 이상인 지역

해설

1. 주거환경개선사업을 위한 정비계획
• 철거민이 50세대 이상 규모로 정착한 지역이거나 인구가 과도하게 밀집되어 있고 기반시설의 정비가 불량하여 주거환경이 열악하고 그 개선이 시급한 지역 ← ②
2. 주택재개발사업을 위한 정비계획
• 순환용 주택을 건설하기 위하여 필요한 지역을 포함 ← ①
• 건축물이 노후·불량하여 그 기능을 다할 수 없거나 건축물이 과도하게 밀집되어 있어 토지의 합리적인 이용과 가치의 증진을 도모하기 곤란한 지역 ← ③
3. 도시환경정비사업을 위한 정비계획
• 최저고도지구의 토지면적이 전체 토지면적의 50%를 초과하고, 그 최저고도에 미달하는 건축물이 당해 지역 안의 건축물의 바닥면적 합계의 2/3 이상인 지역 ← ④

57 도시개발사업의 사업방식에 대한 설명 중 옳지 않은 것은?

① 환지방식은 수용사용방식에 비해 초기투자비가 막대하게 큼
② 수용사용방식은 토지 매수 후의 사업기간이 상대적으로 빠름
③ 환지방식은 최소한의 사업비 투입으로 공공시설을 확보할 수 있음
④ 환지방식과 수용사용방식은 혼용할 수 있음

해 설
초기투자비가 막대하게 큰 도시개발사업방식은 수용사용방식이다.

58 다음 중 프로젝트 파이낸싱(Project Financing)에 대한 설명으로 옳지 않은 것은?

① 프로젝트 파이낸싱은 프로젝트 자체의 사업성과 그로부터의 현금 흐름을 바탕으로 자금을 조달하는 방식이다.
② 자금원 중 선순위채권은 프로젝트 파이낸싱에서 가장 큰 비중을 차지하는 자금이다.
③ 프로젝트 파이낸싱을 도입할 경우 일반적인 기업금융에 비해 금융기관의 위험(Risk)이 줄고 금융비용도 줄일 수 있다.
④ 비소구금융 및 부외금융의 효과를 얻을 수 있는 반면에 다양한 이해관계자들의 협상에 의해 이루어지기 때문에 복잡한 금융절차를 가진다.

해 설
프로젝트 파이낸싱(PF ; Project Financing)의 단점
• 금융기관이 부담하는 위험이 통상적인 기업금융에 비해 높고, 기업금융에 비해 높은 금융비용이 요구됨
• 복잡한 금융절차, 위험배분 및 참여조건 결정에 많은 시간이 소요되며 이해관계 조정에 전문성이 요구됨

59 다음의 도시정비사업 절차 중에서 가장 먼저 시행되어야 할 내용은 무엇인가?

① 사업시행계획 인가   ② 조합 설립 인가
③ 관리처분계획 인가   ④ 일반분양

해 설
기본계획 수립 → 정비계획 수립 → 정비구역 지정 → 추진위 구성(1/2 주민 동의) → 안전진단 → 조합 설립(재건축 - 각 동의 2/3, 전체의 3/4 이상의 동의)인가 신청 → 사업시행 인가 → 관리처분계획 인가 → (이주 → 착공 → 분양 → 완공)

60 다음 중 인플레이션, 이자율 변동, 소비자의 선호도 변화, 토지조성계획과 분양가 책정의 적정성, 자재값 인상 등으로 비용이 예상보다 상승하여 사업기간 중 발생하는 위험은?

① 재무위험   ② 건설위험
③ 운영위험   ④ 시장위험

해 설
시장위험(Market Risk)
• 사업기간 중 인플레이션, 이자율 변동, 소비자의 선호도 변화, 토지조성계획과 분양가 책정의 적정성, 자재값 앙등, 노임문제 등에 의해 비용이 예상보다 상승하므로 발생하는 위험
• 시장위험을 줄이기 위해 시장분석(Market Analysis)과 타당성 분석(Feasibility Analysis)을 실시

제4과목 국토 및 지역계획

61 학문으로서의 지역계획에 대한 설명이 옳은 것을 모두 나열한 것은?

㉠ 종합적이며 복합적이다.
㉡ 도시 주변의 농촌과 다룬다.
㉢ 경제학, 지리학 및 사회학을 넘나드는 학제 간 계획이다.

① ㉠, ㉡   ② ㉠, ㉢
③ ㉡, ㉢   ④ ㉠, ㉡, ㉢

해 설
학문으로서의 지역계획 : 종합적, 규범적, 실천적, 임상적, 공간적 학문
• 종합적 학문 : 정치·경제·사회 모든 분야를 망라, 인문과 자연과학이 종합된 종합과학
• 규범적 학문 : 행위를 규제
• 실천적·임상적 학문 : 지역문제에 대한 진단과 처방을 내림
• 공간적 학문 : 공간을 대상으로 공간적 배분과 형평성을 중시

정답 57 ①   58 ③   59 ②   60 ④   61 ②

62 관광산업의 고용자 규모가 아래와 같을 때 경주에서 관광산업의 입지계수(LQ : Location Quotient)는 얼마인가?

구분 고용자수(명)	전국	경주
총 고용자 수	50,000	10,000
관광산업 고용자 수	15,000	4,500

① 0.3 ② 0.6
③ 1.2 ④ 1.5

해설
- 관광산업에 대한 입지계수(LQ) 산정이므로 전국의 관광산업 종사자는 15,000명이며, 경주의 관광산업 종사자는 4,500명이다.
- $LQ = \dfrac{\frac{4,500}{10,000}}{\frac{15,000}{50,000}} = 1.5$ (기반산업 = 특화산업)

63 다음 중 농업용 토지에 대하여 토지의 비옥도와 지대의 관계를 가지고 지대이론을 처음으로 발전시킨 학자는?

① 리카도(D. Ricardo) ② 스미스(A. Smith)
③ 튀넨(Von Thüen) ④ 뢰쉬(A. Löch)

해설
- 지대 : 비옥도에 따른 토지경작자가 소유자에게 지불하는 경제적 대가로 정의
- 토지의 비옥도에 따라 달라짐

64 성장거점이론의 기본개념과 가장 거리가 먼 것은?

① 경쟁효과(Competition Effect)
② 선도산업(Leading Industry)
③ 극화효과(Polarization Effect)
④ 파급효과(Spread Effect)

해설
1. 성장거점이론의 기본개념 : 선도산업(Leading Industry)
   - 성장에 대한 열의를 고무할 수 있는 새로운 기술의 역동적인 산업
   - 산업의 규모가 커서 경제적 지배력을 행사할 수 있는 산업
   - 수요에 대한 소득 탄력성이 높아 다른 산업에 비해 성장속도가 빠른 산업
   - 여타부분과의 산업 간 연계성이 높은 산업(전후방 연계성이 높음)
2. 극화현상 : 성장극이 주변지역의 경쟁에서 항상 유리한 입장을 취하여 성장극 주변지역에서 유능한 두뇌를 흡수하여 주변지역의 경제활동을 둔화시키는 현상
3. 확산효과(파급효과) : 중심지의 잉여자본과 과학기술이 주변지역으로 흘러들어오는 것으로서 역류효과가 보다 강력하므로 불균형 성장 유발

65 지역의 경제성장은 지역 자체의 입지적 특성에 따른 효과와 그 지역 내의 산업 구성에 따른 효과가 함께 작용한 결과로 보는 지역경제 분석모형은?

① 변이 - 할당모형(Shift - Share Model)
② 경제기반모형(Economic Base Model)
③ 지역산업연관모형(Regional Input - Output Model)
④ 해로드의 성장률모형(The Harrod Model of Growth Rate)

해설
- DUNN(1960)에 의해 소개
- 지역의 경제성장은 지역 자체의 입지적 특성에 따른 효과와 그 지역 내의 산업구성에 따른 효과가 함께 작용한 결과로 보는 지역경제 분석모형
- 지역산업의 변화를 내적 요인과 외적 요인에 해당하는 세 부분으로 나누어 파악하고, 이를 통하여 지역의 산업성장을 분석하는 방법

66 크리스탈러의 중심지이론(Central Place Theory)의 주요 개념 요소가 아닌 것은?

① 중심재 ② 보완지역
③ 종주지수 ④ 재화의 도달 거리

해설
크리스탈러의 중심지이론(Central Place Theory)
1. 중심지
   - 중심지 : 주변 지역에 재화와 서비스를 제공하는 넓은 의미에서 도시와 동의어
   - 중심지 기능 : 주변 지역에 상품과 서비스를 제공
   - 배후지 : 중심지를 이용하는 주변 지역(주변지, 영향권, 세력권, 상권)
   - 중심지의 계층 구조 : 중심지 간에도 중심기능 보유 정도에 따라 중심지 계층 발생

2. 중심지의 성립
- 최소요구치(Threshold) : 중심 기능이 존속하기 위해 필요한 최소한의 수요, 상권
- 재화의 도달 범위(Range of Goods) : 재화와 서비스의 도달 거리 또는 범위
- 중심지 성립 조건 : 최소요구치<재화의 도달 범위

67 인구이동모형에 대한 설명 중 틀린 것은?

① 마코브모형(Markovian Models)은 동태적 인구 이동 과정을 서술하였다.
② 로리(Lowry) 모형은 경제적 변수와 중력모형의 변수를 결합한 모형이다.
③ 토다로(M. Todaro)는 도농 간 실제소득의 차이가 인구 이동을 결정한다고 분석했다.
④ 모릴(Morril)은 인구이동에 미치는 비경제적 변수에 연구의 초점을 두었다.

해설
인구이동
토다로(M. Todaro)는 지역 간 인구이동을 지역 간의 기대소득 격차에 의해 발생한다고 주장하였다.

68 생산요소의 지역 간 이동이 자유롭게 허용된다면 자연히 지역 간 형평이 달성된다고 보는 지역 균형성장론에 해당하는 것은?

① 성장거점이론
② 신고전학파의 지역경제성장이론
③ 종속이론
④ 누적인과모형

해설
신고전이론
- 정의 : 생산성의 증가를 성장의 기초로 여겨 공급 측면을 강조한 성장이론으로 지역 간 생산요소의 이동에 의해 성장을 파악하였다.
- 지역균형성장 : 지역 간 요소 가격의 차이 → 지역 간 자유로운 생산요소의 이동 → 해당 지역 요소생산성의 증대 → 생산능력 증대 → 생산 증가 → 지역경제 성장

69 정부가 국민이 쾌적하고 살기 좋은 생활을 영위하기 위하여 필요하다고 설정한 가구구성별 최소 주거면적, 방의 수, 화장실의 설비기준, 안전성, 쾌적성 등을 고려한 주택의 구조, 성능 및 환경기준을 무엇이라 하는가?

① 일반주거기준
② 평균주거기준
③ 목표주거기준
④ 최저주거기준

해설
최저주거기준
국민이 쾌적하고 살기 좋은 생활을 영위하기 위하여 국토교통부 장관이 정하는 가구구성별 최소 주거면적, 용도별 방의 개수, 전용부엌, 화장실의 설비기준, 안전성, 쾌적성 등을 고려한 주택의 구조, 성능 및 환경 기준을 말함

70 도시지역의 주거입지를 설명하는 주거지 상쇄모형에서 상쇄의 대상이 되는 것은?

① 주거비용과 통근비용
② 소득과 소비
③ 주택 규모와 주택의 질적 수준
④ 승용차와 대중교통

해설
주거지 상쇄모형
- 교통비용은 도심으로부터의 거리에 비례
- 지대는 도심으로부터의 거리에 반비례
- 도시 내에서 주거지의 선택은 위치와 접근성에 의해 결정
- 고소득층일수록 입지선택의 폭이 크며 도시 외곽의 주거지역 선호
 → 도시 외곽에 고소득층 주거지역 형성
- 저소득층일수록 교통비 절감을 위해 도심 가까이에 주거지 선택
 → 도심과 그 주변지역에 이웃하여 고밀도의 주거지역을 형성

71 다음 중 테네시계곡 개발계획(TVA 계획)은 어느 나라의 지역 계획인가?

① 프랑스
② 영국
③ 미국
④ 독일

해설
테네시계곡 개발계획(TVA)
미국에서 지역개발계획의 선구적 사례로 1930년대 전후 실업자 구제 및 공업도시 개발을 위해 테네시강 유역에 다수의 다목적댐을 건설하여 전력과 수자원 공급을 목표로 하였다.

72 지방 분산형 국토구조를 조직화하기 위한 지방 분산 정책의 방향이 될 수 없는 것은?

① 지방대도시의 수도권 견제 기능 강화 및 중소도시의 경쟁력 제고

정답 67 ③ 68 ② 69 ④ 70 ① 71 ③ 72 ④

② 도·농 간, 도시 간 기능적 연계 강화
③ 농·어촌의 구조 개선과 낙후지역의 개발 촉진
④ 과밀부담금제도의 완화

해설
과밀부담금
과밀억제권역 안(서울만 해당)에서 인구집중유발시설 중 업무용 건축물·판매용 건축물·공공청사·복합용 건축물을 건축하고자 할 때 표준건축비(국토교통부장관 고시)의 10%를 과밀부담금으로 부과한다. 과밀부담금제도를 완화하면 수도권의 과밀이 더욱 가중되어 개발격차가 더욱 커지게 된다. 결과적으로 지방분산 정책에 반하게 된다.

73 고용 또는 소득의 극대화나 지역개발의 극대화 등 어떤 목적을 가장 경제적인 방법으로 달성케 하는 연속적 공간으로 계획의 필요에 따라 설정된 지역은?

① 결절지역   ② 분극지역
③ 계획권역   ④ 동질지역

해설
계획지역
• 목적에 따라 중심지역과 주변지역을 묶어 설정한 지역
• 일반적으로 계획의 집행과 효율성을 위해 행정구역과 일치시킨다.

74 클라센(L. H. Klaassen)의 지역 분류 기준은?

① 성장률과 소득수준
② 산업별 인구규모
③ 동질성과 의존성
④ 사회간접자본과 생산활동

해설
클라센(L. klaassen)의 동질지역 구분
$\left(\frac{g_i}{g} = g_0 \text{성장률}\right)$, $\left(\frac{y_i}{y} = y_0 \text{소득}\right)$ 여기서, g_i, y_i는 지역의 성장률과 지역의 소득, g, y는 국가의 성장률과 국가의 소득

75 안스타인(S. Arnstein)이 주장한 주민참여 8단계에서 주민권력단계(Degrees of Citizen Power)에 해당하지 않는 것은?

① 주민통제(Citizen Control)
② 권한위임(Delegated Power)
③ 협동관계(Partnership)
④ 상담(Consultation)

해설
주민참여 8단계[안스타인(S. Arnstein)]

단계		
8	주민통제	주민권력
7	권한위임	
6	협동관계	
5	회유	형식적 참여
4	상담	
3	정보제공	
2	치료	비참여
1	조작	

76 M 시의 수출산업 종사인구(E_B)가 50,000명, 지역산업 종사인구(E_M)가 100,000명이다. M 시의 수출산업 종사자를 1명 고용하면 총 고용자(E_T)는 몇 명 늘어나는가?

① 1명   ② 2명
③ 3명   ④ 4명

해설
경제기반승수 = $\frac{\text{지역의 총 고용인구}}{\text{지역의 수출산업 고용인구}} = \frac{150,000}{50,000} = 3$
따라서 수출산업 종사자 1명을 고용하면 경제기반승수를 곱한 3명의 총 고용자가 늘어나게 된다.

77 한센(N. Hansen)의 동질지역 구분에 해당하지 않는 것은?

① 낙후지역(Lagging Regions)
② 침체지역(Recession Regions)
③ 과밀지역(Congested Regions)
④ 중간지역(Intermediate Regions)

해설
한센의 동질지역 구분
• 과밀지역 = 한계사회비용 > 한계사회편익
• 중간지역 = 한계비용 < 한계편익
• 낙후지역 = 소규모 농업과 침체산업이 지배적인 경제구조를 지니고, 새로운 경제활동을 흡인할 수 있는 입지매력이 거의 없는 지역

78 제4차 국토종합계획 수정계획(2011~2020)의 4대 기본목표가 아닌 것은?

① 경쟁력 있는 통합국토
② 지속가능한 친환경국토
③ 품격 있는 매력국토
④ 번영하는 통일국토

해설
제4차 국토종합계획 수정계획(2011~2020)의 4대 기본목표
경쟁력 있는 통합국토, 지속가능한 친환경국토, 품격 있는 매력국토, 세계로 향한 열린 국토
④ "번영하는 통일국토"는 제4차 국토종합계획 수정계획(2006~2020)의 5대 기본목표 중 하나이다.

79 다음 중 하향식 지역개발전략에 적합한 것은?

① 소단위지역 단위 개발
② 거점중심적 개발
③ 기본수요 접근
④ 한계기술의 개발

해설
하향식(Top-down, Development from Above) 계획의 특징
• 기존의 개발이론(1960년대 중반까지)
• 자본주의적 경제성장 이론에 근거
• 중심지개발(도시) 동적산업(제조업) : 확산효과
• 외부의 수요와 쇄신적 자극에 의해 발생
• 개발은 도시산업, 자본집약, 고도의 기술, 기능 중심, 대규모 사업 등을 통해 이룩
• 국가 주도의 계획 및 이행전략으로 성장거점 전략, 불균형 개발전략 등을 사용
• 대규모 개발사업과 새로운 기술 도입 중시
• 기능적 접근방식
• 선성장 후배분적 성격, 총량적 개발과 성장을 지향하는 접근방법
※ 한계기술 : 더 이상 발전 가능성이 없어 경쟁력이 없는 기술

80 지역 간 소득격차 분석에 사용되는 지표로 거리가 먼 것은?

① 지니계수
② 로렌츠 곡선
③ 크리스탈러의 포섭계수
④ 윌리암슨의 가중변이계수

해설
지역소득격차 분석
• 로렌츠 곡선
• 지니의 집중계수(Gini Coefficient)
• 쿠즈네츠(Kuzents)의 역U곡선
윌리암슨(Williamson)은 지역 간 소득격차의 변화에 응용하여 지역 간 격차도 경제발전 초기단계에 증가하고 후기에 감소하는 역U 곡선의 형태임을 입증
• 테일의 지수

제5과목 도시계획관계법규

81 다음 중 국토교통부장관이 개발제한구역이 해제된 지역에 대하여 해제 후 최초로 결정되는 도시·군관리계획의 내용이 해제의 목적이나 용도에 부합하지 아니하는 경우, 도시·군관리계획을 조정하도록 요구할 수 있는 기간의 기준은?

① 도시·군관리계획이 결정·고시된 날부터 6개월 이내
② 도시·군관리계획이 결정·고시된 날부터 3개월 이내
③ 도시·군관리계획이 결정·고시된 날부터 1개월 이내
④ 도시·군관리계획이 결정·고시된 날부터 14일 이내

해설
해제된 개발제한구역의 재지정에 관한 특례
국토교통부장관은 개발제한구역이 해제된 지역에 대하여 해제 후 최초로 결정되는 도시관리계획의 내용이 해제의 목적이나 용도 등에 부합하지 아니하는 경우에는 그 도시관리계획이 결정·고시된 날부터 3개월 이내에 해제지역을 관할하는 특별시장·광역시장·특별자치도지사·시장 또는 군수에게 상당한 기한을 정하여 도시관리계획을 조정하도록 요구할 수 있다.

82 다음 중 수도권정비계획법령에서 규정하고 있는 인구집중 유발시설 기준으로 옳지 않은 것은?

① 고등교육법 제2조에 따른 학교로서 교육대학 또는 전문대학
② 업무용 시설이 주 용도인 건축물로서 그 연면적이 3만 제곱미터 이상인 업무용 건축물
③ 건축물의 연면적이 1천 제곱미터 이상인 중앙행정기관 및 그 소속 기관의 청사
④ 판매용 시설이 주 용도인 건축물로서 그 연면적이 1만5천 제곱미터 이상인 판매용 건축물

정답 78 ④ 79 ② 80 ③ 81 ② 82 ②

해설
인구집중유발시설의 종류
- 판매용 건축물 : 판매용시설 면적의 합계가 15,000m² 이상인 건축물(위락시설, 제1종 근린생활시설, 제2종 근린생활시설, 문화 및 집회시설, 운동시설, 창고시설)
- 업무용 건축물 : 업무용 시설 면적의 합계가 25,000m² 이상인 건축물
- 복합 건축물 : 복합시설의 면적의 합계가 25,000m² 이상인 건축물
※ 단, 지자체나 출자·출연한 법인의 사무소로 사용되는 건축물, 자연보전권역이 아닌 지역에 설치되는 벤처기업집적시설 및 국제회의시설 중 전문회의시설은 제외

83 개발제한구역관리계획에 관한 설명 중 옳지 않은 것은?

① 개발제한구역관리계획은 개발제한구역 안의 취락지구의 지정 및 정비에 관한 사항을 포함하여야 한다.
② 개발제한구역관리계획을 승인하고자 할 경우에는 중앙도시계획위원회의 심의를 거쳐야 한다.
③ 개발제한구역관리계획은 5년 단위로 수립하여 국토교통부장관의 승인을 받아야 한다.
④ 개발제한구역관리계획에는 시설 설치에 따라 수용될 토지 등의 세목이 첨부되어야 한다.

해설
개발제한구역관리계획의 주요 내용
- 개발제한구역 관리의 목표와 기본방향
- 개발제한구역의 현황 및 실태에 대한 조사
- 개발제한구역의 토지이용 및 보전
- 개발제한구역에서 도시계획시설의 설치
- 개발제한구역에서 연면적 3천 m² 이상인 건축물의 건축 및 1만 m² 이상의 토지의 형질 변경
- 취락지구의 지정 및 정비
- 주민지원사업
- 개발제한구역의 관리와 주민지원사업에 필요한 재원의 조달 및 운용
- 그 밖에 개발제한구역의 합리적인 관리를 위하여 대통령령으로 정하는 사항

84 도시·군계획시설의 결정·구조 및 설치기준에 관한 규칙상 종합의료시설을 설치할 수 있는 지역이 아닌 것은?

① 제1종 일반주거지역
② 준공업지역
③ 자연녹지지역
④ 중심상업지역

해설
도시·군계획시설의 결정·구조 및 설치기준에 관한 규칙 제152조(종합의료시설의 결정기준)
종합의료시설의 결정기준은 다음 각 호와 같다.
2. 제2종일반주거지역·제3종일반주거지역·준주거지역·중심상업지역·일반상업지역·근린상업지역·전용공업지역·일반공업지역·준공업지역·자연녹지지역 및 계획관리지역에 한하여 설치할 것

85 국토교통부장관은 토지거래계약에 관한 허가구역을 몇 년 이내의 기간으로 하여 지정할 수 있는가?

① 1년 이내
② 2년 이내
③ 3년 이내
④ 5년 이내

해설
토지거래허가구역(국토의 계획 및 이용에 관한 법률 제117조 허가구역의 지정)
- 지정권자 : 국토교통부장관
- 지정기간 : 5년 이내의 기간을 정하여 지정
※ 국토의 계획 및 이용에 관한 법률 제117조(허가구역의 지정) 조항은 2016.1.19. 부로 삭제되었다.

86 건축법상 지역의 환경을 쾌적하게 조성하기 위하여 대통령령으로 정하는 용도 및 규모의 건축물에 일반이 사용할 수 있도록 소규모 휴식시설 등을 설치하는 것은 무엇인가?

① 공공공지
② 대지안의 공지
③ 공개공지
④ 공공녹지

해설
공개공지 등의 확보
환경을 쾌적하게 조성하기 위해 소규모 휴식시설 등의 공개공지 또는 공개공간을 설치

87 다음 중 주차장법령상 노외주차장에 설치할 수 있는 부대시설에 해당하지 않는 것은?(단, 시·군 또는 구의 조례로 정하는 시설의 경우는 고려하지 않는다.)

① 관리사무소
② 자동차 관련 수리 판매시설
③ 노외주차장의 관리·운영상 필요한 편의시설
④ 간이매점, 자동차 장식품 판매점

정답 83 ④ 84 ① 85 ④ 86 ③ 87 ②

> **해 설**
> 노외주차장에 설치하는 부대시설(총 시설면적의 20% 이하)
> - 관리사무소 및 휴게소, 공중변소
> - 노외주차장 운영상 필요한 편의시설
> - 간이매점 및 자동차 장식품 판매점
> - 시·군 또는 자치구의 조례로 정하는 이용자 편의시설

88 국토의 계획 및 이용에 관한 법률에서 용도지구 중 문화재·전통사찰 등 역사·문화적으로 보존가치가 큰 시설 및 지역의 보호와 보존을 위하여 필요한 곳에 지정할 수 있는 지구는?
① 역사문화미관지구 ② 중요시설물보존지구
③ 역사문화환경보존지구 ④ 특정개발진흥지구

> **해 설**
> 국토의 계획 및 이용에 관한 법률 제37조(용도지구의 지정)
> ② 국토교통부장관, 시·도지사 또는 대도시 시장은 법 제37조제2항에 따라 도시·군관리계획결정으로 경관지구·방재지구·보호지구·취락지구 및 개발진흥지구를 다음 각 호와 같이 세분하여 지정할 수 있다. 〈개정 2005. 1. 15., 2005. 9. 8., 2008. 2. 29., 2009. 8. 5., 2012. 4. 10., 2013. 3. 23., 2014. 1. 14., 2017. 12. 29.〉
> 5. 보호지구
>   가. 역사문화환경보호지구 : 문화재·전통사찰 등 역사·문화적으로 보존가치가 큰 시설 및 지역의 보호와 보존을 위하여 필요한 지구
>   나. 중요시설물보호지구 : 중요시설물(제1항에 따른 시설물을 말한다. 이하 같다)의 보호와 기능의 유지 및 증진 등을 위하여 필요한 지구
>   다. 생태계보호지구 : 야생동식물서식처 등 생태적으로 보존가치가 큰 지역의 보호와 보존을 위하여 필요한 지구

89 다음 중 시가화 조정구역에서 특별시장·광역시장·특별자치시장·특별자치도지사·시장 또는 군수의 허가를 받아 할 수 있는 행위에 대한 내용으로 옳지 않은 것은?
① 농업·임업 또는 어업용의 건축물 중 대통령령으로 정하는 종류와 규모의 건축물이나 그 밖의 시설을 건축하는 행위
② 건축물의 건축 및 공작물 중 대통령령으로 정하는 종류의 공작물 설치 행위
③ 마을공동시설, 공익시설·공용시설, 광공업 등 주민의 생활을 영위하는 데에 필요한 행위로서 대통령으로 정하는 행위
④ 입목의 벌채, 조림, 육림, 토석의 채취, 그 밖에 대통령령으로 정하는 경미한 행위

> **해 설**
> 시가화 조정구역 안에서 할 수 있는 행위
> - 농업·임업 또는 어업과 관련한 건축
> - 주택의 증축(총 면적 100m² 이하), 부속건축물의 건축(총 면적 33m² 이하)
> - 마을공동시설
> - 공익시설·공용시설·공공시설
> - 광공업 등을 위한 건축물 및 공작물의 설치 등
> - 기존 건축물의 동일한 용도 및 규모 안에서의 개축·재축 및 대수선
> - 시가화 조정구역 안에서 허용되는 건축물의 건축 또는 공작물의 설치를 위한 공사용 가설건축물과 그 공사에 소요되는 블럭·시멘트벽돌·쇄석·레미콘 및 아스콘 등을 생산하는 가설공작물의 설치
> - 적법하게 건축된 건축물의 용도변경, 공장의 업종변경, 공장·주택 등 시가화 조정구역 안에서의 신축이 금지된 시설의 용도를 근린생활시설(슈퍼마켓·일용품소매점·취사장 가스판매점·일반음식점·다과점·다방·이용원·미용원·세탁소·목욕탕·사진관·목공소·의원·약국·접골시술소·안마시술소·침구시술소·조산소·동물병원·기원·당구장·장의사·탁구장 등 간이운동시설 및 간이수리점에 한한다.)이나 종교시설로 용도 변경하는 행위

90 광역계획권의 지정범위에 따른 광역계획권의 지정권자와 광역도시계획의 수립권자가 올바르게 연결된 것은?

구분	광역계획권의 지정권자	광역도시계획의 수립권자
광역계획권이 도의 관할 구역에 속한 경우	㉠	관할 시장 또는 군수 공동
광역계획권이 둘 이상의 시·도 관할 구역에 걸쳐 있는 경우	국토교통부장관	㉡

① ㉠ 도지사, ㉡ 관할 시·도지사 공동
② ㉠ 시·도지사, ㉡ 국토교통부장관
③ ㉠ 관할 시장 또는 군수 공동, ㉡ 관할 시·도지사 공동
④ ㉠ 관할 시장 또는 군수 공동, ㉡ 국토교통부장관

> **해 설**
> 광역계획권의 지정(국토의 계획 및 이용에 관한 법률 제10조)
> 1. 광역계획권이 둘 이상의 특별시·광역시·특별자치시·도 또는 특별자치도(이하 "시·도"라 한다)의 관할 구역에 걸쳐 있는 경우 : 국토교통부장관이 지정
> 2. 광역계획권이 도의 관할 구역에 속하여 있는 경우 : 도지사가 지정

정답 88 ③ 89 ② 90 ①

광역도시계획의 수립권자(국토의 계획 및 이용에 관한 법률 제11조)
1. 광역계획권이 같은 도의 관할 구역에 속하여 있는 경우 : 관할 시장 또는 군수가 공동으로 수립
2. 광역계획권이 둘 이상의 시·도의 관할 구역에 걸쳐 있는 경우 : 관할 시·도지사가 공동으로 수립
3. 광역계획권을 지정한 날부터 3년이 지날 때까지 관할 시장 또는 군수로부터 제16조 제1항에 따른 광역도시계획의 승인 신청이 없는 경우 : 관할 도지사가 수립
4. 국가계획과 관련된 광역도시계획의 수립이 필요한 경우나 광역계획권을 지정한 날부터 3년이 지날 때까지 관할 시·도지사로부터 제16조 제1항에 따른 광역도시계획의 승인 신청이 없는 경우 : 국토교통부장관이 수립

91 택지개발사업에 의하여 조성된 택지의 공급에 관한 설명 중 옳지 않은 것은?

① 택지를 공급하려는 자는 실시계획에서 정한 바에 따라 택지를 공급하여야 한다.
② 주택법에 따른 국민주택의 건설용지로 사용할 택지를 공급할 때 그 가격을 택지조성원가 이하로 할 수 있다.
③ 시행자는 택지를 공급받은 자로부터 그 대금의 일부만 미리 받을 수 있다.
④ 택지를 공급받은 자는 실시계획에서 정한 용도에 따라 주택 등을 건설하여야 한다.

해설
용어 정리
- 선수금 : 시행자는 택지를 공급받을 자로부터 그 대금의 전부 또는 일부를 미리 받을 수 있다.
- 토지상환채권 : 시행자는 택지를 공급받을 자에게 택지로 상환하는 채권을 발행할 수 있다.
- 선수금을 받거나 토지상환채권을 발행하고자 하는 시행자는 국토교통부장관의 승인을 얻어야 한다.

92 다음 중 국토기본법에 따른 국토계획의 구분과 그 정의가 옳지 않은 것은?

① 국토종합계획은 국토 전역을 대상으로 하여 국토의 장기적인 발전방향을 제시하는 종합계획이다.
② 도종합계획은 도 또는 특별자치도의 관할구역을 대상으로 하여 해당 지역의 장기적인 발전방향을 제시하는 종합계획이다.
③ 지역계획은 특정 지역을 대상으로 특별한 정책목적을 달성하기 위하여 수립하는 계획이다.
④ 부문별계획은 특정 지역을 대상으로 특정 부문에 대한 단기적인 발전방향을 제시하는 계획이다.

해설
국토기본법 제6조(국토계획의 정의 및 구분)
부문별 계획은 장기적인 발전방향을 제시한다.

93 도시공원 조성계획의 입안·결정에 관한 내용이 옳지 않은 것은?

① 도시공원 조성계획은 도시·군관리계획으로 결정하여야 한다.
② 민간공원추진자는 도시공원의 설치가 결정된 도시공원에 대하여 자기의 비용과 책임으로 그 공원을 조성하는 내용의 공원조성계획을 입안하여 줄 것을 제안할 수 있다.
③ 도시공원을 관리하는 특별시장·광역시장·특별자치시장·특별자치도지사·시장 또는 군수는 도시공원 또는 공원시설의 관리를 공원관리청이 아닌 자에게 위탁할 수 없다.
④ 도시공원의 설치에 관한 도시·군관리계획결정은 그 고시일부터 10년이 되는 날까지 공원조성계획의 고시가 없는 경우에는 그 10년이 되는 날의 다음 날에 그 효력을 상실한다.

해설
공원녹지조성계획 정비 및 위탁(도시공원 및 공원시설 관리의 위탁)
- 공원관리청(=입안권자)은 도시공원 또는 공원시설의 관리를 공원관리청이 아닌 자에게 위탁할 수 있다.
- 위탁받아 관리하는 자(공원수탁관리자)는 공원관리청의 업무를 대행할 수 있다.

94 다음 중 도시·군기본계획에 포함되어야 할 내용으로 옳지 않은 것은?

① 토지의 용도지역·용도지구의 지정에 관한 사항
② 환경의 보전 및 관리에 관한 사항
③ 경관에 관한 사항
④ 공원·녹지에 관한 사항

해설
도시·군기본계획의 내용
- 지역적 특성 및 계획의 방향·목표에 관한 사항
- 공간구조, 생활권의 설정 및 인구의 배분에 관한 사항
- 토지이용 및 개발에 관한 사항
- 토지의 용도별 수요 및 공급에 관한 사항

정답 91 ③ 92 ④ 93 ③ 94 ①

- 환경의 보전 및 관리에 관한 사항
- 기반시설에 관한 사항
- 공원·녹지에 관한 사항
- 경관에 관한 사항
- 단계별 추진에 관한 사항
- 그 밖에 대통령령이 정하는 사항

95 국토의 계획 및 이용에 관한 법령상 개발행위의 허가를 받지 않아도 되는 경미한 행위가 아닌 것은?

① 도시지역에서 무게 50t 이하, 부피 50m³ 이하, 수평투영면적이 50m² 이하인 공작물의 설치
② 높이 50cm 이내 또는 깊이 50cm 이내의 절토, 성토, 정지 등 토지의 형질 변경
③ 지구단위계획구역에서 채취면적이 면적 50m² 이하인 토지에서 부피 50m³ 이하의 토석 채취
④ 녹지지역에서 물건을 쌓아놓는 면적이 25m² 이하인 토지에 전체 무게 50t이하, 전체 부피 50m³ 이하로 물건을 쌓아놓는 행위

해 설
개발행위의 허가를 받지 않아도 되는 사항
현행 국계법 시행령 제53조에 의거 도시지역에서 무게 50t 이하, 부피 50m³ 이하, 면적 25m² 이하인 공작물의 설치는 경미한 행위로 본다. 토석채취는 도시지역 또는 지구단위계획구역에서 채취면적이 25m² 이하인 토지에서의 부피 50m³ 이하의 토석채취가 경미한 행위 대상이다. 따라서 현행법 기준 답은 ①과 ③이다.

96 국토교통부장관이 수립하여야 하는 주택종합계획의 내용이 아닌 것은?

① 주택정책의 기본목표 및 기본방향에 관한 사항
② 주택·택지의 수요·공급 및 관리에 관한 사항
③ 주택자금의 조달 및 운용에 관한 사항
④ 주택건설 사업의 종류 및 내용에 관한 사항

해 설
주택종합계획에 포함되어야 할 내용
- 주택정책의 기본목표 및 방향에 관한 사항
- 국민주택·임대주택 건설 및 공급에 관한 사항
- 주택·택지의 수요·공급 및 관리에 관한 사항
- 주택자금 조달 및 운용에 관한 사항
- 저소득자·무주택자 등 주거복지 차원에서 지원이 필요한 계층에 대한 주택 지원에 관한 사항
- 건전하고 지속 가능한 주거환경의 조성 및 정비에 관한 사항
- 주택의 리모델링에 관한 사항

97 다음 중 도시공원의 점용허가대상에 해당하지 않는 것은?

① 개별 시설의 건축연면적이 500제곱미터 이하인 시설의 설치
② 농업·임업·수산업 또는 광업에 종사하는 자가 생산에 직접 공여할 목적으로 자기 소유의 토지에 설치하는 관리용 가설건축물의 설치
③ 군용 전기통신설비·축성시설, 그 밖에 국방부장관이 군사작전상 불가피하다고 인정하는 최소한의 시설의 설치
④ 도시공원의 설치에 관한 도시·군관리계획결정 당시 기존 건축물 및 기존공작물의 개축·재축·증축 또는 대수선

해 설
도시공원의 점용허가 대상
- 전주·전선·변전소·전기통신설비의 설치
- 수도관·하수도관·가스관 및 가스정압시설·공동구(관리사무소 포함)의 설치
- 도로·교량·철도 및 궤도·노외주차장·선착장의 설치
- 농업 목적의 용수 취수시설, 관개용수로, 고지대 배수시설, 비상급수시설의 설치
- 경찰관파출소·초소·등대 및 항로표지 등의 표지의 설치
- 방화용 저수조·지하대피시설의 설치
- 군사작전상 최소한의 시설 설치
- 농·임·수산·광업에 직접 공여 목적으로 자기 소유 토지에 설치하는 관리용 가설건축물의 설치
- 자기 소유 토지에 설치하는 가설건축물의 설치(사무소, 창고, 축사, 재배사, 종묘배양시설, 온실)
- 도시공원 관리 및 운영을 위한 가설건축물의 설치
- 비상재해 이재민 수용을 위한 가설공작물, 예방 또는 복구를 위한 공작물의 설치
- 경기·집회·전시회·박람회·공연을 위한 단기 가설건축물, 공작물의 설치
- 도시공원 설치에 관한 도시관리계획 결정 당시 기존건축물·공작물의 증축·개축·재축·대수선
- 상기 공사용 비품 및 재료 적치장의 설치
- 토지 형질변경, 토석 채취 및 나무를 베거나 심는 행위

98 관광지 및 관광단지의 개발에 대한 설명으로 옳지 않은 것은?

① 문화체육관광부 장관은 전국을 대상으로 관광개발기본계획을 수립하여야 한다.

정답 95 ③ 96 ④ 97 ① 98 ②

② 관광지 및 관광단지는 기본계획과 권역계획을 기준으로 시장·군수 또는 구청장이 지정한다.
③ 관광개발기본계획에는 관광권역의 설정에 관한 내용이 포함된다.
④ 권역계획은 그 지역을 관할하는 시·도지사가 수립하여야 한다.

해설
관광개발기본계획, 권역별관광개발계획(권역계획), 관광지 등의 지정
- 문화체육관광부령이 정하는 바에 따라 시장·군수·구청장이 신청하여 시·도지사가 지정
- 기본계획·권역계획이 기준, 관계행정기관장과 협의

99 건축법에 따른 건축허가의 제한에 관한 설명이 옳지 않은 것은?

① 국토교통부장관은 국토관리를 위하여 특히 필요하다고 인정하는 경우 2년 이내 기간으로 건축허가를 제한할 수 있으며, 1회에 한하여 1년 이내의 범위에서 제한기간을 연장할 수 있다.
② 특별시장·광역시장·도지사가 도시·군계획에 특히 필요하다고 인정하여 건축허가를 제한하고자 하는 경우에는 지방도시계획위원회의 심의를 거쳐야 한다.
③ 특별시장·광역시장·도지사가 지역계획에 특히 필요하다고 인정하여 시장·군수·구청장의 건축허가를 제한한 경우에는 즉시 국토교통부장관에게 보고하여야 한다.
④ 국토교통부장관이 건축허가를 제한하는 경우 그 내용을 상세하게 정하여 허가권자에게 통보하고, 통보를 받은 허가권자는 지체 없이 이를 공고하여야 한다.

해설
건축허가 제한
- 국토교통부장관 : 국토관리상, 국방, 문화재 보전, 환경 보전, 국민경제상 필요로 주무장관 요청 시 건축물 착공제한 가능
- 특별시장·광역시장·도지사 : 지역계획, 도시계획상 필요하다고 인정하는 경우 건축물 착공제한 가능

100 도시 및 주거환경정비법에 따른 정비사업의 시행방법에 관한 설명으로 옳은 것은?

① 주거환경개선사업은 사업의 시행자가 환지로 공급하는 방법으로만 시행하여야 한다.
② 주택재개발사업은 정비구역 안에서 인가받은 관리처분계획에 따라 주택 및 부대·복리시설을 건설하여 공급하는 방법으로만 시행한다.
③ 주택재건축사업은 정비구역 안에서 인가받은 관리처분계획에 따라 환지로 공급하는 방법에 의한다.
④ 도시환경정비사업은 정비구역 안에서 인가받은 관리처분계획에 따라 건축물을 건설하여 공급하는 방법 또는 환지로 공급하는 방법으로 시행한다.

해설
2017.08.09. 도시 및 주거환경정비법이 개정되어 정비사업의 종류가 주거환경개선사업, 재개발사업, 재건축사업의 3가지 사업으로 변경되었다.

정답 99 ② 100 답 없음

2015년 기출문제

제1과목 도시계획론

01 다음 중 도시조사자료에 대한 설명으로 옳지 않은 것은?

① 1차 자료는 도시계획의 대상이 되는 단위지역이나 당해 지역의 주민들로부터 현지조사나 관찰, 면접 등을 통해서 직접적으로 도출한 자료이다.
② 2차 자료는 연구자가 탐구하고자 하는 현상에 대한 정보를 담고 있는 기존의 여러 가지 기록을 의미하는 것으로 서적이나 간행물, 각종 통계자료 등이 해당된다.
③ 2차 자료에 비해 1차 자료는 비교적 적은 노력과 비용으로 계획가가 원하는 정확한 정보를 얻을 수 있다.
④ 도시계획을 위한 도시조사에서는 1차 자료에 대한 조사와 2차 자료에 대한 조사를 병행하는 것이 일반적이다.

해설
1차 자료는 2차 자료에 비해 시간과 비용이 많이 드는 것이 단점이다.

02 다음 중 도시계획을 둘러싼 최근의 경향으로 보기 어려운 것은?

① 각종 개발사업에 있어 민간자본의 참여 축소
② 환경문제에 대한 의식 증대
③ 지방정부의 권한 강화 및 각종 이해집단의 영향력 증대
④ 도심활성화와 복합용도지구의 확산

해설
도시계획의 새로운 패러다임
1. 환경중시 : 환경친화적 도시계획, 에너지절약적 도시계획 (Compact City)
   • ESSD, Eco-city
   • Greenbelt, 공공재 등 외부효과에 따른 공적 규제
   • 입체적 토지이용 : TDR, Special Zoning, District, Incentive Zoning
   • 기능 통합적 토지이용 : MXD, PUD, TDR, Performance STDs Zoning, Gentrification
2. 기타 : 주민참여적 도시계획
   • 시민이 함께 만드는 도시 : NGO, CBO(Community-Based Organization)
   • 통일시대를 대비한 도시계획
   • 3차원 가상도시, U-시티(Ubiquitous City)

03 1970년대 중반 이후 미국에 도입된 성장관리정책에 대하여 넬슨(Arthur C. Nelson)과 듀칸(Janes B. Ducan)이 제시한 목적과 거리가 먼 내용은?

① 경제적 형평성 제고
② 효율적인 도시형태의 구축
③ 납세자의 보호
④ 어반 스프롤의 방지

해설
도시성장관리
1. 정의
   • 균형 있는 도시성장을 위하여 각종 개발의 형태, 시기, 규모, 방법 등을 적절하게 조정하는 공공의 대응
   • 성장이 느린 곳에서는 개발을 장려하고 성장이 빠른 곳은 공공서비스의 공급에 맞춰서 개발을 지연시킴으로써 계획의 일관성을 유지하게 하거나 공공서비스 수준이 악화되지 않는 범위 내에서의 개발만을 허용하는 기법
2. 도시성장관리의 목표
   • 도시개발로 인한 공지의 감소 및 농경지의 도시용 토지로의 전환 방지
   • 도시성장으로 인한 교통의 혼잡 가중 방지 - 어반 스프롤 (Urban Sprawl) 방지
   • 환경문제에 대한 관심으로 무질서한 개발, 상업적 개발 등을 통한 생태계의 파괴와 환경오염 예방
   • 공공부문, 사회간접자본 비용 지출의 축소
   • 도시민의 생활의 질 향상
※ 경제적 형평성 관련 내용은 목적에 들어 있지 않다.

04 계획이론 중 다비도프(Davidoff)에 의해 주창되었으며, 1960년대 미국의 법조계에서 형성된 피해 구제절차와 같은 사회제도를 계획 개념으로 수용하여 주로 강자에 대한 약자의 이익을 보호하는 데 적용된 이론은?

① 종합적 계획
② 교류적 계획
③ 옹호적 계획
④ 급진적 계획

해설
옹호이론(창도적 접근방법, Advocacy Planning)
• 다비도프(P. Davidoff)
• 강자에 대항하여 약자의 이익을 보호, 지역 주민의 이익을 대변하려는 접근방법

정답 01 ③ 02 ① 03 ① 04 ③

- 다원적인 가치가 혼재하므로 단일 계획안보다는 복수의 다원적 계획안이 바람직함

05 저층주택을 중심으로 편리한 주거환경 조성을 위한 용도지역은?

① 제1종 전용주거지역   ② 제2종 전용주거지역
③ 제1종 일반주거지역   ④ 제2종 주거전용지역

해설
편리한 주거환경을 조성하기 위하여 필요한 지역은 일반주거지역이다. 그 중, 저층주택을 중심으로 하는 지역은 제1종에 해당한다. 전용주거지역은 양호한 주거환경을 보호하기 위하여 필요한 지역이다.

06 토지이용계획 수립과정은 상향적 접근과 하향적 접근 방법이 있다. 다음 중 상향적 접근이라 할 수 없는 것은?

① 상세한 현황조사를 통해 지구를 구분하고 지구마다의 계획과제를 도출하여 지구수준의 계획을 세운다.
② 인구 및 경제 전망 또는 상위계획의 지침을 받아 도시의 인구, 산업, 토지 등에 대한 기본계획을 설정한다.
③ 도시의 기본구조와 상위계획을 토대로 지구계획을 집대성하여 도시 전체의 토지이용계획을 입안한다.
④ 기존 도시의 축적(Stock) 상태를 중요시하고 지구단위의 계획조건이 중요시 된다.

해설
상위계획의 지침을 받아 계획을 설정하는 것은 하향적 계획이다.

07 영국에서 도시계획을 총괄하는 기본법은?

① 연방건설법   ② 도시기본법
③ 국토이용계획법   ④ 도시농촌계획법

해설
영국 환경부의 1932년 도시 및 농촌계획법(Town and Country Planning Act)
- 지자체 행정구역 전역을 대상으로 공간계획을 수립하는 제도
- 영국의 도시계획을 총괄하는 기본법

08 GIS를 이용한 주요 활동 중에서 '4M'에 해당하지 않는 것은?

① 도면화(Mapping)
② 측정(Measurement)
③ 관찰(Monitoring)
④ 수정(Modification)

해설
UGIS의 역할 : 4M
- 측정(Measurement) : 도시환경의 다양한 변수들을 측정
- 도면화(Mapping) : 지표나 공간의 형상을 도면화
- 관찰(Monitoring) : 도시의 시공간적 변화를 관찰
- 모형화(Modeling) : 실행대안 및 그 진행과정을 모형화

09 도시화의 진행과정으로 옳은 것은?

① 집중적도시화 – 역도시화 – 분산적 도시화
② 분산적 도시화 – 집중적 도시화 – 역 도시화
③ 집중적 도시화 – 분산적 도시화 – 역 도시화
④ 분산적 도시화 – 역도시화 – 집중적 도시화

해설
클라센의 도시화 3단계
집중적 도시화(협의의 도시화) → 분산적도시화(교외화) → 역도시화

10 현대도시와 관련한 계획가와 관련 계획 및 주장의 연결이 옳은 것은?

① 멈포드(L. Mumford) – 근린주구단위계획
② 르 코르뷔지에(Le Corbusier) – 대런던계획(Greater London Plan)
③ 라이트(F. L. Wright) – 브로드에이커시티(Broadacre City)
④ 아베크롬비(P. Abercrombie) – 부아쟁계획(Plan Voisin)

해설
도시설계 유형 : 이상적 모델
- 토마스모어 : 유토피아
- 로버트오웬 : 협동마을
- 라이트(WRight) : 브로드에이커 시티(Broadacre City)
- 하워드 : 전원도시(Garden City)
- 르 꼬르뷔지에 : 빛나는 도시
- 프리드만(Friedmann) : 도시 위의 도시

11 다음 중 존 프리드만(John Friedmann)이 각각의 사상적 배경이 되는 학문적 전통에 따라 분류한 계획이론 중 옳지 않은 것은?

① 사회맥락(Social Context)이론
② 사회동원(Social Mobilization)이론
③ 사회학습(Social Learning)이론
④ 사회개혁(Social Reform)이론

해설

계획사상에 의한 분류 - 프리드만(J. Friedmann)
1. 사회개혁이론
   - 사회적 지도의 일종, 전문성이 요구되는 책임과 실행 기능이라고 이해
   - 맨하임(K. Manheim), 달(R. Dahl), 린드블롬(C. Lindblom), 에치오니(A. Etzioni)
2. 정책분석이론
   - 합리적 의사 결정을 통해 조직의 행태를 변화시키고 생산성을 향상시킴
   - 사이먼(H. Simon)
3. 사회학습이론
   - 듀이(J. Dewey)의 실용주의와 마르크스 주의에서 영향을 받음
   - 상호 모순성을 극복하는 것에 초점
4. 사회동원이론
   - 아래로부터의 계획을 통한 직접적인 집단행동을 강조
   - 과학의 중재 없이 시행되는 일종의 정치 형태라고 정의

12 20세기 이후에 발표된 도시계획헌장들 중 최초의 도시계획헌장으로서, 이후 전 세계 도시계획 및 설계분야의 발전에 많은 영향을 미친 것은?

① 아테네(Athens) 헌장
② 뉴어바니즘(New Urbanism) 헌장
③ 메가리드(Megaride) 헌장
④ 맞추피추(Machu - Picchu) 헌장

해설

아테네(Athens) 헌장
1. 정의 : 1933년 그리스 아테네에서 개최된 제4회 근대건축국제회의의 결론인 도시계획헌장
2. 내용
   - 생활, 생산, 위락의 3가지 기능으로 도시를 분리하고 제4의 기능인 교통에 의해 이들을 결합시켜, 전인적(全人的)인 인간상의 측면에서 새롭게 도시와 인간의 관계를 본질적으로 포착하고 실현하기 위한 제안
   - 1930년대의 도시의 불건전하고 불합리한 기능적 상황을 비판하고 전인적(全人的)인 인간상의 측면에서 새롭게 도시와 인간의 관계를 본질적으로 포착함과 동시에 그것을 실현하기 위한 제안이 그 내용이다.

3. 진행
   - CIAM 결성 : 1928년 르 꼬르뷔지에의 주장을 지지하는 각국 건축가들에 의하여 CIAM이 결성되어 아테네헌장 발표
   - ASCORAL 결성 : 르 꼬르뷔지에는 1945년 또 다른 건축쇄신을 위한 건설자의 모임(ASCORAL)을 조직하여 도시의 새로운 연구를 시작
   - TEAM X 결성 : 1954년 도시를 더욱 다이내믹하게 포착하고자 하는 젊은 층들이 이상도시적(理想都市的)인 합리주의를 비판, CIAM에 이어 TEAM X란 그룹 결성
   - 델로스(DELOS) 선언 : 1963년 그리스 도시계획가인 독시아디스는 그의 이론 EKISTICS(인간정주사회이론 ; SCIENCE OF HUMAN SETTLEMENT)를 전개하여 델로스(DELOS) 선언을 채택
   - 이후로 도시미화운동(CITY BEAUTIFUL MOVEMENT), 뉴어바니즘(CHARTER OF THE NEW URBANISM) 등으로 이어짐

13 다음 중 도시·군관리계획의 내용에 해당하지 않는 것은?

① 용도지역·용도지구의 지정 또는 변경에 관한 계획
② 공간구조, 생활권의 설정 및 인구의 배분에 관한 계획
③ 개발제한구역·도시자연공원구역·시가화 조정구역·수산자원보호구역의 지정 또는 변경에 관한 계획
④ 도시개발사업이나 정비사업에 관한 계획

해설

도시·군관리계획의 내용
- 지구단위계획구역의 지정 또는 변경에 관한 계획과 지구단위계획
- 용도지역·용도지구의 지정 또는 변경에 관한 계획
- 개발제한구역·도시자연공원구역·시가화 조정구역·수산자원보호구역의 지정 또는 변경에 관한 계획
- 기반시설의 설치·정비 또는 개량에 관한 계획
- 도시개발사업 또는 정비사업에 관한 계획

14 다음 중 4단계 교통수요 추정법에 대한 설명으로 옳지 않은 것은?

① 교통수요 추정에서 전통적으로 가장 많이 사용되어온 방법이다.
② 총체적 자료에 의존하기 때문에 통행자의 행태적 측면은 거의 고려하지 않는다.
③ 계획가나 분석가의 주관이 개입될 여지가 전혀 없다는 특징이 있다.
④ 분석결과에 대한 적절성을 검증하면서 순서적으로 추정해가는 장점이 있다.

정답 11 ① 12 ① 13 ② 14 ③

해설

4단계 교통수요 추정법
- 전통적으로 가장 많이 사용되어온 방법이다.
- 총체적 자료에 의존하므로 통행자의 개별 행태 측면이 고려되지 않는다.
- 계획가나 분석가의 주관이 개입될 우려가 있다.
- 분석결과에 대한 적절성을 검증하면서 순서적으로 추정해 가는 장점이 있다.

15 토지이용계획의 수립과정에서 가장 우선적으로 설정하는 것은?

① 토지의 용도별 수요 예측
② 현황조사 분석
③ 토지의 용도별 입지 배분
④ 목표설정

해설

토지이용계획 수립과정은 환류작업(Feedback)을 통해 결정
- 목표의 설정
- 조사 분석
- 계획 구상
- 대안의 평가 및 선정

16 다음 중 도시의 구성요소에 대한 설명으로 옳지 않은 것은?

① '시민'은 도시를 구성하는 가장 기본적인 요소인 동시에 도시가 존재하는 이유이기도 하다.
② 게데스(P. Geddes)는 '도시 활동'을 생산과 소비로 구분하였다.
③ '토지'와 '시설'은 도시 공간상에서 물리적 상태로 존재하며, 도시의 형태를 만들어내게 된다.
④ '토지'와 '시설'에 대한 물리적 계획의 3대 요소는 밀도, 동선, 배치라고 할 수 있다.

해설

도시의 구성요소
게데스는 도시활동으로 주거, 생산, 위락을, 르 코르뷔지에는 생활, 생산, 위락, 교통을 주장함

17 계획인구의 산정 방법 중 과거 추세에 의한 방법이 아닌 것은?

① 로지스틱 곡선법
② 집단생잔법
③ 지수함수법
④ 최소자승법

해설

인구예측의 비요소모형과 요소모형 예측방법
1. 비요소모형
   ㉠ 총량적 예측방법으로 과거인구추세에 의한 외삽추정방식, 고용예측 및 기타의 간접자료에 기반을 둔 예측방식으로 구분함
   ㉡ 간접자료의 정확성 및 획득 문제로 외삽추정방식을 많이 이용함
   ㉢ 외삽추정방식 : 선형, 지수성장, 수정된 지수성장, 곰페르츠, 로지스틱 모형 등이 있음
   ㉣ 방법
   - 선형모형
   - 지수모형
   - 수정된 지수모형
   - 곰페르츠 모형
   - 로지스틱 모형
   - 비교방법
   - 비율예측방법
2. 요소모형
   ㉠ 출생, 사망 및 인구이동이라는 세 가지 요소를 합산하여 도시 인구 변화를 예측하는 방식으로 인구예측모형이라고도 함
   ㉡ 자료수집 한계를 가지고 있음
   ㉢ 요소모형으로는 연령집단생잔모형과 인구이동모형 등이 있음
   ㉣ 방법
   - 연령집단생잔모형
   - 인구이동모형

18 다음 중 도시의 특성으로 옳지 않은 것은?

① 높은 인구밀도
② 동질성이 높은 사회
③ 익명성의 증가
④ 기능의 집적과 분화

해설

도시의 특성
- 2, 3차 산업 종사 인구비중이 높다.
- 인구 규모가 크고 인구밀도가 높다.
- 이질적이고 익명성이 크며, 개성화되어 있다.
- 빈번하고 일시적인 상호 접촉이 존재한다.
- 인구의 유동성이 높다.
- 각종 기능의 분화 및 특정 기능 및 생활시설의 집약적 특성이 있다.

19 도시계획의 민주화와 공개화를 위해 지역주민에게 공청회나 의견청취 등의 기회를 부여하는 주민참여가 제도화된 시기로 맞는 것은?

① 1960년대
② 1970년대
③ 1980년대
④ 1990년대

해설

도시계획에서의 주민참여 제도화 : 1980년대
1. 70년대의 고도성장으로 인한 인구·산업의 대도시 집중·과밀 해소
2. 주택 및 편익시설 정비와 사회복지수준의 향상에 따른 도시계획의 제도적 결함 보완(1981년)
   - 도시기본계획제도 도입(도시기본계획 – 도시계획 – 연차별 집행

계획 체계 확립)
- 도시계획의 민주화와 공개화(주민참여 제도화)
- 시가화 조정구역 신설(무질서한 시가화 방지)
- 도시설계제도 도입(상세한 토지이용 제어)
3. 1988년 – 12개의 용도지역으로 세분화·재편성

20 다음의 도시 가로망 형태 중 도시의 기념비적인 건물을 중심으로 주변과 연결하고 중심지를 기점으로 주요간선로를 따라 도시의 개발축을 형성하는 특징을 갖는 것은?

① 격자형 ② 방사형
③ 혼합형 ④ 선형

해설
방사형 가로망
- 왕궁이나 기념비적인 건물을 중심으로 주변과 연결하여 도심 집중 현상 발생
- 대표도시 : 부산, 앙카라

제2과목 도시설계 및 단지계획

21 도시공원 및 녹지 등에 관한 법령상 어린이공원의 규모와 유치거리 기준이 모두 옳은 것은?

① 1,500m² 이상, 200m 이하
② 1,500m² 이상, 250m 이하
③ 2,000m² 이상, 200m 이하
④ 2,000m² 이상, 250m 이하

해설
어린이공원 유치거리
유치거리 : 250m 이하, 규모 : 1천5백 m² 이상

22 페리(C.A. Perry)가 구상한 근린 생활권을 결정하는 보행거리의 기준은?

① 600m ② 800m
③ 1,600m ④ 2,000m

해설
페리의 근린주구이론
초등학교 학구를 기준단위로 설정하며 이는 반경 약 400m, 최대통학거리 800m를 기준으로 한다.

23 다음 중 공동주택의 일조 등의 확보를 위한 높이 제한에 대한 설명으로 옳은 것은?

① 같은 대지에서 두 동 이상의 건축물이 마주 보고 있는 경우 그 대지의 모든 세대가 하지를 기준으로 9시에서 15시 사이에 2시간 이상을 계속하여 일조를 확보할 수 있는 거리 이상으로 할 수 있다.
② 같은 대지에서 두 동 이상의 건축물이 마주 보고 있는 경우 그 대지의 모든 세대가 하지를 기준으로 10시에서 15시 사이에 2시간 이상을 계속하여 일조를 확보할 수 있는 거리 이상으로 할 수 있다.
③ 같은 대지에서 두 동 이상의 건축물이 마주 보고 있는 경우 그 대지의 모든 세대가 동지를 기준으로 9시에서 15시 사이에 2시간 이상을 계속하여 일조를 확보할 수 있는 거리 이상으로 할 수 있다.
④ 같은 대지에서 두 동 이상의 건축물이 마주 보고 있는 경우 그 대지의 모든 세대가 동지를 기준으로 10시에서 15시 사이에 2시간 이상을 계속하여 일조를 확보할 수 있는 거리 이상으로 할 수 있다.

해설
건축법 시행령 제86조(일조 등의 확보를 위한 건축물의 높이 제한)
② 다음 각 호의 어느 하나에 해당하는 경우에는 제1항을 적용하지 아니한다. 〈신설 2015.7.6., 2016.5.17., 2016.7.19.〉
2. 같은 대지에서 두 동(棟) 이상의 건축물이 서로 마주보고 있는 경우(한 동의 건축물 각 부분이 서로 마주보고 있는 경우를 포함한다)에 건축물 각 부분 사이의 거리는 다음 각 목의 거리 이상을 띄어 건축할 것. 다만, 그 대지의 모든 세대가 동지(冬至)를 기준으로 9시에서 15시 사이에 2시간 이상을 계속하여 일조(日照)를 확보할 수 있는 거리 이상으로 할 수 있다.

24 다음 중 교차점광장의 결정 기준으로 옳지 않은 것은?

① 교차지점에서 차량과 보행자의 원활한 소통을 위하여 설치한다.
② 다수인의 집회·행사·사교 등을 위하여 필요한 경우에 설치한다.
③ 혼잡한 주요 도로의 교차지점 중 필요한 곳에 설치한다.
④ 자동차전용도로의 교차지점인 경우에는 입체교차방식으로 설치한다.

정답 20 ② 21 ② 22 ② 23 ③ 24 ②

> **해 설**
>
> 교통광장 설치기준 : 교차점광장
> 1. 혼잡한 주요 도로의 교차지점에서 각종 차량과 보행자를 원활히 소통시키기 위하여 필요한 곳에 설치할 것
> 2. 자동차전용도로의 교차지점인 경우에는 입체교차방식으로 할 것
> 3. 주간선도로의 교차지점인 경우에는 접속도로의 기능에 따라 입체교차방식으로 하거나 교통섬·변속차로 등에 의한 평면교차방식으로 할 것. 다만, 도심부나 지형여건상 광장의 설치가 부적합한 경우에는 그러하지 아니하다.

25 "막다른 도로의 형태로 통과교통이 최대한 배제되고 도로주변 주민들이 독점적으로 활용할 수 있는 구획도로가 형성되지만 일정한 도로폭을 유지하여야 차량의 회전과 생활공간의 확보가 가능하다." 설명에 적합한 세가로계획 기본패턴은?

① Cul-de-sac형
② U자형(Loop)
③ T자형
④ 격자형

> **해 설**
>
> 쿨데삭(Cul-de-sac)형
> • Dead-end라고도 하며 미국의 레드번 계획에 최초로 사용되었으며 영국의 뉴타운에서 많이 찾아볼 수 있다.
> • 도로에 막다른 길을 만들어 놓아 주택가의 통과교통 방지 및 소음 방지
> • 도로폭은 반드시 2차선 이상의 폭을 확보
> • 길이는 최대한 120m를 넘지 않도록 한다. 중간에 전환점을 설치할 경우 300m까지 연장 가능

26 근린생활권의 위계가 옳은 것은?

① 근린주구 > 근린분구 > 인보구
② 근린분구 > 근린주구 > 인보구
③ 인보구 > 근린분구 > 근린주구
④ 근린분구 > 인보구 > 근린주구

> **해 설**
>
> 근린생활권의 위계(주택단지의 구성단위)
>
> | 구분 | 인보구 | 근린분구 | 근린주구 |
> |---|---|---|---|
> | 반경 | 100m 전후 | 150~200m 전후 | 300~400m 전후 |
> | 인구 | 200~800명 정도 | 3,000~5,000명 정도 | 10,000~20,000명 정도 |

27 다음 중 평행주차형식 외의 경우에 일반형과 장애인전용 주차단위구획의 규모 기준이 모두 옳은 것은?(단, '너비(m 이상)×길이(m 이상)'임)

① 일반형 2.0×6.0, 장애인전용 3.3×5.0
② 일반형 2.0×5.0, 장애인전용 3.3×6.0
③ 일반형 2.3×6.0, 장애인전용 3.3×5.0
④ 일반형 2.3×5.0, 장애인전용 3.3×5.0

> **해 설**
>
> 평행주차형식 외의 경우 주차구획
>
> | 종류 | 너비×길이 |
> |---|---|
> | • 일반주차장 | 2.3m×5.0m 이상 |
> | • 지체장애자 전용주차장 | 3.3m×5.0m 이상 |
> | • 평행주차형식 | 2.0m×6.0m 이상 |

28 1970년 네덜란드의 델프트 시에서 최초로 등장한 보차공존도로는?

① 쿨데삭(Cul-de-sac)
② 본엘프(Woonerf)
③ 커뮤니티 도로
④ 트랜싯몰(Transit Mall)

> **해 설**
>
> 보행자와 차량의 관계
> • 보차공존방식 : 보·차를 동일한 공간에 배치하되 차량통행 억제의 다양한 기법 사용
> • 보행자 위주의 안전 확보, 주거환경 개선, 차량 통행은 부수적
> • 네덜란드의 본엘프 도로(생활의 터), 일본의 커뮤니티 도로(보행환경 개선 - 일방향통행), 독일의 보차공존구간(30~40m 간격으로 주행속도 억제시설 설치)

29 근린주거구역의 교통을 보조간선도로에 연결하여 근린주거구역 내 교통의 집산기능을 하는 도로로서 근린주거구역의 내부를 구획하는 도로는?

① 주간선도로
② 보조간선도로
③ 집산도로
④ 국지도로

> **해 설**
>
> 기능별 구분
> • 주간선도로 : 시·군 내 주요 지역을 연결하거나 시·군 상호 간을 연결하여 대량통과교통을 처리하는 도로로서 시·군의 골격을 형성하는 도로
> • 보조간선도로 : 주간선도로를 집산도로 또는 주요 교통발생원과 연결하여 시·군 교통의 집산기능을 하는 도로로서 근린주거구역의

정답 25 ① 26 ① 27 ④ 28 ② 29 ③

- 외곽을 형성하는 도로
- 집산도로 : 근린주거구역의 교통을 보조간선도로에 연결하여 근린주거구역 내 교통의 집산기능을 하는 도로로서 근린주거구역의 내부를 구획하는 도로
- 국지도로 : 가구(도로로 둘러싸인 일단의 지역)를 구획하는 도로
- 특수도로 : 보행자전용도로·자전거전용도로 등 자동차 외의 교통에 전용되는 도로

30 래드번 계획의 특징으로 옳지 않은 것은?

① 대가구(Superblock) 개념을 기본으로 한다.
② 자동차도로의 기능을 통합 일원화하였다.
③ 보차분리의 원칙이 강조되었다.
④ 기능에 따른 4가지 종류의 도로로 구분하였다.

해 설
래드번 계획
1. 정의 : 라이트와 스타인이 근린주구이론을 적용, 뉴욕에서 24km 떨어진 뉴저지의 페어론 시에 계획된 새로운 자동차시대의 주거단지
2. 특징
- 총 면적은 420ha로 12~20ha의 슈퍼블럭(대가구)으로 구성되고, 슈퍼블럭은 개발녹지로 둘러싸임
- 녹지 내에는 학교, 상점, 중심시설로 통하는 도로 배치
- 녹지 내부에 보행자도로 설치(보도망 형성)
- 통과교통 배제(주택의 거실을 보도·정원을 향하도록 배치)
- 보차분리(보차분리 = 입체교차)
- 자동차도로 끝부분 둘레를 쿨데삭(Cul-de-sac)형으로 하여 통과교통 배제, 클러스터 배치
- 단지 중앙에 대공원 설치
- 기능에 따른 4종류 도로 설치
- 계획인구 25,000인

31 토지의 용도별 수요를 예측하는 원단위로 가장 일반적으로 이용되는 것은?

① 토지이용현황
② 지역 내 교통시설현황
③ 한계자원량
④ 인구

해 설
토지의 용도별 수요 결정
토지의 용도별 수요를 산정함에 있어 가장 기본은 인구예측에서부터 시작되며, 이때의 인구를 착수계수라고도 함

32 도시공원 및 녹지 등에 관한 법률에 의해 도시공원을 생활권공원과 주제공원으로 세분할 때 생활권공원에 해당되지 않는 것은?

① 어린이공원
② 근린공원
③ 지구공원
④ 소공원

해 설
도시공원의 종류
1. 생활권공원 : 도시생활권의 기반공원 성격으로 설치·관리되는 공원
- 소공원
- 어린이공원
- 근린공원
2. 주제공원 : 생활권공원 외에 다양한 목적으로 설치된 공원
- 역사공원
- 문화공원
- 수변공원
- 묘지공원
- 체육공원

33 다음 중 케빈 린치(Kevin Lynch)가 주장한 도시를 이미지화할 수 있도록 하는 도시의 물리적 구조에 관한 요소에 해당하지 않는 것은?

① 구역(District)
② 링크(Link)
③ 결절점(Node)
④ 랜드마크(Landmark)

해 설
케빈 린치(Kevin Lynch)의 도시 이미지화
케빈 린치가 주장한 도시의 이미지화를 위한 물리적 구조에 관한 요소에는 경계(Edge), 결절점(Node), 도로(Path), 지구(District), 랜드마크(Landmark)가 있다.

34 건축물의 대지는 최소한 몇 m 이상이 도로에 접해야 하는가?(단, 자동차만의 통행에 사용되는 도로는 제외한다.)

① 2m
② 4m
③ 6m
④ 8m

해 설
도로의 너비 기준
- 보행 및 자동차 통행이 가능한 너비 4m 이상의 도로
- 지형적 조건으로 차량 통행을 위한 도로 설치가 불가능한 경우의 도로는 너비 3m 이상
- 건축물의 대지는 도로와 2m 이상 접해야 함
- 막다른 도로의 경우

막다른 도로의 길이	~	10m	~	35m	~
도로의 너비		2m 이상		3m 이상	6m 이상(읍·면 - 4m 이상)

- 막다른 도로의 폭원 확보 이유 : 막다른 도로 끝 대지의 건물에 불이 났을 경우 소방차 및 응급차의 원활한 진입, 구호활동에 필요한 통로 폭의 확보를 위함

정답 30 ② 31 ④ 32 ③ 33 ② 34 ①

35 다음 중 Litton이 산림경관을 분석하는 데 사용한 시각회랑에 의한 방법에서, 경관의 변화요인(Variable Factors)에 해당하지 않는 것은?

① 계절(Season) ② 연속(Sequence)
③ 거리(Distance) ④ 시간(Time)

해 설
시각회랑에 의한 방법
• 산림 경관을 분석하는 데 이용 : 리튼(Litton)
 산림 경관을 7가지 유형으로 구분하고 이들 경관 Type을 지배하는 4가지 우세 요소와 또 이들 경관미를 변화시키는 8가지 경관의 변화미를 제시
• 7가지 유형 : 전경관(Open된 경관), 지형, 위요(둘러싸인 경관), 초점, 관개, 세부, 일시경관
• 4가지 우세 요소 : 선, 색채, 형태, 질감
• 8가지 변화 요인 : 운동, 빛, 계절, 시간, 기후조건, 거리, 관찰위치, 규모

36 지구단위계획에 대한 도시·군관리계획 결정도의 표시기호가 옳은 것은?

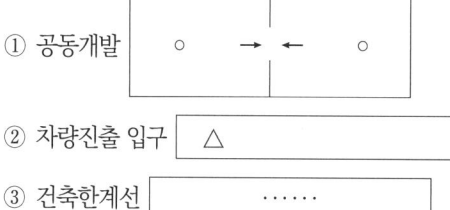

① 공동개발
② 차량진출 입구
③ 건축한계선
④ 공공보행통로

해 설
① : 합벽건축, ② : 보행주출입구, ③ : 대지분할가능선

37 주거지역의 입지 조건으로 가장 거리가 먼 것은?

① 홍수나 산사태와 같은 재해로부터 안전한 지형적 조건에 입지하는 것이 좋다.
② 주변의 공업단지나 교통시설 등에 의한 대기오염, 소음이나 진동 등으로 인한 피해가 적은 곳이어야 한다.
③ 각종 편익시설의 이용이 편리한 곳이 유리하다.
④ 노동력을 확보하는 것이 용이하여야 한다.

해 설
노동력 확보가 필요한 지역은 공업지역이다.

38 지구단위계획 수립 시 각 용지별 토지이용계획 수립기준으로 틀린 것은?

① 단독주택용지가 아파트용지의 진북방향으로 입지하는 때에는 충분한 이격거리를 유지하도록 하여야 한다.
② 녹지용지는 근린공원, 어린이공원, 완충녹지, 광장, 친수공간 등으로 구획한다.
③ 상업용지는 주거용지면적의 5% 내외 비율로 계획하되 구역의 경제권 등을 감안할 수 있다.
④ 주거용지와 면하는 철도부지면에는 폭 30m 미만의 완충녹지, 폭 25m 이상의 도시·군계획 도로변에는 폭 10m 미만의 완충녹지를 설치하는 것이 바람직하다.

해 설
지구단위계획수립지침
제4장 주거형 지구단위계획 수립기준
 제1절 토지이용계획
 4-1-4. 상업용지는 주거용지 면적의 5% 내외에서 계획하는 것을 원칙으로 하되, 당해 구역의 경제권 및 생활권의 규모와 구조 등을 감안하여 적정한 비율을 확보하도록 한다.
 4-1-5. 일조권을 감안하여 단독·연립주택 용지가 아파트 용지의 진북 방향으로 입지하는 때에는 충분한 이격거리가 유지되도록 한다.
 4-1-7. 녹지용지는 쾌적한 주거환경을 조성하는 데 필요한 근린공원·어린이공원·완충녹지·경관녹지·광장 ·보행자전용도로·친수공간 등으로 구획한다.
 4-1-10. 주거용지와 면하는 철도부지변에는 폭 30m 이상의 완충녹지, 폭 25m 이상의 도시·계획 도로변에는 폭 10m 이상의 완충녹지, 철도역 등과 인접해서는 폭 10m 내외의 완충녹지를 설치하는 것이 바람직하다.

39 다음 중 밀턴 케인즈(Milton Keynes) 신도시계획의 주요 내용으로 옳지 않은 것은?

① RED WAY를 통해 차량과 보행자를 분리하고 있다.
② 주요 간선도로는 격자형으로 이루어져 있다.
③ 커뮤니티센터는 모든 주택으로부터 500m를 넘지 않도록 계획되어 있다.
④ 초기의 뉴타운에서와 같이 내부로 향하는 내향적 근린주구로서 계획되었다.

정답 35 ② 36 ④ 37 ④ 38 ④ 39 ④

> **해 설**
> 밀턴 케인즈(Milton Keynes) 신도시계획의 특징
> - 단기적, 장기적으로 개발하여 시대변화에 따른 다양한 아이디어 수용
> - 격자패턴의 토지이용계획
> - 개인교통 위주의 교통체계, 보행 위주의 주구 내 교통체계
> - 도시의 각 지역에 신속히 연결할 수 있는 교통노선을 향해 외향적으로 계획되고, 확장 가능한 도로계획
> - 1km×1km의 슈퍼블록 개념 사용, 블록 내부에 다양한 주거형식과 녹지체계 도입, 블록 중심에 중심시설 배치(간선도로 교차부)
> - 소득수준과 가족형태에 따른 다양한 주택형식의 공급, 주택은 민간분양과 임대주택으로 공급

40 상업시설의 배치 형식을 크게 집중형과 노선형으로 구분할 때, 노선형의 장점으로 가장 거리가 먼 것은?

① 모든 주민에게 균등한 접근성을 부여한다.
② 장래 수요의 성장과 다양성에 대처할 융통성이 있다.
③ 도로와 거주지 사이의 소음 완충지 역할을 한다.
④ 시설 상호 간의 유기적 관계성이 높다.

> **해 설**
> 시설 상호 간의 유기적 관련성이 높은 것은 집중형의 장점이다.

제3과목 도시개발론

41 현재 인구가 50만 명이고 평균 인구증가율이 2.5%인 도시의 경우, 등비급수법에 의해 추정한 20년 후의 인구는?

① 약 70만 명 ② 약 77만 명
③ 약 82만 명 ④ 약 90만 명

> **해 설**
> $P_n = P_0(1+r)^n$
> $P_n = 500,000(1+0.025)^{20} = 819,308.2201$, ∴ 약 82만 명

42 다음 중 부동산신탁의 주요 업무가 아닌 것은?

① 증권업무 ② 대리사무
③ 중개업무 ④ 관리신탁

> **해 설**
> 부동산신탁의 주요 업무
> 개발신탁, 처분신탁, 담보신탁, 관리신탁, 국유지신탁, 대리사무, 중개업무

43 다음 중 도시개발사업의 타당성 분석에 관한 설명으로 옳지 않은 것은?

① 타당성 분석은 해당 프로젝트 시행 이전에 사전적으로 이루어지는 것이 일반적이다.
② 사업성 분석에서의 기본은 평가지표, 프로젝트의 비용과 수입의 추정이다.
③ 프로젝트의 경제성 평가지표로는 비용-편익비(B/C ratio), 현재가치 순편익(PVNB), 내부수익률(IRR)이 있다.
④ 사업성 및 경제성 분석으로 수출기반모형과 다지역투입산출모형이 이용된다.

> **해 설**
> 타당성 분석을 위해 비용편익분석과 SWOT 분석 등이 사용된다.

44 다음 중 공사진행속도가 공정표상의 일정보다 지연될 위험인 '공사완공 지연위험'을 관리할 방안으로 적합하지 않은 것은?

① 우수시공사와 책임시공에 대한 협약
② 설계 및 설계변경 관리
③ CM(Construction Management)사 선정 및 관리
④ 공사 완공보험 가입 및 공사 지연 시 지체보상금 부과

> **해 설**
> 공사완공 지연위험(일정지연에 따른 위험) 관리방안
> - 책임시공에 대한 협약
> - 공사 완공보험 가입
> - 공사 지연 시 지체보상금 부과
> - CM(Construction Management)사 선정 및 관리

45 자산담보부 증권(ABS)에 대한 설명으로 옳지 않은 것은?

① 자산을 기초로 발행하는 경우에는 대차대조표에는 영향을 미치지 않는 부외금융이라는 이점이 있다.
② 사업주의 신용이 낮은 경우에도 자금을 조달할

수 있다.
③ 대출과 달리 유가증권의 형태로 유동화한다.
④ 다른 수단에 비하여 간편하지만 운용보수가 높다.

해설
자산담보부 증권(ABS ; Asset-Backed Securities)은 다른 방법에 비해 간편하고 운용보수 등이 저렴하다.

46 물류단지의 계획 중에서 개발수요의 예측 시 다음의 2단계에 고려할 사항은?

> 물동량 예측 및 검증 → ( ) → 시설원단위 산출 → 물류단지 개발수요 예측

① 화물의 유통단지 경유비율 설정
② 조립/가공기술 검토
③ 개발계획 분석을 통한 규모 산정
④ 법/제도적 검토

해설
물류단지의 계획 시 개발수요 예측 단계별 고려사항
- 1단계 : 물동량 예측 및 검증
- 2단계 : 화물의 유통단지 경유비율 설정
- 3단계 : 시설원단위 산출
- 4단계 : 물류단지 개발수요 예측

47 도시개발사업을 할 때 물리적 측면에서의 입지분석 방법이 아닌 것은?

① 토지공부분석　② 자연특성분석
③ 기반시설특성분석　④ 지역접근분석

해설
물리적 측면에서의 입지분석 방법
1. 정의 : 개발대상 부지 자체가 가지고 있는 자연지리적, 물리적 특성을 분석하는 것
2. 종류
   - 자연특성분석 : 지형, 지질, 경사도, 식생 등의 분석
   - 토지공부(土地公簿)분석 : 부지의 일반적인 특성(위치, 규모, 소유자, 지가, 지목, 지적현황 등) 분석
   - 기반시설특성분석 : 전력, 통신, 상하수도, 가스 등의 현황 분석

48 중력모형(Gravity Model)에 관한 설명으로 옳은 것은?

① 개별 소매점의 고객흡입력을 계산하는 방법
② 소비자가 주어진 상업시설을 이용할 확률은 상업시설의 크기에 비례하고 그곳까지 이동하는 데 걸리는 시간에 반비례한다는 개념을 적용
③ 거리요소, 규모요소, 상수의 세 가지 요소에 의한 모형
④ 각 변수들이 수요에 미치는 영향의 정도를 결정해 주는 방법

해설
중력모형(Gravity Model)의 3요소
거리요소(Distance), 도시의 규모요소(Scale), 상수(Constant)

49 도시개발법에 "시행자는 도시개발사업을 원활히 시행하기 위하여 특히 필요한 경우에는 토지 또는 건축물 소유자의 신청을 받아 건축물의 일부와 그 건축물이 있는 토지의 공유지분을 부여할 수 있다."라고 규정한 내용은 무엇인가?

① 입체환지　② 혼합환지
③ 환지예정지　④ 공유지분환지

해설
입체환지
- 시행자는 도시개발사업을 원활히 시행하기 위하여 특히 필요한 경우에는 토지 또는 건축물 소유자의 신청을 받아 건축물의 일부와 그 건축물이 있는 토지의 공유지분을 부여할 수 있다.
- 집단체비지 내에 공동주택 또는 상가를 건설하는 경우 주로 사용한다.

50 개발사업 방식 중 "수용 및 사용방식에 의한 개발사업"에서 토지상환채권에 대한 설명으로 옳지 않은 것은?

① 토지 등의 매수대금의 일부를 지급하기 위하여 사업 시행으로 조성된 토지 또는 건축물로 상환하는 것이다.
② 발행규모는 토지상환채권으로 상환할 토지 또는 건축물이 해당 도시개발사업으로 조성되는 분양토지 또는 분양건축물의 1/2을 초과하지 아니하도록 한다.
③ 토지상환채권은 필요시 공공시행자의 재량으로 발행 후 지정권자에게 통보하여야 한다.
④ 토지상환채권의 이율은 발행 당시 은행의 예금금리 및 부동산 수급상황을 고려하여 발행자가 정한다.

> **해설**
> 토지상환채권은 보증기관의 보증을 받아 발행내용을 공고하고 기명식 증권으로 발행한다.

51 다음 중 도시개발사업 과정에서의 허가(許可)에 대한 설명으로 옳은 것은?

① 허가를 받지 않고 한 행위는 처벌의 대상이 되지 않는다.
② 법령에 의하여 금지되어 있는 행위를 해제하여 적법하게 하는 것을 의미한다.
③ 제3자의 행위를 보충하여 그 법률상의 효력을 완성시키는 행위를 말한다.
④ 국가 또는 지방자치단체가 특정 행위에 대하여 부여하는 동의의 뜻이다.

> **해설**
> 허가(許可)
> - 일반적으로 금지되어 있는 행위를 특정한 경우에 해제하여 적법하게 그 행위를 할 수 있게 하는 행정처분
> - 실정법상으로는 허가라는 말 이외에 면허·인가·특허·승인·등록·지정 등의 용어를 사용함
> - 금지가 부작위 의무를 명하는 행정행위인 데 대해, 허가는 그 반대로 기존의 금지를 해제하는 행정행위임
> - 허가는 출원에 의해 부여되고, 형식면에서는 서면으로 행하는 것이 보통임
> - 허가는 운전면허와 같이 특정인에 대해 부여되는 것과, 건축허가 등과 같이 물적 설비에 부여되는 것이 있음

52 다음 중 국민주택규모의 주택으로서 1세대당 가장 큰 주택의 주거전용면적은?(단, 수도권을 제외한 도시지역이 아닌 읍 또는 면 지역은 제외한다.)

① 65제곱미터
② 85제곱미터
③ 105제곱미터
④ 120제곱미터

> **해설**
> 주택법 제2조(정의)
> 6. "국민주택규모"란 주거의 용도로만 쓰이는 면적(이하 "주거전용면적"이라 한다)이 1호(戶) 또는 1세대당 85제곱미터 이하인 주택(「수도권정비계획법」 제2조 제1호에 따른 수도권을 제외한 도시지역이 아닌 읍 또는 면 지역은 1호 또는 1세대당 주거전용면적이 100제곱미터 이하인 주택을 말한다)을 말한다. 이 경우 주거전용면적의 산정방법은 국토교통부령으로 정한다.

53 도시개발계획 수립 시 토지이용 및 시설계획에 관한 내용으로 상업용지 유형별 배치기준 중 선형의 단점이 아닌 것은?

① 도로의 교통체증, 인구 밀집현상 초래
② 주거지역과 중복 지정될 경우 주거지역 전체가 상가화될 우려가 있음
③ 도시미관 손상의 우려가 있음
④ 지가, 유통체계, 주차문제의 해결 등이 어려움

> **해설**
> 지가 및 주차장 문제는 집중형의 단점이다.

54 도시 환경 및 시설에 대해 현재까지는 불량·노후화 현상이 발생하지 않았으나 현 상태로 방치할 경우 환경 악화가 예상되는 지역에 예방적 조치로 시행하는 재개발 방식은?

① 철거재개발
② 수복재개발
③ 개량재개발
④ 보전재개발

> **해설**
> 시행방법에 따른 재개발 방식의 분류
> - 수복재개발 : 노후·불량화 요인을 제거시키는 것
> - 개량재개발 : 새로운 시설 첨가를 통해 도시기능을 제고하는 것
> - 보전재개발 : 노후·불량화의 진행을 방지하는 것
> - 철거재개발 : 기존 환경을 제거하고 새로운 시설물로 대체시키는 것

55 프로젝트의 사업성을 평가하는 지표들과 관련된 설명으로 옳지 않은 것은?

① 재화의 가치평가에 있어 시장가격이 기준이 된다.
② 세금, 이전비용에 대해서도 일반적으로 고려한다.
③ 내부수익률이 자본비용보다 클 때 프로젝트는 사업성이 있는 것으로 본다.
④ 지표로는 수익성 지수, 순현재가치, 내부수익률이 있다.

> **해설**
> 재무적 평가 지표 선정 시 고려사항
> - 잠재가격(Shadow Price)이 아닌 시장가격(Market Price)을 기준으로 함
> - 세금이나 이전비용(Transfer Payment)은 고려하지 않음
> - 할인율은 사회적 할인율이 아닌 각 기업이 직면한 환경에 따라 결정되는 재무적 할인율 적용

정답 51 ② 52 ② 53 ④ 54 ④ 55 ②

56 도시(부동산)개발을 위한 자금조달 수단 중 신디케이션, 공동, 합작사업과 같은 지분조달방식에 대한 설명으로 옳지 않은 것은?

① 지분투자자가 항상 사업계획에 동의하는 것은 아니므로 이에 따른 문제의 발생도 고려하여야 한다.
② 지분투자로 자금을 조달하게 되면 투자금액을 상환하지 않아도 되므로 특히 현금이 긴요할 때 사용할 수 있는 주요 투자수단이 된다.
③ 회사 통제권의 일부를 포기해야 한다는 단점이 있다.
④ 중소기업의 경우 신용이 취약한 기업은 차입수단, 규모, 시기, 비용상의 문제점이 존재한다.

해 설
지분조달방식은 원리금이나 이자의 상환부담이 없는 것이 장점이다. 차입수단이나 규모, 시기, 비용상의 문제점을 배제할 수 있는 장점이 있다는 의미이다.

57 도시개발사업의 보호에 관한 내용으로 틀린 것은?

① 공시송달
② 관계서류의 열람
③ 보조 또는 융자
④ 공공시설의 처분제한

해 설
도시개발법

제59조(보조 또는 융자)
도시개발사업의 시행에 드는 비용은 대통령령으로 정하는 바에 따라 그 비용의 전부 또는 일부를 국고에서 보조하거나 융자할 수 있다. 다만, 시행자가 행정청이면 전부를 보조하거나 융자할 수 있다.

제68조(국공유지의 처분 제한 등)
① 도시개발구역에 있는 국가나 지방자치단체 소유의 토지로서 도시개발사업에 필요한 토지는 해당 개발계획으로 정하여진 목적 외의 목적으로 처분할 수 없다.
② 도시개발구역에 있는 국가나 지방자치단체 소유의 재산으로서 도시개발사업에 필요한 재산은 「국유재산법」과 「공유재산 및 물품 관리법」에도 불구하고 시행자에게 수의계약의 방법으로 처분할 수 있다. 이 경우 그 재산의 용도폐지(행정재산인 경우만 해당한다)나 처분에 관하여는 지정권자가 미리 관계 행정기관의 장과 협의하여야 한다.

제72조(관계 서류의 열람 및 보관 등)
① 시행자는 도시개발사업의 시행을 위하여 필요하면 등기소나 그 밖의 관계 행정기관의 장에게 무료로 필요한 서류를 열람·복사하거나 그 등본 또는 초본을 교부하여 줄 것을 청구할 수 있다.

※ 공시송달 : 법원이 송달할 서류를 보관해 두었다가 당사자가 나타나면 언제라도 교부할 뜻을 법원 게시장에 게시하는 송달방법, 공시송달은 개발사업자의 편의를 도모할 수 있게 하는 사항이므로 맞는 내용이고, 공공시설의 처분제한내용은 틀린 내용이 된다.

58 다음 중 수출기반모형이 요구하는 가정 사항이 아닌 것은?

① 동일한 노동 생산성
② 동일한 소비 수준
③ 폐쇄된 경제
④ 동일한 생산비

해 설
수출기반모형의 가정 사항
• 동일한 노동 생산성 : 지역과 전국 간의 노동 생산성이 동일
• 동일한 소비수준 : 지역과 전국 간의 동일한 소득수준으로 가정함
• 폐쇄된 경제(Closed Economy) : 국가 간 교역이 없음을 의미

59 개발형태에 의한 개발사업의 분류는 크게 신개발사업과 재개발사업으로 분류되고 있는데 다음 중 신개발사업에 포함되지 않는 것은?

① 건축물 증개축사업
② 토지형질변경사업
③ SOC 사업
④ 도시개발사업

해 설
건물의 증개축사업은 재개발사업에 속한다.

60 다음 중 근대도시운동에서 1928년 근대건축국제회의(CIAM)에 관한 내용으로 옳지 않은 것은?

① 공업기술이 가져온 무한히 크고 새로운 자원과 방법을 활용해야 한다고 주장하였다.
② 도시의 시간적 변화와 성장에 맞춰 단기적이고 즉각적인 전환과 변신에 대응하려고 하였다.
③ 기능주의를 부각시켜 지역지구제, 보차분리 등의 계획 개념을 도입하였다.
④ CIAM의 정신에 의해 세워진 대표적인 도시로 샹디가르와 브라질리아가 있다.

해 설
CIAM(근대건축국제회의)는 이상적인 도시를 목표로 장기적 시각으로 접근하였다.

정답 56 ④ 57 ④ 58 ④ 59 ① 60 ②

제4과목 국토 및 지역계획

61 다음의 조건에서 청주의 A산업에 대한 입지계수 (LQ)는 얼마인가?

구분	청주	전국
A산업 고용자 수	4,000명	250,000명
총 고용자 수	60,000명	7,500,000명

① 0.07　　② 0.75
③ 1.67　　④ 2.00

해설
- A산업에 대한 입지계수(LQ) 산정이므로 전국의 A산업 종사자는 250,000명이며, 청주의 A산업 종사자는 4,000명이다.
- $LQ = \dfrac{\dfrac{4,000}{60,000}}{\dfrac{250,000}{7,500,000}} = 2$ (기반산업 = 특화산업)

62 기준년도의 인구와 출생률, 사망률 및 인구이동 등의 변화요인을 고려하여 장래의 인구를 추정하는 방법은?

① 선형모형(Linear Growth Model)
② 비율적용법(Ratio Method)
③ 로지스틱커브법(Logistic Curve Method)
④ 집단생잔법(Cohort Survival Method)

해설

집단생잔방법(Cohort Survival Method)

추정 방법	출생률, 사망률, 인구이동 등을 고려 인구추정 $P_t = P_0 + B_{0-t} - D_{0-t} + I_{0-t} - O_{0-t}$ 여기서, 기준연도의 인구(P_0)에 특정 기간($0-t$년) 동안의 출생인구(B)와 유입인구(I)를 더하여 사망인구(D)와 유출인구(O) 산정
특징	도시 서비스 제공을 위한 자료로 유용
종류	• 요인별 인구구성방법 • 인구생잔방법

63 다음 중 국토기본법상 국토종합계획에 포함되는 내용이 아닌 것은?

① 재정 확충 및 도시·군기본계획의 시행을 위하여 필요한 재원조달에 관한 사항
② 국토의 현황 및 여건변화 전망에 관한 사항
③ 주택, 상하수도 등 생활여건의 조성 및 삶의 질 개선에 관한 사항
④ 지하공간의 합리적 이용 및 관리에 관한 사항

해설
국토종합계획의 내용 - 「국토기본법」 제10조
- 국토의 현황 및 여건변화 전망에 관한 사항
- 국토발전의 기본이념 및 바람직한 국토 미래상의 정립에 관한 사항
- 국토의 공간구조의 정비 및 지역별 기능분담방향에 관한 사항
- 국토의 균형발전을 위한 시책 및 지역산업 육성에 관한 사항
- 국가경쟁력 제고 및 국민생활의 기반이 되는 국토기간시설의 확충에 관한 사항
- 토지·수자원·산림자원·해양자원 등 국토자원의 효율적 이용 및 관리에 관한 사항
- 주택·상하수도 등 생활여건의 조성 및 삶의 질 개선에 관한 사항
- 수해·풍해·그 밖의 재해의 방제에 관한 사항
- 지하공간의 합리적 이용 및 관리에 관한 사항
- 지속 가능한 국토발전을 위한 국토환경의 보전 및 개선에 관한 사항 등

64 포디즘(Fordism)은 1900년대 초에 대두하여 한 시대를 풍미하다 1970년대에 이르러 그에 반하는 후기 포디즘(Post Fordism)으로 대체된다. 다음 중 포디즘에 관한 설명으로 적합지 않은 것은?

① 포디즘 사회에서는 대규모 도시, 대규모 공장, 대규모 노동력 등을 통해 규모의 경제 및 집적의 경제를 추구한다.
② 포디즘 하의 국가는 사회복지에 대한 재정지원을 강화하고 공공서비스에 대한 예산지원을 확대하고 있다.
③ 포디즘 사회에서는 공공 임대주택사업이나 노숙자관리 등을 비영리 기관, 제3섹터, 민간기구 등에서 담당한다.
④ 포디즘 사회에서는 국가 경제의 성장에 역점을 두고 국가가 주도적으로 경제발전을 추진해 나간다.

해설
포디즘은 국가 주도적인 성향을 말한다. 따라서 공공임대주택사업, 노숙자 관리 등은 정부가 직접 담당한다.

정답 61 ④　62 ④　63 ①　64 ③

65 합리적 계획모형을 비판하는 데서 출발하여 계획은 자본주의 생산양식의 관점에서 분석되어야 하며 특정 이념에만 기능하는 대신 역사적 관계와 정치·사회·경제적 맥락을 전반적으로 조명하여야 한다고 강조하는 지역계획모형은?

① 혼합주사적 계획(Mixed Scanning) 모형
② 옹호적 계획(Advocacy Planning) 모형
③ 교류적 계획(Transactive Planning) 모형
④ 정치경제 계획(Political Economy Planning) 모형

해설
정치경제 계획(Political Economy Planning) 모형
• 합리적 계획모형에 대한 비판적 입장에서 비롯된 이론
• 계획을 정부의 집합적인 간섭으로 조망하면서, 도시에서의 끊임없는 계층 간의 갈등을 정부가 간섭하는 과정을 통해 현대의 계획을 분석하고 설명
• 계획의 실행은 자본 축적과정의 맥락 안에서 존재하며, 자본주의 생산양식의 관점에서 분석되어야 함
• 자본주의 사회의 결정적인 계층 간의 갈등이 도시현상에도 조명되어야 함
• 계획의 실행은 사회·역사적 맥락 안에서 비판적으로 분석되어야 함

66 다음의 용도지구 중 주거기능·상업기능·공업기능·유통물류기능·관광기능·휴양기능 등을 집중적으로 개발·정비할 필요가 있을 때 지정되는 지구는?

① 개발진흥지구
② 보존지구
③ 시설보호지구
④ 특정용도제한지구

해설
용도지구
• 보존지구 : 문화재, 중요 시설물 및 문화적·생태적으로 보존가치가 큰 지역의 보호와 보존을 위하여 필요한 지구
• 시설보호지구 : 학교시설, 공용시설·항만시설 또는 공항의 보호, 업무기능의 효율화, 항공기의 안전운항 등을 위하여 필요한 지구
• 개발진흥지구 : 주거기능·상업기능·공업기능·유통물류기능·관광기능·휴양기능 등을 집중적으로 개발·정비할 필요가 있는 지구
• 특정용도제한지구 : 주거기능 보호 또는 청소년 보호 등의 목적으로 청소년 유해시설 등 특정 시설의 입지를 제한할 필요가 있는 지구

67 1950~1960년대의 자원 개발과 관련한 지역개발 철학은 하향적이고 엘리트 의식주의 성향이 강하였으나 70년대 이후에는 여기에 반발하여 새로운 지역개발 철학이 대두되었다. 이에 속하지 않는 것은?

① 종속이론
② 순환인과관계모형
③ 소득분배이론
④ 기본수요이론

해설
지역개발 철학(1975~1985)
• 기본수요이론(기초수요이론)
• 종속이론
• 상향적·복지적 지역계획의 접근
• 지방화 시대의 전개와 지역발전 중시
• 소득분배이론

68 샤핀(F. Stuart Chapin Jr.)이 주장한 토지이용을 결정하는 때에 고려하여야 하는 다음의 요소 중 공공의 이익에 해당하지 않는 것은?

① 경제성
② 보건성
③ 광역성
④ 쾌적성

해설
토지이용계획의 목표
• 안정성(Safety) : 인간의 생명과 관계된 가장 중요한 목표
• 보건성(Health) : 인간의 육체적·정신적 건상상태를 유지하는 것
• 편의성(Convenience) : 토지이용의 배치에 따라 생기는 기능지역 간의 상호관계
• 쾌적성(Amenity) : 환경의 즐거움뿐만 아니라 시각적 경관의 쾌적성
• 공공의 경제성(Economy) : 개개의 측면에서보다 사회적 측면에서 공적 경제에 낭비가 생기지 않도록 하는 것

69 다음 중 컴팩트시티(Compact City)에 대한 설명으로 옳지 않은 것은?

① 인프라 및 에너지의 효율적 이용을 도모할 수 있다.
② 고밀개발을 통해 도심의 지가를 안정시킨다.
③ 도시의 무분별한 교외 확산을 방지할 수 있다
④ 주거와 직장 및 도시 서비스의 분리를 최소화한다.

해설
고밀개발은 도심의 지가 상승의 원인이 된다.

70 Friedmann이 제시한 경제발전의 4단계로 맞는 것은?

① 산업화 이전의 경제 - 전이경제 - 산업화 경제 - 후기산업화 경제
② 원시경제 - 전이경제 - 산업화 경제 - 신경제
③ 원시경제 - 농업경제 - 산업화 경제 - 대량생산과 소비경제
④ 산업화 이전의 경제 - 전이경제 - 도시화 경제 - 신산업경제

해설
프리드만의 경제발전 이론(도시체계)

단계별 구분	정의
1단계	공업화 이전 단계(산업화 이전의 경제)
2단계	초기공업화 단계(전이경제)
3단계	과도단계(산업화 경제)
4단계	경제발전의 제4단계(후기 산업화 경제)

71 다음 중 클라센(L. H. Klaassen)의 지역 분류 기준은?

① 기능적 연계
② 호혜적 영향력
③ 소득수준과 성장률
④ 사회간접자본과 생산활동

해설
클라센(L. klaassen)의 동질지역 구분
$\left(\dfrac{g_i}{g} = g_0\ 성장률\right)$, $\left(\dfrac{y_i}{y} = y_0\ 소득\right)$
여기서, g_i, y_i는 지역의 성장률과 지역의 소득
g, y는 국가의 성장률과 국가의 소득

72 광역도시계획 수립지침에 따른 광역도시계획의 부문별 계획으로 틀린 것은?

① 광역시설계획
② 녹지관리계획
③ 사회복지계획
④ 경관계획

해설
부문별 계획(광역도시계획 수립지침)
• 기능분담계획 및 토지이용계획
• 녹지관리계획
• 문화·여가공간계획
• 환경보전계획
• 교통 및 물류유통체계
• 경관계획
• 광역시설계획
• 방재계획

73 영국에서 1930년대에 지역계획에 큰 영향을 미친 보고서 중, 스코트(Scott) 보고서의 주요 내용으로 옳은 것은?

① 인구분산과 공업재배치
② 토지공개념
③ 개발이익의 사회적 환원
④ 그린벨트

해설
1930년대에 영국에서 지역개발과 계획발전에 큰 영향을 미친 3가지 보고서
• 스코트(Scott) 보고서 : 그린벨트와 농촌계획에 대한 내용
• 바로우(Barlow) 보고서 : 인구분산과 공업 재배치에 관한 내용
• 어스와트(Uthwatt) 보고서 : 개발이익환수와 토지공개념에 관한 내용

74 웨버(Weber)의 최소비용 산업입지이론에서 고려되지 않은 입지인자는?

① 집적경제
② 토지비용
③ 수송비용
④ 노동비용

해설
최소비용이론
• 독일의 경제학자인 베버(Weber, 수송비 극소화 이론)와 모세스(최소비용이론)에 의해 제창된 원료 수송비에 따른 공업입지이론
• 산업입지의 3요인으로 수송비, 노동력, 집적력을 들고 있으며 다른 여건이 동일하다면 수송비가 가장 적은 곳에 입지

75 본 튀넨(Von Thünen)의 농업지대이론 모형에서 지대에 직접적인 영향을 미치지 않는 것은?

① 농산물의 시판수입
② 농산물의 생산비용
③ 시장까지의 운송비용
④ 경작지의 규모

해설
농업입지이론
1. 개요
㉠ 튀넨의 고립국이론(= 1차 산업 입지이론, 농업입지이론)
㉡ 지대의 원인
• 토지비옥도는 동일하다고 가정하고, 수송비의 차이를 지대로 봄
• 지대 = 매상고 – 생산비 – 수송비

정답 70 ① 71 ③ 72 ③ 73 ④ 74 ② 75 ④

2. 특징
    ㉠ 지대가 높은 도심 – 근교농업(집약적 토지이용, 고가의 곡물 생산)
    ㉡ 지대가 낮은 도심외곽 – 조방적 토지이용
    ㉢ 작물·경제활동에 따라 한계지대곡선은 달라짐
    ㉣ 농산물 가격·생산비·수송비·인간의 형태 변화는 지대를 변화시킴

76 다음 중 수도권 인구 및 산업 집중의 억제대책이 아닌 것은?

① 공장의 신·증설 억제
② 대학의 신·증설 억제
③ 임대주택의 공급 확대
④ 중앙행정 권한의 지방 이양

해설
수도권정비계획법상 수도권 인구 및 산업 집중 억제방법
- 총량규제(대학, 공공청사, 공장)
- 대규모 인구유발시설
- 권역별 행위제한
- 임대주택의 공급 확대는 인구와 산업집중을 가속시킨다.

77 제차 국토종합개발계획(1972~1981)에서 8개의 권역으로 구분한 8중권에 속하지 않는 권역은?

① 태백권 개발
② 대구권 개발
③ 대전권 개발
④ 제주권 개발

해설
제1차 국토종합개발계획에서의 권역 설정
- 4대권(한강, 금강, 낙동강, 섬진강)
- 8중권(수도권, 태백권, 충청권, 전주권, 대구권, 부산권, 광주권, 제주권)
- 17소권

78 다음의 도시계획이론 중 상황의 종합적 분석과 최적의 대안 선택이 가능하다고 보는 규범적이며 이상적인 접근방법은?

① 합리적 접근방법
② 만족화 접근방법
③ 점진적 접근방법
④ 혼합주사적 접근방법

해설
합리적 접근방법
- 상황을 종합적으로 분석하고 최적의 대안선택이 가능하다고 보는 규범적이며 이상적인 접근방법
- 조건 : 명확한 규정, 완전한 지식과 정보, 인간과 조직의 합리성
- 절차 : 문제의 객관화·구체화 → 조직화를 통한 계량화 → 완전한 정보를 이용한 분석 → 대안 추출 → 각각의 대안 비교·분석 →

객관적, 합리적 기준에 의해 최적대안 선정
- 순수합리모형, 종합적 합리모형이라고도 한다.(Tin-bergen, M. Dimock, J. Dewey)

79 공간정보 중에서 속성정보로 분류되기 어려운 것은?

① 인구 및 고용
② 산업 및 경제
③ 도로현황도 및 식생도
④ 기반 및 문화시설

해설
도로현황도 및 식생도 등은 출력되는 자료들이다.

80 국토 및 지역계획의 수립절차로 가장 적절한 것은?

① 문제인식 – 현황조사 – 목표설정 – 계획수립 – 집행 – 평가 – 환류
② 목표설정 – 문제인식 – 현황조사 – 계획수립 – 집행 – 평가 – 환류
③ 목표설정 – 현황조사 – 문제인식 – 계획수립 – 집행 – 평가 – 환류
④ 문제인식 – 목표설정 – 계획수립 – 현황조사 – 집행 – 평가 – 환류

해설
국토 및 지역계획의 수립절차
문제인식 – 현황조사 – 목표설정 – 계획수립 – 집행 – 평가 – 환류
계획의 수립을 위해 가장 먼저 이루어져야 할 절차는 문제인식이며, 현황조사를 통해 목표를 설정한 후 계획을 수립한다.

제5과목 도시계획관계법규

81 도시공원 및 녹지 등에 관한 법률에서 정하고 있는 사항 중 도시공원에 관한 설명으로 틀린 것은?

① 조경시설로는 화단, 분수, 조각 등이 있다.
② 녹지는 완충녹지, 경관녹지, 차폐녹지로 세분된다.
③ 도시공원의 설치 및 관리는 특별시장·광역시장·특별자치시장·특별자치도지사·시장 또는 군수가 담당한다.
④ 공원관리청은 그 관할구역 안에 있는 도시공원의 대장을 작성하여 보관하여야 한다.

정답 76 ③ 77 ③ 78 ① 79 ③ 80 ① 81 ②

> **[해설]**
> 도시공원
> 1. 도시공원시설 중 조경시설
>   • 화단, 분수, 조각
> 2. 도시공원의 설치 및 관리
>   • 도시공원은 당해 공원이 위치한 행정구역을 관할하는 시장 또는 군수가 조성계획에 의하여 설치·관리한다.
> 3. 녹지의 세분
>   • 완충녹지 : 대기오염·소음·진동·악취·그 밖에 이에 준하는 공해와 각종 사고나 자연재해 그 밖에 이에 준하는 재해 등의 방지를 위하여 설치하는 녹지
>   • 경관녹지 : 도시의 자연적 환경을 보전하거나 이를 개선함으로써 도시경관을 향상하기 위하여 설치하는 녹지
>   • 연결녹지 : 도시 안의 공원·하천·산지 등을 유기적으로 연결하고 도시민에게 산책공간의 역할을 하는 등 여가·휴식을 제공하는 선형의 녹지
> 4. 공원대장
>   • 공원관리청은 도시공원대장을 작성하여 이를 보관

82 국토기본법에 의한 국토정책위원회에 대한 설명으로 옳은 것은?

① 국토정책위원회는 위원장 1명, 부위원장 1명, 34명 이내의 위원으로 구성한다.
② 위원장은 대통령, 부위원장은 국무총리이다.
③ 분과위원회의 심의는 국토정책위원회의 심의로 본다.
④ 대통령은 학식과 경험이 있는 전문가 중에서 전문위원을 약간인으로 위촉할 수 있다.

> **[해설]**
> 국토정책위원회 구성
> 1. 위원장 1명 : 국무총리
> 2. 부위원장 2명 : 국토교통부장관, 위촉위원 중에서 호선으로 선정
> 3. 위원 : 부위원장 포함 40명 이내
>   • 당연직위원 : 중앙행정기관의 장과 국무총리실장, 지역발전위원회 위원장
>   • 위촉위원(임기 2년) : 국토계획 및 정책에 관하여 학식과 경험이 풍부한 사람으로서 국무총리가 위촉
>   • 지역계획의 경우 해당 시·도지사는 위원 정수에도 불구하고 해당 사항에 한정하여 위원이 된다.

83 다음 중 시장·군수·구청장이 시·도지사의 승인을 받지 않아도 되는 조성계획의 변경 기준으로 옳지 않은 것은?

① 관광시설계획면적의 100분의 20 이내의 변경
② 관광시설계획 중 시설지구별 토지이용계획 면적의 100분의 40 이내의 변경
③ 관광시설계획 중 시설지구별 건축 연면적의 100분의 30 이내의 변경
④ 관광시설계획 중 시설지 구별 토지이용계획면적이 2,200제곱미터 미만인 경우에는 660제곱미터 이내의 변경

> **[해설]**
> 관광진흥법상 조성계획의 경미한 변경
> • 관광시설계획면적의 20% 이내의 변경 ← ①
> • 시설지구별 토지이용계획 면적의 30% 이내의 변경(단, 시설지구별 토지이용면적이 2,200m² 미만인 경우 660m² 이내의 변경) ← ②
> • 시설지구별 건축연면적의 30% 이내의 변경(단, 시설지구별 토지이용면적이 2,200m² 미만인 경우 660m² 이내의 변경) ← ③, ④
> • 관계행정기관의 장과 승인권자에게 각각 통보하여야 한다.

84 공동구의 관리에 관한 설명 중 틀린 것은?

① 공동구는 특별시장·광역시장·특별자치시장·특별자치도지사·시장 또는 군수가 이를 관리한다.
② 공동구의 안전점검은 1년에 1회 이상 실시하여야 한다.
③ 공동구의 관리에 소요되는 비용은 연 2회로 분할 납부하게 한다.
④ 공동구의 관리비용은 그 공동구를 관리하는 자가 전액 부담한다.

> **[해설]**
> 공동구 관리
> 도시 및 주거환경정비법 시행규칙 제17조(공동구의 관리) ②항 조항에 의거 시장·군수등은 공동구 관리비용(유지·수선비를 말하며, 조명·배수·통풍·방수·개축·재축·그 밖의 시설비 및 인건비를 포함한다. 이하 같다)의 일부를 그 공동구를 점용하는 자에게 부담시킬 수 있으며, 그 부담비율은 점용면적비율을 고려하여 시장·군수등이 정한다.
> → 공동구를 점용하는자가 일부 부담할 수 있다.

85 체육시설의 설치·이용에 관한 법률에서 체육시설업 사업계획 승인과 관련된 설명 중 옳지 않은 것은?

① 관련 규정에 의하여 등록 체육시설업에 대한 사업계획의 승인을 받은 자는 그 사업계획의 승인을 받은 날부터 6년 이내에 그 사업시설의 설치 공사를 착수·준공하여야 한다.

정답 82 ③ 83 ② 84 ④ 85 ④

② 시·도지사는 국토의 효율적 이용, 지역 간 균형개발, 재해 방지, 자연환경 보전 및 체육시설업의 건전한 육성 등 공공복리를 위하여 필요하면 대통령령으로 정하는 바에 따라 사업계획의 승인 또는 변경승인을 제한할 수 있다.

③ 거짓이나 그 밖의 부정한 방법으로 관련 규정에 의한 사업계획의 승인 또는 변경승인을 얻은 때 취소할 수 있다.

④ 회원을 모집하는 체육시설업에 대해서는 사업계획의 승인이 취소된 후 6개월이 지나지 아니한 때에는 동일한 장소에서 회원제 생활체육시설 사업계획은 승인할 수 있다.

해설

④ 회원을 모집하는 체육시설업에 대해서는 사업계획의 승인이 취소된 후 6월이 지나지 아니한 경우에는 동일한 장소에서 회원제 생활체육시설 사업계획은 승인할 수 없다.

86 다음 중 국토계획이 국토의 지속가능한 발전에 이바지하는지를 평가하기 위한 국토계획평가의 절차를 올바르게 나열한 것은?

> ㉠ 국토교통부장관은 국토계획평가를 실시
> ㉡ 수립권자는 국토계획평가 요청서를 작성
> ㉢ 국토정책위원회의 심의

① ㉠ – ㉡ – ㉢
② ㉡ – ㉢ – ㉠
③ ㉢ – ㉡ – ㉠
④ ㉡ – ㉠ – ㉢

해설

국토계획평가 절차
- 국토계획평가 대상이 되는 국토계획의 수립권자는 계획 수립·변경 전에 국토계획평가 요청서를 작성하여 국토교통부장관에게 제출
- 국토교통부장관은 국토계획평가를 실시한 후 그 결과에 대하여 국토정책위원회의 심의를 거쳐야 한다.

87 국토의 계획 및 이용에 관한 법령에 따른 보존지구의 분류에 해당되지 않는 것은?

① 역사문화환경보존지구
② 중요시설물보존지구
③ 생태계보존지구
④ 학교시설물보존지구

해설

국토의 계획 및 이용에 관한 법률 시행령 제31조(용도지구의 지정) ②항
5. 보호지구
가. 역사문화환경보호지구 : 문화재·전통사찰 등 역사·문화적으로 보존가치가 큰 시설 및 지역의 보호와 보존을 위하여 필요한 지구
나. 중요시설물보호지구 : 중요시설물(제1항에 따른 시설물을 말한다. 이하 같다)의 보호와 기능의 유지 및 증진 등을 위하여 필요한 지구
다. 생태계보호지구 : 야생동물서식처 등 생태적으로 보존가치가 큰 지역의 보호와 보존을 위하여 필요한 지구
→ 2017.04.18. 법규 변경으로 보존지구가 보호지구로 명칭이 변경되었다.

88 국토교통부장관이 산업단지 외의 지역에서의 공장 설립을 위한 입지 지정과 지정 승인된 입지의 개발에 관한 기준 작성 시 포함되어야 할 사항으로 옳지 않은 것은?

① 산업시설용지의 적정 이용기준에 관한 사항
② 주택건설 및 공급에 관한 사항
③ 토지가격의 안정을 위하여 필요한 사항
④ 환경 보전 및 문화재 보존을 위하여 필요한 사항

해설

산업입지 및 개발에 관한 법률 시행령 제45조(입지지정 및 개발에 관한 기준의 작성)
① 법 제40조 제1항의 규정에 의한 입지 지정 및 개발에 관한 기준에는 다음 각 호의 사항이 포함되어야 한다.
1. 개별공장입지의 선정기준에 관한 사항
2. <u>산업시설용지의 적정 이용기준에 관한 사항</u>
3. 기반시설의 설치 및 정비에 관한 사항
4. 산업의 적정 배치와 지역 간 균형발전을 위하여 필요한 사항
5. <u>환경 보전 및 문화재 보존을 위하여 필요한 사항</u>
6. <u>토지가격의 안정을 위하여 필요한 사항</u>
7. 기타 다른 계획과의 조화를 위하여 필요한 사항
② 법 제40조 제2항 단서에서 "대통령령으로 정하는 경미한 사항의 변경"이란 제1항 제4호 내지 제7호의 사항의 변경을 말한다.
→ 주택 건설 및 공급에 관한 사항은 주택법에 의한 주택종합계획에 포함되어야 할 내용이다. (※ 2015.6.22. 부로 주택종합계획 관련 조항인 주택법 7,8조가 삭제되었다.)(※ 2024.5.7. 부로 환경보전 및 "국가유산" 보존을 위하여 필요한 사항으로 조항의 내용이 변경되었다.)

89 자연녹지지역 안에서 건축할 수 없는 건축물은?

① 창고(농업용) ② 위락시설
③ 관광휴게시설 ④ 묘지 관련 시설

[해설]
자연녹지지역 안에서 건축할 수 있는 건축물
4층 이하의 건축물에 한한다. 다만, 4층 이하의 범위 안에서 도시계획조례로 따로 층수를 정하는 경우에는 그 층수 이하의 건축물에 한한다.
- 단독주택
- 제1종 근린생활시설
- 제2종 근린생활시설(일반음식점·단란주점 및 안마시술소를 제외)
- 의료시설(종합병원·병원·치과병원 및 한방병원 제외)
- 교육연구 및 복지시설(직업훈련소 및 학원 제외)
- 운동시설
- 창고시설(농업·임업·축산업·수산업용에 한한다.)
- 동물 및 식물관련시설
- 분뇨 및 쓰레기처리시설
- 공공용 시설
- 묘지 관련 시설
- 관광휴게시설

90. 국토기본법상 부문별 계획에 대한 설명으로 틀린 것은?

① 부문별 계획은 특정 지역을 대상으로 특별한 정책목적을 달성하기 위하여 수립하는 계획이다.
② 중앙행정기관의 장은 국토 전역을 대상으로 하여 소관 업무에 관한 부문별 계획을 수립할 수 있다.
③ 중앙행정기관의 장은 부문별 계획을 수립할 때에는 국토종합계획의 내용을 반영하여야 하며, 이와 상충되지 아니하도록 하여야 한다.
④ 중앙행정기관의 장은 부문별 계획을 수립하거나 변경한 때에는 지체 없이 국토교통부장관에게 알려야 한다.

[해설]
지역계획은 특정 지역을 대상으로 특별한 정책목적을 달성하기 위하여 수립하는 계획이다.

91. 노상 주차장을 설치 할 수 있는 자가 아닌 것은?

① 도지사 ② 특별시장
③ 군수   ④ 구청장

[해설]
노상주차장의 설치 및 폐지 : 특별·광역시장. 시장·군수, 구청장이 설치·관리·폐지함

92. 도시 및 주거환경정비법상의 도시·주거환경정비기본계획 수립항목에 포함되지 않는 것은?

① 주거지 관리계획
② 인구·건축물·토지이용·정비기반시설 등의 현황
③ 건전하고 지속가능한 주거환경의 조성 및 정비에 관한 사항
④ 건폐율·용적률 등에 관한 건축물의 밀도계획

[해설]
도시·주거환경정비기본계획의 내용
- 정비사업의 기본방향, 계획기간
- 인구·건축물·토지이용·정비기반시설·지형 및 환경 등의 현황
- 주거지 관리계획, 토지이용계획·정비기반시설계획·공동이용시설 설치계획 및 교통계획, 환경계획
- 사회복지시설 및 주민문화시설 등의 설치계획, 도시의 광역적 재정비를 위한 기본방향
- 정비 예정인 구역의 개략적 범위, 단계별 정비사업추진계획, 건폐율·용적률 등에 관한 밀도계획, 세입자에 대한 주거안정대책
- 그 밖에 도시 및 주거환경 개선을 위하여 필요한 사항으로서 대통령령으로 정하는 사항

93. 부설주차장의 설치 의무가 면제되는 시설물의 위치·용도·규모 및 부설주차장의 규모 기준으로 옳지 않은 것은?

① 연면적 1만 제곱미터 이상의 판매시설 및 운수시설에 해당하지 아니하는 시설물
② 연면적 1만 5천 제곱미터 이상의 문화 및 집회시설, 위락시설에 해당하지 아니하는 시설물
③ 주차대수가 500대 규모인 부설주차장의 경우
④ 도로교통법에 따른 차량 통행의 금지 또는 주변의 토지이용 상황으로 인하여 부설주차장의 설치가 곤란하다고 시장·군수 또는 구청장이 인정하는 장소

[해설]
부설주차장 설치의무 면제대상의 위치 및 용도·규모
주차장법 시행령 제7조(부설주차장의 인근설치) 제1항 조항에 의거 주차대수가 300대 이하인 규모의 부설주차장의 경우 설치의무가 면제된다.

94 개발제한구역에서의 행위제한 사항으로 거리가 먼 것은?

① 건축물의 건축 및 용도변경, 공작물의 설치
② 토지의 형질변경과 토지의 분할
③ 죽목의 재식과 간벌
④ 물건을 쌓아놓는 행위

해설
개발제한구역에서의 제한행위
- 건축물의 건축 및 용도변경
- 공작물의 설치
- 토지의 형질변경
- 토지분할
- 물건을 쌓아놓는 행위
- 도시계획사업의 시행
- 죽목의 벌채 (죽목의 재식과 간벌은 택지개발예정지구 안에서의 제한행위이다.)

95 다음 중 기반시설부담구역을 지정할 수 있는 경우가 아닌 것은?

① 관련 법령의 제정·개정으로 인하여 행위제한이 완화되거나 해제되는 지역
② 지정된 용도지역 등이 변경되거나 해제되어 행위제한이 완화되는 지역
③ 해당 지역의 전년도 개발행위 허가 건수가 전전년도 개발행위 허가 건수보다 20퍼센트 이상 증가한 지역
④ 해당 지역의 전년도 인구증가율이 그 지역이 속하는 시 또는 군의 전년도 인구증가율보다 10퍼센트 이상 높은 지역

해설
기반시설부담구역의 지정요건
- 법령의 제정·개정으로 인하여 행위 제한이 완화되거나 해제되는 지역
- 법령에 따라 지정된 용도지역 등이 변경되거나 해제되어 행위 제한이 완화되는 지역
- 개발행위허가 현황 및 인구증가율 등을 고려하여 대통령령으로 정하는 지역
- 해당 지역의 전년도 개발행위 허가 건수가 전전년도보다 20% 이상 증가한 지역
- 해당 지역의 전년도 인구증가율이 그 지역이 속하는 특별시·광역시·시 또는 군(광역시의 군은 제외)의 인구증가율보다 20% 이상 높은 지역
- 개발행위가 집중되어 해당 지역의 계획적 관리를 위하여 필요하다고 인정될 때

96 도시개발사업에서 환지계획에 정할 사항으로 틀린 것은?

① 환지설계
② 필지별로 된 환지명세
③ 필지별과 권리별로 된 청산 대상 토지명세
④ 축척 1/1,000 이하의 환지예정지도

해설
환지설계, 필지별로 된 환지명세, 필지별·환지별로 된 청산대상 토지명세, 체비지 또는 보류지의 명세

97 도시개발구역의 지정에 관한 설명 중 틀린 것은?

① 도시개발구역을 지정하고자 할 때에는 미리 주민 의견을 청취하여야 한다.
② 시·도지사 또는 대도시 시장이 도시개발구역을 지정·고시한 경우에는 국토교통부장관에게 그 내용을 통보하여야 한다.
③ 지구단위계획이 수립된 지역에서는 1만제곱미터 이상에 대하여 도시개발구역을 지정할 수 있다.
④ 도시개발구역이 지정·고시된 경우 해당 도시개발구역은 국토의 계획 및 이용에 관한 법률에 따른 도시지역과 대통령령으로 정하는 지구단위계획구역으로 결정되어 고시된 것으로 본다.

해설
도시개발구역의 규모
- 주거·상업, 자연·생산녹지(생산녹지지역이 도시개발구역 면적의 30% 이하인 경우) = 1만 m²
- 공업지역 = 3만 m²
- 도시지역 밖 = 30만 m² 이상(단, 공동주택 중 아파트·연립주택의 건설계획이 포함되는 경우 20만 m² 이상 : 관할 교육청의 동의, 4차로 이상의 도로 설치 필요)

98 택지개발사업을 시행하는 데 있어서 간선시설의 설치비용을 국가가 2분의 1의 범위에서 보조가 가능한 시설은?

① 주택단지 내 통신시설
② 주택단지 내 송·변전시설
③ 가스공급시설
④ 상하수도시설

> **해 설**
>
> 택지개발사업의 간선시설(주택법 준용)
> 1. 설치대상 : 100호 이상의 주택건설사업 또는 16,500m² 이상의 대지조성사업을 시행하는 경우 그 해당 자는 간선시설을 설치해야 한다.
> 2. 간설시설 설치자
>   - 지방자치단체 : 도로, 상하수도시설
>   - 당해 지역의 공급자 : 가스시설, 전기시설, 통신시설, 지역난방시설
>   - 국가 : 우체통
> 3. 설치비용
>   - 원칙 : 설치의무자가 비용 부담
>   - 보조 : 지자체 설치비용의 1/2 범위 안에서 국가보조 가능

99 국토의 계획 및 이용에 관한 법령상 녹지지역을 세분한 것 중 해당되지 않는 것은?

① 보전녹지지역 ② 생산녹지지역
③ 임야녹지지역 ④ 자연녹지지역

> **해 설**
>
> 녹지지역
> 1. 정의 : 자연환경·농지 및 산림의 보호, 보건위생, 보안과 도시의 무질서한 확산을 방지하기 위하여 녹지의 보전이 필요한 지역
> 2. 종류
>   - 보전녹지지역 : 도시의 자연환경·경관·산림 및 녹지공간을 보전할 필요가 있는 지역
>   - 생산녹지지역 : 주로 농업적 생산을 위하여 개발을 유보할 필요가 있는 지역
>   - 자연녹지지역 : 도시의 녹지공간 확보, 도시확산의 방지, 장래 도시용지의 공급 등을 위하여 보전할 필요가 있는 지역으로서 불가피한 경우에 한하여 제한적인 개발이 허용되는 지역

100 도심·부도심의 상업기능 및 업무기능의 확충을 위하여 지정되는 지역은?

① 근린상업지역 ② 중심상업지역
③ 유통상업지역 ④ 일반상업지역

> **해 설**
>
> 상업지역
> - 중심상업지역 : 도심·부도심의 상업기능 및 업무기능의 확충을 위하여 필요한 지역
> - 일반상업지역 : 일반적인 상업기능 및 업무기능을 담당하게 하기 위하여 필요한 지역
> - 근린상업지역 : 근린지역에서의 일용품 및 서비스의 공급을 위하여 필요한 지역
> - 유통상업지역 : 도시 내 및 지역 간 유통기능의 증진을 위하여 필요한 지역

정답 99 ③ 100 ②

4회 2015년 기출문제

제1과목 도시계획론

01 개별 필지에 대한 규제 사항 및 토지이용계획 사항을 확인하는 것으로 해당 토지에 대한 용도지역·지구·구역, 도시·군계획시설, 도시계획사업과 입안 내용 그리고 각종 규제에 대한 저촉 여부 등을 확인할 수 있는 자료는?

① 토지대장　　　② 건축물 대장
③ 토지특성조사표　④ 토지이용계획확인서

[해설]
토지이용계획 확인원
1. 확인원 내용 : 「토지이용규제 기본법」 제5조 각 호에 따른 지역·지구 등의 지정 내용과 그 지역·지구 등에서의 행위제한 내용, 그리고 같은 법 시행령 제9조 제4항에서 정하는 사항
2. 유의사항
   - 지형도면을 작성·고시하지 않는 경우, 고시가 곤란한 경우 확인 안 됨
   - 「국토의 계획 및 이용에 관한 법률」에 따른 지구단위계획구역에 해당하는 경우에는 담당 과에서 토지이용과 관련한 계획을 별도로 확인받아야 함

02 중세시대 이슬람 도시의 특성을 나타내고 있는 도시와 국가의 연결이 틀린 것은?

① 바스라(Basra) - 튀니지
② 라바트(Rabat) - 모로코
③ 푸스타트(Fustat) - 이집트
④ 코르도바(Cordoba) - 스페인

[해설]
이슬람 도시의 특성을 나타내는 도시와 국가
- 바스라(Basra) – 이라크
- 카이로완(Kairouan) – 튀니지
- 라바트(Rabat) – 모로코
- 푸스타트(Fustat) – 이집트
- 코르도바(Cordoba), 세비아(Sevilla) – 스페인

03 도시계획 실행을 위한 중장기 재정계획 수립 시 단계별 순서가 맞는 것은?

① 총괄계획 작성 → 기본방향과 계획지표 설정 → 계획의 여건분석·예측 → 부문별 투자조정
② 기본방향과 계획지표 설정 → 계획의 여건분석·예측 → 부문별 투자조정 → 총괄계획 작성
③ 계획의 여건분석·예측 → 부문별 투자조정 → 총괄계획 작성 → 기본방향과 계획지표 설정
④ 계획의 여건분석·예측 → 기본방향과 계획지표 설정 → 총괄계획 작성 → 부문별 투자조정

[해설]
재정계획 수립 4단계
- 1단계 : 기본방향과 계획지표 설정
- 2단계 : 여건 분석 및 예측(재원의 수요·공급 비교)
- 3단계 : 부문별 투자조정 및 우선순위 결정
- 4단계 : 총괄계획 작성(연동화 계획 수립)

04 새로운 도시계획 패러다임으로 적절하지 않은 것은?

① 도·농 통합적 계획 지향
② 지속가능한 도시개발 지향
③ 성장 위주의 경제 논리가 지배하는 도시개발 지향
④ 시민 참여 확대와 계획 및 개발주체의 다양화 지향

[해설]
도시계획의 새로운 패러다임
- 환경 중시 : ESSD와 Eco-city, 외부효과에 따른 공적 규제, 입체적 토지이용, 기능통합적 토지이용
- 균형성장 : 도시성장 관리, 집중과 분산, 도농통합도시, 농촌도시권, 농도지구
- 도시의 문화화 : 장소성(Placeness), 공공공간의 Amenity, 문화예술지구
- 기타 : 시민이 함께 만드는 도시, 통일 대비 도시계획, 3차원 가상도시, U-시티(Ubiquitous City)

05 도시계획에 활용되는 자료원에 대한 접근 방법을 직접적·간접적이냐에 따라 1차 자료와 2차 자료로 분류할 때 다음 중 2차 자료에 해당하는 것은?

① 통계조사자료　② 현지조사자료
③ 면접조사자료　④ 설문조사자료

[해설]
자료의 구분

구분	형태
1차 자료	현지조사, 관찰, 면접을 통한 직접적 자료
2차 자료	기존의 서적, 간행물 및 각종 통계자료

정답　01 ④　02 ①　03 ②　04 ③　05 ①

06 다음 중 도시의 일반적인 구성요소가 아닌 것은?

① 문화(Culture) ② 시민(Citizen)
③ 시설(Facility) ④ 활동(Activity)

해 설

도시의 구성요소

유기적 3대 구성요소	인구, 활동, 토지·시설
물리적 3대 구성요소	동선, 배치, 밀도

→ 일반적인 구성요소라 함은 유기적 3대 구성요소를 의미한다.

07 다음 중 광장의 종류와 설치 목적이 바르게 연결된 것은?

① 근린광장 : 다수인의 집회·행사·사교 활동 공간 조성
② 역전광장 : 주민의 휴식·오락 공간 조성 및 경관·환경의 보전
③ 교차점광장 : 혼잡한 주요 도로의 교차점에서 차량과 보행자의 원활한 소통 도모
④ 중심대광장 : 교통이 혼잡한 주요 시설에 대한 원활한 교통 처리

해 설

「도시계획시설의 결정·구조 및 설치기준에 관한 규칙」 제53조

구분	내용
교차점광장	• 자동차의 설계속도에 의한 곡선반경 이상이 되도록 하여 교통처리가 원활히 이루어지도록 할 것 • 횡단보행자의 통행에 지장이 없는 시설을 설치하고, 도로법의 규정에 의한 도로부속물을 설치할 수 있도록 할 것
역전광장·주요시설 광장	이용자를 위한 보도·차도·택시정류장·버스정류장·휴식시설 등을 설치할 것
중심대광장	시민의 집회·행사 또는 휴식을 위한 시설과 보행자의 통행에 지장이 없는 시설을 설치할 것
근린광장	시민의 사교·오락·휴식 등을 위한 시설을 설치하여야 하며, 당해 지역을 통과하는 교통량을 처리하기 위한 도로를 배치하지 아니할 것

08 부동산 소유자 간 또는 개발업자와 구입자 사이에 체결되는 민사계약으로 지역제보다 훨씬 상세하고 엄격한 규정으로 되어 있으며, 일반적으로 토지·건물대장 및 권리서에 기재되어 부동산 매매 시 신규 구입자에게 승계되는 것으로 미국의 근대도시계획 성립기에 지역제의 바탕이 된 제도는?

① 협약(Covenant)
② 획지분할규제(Subdivision Control)
③ 공도(Official Mapping)
④ 성장관리(Growth Management)

해 설

협약(Covenant)
• 부동산 소유자 간 또는 개발업자와 구입자 사이에 체결되는 민사계약
• 지역제보다 훨씬 상세하고 엄격한 규정으로 구성
• 일반적으로 토지·건물대장 및 권리서에 기재되어 부동산 매매 시 신규 구입자에게로 승계
• 미국의 근대도시계획 성립기에 지역제의 바탕이 된 제도

09 다음 중 용도지구의 분류에 해당하지 않는 것은?

① 개발진흥지구 ② 자연환경보전지구
③ 시설보호지구 ④ 특정용도제한지구

해 설

용도지구
경관, 고도, 방화, 방재, 보호, 취락, 개발진흥, 복합용도지구, 특정용도제한
※ 참고 : 2017. 4. 18. 부로 국토의 계획 및 이용에 관한 법률 제37조(용도지구의 지정) 조항이 개정되면서 미관지구와 시설보호지구조항이 삭제되고, 복합용도지구가 추가되었으며, 보존지구가 보호지구로 변경되었다.

10 지구단위계획에서 환경관리계획에 관한 설명 중 옳지 않은 것은?

① 구릉지 등의 개발에서 절토를 최소화하고 절토면이 드러나지 않게 대지를 조성하여 전체적으로 양호한 경관을 유지시킨다.
② 구릉지에는 가급적 계단 형태의 고층건물 위주로 계획한다.
③ 대기오염원이 되는 생산활동이 주거지 안에서 일어나지 않도록 한다.
④ 쓰레기 수거는 가급적 건물 후면에서 이루어지도록 하고 폐기물 처리시설을 설치하는 경우에는 바람의 영향을 감안하고 지붕을 설치하도록 한다.

정답 06 ① 07 ③ 08 ① 09 ②, ③ 10 ②

> **해설**
> 환경관리계획(자연환경 보전을 위한 고려사항)
> • 구릉지 등의 개발 : 절토를 최소화하고 절토면이 드러나지 않게 대지를 조성
> • 생태민감지역의 개발 : 오픈스페이스 체계에 연결을 통한 보존
> • 구릉지에는 가급적 자연지형을 살릴 수 있도록 저층 위주로 계획

11 도시정보체계(Urban Information System)의 하나인 토지정보체계(An Information System)를 구축함으로써 얻을 수 있는 장점으로 틀린 것은?

① 시민들에게 토지정보 제공으로 투명한 토지행정 실현
② 정확한 토지정보 구축으로 인한 토지가치의 상승
③ 토지 관련 일상 업무의 효율화와 계획 수립 업무의 과학화 실현
④ 관계 행정기관 상호 간의 자료교환체계의 구축으로 관련 업무의 신속화 가능

> **해설**
> 토지정보체계(Land Information System)를 구축함으로써 얻을 수 있는 장점
> • 관계 행정기관 상호 간의 자료교환체계의 구축으로 관련 업무의 신속화 가능
> • 시민들에게 토지정보 제공으로 투명한 토지행정 실현
> • 토지 관련 일상 업무의 효율화와 계획 수립 업무의 과학화 실현

12 계획 수립 과정을 옳게 나타낸 것은?

① 목표설정 → 상황의 분석 및 미래의 예측 → 대안설정 및 평가 → 집행
② 목표설정 → 대안설정 및 평가 → 상황의 분석 및 미래의 예측 → 집행
③ 상황의 분석 및 미래의 예측 → 목표설정 → 대안설정 및 평가 → 집행
④ 상황의 분석 및 미래의 예측 → 대안설정 및 평가 → 목표설정 → 집행

> **해설**
> 도시계획 수립과정
> 목표설정 → 현황조사 → 상황의 분석 및 미래의 예측 → 대안설정 → 대안평가 및 선택안 결정 → 실행(Feed-back)

13 다음 중 현재 우리나라 도시계획의 종류와 위계를 옳게 나열한 것은?

① 광역도시계획 - 도시·군기본계획 - 도시·군관리계획 - 지구단위계획
② 수도권계획 - 도시·군기본계획 - 도시·군관리계획 - 도시설계
③ 도시·군기본계획 - 광역도시계획 - 도시재정비계획 - 지구단위계획
④ 광역도시계획 - 수도권정비계획 - 도시·군관리계획 - 도시·군기본계획 - 도시설계

> **해설**
> 도시계획의 위계
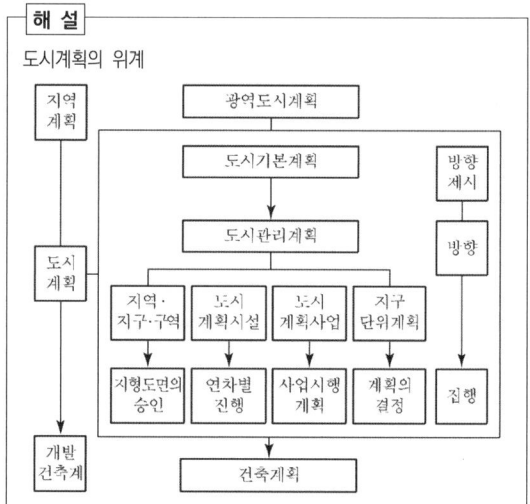

14 국토의 계획 및 이용에 관한 법률 시행령에서 기반시설 중 환경기초시설이 아닌 것은?

① 하수도　　② 도축장
③ 폐차장　　④ 폐기물처리시설

> **해설**
> 도시·군 계획시설의 종류
> 도축장은 보건위생시설에 해당한다.

15 다음 중 지속가능한 도시가 추구하는 목표가 아닌 것은?

① 쾌적한 도시공간의 정비·확보
② 환경 친화적 교통·물류체계 정비
③ 환경부하의 저감, 자연과의 공생, 어메니티 창출
④ 현재의 건축물을 파손하지 않고 계속적으로 보존

> **해설**
> ④ 현재의 건축물 중 개발이 필요한 경우 다음 세대의 개발 여건을 훼손하지 않는 범위 내에서의 고밀도 개발 및 친환경적 개발

16 1980년대에 계획된 우리나라 제1기 신도시와 비교하여 2000년대에 추진된 제2기 신도시의 계획 특성이 아닌 것은?

① 대중교통 지향적인 교통체계를 갖추었다.
② 녹지율을 높여 그린네트워크를 지향하였다.
③ 친환경, 첨단과 같은 신도시로서의 테마를 강조하였다.
④ 1기 신도시에 비해 토지이용에 있어 고밀도를 유지하였다.

> **해설**
> 1기 신도시에 비해 2기 신도시는 토지이용에 있어 저밀도를 유지하였다.

17 가장 인간주의적이고 문화적 폭이 넓은 계획을 주장한 미국 지역계획가협회에 속한 학자들의 도시계획 내용으로 옳지 않은 것은?

① 도시 구조 형식은 근린주구의 개념을 강조
② 소단위의 새로운 주거형태의 개발을 강조
③ 자연에의 회귀를 주장하며 농업과 공업의 조화를 강조
④ 행정조직의 집중화를 주장하며 전원도시운동의 이념을 강조

> **해설**
> 행정조직의 집중화와 전원도시운동의 이념은 상반되는 내용이다. 미국 지역계획가협회는 행정조직 분권화를 주장하였다.

18 공원 및 녹지에 관한 설명 중 옳은 것은?

① 녹지의 종류는 완충녹지, 경관녹지, 시설녹지로 구분된다.
② 수변공원은 3만 m² 이상의 규모에서만 지정이 가능하다.
③ 도시공원 및 녹지 등에 관한 법률에 의해 도시·군관리계획으로 결정된다.
④ 녹지는 자연경관을 보전하거나 개선하고, 공해와 재해를 방지하여 양호한 도시경관의 향상을 도모하기 위해 설치·관리되는 도시기반시설이다.

> **해설**
> 1. 녹지의 개념 : 녹지는 도시지역 안에서 도시의 자연환경을 보전하거나 개선하고, 공해나 재해를 방지하여 양호한 도시환경을 조성하기 위해 국토의 계획 및 이용에 관한 법률에 의해 도시관리계획으로 결정되는 공공시설로 완충녹지, 경관녹지, 연결녹지로 구분된다.
> 2. 설계기준
>
> | 공원구분 | | 유치거리 | 규모 | 공원면적 | 건폐율 | 공원시설 부지면적 |
> |---|---|---|---|---|---|---|
> | 주제공원 | 수변공원 | 제한없음 | 제한없음 | 전부해당 | 20% | 40% 이하 |

19 인구 50~100만 인의 중도시에서 상업지역의 간선도로 밀도로 가장 적절한 것은?(단, 간선도로는 4차로 이상이다.)

① 2~4km/km²
② 3~6km/km²
③ 4~8km/km²
④ 5~10km/km²

> **해설**
> 도시 규모에 따른 용도지역별 간선도로의 밀도
>
> | 도시 규모 | 간선도로(4차로 이상) | | |
> |---|---|---|---|
> | | 주거지역 | 상업지역 | 공업지역 |
> | 대도시 (100만 인 이상) | 2~4 km/km² | 5~10 km/km² | - |
> | 중도시 (50~100만 인) | | 4~8 km/km² | 2~4 km/km² |
> | 소도시 (50만 인 미만) | | 3~6 km/km² | - |

20 다음 조건에 따라 필요한 주거지역의 면적은 얼마인가?

- 인구 : 18,000인
- 가구당 인구 : 3인
- 1호당 부지면적 : 200m²
- 공공용지율 : 40%

① 1,000,000m²
② 1,800,000m²
③ 2,000,000m²
④ 3,000,000m²

> **해설**
> 주거용지 면적 산정
> 주택 수와 1호당 부지면적에 의한 방법

- 주거지 면적 = 주택용지×1/(1 − 혼합률)
  ※ 혼합률 : 20~40%
- 주택용지 = 주택부지면적×1/(1 − 공공용지율)
  ※ 공공용지율 : 30~40%
- 주택부지면적 = 주택 수×주택 1호당 부지면적
- 주택 수 = 계획인구/가구당 인구
  1) 주택 수 = 18,000/3 = 6,000가구
  2) 주택부지면적 = 주택 수×주택 1호당 부지면적
     = 6,000×200 = 1,200,000m²
  3) 주택용지 = 주택부지면적×1/(1 − 공공용지율)
     = 1,200,000m²×{1/(1 − 0.4)} = 2,000,000m²
  4) 주거지 면적 = 주택용지×1/(1 − 혼합률) = 혼합률이 주어지지 않았으므로 0으로 놓고 풀면 주택용지 = 주거지면적이 됨
  ∴ 2,000,000m²

제2과목 도시설계 및 단지계획

21 생활권의 권역 구분 중 2차 생활권(중생활권)의 특징으로 가장 옳은 것은?

① 주거환경의 보호가 우선이다.
② 주거, 상업뿐만 아니라 생산시설도 입지한다.
③ 지역 중심이 있고 2~3가지 토지용도가 있다.
④ 교통수단을 이용하지 않고 걸어서 움직일 수 있는 공간적 범위를 의미한다.

[해설]
① 근린생활권, ② 대생활권, ④ 근린주구

22 도시 및 단지설계에서 조망경관을 고려한 도시공간 형성과 가장 거리가 먼 내용은?

① 조망대상 주변 지역의 일정한 건축물 높이 제한
② 전체 조망구도를 고려한 용도지역 및 지구 설정
③ 주요 조망점 주변 지역의 시야 확보를 위한 넉넉한 공지 확보
④ 랜드마크 경관을 확보하기 위한 최고층 건축물의 건설 의무화

[해설]
최고층 건축물의 건설을 의무화하면 다른 조망경관 고려사항과 상반되므로 경관계획에 문제가 발생할 수 있다.

23 2m 등고선 간격(표고차, H)으로 5%의 경사도를 얻으려면 등고선과 등고선 간의 거리는 얼마나 되어야 하는가?

① 20m ② 30m
③ 40m ④ 50m

[해설]
등고선에서 수평거리 계산

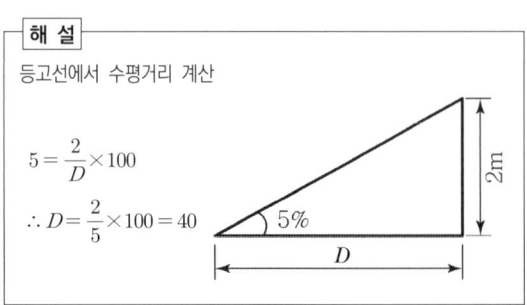

$$5 = \frac{2}{D} \times 100$$

$$\therefore D = \frac{2}{5} \times 100 = 40$$

24 물리적 계획 및 적정 인구 규모뿐만 아니라 도시의 경제기반 확보, 개발 이익의 사회 환수, 토지의 공유와 사용권 제한 등 유지관리 내용을 포함한 계획은?

① 르두(C. N. Ledoux)의 쇼(Chaux)
② 하워드(Ebenezer Howard)의 전원도시
③ 쿡(P. Cook)의 플러그인 시티(Plug - in - city)
④ 르 코르뷔지에(Le Corbusier)의 빛나는 도시(La Ville Radieuse)

[해설]
에버네즈 하워드(Ebenezer Howard)의 전원도시론(田園都市論, Garden City Theory)

1. 정의
   - 거대도시 또는 과다한 도시화를 방지 완화하면서 도시와 전원의 조화 도모
2. 조건
   - 인구는 3~5만 정도
   - 도시 주변에 넓은 농업지대 보유
   - 자족이 가능한 산업 보유
   - 도시 내부에 충분한 공지 확보
   - 도시의 토지 공유
3. 주요 내용
   - 물리적 계획 및 적정 인구 규모
   - 도시의 경제기반 확보
   - 개발 이익의 사회 환수
   - 토지의 공유와 사용권 제한

25 단지계획의 수립 과정 중 기본구상 및 대안설정 단계에서 수행되는 계획 내용은 무엇인가?
① 기본골격 작성 ② 분양계획
③ 부문별 기본계획 ④ 자연·인문환경 분석

해 설
단지계획의 수립과정

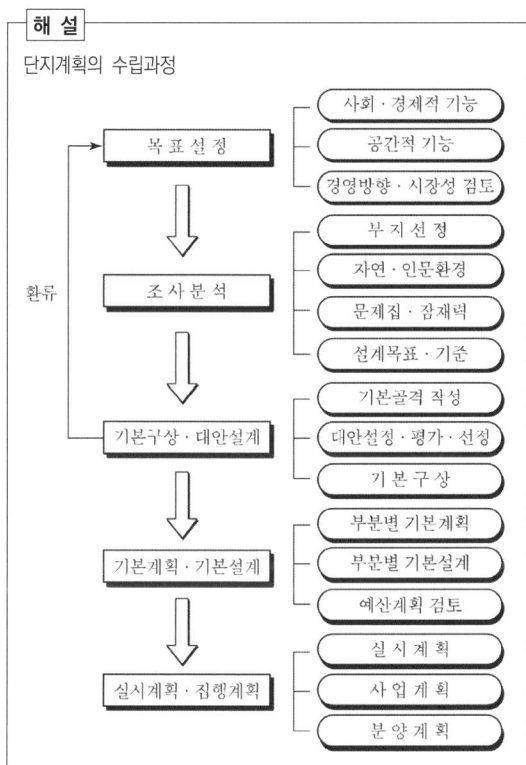

26 대단위 주택단지계획의 장점으로 옳은 것은?
① 공공시설 비용을 넓게 확산시키기 때문에 기반시설 설치에 있어 비용이 절감된다.
② 상업시설이 단지의 중앙에 위치하여 시설의 이용이 편리하고 간선도로변 활성화 기회가 촉진된다.
③ 표준 주택형의 사용 등 표준화된 계획에 따라 단기간에 건설되므로 다양한 주거환경을 조성하게 된다.
④ 주변 도시조직과의 부합성 및 이웃 가구와의 유기적 연계성이 강화되어 단지 전체의 지역적 위계가 분명하게 건설된다.

해 설
대단위 주택단지(= 대가구, 슈퍼블록)계획
1. 슈퍼블럭의 정의
 • 대형 가구의 내부에 자동차의 통과교통을 없애고, 보행자 전용 도로를 조성하여 쾌적하고 편리한 주거생활공간을 창출
 • 래드번 계획에서 처음 채택
2. 장점
 • 주택공급 용이, 다양한 주택공급이 가능하며, 다양한 선택 가능
 • 건물을 집약화함으로써 고층화, 효율화 가능
 • 공공시설 확보 용이, 편익시설 확보 용이, 기반시설비용 경감
 • 전력, 난방, 하수, 쓰레기 수집 등 도시시설의 공동화 가능
 • 공동의 오픈스페이스 확보 용이
 • 차도의 완전한 분리 가능
3. 단점
 • 주변지가 앙등, 도시의 외연적 확산, 외부 불경제효과 발생, 기반시설 부담으로 주택가격 상승, 획일적 주거환경
 • 부정합성 및 가구 폐쇄로 도시성 상실
 • 중앙 배치로 간선도로변의 활성화 기회 상실

27 지구단위계획의 특별계획구역에 대한 설명으로 틀린 것은?
① 특별계획구역에 대한 계획내용은 지구단위계획에 포함하여 결정한다.
② 지구단위계획 입안 시, 현상설계 등에 의하여 창의적 개발안을 받아들일 필요가 있을 경우 특별계획구역으로 반영하여 함께 지정한다.
③ 도시·군관리계획으로 결정하는 데 있어 법령에서 지구단위계획으로 결정하도록 한 부분이 있는 경우에는 이들 모두를 도시·군관리계획으로 결정하여야 한다.
④ 지구단위계획구역 중에서 계획의 수립 및 실현에 상당한 기간이 걸릴 것으로 예상되어 별도의 개발안이 필요한 경우에는 특별계획구역으로 지정할 수 없다.

해 설
특별계획구역의 정의
• 지구단위계획구역 중 현상설계 등에 의하여 창의적 개발안을 받아들일 필요가 있거나 계획안을 작성하는 데 상당한 기간이 걸릴 것으로 예상되어 충분한 시간을 가질 필요가 있을 때 별도의 개발안을 만들어 지구단위계획으로 수용, 결정하는 구역
• 미국식 PUD 제도를 국내에 도입한 제도

28 1875년 영국에서 불결한 도시주거환경을 제거하기 위해 새로이 건설되는 주택의 상하수도 시설과 정원 크기 및 주변 도로의 폭 등 주거환경기준을 규제하는 목적으로 제정된 법은?
① 건축법(Building Code)

정답 25 ① 26 ① 27 ④ 28 ③

② 단지조성법(Site Planning Act)
③ 공중위생법(Public Health Act)
④ 미관지구에 관한 법(Law of Beautification District)

해설

영국의 공중위생법
1. 영국의 주거환경 관련 법률
   - 산업혁명이 일찍 시작된 영국은 노동자들의 열악한 주거 및 주거환경이 커다란 사회문제였으며 이러한 주거환경문제를 해결하기 위한 노력으로 「공중위생법(Public Health Act), 1875년」, 「노동자계급 숙사법(Labouring Health Act), 1851년」, 「런던계획법, 1894년」, 「주거 및 도시계획 등의 법(Housing, Town Planning ect. Act, 1909년」을 제정하였다.
2. 공중위생법의 내용
   - 공중위생의 입장에서 유해물질 근절과 질병예방을 위한 대응이 이루어짐
   - 과밀지구, 불안전 배수, 고여 있는 오수, 화장실이 비위생적인 주택에 대한 대책

29 전원도시 레치워스(Letchworth) 건설을 담당한 사람은?

① Tony Gamier, Auguste Perret
② Raymond Unwin, Barry Parker
③ Le Corbusier, Ebenezer Howard
④ Peter Smithson, Alison Smithson

해설

전원도시론(田園都市論, Garden City Theory) – 에버네즈 하워드(Ebenezer Howard)의 전개
- 1904년 런던에서 북쪽으로 54km 떨어진 곳에 최초의 전원도시인 레치워스(Letchworth)가 언윈(R Unwin)과 파커(B. Parker)에 의해 건설
- 1919년 런던에서 20mile 거리에 웰인(Welwyn) 건설
- New Town으로 발전

30 다음중 경관분석의 기법에 해당하지 않는 것은?

① 기호화 방법
② 군락측도 방법
③ 시각회랑에 의한 방법
④ 게슈탈트(Gastalt)에 의한 방법

해설

경관분석기법
- 기호화 방법 : 린치(Lynch)
- 심미적 요소의 계량화 방법 : 레오폴드(Leopold)
- 메시분석방법
- 시각회랑에 의한 방법
- 사진에 의한 분석방법
- 게슈탈트(Gestalt)에 의한 방법

31 주택건설기준 등에 관한 규정상 도로 및 주차장의 경계선으로부터 공동주택의 외벽까지는 최소 얼마 이상을 띄워야 하는가?

① 2m
② 3m
③ 5m
④ 10m

해설

주택건설 기준 등에 관한 규정에서 공동주택 등의 배치
- 도로(주택단지 안의 도로 포함) 및 주차장(지하 또는 필로티 기타 이와 유사한 구조에 설치하는 주차장 및 차로를 제외)의 경계선으로부터 공동주택의 외벽까지의 거리는 2m 이상 띄워야 하고, 띄운 부분에 조경 등 식재
- 주택단지에는 화재 등 재난 발생 시 공동주택의 각 세대로 소방자동차의 접근이 가능하도록 통로를 설치하여 소방활동에 지장이 없도록 함

32 기능별 구분에 의한 도로의 종류로서 보조간선도로와 집산도로의 배치간격 기준은?

① 120~150m 내외
② 250m 내외
③ 500m 내외
④ 1,000m 내외

해설

도로의 배치간격

구분	배치간격	구분	곡률반경
주간선도로와 주간선도로	1,000m 내외 (외곽부 1~3km)	주간선 도로	15m 이상
주간선도로와 보조간선도로	500m 내외 (주거500~1,500m)	보조간선 도로	12m 이상
보조간선도로와 집산도로	250m 내외 (주거 250~500m)	집산도로	10m 이상
국지도로	• 장축 90~150m • 단축 25~60m	국지도로	6m 이상

33 다음 중 페리(Perry)가 주장한 근린주구이론에서 하나의 근린단위가 갖고 있어야 하는 기본요소에 해당하지 않는 것은?

① 작은 공원
② 운동장
③ 작은 가게
④ 완충녹지

> **해설**
> 페리의 근린주구이론에서 물리적 4가지 기본요소
> • 초등학교 • 작은 공원과 운동장
> • 작은 가게 • 건물배치와 도로체계

34 도시·군계획시설의 결정·구조 및 설치기준에 관한 규칙에 의한 보행자전용도로의 최소 폭은?

① 1.0m ② 1.5m
③ 2.0m ④ 2.5m

> **해설**
> 도로의 사용 및 형태별 구분
> 보행자 전용도로 : 폭 1.5m 이상의 도로로서 보행자의 안전하고 편리한 통행을 위하여 설치하는 도로

35 지구단위계획의 성격으로 가장 거리가 먼 것은?

① 지구단위계획 수립의 주된 목적은 도시경관 관리를 위함이다.
② 지구단위계획구역 및 지구단위계획은 도시·군관리계획으로 결정한다.
③ 지구단위계획은 인간과 자연이 공존하는 환경친화적 환경을 조성하고 지속가능한 개발 또는 관리가 가능하도록 하기 위한 계획이다.
④ 지구단위계획은 토지이용을 합리화하고 그 기능을 증진시키며 미관을 개선하고 양호한 환경을 확보하며, 당해 구역을 체계적이고 계획적으로 관리하기 위해 수립하는 계획을 말한다.

> **해설**
> 지구단위계획의 목적
> 1. 제1종 지구단위계획
>   • 도시기능 및 미관 증진
>   • 토지이용 합리화·구체화
>   • 양호한 환경 확보
> 2. 제2종 지구단위계획
>   • 비도시지역의 계획적 개발 유도
>   • 개별 개발수요의 집단화

36 도시·군계획시설의 결정·구조 및 설치기준에서 폭 35m 도로는 다음 중 어느 규모별 구분에 해당하는가?

① 대로 1류 ② 대로 3류
③ 중로 1류 ④ 광로 3류

> **해설**
> 규모별 도로의 구분
>
> | 구분 | 1류 | 2류 | 3류 |
> |---|---|---|---|
> | 광로 | 70m 이상 | 70m 미만~50m 이상 | 50m 미만~40m 이상 |
> | 대로 | 40m 미만~35m 이상 | 35m 미만~30m 이상 | 30m 미만~25m 이상 |
> | 중로 | 25m 미만~20m 이상 | 20m 미만~15m 이상 | 15m 미만~12m 이상 |
> | 소로 | 12m 미만~10m 이상 | 10m 미만~8m 이상 | 8m 미만 |

37 다음 중 건축법령상 공동주택의 구분에 따른 분류가 옳지 않은 것은?(단, 2개 이상의 동을 지하주차장으로 연결하는 경우에는 각각의 동으로 본다.)

① 주택으로 쓰는 층수가 6개 층인 주택은 아파트다.
② 주택으로 쓰는 층수가 8개 층인 주택은 아파트다.
③ 주택으로 쓰는 1개 동의 바닥면적 합계(지하 주차장 면적 제외)가 450m²인 3층의 주택은 다세대주택이다.
④ 주택으로 쓰는 1개 동의 바닥면적 합계(지하 주차장 면적 제외)가 660m²인 5층의 주택은 연립주택이다.

> **해설**
> 공동주택의 분류
> • 아파트 : 주택으로 쓰이는 층수가 5개 층 이상인 주택
> • 연립주택 : 주택으로 쓰이는 1개 동의 연면적이 660m²를 초과하고 4개 층 이하인 주택
> • 다세대주택 : 주택으로 쓰이는 1개 동의 연면적이 660m² 이하이고 4개 층 이하인 주택
> • 기숙사 : 학교 또는 공장 등의 학생 또는 종업원 등을 위하여 사용되는 것으로 공동취사 등을 할 수 있는 구조로 독립된 주거의 형태를 갖추지 아니한 것
> • 5층 이상의 주택은 아파트로 분류된다.

38 국지도로의 형태 중 하나인 루프형(Loop) 도로에 대한 설명으로 옳지 않은 것은?

① 불필요한 차량의 진입이 배제된다.
② 교차점이 많아 방향성이 불분명하다.
③ 주거환경의 안정성이 어느 정도 확보된다.
④ 외곽부에서 내부로의 진입이 제한되므로 차량의 우회교통이 발생한다.

정답 34 ② 35 ① 36 ① 37 ④ 38 ②

해설

루프형(Loop형)
1. 특징 : 빠른 우회도로를 두어 단지 내로 통과차량의 진입을 방지한다. : 차량 우회교통 발생
2. 장점 : 통과교통 감소로 안전한 도로공간 및 생활공간 형성 : 안정된 도로공간이 조성되므로 국지도로를 생활공간으로 이용하는 것이 가능, 가구 내부 주민에게 독점적으로 활용되는 쾌적한 도로공간이 형성되므로 가구의 규모에 따라 정돈된 경관 연출 가능
3. 단점 : 도로길이가 길어지고 도로율이 높아짐, 교차점이 많은 것은 격자형의 단점이다.

39 건물로 사방이 폐쇄된 공간 내에 서 있는 관찰자 자신으로부터 건물까지의 거리가 건물 높이(H)의 몇 배를 초과하면서부터 건물에 의해 폐쇄되었던 느낌을 벗어날 수 있는가?

① 2H ② 3H ③ 4H ④ 5H

해설

건축물의 높이
관찰자 자신으로부터 건물까지의 거리가 건물 높이의 4배를 초과하면 그때부터 개방감을 느낄 수 있다.

40 도시공원의 기능에 따른 분류 중 생활권 공원의 하나인 어린이 공원의 최소 설치 규모 기준은?

① 3,000m² 이상 ② 2,000m² 이상
③ 1,500m² 이상 ④ 1,000m² 이상

해설

어린이 공원 유치거리와 규모

유치거리	규모
250m 이하	1천5백 m² 이상

제3과목 도시개발론

41 마케팅 전략의 3단계인 STP 전략 중 새로운 제품에 대해 다양한 욕구, 행동, 특성을 가진 소비자들을 동질적인 집단으로 나누는 것은?

① 시장 세분화 ② 표적시장 선정
③ 전략적 관측 ④ 제품 포지셔닝

해설

STP 전략
• 시장세분화(Segmentation) : 수요자 집단을 동질적인 **집단끼리 세분하고**, 상품판매의 지향점 설정
• 표적시장(Target) : 수요집단 또는 표적시장에 적합한 신상품 기획
• 차별화(Positioning) : 다양한 공급자들과의 경쟁 방안 강구

42 지역사회개발(Community Development)의 주요 목적으로 가장 거리가 먼 것은?

① 경제 성장의 촉진
② 특정 상업기능의 유지 또는 개선
③ 시설별 효율성 향상을 위한 용도 분리
④ 공원, 여가시설, 주차시설, 가로패턴 등 물리적 시설 개선

해설

지역사회개발(Community Development)의 주요 목적
• 경제 성장 촉진
• 상업기능의 유지 및 개선
• 시설 개선

43 제안된 도시개발 사업안들 중에서 최적의 사업안을 선택하는 일은 제안된 사업의 기대비용과 이익뿐만 아니라 사업의 실행결과에 따른 형평성 문제를 어떻게 다룰 것인가에 직접적인 영향을 받는다. 이러한 이유에서 계획가가 제안된 사업안에 대한 평가 방법의 산정에서 고려해야 하는 요소와 가장 거리가 먼 것은?

① 결과의 효율성
② 목적의 적절성
③ 실행의 타당성
④ 지역 주민의 수용성

해설

계획가가 제안된 사업안에 대한 평가 방법의 산정에서 고려해야 하는 요소
• 목적의 적절성
• 실행의 타당성
• 지역 주민의 수용성
※ 비용과 이익을 우선시하는 사업성 평가의 경우에는 결과의 효율성도 중요함

44 환지방식에 의한 도시개발사업의 시행에 있어, 도시개발사업으로 인하여 발생하는 사업비용을 충당하기 위하여 사업시행자가 취득하여 집행 또는 매각하는 토지를 무엇이라 하는가?

① 비환지 ② 체비지
③ 공유지 ④ 공공공지

해설
도시개발사업의 재원조달방식
• 전면매수방식에 의한 도시개발사업은 시행자가 재원을 조달(선수금, 토지상환채권 등)하여 대상지역을 수용 또는 사용한다.(공익사업을 위한 토지 등의 취득 및 보상에 관한 법률 준용)
• 환지방식에 의한 도시개발사업은 체비지의 매각을 통하여 사업에 필요한 재원을 조달한다.

45 1987년 Brundtland 보고서에서 "미래 세대의 욕구나 복지를 충족시킬 수 있는 능력과 여건을 저해하지 않으면서 현세대의 욕구를 충족시키는 개발"이라는 지속가능한 개발 개념을 잉태했다. 이는 다양한 변화의 압력에 대응해 나가는 지속적인 동태적 과정으로 1994년 Robert Goodland는 세 가지 지속성의 요소를 제안하고 있는데 이에 해당되지 않는 것은?

① 사회적 지속성 ② 경제적 지속성
③ 환경적 지속성 ④ 물리적 지속성

해설
Robert Goodland(1994)가 제안한 지속가능한 도시개발을 위한 지속성 요소
1. 사회·문화적 지속성 제고를 위한 계획
   • 사회개발, 사회적 혼합을 위한 주택건설
   • 역사·문화적 지속성 확보
2. 경제적 지속성 제고를 위한 계획
   • 자족시설용지 조성
   • 개발유보지 확보, 홍수예방 등을 위한 유수지 조성
3. 경관 및 환경적 지속성 제고를 위한 계획
   • 경관 형성 및 관리를 위한 계획
   • 환경적 지속성 제고를 위한 계획 - 자연순응형 개발, 접근성 제고, 밀도, 에너지 이용 및 자원순환, 생태적 환경조성, 대중교통 체계 확립

46 다음 중 Calthorpe의 대중교통중심개발(TOD ; Transit Oriented Development)의 원칙으로 옳지 않은 것은?

① 주택의 유형, 밀도의 혼합 배치
② 자동차 중심의 중·저밀도 유지
③ 지구 내 목적지 간 보행친화적 가로망 구축
④ 역으로부터 보행거리 내에 주거, 상업, 직장, 공원, 공공시설 설치

해설
Calthorpe(1993)의 TOD 7가지 원칙
• 대중교통 서비스를 유지할 수 있는 고밀도를 유지
• 역으로부터 보행거리 내에 주거, 상업, 직장, 공원, 공공시설 배치
• 지구 내에는 걸어서 목적지까지 갈 수 있는 보행친화적인 가로망 구성
• 주택의 유형, 밀도, 비용의 혼합배치
• 양질의 자연환경과 공지 보전
• 공공공간을 건물배치 및 근린생활의 중심지로 조성
• 기존 근린지구 내에 대중교통 노선을 따라 재개발 촉진

47 그림과 같은 거리와 지대/밀도의 관계 그래프에서 도시용 토지와 농업 등의 생산용도로 이용하고자 하는 토지로 나누어지는 지점은?(단, R_a는 농업지대곡선, R_r은 주거지대곡선, R_c는 상업·업무 지대 곡선이다.)

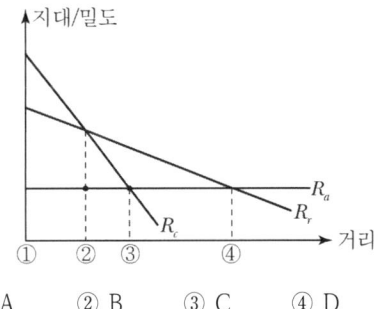

① A ② B ③ C ④ D

해설
1. 지가(Land Price) : 접근성과 밀접한 관계가 있으며 도심이 가장 높음
2. 지대와 토지이용
   • 지대와 접근성의 차이 → 접근성이 높으면 지대도 높음
   • 상업·업무 지구 → 공업지구 → 주거지구
※ 도시용 토지와 농업 등의 생산용도로 이용하고자 하는 토지로 나누어지는 지점은 주거지구에서 농업지구로 바뀌는 D 지점이 된다.

48 다음 중 Miles, Berens and Weiss(2000)의 정의를 바탕으로 하는 도시개발에서의 타당성 분석에 포함되는 개념으로 옳지 않은 것은?

① 타당성 분석은 선택된 수단의 적합성을 실험하는 것이다.
② 타당성은 그 프로젝트의 확실한 성공을 보장하지는 않는다.
③ 타당성은 분석 이전에 설정된 프로젝트의 명료한 목적에 대한 충족 여부에 따라 결정된다.
④ 타당성 분석이란 제약사항이 없는 상태에서 프로젝트의 적합성을 실험하는 것이다.

해설
타당성 분석의 특성(Miles, Berens and Weiss, 2000)
- 타당성은 확실성을 제공하지 않음
- 타당성 분석 이전에 설정된 프로젝트의 목적에 대한 충족여부로 결정됨
- 타당성 분석은 선택된 수단의 적합성을 검토하는 것임
- 제도적, 물리적, 재정적, 환경적 제약하에서 프로젝트의 적합성을 실험하는 것

49 다음 중 도시마케팅의 고객이 아닌 것은?

① 주민　　　　② 지방자치단체
③ 투자기업　　④ 관광객 및 방문객

해설
도시마케팅의 고객
- 도시정부는 경쟁시장에서 고객을 만나 그들의 장점과 기회를 파악하여 표적시장을 결정
- 투자기업, 관광객 및 방문객, 주민이 대상

50 교외화로 인한 스프롤(Sprawl) 현상을 치유하기 위해 시작된 것으로 기 개발된 지역 안에서 신규 주택 건설과 상업적 개발을 강조함으로써 새로운 도로와 시설, 어메니티에 드는 공공투자와 신개발로 인해 발생하는 사회적 비용을 줄여보자는 취지의 도시운동은?

① 에코이즘　　② 뉴어바니즘
③ 스마트 성장　④ 어반빌리지

해설
스마트 성장(Smart Growth)의 정의
- 도시성장관리 수단의 한 유형으로 1980년대 후반 미국 교외의 저밀도화로 인한 스프롤(Sprawl, 난개발) 문제 해결책으로 도입
- 기 개발된 지역 안에서 개발을 통해 공공시설 등 신개발로 인한 사회비용 절감 차원에서 시행

51 다음 중 주민 참여형 도시개발의 유형과 가장 거리가 먼 것은?

① BTL 방식　　② 민간협약
③ 주민투표　　④ 지구차원의 계획

해설
BTL 방식은 민간투자 사회간접자본(SOC)의 사업추진방식의 한 종류이다.

52 영국의 근대도시화 과정에서 표출된 문제에 대하여 1898에 전원도시 건설의 필요성을 강조한 사람은?

① 오웬　　② 어윈
③ 하워드　④ 테일러

해설
근대적 도시개발
1. 산업혁명 이후 급격한 도시인구 증가 → 도시문제 야기(주택 부족, 주거환경 악화 등)
2. 근대적 도시계획과 도시개발 등장 → 물리적 환경 개선을 통한 살기 좋은 환경을 조성 → 노동자 계층을 위한 주택공급과 주거환경 개선을 위한 해결책 제시
   - 오웬(Owen, Robert)의 협동마을(Village of Unity and Cooperation, 1817)
   - 푸리에(Fourier, Charles)의 팔란스테르(Phalanst re, 1847) 등
3. 인간관계가 중시되는 공동사회를 만들기 위한 이상도시안(案) 제시 → 도시와 농촌의 매력을 함께 지닌 자족적인 커뮤니티(하워드의 전원도시론) : 이후 주거지 계획의 기본이념이 됨

53 도시재정비 촉진을 위한 특별법에서 재정비촉진계획과 관련한 완화조항이 아닌 것은?

① 재정비촉진계획에서 건축물의 건축제한
② 재정비촉진계획 조례에서 정한 건폐율 상한
③ 재정비촉진계획에 따라 조성하는 근린공원의 조성면적
④ 재정비촉진계획에 따라 건축하는 건축물에 부과하는 과밀부담금

> **해 설**
> 고밀복합형 재정비촉진지구로 지정하고 높이제한을 완화하면 과밀부담금 완화효과를 얻을 수 있다.

54 도시·주거환경정비기본계획을 수립하고자 하는 때에는 며칠 이상 주민에게 공람하여야 하는가?

① 14일 ② 15일
③ 20일 ④ 21일

> **해 설**
> 기본계획 수립 및 변경 절차
> 기본계획 수립 또는 변경 → 14일 이상 주민에게 공람하고 지방의회에 의견 제시(60일 이내 의견 제시) → (대도시 시장이 아닌 경우 도지사의 승인 필요) → 관계 행정기관의 장과 협의 → 지방도시계획위원회 심의 → 지방자치단체의 공보에 고시, 국토교통부장관에게 보고

55 도시기반시설이나 공공시설은 재화나 서비스의 소비자가 증가하여도 이에 따른 추가적인 공급비용이 발생하지 않는 특성이 있다. 이를 의미하는 공공재의 특성을 무엇이라 하는가?

① 비증감성 ② 무비용성
③ 비배재성 ④ 비경합성

> **해 설**
> 공공재의 일반적 특징
> 1. 소비에 있어서의 비경합성
>   - 많은 사람들이 동일한 재화와 서비스를 동시에 소비할 수 있으며 한 개인의 소비가 다른 사람들의 소비를 감소시키지 못함
>   - 즉, 한 개인의 소비가 타인의 소비에 영향을 주지 않는다는 의미로, 소비로 인한 추가적인 공급비용(예 : 재고의 충전 등)이 발생하지 않는 특성을 의미함
> 2. 소비에 있어서의 비배제성
>   - 재화와 서비스에 대하여 어떤 대가를 치르지 않고 소비하려고 해도 소비를 못하게 할 수 없다는 것
>   - 즉, 어떤 사람의 재화 소비를 제한하는 것이 불가능한 경우를 말함

56 다음 중 ㉠, ㉡에 들어갈 내용이 모두 옳은 것은?

> 지정권자는 환지방식의 도시개발사업에 대한 개발계획을 수립하려면 환지방식이 적용되는 지역의 토지면적의 (㉠)에 해당하는 토지소유자와 그 지역의 토지 소유자 총수의 (㉡)의 동의를 받아야 한다.

① ㉠ 3분의 2 이상 ㉡ 3분의 2 이상
② ㉠ 3분의 2 이상 ㉡ 2분의 1 이상
③ ㉠ 2분의 1 이상 ㉡ 2분의 1 이상
④ ㉠ 2분의 1 이상 ㉡ 3분의 2 이상

> **해 설**
> 필요 동의 수
> 1. 지정권자가 환지방식의 도시개발계획을 수립할 때(도시개발구역의 지정)
>   - 환지방식을 적용하려 할 때는 토지면적의 2/3 이상에 해당하는 토지소유자와 그 지역의 토지소유자 총수의 1/2 이상의 동의를 얻어야 함 – 국가, 지자체는 예외
> 2. 환지방식의 시행자
>   - 토지소유자(토지면적의 2/3 이상의 토지소유)
>   - 도시개발조합(토지소유자 7인 이상, 소유자 총수의 1/2, 토지면적의 2/3 이상의 동의)
> 3. 전면매수방식의 토지수용 조건
>   - 토지소유자, 법인, 부동산 투자회사 등 – 사업대상 토지면적의 3분의 2 이상에 해당하는 토지를 소유하고 토지소유자 총수의 2분의 1 이상에 해당하는 자의 동의

57 도시개발 경제성 분석의 5단계를 바르게 나열한 것은?

① 자료 수집 → 정책 정의 → 분석체계 수립 → 분석실시 → 선택 및 결정
② 정책 정의 → 자료 수집 → 분석체계 수립 → 분석실시 → 선택 및 결정
③ 자료 수집 → 분석체계 수립 → 정책 정의 → 분석실시 → 선택 및 결정
④ 정책정의 → 분석체계 수립 → 자료 수집 → 분석실시 → 선택 및 결정

> **해 설**
> 경제성 분석 5단계
> 1. 정책 정의 : 정책의 전반적인 성격, 내용, 기타 분석에 필요한 기본적인 사항 결정
> 2. 분석체계 수립 : 정책효과의 항목화와 분석범위 결정
> 3. 자료 수집 : 분석을 위한 실제자료를 수집하는 단계
> 4. 분석 실시 : 정책의 효과를 비용과 편익으로 구분하여 측정하는 단계
> 5. 선택 및 결정 : 정책결정가가 분석가의 분석결과를 토대로 정책대안을 결정하는 단계

정답 54 ① 55 ④ 56 ② 57 ④

58 바다, 하천, 호수 등의 공간을 가지는 육지에 인공적으로 개발된 공간을 무엇이라 하는가?

① 역세권 ② 지하공간
③ 텔레포트 ④ 워터프론트

[해설]
워터프론트(水邊空間, Waterfront)
1. 정의
   - 일반적 정의 : 바다, 하천, 호수 등 수변공간을 가지는 육지에 인공적으로 개발된 공간을 의미함
   - 우리나라 : 해변, 강변 등 비교적 규모가 큰 수역의 육지에 진행되는 개발
   - 일본 : 해안선에 접한 육역주변 및 그것에 근접한 수역을 병행한 공간
2. 특성
   - 자연과 접하기 쉬운 공간
   - 문화나 역사가 많이 축적된 공간
   - 조망성이 좋아 도시의 활력과 생동감 증대
3. 개발유형
   - 쾌적한 공간 활용을 위한 개발형
   - 도시문제 해결을 위한 개발형
   - 유휴지 재생을 위한 개발형
   - 시장성의 도입을 위한 개발형
   - 도시기반 정비형

59 인구가 10만 명인 도시에서 다음 조건에 맞게 상업용지의 면적을 산출하면 약 얼마인가?

- 1인당 연상 면적 : 15m²
- 상업지역 이용인구는 전체 인구의 50%
- 층수 : 3층, 건폐율 : 70%, 공공용지율 : 40%

① 21.4ha ② 35.7ha
③ 59.5ha ④ 262.5ha

[해설]
용도별 토지면적 산정

상업지 면적 = $\dfrac{50,000 \times 15}{3 \times 0.7 \times (1-0.4)}$ = 595,238 = 59.5ha

60 델파이법에 관한 설명으로 옳지 않은 것은?

① 조사하고자 하는 특정 사항에 대해 일반인 집단을 대상으로 반복 앙케이트를 행하여 의견을 수집하는 방법이다.
② 예측을 하는 데 회의방식보다 서면을 통한 설문방식이 올바른 결론에 도달할 가능성이 높다는 가정에 근거한다.
③ 예측과제의 추출 처리 → 조사표 설계 → 조사대상자 선정 → 조사 실시 → 조사결과의 집계와 분석과정을 거친다.
④ 최초의 앙케이트를 반복 수렴한다는 데에서 여러 사람의 판단이 피드백되기에 결론을 의미 있게 받아들일 수 있다.

[해설]
델파이 방법
앙케이트의 반복을 통한 전문가들의 의견을 조사하여 반영하는 방법으로, 지속적인 피드백 과정을 통한 질적인 방법

제4과목 국토 및 지역계획

61 다음 중 대도시 성장 관리 정책에 대한 설명으로 틀린 것은?

① 종주도시권의 다핵개발은 자유방임정책보다 오히려 대도시권으로의 인구와 산업의 집중을 유발한다.
② 반자력중심도시의 육성은 대도시의 통근권 밖인 60~160km 떨어진 도시를 육성하는 정책이다.
③ 대도시 집중 억제의 한 수단으로서 소규모 서비스 중심지 및 농촌의 개발은 소요투자의 효율성에 문제가 있다.
④ 대도시의 관리정책으로서 지역중심도시와 하위체계 개발시책은 투자재원의 한계성 때문에 모든 지역을 동시에 개발할 수 없다.

[해설]
대도시권 성장관리 전략에 광역도시권 개발을 통한 연계강화 유도 사항이 있는데, 통근권 밖인 60~160km 떨어진 도시를 육성하는 것으로는 도시 간 연계 강화를 유도하기 어렵다.

62 수도권으로의 인구집중, 수도권의 과밀·과대화를 억제하기 위한 방법으로 옳지 않은 것은?

① 고등 교육기관의 증설
② 수도권 소재 공공기관의 이전
③ 수도권 내 공장의 신·증축 억제
④ 수도권 외 지역의 거점도시 육성

> **[해 설]**
> 수도권 과밀화 억제방안
> - 인구집중유발시설 신설·증설 억제
> - 공공기관의 지방 이전
> - 지방에 거점도시 육성
> - 대규모 개발사업 억제
> - 과밀부담금 부과

63 수출기반이론에 대한 설명으로 옳지 않은 것은?

① 수출은 재화의 형태만을 갖는다.
② 한 지역의 지역경제를 수출부문과 지원부문으로 구분한다.
③ 도시, 지역, 국가에 이르기까지 다양한 공간적 범역에 적용이 가능하다.
④ 기반산업과 비기반산업은 일정한 관계를 갖고 연쇄적으로 지역경제 성장에 영향을 준다.

> **[해 설]**
> 수출기반이론(Export Base Model) : 기반부문(Basic Sector)과 비기반부문(Non-basic Sector)
> - 기반부문 : 경쟁력을 갖추고 있는 수출산업으로 재화나 용역을 외부에 수출함으로써 화폐를 벌어들여 도시경제의 성장을 가져오게 하는 부문
> - 비기반부문 : 생산된 재화나 용역은 지역 자체 내에서 소비됨으로써 외부지역으로 수출되지 않고 기반산업을 보조하는 중간재 역할을 한다.

64 부드빌(S. Boudeville)의 지역 분류에 속하지 않는 것은?

① 계획지역(Planning Region)
② 분극지역(Polarized Region)
③ 경제지역(Economic Region)
④ 동질지역(Homogeneous Region)

> **[해 설]**
> 보드빌의 지역 분류
> - 동질지역(同質地域, Homogeneous Area)
> - 결절(분극)지역(結節地域, Node Region)
> - 계획지역(計劃地域, Planning Region)

65 입지상은 어떤 지역의 산업이 전국의 동일 산업에 대한 상대적인 중요도를 측정하는 방법으로서, 그 지역산업의 상대적인 특화 정도를 나타낸 계수이다. [보기]의 경우 지역산업의 입지계수는 얼마인가?

> **[보기]**
> - 전국의 총 고용인구 1,000만 명
> - 전국의 i산업 고용인구 200만 명
> - A지역의 총 고용인구 10만 명
> - A지역의 i산업 고용인구 3만 명

① 1 ② 1.5 ③ 2 ✓④ 2.5

> **[해 설]**
> 입지계수(LQ ; Location Quotient)
> $$LQ = \frac{E_i^r / E^r}{E_i^n / E^n} = \frac{r\text{지역의 } i\text{산업 고용 수} / r\text{지역 전체고용 수}}{\text{전국의 } i\text{산업 고용 수} / \text{전국의 고용 수}}$$
> $$= \frac{3만\ 명 / 10만\ 명}{200만\ 명 / 1,000만\ 명} = 1.5\ 특화산업(기반산업)$$

66 변이할당(Shift-Share) 분석에 관한 설명으로 옳지 않은 것은?

① 산업 상호 간의 연관성을 파악할 수 있다.
② 두 시점에서의 자료만 확보되면 동태적인 분석이 가능하다.
③ 지역의 횡적인 산업구조와 종적인(시차적인) 구조변화를 동시에 살펴 볼 수 있다.
④ 산업구조와 지역경제성장 간의 관계를 분석할 수 있다.

> **[해 설]**
> 변이할당분석의 장단점
> 1. 장점
>   - 간결, 저렴, 동적인 분석이 가능하다.
>   - 정책적 의미를 쉽게 도출할 수 있다.
>   - 종횡적 차원의 동시분석이 가능하다.
>   - 세계 여러 곳에서 널리 사용된다.
> 2. 단점
>   - 실업자 증감, 성장요인, 성장의 차이에 대한 근본적 설명이 없다.
>   - 산업 상호 간의 연관성을 파악할 수 없다.

67 동일한 중심결절과 관계를 가지고 있는 주변 지역을 하나의 지역으로 통합했다면 지역획정의 원칙 중 어떤 원칙에 따른 것인가?

① 순위규모의 법칙   ② 동질성의 원칙
③ 기능결합의 원칙   ④ 계획성의 원칙

정답 63 ①   64 ③   65 ②   66 ①   67 ③

[해설]
지역획정의 원칙 : 동질성의 원칙, 기능결합의 원칙
- 동질지역 : 공통적 특성의 공간적 단위를 하나로 묶은 지역
- 결절지역(분극지역) : 상호의존적·보완적 관계를 가진 몇 개의 공간단위를 하나로 묶는 지역
- 계획지역 : 목적에 따라 중심지역과 주변지역을 묶어 설정한 지역
※ 결절이 동일하면서 주변에 흩어져 있는 지역을 통합하는 것은 기능결합의 원칙에 해당한다.

68 다음 중 제2차 국토종합개발계획(1982~1991)의 생활권 구분에서 농촌도시생활권에 해당하지 않는 것은?

① 영월생활권 ② 서산생활권
③ 점촌생활권 ④ 강화생활권

[해설]
제2차 국토종합개발계획
- 대도시생활권(5개 권) : 인구가 장차 100만 명 이상이 될 것이 예상되는 도시(서울·부산·대전·대구·광주)를 중심으로 하는 생활권
- 지방도시생활권(17개 권) : 춘천·원주·강릉·청주·충주·제천·천안·전주·정읍·남원·순천·목포·안동·포항·영주·진주·제주 등 지방도시를 중심으로 하는 생활권
- 농촌도시생활권(6개 권) : 영월·서산·홍성·강진·점촌·거창 등을 중심으로 하는 농업적 기반이 강한 낙후지역의 생활권
- 제1차 성장거점도시(3개 도시) : 서울의 중추적 관리기능의 분담, 대전, 대구, 광주
- 제2차 성장거점도시(15개 도시) : 대전·광주·대구·원주·강릉·청주·천안·전주·남원·순천·목포·안동·진주·제주 등

69 다음 중 인구와 각종 기능이 집중함으로 인해 수도권에 발생할 수 있는 문제점에 해당하지 않는 것은?

① 교통난 심화
② 주택가격의 급등
③ 환경문제의 심화
④ 지방자치제의 퇴보

[해설]
수도권 집중에 따른 문제
- 극심한 교통난
- 주택가격 및 지가 상승
- 환경 및 도시경관 악화
- 지방의 산업공동화
- 지방의 인력난 가중

70 성장거점이론의 기초를 최초로 정립한 학자는?

① 페로우(Perroux)
② 미르달(Gunner Myrdal)
③ 프리드만(Jone Fridmann)
④ 허쉬만(Albert O. Hirchman)

[해설]
성장거점이론(Growth Pole Theory) : 페로우(Francois Perroux)
- 제한된 자원을 투자의 효율성을 제고하여 지역의 균형발전을 유도하기 위해 투자와 재원의 분배를 선택과 집중의 논리에 입각하여 발전역량이 있는 거점지역에 집중시키는 전략
- 이론의 발전과정 : 슘페터(Schumpeter)의 쇄신이론(Innovation Theory), 케인즈 → 페로우(Francois Perroux) - 경제적 차원(최초정립) → 보드빌(Boudeville, J.) - 지리적 차원 → 허쉬만, 프리드만 - 성장중심지

71 독일의 발터 크리스탈러(Walter Christaller)가 주장한 공간이론으로서 3차 산업의 입지원리를 설명하는 이론은?

① 동심원 이론 ② 선형 이론
③ 중심지 이론 ④ 다핵구조론

[해설]
중심지 이론(Central Place Theory) 개요
1. 중심지 이론의 기본개념
   - 정주체계를 구성하고 있는 취락 상호 간 도시의 분포, 거리 및 상호계층 간의 지역구조에 관한 현상을 설명하는 이론
2. 중심지 이론의 전개
   - 지리학에서 발전된 모형으로 광범위한 도시체계를 설명할 수 있는 이론
   - 독일의 크리스탈러(Walter Christaller, 1933년) 시작 → 1958년 뢰쉬(A. Lösch) 보완
3. 3차 산업의 입지원리를 설명하는 이론

72 모든 유형의 개발계획 활동에 있어서 지속가능한 개발(Sustainable Development)이 중요한 기저가 되고 있다. 이 개념을 설명한 내용으로 옳지 않은 것은?

① 환경오염 규제만을 강화하는 개발 방법
② 지구의 환경용량 내에서 삶의 질을 향상시키는 개발
③ 미래세대 수요 충족을 저해하지 않으면서 현 세대의 수요 충족을 보장하는 개발

정답 68 ④ 69 ④ 70 ① 71 ③ 72 ①

④ 자연과 사회체계의 생명력을 보호하면서 기초적인 모든 공동체 주민에게 제공하는 것

[해설]
환경오염 규제만을 강화하는 개발 방법은 지속가능한 개발이라 할 수 없음

73 지역계획 수립과정에서 대안평가 또는 사업의 경제적 타당성을 평가할 때 비용-편익분석법(Cost-Benefit Analysis)을 사용할 경우 타당성을 판단하는 방법에 대한 설명으로 틀린 것은?

① B/C Ratio가 1보다 커야 한다.
② 항상 B/C Ratio가 높은 사업이 채택된다.
③ 순현재가치(NPV)가 높은 대안은 항상 순미래가치(NFV)도 높다.
④ 편익의 현재가치 합(合)에서 비용의 현재가치 합(合)을 뺀 순현재가치(Net Present Value)가 0 이상이 되어야 타당하다.

[해설]
비용-편익분석에 있어서 편익/비용의 비(B/C Ratio)는 사회적 총 투자비용의 흐름에 대한 사회적·국민경제적 편익의 흐름을 현재 가치로 평가하여 구한 비율로 B/C가 1보다 클 경우 경제성이 있는 사업으로 판단하는데 이는 절대적 우선권을 가지는 것이 아니라 다른 요소들을 종합하여 합리적으로 결정하여야 한다.

74 다음 중 로렌츠(Lorenz) 곡선을 이용한 지역소득 격차 측정 방법은?

① 평균 편차   ② 표준 편차
③ 지니 계수   ④ 변이 계수

[해설]
소득분포를 파악하는 데는 로렌츠 곡선과 지니의 집중계수가 주로 사용되는데 이 중 로렌츠 곡선은 완전평등곡선 아래 면적에다 현실 소득곡선을 뺀 아래 면적을 불평등 면적이라 하여 이를 이용하는 방법이다. 또한 지니의 집중계수는 로렌츠의 불평등면적을 2배 한 것으로 지니의 집중계수가 0이 되면 완전균등이고 1이 될 경우 완전불균형이 된다.

75 총 고용이 50만 명인 지역의 경제기반승수가 2라면, 기반활동 고용이 1만 명 증가할 때 총 고용은 어떻게 변하는가?

① 51만 명으로 증가   ② 52만 명으로 증가
③ 53만 명으로 증가   ④ 54만 명으로 증가

[해설]
$$경제기반승수 = \frac{지역\ 총\ 고용인구}{지역의\ 수출산업\ 고용인구}$$

$2 = \frac{50만}{x}$ ∴ $x = 25만$

$2 = \frac{y}{(25만 + 1만)}$ ∴ $y = 52만$으로 증가한다.

76 다음 중 베버(A. Webber)의 공업입지이론에서 입지를 결정하는 인자에 해당하지 않는 것은?

① 수송비   ② 집적경제
③ 노동비   ④ 제품수요

[해설]
알프레드 베버(A. Weber)의 공업입지이론
정주체계이론 중 2차 산업에 대한 입지이론으로 베버의 이론을 최소비용법이라 한다. 최소비용법이란 수송비, 노동비와 집적이익을 고려하여 생산에 드는 총 비용이 최소가 되는 곳에 산업이 입지한다는 이론으로 입지결정인자는 수송비, 노동비, 집적이익이다.

77 다음 중 우리나라 현행 수도권정비계획에서 지정된 관리권역이 아닌 것은?

① 자연보전권역   ② 과밀억제권역
③ 성장관리권역   ④ 개발유보권역

[해설]
수도권 정비계획에 의한 권역 구분
• 과밀억제권역 : 인구·산업의 집중으로 이전·정비가 필요한 지역
• 성장관리권역 : 인구·산업의 계획적 유치·개발이 필요한 지역
• 자연보전권역 : 한강수계의 수질 및 녹지 등의 자연환경 보전이 필요한 지역

78 버제스(Burgess)의 동심원 구조에서 근로자 주택 지대에 해당하는 곳은?

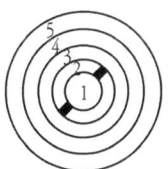

① 1   ② 2   ③ 3   ④ 4

정답 73 ②   74 ③   75 ②   76 ④   77 ④   78 ②

해설
0. CBD(중심업무지구) 1. 점이지대 2. 근로자 주택지대
3. 중산층 주택지대 4. 통근자지대

79 지역 간 소득 격차는 국가 경제의 성장단계에 따라 역U자형 곡선을 보이게 된다고 주장한 사람은?

① Hirchmann ② Myrdal
③ Williamson ④ Friedman

해설
역U곡선
- 쿠즈네츠(Kuzents) : 한 국가의 경제가 성장함으로써 개인 간 소득격차는 처음에 증가하다 후기에는 감소하는 역U곡선의 형태라는 가설을 제기
- 윌리암슨(Williamson) : 지역 간 소득격차의 변화에 응용하여 지역 간 격차도 경제발전 초기단계에 증가하고 후기에 감소하는 역U곡선의 형태임을 입증

80 다음 중 권역을 설정하는 데 가장 유용한 통계적 기법은?

① 로짓모형(Logit Model)
② 군집분석(Cluster Analysis)
③ 회귀분석(Regression Analysis)
④ 분산분석(Analysis of Variance)

해설
군집분석(Cluster Analysis)
- 개체들을 서로 유사한 것끼리 군집화하거나 상관관계가 큰 변수들끼리 집단으로 묶는 통계적 방법을 군집분석이라 한다.
- 개체들 간의 유사성(Similarity) 또는 이와 반대 개념인 거리(Distance)에 근거하여 개체들을 집단으로 군집화한다.
- 군집화 과정은 우선 초기 군집을 정의하고 이들 군집 간의 거리가 가까운 것끼리 다시 군집을 형성한다.
- 두 군집 간의 거리를 정의하는 방법 : 단일연결법, 완전연결법, 평균연결법 등
- 군집화 과정에 따른 분류 : 계층적 방법, 비계층적 군집방법

제5과목 도시계획관계법규

81 택지개발촉진법에 따라 지정권자의 권한의 일부를 위임할 수 있는 대상으로 옳은 것은?

① 기획재정부 장관
② 행정자치부 장관
③ 한국토지주택공사장
④ 국토교통부 지방국토관리청장

해설
권한의 위임 또는 위탁
1. 위임 : 지정권자 → 시·도지사, 지방국토관리청장에게 위임
2. 위탁 : 지정권자 → 시행자에게 위탁
3. 위탁내용
- 시행자의 성명, 사업의 종류와 수용할 토지 등의 세목을 소유자 및 권리자에게 통지하는 권한
- 토지수용과 관련한 사업인정으로 보게 되는 경우 소유자 및 관계인에게 통지하는 권한
- 준공검사에 관한 권한(시공자가 국가·지방자치단체·한국토지주택공사일 때)

82 수도권정비계획법령에 따른 총량규제의 내용으로 틀린 것은?

① 총량규제의 대상이 되는 시설로는 학교·공공청사·연수시설 등이 있다.
② 대학 및 교육대학의 입학 정원의 증가 총수는 국토교통부장관이 수도권정비위원회의 심의를 거쳐 정한다.
③ 국토교통부장관은 인구집중유발시설이 수도권에 과도하게 집중하지 않도록 그 신설·증설의 총 허용량을 제한할 수 있다.
④ 국토교통부장관은 5년마다 수도권정비위원회의 심의를 거쳐 시·도별 공장건축의 총 허용량을 결정하여 관보에 이를 고시하여야 한다.

해설
총량규제
1. 정의
- 학교와 공장 등의 인구집중유발시설이 수도권에 집중하지 않도록 총 허용용량에 의한 규제로 종전의 제1차 수도권정비계획에서 사용한 개별적 규제방식의 문제점인 경직성을 해소하기 위하여 제2차 수도권정비계획에서 채택한 방식이다.
2. 총량규제의 절차
- 국토교통부장관이 수도권정비위원회의 심의를 거쳐 시도별 총 허용량을 결정한다.
- 시·도지사는 할당받은 총 허용량의 범위 내에서 시·군별로 배분한다.
3. 총량규제에 있어서 총 허용량 산정
- 국토교통부장관은 대통령령으로 결정된 총 허용량 산출방식에 의해 총 허용량을 산출하여 시·도별로 총허용량을 당해 연도 개시 후 3월 전까지 결정하여 관보에 고시하여야 한다.

정답 79 ③ 80 ② 81 ④ 82 ④

- 시·도지사는 시·도별 총 허용량 설정에 관계되는 자료를 국토교통부장관에 제출하여야 한다.
- 시·도지사는 자치구의 관계기관의 장과 협의하여 지역별로 총 허용량을 할당한다.

83 수도권정비계획법령상 자연보전권역에서의 행위제한에 해당하는 개발사업의 최소 규모 기준으로 옳은 것은?

① 면적이 3만 m² 이상인 도시개발사업
② 면적이 2만 m² 이상인 지역종합개발사업
③ 면적이 4만 m² 이상인 공업용지조성사업
④ 시설계획지구의 면적이 2만 m² 이상인 관광지 조성사업

해설
자연보전권역에서의 규제
1. 제한행위
   - 3만 m² 이상의 택지조성사업, 도시개발사업, 복합단지개발사업, 공업용지조성사업, 관광지 조성사업 등의 개발사업
2. 제한완화
   - 6만 m² 이하의 개발사업으로 수도권정비위원회의 심의를 거친 것
   - 총량범위 내의 전문대학·대학원대학·50인 이하의 대학

84 국토의 계획 및 이용에 관한 법률상 도시·군계획시설 사업의 시행자가 도시·군계획시설 사업에 관한 조사를 위해 타인의 토지에 출입하고자 할 때에는 특별시장·광역시장·특별자치시장·특별자치도지사·시장 또는 군수의 허가를 받아야 하는데 출입하고자 하는 날의 며칠 전까지 그 토지의 소유자·점유자 또는 관리인에게 그 일시와 장소를 통지하여야 하는가?(단 도시계획시설사업의 시행자가 행정청인 경우는 제외한다.)

① 3일   ② 5일
③ 7일   ④ 14일

해설
국토의 계획 및 이용에 관한 법률 제130조(토지에의 출입 등)
- 타인의 토지에 출입하려는 자는 특별시장·광역시장·특별자치시장·특별자치도지사·시장 또는 군수의 허가를 받아야 하며,
- 출입하려는 날의 7일 전까지 그 토지의 소유자·점유자 또는 관리인에게 그 일시와 장소를 알려야 한다.
- 다만, 행정청인 도시·군계획시설사업의 시행자는 허가를 받지 아니하고 타인의 토지에 출입할 수 있다.

85 국토의 계획 및 이용에 관한 법령에 따른 공업지역의 분류에 해당되지 않는 것은?

① 준공업지역   ② 근린공업지역
③ 전용공업지역   ④ 일반공업지역

해설
공업지역 : 공업의 편익 증진을 위하여 필요한 지역
- 전용공업지역 : 주로 중화학공업, 공해성 공업 등을 수용하기 위하여 필요한 지역
- 일반공업지역 : 환경을 저해하지 아니하는 공업의 배치를 위하여 필요한 지역
- 준공업지역 : 경공업 및 그 밖의 공업을 수용하되, 주거기능·상업기능 및 업무기능의 보완이 필요한 지역

86 다음 중 국토의 계획 및 이용에 관한 법률에 의한 지구단위 계획 수립 시 고려사항이 아닌 것은?

① 중심 기능   ② 용도지역 특성
③ 지정 목적   ④ 건축물 실내 설계

해설
지구단위계획 수립 시 고려사항
- 도시의 정비·관리·보전·개발 등 지구단위계획구역의 지정 목적
- 주거·산업·유통·관광휴양·복합 등 지구단위계획구역의 중심기능
- 해당 용도지역의 특성
- 그 밖에 대통령령으로 정하는 사항

87 국토의 계획 및 이용에 관한 법률에 따른 도시·군기본계획의 내용에 포함되지 않는 것은?

① 토지의 이용 및 개발에 관한 사항
② 지역적 특성 및 계획의 방향·목표에 관한 사항
③ 건축물의 배치·형태·색채 또는 건축선에 관한 계획
④ 공간구조, 생활권의 설정 및 인구의 배부에 관한 사항

해설
도시·군기본계획의 내용
- 지역적 특성 및 계획의 방향·목표에 관한 사항
- 공간구조, 생활권의 설정 및 인구의 배분에 관한 사항
- 토지이용 및 개발에 관한 사항
- 토지의 용도별 수요 및 공급에 관한 사항
- 환경의 보전 및 관리에 관한 사항
- 기반시설에 관한 사항
- 공원·녹지에 관한 사항
- 경관에 관한 사항
- 단계별 추진에 관한 사항

정답 83 ①   84 ③   85 ②   86 ④   87 ③

88 다음 중 도시공원의 점용허가 대상에 해당하지 않는 것은?

① 전주, 전선, 변전소의 설치
② 공원의 자연경관을 훼손하지 않는 전원주택의 신축
③ 도로, 교통, 철도 및 궤도, 노외주차장, 선착장의 설치
④ 도시공원의 설치에 관한 도시·군관리계획 결정 당시 기존 건축물 및 기존 공작물의 증축·개축·재축 또는 대수선

해 설
도시공원의 점용허가 대상 〈개정 24.4.9〉
도시공원 및 녹지 등에 관한 법률 시행령 제22조(도시공원의 점용허가 대상)에 의거 도시공원의 점용허가 대상은 아래와 같다.
1. 전봇대·전선·변전소·지중변압기·개폐기·가로등분전반·전기통신설비(군용전기통신설비는 제외한다) 수소연료공급시설·환경친화적 자동차 충전시설 및 태양에너지설비 등 분산형 전원설비의 설치 (24.4.9 개정)
3. 도로·교량·철도 및 궤도·노외주차장·선착장의 설치
14. 도시공원의 설치에 관한 도시·군관리계획결정 당시 기존건축물 및 기존공작물의 증축·개축·재축 또는 대수선

89 하나의 도시지역 안에 있어서 도시공원의 확보 기준은 해당 도시지역 안에 거주하는 주민 1인당 얼마 이상으로 하는가?

① 6m² ② 7m² ③ 8m² ④ 9m²

해 설
하나의 도시지역 안에 있어서의 도시공원의 확보기준
• 해당 도시지역 안에 거주하는 주민 1인당 6m² 이상
• 개발제한구역 및 녹지지역을 제외한 도시지역 안에 있어서의 도시공원의 확보기준은 해당 도시지역 안에 거주하는 주민 1인당 3m² 이상으로 한다.

90 다음 국토조사에 관한 설명 중 빈칸에 들어갈 용어가 바르게 나열된 것은?

(㉠)은(는) 국토조사를 효율적으로 실시하기 위하여 국토조사 항목 및 조사주체 등 필요한 사항에 대하여 관계 중앙행정기관의 장 및 (㉡)와(과) 사전협의를 거쳐 국토조사계획을 수립 할 수 있다.

① ㉠ : 국토교통부장관 ㉡ : 시·도지사
② ㉠ : 국토교통부장관 ㉡ : 국토정책위원회
③ ㉠ : 국토정책위원회 ㉡ : 시·도지사
④ ㉠ : 국토정책위원회 ㉡ : 국토교통부장관

해 설
국토기본법 시행령 제10조(국토조사의 실시)
② 국토교통부장관은 국토조사를 효율적으로 실시하기 위하여 국토조사 항목 및 조사주체 등 필요한 사항에 대하여 관계 중앙행정기관의 장 및 시·도지사와 사전협의를 거쳐 국토조사계획을 수립할 수 있다.

91 시가화 조정구역의 지정에 관한 설명으로 옳지 않은 것은?

① 시가화를 유보할 수 있는 기간은 5년 이상 20년 이내이다.
② 시가화 조정구역의 지정에 관한 도시·군관리계획의 결정은 시가화 유보기간이 만료된 날로부터 효력을 상실한다.
③ 시가화 조정구역의 실효고시는 실효일자 및 실효사유와 실효된 도시·군관리계획의 내용을 관보 또는 공보에 게재하는 방법에 의한다.
④ 국가계획과 연계하여 시가화 조정구역의 지정 또는 변경이 필요한 경우에는 국토교통부장관이 직접 시가화 조정구역의 지정 또는 변경을 도시·군관리계획으로 결정할 수 있다.

해 설
시가화 조정구역의 지정
• 국토교통부장관은 직접 또는 관계 행정기관의 장의 요청을 받아 도시지역과 그 주변지역의 무질서한 시가화를 방지하고 계획적·단계적인 개발을 도모하기 위하여 5~20년 이내의 일정기간 동안 시가화를 유보할 필요가 있다고 인정되는 경우에는 시가화 조정구역의 지정 또는 변경을 도시관리계획으로 결정할 수 있다.
• 시가화 조정구역의 지정에 관한 도시관리계획의 결정 : 시가화 유보기간이 만료된 날의 다음 날부터 그 효력을 상실한다. 이 경우 국토교통부장관은 실효일자 및 실효사유와 실효된 도시관리계획의 내용을 관보에 게재하여 고시하여야 한다.

92 국토의 계획 및 이용에 관한 법률에 따른 광역도시계획의 내용으로 옳지 않은 것은?

① 경관계획에 관한 사항
② 광역시설의 배치·규모·설치에 관한 사항
③ 광역계획권의 예산 확보 방안에 관한 사항
④ 광역계획권의 녹지관리체계와 환경보전에 관한 사항

정답 88 ② 89 ① 90 ① 91 ② 92 ③

> **[해 설]**
> 광역도시계획의 내용
> 1. 광역계획권의 공간구조와 기능분담에 관한 사항
> 2. 광역계획권의 녹지관리체계와 환경보전에 관한 사항
> 3. 광역시설의 배치·규모·설치에 관한 사항
> 4. 경관계획에 관한 사항
> 5. 그 밖에 광역계획권에 속하는 특별시·광역시·시 또는 군 상호간의 기능연계에 관한 사항
>   - 광역계획권의 교통 및 물류유통체계에 관한 사항
>   - 광역계획권의 문화·여가공간 및 방재에 관한 사항

93 다음에서 설명하고 있는 제도는?

> 이 제도는 계획의 적정성, 기반시설의 확보 여부, 주변 환경과의 조화 등을 고려하여 개발행위에 대한 허가 여부를 결정함으로써 난개발을 방지하기 위한 제도이다.

① 토지거래제한　　② 개발행위허가제
③ 개발밀도관리　　④ 개발제한구역제

> **[해 설]**
> 개발행위허가제
> 계획의 적정성, 기반시설의 확보 여부, 주변 환경과의 조화 등을 고려하여 개발행위에 대한 허가 여부를 결정함으로써 난개발을 방지하기 위한 제도

94 주차장법에 의한 용어의 정의로 옳지 않은 것은?

① 기계식 주차장이란 기계식 주차장치를 설치한 노상주차장과 노외주차장을 말한다.
② 노외주차장이란 도로 노면 및 교통광장 외의 장소에 설치된 주차장으로서 일반의 이용에 제공되는 것을 말한다.
③ 노상주차장이란 도로의 노면 또는 교통광장의 일정한 구역에 설치된 주차장으로서 일반의 이용에 제공되는 것을 말한다.
④ 부설주차장이란 관련 규정에 의하여 건축물, 골프연습장, 그 밖에 주차수요를 유발하는 시설에 부대하여 설치된 주차장으로서 해당 건축물 시설의 이용자 또는 일반의 이용에 제공되는 것을 말한다.

> **[해 설]**
> 주차장법
> 1. 주차장의 분류
>   - 노상주차장 : 도로의 노면 또는 교차점광장의 일정한 구역에 설치된 주차장(일반인 이용)
>   - 노외주차장 : 도로의 노면 또는 교차점광장 외의 장소에 설치된 주차장(일반인 이용)
>   - 건축물부설주차장 : 건축물, 골프연습장, 기타 주차수요를 유발하는 시설에 부설된 주차장(시설이용자+일반인 이용)
> 2. 기타유형
>   - 기계식 주차장 : 기계식 주차장치를 이용하는 노외주차장과 부설주차장
>   - 자주식 주차장 : 기계식 주차장치 없이 지하, 지평, 건축물에 설치되는 주차장
>   - 주차전용건축물 : 연면적 중 일정 비율 이상을 주차장으로 사용하는 건축물(노외주차장의 일종)

95 개발제한구역으로 지정하는 대상지역 기준으로 옳지 않은 것은?

① 도시의 정체성 확보 및 적정한 성장관리를 위하여 개발을 제한할 필요가 있는 지역
② 주민이 집단적으로 거주하는 취락으로서 주거환경의 개선 및 취락 정비가 필요한 지역
③ 도시가 무질서하게 확산되는 것 또는 서로 인접한 도시가 시가지로 연결되는 것을 방지하기 위하여 개발을 제한할 필요가 있는 지역
④ 도시 주변의 자연환경 및 생태계를 보전하고 도시민의 건전한 생활환경을 확보하기 위하여 개발을 제한할 필요가 있는 지역

> **[해 설]**
> 개발제한구역의 지정조건
> - 도시의 무질서한 확산 방지
> - 도시주변의 자연환경을 보전
> - 도시민의 건전한 생활환경 확보를 위해
> - 국방부 장관의 요청이 있어 보안상 도시의 개발을 제한할 필요가 있다고 인정되는 경우

96 국토의 계획 및 이용에 관한 법률에서 정하고 있는 국토의 용도구분에 관한 설명 중 옳지 않은 것은?

① 도시지역 : 인구와 산업이 밀집되어 있거나 밀집이 예상되어 그 지역에 대하여 체계적인 개발·정비·관리·보전 등이 필요한 지역
② 관리지역 : 도시지역의 인구와 산업을 수용하기 위하여 도시지역에 준하여 체계적으로 관리하거나 농림업의 진흥, 자연환경 또는 산림의 보전을 위하여 관리할 필요가 있는 지역
③ 농림지역 : 도시지역에 속하지 아니하는 농지법에 의한 농림 진흥지역 또는 산지관리법에 의한

정답　93 ②　94 ①　95 ②　96 ③

보전산지 등으로서 장래 시가화를 위해 개발을 유보하고 있는 지역
④ 자연환경보전지역 : 자연환경·수자원·해안·생태계·상수원 및 문화재의 보전과 수산자원의 보호·육성 등을 위하여 필요한 지역

해설

용도지역의 구분
- 도시지역 : 인구와 산업이 밀집되어 있거나 밀집이 예상되어 당해 지역에 대하여 체계적인 개발·정비·관리·보전 등이 필요한 지역
- 관리지역 : 도시지역의 인구와 산업을 수용하기 위하여 도시지역에 준하여 체계적으로 관리하거나 농림업의 진흥, 자연환경 또는 산림의 보전을 위하여 농림지역 또는 자연환경보전지역에 준하여 관리가 필요한 지역
- 농림지역 : 도시지역에 속하지 아니하는 농지법에 의한 농업진흥지역 또는 산지관리법에 의한 보전산지 등으로서 농림업의 진흥과 산림의 보전을 위하여 필요한 지역
- 자연환경보전지역 : 자연환경·수자원·해안·생태계·상수원 및 문화재의 보전과 수산자원의 보호·육성 등을 위하여 필요한 지역

97 다음 중 "국민주택규모"라 함은 1호 또는 1세대당 주거전용 면적이 얼마 이하인 경우를 뜻하는가?(단, 수도권을 제외한 도시지역이 아닌 읍 또는 면 지역이 경우는 고려하지 않는다.)

① 60m² ② 66m²
③ 85m² ④ 100m²

해설

국민주택
국민주택기금으로부터 자금을 지원받아 건설·개량되는 주택으로서 주거전용면적이 1호 또는 1세대당 85m² 이하인 주택(읍 또는 면 지역 = 100m² 이하)

98 도시·주거환경정비기본계획에 관한 설명으로 옳지 않은 것은?

① 도시·주거환경정비기본계획은 20년 단위로 수립하여야 한다.
② 도시·주거환경정비기본계획의 작성기준 및 작성방법은 국토교통부장관이 이를 정한다.
③ 도시·주거환경정비기본계획에 대하여 5년마다 타당성 여부를 검토하여 그 결과를 도시·주거환경정비기본계획에 반영하여야 한다.
④ 대도시가 아닌 경우 도지사가 도시·주거환경정

비기본계획의 수립이 필요하다고 인정하는 시를 제외하고 도시·주거환경정비기본계획을 수립하지 아니 할 수 있다.

해설

도시 및 주거환경정비 기본계획의 수립 및 내용
도시 및 주거환경정비법 제4조(도시·주거환경정비기본계획의 수립) ①항 조항에 의거 특별시장·광역시장·특별자치시장·특별자치도지사 또는 시장은 관할 구역에 대하여 도시·주거환경정비기본계획(이하 "기본계획"이라 한다)을 10년 단위로 수립하여야 한다.

99 다음 중 시·군 내의 주요 시설물 또는 환경의 보호, 경관의 유지, 재해대책, 보행자의 통행과 주민의 일시적 휴식공간의 확보를 위하여 설치하는 도시·군계획시설은?

① 유원지 ② 공공공지
③ 공개공지 ④ 쌈지공원

해설

용어 정의
도시·군계획시설의 결정·구조 및 설치기준에 관한 규칙 제59조(공공공지) 조항에 의거 "공공공지"라 함은 시·군내의 주요시설물 또는 환경의 보호, 경관의 유지, 재해대책, 보행자의 통행과 주민의 일시적 휴식공간의 확보를 위하여 설치하는 시설을 말한다.

100 도시·군계획시설의 결정·구조 및 설치기준에 관한 규칙에 대한 설명으로 틀린 것은?

① 주차장이라 함은 주차장법 규정에 의한 노외주차장과 노상주차장을 말한다.
② 유원지의 규모는 1만 제곱미터 이상으로 당해 유원지의 성격과 기능에 따라 적정하게 한다.
③ 운동장이라 함은 국민의 건강 증진과 여가선용에 기여하기 위하여 설치하는 종합운동장으로서 관람석 수 1천 석 이하의 소규모 실내운동장을 제외한다.
④ 광장의 결정기준에 따른 분류에는 교통광장, 일반광장, 경관광장, 지하광장, 건축물부설광장이 있다.

해설

도시계획시설의 결정·구조 및 설치기준상의 주차장이라 함은 주차장법 규정에 의한 노외주차장만을 말한다.

2016년 기출문제

제1과목 도시계획론

01 도로의 노면이나 교통광장에 설치된 주차장으로 일반의 이용에 제공되는 주차장의 종류로 옳은 것은?

① 노상주차장
② 노외주차장
③ 부설주차장
④ 기계식 주차장

해설

주차장
자동차의 주차를 위한 시설로서 다음의 하나에 해당하는 것을 말함
㉠ 노상주차장 : 도로의 노면 또는 교차점광장의 일정한 구역에 설치한 주차장으로 일반인에게 제공되는 주차장
㉡ 노외주차장 : 도로의 노면 또는 교차점광장 외의 장소에 설치된 주차장으로 일반인에게 제공되는 주차장
㉢ 부설주차장 : 건축물, 골프연습장, 기타 주차수요를 유발하는 시설에 부대하여 설치된 주차장으로 건축물시설의 이용자 또는 일반인에게 제공되는 주차장

02 다음 중 고대 로마 도시의 도시계획적 특성에 대한 설명으로 옳지 않은 것은?

① 평탄한 지형에 형성되었고, 넓고 체계적인 도로망을 갖추었다.
② 그리스 도시들보다 체계적으로 건설되었으며 규모가 훨씬 컸다.
③ 시저(Caesar)는 교통문제의 해결을 위해 마차의 주간통행금지법을 시행하였다.
④ 로마의 중심광장인 아고라는 신전, 법정, 의사당 등의 복합적인 기능을 수행하였다.

해설

로마의 도시 형태
아고라는 그리스에 있었던 광장의 명칭이다. 로마시대의 광장은 포럼(Forum)이다.

03 허드슨(Hudson)의 분류에 의한 도시계획 이론 중 옳지 않은 것은?

① 종합계획은 체계적 접근 방법을 통해서 계획이 문제를 규명하고, 결정론적 모형을 구성하는 특징을 가진다.
② 급진적 계획은 논리적 일관성이나 최적의 해결 대안의 제시보다는 지속적인 조정과 적용을 통하여 목표를 추구하는 접근 방법을 제시하였다.
③ 교류적 계획은 철학적 사고에서 파생하고 있으며, 계획가와 계획의 영향을 받는 사람들의 대화를 중시하였다.
④ 옹호적 계획은 주로 강자에 대한 약자의 이익을 보호하는 데 적용되어 왔다.

해설

점진적 계획(Incremental Planning)
㉠ 린드블롬(C. Lindblom)에 의해 주창한 이론
㉡ 총합적 계획의 비현실성을 비판하면서 인간의 지적능력의 한계와 의사결정의 제약으로 총합적 분석은 불가능하므로 제한된 대안만을 고려해야 한다는 이론
㉢ 현상을 부분적 점진적으로 개선할 수 있는 제한된 수의 대안을 검토 선택하는 것
㉣ 총합적 계획에 있어 목표, 문제해결, 대안평가와 결정의 집행 등이 지나치게 중앙집중적인 점을 보완
㉤ 논리적 일관성이나 최적의 해결대안을 제시하기보다는 지속적인 조정과 적응을 통해 계획의 목표 추구에 접근하는 방법
㉥ 세계 어느 곳에서도 적용이 가능한 현실적 이론이며, 정책결정과정이 분산되어 상호 단절됨
㉦ 보수적 성격을 띠며, 사회구조가 분화 형성되지 못한 후진국에 적용 곤란 → 논리적 일관성이나 최적의 해결대안을 제시하기보다는 지속적인 조정과 적응을 통한 계획의 목표를 추구하는 접근방법은 점진적 계획이다.

04 성장관리에 대해서 주 및 자치제가 자신의 행정구역에 있어서 장래 개발의 속도, 양, 형태, 위치, 질에 의도적인 영향을 주고자 하는 것으로 정의를 내린 학자는?

① J. Gottmann
② P. Healey
③ D. Godshalk
④ H. Hoyt

해설

도시성장관리(Urban Growth Management)
㉠ 균형있는 도시성장을 위하여 각종 개발의 형태, 시기, 규모, 방법 등을 적절하게 조정하는 공공의 대응
㉡ 현대적 의미의 도시성장관리는 광역자치단체 및 기초자치단체가 자신의 행정구역 내에서 장래 개발의 속도, 양, 형태, 위치, 질에 의도적인 영향을 주고자 하는 행위로 이해할 수 있다.(D. Godshalk)
㉢ 성장이 느린 곳에서는 개발을 장려하며, 성장이 빠른 곳은 공공서비스의 공급에 맞춰서 개발을 지연하거나 공공이 일정한 기준을 정하여 계획의 일관성을 유지하게 하거나 공공서비스 수준이 악화되지 않는 범위 내에서의 개발만을 허용하는 기법 등이 있다.

정답 01 ① 02 ④ 03 ② 04 ③

05 인구의 규모, 구조, 그리고 주택의 특성을 파악하기 위해 실시하는 우리나라 인구주택총조사의 실시 주기는?

① 2년 ② 5년
③ 7년 ④ 10년

> **해 설**
> 센서스(Census)
> ㉠ 정의
> • 어떤 시점에서 인구 수, 인구와 관련된 가구, 주택, 경제활동 등을 조사하는 것을 말한다.
> • 조사 간격은 10년, 5년마다 또는 필요에 따라 부정기적으로 함
> ㉡ 전국을 대상으로 하는 대규모 전수조사 실시
> ㉢ 우리나라는 1925년 최초로 센서스가 실시되었으며, 1960년 이전에는 현재 인구를, 그 이후는 상주인구를 조사하는데 5년마다 실시

06 국토의 계획 및 이용에 관한 법률상 용도지역 중 관리지역의 종류에 해당되지 않는 것은?

① 보전관리지역 ② 생산관리지역
③ 계획관리지역 ④ 자연환경보전지역

> **해 설**
> 관리지역
> 도시지역의 인구와 산업을 수용하기 위하여 도시지역에 준하여 체계적으로 관리하거나 농림업의 진흥, 자연환경 또는 산림의 보전을 위하여 농림지역 또는 자연환경보전지역에 준하여 관리가 필요한 지역
> ㉠ 보전관리지역 ㉡ 생산관리지역 ㉢ 계획관리지역

07 계획 이론을 실체적 이론(Substantive Theories)과 절차적 이론(Procedural Theories)으로 구분할 때, 다음 중 절차적 이론에 대한 설명으로 옳지 않은 것은?

① 보다 효율적이고 합리적인 계획을 수립하고 실행하기 위한 계획의 과정에 관한 이론이다.
② 경제 또는 사회의 구조나 현상 등을 설명하고 예측하여 문제의 해결 대안을 제시하는 이론이다.
③ 계획의 대상이 되는 현상에 대한 이해보다는 계획 그 자체가 어떻게 작용하는가에 관한 이론이다.
④ 계획이 추구하는 목표와 가치에 따라 계획안을 만들어 내는 과정에 관한 공통적이고 일반적인 이론이다.

> **해 설**
> 실체적 이론(Substantive Planning Theory)과 절차적 이론(Procedual Planning Theory)
> ㉠ 절차적 이론
> • 보다 효율적이고 합리적인 계획을 수립하고 실행하기 위한 계획 과정에 관한 이론
> • 계획 자체가 어떻게 작용하는가에 관한 이론(계획의 수립 및 시행과 관련된 이론)
> • 계획대상에 관계없이(도시계획이냐, 경제계획이냐에 관계없이) 계획 활동 자체가 추구하는 이념이나 목표, 원칙에 따라 절차 및 제도적 장치 등에 관한 일반적인 이론
> ㉡ 실체적 이론
> • 경제 또는 사회의 구조나 현상 등을 설명하고 예측하는 이론으로 계획현상이나 계획대상에 관한 이론
> • 다양한 계획 활동에 있어 각기 필요로 하는 분야별 전문지식에 관한 이론
> • 예를 들면 경제계획의 경우 경제성장이론과 분배이론, 도시계획의 경우 토지이용계획이론과 교통계획이론 등

08 도시지역경제분석의 방법 중 하나인 수출기반모형에 대한 설명으로 틀린 것은?

① 수출산업이란 지역 내에서 생산된 상품이나 서비스가 최종적으로 지역 외부인에 의해 소비되는 산업을 말한다.
② 수입산업이란 다른 지역에서 생산된 제품이나 서비스가 지역 내 주민에 의해서 소비되는 산업을 말한다.
③ 수출산업과 수입산업의 구분은 민간부문의 기업에만 적용되는 것이 아니라 공공부문에서도 적용된다.
④ 수출기반모형은 지역경제를 구성하는 산업을 크게 수출산업과 수입산업으로 구분한다.

> **해 설**
> 경제기반이론(수출기반이론)
> ㉠ 경제기반이론은 산업을 기반산업(=수출부문)과 비기반산업(=지방부문)으로 구분
> ㉡ 기반산업이란 지역성장활동을 담당하는 산업이며 비기반산업이란 지역성장활동을 지원하는 산업
> ㉢ 기반산업의 특징은 수출산업으로 외부로부터 화폐를 벌어들이는 산업으로 경쟁력을 갖추고 있어야 하며 타 산업보다 고용인구가 많은 산업으로 제조업 등이 주류를 이룸
> ㉣ 단순하고 이해하기 쉬워 설득력이 강하다.
> ㉤ 도시, 지역, 국가에 이르기까지 다양한 공간적 범역에 적용 가능
> ㉥ 지방의 경제·산업정책을 수립하는 데 유용한 정보제공

09 도시개발사업의 시행방식에 대한 설명으로 옳은 것은?

① 수용 및 사용방식은 사업을 위한 용지매입이 불필요하고 토지소유자의 재정착이 가능하다.
② 환지방식은 토지매입을 위한 초기 비용이 과다하고 매수반대로 사업기간이 장기화될 수 있다.
③ 환지방식은 사업성을 이유로 기반시설 공급이 부족하거나 지가상승 및 개발이익이 사유화될 수 있다.
④ 수용 및 사용방식과 환지방식은 혼용할 수 없다.

해설
도시개발사업방식 : 환지방식(토지구획정리방식)
㉠ 기존 시가지나 교외농지 등을 정비하거나 택지로 조성
㉡ 도로·공원 등의 공공시설 용지를 토지소유자가 제공
㉢ 토지의 분할 및 구획을 통하여 토지의 이용을 증진
㉣ 토지소유자의 감소된 면적은 사업이 종료된 이후에 종전의 권리에 상응하는 토지 또는 건축물을 토지소유자에게 환지하는 방법

10 도시계획에서 주민참여의 순기능이 아닌 것은?

① 소수의 적극적 참여
② 지방자치단체 도시계획 행정의 이해
③ 주민의 지지와 협조를 통한 집행의 효율화
④ 주민의 권리, 재산상의 침해 예방 또는 극소화

해설
주민참여의 역기능
- 정책집행의 지체 초래 가능
- 빈민층의 엄청난 기대와 실망스러운 결과는 패배의식을 안겨주는 결과
- 참여의 허구화와 민중조작 우려
- 소수의 적극적 참여자나 특수이익집단의 대표는 행정의 공정성을 저해할 수 있음
- 행정책임의 회피, 전가를 초래할 수 있음

11 인구규모를 기준으로 독시아디스(C.A.Doxiadis)의 인간 정주사회 단계에 속하는 것은?

① 부심도시(Subpolis)
② 행정도시(Politipolis)
③ 다핵도시(Multipolis)
④ 세계도시(Ecumenopolis)

해설
독시아디스(C. A. Doxiadis)의 인간 정주학적(EKISTICS) 유형에 의한 분류 중 도시형태
- 거대도시(Metropolis, 200만 명)
- 연담도시(Conurbation, 1,400만 명)
- 대상도시(Megalopolis, 1억 명)
- 도시화 지역(Urban Region)
- 대륙도시(Urbanized Continent)
- 세계도시(Ecumenopolis, 300억 명)

12 장래 인구 예측에 있어서 초기연도와 최종연도의 인구만을 고려하여 그 증가율을 산정할 경우 해당 기간 동안 인구의 증감이 교차되는 도시에서 적용하기가 어려운데 이와 같은 결점을 보완한 인구예측방법은?

① 최소자승법
② 등차급수법
③ 등비급수법
④ 회귀분석법

해설
최소자승법 $P_n = a + bn$
최확값 산정가능, 인구의 증감이 교차되는 경우
여기서, n = 1년 단위 기간

13 다음 중 1960년대 이후 나타난 우리나라 도시화 현상의 특징으로 가장 거리가 먼 것은?

① 짧은 기간 동안 산업화와 더불어 진행되었다.
② 대도시와 수도권 중심으로 인구가 집중되었다.
③ 생활권 중심의 지방거점도시들이 균형적으로 성장하였다.
④ 경부축을 중심으로 산업단지의 개발 등 집중적인 투자가 진행되었다.

해설
1960년대 이후
- 급격한 도시 성장 : 경제 개발에 따른 이촌 향도 현상
- 신흥공업도시 성장 : 울산, 포항, 창원 등
- 거대도시(서울, 부산), 수도권 위성도시 발달
- 지방도시의 쇠퇴

14 토지이용면적의 수요 추정은 주거, 상업, 공업, 녹지지역에 소요되는 면적으로 예측하는 것인데, 일반적으로 이의 수요는 전통적으로 원단위법에 의하여 3단계의 절차를 통하여 추정된다. 아래 과정을 단계별로 바르게 나열한 것은?

정답 09 ③ 10 ① 11 ④ 12 ① 13 ③ 14 ③

가. 목표연도의 용도별 토지이용 수요의 산정
나. 목표연도의 용지별 토지이용 밀도의 설정
다. 목표연도의 인구 및 경제활동 예측

① 다 - 가 - 나   ② 나 - 가 - 다
③ 다 - 나 - 가   ④ 가 - 나 - 다

해 설

토지수요 추정절차
㉠ 토지이용 유형에 따라 이용밀도 조사/평가
㉡ 목표연도의 인구 및 경제활동 예측
㉢ 토지이용의 유형별 계획밀도 산정
㉣ 용도별 토지이용수요 산정

15 다음 중 현대 도시문제에 대한 설명으로 옳지 않은 것은?

① 대도시로의 급격한 인구집중과 도시성장은 오늘날의 도시 문제를 유발한 원인이 되었다.
② 도시의 과밀화로 인해 주택 부족, 교통문제, 공공시설과 생활편의시설의 부족 등의 문제가 나타난다.
③ 현대 도시문제는 사회·문화·경제뿐 아니라 물리적으로도 주변 도시들과 상호 긴밀하게 연관되어 있다.
④ 도시의 성장이나 쇠퇴로 인해 나타나는 도시 문제들은 전체 시민보다 일부 계층에 한정적으로 영향을 미친다.

해 설

도시문제 및 대책
1. 도시문제 : 인구의 도시 집중 → 도시의 과밀화, 거대화 → 각종 도시문제 발생
   ㉠ 주택문제 : 인구 집중과 핵가족화로 주택 부족, 지가 상승, 불량주택지구
   ㉡ 교통문제 : 좁은 도로, 주차 곤란 → 경제적 손실 초래
   ㉢ 도시의 무질서한 팽창 : 난개발
   ㉣ 기타 : 공해문제, 공공서비스 시설의 부족(상하수도, 교육, 의료, 문화)
2. 도시문제 대책
   ㉠ 대도시의 인구 및 기능의 지방분산 : 자족기능의 신도시 건설, 지방도시 육성
   ㉡ 대도시의 팽창 억제 : 개발제한구역 설정 및 실시
   ㉢ 도시 재개발 : 용도지구제, 도시 기반 시설 확충

16 다음 중 도시규모에 따른 용도지역별 간선도로의 밀도를 틀리게 연결한 것은?

① 소도시(50만 인 미만) - 상업지구 - 1~2km/km²
② 중도시(50~100만 인) - 공업지역 - 2~4km/km²
③ 대도시(100만 인 이상) - 주거지역 - 2~4km/km²
④ 대도시(100만 인 이상) - 상업지역 - 5~10km/km²

해 설

도시규모에 따른 용도지역별 간선도로의 밀도

도시규모	간선도로(4차로 이상)		
	주거지역	상업지역	공업지역
대도시 (100만 인 이상)		5~10 km/km²	
중도시 (50~100만 인)	2~4 km/km²	4~8 km/km²	2~4 km/km²
소도시 (50만 인 미만)		3~6 km/km²	

17 도시계획의 필요성으로 옳지 않은 것은?

① 공공재의 부족을 방지하기 위하여
② 토지이용의 효율화를 높이기 위하여
③ 인간사회의 개인적인 목표를 이루기 위하여
④ 도시가 원활히 기능할 수 있게 하기 위하여

해 설

도시계획의 필요성
• 토지이용의 효율성 제고, 공공재의 남용방지, 기업의 독점권 방지, 공공서비스의 제공, 시장경제 실패의 개선, 인간사회의 공동목표와 가치 구현 등을 위해
• 도시토지이용에 있어 시간 및 공간의 조화를 추구

18 우리나라에서 도시기본계획을 도입하게 된 배경이라 볼 수 없는 것은?

① 주민참여의 구체적 실현
② 개발수요에 대한 합리적 대응
③ 도시관리계획의 잦은 변경 방지
④ 합리적이고 과학적인 도시계획 수립

해 설

도시기본계획
㉠ 정의 : 특별시·광역시·시·군의 관할구역에 대하여 기본적인 공간구조와 장기발전방향을 제시하는 종합계획으로서 도시관리계획 수립의 지침이 되는 계획
㉡ 도입배경
• 개발수요에 대한 합리적 대응

정답 15 ④ 16 ① 17 ③ 18 ①

- 도시관리계획의 잦은 변경 방지
- 합리적이고 과학적인 도시계획 수립

19 도시의 낙후된 지역에 대한 주거환경의 개선, 기반시설의 확충 및 도시기능의 회복을 광역적으로 계획하고 체계적·효율적으로 추진하기 위해 지정하는 재정비촉진지구의 유형 구분에 해당되지 않는 것은?

① 주거지형　　② 근린재생형
③ 중심지형　　④ 고밀복합형

해설

재정비촉진지구의 정의
도시의 낙후된 지역에 대한 주거환경 개선과 기반시설의 확충 및 도시기능의 회복을 광역적으로 계획하고 체계적이고 효율적으로 추진하기 위하여 지정하는 지구

재정비촉진지구의 종류
- 주거지형 : 노후·불량주택과 건축물이 밀집한 지역으로서 주로 주거환경의 개선과 기반시설의 정비가 필요한 지구
- 중심지형 : 상업지역·공업지역 또는 역세권·지하철역·간선도로의 교차지 등으로서 토지의 효율적 이용과 도심 또는 부도심 등의 도시기능의 회복이 필요한 지구
- 고밀복합형 : 주요 역세권, 간선도로의 교차지 등 양호한 기반시설을 갖추고 있어 대중교통 이용이 용이한 지역으로서 도심 내 소형주택의 공급 확대, 토지의 고도이용과 건축물의 복합개발이 필요한 지구

20 도시의 새로운 계획 패러다임의 방향이 아닌 것은?

① 도·농 통합적 계획으로의 전환
② 에너지 절약형 도시개발로의 전환
③ 입체적·기능 통합적 토지이용관리
④ 시민참여의 확대와 계획 및 개발주체의 단일화

해설

도시계획의 새로운 패러다임
1. 도시계획 패러다임의 변화
   ㉠ 개발 위주의 양적인 계획에서 개발과 보전을 조화시킨 질적인 계획으로
   ㉡ 문제 해결형 접근방식에서 구조 재편형 접근방식으로
   ㉢ 생산기반 중시 계획에서 생활환경 중시 계획으로
2. 도시계획의 신 패러다임
   ㉠ 도시의 적정 규모
   ㉡ 자족성
   ㉢ 더불어 함께

㉣ 다양성
㉤ 녹색교통
3. 도시계획의 새로운 패러다임
   ㉠ 환경 중시 : ESSD와 Eco-city, 외부효과에 따른 공적 규제, 입체적 토지이용, 기능통합적 토지이용
   ㉡ 균형성장 : 도시성장 관리, 집중과 분산, 도농통합도시, 농촌도시권, 농도지구
   ㉢ 도시의 문화화 : 장소성(Placeness), 공공공간의 Amenity, 문화예술지구
   ㉣ 기타 : 시민이 함께 만드는 도시, 통일 대비 도시계획, 3차원가상도시, U-시티(Ubiquitous City)

제2과목 도시설계 및 단지계획

21 공원·녹지체계의 유형 중 일정 폭의 녹지를 직선적으로 길게 조성하는 것으로 완충녹지에서 많이 볼 수 있으며, 인도의 찬디가르(Chandigarh)에서 볼 수 있는 유형은?

① 집중형　　② 분산형
③ 대상형　　④ 격자형

해설

샹디가르(찬디가르, Chandigarh)
인도 펀잡주의 수도이며 르 코르뷔지에에 의해 설계됨
- 배치의 상징성 : 3권분리와 경관의 고려(히말라야산맥을 배경으로 경관적 배려)
- 배치의 기하학적 질서 : 물리적·시간적 간격 조절
- 대지로부터 분리된 마천루와 공원화된 도시지면-차량이동을 위한 길은 행정지구 하부를 가로지르고 공원을 산책하는 사람에게는 자량이 보이지 않도록 함. 풍부한 녹지대 확보(대상형 녹지대 확보)

22 래드번(Radburn) 주택단지계획의 특성이 아닌 것은?

① 주거단지 내 통과교통을 배제함
② 학교는 보행자 도로체계와 분리하여 계획함
③ 차량진입은 Cul-de-sac을 통하여 주택의 입구 까지만 허용함
④ 주도로와 보행자도로가 만나는 곳은 입체교차 시설을 설치함

해설

래드번 계획
- 총 면적은 420ha로 12~20ha의 슈퍼블록(대가구)으로 구성되고,

정답　19 ②　20 ④　21 ③　22 ②

- 슈퍼블럭은 개발녹지로 둘러싸임
- 녹지 내에는 학교, 상점, 중심시설로 통하는 도로배치
- 녹지 내부에 보행자도로 설치
- 통과교통 배제
- 보차분리(자동차도로와 보행자도로의 분리 = 입체교차)
- 자동차도로 끝부분 둘레에 쿨데삭(Cul-de-sac) 클러스터 배치

- 이웃과의 유대(Communication)
- 환경선택의 다양성(Choice)
- 개발비용의 효율성(Efficiency)
- 변화에 대한 적응성(Adaptability)

23 격자형 가로망의 특징에 해당하지 않은 것은?
① 토지의 분할이 용이하다.
② 단계별 개발이 용이하다.
③ 도로의 위계를 쉽게 설정할 수 있다.
④ 도시경관의 정연성을 부각시킬 수 있다.

해설
격자형(일반적 형식)
- 통과교통 허용으로 안전성이 낮다.
- 도로의 위계가 불분명하고 부정형 지형에 적용 곤란
- 각 택지에 대한 서비스 용이, 토지이용효율 증대
- 공간의 폐쇄성이 결여되어 장소성이 약하며, 단조로운 가구 형성
- 광범위한 지역에 유효함

24 세계 최초로 전원도시(Garden City)가 건설된 곳은 영국의 어느 곳인가?
① Harlow
② Stevenage
③ Letchworth
④ Basildon

해설
전원도시론(田園都市論, Garden city theory) : 에버네즈 하워드(Ebenezer Howard)
- 1903년 런던 북쪽 35mile 거리에 레치워스(Letch-worth) 건설
- 1919년 런던에서 20mile 거리에 웰인(Welwyn) 건설
- New Town으로 발전

25 다음 중 주거단지의 계획의 기본적인 목표와 거리가 먼 것은?
① 에너지의 효율적 이용과 절약
② 거주자 상호 간 접촉의 최소화
③ 거주자의 건강과 쾌적성 유지
④ 변화에의 융통성과 적응성 부여

해설
단지계획의 목표
- 건강과 쾌적성(Health and Amenity)
- 기능의 충족성(Functional Integration)

26 다음 중 기능 및 목적이 다른 시설은?
① 가로등
② 신호등
③ 횡단보도
④ 버스정차대

해설
기반시설의 종류
당해 시설 그 자체의 기능발휘와 이용을 위하여 필요한 부대시설 및 편익시설을 포함
※ 교통시설 : 도로(일반도로, 자동차전용도로, 보행자전용도로, 자전거전용도로, 고가도로, 지하도로)·철도·항만·공항·주차장·자동차정류장(여객자동차터미널, 화물터미널, 공영차고지)·궤도·삭도·운하, 자동차 및 건설기계검사시설, 자동차 및 건설기계운전학원 → 신호등, 횡단보도, 버스정차대는 교통시설 혹은 그의 부대시설이라 볼 수 있다.

27 단지조사의 원칙으로 가장 올바른 것은?
① 단지조사 자료의 수집은 계획과정 내내 지속된다.
② 본격적인 조사에 앞서 현지답사는 선택적이다.
③ 조사 초기에 가능한 모든 자료를 수입해야 한다.
④ 단지조사 자료체계는 어떤 계획에서나 동일하다.

해설
단지조사의 원칙
- 자료의 수집은 계획과정 내내 지속된다.
- 본격적인 조사에 앞서 현지답사를 수행한다.
- 조사 단계별 수집 가능한 자료를 최대한 수집한다.
- 단지조사 자료체계는 수립하려는 계획별로 다르다.

28 다음 중 단독주택 또는 연립주택과 비교하여 아파트 형식의 주택이 갖는 장점이 아닌 것은?
① 주거지의 고밀화가 가능하다.
② 프라이버시 확보와 개성있는 외관 형성이 용이하다.
③ 공동의 오픈스페이스 확보와 커뮤니티 형성에 유리하다.
④ 공동설비로 공사비를 절감할 수 있다.

해설
주택형식별 적주성 장단점 비교
프라이버시 확보와 개성있는 외관은 단독주택의 장점이다.

정답 23 ③ 24 ③ 25 ② 26 ① 27 ① 28 ②

29 다음 중 단지 내의 일반 건축용지, 녹지용지, 교통용지를 제외한 주택용지만에 대한 밀도는?

① 근린밀도(Neighborhood Density)
② 총밀도(Gross Density)
③ 중밀도(Medium Density)
④ 순밀도(Net Density)

해설
밀도 측정
㉠ 주거밀도 : 주거편의시설을 위한 적절한 오픈스페이스, 광선·통풍 등을 확보해 주는 주거지역에 대한 밀도측정
㉡ 근린주구밀도 : 인구수에 비례하여 적절한 커뮤니티 편의시설의 확보를 위해 모든 토지이용을 포함하는 전체근린주구에 대한 밀도측정
㉢ 총 밀도 : 주거용 토지에 가로들이 포함되며 학교, 레크리에이션, 쇼핑, 기타 근린주구 커뮤니티 용도의 토지의 에이커당 가구수
㉣ 순밀도(Net Density) : 주택단지의 부지 중 일반 건축용지, 녹지용지, 교통용지를 제외한 주택용지만에 대한 인구밀도

30 다음 중 500세대의 주택을 건설하는 주택단지에 설치하여야 하는 기준 시설에 해당하지 않는 것은?(단, 사업계획승인권자가 설치할 필요가 없다고 인정한 경우는 배제한다.)

① 경로당
② 어린이놀이터
③ 유치원
④ 주민운동시설

해설
주택단지 안에 설치하는 시설의 설치기준
㉠ 어린이 놀이터, 관리사무소 : 50세대 이상
㉡ 경로당 등 : 100세대 이상
㉢ 주민운동시설 : 500세대 이상
㉣ 유치원 : 2,000세대 이상
※ 유치원은 2,000세대 이상의 주택단지 규모일 때 의무적으로 설치해야 하므로 500세대 이상일 경우는 설치하지 않아도 됨

31 산업입지 및 산업 단지의 조성사업에서 환경 영향평가 대상사업에 해당되는 내용으로 옳지 않은 것은?

① 「도시개발법」에 따른 도시개발사업 중 상업용지조성사업의 사업면적이 10만 제곱미터 이상인 사업
② 「중소기업진흥에 관한 법률」에 따른 단지 조성사업 중 사업면적이 15만 제곱미터 이상인 사업
③ 「산업입지 및 개발에 관한 법률」에 따른 산업단지 재생사업 중 사업면적이 15만 제곱미터 이상인 사업
④ 「연구개발특구의 육성에 관한 특별법」에 따른 연구개발 특구의 조성사업 중 사업면적이 15만 제곱미터 이상인 사업

해설
「환경·교통·재해등에관한영향평가법」에서의 환경영향평가기준, 산업입지 및 산업단지의 조성
㉠ 산업입지및개발에관한법률에 의한 산업단지개발사업 중 면적이 15만m² 이상인 것
㉡ 중소기업진흥및제품구매촉진에관한법률에 의한 단지조성사업 중 면적이 15만m² 이상인 것
㉢ 자유무역지역의지정등에관한법률에 의한 자유무역지역의 지정으로서 면적이 15만m² 이상인 것
㉣ 산업집적활성화및공장설립에관한법률에 의한 공장의 설립으로서 조성면적이 15만m² 이상인 것
㉤ 도시개발법에 의한 도시개발사업으로서 공업용지조성사업 중 면적이 15만m² 이상인 것
㉥ 산업기술단지지원에관한특례법의 조성사업 중 면적이 15만m² 이상인 것

32 복층형 주택(메조네트, Maisonnette) 형식에 대한 설명으로 틀린 것은?

① 1개 주호가 2개 층을 사용하는 경우 duplex라고 한다.
② 단면형태가 복잡해져 구조, 설비 등의 구성 및 설계에 세심한 고려가 필요하다.
③ 일반적으로 작은 규모(약 132m² 이하)의 주거형식으로 적합하다.
④ 공용복도가 없는 층에서는 직통 두 방향으로 개구부를 둘 수 있어서 통풍과 채광에 유리하다.

해설
복층형(maisonnette)
㉠ 정의
• 공동주택에서 각 단위거주가 2층에 걸쳐 있는 복층형 거주형식으로, 아래층에는 거실과 부엌을 두고 위층에는 침실을 두는 평면구성
㉡ 특징
• 편복도형에서 쓰이는 경우가 많다.
• 복도는 1층 걸러서 설치할 수 있으므로 공용통로의 면적을 절약 및 엘리베이터의 정지층이 감소하는 경제적 이점
• 위층은 통풍과 프라이버시에 좋으나 단층형에 비해 면적이 커지는 경우가 많다.
• 중복도형이나 계단식형에 이용되기도 하고 스킵플로어(Skip Floor)형과 조합하여 평면적으로나 입체적으로 구성이 복잡해지는 예도 있다.

정답 29 ④ 30 ③ 31 ① 32 ③

33 6ha의 대지에 1호당 순대지 200m²의 단독주택 필지를 계획할 때 몇 호 건설이 가능한가?(단, 순 주택용지율 60%, 도로 및 기타 공공용지율 40%)

① 120호　　② 150호
③ 180호　　④ 300호

[해설]
순 주택용지
순 주택용지 = 대지면적×순 주택용지율/100
= 1호당 순대지면적×호수
6(100×100)×0.6 = 200×호수 ∴호수 = 180호

34 페리(Clarence A. Perry)가 제안한 근린주구 이론은 많은 계획을 통하여 변화와 비판을 받았다. 다음 중 근린주구 이론의 비판으로서 가장 적합한 것은?

① 표준화에 따른 공공 편익시설의 부족
② 통과교통 배제에 따른 도로망 체계의 불합리성
③ 공동체 의식을 제고하기 위한 영역성의 결여
④ 동질의 건축물 시설 집합에 따른 배타적인 지역 공간 형성

[해설]
근린주구이론의 문제점
㉠ 근린주구는 인종 간, 계층 간 분리를 조장하여 사회적 통합을 저해한다.
㉡ 자족적 생활단위로 제한함으로써 현대의 도시생활에 역행하는 시대착오적 산물이다.
㉢ 근린주구이론의 규모는 현실적으로 자족적 주거단위를 구성하기에는 너무 작다.
㉣ 장래의 토지이용변화나 발전에 대한 고려가 없어 신축성이 결여되어 있다.
㉤ 생활양식의 다양성과 지역 특수성 반영이 미흡하고 도시정체성 확보가 곤란하다.

35 주차수요 추정방법 중 주차발생원단위법에 의한 계산식의 용어설명이 틀린 것은?

① P : 주차수요(대)
② U : 첨두시 용도별 주차발생량(대/1,000m²·시간)
③ F : 장래 계획 건물연면적(1,000m²)
④ e : 건물이용자 중 승용차 이용률(%)

[해설]
주차발생 원단위법
㉠ 주차장수요추정에 있어 가장 많이 사용되는 방법으로 신뢰성이 비교적 높고 간편하나 주차이용 효율 산정이 힘들고 장래에 주차발생원단위가 변하는 경우 신뢰성이 떨어진다.
㉡ $P = \dfrac{U \times F}{100 \times e}$
여기서, P : 주차수요(대)
　　　　U : 피크 시 건물연면적 1,000m²당 주차발행량
　　　　F : 계획건물 상면적(m²)
　　　　e : 주차이용효율

36 학자와 주장 이론이 잘못 짝지어진 것은?

① 고든 컬렌(Gordon Cullen) : 연속장면(Serial Vision)
② 케빈 린치(Kevin Lynch) : 가독성(Legibility)
③ 카밀로 지테(Camillo sitte) : 연속경관(Choregraphic Sequence)
④ 필립 티엘(Philip Thiel) : 스마트 스페이스(Smart Space)

[해설]
㉠ 고든 컬렌(Gordon Cullen) : 도시이미지 연구와 연속시각이론, 도시이해 및 인식방법, 형태요소의 추출
㉡ 케빈 린치(Kevin Lynch) : 도시는 "사람에 의해서 이미지화되는 것"이라고 주장하며 1960년대에 「도시의 이미지(The Image of The City)」라는 도시론을 발표
㉢ 카멜로 지테(Camillo Sitte) : 연속경관(Choregraphic Sequence)
• 예술적 원리를 준용한 도시계획
• 도시미화 운동의 근간, 도시구성요소들 간의 관계미학
㉣ 필립 티엘(Philip Thiel) : Object, Suface, Screen의 3가지 공간 구성요소 주장

37 우리나라 주거단지의 문제점 개선방안에 관한 설명 중 부적절한 것은?

① 단지의 개방성 확보
② 단지의 편익시설 확보
③ 새로운 주거유형 및 건물배치기법 연구
④ 슈퍼블럭(Super Block) 및 고층 위주의 개발

[해설]
슈퍼블록 및 대단위 고층 위주 개발은 주변지가 앙등, 도시의 외연적 확산, 외부불경제효과 발생, 기반시설 부담으로 주택가격 상승, 획일적 주거환경 조성, 주변지역과의 부정합성, 폐쇄적 가구구조로 인한

정답 33 ③　34 ④　35 ④　36 ④　37 ④

도시성 상실, 중심시설 중앙배치로 간선도로변 활성화 기회 상실 등의 문제를 유발할 수 있다. 따라서 다양한 형태배치와 조화를 통한 친환경적 주거단지 건설이 필요하다.

38 이상 도시 형성의 사조 중 주택단지에 가장 영향을 준 것은?

① Linear town
② Siedelung
③ Mother town
④ Garden city

해 설

근대적 도시개발
㉠ 산업혁명 이후 급격한 도시인구 증가 → 도시문제 야기(주택부족, 주거환경 악화 등)
㉡ 근대적 도시계획과 도시개발 등장 → 물리적 환경 개선을 통한 살기 좋은 환경을 조성 : 노동자 계층을 위한 주택공급과 주거환경 개선을 위한 해결책 제시
 • 오웬(Owen, Robert)의 협동마을(Village of Unity and Cooperation, 1817)
 • 푸리에(Fourier, Charles)의 팔란스테르(Phalanstre, 1847) 등
㉢ 인간관계가 중시되는 공동사회를 만들기 위한 이상도시안(案) 제시 → 도시와 농촌의 매력을 함께 지닌 자족적인 커뮤니티(전원도시, Garden City) - 이후 주거지 계획의 기본이념

39 산 조망경관 보호를 위해 A지점에서 산 정상 C를 바라볼 때, 장면(Scene)의 수직 시야에서 건축물을 산 높이의 1/2 이하로 건축해야 한다면, B지점의 건축물 높이(X)는 얼마까지 가능한가?

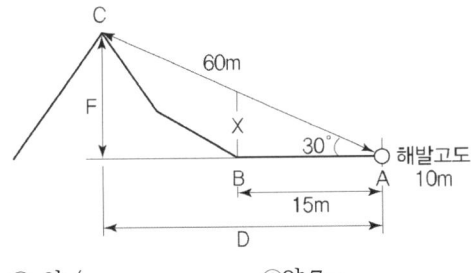

① 약 4m
② 약 7m
③ 약 10m
④ 약 13m

해 설

$15\tan 30° = 8.66$, $x = 8.66$
수직시야에서 산 높이의 1/2 이하로 건축해야 하므로
$\dfrac{8.66}{2} = 4.33$, 약 4m

40 다음 단독 및 공동주택단지의 가구 구성에 관한 설명 중 틀린 것은?

① 단독주택지 : 소가구 구성 시 보통 인지 가능한 획지의 수가 10~12개라고 보면 가구의 길이는 90~130m의 범위가 적당하다.
② 공동주택지 : 연립주택은 경관상 단독주택지 내에 혼재되어도 무리가 없고 보통 한동이 12~18호로 구성되는 것이 좋다.
③ 단독주택지 : 가구의 단변길이를 조작할 수 있는 요소는 세장비이며, 이때 단변의 길이는 가구 규모에 따라 30~50m의 범위를 갖게 된다.
④ 공동주택지 : 아파트단지의 경우는 최소대지 면적은 3ha 이상이 되어야 하며 생활편익시설을 모두 갖추기 위해서는 30~50ha 정도가 되어야 바람직하다.

해 설

단독주택의 획지분할
1. 단변·장변 길이
 • 단변의 길이는 30~50m, 장변의 길이는 120~150m의 범위
2. 가구장변에 접하는 획지의 수
 ㉠ 10~12개가 적합 = 획지 전면 폭을 12m라 하면 120~150m
 ㉡ 가구의 장변길이가 150m 이상일 경우 보행자 통로 설치
3. 연립주택의 경우
 ㉠ 한 동은 12~18호로 구성
 ㉡ 최소대지면적 : 3층(576~1,572m²), 2층(720~2,160m²)
4. 배할선(= 획지를 분할하는 선)
 ㉠ 가구 단변의 중심선으로 하고 도로에 수직선으로 분할(원칙)
 ㉡ 간선도로에 면한 획지의 전면에는 완충녹지 설치, 획지규모는 크게 하고, 획지를 1켜로 배치하여 후면에서 진입하게 하여 주거환경보호
※ 따라서 가구의 단변의 길이를 조작할 수 있는 것은 세장비가 아니라 배할선이다.

제3과목 도시개발론

41 일반적으로 도시개발의 유형을 신개발과 재개발로 분류하는 방식은?

① 개발 주체에 따른 분류
② 개발 대상지에 따른 분류
③ 토지의 용도에 따른 분류
④ 토지의 취득방식에 따른 분류

정답 38 ④ 39 ① 40 ③ 41 ②

> **[해설]**
> 개발대상지에 따른 분류
> ㉠ 신개발 : 토지를 새롭게 개발하는 형태로 도시개발사업이 대표적임
> ㉡ 재개발 : 기존에 개발된 지역이 시대적·공간적 발달에 따라 그 기능을 상실하고 불량화되었을 때 도시의 불량지구개선, 안전하고 위생적인 환경의 마련, 도시기능의 부활 등을 기하고자 실시하는 사업

42 다음 중 타당성 분석에 대한 설명으로 옳지 않은 것은?

① 타당성은 사업의 확실한 성공을 보장하고자 한다.
② 타당성 분석은 선택된 수단의 적합성을 실험하는 것이다.
③ 타당성 분석이란 사업이 직면한 모든 제약 하에서 프로젝트의 적합성을 실험하는 것이다.
④ 타당성은 분석 이전에 설정된 프로젝트의 명료한 목적에 대한 충족 여부에 따라 결정된다.

> **[해설]**
> 타당성 분석의 특징
> ㉠ 타당성은 확실성을 제공하지 않음
> ㉡ 타당성은 분석 이전에 설정된 사업 목적의 충족 여부에 따라 결정됨
> ㉢ 타당성 분석은 선택된 수단의 적합성을 실험하는 것임
> ㉣ 타당성 분석이란 제약 하에서 프로젝트의 적합성을 실험하는 것임

43 다음 중 지방공사 또는 지방공단의 특징 설명이 잘못된 것은?

① 지방공단은 민관합작에 의한 설립이 불가하다.
② 지방공사는 판매수입으로 경영비용을 조달한다.
③ 지방공사는 증자를 통한 민간출자는 할 수 없다.
④ 지방공단은 특정사업의 수탁에 의해 업무한다.

> **[해설]**
> 제3섹터의 유형
> 1. 지방공사형
>   ㉠ 조건 : 민간출자 비율이 50% 미만인 경우
>   ㉡ 법적지위 : 전액 관출자형 지방공사와 동일한 법적 지위를 가짐
> ※ 지방공사는 50% 미만의 민간출자가 가능하다.

44 역세권개발구역으로 지정할 수 있는 경우에 해당되지 않는 것은?

① 철도역이 신설되어 역세권의 체계적·계획적인 개발이 필요한 경우
② 철도역의 시설 노후화 등으로 철도역을 증축·개량할 필요가 있는 경우
③ 도시의 기능 회복을 위하여 역세권의 종합적인 개발이 필요한 경우
④ 노후·불량 건축물이 밀집한 도시환경을 정비할 필요가 있는 경우

> **[해설]**
> 역세권의 개발 및 이용에 관한 법률 제4조 개발구역의 지정 등
> ② 개발구역은 다음 각 호의 어느 하나에 해당하는 경우에 지정할 수 있다.
>   1. 철도역이 신설되어 역세권의 체계적·계획적인 개발이 필요한 경우
>   2. 철도역의 시설 노후화 등으로 철도역을 증축·개량할 필요가 있는 경우
>   3. 노후·불량 건축물이 밀집한 역세권으로서 도시환경 개선을 위하여 철도역과 주변지역을 동시에 정비할 필요가 있는 경우
>   4. 철도역으로 인한 주변지역의 단절 해소 등을 위하여 철도역과 주변지역을 연계하여 개발할 필요가 있는 경우
>   5. 도시의 기능 회복을 위하여 역세권의 종합적인 개발이 필요한 경우
>   6. 그 밖에 대통령령으로 정하는 경우
> ※ 노후·불량 건축물이 밀집한 역세권으로서 도시환경 개선을 위하여 철도역과 주변지역을 동시에 정비할 필요가 있는 경우에 한한다.

45 특정지역의 부동산가격규제를 통해 주변 지역의 부동산 가격이 상승하는 현상을 가리키는 용어는?

① 교외화(Suburbanization)
② 도시화(Urbanization)
③ 풍선효과(Balloon Effect)
④ 나비효과(Butterfly Effect)

> **[해설]**
> 풍선효과(Balloon Effect)
> 풍선의 한 곳을 누르면 그곳은 들어가는 반면 다른 곳이 팽창되는 것처럼 문제 하나가 해결되면 또 다른 문제가 생겨나는 현상을 말한다. 특정 지역 집값을 잡기 위해 규제를 강화하면 수요가 다른 지역으로 몰려 집값이 오르는 현상이 대표적이다.

46 평가식을 이용한 환지설계방식의 경우 다음과 같은 조건에서 환지면적은 얼마인가?

- 종전의 토지 면적 : 10,000m²
- 단가 : 100,000원
- 비례율 : 130%
- 정리 후 토지 단가 : 200,000원

① 5,000m² ② 5,500m²
③ 6,000m² ④ 6,500m²

> **해설**
> 평가식 : 정리 전의 토지평가액을 기준하여 비례적으로 정리 후의 금액으로 환지계획
>
> $$단가비례율 = \frac{정리\ 후\ 토지단가}{단가} = \frac{200,000원}{100,000원} = 200\%$$
>
> $$환지면적 = 종전의\ 토지면적 \times \frac{비례율}{단가비례율}$$
>
> $$= 10,000m² \times \frac{130\%}{200\%} = 6,500m²$$

47 다음은 사업성분석의 단계를 나타내고 있는데 이 중 분석과정을 가장 알맞게 나타내고 있는 것은? (단, 1단계부터 4단계까지로 나타냄)

① 할인율 설정 - 연차별 투자비용 추정 - 연차별 분양수입 추정 - 현금흐름표 작성
② 직접비 및 간접비 추정 - 분양계획 - 용지별 분양가격 추정 - 사업성 평가
③ 할인율 설정 - 현금흐름표 작성 - 연차별 투자비용 추정 - 연차별 분양수입 추정
④ 분양계획 - 현금흐름표 작성 - 용지별 분양가격 추정 - 직접비 및 간접비 추정

> **해설**
> 사업성 분석체계
> ㉠ 제1단계 : 분석의 전제
> 　사업의 개요, 투자계획과 분양계획, 할인율 설정
> ㉡ 제2단계 : 연차별 투자비용 추정
> 　직접비 및 간접비 추정, 연차별 투자비용 추정
> ㉢ 제3단계 : 연차별 분양수입 추정
> 　용지별 분양가격 추정, 연차별 분양수입 추정
> ㉣ 제4단계 : 사업성 평가
> 　현금흐름표 작성, 사업성 평가

48 도시개발의 필요성을 설명한 것으로 적절하지 않은 것은?

① 주택, 산업시설, 공공기반시설 등에 대한 새로운 공간 수요가 있기 때문이다.
② 지속가능한 도시발전을 위하여 자연 생태계의 유지관리 수요가 발생하기 때문이다.
③ 도시산업구조의 변화를 수용하기 위하여 새로운 개발이 필요하기 때문이다.
④ 사회·경제활동의 변화에 따라 새로운 도시 공간의 수요가 발생하기 때문이다.

> **해설**
> 도시개발의 필요성
> ㉠ 도시토지이용상의 모순 발생 개선
> ㉡ 과밀주거와 비위생적 주택지구로 인한 도시환경의 악화 개선
> ㉢ 도시주변의 무질서한 평면확장 방지
> 수요·공급적 측면의 필요성
> ㉠ 수요 측면에서의 필요성
> 　• 인구의 자연증가 및 가구규모의 변화
> 　• 소득의 증가와 주거수준의 향상
> 　• 공공용지의 확보 및 주택의 이용전환
> ㉡ 공급 측면에서의 필요성
> 　• 유한한 국토자원으로 인한 토지 부족
> 　• 개발제한구역 설정과 같은 토지공급 제한
> 　• 토지의 세분화 및 지가상승 현상
> ※ 자연생태계의 유지관리를 위해서는 가급적 도시개발을 자제하여야 한다.

49 다음 (　) 안의 내용이 순서대로 모두 옳은 것은?

> a. 타인 자본 때문에 발생되는 이자가 지렛대의 역할을 하여 영업이익의 변화에 대한 순이익의 변화폭이 커지는 현상을 (　)라고 한다.
> b. (　)은 상충이론과 더불어 기업의 자본구조를 설명하는 영향력 있는 이론 중 하나로, 기업이 영업활동에 필요한 자금을 조달함에 있어 특정 우선순위를 가진다.
> c. (　)은 소유와 경영이 분리된 기업 환경 하에서 수탁 책임을 가지는 경영자들이 주체인 주주들이 원하는 목적과 다른 목적을 추구함으로써 문제가 발생한다는 이론이다.

① 지렛대 효과, 대리인 이론, 자본조달순서이론
② 재무레버리지 효과, 자본조달순서이론, 대리인 이론
③ 재무레버리지 효과, 자본조달순서이론, 경영인 이론
④ 지렛대 효과, 경영인 이론, 자본조달순서이론

> **해설**
> 레버리지 효과(Leverage Effect) = 지렛대효과
> 타인의 자본 때문에 발생하는 이자가 지렛대 역할을 하여 영업이익의 변화에 대한 주당이익의 변화폭이 더욱 커지는 현상
> 자본조달 순서이론(Pecking Order Theory)
> 기업이 영업활동에 필요한 자금을 조달함에 있어 우선순위가 있음
> 대리인 이론(Agency Theory)
> 소유와 경영이 분리된 기업환경하에서 수탁책임을 가지는 경영자들

이 주체인 주주들이 원하는 기업가치의 극대화보다는 기업의 외형적 성장, 매출액의 극대화 혹은 경영자의 사적 이득을 추구함으로써 대리인의 문제발생

- 수익성 지수(P.I ; Profitability index) = B/C와 동일
- 내부수익률(FIRR, λ) : 현재가치의 편익과 비용을 서로 동일하게 만드는 할인율

50 도시개발사업 시행의 위탁에 관한 내용으로 옳은 것은?

① 시행자가 대통령으로 정하는 공공시설의 건설사업에 대한 시행을 위탁할 수 있는 기관에는 한국토지주택공사, 한국철도공사, 한국감정원이 포함된다.
② 시행자는 도시개발사업을 위한 토지 매수 업무를 국가나 관할지방자치단체에 위탁할 수 없다.
③ 시행자는 도시개발사업을 위한 기초조사와 손실보상 업무에 한해서는 관할지방자치단체에 위탁할 수 없다.
④ 시행자는 대통령으로 정하는 공공시설의 건설과 공유수면의 매립에 관한 업무를 대통령으로 정하는 바에 따라 국가, 지방자치단체에 위탁하여 시행할 수 있다.

해 설
도시개발사업시행의 위탁
㉠ 시행자는 공공시설의 건설과 공유수면의 매립에 관한 업무를 국가, 지방자치단체, 공공기관·정부출연기관 또는 지방공사에 위탁하여 시행할 수 있다.
㉡ 시행자는 도시개발사업을 위한 기초조사, 토지 매수 업무, 손실보상 업무, 주민 이주대책 사업(이주대책의 수립·실시, 이주정착금의 지급, 보상과 관련된 부대업무만을 위탁) 등을 관할 지방자치단체, 공공기관·정부출연기관·정부출자기관 또는 지방공사에 위탁할 수 있다.
㉢ 시행자가 요율의 위탁 수수료를 그 업무를 위탁받아 시행하는 자에게 지급하여야 한다.
㉣ 지정권자의 승인을 받아 「자본시장과 금융투자업에 관한 법률」에 따른 신탁업자와 신탁계약을 체결하여 도시개발사업을 시행할 수 있다.

51 개발사업의 실행(사업성) 평가를 위해 사용되는 경제적 타당성 분석의 지표가 아닌 것은?

① 순현재가치(NPV)   ② B/C 비율
③ 내부수익률(IRR)   ④ 승수효과

해 설
사업성 평가지표
- 순현재가치법(Net Present Value) : 편익과 수입 현재가치로 환산하여 평가하는 방법

52 민관합동 부동산개발금융방식인 프로젝트 파이낸싱(Project Financing)의 자금조달 형태에 관한 설명으로 틀린 것은?

① 자금원 중 자기자본투자는 투자회수의 순위에서 가장 높은 순위를 지니므로 위험도가 가장 낮다고 할 수 있다.
② 자기자본투자자는 전략적 투자와 재무적 투자자로 분류되며 재무적 투자자는 사업에 의한 배당수익에 투자 목적이 있다.
③ 자금원 중 선순위채권(Senior Debt)은 프로젝트 파이낸싱에서 가장 큰 비중을 차지하는 자금이다.
④ 자금원 중 선순위채권(Senior Debt)은 대부분 상업은행으로부터의 차입금이 이에 해당되며 이자수익을 목적으로 투자한다.

해 설
PF의 자금조달 형태
PF의 자금원은 자기자본, 후순위채무, 선순위채무로 구분됨
- 자기자본투자 : 투자회수순위에서 가장 낮은 순위로 위험도가 높으나 사업성과에 따라 높은 사업이익을 확보할 수 있음
- 자기자본투자는 전략적 투자자(시공권 확보, 영업권 확보, 신규사업 진출 등이 투자목적인 자), 재무적 투자가(배당수익이 목적인 자) 있음
- 선순위 채권(Senior Debt) : PF에서 가장 큰 비중을 차지하며 대부분 상업은행으로부터의 차입금(이자수익을 목적으로 투자)
- 후순위 채무(Subordinated Debt) : 선순위채무의 중간적 성격의 금융, 부채비율 계산 시 자기자본으로 간주, 공사비 초과분 조달, 적정채무비율 유지, 기타 보증채무 상환 등에 사용

53 공공사업의 비용과 편익을 사회적 측면에서 분석하여 수익률을 계산하고 이를 바탕으로 공공투자사업이나 정책의 타당성을 분석하는 것을 무엇이라 하는가?

① 재무 분석   ② 민감도 분석
③ 자금순환 분석   ④ 경제성 분석

해 설
도시개발의 사업 타당성 분석

도시개발사업에서 타당성 분석이라 함은 협의의 타당성 분석에 해당하는 경제적 타당성 분석을 의미함

경제적 타당성
- 도시개발 사업에 소요되는 비용보다 발생되는 수익이 많을 때 타당성이 인정됨
- 영향변수 : 개발대상 부지의 규모, 위치, 토지가격, 시장가격, 시장여건, 법/제도
- 분석기법 : 순현가치(NPV), 내부수익률(IRR) 등이 사용됨

54 다음 중 도시재정비촉진을 위한 특별법에 따른 재정비촉진사업에 해당되지 않는 것은?

① 도시 및 주거환경정비법에 의한 주거환경개선사업
② 도시개발법에 의한 도시개발사업
③ 전통시장 및 상점가 육성을 위한 특별법에 의한 시장정비사업
④ 택지개발촉진법에 의한 택지개발사업

해설

재정비촉진사업
재정비촉진지구 안에서 시행되는 다음의 사업
㉠ 「도시 및 주거환경정비법」에 의한 주거환경개선사업·재개발사업·재건축사업
㉡ 「도시개발법」에 의한 도시개발사업
㉢ 「재래시장 육성을 위한 특별법」에 의한 시장정비사업
㉣ 「국토의 계획 및 이용에 관한 법률」에 의한 도시계획시설사업

55 다음의 경우 상업용지의 면적을 추계한 값이 옳은 것은?

- 상업지 이용 인구 : 58,800명
- 1인당 평균상면적 : 20m²
- 평균층수 : 3층
- 건폐율 : 70%
- 공공용지율 : 30%

① 800,000m² ② 1,000,000m²
③ 1,020,400m² ④ 1,120,000m²

해설

상업지역 면적 산출

$$상업지\ 면적 = \frac{이용인구 \times 1인당\ 상면적}{평균층수 \times 건폐율 \times (1-공공용지율)}$$

$$= \frac{58,800 \times 20}{3 \times 0.7 \times (1-0.3)} = 800,000 m^2$$

56 입체환지의 기준에 적합한 것은?

① 소유면적은 기존의 건축물대장을 기준으로 함
② 입체환지는 집단체비지에 단독주택을 건설하는 경우에 허용함
③ 입체환지로 계획수립 시는 평가식, 면적식, 절충식에 의한 환지방식 규정을 적용받아야 함
④ 입체환지의 대상이 될 수 있는 자는 당해 구역 안에 토지와 그 토지에 건축된 주택들 동시에 소유한 자를 말함

해설

입체환지의 기준(도시개발업무지침 4-2-3)
환지계획에서 필요한 때에는 법 제32조에 의거하여 입체환지를 시행할 수 있으며 입체환지 기준은 다음과 같다.
㉠ 입체환지는 집단체비지 내에 공동주택 또는 상가를 건설하는 경우에 허용된다.
㉡ 입체환지의 대상이 될 수 있는 자는 당해 구역 안에 토지와 그 토지에 건축된 주택을 동시에 소유한 자이거나 토지와 토지에 건축된 상가를 동시에 소유한 자를 말한다.
㉢ 입체환지인 경우에는 건축계획을 환지계획의 내용에 포함하여야 한다. 이 경우 건축계획은 구역 내 입체환지의 수요를 고려하여 결정한다.
㉣ 입체환지로 계획수립 시는 규칙 제27조 제2항 규정을 적용받지 아니하고 4-1-4.의 비례율에 의해 환지할 수 있다.
㉤ 소유면적은 토지대장을 기준으로 한다.
㉥ 입체환지 신청자가 많을 경우 대상자를 공개추첨에 의하여 결정할 수 있다.

57 개발사업의 위험은 재무위험, 건설위험, 운영위험, 정책 및 환경위험으로 분류되는데 이 중 운영위험에 해당되지 않는 것은?

① 사업협약 이행 위험
② 시설물결함 위험
③ 비용증가 위험
④ 비활성화 위험

해설

비용증가위험은 재무위험에 해당한다.

58 다음 중 상업적이나 공공적인 목적을 위해 지상공간의 하부에 자연적으로 형성되어 있던 공간의 개발이나 인위적인 굴착을 통해 생성한 공간을 무엇이라 하는가?

정답 54 ④ 55 ① 56 ④ 57 ③ 58 ①

① 지하공간　② 녹지
③ 오픈스페이스　④ 주차장

해설
지하공간 개발
- 지하공간 : 사전적 의미로 땅속이나 땅속을 파고 만든 구조물의 공간
- 지하공간 개발 : 상업적·공공적인 목적을 위해 지상공간의 하부에 자연적으로 형성되어 있던 공간의 개발이나 인위적인 굴착을 통해 생성한 공간

59 다음 중 개발권양도와 관련된 설명 중 옳지 않은 것은?

① 개발권 거래시장의 조성이 필요하다.
② 개발유도지역의 규제가 강할수록 제도의 실현성이 높다.
③ 토지소유자와 비소유자 간의 형평성도 제고할 수 있다.
④ 개발유도지역의 경우 과밀이나 혼잡 등 사회적 비용을 발생시킬 수 있다.

해설
토지소유자와 비소유자 간의 형평성 제고가 어렵다.

60 다음 중 Calthorpe가 제안한 TOD의 원칙으로 옳지 않은 것은?

① 자동차 중심의 중·저밀도 유지
② 주택의 유형, 밀도의 혼합배치
③ 지구 내 목적지 간 보행친화적인 가로망 구성
④ 역으로부터 보행거리 내에 주거·상업시설 설치

해설
Calthorpe(1993)의 TOD 7가지 원칙
㉠ 대중교통서비스를 유지할 수 있는 고밀도를 유지 ⇒ ①
㉡ 역으로부터 보행거리 내에 주거, 상업, 직장, 공원, 공공시설 배치 ⇒ ④
㉢ 지구 내에는 걸어서 목적지까지 갈 수 있는 보행친화적인 가로망 구성 ⇒ ③
㉣ 주택의 유형, 밀도, 비용의 혼합배치 ⇒ ②
㉤ 양질의 자연환경과 공지 보전
㉥ 공공공간을 건물배치 및 근린생활의 중심지로 조성
㉦ 기존 근린지구 내에 대중교통 노선을 따라 재개발 촉진

제4과목 국토 및 지역계획

61 다음 중 성장거점이론의 전신인 성장극(Growth Pole) 이론에 관한 것은?

① 인구규모가 큰 대도시 중심
② 인구유입이 빠르고 시가화지역이 넓은 거점 도시
③ 성장속도가 빠르고 전·후방 연관된 효과가 큰 경제활동 분야
④ 성장잠재력이 크고 각종 도시시설이 잘 구비되어 있는 지역 중심의 도시

해설
성장거점이론은 초기 페로우에 의해 경제적 차원에서 다루어졌으며 이때 성장극이란 경제적 지배력을 가질 만큼 큰 규모의 대기업이나 다른 산업보다 빠른 성장속도를 갖는 산업으로서 자체적으로 성장을 유도하고 이를 연관산업으로 전파하여 전체산업을 성장하게 하는 대기업이나 선도산업을 말하였다. 그러나 보드빌은 이를 지리적 차원으로 확장하였으며 성장거점이란 성장잠재력이 크고 인구규모 및 인구성장이 빠른 도시로서 주변도시에 성장효과를 전파할 수 있는 도시를 말한다.

62 우리나라 국토 및 지역계획의 특징으로 볼 수 있는 것은?

① 상향식 접근방식에 가깝다.
② 단일 목적적 성격을 지니고 있다.
③ 지표적 계획으로서의 성격을 지니고 있다.
④ 비물리적 계획의 성격이 강한 계획이다.

해설
국토 및 지역계획의 특징
1. 물적·비물적 계획
   우리나라의 경우 지역개발에 중점을 두는 물리적 계획의 성격을 가짐
2. 상향적·하향적 계획
   우리나라는 하향적 접근방법에 가깝다.
3. 조언적, 지시적, 지표적 계획
   우리나라는 조언적(=지표적) 계획의 성격이 강함
4. 다목적, 단일목적 계획
   우리나라는 다목적계획에 가깝다.

63 지프(Zipf)의 도시 순위규모법칙(Rank – Size Rule)에 대한 설명으로 틀린 것은?

① 도시규모와 순위는 역상관 관계가 있다는 데 착안

하였다.
② 매개변수 q값이 1보다 클 경우 도시규모 분포가 종주화 상태에 있는 것을 나타낸다.
③ 공업화된 국가에서는 농업국가보다 법칙 적용의 편차가 크게 나타나므로 적용이 어렵다.
④ 실제의 도시 분포상태를 경험적으로 파악하는 데 도움이 되나 이론적 기반이 미약하다.

해 설

지프(Zipf)의 순위규모모형
1. $P_r(r$번째 순위도시인구$) = \dfrac{P_L}{r^q} = \dfrac{최상위\ 도시의\ 인구}{도시순위^q}$
   ㉠ $q<1$: 중간규모분포(중간규모 도시가 우세)
   ㉡ $q=1$: 순위규모분포(1, 1/2, 1/3)
   ㉢ $q>1$: 과두분포(상위 몇 개 도시에 집중)
   ㉣ $q \gg 1$: 종주분포(수위도시에 집중)
   ㉤ $q=\infty$: 한 개 도시
2. 순위규모법칙 : 도시규모와 순위는 역상관 관계가 있다는 데 착안하였다. 매개변수 q값이 1보다 클 경우 도시규모 분포가 종주화 상태에 있는 것을 나타낸다. 실제의 도시 분포상태를 경험적으로 파악하는 데 도움이 되나 이론적 기반이 미약하다.

64 다음 중 계획지역(Planning Region)에 대한 설명에 해당하는 것은?

① 자원분포의 동질성을 확보하기 위해 기후, 지형, 식생, 토양 등 자연적 요소의 분포를 고려하여 결정한다.
② 인간의 경제활동을 중심으로 하나의 중심결절과 배후세력권의 크기를 고려하여 결정한다.
③ 경제지표, 즉 소득수준과 산업구조 등이 비슷한 정도를 고려하여 결정한다.
④ 투자의 효율성을 증대할 수 있는 충분한 크기의 면적과 투자과실의 공정한 분배가 이루어질 수 있는 면적을 고려하여 결정한다.

해 설

계획지역(計劃地域, Planning Region)
• 고용 또는 소득의 극대화나 지역개발의 극대화 등 어떤 목적을 가장 경제적인 방법으로 달성케 하는 연속적 공간으로 계획의 필요에 따라 설정된 지역
• 대개의 경우 정치·경제·사회·문화적인 유대가 깊고 특히 어떤 중심지와 주변지역과의 기능적 의존관계가 존재하는 범위를 묶어 하나의 계획지역으로 설정하게 된다.

65 다음 중 국토계획의 개념을 가장 바르게 설명한 것은?

① 국토계획은 국토에서 일어나는 여러 가지 경제활동의 공간적 배분문제를 다루는 경제계획이다.
② 국토계획은 특정한 지역을 계획대상으로 하는 계획이다.
③ 국토계획은 하위계획과 구체적인 집행계획에 지침을 제시하는 지침 제시적인 계획이다.
④ 국토계획은 지방정부가 계획 수립의 주체가 되는 계획이다.

해 설

국토계획의 개념
• 국토계획은 경제계획, 사회계획, 물리계획을 종합하는 종합계획이다.
• 국토계획은 하위운영계획의 지침을 제시하는 지침제시적 계획으로 국가의 정책계획이다.
• 국토계획은 지역적 수준에서 최상위인 국가를 바탕으로 하는 계획이다.
• 국토계획은 계획기간이 20년인 장기계획이다.

66 다음 지역계획의 이론들을 그 발생시기가 빠른 것부터 순서대로 옳게 나열한 것은?

A. 사회계획론(Mannheim)
B. 혼합주사적계획(Etzioni)
C. 합리주의(Simon)
D. 교류적 계획(Friedmann)

① A → B → C → D
② A → B → D → C
③ A → C → D → B
④ A → C → B → D

해 설

계획이론의 발생순서
사회계획론 → 합리주의 → 점증이론 → 체계적 종합이론(혼합주사적 계획) → 선택이론 → 거래·교환이론(교류적 계획)

67 도시계획을 위한 자료조사방법 중 면접조사 방법이 아닌 것은?

① 전화면접법(Telephone Interview)
② 개인면접법(Personal Interview)
③ 단체면접법(Group Interview)
④ 우편면접법(Mail Interview)

정답 64 ④ 65 ③ 66 ④ 67 ④

해설

도시계획을 위한 자료조사방법

자료 출처	1차 자료	현지조사	• 관찰법 • 실측법
		면접조사	• 개인면접법 • 전화면접법 • 집단면접법
		설문조사	• 개인설문조사 • 우편설문조사 • 집단설문조사

68 제3차 국토계획의 전략 중 지방대도시와 중추관리기능이 올바르게 연결된 것은?

① 부산 : 업무중추기능, 첨단산업 및 패션기능
② 대구 : 행정기능, 첨단연구기능
③ 대전 : 국제금융기능, 국제무역기능
④ 광주 : 첨단산업기능, 예술문화기능

해설

• 부산 : 국제무역, 금융기능
• 대구 : 업무·첨단기술 및 패션산업
• 광주 : 첨단산업·예술·문화기능
• 대전 : 행정·과학연구·첨단산업
• 기타 : 전주(산업·문화예술), 제주(관광·문화), 춘천(산업·관광·교육)

69 다음 중 지역계획의 핵심적 영역이라 할 수 없는 것은?

① 도시 및 대도시권 계획
② 지역사회 및 인적자원 계획
③ 지역교통계획
④ 경제개발계획

해설

지역계획의 영역
㉠ 도시 및 대도시권계획 ㉡ 지역사회 및 인적자원계획
㉢ 환경계획 ㉣ 자연자원계획
㉤ 경제개발계획

70 다음 중 튀넨의 농업입지론에서 재배작물의 유형을 결정하는 요소에 해당하지 않는 것은?

① 지대 ② 생산비
③ 운송비 ④ 경작지 규모

해설

튀넨의 농업입지론(1차산업 입지이론)
1. 개요
㉠ 1차산업인 농업적 토지이용을 바탕으로 도시의 정주체계를 설명한 이론으로 토지이용패턴이 시장으로부터의 거리에 따라 분화됨을 설명한 이론이다.
㉡ 지대의 원인
• 토지비옥도는 동일하다고 가정하고, 수송비의 차이를 지대로 봄
• 지대 = 매상고 – 생산비 – 수송비

71 다음 중 A시의 총 고용인구가 100만 명이고 이 지역 기반 산업의 고용인구가 70만 명일 때 기반산업에 대한 총고용의 승수효과는 얼마인가?

① 4.53 ② 3.33
③ 2.33 ④ 1.43

해설

경제기반승수

• 경제기반승수 = $\dfrac{지역\ 총고용인구}{지역의\ 수출산업고용인구}$

$= \dfrac{기반인구 + 비기반인구}{기반인구}$

• 경제기반승수 = $\dfrac{100만명}{70만명} = 1.43$

72 A도시의 인구는 100만, B도시의 인구가 25만이며 두 도시 간의 거리가 60km일 때, 두 도시의 세력이 분기되는 지점은 A도시로부터의 거리가 얼마인가?(단, 두 도시 사이에는 아무런 도시도 입지하지 않는다고 가정한다.)

① 20km ② 30km
③ 40km ④ 45km

해설

레일리의 법칙

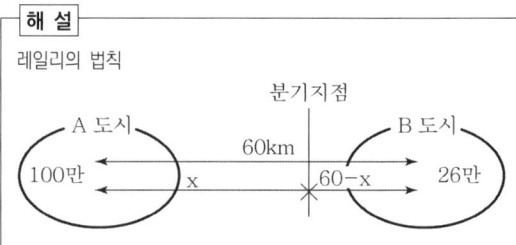

• 레일리의 법칙은 만유인력법칙을 이용한다.
• $F = \dfrac{1,000,000}{x^2} = \dfrac{250,000}{(60-x)^2} = \dfrac{250,000}{60^2 - 2 \times 60x + x^2}$

$1,000,000(3,600 - 120x + x^2) = 250,000x^2$
$X = 40, -120$
$\therefore X = 40$

73 친환경적 공간계획((국토계획, 지역계획, 도시계획)의 수단으로 적합하지 않은 것은?

① Green GNP 개념 도입
② 거대도시와 도시광역화 개발
③ 압축도시(Compact City) 개발
④ 복합토지이용(Mixed Lank Use) 도입

해 설

친환경적 공간계획
- Green GDP : 세계자원연구소(WRI)가 선보인 환경계산 방법으로 환경오염에 의한 피해와 자연자원 감소의 경제적 손실을 GDP에서 차감하여 계산한 GDP로 자원의 고갈 및 환경훼손에 따른 기회비용을 계산하는 방법
- 압축도시(Compact City) : 집중개발을 통한 도시의 통행수요 및 에너지 사용을 감소시키는 에너지절약적인 도시 자연환경 보전과 도시생활의 질 향상을 동시에 해결하는 도시로 환경적으로 지속가능한 개발이다.
- 복합토지이용(Mixed Land use) : 복합토지이용은 복합용도개발의 근거로 상호보완이 가능한 용도를 합리적으로 계획하여 서로 밀접한 관계를 가질 수 있도록 연계하여 개발하는 것으로 도심지역의 평면적 확산 방지, 토지이용효율 증진, 도심공동화 방지, 직주근접에 의한 교통난 완화의 장점을 가지고 있다.

74 국토기본법에서 제시하고 있는 국토정책위원회에 관한 사항으로 옳지 않은 것은?

① 국무총리 소속으로 둔다.
② 위원장은 국토교통부장관이다.
③ 분야별로 분과위원회를 둘 수 있다.
④ 국토종합계획에 관한 사항을 심의한다.

해 설

국토정책위원회
1. 소속
   국무총리 소속 : 국토계획 및 정책에 관한 중요 사항을 심의
2. 심의사항
   ㉠ 국토종합계획에 관한 사항
   ㉡ 도종합계획에 관한 사항
   ㉢ 지역계획에 관한 사항(다른 위원회의 심의를 거친 경우 생략 가능)
   ㉣ 부문별 계획에 관한 사항(다른 위원회의 심의를 거친 경우 생략 가능)
   ㉤ 국토계획평가에 관한 사항
   ㉥ 국토계획 및 국토계획에 관한 처분 등의 조정에 관한 사항
   ㉦ 국토정책위원회의 심의를 거치도록 한 사항
   ㉧ 그 밖에 국토정책위원회 위원장, 분과위원회 위원장이 회의에 부치는 사항
3. 구성
   ㉠ 위원장 1명 : 국무총리
   ㉡ 부위원장 2명 : 국토교통부장관, 위촉위원 중에서 호선으로 선정
   ㉢ 위원 : 부위원장 포함 40명 이내
   - 당연직위원 : 중앙행정기관의 장과 국무총리실장, 지역발전위원회 위원장
   - 위촉위원(임기 2년) : 국토계획 및 정책에 관하여 학식과 경험이 풍부한 사람으로서 국무총리가 위촉
   - 지역계획의 경우 해당 시·도지사는 위원 정수에도 불구하고 해당 사항에 한정하여 위원이 된다.
4. 분과위원회 및 전문위원
   ㉠ 분야별 분과위원회 : 국토정책위원회의 업무를 효율적으로 수행하기 위하여
   ㉡ 분과위원회의 심의는 국토정책위원회의 심의로 본다.
   ㉢ 전문위원 : 국토정책위원회의 위원장이 전문지식 및 경험이 있는 사람 중에서 위촉
   ㉣ 전문위원은 국토정책위원회와 분과위원회에 출석하여 발언할 수 있으며, 필요한 경우 위원회에 서면으로 의견을 제출할 수 있다.

75 다음의 지역계획 및 지역개발과 관련된 이론이 등장한 순서가 빠른 것부터 옳게 나열된 것은?

A. 기본수요이론
B. 성장거점이론
C. 종속이론

① A → B → C
② C → B → A
③ B → A → C
④ B → C → A

해 설

지역개발이론
1. 성장거점이론(Growth Pole Theory) : 1950년대 등장
   - 지역재배치, 인구의 지역분산, 기술혁신, 기업가의 투자 등은 중심지에서 배후지역으로 파급됨
   - 전통적 지역발전이론
2. 종속이론(Dependent Theory) : 1960년대 등장
   - 중심과 주변의 관계는 종속관계이며 이 불평등 관계가 항구적인 현상임을 강조
   - 신지역발전이론(비판적 지역성장이론)
3. 기본수요이론(Basic Needs Theory) : 1970년대 등장
   - 물질적 측면에서 식량, 의류, 주거와 정신적 측면에서 자유, 인권, 참정 등의 기본수요를 누구에게나 향유할 수 있도록 함
   - 균형발전이론

정답 73 ② 74 ② 75 ④

76 크리스탈러 (W. Christaller)가 도시정주지를 설명하는 데 사용한 R(Range, 범위)과 T(Threshold, 한계거리)의 개념에 따라, 기업이 손해를 보는 상황을 설명한 것은?

① R>T
② R<T
③ R = T
④ T = 1

해설

중심지의 성립
- 최소요구치(Threshold) : 중심 기능이 존속하기 위해 필요한 최소한의 수요, 상권
- 재화의 도달 범위(Range of Goods) : 재화와 서비스의 도달 거리 또는 범위
- 중심지 성립 조건 : 최소요구치<재화의 도달 범위

77 도시 및 지역개발의 이론과 실천 분야에 있어서 선구적 국가는?

① 미국
② 영국
③ 일본
④ 프랑스

해설

지역계획 풍조의 발생은 영국에서 실업구제, 국력회복, 산업진흥 등과 결부되면서 발생

78 지역계획의 이론적 배경과 그 이론이 등장한 시기의 공간 형식이 바르게 짝지어진 것은?

① 이상주의계획 - 기능통합
② 실용적 이상주의 - 공간개발
③ 총량성장과 재배분성장 - 지역통합
④ 종속이론 - 공간개발

해설

지역개발 철학

시기	이론적 배경	공간형식
1925~1935	• 이상주의적 계획 • 문화적 지역주의	지역통합
1935~1950	• 실용적 이상주의 • 유역개발 중심의 물적계획	공간개발
1950~1975	• 체계적 공간계획 • 공간개발정책과 공간균형정책 • 총량성장과 재분배성장	기능통합
1975~1985	• 기본수요이론(기초수요이론) • 종속이론 • 상향적 복지적 지역계획의 접근 • 지방화 시대의 전개와 지역발전 중시 • 소득분배이론	지역통합

79 도시지역과 그 주변지역의 무질서한 시가화를 방지하고 계획적·단계적인 개발을 도모하기 위하여 일정 기간 동안 시가화를 유보할 필요가 있다고 인정되어 국토교통부장관이 지정하는 구역은?

① 특정시설 제한구역
② 시가화 조정구역
③ 개발제한구역
④ 도시개발 예정구역

해설

시가화 조정구역
㉠ 도시지역과 그 주변의 무질서한 시가화 방지(국토교통부장관)
㉡ 일정기간 동안 시가화 유보(5~20년 이내의 범위에서 정함)

80 부드빌(Boudeville)이 정의한 지역구분에 해당하지 않는 것은?

① 동질지역(Homogeneous Region)
② 결절지역(Nodal Region)
③ 계획지역(Planning Region)
④ 추진지역(Propulsive Region)

해설

보드빌의 지역분류는 동질지역, 결절지역(분극지역), 계획지역으로 구성된다.

제5과목 도시계획관계법규

81 도시·군계획시설사업의 시행자가 사업에 필요한 토지를 수용할 경우 공익사업을 위한 토지 등의 취득 및 보상에 관한 법률에 의한 사업인정 및 그 고시가 있었던 것으로 보는 경우는?

① 지형도면을 고시한 경우
② 단계별 집행계획을 공고한 경우
③ 도시·군계획의 결정고시를 한 경우
④ 도시·군계획시설사업에 관한 실시계획을 고시한 경우

해설

공익사업을 위한 토지 등의 취득 및 보상에 관한 법률에 의한 사업인정 및 그 고시
㉠ 도시개발사업에서의 토지수용 : 수용 또는 사용대상이 되는 토지의 세목을 고시한 때
㉡ 정비사업에서의 토지수용 : 사업시행인가의 고시가 있은 때
㉢ 도시계획시설사업의 토지수용 : 실시계획의 고시가 있을 경우
㉣ 택지개발사업에서의 토지수용 : 개발계획의 승인고시가 있을 때
㉤ 주택건설사업에서의 토지수용 : 주택법에 의한 사업계획의 승인이 있은 때

82 주택법에 따른 용어의 정의가 틀린 것은?

① 공동주택이란 건축물의 벽·복도·계단이나 그 밖에 설비 등의 전부 또는 일부를 공동으로 사용하는 각 세대가 하나의 건축물 안에서 각각 독립된 주거생활을 할 수 있는 구조로 된 주택을 말한다.
② 국민주택이란 국민주택기금으로부터 자금을 지원받아 건설되거나 개량되는 주택으로서 주거전용면적이 1호 또는 1세대당 85제곱미터 이하인 주택을 말한다.
③ 도시형 생활주택이란 150세대 미만의 국민주택 규모에 해당하는 주택으로서 대통령령으로 정하는 주택을 말한다.
④ 에너지절약형 친환경주택이란 저에너지 건물 조성기술 등 대통령령으로 정하는 기술을 이용하여 에너지 사용량을 절감하거나 이산화탄소 배출량을 저감할 수 있도록 건설된 주택을 말한다.

해설

• 공동주택 : 건축물의 벽·복도·계단 등 설비의 일부 또는 전부를 공동으로 사용하며 하나의 건축물 안에서 각 세대가 독립된 주거생활을 영위하는 주택
• 국민주택 : 국민주택 기금으로 건설·개량되는 전용면적 85m² 이하의 주택
• 도시형 생활주택 : 300세대 미만의 국민주택규모에 해당하는 주택
• 에너지절약형 친환경주택 : 저에너지 건물 조성기술 등 대통령령으로 정하는 기술을 이용하여 에너지 사용량을 절감하거나 이산화탄소 배출량을 저감할 수 있도록 건설된 주택

83 주택법 시행령에 따른 공동주택관리기구에 관한 설명으로 옳지 않은 것은?

① 자치관리기구는 입주자대표회의의 감독을 받는다.
② 입주자대표회의의 구성원은 자치관리기구의 직원을 겸할 수 없다.
③ 입주자대표회의는 자치관리기구의 관리사무소장을 그 구성원 과반수의 찬성으로 선임한다.
④ 입주자대표회의는 선임된 관리사무소장이 해임, 그 밖의 사유로 결원이 된 때에는 그 사유가 발생한 날부터 60일 이내에 새로운 관리사무소장을 선임하여야 한다.

해설

공동주택관리법 시행령(제4조 자치관리기구의 구성 및 운영)
㉠ 법 제6조 제1항에서 "대통령령으로 정하는 기술인력 및 장비"란 별표 1에 따른 기술인력 및 장비를 말한다.
㉡ 법 제6조 제1항에 따른 자치관리기구(이하 "자치관리기구"라 한다)는 입주자대표회의의 감독을 받는다.
㉢ 자치관리기구 관리사무소장은 입주자대표회의가 입주자대표회의 구성원(관리규약으로 정한 정원을 말하며, 해당 입주자대표회의의 구성원의 3분의 2 이상이 선출되었을 때에는 그 선출된 인원을 말한다. 이하 같다) 과반수의 찬성으로 선임한다.
㉣ 입주자대표회의는 제3항에 따라 선임된 관리사무소장이 해임되거나 그 밖의 사유로 결원이 되었을 때에는 그 사유가 발생한 날부터 30일 이내에 새로운 관리사무소장을 선임하여야 한다.
㉤ 입주자대표회의 구성원은 자치관리기구의 직원을 겸할 수 없다.

84 도시개발구역의 지정권자가 환지(換地)방식의 도시개발사업에 대한 개발계획을 수립하고자 하는 경우에 필요한 동의 요건 기준은?

① 적용되는 지역의 토지면적의 2분의 1 이상에 해당하는 토지소유자와 그 지역 토지소유자 총수의 2분의 1 이상의 동의
② 적용되는 지역의 토지면적의 2분의 1 이상에 해당하는 토지소유자와 그 지역 토지소유자 총수의 3분의 2 이상의 동의
③ 적용되는 지역의 토지면적의 3분의 2 이상에 해당하는 토지소유자와 그 지역 토지소유자 총수의 2분의 1 이상의 동의
④ 적용되는 지역의 토지면적의 3분의 2 이상에 해당하는 토지소유자와 그 지역 토지소유자 총수의 3분의 2 이상의 동의

정답 82 ③ 83 ④ 84 ③

해설
지정권자가 환지방식의 도시개발계획을 수립할 때(도시개발구역의 지정)
환지방식을 적용하려 할 때는 토지면적의 2/3 이상에 해당하는 토지 소유자와 그 지역의 토지 소유자 총수의 1/2 이상의 동의를 얻어야 함(국가, 지자체는 예외)

85 도시개발법에 의하여 도시개발구역으로 지정할 수 있는 규모 기준으로 옳지 않은 것은?

① 도시지역 안의 주거지역 : 1만 제곱미터 이상
② 도시지역 안이 자연녹지지역 : 3만 제곱미터 이상
③ 도시지역 안의 공업지역 : 3만 제곱미터 이상
④ 도시지역 외의 지역 : 30만 제곱미터 이상

해설
도시개발구역의 규모
㉠ 주거지역, 상업지역, 자연녹지·생산녹지 = 1만m² 이상
㉡ 공업지역 = 3만m² 이상
㉢ 도시지역 밖 = 30만m² 이상

86 수도권정비실무위원회의 구성에 관한 설명으로 옳지 않은 것은?

① 위원장은 국토교통부장관이 된다.
② 사무를 처리하기 위하여 간사 1명을 둔다.
③ 공무원이 아닌 위원의 임기는 2년으로 한다.
④ 위원장 1명과 25명 이내의 위원으로 구성한다.

해설
수도권정비위원회
1. 소속 : 국무총리 산하
2. 구성
  ㉠ 위원장 : 국무총리
  ㉡ 부위원장 : 국토교통부장관, 기획재정부장관 2인
  ㉢ 위원 : 관계중앙행정기관장, 관계시·도지사
3. 실무위원회
  ㉠ 위원장 : 국토교통부 제1차관
  ㉡ 위원 : 25인 이내(공무원+비공무원)
  ㉢ 간사 : 1인(사무처리)

87 국토의 계획 및 이용에 관한 법률 시행령에 따른 시설보호 지구의 세분에 해당하지 않는 것은?

① 학교시설보호지구
② 공용시설보호지구
③ 공항시설보호지구
④ 문화시설보호지구

해설
시설보호지구 : 학교시설, 공용시설·항만시설 또는 공항의 보호, 업무기능의 효율화, 항공기의 안전운항 등을 위하여 필요한 지구
※ 2017.12.29.부로 국토의 계획 및 이용에 관한 법률 개정으로 시설보호지구 조항이 삭제되었다.

88 주택건설기준 등에 관한 규정에서 제시하는 공동주택 건설지점의 소음도는 최대 얼마 미만이 되도록 하여야 하는가?

① 55dB
② 60dB
③ 65dB
④ 79dB

해설
주택건설기준 등에 관한 규정 제9조(소음방지대책의 수립)
사업주체는 공동주택을 건설하는 지점의 소음도(이하 "실외소음도"라 한다)가 65데시벨 미만이 되도록 하되, 65데시벨 이상인 경우에는 방음벽·수림대 등의 방음시설을 설치하여 해당 공동주택의 건설지점의 소음도가 65데시벨 미만이 되도록 법 제42조 제1항에 따른 소음방지대책을 수립하여야 한다.

89 과밀부담금에 관한 설명으로 옳은 것은?

① 부담금은 건축비의 100분의 20으로 한다.
② 건축물 중 주차장의 용도로 사용되는 건축물은 부담금을 감면할 수 없다.
③ 부담금은 부과 대상 건축물이 속한 지역을 관할하는 시·도지사가 부과 징수한다.
④ 부담금에 반영되는 건축비는 산업통상자원부장관이 고시하는 표준건축비를 기준으로 산정한다.

해설
과밀부담금 부과
과밀억제권역 안(서울만 해당)에서 인구집중유발시설 중 업무용 건축물·판매용 건축물·공공청사·복합용 건축물을 건축하고자 할 때 표준건축비[국토교통부장관고시]의 10%를 과밀부담금으로 부과한다.

90 국토의 이용 및 관리에 관한 계획의 원활한 수립과 집행, 합리적인 토지이용 등을 위하여 토지의 투기적인 거래가 성행하거나 지가가 급격히 상승하는 지역과 그러한 우려가 있는 지역으로서 대통령령이 정하는 지역에 대하여는 얼마 이내의 기간을 정하여 토지거래계약에 관한 허가구역으

로 지정할 수 있는가?

① 1년　　② 3년
③ 5년　　④ 10년

[해설]
토지거래허가구역
㉠ 국토교통부장관(5년 이내, 5일 후 효력)이 지정
㉡ 국토 이용·관리 계획의 원활한 수립·집행과 합리적 토지이용, 그리고 투기·지가의 급속한 상승 방지를 위해 지정
※ 국토의 계획 및 이용에 관한 법률 제117조(허가구역의 지정) 조항은 2016.1.19. 부로 삭제되었다.

91 주차장법 시행규칙상 노외주차장의 출구 및 입구를 설치하여서는 아니 되는 장소 기준으로 옳지 않은 것은?

① 횡단보도로부터 5m 이내에 있는 도로의 부분
② 도로교통법의 관련 규정에 해당하는 도로의 부분
③ 너비 8m 미만이고 종단 기울기가 8%를 초과하는 도로
④ 유치원, 초등학교 등의 출입구로부터 20m 이내에 있는 도로의 부분

[해설]
노외주차장의 입구를 설치하면 안 되는 지역
주차장법 시행규칙 제5조(노외주차장의 설치에 대한 계획기준) 5항 다목에 의거 너비 4미터 미만의 도로(주차대수 200대 이상인 경우에는 너비 6미터 미만의 도로)와 종단 기울기가 10퍼센트를 초과하는 도로에는 노외주차장의 출구 및 입구를 설치하여서는 아니 된다.

92 대기오염, 소음, 진동, 악취 그 밖에 이에 준하는 공해와 각종 사고나 자연재해, 그 밖에 이에 준하는 재해 등의 방지를 위하여 설치하는 녹지는?

① 경관녹지　　② 완충녹지
③ 연결녹지　　④ 공원녹지

[해설]
녹지의 설치목적
1. 완충녹지 : 공해·재해·사고방지 및 완화를 위한 녹지
2. 경관녹지 : 자연경관의 보전과 주민의 일상생활의 쾌적성과 안정성 확보를 위한 녹지
3. 연결녹지 : 도시 안의 공원·하천·산지 등을 유기적으로 연결하고 도시민에게 산책공간의 역할을 하는 등 여가·휴식을 제공하는 선형의 녹지

93 주차장법에서 단지조성사업 등을 하는 경우에는 일정규모 이상의 노외주차장의 설치를 의무화하고 있다. 여기에 해당하는 단지조성사업이 아닌 것은?

① 도시재개발사업　　② 도시철도건설사업
③ 산업단지개발사업　　④ 초고층건물조성사업

[해설]
노외주차장을 설치하여야 하는 단지조성사업
택지개발, 주택지 조성, 아파트지구 개발, 정비사업(도시재개발), 산업단지 개발, 도시철도건설사업

94 택지개발예정지구 안에서 허가를 받아야 하는 행위는?

① 죽목의 벌채 및 식재
② 경작을 위한 토지의 형질 변경
③ 택지개발지구에 존치하기로 결정된 대지에 물건을 쌓아놓는 행위
④ 택지개발지구의 개발에 지장을 주지 아니하고 자연경관을 손상하지 아니하는 범위에서의 토석 채취

[해설]
택지개발 예정지구 내에서의 행위제한
• 건축물의 건축 등 : 건축물(가설건축물 포함)의 건축, 대수선 또는 용도변경
• 공작물의 설치
• 토지의 형질변경 : 절토·성토·정지·포장 등의 방법으로 토지의 형상을 변경하는 행위 토지의 굴착 또는 공유수면의 매립
• 토석의 채취 : 흙·모래·자갈·바위 등의 토석을 채취하는 행위
• 토지분할
• 물건을 쌓아놓는 행위 : 이동이 용이하지 아니한 물건을 1개월 이상 쌓아놓는 행위
• 죽목의 벌채 및 식재
※ 경작을 위한 토지의 형질변경, 관상용 식물의 가식은 경미한 변경에 해당

95 다음 중 국토교통부장관이 택지개발촉진법에 의한 권한의 일부를 대통령령이 정하는 바에 따라서 위임할 수 있는 경우가 아닌 자는?

① 구청장
② 도지사
③ 특별시장
④ 국토교통부 지방국토관리청장

정답　91 ③　92 ②　93 ④　94 ①　95 ①

해설
택지개발촉진법에 의한 권한의 일부를 대통령령이 정하는 바에 따라서 위임할 수 있는 경우
- ⊙ 위임 : 지정권자 → 시·도지사, 지방국토관리청장에게 위임
- ⓒ 위탁 : 지정권자 → 시행자에게 위탁
- ⓒ 위탁 내용
  - 시행자의 성명, 사업의 종류와 수용할 토지 등의 세목을 소유자 및 권리자에게 통지하는 권한
  - 토지수용과 관련한 사업인정으로 보게 되는 경우 소유자 및 관계인에게 통지하는 권한
  - 준공검사에 관한 권한(시공자가 국가·지자체·토공·주공일 때)

96 다음은 주차장법 시행규칙 노외주차장의 설치에 대한 계획기준이다. 빈 칸에 차례대로 들어갈 용어로 옳은 것은?

> 주차대수 (⊙)를 초과하는 규모의 노외주차장의 경우에는 노외주차장의 출구와 입구는 각각 따로 설치하여야 한다. 다만, 출입구의 너비의 합이 (ⓒ) 이상으로서 출구와 입구가 차선 등으로 분리되는 경우에는 함께 설치할 수 있다.

① ⊙ 100대, ⓒ 3.0미터
② ⊙ 200대, ⓒ 3.5미터
③ ⊙ 300대, ⓒ 5.0미터
④ ⊙ 400대, ⓒ 5.5미터

해설
노외주차장 설치기준
주차장법 시행규칙 제5조(노외주차장의 설치에 대한 계획기준) 7항에 의거 주차대수 400대를 초과하는 규모의 노외주차장의 경우에는 노외주차장의 출구와 입구를 각각 따로 설치하여야 한다. 다만, 출입구의 너비의 합이 5.5미터 이상으로서 출구와 입구가 차선 등으로 분리되는 경우에는 함께 설치할 수 있다.

97 국토종합계획에 포함되어야 할 내용이 아닌 것은?

① 개발제한구역의 지정 및 관리에 관한 사항
② 국토의 균형발전을 위한 시책 및 지역산업육성에 관한 사항
③ 토지, 수자원, 산림자원, 해양자원 등 국토자원의 효율적 이용 및 관리에 관한 사항
④ 국가경쟁력 향상 및 국민생활의 기반이 되는 국토 기간 시설의 확충에 관한 사항

해설
국토종합계획의 내용 – 「국토기본법」 제10조
- 국토의 현황 및 여건변화 전망에 관한 사항
- 국토발전의 기본이념 및 바람직한 국토 미래상의 정립에 관한 사항
- 국토의 공간구조의 정비 및 지역별 기능분담방향에 관한 사항
- 국토의 균형발전을 위한 시책 및 지역산업육성에 관한 사항
- 국가경쟁력 제고 및 국민생활의 기반이 되는 국토기간시설의 확충에 관한 사항
- 토지·수자원·산림자원·해양자원 등 국토자원의 효율적 이용 및 관리에 관한 사항
- 주택·상하수도 등 생활여건의 조성 및 삶의 질 개선에 관한 사항
- 수해·풍해 그 밖의 재해의 방제에 관한 사항
- 지하공간의 합리적 이용 및 관리에 관한 사항
- 지속 가능한 국토발전을 위한 국토환경의 보전 및 개선에 관한 사항 등

98 국토의 계획 및 이용에 관한 법률 시행령상 용적률 하한치가 가장 낮은 지역은?

① 전용공업지역
② 제2종전용주거지역
③ 유통상업지역
④ 제2종일반주거지역

해설

구분			용적률
도시지역	상업지역 (건폐율 : 90% 이하, 용적률 1,500% 이하)	중심상업지역	400% 이상 1천500% 이하
		일반상업지역	300% 이상 1천300% 이하
		유통상업지역	200% 이상 1천100% 이하
		근린상업지역	200% 이상 900% 이하
	주거지역 (건폐율 : 70% 이하, 용적률 500% 이하)	준주거지역	200% 이상 500% 이하
		제1종 일반주거지역	100% 이상 200% 이하
		제2종 일반주거지역	150% 이상 250% 이하
		제3종 일반주거지역	200% 이상 300% 이하
		제1종 전용주거지역	50% 이상 100% 이하
		제2종 전용주거지역	100% 이상 150% 이하
	공업지역 (건폐율 : 70% 이하, 용적률 400% 이하)	준공업지역	200% 이상 400% 이하
		일반공업지역	200% 이상 350% 이하
		전용공업지역	150% 이상 300% 이하

99 도시지역 내에서 자연환경·농지 및 산림의 보호, 보건위생, 보안과 도시의 무질서한 확산을 방지하기 위하여 녹지의 보전이 필요한 지역에 지정하는 용도지역은?

① 녹지지역　　② 개발제한지역
③ 산림지역　　④ 생활환경보호지역

해 설

녹지지역
자연환경·농지 및 산림의 보호, 보건위생, 보안과 도시의 무질서한 확산을 방지하기 위하여 녹지의 보전이 필요한 지역

100 관광진흥법에 따른 관광객 이용시설업의 종류에 해당하지 않는 것은?

① 종합휴양업　　② 관광유람선업
③ 전문휴양업　　④ 일반유원시설업

해 설

관광사업의 종류
- 여행업 : 일반여행업, 국외여행업, 국내여행업
- 호텔업 : 관광호텔업, 수상관광호텔업, 한국전통호텔업, 가족호텔업, 호스텔업, 소형호텔업, 의료관광호텔업
- 관광객이용시설업 : 전문휴양업, 종합휴양업(제1종 종합휴양업, 제2종 종합휴양업), 야영장업(일반야영장업, 자동차야영장업), 관광유람선업(일반관광유람선업, 크루즈업), 관광공연장업, 외국인관광도시민박업
- 국제회의업 : 국제회의시설업, 국제회의기획업
- 유원지시설업 : 종합유원시설업, 일반유원시설업, 기타유원시설업 (24.2.27부로 유원시설업이 테마파크업으로 명칭이 변경되었다.)
- 관광편의시설업 : 관광극장유흥업, 외국인 전용 유흥음식점업, 관광식당업, 관광순환버스업, 관광사진업, 여객자동차터미널시설업, 관광펜션업, 관광궤도업, 한옥체험업, 관광면세업ㅁ

정답 99 ① 100 ④

2회 2016년 기출문제

제1과목 도시계획론

01 토지이용 관련 이론 중 동심원 지대이론에 대한 설명으로 틀린 것은?

① 제3지대는 근로자 주거지대에 해당된다.
② 일반적인 구조는 5개의 동심원으로 구성된다.
③ 호이트가 1939년 논문을 통해 독자적으로 전개한 이론이다.
④ 도시 성장의 일반적인 과정 속에는 집중과 분산의 개념이 동시에 포함된다고 본다.

해설
동심원 구조설(동심원이론)
동심원 이론은 1925년 버제스에 의해 주창되었다. 호이트는 선형이론을 주창하였다.

02 관리지역 내 보전관리지역 용적률의 최대한도 기준으로 옳은 것은?

① 80% 이하 ② 70% 이하
③ 60% 이하 ④ 50% 이하

해설
용도지역 규제방법

구분		건폐율	용적률
관리지역	계획관리지역	40% 이하	100% 이하
	생산관리지역	20% 이하	80% 이하
	보전관리지역	20% 이하	80% 이하

03 다음 중 존 프리드만(J.Friedmann)이 주장한 교류적 계획(Transactive Planning)에 대한 설명으로 옳지 않은 것은?

① 현장 조사나 자료 분석보다는 개인 상호간의 대화를 통한 사회적 학습의 과정을 형성하는데 중점을 둔다.
② 인간의 존엄성에 기초를 두고 있는 신휴머니즘(New Humanism)의 철학적 사고에서 파생하였다.
③ 계획의 집행에 직접적으로 영향을 받는 사람들과의 상호 교류와 대화를 통하여 계획을 수립하여야 한다.
④ 계획의 직접적 영향을 받는 사람들조차도 무관심한 계획안으로부터 발생할 수 있는 이익을 주민의 관점에서 지지하였다.

해설
의사결정에 참여하지 못하는 주민의 상대적 소외가능

04 지리정보시스템(GIS)에서 활용하는 자료에 대한 설명으로 옳은 것은?

① GIS의 자료는 크게 도형자료와 속성자료로 구분된다.
② 래스터 자료는 점을 자료 저장과 표현의 기본단위로 이용한다.
③ 래스터 자료는 저장의 기본 단위 크기를 크게 할수록 정밀도가 향상된다.
④ 자료 구조 측면에서 GIS자료는 그리드(Grid)와 래스터(Raster) 자료로 구분된다.

해설
GIS : 자료처리체계

자료입력	자료	위치자료, 특성자료(도형, 영상, 속성 자료)
	입력	• 수동입력 : 자판입력, 좌표입력, 수동 디지타이징 • 자동입력 : 스캐닝, 기존수치파일 입력
자료구조(부호화)	격자방식	래스터 방식으로 중첩과 조작이 용이함
	선추적 방식	벡터 방식으로 압축이 용이하며 지도와 유사

05 기준연도의 인구와 출생률, 사망률, 인구이동 등의 인구변화 요인을 고려하여 장래인구를 추정하는 인구예측방법은?

① 정주모형법 ② 집단생잔법
③ 비교유추법 ④ 로지스틱법

해설
집단생잔방법(cohort survival method)
• 출생률, 사망률, 인구이동 등을 고려해 인구 추정
• $P_t = P_o + B_{o-t} - D_{o-t} + I_{o-t} - O_{o-t}$

정답 01 ③ 02 ① 03 ④ 04 ① 05 ②

여기서, 기준연도의 인구(P_o)에 특정기간($t-0$년) 동안의 출생인구(B)와 유입인구(I)를 더하고 사망인구(D)와 유출인구(O) 산정

06 완충녹지에 관한 사항이 아닌 것은?

① 기능 : 도시의 자연적 환경을 보전하거나 이를 개선하고 이미 자연이 훼손된 지역을 복원·개선함으로써 도시경관을 향상
② 설치기준 : 완충녹지의 폭은 원인시설에 접한 부분부터 최소 10m 이상
③ 설치기준 : 철도, 고속국도 및 자동차 전용도로, 지역 간 연결도로 연접구역 계획
④ 시설 : 산책로, 벤치 등의 연결녹지에 설치가능한 시설물에 준하여 설치

해설

녹지의 종류
도시지역 안에서 자연환경을 보전하거나 개선하고, 공해나 재해를 방지함으로써 도시경관의 향상을 도모하기 위하여 도시관리계획으로 결정된 것
- 완충녹지 : 대기오염·소음·진동·악취 등의 공해와 각종 사고나 자연재해 등의 방지를 위하여 설치하는 녹지
- 경관녹지 : 도시의 자연적 환경을 보전·개선·복원함으로써 도시경관을 향상시키기 위하여 설치하는 녹지
- 연결녹지 : 도시 안의 공원·하천·산지 등을 유기적으로 연결하고 도시민에게 산책공간의 역할을 하는 등 여가·휴식을 제공하는 선형의 녹지

07 요소모형에 의한 인구 추정에 고려되지 않는 요소는?

① 상주인구
② 사망인구
③ 유입·유출인구
④ 출생인구

해설

요소모형
㉠ 출생, 사망 및 인구이동이라는 세 가지 요소를 합산하여 인구변화를 예측하는 방식으로 인구예측모형이라고도 함
㉡ 자료수집의 한계를 가지고 있음
㉢ 요소모형으로는 연령집단생잔모형과 인구이동모형 등이 있음
㉣ 방법
- 연령집단생잔모형 : 전체인구를 연령계층별, 성별로 나누어 집단별로 일정 시점 이후까지 생존하는 인구를 예측하여 합산하는 방법
- 인구이동모형 : 인구가 일정 기간 동안 유입하고 유출하는 것을 계산해 미래의 특정 시점의 인구를 예측하는 방법

08 다음 중 각 층의 바닥 면적이 500m²이고 용적률이 200%인 20층 건축물의 대지면적은 얼마인가?

① 1,300m²
② 2,000m²
③ 5,000m²
④ 6,500m²

해설

건폐율 = 건축면적/대지면적 = $500/x$
용적률 = 평균층수 × 건폐율
200% = 20 × 건폐율, 건폐율 = 10%
10% = $500/x$, $x = 5,000$

09 다음 기반시설 중 유통·공급시설이 아닌 것은?

① 방송·통신시설
② 유통업무설비
③ 유류저장 및 송유설비
④ 방수설비

해설

유통·공급시설
- 수도, 전기, 가스, 열공급설비, 유류저장 및 송유설비, 방송·통신시설, 공동구, 시장, 유통업무설비
- 방수설비는 방재시설이다.

10 지구단위계획에 대한 설명으로 틀린 것은?

① 일반 도시계획보다 구체화된 특수계획이다.
② 일반 도시계획에 비해 상대적으로 입체적 계획이다.
③ 계획 지역을 체계적이고 계획적으로 관리하기 위하여 수립하는 도시관리계획이다.
④ 일반 도시계획에 비해 상대적으로 소극적인 계획이다.

해설

지구단위계획의 성격
㉠ 도시 내 일정구역에 대하여 수립하는 도시계획
㉡ 선행의 도시계획을 필요로 하는 도시계획
㉢ 인간과 자연이 공존하는 환경친화적 도시환경의 조성을 위한 도시계획
㉣ 평면적 계획과 입체적 계획과의 조화에 중점을 둠
- 도시계획 : 토지이용계획과 도시기반시설의 정비 등에 중점
- 건축계획 : 건축물 등 입체적 시설계획에 중점
- 지구단위계획 : 토지이용계획과 건축물계획 등이 서로 환류되도록 함으로써 평면적 토지이용계획과 입체적 시설계획이 서로 조화를 이루도록 하는 데 중점을 두나, 도시계획에 비해 상대적으로 입체적인 계획
㉤ 개선효과가 지구단위계획구역 인근에 미쳐 도시 전체의 기능이

정답 06 ① 07 ① 08 ③ 09 ④ 10 ④

나 미관 등의 개선에 도움을 주기 위한 계획
ⓑ 일반 도시계보보다 구체화된 특수계획
ⓢ 계획지역을 체계적이고 계획적으로 관리하기 위하여 수립하는 도시관리계획

11 우리나라의 도시개발정책이 지향해야 할 방향으로 옳지 않은 것은?

① 개발 지향적 도시계획
② 지속가능한 도시계획
③ 도·농 통합적 도시계획
④ 자원·에너지 절약형 도시계획

해 설

도시계획이 나아가야 할 방향
㉠ 선계획 후개발의 체제 확립
㉡ 도농통합적 계획의 수립 : 도시와 농촌지역의 역할과 기능 상호 보완 연계
㉢ 지방주도의 계획 수립 : 지역경쟁력 강화, 지방의 정체성을 찾기 위한 전략계획
㉣ 도시계획·개발의 다양한 주체 수용 – 다원적 이익집단 인정
㉤ 탈산업사회를 담는 계획 : 대량생산·대량소비·수직적 계층구조에서 개별적 관계·수평적 관계를 중시하는 유연하고 탈조직적인 자본주의로 이동
㉥ 토지이용의 입체적·복합적 관리 : 지구단위의 도시기반시설과 개발용적 조화
㉦ 가상공간의 존재를 고려한 계획 : 절대적 거리·입지에서 상대적 거리·입지로 변화
㉧ 통일조국을 가상한 계획 : 교통·통신의 연계구축, 인프라에 대한 투자

12 국토의 계획 및 이용에 관한 법률에서 지정한 용도구역으로만 나열된 것은?

① 개발제한구역, 도시개발예정구역, 특정시설제한구역
② 개발제한구역, 도시자연공원구역, 수산자원보호구역
③ 시가화조정구역, 도시개발예정구역, 문화재보호구역
④ 개발제한구역, 수산자원보호구역, 특정시설제한구역

해 설

국토의 계획 및 이용에 관한 법률에서 지정한 용도구역은 개발제한구역, 도시자연공원구역, 시가화조정구역, 수산자원보호구역, 도시혁신구역, 복합용도구역, 입체복합구역이다. (도시혁신구역, 복합용도구역, 입체복합구역은 24.02.06 추가되었음)

13 다음 중 도시 중심부에 도심광장인 아고라를 배치하여 시민들의 교역, 사교 및 집회장으로 활용한 시대의 도시는?

① 고대 그리스 도시
② 중세 중국 도시
③ 중세 유럽 도시
④ 고대 메소포타미아 도시

해 설

아고라(Agora)
• 도시광장, 민주주의 실현장소
• 시장+정치+토론+학습의 장
• 내부구조와 건물배치 매우 불규칙, 대부분 파괴, 주춧돌만 남음

14 다음 중 ㉠, ㉡의 도로 배치간격 기준을 옳게 나열한 것은?

㉠ 주간선도로와 보조간선도로
㉡ 보조간선도로와 집산도로

① ㉠ : 250m 내외, ㉡ : 500m 내외
② ㉠ : 500m 내외, ㉡ : 250m 내외
③ ㉠ : 500m 내외, ㉡ : 1km 내외
④ ㉠ : 1km 내외, ㉡ : 500m 내외

해 설

도로의 배치간격
• 주간선도로와 주간선도로의 배치간격 : 1,000m 내외
• 주간선도로와 보조간선도로의 배치간격 : 500m 내외
• 보조간선도로와 집산도로의 배치간격 : 250m 내외
• 국지도로 간의 배치간격 : 가구의 짧은변 사이 = 90m~150m 내외, 가구의 긴 변 사이 = 25m~60m 내외

15 참여정부에서 국가의 균형개발을 구현하기 위하여 계획한 정책 수단으로서의 도시개발에 해당되지 않는 것은?

① 행정중심복합도시   ② 혁신도시
③ 기업도시   ④ 컴팩트시티

해 설

참여정부(노무현정부, 2003년 2월 25일~2008년 2월 24일) 국가의 균형개발을 구현하기 위하여 계획한 정책수단으로서의 도시개발
• 행정중심복합도시   • 혁신도시   • 기업도시

16 도로의 구분 중 기능별 구분에 해당되지 않는 것은?

① 주간선도로 ② 국지도로
③ 고속도로   ④ 특수도로

해설

기능별 구분

주간선도로	시·군내 주요지역을 연결하거나 시·군 상호간을 연결하여 대량통과교통을 처리하는 도로로서 시·군의 골격을 형성하는 도로
보조간선도로	주간선도로를 집산도로 또는 주요 교통발생원과 연결하여 시·군 교통의 집산기능을 하는 도로로서 근린주거구역의 외곽을 형성하는 도로
집산도로	근린주거구역의 교통을 보조간선도로에 연결하여 근린주거구역내 교통의 집산기능을 하는 도로로서 근린주거구역의 내부를 구획하는 도로
국지도로	가구(街區 : 도로로 둘러싸인 일단의 지역)를 구획하는 도로
특수도로	보행자전용도로·자전거전용도로 등 자동차 외의 교통에 전용되는 도로

17 도시공원 및 녹지 등에 관한 법률상 주제공원에 해당되지 않는 것은?

① 어린이 공원 ② 묘지공원
③ 문화공원   ④ 수변공원

해설

주제공원의 종류
1. 역사공원 2. 문화공원 3. 수변공원
4. 묘지공원 5. 체육공원
6. 특별시·광역시 또는 도의 조례가 정하는 공원

18 인구성장의 상한선이 있는 것으로 가정하여 대도시 지역의 인구예측에 유용하게 사용될 수 있는 S자형의 비대칭곡선 형태를 띠는 인구추정모형은?

① 지수성장모형
② 수정된 지수성장모형
③ 곰페르츠모형
④ 비율예측모형

해설

• 지수모형 : 단기간에 급속히 팽창하는 신개발지역의 인구예측에 유용
• 수정된 지수모형 : 인구성장의 상한선(k)을 설정한 후 그 상한선에 가까워지면 향후 인구성장 허용수준(K – Pt)의 일정비율만큼 성장속도가 떨어지는 것으로 가정하는 모형
• 곰페르츠모형 : 수정된 지수모형으로 지역인구가 처음에는 완만하게 증가하다 어느 시점을 지나면 급격히 증가하고 다시 완만하게 증가(비대칭 S자형 성장)하는 지역에 적용
• 비율예측방법 : 특정지역의 인구가 보다 큰 지역에 의존할 경우, 두 지역의 인구 간 비율이 일정하게 계속될 것이라는 가정하에 예측

19 국토의 계획 및 이용에 관한 법률에서 중고층주택을 중심으로 편리한 주거환경을 조성하기 위한 목적으로 지정하는 용도지역은?

① 제2종전용주거지역
② 제3종일반주거지역
③ 준주거지역
④ 제2종일반주거지역

해설

주거지역
㉠ 거주의 안녕과 건전한 생활환경의 보호를 위하여 필요한 지역
• 전용주거지역 : 양호한 주거환경을 보호하기 위하여 필요한 지역
• 제1종전용주거지역 : 단독주택 중심의 양호한 주거환경을 보호하기 위하여 필요한 지역
• 제2종전용주거지역 : 공동주택 중심의 양호한 주거환경을 보호하기 위하여 필요한 지역
㉡ 일반주거지역 : 편리한 주거환경을 조성하기 위하여 필요한 지역
• 제1종일반주거지역 : 저층주택을 중심으로 편리한 주거환경을 조성하기 위하여 필요한 지역
• 제2종일반주거지역 : 중층주택을 중심으로 편리한 주거환경을 조성하기 위하여 필요한 지역
• 제3종일반주거지역 : 중·고층주택을 중심으로 편리한 주거환경을 조성하기 위하여 필요한 지역
㉢ 준주거지역 : 주거기능을 위주로 이를 지원하는 일부 상업기능 및 업무기능을 보완하기 위하여 필요한 지역

20 국토의 계획 및 이용에 관한 법률에 따른 도시·군관리계획에 해당되지 않는 것은?

① 용도지역의 지정 또는 변경에 관한 계획
② 택지개발예정지구의 지정에 관한 계획
③ 지구단위계획구역의 지정 또는 변경에 관한 계획
④ 기반시설의 설치·정비 또는 개량에 관한 계획

해설

도시·군관리계획
특별시·광역시·시·군의 개발·정비 및 보전을 위하여 수립하는 토지

정답 16 ③ 17 ① 18 ③ 19 ② 20 ②

이용·교통·환경·경관·안전·산업·정보통신·보건·후생·안보·문화 등에 관한 다음의 계획
- 지구단위계획구역의 지정 또는 변경에 관한 계획과 지구단위계획
- 용도지역·용도지구의 지정 또는 변경에 관한 계획
- 개발제한구역·도시자연공원구역·시가화조정구역·수산자원보호구역의 지정 또는 변경에 관한 계획
- 기반시설의 설치·정비 또는 개량에 관한 계획
- 도시개발사업 또는 정비사업에 관한 계획

제2과목 도시설계 및 단지계획

21 공원·녹지체계의 유형 중 일정 폭의 녹지를 직선적으로 길게 조성하는 경우를 말하는 것은?

① 집중형   ② 분산형
③ 격자형   ④ 대상형

해설
공원·녹지체계
지역 및 검토구역의 여건 특히 보행자 유발시설(지하철역·광장 등)에 따라 집중형·분산형·노선형·격자형 등으로 구성됨
- 집중형 : 단지 내 녹지를 한곳으로 모으는 방법
- 분산형 : 단지 내 녹지를 고르게 분포시키는 방법
- 노선형 : 일정 폭의 녹지를 길게 조성하는 방법(대상형)
- 격자형 : 대상형을 가로, 세로로 겹쳐놓은 형태

22 다음 중 도보권 근린공원(주로 도보권 안에 거주하는 자의 이용에 제공할 것을 목적으로 하는 근린공원)의 유치거리와 규모의 기준이 옳게 나열된 것은?

① 500m 이하, 30,000m² 이상
② 500m 이하, 50,000m² 이상
③ 1,000m 이하, 30,000m² 이상
④ 1,000m 이하, 50,000m² 이상

해설
생활권 공원의 종류
생활권 공원의 정의 : 도시생활권의 기반공원 성격으로 설치·관리되는 공원으로서 다음 각목의 공원

	공원구분	유치거리	규모
근린공원	근린생활권 근린공원	500m 이하	1만m² 이상
	도보권 근린공원	1천m 이하	3만m² 이상
	도시지역권 근린공원	제한 없음	10만m² 이상
	광역권 근린공원	제한 없음	100만m² 이상

23 도시설계 기법 중 경험주의적 전통에 입각한 도시설계가로 평가받는 사람은?

① 르 꼬르뷔지에(Le Corbusier)
② 알도 로시(Aldo Rossi)
③ 롭 크리에(Rob Krier)
④ 고든 컬렌(Gordon Cullen)

해설
고든 컬렌(Gordon Cullen)
- 도시이미지 연구와 연속시각이론
- 도시이해 및 인식방법, 형태요소의 추출
- 경험주의적 전통에 입각한 도시설계가로 평가

24 구획도로망의 구성형식에 관한 설명 중 틀린 것은?

① 격자형 - 도로의 위계가 불명확하고, 통과교통이 허용되어 안전성이 떨어진다.
② 티(T)자형 - 격자형에 비하여 주행속도가 낮고, 단조로운 가구가 형성된다.
③ 루프형 - 가구 내부에 주민에게 독점적으로 활용되는 쾌적한 도로공간이 형성된다.
④ 쿨데삭형 - 구획도로와 별도로 보행자전용 도로를 설치하는 것은 불가능하다.

해설
쿨데삭형 도로의 특징
주거단지에 조성되는 도로 유형 중 부정형한 지형이나 경사지 등에 주로 이용되며, 통과 교통이 차단되어 보행자들이 안전하게 보행할 수 있으나 개별 획지로의 접근성은 다소 불리한 도로

25 경관조성의 기본방향으로 틀린 것은?

① 조화와 개성을 부여한다.
② 지역의 기후, 식생, 지형 등 자연조건에 순응한다.
③ 보행자 공간을 중심으로 휴식, 놀이, 교육, 교류의 공간을 배치한다.
④ 인간척도 보다는 도시의 상징이 될 수 있는 랜드마크를 우선 발굴 또는 조성한다.

해설
경관계획의 기본방향
㉠ 자연조건 반영 : 주변의 자연조건에 순응, 계절적 특성 반영·이용
㉡ 조화와 개성의 부여 : 상징성을 부여, 조화와 개성을 부여하여 생활의 장을 조성
㉢ 커뮤니티 감각의 부여 : 휴식·교류 등의 공간배치, 인간척도를 지닌 공간 창출

정답 21 ④ 22 ③ 23 ④ 24 ④ 25 ④

ⓔ 역사와 문화의 표현 : 지역의 역사와 전통적인 생활양식 및 공간 이미지 부여

26 계획단위개발(PUD) 방식의 문제점 및 가능성에 대한 내용으로 옳지 않은 것은?

① 공동 오픈스페이스 확보가 어렵다.
② 평범한 고밀도 단지를 형성할 우려가 있다.
③ 승인과정상 자치단체의 관리능력이 강화된다.
④ 계획단위개발의 제안, 심사, 협상, 공청회 등 시행과정에 과도한 시간이 소요된다.

해설

계획단위개발(Planned Unit Development ; PUD)
1. 정의 : 계획단위개발로 대상지 전체를 일체적이고 유기적으로 계획하고 설계하여 개발하는 방식으로 우리나라의 지구단위계획 내의 특별계획구역제도와 유사하다.
2. 특징
  ㉠ 토지이용규제가 갖는 경직성 완화와 토지이용의 효율성 향상 가능
  ㉡ 단일 개발주체에 의한 대규모 동시 개발이 가능
  ㉢ 대규모 개발에 따른 하부시설의 설치비용과 개발비용 절감
  ㉣ 협의와 절충을 통한 민관의 상호의존성
  ㉤ 사업지향적이며, 중기계획적인 규제방법
  ㉥ 단기적 개발규제 가능
  ㉦ 근린생활권 개념을 도입하여 개별 필지의 개발을 억제하고 집단개발 유도
※ 대상지 전체를 유기적으로 계획하고 설계하여 개발하므로 공동 오픈스페이스 확보에 유리하다.

27 도시개발법상 도시지역 안에 도시개발구역으로 지정할 수 있는 공업지역의 규모는 얼마 이상을 기준으로 하는가?

① 1,000m² ② 20,000m²
③ 30,000m² ④ 50,000m²

해설

도시개발구역의 규모(도시개발법상 도시지역 안에 도시개발구역으로 지정할 수 있는 규모)
㉠ 주거지역, 상업지역, 자연녹지, 생산녹지(대상면적의 30% 이하) = 1만m² 이상
㉡ 공업지역 = 3만m² 이상
㉢ 도시지역 밖 = 30만m² 이상

28 다음과 같은 도시계획 조건에서 소요되는 상업지역의 적정면적은?

- 건폐율 : 60%
- 공공용지율 : 40%
- 평균 층수 : 5층
- 상업지역 이용인구 : 30,000명
- 1인당 평균 바닥면적 : 12m²

① 15ha ② 20ha
③ 150ha ④ 200ha

해설

상업지 면적

$$상업지 면적 = \frac{1인당 상면적 \times 상업지이용인구}{용적률 \times (1 - 공공용지율)}$$

$$= \frac{(12 \times 30,000명)}{(0.6 \times 5)(1 - 0.4)} = 20 \times 10^4 m^2 = 20ha$$

29 라이트(H. Wright)와 스타인(C. Stein)이 래드번(Radburn) 단지계획에서 제시한 기본원리로 옳지 않은 것은?

① 자동차 통과도로를 위한 슈퍼블럭의 구성
② 기능에 따른 4가지 종류의 도로 구분
③ 보도와 차도(고가차도)의 입체적 분리
④ 주택단지 어디로나 통할 수 있는 공도의 오픈스페이스 조성

해설

래드번 계획(H. Wright, C. Stein)의 기본원리
• 자동차 통과교통의 배제를 위한 슈퍼블럭의 구성
• 기능에 따른 4가지 종류의 도로로 구분
• 보도망(Pedestrian Network)의 형성 및 보도와 차도(고가차도)의 입체적 분리
• 쿨데삭(Cul-de-sac)형의 세가로망 구성에 의해 주택의 거실을 차도에서 보도·정원을 향하도록 배치함
• 주택단지 어디로나 통할 수 있는 공동의 오픈스페이스를 조성

30 다음과 같은 특징을 갖는 공동주택의 주호형식은?

- 중앙에 엘리베이터나 계단실을 두고 많은 주호를 집중 배치하는 형식
- 설비 집중화 가능
- 고층화된 아파트에서 많이 채택
- 복도 및 코너 부분의 일부 세대는 채광, 소음, 환기 등이 불리

① 단차형 ② 탑상형
③ 편복도 판상형 ④ 중복도 판상형

정답 26 ① 27 ③ 28 ② 29 ① 30 ②

[해설]
주택형식 – 탑상형(Tower Type)
- 집중형이라고도 하며, 중앙에 엘리베이터와 계단홀을 배치하고 주위에 많은 단위주거를 집중배치
- 단위주거의 조건에 따라 일조 조건이 나빠지므로 평면계획의 고려가 필요

31 다음 중 공동구의 설치로 인한 장점으로 옳지 않은 것은?

① 도시미관의 향상   ② 설비개선의 용이
③ 방재효율의 향상   ④ 초기 설치비용의 절감

[해설]
공동구의 장점
- 도로교통의 원활화   • 노면의 내구력 증대
- 설비개선의 용이   • 방재효율의 향상
- 유지관리비의 절감   • 도시미관의 향상

32 도시·군계획시설의 결정·구조 및 설치기준에 관한 규칙상 도로를 규모별로 구분할 때 소로1류의 기준은?

① 폭 15m 이상 20m 미만인 도로
② 폭 12m 이상 15m 미만인 도로
③ 폭 10m 이상 12m 미만인 도로
④ 폭 8m 이상 10m 미만인 도로

[해설]
규모별 구분

구분	① 1류	② 2류	③ 3류
소로	12m 미만~10m 이상	10m 미만~8m 이상	8m 미만

33 단지계획 수립과정의 순서가 옳은 것은?

① 조사분석 → 목표설정 → 기본구상·대안설정 → 기본계획·기본설계 → 실시설계·집행계획
② 목표설정 → 조사분석 → 기본계획·기본설계 → 기본구상·대안설정 → 실시설계·집행계획
③ 조사분석 → 목표설정 → 기본계획·기본설계 → 기본구상·대안설정 → 실시설계·집행계획
④ 목표설정 → 조사분석 → 기본구상·대안설정 → 기본계획·기본설계 → 실시설계·집행계획

[해설]
단지계획의 과정

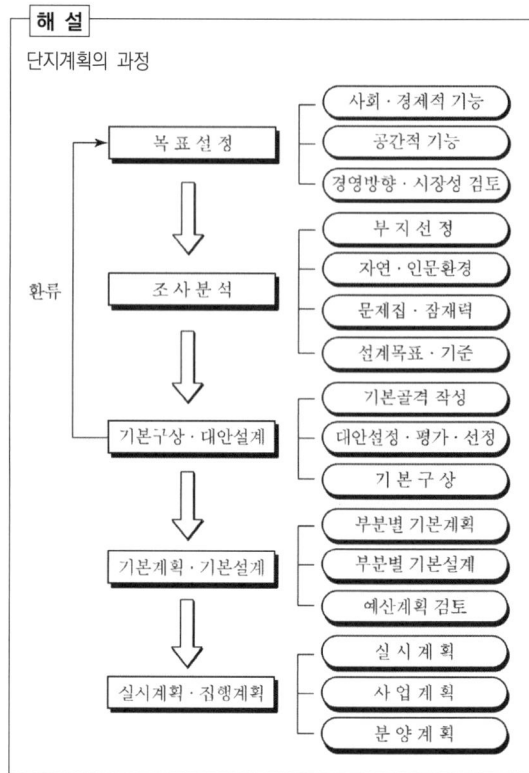

34 다음 중 슈퍼블럭(Super Block)의 장점으로 옳지 않은 것은?

① 보도와 차도의 완전한 분리가 가능
② 충분한 공동의 오픈스페이스 확보 가능
③ 건물을 집약화함으로써 고층화·효율화 가능
④ 대형 가구의 내부에 자동차의 통과를 생성하여 도로율 증가 가능

[해설]
슈퍼블럭(Super Block)의 장점
- 주택공급 용이, 다양한 주택공급 가능하며, 다양한 선택가능
- 건물을 집약화함으로써 고층화, 효율화 가능
- 공공시설 확보 용이, 편의시설 확보 용이, 기반시설비용 경감
- 전력, 난방, 하수, 쓰레기 수집 등 도시시설의 공동화가 가능
- 충분한 공동의 오픈스페이스 확보가 용이
- 보도와 차도의 완전한 분리가 가능

35 건축법상 전용주거지역이나 일반주거지역에 건축물을 건축하는 경우에는 높이 9미터를 초과하

는 부분에 대하여 정북 방향으로의 인접대지 경계선으로부터 해당 건축물 각 부분 높이의 얼마 이상을 띄어서 건축하여야 하는가?

① 1/2 이상
② 1/3 이상
③ 1/5 이상
④ 1/10 이상

[해 설]

건축법 시행령 제86조 일조 등의 확보를 위한 건축물의 높이 제한

건물높이	9m 이하	9m 초과
인접대지의 경계선과의 거리	1.5m 이상	건축물의 각 부분 높이의 1/2 이상

※ 2023년 09월 12일 「건축법 시행령」이 개정되어 건물높이 기준이 기존 9m에서 10m로 기준이 변경됨

36 다음 중 영국의 계획도시 할로우(Harlow)에 관한 설명으로 옳지 않은 것은?

① 고밀도 개발을 원칙으로 하였다.
② 런던 주변에 개발된 초기 뉴타운의 대표적인 예이다.
③ 주택지는 크게 4개의 그룹으로 나누어 그 내부에 근린주구를 배치하였다.
④ 도시 내의 간선도로는 주택지 그룹 사이에 있는 녹지 속을 통과한다.

[해 설]

할로우(Harlow)
㉠ 개요 : 프레드릭 기버드(Fredrick Gibberd, 1947)에 의해 런던 주변에 개발된 초기 신도시의 대표적인 예(1단계 신도시)
㉡ 위치 : 런던 북쪽 30마일에 위치(1947)한 신도시로 계획면적 2,450ha에 인구 78,000명 수용
㉢ 계획 특징
• 전원도시로 저밀도 개발 원칙, 근린주구제 채용
• Harlow는 역을 중심으로 한 반원을 도시구역으로 설정, 역 남쪽에 중심지구, 철도에 연해서 2개의 공업지구 설치, 주거지는 4개의 그룹으로 나누어 그 속에 근린주구 배치
• 도시 내 간선도로는 주거지 그룹 사이에 있는 녹지 속을 통과하고, 보조간선도로는 각 가구 그룹의 중심지구를 연결

37 도시설계 관련 학자들의 연구 내용이 잘못 연결된 것은?

① Kevin Lyunch - 도시의 이미지
② Gorden Cullen - 연속시각(Serial Vision)
③ Christopher Alexander - 전이공간
④ Oscar Newman - 방어공간(defensible space)

[해 설]

• 케빈 린치(Kevin Lynch) : 도시는 "사람에 의해서 이미지화되는 것"이라고 주장하며 1960년대에 「도시의 이미지(The Image of The City)」라는 도시론을 발표
• 고든 컬렌(Gordon Cullen) : 도시이미지 연구와 연속시각이론, 도시이해 및 인식방법, 형태요소의 추출
• 뉴만(Oscar Newman) : 도시공간의 위계적 구성체계(공적 영역, 반공적 영역, 사적 영역의 매개공간 계획), 방어공간(defensible space)

38 다음 중 생활권의 크기가 작은 것부터 큰 순서대로 바르게 나열된 것은?

① 인보구 → 근린분구 → 근린주구
② 인보구 → 근린주구 → 근린분구
③ 근린분구 → 근린주구 → 인보구
④ 근린분구 → 인보구 → 근린주구

[해 설]

생활권의 크기

구분	인보구	근린분구	근린주구
반경	100m 전후	150~200m 전후	300~400m 전후
인구	200~800명 정도	3,000~5,000명 정도	10,000~20,000명 정도

39 다음 중 생활권 위계에 따른 공공편익시설의 연결이 옳지 않은 것은?

① 제1차 생활권(소생활권) - 주민센터
② 제1차 생활권(소생활권) - 초등학교
③ 제3차 생활권(대생활권) - 소방서
④ 제3차 생활권(대생활권) - 중학교

[해 설]

2차 생활권(중생활권)
㉠ 지역 중심지로서의 역할 수행에 필요하나 1차 생활권에서는 경제성이 성립하기 힘든 시설들과 공공 서비스의 공급에 관한 합리성에 관한 이론적·경험적 지식 체계에 따라 개별시설 배치
㉡ 간단한 교통시설을 이용하여 큰 부담 없이 이동할 수 있는 범위. 지방 소도시 규모. 보통 중·고등학교 통학권 정도 크기. 복지시설(보건소 등), 교육시설(도서관) 등, 5~10만 정도
㉢ 산세·대하천 등의 자연적 환경, 각종 시설배치 기준의 고려
㉣ 구청, 경찰서, 소방서, 중학교, 고등학교, 쇼핑센터 등
※ ④ 중학교는 2차 생활권에 해당한다.

40 노외주차장의 구조·설비기준에서 출입구가 2개 이상인 경우 직각주차형식의 최소 차로 너비는?(단, 이륜자동차 전용 노외주차장은 고려하지 않는다.)

① 3.0m   ② 3.5m
③ 4.5m   ④ 6.0m

해설
주차구획

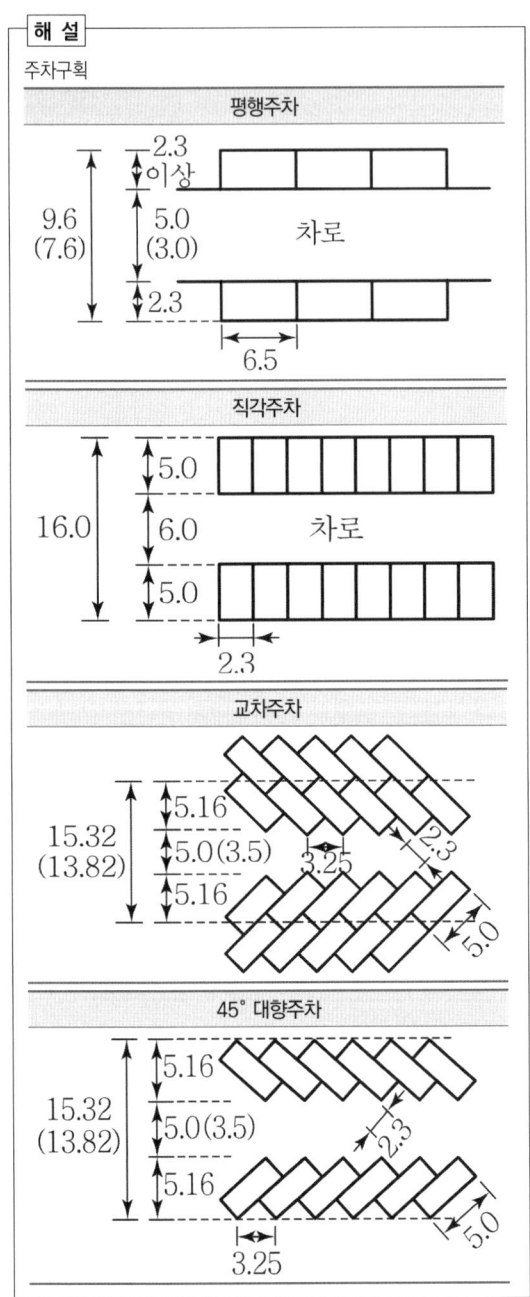

제3과목 도시개발론

41 도시개발 밀도에 관한 내용 중 옳지 않은 것은?

① 단위 토지당 자본의 투입량이 증가하는 경우에는 저밀 개발이 이루어진다.
② 상대적으로 높은 지대를 지불해야 하는 토지에는 고밀 개발을 추구한다.
③ 개발 밀도는 토지의 매입비용 또는 지대와 자본 차입에 따른 이자율에 의해 결정된다.
④ 건물 수요가 많은 곳에서는 건물의 분양가격, 지대가 높아진다.

해설
밀도의 정의
㉠ 토지 또는 건물의 단위면적당 일어나는 도시활동
㉡ 단지의 규모, 건물과 옥외공간의 관계, 프라이버시 보호 등 다른 설계 사항과 연계되어 주거단지의 생활의 질이나 토지이용, 시설의 공간적 배분, 활동의 강도 등을 결정하게 되는 중요한 요소
㉢ 토지이용계획의 기준이 되는 동시에 단지 생활환경의 질을 결정하는 중요한 요소로 계획과정에서 적정 규모를 산정하기 위한 기초, 토지이용계획의 타당성을 판단할 수 있는 지표로서 중요한 의미를 지님

• 단위 토지당 자본의 투입량이 증가하는 경우에는 고밀 개발이 이루어진다.
• 상대적으로 높은 지대를 지불해야 하는 토지에는 고밀 개발을 추구한다.
• 개발 밀도는 토지의 매입비용 또는 지대와 자본 차입에 따른 이자율에 의해 결정된다.
• 건물 수요가 많은 곳에서는 건물의 분양가격, 지대가 높아진다.

42 마케팅 목표를 이루기 위하여 마케팅 활동에서 사용하는 여러 가지 전략을 종합적으로 균형이 잡히도록 조정·구성하는 마케팅믹스(4P's Mix)의 4P로 옳은 것은?

① Property, Price, Place, Pride
② Property, Price, Purpose, Pride
③ Product, Price, Place, Promotion
④ Product, Price, Purpose, Promotion

해설
마케팅 전략
㉠ 마케팅 믹스 전략(4P 믹스 전략)
기업이 표적시장에 도달하기 위해 이용되는 마케팅 요소의 결합(McCarthy, 1960)

ⓒ 마케팅 구성요소(4P)
- 장소전략(Place)
- 가격전략(Price)
- 제품전략(Product)
- 커뮤니케이션 전략(Promotion : 홍보)

43 다음 중 역세권에 대한 설명으로 옳지 않은 것은?

① 좁은 의미로 역사로부터 타 교통수단에 의존하지 않고 도보로 도달할 수 있는 지역을 뜻한다.
② 역사를 중심으로 작은 지역을 이룰 수 있는 공간으로, 도시민들에게 서비스나 편의를 제공한다.
③ 최근에는 역을 중심으로 한 복합적 토지이용을 지양하고 수송의 역할에 충실한 역세권을 개발하려고 한다.
④ 기차의 정착에 따라 종착역세권, 환승역세권, 통과역세권으로 나누어 볼 수 있다.

해설
역세권 개발의 영향
- 이동시간의 단축으로 도시발달에 영향을 미침
- 지하철을 비롯하여 고속철도를 중심으로 성장거점이 될 수 있음
- 역세권은 도시 간의 독자적인 문화를 발달시키고 각종 이벤트와 교육의 장
- 역을 중심으로 전시장, 판매장이 생겨 상업의 발달과 산업의 교류 역할을 담당
- 교통, 정보·통신의 교류중심지가 되는 결절지
- 역을 중심으로 복합형 역세권을 형성 혼합토지이용개발(MXD)이 이루어지며, 지상뿐만 아니라 지하공간까지 활용함
- 다차원적인 개발을 통해 최대의 편리성과 서비스를 제공 다양한 공간활용

44 도시개발관련법과 이에 따른 개발사업의 연결이 틀린 것은?

① 도시개발법 - 도시개발사업
② 택지개발촉진법 - 주택재건축사업
③ 도시 및 주거환경정비법 - 주거환경개선사업
④ 국토의 계획 및 이용에 관한 법률 - 도시계획시설사업

해설
도시계획사업과 비도시계획사업의 구분

대분류	사업시행 근거 법률	도시개발의 유형
도시·군 계획사업	도시개발법	도시개발사업
	도시 및 주거환경정비법	주거환경개선사업
		재개발사업
		재건축사업
비도시 계획사업 (특별법, 촉진법)	택지개발촉진법	택지개발사업
	주택법	주택건설사업
	산업입지 및 개발에 관한 법률	산업단지개발사업
	유통단지개발촉진법	유통단지개발사업
	기업도시특별법	기업도시개발사업
	행복도시특별법	행복도시개발사업
	혁신도시특별법	혁신도시건설사업
	경제자유구역특별법	경제자유구역개발사업
	도시재정비 촉진을 위한 특별법	도시재정비사업
	지역균형개발 및 지방중소기업육성에 관한 법률	개발촉진지구개발사업
	국민임대주택건설특별법	국민임대주택건설사업

45 지방공사와 지방공단에 대한 설명으로 옳지 않은 것은?

① 지방공사는 지방자치단체 단독으로 설립할 수 있다.
② 지방공단은 지방자치단체 단독으로 설립할 수 있다.
③ 지방공사는 자본조달 시 민간출자에 의한 증자가 가능하다.
④ 지방공단은 자본조달 시 민간출자에 의한 증자가 가능하다.

해설
지방공사와 지방공단의 비교

구분	지방공사	지방공단
성격	일종의 회사	일종의 공공업무 대행기관
설립	자치단체 단독 또는 민관합작	자치단체 단독 (민관합작 불가)
업무관계	단독사업 경영(융통성)	특정사업의 수탁 (한정성)
경영비용	판매수입	수탁금
자본조달	공사채 발행, 증자(민간출자 가능)	공단채 발행, 증자 (민간출자 불가)
경영자	사장, 부사장, 이사	이사장, 부이사장, 이사

※ 지방공단은 민간출자가 불가하다.

46 압축도시(Compact City)에 대한 설명으로 틀린 것은?

① 압축도시의 개념은 직주근접과 관련이 있다.
② 교외지역 주거지를 저밀도로 확산시키는 개발방식이다.

정답 43 ③ 44 ② 45 ④ 46 ②

③ 지속가능한 개발이 가능하도록 등장한 도시개발 패러다임 중 하나이다.
④ 환경부하를 최소화하고 정주지 개발의 효율성을 높이려는 목적을 갖는다.

해설

압축도시(Compact City)
㉠ 정의
- 전원도시론과 같이 교외지역에 주거지역을 저밀도로 확산시키는 개발방식 대신 시가화된 기존의 도시 또는 신도시로 설정된 지역을 고밀도로 집중적으로 개발하는 방식이다.
- 고밀도 도시개발을 통하여 도시 주변의 자연환경을 보존하며 개발하는 방법 즉, 주거, 공공시설을 일정공간에 집적화, 나머지 지역을 녹색 도시화하며 난방, 전력공급, 교통 등에서 에너지 절약을 효율적으로 달성할 수 있는 도시로, <u>환경적으로 지속가능한 도시의 형태이다.</u> ← ③
㉡ 방법
- 다수의 교외지역에 확산된 개발보다는 소수의 고밀개발을 통하여 환경에의 부하를 최소화하여 정주지개발의 효율성을 높임
- 도시의 방만한 교외확산을 방지하고 <u>고밀도 복합용도로 개발함</u>
- <u>미개발지를 보호할 수 있게 되어 자연생태계에 대한 부하를 최소화함</u> ← ④
㉢ 특징
- 자연자원의 무분별한 훼손방지
- <u>직주근접을 통해 교외지역에서 발생하는 교통량 최소화</u> ← ①
- 인프라 및 에너지의 효율적 이용을 도모
- 공원, 정원 등과 같은 녹지공간의 부족을 초래

47 다음 중 지분조달방식의 일반적인 특징이 아닌 것은?
① 투자금액을 상환하지 않아도 된다.
② 회사 통제권 일부를 포기해야 한다.
③ 사업자가 현금이 긴요할 경우에는 선호하지 않는다.
④ 지분투자자가 항상 사업계획에 동의하는 것은 아니므로 이에 따른 문제 발생도 고려해야 한다.

해설

지분조달방식의 특징
㉠ 장점
- 원리금이나 이자의 상환부담이 없음
- 사업아이디어가 발전적으로 진행됨
- 투자가가 자문가로서의 역할을 수행
㉡ 단점
- 회사의 통제권 일부를 포기해야 함
- 판매된 지분은 미래에 다시 회수하기 어려움
- 지분투자자들은 사업계획에 동의하지 않으므로 문제발생 가능
- 자금조달이 복잡하여 변호사나 회계사 등의 전문가의 자문 필요
- 자본시장의 여건에 따라 조달조건이 민감하게 변함
- 조달규모 증대 시 소유주의 지분축소가 불가피
- 중소기업 등은 주식 공개매매, 유통시장이 발달되지 않음
- 기업가치 불안정으로 매매활성화에 한계가 존재함

48 도시개발수요를 분석하기 위한 정성적 예측모형 중 조사하고자 하는 특정 사항에 대하여 전문가 집단을 대상으로 반복 앙케이트를 수행하여 의견을 수집하는 방법은?
① 델파이법 ② 지수평활법
③ 박스젠킨스법 ④ 의사결정나무기법

해설

델파이 방법
㉠ 정의
- 고대그리스의 아폴로 신전이 있던 도시의 이름으로 아폴로 신전의 여사제가 그리스 현인들로부터 의견을 넓이 수렴하였다는 데에서 유래
- 각종 계획에서 계획수립을 위한 장기적인 미래 예측에 많이 쓰이는 방법
㉡ 방법
- 전문가 집단을 대상으로 앙케이트 반복을 통해 의견을 조사하여 반영하는 방법
- 지속적인 피드백 실시
㉢ 특징
- 토론에서 발생하기 쉬운 심리적 교란이 없음
- 여러 사람의 판단이 환류 수렴되기 때문에 결론이 의미있게 받아들여질 수 있음

49 대중교통역과 대중교통 노선의 거점을 중심으로 보행거리 내에 있는 토지를 복합고밀로 개발하여 대중교통의 이용률을 높이고 교통혼잡과 도시에너지 소비를 경감시키고자 Peter Calthorpe에 의해 처음으로 주창된 것은?
① TDR ② TOD
③ PUD ④ TOP

해설

대중교통지향형 도시개발(TOD ; Transit-Oriented Development)의 정의
㉠ 캘솝(Peter Calthorpe)에 의해 처음 주창된 도시개발방식 : 철도역과 버스정류장 주변 도보 접근이 가능한 10~15분(650~1,000m) 거리에 대중교통지향적 근린지역을 형성하여 대중교통체계가 잘 정비된 도심지구를 중심으로 고밀개발을 추구하고, 외곽지역에는 저밀도의 개발을 추구하는 방식임
㉡ 일반적 정의 : 도시대중교통축의 대중교통정류장을 중심으로 하는 보행권 및 역세권을 공간범위로 하여 대중교통 친화적인 공간이 조성되도록 도시개발을 하는 것

50 신도시 개발의 경우 준공과 함께 공공시설들은 모두 지방자치단체에 넘겨지게 되는데, 이는 공유재산관리지침 기준에 따른다. 다음 중 인수인계 협의일이 공사 준공일인 것은?

① 도로
② 녹지
③ 공동구
④ 공공주차장

해설
공유재산관리지침상의 인수인계 협의시점

구분	인수인계 대상	인수·인계 협의일
일반공공시설	도로, 공장, 공공주차장, 공공용지, 교량, 호안, 터널, 고가차도, 지하차도, 지하보도, 녹지, 공원, 운동장, 가로등, 상수관로시설, 하수관로시설, 유수지 등	• 사업준공 전에 주민입주 시는 공용 개시 시점 • 기타의 경우는 사업준공일(단, 가로등·신호등의 경우는 수전개시일)
관리조직을 필요로 하는 공공시설	정수장, 배수지, 가압장, 취수장, 배수갑문, 도서관 등	공사 준공일
관리경험 및 조직이 필요한 공공시설	하수종말처리장, 폐수처리장, 쓰레기처리시설, 배수펌프장, 공동구, 지하주차	공사 준공일

51 다음 중 공공(公共)이 도시개발 과정에 개입하는 다양한 형태에 대한 설명으로 옳지 않은 것은?

① 각종 토지이용규제를 통하여 도시개발을 제어한다.
② 조세정책이 아닌 금융정책을 통해서만 도시개발을 촉진시키거나 지연시키는 효과를 갖는다.
③ 개발업자 등의 자격을 제한하는 시장진입 규제, 토지 등의 거래행위에 대한 규제, 각종 부담금 등을 통한 개발이익 분배과정에 개입한다.
④ 공부(公簿) 등을 통해 토지나 건물에 대한 권리관계를 확인하고 보장해 주는 역할을 담당한다.

해설
공공의 도시개발과정에 대한 개입
• 공공은 다양한 형태를 통해 도시개발과정에 개입하게 되는데, 계획적인 도시개발을 통해 난개발을 방지하면서 바람직한 도시개발을 목적으로 함
• 특히 공공은 세율 및 세목 등을 이용한 조세정책과 금리 및 대출규제 등을 이용한 금융정책을 이용하여 도시개발 과정에 개입함

52 부동산 사업 자본 모집을 위한 수단으로서 파트너십에 대한 설명이 틀린 것은?

① 일반 파트너십의 설립은 정식 절차 없이 구두 또는 문서에 의해서도 가능하다.
② 일반 파트너십은 출자 시 유형자산뿐만 아니라 기술, 아이디어, 노하우와 같은 무형자산도 가능하다.
③ 유한 파트너십에서 유한 파트너는 경영과정에 참여할 수 있어 일반 파트너와 달리 무한 책임을 진다.
④ 유한책임 파트너십에서는 의무와 채무에 대하여 무한책임을 부담하는 일반 파트너가 존재하지 않는다.

해설
파트너십(Partnership)
㉠ 일반 파트너십(General Partnership) : 통상의 파트너십, 민법상 조합으로 둘 이상의 동업자(Partner)가 공동으로 사업을 수행·이윤분할 형태
㉡ 유한 파트너십(Limited Partnership) : 최소 한 명 이상의 일반파트너(사업의 소유자 : 무한책임, 경영참여)와 여타의 유한파트너(출자한도 내에서 유한책임 : 경영이나 지배에 참여 불가능)로 구성됨
㉢ 유한책임 파트너십(Limited Liability Partnership) : 무한책임을 부담하는 일반파트너가 존재하지 않는 형태, 주로 공인중개사, 변호사, 건축사 등의 업무 및 관련 사업을 위하여 구성되는 전문직 동업형태

53 A시에서는 2025년을 목표연도로 도시개발사업을 추진하며 목표연도의 인구를 100,000명으로 추정하고, 가구당 가구원 수는 3.5인/가구로 계획하고 있다. 또한 주택보급률은 100%를 목표로 하며, 공가율은 5%로 예측하고 있을 때, 보급되어야 할 총 주택호수는 얼마인가?

① 약 30,000호
② 약 32,000호
③ 약 35,000호
④ 약 37,000호

해설
주택호수 = 가구수 × (주택보급률 + 공가율)
= $\frac{100,000}{3.5} \times 1.05 = 30,000$ ∴ 30,000호

54 도시개발기법과 가장 거리가 먼 것은?

① 용도지역제(Zoning)
② 계획단위개발(PUD)
③ 개발권양도제(TDR)
④ 정보화 기반도시개발(u-City)

> **해설**
> 도시개발기법의 종류
> 개발권양도제(TDR), 대중교통중심개발(TOD), 계획단위개발(PUD), 연계정책, 정보화 기반도시개발(u-City)

55 시·도지사(특별자치도지사는 제외한다)는 지정하려는 택지개발지구의 면적이 최고 얼마 이상인 경우 국토교통부장관의 승인을 받아야 하는가?

① 30만m² ② 90만m²
③ 100만m² ④ 330만m²

> **해설**
> 권한의 위임 또는 위탁
> ㉠ 권한위임권자 : 국토해양부장관 → 시·도지사, 지방국토관리청장
> ㉡ 330만m² 이하 권한의 위임 또는 위탁사항
>   • 경미한 사항(예정지구 면적 축소 또는 10% 범위 안에서의 확대 변경)
>   • 택지개발계획의 승인과 고시에 관한 권한
> ㉢ 20만m² 이하 권한의 위임 또는 위탁사항
>   • 예정지구의 지정·변경·해제, 시행자 지정·고시에 관한 권한
> ※ 330만m² 초과 시는 권한위임의 범위를 초과하므로 국토교통부장관의 승인을 받아야 한다.

56 다음 설명에 해당하는 도시개발기법은?

> 일단의 지구를 하나의 계획단위로 보아 그 지구의 특성에 맞는 설계기준을 개발자와 그 개발을 관장하는 당국 간의 협상과정을 통해 융통성 있게 능률적으로 책정, 허용함으로써 공적 입장에서 요구되는 환경의 질과 개발자의 입장에서 요구되는 사업성을 동시에 추구하는 제도

① 마찌쯔쿠리 ② 개발권양도제(TDR)
③ 계획단위개발(PUD) ④ ABC 정책

> **해설**
> 계획단위개발(PUD ; Planned Unit Development)의 정의
> • 계획단위개발로 대상지 전체를 일체적이고 유기적으로 계획하고 설계하여 개발하는 방식으로 최소면적, 개발자의 자격요건, 용적률, 건축물의 높이, 주차시설 등에 관한 일반지침을 정해두고 개발자는 이 지침의 범위 내에서 사업대상지와 사업내용의 특성에 맞추어 토지이용계획과 단지계획을 수립하여 정부의 인가를 받은 후 종합적으로 개발하는 방식
> • 우리나라의 지구단위계획 내의 특별계획구역제도와 유사하다.

57 지방자치단체가 도시의 신시가지나 기존 시가지의 개발 또는 재개발에 소요되는 재원을 미래의 세금수입을 기초로 자금을 조달하는 방법은?

① 조세담보금융(TIF)
② 주택저당증권(MBS)
③ 자산담보부증권(ABS)
④ 부동산투자신탁제도(REITs)

> **해설**
> 조세담보금융(TIF ; Tax Increment Financing)
> 1. 정의
>   ㉠ 공공투자가 없을 때는 발생하지 않을 미래의 조세수입 증가분을 담보로하여 채권을 발행하는 방법
>   ㉡ 세대 간의 부담을 분담하여 형평성을 제고하고, 공공시설에 선투자하여 해당 기간 동안 증가된 조세수입으로 채권을 상환하는 기법
> 2. 배경
>   미국 지방정부 등에서 도시개발사업의 재원조달방안으로 고안

58 도시개발 대상지의 토지 취득방법에 따른 개발방식에 해당되지 않는 것은?

① 보상방식 ② 환지방식
③ 혼용방식 ④ 전면매수방식

> **해설**
> 토지취득방법에 따른 도시개발사업방식
> ㉠ 환지방식
>   • 택지화가 되기 전의 토지의 위치, 지목, 면적, 등급, 이용도 등의 필요사항을 고려하여 택지개발 후 개발된 감소 토지를 토지소유주에게 재배분하는 것
>   • 구획정리기법의 권리변환방식
> ㉡ 매수방식(수용 또는 사용에 의한 방식)
>   • 시행자가 개발대상지의 토지를 매수하여 개발하는 방식, 협의매수방식과 수용방식
> ㉢ 혼용방식
>   • 도시개발법에 의한 도시개발사업, 주택법에 의한 대지조성사업 등과 같이 대상토지를 전면매수하는 방식과 환지하는 방식을 혼합하는 방식

59 기업금융과 비교하여 프로젝트 파이낸싱이 갖는 특징에 대한 설명으로 옳지 않은 것은?

① 담보 : 사업자산 및 현금흐름
② 사후관리 : 채무 불이행 시 상환청구권 행사
③ 채무수용능력 : 부외금융으로 채무수용능력 제고
④ 소구권 행사 : 모기업에 대한 소구권 행사 배제 또는 제한

해 설

프로젝트 파이낸싱(PF ; Project Financing) 방법
㉠ 담보 : 해당 프로젝트 자산
㉡ 상환재원 : 프로젝트에서 발생하는 수익
㉢ 차입비용 : 일반대출금리보다 높음
㉣ 채무수용능력 : 부외금융으로 채무수용능력 제고
㉤ 정부지원 : 많은 경우 정부의 강력한 지원 필요
㉥ 사업성 검토 : 프로젝트 평가능력이 사업 성패의 관건
㉦ 사후관리 : 엄격한 사후관리
㉧ 적용분야 : 발전소, 고속도로, 터널 등 대형사업부문
㉨ 비소구금융(Non-Recourse Financing) : 투자의 부담을 투자액 범위 내로 한정하는 방식, PF는 완전한 비소구금융 조건은 드물며 대부분 제한적인 비소구금융형태를 취함(모기업에 대한 소구권 행사 배제 또는 제한, 상환청구권 제한)
㉩ 부외금융(Off-Balance-Sheet Financing) : 프로젝트회사의 부채가 대차대조표에 나타나지 않으므로 부채증가가 사업주의 부채율에 영향을 미치지 않음을 의미함, 프로젝트 수행을 위해 일정한 조건을 갖춘 별도의 프로젝트회사(SPC)를 설립함으로써 부외금융효과를 얻을 수 있음

60 21세기 지구환경시대에 등장한 도시개발 패러다임으로 가장 거리가 먼 것은?

① 스마트 성장(Smart Growth)
② 위성도시(Satellite Town)
③ 컴팩트시티(Compact City)
④ 어반빌리지(Urban Village)

해 설

스마트 성장(Smart Growth)
도시성장 관리수단의 한 유형으로 1980년대 후반 미국 교외의 저밀도화로 인한 스프롤(Sprawl, 난개발) 문제 해결책으로 도입

압축도시(Compact City)
환경적으로 지속가능하고 도시민의 삶의 질을 증진시키기 위해 교통수요는 감소시키며 복합적 토지이용을 통한 도시개발

어반빌리지(Urban Village)
• 1989년 영국에서 쾌적하고 인간적 스케일의 도시환경을 목표로 시작됨
• 경제적, 사회적, 환경적으로 지속가능한 커뮤니티 개발

제4과목 국토 및 지역계획

61 지역획정의 원칙은 크게 동질성의 원칙과 기능결합의 원칙으로 구분할 수 있다. 기능결합의 원칙 중 하게트(Haggett)의 입지분석을 통한 결절지역의 공간구조요소로 옳지 않은 것은?

① 움직임(Movement)
② 네트워크(Networks)
③ 결절(Nodes)
④ 기후(Climate)

해 설

지역획정의원칙 : 동질성, 기능결합으로 구분
보드빌(S. Boudeville)의 지역분류
㉠ 동질지역 = 공동적 특성의 공간적 단위를 하나로 묶은 지역
㉡ 결절지역(분극지역) = 상호의존적·보완적 관계를 가진 몇 개의 공간단위를 하나로 묶는 지역
㉢ 계획지역 = 목적에 따라 중심지역과 주변지역을 묶어 설정한 지역
※ 동일한 중심결절과 관계를 가지고 있는 주변 지역을 하나의 지역으로 통합했다면 기능결합의 원칙에 해당한다.
※ 하게트(Haggett)의 결절지역의 공간구조요소 : 움직임(Movement), 네트워크(Networks), 결절(Nodes)

62 제3차 수도권정비계획의 주요 정비목표로 옳지 않은 것은?

① 지속가능한 수도권 성장관리기반 구축
② 지방과 더불어 발전하는 수도권 구현
③ 동북아 경제중심지로서의 경쟁력 있는 수도권 형성
④ 서울에 인구증가를 초래할 산업시설 등의 입지를 강력히 제한하고 중추적 역할만 유지

해 설

제3차 수도권정비계획(2006~2020)
4대 정비목표
• 선진국 수준의 삶의 질을 갖춘 수도권으로 정비
• 지속가능한 수도권 성장관리기반 구축
• 지방과 더불어 발전하는 수도권 구현
• 동북아 경제중심지로서 경쟁력 있는 수도권 형성
※ "서울에 인구증가를 초래할 산업시설 등의 입지를 강력히 제한하고 중추적 역할만 유지"는 제1차 수도권정비계획(1982~ 1996)의 목표이다.

63 다음 중 클라센(L. Klaasssen)의 성장률과 소득수준에 의한 지역 분류에 해당하지 않는 것은?

① 번성지역   ② 과밀지역
③ 저개발지역   ④ 잠재적 저개발지역

정답 60 ②   61 ④   62 ④   63 ②

> **해설**
> 클라센(L. klaassen)의 동질지역 구분
> $\left(\dfrac{g_i}{g}=g_0\ 성장률\right)$, $\left(\dfrac{y_i}{y}=y_0\ 소득\right)$
> 여기서, g_i, y_i는 지역의 성장률과 지역의 소득
> g, y는 국가의 성장률과 국가의 소득

64 다음 중 지역계획의 학문적 성격으로 옳지 않은 것은?

① 종합과학적인 학문이다.
② 순수이론을 다루는 학문이다.
③ 규범적이고 실천적인 학문이다.
④ 공간의 문제를 바탕에 둔 학문이다.

> **해설**
> 지역계획은 종합적 학문이며 규범적·실천적·공간적 학문이다. 즉 지역계획은 정치·경제·사회 모든 분야를 망라할 뿐 아니라 인문과학과 자연과학의 종합된 종합과학이다. 또한 행위를 규제하는 규범적 학문이며 지역문제에 대한 진단과 처방을 내리는 실천·임상적 학문이고, 공간을 대상으로 공간적 배분과 형평성을 중시하는 학문이다.

65 수도권정비계획법령상 성장관리권역에서 시설의 신설·증설에 대한 허가가 불가능한 것은?

① 수도권에서의 학교 이전
② 총량규제의 내용에 적합한 범위에서의 학교 입학 정원의 증원
③ 기존 연수시설의 건축물 연면적의 100분의 50범위에서의 증축
④ 수도권에서 이전하는 연수 시설의 종전 규모의 범위에서의 신축

> **해설**
> 성장관리권역의 행위 제한(수도권정비계획법 시행령 제12조)
> 1. 학교의 경우
>   가. 제24조에 따른 총량규제의 내용에 적합한 범위에서의 산업대학, 전문대학, 대학원대학 또는 입학 정원이 50명 이내인 대학(컴퓨터, 통신, 디자인, 영상, 신소재, 생명공학 등 첨단 전문 분야의 대학으로서 교육부장관이 정하여 고시하는 대학의 경우에는 입학 정원이 100명 이내인 대학을 말한다. 이하 "소규모대학"이라 한다)의 신설. 다만, 소규모대학을 신설하는 경우에는 수도권정비위원회의 심의를 거친 경우만 해당한다.
>   나. 제24조에 따른 총량규제의 내용에 적합한 범위에서의 학교 입학 정원의 증원
>   다. 신설된 지 8년이 지나지 아니한 소규모대학 입학 정원의 증원(최초 입학 정원의 100퍼센트 범위에서의 증원만 해당하며,
> 신설된 후 8년 이내에는 나목에 따른 증원을 할 수 없다)으로서 수도권정비위원회의 심의를 거친 것
>   라. 수도권에서의 학교 이전
>   마. 교육부장관이 대학의 구조개혁을 위하여 고시하는 국립대학 및 사립대학 통·폐합기준에 따른 대학과 전문대학 간 통·폐합으로 인한 대학의 신설·증설 또는 이전으로서 다음의 요건을 갖춘 것
>   바. 「고등교육법」 제40조의2에 따른 산업대학의 폐지로 인한 대학의 설립으로서 2011년 9월 28일까지 수도권정비위원회의 심의를 거친 것
> 3. 연수시설의 경우
>   가. 연수시설의 신축, 증축 또는 용도변경으로서 수도권정비위원회의 심의를 거친 것
>   나. 기존 연수시설의 건축물 연면적의 100분의 20 범위에서의 증축
>   다. 수도권에서 이전하는 연수시설의 종전 규모의 범위에서의 신축, 증축 또는 용도변경

66 중심지 이론(Central Place Theory)의 기본 가정으로 옳지 않은 것은?

① 지형이 평탄하다.
② 수요가 동일하다.
③ 비용은 거리에 반비례하다.
④ 접근성이 모든 방향에서 일정하다.

> **해설**
> 중심(中心地)지 이론가정
> ㉠ 등질 평야 지대
> ㉡ 교통수단과 접근성이 동일
> ㉢ 운송비는 거리에 비례
> ㉣ 소비자는 중심지 주변에 균등 분포
> ㉤ 소비자의 성향과 구매력은 모두 동일
> ㉥ 최소 비용으로 재화를 구입하는 경제인

67 인구 200만 명의 A시와 인구 50만 명의 B시가 40km 떨어진 곳에 위치하고 있다. 컨버스의 수정소매인력이론에 의해 제안된 시장분기점은 A시로부터 얼마의 거리에서 형성되는가?

① 10.0km ② 13.3km
③ 26.7km ④ 30.0km

> **해설**
> 레일리의 법칙
> • 레일리의 법칙은 만유인력법칙을 이용한다.
> • $R=\dfrac{200}{x^2}=\dfrac{50}{(40-x)^2}=\dfrac{50}{40^2-80x+x^2}$

$200(40^2 - 80x + x^2) = 50x^2$
$\therefore X = 26.7$

68 제2차 국토종합개발계획 수정계획(1987~1991)에서 설정한 지역경제권에 해당되지 않는 것은?

① 중부권 ② 영동권
③ 동남권 ④ 서남권

[해설]
지역생활권 이론
㉠ 기본개념
• 기본수요이론을 보완하고 실제로 응용한 이론
• 지역생활권은 지역의 발전을 위해 구분해 놓은 한 공간 단위
• 지역은 중심도시와 주변 농촌지역으로 구분, 도시와 농촌기능을 서로 통합되도록 함
• 농촌과 도시의 생활수준을 균등하게 하고 농촌의 인구를 대도시로 이동하는 것을 방지하여 지역의 균형발전을 도모하기 위한 방안
㉡ 일본이 수립한 제3차 전국종합개발계획의 정주권계획과 동일 개념
• 정주권은 중심도시를 구심점으로 하여
• 주변 농촌과 서로 밀접한 관계를 유지하면서 기능이 서로 연계되게 함
㉢ 제2차 국토종합개발계획에서 지역생활권
• 중부권, 서남권, 동남권, 수도권의 4대 경제권으로 구분

69 토지이용계획의 수립을 위한 도시조사의 범위 중 환경조사의 항목이 아닌 것은?

① 적응성 ② 보건성
③ 안전성 ④ 편리성

[해설]
토지이용계획의 목표
㉠ 안정성(안전성)(Safety) : 인간의 생명과 관계된 가장 중요한 목표
㉡ 보건성(Health) : 인간의 육체적·정신적 건상상태를 유지하는 것
㉢ 편의성(편리성)(Convenience) : 토지이용의 배치에 따라 생기는 기능지역 간의 상호관계
㉣ 쾌적성(Amenity) : 환경의 즐거움뿐만 아니라 시각적 경관의 쾌적성
㉤ 공공의 경제성(Economy) : 개의 측면에서보다 사회적 측면에서 공적 경제에 낭비가 생기지 않도록 하는 것

70 지역계획의 발전에 기여하였던 학자와 내용이 옳은 것은?

① 튀넨 - 지대론
② 베버 - 경제지역이론
③ 뢰쉬 - 경제기반이론
④ 크리스탈러 - 공업입지이론

[해설]
독일 : 튀넨(지대론), 코미(지역계획이론), 베버(공업입지론), 크리스탈러(중심지이론), 뢰쉬(경제지역이론)
베버는 공업입지론, 뢰쉬는 경제지역이론, 크리스탈러는 중심지이론을 주장하였다.

71 도시인구예측모형을 요소모형과 비요소모형으로 구분할 때, 다음 중 요소모형에 해당하는 것은?

① 선형모형 ② 인구이동모형
③ 지수성장모형 ④ 곰페르츠모형

[해설]
인구예측의 요소모형과 비요소모형 예측방법
1. 비요소모형
㉠ 총량적 예측방법으로 과거인구추세에 의한 외삽추정방식, 고용예측 및 기타의 간접자료에 기반을 둔 예측방식으로 구분함
㉡ 간접자료의 정확성 및 획득 문제로 외삽추정방식을 많이 이용함
㉢ 외삽추정방식 : 선형, 지수성장, 수정된 지수성장, 콤페르츠, 로지스틱 모형 등이 있음
2. 요소모형
㉠ 도시인구를 출생, 사망 및 인구이동이라는 세 가지 요소를 합산하여 인구변화를 예측하는 방식으로 인구예측모형이라고도 함
㉡ 자료수집 한계를 가지고 있음
㉢ 요소모형으로는 연령집단생잔모형과 인구이동모형 등이 있음

72 다음 중 우리나라의 제2차 국토종합개발계획(1982~1991)에서 설정한 대도시 생활권에 해당되지 않는 것은?

① 인천생활권 ② 대전생활권
③ 부산생활권 ④ 광주생활권

[해설]
제2차 국토종합개발계획의 권역구분
전국을 성격과 규모에 따라 28개 지역생활권(= 대도시생활권(5) + 지방도시생활권(17) + 농총도시생활권(6))으로 구분함
1. 대도시생활권(5)
㉠ 인구가 장차 100만 명 이상이 될 것으로 예상되는 도시
㉡ 서울·부산·대전·대구·광주를 중심으로 하는 생활권

73 제4차 국토종합계획 수정계획(2006~2020)의 도시정책 관련 부분으로 틀린 것은?

① 네트워크형 도시체계 형성
② 선계획 후개발 국토이용체제 정립
③ 참여와 협력에 기초한 도시계획체제 구축
④ 균형잡힌 도시체계 구축 및 정주체계 정비

정답 68 ② 69 ① 70 ① 71 ② 72 ① 73 ①

해 설

제4차 국토종합계획 수정계획(2006~2020)
약동하는 통합국토 실현을 위한 개방형 국토발전축(π) 및 다핵연계형 국토구조(7+1) 제시
계획목표의 실현을 위해 6대 추진전략 수립
- 자립형 지역발전 기반의 구축
- 동북아 시대의 국토경영과 통일기반 조성
- 네트워크형 인프라 구축
- 아름답고 인간적인 정주환경 조성
- 지속가능한 국토 및 자원 관리
- 분권형 국토계획 및 집행체계 구축
  - 계획적 토지이용을 위해 선계획 : 후개발 체제를 정립하여 도시용지의 공급이 계획적으로 이루어지도록 하며 농지와 산지의 체계적·효율적 관리강화
  - 일방적 하향적 도시계획·도시개발에서 벗어나 참여와 협력을 통한 합의 형성과 과정 자체를 중시하는 도시계획·도시개발을 추진

74 다음과 같이 주장한 학자는?

- 한 지역은 중심도시와 주변지역으로 구성된다.
- 중심도시와 주변지역 간에는 순환인과관계가 이루어지고 역류와 확산효과가 나타나게 된다.

① Haggett ② Myrdal
③ Kaldor ④ Williamson

해 설

신고전이론 관련이론
1. 역류효과(逆流效果, Backwash Effects) : 미르달(G. Myrdal)
   역류효과란 성장지역의 부(富)와 기술 등이 주변지역으로 파급되어 지역 간 격차가 줄어드는 것이 아니라, 오히려 주변지역의 자본, 노동 등 생산요소가 계속해서 성장지역으로 흘러 들어가는 현상을 말하며 이로 인해 성장지역은 계속 성장하고 주변지역은 계속 낙후지역으로 남게 되는 것이다.
2. 경제기반이론(經濟基盤理論, Economic Base Theory)
   ㉠ 수출기반성장이론(Export Base Model)이라고도 하며, 지역의 성장은 생산요소의 유입·유출로 인한 외부관계에 있는 것이 아니라 지역 내부에 기인한다는 입장이다.
   ㉡ 지역성장은 지역 내부의 풍부한 천연자원으로 말미암아 이 자원을 원료로 하는 산업이 타 지역에 비해 비교우위를 갖게 됨에 따라 자본과 노동이 유입되어 지역의 성장을 가져왔다는 미국의 실증적 경험을 바탕으로 발전된 이론이다.

75 수도권 권역의 구분과 지정에 관한 내용으로 옳지 않은 것은?

① 과밀억제권역 : 인구와 산업이 지나치게 집중되었거나 집중될 우려가 있어 이전하거나 정비할 필요가 있는 지역
② 성장관리권역 : 과밀억제권역으로부터 이전하는 인구와 산업을 계획적으로 유치하고 산업의 입지와 도시의 개발을 적정하게 관리할 필요가 있는 지역
③ 자연보전권역 : 한강 수계의 수질과 녹지 등 자연환경을 보전할 필요가 있는 지역
④ 이전촉진권역 : 과밀억제권역으로부터 인구 및 산업을 계획적으로 유치하고 산업의 입지와 도시의 적정개발이 필요한 지역

해 설

수도권정비계획에 의한 권역구분
㉠ 과밀억제권역 : 인구·산업의 집중으로 이전·정비가 필요한 지역
㉡ 성장관리권역 : 인구·산업의 계획적 유치·개발이 필요한 지역
㉢ 자연보전권역 : 한강수계의 수질 및 녹지 등의 자연환경보전이 필요한 지역

76 크리스탈러가 주장한 중심지이론(Central Place Theory)의 포섭원칙이 아닌 것은?

① 중심의 원칙(K=1)
② 시장성 원칙(K=3)
③ 교통의 원칙(K=4)
④ 행정의 원칙(K=7)

해 설

포섭원리

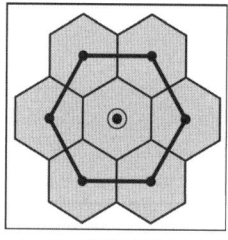

㉠ 시장의 원리

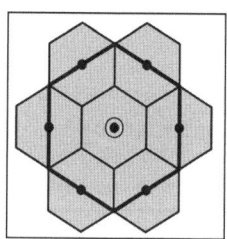

㉡ 교통의 원리

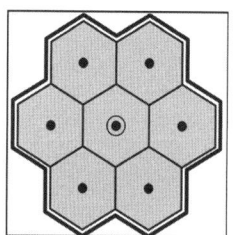

㉢ 행정의 원리

정답 74 ② 75 ④ 76 ①

⊙ 시장의 원리(Marketing Principle, K=3 System)
ⓒ 교통원리(Transportation Principle, K=4 System)
ⓒ 행정원리(K=7 System)
② 제4의 원리(시장-행정모형)

77 다음 중 독일의 도시계획 관련 제도로 가장 적당한 것은?

① ZAC
② PUD
③ F - plan과 B - plan
④ Structure Plan과 Local Plan

해설
독일의 도시계획 관련 제도
공간질서계획 → 주발전계획 → 지역계획 → 도시발전계획 → 토지이용계획 → 지구상세계획 → 건축계획
⊙ 국토 : 국토계획
ⓒ 주지역 : 주발전계획 → 지역계획
ⓒ 시읍면 : 도시발전계획 → 건설지침계획, 토지이용계획(F-plan) → 지구상세계획(B-plan) → 건축계획

78 영국에서는 1930년대 이후 지역개발과 계획의 이론 및 정책적 연구가 활발히 이루어졌다. 이러한 지역계획에 많은 영향을 미친 보고서와 주요 내용이 올바르게 연결된 것은?

① 바로우(Barlow) 보고서 - 미래의 전원도시
② 아스와트(Uthwatt) 보고서 - 공업 재배치
③ 스코트(Scott) 보고서 - 농촌의 토지이용
④ 하워드(Howard) 보고서 - 개발이익환수

해설
1930년대 영국에서 지역개발과 계획발전에 큰 영향을 미친 세 가지 보고서
⊙ 스코트(Scott) 보고서 : 그린벨트와 농촌계획에 대한 내용
ⓒ 바로우(Barlow) 보고서 : 인구분산과 공업재배치에 관한 내용
ⓒ 아스와트(Uthwatt) 보고서 : 개발이익환수와 토지공개념에 관한 내용

79 다음 중 수도권정비계획의 권역 구분이 아닌 것은?

① 과밀억제권역
② 성장관리권역
③ 개발유도권역
④ 자연보전권역

해설
수도권정비계획에 의한 권역구분
⊙ 과밀억제권역 : 인구·산업의 집중으로 이전·정비가 필요한 지역
ⓒ 성장관리권역 : 인구·산업의 계획적 유치·개발이 필요한 지역
ⓒ 자연보전권역 : 한강수계의 수질 및 녹지 등의 자연환경보전이 필요한 지역

80 전국의 고용 인구는 5천만 명이고 전국의 섬유산업에 종사하는 고용인구는 1백만 명이다. 한편 A도시의 고용 인구가 2백만 명, A도시의 섬유산업에 종사하는 고용인구가 5만 명일 때 A도시 섬유산업의 입지계수(LQ)는?

① 0.8
② 1.0
③ 1.25
④ 1.5

해설
입지계수(LQ ; Location Quotient)
⊙ 지역과 전국 간의 노동생산성, 소비수준, 수요패턴, 상품이 동일하다.

$$LQ = \frac{E_{ir}/E_r}{E_{in}/E_n}$$
$$= \frac{r지역의\ i산업고용수/r지역전체\ 고용수}{전국의\ i산업고용수/전국의\ 고용수}$$
$$= \frac{50,000/2,000,000}{1,000,000/50,000,000} = 1.25$$

ⓒ LQ>1 - 특화산업(기반산업), LQ<1 - 비기반산업, LQ = 1 - 전국이 같은 수준

제5과목 도시계획관계법규

81 체육시설의 설치·이용에 관한 법률상 신고 체육시설업에 해당되지 않는 것은?

① 골프 연습장업
② 스키장업
③ 빙상장업
④ 종합 체육시설업

해설
「체육시설설치및이용에관한법률」의 체육시설업
⊙ 등록체육시설업 : 골프장업, 스키장업, 자동차경주장업
ⓒ 신고체육시설업 : 요트장업, 조정장업, 카누장업, 빙상장업, 승마장업, 종합 체육시설업, 수영장업, 체육도장업, 골프 연습장업, 체력단련장업, 당구장업, 썰매장업, 무도학원업, 무도장업

정답 77 ③ 78 ③ 79 ③ 80 ③ 81 ②

82 다음 중 도로의 구분에 대한 내용으로 옳은 것은?

① 일반도로 : 폭 5m 이상의 도로로서 통상의 교통소통을 위하여 설치되는 도로
② 자전거전용도로 : 폭 1.0m 이상의 도로로서 자전거의 통행을 위하여 설치하는 도로
③ 보행자전용도로 : 폭 1.5m 이상의 도로로서 보행자의 안전하고 편리한 통행을 위하여 설치하는 도로
④ 보행자우선도로 : 폭 15미터 미만의 도로로서 보행자와 차량이 혼합하여 이용하되 보행자의 안전과 편의를 우선적으로 고려하여 설치하는 도로

해 설

도로의 구분
㉠ 일반도로 : 폭 4m 이상의 도로로서 통상의 교통소통을 위하여 설치되는 도로
㉡ 보행자전용도로 : 폭 1.5m 이상의 도로로서 보행자의 안전하고 편리한 통행을 위하여 설치하는 도로
㉢ 자전거전용도로 : 폭 1.1m(길이가 100m 미만인 터널 및 교량의 경우에는 0.9m) 이상의 도로로서 자전거의 통행을 위하여 설치하는 도로

83 도시개발법상 환지방식으로 사업을 시행하는 경우 시행자가 청산금을 징수하거나 교부하는 시기 기준은?(단, 환지를 정하지 아니하는 토지에 대하여는 고려하지 않는다.)

① 등기완료 후
② 환지처분 공고 후
③ 환지계획 인가 후
④ 공사시행 완료 보고 후

해 설

환지처분
1. 환지처분
   준공검사 또는 공사완료 공고가 있은 때로부터 60일 이내
2. 청산금
   ㉠ 청산금 결정 : 환지처분을 하는 때에 결정
   ㉡ 청산금 징수·교부 시기 : 환지처분의 공고가 있은 후에. 단, 환지를 정하지 아니하는 토지에 대하여는 환지처분 전이라도 교부할 수 있다.
   ㉢ 청산금 소멸시효 : 5년

84 도시 및 주거환경정비법상 주택의 규모 및 건설비율에 대한 아래 내용에서 ㉠과 ㉡에 들어갈 내용이 모두 옳은 것은?

국토교통부장관은 주택수급의 안정과 저소득 주민의 입주기회 확대를 위하여 정비사업으로 건설하는 주택에 대하여 주택의 규모 및 규모별 비율 등을 정하여 고시할 수 있으며, 사업시행자는 고시된 내용에 따라 주택을 건설하여야 한다.
1. 「주택법」 제2조 제3호에 따른 국민주택규모의 주택이 전체 세대 수의 (㉠) 이하로서 대통령령으로 정하는 범위
2. 임대주택이 전체 세대수 또는 전체 연면적의 (㉡) 이하로서 대통령령으로 정하는 범위

① ㉠ 100분의 90, ㉡ 100분의 50
② ㉠ 100분의 50, ㉡ 100분의 30
③ ㉠ 100분의 90, ㉡ 100분의 30
④ ㉠ 100분의 50, ㉡ 100분의 20

해 설

주택의 규모 및 건설비율 (도시 및 주거환경정비법 제4조의2)
1. 국토교통부장관은 주택수급의 안정과 저소득 주민의 입주기회 확대를 위하여 정비사업(가로주택정비사업은 제외한다)으로 건설하는 주택에 대하여 다음 각 호의 구분에 따른 범위에서 주택의 규모 및 규모별 비율 등을 정하여 고시할 수 있으며, 사업시행자는 고시된 내용에 따라 주택을 건설하여야 한다.
   ① 「주택법」 제2조 제6호에 따른 국민주택규모의 주택이 전체 세대 수의 100분의 90 이하로서 대통령령으로 정하는 범위
   ② 임대주택(「민간임대주택에 관한 특별법」에 따른 민간임대주택 및 「공공주택 특별법」에 따른 공공임대주택을 말한다. 이하 같다)이 전체 세대수 또는 전체 연면적의 100분의 30 이하로서 대통령령으로 정하는 범위
2. 시장·군수는 제1항에 따라 고시된 내용을 제4조에 따른 정비계획에 반영하여야 한다.
3. 가로주택정비사업의 사업시행자는 가로구역에 있는 기존 단독주택의 호수(戶數)와 공동주택의 세대 수를 합한 수 이상의 주택을 공급하여야 한다. 이 경우 건설하는 건축물의 층수 등은 대통령령으로 정한다.

85 다음 중 시행자가 도시개발사업의 전부 또는 일부를 환지방식으로 시행하고자 할 때 작성하는 환지계획에 포함되지 않는 사항은?

① 환지설계
② 도시계획조서
③ 필지별로 된 환지 명세
④ 필지별과 권리별로 된 청산 대상 토지 명세

해 설

환지계획 내용

㉠ 환지설계
㉡ 필지별로 된 환지명세
㉢ 필지별·환지별로 된 청산대상 토지명세
㉣ 체비지 또는 보류지의 명세

86 도시 및 주거환경정비법상 용어의 설명으로 틀린 것은?

① 사업시행자 : 정비사업을 시행하는 자
② 주택단지 : 「주택법」에 따른 사업계획승인을 받아 주택과 부대·복리 시설을 건설한 일단의 토지
③ 토지등소유자 : 주택재건축사업의 경우에는 정비구역 안에 소재한 건축물 및 그 부속토지의 소유자
④ 재개발사업 : 정비기반시설은 양호하나 노후·불량 건축물이 밀집한 지역에서 주거환경을 개선하기 위하여 시행하는 사업

해설

용어정리 : 「도시및주거환경정비법」
㉠ 재개발사업
 • 정비기반시설이 열악하고 노후·불량건축물이 밀집한 지역에서 주거환경을 개선하거나 상업지역·공업지역 등에서 도시기능의 회복 및 상권활성화 등을 위하여 도시환경을 개선하기 위한 사업
㉡ 주택단지 : 주택 및 부대·복리시설을 건설하거나 대지로 조성되는 일단의 토지
㉢ 사업시행자 : 정비사업을 시행하는 자
㉣ 토지 등 소유자
 • 재건축사업의 경우 : 정비구역 안에 소재한 건축물 및 그 부속토지의 소유자 또는 정비구역이 아닌 구역 안에 소재한 대통령령이 정하는 주택 및 그 부속토지의 소유자와 부대·복리시설 및 그 부속토지의 소유자
※ ④ 재개발사업 → 재건축사업

87 주택법에 따른 간선시설의 종류별 설치범위 기준이 틀린 것은?

① 도로 - 주택단지 밖의 기간이 되는 도로로부터 주택단지의 경계선까지로 하되, 그 길이가 150m를 초과하는 경우로서 그 초과부분에 한한다.
② 상하수도시설 - 주택단지 밖의 기간이 되는 상·하수도시설로부터 주택단지의 경계선까지의 시설로 하되, 그 길이가 200m를 초과하는 경우로서 그 초과부분에 한한다.
③ 지역난방시설 - 주택단지 밖의 기간이 되는 열수송관의 분기점으로부터 주택단지 내의 각 기계실 입구 차단밸브까지로 한다.
④ 통신시설 - 관로시설은 주택단지 밖의 기간이 되는 시설로부터 주택단지 경계선까지, 케이블시설은 주택단지 밖의 기간이 되는 시설로부터 주택단지 안의 최초 단자까지로 한다.

해설

간선시설의 종류별 설치범위
㉠ 도로 : 주택단지 밖의 기간이 되는 도로로부터 주택단지의 경계선(단지의 주된 출입구)까지로 하되, 그 길이가 <u>200m를 초과하는 경우</u>로서 그 초과부분에 한한다.
㉡ 상하수도시설 : 주택단지 밖의 기간이 되는 상·하수도시설로부터 주택단지의 경계선까지의 시설로 하되, 그 길이가 200m를 초과하는 경우로서 그 초과부분에 한한다.
㉢ 통신시설(세대별 전화시설) : 관로시설은 주택단지 밖의 기간이 되는 시설로부터 주택단지 경계선까지, 케이블시설은 주택단지 밖의 기간이 되는 시설로부터 주택단지 안의 최초 단자까지로 한다.
㉣ 지역난방시설 : 주택단지 밖의 기간이 되는 열수송관의 분기점으로부터 주택단지 내의 각 기계실 입구 차단밸브까지로 한다.
※ ① 150m → 200m

88 택지개발사업의 시행자가 될 수 없는 자는?

① 주민조합
② 국가
③ 한국토지주택공사
④ 지방공사

해설

택지개발사업 시행자
공공시행자 : 국가·지방자치단체, 한국토지주택공사, 지방공사

89 택지개발예정지구의 해제, 변경, 승인의 취소 또는 변경의 사유로 포괄승계인은 1년 이내 보상금에 일정 금액을 가산하여 시행자에게 지급하고 환매할 수 있다. 이를 무엇이라 하는가?

① 수용권
② 환매권
③ 처분권
④ 지역권

해설

환매권(還買權)
㉠ 예정지구의 지정의 해제 또는 변경, 개발계획 또는 실시계획의 승인의 취소 또는 변경 기타 등의 사유로 수용한 토지 등의 전부 또는 일부가 필요 없게 된 때에는 수용 당시의 토지 등의 소유자 또는 그 포괄승계인(이하 "환매권자"라 한다.)은 필요 없게 된 날로부터 1년 내에 토지 등의 수용 당시 지급받은 보상금에 대통령령으로 정한 금액을 가산하여 시행자에게 지급하고 이를 환매할 수 있다.
㉡ 제1항의 규정에 의한 환매권자는 환매로써 제3자에게 대항할 수

있다.
ⓒ 제1항의 규정에 의한 환매권자의 권리의 소멸에 관하여는 공익사업을위한토지등의취득및보상에관한법률 제92조의 규정을 준용한다.

90 주차장법 시행규칙상 노외주차장에 설치할 수 있는 부대시설에 해당되지 않는 것은?(단, 시·군 또는 구의 조례로 정하는 이용자 편의시설은 고려하지 않는다.)

① 관리사무소
② 공중화장실
③ 자동차 관련 수리시설 및 장식품 판매점
④ 노외주차장의 관리·운영상 필요한 편의시설

해설
노외주차장에 설치하는 부대시설(총 시설면적의 20% 이하)
㉠ 관리사무소 및 휴게소, 공중화장실
㉡ 노외주차장 운영상 필요한 편의시설
㉢ 간이매점 및 자동차 장식품 판매점
㉣ 시·군 또는 자치구의 조례로 정하는 이용자 편의시설
※ 수리시설은 설치 불가하다.

91 다음 중 수도권정비계획법에 따른 인구집중 유발시설의 기준이 틀린 것은?

① 「고등교육법」에 따른 학교로서 대학, 산업대학, 교육대학 또는 전문대학
② 「산업집적활성화 및 공장설립에 관한 법률」에 따른 공장으로서 건축물의 연면적이 200m² 이상인 것
③ 중앙행정기관 및 그 소속 기관의 청사 중 건축물의 연면적이 1,000m² 이상인 것
④ 복합시설이 주용도인 건축물로서 그 연면적이 25,000m² 이상인 건축물

해설
인구집중유발시설 종류
㉠ 「고등교육법」에 따른 학교로서 대학, 산업대학, 교육대학 또는 전문대학
㉡ 「산업집적활성화 및 공장설립에 관한 법률」에 따른 공장으로서 건축물의 연면적이 500m² 이상
㉢ 중앙행정기관, 공공법인의 공공 청사(도서관, 전시장, 공연장, 군사시설 중 군부대의 청사, 국가정보원 및 그 소속 기관의 청사는 제외)와 사무소(연구소 또는 연수시설 등을 포함)로서 건축물의 연면적이 1,000m² 이상

공공법인 : 정부가 자본금의 50/100 이상 출자한 법인, 정부 출연 대상 법인, 정부출자 기업체, 개별 법률에 따라 직접 설립된 법인
㉣ 판매용 건축물, 업무용 건축물 및 복합 건축물
• 판매용 건축물 : 판매용시설 면적의 합계가 15,000m² 이상인 건축물(위락시설, 제1종 근린생활시설, 제2종 근린생활시설, 문화 및 집회시설, 운동시설, 창고시설)
• 업무용 건축물 : 업무용시설 면적의 합계가 25,000m² 이상인 건축물
• 복합 건축물 : 복합시설의 면적의 합계가 25,000m² 이상인 건축물
단, 지자체나 출자·출연한 법인의 사무소로 사용되는 건축물, 자연보전권역이 아닌 지역에 설치되는 벤처기업집적시설 및 국제회의시설 중 전문회의시설은 제외
㉤ 교육원, 직업훈련소, 운전 및 정비 관련 직업훈련소 등의 연수시설로서 건축물의 연면적이 30,000m² 이상(지자체나 출자·출연한 법인의 시설 제외)

92 택지개발촉진법상 시행자가 택지개발사업을 시행할 때 도시개발법에 의한 도시개발을 실시할 수 있는 경우는?

① 택지개발예정지구와 도시개발구역이 동시에 결정된 경우
② 해당 지역의 토지소유자 및 이해관계인이 동의한 경우
③ 국가, 지방자치단체, 한국토지주택공사 전부가 사업시행을 원하지 않는 경우
④ 해당 지역의 지가가 인근의 다른 택지개발지구의 지가에 비하여 현저히 높아 환지방식 외의 방법으로는 택지개발이 매우 곤란한 경우

해설
택지개발예정지구에서 도시개발사업을 시행할 수 있는 경우
시행자는 택지개발사업을 시행함에 있어서 예정지구가 다음의 어느 하나에 해당하는 때에는 「도시개발법」에 따른 도시개발사업을 실시할 수 있다.
㉠ 예정지구 지정 당시 이미 「도시개발법」 환지방식에 의하여 도시개발사업을 시행하기 위하여 도시개발구역으로 결정고시된 지역에 해당하는 때
㉡ 당해 지역의 지가가 인근의 다른 예정지구의 지가에 비하여 현저히 높아 환지방식 이외의 방법으로써는 택지개발이 심히 곤란한 때
㉢ 예정지구 안에 집단취락이나 건축물 등이 다수 포함되어 있어 주민의 이주 및 생활대책 수립, 그 밖에 사업지구의 특성 등을 고려하여 환지 또는 혼용방식에 따른 사업시행이 필요하다고 인정되는 때

93. 건축법상 건축물의 용도 분류 시 공동주택에 해당되지 않는 것은?

① 연립주택 ② 다중주택
③ 아파트   ④ 다세대주택

해설
공동주택
㉠ 아파트 : 주택으로 쓰이는 층수가 5개층 이상인 주택
㉡ 연립주택 : 주택으로 쓰이는 1개 동의 연면적이 660m²를 초과하고 4개층 이하인 주택
㉢ 다세대주택 : 주택으로 쓰이는 1개 동의 연면적이 660m² 이하이고 4개층 이하인 주택
㉣ 기숙사 : 학교 또는 공장 등의 학생 또는 종업원 등을 위하여 사용되는 것으로 공동취사 등을 할 수 있는 구조로 독립된 주거의 형태를 갖추지 아니한 것

94. 체육시설의 설치·이용에 관한 법률에 의거하여 필수시설의 경우 사업계획승인을 얻은 시설 또는 등록한 시설별 면적은 어느 규모에서 증축·개축 또는 변경이 가능한가?

① 100분의 20 이내 ② 100분의 30 이내
③ 100분의 40 이내 ④ 100분의 50 이내

해설
사업계획의 경미한 변경
㉠ 대표자의 성명·주소의 변경
㉡ 상호의 변경
㉢ 부지의 면적 및 경계를 변경함이 없이 다음 범위 안에서의 시설물 설치의 변경
 • 필수시설의 경우 : 시설별 면적(건축연면적)의 30% 이내에서의 증축·개축 또는 변경
 • 임의시설의 경우 : 시설 또는 등록한 시설의 증축·개축·이축·재축 또는 변경
㉣ 회원모집의 예정인원 및 입회금의 변경
㉤ 시설설치공사의 착공예정일 또는 준공예정일의 변경

95. 다음 중 국토기본법에 따른 국토계획의 구분에 해당되지 않는 것은?

① 부문별 계획 ② 도종합계획
③ 시·군종합계획 ④ 권역별 계획

해설
국토계획의 구분

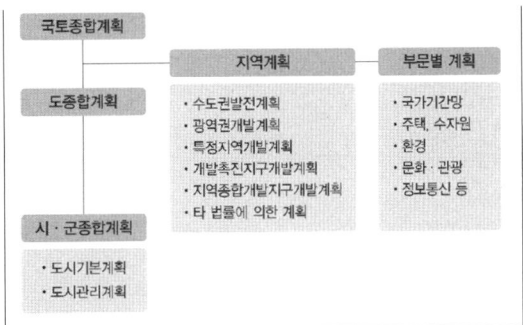

96. 다음 중 국토의 계획 및 이용에 관한 법률상 개발행위의 허가를 받아야 하는 경우에 해당되지 않는 것은?

① 건축물의 건축 또는 공작물의 설치
② 도시계획사업에 의한 토지의 형질변경
③ 토지 분할(건축물이 있는 대지의 분할은 제외)
④ 녹지지역·관리지역 또는 자연환경보전지역에 물건을 1개월 이상 쌓아놓는 행위

해설
개발행위 허가사항(허가권자 : 시장, 군수)
㉠ 건축물의 건축 또는 공작물의 설치
㉡ 토지의 형질변경(경작을 위한 토지의 형질 변경 제외) – 절토·성토·정지·포장 등의 방법으로 토지의 형상을 변경하는 행위와 공유수면의 매립
㉢ 토석의 채취
㉣ 도시지역에서의 토지분할(건축법의 규정에 의한 건축물이 있는 대지는 제외한다.)
㉤ 녹지지역, 관리지역 또는 자연환경보전지역 안에 물건을 1개월 이상 쌓아놓는 행위

97. 도시공원 및 녹지 등에 관한 법률상 하나의 도시지역 안에 있어서의 도시공원의 확보기준은?(단, 개발제한구역 및 녹지지역을 제외한 도시지역 안에 있어서의 경우는 고려하지 않는다.)

① 해당 도시지역 안에 거주하는 주민 1인당 3m² 이상
② 해당 도시지역 안에 거주하는 주민 1인당 4m² 이상
③ 해당 도시지역 안에 거주하는 주민 1인당 5m² 이상
④ 해당 도시지역 안에 거주하는 주민 1인당 6m² 이상

해설
공원 확보기준
1. 하나의 도시지역 안에서의 도시공원의 확보기준

정답 93 ② 94 ② 95 ④ 96 ② 97 ④

㉠ 해당 도시지역 안에 거주하는 주민 1인당 6m² 이상
㉡ 개발제한구역 및 녹지지역을 제외한 도시지역 안에서의 도시공원의 확보기준은 해당 도시지역 안에 거주하는 주민 1인당 3m² 이상으로 한다.
2. 개발계획 규모별 도시공원 또는 녹지의 확보기준

98 국토의 계획 및 이용에 관한 법률상 시가화조정구역 내에 설치할 수 없는 것은?

① 종합병원
② 공공도서관
③ 119안전센터
④ 산림조합의 공동구판장

해 설

시가화조정구역 안에서 할 수 있는 행위
공익시설·공용시설·공공시설
- 문화재의 복원과 문화재관리용 건축물의 설치
- 보건소·경찰파출소·119안전센터·우체국 및 읍·면·동사무소의 설치
- 공공도서관·전신전화국·직업훈련소·연구소·양수장·초소·대피소 및 공중 화장실과 예비군 운영에 필요한 시설의 설치
- 농업협동조합법에 의한 조합, 산림조합 및 수산업협동조합(어촌계)의 공동구판장·하치장 및 창고의 설치
- 사회복지시설, 환경오염방지시설, 교정시설, 야외음악당 및 야외극장의 설치
※ 공공도서관, 소방파출소(119안전센터), 농협의 공동구판장의 설치는 공익·공용시설로 시가화조정구역 안에서 할 수 있는 행위이다.

99 다음 중 환지에 의한 도시개발법에서 규정하는 설명이 옳지 않은 것은?

① 청산금은 청산금 교부 시에 결정하여야 한다.
② 관련 규정에 의하여 주택으로 환지하는 경우에 동 주택에 대하여는 주택법의 규정에 의한 주택의 공급에 관한 기준을 적용하지 아니한다.
③ 시행자는 토지 면적의 규모를 조정할 특별한 필요가 있는 때에는 면적이 작은 토지에 대하여는 과소토지가 되지 아니하도록 면적을 증가하여 환지를 정하거나 환지대상에서 제외할 수 있다.
④ 환지를 정하거나 그 대상에서 제외한 경우에 그 과부족분에 대하여는 종전의 토지 및 환지의 위치·지목·면적·토질·환경 등 기타의 사항을 종합적으로 고려하여 금전으로 이를 청산하여야 한다.

해 설

청산금 「도시개발법」 제40조
① 청산금은 환지처분할 때 결정한다. 다만 환지에서 제외되는 토지에 한해 청산금 교부 시 결정할 수 있다.

100 도시개발구역의 지정 절차와 효력에 관한 설명 중 옳지 않은 것은?

① 도시개발구역을 지정하고자 할 때에는 미리 주민 의견을 청취하고 관계 지방의회의 의견을 들어야 한다.
② 시·도지사가 계획적인 도시개발이 필요하다고 인정되는 때에는 도시개발구역을 지정할 수 있다.
③ 시·도지사 또는 대도시 시장이 도시개발구역을 지정·고시한 경우에는 국토교통부장관에게 그 내용을 통보하여야 한다.
④ 도시개발구역이 지정·고시된 경우 해당 도시개발구역은 「국토의 계획 및 이용에 관한 법률」에 의한 도시지역 및 지구단위계획으로 결정·고시된 것으로 본다.

해 설

도시개발구역 지정
1. 도시개발구역 지정권자
   시·도지사, 국토해양부장관(국가의 30만m², 100만m² 이상은 승인)
2. 절차
   제안(도시개발사업시행자) → 요청(시장·군수, 구청장) → 시·도지사, 국토해양부장관
3. 주민 등의 의견청취
   시·도지사, 국토해양부장관이 도시개발구역을 지정하거나, 시장·군수, 구청장이 도시개발구역의 지정을 요청하고자 하는 때에는 공람 또는 공청회(100만m² 이상)를 통하여 주민 또는 관계전문가로부터 의견을 청취해야 한다.

4회 2016년 기출문제

제1과목 도시계획론

01 민간투자사업의 투자방식의 설명 중 맞는 것은?

① BOO(Build - Own - Operate) 방식 : 사업시행자가 사회간접자본시설을 준공한 후 일정 기간 동안 운영권을 정부에 임대하고 임대 기간 종료 후 시설물을 국가 또는 지방단체에 이전하는 방식
② BOT(Build - Own - Transfer) 방식 : 사회간접자본시설의 준공과 동시에 사업시행자에게 당해 시설을 소유권이 인정되는 방식
③ BTO(Build - Transfer - Operate) 방식 : 사회간접자본시설의 준공과 동시에 당해 시설의 소유권이 국가 또는 지방자치단체에 귀속되며 사업시행자에게 일정 기간의 시설관리 운영권을 인정하는 방식
④ BLT(Build - Lease - Transfer) 방식 : 사회간접자본시설의 준공 후 일정 기간 동안 사업시행자에게 당해 시설의 소유권이 인정되며, 그 기간의 만료 시 시설 소유권이 국가 또는 지방자치단체에 귀속되는 방식

해설
BOO(Build - Own - Operate 건설·소유 운영방식)는 사회간접자본시설의 준공과 동시에 사업시행자에게 당해 시설의 소유권을 인정하는 방식이고, BOT(Build - Operate - Transfer 건설·운영 후 양도방식) 사회간접자본시설의 준공 후 일정 기간 동안 사업시행자에게 당해 시설의 소유권이 인정되며 그 기간의 만료 시 시설소유권이 국가 또는 지방자치단체에 귀속하는 방식이며, BLT(Build - Lease - Transfer)은 준공과 동시에 소유권이 국가에 귀속되며 리스 후 소유권이 사업자에게 이전되는 방식이다.

02 도시정부의 예산편성제도 중 조직목표 달성에 중점을 두고 장기적인 계획수립과 단기적인 예산편성을 유기적으로 관련시킴으로써 자원배분에 관한 의사결정을 합리적이고 일관성 있게 행하려는 제도는?

① 품목별 예산제도
② 성과주의 예산제도
③ 복식 예산제도
④ 계획 예산제도

해설
계획예산제도(PPBS ; Planning Programming Budget- ing System)
• 도시정부의 예산편성제도 중 조직목표달성에 중점
• 장기적인 계획수립과 단기적인 예산편성을 유기적으로 혼합
• 자원배분에 관한 의사결정을 합리적이고 일관성 있게 행하려는 제도

03 계획이론 중 총합적 계획이 갖는 비현실성에 대한 비판과 보완에서 출발하여, 논리적 일관성이나 최적의 해결 대안을 제시하는 것보다는 지속적인 조정과 적용을 통하여 계획의 목표를 추구하는 접근방법을 제시한 학자와 이론의 연결이 옳은 것은?

① Friedmann : 교류적(Transactive) 계획
② Davidoff : 옹호적(Advocacy) 계획
③ Faludi : 체계적(System) 계획
④ Lindblom : 점진적(Incremental) 계획

해설
점진적 계획(Incremental Planning)
논리적 일관성이나 최적의 해결대안을 제시하기보다는 지속적인 조정과 적용을 통한 계획의 목표를 추구하는 접근방법은 린드블룸의 점진적 계획이다.

04 지속가능한 도시가 추구하여야 할 기본 목표가 아닌 것은?

① 환경부하가 높은 첨단도시
② 도시경관의 개선 및 보전
③ 환경친화적 교통·물류체계의 정비
④ 쾌적한 도시공간의 정비 및 확보

해설
지속가능한 도시는 환경에 미치는 영향이 적은, 즉 환경부하가 낮은 도시여야 한다.

05 도시의 체계적인 성장관리에 채택되는 기법 가운데 기존 시가지의 집약적·합리적 토지이용을 유도하기 위한 기법으로 맞지 않는 것은?

① 혼합용도개발
② 개발부담금제
③ 특별허가권 부여
④ 보너스 및 장려지역제

해설
개발부담금제가 시행되면 기존 시가지의 집약적 합리적 이용보다는 개발에 따른 비용이 적게 투입되는 곳으로 개발이 편중될 우려가 있다.

정답 01 ③ 02 ④ 03 ④ 04 ① 05 ②

06 환경적으로 건전하고 지속가능한 개발을 위해 환경보전과 개발을 조화시키려고 하는 추세에 따라 도시의 환경문제를 해결하기 위해 도시개발이나 도시계획에서 새롭게 대두되는 개념의 도시를 무엇이라고 하는가?

① Compact City ② U-City
③ Eco-City ④ Smart City

해설
환경을 뜻하는 Eco와 도시(City)를 합성하여 환경적 도시개발을 강조하는 도시가 Eco-City이다.

07 산업성장의 요인에 따른 변이할당분석에서 지역경제의 총변화(Total Share)가 50, 국가경제 성장효과(National Share)가 45, 도시경쟁력에 의한 효과(Local Factor)가 -10일 때 산업구조 효과(Industry Mix)는 얼마인가?

① -5 ② 5
③ -15 ④ 15

해설
50 = 45 + 산업구조 변화효과 + (-10)
∴ 산업구조 변화효과 = 15

08 다음 도시조사에 대한 설명으로 틀린 것은?

① 도시계획에서 활용되는 자료에 대한 조사방법은 자료원에 대한 접근에 따라 1차, 2차, 3차 자료로 나누어진다.
② 1차 자료조사는 조사실시방법에 따라 현지조사, 면접조사, 설문조사로 구분된다.
③ 면접조사는 개인면접법, 전화면접법, 단체면접법으로 세분된다.
④ 1차 자료조사는 조사대상에 따라 전수조사와 표본조사로 구분된다.

해설
도시계획에서 활용되는 자료에 대한 조사방법은 자료원에 대한 접근에 따라 1차, 2차 자료로 나누어진다.

09 다음 중 21세기 새로운 도시계획의 흐름에 대한 설명으로 옳지 않은 것은?

① U-City는 유비쿼터스 컴퓨팅, 정보통신기술을 기반으로 도시 전반의 영역을 융합하여 통합되고 지능적이며, 스스로 혁신되는 도시로 정의할 수 있다.
② 도시재생이란 대도시 도심지역에서의 인구 및 산업의 회귀를 촉진하고 재활성화를 모색하기 위한 최근의 계획경향이다.
③ 친환경 생태도시(Eco-City)는 환경적 자연자원 조건·사회경제적 요소와 공동체적인 요소까지 고려한 다양한 측면에서의 지속가능한 도시조성의 개념이다.
④ 압축도시(Compact City)는 토지이용의 분산과 도시의 엄격한 기능분리를 통해 기존 도심의 과밀 등 도시문제를 해결하기 위한 새로운 미래도시 개념이다.

해설
압축도시는 고밀도 복합개발방식을 취한다.

10 도시공원 및 녹지 등에 관한 법률에 따른 녹지의 유형과 기능에 대한 설명이 틀린 것은?

① 완충녹지 : 공해, 재해, 사고 등의 방지와 완화
② 경관녹지 : 도시의 자연적 환경을 보전하거나 이미 자연이 훼손된 지역을 복원·개선
③ 연결녹지 : 도시 내 공원, 녹지 등을 유기적으로 연결
④ 보전녹지 : 도시 주변 자연녹지의 훼손을 방지하고 자연 생태계의 보호를 통한 생물 다양성 확보

해설
도시공원 및 녹지 등에 관한 법률에 따른 녹지의 종류로는 완충, 경관, 연결녹지가 있다.

11 그리스의 건축가이며 도시계획가인 히포다무스는 도시계획에 관한 3조이론을 제안하였다. 여기서 3개조로 이루어진 건물집단 및 지구와 도로배치를 구분하기 위해 구성된 시민계급의 분류에 해당되지 않는 것은?

① 사제집단 ② 농부집단
③ 무장한 군인집단 ④ 예술가 집단

해 설
히포다무스의 3개조는 농부, 무장한 군인, 예술가 집단이다.

12 다음 중 계획(Planning)의 특성으로 가장 거리가 먼 것은?

① 현재지향적
② 과정지향적
③ 환류지향적
④ 계획주체와 대상 사이의 상호작용

해 설
계획은 과정과 환류를 지향하며 계획의 주체와 대상 간 상호작용을 핵심으로 한다.

13 다음 중 도시 및 주거환경정비법에 의한 도시개발사업에 해당되지 않는 것은?

① 주거환경개선사업   ② 주택재개발사업
③ 도시환경정비사업   ④ 도시재개발사업

해 설
도시 및 주거환경정비법에 의한 도시개발사업에는 주거환경개선사업, 주택재개발사업, 주택재건축사업, 도시환경정비사업, 주거환경관리사업, 가로주택정비사업이 있다.
※ 2017년 법 개정으로 정비사업에 주거환경개선사업, 재개발사업, 재건축사업이 있는 것으로 바뀌었다.

14 다음 중 경관설계에 대한 설명으로 가장 거리가 먼 것은?

① 그 지역에 살고 있는 주민의 특성을 파악하여 특정 집단의 기호에 맞게 설계하여 지역주민의 만족도를 높인다.
② 좋은 풍경을 만드는 것으로, 풍경을 구성하는 여러 가지 공공시설이나 공공공간을 좋은 모습으로 제공하는 것이다.
③ 사회의 기반을 담당하는 대규모의 시설이나 공간을 다루는 것은 지역의 생태계나 역사·문화가 배려되어야 한다.
④ 사람들이 바라보아 싫증나지 않고, 사용하면서 애착이 생기며, 긴 시간이 흐름에 따라 맛이 깊어지는 것을 알려줌으로써 의미를 가진다.

해 설
경관설계는 좋은 풍경을 만드는 것이 주 목적이다. 풍경을 구성하는 여러 가지 공공시설, 공공공간을 좋은 모습으로 제공하는 것을 의미한다. 특정집단의 기호에 맞게 설계하면 전체적인 만족도가 저하될 우려가 있으며 이는 경관설계의 목적과 부합하지 않는다.

15 도시공공시설과 관련이 없는 것은?

① 교육 및 문화시설   ② 연구시설
③ 도시가스시설   ④ 도시통신시설

해 설
도시공공시설에는 교육 및 문화시설, 도시가스시설, 도시통신시설 등이 해당한다.

16 도로망의 구성 형태별 특징이 잘못 연결된 것은?

① 격자형 - 도심의 기념비적인 건물을 중심으로 주변과 연결한다.
② 방사형 - 교통량이 도심으로 집중하는 경향이 있다.
③ 대각선 삽입형 - 격자형과 교차하므로 토지이용상 비효율적이다.
④ 방사환상형 - 인구 100만 이상의 대도시 계획에 적합하다.

해 설
도심의 기념비적인 건물을 중심으로 주변과 연결하는 형태는 방사형, 방사환상형이다.

17 기반시설로서 광장의 구분에 해당하지 않는 것은?

① 공중광장   ② 일반광장
③ 경관광장   ④ 건축물 부설광장

해 설
기반시설로서 광장은 교통, 일반, 경관, 지하, 건축물 부설광장으로 구분한다.

18 유클리드 지역제(Euclidean Zoning)에 대한 설명으로 틀린 것은?

① 토지의 용도를 사전에 확정적으로 지정하였다.
② 토지이용의 규제는 각각의 필지 단위를 중심으로 하였다.

③ 개발의 억제보다 개발의 유도 및 촉진에 관심을 두었다.
④ 주택지에 공장·아파트 등을 배제하는 용도의 순화를 도모하였다.

> **해설**
> 유클리드 지역제는 과도한 민간개발을 막기 위해 발전 억제에 주력하였다.

19 샤핀(F. S. Chapin, 1965)이 제시한 토지이용의 결정요인 분류에 해당하지 않는 것은?

① 공공의 이익요인 ② 경제적 요인
③ 문화적 요인   ④ 사회적 요인

> **해설**
> 샤핀은 토지이용의 결정요인을 공공의 이익, 경제·사회적 요인으로 구분하였다.

20 지구단위계획구역의 지정 근거법에 해당되지 않는 것은?

① 주택법
② 관광진흥법
③ 도시재정비촉진특별법
④ 산업입지 및 개발에 관한 법률

> **해설**
> 주택법, 관광진흥법, 산업입지 및 개발에 관한 법률에는 지구단위계획구역의 지정을 국토의 계획 및 이용에 관한 법률로 의제하는 조항이 담겨 있다.

제2과목 도시설계 및 단지계획

21 주택건설기준 등에 관한 규정상 관리사무소를 설치하여야 하는 공동주택을 건설하는 주택단지의 최소 규모는?

① 50세대   ② 100세대
③ 150세대 ④ 300세대

> **해설**
> 최소 50세대 이상인 주택단지를 건설하는 경우 어린이 놀이터와 관리사무소를 설치하여야 한다.

22 다음 중 지구단위계획 수립 시 환경관리계획의 목표로 가장 거리가 먼 것은?

① 개발로 인한 자연환경의 피해 최소화
② 자연생태계 보존 및 순환체계의 유지
③ 자연에너지의 활용 및 에너지 절감
④ 불투수포장의 확대로 인한 물순환체계의 유지

> **해설**
> 지구단위계획 수립 시 환경관리계획의 목표는 자연환경보전, 에너지 및 자원 재활용, 환경오염방지 등이 있다.

23 단독주택용지의 가구 및 획지계획의 기준으로 틀린 것은?

① 단독주택용 획지로 구성된 소가구는 근린의식 형성이 용이하도록 10~24획지 내외로 구성한다.
② 대가구 내 도로계획은 단조로움과 통과교통 방지를 위하여 3지 교차도로 및 루프(loop)형 도로를 배치한다.
③ 대가구의 규모는 어린이 놀이터 하나를 유지하는 거리로 반경 100~150m를 기준으로 한다.
④ 획지의 형상은 건축물의 규모와 배치, 높이, 토지이용 등을 고려하여 결정하되, 가능하면 동서방향의 긴 장방형으로 한다.

> **해설**
> 동서축 가구획지는 세장비를 크게 하는 것이 유리하다.

24 도시·군계획시설의 결정·구조 및 설치기준에 관한 규칙에서의 학교의 결정기준이 아닌 것은?

① 일조·통풍 및 배수가 잘 되는 지역에 설치한다.
② 중학교 및 고등학교는 3개의 근린주거구역 단위에 1개의 비율로 배치한다.
③ 초등학교의 통학거리는 1천 미터 이내로 하고 소음도가 80dB 이하를 유지하도록 설치한다.
④ 초등학교는 2개의 근린주거구역단위에 1개의 비율로 배치하나 관할 교육장이 필요하다고 인정하는 경우 1개의 비율보다 낮은 비율로 설치할 수 있다.

> **해설**
> 초등학교는 학생들이 안전하고 편리하게 통학할 수 있도록 다른 공공시설의 이용관계를 고려하여야 하며, 통학거리는 1천5백미터 이

정답 19 ③ 20 ③ 21 ① 22 ④ 23 ④ 24 ③

내로 하여야 한다. 다만, 도시지역 외의 지역에 설치하는 초등학교 중 학생수의 확보가 어려운 경우에는 학생수가 학년당 1개 학급 이상을 유지할 수 있는 범위까지 통학거리를 확대할 수 있으나, 통학을 위한 교통수단의 이용가능성을 고려하여야 한다.

25 근린주구론을 적용하고, 전원도시계획의 이상을 받아 저밀도 개발을 원칙으로 개발된 영국 런던 근교의 신도시는?

① Harlow ② Welwyn
③ Cumbernauld ④ Milton Keynes

[해설]
할로우(Harlow)는 1947년 영국 런던 북쪽 30마일 지점에 설치된 신도시이다. 계획면적 2,450ha에 인구 78,000명 수용하였고 전원도시로 저밀도 개발을 원칙으로 하였으며 근린주구제를 채택하였다.

26 주택단지계획에 있어서 주택단지 내 순대지의 단위면적에 대한 밀도가 의미하는 것은?

① 총밀도 ② 근린밀도
③ 순밀도 ④ 주거밀도

[해설]
순밀도(Net Density)란 주택단지의 부지 중 일반 건축용지, 녹지용지, 교통용지를 제외한 주택용지만에 대한 인구밀도를 의미한다.

27 공동구의 효과(필요성)로서 적당하지 않은 것은?

① 방재효율 향상 ② 유지관리 편리
③ 도시미관 향상 ④ 개별비용 감소

[해설]
공동구의 특징 중 초기 설치비용이 과다하다는 단점이 있다. 따라서 개별비용의 감소를 기대하기는 어렵다.

28 다음 중 근린주구 개념을 처음으로 제창한 사람은?

① 페리(C. A. Perry)
② 테일러(G. R. Taylor)
③ 르 코르뷔지에(Le Corbusier)
④ 하워드(Ebenezer Howard)

[해설]
페리(C. A. Perry)는 근린주구 개념을 처음으로 제창하였다.

29 도시지역 외 지역에서 지정하는 지구단위계획 수립 시, 유의할 사항으로 가장 거리가 먼 것은?

① 건물의 강조색은 원색도 가능하나 전체 면적의 10%를 넘지 않도록 한다.
② 저층건물의 옥상부분은 옥상정원으로 전용하도록 장려한다.
③ 보행인구가 많은 도로변이나 경관이 중시되는 구역에서는 창호의 면적을 가급적 작게 한다.
④ 지붕은 주변지역과 조화되는 색채로 통일하고 경사는 동일하게 하며, 주요 시설물을 랜드마크로 조성한다.

[해설]
경관이 중시되는 구역에 작은 창호를 설치하면 경관의 효용이 떨어지게 된다.

30 도시·군계획시설의 결정·구조 및 설치기준에 관한 규칙상 단지계획의 가로망을 구성할 때 주간선도로와 보조간선도로가 접속되는 교차지점의 도로 모퉁이 부분에서 보도와 차도의 경계선에 대한 곡선반경의 기준은?

① 8미터 이상 ② 10미터 이상
③ 12미터 이상 ④ 15미터 이상

[해설]
보도와 차도의 경계선에 대한 곡선반경은 주간선 15m, 보조간선 12m, 집산 10m, 국지 6m 이상을 기준으로 한다.

31 다음 중 지구단위계획에 대한 설명으로 옳지 않은 것은?

① 지구단위계획구역 및 지구단위계획은 도시·군기본계획으로 결정한다.
② 인간과 자연이 공존하는 환경친화적 환경을 조성하고 지속가능한 개발 또는 관리가 가능하도록 하기 위한 계획이다.
③ 지구단위계획은 향후 10년 내외에 걸쳐 나타날 시·군의 성장·발전 등의 여건변화와 향후 5년 내외에 개발이 예상되는 일단의 토지 또는 지역과 그 주변지역의 미래모습을 상정하여 수립하는 계획이다.

정답 25 ① 26 ③ 27 ④ 28 ① 29 ③ 30 ④ 31 ①

④ 지구단위계획을 통한 구역의 정비 및 기능 재정립의 개선효과가 인근까지 미쳐 시·군 전체의 기능이나 미관 등의 개선에 도움을 주기 위한 계획이다.

해설
국토의 계획 및 이용에 관한 법률 제50조(지구단위계획구역 및 지구단위계획의 결정)에 의거 지구단위계획구역 및 지구단위계획은 도시·군관리계획으로 결정한다.

32 도시인구 20만 인, 취업률 35%, 제조업 구성비 10%, 제조업인구 1인당 점유면적 100m², 공공용지율 30%일 때 공업지역 면적은 얼마인가?

① 700,000m² ② 1,000,000m²
③ 140,000m² ④ 2,100,000m²

해설
㉠ 공업부지면적
= 업종별 종원원 1인당 면적의 원단위 × 종원원수
= 100 × (200,000 × 0.35 × 0.1) = 7,000ha
㉡ 공업지역 전체면적 = 공업부지면적 / (1 - 공공용지율)
= 7,000/(1 - 0.3) = 7,000/0.7
= 10,000ha = 1,000,000m²

33 도시설계와 관련된 공간 척도의 설명으로 틀린 것은?

① 르네상스 시대의 건축가인 알베르티는 광장의 경우, 장변과 단변의 비가 2 : 1, 주변 건물의 높이는 광장 단변폭의 1/3 또는 2/7 이하가 적당하다고 하였다.
② 19세기 독일의 건축가 메르텐츠는 건물과 시점 간의 거리(D)와 건물 높이(H)와의 비율은 D/H = 2, 양각 35도에서 건축물을 전체적으로 파악할 수 있다고 하였다.
③ 헷지맨과 피이츠는 건축높이의 약 2배만큼의 거리에서 보지 않으면 건축을 전체로서 볼 수 없다고 하였다.
④ 요시노부 아시하라는 도로폭보다 작은 치수의 점포폭이 반복될 때 가로는 활기에 넘친다고 하였다.

해설
메르텐츠(H. Maertents)는 19세기 독일의 건축가로, 인간이 전방을 바라볼 때, 40도의 앙각이 되며, 건물 상부에 있는 하늘을 바라보는 각도를 고려한다면, 건물과 시점 간의 거리(D)와 건물의 높이(H)와의 비율은 D/H = 2, 앙각 27도에서 건축을 전체적으로 파악할 수 있다고 하였다.

34 다음 중 지구단위계획에 대한 도시·군관리계획 결정도의 아래 표시기호가 의미하는 것은?

① 보차분리통로 ② 공공보행통로
③ 보행주출입구 ④ 공개공지접근로

해설
▨▨▨▨▨는 공공보행통로, △는 보행주출입구의 표시기호이다.

35 다음 중 도시·군계획시설의 결정·구조 및 설치기준에 관한 규칙에 의하여 교통광장을 구분할 때 교통광장에 해당하지 않는 것은?

① 역전광장 ② 교차점광장
③ 중심대광장 ④ 주요시설광장

해설
교통광장에는 교차점광장, 역전광장, 주요시설광장이 포함된다.

36 다음 중 도로와 각 가구를 연결하는 도로이므로 통과교통이 적어 주거환경의 안전성이 확보되지만 우회도로가 없어 방재 또는 방범상에 단점이 있는 국지도로의 패턴은?

① 격자형 ② 루프형
③ T자형 ④ 쿨데삭형

해설
쿨데삭형 도로의 장단점

장점	• 통과교통이 차단되어 보행자들이 안전하게 보행할 수 있음 • 주거환경의 안전성과 쾌적성을 확보할 수 있다. • 각 가구와 관계없는 자동차의 진입을 방지할 수 있다. • 통과교통이 차단되므로 주민들의 일체성이 확보됨 • 국지도로와 별도로 보행자 전용도로를 설치할 수 있어 쾌적한 동선 확보 • 부정형 지형에 적용이 용이하고 회차부분을 매력 있는 공간으로 조성 가능 • 구획도로와 별도로 보행자전용 도로를 설치하는 것이 가능

정답 32 ② 33 ② 34 ② 35 ③ 36 ④

단점	• 우회도로가 없기 때문에 방재·방범상 불리하다. • 각 획지로 접근하는 서비스 차량의 진입이 곤란하고 집 찾기 곤란

37 도시설계의 실제적 수립 과정 중 ( )에 해당하는 것은?

> 대상지 선정 → 현황 및 여건 분석 → 기본구상
> → ( ) → 도시설계안 작성 → 시행계획

① 획지 계획   ② 목표 설정
③ 부문별 계획   ④ 건축규제 계획

해설
도시설계의 실제적 수립 과정은 대상지 선정 → 현황 및 여건분석 → 기본구상 → 부문별 계획 → 도시설계안 작성 → 시행계획으로 이루어진다.

38 케빈 린치(Kevin Lynch)가 분류한 도시이미지의 5가지 요소를 모두 옳게 나열한 것은?

① 도로(Path), 건축물(Building), 광장(Plaza), 공원(Park), 지구(District)
② 중심지구(CBD), 지구(District), 도로(Path), 광장(Plaza), 공장지대(Factory)
③ 경계(Edge), 결절점(Node), 도로(Path), 지구(District), 랜드마크(Landmark)
④ 경계(Edge), 하천(River), 랜드마크(Landmark), 결절점(Node). 중심지구(CBD)

해설
케빈 린치의 도시이미지(물리적 구조에 관한 요소)는 경계(Edge), 결절점(Node), 도로(Path), 지구(District), 랜드마크(Landmark)이다.

39 도시·군계획시설인 도로의 사용 및 형태별 구분에 따른 일반도로의 폭은 얼마 이상인가?

① 2m   ② 4m
③ 6m   ④ 8m

해설
도로의 사용 및 형태별 구분에서 일반도로는 폭 4m 이상의 도로로서 통상의 교통소통을 위하여 설치되는 도로를 말한다.

40 단지계획을 위한 대지조사에서 주택의 배치를 위해 고려해야 할 사항 중 적절한 일조와 조망을 위해 우선적으로 조사해야 할 사항은?

① 경사향(Aspect)
② 수문(Hydrology)
③ 식생(Vegetation)
④ 미기후(Micro - Climate)

해설
일조와 조망을 확보하기 위해 우선적으로 고려해야 할 사항 : 경사향(Aspect)

제3과목 도시개발론

41 문화재 보존이나 환경보호 등을 위해 해당 지역의 토지소유자로 하여금 다른 지역에 대한 개발권을 부여하는 제도는?

① TOD   ② TDR
③ PUD   ④ Floating zoning

해설
개발권양도제(TDR)
문화재 보존이나 환경보호 등을 위해 해당 지역의 토지소유자로 하여금 다른 지역에 대한 개발권을 부여하는 제도

42 환지계획구역의 면적이 1,000m², 보류지의 면적이 400m², 시행자에게 무상귀속되는 공공시설면적이 150m²일 때, 환지계획구역의 평균 토지부담률은 약 얼마인가?

① 19.4%   ② 29.4%
③ 39.4%   ④ 49.4%

해설
$$토지부담률 = \frac{A - C}{B - C} \times 100$$
여기서,
A: 보류지면적, B: 환지계획구역면적
C: 시행자에게 무상귀속되는 공공시설 면적
$$토지부담률 = \frac{400 - 150}{1,000 - 150} \times 100 = 29.41\%$$

정답 37 ③   38 ③   39 ②   40 ①   41 ②   42 ②

43 어느 개발사업의 운영수익이 다음과 같이 예상된다. 이 사업의 순현재가치는 약 얼마인가?

> 12개월 후 : 100억 원, 24개월 후 : 100억 원
> 36개월 후 : 100억 원, 연이자율 : 10%
> 억 단위 미만 절사

① 247억 원 ② 272억 원
③ 331억 원 ④ 364억 원

해설

$$\frac{100}{(1+0.1)^1} + \frac{100}{(1+0.1)^2} + \frac{100}{(1+0.1)^3} = 약 \ 247억 \ 원$$

44 다음 중 도시개발사업에서 타당성 분석에 관한 설명으로 가장 적절하지 않은 것은?

① 타당성 분석은 민간이나 공공의 입장에 따라 분석의 범위와 내용도 달라진다.
② 사업의 목적을 합리적인 수준에서 달성할 수 있을 것으로 예상될 때 타당성을 확보했다고 할 수 있다.
③ 타당성 분석을 위해서는 먼저 해당 사업에 대한 구체적인 계획이 수립되어 있어야 한다.
④ 타당성 분석은 여러 가지 제약을 고려하여 사업의 적합성을 고려하는 것으로 시간의 범위는 구체적인 고려 대상이 아니다.

해설

타당성 분석 시 사업의 적합성을 고려할 때 반드시 고려해야 하는 주요변수가 시간이다.

45 도시마케팅에 관한 설명으로 옳지 않은 것은?

① 도시마케팅의 고객은 크게 투자기업, 관광객 및 방문객, 주민 등으로 구분될 수 있다.
② 도시마케팅의 시장은 공공서비스를 생산하고 공급하는 도시정부들과 그것을 소비하는 단위들이 커뮤니케이션하는 도시공간이다.
③ 도시마케팅은 도시나 도시 내 특정 장소를 상품화하는 것으로, 일반 재화 및 용역과 다른 특징을 가지고 있다.
④ 도시마케팅의 상품은 도시의 이미지, 해당 도시의 역사 문화적 자산, 숙박시설 및 각종 서비스 등이 어우러져 하나의 상품을 구성하며 소비를 통해 변형되거나 소멸될 수 있다.

해설

도시마케팅의 상품은 도시의 이미지, 해당 도시의 역사 문화적 자산, 숙박시설 및 각종 서비스 등이 어우러져 하나의 상품을 구성하며 소비를 통해 변형되거나 소멸될 수 없다.

46 도시개발에서의 사업타당성 분석에 해당되지 않는 것은?

① 환경적 타당성 ② 경제적 타당성
③ 법/제도적 타당성 ④ 물리적/기술적 타당성

해설

도시개발사업에서의 사업타당성 분석기법에는 사회적·경제적, 법적·제도적, 물리적·기술적 타당성 분석기법이 있다.

47 다음 중 지분조달방식과 비교하여 부채조달방식이 갖는 단점으로 옳은 것은?

① 원리금 상환부담이 존재한다.
② 기업가치의 불안정으로 매매 활성화에 한계가 있다.
③ 조달 규모의 증대로 소유주의 지분축소가 불가피하다.
④ 자본시장의 여건에 따라 조달이 민감한 영향을 받는다.

해설

지분조달방식과 부채조달방식의 장단점

구분	장점	단점
지분조달	• 원리금이나 이자의 상환부담이 없음 • 사업아이디어가 발전적으로 진행됨 • 투자가가 자문가로서의 역할을 수행	• 회사의 통제권 일부를 포기해야 함 • 판매된 지분은 향후 재회수가 어렵다. • 지분투자가들이 사업계획에 동의하지 않을 경우 문제발생 가능 • 자금조달 과정이 복잡하여 전문가 자문 필요 • 시장의 여건에 따라 조달조건이 민감하게 변화함 • 조달규모가 커지면 상대적으로 소유주의 지분 축소가 불가피함 • 중소기업 등은 주식 공개 매매, 유통시장이 발달되지 않았음 • 기업가치가 불안정하게 되므로 매매 활성화가 어려울 수 있음

구분	장점	단점
부채 조달	• 차입여건 충족 시 차입 용이 • 기업이자비용손비 인정 • 금융비 절감가능	• 원리금상환 부담 • 규모가 클수록 재무구조가 열악해지고 부도위험이 높음 • 저신용(중소)기업은 차입기회를 얻기 어려움

48 이미 악화된 지역에 대하여 기존 시설을 보존하면서 노후 및 불량화 요인만을 제거하여 구역의 기능과 환경을 회복하는 재개발방식은?

① 전면재개발 ② 수복재개발
③ 보전재개발 ④ 협동재개발

해설
수복재개발은 노후·불량화 요인을 제거시키는 재개발로 지구수복에 의한 재개발은 도시기능과 생활환경이 점차 악화되고 있는 대상지에서 건축물의 신축을 부분적으로 허용하되 나머지 건축물을 수리·개조함으로써 점진적으로 개선하는 재개발방법이다.

49 개발권 양도제(TDR)의 장점으로 틀린 것은?

① 개발규제의 실질적인 영속성을 제공한다.
② 클러스터링에 의한 개발비용의 절약이 가능하다.
③ 토지소유자의 개발 제한에 대해 보상함으로써 높은 공정성의 확보가 가능하다.
④ 보상가격 산정에 있어 시장기구를 활용할 수 있어 자원배분의 왜곡을 방지할 수 있다.

해설
개발권양도제(TDR)는 토지소유자에 대한 보상비용 절감이 가능하나 개발권이 이양된 지역의 건물 규모가 과대해지는 문제점이 있다.

50 일반적인 부동산개발금융방식의 구분 중 부채에 의한 조달방식으로 대출자가 부동산 개발에 의해 발생하는 수익의 배분에 일부 참여하는 방식은?

① Sale & Lease Back ② Participation Loan
③ Interest Only Loans ④ 자산매입 조건부 대출

해설
수익참여대출(Equity Participation Loan)이란 대출자는 낮은 계약금리로 돈을 빌려주고 부동산이 생성하는 소득에 참여하는 방식이다.

51 다음에서 이상도시의 제안자와 계획안들의 관계가 잘못된 것은?

① 풀만(Pullman) - 빅토리아
② 마타(A. Soria Y Mata) - 선형도시
③ 푸리에(C. Fourier) - 팔란스테르
④ 리차드슨(Richardson) - 헤이지아

해설
풀만(Pullman)은 모형도시(Model Town)를 계획하였다.

52 다음 중 개발대상지의 상태에 따라 도시개발을 신개발과 재개발로 구분할 때, 재개발에 대한 설명으로 옳지 않은 것은?

① 재개발은 신개발에 비해 그 절차가 간편하고 시간이 적게 걸린다.
② 재개발은 기존 시가지의 일부를 개수 혹은 재건축하고 시설을 확충하는 개발행위라고 할 수 있다.
③ 재개발의 유형은 재개발 대상의 공간적 범위와 토지이용, 재개발방식 등에 의하여 여러 가지로 나눌 수 있다.
④ 재개발의 일반적인 목적은 주거 환경을 개선함으로써 주민의 주거안정을 도모하고 공동체적 삶의 질을 향상시키는 것이다.

해설
재개발은 신개발에 비해 그 절차가 복잡하고 시간이 많이 걸린다.

53 다음 중 근거법령이 다른 하나는?

① 택지개발사업   ② 주택재건축사업
③ 주택재개발사업 ④ 주거환경개선사업

해설
택지개발사업은 택지개발촉진법을 근거로 한다. 주택재건축, 주택재개발, 주거환경개선사업은 도시 및 주거환경정비법이 근거법이다.
※ 2017년 법 개정으로 정비사업의 종류는 주거환경개선사업, 재개발사업, 재건축사업으로 구분한다.

54 도시개발사업을 수행할 때 대상부지(Site)의 물리적 분석을 수행하는 기대효과는?

① 최적 설계조건 도출
② 경쟁력 있는 경제기반 도출

정답 48 ② 49 ② 50 ② 51 ① 52 ① 53 ① 54 ①

③ 입지 가능한 아이템(Item) 도출
④ 도시 및 지역특성 분석을 통한 사업방향 도출

해설
대상 부지의 물리적 분석을 수행하는 이유는 최적 설계조건을 도출하기 위해서이다.

55 부동산과 금융을 결합한 형태로 부동산투자의 약점으로 꼽히는 유동성 문제와 소액투자 곤란의 문제를 극복하기 위하여 증권화를 이용하여 해결하는 방식은?

① 리츠(REITs)
② 특수목적회사(SPC)
③ 자산담보부증권(ABS)
④ 프로젝트 파이낸싱(PF)

해설
리츠(REITs)
• 부동산과 금융을 결합한 형태
• 부동산투자의 약점으로 꼽히는 유동성 문제와 소액투자 곤란의 문제를 극복하기 위하여
• 증권화를 이용하여 유동성 문제를 해결하는 방식

56 수도권에 집중되어 있는 공공기관의 지방 이전을 계기로 이들 기관과 지역의 대학, 연구소, 지방자치단체가 협력하여 지역의 새로운 성장동력을 창출하는 것을 목표로 하는 것은?

① 혁신도시개발사업
② 기업도시개발사업
③ 도시환경재정비사업
④ 행정중심복합도시사업

해설
혁신도시의 목적
공공기관 지방이전시책 등에 따라 수도권에서 수도권이 아닌 지역으로 이전하는 공공기관 등을 수용하는 혁신도시의 건설을 위하여 필요한 사항과 해당 공공기관 및 그 소속 직원에 대한 지원에 관한 사항을 규정함으로써 공공기관의 지방이전을 촉진하고 국가균형발전과 국가경쟁력 강화에 이바지함

57 다음 중 지속가능한 개발을 위한 도시개발 패러다임으로 가장 거리가 먼 것은?

① 뉴 어바니즘(New Urbanism)
② 스마트 성장(Smart Growth)
③ 컴팩트 시티(Compact City)
④ 타운 빌리지(Town Village)

해설
지속가능한 개발을 위한 도시개발 패러다임으로는 스마트성장, 압축도시(컴팩트 시티), 뉴어바니즘, 어반빌리지 등이 있다.

58 다음 중 제3섹터의 특징이 아닌 것은?

① 단기간 내의 채산성 확보가 어려움
② 주민의 적극적인 자원봉사를 전제로 함
③ 불안정성과 실패에 대한 책임소재가 불분명함
④ 공공의 안정성, 계획성과 민간의 효율성을 결합함으로써 합리적 사업 추진 가능

해설
제3섹터란 공공부문과 민간부문이 공동출자하여 독립적으로 만든 합동법인 형태의 기구 및 사업주체가 시행하는 사업방식이므로 자원봉사를 전제하지는 않는다.

59 다음 중 수용 또는 사용방식에 비하여 환지 방식이 갖는 장점으로 가장 거리가 먼 것은?

① 기존의 시설 부지를 최대한 반영할 수 있다.
② 조성 후 분양을 통한 수익을 기대할 수 있다.
③ 체비지 매각대금을 통하여 사업비 부담이 경감된다.
④ 최소한의 사업비 투입으로 공공시설을 확보할 수 있다.

해설
환지방식은 택지화가 되기 전의 토지의 위치, 지목, 면적, 등급, 이용도 등의 필요사항을 고려하여 택지개발 후 개발된 감소 토지를 토지소유주에게 재배분하는 것이므로 분양수익을 기대하기는 어렵다.

60 개발수요를 예측하기 위한 예측기법 중, 전문가집단을 대상으로 반복 앙케이트를 행하여 의견을 수집하는 방법은?

① 이동평균법
② 중력모형
③ 인과분석법
④ 델파이법

정답 55 ① 56 ① 57 ④ 58 ② 59 ② 60 ④

> **해 설**
> 델파이법 : 전문가 집단을 대상으로 반복 앙케이트를 행하여 의견을 수집하는 방법

제4과목 국토 및 지역계획

61 우리나라 국토 및 지역계획의 변천과정에 대한 설명으로 옳은 것은?

① 1950년대에 UN 한국재건단의 주도하에 체계적인 국토 및 지역계획을 수립하였다.
② 1960년대에 정부주도하에 국토종합개발계획을 공포·시행하였다.
③ 1970년대에 처음으로 지역계획의 형태를 갖춘 특정지역개발사업이 실시되었다.
④ 1980년대 전반에 국토의 다핵화를 위한 성장거점도시의 육성을 국토개발전략으로 설정하였다.

> **해 설**
> 1980년 전반에는 고도경제성장을 위한 기반시설 조성을 목표로 수도권과 동남해안 공업벨트 중심의 거점개발을 추진한 시기이다.

62 후버와 지아라타니(Hoover & Giaratani)가 주장한 전형적인 문제지역에 대한 설명으로 옳은 것은?

① 낙후지역은 산업화의 수준은 미약하고 인구는 과잉상태로 되어있는 지역을 말한다.
② 침체지역은 산업화되지 않은 상태에서 인구가 집중하여 전체적인 침체를 겪는 지역이다.
③ 과열성장지역은 인구는 감소하나 산업은 계속 성장하는 지역을 말한다.
④ 번성지역은 인구와 산업이 급속히 성장하는 지역을 말한다.

> **해 설**
> 낙후지역은 지역개발계획에서 다른 지역의 일반적인 사회, 경제적인 지표의 수준 이하에 머물러 있는 지역으로 산업화 수준은 미약하고 인구는 과잉상태로 되어있는 지역을 말한다.

63 우리나라의 국토 및 지역계획의 문제점으로 가장 거리가 먼 것은?

① 지역주민이 직접 입안하는 계획
② 계획입안기관의 독주성 및 형식성
③ 관련 계획과의 연계적 체계성 결여
④ 계획 결정까지 오랜 시간 소요

> **해 설**
> 우리나라 국토 및 지역계획의 문제점은 지역주민이 직접 입안하는 계획이 아닌 계획입안기관의 독주성과 형식성이 문제이다.

64 베버(A. Webber)의 공업입지 최소비용이론의 3가지 입지인자에 해당하지 않는 것은?

① 원료비　　　② 노동비
③ 수송비　　　④ 집적경제

> **해 설**
> 베버의 입지결정인자 : 수송비, 노동비, 집적이익(집적경제)

65 다음 중 도시화의 진행에 따라 발생한 주택문제의 기본 요소가 아닌 것은?

① 주택의 고층화 문제
② 주택 소유에 따라 부의 편중화
③ 생활수준 향상에 따른 질적 주택의 수요증가
④ 핵가족화로 인한 가구 수 증가에 따른 주택 수요 증가

> **해 설**
> 주택의 고층화는 근본적인 문제의 원인으로 보기 어렵다.

66 다음의 지역문제 해결책 중 그 성격이 가장 다른 것은?

① 산업이전법(영국)
② 공업배치법(영국)
③ 특수지역개발촉진법(영국)
④ 테네시강 종합개발계획(미국)

> **해 설**
> 산업이전법, 공업배치법, 특수지역개발촉진법은 지역 간 불균형 발전문제를 완화하기 위한 법이다.

정답　61 ④　62 ①　63 ①　64 ①　65 ①　66 ④

67 우리나라의 인구규모별 도시 순위가 아래와 같을 때 데이비스(K. Davis)의 종주화지수는 약 얼마인가?

순위	도시명	인구수(명)
1위	서울	9,762,546
2위	부산	3,512,547
3위	대구	2,517,680
4위	인천	2,456,016
5위	광주	1,413,644

① 2.78　② 1.15
③ 0.99　④ 0.62

해설
종주화지수 $= \dfrac{9,762,546}{3,512,547+2,517,680+2,456,016} = 1.1504$

68 수도권정비계획법상 수도권정비위원회의 심의사항에 해당하지 않는 것은?

① 인구영향 평가에 관한 사항
② 종전대지의 이용계획에 관한 사항
③ 대규모개발사업의 개발계획에 관한 사항
④ 공장·학교에 대한 총량규제에 관한 사항

해설
인구영향평가는 2009.1.1.부로 폐지되었다.

69 우리나라의 국토종합개발계획 중 전국을 4대권, 8중권, 17소권으로 구분한 계획은?

① 제1차 국토종합개발계획
② 제2차 국토종합개발계획
③ 제2차 국토종합개발계획 수정계획
④ 제3차 국토종합개발계획

해설
제1차 국토종합개발계획에서의 권역설정 : 전국을 4대권, 8중권, 17소권으로 구분

70 제3차 국토종합개발계획에서 수도권 비대화를 견제하기 위한 대도시 기능특화전략 중 틀린 것은?

① 부산 - 국제무역, 금융 및 첨단산업
② 대구 - 업무, 첨단산업 및 패션산업
③ 광주 - 첨단산업 및 예술문화
④ 대전 - 행정, 과학연구 및 첨단산업

해설
첨단산업은 대구와 광주, 대전에서 시행된 특화전략이다.

71 다음 우리나라 국토 및 지역계획의 특징으로 가장 관계가 먼 것은?

① 다목적 계획　② 경제개발 계획
③ 하향적 계획　④ 지표적 계획

해설
우리나라 국토 및 지역계획은 다목적, 하향적, 지표적 계획이라는 특성이 있다.

72 페로우(F. Perroux)가 제시한 성장극(Growth Pole)의 특성으로 옳지 않은 것은?

① 성장극은 전체산업의 평균성장률보다 빠른 성장속도를 갖는다.
② 성장극은 자체의 성장을 유도하고 성장을 다른 곳으로 확산시킨다.
③ 성장극은 경제적 지배력을 가질 수 있을 만큼 충분히 큰 규모를 갖는다.
④ 성장극은 다른 산업과의 연계에 있어서 독립성이 강한 특징이 있다.

해설
성장극은 선도산업으로 여타 부분과의 산업 간 연계성이 높은 산업(전후방 연계성이 높음)이다.

73 부드빌(O. Boudevile)의 지역 분류에 해당하지 않는 것은?

① 동질지역(Homogeneous Area)
② 결절지역(Nodal Region)
③ 계획지역(Planning Region)
④ 낙후지역(Lagging Region)

해설
부드빌은 동질, 결절, 계획 지역으로 분류하였다.

정답 67 ② 68 ① 69 ① 70 ① 71 ② 72 ④ 73 ④

74 우리나라 국토종합개발계획 중 서울, 부산 양대 도시의 성장억제와 인구분산, 국토의 다각화를 위한 성장거점도시의 육성 및 지역생활권의 조성 등을 개발전략으로 채택한 계획은?

① 제1차 국토종합개발계획
② 제2차 국토종합개발계획
③ 제2차 국토종합개발계획 수정계획
④ 제3차 국토종합개발계획

해설
제2차 국토종합개발계획(1982~1991)은 양대도시의 성장 억제 및 성장거점 도시의 육성에 의한 국토균형 발전을 추구하였고, 28개 지역생활권(대도시생활권 5, 지방도시생활권 17, 농촌도시생활권 6)과 4개 지역경제권(수도권, 중부권, 서남권, 동남권), 특정지역(태백산, 제주도, 다도해, 88 고속도로 주변)으로 국토를 다각화하여 개발하려 하였다.

75 가도시화(Pseudo - urbanization)란?

① 도시로 승격 예정인 읍부지역으로 인구가 집중하는 일종의 예비도시화 현상
② 경제발전, 산업화, 기술혁신 등을 동반하지 못한 단순한 도시인구의 증가현상
③ 대도시 인구가 근교지역으로 분산하여 거주하는 이른바 재촌도회인(在村都會人)의 증가현상
④ 거대도시 주변 근교지역으로 농촌인구가 집중하여 실질적으로 도시화가 이루어지는 현상

해설
가도시화란 도시의 부양능력에 비해 지나치게 많은 인구가 집중하여 인구적으로만 비대해진 도시화를 말한다. 제3세계로 불리는 개발도상국가들에서 흔히 볼 수 있는 산업화와 무관한 도시화를 일컫는다.

76 제2차 국토종합개발계획에서 개발 가능성의 전국적 확대라는 기본목표에 대해서 28개 생활권 형성 전략이 채택되었으나 1987년 수정계획에서 생활권 전략이 취소되었다. 취소 이유로 타당하지 않은 것은?

① 도시 계층별 시설 이용체계 확립의 어려움
② 수도권 집중에 대한 반자력적 기능의 미흡
③ 지방도시 생활권과 농촌도시 생활권의 계속적인 인구 감소
④ 중심도시와 주변 농촌지역 간에 일체가 되는 생활권 형성의 어려움

해설
제2차 국토종합개발계획 수정계획에서 생활권 전략이 취소된 이유
㉠ 수도권 집중에 대한 반자력적 기능의 미흡
㉡ 지방도시 생활권과 농촌도시 생활권의 계속적인 인구 감소
㉢ 중심도시와 주변 농촌지역 간에 일체가 되는 생활권 형성의 어려움

77 편익/비용비(B/C)에 관한 설명으로 틀린 것은?

① B/C비가 높을수록 경제성이 높다.
② 장래에 발생할 편익과 비용은 현재가치로 환산한다.
③ 편익을 비용으로 나눈 비율의 결과가 가장 큰 대안을 선택한다.
④ B/C비가 사회적 할인율보다 작으면 경제성이 있는 것으로 판단한다.

해설
B/C비가 1보다 크면 경제성이 있는 것으로 판단한다.

78 다음 중 제4차 국토종합계획 수정계획(2006~2020)에서 국토계획 5대 목표에 따른 전략에 해당하지 않는 것은?

① 다핵분산형 국토구조 형성 및 지역 특화발전
② 국토의 개방거점 확충 및 상생적 국제협력 선도
③ 도시 및 농촌의 정주환경 개선 및 주거복지 증진
④ 국토의 환경친화적 개발 억제 및 아름다운 국토 조성

해설
6대 추진전략 중 4번째로 아름답고 인간적인 정주환경 조성을 전략으로 수립하였고, 5번째로 지속가능한 국토 및 자원 관리를 목표로 하였다. 환경친화적 개발을 추구하였음을 의미한다.

79 A도시 산업자료가 아래와 같을 때, 입지상법(LQ Method)에 의한 J도시 i산업의 고용승수는 얼마인가?

- 전국의 총 고용인구 : 1,000만 명
- 전국의 i산업 고용인구 : 100만 명
- J도시의 총 고용인구 : 50만 명
- J도시의 i산업 고용인구 : 10만 명

① 10.0 ② 2.0 ③ 0.5 ④ 0.1

해설
$$LQ = \frac{100,000/500,000}{1,000,000/10,000,000} = 2.0$$

정답 74 ② 75 ② 76 ① 77 ④ 78 ④ 79 ②

80 수도권정비계획에서 징수된 과밀부담금을 「국가균형발전 특별법」에 따른 지역발전 특별회계와 과밀부담금을 징수한 건축물이 있는 시·도에 귀속하는 배분 비율은?

① 25% : 75%
② 50% : 50%
③ 75% : 25%
④ 100% : 0%

해 설
수도권정비계획법 제16조(부담금의 배분)에 의거, 징수된 부담금의 100분의 50은 「국가균형발전 특별법」에 따른 지역발전특별회계에 귀속하고, 100분의 50은 부담금을 징수한 건축물이 있는 시·도에 귀속한다. 〈개정 2009.4.22., 2014.1.7.〉

제5과목 도시계획관계법규

81 수도권정비계획법의 정의에 따른 '대규모 개발사업'의 기준이 틀린 것은?

① 「택지개발촉진법」에 따른 택지개발사업으로서 그 면적이 100만m² 이상인 것
② 「주택법」에 따른 주택건설사업으로서 그 면적이 100만m² 이상인 것
③ 「도시개발법」에 따른 도시개발사업으로서 그 면적이 10만m² 이상인 것
④ 「산업입지 및 개발에 관한 법률」에 따른 산업단지개발사업으로서 그 면적이 30만m² 이상인 것

해 설
「도시개발법」에 따른 도시개발사업으로서 그 면적이 100만제곱미터 이상인 것 또는 그 면적이 100만제곱미터 미만인 도시개발사업으로서 공업용도로 구획되는 면적이 30만제곱미터 이상인 것

82 다음 중 도시 및 주거환경정비법에 의한 정비계획의 개발규모가 5만m² 이상인 경우 도시공원 또는 녹지의 확보기준으로 옳은 것은?(단, 도시공원 및 녹지 등에 관한 법률에 따른다.)

① 상주인구 1인당 3m² 이상 또는 개발부지 면적의 5% 이상 중 큰 면적
② 상주인구 1인당 6m² 이상 또는 개발부지 면적의 9% 이상 중 큰 면적
③ 1세대당 3m² 이상 또는 개발부지면적의 5% 이상 중 큰 면적
④ 1세대당 2m² 이상 또는 개발부지면적의 5% 이상 중 큰 면적

해 설
정비계획의 개발규모가 5만m² 이상인 경우 1세대당 2m² 이상 또는 개발부지면적의 5% 이상 중 큰 면적을 사용한다.

83 다음의 공원시설 중 유희시설에 해당되지 않는 것은?

① 시소
② 정글짐
③ 사다리
④ 야외극장

해 설
유희시설에는 시소·정글짐·사다리·순환회전차·궤도·모험놀이장, 유원시설(「관광진흥법」에 따른 유기시설 또는 유기기구를 말한다), 발물놀이터·뱃놀이터 및 낚시터 그 밖에 이와 유사한 시설로서 도시민의 여가선용을 위한 놀이시설이 있다. 야외극장은 교양시설에 해당한다.

84 택지개발촉진법상 '택지'의 정의는?

① 「국토의 계획 및 이용에 관한 법률」에서 정하는 기반시설을 설치하기 위한 토지
② 「택지개발촉진법」에서 정하는 바에 따라 개발·공급되는 주택건설용지 및 공공시설용지
③ 일단(一團)의 토지를 활용하여 주택건설 및 주거생활이 가능한 택지를 조성하는 사업
④ 「국토의 계획 및 이용에 관한 법률」에 따른 도시지역과 그 주변지역 중 지정권자가 지정·고시하는 지구

해 설
택지개발촉진법 제2조(용어의 정의) "택지"란 이 법에서 정하는 바에 따라 개발·공급되는 주택건설용지 및 공공시설용지를 말한다.

85 다음 중 건폐율에 관한 내용이 틀린 것은?

① 건폐율이란 대지면적에 대한 건축면적의 비율이다.
② 도시지역 내 주거지역의 건폐율 최대한도는 70% 이하이다.
③ 관리지역 내 보전관리지역의 건폐율 최대한도는 10%이다.
④ 농림지역의 건폐율 최대한도는 20% 이하이다.

정답 80 ② 81 ③ 82 ④ 83 ④ 84 ② 85 ③

해설
관리지역 내 보전관리지역의 건폐율 최대한도는 20%이다.

86 다음 중 도시개발법상 도시개발구역의 지정권자가 도시개발사업의 시행자를 변경할 수 있는 경우에 해당하지 않는 것은?

① 행정처분으로 시행자의 지정이나 실시계획의 인가가 취소된 경우
② 시행자의 부도로 도시개발사업의 목적을 달성하기 어렵다고 인정되는 경우
③ 도시개발사업에 관한 기초조사 실시결과가 포함된 기본계획을 제출하지 않은 경우
④ 도시개발사업에 관한 실시계획의 인가를 받은 후 2년 이내에 사업을 착수하지 아니하는 경우

해설
지정권자는 다음의 경우 시행자를 변경할 수 있다.
㉠ 도시개발사업에 관한 실시계획의 인가를 받은 후 2년 이내에 사업을 착수하지 아니하는 경우
㉡ 행정처분으로 시행자의 지정이나 실시계획의 인가가 취소된 경우
㉢ 시행자의 부도·파산, 그 밖에 이와 유사한 사유로 도시개발사업의 목적을 달성하기 어렵다고 인정되는 경우
㉣ 시행자로 지정된 자가 다른 도시개발구역 지정의 고시일부터 1년 이내에 실시계획의 인가를 신청하지 아니하는 경우(다만, 지정권자가 연장이 불가피하다고 인정하는 경우 6개월의 범위에서 연장 가능)

87 국토기본법에 의한 국토정책위원회에 관한 설명으로 옳은 것은?

① 위원장은 국토교통부장관이 한다.
② 위촉위원은 국무조정실장이 한다.
③ 당연직위원은 국토계획 및 정책에 관하여 학식과 경험이 풍부한 사람으로서 국무총리가 위촉한 사람으로 한다.
④ 위촉위원의 임기는 2년으로 하되, 사임 등으로 인하여 새로 위촉된 위원의 임기는 전임위원 임기의 남은 기간으로 한다.

해설
① 위원장은 국무총리이다.
② 위촉위원은 국토계획 및 정책에 관하여 학식과 경험이 풍부한 사람으로서 국무총리가 위촉한 사람이다.
③ 당연직위원은 대통령령으로 정하는 중앙행정기관의 장과 국무조정실장, 「국가균형발전 특별법」에 따른 지역발전위원회 위원장이 맡는다.

88 택지개발촉진법 시행규칙에서 주거생활의 편익을 위하여 이용되는 시설로서 국토교통부령이 정하는 시설이 아닌 것은?

① 운동시설 ② 종교집회장
③ 일반목욕장 ④ 공용시장

해설
운동시설, 일반목욕장, 종교집회장, 보육시설이 해당한다.

89 다음 중 관광진흥법상 시·도지사가 권역별 관광개발기본계획의 수립 시 포함하여야 하는 사항에 해당하지 않는 것은?

① 환경보전에 관한 사항
② 관광권역(觀光圈域)의 설정에 관한 사항
③ 관광자원의 보호·개발·이용·관리 등에 관한 사항
④ 관광지 및 관광단지의 조성·정비·보완 등에 관한 사항

해설
관광권역(觀光圈域)의 설정에 관한 사항은 문화체육관광부장관이 수립하는 관광개발기본계획의 수립 시에 포함하여야 하는 사항이다.

90 다음 중 택지개발촉진법에 따른 환매권에 대한 설명으로 옳은 것은?

① 환매권자는 환매로써 제3자에게 대항할 수 있다.
② 환매권자의 권리의 소멸에 관하여는 택지개발촉진법 제35조의 규정을 준용한다.
③ 환매권자는 토지가 필요 없게 된 날로부터 3년 내에 이를 환매할 수 있다.
④ 예정지구 지정의 해제에 의한 경우에만 토지를 환매할 수 있는 환매권이 발생한다.

해설
환매권자의 권리의 소멸에 관하여는 공익사업을 위한 토지 등의 취득 및 보상에 관한 법률을 준용하고, 환매는 보상금에 가산금을 더하여 시행자에게 지급하고 환매할 수 있다. 환매권은 택지개발지구의 지정 해제 또는 변경, 실시계획의 승인 취소 또는 변경, 그 밖의 사유로 권리가 발생된다.

정답 86 ③ 87 ④ 88 ④ 89 ② 90 ①

91 주차장법상 단지조성사업 등으로 설치되는 노외주차장에 경형 자동차 및 환경친화적 자동차를 위한 전용 주차구획을 설치하여야 하는 비율 기준은?

① 노외주차장 총주차대수의 100분의 3 이상
② 노외주차장 총주차대수의 100분의 5 이상
③ 노외주차장 총주차대수의 100분의 8 이상
④ 노외주차장 총주차대수의 100분의 10 이상

해설
2016.7.19. 법이 개정되어 노외주차장 총주차대수의 10% 이상이 되었다.

92 주차장법상 공공시설의 지하에 노외주차장을 설치하기 위하여 도시·군계획시설사업의 실시계획인가를 받은 경우 노외주차장의 최초의 사용기간 동안 그 부지에 대한 점용료 및 그 시설물에 대한 사용료를 면제한다. 다음 중 이에 해당하지 않는 공공시설은?

① 도로
② 광장
③ 녹지
④ 공원

해설
㉠ 공공시설의 지하에 설치 시 : 도로, 광장, 공원, 학교(초, 중, 고), 공공시설(공용청사, 주차장, 운동장)
㉡ 공공시설의 지상에 설치 시 : 공공시설(공용청사, 주차장, 운동장, 하천, 유수지)

93 국토의 계획 및 이용에 관한 법령상 개발밀도관리구역은 기반시설의 용량이 부족할 것으로 예상되는 지역 중 기반시설의 설치가 곤란한 지역으로서 일정 기준에 해당하는 지역에 지정할 수 있다. 그 기준에 해당하지 않는 것은?

① 당해 지역의 도로서비스 수준이 매우 낮아 차량통행이 현저하게 지체되는 지역
② 향후 2년 이내에 당해 지역의 수도에 대한 수요량이 수도시설의 시설용량을 초과할 것으로 예상되는 지역
③ 향후 2년 이내에 당해 지역의 하수발생량이 하수시설의 시설용량을 초과할 것으로 예상되는 지역
④ 향후 2년 이내에 당해 지역의 학생수가 학교수용능력을 10% 이상 초과할 것으로 예상되는 지역

해설
향후 2년 이내에 당해 지역의 학생수가 학교수용능력을 20퍼센트 이상 초과할 것으로 예상되는 지역

94 주차장의 종류 구분 중 자주식 주차장의 형태가 아닌 것은?

① 건물식 주차장
② 기계식 주차장
③ 지하식 주차장
④ 지평식 주차장

해설
주차장법 시행규칙 제2조(주차장의 형태)
법 제6조 제1항에 따른 주차장의 형태는 운전자가 자동차를 직접 운전하여 주차장으로 들어가는 주차장(이하 "자주식 주차장"이라 한다)과 법 제2조 제3호에 따른 기계식 주차장(이하 "기계식 주차장"이라 한다)으로 구분하되, 이를 다시 다음과 같이 세분한다.
1. 자주식 주차장 : 지하식·지평식(地平式) 또는 건축물식(공작물식을 포함한다. 이하 같다.)
2. 기계식 주차장 : 지하식·건축물식

[전문개정 2010.10.29.]

95 해당 용도지역별 용적률의 최대한도가 가장 낮은 것부터 순서대로 옳게 나열한 것은?

가. 제1종전용주거지역　　나. 중심상업지역
다. 준주거지역　　　　　　라. 일반상업지역
마. 전용공업지역　　　　　바. 보전녹지지역

① 바, 가, 다, 마, 라, 나
② 바, 가, 다, 라, 마, 나
③ 바, 가, 마, 다, 나, 라
④ 바, 가, 마, 다, 라, 나

해설
녹지, 공업, 주거, 상업 순으로 높아진다.
가. 제1종전용주거지역 : 100% 이하
나. 중심상업지역 : 1,500% 이하
다. 준주거지역 : 500% 이하
라. 일반상업지역 : 1,300% 이하
마. 전용공업지역 : 300% 이하
바. 보전녹지지역 : 80% 이하

96 도시지역의 시급한 주택난을 해소하기 위하여 주택건설에 필요한 택지의 취득, 개발, 공급 및 관리 등에 관하여 특례를 규정함으로써 국민주거생활의 안정과 복지향상에 이바지함을 목적으로 하는 법은?

① 수도권정비계획법 ② 택지개발촉진법
③ 도시개발법 ④ 주택법

해설
① 수도권정비계획법 : 수도권에 과도하게 집중된 인구와 산업을 적정하게 배치하도록 유도하여 수도권을 질서 있게 정비하고 균형있게 발전
② 택지개발촉진법 : 도시지역의 택지난을 해소, 국민주거의 안정과 복지향상
③ 도시개발법 : 계획적이고 체계적인 도시개발, 쾌적한 도시환경조성, 공공복리 증진
④ 주택법의 목적 : 국민의 주거안정과 주거수준 향상

97 다음은 택지개발촉진법 중 준공검사에 관한 내용이다. ( )에 들어갈 내용으로 옳은 것은?

시행자는 택지개발사업을 완료하였을 때에는 ( ) 대통령령으로 정하는 바에 따라 지정권자로부터 준공검사를 받아야 한다.

① 지체없이 ② 1개월 이내에
③ 3개월 이내에 ④ 6개월 이내에

해설
택지개발촉진법 제16조(준공검사) 제1항
시행자는 택지개발사업을 완료하였을 때에는 지체 없이 대통령령으로 정하는 바에 따라 지정권자로부터 준공검사를 받아야 한다.

98 체육시설의 설치·이용에 관한 법률에 대한 설명 중 옳지 않은 것은?

① 체육시설업자는 문화체육관광부령으로 정하는 안전·위생 기준을 지켜야 한다.
② 문화체육관광부장관은 골프장업 시설의 농약 사용량 조사와 농약 잔류량 검사를 하여야 한다.
③ 체육시설업자는 문화체육관광부령으로 정하는 일정 규모 이상의 체육시설에 체육지도자를 배치하여야 한다.
④ 체육시설업자는 체육시설업의 시설을 이용하는 자가 보호장구 착용의무를 준수하지 아니한 경우에는 그 체육시설 이용을 거절하거나 중지하게 할 수 있다.

해설
1. 체육시설의 설치·이용에 관한 법률 제23조(체육지도자의 배치)
 • 체육시설업자는 문화체육관광부령으로 정하는 일정 규모 이상의 체육시설에 체육지도자를 배치하여야 한다.
2. 체육시설의 설치·이용에 관한 법률 제24조(안전·위생 기준)
 • 체육시설업의 시설을 이용하는 자는 제1항의 안전·위생 기준에 따른 보호장구를 착용하여야 한다.
 • 체육시설업자는 체육시설업의 시설을 이용하는 자가 제2항의 보호장구 착용 의무를 준수하지 아니한 경우에는 그 체육시설 이용을 거절하거나 중지하게 할 수 있다.

99 도시 및 주거환경정비법령상 시장·군수가 그 건설에 소요되는 비용의 전부 또는 일부를 부담할 수 있는 주요 정비기반시설에 해당하지 않는 것은?(단, 시장·군수가 아닌 사업시행자가 시행하는 정비사업의 정비계획에 따라 설치되는 도시계획시설을 말한다.)

① 공원 ② 하천
③ 공용주차장 ④ 소방용수시설

해설
주요 정비기반시설에는 도로, 상·하수도, 공원, 공용주차장, 공동구, 녹지, 하천, 공공공지, 광장, 임시수용시설이 있다.

100 국토의 계획 및 이용에 관한 법률에서 정한 '기반시설'에 속하지 않는 것은?

① 광장·공원·녹지 등 공간시설
② 도로·철도·항만·공항·주차장 등 교통시설
③ 하수도·폐기물처리시설 등 환경기초시설
④ 아파트·연립주택·다세대주택 등 주거시설

해설
기반시설은 공간시설, 공공·문화체육시설, 교통시설, 유통·공급시설, 보건위생시설, 환경기초시설, 방재시설을 말한다.

정답 96 ② 97 ① 98 ② 99 ④ 100 ④

제1과목 도시계획론

01 자본주의 사회의 도시계획에 대한 비판적 분석을 통해 형성되었으며 도시에서 일어나는 끊임없는 계층 간의 갈등에 대해 정부가 간섭하는 과정을 통해 현대의 도시계획을 분석하고 설명한 계획이론 모형은?

① 협력적 계획 모형
② 유기적 계획 모형
③ 합리적 계획 모형
④ 정치경제 계획 모형

해설
정치경제 계획 모형
- 계획을 정부의 집합적인 간섭으로 조망하면서, 도시에서의 끊임없는 계층 간의 갈등을 정부가 간섭하는 과정을 통해 현대의 계획을 분석하고 설명
- 계획의 실행은 자본 축적과정의 맥락 안에서 존재하며, 자본주의 생산양식의 관점에서 분석되어야 함

02 풍수해, 산사태, 지반의 붕괴, 그 밖의 재해를 예방하기 위하여 법률로 지정한 지구는?

① 방화지구
② 방재지구
③ 경관지구
④ 고도지구

해설
국토의 계획 및 이용에 관한 법률 제37조(용도지구의 지정)
국토교통부장관, 시·도지사 또는 대도시 시장은 다음 각 호의 어느 하나에 해당하는 용도지구의 지정 또는 변경을 도시·군관리계획으로 결정한다. 〈개정 2011.4.14, 2013.3.23〉
1. 경관지구 : 경관을 보호·형성하기 위하여 필요한 지구
3. 고도지구 : 쾌적한 환경 조성 및 토지의 효율적 이용을 위하여 건축물 높이의 최저한도 또는 최고한도를 규제할 필요가 있는 지구
4. 방화지구 : 화재의 위험을 예방하기 위하여 필요한 지구
5. 방재지구 : 풍수해, 산사태, 지반의 붕괴, 그 밖의 재해를 예방하기 위하여 필요한 지구
※ 참고 : 2017. 4. 18. 부로 국토의 계획 및 이용에 관한 법률 제37조(용도지구의 지정) 조항이 개정되면서 미관지구 와 시설보호지구 조항이 삭제되고, 복합용도지구가 추가되었으며, 보존지구가 보호지구로 변경되었다.

03 광장의 종류와 설치목적이 옳지 않은 것은?

① 중심대광장 : 다수인의 집회·행사·사교 등을 위하여 필요한 경우에 설치할 것
② 교차점광장 : 혼잡한 주요 도로의 교차지점에서 각종 차량을 원활히 소통시키기 위하여 필요한 곳에 설치할 것
③ 건축물부설광장 : 건축물의 이용효과를 높이기 위하여 건축물 내부 또는 그 주위에 설치할 것
④ 지하광장 : 교통 처리를 원활히 하고 이용자에게 휴식을 제공하기 위하여 필요한 곳에 설치할 것

해설
「도시계획시설의 결정·구조 및 설치기준에 관한 규칙」제50조(광장의 결정기준)

구분	설치 목적
교차점광장	혼잡한 주요도로의 교차지점에서 각종 차량과 보행자를 원활히 소통시키기 위하여 필요한 곳에 설치할 것
중심대광장	다수인의 집회·행사·사교 등을 위하여 필요한 경우에 설치할 것
지하광장	철도의 지하정거장, 지하도 또는 지하상가와 연결하여 교통처리를 원활히 하고 이용자에게 휴식을 제공하기 위하여 필요한 곳에 설치할 것
건축물부설광장	건축물의 이용효과를 높이기 위하여 건축물의 내부 또는 그 주위에 설치할 것

04 중세 유럽 도시의 특성에 대한 설명으로 옳지 않은 것은?

① 성벽과 대규모 사원이 도시 공간의 주된 구성요소이다.
② 방어를 위해 사용된 해자, 운하, 강이 개별 도시를 고립시켰다.
③ 도심을 강조하기 위해 직선을 중심으로 계획하고 엄격한 용도규제를 통하여 도시 내부 기능을 분리하였다.
④ 필요한 기회가 주어질 때마다 이를 활용하는 유기적 계획(Organic Planning)의 형태로 진행되었다.

해설
중세도시의 도시계획 = 유기적 계획(Organic Planning)
- 보루형 도시 : 방어를 위해 성벽 등을 갖는 도시로 개별 도시가 고립됨
- 간선도로망 형태 : 집중형, 중세적 광장(Square)
- 중세도시의 물리적 구성요소 : 성벽, 시장, 사원
- 중세도시의 구별 : 성채도시, 상업도시 등

05 텔레커뮤니케이션(Tele-communication)을 위한 기반시설이 인간의 신경망처럼 도시 구석구석까지 연결된 도시이며, 다양한 도시 부분에 ICT의 첨단 인프라가 적용된 지능형 도시는?

① Eco City
② Green City
③ Smart City
④ Compact City

해설

스마트 시티(Smart City)
- 텔레커뮤니케이션을 위한 기반시설이 도시 구석구석까지 연결된 도시
- ICT의 첨단인프라가 적용된 도시
- 지능형 도시

06 고대 그리스 도시의 특징으로 틀린 것은?

① 도시 입구와 신전을 축으로 중간 지점에 아고라를 배치하였다.
② 주로 자연항을 사용하였으나 필요한 경우 제방을 쌓아 인공항만을 건설하였다.
③ 본토의 해안지역에서 자연적으로 발생한 도시는 질서 있는 격자형의 도로망을 갖추었다.
④ 페르시아와의 전쟁 후 복구 과정에서 격자형 가로망 체계가 일부 본토의 도시에서 채택되었다.

해설

그리스 고대도시
1) 아테네의 도시계획
  ㉠ 인구 30만 정도 : 시민권 20만, 노예 12만 정도
  ㉡ Plato(427~347 BC) : 저서 『Republic』
    - 아테네 민주정치의 몰락 예언 : 사치·향락·금권정치 등을 역설적으로 비판
    - 디스토피아(Dystopia) ↔ 유토피아(Utopia)
    - 이상도시 규모 : 5천~1만 명 수준, 직접 민주정치가 가능한 규모
  ㉢ 아크로폴리스(Acropolis) : 도시가 내려다보이는 언덕 위에 위치, 정신적 상징(신전)
  ㉣ 아고라(Agora) : 도시광장, 민주주의 실현장소 - 시장+정치+토론+학습의 장
2) 페리클레스(Pelicles) 시대
  ㉠ 히포다무스(Hippodamus, 도시계획의 아버지)
    - 격자형 가로망 주장(Gridiron)
    - 문예부흥 이후 격자형 도시계획의 근원
  ㉡ 알렉산더(Alexander)
    - 아리스토텔레스(Aristoteles)의 제자로서 도시예찬론자
    - 정복 도시에 히포다모스적 도시계획 실시

07 도시계획을 위한 자료 수집의 접근방법에 따라 1차 자료와 2차 자료로 구분할 때, 다음 중 1차 자료가 아닌 것은?

① 통계조사자료
② 현지조사자료
③ 면접조사자료
④ 설문조사자료

해설

도시조사 : 자료원에 대한 접근에 따라 1차, 2차 자료로 구분

1차 자료	현지조사	관찰법	• 전수조사, 표본조사 (사례연구, 확률추출) • 현실감 우수 • 비용과 시간 과다
		실측법	
	면접조사	개인면접법	
		전화면접법	
		집단면접법	
	설문조사	개인설문조사	
		우편설문조사	
		집단설문조사	
2차 자료	문헌자료조사 통계자료조사	공식자료, 비공식자료	• 기존의 서적, 간행물, 각종 통계자료
	지도분석		• 세계단위자료, 국가단위자료, 지역단위자료, 국지단위자료, 필지단위자료 • 시간과 비용면에서 유리 • 적정성, 현실성 문제 발생

08 토지이용계획의 역할로 옳지 않은 것은?

① 도시의 외연적 확산을 촉진시킨다.
② 토지이용의 규제와 실행수단을 제시해 준다.
③ 계획적인 개발을 유도하여 난개발을 억제시킨다.
④ 도시의 현재와 장래의 공간 구성과 토지이용 형태가 결정된다.

해설

토지이용계획의 역할
- 도시의 현재와 미래의 공간 구성
- 토지이용의 규제와 실행수단 제시 : 지상·공중·지하의 3차원적 공간계획을 대상으로 하여 기능배치만 아니라 밀도와 형태를 포함
- 지구단위계획에 대한 지침 제시 : 국토 및 지역계획의 지침을 수용하고 지구단위계획에 지침을 전달
- 난개발 방지
- 장래를 위한 토지의 보존

정답 05 ③ 06 ③ 07 ① 08 ①

09 도시저소득층 주민이 집단적으로 거주하는 노후·불량건축물이 밀집한 지역의 주거환경을 개선하기 위하여 시행하는 도시정비사업으로 옳은 것은?

① 재개발사업 ② 주거환경개선사업
③ 재건축사업 ④ 도시환경정비사업

해 설

도시 및 주거환경정비법에 의한 도시개발사업에는 주거환경개선사업, 재개발사업, 재건축사업이 있다.
① 주거환경개선사업
- 도시저소득 주민이 집단주거하는 지역으로서
- 정비기반시설이 극히 열악하고 노후·불량건축물이 과도하게 밀집한 지역의 주거환경을 개선
- 단독주택 및 다세대주택이 밀집한 지역에서 정비기반시설과 공동이용시설 확충을 통하여 주거환경을 보전·정비·개량하기 위한 사업
- 정비구역에서 정비기반시설 및 공동이용시설을 새로 설치하거나 확대하고 토지등소유자가 스스로 주택을 보전·정비하거나 개량하는 방법
- 정비구역의 전부 또는 일부를 수용하여 주택을 건설한 후 토지등소유자에게 우선 공급하거나 대지를 토지등소유자 또는 토지등소유자 외의 자에게 공급하는 방법
- 환지로 공급하는 방법
- 인가받은 관리처분계획에 따라 주택 및 부대시설·복리시설을 건설하여 공급하는 방법

② 재개발사업
- 정비기반시설이 열악하고 노후·불량건축물이 밀집한 지역에서 주거환경을 개선
- 상업지역·공업지역 등에서 도시기능의 회복 및 상권활성화 등을 위하여 도시환경을 개선하기 위한 사업
- 인가받은 관리처분계획에 따라 건축물을 건설하여 공급하는 방법
- 환지로 공급하는 방법

③ 재건축사업
- 정비기반시설은 양호하나 노후·불량건축물에 해당하는 공동주택이 밀집한 지역에서 주거환경을 개선하기 위한 사업
- 인가받은 관리처분계획에 따라 주택, 부대시설·복리시설 및 오피스텔을 건설하여 공급하는 방법
- 주택단지에 있지 아니하는 건축물의 경우에는 지형여건·주변의 환경으로 보아 사업 시행상 불가피한 경우로서 정비구역으로 보는 사업에 한정
- 오피스텔을 건설하여 공급하는 경우에는 「국토의 계획 및 이용에 관한 법률」에 따른 준주거지역 및 상업지역에서만 건설할 수 있다. 이 경우 오피스텔의 연면적은 전체 건축물 연면적의 100분의 30 이하이어야 한다.

10 지속가능한 도시개발의 원칙과 관련한 3가지 주요 요소로 적절치 않은 것은?

① 형평성
② 미래지향성
③ 환경의 가치
④ 도시공간의 확장

해 설

Robert Goodland(1994)가 제안한 지속가능한 도시개발을 위한 지속성 요소
㉠ 사회문화적 지속성 : 사회개발, 사회적 혼합을 위한 주택건설 및 역사·문화적 지속성 확보
㉡ 경제적 지속성 : 자족시설용지 조성, 개발유보지 확보, 홍수예방 등을 위한 유수지 조성
㉢ 경관 및 환경적 지속성 : 경관 형성 및 관리를 위한 계획, 환경적 지속성 제고를 위한 계획(자연순응형 개발, 접근성 제고, 밀도, 에너지이용 및 자원순환, 생태적 환경조성, 대중교통체계 확립)

11 2000년에 50만 명이었던 A도시의 인구가 2005년에 58만 명으로 증가되었다. 등차급수법에 의한 5년 동안의 연평균 인구증가율과 2010년의 추정 인구는?

① 2.8%, 62만 명 ② 3.2%, 66만 명
③ 2.8%, 64만 명 ④ 3.2%, 68만 명

해 설

과거추계에 의한 방법
과거의 인구변화 추이가 미래에도 지속될 것으로 가정하여 미래의 인구를 산정하는 방법이다.
㉠ 등차급수법 $P_n = P_0(1+r \cdot n)$
  여기서, P_0 : 초기 연도 인구, r : 인구증가율
  n : 1년 단위 기간, K : 인구성장한계
㉡ 연평균 인구증가율
$$r = \frac{\left(\frac{P_n}{P_0}-1\right)}{n} = \frac{\left(\frac{58}{50}-1\right)}{5} = 0.032, 3.2\%$$
㉢ 2010년의 추정 인구
$P_n = 58(1+0.032 \times 5) = 67.28 ≒ 68$만 명

12 도시화 현상에 대한 정의로 옳지 않은 것은?

① 도시의 행정구역이 넓어지는 현상이다.
② 농촌인구가 도시지역으로 이동하는 현상이다.
③ 농촌적 생활양식이 도시적 생활양식으로 변화하는 현상이다.
④ 인간의 삶터가 공간적, 사회경제적 측면에서 도시적으로 변화해 가는 현상이다.

해설

도시화

1. 도시화의 일반적 정의
   - 도시 내의 모든 요소들이 상호작용을 통해 변화해가는 하나의 실증적 종합현상
   - 단순한 도시인구의 증가뿐만 아니라, 인간생활양식의 변화와 산업사회로의 변화 의미
   - 도시화란 비도시지역이 도시지역의 속성을 갖추게 되어가는 과정

2. 도시화의 학문적 정의
   - 생태학적 입장(Ecological Aspect) : 도시화란 도시의 영향력이 인접지역이나 농촌으로 침투·확대되어 나가는 현상
   - 체제론적 입장(Systems Theory) : 도시화란 도시라고 하는 시스템이 분화·융합되어 나가는 과정
   - 사회학적 입장(Sociological Aspect) : 도시화는 인간의 행위유형이 도시적 성질로 변환하는 것
   - 인구학적 입장(Demographic Aspect) : 도시인구의 증가를 도시화로 정의
   - 산업구조적 입장(Industrial Aspect) : 1차 산업이 2, 3차 산업으로 변화하는 것
   - 공간구조적 입장(Spatial Structural Aspect) : 도시의 공간과 기능 및 영역이 확산하는 현상
   → 도시의 물리적 영역 확산은 도시화로 볼 수 있으나 행정구역이 넓어지는 것은 도시화라고 보기 어렵다.

---

13 환지방식에 의한 도시개발사업 시행에 대한 설명으로 옳지 않은 것은?

① 대규모 토지소유자에 대한 소유권의 침해가 크다.
② 계획의 시행과 주민의 소유권 보호 간 마찰을 최소화하면서 사업을 진행하기 때문에 민원이 발생할 소지가 적다.
③ 사업 시행자가 사업비의 일부를 체비지(替費地) 매각으로 충당할 수 있기 때문에 별도의 큰 자본 없이 사업 시행이 가능하다.
④ 공공감보(公共減步)에 대한 명확한 기준이 없기 때문에 공공감보가 수익자 부담인지 기부금이나 개발부담금에 상당하는 것인지, 또는 개발이익의 사회적 환원인지 등 사회적 명분이 불분명하다.

해설
환지방식의 특징
- 적은 자본으로 사업 시행이 가능 : 체비지 매각 등에 의한 자금조달
- 도로·공원 등의 공공시설 용지를 토지소유자가 제공
- 토지의 분할 및 구획을 통하여 토지의 이용을 증진
- 민원발생의 소지가 전면매수방식보다 적음 – 소규모 토지소유자들은 토지가 환지되지 않고 청산됨으로써 문제가 발생할 수 있음
- 토지의 권리관계 변동이 발생되지 않음 – 지나친 개발이익의 사유화 문제 발생 가능
- 일부 토지소유자의 반대에도 불구하고 토지소유자 총수의 1/2 이상, 토지면적의 2/3 이상 동의 시 사업 시행이 가능함(동의에 상당한 시일이 필요)

---

14 독시아디스(C.A. Doxiadis)가 주장하는 3차원의 공간에 대한 4차원의 시간에 초점을 맞춘 미래도시로 맞는 것은?

① 연담도시 ② 다이나폴리스
③ 메트로폴리스 ④ 메갈로폴리스

해설
독시아디스(C. A. Doxiadis, 1963)
- 그리스의 도시계획가
- 에키스틱스(EKISTICS) 이론을 발전시켜 델로스(Delos)선언을 채택
- 인간정주학 구성요소(5요소) : 인간, 사회, 자연, 네트워크, 구조물
- 3차원 공간에 대한 4차원으로서 시간에 초점을 맞추어 다이내믹하게 발전하는 미래도시 : 다이나폴리스(Dynapolis)

---

15 토지이용과 교통체계 간의 관계에 대한 설명으로 옳지 않은 것은?

① 도시개발을 통한 토지이용상태의 변화는 통행을 유발한다.
② 교통수요의 증가는 토지이용에 영향을 주어 지가상승의 요인이 된다.
③ 교통시설의 확충은 토지이용에 부정적인 외부효과만을 증가시킨다.
④ 도시 내에서 토지이용과 교통체계는 상호 밀접하게 작용하는 체인(Chain)과 같은 관계이다.

해설
교통시설의 확충은 토지이용에 다양한 효과(외부 경제, 외부 불경제)를 발생시킴

---

16 린드블롬(C. Lindblom)이 주장한 점진적 계획(Incremental Planning 또는 Disjointed Incrementalism)의 특징으로 옳은 것은?

① 논리적 일관성을 통해 최적의 대안을 제시하고자 한다.
② 계획의 실행과 결과에 대한 인과관계가 명확히 구분된다.

정답 13 ① 14 ② 15 ③ 16 ④

③ 구체적이고 실체적인 집단행동을 실현시키려는 경향을 띠고 있다.
④ 지속적인 조정과 적응을 통해 계획의 목표를 추구하는 방법을 모색하고자 한다.

해 설

점진적 계획(Incremental Planning)
- 린드블롬(C. Lindblom)에 의해 주창한 이론
- 총합적 계획의 비현실성을 비판하면서 인간의 지적능력의 한계와 의사결정의 제약으로 총합적 분석은 불가능하므로 제한된 대안만을 고려해야 한다는 이론
- 현상을 부분적 점진적으로 개선할 수 있는 제한된 수의 대안을 검토·선택하는 것
- 총합적 계획에 있어 목표, 문제해결, 대안평가와 결정의 집행 등이 지나치게 중앙집중적인 점을 보완
- 논리적 일관성이나 최적의 해결대안을 제시하기보다는 지속적인 조정과 적응을 통한 계획의 목표 추구에 대한 접근방법
- 세계 어느 곳에서도 적용이 가능한 현실적 이론이며, 정책결정과정이 분산되어 상호 단절됨
- 보수적 성격을 띠며, 사회구조가 분화 형성되지 못한 후진국에 적용 곤란

17 지역사회가 필요로 하는 복합사무실, 연구소, 다세대주택 등을 위한 용도로의 토지이용을 목적으로 집중 Zoning이나 PUD(Planned Unit Development)에 있어 주로 사용하며, 조례상에는 특정한 용도지구로 설정하고 그 요건을 미리 정하지만 구체적으로 어디에 설정할지는 유보하는 것을 의미하는 기법은?

① 계약용도지역(Contract Zoning)
② 조건부용도지역(Conditional Zoning)
③ 부동지역지구(Floating Zoning District)
④ 계획단위개발(Planned Unit Development)

해 설

부동지역제(Float Zoning)
- 적용특례나 특례조치는 Zoning의 완결을 전제로 개별 용도 차원에서 이루어지지만, 부동지역제는 Zoning의 결정에 탄력성을 부여할 목적으로 용도지역 차원에서 이루어지는 특례조치이다.
- Floating이라는 단어는 일반적인 Zoning 조례의 규제규정에서 볼 수 있는 모든 토지 용도지구가 반드시 Zoning 도면에 처음부터 선이 그어지는 것이 아니라, Zoning 조례상에는 특정한 용도지구로 설정하고, 그 요건을 미리 정하나 구체적으로 어디에 설정할 것인지는 유보해둠으로써 단지 관념상으로는 이 용도지구는 자치단체구역 내의 여기저기를 '浮動'하기 때문에 사용되었다. Zoning 조례가 요건을 만족시키는 용도가 신청되면 그 시점에 Zoning 도

면상에 '고정'되게 된다.
- PUD, 대형 쇼핑센터 등 특정개발자의 구체적 제안을 지자체 및 의회의 협의를 거쳐 유연하게 적용하는 용도지역제

18 영국에서 1932년 지자체 행정구역 전역을 대상으로 공간계획을 수립하는 제도를 만든 근거 법령은?

① 도시기본법
② 연방건설법
③ 건축법과 건축령
④ 도시 및 농촌계획법

해 설

영국 환경부의 1932년 도시 및 농촌계획법(Town and Country Planning Act)
- 지자체 행정구역 전역을 대상으로 공간계획을 수립하는 제도
- 영국의 도시계획을 총괄하는 기본법

19 집단생잔법에 대한 설명으로 옳은 것은?

① 기준연도의 인구와 출생률, 사망률, 인구이동 등의 변화요인을 고려하여 장래인구를 예측한다.
② 과거의 일정 기간에 나타난 실제 인구의 변화 자료에 복리이율방식을 적용하여 장래인구를 예측한다.
③ 장래 산업개발계획을 바탕으로 업종별 취업인구의 예측 결과를 바탕으로 총 인구를 예측한다.
④ 경제적 압출요인과 흡인요인이 도시인구를 변화시키는 요소라고 가정하고, 이들 간의 관계를 방정식으로 표현하여 장래인구를 예측한다.

해 설

집단생잔방법(Cohort Survival Method)
- 출생률, 사망률, 인구이동 등을 고려하여 인구 추정
$P_t = P_o + B_{o-t} + I_{o-t} - O_{o-t}$
 여기서, 기준연도의 인구(P_o)에 특정 기간($t-0$년) 동안의 출생인구(B)와 유입인구(I)를 더하고 사망인구(D)와 유출인구(O) 산정
- 특징 : 도시 서비스 제공을 위한 자료로 유용
- 종류 : 요인별 인구 구성방법, 인구 생잔방법

20 재해관리정보시스템 구축을 위한 기본조사 항목과 가장 관계가 없는 것은?

① 방재 관련 업무 분석
② 표준안 및 시스템 구축 지침 작성
③ 데이터베이스 개념 설계 및 기술 수요 분석
④ 재해 관련 부서 간 네트워킹 체계 및 업무 협조 체계 구축

[해설]
재해관리정보시스템 구축을 위한 기본조사 항목
- 방재 관련 업무 분석
- 표준안 및 시스템 구축 지침 작성
- 데이터베이스 개념 설계 및 기술 수요 분석

제2과목 도시설계 및 단지계획

21 어린이공원의 규모 및 유치거리 기준으로 옳은 것은?

① 1,500m² 이상, 250m 이하
② 2,000m² 이상, 250m 이하
③ 2,500m² 이상, 300m 이하
④ 3,000m² 이상, 300m 이하

[해설]
어린이공원의 유치거리 및 규모

유치거리	규모
250m 이하	1천5백 m² 이상

22 주거단지 내의 밀도계획을 아래와 같이 하고자 할 때, 상정 인구밀도에 의하여 계산한 주거용지의 총 면적은?

밀도\구분	계획인구	인구밀도
고밀도	12,500인	250인/ha
중밀도	9,000인	200인/ha
저밀도	5,000인	100인/ha

① 80ha
② 105ha
③ 125ha
④ 145ha

[해설]
주거용지의 총면적

$$총\ 면적 = \Sigma\left(\frac{계획인구}{인구밀도}\right)$$
$$= \frac{12,500}{250} + \frac{9,000}{200} + \frac{5,000}{100} = 145ha$$

23 유비쿼터스 도시 혹은 단지라고 보기 어려운 곳은?

① 싱가포르의 원-노스 파크(One-North Park)
② 홍콩의 사이버포트(Cyber Port)
③ 인천의 송도
④ 미국의 덴버(Denver)

[해설]
미국의 덴버는 콜로라도 주의 한 도시로 1850년대부터 존재해온 곳이다. 북위 40도 가까운 고지대에 위치하여 기후가 온난 건조하고, 로키산맥이 있는 덴버산악공원이 유명하다. 교육, 문화, 관광도시라 할 수 있다.

24 주거형 지구단위계획에서 단독주택용지의 가구 및 획지계획 기준으로 틀린 것은?

① 획지의 형상은 건축물의 규모와 배치, 인동간격, 높이, 토지이용, 차량동선, 녹지공간의 확보 등을 고려하여 장방형 또는 정방형의 형태를 결정하되, 가능하면 남북방향으로의 긴 장방형으로 한다.
② 단독주택용 획지로 구성된 소가구는 근린의식 형성이 용이하도록 10~24획지 내외로 구성하며 장변이 120m를 초과할 경우에는 장변 중간에 보행자도로를 삽입하는 것이 좋다.
③ 대가구의 규모는 어린이 놀이터 하나를 유지하는 거리로 반경 150~250m를 기준으로 한다.
④ 대가구 내 도로계획은 단조로움과 통과교통 방지를 위하여 3지 교차도로 및 루프(Loop)형 도로를 배치한다.

[해설]
단독주택용지의 가구 및 획지계획
1. 간선도로변 획지기법
   - 가구의 장변 길이가 150m 이상일 경우 3~4m의 보행자 통로를 설치하여 보행거리를 줄임
   - 간선도로변에 시설녹지가 없는 경우 세장비가 큰 대형의 획지를 1켜로 배치하여 도로변의 소음·진동을 줄이고 가로경관을 증진시킴
2. 소가구 획지기법
   - 가구 단변의 길이는 30~50m, 남북 간은 짧게(26~34m), 동서 간은 길게(32~44m)
   - 가구 장변의 길이는 90~130m, 150m 이상일 경우 보행거리가 길고, 지루함
3. 대가구 획지기법
   - 대가구의 단위규모는 어린이놀이터의 이용반경과 주거가구를

정답 21 ① 22 ④ 23 ④ 24 ③

- 인지할 수 있는 소가구의 적절한 조합으로 결정
- 길을 건너지 않고 어린이놀이터를 이용할 수 있는 반경 100~150m
- 소가구 조합에 의한 대가구 구성 시 구획도로는 평행으로 4~5개가 적합
- 단변의 길이 180~250m, 장변의 길이 250~350m

25 도시설계 또는 지구단위계획과 비교하여 단지 계획이 갖는 정의 및 특성으로 틀린 것은?

① 대지조성계획이다.
② 지침제시적인 규제계획이다.
③ 시설물의 배치까지도 포함한다.
④ 밀도, 용적, 형태, 기능과 패턴 등을 마련한다.

해설

단지계획의 특징
- 계획대상이 뚜렷하다.(대지나 주택에 대한 계획)
- 계획목표나 내용이 상세하며 구체적이다.(시설물의 종류와 배치에 대한 상세계획)
- 사업계획의 성격을 갖는다.
- 평면적·입체적 토지이용이 가능하다.(밀도, 용적, 형태, 기능과 패턴 등을 마련하는 계획)
- 기술적 측면을 중시하며, 단기계획이다.

26 도시공원 및 녹지 등에 관한 법률에 따른 도시 공원 설치 및 규모의 기준으로 옳은 것은?

① 어린이공원의 면적은 최소 2,000m² 이상으로 한다.
② 도보권 근린공원의 면적은 최소 1만 m² 이상으로 한다.
③ 공원이용자의 안전을 위해 입구를 제외하고는 가급적 도로를 배치하지 않는다.
④ 도시공원의 경계는 가급적 식별이 명확한 지형·지물을 이용하거나 주변의 토지이용과 확실히 구별할 수 있는 위치로 정한다.

해설

1. 도시공원의 설치 및 규모의 기준

공원 구분		유치거리	규모	해당 공원면적	건폐율	공원시설 부지면적
소공원		제한 없음	제한 없음	전부 해당	5%	20% 이하
어린이공원		250m 이하	1천5백 m² 이상	전부 해당	5%	60% 이하
근린공원	근린생활권 근린공원	500m 이하	1만 m² 이상	3만 m² 미만	20%	40% 이하
	도보권 근린공원	1천m 이하	3만 m² 이상	3만 m² 이상 10만 m² 미만	15%	40% 이하
	도시지역권 근린공원	제한 없음	10만 m² 이상	10만 m² 이상	10%	
	광역권 근린공원	제한 없음	100만 m² 이상			

2. 도시공원 및 녹지 등에 관한 법률 시행규칙 제6조(도시공원의 설치 및 규모의 기준)
- 도시공원은 공원이용자가 안전하고 원활하게 도시공원에 모였다가 흩어질 수 있도록 원칙적으로 3면 이상이 도로에 접하도록 설치되어야 한다. 다만, 도시공원의 입지상 불가피한 경우로서 이용자가 안전하고 원활하게 도시공원에 모였다가 흩어지는 데 지장이 없는 때에는 그러하지 아니하다.
- 도시공원의 경계는 가급적 식별이 명확한 지형·지물을 이용하거나 주변의 토지이용과 확실히 구별할 수 있는 위치로 정하여야 한다.

27 유비쿼터스 도시(U-City)에 대한 설명으로 가장 적합한 것은?

① 인터넷에 가상으로 존재하는 도시를 통칭
② 도시 공간에 IT 기술이 융·복합되어 시민에게 다양한 서비스를 제공하는 도시
③ 최첨단 친환경 기술이 접목된 지속가능한 저탄소 녹색도시
④ 녹지공간이 풍부하여 쾌적하고 살기 좋은 도시

해설

유비쿼터스 도시(Ubiquitous, U-City)
1. 정의
   - Ubiquitous란 라틴어로 '언제 어디서나 존재한다'는 의미
   - 때와 장소에 관계없이 전산망에 접근할 수 있는 네트워크를 지칭하며, 우리나라에서는 시공자재(時空自在)라는 한자어로 표현함(국토연구원)
2. 방법
   - 'Anytime, Anywhere, Anydevice'가 가능해야 함
   - 모바일 기술로 인터넷 검색과 홈네트워크 상용화
   - PDA와 LBS(Location Based Service)를 이용한 자동차길 안내
   - 지능형 교통망 ITS(Intelligent Transport System) 구축, 생활편익 및 공공서비스 실시

28 국지도로의 유형 중 가로망의 형태가 단순하며 이용효율이 높은 반면 통과교통이 생기는 등의 단점이 있는 유형은?

① 격자형
② T자형
③ 루프형
④ Cul-de-sac형

해설

국지도로 기본패턴(국지도로 계획에 사용되는 기본패턴)에 따른 구획도로 구성형식

격자형 (일반적 형식)	• 통과교통 허용으로 안전성이 낮음 • 도로의 위계가 불분명하고 부정형 지형에 적용 곤란 • 각 택지에 대한 서비스 용이, 토지 이용효율 증대 • 공간의 폐쇄성이 결여되어 장소성이 약하며, 단조로운 가구 형성
T자형 (통과교통 배제)	• 교차점에서 격자형보다 안전하며 주행속도는 낮음 • 손실되는 토지가 적고 단조로운 가구 형성, 방향성 불분명 • 구획도로와 국지도로의 빈번한 교차발생
Loop형 (차량 우회 교통발생)	• 통과교통 감소로 안전한 도로공간 및 생활공간 형성 • 정돈된 경관연출 가능
Cul-de-sac형 (통과교통 최대한 배제)	• 어린이 안전 및 주민의 일체성 확보와 쾌적성 우수 • 부정형 지형에 적용이 용이하고 회차부분을 활력 있는 공간으로 조성 가능 • 각 획지의 서비스 차량 진입 불편 및 집찾기 불편

29 케빈 린치가 환경의 이미지를 설명할 때 분해한 성분이 아닌 것은?

① 아이덴티티(Identity)
② 스트럭처(Structure)
③ 의미(Meaning)
④ 행동장면(Behavior Setting)

해설

도시이미지(케빈 린치)

린치의 도시이미지	지구(District), 연변(Edge), 결절(Node), 통로(Path), 표지물(Landmark)
린치의 환경이미지	특징(Identity), 구조(Structure), 의미(Meaning)
린치의 동태적 도시 구성 형태	입도(인구밀도, 용적률), 접근성(교통시설 패턴의 시간적 차원), 초점 구성(결절의 상호관계로 고정된 활동위치의 공간적 표현)

30 지구단위계획에서의 획지계획에 대한 설명 중 옳은 것은?

① 용도지역에 상관없이 획지규모는 동일하게 지정
② 최대획지의 지정을 통해 이면부의 과대개발을 유도
③ 최소획지규모는 모든 지구단위계획지구에서 의무적으로 일정비율 이상을 반드시 지정
④ 일단의 가구 내에 부정형의 영세필지들이 군집되어 있을 경우 공동개발대상지로 지정 가능

해설

- 획지계획은 주택지의 경우 적정 규모의 필지구획, 즉 토지이용의 효율성 및 주거의 쾌적성 확보와 여러 수요계층을 골고루 만족시킬 수 있는 다양한 규모의 배분을 추구
- 상업지의 경우 용도에 맞는 적정한 획지의 규모기준을 추구
- 향후 환지계획을 감안하여 토지의 용도·획지의 형태와 규모·개발의 용도 및 밀도, 가로구성, 경관조성 등 여러 사항이 고려되어야 함
- 일단의 가구 내에 부정형의 영세필지들이 군집되어 있을 경우 공동개발대상지로 지정 가능

31 도시지역 외 지역에 지정하는 지구단위계획 구역을 당해 구역의 중심기능에 따라 구분할 때, 그 분류에 해당하지 않는 것은?

① 주거형
② 역사문화형
③ 산업·유통형
④ 관광·휴양형

해설

제2종 지구단위계획구역은 당해 구역의 중심기능에 따라 주거형, 산업·유통형, 관광·휴양형 또는 복합형 등으로 지정목적을 구분한다.
→ 법규 변경으로 2012년 이후부터 "지구단위계획"으로 통합되었다.

32 도시의 가로망 중 중심적 통일성을 물리적으로 강조하며, 그 기능을 강화한 형태로서 부도심의 육성이 필요한 가로망 패턴으로 옳은 것은?

① 격자방사형
② 사다리형
③ 방사환상형
④ 격자형

해설

환상방사형(방사환상형)
- 도심부는 방사형 방식, 주변부는 환상형 방식으로 잇는 가로방식, 인구 100만 이상의 대도시에 적합
- 자연발생적으로 확대되는 도시에서 많이 나타나는 형식으로서 도시의 중심적 통일성을 강조한다.

정답 28 ① 29 ④ 30 ④ 31 ② 32 ③

33 도시설계를 그 성격이나 공간적 범위에 따라 구분하고, 광범위한 지역에 걸친 인간 활동의 시간적·공간적 패턴과 물리적 환경조성을 다루며, 경제·사회·심리적 영향도 함께 고려해야 하는 복합적인 것으로 정의한 사람은?

① 로버트 오웬(R. Owen)
② 로버트 벤추리(R. Venturi)
③ 케빈 린치(K. Lynch)
④ 르 코르뷔지에(Le Corbusier)

해 설
케빈 린치(Kevin Lynch)
- 도시는 "사람에 의해서 이미지화되는 것"이라고 주장
- 「도시의 이미지(The Image of The City, 1960년대)」라는 도시론을 발표
- 가독성(Legibility) : 도시설계는 경제·사회·심리적 영향도 함께 고려해야 하는 복합적인 것으로 정의

34 근린생활권의 위계 중에서 주민 간에 면식이 가능한 최소단위의 생활권이라 할 수 있고, 유치원·어린이공원 등을 공유하는 반경 약 250m가 설정기준이 되는 것은?

① 인보구
② 근린기초구
③ 근린분구
④ 근린주구

해 설
주택단지의 구성단위

구분	인보구	근린분구	근린주구
반경	100m 전후	150~200m 전후	300~400m 전후
인구	200~800명 정도	3,000~5,000명 정도	10,000~20,000명 정도

35 다음과 같은 조건을 가진 주택단지에서 합리식(Rational Method)에 의한 최대계획 우수유출량(Q, m³/sec)은?(단, 배수면적(A) : 30ha, 유출계수(C) : 0.6, 평균 강우강도(I) : 30mm/hr)

① 1.5
② 2.0
③ 2.4
④ 3.6

해 설
합리식
최대계획 우수유출량의 산정방법. 500ha 미만의 경우에 주로 사용한다.

$$Q = \frac{1}{360} \cdot C \cdot I \cdot A$$

여기서, Q : 최대계획 우수유출량(m³/sec)
C : 유출계수
I : 유달 시간(T) 내의 평균 강우강도(mm/hr)
A : 배수면적(ha)

$$Q = \frac{1}{360} \cdot C \cdot I \cdot A = \frac{1}{360} \cdot 0.6 \cdot 30 \cdot 30 = 1.5$$

36 지테(Camillo Sitte)의 예술적 원리에 근거한 도시공간의 내용으로 틀린 것은?

① 고대와 중세의 도시공간과는 다른 새로운 예술적 도시공간을 조성해야 한다.
② 건물은 광장이나 기타 요소와 상호 관계되는 경우에만 의미를 갖는다.
③ 도시를 확장하는 데 문화재의 보존문제에 관심을 가져야 한다.
④ 도시공간은 연속적으로 존재해야 한다.

해 설
카밀로 지테(Camillo Sitte)
- 예술적 원리를 준용한 도시계획
- 도시미화운동의 근간, 도시 구성요소들 간의 관계미학
- 고든 컬렌(Gordon Cullen)과 케빈 린치(Kevin Lynch)에 의한 도시이미지 연구로 발전
- 도시공간은 연속적으로 존재해야 한다.
- 건물은 광장이나 기타 요소와 상호 관계되는 경우에만 의미를 갖는다.
- 도시를 확장하는 데 문화재의 보존문제에 관심을 가져야 한다.

37 주간선도로와 보조간선도로와의 배치간격 기준으로 옳은 것은?

① 400m 내외
② 500m 내외
③ 600m 내외
④ 700m 내외

해 설
주간선도로와 보조간선도로의 배치간격
- 도심 : 500m
- 주거 : 500~1,500m
- 곡선반경 : 12m 이상

38 지구단위계획과 도시 및 주거환경정비법(이하 도정법) 정비계획의 성격에 대한 설명 중 틀린 것은?

① 제1종 지구단위계획의 입안권자는 시장·군수·구청장이다.
② 도정법 정비계획의 수립대상은 한정적이며 개별법에 의한 사업지역이 이에 해당된다.
③ 제1종 지구단위계획과 도정법 정비계획의 결정권자는 모두 시·도지사이다.
④ 제1종 지구단위계획의 수립대상은 포괄적이며 용도지구가 이에 해당된다.

해설
과거 도시지역을 제1종 지구단위계획, 도시외지역을 제2종 지구단위계획이라 칭하였으나 2013년 4월 국토의 계획 및 이용에 관한 법률 개정에 의해 제1종 지구단위계획, 제2종 지국단위계획의 구분이 없어지고 지구단위계획으로 통합되어 운영되고 있어 전항 정답으로 처리함

39 공동주택건립을 위한 지구단위계획에서의 친환경 계획요소로 틀린 것은?

① 비오톱 조성
② 자원 재활용
③ 조망권 확보
④ 투수성 바닥 처리

해설
③은 경관상세계획과 관련된 계획요소이다.

40 지구단위계획 수립기준에 대한 설명으로 틀린 것은?

① 주민은 지구단위계획구역의 지정에 관한 입안을 국토교통부장관 또는 시·도지사에게 제안할 수 있다.
② 지구단위계획은 지구단위계획구역의 지정목적 및 유형에 따라 계획내용의 상세 정도에 차등을 두되, 시장·군수는 당해 구역의 지정목적의 달성에 필수적인 항목 이외의 사항에 대해서도 필요시 포함하여야 한다.
③ 지구단위계획에서 일반적으로 주거·상업·공업·녹지지역과 용도지구 사이의 용도변경은 할 수 없다.
④ 도시지역 내 지구단위계획구역 안에서는 용도지역상 불허되는 용도라도 주거지역·상업지역·공업지역·녹지지역의 테두리 안에서 허용되는 용도·종류·규모의 건축물을 지구단위계획으로 허용할 수 있다.

해설
1. 국토의 계획 및 이용에 관한 법률 제26조(도시·군관리계획 입안의 제안) : 주민(이해관계자를 포함한다.)은 제24조에 따라 도시·군관리계획을 입안할 수 있는 자에게 도시·군관리계획의 입안을 제안할 수 있다. 이 경우 제안서에는 도시·군관리계획도서와 계획설명서를 첨부하여야 한다. 〈개정 2011.4. 14., 2015.8.11.〉
2. 국토의 계획 및 이용에 관한 법률 제24조(도시·군관리계획의 입안권자) : 특별시장·광역시장·특별자치시장·특별자치도지사·시장 또는 군수는 관할 구역에 대하여 도시·군관리계획을 입안하여야 한다. 〈개정 2011.4.14.〉
→ 주민이 국토교통부장관에게 제안하지는 않는다.

제3과목 도시개발론

41 도시개발사업의 수요를 파악하기 위한 정량적 예측모형에 해당하지 않는 것은?

① 시계열분석
② 회귀모형
③ 중력모형
④ 의사결정나무기법

해설
수요예측모형

계량적 (정량적) 방법	인과분석, 시계열모형, 다변량해석법, 중력모형, Huff 모형, 마르코프과정, 회귀모형 등
비계량적 (정성적) 방법	델파이, 집단회의법, 시나리오법, 의사결정나무법, 판단결정모델, 비교 유추

42 미국의 샌프란시스코(1981년)를 필두로 하여 도심재개발에 적용된 연계정책(Linkage Policy)에 대한 설명으로 가장 거리가 먼 것은?

① D. Keating, G. McMahon 등이 링키지(linkage)란 용어를 사용하였다.
② 링키지에 대한 정의의 폭이 각기 다른 것은 연계프로그램의 정책적 내용이 차츰 확대되어 나가고 있음을 반영하는 것으로 볼 수 있다.
③ 시당국이 신규로 상업적 개발을 허가해주는 대신 개발업자에게 일정한 주택, 고용기회, 보육시설, 교통시설 등의 건설을 촉구하는 다양한 프로그램으로 정의하기도 한다.

정답 38 전항정답 39 ③ 40 ① 41 ④ 42 ④

④ 업무, 상업시설 등을 고려하여 고소득 주택과의 연계만을 추구하는 것이 일반적이다.

해 설

연계정책의 개발형태 중 초광의적 개념
지역사회의 요구에 부응하기 위해 자금의 여유가 있는 부문에서 모자란 부문으로 강제로 이전시킴으로써 소득의 재분배 효과를 기대하는 개발유형이다. 따라서 고소득 주택과의 연계만을 추구하는 것은 옳지 않다.

43 도시개발의 방식 중 택지화가 되기 전 토지의 위치, 지목, 면적, 등급, 이용도 등의 필요사항을 고려하여 택지개발 후 개발된 감소 토지를 토지소유주에게 재배분하는 방식은?

① 매수방식(수용 또는 사용에 의한 방식)
② 합동개발방식
③ 단순개발방식
④ 환지방식

해 설

토지취득방식에 따른 분류

단순개발방식	토지 형질 변경 등 지주에 의한 자력개발을 의미하는 것으로 전통적인 개발방식
환지방식	택지화가 되기 전 토지의 위치, 지목, 면적, 등급, 이용도 등의 필요사항을 고려하여 택지개발 후 개발된 감소 토지를 토지소유주에게 재배분하는 것
매수방식(수용 또는 사용에 의한 방식)	사업시행자가 개발대상지의 토지를 매수하여 개발하는 방식으로 협의매수방식과 수용방식이 있다.
혼용방식	도시개발법에 의한 도시개발사업, 주택법에 의한 대지조성사업 등과 같이 대상토지를 전면매수하는 방식과 환지하는 방식을 혼합하는 방식
합동개발방식	토지개발사업에 참여하는 토지소유자와 함께 사업시행자, 재원조달자, 건설자가 택지개발을 착수하기 전에 일정가격으로 대상토지를 전량매수해서 택지로 개발하는 방식이다.

44 택지개발계획의 내용에 포함되지 않아도 되는 것은?

① 택지개발계획의 명칭과 개발계획의 개요
② 토지이용에 관한 계획 및 주요 기반시설의 설치계획
③ 시행자의 명칭 및 주소와 대표자의 성명
④ 토지·물건 또는 권리의 매수 및 보상계획서

해 설

1. 택지개발촉진법 제8조(택지개발계획의 수립 등)
① 지정권자는 택지개발지구를 지정하려면 다음 각 호의 사항이 포함된 택지개발계획(이하 "개발계획"이라 한다)을 수립하여야 한다.
  1. 개발계획의 개요
  2. 개발기간
  3. 토지이용에 관한 계획 및 주요 기반시설의 설치계획
  4. 수용할 토지 등의 소재지, 지번(地番) 및 지목(地目), 면적, 소유권 및 소유권 외의 권리의 명세와 그 소유자 및 권리자의 성명·주소
  5. 그 밖에 대통령령으로 정하는 사항
② 제1항에 따라 개발계획을 수립하는 절차와 그 밖에 필요한 사항은 대통령령으로 정한다. [전문개정 2011.5.30.]
2. 택지개발촉진법 시행령 제7조(택지개발계획의 수립 등)
법 제8조 제1항 제5호에서 "대통령령으로 정하는 사항"이란 다음 각 호의 사항을 말한다.
  1. 택지개발계획(이하 "개발계획"이라 한다)의 명칭
  2. 시행자의 명칭 및 주소와 대표자의 성명
  3. 개발하려는 토지의 위치와 면적

45 해외 텔레포트와 그 유형의 연결이 틀린 것은?

① 일본 동경 - 임해부 부도심의 기반구조형
② 미국 Bay Area - 해안 관광도시형
③ 영국 런던 - 도시재개발형
④ 미국 뉴욕 - 정보통신 관련 산업단지형

해 설

텔레포트 : 텔레커뮤니케이션(Telecomunication, 전기통신)과 포트(Port, 항)의 합성어
미국 Bay Area는 샌프란시스코만 일대의 해안 관광도시를 말하는 것으로 전기통신과 직접적인 관련이 없다.

46 도시개발기법 중 철도역, 버스정류장 등의 역사를 중심으로 한 복합고밀개발을 통하여 교통 혼잡과 도시에너지의 소비를 경감시키는 방법은?

① 대중교통중심개발(TOD)
② 개발권 양도제(TDR)
③ 계획단위개발(PUD)
④ 연계개발수법(LD)

해 설

대중교통중심개발(TOD ; Transit Oriented Development)
• 피터 캘솝(Peter Calthorpe, 1993)가 주창
• 철도역과 버스정류장 주변 도보접근이 가능한 거리에 대중교통지

- 향적 근린지역을 구성
- 대중교통체계가 잘 정비된 도심지구는 고밀개발, 외곽지역은 저밀개발을 추구하는 방식
- 공간범위 : 도시대중교통축의 대중교통 정류장을 중심으로 하는 보행권 및 역세권

47 주거환경개선사업이 주택재개발 및 재건축 사업과 차별화되는 점은?

① 개발의 주체가 민간 및 토지소유자 중심의 개발사업이다.
② 사업성을 가진 주택지역의 개선을 통해 수익을 창출하는 사업이다.
③ 전면적인 철거방식을 통해 낙후된 주택지를 일괄적으로 개선하는 사업이다.
④ 실질적으로 정비가 필요한 노후·불량 주택지를 대상으로 하는 공공성을 띤 사업이다.

해설
주거환경개선사업이 주택재개발 및 재건축사업과 차별화되는 점은 공공성을 가지고 있으며 실질적인 정비가 필요한 노후·불량 주택지를 대상으로 전개된다는 것이다.

48 Huff 모형에 대한 설명으로 틀린 것은?

① 개별 소매점의 고객 흡입력을 계산하는 방법이다.
② 상업시설을 이용할 확률은 상업시설의 크기와 관계 있다.
③ 모형에서 중요한 변수 중 하나는 상점까지의 거리이다.
④ 상업시설을 이용할 확률은 상점까지의 거리에 비례한다.

해설
허프(Huff)의 소매지역이론
1. 정의 : 상권에 관한 이론으로 대도시 내부의 구매중심점은 소비자의 기호와 소득 정도, 교통의 편의관계 등 소비자 행태를 고려하여 선택된 상품을 판매하여야 상권이 형성된다는 경험적인 확률이론임
2. 특징
   - 미시적 분석에 관심, 특히 소비자 행태에 주목
   - 소비자는 가까운 곳에서 상품을 선택하는 경향이 있다.(이동시간에 반비례함)
   - 적당한 거리에 고차중심지가 있으면 인근의 저차를 지나친다. (상업시설의 크기에 비례함)
   - 고차계층일수록 수송가능성이 더 확대된다.(상업시설의 크기가 클수록 상권이 큼)

49 도시개발사업의 토지취득방식으로서 "수용 또는 사용방식"의 특징에 관한 다음의 설명 중 적절하지 않은 것은?

① 사업투자비용이 많이 소요된다.
② 토지 매수 후 사업기간이 환지방식보다 장기화된다.
③ 환지방식보다 기반시설의 확보가 용이하다.
④ 토지 취득과정에서 민원이 많이 발생한다.

해설
수용 또는 사용에 의한 방식은 매수에 의해 이루어지므로 환지와 관련된 협의 및 행정처리기간이 필요 없어 기간이 상대적으로 적게 걸린다.

50 도시마케팅의 구성요소 중 고객에 해당하지 않는 것은?

① 도시정부   ② 투자기업
③ 관광객 및 방문객   ④ 주민

해설
도시마케팅의 특징
- 도시마케팅의 고객은 크게 투자기업, 관광객 및 방문객, 주민 등으로 구분될 수 있다.
- 도시마케팅의 시장은 공공서비스를 생산하고 공급하는 도시정부들과 그것을 소비하는 단위들이 커뮤니케이션 하는 도시공간이다.
- 도시마케팅은 도시나 도시 내 특정 장소를 상품화하는 것으로, 일반 재화 및 용역과 다른 특징을 가지고 있다.
- 도시마케팅의 상품은 도시의 이미지, 해당 도시의 역사·문화적 자산, 숙박시설 및 각종 서비스 등이 어우러져 하나의 상품을 구성하며 소비를 통해 변형되거나 소멸될 수 없다.
- 도시정부 혹은 도시 내의 공·사적 주체가 목표 시장에 대해 경쟁 도시보다 효율적으로 상품을 제공하고 만족을 극대화하기 위해 효율적으로 관리하는 것이다.

51 계획단위개발(PUD)의 4단계 시행절차의 순서가 맞는 것은?

a. 예비개발계획   b. 사전회의
c. 최종개발계획   d. 개략개발계획

① a → b → d → c   ② b → c → d → a
③ b → d → a → c   ④ a → d → b → c

정답 47 ④   48 ④   49 ②   50 ①   51 ③

[해설]

계획단위개발(PUD)

정의	일단의 지구를 하나의 계획단위로 보아 그 지구의 특성에 맞는 설계기준을 개발자와 그 개발을 관장하는 당국간의 협상과정을 통해 융통성 있게 능률적으로 책정, 허용함으로써 공적 입장에서 요구되는 환경의 질과 개발자의 입장에서 요구되는 사업성을 동시에 추구하는 제도로 우리나라의 지구단위계획 내의 특별계획구역제도와 유사
시행순서	사전회의 - 개략개발계획 - 예비개발계획 - 최종개발계획

52 부동산금융에 관한 설명 중 틀린 것은?

① 부동산금융은 기간을 기준으로 단기금융과 장기금융으로 구분한다.
② 부동산개발금융은 단기금융과 타인자본이 가장 큰 비중을 차지한다.
③ 개발단계에서 민간금융기관들은 사업의 총 비용과 개발에 따른 수익성을 가장 중요시한다.
④ 관리운용단계에서는 개발된 부동산의 임대나 매각 등과 관련한 사업 자체의 수익성이 중요한 고려 요소이다.

[해설]

1. 부동산금융의 분류

구분	단기금융	장기금융
자기자본	• 직접투자 • 합작투자	• 장기투자 • 연기금, 생명보험회사, 리츠 등
타인자본	• 가장 큰 비중을 차지	• 장기대출 • 연기금, 생명보험회사 등

2. 단계에 따른 구분

구분	계획단계	시공단계 (개발단계)	운영단계 (관리운용단계)
비용형태	사업계획, 토지매입, 인허가 관련 비용	시공, 마케팅 관련 비용	운영 및 임대 관련 비용
자금형태	자기자본, 연결금융, 대출	공사대출 (단기대출)	장기대출, 장기투자
자금조달처	개발자, 합작투자가	은행 중심의 민간금융기관	연기금, 보험사 리츠 등의 장기 투자기관

53 도시개발사업의 평가를 위한 지표인 수익성 지수(PI)를 산정하는 식으로 옳은 것은?

r^c : 기업의 할인율
T : 프로젝트의 최종연도
R_t : t년도에 발생한 프로젝트의 수입
C_t : t년도에 발생한 프로젝트의 비용

① $\sum_{t=0}^{T} \frac{R_t}{(1+r^c)^t} - \sum_{t=0}^{T} \frac{C_t}{(1+r^c)^t}$

② $\sum_{t=0}^{T} \frac{R_t}{(1+r^c)^t} + \sum_{t=0}^{T} \frac{C_t}{(1+r^c)^t}$

③ $\sum_{t=0}^{T} \frac{R_t}{(1+r^c)^t} \div \sum_{t=0}^{T} \frac{C_t}{(1+r^c)^t}$

④ $\sum_{t=0}^{T} \frac{R_t}{(1+r^c)^t} \times \sum_{t=0}^{T} \frac{C_t}{(1+r^c)^t}$

[해설]

수익성 지수(PI ; Profitability Index)

$$PI = \sum_{t=0}^{T} \frac{R_t}{(1+r^c)^t} / \sum_{t=0}^{T} \frac{C_t}{(1+r^c)^t}$$

여기서, R_t : t년도에 발생한 사업수입
C_t : t년도에 발생한 사업비용
r^c : 기업의 할인율
T : 프로젝트의 최종연도
PI>1 비용에 비해 더 큰 수입 → 수익성 있음

54 건축법상 용도별 건축물의 종류 중 단독주택에 해당되는 것은?

① 기숙사
② 연립주택
③ 다세대주택
④ 다가구주택

[해설]

건축법 시행령 별표1(용도별 건축물의 종류)

단독주택	공동주택
가. 단독주택	가. 아파트
나. 다중주택	나. 연립주택
다. 다가구주택	다. 다세대주택
라. 공관(公館)	라. 기숙사

55 도시·군계획시설의 결정·구조 및 설치기준에 관한 규칙에 따른 도로의 기능별 구분 중 다음 설명에 해당되는 것은?

주간선도로를 집산도로 또는 주요 교통 발생원과 연결하여 시·군 교통의 집산기능을 하는 도로로서 근린주거구역의 외곽을 형성하는 도로

① 주간선도로 ② 보조간선도로
③ 집산도로 ④ 특수도로

해설

도로의 기능별 구분

주간선도로	시·군내 주요지역을 연결하거나 시·군 상호간을 연결하여 대량통과교통을 처리하는 도로로서 시·군의 골격을 형성하는 도로
보조간선도로	주간선도로를 집산도로 또는 주요 교통발생원과 연결하여 시·군 교통의 집산기능을 하는 도로로서 근린주거구역의 외곽을 형성하는 도로
집산도로	근린주거구역의 교통을 보조간선도로에 연결하여 근린주거구역내 교통의 집산기능을 하는 도로로서 근린주거구역의 내부를 구획하는 도로
국지도로	가구(街區: 도로로 둘러싸인 일단의 지역)를 구획하는 도로
특수도로	보행자전용도로·자전거전용도로 등 자동차 외의 교통에 전용되는 도로

56 우리나라 도시재생(Urban Regeneration) 사업에 관한 설명으로 틀린 것은?

① 도시중심부의 노후화로 도심쇠퇴 현상이 가속화되어 도시 전체의 발전을 저해한다는 점에서 시작되었다.
② 기존의 도시재개발 사업과 유사한 사업으로, 도심의 쇠퇴지역을 전체적으로 재개발하는 것을 목표로 한다.
③ 도시재생 활성화 및 지원에 관한 특별법에 근거하고 있는 사업이다.
④ 도시의 쇠퇴지역에 대한 경제적·사회적·물리적·환경적 활성화를 목적으로 하고 있다.

해설

우리나라 도시재생(Urban Regeneration) 사업의 특징
• 도시중심부의 노후화로 도심쇠퇴 현상이 가속화되어 도시 전체의 발전을 저해한다는 점에서 시작
• 도시재생 활성화 및 지원에 관한 특별법에 근거
• 도시의 쇠퇴지역에 대한 경제적·사회적·물리적·환경적 활성화를 목적으로 함

57 권역별 관광개발계획의 수립주기는 몇 년인가?

① 3년 ② 5년
③ 8년 ④ 10년

해설

관광개발기본계획은 10년, 권역별관광개발계획(권역계획)은 5년마다 수립한다.

58 지하공간의 개발배경으로 적합하지 않은 것은?

① 우리나라는 비교적 안정적인 사암으로 지질이 구성되어 있고 암반의 규모 및 면적이 넓어 대규모 지하공간 개발에 적합한 자연적 요건을 가지고 있다.
② 급격한 도시화와 수도권 편중에 의한 인구 유입에 따른 개발 가능한 토지 공급의 부족 문제를 해결할 수 있다.
③ 과도한 집중으로 인해 도시의 기능이 저해되고 있는 현상을 지하공간의 개발을 통해 완화할 수 있다.
④ 도시미관을 저해하는 시설 또는 혐오시설을 지하에 배치하여 지상공간을 더욱 쾌적하게 활용할 수 있다.

해설

지하공간 개발

분류기준	분류	비고
개발 목적		공간 확대, 열손실 감소, 냉동력의 유지, 소음·진동·습기 변화 차단, 방호 목적
개발 배경	자연적 배경	비교적 안정적 암반층에서는 대규모 지하공간 개발 가능
	환경, 사회적 배경	• 도시개발공간의 수요 증가 • 도시기능 개선의 압력 • 환경보전

59 지속 가능한 도시가 추구하는 목표와 부합되지 않는 것은?

① 도시경관의 개선 및 보전, 역사·문화경관의 확충
② 쾌적한 도시공간의 정비와 확보
③ 환경친화적인 교통 및 물류체계의 정비
④ 경제적 이익 창출보다 환경 개선을 우선으로 하는 개발

해설

지속 가능한 도시는 경제적 이익 창출과 환경 개선을 동시에 추진하는 것을 목표로 한다.

정답 56 ② 57 ② 58 ① 59 ④

60 도시개발구역의 지정에 관한 항목으로 옳은 것은?
① 기초조사, 도시계획위원회의 심의, 공청회, 국토교통부장관의 승인, 고시의 순서로 이루어진다.
② 기초조사는 대통령령이 정하는 바에 따라 시행하지 아니할 수 있다.
③ 도시개발구역이 지정·고시된 경우 해당 도시지역 및 지구단위계획구역으로 결정·고시된 것으로 본다.
④ 도시개발구역을 지정하거나 개발계획을 변경하고자 하는 때에는 중앙도시계획위원회 또는 시·도의 도시계획위원회의 심의를 거쳐야 한다.

해설
도시개발구역의 지정
- 도시개발구역지정권자 : 시·도지사, 국토교통부장관(국가의 30만 m2, 100만 m2 이상은 승인)
- 절차 : 제안(도시개발사업 시행자) → 요청(시장·군수, 구청장) → 시·도지사, 국토교통부장관
- 주민 등의 의견 청취 : 시·도지사, 국토교통부장관이 도시개발구역을 지정하거나, 시장·군수, 구청장이 도시개발구역의 지정을 요청하고자 하는 때에는 공람 또는 공청회(100만 m2 이상)를 통하여 주민 또는 관계 전문가로부터 의견을 청취해야 한다.

제4과목 국토 및 지역계획

61 프랑스 파리권의 집중 억제를 위하여 실시한 정책이 아닌 것은?
① 오스만의 파리대개조계획
② 파리 소재 대학의 지방이전
③ 신축 건물에 대한 부담금제도
④ 일정규모 이상의 기업체의 신증축 시 사전허가제 적용

해설
파리대개조 계획
1. 목적 : 파리대개조계획은 도시환경을 개선하기 위한 계획이었다.
2. 특징
 - 1852년 오스만에 의해 수립
 - 바로크시대 절대왕권시기에 이루어진 도시계획
 - 권위주의 사조를 바탕으로 함
 - 도로, 상하수도, 스카이라인 등 현대 파리의 모습을 완성한 도시계획

62 부드빌(O. Boudeville)에 의한 지역 구분에 해당하지 않는 것은?
① 낙후지역(Lagging Region)
② 계획지역(Planning Region)
③ 분극지역(Polarized Region)
④ 동질지역(Homogeneous Area)

해설
보데빌의 지역분류
- 동질지역(同質地域, Homogeneous Area)
- 결절(분극)지역(結節地域, Node Region)
- 계획지역(計劃地域, Planning Region)

63 지수성장모형의 설명 중 틀린 것은?
① 과거 인구가 거의 동일하게 증가되거나 감소되었고 미래에도 이와 같은 추세가 계속될 것으로 예상되는 도시에 적용한다.
② 인구가 정률 변화를 할 때 적합한 모형으로 증가율은 과거의 일정기간에 나타난 실제 인구의 변화로부터 계산할 수 있다.
③ 안정적인 인구변화추세를 나타내는 도시의 경우 이 방법을 사용하면 인구의 과도 예측을 초래할 위험이 높다.
④ 인구의 기하급수적인 증가를 나타내고 있기 때문에 단기간에 급속히 팽창하는 신도시의 인구를 예측하는 경우에 유용하다.

해설
비요소모형 예측방법
- 지수모형(지수성장모형) : 단기간에 급속히 팽창하는 신개발지역의 인구 예측에 유용
- 수정된 지수모형 : 인구성장의 상한선(k)을 설정한 후 그 상한선에 가까워지면 향후 인구성장 허용수준(K-Pt)의 일정비율만큼 성장속도가 떨어지는 것으로 가정하는 모형

64 지역계획의 수립과정에 있어 상향식(Bottom-Up) 방식의 특징으로 옳은 것은?
① 미시적이고 지역 변화에 적응하는 접근의 모색
② 성장 거점에 의한 개발 파급효과의 가속
③ 총량적인 개발과 성장의 지향
④ 계획의 신속한 수립과 집행

> **해 설**
> 상향적 계획의 특징
> • 새로운 개발이론(1960년대 후반 이후)
> • 지역주민의 기본수요를 중시
> • 지역 내 자연, 인간, 시설 등의 자원을 최대 활용
> • 주민참여에 의해 입안되고 관리됨
> • 개발은 농촌개발, 노동집약, 적절한 기술, 영토 중심, 소규모 사업 등을 중심으로 이룸
> • 성장거점전략에 대한 불신과 비판으로부터 출발하여 성장에 대한 분배적 측면을 고려함
> • 상향식 개발전략은 개발을 경제적인 개념으로서 뿐만 아니라 전체적인 삶을 다루는 것으로 간주함
> • 개인, 사회집단, 소규모 지역사회의 기회를 확대해가는 과정으로 일반대중의 힘에 의해 개발이 시작되고 수행됨
> • 경제적·사회적·정치적 공동이익을 위하여 주민의 능력과 자원을 동원해가는 과정
> • 기존의 지방제도에 토대를 두고 지방의 지식을 활용하고 기존의 전통을 발전시켜나가는 전략 수립
> • ②, ③, ④는 모두 하향식 접근방법으로 중앙집권적 계획방식의 장점이다.

65 동질지역을 규명하는 기법이 아닌 것은?

① 요인분석(Factor Analysis)
② 군집분석(Cluster Analysis)
③ 상관분석(Correlation Analysis)
④ 가중지표방식(Weighted Index Number Method)

> **해 설**
> 동질지역(同質地域, Homogeneous Area)
> 1. 정의
>   • 지리적 특성, 경제·사회적 특성 등과 같은 어떤 공통적인 특성에 따라 몇 개의 공간단위(Spatial Unit)를 하나로 묶은 지역을 동질지역이라 하며, 따라서 동질지역은 어떤 통계적 동질성, 동질의 유사성을 갖는다.
>   • 예를 들면 인구밀도가 동일한 지역을 하나의 연속적인 것으로 구분한다든가 동일한 작물을 재배하는 일단의 지역이라든가, 같은 방언을 가진 지역으로 구분할 때 동질지역 또는 동일지역이라고 한다.
>   • 지역구분에 주로 사용하는 기준으로는 생산구조, 소비패턴, 직업분포, 소득, 사회적 태도 등을 이용
> 2. 동질지역 규명기법 : 군집분석, 가중지표방식, 요인 분석

66 일본의 도시학자 히가사 다다시(日笠端)에 따른 도시조사의 목적이 아닌 것은?

① 그 도시가 지니고 있는 양호한 스톡(Stock)과 보전해야 할 좋은 조건을 명확히 한다.
② 이미 구상되어 오고 있는 도시의 목표를 보다 구체적으로 설정한다.
③ 장래의 계획이론을 전개하고, 기술을 발전시키기 위해 체계적으로 자료를 축적시켜 놓는다.
④ 도시의 상황을 일시적으로 분석하여 장래의 시가화 동향을 예측하고, 기성시가지의 특성을 파악한다.

> **해 설**
> 도시조사의 목적
> • 도시의 역할 파악
> • 도시 발전과정과의 기능 파악
> • 도시문제의 인식
> • 양호한 Stock 파악
> • 동질적인 지구의 구분
> • 시가화 동향 및 특성 변화의 예측
> • 도시목표 설정

67 다음 중 개발도상국에서의 지역 간 인구 이동 요인으로 가장 설득력이 적은 것은?

① 취업 기회의 확대
② 문화적 욕구의 충족
③ 교육 수준과 기회의 차이
④ 소득과 임금의 지역 간 격차

> **해 설**
> 지역 간 인구이동 요인
> • 소득과 임금의 지역 간 격차
> • 교육 수준과 기회의 차이
> • 취업 기회의 확대

68 국토의 다핵화를 위하여 대전 및 광주 등 제1차 성장거점과 청주, 춘천, 전주 등 제2차 성장거점을 제시하고 전국을 28개의 지역 생활권으로 나누어 생활권의 성격과 규모에 따라 5개의 대도시생활권, 17개의 지방도시생활권, 6개의 농촌도시생활권으로 구분하였던 계획은?

① 제1차 국토종합개발계획
② 제2차 국토종합개발계획
③ 제3차 국토종합개발계획
④ 제4차 국토종합개발계획

정답 65 ③ 66 ④ 67 ② 68 ②

해설
제2차 국토종합개발계획(1982~1991)
- 양대 도시의 성장 억제 및 성장거점도시의 육성에 의한 국토균형 발전 추구
- 28개 지역생활권(대도시생활권 5, 지방도시생활권 17, 농촌도시 생활권 6)
- 4개 지역경제권(수도권, 중부권, 서남권, 동남권)
- 특정 지역(태백산, 제주도, 다도해, 88 고속국도 주변)

69 지역개발의 테크노폴리스 전략은 첨단산업의 발전 가능성이 성공의 주요한 요소이다. 첨단산업의 입지조건에서 일반적으로 가장 불리한 것은?

① 양호한 국내외 항공의 접근성
② 대규모 공업단지 소재 도시
③ 양호한 주거환경
④ 대학 등의 연구기관 존재

해설
테크노폴리스
- 정의 : Technology(기술)+Polis(도시)의 합성어로 반도체, 전자, 신소재, 정밀기계와 같은 첨단산업과 이공계대학의 연구소와 매력적인 주거환경이 잘 조화된 고도의 집적도시
- 테크노폴리스의 유형 : 자립도시 형성형, 부도심 형성형, 모도시 거점형, 다핵도시형
- 테크노폴리스의 입지조건 : 고속의 교통체계, 양질의 노동력, 도시 기능 및 학술기능의 집적, 양호한 주거환경

70 윌리엄슨(Williamson)이 주장한 지역 간 소득 격차와 국가발전 단계와의 관계에서 지역 소득 격차를 유발하는 요인에 해당하지 않는 것은?

① 농촌지역의 유망한 청년들이 농촌에 머물지 않고 대도시로 몰려드는 현상
② 급속히 성장하고 있는 공업지역을 억제하고 낙후한 농촌을 지원하는 정부의 경제정책
③ 성장지역에서 먼저 일어나는 기술적 쇄신 등을 경제후발지역에 파급시킬 수 있는 지역 간 연계의 부족
④ 경제후발지역에서 발견되는 투자위험부담의 상승 때문에 성장지역으로만 집적되는 자본

해설
윌리엄슨(Williamson)은 지역 간 소득격차의 변화에 응용하여 지역 간 격차도 경제발전 초기 단계에 증가하고 후기에 감소하는 역U곡선의 형태임을 입증하였다.
낙후한 농촌을 지원하는 정부의 경제정책은 지역 간 소득 격차를 줄이는 기법이다.

71 지역계획대안의 예측결과 비교 중 계량적·확정적 예측결과에 해당하지 않는 것은?

① 순현가 비교방법(Net Present Value)
② 델파이 비교방법(Delphi Method)
③ 편익비용비 비교방법(Benefit-Cost Ratio)
④ 내부수익률 비교방법(Internal Rate Of Return)

해설
델파이 방법
앙케이트의 반복을 통한 전문가들의 의견을 조사하여 반영하는 방법으로, 지속적인 피드백 과정으로 질적인 방법

72 A 시의 기반 부분 고용자 수가 40,000명, 비기반 부분 고용자 수가 65,000명일 때 경제기반승수는?

① 0.615
② 1.625
③ 2.625
④ 3.615

해설
$$경제기반승수 = \frac{지역의\ 총\ 고용인구}{지역의\ 수출산업\ 고용인구}$$
$$= \frac{105,000}{40,000} = 2.625$$

73 베버(Alfred Weber)가 제안한 공장 입지의 결정 요인이 모두 옳게 나열된 것은?

① 수송비, 노동비, 집적경제
② 노동비, 교통비, 환경
③ 수송비, 통신비, 토지이용 가능성
④ 노동비, 수송비, 정책

해설
알프레드 베버(A. Weber)의 공업입지이론
정주체계이론 중 2차 산업에 대한 입지이론으로 베버의 이론을 최소비용법이라 한다. 최소비용법이란 수송비, 노동비와 집적이익을 고려하여 생산에 드는 총 비용이 최소가 되는 곳에 산업이 입지한다는 이론이다.

74 A 도시의 기계산업 고용 점유비가 20%이고 전국의 기계산업 고용 점유비가 10%일 때, A도시의 기계산업의 LQ 지수와 산업의 특성을 모두 옳게 설명한 것은?

① LQ 지수는 0.5이고 지역산업의 특화가 되지 않은 산업이다.
② LQ 지수는 0.5이고 지역의 수요를 충당하고 잉여분을 외부로 수출하는 특화된 산업이다.
③ LQ 지수는 2.0이고 지역의 수요를 충당하고 잉여분을 외부로 수출하는 특화된 산업이다.
④ LQ 지수는 2.0이고 지역산업의 특화가 되지 않은 산업이다.

해설

$$LQ = \frac{E_{ir}/E_r}{E_{in}/E_n}$$

$$= \frac{r지역의\ i산업\ 고용수\ /\ r지역\ 전체\ 고용수}{전국의\ i산업\ 고용수\ /\ 전국의\ 고용수}$$

$$= \frac{r지역의\ i산업\ 고용\ 점유비}{전국의\ i산업\ 고용\ 점유비}$$

$$= \frac{20\%}{10\%} = 2 (기반산업)$$

- LQ > 1 : 특화산업(기반산업)
- LQ < 1 : 비기반산업
- LQ = 1 : 전국이 같은 수준

75 입지배분(Allocation) 계획의 설명으로 틀린 것은?

① 평면적으로는 공간구조와 연결체계가 구축되고 입체적으로는 밀도가 배분된다.
② 배치계획의 결과는 토지이용계획도가 되며, 이는 완성된 토지이용계획의 표현이다.
③ 시설 및 규모계획에서 산출된 용도별 면적과 시설을 공간에 배분하는 것이다.
④ 건물 차원의 소규모 배치계획일수록 공간구조와 연결체계 등 평면적인 계획이 중시된다.

해설

입지배분(Allocation) 계획
- 평면적으로는 공간구조와 연결체계가 구축되고 입체적으로는 밀도가 배분된다.
- 배치계획의 결과는 토지이용계획도가 되며, 이는 완성된 토지이용계획의 표현이다.
- 시설 및 규모계획에서 산출된 용도별 면적과 시설을 공간에 배분하는 것이다.

76 지역소득격차를 발생시키는 외생변수가 아닌 것은?

① 1인당 소득 ② 산업구조
③ 노동의 질 ④ 노동참여율

해설

지역소득격차를 발생시키는 외생변수 : 산업구조, 노동의 질, 노동참여율

77 국토기본법에 따른 국토계획의 구분으로 틀린 것은?

① 국토종합계획은 국토 전역을 대상으로 국토의 장기적인 발전방향을 제시하는 종합계획이다.
② 부문별계획은 국토 전역을 대상으로 특정 부문에 대한 장기적인 발전방향을 제시하는 계획이다.
③ 지역계획은 특정한 지역을 대상으로 특별한 정책목적을 달성하기 위하여 수립하는 계획이다.
④ 시·군 종합계획은 도 또는 특별자치도의 관할구역을 대상으로 해당 지역의 장기적인 발전 방향을 제시하는 종합계획이다.

해설

국토기본법 제6조(국토계획의 정의 및 구분)
① 이 법에서 "국토계획"이란 국토를 이용·개발 및 보전할 때 미래의 경제적·사회적 변동에 대응하여 국토가 지향하여야 할 발전 방향을 설정하고 이를 달성하기 위한 계획을 말한다.
② 국토계획은 다음 각 호의 구분에 따라 국토종합계획, 도종합계획, 시·군 종합계획, 지역계획 및 부문별 계획으로 구분한다. 〈개정 2011.4.14.〉
 1. 국토종합계획 : 국토 전역을 대상으로 하여 국토의 장기적인 발전 방향을 제시하는 종합계획
 2. 도종합계획 : 도 또는 특별자치도의 관할구역을 대상으로 하여 해당 지역의 장기적인 발전 방향을 제시하는 종합계획
 3. 시·군종합계획 : 특별시·광역시·시 또는 군(광역시의 군은 제외한다)의 관할구역을 대상으로 하여 해당 지역의 기본적인 공간구조와 장기 발전 방향을 제시하고, 토지이용, 교통, 환경, 안전, 산업, 정보통신, 보건, 후생, 문화 등에 관하여 수립하는 계획으로서 「국토의 계획 및 이용에 관한 법률」에 따라 수립되는 도시·군계획
 4. 지역계획 : 특정 지역을 대상으로 특별한 정책목적을 달성하기 위하여 수립하는 계획
 5. 부문별계획 : 국토 전역을 대상으로 하여 특정 부문에 대한 장기적인 발전 방향을 제시하는 계획

정답 74 ③ 75 ④ 76 ① 77 ④

78 지역계획의 형성배경으로 틀린 것은?

① 지역적 문제의 심각성을 인식하고 개선하고자 했던 계획적 노력과 이론적 발전이 있었기 때문이다.
② 산업화 및 도시화에 따른 지역의 기능적인 문제가 발생하였기 때문이다.
③ 지역주의 또는 지방주의에 부응하는 지역계획에 대한 요구 때문이다.
④ 고도의 경제 성장으로 인해 발생한 산업 간의 성장 격차를 줄여 산업 간 균형성장을 우선적으로 필요로 하였기 때문이다.

해설
지역계획의 형성배경
지역의 개발과 사회·경제적 문제 해결 및 지역 간 불균형을 개선하고자 하는 노력에서 시작되었다. 따라서 고도경제성장에서 발생한 산업 간 성장 격차가 아닌 지역 간 성장격차 완화를 위한 노력이다.

79 수도권정비계획의 입안권자는?

① 시·도지사 ② 국토교통부장관
③ 국무총리   ④ 대통령

해설
수도권정비계획법 제4조(수도권정비계획의 수립)
국토교통부장관은 수도권의 인구 및 산업의 집중을 억제하고 적정하게 배치하기 위하여 중앙행정기관의 장과 서울특별시장·광역시장 또는 도지사(이하 "시·도지사"라 한다)의 의견을 들어 다음 각 호의 사항이 포함된 수도권정비계획안을 입안한다. 〈개정 2013.3.23.〉

80 제3차 국토종합개발계획에서 추진하였던 신산업지대에 속하지 않는 것은?

① 아산만 – 대전 – 청주
② 군산 – 장항 – 익산 – 전주
③ 창원 – 마산 – 진해
④ 목포 – 광주 – 광양만

해설
제3차 국토종합개발계획의 신산업지대
중부 및 서남부지역의 개발과 관련하여 "아산만-대전-청주", "군산-장항-익산-전주", "목포-광주-광양만" 등 3개 권역을 신산업지대로 집중개발
수도권의 이전업체를 분산수용
기초소재, 임해산업, 내륙공업의 거점으로 구축

제5과목 도시계획관계법규

81 다음 중 국토의 계획 및 이용에 관한 법률에 따른 개발행위 허가권자에 해당하는 경우는?

① 대통령
② 국토교통부장관
③ 특별시장, 광역시장, 도지사
④ 특별시장, 광역시장, 특별자치시장, 특별자치도지사, 시장, 군수

해설
국토의 계획 및 이용에 관한 법률 제56조(개발행위의 허가)
국토의 계획 및 이용에 관한 법률 제56조(개발행위의 허가)
다음 각 호의 어느 하나에 해당하는 행위로서 대통령령으로 정하는 행위(이하 "개발행위"라 한다)를 하려는 자는 특별시장·광역시장·특별자치시장·특별자치도지사·시장 또는 군수의 허가(이하 "개발행위허가"라 한다)를 받아야 한다. 다만, 도시·군계획사업에 의한 행위는 그러하지 아니하다. 〈개정 2011.4.14.〉

82 도시개발법령에 따라 도시개발구역으로 지정할 수 있는 대상지역과 규모 기준이 옳은 것은?

① 도시지역 중 주거지역 : 3만 제곱미터 이상
② 도시지역 중 공업지역 : 5만 제곱미터 이상
③ 도시지역 중 자연녹지지역 : 1만 제곱미터 이상
④ 도시지역 외의 지역 : 66만 제곱미터 이상

해설
도시개발구역의 규모
• 주거지역, 상업지역, 자연녹지·생산녹지 = 1만 m2 이상
• 공업지역 = 3만 m2 이상
• 도시지역 외의 지역 = 30만 m2 이상

83 택지개발촉진법령상 택지의 공급에 관한 설명이 틀린 것은?

① 시행자는 그가 개발한 택지를 국민주택규모의 주택건설용지와 기타의 주택건설용지 및 법의 관련 조항에 따른 공공시설용지로 구분하여 공급한다.
② 주택법에 의한 사업주체 중 국가, 지방자치단체 또는 국토교통부령이 정하는 공공기관에 공급할 경우 수의 계약의 방법으로 택지를 공급할 수 있다.

정답 78 ④ 79 ② 80 ③ 81 ④ 82 ③ 83 ④

③ 시행자는 공공시설용지를 제외하고는 국민주택 규모의 주택건설용지로 택지를 우선 공급하여야 한다.
④ 판매시설용지 등 영리를 목적으로 사용될 택지는 공개추첨에 의하여 공급한다.

해설

택지의 공급
1. 공급방법
   ㉠ 시행자는 국토교통부장관의 승인을 받아야 함
   ㉡ 국민주택의 건설용지는 택지조성원가 이하로 우선 공급
2. 분양·임대, 택지조성원가산정 : 시행자는 미리 정한 가격으로 추첨하여 분양·임대(원칙)
3. 추첨에 의한 분양·임대의 예외
   ㉠ 경쟁입찰 : 판매시설용지, 공동주택의 건설용지 외의 택지
   ㉡ 수의계약
      • 공공기관에 공급할 경우, 공공시설을 설치할 수 있는 자에게 공급할 경우
      • 시행자에게 토지를 양도한 자, 시행자에게 토지를 양도한 토지소유 주택건설사업자, 시행자에게 토지를 양도한 주택조합(사업에 필요한 토지면적의 2분의 1 이상 취득)
      • 바람직한 도시발전을 위하여 특별설계(창의적인 개발안, 복합적 개발 설계)를 통한 개발을 위해 선정된 자, 존치되는 시설물의 유지관리에 소요되는 최소범위
   ㉢ 택지를 수의계약으로 공급할 때의 규모
      • 1세대당 1필지를 기준으로 하여 1필지당 165m2 이상, 265m2 이하의 규모로 공급
      • 개발제한구역은 1필지당 165m2 이상, 265m2 이하의 규모로 공급

84 택지개발지구에서 특별자치도지사·시장·군수 또는 자치구의 구청장의 허가를 받지 아니하고 할 수 있는 행위는?

① 토지분할
② 죽목의 벌채 및 식재
③ 경작을 위한 토지의 형질변경
④ 이동이 쉽지 아니한 물건을 1개월 이상 쌓아놓는 행위

해설

허가 없이 할 수 있는 행위는 농림수산물의 생산에 직접 이용되는 것으로서 국토교통부령으로 정하는 간이공작물의 설치, 경작을 위한 토지의 형질변경, 택지개발지구의 개발에 지장을 주지 아니하고 자연경관을 손상하지 아니하는 범위에서의 토석 채취, 택지개발지구에 존치하기로 결정된 대지에 물건을 쌓아놓는 행위, 관상용 죽목의 임시식재(경작지에서의 임시식재는 제외한다)이다.

85 수도권정비계획법에 관한 다음 내용 중 틀린 것은?

① 수도권에서 국토교통부장관이 대규모 개발사업을 시행하고자 할 경우에는 수도권 정비 위원회의 심의를 거칠 필요가 없다.
② 인구집중유발시설인 공장에 대한 총량규제의 내용은 수도권정비위원회의 심의를 거쳐 결정한다.
③ 인구집중유발시설인 학교에 대한 총량규제의 내용은 대통령령으로 정한다.
④ 수도권에서 대규모 개발사업을 시행하는 경우 광역적 기반시설의 설치비용을 그 사업시행자에게 부담시킬 수 있다.

해설

수도권정비계획법 제19조(대규모개발사업에 대한 규제)
관계 행정기관의 장은 수도권에서 대규모 개발사업을 시행하거나 그 허가 등을 하려면 그 개발계획을 수도권정비위원회의 심의를 거쳐 국토교통부장관과 협의하거나 승인을 받아야 한다. 국토교통부장관이 대규모개발사업을 시행하거나 그 허가 등을 하려는 경우에도 또한 같다. 〈개정 2013. 3.23.〉

86 다음 중 주차장법령상 부설주차장의 설치에 관한 기준이 옳은 것은?

① 부설주차장의 설치의무는 도시계획구역 안에서만 적용된다.
② 부설주차장이 주차대수 400대의 규모 이하이면 시설물의 부지 인근에 단독 또는 공동으로 부설주차장을 설치할 수 있다.
③ 특별시장·광역시장·특별자치도지사 또는 시장은 부설주차장을 설치하면 교통 혼잡이 가중될 우려가 있는 지역에 대하여는 부설주차장의 설치를 제한할 수 있다.
④ 시설물의 위치·용도·규모 및 부설주차장의 규모 등이 국토교통부령으로 정하는 기준에 해당할 때에는 해당 주차장의 설치에 드는 비용을 시장·군수·구청장에게 납부하는 것으로 부설주차장의 설치를 갈음할 수 있다.

해설

주차장법 제19조(부설주차장의 설치)
특별시장·광역시장·특별자치도지사 또는 시장은 부설주차장을 설치하면 교통 혼잡이 가중될 우려가 있는 지역에 대하여는 제1항 및 제3항에도 불구하고 부설주차장의 설치를 제한할 수 있다. 이 경우 제한지역의 지정 및 설치 제한의 기준은 국토교통부령으로 정하는 바에 따라 해당 지방자치단체의 조례로 정한다. 〈개정 2013.3.23.〉

정답 84 ③ 85 ① 86 ③

87 광역도시계획의 수립을 위한 공청회에 관한 사항 중 잘못 설명된 것은?

① 해당 지역을 주된 보급지역으로 하는 일간신문에 공청회 개최예정일 14일 전까지 2회 이상 공고
② 공청회는 국토교통부장관, 시·도지사, 시장 또는 군수가 지명하는 사람이 주재
③ 공청회는 개최를 위한 공고 시 공고 내용에는 공청회의 개최목적, 공청회의 개최예정일시 및 장소 등 포함
④ 광역계획권 단위로 개최하되, 필요한 경우에는 광역계획권을 수 개의 지역으로 구분하여 개최

해설
국토의계획및이용에관한법률 시행령 제12조(광역도시계획의 수립을 위한 공청회)
국토교통부장관, 시·도지사, 시장 또는 군수는 법 제14조제1항에 따라 공청회를 개최하려면 다음 각 호의 사항을 해당 광역계획권에 속하는 특별시·광역시·특별자치시·특별자치도·시 또는 군의 지역을 주된 보급지역으로 하는 일간신문에 공청회 개최예정일 14일 전까지 1회 이상 공고하여야 한다.
1. 공청회의 개최목적
2. 공청회의 개최예정일시 및 장소
3. 수립 또는 변경하고자 하는 광역도시계획의 개요
4. 그 밖에 필요한 사항

88 지역의 지정 목적이 바르게 연결되지 않은 것은?

① 제2종 일반주거지역 : 중층주택을 중심으로 편리한 주거환경을 조성하기 위하여 필요한 지역
② 보전녹지지역 : 도시의 녹지공간의 확보, 도시확산의 방지, 장래 도시용지의 공급 등을 위하여 보전할 필요가 있는 지역으로서 불가피한 경우에 한하여 제한적인 개발이 허용되는 지역
③ 일반상업지역 : 일반적인 상업기능 및 업무기능을 담당하게 하기 위하여 필요한 지역
④ 준공업지역 : 경공업 및 그 밖의 공업을 수용하되, 주거기능·상업기능 및 업무기능의 보완이 필요한 지역

해설
국토의 계획 및 이용에 관한 법률 시행령 제30조(용도지역의 세분)
국토교통부장관, 시·도지사 또는 「지방자치법」 제175조에 따른 서울특별시·광역시 및 특별자치시를 제외한 인구 50만 이상 대도시(이하 "대도시"라 한다)의 시장(이하 "대도시 시장"이라 한다)은 법 제36조 제2항에 따라 도시·군관리계획결정으로 주거지역·상업지역·공업지역 및 녹지지역을 다음 각 호와 같이 세분하여 지정할 수 있다. 〈개정 2014.1.14〉

1. 주거지역	일반주거지역 : 편리한 주거환경을 조성하기 위하여 필요한 지역
	제2종 일반주거지역 : 중층주택을 중심으로 편리한 주거환경을 조성하기 위하여 필요한 지역
2. 상업지역	일반상업지역 : 일반적인 상업기능 및 업무기능을 담당하게 하기 위하여 필요한 지역
3. 공업지역	준공업지역 : 경공업 및 그 밖의 공업을 수용하되, 주거기능·상업기능 및 업무기능의 보완이 필요한 지역
4. 녹지지역	보전녹지지역 : 도시의 자연환경·경관·산림 및 녹지공간을 보전할 필요가 있는 지역

89 수도권정비실무위원회의 위원장은?

① 국무총리
② 국토교통부장관
③ 국토교통부 제1차관
④ 서울특별시 2급 공무원

해설
수도권정비계획법 시행령 제30조(수도권정비실무위원회의 구성)
• 법 제23조 제1항에 따른 수도권정비실무위원회(이하 "실무위원회"라 한다.)는 위원장 1명과 25명 이내의 위원으로 구성한다.
• 실무위원회의 위원장은 국토교통부 제1차관이 되고, 위원은 교육부, 국방부, 행정자치부, 문화체육관광부, 농림축산식품부, 산업통상자원부, 환경부, 국토교통부 및 심의사항과 관련하여 실무위원회의 위원장이 지정하는 중앙행정기관의 고위공무원단에 속하는 일반직공무원, 서울특별시의 2급 또는 3급 공무원과 인천광역시, 경기도의 3급 또는 4급 공무원 중에서 소속 기관의 장이 지정한 자 각 1명과 수도권정비정책과 관계되는 분야의 학식과 경험이 풍부한 자 중에서 수도권정비위원회의 위원장이 위촉하는 자가 된다. 〈개정 2014.11.19.〉

90 택지개발예정지구 지정에 관한 내용 중 틀린 것은?

① 특별시장·광역시장·도지사 또는 특별자치도지사는 주거종합계획 중 주택·택지의 수요·공급 및 관리에 관한 사항에서 정하는 바에 따라 택지를 집단적으로 개발하기 위하여 필요한 지역을 택지개발지구로 지정할 수 있다.
② 시·도지사(특별자치도지사는 제외한다.)는 택지수급계획에서 정한 해당 시·도의 계획량을 초과하여 지정하려면 국토교통부장관과 미리 협의하여야 한다.
③ 국토교통부장관은 특별자치도에 택지개발사업

정답 87 ① 88 ② 89 ③ 90 ③

을 실시할 필요가 있는 경우에는 택지를 집단적으로 개발하기 위하여 필요한 지역을 택지개발지구로 지정할 수 있다.
④ 지정권자가 택지개발지구를 지정하려는 경우에는 미리 관계 중앙행정기관의 장과 협의하고 해당 시장·군수 또는 자치구의 구청장의 의견을 들은 후 시·도 주거정책심의위원회의 심의를 거쳐야 한다.

> **해 설**
> 택지개발촉진법 제3조(택지개발지구의 지정 등)
> 국토교통부장관은 다음 각 호의 어느 하나에 해당하는 경우에는 제1항에도 불구하고 택지를 집단적으로 개발하기 위하여 필요한 지역을 택지개발지구로 지정할 수 있다. 다만, 특별자치도에 대하여는 그러하지 아니하다. 〈개정 2013. 3.23.〉
> 1. 국가가 택지개발사업을 실시할 필요가 있는 경우
> 2. 관계 중앙행정기관의 장이 요청하는 경우
> 3. 제7조 제1항 제2호의 한국토지주택공사가 택지수급계획상 택지공급을 위하여 대통령령으로 정하는 규모 이상으로 택지개발지구의 지정을 제안하는 경우
> 4. 제1항 후단에 따른 협의가 성립되지 아니하는 경우

91 주차장법에 의한 주차장이 아닌 것은?

① 노상주차장 ② 노외주차장
③ 부설주차장 ④ 주차전용타워

> **해 설**
> 주차장법에 의한 주차장의 분류
> • 노상주차장 : 도로의 노면 또는 교차점광장의 일정한 구역에 설치된 주차장(일반인 이용)
> • 노외주차장 : 도로의 노면 또는 교차점광장 외의 장소에 설치된 주차장(일반인 이용)
> • 건축물부설주차장 : 건축물, 골프연습장, 기타 주차수요를 유발하는 시설에 부설된 주차장(시설 이용자+일반인 이용)

92 건축법령상 둘 이상의 필지를 하나의 대지로 할 수 있는 토지가 아닌 것은?

① 하나의 건축물을 두 필지 이상에 걸쳐 건축하는 경우 그 건축물이 건축되는 각 필지의 토지를 합한 토지
② 국토의 계획 및 이용에 관한 법률에 따른 도시계획시설에 해당하는 건축물을 건축하는 경우 그 도시계획시설이 설치되는 일단의 토지
③ 건축물의 사용승인을 신청할 때 둘 이상의 필지를 하나의 필지로 합칠 것을 조건으로 건축허가를 하는 경우 그 필지가 합쳐지는 토지
④ 도로의 지표 아래에 건축하는 건축물의 경우 국토교통부장관이 그 건축물이 건축되는 토지로 정하는 토지

> **해 설**
> 도로의 지표 아래에 건축하는 건축물의 경우 : 특별시장·광역시장·특별자치시장·특별자치도지사·시장·군수 또는 구청장(자치구의 구청장을 말한다. 이하 같다)이 그 건축물이 건축되는 토지로 정하는 토지여야 한다.

93 관광진흥법에 의한 권역계획(圈域計劃)에 관한 설명 중 틀린 것은?

① 권역계획은 그 지역을 관할하는 문화체육관광부장관이 수립하여야 한다.
② 수립한 권역계획을 문화체육관광부장관의 조정과 관계 행정기관의 장과의 협의를 거쳐 확정하여야 한다.
③ 시·도지사는 권역계획이 확정되면 그 요지를 공고하여야 한다.
④ 대통령령으로 정하는 경미한 사항의 변경에 대하여는 관계 부처의 장과의 협의를 갈음하여 문화체육관광부장관의 승인을 받아야 한다.

> **해 설**
> 관광진흥법상 권역별관광개발계획(권역계획)
> ㉠ 수립권자
>   • 시·도지사(기본계획에 의하여 구분된 권역을 대상으로 함)
>   • 2 이상의 시·도에 걸치는 경우 : 협의, 문화체육관광부장관이 지정
> ㉡ 수립시기 : 5년마다 수립

94 도시 및 주거환경정비법상 주거환경개선사업을 목적으로 우선 매각하는 국·공유지의 매각가격은 평가금액의 얼마를 기준으로 하는가?

① 100분의 90 ② 100분의 80
③ 100분의 70 ④ 100분의 50

> **해 설**
> 도시 및 주거환경정비법 제98조(국유·공유재산의 처분 등)
> 제4항에 따라 정비사업을 목적으로 우선 매각하는 국유지·공유지의 평가는 사업시행인가의 고시가 있는 날을 기준으로 하여 행하며, 주거환경개선사업의 경우 매각가격은 이 평가금액의 100분의 80으로 한다. 다만, 사업시행인가의 고시가 있는 날부터 3년 이내에 매매계약을 체결하지 아니한 국유지·공유지는 「국유재산법」 또는 「공유재산 및 물품 관리법」에서 정하는 바에 따른다.
> 〈개정 2012.2.1.〉 [제목개정 2012.2.1.]

정답 91 ④ 92 ④ 93 ① 94 ②

95 노상 주차장을 설치할 수 있는 자가 아닌 것은?

① 도지사 ② 특별시장
③ 군수   ④ 구청장

> **해설**
> 노상주차장의 설치 및 폐지 : 특별·광역시장, 시장·군수, 구청장이 설치·관리·폐지함

96 주택법령상 세대구분형 공동주택이 갖추어야 할 요건으로 틀린 것은?

① 세대별로 구분된 각각의 공간마다 별도의 욕실, 부엌과 현관을 설치할 것
② 하나의 세대가 통합하여 사용할 수 있도록 세대 간에 연결문 또는 경량구조의 경계벽 등을 설치할 것
③ 세대구분형 공동주택의 세대수가 해당 주택단지 안의 공동주택 전체 세대수의 3분의 1을 넘지 아니할 것
④ 세대별로 구분된 각각의 공간의 주거전용면적 합계가 해당 주택단지 전체 주거전용면적 합계의 3분의 2를 넘지 아니하는 등 국토교통부 장관이 정하여 고시하는 주거전용 면적의 비율에 관한 기준을 충족할 것

> **해설**
> 주택법 시행령 제9조(세대구분형 공동주택)
> 법 제2조 제19호에서 "대통령령으로 정하는 건설기준, 면적기준 등에 적합하게 건설된 주택"이란 다음 각 호의 요건을 모두 갖추어 건설된 공동주택을 말한다.
> 4. 세대별로 구분된 각각의 공간의 주거전용면적 합계가 해당 주택단지 전체 주거전용면적 합계의 <u>3분의 1</u>을 넘지 아니하는 등 국토교통부장관이 정하여 고시하는 주거전용면적의 비율에 관한 기준을 충족할 것

97 도시공원 및 녹지 등에 관한 법률에서 세분한 도시공원의 설명 중 잘못된 것은?

① 근린공원 : 근린거주자 또는 근린생활권으로 구성된 지역생활권 거주자의 보건·휴양 및 정서생활의 향상에 이바지하기 위하여 설치하는 공원
② 역사공원 : 도시의 각종 문화·역사적 특징을 활용하여 도시민의 휴식·교육을 목적으로 설치하는 공원
③ 도시농업공원 : 도시민의 정서순화 및 공동체의식 함양을 위하여 도시농업을 주된 목적으로 설치하는 공원
④ 묘지공원 : 묘지이용자에게 휴식 등을 제공하기 위하여 설치한 공원

> **해설**
> 도시공원 및 녹지 등에 관한 법률 제15조(도시공원의 세분 및 규모)
> • 역사공원 : 도시의 역사적 장소나 시설물, 유적·유물 등을 활용하여 도시민의 휴식·교육을 목적으로 설치하는 공원

98 시가화조정구역의 시가화 유보기간은?

① 5년 이상 10년 이내
② 10년 이상 20년 이내
③ 20년 이상
④ 5년 이상 20년 이내

> **해설**
> 시가화 조정구역
> • 도시지역과 그 주변의 무질서한 시가화 방지(국토교통부장관)
> • 일정기간 동안 시가화 유보(5~20년 이내의 범위에서 정함)

99 관광진흥법령상에서 규정하고 있는 관광사업의 종류와 그 세분이 올바르지 않은 것은?

① 여행업 : 일반여행업, 국외여행업, 국내여행업
② 야영장업 : 일반야영장업, 자동차야영장업, 산림야영장업
③ 관광유람선업 : 일반관광유람선업, 크루즈업
④ 호텔업 : 관광호텔업, 수상관광호텔업, 한국전통호텔업, 가족호텔업, 호스텔업, 소형호텔업, 의료관광호텔업

> **해설**
> 여행업, 호텔업, 관광객이용시설업의 세부 종류는 다음과 같다.
>
> | | |
> |---|---|
> | 여행업 | 일반여행업, 국외여행업, 국내여행업 |
> | 호텔업 | 관광호텔업, 수상관광호텔업, 한국전통호텔업, 가족호텔업, 호스텔업, 소형호텔업, 의료관광호텔업 |
> | 관광객이용시설업 | 전문휴양업, 종합휴양업(제1종 종합휴양업, 제2종 종합휴양업), 야영장업(일반야영장업, 자동차야영장업), 관광유람선업(일반관광유람선업, 크루즈업), 관광공연장업, 외국인관광 도시민박업 |

정답 95 ① 96 ④ 97 ② 98 ④ 99 ②

100 수도권정비계획법상의 총량규제에 관한 설명 중 틀린 것은?

① 국토교통부장관은 인구집중유발시설이 수도권에 과도하게 집중되지 아니하도록 하기 위하여 그 신설·증설의 총허용량을 정할 수 있다.
② 국토교통부장관은 인구집중유발시설이 수도권에 과도하게 집중되지 아니하도록 하기 위하여 일정한 기준을 초과하는 신설·증설을 제한할 수 있다.
③ 공장에 대한 총량규제의 내용 및 방법은 수도권정비위원회의 심의를 거쳐 결정하며, 관할 시·도지사는 이를 고시하여야 한다.
④ 관계행정기관의 장은 인구집중유발시설의 신설·증설에 대하여 규정에 의한 총량규제의 내용과 다르게 허가 등을 하여서는 아니 된다.

해설

수도권정비계획법 제18조(총량규제)
② 공장에 대한 제1항의 총량규제의 내용과 방법은 대통령령으로 정하는 바에 따라 수도권정비위원회의 심의를 거쳐 결정하며, 국토교통부장관은 이를 고시하여야 한다. 〈개정 2013.3.23.〉

정답 100 ③

2회 2017년 기출문제

제1과목 도시계획론

01 어느 특정지역이 용도상으로 필요하다고 규정만 해두고 도면 상의 배치결정은 유보하는 지역제 기법은?

① 부동지역제(Float Zoning)
② 특례조치(Special Exception)
③ 혼합지역제(Inclusive Zoning)
④ 성능지역규제(Performance Zoning)

해 설

부동지역제(Float Zoning)
- 적용특례나 특례조치는 Zoning의 완결을 전제로 개별 용도차원에서 이루어지지만, 부동지역제는 Zoning의 결정에 탄력성을 부여할 목적으로 용도지역차원에서 이루어진다.
- Floating이라는 의미는 일반적인 Zoning 조례의 규제규정에서 볼 수 있는 모든 토지 용도지구가 반드시 Zoning도면에 처음부터 선이 그어지는 것이 아니라, Zoning 조례상에는 특정한 용도지구로 설정하고, 그 요건을 미리 정하나 구체적으로 어디에 설정할 것인지는 유보해둠으로써 단지 관념상으로는 이 용도지구는 자치단체구역 내의 여기저기를 '부동(浮動)'하기 때문이다. Zoning 조례가 요건을 만족시키는 용도가 신청되면 그 시점에 Zoning 도면 상에 '고정'되게 된다.
- PUD, 대형쇼핑센터 등 특정개발자의 구체적 제안을 지자체 및 의회의 협의를 거쳐 유연하게 적용하는 용도지역제

02 계획이론을 실체적 이론(Substantive Theories)과 절차적 이론(Procedural Theories)으로 구분할 때 실체적 이론에 대한 설명으로 옳지 않은 것은?

① 다양한 계획 활동에 있어 필요로 하는 분야별 전문지식에 관한 이론이다.
② 도시계획에서 실체적 이론이란 토지이용계획, 교통계획 등에 관한 이론이 된다.
③ 경제 또는 사회의 구조나 현상 등을 설명하고 예측하여 문제의 해결 대안을 제시하는 이론이다.
④ 계획이 추구하는 목표와 가치에 따라 계획안을 만들어 내는 과정에 관한 공통적이고 일반적인 이론이다.

해 설

실체적 이론
- 계획에 대한 전문지식이나 내용에 관한 이론(계획의 대상 및 구성요소에 대한 이론)
- 다양한 계획 활동에 있어 각기 필요로 하는 분야별 전문지식에 관한 이론
- 경제계획의 경우 경제성장이론과 분배이론, 도시계획의 경우 토지이용계획이론과 교통계획이론 등

03 친환경적인 도시개발과 사회적 비용을 최소화하기 위해 토지이용 집적을 통해 토지의 이용가치를 높이기 위한 도시개발을 강조하는 도시는?

① 유시티(U-city)
② 에코시티(Eco-city)
③ 스마트시티(Smart-city)
④ 콤팩트시티(Compact-city)

해 설

압축도시(Compact-city)
- 전원도시론과 같이 교외지역에 주거지역을 저밀도로 확산시키는 개발방식 대신 시가화된 기존의 도시 또는 신도시로 설정된 지역을 고밀도로 집중적으로 개발하는 방식이다.
- 고밀도 도시개발을 통하여 도시 주변의 자연환경을 보존하는 방법, 즉 주거, 공공시설을 일정공간에 집중화, 나머지 지역을 녹색 도시화하며 난방, 전력공급, 교통 등에서 에너지 절약을 효율적으로 달성할 수 있는 도시로, 환경적으로 지속 가능한 도시의 형태이다.

04 우리나라 제2기(판교, 화성, 김포, 송파 등) 신도시 계획의 특성은?

① 고밀도 유지
② 자가용 교통 전제
③ 프로젝트 파이낸싱 활용
④ 하드웨어적 기반시설에 치중

해 설

제2기 신도시 계획의 특성
- 친환경, 첨단과 같은 신도시로서의 테마를 강조한다.
- 대중교통지향적인 교통체계를 갖추었다.
- 녹지율을 높여 그린네트워크를 지향한다.
- 프로젝트 파이낸싱을 적극 활용하였다.

05 다음의 설명에 해당하는 도시는?

- 상업도시에 기원을 두고 건설됨
- 머큐리오(Mercurio) 거리는 32피트
- 격자형 가로구성과 도로의 포장 및 보도 설치
- 이중벽으로 둘러싸인 달걀 모양의 도시형태

정답 01 ① 02 ④ 03 ④ 04 ③ 05 ①

① 폼페이(Pompeii) ② 아오스타(Aosta)
③ 카스트라(Castra) ④ 팀가드(Timgard)

해설
- 폼페이는 A.D. 79년에 화산폭발로 잿더미 속에 묻혀 있다가 1,700여 년 만에 발굴됨
- 칼리굴라(Arch Of Caligula), 헤르쿨레룸 극장, 프레스코 벽화, 원형극장
- 머큐리오 거리(Via Vi Mercurio), 체계적인 격자형 구성과 포장된 차도 및 보도가 체계적으로 구분되어 설치된 도로

06 근대건축국제회의(CIAM)의 아테네헌장(1933)에서 구분한 도시의 활동 기능에 해당하지 않는 것은?

① 생산 ② 주거
③ 개발 ④ 교통

해설
CIAM(근대건축국제회의)
- 도시의 네 가지 기능 : 주거, 여가, 근로(생산), 교통
- 도시계획은 주거단위를 중핵으로 하여 이들 기능의 상호관계를 결정해야 함
- 이상도시의 목표 : 초록, 태양, 공간

07 국토공간계획지원체계(KOPSS ; KOrea Planning Support System)에 대한 설명으로 옳지 않은 것은?

① 국토공간계획 및 정책의 수립·시행·평가 과정에서 의사결정에 필요한 정보를 지원코자 개발된 계획지원도구이다.
② 국가공간정보체계의 자료와 한국토지정보(KLIS) 등 유관시스템 자료를 온라인 또는 오프라인 형식으로 수집하여 연결·가공·처리하여 활용할 수 있다.
③ 지역계획, 토지이용계획, 도시정비계획, 공공시설계획, 경관계획 등 공간계획업무를 GIS와 공간통계기법의 활용을 통해 정책의사결정을 지원할 수 있다.
④ 「국가공간정보에 관한 법률」 제2조 제6항에 따라 기본공간정보데이터베이스를 기반으로 국가공간정보체계를 통합 또는 연계하여 국토교통부장관이 구축·운용토록 되어 있다.

해설
국가공간정보에 관한 법률의 현재 명칭은 국가공간정보기본법이다. 공간정보법 제2조 제6항은 다음과 같다. "국가공간정보통합체계"란 기본공간정보데이터베이스를 기반으로 국가공간정보체계를 통합 또는 연계하여 국토교통부장관이 구축·운용하는 공간정보체계를 말한다. 본 문제는 "국토공간계획지원체계"에 관한 문제이므로 국가공간정보통합체계를 설명한 사항이 오답이 된다.

08 메소포타미아지방에서 수메르(smer)인이 세운 고대도시국가가 아닌 것은?

① 우르(Ur)
② 우르크(Uruk)
③ 라가시(Lagash)
④ 모헨조다로(Mohenjo-Daro)

해설
수메르(smer) 문명이란 기원전 5000년경 메소포타미아 지역에서 시작된 도시국가들을 말한다. 기원전 2700년경 우르(Ur)와 우르크(Uruk), 아가데(Agade) 등의 도시국가가 발전하였고, 기원전 2400년경 라가시(Lagash), 그 뒤를 이어 바빌로니아 왕국의 거점이 있던 바빌론(Babylon)과 아시리아 왕국의 도시였던 님루드(Nimrud)와 니네베(Nineveh)가 통치와 교역의 중심지로 발달하였다. 모헨조다로(Mohenjo-Daro)는 기원전 2000년경 인더스강 유역에서 형성된 농촌부락이 도시로 발전된 사례이다.

09 우리나라 도시계획제도의 성립과 변화과정에 대한 설명으로 옳지 않은 것은?

① 근대 도시계획제도는 1934년 제정된 조선시가지계획령에서 비롯되었다.
② 1981년 도시계획법이 전면 개정되면서 20년 장기의 도시기본계획 수립을 제도화하였다.
③ 1962년 도시계획법이 제정되면서 일제의 잔재를 청산하고 새로운 도시계획체계를 확립했다.
④ 2002년 국토의 계획 및 이용에 관한 법률을 제정하면서 각각 다른 법률에 의하여 도시지역과 비도시지역으로 관리하도록 운영을 이원화하였다.

해설
도시계획 관련 제도의 변천
2002년 : 국토이용체계 전면적 개편
- 종전 도시지역과 비도시지역으로 구분하여 도시계획법과 국토이

정답 06 ③ 07 ④ 08 ④ 09 ④

용관리법으로 이원화되어 있던 법률을 통합하여 국토의 계획 및 이용에 관한 법률을 제정
- 종전 국토3법(국토건설종합계획법, 국토이용관리법, 도시계획법)
- 개편 국토2법(국토기본법, 국토의 계획 및 이용에 관한 법률)

10 경관계획에 대한 설명으로 옳은 것은?

① 경관계획의 요건은 크게 공공성과 현장성으로 요약할 수 있다.
② 경관계획은 크게 물적 경관계획과 장의 경관계획으로 구분된다.
③ 경관계획은 형태를 중시하고 실천적이며 시간변동이 없는 공간적 계획이다.
④ 경관계획의 대상을 직접 조작하거나 시점과 대상의 관계를 조작하여 특별한 경관현상으로 형성할 수 없다.

해설
경관계획은 1차적 경관요소(물리적·직접 조작영역)와 2차적 경관요소(비물리적·간접조작영역)를 결합하여 개성적인 3차적 경관요소(비물리적·비조작영역 – 상징적, 이미지 경관)를 창출하기 위한 과정이다.

11 도시개발사업의 시행 방식에서 토지수용 또는 사용방식의 장점으로 옳지 않은 것은?

① 기반시설 확보 용이
② 공공성 확보 및 일괄 시행
③ 토지소유자의 재정착 가능
④ 공사기간의 단축 및 대규모 개발 가능

해설
수용 또는 사용에 의한 방식은 매수에 의해 이루어지므로 환지와 관련된 협의 및 행정처리기간이 필요 없어 기간이 상대적으로 적게 걸리는 장점이 있다. 하지만 수용된 토지에 대한 토지소유자의 소유권이 개발 주체로 이관되므로 토지소유자의 재정착이 어렵다는 단점이 있다.

12 튀넨(Von Thunen)의 지대이론에 대한 설명으로 옳지 않은 것은?

① 지대는 토지의 위치에 따라 달라진다.
② 시장에서 멀어질수록 인구 밀도는 낮고 지대는 높다.
③ 생산성이 같은 토지라도 시장으로부터의 거리에 따라 지대가 달라진다.
④ 지대는 농산물이 생산되는 토지와 농산물이 판매되는 시장과의 거리에 의해 결정된다.

해설
시장에서 멀어질수록 인구밀도와 지대가 함께 낮아진다.

13 다음 조건에서 주거지역 전체면적은?

- 계획인구 : 15,000인
- 단독주택 비율 : 30%, 3인/호, 40호/ha
- 공동주택 비율 : 70%, 3인/호, 120호/ha

① 약 67ha
② 약 90ha
③ 약 100ha
④ 약 120ha

해설
$$순밀도(인/ha) = \frac{총 인구}{주택면적}$$
$$단독주택 주택면적 = \frac{총 인구}{순밀도(인/ha)}$$
$$= \frac{15,000 \times 0.3}{120} = 37.5$$
$$공동주택 주택면적 = \frac{총 인구}{순밀도(인/ha)}$$
$$= \frac{15,000 \times 0.7}{360} = 29.17$$
단독 + 공동 = 37.5 + 29.17 = 66.67ha
∴ 약 67ha

14 중세도시의 특징에 대한 설명으로 옳지 않은 것은?

① 도로망은 불규칙적이며 폭이 좁았다.
② 기능적 성격으로 구분하면 성채도시, 정기시도시, 상업도시 등으로 구분할 수 있다.
③ 상업도시의 경우 경제적 부흥으로 인구가 유입되면서 인구 10만을 넘어서는 도시가 발생하기 시작했다.
④ 물리적 요소로 성벽, 시장, 사원 등이 있으며, 특히 성벽과 대사원은 중세도시의 스카이라인을 형성하는 중요한 요소였다.

해설
중세도시의 도시계획
- 보루형 도시 : 방어를 위해 성벽 등을 갖는 도시로 개별도시가 고립됨

- 간선도로망 형태 : 집중형, 중세적 광장(Square), 불규칙적이며 폭이 좁음
- 중세도시 물리적 요소 : 성벽, 시장, 사원
- 중세도시 구별 : 성채도시, 상업도시 등
※ 중세도시의 인구는 발전이 정점에 달한 파리나 베네치아의 경우가 약 10만 정도였고, 그 외의 경우는 그 이하의 인구규모를 나타냈다.

15 프리드만(Friedmann)에 의해 발전된 계획이론으로 공익이라고 정의되는 불확실한 계획의 목표를 추구하기 위한 과학적 접근방법을 비판하면서 인간적 요소를 강조하여 계획의 집행에 직접 영향을 받는 사람들과의 대화를 통해 계획을 수립하여야 한다는 계획이론은?

① 종합적 계획(Synoptic Planning)
② 옹호적 계획(Advocacy Planning)
③ 점진적 계획(Incremental Planning)
④ 교류적 계획(Transactive Planning)

해 설
교류적 계획(Transaction Planning)
- 프리드만(J. Friedmann)에 의해 발전한 계획
- 공익이라는 불확실한 목표를 추구하기보다는 계획과 관련된 사람들 간의 상호교류와 대화를 통해 계획을 수립하는 것으로 계획은 합리적이고 과학적이어야 한다는 인식에 대한 비판적 반응
- 인간의 존엄성에 기초를 두는 신휴머니즘적 사고에 기초
- 계획가와 계획에 영향을 받는 사람들 간 대화와 이를 통한 사회적 학습과정 형성을 중시

16 실세계(Real-world) 형상들을 표현한 지리 데이터베이스로서 불명확하고 특정한 범위가 없는 하나 이상의 공간현상을 다루며 연속적으로 변화하는 실세계 형상을 다루는 모델은?

① 목적기반모델(Goal-based Model)
② 필드기반모델(Field-based Model)
③ 객체기반모델(Object-based Model)
④ 속성기반모델(Attribute-based Model)

해 설
실세계 형상들은 지리 데이터베이스로서 객체기반모델(Object-based Model)과 필드기반모델(Field-based Model)의 두 가지 기본적인 형태로 실세계를 표현한다.
- 객체기반모델 : 이산적이고 인식할 수 있는 객체들로 구성된 지리적 공간
- 필드기반모델 : 불명확하고 특정한 범위가 없는 하나 이상의 공간현상을 다루는 것으로 연속적으로 변화하는 실세계 형상을 다루는 공간현상

17 도시조사에 이용되는 회귀분석모형에 대한 설명으로 옳지 않은 것은?

① 단순회귀분석이란 하나의 종속변수와 하나의 독립변수 사이의 관계를 추정하는 분석이다.
② 다중회귀분석이란 하나의 종속변수와 여러 개의 독립변수 사이의 관계를 추정하는 분석이다.
③ 회귀계수는 추정하려는 독립변수의 파라메타를 뜻하며 일반적으로 최소제곱법에 의하여 회귀계수를 추정한다.
④ 추정된 회귀선이 표본자료를 얼마나 잘 설명하는가를 나타내는 통계량을 상관계수라고 하며 S^2로 표시한다.

해 설
회귀분석법(Regression Analysis, 인과분석법)
1. 정의 : 독립변수와 종속변수의 인과관계를 규명하고 이를 근거로 종속변수에 대한 미래 예측을 실시하는 통계적 분석방법
2. 종류 : 단순선형회귀분석, 다중선형회귀분석
3. 특징
   - 토지이용계획의 분석과정에서 하나의 도구다.
   - 예측과 추정능력을 높일 수 있다.(최소제곱법 사용)
   - 여러 변수의 인과관계를 통계학적 분석기법으로 예측, 추정능력을 높일 수 있다.
   - 컴퓨터의 발달로 많은 변수의 계산 및 해석도 가능하다.
   - 질적 변수처리와 다중 공선성 문제(설명변수 간 상관관계)를 가진다.
   ※ 상관계수는 R로 표현한다.

18 토지이용계획의 역할과 목적에 대한 설명으로 옳지 않은 것은?

① 공공의 이익을 위해서 토지이용의 규제와 실행수단을 제시해 준다.
② 체계적인 계획과 도시의 발전을 도모하여 외연적 확산을 촉진시킨다.
③ 자연적으로 보존해야 하는 지역에 대해서 토지이용에 대한 제한을 설정한다.
④ 도시의 현재와 미래 모습을 고려하여 적절한 용도지역을 부여하여 개발 및 관리를 추진한다.

정답 15 ④ 16 ② 17 ④ 18 ②

> **해 설**
> 토지이용계획의 역할
> - 도시의 현재와 미래 공간 구성
> - 토지이용 규제와 실행수단 제시 : 지상·공중·지하의 3차원적 공간계획을 대상으로 하여 기능배치뿐만 아니라 밀도와 형태를 포함
> - 지구단위계획에 대한 지침 제시 : 국토 및 지역계획의 지침을 수용하고 지구단위계획에 지침을 전달
> - 난개발 방지(외연적 확산 예방)
> - 장래를 위한 토지의 보존

19 우리나라 용도지역지구제의 특징에 대한 설명으로 옳지 않은 것은?

① 용도지역은 상호 중복지정이 가능하고, 용도지구는 중복지정이 허용되지 않는다.
② 토지이용의 특화 또는 순화를 도모하기 위하여 도시의 토지용도를 구분하는 제도이다.
③ 이용목적에 부합하지 않는 건축 등의 행위는 규제하고 부합하는 행위는 유도하는 제도적 장치이다.
④ 공공의 건강과 복리를 증진시키기 위한 것으로 이의 실현을 위해 법적 규제를 통하여 개인의 토지이용을 제한한다.

> **해 설**
> 국토의 이용 및 계획에 관한 법률 제2조(정의)
> 15항에 의거 용도지역은 서로 중복되지 아니하여야 한다.

20 창조도시와 관련하여 리차드 플로리다(Richard Florida)가 주장한 도시의 창조성을 측정하는 3가지 지표에 해당하지 않는 것은?

① 인재(Talent) ② 사고(Thought)
③ 기술(Technology) ④ 관용성(Tolerance)

> **해 설**
> 리차드 플로리다가 제시한 도시의 창조성 측정지표 3가지는 인재(Talent), 기술(Technology), 관용성(Tolerance)이다.

제2과목 도시설계 및 단지계획

21 도시공원 중 주로 도보권 안에 거주하는 자의 이용에 제공할 것을 목적으로 하는 도보권 근린공원의 유치거리 기준으로 옳은 것은?

① 250m 이하 ② 500m 이하
③ 1,000m 이하 ④ 1,500m 이하

> **해 설**
> 도시공원의 설치 및 규모의 기준
>
> | 구분 | 유치거리 | 규모 |
> |---|---|---|
> | 근린생활권 근린공원 | 500m 이하 | 1만 m² 이상 |
> | 도보권 근린공원 | 1천 m 이하 | 3만 m² 이상 |
> | 도시지역권 근린공원 | 제한 없음 | 10만 m² 이상 |
> | 광역권 근린공원 | 제한 없음 | 100만 m² 이상 |

22 도로의 종류에서 도로의 사용 및 형태별 구분에 해당하지 않는 것은?

① 간선도로 ② 고가도로
③ 일반도로 ④ 지하도로

> **해 설**
> 도로의 사용 및 형태별 구분
> 일반도로, 자동차전용도로, 보행자전용도로, 자전거전용도로, 고가도로, 지하도로
> ※ 간선도로는 도로의 기능별 분류에 해당한다.

23 다음 중 1980년경 새롭게 등장한 뉴어바니즘(New Urbanism)에서 지정한 행동강령 기본원칙에 해당하지 않는 것은?

① 다양한 주택(Mixed-Housing)
② 보행성(Walkability)
③ 위요(Enclouse)
④ 연결성(Connectivity)

> **해 설**
> 뉴어바니즘의 기본원리(헌장, 1996년)
> 보행환경(Walkability), 연계성(Connectivity), 복합용도와 다양성(Mixed-use & Diversity), 주택혼합(Mixed Housing), 도시설계와 건축(Urban Design&Architecture), 근린주구 구조(Neighborhood Structure), 고밀도 개발(Increased Density), 스마트 교통체계(Smart Transportation), 지속가능성(Sustainability), 삶의 질(Quality of Life)
> → '위요'란 둘러싸인 경관을 뜻하는 단어이다.

정답 19 ① 20 ② 21 ③ 22 ① 23 ③

24 지구단위계획 수립 시 인센티브를 부여할 수 있는 사항이 아닌 것은?

① 공동개발의 지정/권장 준수
② 대지 내 공지 및 통로의 설치
③ 지정된 차량 진·출입구의 준수
④ 자연지반의 보존

해설
지정된 차량 진·출입구의 준수사항은 지구단위계획 수립시 기본적인 필수사항이다.

25 단지계획에 있어 소음 및 진동과 관련된 설명으로 적합하지 않은 것은?

① 소음은 거리의 제곱에 반비례하여 그 세기가 감소한다.
② 소리에 의해 고통을 느끼기 시작하는 세기는 140dB이다.
③ 일반적인 단지환경에 있어 소음의 세기는 50~60dB 이하로 유지되어야 한다.
④ 소리가 들리기 시작한 정도의 세기는 1dB이다.

해설
귀에 괴로움과 고통을 느끼기 시작하는 세기는 120 db이다.

26 다음 중 게토(Ghetto)에 대한 설명으로 옳은 것은?

① 노후지역   ② 불량주택지역
③ 무허가 주거지역 ④ 특정집단거주지역

해설
게토(Ghetto)
중세 이후 유대인들을 강제 격리시킨 거주지역에서 비롯된 말로 주로 특정 인종이나 종족, 종교 집단에 대하여 외부와 격리시킨 거주지역을 가리킨다.

27 주거단지계획의 목표설정 시 고려해야 할 사항 중 틀린 것은?

① 기능의 충족성   ② 이웃과의 유대
③ 변화에의 불변성 ④ 환경선택의 자유

해설
단지계획은 변화에 적응(Adaptability)함으로써 보다 나은 환경과 기능을 갖추게 된다.

28 순인구밀도가 250인/ha이고 주택용지율이 70%일 때 총인구밀도는?

① 105인/ha   ② 175인/ha
③ 265인/ha   ④ 305인/ha

해설
총인구밀도
순인구밀도 × 주택용지율 = 250 × 0.7 = 175

29 건폐율 60%, 용적률 540%를 적용할 경우 최대 층수는?(단, 각 층의 평면이 동일한 경우이다.)

① 3층   ② 5층
③ 9층   ④ 14층

해설
층수 산정
건폐율 × 층수 = 용적률
$$\therefore 층수 = \frac{용적률}{건폐율} = \frac{540}{60} = 9층$$

30 지구단위계획 수립 시 상업용지의 획지 및 가구계획 기준으로 틀린 것은?

① 도로에서의 접근이 용이하도록 계획한다.
② 구역 중심지의 주간선도로 또는 보조간선도로의 교차로 주변에 계획한다.
③ 가구 규모는 시설입지에 대한 다양한 요구를 충족시킬 수 있도록 다양한 규모로 계획한다.
④ 주간선도로 또는 보조간선도로를 따라 배치되는 가구는 2열 이상으로 배열이 되도록 한다.

해설
상업용지의 획지 및 가구계획
1. 가구계획
  • 구역 중심지의 주간선도로 또는 보조간선도로의 교차로 주변에 계획
  • 주간선도로 또는 보조간선도로를 따라 1열 배열이 되도록 하고 그 뒷면에 2열 배열로 하여 도로에서 접근이 용이하도록 함
  • 가능한 한 정형화된 형태를 유지

정답 24 ③ 25 ② 26 ④ 27 ③ 28 ② 29 ③ 30 ④

2. 가구 규모 : 시설입지에 대한 다양한 요구를 충족시킬 수 있도록 다양한 규모로 계획
3. 가구의 단변 : 1열 배치인 경우 20~60m, 장변은 단변의 2 내지 3배인 80~200m가 적당

31 페리(C.A. Perry)가 주장한 근린주구론의 원칙이 아닌 것은?

① 주거단위는 하나의 초등학교 운영에 필요한 인구에 대응하는 규모를 가져야 하고, 그 규모는 인구밀도에 의해 결정된다.
② 주거단위는 주거지 안으로 지나는 통과교통이 내부를 관통하지 않고 우회되어야 하며, 네 면 모두 충분한 폭원의 간선도로(Arterial Street or High Way)에 의해 둘러싸여져야 한다.
③ 하나의 근린주구는 상위도시를 기준으로 구축된 가로체계에 의존하고, 원활한 순환체계 속에서 통과 교통을 체계적으로 수용할 수 있는 입체적인 가로망으로 계획한다.
④ 개개 근린주구의 요구에 부합하도록 계획된 소공원과 레크리에이션 체계를 갖춘다.

해 설
페리의 근린주구는 통과 교통이 내부를 관통하지 않고, 네 면 모두가 간선도로에 의해 구획된다.

32 다음 중 우리나라에 도시설계 제도가 도입된 것에 관한 설명으로 틀린 것은?

① 도시설계 제도와 관련된 법규 중 지구지정 규정의 신설은 1991년에 이루어졌다.
② 도시설계 제도가 도입된 지 5년 후인 1985년에 상세계획제도가 도입되었다.
③ 도시설계를 처음 도입할 당시 주된 관심사는 간선가로변의 미관 개선에 있었다.
④ 제도로서의 도시설계를 처음 도입한 것은 1980년 건축법에 도시설계 조항을 법제화한 것이다.

해 설
상세계획제도
• 1991년 12월 도시계획법 개정 : 상세계획구역의 지정(구 도시계획법 제20조의3)이라는 조항으로 도입
• 1994년 건설부 훈령으로 상세계획 수립지침을 제정하여 시행

33 지구단위계획 중 특별계획구역의 지정대상이 아닌 것은?

① 순차개발하는 경우 후순위개발 대상지역
② 공공사업 시행 이외의 모든 사업에 대하여 지구단위계획구역의 지정목적을 달성하기 위하여 필요한 경우
③ 지구단위계획구역 안의 일정지역에 대하여 우수한 설계안을 반영하기 위하여 현상설계 등을 하고자 하는 경우
④ 하나의 대지 안에 여러 동의 건축물과 다양한 용도를 수용하기 위하여 특별한 건축적 프로그램을 만들어 복합적 개발을 하는 것이 필요한 경우

해 설
특별계획구역의 지정대상
• 하나의 대지 안에 여러 동의 건축물과 다양한 용도를 수용하기 위해 특별한 건축 프로그램에 의한 복합적 개발이 필요한 경우 : 대규모 쇼핑단지, 전시장, 터미널, 농수산물 도매시장, 출판단지 등 일반화되기 어려운 특수기능의 건축시설 등
• 지형조건상 지반고 차이가 심하여 건축적으로 상세한 입체계획이 수립되어야 할 경우 : 복잡한 지형의 재개발구역을 종합적으로 개발하는 경우 등
• 지구단위계획구역 내 일정지역에 대해 좋은 설계안을 반영하기 위해 현상설계 등을 하고자 할 경우
• 주요 지표물 지점으로서 지구단위계획안 작성 당시에는 대지 소유자의 개발프로그램이 뚜렷하지 않으나 앞으로 협의를 통하여 좋은 개발안을 유도할 필요가 있는 경우
• 공공사업 시행, 대형 건축물 등 공동개발 필요지역
• 기타 지구단위계획구역의 지정 목적을 달성하기 위하여 필요한 경우

34 다음 중 생활권을 제1차~제3차 생활권으로 구분하였을 때, 제2차 생활권(중생활권)을 기준으로 설치되는 시설로 가장 적합한 것은?

① 대학교
② 우체국
③ 초등학교
④ 청소년회관

해 설
2차 생활권(중생활권)
1. 지역 중심지로서의 역할 수행에 필요하나 1차 생활권에서는 경제성이 성립하기 힘든 시설들과 공공 서비스의 공급에 관한 합리성에 관한 이론적·경험적 지식 체계에 따라 개별 시설 배치
2. 간단한 교통시설을 이용하여 큰 부담 없이 이동할 수 있는 범위
 • 지방 소도시 규모로 보통 중·고등학교 통학권 정도 크기
 • 복지시설(보건소 등), 교육시설(도서관 등)
 • 적정 인구 5~10만 정도

3. 산세·대하천 등의 자연적 환경, 각종 시설배치 기준의 고려
4. 구청, 경찰서, 소방서, 중학교, 고등학교, 쇼핑센터 등

35 학교의 결정기준과 관련한 규정상 새로이 개발되는 지역의 경우 몇 세대를 기준으로 근린주거구역으로 하는가?(단, 도시·군계획시설의 결정·구조 및 설치 기준에 관한 규칙에 따른다.)

① 2천 세대 내지 3천 세대
② 3천 세대 내지 4천 세대
③ 4천 세대 내지 5천 세대
④ 5천 세대 내지 6천 세대

해설
근린주거구역의 범위는 이미 개발된 지역의 경우에는 개발현황에 따라 정하고, 새로이 개발되는 지역(재개발 또는 재건축되는 지역을 포함한다)의 경우에는 2천 세대 내지 3천 세대를 1개 근린주거구역으로 한다. 다만, 인접한 지역의 개발 여건을 고려하여 필요한 경우에는 2천 세대 미만인 지역을 근린주거구역으로 할 수 있다.

36 오픈스페이스의 기능에 대한 설명으로 옳지 않은 것은?

① 시냇물·연못·동산 등과 같은 자연 경관적 요소들을 제공한다.
② 기존의 자연환경을 보전·향상시켜 줄 수 있는 수단을 제공한다.
③ 공기정화를 위한 순환통로의 기능을 수행함으로써 미기후의 형성에 영향을 준다.
④ 오픈스페이스의 적극적 확보를 위하여 평탄한 곳과 접근성이 뛰어난 곳을 우선 확보하여야 한다.

해설
오픈스페이스(Open Space)의 기능
1. 생태적 기능
  • 단지생태계의 기반 조성
  • 대기오염, 수질오염의 정화
  • 소음, 먼지 등의 차폐
  • 미기후의 조절
  • 화재, 홍수 등의 재난예방 및 완화
  • 환경친화적 단지 조성에 기여
2. 사회적 기능
  • 휴식 및 레크리에이션 기회의 제공
  • 재해 혹은 사고 시 피난처의 제공
  • 단지주민의 정신건강, 정서함양에 기여
  • 단지주민 간 접촉기회 증진

3. 경관적 기능
  • 단지의 경관미, 스카이라인의 질 향상
  • 특징 있는 공간 조성으로 단지의 정체성 고양
  • 인공구조물의 건조함 완화
  • 단지외부공간의 차경 또는 차폐
※ 오픈스페이스의 확보와 접근성은 큰 관계가 없다.

37 도시설계제도와 관련하여 적합하지 않은 설명은?

① 계획단위개발(PUD)은 규모는 작으나 특별한 조건을 가진 지구의 계획에 적용한다.
② 유동지역제(Floating Zoning)는 조건에 맞는 개발이 발생할 경우 적용하는 제도이다.
③ 개발권이양(TDR) 제도는 일반적으로 역사적 건축물이나 농경지 같은 오픈스페이스를 보존할 때 사용하는 제도이다.
④ 용도지역 중, 지역을 합리적으로 변경(Rezoning & Up/Down Zoning)하는 것도 도시설계의 실천수단이다.

해설
1. 도시설계제도(1980년 1월 건축법 개정)
  • 도시미관 조성이라는 관점에서 도시설계제도를 건축법 제8조 제②항에 근거를 두어 도입
  • 그 후 도시설계제도는 제도적 보강을 통하여 건축법 제8장(제60~67조)으로 확대 규정되어 시행
2. 상세계획제도(1991년 12월 도시계획법 개정)
  • 상세계획구역의 지정(구 도시계획법 제20조의3)이라는 조항으로 도입
  • 1994년 건설부 훈령으로 상세계획 수립지침을 제정하여 시행
3. 지구단위계획(2000년 1월 도시계획법 개정)
  • 종전의 건축법상 도시설계제도와 도시계획법상 상세계획제도가 통합되어 지구단위계획이라는 도시계획제도로 되어 2000년 7월부터 시행
  • 국토계획 및 이용에 관한 법률(2002년)
  • 제1·2종 지구단위계획 도입
4. 계획단위개발(PUD) : 일단의 지구를 하나의 계획단위로 보아 그 지구의 특성에 맞는 설계기준을 개발자와 그 개발을 관장하는 당국 간의 협상과정을 통해 융통성 있게 능률적으로 책정, 허용함으로써 공적 입장에서 요구되는 환경의 질과 개발자의 입장에서 요구되는 사업성을 동시에 추구하는 제도로 우리나라의 지구단위계획 내의 특별계획구역제도와 유사

38 지구단위계획구역을 변경하는 경우에 관계행정기관의 장과의 협의, 국토교통부장관과의 협의 및 도시계획위원회의 심의를 생략할 수 있는 경

우에 해당하지 않는 것은?

① 가구면적의 20% 이내의 변경인 경우
② 획지면적의 30% 이내의 변경인 경우
③ 건축물 높이의 20% 이내의 변경인 경우
④ 건축선의 1미터 이내의 변경인 경우

> **해설**
> 「건축법」 등 다른 법령의 규정에 따른 건폐율 또는 용적률 완화 내용을 반영하기 위하여 지구단위계획을 변경하는 경우 → 가구면적의 10% 이내의 변경인 경우 생략 가능하다.

39 지구단위계획의 동선계획에 관한 설명으로 옳지 않은 것은?

① 간선가로변에서의 주차 출입은 가급적 제한한다.
② 공용주차장은 소요부지 최소화를 위해 가급적 기계식으로 설치한다.
③ 차량동선으로 인한 보행공간 단절 및 침해를 최소화한다.
④ 공동개발하는 이면필지의 출입을 위하여 제한적 주차출입금지구간으로 지정한 후 공동개발 시에 주차출입을 허용할 수 있다.

> **해설**
> 주차장·광장·교통시설 등 보행자이용시설은 보행자가 걸어서 쉽게 이용하고 보행자가 보호될 수 있는 환경으로 조성함이 바람직하다. 기계식 주차장은 보행자의 이용에 불편함과 위험이 따른다.

40 경관창조를 위한 공동주택 주거동의 바람직한 배치에 대한 설명으로 틀린 것은?

① 스카이라인에 율동감을 준다.
② 기존 지형에 과다한 절·성토를 피한다.
③ 주거동의 고층화를 억제하며, 중·고밀도로 자연에 순응하는 군집형태로 건물을 배치한다.
④ 연립 및 중·고층아파트의 배치는 주 보행로를 중심으로 접지성이 약한 순서인 고층, 중층, 저층의 건축물을 차례로 배치한다.

> **해설**
> 주 보행로를 중심으로 접지성이 약한 순서인 저층, 중층, 고층의 건축물을 차례로 배치한다.

제3과목 도시개발론

41 종합계획적 성격의 도시개발기법은 무엇인가?

① TDR
② TOD
③ PUD
④ 연계개발수법

> **해설**
> 개발권양도제(TDR), 대중교통중심개발(TOD), 계획단위개발(PUD)은 단일개발에 가깝고, 종합계획적 성격의 도시개발은 연계개발이 가깝다.

42 다음 중 CM(Construction Management)에 대한 설명으로 옳지 않은 것은?

① 건설사업을 효율적으로 관리하기 위한 일련의 견적, 계약관리, 공정관리, 원가관리, 품질관리 관련 기술을 말한다.
② 우리나라는 1997년 건설산업기본법의 시행으로 공식적으로 제도권 내로 수용되었다.
③ 건설공사 계약형태로서 CM은 설계 완료 후 시공자가 공사에 참여하는 설계·시공일괄 턴키방식과 동일한 계약방식이다.
④ 순수형 CM은 CM전문업체가 사업자의 대리인으로서, 기획, 설계, 시공단계의 총괄적 관리업무만 수행한다.

> **해설**
> CM은 건설사업관리로 통용되고 있으며, 건설사업을 효율적으로 관리하기 위한 일련의 견적, 계약관리, 장비관리, 공정관리, 원가관리, 품질관리 관련 기술을 의미한다. 우리나라의 경우 1997년 건설산업기본법의 시행으로 공식적으로 제도권 내로 수용되었다.
> 건설공사 계약형태로서 CM은 설계 완료 후 시공자가 공사에 참여하는 전통적 계약 방식이나 설계·시공일괄 턴키방식과는 전혀 다른 형태의 계약방식이라고 할 수 있다.
> 순수형 CM(CM for Fee)는 CM전문업체가 사업자의 대리인으로서 시공에 대한 책임은 없으며, 기획, 설계, 시공단계의 총괄적 관리업무만을 수행하게 되며, 위험형 CM(CM at Risk)은 건설사업관리자가 관리적 업무 외에 시공까지 책임지는 형태로 부실시공에 대한 위험성을 책임져야 한다.

43 도시개발사업을 위한 재원조달방안인 지분조달방식에 대한 설명으로 옳지 않은 것은?

① 원리금이나 이자의 상환부담이 없다.

② 중소기업의 경우 주식 공개매매, 유통시장이 발달되지 않는다.
③ 자본시장의 여건에 따라 조달이 민감하게 영향을 받는다.
④ 조달규모의 증대로 소유자의 지분이 크게 확대된다.

해설
지분조달방식의 특징
1. 장점
   - 원리금이나 이자의 상환부담이 없음
   - 사업아이디어가 발전적으로 진행됨
   - 투자가가 자문가로서의 역할을 수행
2. 단점
   - 회사의 통제권 일부를 포기해야 함
   - 판매된 지분은 미래에 다시 회수하기 어려움
   - 지분투자가들은 사업계획에 동의하지 않으므로 문제발생 가능
   - 자금조달이 복잡하여 변호사나 회계사 등의 전문가 자문 필요
   - 자본시장의 여건에 따라 조달조건이 민감하게 변함
   - 조달규모 증대 시 소유주의 지분축소가 불가피
   - 중소기업 등은 주식 공개매매, 유통시장이 발달되지 않음
   - 기업가치 불안정으로 매매활성화에 한계가 존재함

44 다음 중 리모델링 사업의 효과가 아닌 것은?

① 환경보전
② 신고용 창출
③ 자원의 소모적 사용
④ 건축시장의 다양성 확대

해설
리모델링 사업
노후된 공동주택 등 건축물이 밀집된 지역으로서 새로운 개발보다는 현재의 환경을 유지하면서 이를 정비하는 사업으로 주택법을 근거법으로 한다. 기존 자원을 최대한 활용하는 효과를 얻을 수 있으며 건축시장의 다양성 확대를 기대할 수 있다.

45 워터프론트(Waterfront)의 특성과 거리가 먼 것은?

① 조망성이 우수하다.
② 대중교통이 발달되어 있다.
③ 자연과 접하기 쉬운 공간이다.
④ 문화, 역사가 많이 축적된 공간이다.

해설
워터프론트의 특성
- 자연과 접하기 쉬운 공간

- 문화나 역사가 많이 축적된 공간
- 조망이 좋아 도시의 활력과 생동감 증대

46 다음 중 도시 및 주거환경정비법에 따른 "정비사업"에 해당하지 않는 것은?

① 주거환경개선사업
② 재건축사업
③ 재정비촉진사업
④ 재개발사업

해설
도시 및 주거환경정비법에 따른 정비사업에는 주거환경개선사업, 재개발사업, 재건축사업이 있다.

47 다음 "재개발대상의 공간적 범위"에 따른 재개발의 유형에 대한 내용으로 틀린 것은?

① 주거지 재개발
② 개별 필지단위의 건축물 재개발
③ 가구단위 재개발
④ 지구단위 재개발

해설
재개발 대상의 공간적 범위에 따라 재개발 유형을 분류하면 개별 필지단위의 건축물 재개발, 가구(Block, 街區)단위의 재개발, 지구단위의 재개발로 구분할 수 있다. 주거지 재개발은 재개발 대상지의 토지이용에 따른 분류에 해당한다.

48 자연발생적으로 성장한 도시에서 낙후되고 노후화된 기존의 도시시설지역의 시설을 보수·확장·새로운 시설을 첨가하는 방법을 통해 도시환경개선을 달성하려는 개발방식은?

① 철거재개발   ② 수복재개발
③ 개량재개발   ④ 보전재개발

해설
시행방법에 따른 재개발 방식의 분류
- 수복재개발 : 노후·불량화 요인을 제거하는 것
- 개량재개발 : 새로운 시설을 첨가하여 도시기능을 제고하는 것
- 보전재개발 : 노후·불량화의 진행을 방지하는 것
- 철거재개발 : 기존 환경을 제거하고 새로운 시설물로 대체시키는 것

정답 44 ③ 45 ② 46 ③ 47 ① 48 ③

49 도시 개발프로젝트를 실현하기 위하여 사업주체들이 주주로 출자하는 운영 및 경영법인은?

① Special Corporation
② Special Purpose Company
③ Project Financing Corporation
④ Project Management Company

해설
유동화전문회사, 특수목적회사(SPC ; Special Purpose Company)는 도시 개발프로젝트를 실현하기 위하여 사업주체들이 주주로 출자하는 운영 및 경영법인을 지칭하는 용어이다. 자산관리와 자산매각 등을 통해 투자원리금 상환을 위한 자금 마련으로 부실채권 처리업무가 끝나면 자동으로 사라지게 된다.

50 다음 중 계획단위개발(PUD)에 대한 설명으로 옳지 않은 것은?

① 일단의 지구를 하나의 계획단위로 보고 개발자의 입장에서 요구되는 사업성과 공적 입장에서 요구되는 환경의 질을 동시에 추구하는 제도라 할 수 있다.
② 계획단위개발을 하는 경우, 그 구역 내에서 종래의 용도지역제가 완전히 실효(失效)되는 것은 아니다.
③ 계획단위개발지구 전체의 총밀도가 종전 용도 지역제에 의한 허용범위를 넘지 않는 한 지구 내 각 획지는 밀도기준에 구애받지 않을 수 있다.
④ 1962년 샌프란시스코에서 주거지역과 상업지역에 대한 특례조치로 시작되었다.

해설
계획단위개발을 하는 경우에는 지구의 특성에 맞는 설계가 적용되므로 그 구역 내에서 종래의 용도지역제를 적용할 수 없게 된다.

51 토지자원의 특성이라 할 수 있는 것은?

① 단일성 ② 고정성
③ 소멸성 ④ 위치적 중복성

해설
토지자원이 갖는 가장 큰 특성이 입지적 고정성 또는 위치적 유일성(Locational Dependency/Uniqueness)이다.

52 대도시의 무분별한 외연적 확장을 억제하고 쇠퇴하고 있는 기성시가지의 물리적 환경뿐만 아니라 사회경제적 환경을 지속적으로 개선하기 위한 도시계획 경향을 무엇이라 하는가?

① 도시재개발(Urban Redevelopment)
② 도시재생(Urban Regeneration)
③ 도시갱신(Urban Renewal)
④ 도시개발(Urban Development)

해설
도시재생(Urban Regeneration)이란 대도시 지역의 무분별한 외부 확산을 억제하고 도심부 쇠퇴현상을 개선함으로써 도심지역에서의 인구 및 산업의 회귀를 촉진하고 재활성화를 모색하기 위한 최근의 계획경향을 말한다.
개념적으로는 쇠퇴지역의 문제를 물리적 개선을 중심으로 한 재개발 계획과는 달리 종합적인 시각에서 해결하려는 접근으로서, 해당 지역의 경제적·사회적·환경적 상태를 지속적으로 개선함으로써 기존 도심의 재활성화를 도모하려는 것을 지칭한다.

53 역사보존도시의 필요성 및 의의와 가장 거리가 먼 것은?

① 도시의 품격보다는 수적인 인구 유발을 통하여 도시의 활력을 부여하는 역할을 한다.
② 개성적이고 다양한 경관을 나타내어, 고층화·대형화·획일화되어 가는 도시 환경의 문제점을 해소하여 도시에 다양성을 부여한다.
③ 역사 환경이 형성된 배경과 사상을 이해하고, 과거와 현재를 연결시켜 도시의 역사성을 인식하는 도시 속 경험을 통해 도시생활을 풍부하게 한다.
④ 도시의 발전과 맥락을 이해할 수 있는 전통적 기반보존을 통해 다른 도시와의 차별성을 부각시킬 수 있다.

해설
역사보존도시
1. 정의 : 단순히 과거로부터 도시가 존재하였다는 의미만을 갖는 것이 아니라 일정한 문화적 질서 속에서 유지되어온 사람들의 집약된 공간이며 미래의 발전적 삶을 위한 지표로서 의미를 갖는 도시
2. 역사보전도시의 특징
  • 도시의 다양성 부여 : 고층화, 대형화, 획일화되어 가는 도시환경의 문제점 해소
  • 도시의 역사성 부여를 통한 도시생활의 풍요 제공
  • 도시활성화의 자원으로 활용 가능 : 문화 관광자원으로 도시를 활성화시킴
  • 도시의 Identity 확립

정답 49 ② 50 ② 51 ② 52 ② 53 ①

54 부동산 마케팅과 관계가 가장 적은 것은?

① 사후관리　　② 상품기획
③ 입지분석　　④ 시장조사

> **해설**
> 부동산 마케팅이란 부동산 활동주체가 소비자나 이용자의 욕구를 파악하고 창출하여 자신의 목적을 달성시키기 위해 시장을 정의하고 관리하는 과정을 말한다. 추진절차는 시장환경 분석, 마케팅 조사, 상품강화방안 수립, 상품구성, 시나리오별 마케팅 전략수립, 분양실시, 사후관리로 구분할 수 있다.

55 개발 주체에 따른 개발사업의 분류 중 공공개발사업의 분류로 가장 적절한 것은?

① 리조트, 재건축 등
② 관광단지, 휴양단지, 산업단지
③ 주택, 상가, 업무시설, 오피스텔, 호텔
④ SOC사업, 택지개발사업, 간척사업, 시가지 조성사업

> **해설**
> 개발 주체에 따른 분류
> • 공영개발(공공개발) : 국가·지자체·공사가 택지개발의 주체가 되는 공공부문으로서 개발
> • 민간개발 : 민간부문의 활동 주체가 적법한 절차로 소규모의 부지를 개량·개선하는 개발
> • 민관합동개발(제3섹터 개발) : 공영개발＋민간개발

56 일반적으로 마케팅이 5단계에 걸쳐 이루어진다고 할 때, 다음 중 실행단계의 마케팅에 속하지 않는 것은?

① 광고 및 판매 촉진(Promotion)
② 판매 및 유통경로 관리(Sales)
③ 상품기획(Merchandising)
④ 사후관리(After service)

> **해설**
> 실행단계의 마케팅에는 광고 및 판매 촉진(프로모션), 판매 및 유통경로 관리(세일즈), 사후관리(애프터서비스)가 있다.

57 도시개발구역 내 토지소유자가 "수용 또는 사용의 방식"으로 시행하는 도시개발구역의 지정을 제안하고자 하는 경우 지켜야 할 조건은 다음 중 어느 것인가?

① 대상구역의 토지면적 2/3 이상에 해당하는 토지 소유자의 동의를 얻어야 한다.
② 대상구역의 토지면적 1/2 이상에 해당하는 토지를 소유하고 토지소유자의 총수의 2/3 이상에 해당하는 자의 동의를 얻어야 한다.
③ 대상구역의 토지면적 2/3 이상에 해당하는 토지를 소유하고 토지소유자의 총수의 1/2 이상에 해당하는 자의 동의를 얻어야 한다.
④ 대상구역의 토지면적 2/3 이상에 해당하는 토지를 사용할 수 있는 권원을 가지고 토지면적의 1/2을 소유하며, 토지소유자 총수의 2/3 이상에 해당하는 자의 동의를 얻어야 한다.

> **해설**
> 도시개발법 제22조(토지 등의 수용 또는 사용)
> ① 시행자는 도시개발사업에 필요한 토지 등을 수용하거나 사용할 수 있다. 다만, 제11조 제1항 제5호 및 제7호부터 제11호까지의 규정(같은 항 제1호부터 제4호까지의 규정에 해당하는 자가 100분의 50 비율을 초과하여 출자한 경우는 제외한다)에 해당하는 시행자는 사업대상토지면적의 3분의 2 이상에 해당하는 토지를 소유하고 토지 소유자 총수의 2분의 1 이상에 해당하는 자의 동의를 받아야 한다.

58 어느 지역의 고용자 수가 다음과 같다. 이 지역 건설산업의 입지상 계수(LQ)는 얼마인가?

- 국가 전체 고용자 수 : 300,000(인)
- 국가 건설업 고용자 수 : 60,000(인)
- 지역 전체고용자 수 : 10,000(인)
- 지역 건설업 고용자 수 : 5,000(인)

① 0.02　　② 0.08
③ 0.40　　④ 2.50

> **해설**
> $$LQ_i = \frac{E_i^r / E^r}{E_i^n / E^n} = \frac{5,000/60,000}{10,000/300,000} = 2.5$$

59 다음 중 시장(Market) 및 시장분석(Market Analysis)의 개념과 필요성에 대한 설명으로 옳지 않은 것은?

① 통상적으로 시장이란 상품의 수요와 공급이 만나 양

과 가격이 결정되어 거래가 일어나는 곳을 말한다.
② 도시개발사업 측면에서의 시장분석이란 시장의 수요와 공급에 영향을 미치는 요인들을 분석하는 것을 말한다.
③ 시장에는 현재 거래가 일어나는 실질시장(Actual Market)과 거래가 일어날 가능성이 있는 잠재시장(Potential Market)이 있는데 실질시장의 파악이 특히 중요하다.
④ 도시개발사업은 공공성이 강한 정책적 사업으로 상당수가 정부의 개입과 통제를 축으로 시장의 수급이 이루어진다는 점에 유의하여 시장분석이 이루어져야 한다.

해설
- 시장 : 상품의 수요와 공급이 만나 양과 가격이 결정되어 거래가 이루어지는 곳을 말한다. 시장은 현재거래가 일어나는 현재시장(Actual Market)과 거래가 일어날 가능성이 있는 잠재시장(Potential Market)으로 구분된다. 현재시장보다는 잠재시장의 파악이 특히 중요하다.
- 시장분석 : 도시개발 측면에서 시장의 수요와 공급에 영향을 미치는 요인들을 분석하는 것을 말한다.
도시개발에 있어 시장분석의 특징은 위치의 고정성, 시장 자체의 분할성, 지역적이며 서로 연관성이 있는 하위시장으로 구성되어 분산되는 특성을 갖는다는 것이다. 정부의 개입과 통제를 축으로 시장의 수급이 이루어진다는 특성도 있다. 이것이 일반재화시장과의 차이점이라 할 수 있다.

60 민관합동의 부동산개발금융방식인 프로젝트파이낸싱(PF)에 대한 설명으로 틀린 것은?
① 협의의 의미로 프로젝트 자체의 사업성과 그로부터의 현금흐름을 바탕으로 자금을 조달하는 것을 말한다.
② PF의 특징 중 하나인 비소구금융(Non-recourse Financing)이란 투자자의 부담을 투자액 범위 내로 한정하는 방식을 말한다.
③ PF의 특징 중 하나인 부외금융(Off-balance-Sheet Financing)이란 프로젝트회사의 부채가 손익계산서상에 나타남으로써 프로젝트회사의 자본감소가 사업성에 영향이 없도록 하는 것을 의미한다.
④ 광의의 의미로 특정 사업의 소요자금을 조달하기 위한 일체의 금융방식을 의미하며 개발사업과 관련한 모든 금융방식을 프로젝트 파이낸싱이라 할 수 있다.

해설
프로젝트 파이낸싱(PF ; Project Financing)
1. 정의
   - 광의의 의미 : 특정사업의 소요자금을 조달하기 위한 일체의 금융방식, 즉 개발사업과 관련된 모든 금융방식
   - 협의의 의미 : 프로젝트 자체의 사업성과 그로부터 현금흐름을 바탕으로 자금을 조달하는 것
2. 특징
   - 비소구금융(Non-recourse Financing) : 투자의 부담을 투자액 범위 내로 한정하는 방식, PF는 완전한 비소금융 조건은 드물며 대부분 제한적인 비소금융형태를 취함
   - 부외금융(Off-balance-sheet Financing) : 프로젝트회사의 부채가 대차대조표에 나타나지 않으므로 부채 증가가 사업주의 부채율에 영향을 미치지 않음을 의미함. 프로젝트 수행을 위해 일정한 조건을 갖춘 별도의 프로젝트회사를 설립함으로써 부외금융효과를 얻을 수 있음

제4과목 국토 및 지역계획

61 성장거점이론의 핵심사항인 선도 또는 추진산업(Leading or Propulsive Industry)의 특징으로 틀린 것은?
① 빠른 성장속도를 가진 산업
② 다른 산업 부문과 강한 연계를 갖는 산업
③ 지역의 자원 부존과는 관계없는 대규모 산업
④ 어떤 지역의 성장을 불러올 진보된 수준의 기술을 요구하는 새롭고 동적인 산업

해설
추진산업(선도산업)
- 페로우(F. Perroux)가 제시
- 성장에 대한 열의를 고무할 수 있는 새로운 기술의 역동적인 산업
- 산업의 규모가 커서 경제적 지배력을 행사할 수 있는 산업
- 수요에 대한 소득 탄력성이 높아 다른 산업에 비해 성장속도가 빠른 산업
- 여타 부분과의 산업 간 연계성이 높은 산업(전후방 연계성이 높음)

62 변이할당분석(Shift-share Analysis)에 관한 설명으로 옳지 않은 것은?
① 지역의 횡적인 산업구조와 종적인 구조 변화를

동시에 살펴볼 수 있다.
② 산업구조에 관련된 정책적 대안을 제시할 때 이해가 용이하기 때문에 유용하게 쓰일 수 있다.
③ 자료가 불충분하여 시계열적 분석이 불가능할 경우에도 두 시점에서의 자료만 확보되면 동태적인 분석이 가능하다.
④ 기준연도와 최종연도 사이에서 일어나는 변화를 반영할 수 있어 예측모형으로 사용할 경우 예측력이 높다.

해설
변이할당분석(Shift-share Analysis)
1. 정의
   도시의 주요 산업별 성장원인을 규명하고, 도시의 성장력을 측정하는 방법
2. 방법
   ㉠ 도시 및 도시산업의 성장효과를 전국의 경제성장효과, 지역의 산업구조효과, 도시의 입지경쟁력에 의한 효과 등으로 구분하여 분석
   ㉡ 성장요인
   • 변이할당분석에 따르면 특정지역 R에 위치한 산업 i의 성장요인은 크게 3단계로 나눔
   • 성장요인 = 국가성장효과(N_G) + 산업구조효과(I_M) + 지역할당효과(R_S) = 도시총소득(총고용성장)

63 평행주차형식 외의 경우 일반자동차의 주차 단위 구획으로 옳은 것은?
① 너비 2.0m 이상, 길이 3.5m 이상
② 너비 2.0m 이상, 길이 6.0m 이상
③ 너비 2.3m 이상, 길이 5.0m 이상
④ 너비 3.3m 이상, 길이 5.0m 이상

해설
평행주차형식 외의 경우 주차구획은 너비×길이가 일반주차장의 경우 2.5m×5.0m 이상, 지체장애자 전용주차장의 경우 3.3m×5.0m 이상이며 평행주차형식은 2.0m×6.0m 이상이다. (2018.3.21. 개정으로 일반주차장의 너비가 2.3m이상에서 2.5m 이상으로 개정되었다.)

64 다음 중 시장지향적인 산업의 특징에 해당하는 것은?
① 수요의 변동이 심하여 많은 재고량을 확보해 두어야 한다.
② 전반적인 수송비가 다른 비용보다 지역에 따라 폭넓게 변화한다.
③ 제품의 제조과정에서 원료의 중량이 크게 감소하는 경향이 있다.
④ 단위당 원료의 수송비용이 단위당 최종 생산물의 수송비용보다 크거나 같다.

해설
시장지향적인 산업이라는 의미는 고객의 변심, 혹은 유행에 따라 수요가 큰 폭으로 변화하는 산업을 의미한다. 따라서 상품의 주문이 급증할 경우를 대비하여 충분한 재고를 확보해두는 것이 필요하다.

65 크리스탈러(Christaller)의 행정의 원칙에 의한 중심지 구성의 경우, 각각의 상위 중심지는 주변의 몇 개의 하위 중심지를 지배하는가?
① 3
② 4
③ 6
④ 7

해설
층의 포섭이론
• 시장의 원리(Marketing Principle, K=3 System)
• 교통원리(Transportation Principle, K=4 System)
• 행정원리(K=7 System)
• 제4의 원리(시장-행정모형)
→ K=7 시스템이란 1개의 상위중심지가 6개의 하위 중심지를 지배하는 시스템을 말한다.

66 인간이 필요로 하는 최소한의 재화와 서비스 품목을 최저 소득집단에게 공급해 주고자 하는 지역개발전략은?
① 기본수요전략
② 농촌개발전략
③ 성장거점전략
④ 오지개발전략

해설
기본수요이론(Basic Needs Theory)
• 기존 지역발전 이론으로 인해 발생된 지역불균형, 빈곤, 산업문제 등에 대처
• 빈곤계층이 품위 있는 생활을 하는 데 기본이 되는 최소한의 물품과 서비스를 보장

67 다음 중 제4차 국토종합계획이 제4차 국토종합계획 수정계획(2006~2020)으로 변경된 배경으로 가장 거리가 먼 것은?

정답 63 ③(답없음) 64 ① 65 ③ 66 ① 67 ②

① 지역 간, 계층 간 통합과 상생발전을 위한 방안 제시의 필요성
② 주요 대도시의 주택 부족문제를 해결하기 위한 주택의 대량 건설과 보급의 필요성
③ 행정중심복합도시 등 국가 중추 기능의 지방분산에 따른 국토공간구조의 변화를 반영할 필요성
④ 남·북한 교류협력을 더욱 심화시키고 장기적인 국토통일을 염두에 둔 한반도 차원의 국토구상 마련 필요성

해설
제4차 국토종합계획 수정계획(2006~2020년)의 기본 틀

68 국토기본법령상 국토조사에 관한 설명으로 틀린 것은?

① 국토교통부장관이 필요하다고 인정하는 경우 특정지역 또는 부문 등을 대상으로 수시조사를 실시할 수 있다.
② 국토교통부장관은 국토에 관한 계획 및 정책의 수립과 집행에 활용하기 위하여 국토종합계획의 수립 시에 정기조사를 실시한다.
③ 국토교통부장관은 중앙행정기관의 장 또는 지방자치단체의 장에게 조사에 필요한 자료의 제출을 요청하거나 조사사항 중 일부를 직접 조사하도록 요청할 수 있다.
④ 국토교통부장관은 효율적 국토조사를 위해 조사항목 및 조사주체 등 필요한 사항에 대하여 관계 중앙행정기관의 장 및 시·도지사와 사전협의를 거쳐 국토조사계획을 수립할 수 있다.

해설
국토기본법 시행령 제10조(국토조사의 실시)
② 국토교통부장관은 국토조사를 효율적으로 실시하기 위하여 국토조사 항목 및 조사주체 등 필요한 사항에 대하여 관계 중앙행정기관의 장 및 시·도지사와 사전협의를 거쳐 국토조사계획을 수립할 수 있다.
1. 정기조사 : 국토에 관한 계획 및 정책의 수립, 집행, 성과진단 및 평가, 국토현황의 시계열적·부문별 변화상 측정 및 비교 등에 활용하기 위하여 매년 실시하는 조사
2. 수시조사 : 국토교통부장관이 필요하다고 인정하는 경우 특정지역 또는 부문 등을 대상으로 실시하는 조사
→ 정기조사는 매년 실시한다.

69 다음이 주장하는 이론은?

1960년대에 지역경제학자들이 국가경제의 성장모형으로 개발한 모형을 지역 간 생산요소의 이동을 특징으로 하는 개방적인 지역경제의 성장에 적용하기 시작한 것으로, 지역의 경제성장은 노동, 자본, 기술 등 생산요소의 증가에 의하여 결정되며 이러한 생산요소가 지역 간 이동함에 따라 장기적으로는 지역간 소득격차를 좁힌다.

① 종속이론　　　　② 신고전이론
③ 쇄신확산이론　　④ 중심 - 주변부 이론

해설
신고전이론
1. 정의 : 생산성의 증가가 성장의 기초로 여겨 공급 측면을 강조한 성장이론으로 지역 간 생산요소의 이동에 의해 성장을 파악
2. 기본 특징 : 지역경제 성장의 원동력이 해당 지역의 공급능력에 있다고 이해하고 이러한 공급능력을 결정하는 핵심적인 생산요소인 자본 및 노동의 부존량 및 확보에 의해 지역성장이 결정된다고 보는 공급 중시 이론

70 다음 중 결절지역의 분석에 적용하는 자료로 옳지 않은 것은?

① 전신·전화　　　② 도매 시장권
③ 산업별 구성비　④ 인구 이동과 통근

해설
결절지역(結節地域, Node Region = 분극지역)은 인구 이동, 상품과 서비스의 흐름, 전화 등 정보의 흐름이 규칙적으로 유지되는 특성이 있다.

71 다음 중 수도권에 과도하게 집중된 인구와 산업의 분산 및 적정배치를 유도하기 위하여 수립하는 계획은?

① 도종합계획　　　② 국토종합계획
③ 지역개발계획　　④ 수도권 발전계획

해설
• 지역계획 : 특정한 지역을 대상으로 특별한 정책목적을 달성하기

위하여 수립하는 계획
- 수도권발전계획: 수도권에 과도하게 집중된 인구와 산업의 분산 및 적정배치를 유도하기 위하여 수립하는 계획

※ 기존의 광역권개발계획은 지역개발계획으로 명칭과 내용이 변경되었고, 특정지역개발계획, 개발촉진지구개발계획은 삭제되었다. 〈2014.6.3.〉

- 총량규제: 학교와 공장 등의 인구집중유발시설이 수도권에 집중하지 않도록 총 허용량 규제
- 과밀부담금: 과밀억제권역 안(서울만 해당)에서 인구집중유발시설 중 업무용 건축물·판매용 건축물·공공청사·복합용 건축물을 건축하고자 할 때

72 허시만(Hirschman)의 불균형 지역성장이론에 대한 설명으로 옳은 것은?

① 대약진(Big-push)전략
② 쇄신의 계층적 파급(Hierarchical Diffusion)
③ 극화(Polarization)와 적하효과(Trickling Down)
④ 역류효과(Backwash Effect)와 파급효과(Spread Effect)

해설

불균형 성장이론
- 정의: 신고전학파의 주장처럼 시장 방임은 생산요소의 자동적인 이동에 의해 지역 간 균형이 이루어지는 것이 아니라 오히려 지역 간의 격차를 확대시킨다는 이론
- 미르달: 역류효과가 파급효과보다 훨씬 큼
- 허시만(A. O. Hirschman, 1958): 성극효과, 적하효과(분극효과) 유발: 경제개발전략(The Stratage of Economic Development)
- 성극효과(Polarization Effects)와 적하효과(Trickl-ing Down Effects, 분극효과)로 불균형 성장 설명: 배후지역의 낙후 원인을 수요 부족으로 판단하였고, 부족한 수요가 전후방연쇄효과의 미약과 지역 간 상호연계의 취약성을 낳는다고 주장함
- 장기적으로는 중심지역이 제공하는 분극효과를 통해 배후지역의 경제도 성장하게 될 것이라고 전망
- 정부 정책은 주변지역에 역점을 두어 지역격차 해소 및 지역 간 균형개발하는 방향으로 추진되어야 한다고 주장

73 수도권정비계획법상 수도권의 과밀을 해소하기 위한 목적으로 시행하는 규제수단으로 옳지 않은 것은?

① 총량규제
② 과밀부담금 부과
③ 개발제한구역 지정
④ 대규모 개발사업 규제

해설

수도권정비계획에 따른 규제수단
- 권역의 구분: 과밀억제권역, 성장관리권역, 자연보전권역
- 광역적 기반시설: 대규모 개발사업 시행 시 인구영향평가·교통영향평가 및 환경영향평가 반영 후 설치

74 지역정책수단으로서 성장거점(Growth Center)에 대한 설명으로 옳지 않은 것은?

① 집적경제의 이점을 살려나갈 수 있다.
② 분극효과를 통해 유휴노동력을 흡입하는 지점이다.
③ 지역 경제성장의 촉진을 위해 필요한 추진력 있는 산업이나 기업을 가지고 있다.
④ 쇄신이나 과학기술의 혁신에 필요한 요인을 쉽게 창출하는 낙후지역을 선정하여 그 확산 효과를 누리는 지점이다.

해설

성장거점이론의 기본개념
1. 선도산업(Leading Industry)
   - 성장에 대한 열의를 고무할 수 있는 새로운 기술의 역동적인 산업
   - 산업의 규모가 커서 경제적 지배력을 행사할 수 있는 산업
   - 수요에 대한 소득 탄력성이 높아 다른 산업에 비해 성장속도가 빠른 산업
   - 여타 부문과의 산업 간 연계성이 높은 산업(전후방 연계성이 높음)
2. 극화현상: 성장극이 주변지역의 경쟁에서 항상 유리한 입장을 취하여 성장극 주변지역에서 유능한 두뇌를 흡수하여 주변지역의 경제활동을 둔화시키는 현상
3. 확산효과: 중심지의 잉여자본과 과학기술이 주변지역으로 흘러들어오는 것으로서 역류효과가 보다 강력하므로 불균형 성장 유발

75 아래 표와 같은 인구 조건에서의 종주화지수(Primary Index)는?(단, 전국의 인구는 2,000만 명이다.)

도시	A	B	C	D
인구 수(명)	1,200만	300만	200만	100만

① 0.60
② 0.75
③ 2.0
④ 3.3

해설

종주화지수
수위도시에 집중 정도를 나타내는 지표에는 수위도와 종주화지수가 주로 사용되고 있음

정답 72 ③ 73 ③ 74 ④ 75 ③

- 수위도 = $\dfrac{\text{제1위 도시 인구규모}}{\text{제2위 도시 인구규모}} = \dfrac{1,200만}{300만} = 4$
- 종주화지수
$= \dfrac{\text{제1위 도시 인구규모}}{(\text{2위 도시} + \text{3위 도시} + \text{4위 도시})\text{의 인구규모}}$
$= \dfrac{1,200만}{300만 + 200만 + 100만} = 2$

76 문제지역(Problem Area)의 유형 중 낙후지역(Backward Regions)의 특징에 해당되지 않는 것은?

① 높은 실업률
② 단기적 경기 침체
③ 지속적인 인구 감소
④ 낮은 소득수준 및 생활수준

[해설]
낙후지역(落後地域, Backward Regions)
- 지역개발계획에서 다른 지역의 일반적인 사회·경제적인 지표의 수준 이하에 머물러 있는 지역
- 지역균형개발사업 - 낙후지역의 개발을 위한 기반시설의 설치와 지역주민의 생활 및 소득수준 향상을 위하여 필요하다고 인정되는 사업으로서 시행령에서 규정한 도로사업, 상하수도 시설사업, 하천의 개축·보수사업, 관광지 및 관광단지조성사업, 공업단지조성사업, 어항시설사업 및 기타 사업
- 소규모 농업과 침체산업이 지배적인 경제구조를 지니고, 새로운 경제활동을 흡인할 수 있는 입지 매력이 거의 없는 지역(한센의 동질지역 구분) → 낙후지역은 장기적 경기침체를 겪는다.

77 다음 국토 및 지역계획의 수립을 위한 자료 조사 방법 중 현지조사에 해당하지 않는 것은?

① 관찰법
② 면접법
③ 설문지법
④ 센서스자료

[해설]
자료수집방법 및 내용

1차 자료	현지조사	• 관찰법 • 실측법	• 전수조사 • 표본조사(사례연구, 확률추출)
	면접조사	• 개인면접법 • 전화면접법 • 집단면접법	
	설문조사	• 개인설문조사 • 우편설문조사 • 집단설문조사	
2차 자료	• 문헌자료조사 • 통계자료조사	• 공식자료 • 비공식자료	• 세계단위자료 • 국가단위자료 • 지역단위자료 • 국지단위자료 • 필지단위자료
	지도분석		

78 지역 구분에 관한 설명으로 옳은 것은?

① 부더빌(Boudeville)은 동질지역, 분극지역, 계획권역, 사업지역의 네 가지 유형으로 구분하였다.
② 클라센(Klaassen)은 1인당 소득수준과 지역 경제성장률을 이용하여 결절지역을 넷으로 구분하였다.
③ 한센(Hansen)은 미국 대도시권 표준통계구역(SMSA)의 설정기준을 제시하였다.
④ 힐호스트(Hillhorst)는 동질성과 의존성이라는 기준과 분석 및 계획이라는 구분의 목적에 따라 지역을 구분하였다.

[해설]
1. 부더빌(Boudeville)의 지역 분류는 동질지역, 결절지역(분극지역), 계획지역으로 구성된다.
2. 클라센(L. Klaassen)의 동질지역 구분 - 번성지역, 발전도상 저개발지역, 잠재적 저개발지역, 저개발지역
3. 한센(N. Hansen)의 동질지역 구분
  ㉠ 과밀지역 : 한계사회비용 > 한계사회편익
  ㉡ 중간지역 : 한계비용 < 한계편익
  ㉢ 낙후지역 : 소규모 농업과 침체산업이 지배적인 경제구조를 지니고, 새로운 경제활동을 흡인할 수 있는 입지매력이 거의 없는 지역
4. 힐호스트(Hilhorst)의 지역 분류

기준 목적	분석	계획
의존성	분극지역	계획권역
동질성	동질지역	사업지역

79 도시 A와 도시 B가 있다. 컨버스의 수정소매 인력이론을 이용한 도시 A로부터 상권분기점까지의 거리는?(단, 도시 A의 인구는 100,000명, 도시 B의 인구는 900,000명, 도시 A와 도시 B 간의 거리는 200km이다.)

① 30km
② 50km
③ 70km
④ 75km

해 설

레일리의 법칙
- 레일리의 법칙은 만유인력법칙을 이용한다.
- $R = \dfrac{100,000}{x^2} = \dfrac{900,000}{(200-x)^2} = \dfrac{900,000}{200^2 - 400x + x^2}$
  $200^2 - 400x + x^2 = 9x^2,\ 40,000 - 400x - 8x^2 = 0$
  $(400 - 8x)(100 + x) = 0,\ X = 50\ \text{or}\ -100$
  $\therefore\ X = 50$

80 우리나라의 제1차 및 제2차 국토종합개발계획에 주로 이용되었던 개발방식은?

① 거점개발방식
② 농촌지역개발방식
③ 완전균형개발방식
④ 자유방임개발방식

해 설

국토종합계획의 개발방식

구분	제1차 국토계획 (1972~1981)	제2차 국토계획 (1982~1991)
특징 및 문제점	• 거점개발방식의 채택 • 경부축 중심의 양극화 초래 • 지역 격차 심화 • 생활 환경 악화 • 환경 파괴	• 양대도시의 성장 억제 및 성장거점 도시의 육성에 의한 국토균형 발전 추구 • 구체적 집행수단의 결여로 국토의 불균형 지속

제5과목 도시계획관계법규

81 주택법 시행령에 따른 공동주택의 종류로 옳지 않은 것은?

① 아파트
② 연립주택
③ 다세대주택
④ 합동주택

해 설

공동주택
- 아파트 : 주택으로 쓰이는 층수가 5층 이상
- 연립주택 : 1개 동의 바닥면적 합계가 660m² 를 초과하고 4층 이하인 주택
- 다세대주택 : 1개 동의 바닥면적 합계가 660m² 이하이고, 4층 이하인 주택
- 기숙사 : 학교·공장 등의 학생·종업원 등을 위해 사용하는 곳으로 공동취사는 가능하되 독립된 주거의 형태를 갖추지 아니한 것

82 택지개발촉진법에 따른 환매권에 대한 내용으로 옳은 것은?

① 환매권자는 환매로써 제3자에게 대항할 수 있다.
② 환매권자의 권리의 소멸에 관하여는 "공익사업을 위한 토지 등의 취득 및 보상에 관한 법률"을 준용할 수 없다.
③ 환매권자는 환매권이 발생한 날로부터 2년 이내에 환매할 수 있다.
④ 환매권은 택지개발지구의 지정 해제에 의한 사유로만 권리가 발생한다.

해 설

환매권자의 권리 소멸에 관하여는 공익사업을 위한 토지 등의 취득 및 보상에 관한 법률을 준용하고, 환매는 보상금에 가산금을 더하여 시행자에게 지급하고 환매할 수 있다. 환매권은 택지개발지구의 지정 해제 또는 변경, 실시계획의 승인 취소 또는 변경, 그 밖의 사유로 권리가 발생된다.

83 도시·군계획시설의 결정·구조 및 설치기준에 관한 규칙에 의한 도시·군계획시설결정에 관한 규정으로 틀린 것은?

① 둘 이상의 도시·군계획시설을 같은 토지의 지하, 지상, 수중, 수상 및 공중에 함께 설치하는 경우 함께 결정할 수 없으며 주 기능 여부 및 시설면적 크기에 의해 단일시설로 결정하여야 한다.
② 도시·군계획시설이 위치하는 지역의 적정하고 합리적인 토지이용을 촉진하기 위하여 필요한 경우에는 도시·군계획시설이 위치하는 공간의 일부만을 구획하여 도시·군계획시설결정을 할 수 있다.
③ 도시·군계획시설을 설치하고자 하는 때에는 미리 토지소유자, 토지에 관한 소유권 외의 권리를 가진 자 및 그 토지에 있는 물건에 관하여 소유권 그 밖의 권리를 가진 자와 구분지상권의 설정 또는 이전 등을 위한 협의를 하여야 한다.
④ 건축물인 도시·군계획시설은 그 구조 및 설비가 건축법에 적합하여야 한다.

해 설

도시·군계획시설의 결정·구조 및 설치기준에 관한 규칙 제3조(도

시·군계획시설의 중복결정)에 의거 토지를 합리적으로 이용하기 위하여 필요한 경우에는 둘 이상의 도시·군계획시설을 같은 토지에 함께 결정할 수 있다.

84 수도권정비계획법상 수도권정비계획을 실행하기 위해 확정된 추진 계획을 고시하여야 하는 자는?

① 시·도지사
② 대통령
③ 국무총리
④ 국토교통부장관

해설
수도권정비계획법 제5조(추진 계획)
① 중앙행정기관의 장 및 시·도지사는 수도권정비계획을 실행하기 위한 소관별 추진 계획을 수립하여 국토교통부장관에게 제출하여야 한다. 〈개정 2013.3.23.〉
② 제1항에 따른 추진 계획은 수도권정비위원회의 심의를 거쳐 확정되며, 국토교통부장관은 추진 계획이 확정되면 중앙행정기관의 장 및 시·도지사에게 통보하여야 한다. 〈개정 2013.3.23.〉
③ 시·도지사는 확정된 추진 계획을 통보받으면 지체 없이 고시하여야 한다.

85 간선시설의 설치에 관한 아래의 내용에서 ㉠과 ㉡에 해당하는 규모 기준으로 모두 옳은 것은?

> 사업주체가 ㉠ 대통령령으로 정하는 호수 이상의 주택건설사업을 시행하는 경우 또는 ㉡ 대통령령으로 정하는 면적 이상의 대지조성사업을 시행하는 경우 각 호에 해당하는 자는 각각 해당 간선시설을 설치하여야 한다.

① ㉠ 100호, ㉡ 16,500m²
② ㉠ 100호, ㉡ 33,000m²
③ ㉠ 200호, ㉡ 16,500m²
④ ㉠ 200호, ㉡ 33,000m²

해설
간선시설 설치대상
100호 이상의 주택건설사업 또는 16,500m² 이상의 대지조성사업을 시행하는 경우 그 해당자는 간선시설을 설치해야 한다.

86 도시 및 주거환경정비법 및 동법 시행규칙에 따라 사업시행자가 정비사업을 시행하는 지역에 공동구를 설치하는 경우, 이를 관리하는 자는?

① 시장·군수
② 국토교통부장관
③ 주택 분양 대상자
④ 전력 및 통신설비 회사

해설
도시 및 주거환경정비법 시행규칙 제17조(공동구의 관리) 조항에 의거 공동구는 시장·군수등이 관리한다.

87 관광진흥법상에 정의된 내용으로 옳은 것은?

① 관광펜션업은 관광숙박업에 해당한다.
② 관광지란 자연적 또는 문화적 관광자원을 갖추고 관광객을 위한 기본적인 편의시설을 설치하는 지역이다.
③ 관광지 및 관광단지의 지정권자는 문화체육관광부장관이다.
④ 시·도지사는 관광개발기본계획을 수립하여야 한다.

해설
관광펜션업은 관광 편의시설업에 속한다. 관광지 및 관광단지는 시·도지사가 지정하며, 관광개발기본계획은 문화체육관광부장관이 수립, 공고한다.

88 택지개발촉진법상 지정권자는 택지개발사업 실시계획을 승인하려는 경우 관계 기관의 장과 협의토록 규정되어 있는데, 이때 관계 기관의 장은 지정권자의 협의 요청을 받은 날부터 며칠 이내에 의견을 제출하여야 하는가?

① 7일　　② 14일
③ 20일　　④ 30일

해설
택지개발촉진법 제11조(다른 법률과의 관계)
② 지정권자가 실시계획을 작성하거나 승인하려는 경우 그 계획에 제1항 각 호의 어느 하나에 해당하는 사항이 포함되어 있을 때에는 관계 기관의 장과 협의하여야 한다. 이 경우 관계 기관의 장은 지정권자의 협의 요청을 받은 날부터 대통령령으로 정하는 기간 내에 의견을 제출하여야 한다.
동법 시행령 제9조(협의 요청에 대한 의견제출기간)
법 제11조제2항 후단에서 "대통령령으로 정하는 기간"이란 20일을 말한다. [전문개정 2013.12.4.]

정답 84 ① 85 ① 86 ① 87 ② 88 ③

89 택지개발촉진법 시행규칙상 택지개발사업 시행자가 택지를 수의계약으로 공급할 때 1세대당 1필지를 기준으로 얼마의 규모로 1필지를 공급하여야 하는가?

① 85m² 이상 130m² 이하
② 100m² 이상 165m² 이하
③ 140m² 이상 230m² 이하
④ 140m² 이상 265m² 이하

[해설]
택지개발촉진법 시행규칙 제10조(택지의 공급방법 등)
⑤ 시행자는 영 제13조의2 제5항 제4호에 따라 택지를 수의계약으로 공급할 때에는 1세대당 1필지를 기준으로 하여 1필지당 140제곱미터 이상 265제곱미터 이하의 규모로 공급하여야 한다.(2015. 11. 18. 택지개발촉진법 시행규칙이 개정된 사항임)

90 개발제한구역의 지정 및 관리에 관한 특별조치법상 개발제한구역을 관할하는 시·도지사는 몇 년 단위로 개발제한구역관리계획을 수립하여 승인을 받아야 하는가?

① 2년   ② 3년
③ 5년   ④ 10년

[해설]
시·도지사가 5년 단위로 일정한 사항이 포함된 관리계획을 수립한다.

91 건축법 시행령상 공개공지 등에 대한 설명으로 틀린 것은?

① 공개공지 등의 면적은 대지면적의 100분의 20 이상의 범위에서 건축조례로 정한다.
② 매장문화재의 현지보존 조치 면적을 공개공지 등의 면적으로 할 수 있다.
③ 공개공지 등에는 물건을 쌓아 놓거나 출입을 차단하는 시설을 설치하지 아니한다.
④ 환경친화적으로 편리하게 이용할 수 있도록 긴 의자 또는 파걸러 등 건축조례로 정하는 시설을 설치한다.

[해설]
공개공지 등의 확보
• 대지면적의 10% 범위 안에서 건축조례로 정함
• 조경면적과 매장유산의 현지보존 조치 면적을 공개공지 등의 면적으로 할 수 있음 (※24.5.7법개정으로 문화재→유산 으로 변경)
• 긴 의자 또는 조경시설 등 건축조례로 정하는 시설을 설치해야 한다.

92 건축법 시행령상 건축물의 용도 변경과 관련하여 규정하고 있는 주거업무시설군에 해당하지 않는 것은?

① 공동주택   ② 판매시설
③ 단독주택   ④ 업무시설

[해설]
건축법 시행령 제14조(용도 변경)
⑤ 법 제19조 제4항 각 호의 시설군에 속하는 건축물의 용도는 다음 각 호와 같다. 〈개정 2008.10.29., 2010.12.13., 2011.6.29., 2014.3.24., 2016.2.11., 2017.2.3.〉
8. 주거업무시설군
　가. 단독주택   나. 공동주택
　다. 업무시설   라. 교정 및 군사시설

93 다음 중 수도권정비계획의 수립 내용에 해당하지 않는 것은?

① 환경 보전에 관한 사항
② 인구와 산업 등의 배치에 관한 사항
③ 권역의 구분 및 권역별 정비에 관한 사항
④ 도시·군계획시설의 설치 및 관리에 관한 사항

[해설]
수도권정비계획법 제4조(수도권정비계획의 수립)
① 국토교통부장관은 수도권의 인구 및 산업의 집중을 억제하고 적정하게 배치하기 위하여 중앙행정기관의 장과 서울특별시장·광역시장 또는 도지사(이하 "시·도지사"라 한다)의 의견을 들어 다음 각 호의 사항이 포함된 수도권정비획안을 입안한다. 〈개정 2013.3.23.〉
1. 수도권 정비의 목표와 기본 방향에 관한 사항
2. 인구와 산업 등의 배치에 관한 사항
3. 권역(圈域)의 구분과 권역별 정비에 관한 사항
4. 인구집중유발시설 및 개발사업의 관리에 관한 사항
5. 광역적 교통 시설과 상하수도 시설 등의 정비에 관한 사항
6. 환경 보전에 관한 사항
7. 수도권 정비를 위한 지원 등에 관한 사항
8. 제1호부터 제7호까지의 사항에 대한 계획의 집행 및 관리에 관한 사항
9. 그 밖에 대통령으로 정하는 수도권 정비에 관한 사항

정답 89 ④ 90 ③ 91 ① 92 ② 93 ④

94 도시·군계획시설의 결정·구조 및 설치기준에 관한 규칙에 따른 도로의 일반적 결정기준으로 옳지 않은 것은?

① 보조간선도로와 집산도로의 배치간격은 250m 내외로 한다.
② 기존 도로를 확장하는 경우에는 원칙적으로 양측 방향으로 확장하도록 한다.
③ 국도대체우회도로 및 자동차전용도로에는 집산도로 또는 국지도로가 직접 연결되지 않도록 한다.
④ 도로의 폭은 당해 시·군의 인구 및 발전전망을 감안한 교통수단별 교통량분담계획, 당해 도로의 기능과 인근의 토지이용계획에 의하여 결정한다.

해설
도시·군계획시설의 결정·구조 및 설치기준에 관한 규칙 제10조(도로의 일반적 결정기준) 제10항에 의거 기존 도로를 확장하는 경우에는 원칙적으로 한쪽 방향으로 확장하도록 한다.

95 도시공원 및 녹지 등에 관한 법률에 의한 도시공원 조성계획의 입안권자는?

① 도지사 ② 산림청장
③ 시장, 군수 ④ 토지소유자

해설
도시공원 및 녹지 등에 관한 법률 제16조(공원조성계획의 입안)
① 도시공원의 설치에 관한 도시·군관리계획이 결정되었을 때에는 그 도시공원이 위치한 행정구역을 관할하는 특별시장·광역시장·특별자치시장·특별자치도지사·시장 또는 군수는 그 도시공원의 조성계획(이하 "공원조성계획"이라 한다)을 입안하여야 한다.

96 지구단위계획구역의 지정대상으로 틀린 것은?

① 도시지역 내 주거·상업·업무 등의 기능을 결합하는 등 복합적인 토지 이용을 증진시킬 필요가 있는 지역으로서 대통령령으로 정하는 요건에 해당하는 지역
② 철도역사, 터미널, 항만, 공공청사, 문화시설 등의 기반시설 중 지역의 거점 역할을 수행하는 시설을 중심으로 주변지역을 집중적으로 정비할 필요가 있는 지역
③ 도시지역 내 유휴토지를 효율적으로 개발하거나 교정시설, 군사시설, 그 밖에 대통령령으로 정하는 시설을 이전 또는 재배치하여 토지 이용을 합리화하고, 그 기능을 증진시키기 위하여 집중적으로 정비가 필요한 지역
④ 개발제한구역·도시자연공원구역·시가화조정구역 또는 공원에서 해제되는 구역, 녹지지역에서 주거·상업·공업지역으로 변경되는 구역과 새로 도시지역으로 편입되는 구역 중 계획적인 개발 또는 관리가 필요한 지역

해설
철도역사, 터미널, 항만, 공공청사, 문화시설 등의 기반시설 중 지역의 거점 역할을 수행하는 시설을 중심으로 주변지역을 집중적으로 정비할 필요가 있는 지역은 입지규제최소구역의 지정대상이다.

97 노상주차장에 대한 설명으로 옳은 것은?

① 시장·군수 또는 구청장만이 관리하여야 한다.
② 도시교통정비 기본계획과 관계없이 설치할 수 있다.
③ 특별시장·광역시장, 시장·군수 또는 구청장이 설치할 수 있다.
④ 노외주차장이 설치되어 노상주차장이 필요 없는 경우에도 폐지할 필요는 없다.

해설
주차장법 제7조(노상주차장의 설치 및 폐지)
① 노상주차장은 특별시장·광역시장, 시장·군수 또는 구청장이 설치한다.

98 개발밀도관리구역의 지정기준으로 적합하지 않은 지역은?

① 당해 지역의 도로 서비스 수준이 매우 낮아 차량통행이 현저하게 지체되는 지역
② 당해 지역의 도로율이 국토교통부령이 정하는 용도지역별 도로율에 20퍼센트 이상 미달하는 지역
③ 향후 2년 이내에 당해 지역의 하수발생량이 하수시설의 시설용량을 초과할 것으로 예상되는 지역
④ 향후 2년 이내에 당해 지역의 학생 수가 학교 수용능력을 10퍼센트 이상 초과할 것으로 예상되는 지역

해설
국토의 계획 및 이용에 관한 법률 시행령 제63조(개발밀도관리구역

정답 94 ② 95 ③ 96 ② 97 ③ 98 ④

의 지정기준 및 관리방법)
국토교통부장관은 법 제66조 제5항에 따라 개발밀도관리구역의 지정기준 및 관리방법을 정할 때에는 다음 각호의 사항을 종합적으로 고려해야 한다. 〈개정 2005.9.8., 2008.2.29., 2008.12.31., 2013.3.23., 2016.1.22, 2021. 1. 5.〉
1. 개발밀도관리구역은 도로·수도공급설비·하수도·학교 등 기반시설의 용량이 부족할 것으로 예상되는 지역 중 기반시설의 설치가 곤란한 지역으로서 다음 각 목의 다음 각 목의 하나에 해당하는 지역에 대하여 지정할 수 있도록 할 것
  가. 당해 지역의 도로서비스 수준이 매우 낮아 차량통행이 현저하게 지체되는 지역. 이 경우 도로서비스 수준의 측정에 관하여는 「도시교통정비 촉진법」에 따른 교통영향평가의 예에 따른다.
  나. 당해 지역의 도로율이 국토교통부령이 정하는 용도지역별 도로율에 20퍼센트 이상 미달하는 지역
  다. 향후 2년 이내에 당해 지역의 수도에 대한 수요량이 수도시설의 시설용량을 초과할 것으로 예상되는 지역
  라. 향후 2년 이내에 당해 지역의 하수발생량이 하수시설의 시설용량을 초과할 것으로 예상되는 지역
  마. 향후 2년 이내에 당해 지역의 학생 수가 학교수용능력을 20퍼센트 이상 초과할 것으로 예상되는 지역

해 설
국토의 계획 및 이용에 관한 법률 제2조(정의) 이 법에서 사용하는 용어의 뜻은 다음과 같다.
4. "도시·군관리계획"이란 특별시·광역시·특별자치시·특별자치도·시 또는 군의 개발·정비 및 보전을 위하여 수립하는 토지 이용, 교통, 환경, 경관, 안전, 산업, 정보통신, 보건, 복지, 안보, 문화 등에 관한 다음 각 목의 계획을 말한다.
가. 용도지역·용도지구의 지정 또는 변경에 관한 계획
나. 개발제한구역, 도시자연공원구역, 시가화조정구역(市街化調整區域), 수산자원보호구역의 지정 또는 변경에 관한 계획
다. 기반시설의 설치·정비 또는 개량에 관한 계획
라. 도시개발사업이나 **정비사업에 관한 계획**
마. 지구단위계획구역의 지정 또는 변경에 관한 계획과 지구단위계획
바. 입지규제최소구역의 지정 또는 변경에 관한 계획과 입지규제최소구역계획 (삭제 〈2024. 2. 6.〉)
사. 도시혁신구역의 지정 또는 변경에 관한 계획과 도시혁신계획
아. 복합용도구역의 지정 또는 변경에 관한 계획과 복합용도계획
자. 도시·군계획시설입체복합구역의 지정 또는 변경에 관한 계획

99 도시기능의 회복이 필요하거나 주거환경이 불량한 지역을 계획적으로 정비하고 노후·불량 건축물을 효율적으로 개량하기 위하여 필요한 사항을 규정함으로써 도시환경을 개선하고 주거생활의 질을 높이는 데 이바지함을 목적으로 하는 법률은?

① 도시개발법
② 수도권정비계획법
③ 도시 및 주거환경정비법
④ 국토의 계획 및 이용에 관한 법률

해 설
도시 및 주거환경정비법 제1조(목적)
이 법은 도시기능의 회복이 필요하거나 주거환경이 불량한 지역을 계획적으로 정비하고 노후·불량건축물을 효율적으로 개량하기 위하여 필요한 사항을 규정함으로써 도시환경을 개선하고 주거생활의 질을 높이는 데 이바지함을 목적으로 한다.

100 다음 중 도시·군관리계획으로 수립하는 계획이 아닌 것은?

① 지구단위계획구역의 지정 또는 변경
② 용도지역·용도지구 지정 또는 변경
③ 입지규제최소구역의 지정 또는 변경
④ 도시개발사업이나 재개발사업의 지정 또는 변경

정답 99 ③ 100 ③, ④

제1과목 도시계획론

01 도시정부의 예산편성제도 중 조직목표 달성에 중점을 두고 장기적인 계획 수립과 단기적인 예산편성을 유기적으로 관련시킴으로써 자원배분에 관한 의사결정을 합리적이고 일관성 있게 수행하는 것은?

① 계획예산제도
② 복식예산제도
③ 영기준예산제도
④ 성과주의예산제도

해설

계획예산제도(PPBS ; Planning Programming Budgeting System)
- 도시정부의 예산편성제도 중 조직목표 달성에 중점을 둠
- 장기적인 계획 수립과 단기적인 예산편성을 유기적으로 혼합
- 자원배분에 관한 의사결정을 합리적이고 일관성 있게 행하려는 제도

02 도시계획이론의 옹호적 계획에 대한 설명으로 옳은 것은?

① 피해구제절차와 같은 사회제도를 계획 개념으로 수용한 계획이론이다.
② 계획은 합리적·과학적이어야 한다는 인식에 바탕을 둔 계획이론이다.
③ 목표와 문제, 수단과 제약조건 등이 종합적으로 명료하게 제시되는 계획이론이다.
④ 분권화된 협상과정과 상호절충과정을 통하여 이루어지는 계획이 합리적임을 주장한 계획이론이다.

해설

옹호적 계획(Advocacy Planning)
- 다비도프(Paul Davidoff)에 의해 주창된 이론
- 강자에 대한 약자의 이익을 보호하는 데 적용
- 다원적인 가치가 혼재하고 있는 사회에서는 단일계획안 보다는 복수의 다원적인 계획안들을 수립하는 것이 바람직하다고 봄
- 사회정책의 수립 과정을 막후 협상에서 공개적인 계획과정으로 끌어내는 데 기여함
- 대규모 프로젝트가 유발할 수 있는 환경적인 영향과 사회적인 영향에 대한 사전적 평가 요구
- 도시계획의 기술적 측면을 과소평가하여 정치화하게 되며, 반대를 위한 반대운동이 전개되는 폐단이 있다.
- 피해구제절차와 같은 사회제도를 계획 개념으로 수용한 계획이론

03 도시화가 빠르게 진행되면서 발생하는 가도시화(Pseudo-urbanization)에 대한 설명으로 옳은 것은?

① 개발도상국가들 보다는 인구의 정체가 일어나는 국가나 지역에서 발생하는 현상이다.
② 도시의 부양능력에 비해서 많은 인구가 유입되면서 인구적으로 비대해진 현상을 의미한다.
③ 도심의 공동화로 인해 슬럼화되는 현상을 해결하기 위해서 도심을 재생하여 활성화를 도모하는 현상이다.
④ 대도시에서 비도시지역으로 인구가 전출되면서 대도시의 상주인구가 급격하게 감소하는 현상을 말한다.

해설

가도시화(Pseudo-urbanization)
- 도시의 부양능력에 비해 지나치게 많은 인구가 집중하여 인구만 비대해진 도시화
- 제3세계로 불리는 개발도상국가에서 흔히 볼 수 있는 산업화와 무관한 도시화 – 맥기(T.C. McGee)

04 GIS 공간분석 중 네트워크 분석에 해당하지 않는 것은?

① 근린성 분석
② 최적경로 분석
③ 교통 흐름 분석
④ 상수도관망 내 수압 분석

해설

지리정보시스템(GIS)를 이용한 조사 분석에서 점(Point)자료에 대한 공간분석은 공간적 질의, 근린성 분석, 지리적 치리를 그 내용으로 한다. 근린성 분석은 포인트가 되는 부분, 즉 점자료에 대한 공간분석이므로 네트워크 분석에 해당하지 않는다.

05 고대 도시 및 도시 계획적 특성에 대한 설명으로 옳지 않은 것은?

① 로마는 광장을 중심으로 발전하였다.
② 고대 그리스의 히포다무스는 방사형 가로 체계를

---

384 정답 01 ① 02 ① 03 ② 04 ② 05 ②

③ 고대 그리스 도시는 도시 입구와 신전을 축으로 중간 지점에 아고라를 배치하였다.
④ 동양의 고대도시 기원은 기원전 2000년경 황하 중류지방 산둥성 지역에 형성된 상왕조에서부터 비롯되었다.

해 설

히포다무스(Hippodamus, 도시계획의 아버지)
1. 격자형 가로망 주장
   - 아테네의 정복식민도시는 모두 격자형
   - 문예부흥 이후 격자형 도시계획의 근원
   - 미국이 대표적, 건축통제 및 하부구조 강조
   - 하수도 먼저 설치
2. 도시계획 학문가와 도시계획가가 직업인으로 되어야 함
3. 3조이론 제안 : 3개 조로 이루어진 건물집단 및 지구와 도로배치를 구분하기 위해 구성된 시민계급을 구성하는 집단 구분
   - 농부집단
   - 무장한 군인집단
   - 예술가집단

06 토지이용계획의 수립과정인 상향적 접근과 하향적 접근에 대한 설명으로 옳지 않은 것은?

① 기성 시가지의 유형별 대책을 수립하는 것은 상향적 접근이다.
② 도시 내 지구수준의 문제점 해결을 우선하는 것은 상향적 접근이다.
③ 도시 차원에서 도시 전체의 기본 구조를 중시하는 것은 하향적 접근이다.
④ 상위 계획의 지침을 받아 도시의 기본계획을 설정하는 것은 상향적 접근이다.

해 설

국가주도의 계획으로 국가에서 국토에 대한 기본계획을 수립하면 이를 하부의 계획주체들은 상위의 계획에 위배됨이 없이 계획을 수립하는 방식을 하향식 계획이라 한다.

07 전국의 총 고용인구는 1,800만 명이고 전국의 제조업 고용인구는 600만 명이다. 가상도시의 제조업 고용인구가 5만 명일 때 가상도시의 총 고용인구수는?(단, 가상도시의 제조업 입지계수는 1)

① 5만 명
② 10만 명
③ 15만 명
④ 20만 명

해 설

$$LQ_i = \frac{E_i^r / E^r}{E_i^n / E^n} = \frac{5만/x만}{600만/1,800만} = 1$$

$$x만 = \frac{1,800만}{600만} \times 5만 = 15만 명$$

08 도로의 기능별 구분에 따른 설명으로 옳지 않은 것은?

① 특수도로 : 보행자전용도로·자전거전용도로 등 자동차 외의 교통에 전용되는 도로
② 보조간선도로 : 시·군 교통의 집산기능을 가지고 근린주거구역의 외곽을 형성하는 도로
③ 국지도로 : 근린주거구역 내 교통의 집산기능을 가지고 근린주거구역 내부를 구획하는 도로
④ 주간선도로 : 시·군 상호 간을 연결하여 대량의 통과교통을 처리하며 시·군의 골격을 형성하는 도로

해 설

국지도로는 소형 가구를 구획하는 도로, 일상생활에 필요한 집앞 공간 확보하는 기능을 한다. 근린주거구역 내 교통의 집산기능을 하는 도로로서 근린주거구역 내부를 구획하는 도로는 집산도로이다.

09 미래 도시계획의 패러다임 방향으로 옳지 않은 것은?

① 지속가능한 도시개발로의 전환
② 평면적, 기능분리적 토지이용관리
③ 자원에너지 절약형 도시개발로의 전환
④ 시민참여의 확대와 계획 및 개발주체의 다양화

해 설

도시계획의 새로운 패러다임
- 환경 중시 : ESSD와 Eco-City, 외부효과에 따른 공적 규제, 입체적 토지이용, 기능통합적 토지이용
- 균형성장 : 도시성장 관리, 집중과 분산, 도농통합시, 농촌도시권, 농도지구
- 도시의 문화화 : 장소성(Placeness), 공공공간의 Amenity, 문화예술지구
- 기타 : 시민이 함께 만드는 도시, 통일시대를 대비한 도시계획, 3차원 가상도시, U-시티(Ubiquitous City)

정답 06 ④ 07 ③ 08 ③ 09 ②

10 기반시설에 대한 설명으로 옳지 않은 것은?

① 도시관리계획에 의하여 설치되는 물리적 시설이다.
② 시민의 공동생활과 도시의 경제·사회활동을 원활하게 지원하기 위한 시설이다.
③ 도시 전체의 발전과 여타 시설과의 기능적 조화를 도모하기 위해 설치할 수 있다.
④ 기반시설의 공공성 확보를 위해 정부가 직접 설치하여 민간의 참여는 제한되고 있다.

해설
도시·군계획시설인 기반시설 중 주차장, 자동차 및 건설기계검사시설, 자동차 및 건설기계운전학원, 납골시설, 장례식장 등 많은 시설이 민간에 의해 공급된다.

11 다음 설명에 해당하는 도시경제 분석방법은?

> • 경제활동의 분석에 있어 최종생산물의 생산에 투입되는 중간재를 고려하고 있다.
> • 생산구조와 산업구조의 예측, 지역 간의 산업 관련 등을 분석하는 데 주로 사용된다.
> • 방법이 간단하고 신뢰성이 있으나 투입계수의 불변성이라는 단점을 가지고 있다.

① 입지상모형 ② 지수곡선모형
③ 투입산출모형 ④ 변이-할당분석모형

해설
지역산업 연관모형(지역 투입산출모형, Regional Inputoutput Model)
1. 장점
 • 통계적 시계열분석법이 보여 줄 수 없는 지역 간 및 지역 내의 산업 연관관계 파악 가능
 • 최종수요부문에서의 수요 증가가 중간 재생산부문에 미치는 경제적 효과 측정
 • 장래의 최종수요 증가에 따르는 고용승수효과 측정 가능
2. 단점
 • 구조방정식이 지닌 1차성의 가정은 일정불변의 생산계수를 의미
 • 1차성의 가정은 모든 재화와 원료의 가격, 기업의 판매상태가 일정불변임을 의미(비현실적)
 • 산업부문을 정확하게 구분하기 위해서는 전문적 지식 필요
 • 자료수집에 있어서 현장조사 필요(자료수집이 어려우며 많은 비용 필요)

12 특별시장·광역시장·시장 또는 군수는 도시계획시설 결정의 고시일로부터 단계별 집행계획을 수립해야 하는 기간은?

① 1년 이내 ② 2년 이내
③ 3년 이내 ④ 4년 이내

해설
국토의 계획 및 이용에 관한 법률 제85조(단계별 집행계획의 수립)
① 특별시장·광역시장·특별자치시장·특별자치도지사·시장 또는 군수는 도시·군계획시설에 대하여 도시·군계획시설결정의 고시일부터 3개월 이내에 대통령령으로 정하는 바에 따라 재원조달계획, 보상계획 등을 포함하는 단계별 집행계획을 수립하여야 한다. 다만, 대통령령으로 정하는 법률에 따라 도시·군관리계획의 결정이 의제되는 경우에는 해당 도시·군계획시설결정의 고시일부터 2년 이내에 단계별 집행계획을 수립할 수 있다. 〈개정 2011. 4. 14., 2017. 12. 26.〉
→ 발표된 답은 2번이나, 2017.12.26.법규 개정으로 고시일로부터 3개월 이내에 단계별 집행계획을 수립하는 것으로 변경되었다. 의제되는 경우라는 전제가 없으므로 2년 이내라고 할 수도 없다. 따라서 현행법상으로 판단하면 답이 없다.

13 전통건조물 및 문화재의 보전과 보호를 위해 지정할 수 있는 용도지구가 아닌 것은?

① 보존지구 ② 최고고도지구
③ 최저고도지구 ④ 역사문화미관지구

해설
최저고도지구는 토지이용을 고도화하는 경우에 사용한다. 따라서 전통건조물 및 문화재의 보전과 보호에는 도움이 되지 않는다.
※ 참고 : 2017.12.29.부로 국토의 계획 및 이용에 관한 법률 시행령 제31조(용도지구의 지정) 조항이 개정되면서 미관지구 와 시설보호지구 조항이 삭제되고, 복합용도지구가 추가되었으며, 보존지구가 보호지구로 변경되었다.

14 토지와 시설에 대한 물리적 계획 요소가 아닌 것은?

① 밀도 ② 동선
③ 배치 ④ 용도

해설
• 유기적 3대 구성요소 인구 : 활동, 토지·시설
• 물리적 3대 구성요소 : 밀도, 배치, 동선

15 18~19세기에 제안된 이상도시의 계획가와 이상도시안에 대한 설명으로 옳은 것은?

① Robert Owen : 도시 대신 단일 건물인 팔란스테르(Phalanstere)를 제안하였다.

② Buckinghan : 농업과 공업이 결합된 이상적 도시안인 이상공장촌을 제안하였다.
③ Ledoux : 산업혁명을 의식하여 새로운 생산체제를 도입한 이상도시 쇼(Chaux)를 제안하였다.
④ C. Fourier : 근대건축기술이나 과학적 진보를 적극적으로 도입할 필요성을 제시하면서 유리로 덮인 도시 빅토리아(Victoria)를 제안하였다.

[해설]
① 오웬(Owen, Robert)의 협동마을(Village of Unity and Cooperation)
② 오언(R.Owen)의 이상공장촌
③ 르두(C. N. Ledoux)의 쇼(Chaux)
④ 푸리에(Fourier, Charles)의 팔란스테르(Phalanstere)

16 용도지역 중 상업지역에 해당되지 않는 것은?

① 전용상업지역 ② 근린상업지역
③ 일반상업지역 ④ 유통상업지역

[해설]
상업지역은 중심상업, 일반상업, 유통상업, 근린상업으로 구분된다.

17 도시·군기본계획에 대한 설명으로 옳지 않은 것은?

① 도시·군관리계획의 상위계획적 성격을 갖는다.
② 5년마다 타당성 여부를 검토하여 정비하여야 한다.
③ 인구·산업·재정 등 사회·경제적 측면을 포괄하는 종합계획이다.
④ 수립기준은 대통령령으로 정하는 바에 따라 특별시장, 광역시장, 특별자치시장, 특별자치도지사, 시장 또는 군수가 정한다.

[해설]
도시·군기본계획의 정비
• 도시·군관리계획의 상위계획적 성격을 갖는다.
• 5년마다 관할구역의 도시·군기본계획에 대하여 그 타당성 여부를 전반적으로 재검토하여 정비하여야 한다.
• 인구·산업·재정 등 사회·경제적 측면을 포괄하는 종합계획이다.
• 도시·군기본계획의 수립기준은 대통령령으로 정하는 바에 따라 국토교통부장관이 정한다.

18 도시의 일반적인 특징으로 옳지 않은 것은?

① 행정·경제·문화의 중심지 기능을 담당한다.
② 지적 엘리트와 전문가들로 구성된 공동체로서 다양한 서비스와 재화가 집중된다.
③ 1차 산업의 비율이 낮고 2·3차 산업의 비율이 높은 비농업적 활동이 주로 일어난다.
④ 동질적이 집단의 성격이 강하고 주민 간의 상호접촉이 지속적·직접적으로 발생한다.

[해설]
도시에서는 주민들 간의 상호 접촉이 빈번하고 광범위하게 일어나지만 일시적이고 간접적인 접촉 특성을 갖는다.

19 토지이용계획(F-Plan)과 지구상세계획(B-Plan)을 각각 운용하면서 기초자치단체 세부지역까지 단위계획을 의무적으로 수립하는 나라는?

① 독일 ② 영국
③ 프랑스 ④ 스웨덴

[해설]
독일의 도시계획 관련 제도
공간질서계획 → 주발전계획 → 지역계획 → 도시발전계획 → 토지이용계획 → 지구상세계획 → 건축계획
• 국토 : 국토계획
• 주지역 : 주발전계획 → 지역계획
• 시읍면 : 도시발전계획 → 건설지침계획, 토지이용계획(F-plan) → 지구상세계획(B-plan) → 건축계획

20 획지에 부여된 용적률과 실제 이용되고 있는 용적률의 차이를 다른 부지에 이전할 수 있는 제도는?

① 공중권 ② 개발권양도
③ 계획단위개발 ④ 혼합용도개발

[해설]
개발권양도제(TDR)
역사적 건축물의 보전과 농지나 자연환경의 보전 등을 위해 정해진 용적률 중 미이용 부분을 다른 지역에 이전하거나 매매할 수 있게 하는 제도

제2과목 도시설계 및 단지계획

21 지구단위계획구역에서 대지면적의 일부가 공공시설 부지로 제공되도록 계획되는 경우, 다음의 조건에서 완화받을 수 있는 건폐율의 범위는?

정답 16 ① 17 ④ 18 ④ 19 ① 20 ② 21 ②

- 대지면적 : 10,000m²
- 조례로 정한 건폐율 : 50%
- 공공시설부지로 제공하는 면적 : 1,000m²

① 53% 이내 ② 55% 이내
③ 57% 이내 ④ 60% 이내

해 설

건폐율 완화 범위
건폐율 완화 = 해당용도지역에 적용되는 건폐율
$\times \left(1 + \dfrac{공공시설부지\ 제공면적}{당초\ 대지면적}\right)$
$= 0.5\left(1 + \dfrac{1,000}{10,000}\right) = 0.5(1.1) = 0.55$

∴ 55% 이내

22 건축한계선에 관한 설명으로 옳지 않은 것은?

① 가로경관에 일정한 특성을 부여할 필요가 있는 경우 등에 지정할 수 있다.
② 가로경관이 연속적으로 형성되지 않거나 벽면 선이 일정하지 않을 것이 예상되는 경우에 지정할 수 있다.
③ 가로경관이 연속적인 형태를 유지하거나 구역 내 중요 가로변의 건축물을 가지런하게 할 필요가 있는 경우에 사용할 수 있다.
④ 도로에 있는 사람이 개방감을 가질 수 있도록 건축물을 도로에서 일정거리 후퇴시켜 건축하게 할 필요가 있는 곳에 지정할 수 있다.

해 설

- 건축한계선 : 도로에 있는 사람이 개방감을 가질 수 있도록 건축물을 도로에서 일정거리 후퇴시켜 건축하게 할 필요가 있는 곳에 지정할 수 있다.
- 건축지정선 : 가로경관이 연속적인 형태를 유지하거나 상업지역에서 중요 가로변의 건물을 가지런하게 할 필요가 있는 경우에 사용할 수 있다.

23 아래 조건에 따른 상업지역의 면적(ha)은?

- 건폐율 : 0.8
- 평균층수 : 10층
- 수용인구 : 60,000명
- 공공용지율 : 0.4
- 1인당 점유면적 : 12m²

① 13.0ha ② 14.0ha
③ 15.0ha ④ 18.0ha

해 설

상업지 면적
$= \dfrac{1인당\ 상면적 \times 상업지\ 이용인구}{용적률 \times (1-공공용지율)}$
$= \dfrac{(12 \times 60,000명)}{(0.8 \times 10)(1-0.4)} = \dfrac{720,000}{4.8}$
$= 150,000\text{m}^2 = 15.0\text{ha}$

24 다음 중 1대당 주차 소요면적이 가장 작은 각도 주차 형식은?(단, 소형차의 경우이며 장애인용 주차단위 구획의 경우는 고려하지 않는다.)

① 30° 전진주차 ② 45° 전진주차
③ 60° 후진주차 ④ 90° 후진주차

해 설

1주차 소요면적은 30° 전진주차가 가장 크고, 90° 후진주차가 가장 작다.

25 개별 획지에 적용되는 개발밀도나 녹지율 등을 전체 단지 단위로 적용하여 종합계획안을 마련한 후 지방정부의 심사와 협의를 거쳐 인가를 받아 개발하는 방식은?

① 공동개발 ② 공영개발
③ 계획단위개발 ④ 주상복합개발

해 설

일단의 지구를 하나의 계획단위로 보아 그 지구의 특성에 맞는 설계 기준을 개발자와 그 개발을 관장하는 당국 간의 협상과정을 통해 융통성 있게 능률적으로 책정, 허용함으로써 공적 입장에서 요구되는 환경의 질과 개발자의 입장에서 요구되는 사업성을 동시에 추구하는 제도로 우리나라의 지구단위계획 내의 특별계획구역제도와 유사

26 도시공원의 설치 및 규모의 기준에서 규모가 큰 것부터 작은 순으로 올바르게 나열된 것은?

① 묘지공원>도보권 근린공원>체육공원>어린이공원
② 도보권 근린공원>묘지공원>어린이공원>체육공원

③ 묘지공원>체육공원>도보권 근린공원>어린이공원

④ 도보권 근린공원>묘지공원>체육공원>어린이공원

> **해설**
> - 묘지공원 : 10만 제곱미터 이상
> - 도보권 근린공원 : 3만 제곱미터 이상
> - 체육공원 : 1만 제곱미터 이상
> - 어린이공원 : 1천5백 제곱미터 이상

27 다음 중 단지계획의 수립과정을 크게 목표설정 단계, 조사·분석 단계, 기본구상·대안설정 단계, 기본계획·기본설계 단계, 실시설계·집행계획 단계로 구분할 때 해당 단계에 대한 설명이 옳지 않은 것은?

① 조사·분석 단계 : 답사와 통계적인 자료로부터 기초조사를 수행한다.
② 기본구상·대안설정 단계 : 설정한 목표에 따라 계획의 지침과 방향을 작성하는 과정이다.
③ 기본계획·기본설계 단계 : 건축·토목·조경·각종 설비 등으로 구분되어 각 분야의 전문가에게 의뢰하여 작성한다.
④ 목표설정 단계 : 계획의 전제가 되는 목표를 세우는 것과 그 계획목표에 따라 궁극적으로 달성하고자 하는 목적을 규정하고 구체화하는 단계이다.

> **해설**
> 기본계획·기본설계 단계
> - 건물배치·형태·유통체계·모든 외부공간 및 이에 관련된 내부공간에서의 행위·토지형태·중요한 조경처리·옥외공간에 영향을 미치는 사항들이 나타남
> - 평면도·단면도·투시도, 컴퓨터그래픽과 프로그램, 예산계획이 첨부되며 의뢰인은 의례적으로 이를 검토함

28 다음의 국지도로 유형 중 부정형 지형에 적용이 용이한 편이며 통과교통이 차단되어 보행의 안전성과 주거환경의 쾌적성을 확보할 수 있으나, 개별 획지로의 접근성은 다소 불리한 것은?

① S자형 도로
② T자형 도로
③ 격자형 도로
④ 쿨데삭형 도로

> **해설**
> 국지도로 기본패턴(국지도로계획에 사용되는 기본패턴) : 구획도로 구성 형식
>
> | Cul-de-sac형 (통과교통 최대 배제) | • 어린이 안전 및 주민의 일체성 확보와 쾌적성 우수
• 부정형 지형에 적용이 용이하고 회차 부분을 활력 있는 공간으로 조성 가능
• 각 획지의 서비스 차량 진입 불편 및 집찾기 불편 |
> |---|---|

29 보행자 통행이 주이고 차량 통행이 부수적인 도로계획기법으로, 1970년 네덜란드 델프트 시에서 처음 등장한 본엘프(Woonerf)가 대표적인 것은?

① 카프리존
② 보차공존도로
③ 보차혼용도로
④ 보행전용도로

> **해설**
> 보행자와 차량의 관계
>
> | 보차공존 방식 | • 보·차를 동일한 공간에 배치하되 차량통행 억제에 다양한 기법 사용
• 보행자 위주의 안전 확보, 주거환경 개선, 차량통행은 부수적
• 네덜란드의 본엘프도로(생활의 터), 일본의 커뮤니티도로(보행환경 개선 - 일방향 통행), 독일의 보차공존구간(30~40m 간격으로 주행속도 억제시설 설치) |
> |---|---|

30 페리(Clarence A. Perry)가 주장한 근린주구단위(Neighborhood Unit)에 관한 6가지 원칙에 해당하지 않는 것은?

① 하나의 초등학교를 유지할 수 있는 인구규모를 갖도록 개발한다.
② 주민들에게 필요한 작은 공원과 여가공간의 체계가 수립되어야 한다.
③ 학교와 기타 다른 공공시설부지는 근린단위의 중심에 적절히 모여 있어야 한다.
④ 통과교통을 허용하되 가로망은 근린단위 안의 순환이 원활하도록 설계해야 한다.

> **해설**
> 근린주구 제2원칙은 경계의 원칙으로 통과교통이 내부를 관통하지 않고, 네 면 모두가 간선도로에 의해 구획되도록 정하고 있다.

31 주거환경의 제요소 중 자연·환경적 측면에 대한 설명으로 옳지 않은 것은?

① 식생, 특히 교목은 단지 내 오픈스페이스의 일사량 조절에 큰 영향을 미치는 요소이다.
② 인공성 표면재료(아스팔트, 콘크리트, 돌 등)는 토양이나 식생으로 덮인 지표면보다 느리게 열을 흡수하고 전달한다.
③ 일조는 단독적 요소라기보다는 조망·프라이버시와 함께 고려되어야 하므로 건물의 높이만 감안하여 일률적으로 규정할 수 없다.
④ 지형이나 지세(등고선, 경사, 지표면 등)는 도로의 구배, 토지 이용, 건물의 배치, 시각적 효과, 유수의 형태 등에 있어 주거환경의 결정에 있어서 중요한 요소이다.

해설
인공성 표면재료(아스팔트, 콘크리트, 돌 등)는 토양이나 식생으로 피복된 지표면보다 열 전달의 속도와 강도가 빠르고 강하다.

32 다음의 주택단지 획지·가구계획에 관한 설명 중 가장 관계가 없는 것은?

① 획지의 형태를 결정하는 세장비는 가구 전체의 도로율을 증가시킬 수 있도록 하여, 효율적인 가구구성이 되게 해야 한다.
② 획지계획은 개발이 이루어지는 최소 단위로 토지를 구획하여 장차 일어날 단위개발의 토지기반을 만들어주는 행위이다.
③ 획지와 유사하게 사용되는 용어로서 필지와 대지가 있는데 필지는 지적법상 하나의 소유권(지번)이 부여되는 단위이며, 대지는 건축행위가 이루어지는 최소단위를 의미한다.
④ 가구는 도로에 의해 둘러싸이는 일단의 토지공간으로서 소가구의 구성은 개별획지로 공공서비스시설(도시하부시설)을 적절하게 공급할 수 있도록 가로망과 획지와의 결합관계를 설정해주는 계획이다.

해설
1. 세장비의 정의 : 앞길이에 대한 안길이의 비
2. 세장비의 특징
   • 동서축 가구획지-세장비를 크게, 남북축 가구획지-세장비를 작게
   ⇒ 일조권 확보에 유리하다.
   • 획지규모가 180~240m²일 경우 세장비는 1.2~1.5정도가 적당
   • 획지규모가 작을 경우 토지이용의 효율성을 위해서는 세장비는 가능한 한 크게 하는 것이 좋다.
3. 세장비의 용도 : 세장비는 가구 전체의 도로율 향상이 목적이 아니라 일조권 확보를 통한 효율적인 가구 구성을 위해 사용된다.

33 다음 중 Litton이 산림경관을 분석하는 데 사용한 시각회랑에 의한 방법에서, 경관의 변화요인(Variable Factors)에 해당하지 않는 것은?

① 시간(Time)   ② 계절(Season)
③ 거리(Distance)   ④ 연속(Sequence)

해설
경관변화의 8가지 변화 요인 : 운동, 빛, 계절, 시간, 기후조건, 거리, 관찰위치, 규모

34 지구단위계획 수립의 일반원칙에 대한 내용으로 옳지 않은 것은?

① 입안권자는 지구단위계획을 작성하는 때에 도시·군계획, 건축, 경관, 토목, 조경, 교통 등 필요한 분야의 전문가의 협력을 받을 수 있다.
② 쾌적하고 편리한 환경이 조성되도록 지역현황 및 성장잠재력을 고려하여 적절한 개발밀도가 유지되도록 하는 등 환경친화적으로 계획을 수립하여야 한다.
③ 도로, 상·하수도, 전기공급설비 등 기반시설의 처리·공급 수용능력과 건축물의 연면적이 적정한 조화를 이루도록 하여 기반시설 용량이 부족하지 아니하도록 한다.
④ 정비구역 및 택지개발예정지구에서 시행되는 사업이 완료된 후 20년이 경과한 지역에 수립하는 지구단위계획은 기존의 기반시설 및 주변환경에 적합하고 과도한 재건축이 되지 않도록 하여야 한다.

해설
지구단위계획 수립지침
제3절 지구단위계획 수립의 일반원칙
2-3-5. 정비구역 및 택지개발예정지구에서 시행되는 사업이 완료된 후 10년이 경과한 지역에 수립하는 지구단위계획은 기존의 기반시설 및 주변환경에 적합하고 과도한 재건축이 되지 않도록 하여야 한다.

35 계획단위개발(PUD)의 내용으로 옳지 않은 것은?

① 도시근교나 전원주택지의 개발방식에 많이 적용되었다.
② 제한규정을 완화받아 용적률, 건물의 용도·형태·높이 등 계획의 창의성 발휘가 가능하다.
③ 학교, 공원 커뮤니티시설 등 근린생활권에 필요시설 적용으로 근린생활권 개념 도입이 가능하다.
④ 계획단위개발사업으로 일시에 계획승인을 받아야 하므로 이후에는 수정 또는 변경이 곤란하다.

해 설
계획단위개발(PUD)
일단의 지구를 하나의 계획단위로 보아 그 지구의 특성에 맞는 설계기준을 개발자와 그 개발을 관장하는 당국 간의 협상과정을 통해 융통성 있게 능률적으로 책정, 허용함으로써 공적 입장에서 요구되는 환경의 질과 개발자의 입장에서 요구되는 사업성을 동시에 추구하는 제도로 우리나라의 지구단위계획 내의 특별계획구역제도와 유사
→ 협상과정을 통해 설계기준이 결정되므로 수정 또는 변경이 용이하다.

36 산업유통형 지구단위계획 수립기준에서 건물의 색채에 대한 설명으로 옳지 않은 것은?

① 건물의 주조색은 주변경관과 조화되도록 그 범위를 결정한다.
② 건물의 부차색은 주조색의 보색 계통의 색으로 선택하도록 한다.
③ 건물의 강조색은 원색도 사용 가능하나 전체 면적의 20%를 넘지 않도록 한다.
④ 굴뚝과 같이 랜드마크적인 요소에 강조색을 적용하되 검은색 등 산업시설의 특성을 나타내는 저채도의 무채색은 지양한다.

해 설
건물의 색채
- 건물의 주조색은 주변경관과 조화되도록 그 범위를 결정하고, 건물의 부차색은 주조색과 같은 계통의 색으로 명도채도색상에 크게 차이가 없는 가까운 색 중 선택하도록 한다.
- 건물의 강조색은 원색도 사용 가능하나 전체 면적의 20%를 넘지 않도록 하며, 특히 굴뚝과 같이 랜드마크적인 요소에 강조색을 적용하되 검은색 등 산업시설의 특성을 나타내는 저채도의 무채색은 지양한다.

37 다음 중 생활권의 위계를 구성단위의 크기가 큰 것부터 순서대로 올바르게 나열한 것은?

① 근린주구 > 근린분구 > 인보구
② 근린분구 > 근린주구 > 인보구
③ 인보구 > 근린주구 > 근린분구
④ 근린주구 > 인보구 > 근린분구

해 설
근린생활권의 위계

구분	인보구	근린분구	근린주구
반경	100m 전후	150~200m 전후	300~400m 전후
인구	200~800명 정도	3,000~5,000명 정도	10,000~20,000명 정도

38 1967년 뉴욕에서 처음으로 채택되기 시작한 제도로, 도심부 내 특정 지역이나 부지에서 공공과 민간의 개발을 효율적으로 유도·촉진함으로써 공공이 의도하는 구체적인 도시설계 목표를 달성하기 위해 개발된 특수한 형태의 지역지구제는?

① 영향지역지구제(Impact Zoning)
② 특별지역지구제(Special Zoning)
③ 유동지역지구제(Floating Zoning)
④ 성능지역지구제(Performance Zoning)

해 설
특별지역지구제(Special Zoning)
- 1967년 뉴욕에서 처음으로 채택
- 도심부 내 특정 지역이나 부지에서 공공과 민간의 개발을 효율적으로 유도, 촉진함으로써 공공이 의도하는 구체적인 도시설계 목표를 달성하기 위해 개발된 특수한 형태의 지역지구제

39 주민이 지구단위계획의 수립 및 변경에 관한 사항을 제안하는 때에 갖추어야 할 요건 중, 제안한 지역의 대상 토지면적의 얼마 이상에 해당하는 토지소유자의 동의가 있어야 하는가?(단, 국공유지의 면적은 제외한다.)

① 2/3 이상
② 1/3 이상
③ 1/2 이상
④ 1/4 이상

해 설
국토의 계획 및 이용에 관한 법률 시행령 제19조의2(도시·군관리계획 입안의 제안)
② 법 제26조 제1항에 따라 도시·군관리계획의 입안을 제안하려는

정답 35 ④ 36 ② 37 ① 38 ② 39 ①

자는 다음 각 호의 구분에 따라 토지소유자의 동의를 받아야 한다. 이 경우 동의 대상 토지 면적에서 국·공유지는 제외한다.
2. 법 제26조제1항제2호 및 제3호의 사항에 대한 제안의 경우 : 대상 토지 면적의 3분의 2 이상

40 단지계획을 할 때, 획지(劃地)에 관한 설명으로 적절하지 않은 것은?

① 세장비는 앞너비에 대한 깊이의 비율이다.
② 세장비가 클 경우에는 단변 도로에 면한 부분을 앞길이로 설정한다.
③ 간선도로변에 면한 획지는 세장비가 큰 대형 획지를 1켜로 배치한다.
④ 부정형 가구의 끝부분의 획지 분할선은 도로에 수직으로 만나도록 한다.

해 설
배달선(= 획지를 분할하는 선)
• 가구 단변의 중심선으로 하고 도로에 수직선으로 분할(원칙)
• 간선도로에 면한 획지의 전면에는 완충녹지 설치, 획지규모는 크게 하고, 획지를 1켜로 배치하여 후면에서 진입하게 하여 주거환경 보호

제3과목 도시개발론

41 프로젝트 파이낸싱(PF ; Project Financing)의 자금조달 형태 중 가장 큰 비중을 차지하며 대부분 상업은행에서 제공되는 차입금(이자수익을 목적으로 투자)이 이에 해당하는 것은?

① 선순위 채권   ② 후순위 채무
③ 자기자본   ④ 부동산 펀드

해 설
PF의 자금조달 형태
선순위 채권(Senior Debt)은 PF에서 가장 큰 비중을 차지하며 대부분 상업은행으로부터의 차입금(이자수익을 목적으로 투자)으로 구성된다.

42 연간 대통령령으로 정하는 호수(戶數) 이상의 주택건설사업을 시행하려는 자는 국토교통부장관에게 등록하여야 하는데 이에 해당되는 사업주체는?

① 국가·지방자치단체   ② 한국토지주택공사
③ 건설법인   ④ 지방공사

해 설
주택법 제4조(주택건설사업 등의 등록)
① 연간 대통령령으로 정하는 호수(戶數) 이상의 주택건설사업을 시행하려는 자 또는 연간 대통령령으로 정하는 면적 이상의 대지조성사업을 시행하려는 자는 국토교통부장관에게 등록하여야 한다. 다만, 다음 각 호의 사업주체의 경우에는 그러하지 아니하다.
1. 국가·지방자치단체
2. 한국토지주택공사
3. 지방공사
4. 「공익법인의 설립·운영에 관한 법률」 제4조에 따라 주택건설사업을 목적으로 설립된 공익법인
5. 제11조에 따라 설립된 주택조합(제5조 제2항에 따라 등록사업자와 공동으로 주택건설사업을 하는 주택조합만 해당한다)
6. 근로자를 고용하는 자(제5조 제3항에 따라 등록사업자와 공동으로 주택건설사업을 시행하는 고용자만 해당하며, 이하 "고용자"라 한다)

43 다음 중 88올림픽 이후의 주택가격 폭등에 대처하기 위해 주택 대량 공급 방안으로 건설된 수도권 1기 신도시만을 나열한 것은?

① 분당, 일산, 과천, 김포, 목동
② 분당, 일산, 평촌, 산본, 중동
③ 화성, 송파, 파주, 분당, 일산
④ 목동, 과천, 상계, 영통, 광명

해 설
우리나라의 신도시
• 1기 신도시 : 분당, 일산, 중동, 평촌, 산본
• 2기 신도시 : 화성(동탄신도시), 판교, 김포, 파주, 수원, 양주옥정 신도시

44 다음 부동산 투자의 유형 중 자본의 성격은 자본투자(Equity Financing)이면서 운용시장의 형태가 공개시장(Public Market)에 해당하는 것은?

① 사모부동산펀드   ② 부동산투자회사
③ 상업용저당채권   ④ 직접대출

해 설

부동산 투자의 유형

구분	공개시장 (Public Market)	민간시장 (Private Market)
자본투자 (Equity Financing)	부동산투자회사(REITs) 부동산간접투자기구	직접투자 사모부동산펀드
대출투자 (Debt Financing)	상업용 저당채권(CMBS) 부동산간접투자기구	직접대출(Loans) 사모부동산펀드

45 인구성장이 완만하게 감소할 것으로 예측되는 도시에서 사용되는 인구예측방법은?

① 등비급수법 ② 등차급수법
③ 이중지수모형 ④ 집단생잔모형

해 설

등비는 급격한 성장이 예상되는 곳에, 등차는 일정한 성장이 예상되는 곳에 사용한다. 이중지수모형은 완만한 감소가 예상될 때 사용한다. 집단생잔모형은 출생률과 사망률, 인구이동을 고려하여 인구를 추정하는 방법이다.

46 재정비촉진지구의 유형에 해당하는 것은?(단, 도시재정비 촉진을 위한 특별법의 규정을 적용한다.)

① 도심지형 ② 저밀복합형
③ 고밀복합형 ④ 부도심형

해 설

재정비촉진지구의 종류
• 주거지형 : 노후·불량주택과 건축물이 밀집한 지역으로서 주로 주거환경의 개선과 기반시설의 정비가 필요한 지구
• 중심지형 : 상업지역·공업지역 또는 역세권·지하철역·간선도로의 교차지 등으로서 토지의 효율적 이용과 도심 또는 부도심 등의 도시기능의 회복이 필요한 지구
• 고밀복합형 : 주요 역세권, 간선도로의 교차지 등 양호한 기반시설을 갖추고 있어 대중교통 이용이 용이한 지역으로서 도심 내 소형주택의 공급 확대, 토지의 고도이용과 건축물의 복합개발이 필요한 지구

47 Calthorpe(1993)가 정리한 TOD(Transit Oriented Development)의 원칙으로 틀린 것은?

① 지상공간이 아닌 지하공간을 최대한 활용
② 주택의 유형, 밀도, 비용의 혼합 배치
③ 공공공간을 건물 배치 및 근린생활의 중심지로 조성
④ 기존 근린지구 내에 대중교통 노선을 따라 재개발 촉진

해 설

TOD 원칙 중 지하공간 활용 내용은 없다.

48 도시 및 주거환경정비법에 대한 설명으로 옳은 것은?

① 주민대표회의는 5인 이상 10인 이하로 구성하여 절차에 따라 시장·군수에게 통보하여야 한다.
② 도시·주거환경정비기본계획의 수립은 특별시장·광역시장 또는 시장이 하며, 5년 단위로 수립하여야 한다.
③ 시장·군수는 정비사업을 효율적으로 추진하기 위하여 필요하다고 인정하는 경우 정비구역을 2 이상의 구역으로 분할할 수 있다.
④ 시장·군수는 정비계획을 수립하여 15일 이상 주민에게 공람하고 지방의회의 의견을 들은 후 시·도지사에게 정비구역 지정을 신청하여야 한다.

해 설

도시 및 주거환경정비법 제47조(주민대표회의)
② 주민대표회의는 위원장을 포함하여 5명 이상 25명 이하로 구성한다.
③ 주민대표회의는 토지등소유자의 과반수의 동의를 받아 구성하며, 국토교통부령으로 정하는 방법 및 절차에 따라 시장·군수등의 승인을 받아야 한다.
도시 및 주거환경정비법 제4조(도시·주거환경정비기본계획의 수립)
① 특별시장·광역시장·특별자치시장·특별자치도지사 또는 시장은 관할 구역에 대하여 도시·주거환경정비기본계획(이하 "기본계획"이라 한다)을 10년 단위로 수립하여야 한다. 다만, 도지사가 대도시가 아닌 시로서 기본계획을 수립할 필요가 없다고 인정하는 시에 대하여는 기본계획을 수립하지 아니할 수 있다.
도시 및 주거환경정비법 제18조(정비구역의 분할, 통합 및 결합)
① 정비구역의 지정권자는 정비사업의 효율적인 추진 또는 도시의 경관보호를 위하여 필요하다고 인정하는 경우에는 다음 각 호의 방법에 따라 정비구역을 지정할 수 있다.
1. 하나의 정비구역을 둘 이상의 정비구역으로 분할
2. 서로 연접한 정비구역을 하나의 정비구역으로 통합
3. 서로 연접하지 아니한 둘 이상의 구역(제8조제1항에 따라 대

정답 45 ③   46 ③   47 ①   48 ③

통령령으로 정하는 요건에 해당하는 구역으로 한정한다) 또는 정비구역을 하나의 정비구역으로 결합

도시 및 주거환경정비법제15조(정비계획 입안을 위한 주민의견청취 등)
① 정비계획의 입안권자는 정비계획을 입안하거나 변경하려면 주민에게 서면으로 통보한 후 주민설명회 및 30일 이상 주민에게 공람하여 의견을 들어야 하며, 제시된 의견이 타당하다고 인정되면 이를 정비계획에 반영하여야 한다.
② 정비계획의 입안권자는 제1항에 따른 주민공람과 함께 지방의회의 의견을 들어야 한다. 이 경우 지방의회는 정비계획의 입안권자가 정비계획을 통지한 날부터 60일 이내에 의견을 제시하여야 하며, 의견제시 없이 60일이 지난 경우 이의가 없는 것으로 본다.

도시 및 주거환경정비법 제8조(정비구역의 지정)
⑤ 자치구의 구청장 또는 광역시의 군수(이하 제9조, 제11조 및 제20조에서 "구청장등"이라 한다)는 제9조에 따른 정비계획을 입안하여 특별시장·광역시장에게 정비구역 지정을 신청하여야 한다. 이 경우 제15조제2항에 따른 지방의회의 의견을 첨부하여야 한다.

49 대중교통중심개발(TOD ; Transit Oriented Development)의 개념과 거리가 먼 것은?

① 복합고밀개발
② 보행거리 내 상업·주거·업무·공공시설 배치
③ 자동차에 대한 의존도 감소
④ 주민참여의 극대화

해설
TOD는 대중교통을 중심으로 한 계획적 성격의 도시개발이다. 따라서 주민참여의 극대화는 직접적 관련이 없다.

50 도시개발에서 발생 가능한 위험의 유형을 시장위험(Market Risk), 금융위험(Financial Risk), 건설 관련 위험(Construction Risk)으로 나눌 때, 다음 중 시장위험과 관련된 사항이 아닌 것은?

① 분화재의 출토
② 소비자의 선호도 변화
③ 경쟁구조 변화
④ 분양가 책정의 적정성

해설
시장위험(Market Risk)이란 사업기간 중 인플레이션, 이자율 변동, 소비자의 선호도 변화, 토지조성계획과 분양가 책정의 적정성, 자재값 앙등, 노임문제, 경쟁구조 변화 등에 의해 비용이 예상보다 상승하므로 발생하는 위험을 말한다. 문화재의 출토는 건설 관련 위험(Construction Risk)에 속한다.

51 도시개발사업의 경제적 타당성 분석에 관한 설명으로 가장 거리가 먼 것은?

① 경제적 타당성 분석의 전개과정은 상식적이고 합리적으로 도시개발사업을 평가한다.
② 도시개발사업의 경제적 타당성 분석에서 할인율은 고려하지 않는다.
③ 경제적 타당성 분석의 평가지표로 비용-편익비(B/C), 내부수익률(IRR)을 이용할 수 있다.
④ 도시개발에서의 경제적 타당성은 개발사업에 소요되는 비용보다 발생되는 수익이 많을 때에 인정된다.

해설
도시개발의 경제적 타당성
경제적 타당성 분석에 있어 할인율의 결정은 필수불가결하다.

52 다음 중 주민참여형 도시개발의 유형이 아닌 것은?

① 주민발의   ② 개발협정
③ 주민투표   ④ 공공협약

해설
주민참여형 도시개발에는 개발협정, 주민투표, 주민발의, 민간협약, 지구차원의 계획 등이 있다.

53 다수의 대안이 제시되었을 때 다면적 평가기준에 의해 복잡한 문제를 체계적으로 단순 구조화하여 합리적 결정을 내릴 수 있도록 유도하는 분석 방법은?

① CVM(Contingency Valuation Method)
② NPV(Net Present Value)
③ IRR(Internal Rate of Return)
④ AHP(Analytical Hierarchical Process)

해설
계층화 분석법(AHP ; Analytical Hierarchical Process)
다수의 대안이 제시되었을 때 다면적 평가기준에 의해 제기되는 복잡한 문제를 체계적으로 단순 구조화시킴으로써 의사결정자가 합리적으로 최선의 결정을 내릴 수 있도록 유도하는 방법

54 도시개발사업을 위한 민간투자유치방법 중, 국가 또는 지방자치단체 소유의 기존 시설을 정비한 사업 시행자에게 일정 기간 동안만 해당시설에 대한 소유권을 인정하는 방식은?

① BOT 방식 ② BTO 방식
③ ROT 방식 ④ ROO 방식

[해설]
민간투자 사회간접자본의 사업추진방식의 종류
ROT(Rehabilitate - Operate - Transfer, 시설 정비 후 운영권 위탁방식)방식은 국가 또는 지방자치단체 소유의 기존 시설을 정비한 사업 시행자에게 일정기간 동안 시설에 대한 운영권을 인정하는 방식이다.

55 도시공원 및 녹지 등에 관한 법률상 생활권공원에 해당되지 않는 것은?

① 소공원 ② 어린이공원
③ 체육공원 ④ 근린공원

[해설]
도시공원의 종류
체육공원은 주제공원에 해당한다.

56 기업금융과 대별되는 프로젝트 파이낸싱에 대한 설명으로 옳은 것은?

① 비소구금융 및 부외금융의 특성을 갖는다.
② 상환재원은 사업주의 전체 재원을 기반으로 한다.
③ 공공기관 입장에서는 사업위험의 분산 효과가 적다.
④ 민간의 입장에서는 기업금융에 비하여 금융비용의 절감이 불가능하다.

[해설]
프로젝트 파이낸싱(PF ; Project Financing) 방법
• 담보 : 해당 프로젝트 자산
• 상환재원 : 프로젝트에서 발생하는 수익
• 차입비용 : 일반대출금리보다 높음
• 채무수용능력 : 부외금융으로 채무수용능력 제고
• 정부지원 : 많은 경우 정부의 강력한 지원 필요
• 사업성 검토 : 프로젝트 평가능력이 사업 성패의 관건
• 사후관리 : 엄격한 사후관리
• 적용분야 : 발전소, 고속도로, 터널 등 대형 사업 부문
• 비소구금융(Non - Recourse Financing) : 투자의 부담을 투자액 범위 내로 한정하는 방식, PF는 완전한 비소구금융 조건은 드물며 대부분 제한적인 비소구금융 형태를 취함(모기업에 대한 소구권 행사 배제 또는 제한, 상환 청구권 제한)
• 부외금융(Off - Balance - Sheet Financing) : 프로젝트 회사의 부채가 대차대조표에 나타나지 않으므로 부채 증가가 사업주의 부채율에 영향을 미치지 않음을 의미함. 프로젝트 수행을 위해 일정한 조건을 갖춘 별도의 프로젝트 회사(SPC)를 설립함으로써 부외금융 효과를 얻을 수 있음

57 도시개발방식의 유형별 분류가 틀린 것은?

① 개발주체-공공개발, 민간개발, 민관 합동개발
② 토지취득방식-전면매수방식, 환지방식, 혼용방식
③ 개발대상지역-신도시개발, 위성도시개발
④ 토지의 용도-택지개발, 유통단지개발, 복합단지개발

[해설]
도시개발방식은 개발주체, 토지취득방식, 토지의 용도로 구분한다. 개발대상지역으로 구분하지는 않는다.

58 복합용도개발(MXD)의 사회적·경제적 효과로 가장 거리가 먼 것은?

① 도시의 외연적 확산 완화
② 수직통행의 감소를 통한 교통 혼잡 완화
③ 직주근접에 따른 통행거리 감소
④ 도시개발 리스크의 감소

[해설]
복합용도개발은 수직통행의 증가를 가져온다. 수직통행이 감소될 경우, 감소한 통행이 수평통행으로 전환되므로 교통혼잡이 가중될 우려가 있다.

59 특정 도시개발사업(사업 운영기간이 3년)에 700억 원을 투자하여 매년 말 300억 원의 수익이 기대될 경우, 동 사업의 순현가는 다음 중 어느 것인가?

① 19억 원 ② 46억 원
③ 121억 원 ④ 305억 원

[해설]
사회적 할인율(이자율) 10%가 문제에 주어지지 않은 오류가 있는 문제였다. 발표된 답이 ②번이었는데, 이를 기준으로 역산하면 사회적 할인율이 10%임을 알 수 있다.

정답 54 ③ 55 ③ 56 ① 57 ③ 58 ② 59 ②

$$-700 + \frac{300}{(1+0.1)^1} + \frac{300}{(1+0.1)^2} + \frac{100}{(1+0.1)^3}$$
$$= 46.056$$

60 지역파급효과를 측정하는 분석방법 중 올바른 것은?

① 중력모형 ② 허프모형
③ 라우리 모형 ④ 투입산출모형

해설
지역산업 연관모형(지역 투입산출모형, Regional Input-output Model)
지역 투입산출모형은 지역산업 연관모형이라고도 한다. 이는 지역의 파급효과를 측정하는 분석기법임을 의미한다.

제4과목 국토 및 지역계획

61 공공투자분석에 사용되는 내부수익률에 관한 설명으로 옳지 않은 것은?

① 사업 시행의 순현재가치가 0이 되도록 하는 할인율로 계산된다.
② 투자사업이 원만히 진행된다는 전제하에서 기대되는 예상수익률이다.
③ 결정된 평가기간 내에 총편익과 투입된 총비용이 일치하는 이자율이다.
④ 내부수익률은 상호 배타적인 사업의 절대적 규모의 차이를 적절히 고려한다.

해설
내부수익률은 순현재가치가 0이 되도록 하는 할인율이므로 도출된 할인율만으로는 사업의 규모를 알 수 없는 단점이 있다.

62 지역계획과정에서 주민 참여의 기대 효과로 볼 수 없는 것은?

① 주민요구에 대한 행정책임의 면제
② 주민의 심리적 욕구 충족과 주체성 회복
③ 주민의 지지와 협조를 통한 집행의 효율화
④ 주민요구를 통한 행정 수요 파악으로 사업의 우선 순위 결정에 도움

해설
주민 참여의 순기능
주민참여에 따른 의견수렴과 실제 주민이 원하는 지역을 만들 수 있다는 순기능을 갖지만, 문제가 발생했을 때 주민이 요구한대로 사업진행을 했다는 사실로 행정처리상의 책임을 면제 받을 수는 없다.

63 서울시 주변에 위치한 수원, 안성, 용인 등으로 대학교가 이전되거나 분교가 설치되는 현상과 가장 직접적으로 관련 있는 것은?

① 국토기본법
② 수도권정비계획법
③ 경기도 도시계획조례
④ 서울특별시 도시계획조례

해설
인구집중유발시설인 학교는 수도권정비계획법에 의해 수립되는 수도권정비계획에 의해 관리된다.

64 다음 중 Boudeville의 지역유형 분류에 근거한 결절지역에 해당하지 않는 것은?

① 캐나다의 대도시권(CMA)
② 레일리(W. Reily)의 도시세력권
③ 클라센(L. Klaassen)의 저개발지역
④ 미국의 표준대도시통계지역(SMSA)

해설
결절지역(結節地域, Node Region)에 대한 문제이다. 캐나다의 대도시권, 레일리의 도시세력권, 미국의 표준대도시통계지역 등이 결절지역에 해당한다. 클라센의 지역구분은 동질지역에 해당한다.

65 2012년부터 국토계획 및 정책에 관한 중요사항을 심의하기 위하여 마련된 국무총리 소속기관은?

① 국토정책위원회 ② 국가균형발전위원회
③ 주택정책심의위원회 ④ 중앙도시계획위원회

해설
국토정책위원회
국토정책위원회는 국무총리 소속기관으로 국토계획 및 정책에 관한 중요 사항을 심의한다. 심의 사항으로 국토종합계획에 관한 사항, 도종합계획에 관한 사항, 지역계획에 관한 사항(다른 위원회의 심의

를 거친 경우 생략 가능), 부문별 계획에 관한 사항(다른 위원회의 심의를 거친 경우 생략 가능), 국토계획 평가에 관한 사항, 국토계획 및 국토계획에 관한 처분 등의 조정에 관한 사항, 국토정책위원회의 심의를 거치도록 한 사항, 그 밖에 국토정책위원회 위원장, 분과위원회 위원장이 회의에 부치는 사항이 있다.

성을 고려한 개념이다.
③ 인구와 경제적 활동이 집적하게 되므로 중심지역과 주변지역으로 나뉘어진다.
④ 지역경제 및 지역정책 목적을 효과적으로 달성하기 위해 인위적으로 설정한 지역이다.

해설
결절지역(結節地域, Node Region)
결절지역(結節地域, Node Region)은 상호 의존적·보완적 관계를 가진 몇 개의 공간단위를 하나로 묶은 지역으로서 지역 내의 특정 공간 단위에 경제활동이나 인구가 집중되어 있는 공간단위를 흔히 결절(Node) 또는 분극(Focus)이라고 한다. 결절지역에서는 경제활동은 물론 정치적·문화적인 관계에 있어서도 그 흐름이나 유대가 그 지역을 지배하는 중심점을 향해 이루어진다. 지역은 서로 이질적이나 기능적으로 밀접한 관계를 가진 공간단위로 구성되며, 구성공간 단위 간의 기능적 분화를 전제로 한다. 따라서 결절지역은 인위적으로 설정하기 어렵다.

66 국토기본법에서 정한 국토관리의 기본 이념으로 적합하지 않은 것은?

① 국토의 균형 있는 발전
② 환경친화적 국토관리
③ 국토에 따른 사회체제의 개혁
④ 경쟁력 있는 국토 여건의 조성

해설
국토계획은 국토의 균형 있는 발전과 경쟁력 있는 국토 여건의 조성, 환경친화적 국토관리를 그 기본방향으로 한다.

67 국토기본법령상 국토종합계획에 대한 설명으로 옳은 것은?

① 특정 지역을 대상으로 특별한 정책목적을 달성하기 위하여 수립하는 계획
② 국토 전역을 대상으로 하여 국토의 장기적인 발전 방향을 제시하는 종합계획
③ 국토 전역을 대상으로 하여 특정 부문에 대한 장기적인 발전 방향을 제시하는 계획
④ 도 또는 특별자치도의 관할구역을 대상으로 하여 해당 지역의 장기적인 발전 방향을 제시하는 종합계획

해설
국토기본법 제6조(국토계획의 정의 및 구분)
② 국토계획은 다음 각 호의 구분에 따라 국토종합계획, 도종합계획, 시·군 종합계획, 지역계획 및 부문별계획으로 구분한다. 〈개정 2011.4.14.〉
1. 국토종합계획 : 국토 전역을 대상으로 하여 국토의 장기적인 발전 방향을 제시하는 종합계획

68 결절지역(Nodal Region)에 관한 설명으로 옳지 않은 것은?

① 이질적인 공간경제의 속성과 공간적 차원을 다루는 지역분류법이다.
② 기능적 측면에서 공간상의 흐름, 접촉, 상호 의존

69 입지론(Location Theory)에서 제시하고 있는 산업입지에 관계하는 중요 요소가 아닌 것은?

① 교통
② 노동
③ 시장
④ 지가

해설
입지론에서 토지의 비옥도는 동일하다고 가정하므로 지가는 중요 요소가 아니라고 본다.

70 1980년대 영국에서 도시재생을 위해 재산세 등의 조세 감면, 기업자유보장, 인허가 규제 완화 등을 주요 내용으로 한 신설지구는?

① 오버레이존
② 개발촉진지구
③ 조세감면지구
④ 엔터프라이즈존

해설
엔터프라이즈존은 시장경제 실현을 위해 영국에서 도입·시행한 제도로 재산세 등 조세 감면, 기업자유보장, 인허가 규제 완화 등을 골자로 하는 제도이다. 영국에서 성공적 정착 후 미국 전역으로 도입되었다.

71 도시 순위-규모 법칙에서 말하는 q값(순위규모 계수)이 과거 1.0에서 현재 2.0으로 증가한 어느 나라의 도시체계의 특징에 관한 설명으로 가장 적절한 것은?

정답 66 ③ 67 ② 68 ④ 69 ④ 70 ④ 71 ②

① 과거보다 도시화 속도가 2배 증가하였다.
② 과거보다 수위도시 또는 소수의 대도시에 인구가 더욱 많이 집중하였다.
③ 과거보다 수위도시의 인구가 다른 지역으로 분산하여 분포하는 현상으로 전환되었다.
④ 과거에는 인구가 균형을 이루었으나, 현재는 도시지역 인구가 농촌지역 인구의 2배가 되었다.

해설
과거 1.0에서 현재 2.0으로 증가하였다는 것은 종주화가 더욱 진행되었음을 의미하는 것으로, 과거보다 수위도시나 대도시에 인구가 더욱 많이 집중하였음을 나타낸다고 볼 수 있다.

72 성장극(Growth Pole)이란 개념을 처음으로 주장하여 성장거점이론을 발전시킨 사람은?

① 페로우(Perroux)
② 클라크(C. Clark)
③ 미르달(G. Myrdal)
④ 쿠즈네츠(S. Kuznets)

해설
성장거점이론은 초기 페로우에 의해 경제적 차원에서 다루어졌으며 이때 성장극이란 경제적 지배력을 가질 만큼 큰 규모의 대기업이나 다른 산업보다 빠른 성장속도를 갖는 산업으로서 자체적으로 성장을 유도하고 이를 연관산업으로 전파하여 전체 산업을 성장하게 하는 대기업이나 선도산업을 말하였다. 그러나 보드빌은 이를 지리적 차원으로 확장하였으며 성장거점이란 성장잠재력이 크고 인구규모 및 인구성장이 빠른 도시로서 주변도시에 성장효과를 전파할 수 있는 도시를 말한다.

73 신고전이론에 대한 설명으로 적합하지 않은 것은?

① 공급 측면을 강조한 이론이다.
② 중심과 주변의 종속관계를 중시한다.
③ 생산능력은 생산요소에 의존한다고 가정한다.
④ 지역 간 생산요소의 이동을 성장요인으로 파악한다.

해설
신고전이론은 중심과 주변의 종속관계를 중시했다기보다 새로운 관점에서 지역개발 과정을 연구하고자 했던 이론이다.

74 윌리엄슨(Williamson)이 주장한 지역 간 소득격차와 국가발전 단계와의 관계에 대한 설명으로 가장 옳은 것은?

① 지역 간 소득격차는 역U자형 곡선을 그린다.
② 지역 간 소득격차는 국가 발전의 초기 단계에 가장 작다.
③ 윌리엄슨은 미르달의 이론을 경험적으로 검증하였다.
④ 누적적 인과법칙에 의하여 지역격차가 발생함을 밝혔다.

해설
윌리엄슨(Williamson)은 지역 간 소득격차의 변화에 응용하여 지역 간 격차도 경제발전 초기 단계에 증가하고 후기에 감소하는 역U곡선의 형태임을 입증하였다.

75 다음 중 소자(E. Soja, 1971)가 계획단위로서의 공간특성을 거리(Distance)로 분류한 내용에 해당하지 않는 것은?

① 시간거리(Time Distance)
② 마찰거리(Frictional Distance)
③ 인식거리(Perceived Distance)
④ 물리적 거리(Physical Distance)

해설
에드워드 소자(Edward Soja, 1971)의 거리의 종류는 3가지로, 물리적 거리, 인식거리, 시간거리가 있다.

76 다음 중 입지계수법(Location Quotient Method)에 대한 설명으로 옳지 않은 것은?

① 중간재의 특성을 고려한 장점이 있다.
② 수출기반모형 중 하나인 입지계수법은 수요모형에 해당한다.
③ 어떤 산업의 생산품에 대한 수요 수준이 전국적으로 동일하다고 가정하는 모순이 있다.
④ A지역 특정 산업의 입지계수(LQ 값)가 1보다 크면 A지역은 해당 산업이 비교적 특화되어 있다는 의미다.

해설
입지계수(LQ ; Location Quotient)의 단점
- 다른 공급 측면을 무시한다.(수출만을 고려하여 수입은 고려하지 않음)
- 기반·비기반산업의 구분이 어렵다.
- 내적 요인(산업의 구조조정, 기술혁신)이 성장에 기여하는 측면을 제대로 설명하지 못한다.

77 다음 중 국토 및 지역계획을 평가하는 과정에서 주요 논점으로서 적절하지 못한 것은?

① 계획의 유연성 ② 계획의 적절성
③ 계획의 효율성 ④ 계획의 지속가능성

> **해설**
> 국토 및 지역계획 평가 시 주요 논점은 세가지로, 계획의 적절성, 효율성, 지속가능성이다.

78 기반부문의 고용인구가 100명, 비기반부문의 고용인구가 200명일 때, 기반비(A)와 경제기반승수(B)는?

① (A) : 0.5, (B) : 2.0 ② (A) : 0.5, (B) : 3.0
③ (A) : 2.0, (B) : 2.0 ④ (A) : 2.0, (B) : 3.0

> **해설**
> 기반비와 경제기반승수 산정
> • 경제기반승수(B)
> $= \dfrac{\text{지역의 총 고용인구}}{\text{지역의 수출산업 고용인구}} = \dfrac{300}{100} = 3.0$
> • 기반비(A) $= \dfrac{\text{비기반산업 인구수}}{\text{기반산업 인구수}} = \dfrac{200}{100} = 2.0$
> • B/N 비 $= \dfrac{\text{기반산업 인구수}}{\text{비기반산업 인구수}} = \dfrac{100}{200} = 0.5$

79 다음 중 국토 및 지역개발의 관점에서 중앙 정부 주도의 하향식 개발을 지향하는 것은?

① 도농통합개발 ② 지역생활권개발
③ 성장거점개발 ④ 농어촌정주권개발

> **해설**
> 하향식(Top-down, Development from Above) 개발
> • 부족한 재원 때문에 선도적 산업과 도시에 선별적으로 투자하여 그 투자이익이 다시 여타 산업이나 주변지역에 흘러 들어가기를 기대하는 개발방식이다.
> • 경제성장이론, 공간구조이론, 불균형개발이론, 성장거점개발

80 다음 중 지역 간 불균형 성장이론을 옹호한 학자는?

① 넉스(Nurkse)
② 루이스(Lewis)
③ 허쉬만(Hirschman)
④ 로젠스타인 로단(Rosenstein-Rodan)

> **해설**
> 허쉬만은 성극효과, 적하효과(=분극효과) 등을 근거로 경제개발전략의 필요성을 주장하며 불균형 성장이론을 옹호하였다.

제5과목 도시계획관계법규

81 다음 시설 중 도시계획 결정 대상이 아닌 것은?

① 철도 ② 호텔
③ 도축장 ④ 보행자 전용도로

> **해설**
> 교통시설로 철도와 도로(보행자 전용도로 포함), 보건위생시설로 도축장이 도시계획 결정 대상이다.

82 국토종합계획과 조화를 이뤄야 하는 지역계획 중 국토기본법에 의해 수립되는 지역계획은?

① 지역개발계획 ② 광역권개발계획
③ 수도권정비계획 ④ 개발진흥지구계획

> **해설**
> 국토기본법 제16조(지역계획의 수립)
> ① 중앙행정기관의 장 또는 지방자치단체의 장은 지역 특성에 맞는 정비나 개발을 위하여 필요하다고 인정하면 관계 중앙행정기관의 장과 협의하여 관계 법률에서 정하는 바에 따라 다음 각 호의 구분에 따른 지역계획을 수립할 수 있다. 〈개정 2014.6.3.〉
> 1. 수도권 발전계획 : 수도권에 과도하게 집중된 인구와 산업의 분산 및 적정배치를 유도하기 위하여 수립하는 계획
> 2. 지역개발계획 : 성장 잠재력을 보유한 낙후지역 또는 거점지역 등과 그 인근지역을 종합적·체계적으로 발전시키기 위하여 수립하는 계획
> 5. 그 밖에 다른 법률에 따라 수립하는 지역계획
> ※ 기존의 광역권개발계획은 지역개발계획으로 명칭과 내용이 변경되었고, 특정지역개발계획, 개발촉진지구 개발계획은 삭제되었다. 〈2014.6.3.〉

83 국토의 효율적 이용 및 관리를 위한 성장관리방안 수립지역에서의 건폐율 완화기준으로 옳지 않은 것은?

① 계획관리지역 : 50퍼센트 이하
② 자연녹지지역 : 30퍼센트 이하
③ 생산관리지역 : 30퍼센트 이하
④ 보전녹지지역 : 20퍼센트 이하

정답 77 ① 78 ④ 79 ③ 80 ③ 81 ② 82 ① 83 ④(답없음)

해설

국토의 계획 및 이용에 관한 법률 시행령 제84조의3(성장관리방안 수립지역에서의 건폐율 완화기준)
② 법 제77조 제5항에서 "대통령령으로 정하는 기준"이란 다음 각 호의 기준을 말한다. 다만, 공장의 경우에는 성장관리방안에 제56조의2 제2항 제4호에 따른 환경관리계획 또는 경관계획이 포함된 경우만 해당한다.
1. 계획관리지역 : 50퍼센트 이하
2. 자연녹지지역 및 생산관리지역 : 30퍼센트 이하
※ 국토의 계획 및 이용에 관한 법률 제77조(용도지역의 건폐율) 제5항 및 동법 시행령 제84조의3 (성장관리방안 수립지역에서의 건폐율 완화기준) 조항은 2021.7.6. 법 개정으로 삭제되었음 ∴ 현행법령상 답 없음

84 다음 중 산업단지의 지정에 관한 설명으로 옳지 않은 것은?

① 도시첨단산업단지는 국토교통부장관이 지정하는 경우, 시·도지사의 신청을 받아 지정한다.
② 국토교통부장관은 관계 중앙행정기관의 장과 협의 후, 심의회의 심의를 거쳐 국가산업단지를 지정하여야 한다.
③ 시장·군수 또는 구청장은 시·도지사에게 도시첨단산업단지의 지정을 신청하고자 하는 때에는 산업단지개발계획을 작성하여 제출하여야 한다.
④ 일반산업단지는 시·도지사 또는 대통령령으로 정하는 시장이 지정한다. 단, 대통령령으로 정하는 면적 미만의 산업단지의 경우에는 시장·군수 또는 구청장이 지정할 수 있다.

해설

도시첨단산업단지는 국토교통부장관, 시·도지사 또는 제7조 제1항 본문에 따라 대통령령으로 정하는 시장이 지정하며, 시·도지사(특별자치도지사는 제외한다)가 지정하는 경우에는 시장·군수 또는 구청장의 신청을 받아 지정한다. 다만, 대통령령으로 정하는 면적 미만인 경우에는 시장·군수 또는 구청장이 직접 지정할 수 있다. 〈개정 2014.1.14.〉

85 건축법상 건축물의 대지는 최소 얼마 이상이 도로에 접하여야 하는가?(단, 자동차만의 통행에 사용되는 도로는 제외한다.)

① 2m ② 4m
③ 5m ④ 6m

해설

건축물의 대지는 2m 이상을 도로(자동차만의 통행에 사용되는 도로를 제외)에 접하여야 하며 연면적의 합계가 2천 m² 이상인 건축물의 대지는 너비 6m 이상의 도로에 4m 이상 접하여야 한다.

86 택지개발촉진법에 의한 택지개발사업 실시계획 변경승인을 받아야 하는 경우는?

① 사업비의 100분의 10 범위에서 사업비의 증감
② 사업비의 100분의 10 범위에서 사업면적의 증가
③ 사업면적의 100분의 10 범위에서 사업면적의 감소
④ 승인을 받은 사업비의 범위에서의 시설의 설치 변경

해설

택지개발촉진법 시행령 제8조(실시계획의 작성 및 승인 등)
⑤ 법 제9조 제1항 후단에서 "대통령령으로 정하는 경미한 사항의 변경"이란 다음 각 호의 요건을 충족하는 경우를 말한다.
1. 사업비의 100분의 10 범위에서의 증감
2. 사업면적의 100분의 10 범위에서의 감소
3. 승인을 받은 사업비의 범위에서 설비 및 시설의 설치 변경
→ 위 세 가지 경우에 해당하면 경미한 사항으로 변경승인을 받지 않아도 된다.

87 도시공원 및 녹지 등에 관한 법률상 그 기능에 따라 세분한 녹지의 종류들로 올바르게 묶은 것은?

① 완충녹지와 경관녹지 ② 시설녹지와 경관녹지
③ 완충녹지와 휴양녹지 ④ 자연녹지와 생산녹지

해설

녹지의 종류에는 완충녹지, 경관녹지, 연결녹지가 있다.

88 도시개발사업에 있어서 과소토지가 되지 아니하게 하기 위하여 특히 필요한 경우 입체 환지를 할 수 있는데, 이러한 입체 환지에 대한 내용으로 옳지 않은 것은?

① 입체 환지 계획의 작성에 관하여 필요한 사항은 대통령이 정할 수 있다.
② 시행자는 환지 계획 작성 전에 실시계획의 내용

정답 84 ① 85 ① 86 ② 87 ① 88 ①

등의 사항을 토지소유자에게 통지해야 한다.
③ 시행자는 건축물의 일부와 그 건축물이 있는 토지의 공유지분을 부여할 수 있다.
④ 환지의 신청 기간은 통지한 날부터 30일 이상 60일 이하로 하여야 한다.

해 설

도시개발법 제32조(입체 환지)
① 시행자는 도시개발사업을 원활히 시행하기 위하여 특히 필요한 경우에는 토지 또는 건축물 소유자의 신청을 받아 건축물의 일부와 그 건축물이 있는 토지의 공유지분을 부여할 수 있다. 다만, 토지 또는 건축물이 대통령령으로 정하는 기준 이하인 경우에는 시행자가 규약·정관 또는 시행규정으로 신청대상에서 제외할 수 있다. 〈개정 2011.9.30.〉
③ 제1항에 따른 입체 환지의 경우 시행자는 제28조에 따른 환지 계획 작성 전에 실시계획의 내용, 환지 계획 기준, 환지 대상 필지 및 건축물의 명세, 환지 신청기간 등 대통령령으로 정하는 사항을 토지 소유자에게 통지하고 해당 지역에서 발행되는 일간신문에 공고하여야 한다. 〈신설 2011.9.30.〉
④ 제1항에 따른 입체 환지의 신청기간은 제3항에 따라 통지한 날부터 30일 이상 60일 이하로 하여야 한다. 다만, 시행자는 제28조 제1항에 따른 환지 계획의 작성에 지장이 없다고 판단하는 경우에는 20일의 범위에서 그 신청기간을 연장할 수 있다. 〈신설 2011.9.30.〉
⑤ 입체 환지를 받으려는 토지 소유자는 제3항에 따른 환지신청 기간 이내에 대통령령으로 정하는 방법 및 절차에 따라 시행자에게 환지신청을 하여야 한다. 〈신설 2011.9.30.〉
⑥ 입체 환지 계획의 작성에 관하여 필요한 사항은 국토교통부장관이 정할 수 있다. 〈개정 2011.9.30., 2013.3.23.〉

89 주택법에 의한 사업계획의 승인 시 사업계획 승인권자에게 첨부하지 않아도 되는 서류는?

① 사용검사계획서
② 주택관리계획서
③ 입주자모집계획서
④ 공구별 공사계획서

해 설

주택법 제15조(사업계획의 승인)
③ 주택건설사업을 시행하려는 자는 대통령령으로 정하는 호수 이상의 주택단지를 공구별로 분할하여 주택을 건설·공급할 수 있다. 이 경우 제2항에 따른 서류와 함께 다음 각 호의 서류를 첨부하여 사업계획승인권자에게 제출하고 사업계획승인을 받아야 한다.
1. 공구별 공사계획서
2. 입주자모집계획서
3. 사용검사계획서

90 건축법의 정의에 따른 '도로'의 너비로 옳은 것은?

① 2m 이상
② 3m 이상
③ 4m 이상
④ 5m 이상

해 설

건축법 제2조(정의)
11. "도로"란 보행과 자동차 통행이 가능한 너비 4미터 이상의 도로로서 다음 각 목의 어느 하나에 해당하는 도로나 그 예정도로를 말한다.
가. 「국토의 계획 및 이용에 관한 법률」, 「도로법」, 「사도법」, 그 밖의 관계 법령에 따라 신설 또는 변경에 관한 고시가 된 도로
나. 건축허가 또는 신고 시에 특별시장·광역시장·특별자치시장·도지사·특별자치도지사(이하 "시·도지사"라 한다) 또는 시장·군수·구청장(자치구의 구청장을 말한다. 이하 같다)이 위치를 지정하여 공고한 도로

91 부설주차장을 예외적으로 부지 인근에 단독 또는 공동으로 설치할 수 있도록 하고 있는 것에 대한 설명으로 옳지 않은 것은?

① 원칙적으로 주차 대수 300대 규모 이하인 부설주차장은 부지 인근에 설치할 수 있다.
② 설치비용을 납부한 자는 설치비용에 상응하는 범위 안에서 노외주차장을 무상으로 사용할 수 있다.
③ 해당 부지의 경계선으로부터 부설주차장의 경계선까지의 직선거리 300m 이내 또는 도보거리 500m 이내에 설치한다.
④ 부설주차장 설치로 인하여 자동차 교통의 혼잡을 가중시킬 우려가 있다고 인정하는 장소에 대하여는 설치의무를 면제할 수 있다.

해 설

주차장법 시행령 제7조(부설주차장의 인근 설치)
② 법 제19조 제4항 후단에 따른 시설물의 부지 인근의 범위는 다음 각 호의 어느 하나의 범위에서 특별자치도·시·군 또는 자치구의 조례로 정한다.
1. 해당 부지의 경계선으로부터 부설주차장의 경계선까지의 직선거리 300미터 이내 또는 도보거리 600미터 이내 [전문개정 2010.10.21.]

92 다음 도시·군기본계획에 관한 설명으로 옳지 않은 것은?

① 도시·군기본계획의 내용에는 도심 및 주거환경의 정비, 보전에 관한 사항도 포함된다.
② 도시·군기본계획을 수립하거나 변경하려면 미리 그 특별시·광역시·특별자치시·특별자치도·시 또는 군 의회의 의견을 들어야 한다.

③ 도시·군기본계획은 도시의 기본적인 공간구조와 장기발전방향을 제시하는 종합계획으로서 도시계획 수립의 지침이 되는 계획을 말한다.
④ 도시·군기본계획은 원칙적으로 도시계획구역에 대하여 수립하며 필요한 경우 관할 행정구역 또는 인접한 다른 행정구역을 포함하여 수립할 수 있다.

해설

국토의 계획 및 이용에 관한 법률 제2조(정의)
3. "도시·군기본계획"이란 특별시·광역시·특별자치시·특별자치도·시 또는 군의 관할 구역에 대하여 <u>기본적인 공간구조와 장기발전방향을 제시하는 종합계획으로서 도시·군관리계획 수립의 지침이 되는 계획을 말한다.</u>
국토의 계획 및 이용에 관한 법률 제21조(지방의회의 의견 청취)
① 특별시장·광역시장·특별자치시장·특별자치도지사·시장 또는 군수는 <u>도시·군기본계획을 수립하거나 변경하려면 미리 그 특별시·광역시·특별자치시·특별자치도·시 또는 군 의회의 의견을 들어야 한다.</u> 〈개정 2011.4.14.〉
국토의 계획 및 이용에 관한 법률 시행령 제15조(도시·군기본계획의 내용) 법 제19조제1항제10호에서 "그 밖에 대통령령으로 정하는 사항"이란 다음 각 호의 사항으로서 도시·군기본계획의 방향 및 목표 달성과 관련된 사항을 말한다. 〈개정 2015. 7. 6.〉
1. 도심 및 주거환경의 정비·보전에 관한 사항

93 수도권정비계획법에 따른 권역에 해당하지 않는 것은?

① 과밀억제권역   ② 이전촉진권역
③ 성장관리권역   ④ 자연보전권역

해설

수도권정비계획법에 의한 권역 구분
• 과밀억제권역 : 인구·산업의 집중으로 이전·정비가 필요한 지역
• 성장관리권역 : 인구·산업의 계획적 유치·개발이 필요한 지역
• 자연보전권역 : 한강수계의 수질 및 녹지 등의 자연환경보전

94 도시·주거환경정비기본계획의 수립내용에 해당하지 않는 것은?

① 정비사업의 기본방향
② 정비사업의 사업기간
③ 사회복지시설 및 주민문화시설 등의 설치계획
④ 인구·건축물·토지이용·정비기반시설·지형 및 환경 등의 현황

해설

도시 및 주거환경정비법 제3조(도시·주거환경정비기본계획의 수립)
① 특별시장·광역시장·특별자치시장·특별자치도지사 또는 시장은 다음 각호의 사항이 포함된 도시·주거환경정비기본계획(이하 "기본계획"이라 한다)을 10년 단위로 수립하여야 한다. 다만, 도지사가 기본계획을 수립할 필요가 없다고 인정하는 시(대도시가 아닌 지역을 말한다)와 제8조 제4항 제1호에 따른 정비사업은 기본계획을 수립하지 아니할 수 있다. 〈개정 2006. 5.24., 2009.2.6., 2012.2.1., 2013.12.24., 2016.1.27.〉
1. 정비사업의 기본방향
2. 정비사업의 계획기간
3. 인구·건축물·토지이용·정비기반시설·지형 및 환경 등의 현황
7. 사회복지시설 및 주민문화시설 등의 설치계획

95 중앙행정기관의 장이나 지방자치단체의 장은 다른 법률에 따라 지정되는 토지 이용에 관한 지역·지구·구역 또는 구획 중 대통령령으로 정하는 면적 이상을 지정 또는 변경하려면 국토교통부장관의 협의 및 승인을 받아야 한다. 이때 국토교통부장관의 협의 또는 승인을 받기 위해 중앙도시계획위원회의 심의를 거치지 않아도 되는 경우는?

① 농림지역에서 「농지법」에 따른 농업진흥지역을 지정하는 경우
② 자연환경보전지역에서 「수도법」에 따른 상수원보호구역을 지정하는 경우
③ 자연환경보전지역에서 「자연환경보전법」에 따른 생태·경관보전지역을 지정하는 경우
④ 보전관리지역이나 생산관리지역에서 「습지보전법」에 따른 습지보호지역을 지정하는 경우

해설

국토의 계획 및 이용에 관한 법률 제8조(다른 법률에 따른 토지 이용에 관한 구역 등의 지정 제한 등)
⑤ 국토교통부장관 또는 시·도지사는 제2항 및 제3항에 따라 협의 또는 승인을 하려면 제106조에 따른 중앙도시계획위원회(이하 "중앙도시계획위원회"라 한다) 또는 제113조 제1항에 따른 시·도도시계획위원회(이하 "시·도도시계획위원회"라 한다)의 심의를 거쳐야 한다. 다만, 다음 각 호의 경우에는 그러하지 아니하다. 〈개정 2010.2.4., 2011. 7.28., 2013.3.23., 2013.7.16.〉
1. 보전관리지역이나 생산관리지역에서 다음 각 목의 구역 등을 지정하는 경우
  다. 「습지보전법」 제8조에 따른 습지보호지역

96 주차장법령상 노상주차장에 주차대수 규모가 최소 몇 대 이상일 경우 한 면 이상의 장애인 전용주차구획을 설치해야 하는가?

① 20대   ② 30대
③ 40대   ④ 50대

해설
주차장법 시행규칙 제4조(노상주차장의 구조·설비기준)
8. 노상주차장에는 다음 각 목의 구분에 따라 장애인 전용주차구획을 설치하여야 한다.
   가. 주차대수 규모가 20대 이상 50대 미만인 경우 : 한 면 이상
   나. 주차대수 규모가 50대 이상인 경우 : 주차대수의 2퍼센트부터 4퍼센트까지의 범위에서 장애인의 주차수요를 고려하여 해당 지방자치단체의 조례로 정하는 비율 이상

97 다음 중 수도권정비계획법에 따른 과밀부담금에 대한 설명으로 옳지 않은 것은?

① 과밀부담금의 부과대상은 성장관리권역에 속하는 지역이다.
② 과밀부담금은 부과 대상 건축물이 속한 지역을 관할하는 시·도지사가 부과·징수한다.
③ 시·도지사는 납부의무자가 납부기한까지 과밀부담금을 내지 아니하면, 부담금의 100분의 3에 상당하는 가산금을 징수할 수 있다.
④ 과밀부담금은 건축비의 100분의 10으로 하되, 지역별 여건 등을 고려하여 대통령령으로 정하는 바에 따라 건축비의 100분의 5까지 조정할 수 있다.

해설
과밀부담금은 성장관리권역이 아니라 과밀억제권역 안(서울만 해당)에서 부과하는 부담금이다.

98 건축법에서 정의하는 초고층 건축물에 해당하는 층수와 높이로 옳은 것은?

① 30층 이상, 150m 이상
② 30층 이상, 200m 이상
③ 50층 이상, 150m 이상
④ 50층 이상, 200m 이상

해설
건축법 시행령 제2조(정의)
15. "초고층 건축물"이란 층수가 50층 이상이거나 높이가 200미터 이상인 건축물을 말한다.

99 다음 공원관리청이 아닌 자의 도시공원 및 공원시설의 설치·관리에 대한 설명으로 옳지 않은 것은?

① 공원관리자는 도시공원대장의 작성 및 보관권한을 대행할 수 있다.
② 공원관리자는 도시공원 또는 공원시설의 관리방법에 관한 공고 권한을 대행할 수 있다.
③ 공원관리자는 도시공원 또는 공원시설의 관리에 소요되는 비용의 부담에 관한 협의 권한을 대행할 수 있다.
④ 공원관리자는 「국토의 계획 및 이용에 관한 법률」에 따른 도시·군계획시설사업 시행자의 지정과 실시계획의 인가를 받아 도시공원 또는 공원시설을 설치할 수 있다.

해설
도시공원 또는 공원시설의 관리에 소요되는 비용의 부담에 관한 협의에서 공원관리청과 공원관리자 간의 협의사항에 대한 협의를 제외하므로 비용의 부담에 관한 협의 권한을 대행할 수는 없는 것이다.

100 도시개발사업의 개발계획 수립 및 시행 등과 관련한 대상지 주민의 동의 기준이 옳은 것은?

① 환지방식의 개발계획 수립 시 환지방식이 적용되는 지역의 토지면적의 3분의 2 이상에 해당하는 토지 소유자와 그 지역의 토지 소유자 총수는 3분의 1 이상의 동의를 받아야 한다.
② 조합 설립의 인가를 신청하려면 해당 도시개발구역의 토지면적의 3분의 1 이상에 해당하는 토지 소유자와 그 구역의 토지 소유자 총수의 2분의 1 이상의 동의를 받아야 한다.
③ 도시개발구역의 토지 소유자가 토지 등을 수용하는 경우 사업대상 토지면적의 3분의 2 이상에 해당하는 토지를 소유하고 토지 소유자 총수의 3분의 1 이상에 해당하는 자의 동의를 받아야 한다.
④ 토지 소유자가 도시개발구역의 지정을 제안하려는 경우 대상 구역 토지면적의 3분의 2 이상에 해당하는 토지 소유자의 동의를 받아야 한다.

해설
도시개발법 제11조(시행자 등)
⑥ 토지 소유자 또는 제1항제7호부터 제11호까지(제1항제1호부터 제4호까지의 규정에 해당하는 자가 대통령령으로 정하는 비율을 초과하여 출자한 경우는 제외한다)의 규정에 해당하는 자가 제5항에 따라 도시개발구역의 지정을 제안하려는 경우에는 대상 구역 토지면적의 3분의 2 이상에 해당하는 토지 소유자(지상권자를 포함한다)의 동의를 받아야 한다.

정답 97 ① 98 ④ 99 ③ 100 ④

1회 2018년 기출문제

제1과목 도시계획론

01 우리나라에서 도시계획의 민주화와 공개화를 위해 지역주민에게 공청회나 의견청취 등의 기회를 부여하는 주민참여가 제도화된 시기는?

① 1960년대　　② 1970년대
③ 1980년대　　④ 1990년대

해설
도시계획에서의 주민참여 제도화 : 1980년대
1. 70년대의 고도성장으로 인한 인구·산업의 대도시 집중·과밀 해소
2. 주택 및 도시계획의 제도적 결함 보완(1981년)
   - 도시기본계획제도 도입(도시기본계획 – 도시계획 – 연차별 집행계획 체계 확립)
   - 도시계획의 민주화와 공개화(주민참여 제도화)
   - 시가화 조정구역 신설(무질서한 시가화 방지)
   - 도시설계제도 도입(상세한 토지이용 제어)
3. 1988년 – 12개의 용도지역으로 세분화·재편성

02 도시계획시설 사업의 단계별 집행계획에 대한 설명으로 옳지 않은 것은?

① 단계별 집행계획에는 재원조달계획과 보상계획 등이 포함되도록 한다.
② 단계별 집행계획을 수립하거나 송부받았을 때에는 7일 이내에 공고하여야 한다.
③ 단계별 집행계획은 특별시장, 광역시장, 특별자치시장, 특별자치도지사, 시장 또는 군수가 수립할 수 있다.
④ 도시계획시설 부지로 예정된 토지는 건축, 토지형질 변경 등 개발행위가 제한되므로 장기간 도시계획사업이 시행되지 않을 경우 토지 소유자에 불이익이 발생하므로 이를 방지하기 위해서 단계별 집행계획을 수립하고 있다.

해설
국토의 계획 및 이용에 관한 법률 제85조(단계별 집행계획의 수립)
④ 특별시장·광역시장·특별자치시장·특별자치도지사·시장 또는 군수는 제1항이나 제2항에 따라 단계별 집행계획을 수립하거나 받은 때에는 대통령령으로 정하는 바에 따라 지체 없이 그 사실을 공고하여야 한다. 〈개정 2011.4.14.〉

03 용도지역지구제의 설명 중 옳지 않은 것은?

① 토지의 효율적인 이용 및 관리를 위해서 지정한다.
② 하나의 용도지역에 2개 이상의 용도지구가 지정될 수 있다.
③ 도시지역의 용도지역은 크게 주거지역, 상업지역, 공업지역, 녹지지역, 관리지역으로 구분된다.
④ 용도지역지구제의 문제점을 보완하기 위해서 개발권양도(TDR), 복합용도개발(MXD)과 같은 제도가 생겨나고 있다.

해설
국토의 계획 및 이용에 관한 법률 제36조(용도지역의 지정)
용도지역은 도시지역, 관리지역, 농림지역, 자연환경보전지역으로 구분되고, 이 중 도시지역은 주거, 상업, 공업, 녹지지역으로 구분된다.

04 도시·군계획시설의 도로를 구분하는 기준이 아닌 것은?

① 규모　　② 기능
③ 등급　　④ 사용 및 형태

해설
도시·군계획시설의 결정·구조 및 설치기준에 관한 규칙 제9조(도로의 구분)
도로는 다음 각호와 같이 구분한다. 〈개정 2004.12.3, 2005.10.7, 2010.10.14, 2012.6.28, 2012.10.31〉
1. 사용 및 형태별 구분
2. 규모별 구분
3. 기능별 구분

05 도시의 구성요소 및 도시화에 대한 설명으로 옳지 않은 것은?

① 시민은 도시를 구성하는 가장 기본적인 요소이다.
② 도시 활동을 수용하고 지원하기 위해 토지 및 시설이 필요하다.
③ 게데스(P.Geddes)는 도시 활동을 생활, 생산, 위락의 세 가지 요소로 구분하였다.
④ 도시화의 컨트롤 수단으로서 인구이동의 통제는 토지이용규제보다 더 유효하고 적법하다.

해설
도시화의 컨트롤 수단으로 인구이동을 통제하는 것은 토지이용을 규제하는 것보다 비효율적이다.

정답　01 ③　02 ②　03 ③　04 ③　05 ④

06 용도지역제인 유클리드 지역제(Euclidean Zoning)에 대한 설명으로 옳지 않은 것은?

① 과도한 민간개발을 막기 위하여 개발촉진보다는 억제에 더 관심을 두었다.
② 실제의 토지이용에 근거하여 발생하는 각종 결과를 기준하여 규제하는 성과규제지역제이다.
③ 토지이용의 규제단위를 각각의 필지로 하여 이를 통해 양호한 시가지를 형성하고자 하였다.
④ 상위용도(주거 등)를 하위용도(공장 등)로부터 보호하면 충분하다는 전제하에 누적식 지역제를 채택하였다.

해 설
유클리드 지역제
• 용도를 사전에 확정적으로 계획
• 상위용도(주거 등)를 하위용도(공장 등)로부터 보호
• 과도한 민간개발을 막기 위해 발전 억제에 주력
• 토지이용의 규모단위를 개별의 대지로 하여 누적시킴으로써 양호한 시가지 형성
• 주택지에 있어서 공장, 아파트 등을 극력배제, 용도순화

07 영국의 도시학자 하워드(E. Howard)가 제시한 전원도시에 대한 설명으로 옳지 않은 것은?

① 경제기반이 확보되어야 한다.
② 전원도시들은 서로 독립적이다.
③ 계획인구는 3만 명 정도로 한다.
④ 주변에는 충분한 농업지대가 존재한다.

해 설
인접한 전원도시는 서로 연계하여 도시와 전원의 조화를 도모한다.

08 인구 증가에 따른 집적의 순이익이 감소하기 시작하여 집적의 이익과 불이익이 같아지는 (집적의 순이익이 0이 되는) 때까지 나타나는 도시화 현상은?

① 재도시화
② 분산적 도시화
③ 집중적 도시화
④ 역도시화와 탈도시화

해 설
분산적 도시화(Sub-Urbanization)
1. 인구 증가가 지속되어 중심도시에서 인구와 산업을 더 이상 수용할 수 없게 되어 주변지역 혹은 교외지역으로 인구와 산업이 분산되는 과정
2. 인구 증가에 따른 집적의 이익의 증가가 집적의 불이익의 증가보다 작아져 집적의 순이익이 감소하기 시작하는 A에서 집적의 이익과 집적의 불이익이 같아져 집적의 순이익이 0이 되는 때에 나타남
3. 분산적 도시화 단계에서 주변지역으로 시가지의 공간적인 확산 과정이 진행되는데, 이를 교외화(Suburbanization)라고도 함
• 분산적 도시화 또는 교외화를 가능하게 하는 것은 도시교통기관의 발달 때문임
• 분산적 도시화가 지속되면 인구가 밀집한 외곽지역을 중심으로 부도심이나 지구 중심이 형성되어 도시구조는 다핵화 현상으로 발전하게 됨

09 20세기 이후에 발표된 도시계획 헌장 중 최초의 도시계획 헌장으로 세계 도시계획 및 설계분야의 발전에 많은 영향을 미친 것은?

① 아테네(Athens) 헌장
② 메가리드(Megaride) 헌장
③ 마추픽추(Machu-Picchu) 헌장
④ 뉴어바니즘(New Urbanism) 헌장

해 설
아테네(Athens) 헌장
1933년 그리스 아테네에서 개최된 제4회 근대건축국제회의의 결론인 도시계획헌장을 말한다. 20세기 이후 발표된 도시계획 헌장들 중 최초의 것으로 전 세계 도시계획 및 설계 분야의 발전에 많은 영향을 미쳤다.

10 개별 필지에 대한 규제사항 및 토지이용계획사항을 확인하는 것으로, 해당 토지에 대한 용도지역·지구·구역, 도시·군계획시설, 도시계획사업과 입안 내용, 각종 규제에 대한 저촉 여부 등을 확인할 수 있는 자료는?

① 토지대장
② 건축물대장
③ 토지특성조사표
④ 토지이용계획확인서

해 설
토지이용계획 확인원에서는 지역·지구 등의 지정 내용과 그 지역·지구 등에서의 행위제한 내용 및 해당 토지에 대한 용도지역·지구·구역, 도시계획시설, 도시계획사업과 입안내용, 각종 규제에 대한 저촉 여부를 확인하는 내용 및 지적도에 도시계획선을 표시한 도면 등을 확인할 수 있다.

정답 06 ② 07 ② 08 ② 09 ① 10 ④

11 경합성과 배제성에 따른 재화의 분류에서 대가를 지불할 필요성이 없고, 소비를 제한할 방법이 없기 때문에 아무도 생산하려고 하지 않아 공공의 개입이 필요한 재화는 다음 중 어디에 속하는가?

배제 여부 경합 여부	배제 가능	배제불가능
경합	A	B
비경합	C	D

① A ② B ③ C ④ D

해설
재화의 종류 – 준공공재 중 공동소유재
• 비경합성, 배타성(배제 가능)
공동소유재는 대가를 지불할 필요성이 없고 또한 그 소비를 제한할 방법이 없기 때문에 아무도 생산하려고 하지 않으며 시장기구를 통해 공급할 수 없으므로 공공의 개입이 필요하다.

12 도시 및 주거환경정비법에 근거한 정비사업에 속하지 않는 것은?

① 재개발사업 ② 재건축사업
③ 주거환경개선사업 ④ 주거환경관리사업

해설
도시 및 주거환경정비법 제2조(정의)
이 법에서 사용하는 용어의 뜻은 다음과 같다. 〈개정 2017.8.9〉
2. "정비사업"이란 이 법에서 정한 절차에 따라 도시기능을 회복하기 위하여 정비구역에서 정비기반시설을 정비하거나 주택 등 건축물을 개량 또는 건설하는 다음 각 목의 사업을 말한다.
  가. 주거환경개선사업 : 도시저소득 주민이 집단거주하는 지역으로서 정비기반시설이 극히 열악하고 노후·불량건축물이 과도하게 밀집한 지역의 주거환경을 개선하거나 단독주택 및 다세대주택이 밀집한 지역에서 정비기반시설과 공동이용시설 확충을 통하여 주거환경을 보전·정비·개량하기 위한 사업
  나. 재개발사업 : 정비기반시설이 열악하고 노후·불량건축물이 밀집한 지역에서 주거환경을 개선하거나 상업지역·공업지역 등에서 도시기능의 회복 및 상권 활성화 등을 위하여 도시환경을 개선하기 위한 사업
  다. 재건축사업 : 정비기반시설은 양호하나 노후·불량건축물에 해당하는 공동주택이 밀집한 지역에서 주거환경을 개선하기 위한 사업

13 현재 인구가 50만 명인 도시에서 등비급수적으로 연평균 2%씩 인구가 증가한다면 10년 후의 추정 인구수는?(단, $1.02^9 = 1.195$, $1.02^{10} = 1.219$, $1.02^{11} = 1.243$)

① 550,000 ② 597,500
③ 609,500 ④ 621,500

해설
$P_n = P_0(1+r)^n$
$P_{10} = 500,000(1.02)^{10}$
$= 500,000 \times 1.219 = 609,500$

14 도시·군계획시설의 결정·구조 및 설치에 대한 설명으로 옳지 않은 것은?

① 둘 이상의 도시·군계획시설을 같은 토지에 함께 결정할 수 없으며, 반드시 단일 용도로 도시·군계획시설을 결정하여야 한다.
② 도시·군계획시설에 대해 고시일로부터 20년이 지날 때까지 사업이 시행되지 않으면 고시일로부터 20년이 지난 다음 날에 그 효력이 상실된다.
③ 건축시설물의 규모로 인해 공간 이용에 상당한 영향을 주는 도시·군계획시설인 경우에는 건폐율·용적률 및 높이의 범위를 함께 결정하여야 한다.
④ 도시지역에 건축물인 도시·군계획시설이나 건축물과 연계되는 도시·군계획시설 결정 시 도시·군계획시설이 위치하는 공간의 일부만을 구획하여 도시·군계획시설 결정을 할 수 있다.

해설
도시·군계획시설의 결정·구조 및 설치기준에 관한 규칙 제3조(도시·군계획시설의 중복 결정)
① 토지를 합리적으로 이용하기 위하여 필요한 경우에는 둘 이상의 도시·군계획시설을 같은 토지에 함께 결정할 수 있다. 이 경우 각 도시·군계획시설의 이용에 지장이 없어야 하고, 장래의 확장 가능성을 고려하여야 한다. 〈개정 2008.9.5., 2012.6.28〉

15 도시계획의 수립 과정으로 옳은 것은?

① 목표설정 → 상황의 분석 및 미래의 예측 → 대안설정 및 평가 → 집행
② 상황의 분석 및 미래의 예측 → 목표설정 → 대안설정 및 평가 → 집행
③ 상황의 분석 및 미래의 예측 → 대안설정 및 평가 → 목표설정 → 집행
④ 목표설정 → 대안설정 및 평가 → 상황의 분석 및 미래의 예측 → 집행

해설
도시계획 수립 과정은 목표설정 → 현황조사 → 상황의 분석 및 미래의 예측 → 대안설정 → 대안평가 및 선택안 결정 → 실행(Feed-back) 으로 이루어진다.

16 가도시화(Pseudo-Urbanization)에 대한 설명으로 옳은 것은?

① 도시의 고용능력을 넘어선 인구집중으로 인해 발생한 현상이다.
② 3차 산업에 비하여 2차 산업의 비중이 높은 도시에서 주로 발생한다.
③ 농촌의 주택 부족으로 인해 베드타운의 기능이 강한 인근 도시로의 인구 이동 현상이다.
④ 경제기반이 약한 개발도상국의 도시에서 비공식부문보다 공식부문에의 취업인구가 많아지는 현상이다.

해설
가도시화(Pseudo-Urbanization) 란 도시의 부양(고용)능력에 비해 지나치게 많은 인구가 집중하여 인구만 비대해진 도시화현상을 말한다.

17 다음 설명에 해당하는 시설은?

> 주요시설 또는 환경의 보호, 경관의 유지, 재해대책 및 보행자의 통행과 시민의 일시적 휴양공간의 확보를 위하여 설치한다. 공공목적을 위하여 필요한 최소한의 규모로 설치하되 미관, 쾌적성, 안전성을 확보하여야 한다.

① 공동구   ② 유수지
③ 방조설비 ④ 공공공지

해설
도시·군계획시설의 결정·구조 및 설치기준에 관한 규칙 제5절 공공공지 제59조(공공공지)
이 절에서 "공공공지"라 함은 시·군 내의 주요시설 또는 환경의 보호, 경관의 유지, 재해대책, 보행자의 통행과 주민의 일시적 휴식공간의 확보를 위하여 설치하는 시설을 말한다.

18 GIS에 대한 설명으로 옳지 않은 것은?

① GIS를 이용한 공간분석을 통해 입력된 정보를 지리적으로 검색하고 표현할 수 있다.
② 벡터 자료는 정방형 셀을 자료저장과 표현의 단위로 하기 때문에 격자형태의 결과물을 생성하게 된다.
③ 기술적인 측면뿐 아니라 GIS를 사용하는 지원인력 및 시설의 측면을 모두 망라하는 것으로 파악한다.
④ 지리·공간정보를 받아들여 체계적으로 저장·검색·변형·분석하고, 사용자에게 유용한 새로운 형태의 정보로 표현하는 등의 작업을 수행하기 위한 기술이나 작동과정 혹은 도구이다.

해설
GIS 자료처리체계

자료구조 (부호화)	격자방식	래스터 방식으로 중첩과 조작이 용이함
	선추적방식	벡터방식으로 압축이 용이하며 지도와 유사

격자형태의 결과물을 생성하는 것은 래스터 방식이다.

19 계획이론 중 다비도프(Davidoff)에 의해 주창되었으며, 1960년대 미국의 법조계에서 형성된 피해구제절차와 같은 사회제도를 계획개념으로 수용하여 주로 강자에 대한 약자의 이익을 보호하는데 적용된 이론은?

① 종합적 계획   ② 교류적 계획
③ 급진적 계획   ④ 옹호적 계획

해설
옹호적 계획은 다비도프에 의해 주창되었고, 강자에 대한 약자의 이익을 보호하는데 적용된 이론이다. 다원적인 가치가 혼재하고 있는 사회에서는 단일계획안 보다는 복수의 다원적인 계획안들을 수립하는 것이 바람직하다고 보고 사회정책의 수립 과정을 막후 협상에서 공개적인 계획과정으로 끌어내는 데 기여하였다.

20 환경과 개발에 관한 유엔회의(UNCED)에서 개발과 환경을 조화시키는 도시개발에 대한 내용으로 옳은 것은?

① 지속가능한 도시개발
② 도·농 통합적 도시개발
③ 자원·에너지 절약형 도시개발
④ 입체적·기능 통합적 도시개발

해설
지속가능한 개발은 환경의 수용능력을 고려하여 그 범위 내에서 개발하는 것으로, 1992년 브라질 리우데자네이루에서 개최된 환경과 개발에 관한 UN회의(UNCED ; United Nations Conference on Environment and Development)를 통하여 '환경적으로 건전하고 지속가능한 개발(ESSD ; Environmentally Sound and Sustainable Development)'의 개념이 일반화되었다.

제2과목 도시설계 및 단지계획

21 국토의 계획 및 이용에 관한 법률상 지구단위계획구역의 지정목적을 이루기 위하여 지구단위계획에 반드시 포함되어야 하는 사항은?(단, 기존의 용도지구를 폐지하고 그 용도지구에서 건축물이나 그 밖의 시설의 용도·종류 및 규모 등의 제한을 대체하는 사항을 내용으로 하는 지구단위계획은 고려하지 않는다.)

① 교통처리계획
② 환경관리계획 또는 경관계획
③ 건축물의 배치·형태·색채 또는 건축선에 관한 계획
④ 건축물의 용도제한, 건축물의 건폐율 또는 용적률, 건축물 높이의 최고한도 또는 최저한도

[해설]
국토의 계획 및 이용에 관한 법률 제52조(지구단위계획의 내용)에 의거 지구단위계획구역의 지정목적을 이루기 위하여 지구단위계획에는 다음 각 호의 사항 중 제2호와 제4호의 사항을 포함한 둘 이상의 사항이 포함되어야 한다.
2. 대통령령으로 정하는 기반시설의 배치와 규모
4. 건축물의 용도제한, 건축물의 건폐율 또는 용적률, 건축물 높이의 최고한도 또는 최저한도
→ 따라서 건축물의 용도제한, 건축물의 건폐율 또는 용적률, 건축물 높이의 최고한도 또는 최저한도는 항상 반드시 포함되어야 하는 사항이 된다.

22 샹디가르(Chandigarh)에 적용된 공원녹지 체계 유형은?

① 격자형 ② 대상형
③ 분산형 ④ 집중형

[해설]
샹디가르(Chandigarh)는 인도 펀잡주의 수도이며 르 코르뷔지에에 의해 설계되었으며 풍부한 녹지대 확보(대상형 녹지대 확보)가 특징이다.

23 다음 중 건축물의 특정 층이 계획에서 정한 선의 수직면을 넘어 돌출하여 건축할 수 없는 것으로, 보행공간이나 공동주차통로 등의 확보가 필요한 곳에 지정하는 것은?

① 건축지정선 ② 건축한계선
③ 벽면지정선 ④ 벽면한계선

[해설]
지구단위계획 수립지침에서의 벽면한계선
특정한 층에서 보행공간(공공보행통로 등) 등을 확보할 필요가 있는 경우에 사용할 수 있다. 이 경우 건축한계선의 후퇴부분에는 보행공간 등에 필요한 도시설계적 계획요소를 제시한다.

24 도로망 계획의 일반적인 원칙으로 옳지 않은 것은?

① 토지로의 접근과 이동성을 동시에 고려해야 한다.
② 도로의 횡단면은 도로의 기능 분류와 계획교통량에 따라 선정한다.
③ 기능에 따라 도로를 분류하되, 항상 통과교통은 적극적으로 방지하도록 계획한다.
④ 도로 체계가 물리적 환경에 잘 융합하고 적당한 시거를 확보하도록 직선구간과 곡선구간을 조합한다.

[해설]
통과교통이 늘 방지되어야 하는 것은 아니다. 도로의 기능 중 이동성이 강조되어야 할 곳에서는 통과교통이 필요한 경우도 있다.

25 래드번 계획의 특징으로 적절하지 않은 것은?

① 보차분리의 원칙이 강조되었다.
② 대가구(Superblock) 개념을 기본으로 한다.
③ 자동차 도로의 기능을 통합 일원화하였다.
④ 기능에 따른 4가지 종류의 도로로 구분하였다.

[해설]
래드번 계획의 특징은 자동차도로의 기능을 그 기능에 따라 4종류로 나누어 설치하였다는 것이다.

26 경관상세계획의 수립 대상 지역에서 경관상세계획을 수립하는 경우의 고려사항으로 가장 거리가 먼 것은?

① 문화재·산·수변 및 특정 건축물의 조망권을 확보

하기 위하여 조망점을 설정하는 경우 근경보다 원경이 원활하게 확보되도록 한다.
② 당해 구역의 미래상을 개개의 건축물을 통하여 체험하는 것이 아니라 구역 전체를 미래 지향적인 관점에서 입체적으로 체험할 수 있도록 한다.
③ 안내표지판·가로시설물 등은 당해 구역의 이미지를 연출하는 데 중요한 역할을 하므로, 새로운 경관미를 연출하여 구역분위기의 특성과 정체성을 인지할 수 있도록 구체적인 설치기준을 제시한다.
④ 지표물은 주민이나 방문자에게 방향감을 제공하는 등 당해지역에 대한 이미지를 강화해줄 수 있도록 상징적 요소를 개발하여 적재적소에 배치하도록 한다.

해 설
경관상세계획 수립 시 조망점을 설정하는 경우에는 근경과 원경 모두에서 주변과 조화되도록 한다.

27 다음 가 - 나 두 지점 사이의 경사가 10%일 때 두 지점의 표고차(등고차)는?

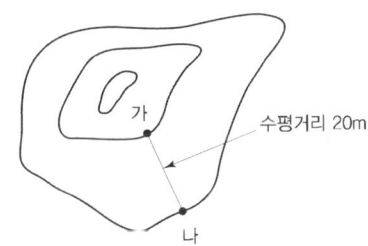

① 1m   ② 2m
③ 20m ④ 200m

해 설
$$경사도 = \frac{등고선\ 간격(높이)}{등고선\ 간의\ 수평거리} \times 100$$
$$10\% = \frac{표고차(등고차)}{20} \times 100 \times 100$$
$$표고차(등고차) = \frac{200}{100} = 2m$$

28 건폐율이 60%로 규제되고 있는 지역에 지상 5층 연면적 3,000m²의 건물을 짓고자 할 때 필요한 최소한의 대지면적은?

① 800m²   ② 900m²
③ 1,000m² ④ 1,200m²

해 설
$$건폐율\ 60\% = \frac{바닥면적}{대지면적} = \frac{600m^2}{x}$$
$$x = \frac{600m^2}{60\%} = \frac{600m^2}{0.60} = 1,000m^2$$

29 향(向) 분석에 관한 설명이 옳지 않은 것은?
① 태양과 기후조건에 효율적으로 대처하는 구조를 찾아낼 수 있다.
② 향(向)이 변화함에 따라 주택의 형태가 적응할 수 있도록 해야 한다.
③ 태양과 식생은 단지에서 주호군의 향을 결정하는 데 가장 영향을 미치는 주 요소이다.
④ 강풍에 의한 피해를 방지하기 위해서 주호군의 형태는 날개와 같은 모양으로 되어 바람이 그 위를 미끄러져 가게 하는 것이 좋다.

해 설
주호군의 향을 결정할 때에는 태양과 식생뿐 아니라 지형 및 경사도, 기후 등도 결정적 역할을 한다.

30 생활권의 위계가 큰 것에서 작은 것으로 올바르게 나열된 것은?
① 근린주구 → 근린분구 → 인보구 → 지역(지구)
② 지역(지구) → 근린주구 → 근린분구 → 인보구
③ 지역(지구) → 인보구 → 근린주구 → 근린분구
④ 지역(지구) → 근린분구 → 인보구 → 근린주구

해 설
생활권의 위계는 지역이 가장 크고, 근린주구, 근린분구, 인보구 순으로 작아진다.

31 도시설계의 보너스 제도와 관련된 설명으로 적합하지 않은 것은?
① 인센티브 제공을 위해 확보되는 쾌적 요소(Amenity Unit)는 사유지 내에 확보되는 가로광장이나 아케이드 등의 공개공지가 대표적이다.
② 성능지역지구제(Performance Zoning)는 전

정답 27 ② 28 ③ 29 ③ 30 ② 31 ②

통적인 기준인 토지의 용도를 결정하고 상세한 설계기준에 의거하여 토지의 성능을 판단하는 제도이다.
③ 보상지역지구제(Incentive Zoning)는 개발자에게 적당한 개발 보너스를 부여하는 대신 공공에게 필요한 쾌적요소를 제공하도록 유도하기 위해 개발된 방법이다.
④ 조건부 지역제(Conditional Zoning)는 민간개발이 지역지구제 조례에서 제시하고 있는 특별조건을 만족하는 경우 민간의 요구에 부응하여 해당 토지의 용도를 재지정하는 방법이다.

해설

도시설계 제어의 유형

구분 유형	수법	내용

유도적 성격이 강한 제도	보너스 제도	• 보상지역지구제(Incentive Zoning)
		• 개발권 이양
		  (TDR ; Transfer of Development Right)
		• 계획단위개발
		  (PUD ; Planned Unit Development)
		• 혼합 및 공동개발
		  (Mixed and Joint Development)

※ 성능지역지구제는 규제적 성격이 강한 제도 중 기타규제수법에 해당한다.

32 주택건설기준 등에 관한 규정상 2,000세대 이상의 공동주택을 건설하는 주택단지는 기간도로와 접하거나 기간도로로부터 당해 단지에 이르는 진입도로의 폭을 최소 얼마 이상으로 하여야 하는가?

① 8m 이상
② 12m 이상
③ 15m 이상
④ 20m 이상

해설
진입도로 최소폭원
• 1~300세대 : 6m
• 300~500세대 : 8m
• 500~1,000세대 : 12m
• 1,000~2,000세대 : 15m
• 2,000세대 이상 : 20m

33 주거형 지구단위계획에서의 동선계획에 대한 설명으로 부적합한 것은?

① 국지도로망은 쿨데삭(Cul-de-sac)과 루프형(Loop) 등으로 구성한다.
② 집산도로 상호 간의 교차 또는 집산도로와 국지도로의 교차는 입체교차를 원칙으로 한다.
③ 회전차로 및 변속차로의 폭은 3m를 기준으로 하되, 필요한 경우 0.25m의 가감이 가능하다.
④ 집산도로망의 구성형식은 토지이용형식에 따라 계획하되, 보조간선도로와의 연결이 용이하도록 가급적 격자형으로 구성하며 근린주구를 통과하지 못하도록 한다.

해설
입체교차를 원칙으로 하는 도로는 간선도로급 이상이다.

34 미국 동남부 지역을 중심으로 시작된 도시 설계 패러다임인 뉴어바니즘(New Urbanism)에 대한 설명으로 옳지 않은 것은?

① 슈퍼블록을 활용한 보행권 확보에 초점을 둔다.
② 압축적이고 복합적인 용도의 토지 이용을 추구한다.
③ 도시의 무분별한 확산에 의해 발생하는 도시문제를 극복하기 위한 대안으로 시작되었다.
④ 전통적 근린지역(TND ; Traditional Neighborhood District)도 뉴어바니즘의 주요 계획기법 중 하나이다.

해설
슈퍼블록은 래드번 계획에 해당한다.

35 주거단지환경의 이론가에 관한 다음의 연결이 옳지 않은 것은?

① 전원도시 - E. Howard
② 빛나는 도시 - Le Corbusier
③ 래드번단지계획 - F. L. Wright
④ 할로우(Harlow)도시 - F. Gibberd

해설
래드번단지계획은 H.Wright(헨리 라이트)에 의해 주창되었다. F.L.Wright(프랭크 로이드 라이트)는 모더니즘 건축가이다.

36. 도시공원 및 녹지 등에 관한 법률에 의한 경관녹지의 주요 기능으로 가장 옳은 것은?

① 재해 발생 시 주민의 피난지대 확보
② 도시의 자연적 환경 보전 또는 개선
③ 대기오염, 소음, 진동 등 공해의 차단 및 완화
④ 도시민에게 산책 공간으로 제공하는 선형의 녹지

해설
경관녹지는 도시의 자연적 환경을 보전·개선·복원함으로써 도시경관을 향상시키기 위하여 설치하는 녹지를 말한다.

37. 지구단위계획 수립 시 각 용지별 토지이용계획 수립기준으로 옳지 않은 것은?

① 일조권을 감안하여 단독주택용지가 아파트 용지의 진북방향으로 입지하는 때에는 충분한 이격거리가 유지되도록 하여야 한다.
② 녹지용지는 쾌적한 주거환경을 조성하는 데 필요한 근린공원·어린이공원·완충녹지·경관녹지·광장·보행자전용도로·친수공간 등으로 구획한다.
③ 상업용지는 주거용지 면적의 5% 내외에서 계획하는 것을 원칙으로 하되, 당해 구역의 경제권 및 생활권의 규모와 구조 등을 감안하여 적정한 비율을 확보하도록 한다.
④ 주거용지와 면하는 철도부지변에는 폭 30m 미만의 완충녹지, 폭 25m 이상의 도시·군계획도로변에는 폭 10m 미만의 완충녹지를 설치하는 것이 바람직하다.

해설
지구단위계획 수립지침
1. 주거형 지구단위계획 수립기준 - 토지이용계획
  ④ 상업용지는 주거용지 면적의 5% 내외에서 계획하는 것을 원칙으로 하되, 당해 구역의 경제권 및 생활권의 규모와 구조 등을 감안하여 적정한 비율을 확보하도록 한다.
  ⑤ 일조권을 감안하여 단독·연립주택 용지가 아파트 용지의 진북방향으로 입지하는 때에는 충분한 이격거리가 유지되도록 한다.
  ⑦ 녹지용지는 쾌적한 주거환경을 조성하는 데 필요한 근린공원·어린이공원·완충녹지·경관녹지·광장·보행자전용도로·친수공간 등으로 구획한다.
  ⑩ 주거용지와 면하는 철도부지변에는 폭 30m 이상의 완충녹지, 폭 25m 이상의 도시계획도로변에는 폭 10m 이상의 완충녹지, 철도역 등과 인접해서는 폭 10m 내외의 완충녹지를 설치하는 것이 바람직하다.

38. 주거단지계획의 목표로서 적당하지 않은 것은?

① 개발비용의 효율성
② 공간적 기능성의 충족
③ 프라이버시 확보를 위한 공동체의 배제
④ 안전성 및 건강성 확보를 통한 복리후생의 증진

해설
단지계획에서는 이웃과의 유대(Communication)를 중시하므로, 공동체의 배제는 목표로서 적합하지 않다.

39. 케빈 린치(Kevin Lynch)가 제안한 도시를 이미지화하는 물리적 구조에 관한 요소가 아닌 것은?

① 통로(Path)
② 가장자리(Edge)
③ 결절점(Node)
④ 조경(Landscape)

해설
케빈 린치의 도시 이미지(물리적 구조에 관한 요소)는 경계(Edge), 결절점(Node), 도로(Path), 지구(District), 랜드마크(Landmark)이다.

40. 아래의 설명에 해당되는 것은?

> 이들은 국가적 계획 위에 정신적·물리적 희망을 실현하기 위하여 협력한다는 선언을 채택하였다. '빛나는 도시'의 주요 개념인 도시의 4가지 기능, 즉 주거, 휴식, 노동, 교통에 대한 논의와 고층건물 속에 햇빛과 녹음이 충만한 오픈스페이스 확보를 이상도시의 목표로 하였다. 1956년 헤비타트 의제를 마지막으로 막을 내렸으며, 오늘날 도시계획이나 뉴타운 이미지에 많은 영향을 미쳤다.

① 리우선언
② 전원도시협의회
③ 근대건축국제회의
④ 빛나는 도시계획가협회

해설
CIAM(국제근대건축가협회, 근대건축국제회의)
1. 성격
  • 1928년 르 코르뷔지에(Le Corbusier)의 주장을 지지하는 각

정답 36 ② 37 ④ 38 ③ 39 ④ 40 ③

국의 건축가들에 의해 결성된 건축가 및 도시계획가 모임
- 1933년 아테네 회의에서 현대도시의 존재방식에 대한 생각을 정리한 95조로 이루어진 아테네헌장 발표
2. 주장
- 도시의 네 가지 기능은 주거, 여가, 근로, 교통
- 도시계획은 주거단위를 중핵으로 하여 이들 기능의 상호관계를 결정해야 함
- 이상도시의 목표 – 초록, 태양, 공간
3. 평가 : CIAM의 주장은 많은 사람들의 공명을 얻어 각국의 도시계획 및 주택지계획 속에 정착되어감

제3과목 도시개발론

41 다음 중 개발권 양도제(TDR)에 대한 설명으로 가장 거리가 먼 것은?

① 도시기반시설의 설치를 위한 제도
② 공개공지와 농지의 보전을 위한 제도
③ 역사적 건조물을 보전하기 위한 제도
④ 토지이용규제에 따른 손실을 보상

해 설
개발권 양도제는 규제에 따른 손실보상에 목적이 있는 것이지 도시기반시설을 설치하기 위한 제도는 아니다.

42 도시개발사업의 타당성 분석을 통하여 얻을 수 있는 효과가 아닌 것은?

① 상품기획　　② 시장조사
③ 표적시장 선정　④ 도시개발 수요 예측

해 설
STP전략 중 타당성 분석 과정을 통해 표적시장 선정을 통한 상품기획, 시장 세분화를 통한 도시개발 수요 예측이 가능하다.

43 다음 중 부동산과 금융을 결합한 형태로서 부동산 투자의 약점으로 꼽히는 유동성 문제와 소액투자 곤란의 문제를 증권화라는 방식을 이용하여 해결하고 있는 것은?

① 리츠(REITs)
② 건설 - 운영 - 이전(BOT)
③ 사모투자전문회사(PEF)
④ 자산담보부증권(ABS)

해 설
리츠(REITs ; Real Estate Investment Trusts)
- 부동산과 금융을 결합한 형태
- 부동산 투자의 약점으로 꼽히는 유동성 문제와 소액투자 곤란 문제의 극복
- 증권화를 이용하여 유동성 문제를 해결하는 방식

44 환지방식의 도시개발에서 "감보"와 관련한 설명 중 틀린 것은?

① 감보율의 결정은 일률적일 수 없다.
② 감보의 종류에는 연도감보와 민간감보가 있다.
③ 사업비용의 충당과 공공시설의 설치를 위한 용지를 부담해야 하기 때문에 발생한다.
④ 환지계획구역의 평균 토지부담률은 50%를 초과할 수 없다.

해 설
감보의 종류에는 연도감보와 공통감보가 있다.

45 다음 중 관광특구에 대한 설명이 옳지 않은 것은?

① 관광특구는 외국인 관광객의 유치 및 관광활동의 편의 증진을 목적으로 제정되었다.
② 관광특구는 시장·군수·구청장의 신청에 따라 시·도지사가 지정할 수 있다.
③ 서울의 명동, 이태원, 동대문 패션타운 등이 관광특구에 속한다.
④ 관광특구는 관광의 수요를 충족할 수 있는 지역을 집중적으로 특구 지정을 통해 개발하는 것이다.

해 설
관광특구는 수요충족뿐만 아니라 관광객의 수, 편익시설 및 숙박시설의 구비, 관광활동과 관련없는 토지의 비율 등의 조건이 동시에 만족되어야 지정, 개발할 수 있다.

46 다음 중 도시개발 전략의 수립 시 고려할 사항으로 옳지 않은 것은?

① 다양한 재무적 투자형태를 고려하여 가장 바람직한 지분구조를 도출한다.
② 사회적 목표, 재무적 목표, 비즈니스 계획 등을 포

함하여 전반적인 기본구상을 설정한다.
③ 개발기본계획의 내용은 고려하지 않고, 시장과 경쟁시설에 대한 개략적인 분석만으로 재무적 타당성을 결정한다.
④ 부지 및 주변지역의 기반시설, 지형, 지세, 각종 규제, 토지이용계획 등을 고려하여 개발대상지를 분석한다.

> **해설**
> 재무적 타당성 분석 시에는 개발기본계획의 내용뿐만 아니라 시장, 경쟁시설에 대한 상세한 분석이 포함되어야 한다.

47 물류단지의 계획 중에서 개발수요의 예측 시 다음의 2단계에서 고려할 사항은?

> 물동량 예측 및 검증 → ( ) → 시설 원단위 산출 → 물류단지 개발수요 예측

① 법/제도적 검토
② 조립/가공 기술검토
③ 개발계획 분석을 통한 규모 산정
④ 화물의 유통단지 경유비율 설정

> **해설**
> 물류단지의 계획 시 개발수요 예측단계별 고려사항
> • 1단계 : 물동량 예측 및 검증
> • 2단계 : 화물의 유통단지 경유비율 설정
> • 3단계 : 시설원단위 산출
> • 4단계 : 물류단지 개발수요 예측

48 「국토의 계획 및 이용에 관한 법률」상 다음과 같이 설명되는 구역은?

> 주거지역에서의 개발행위로 기반시설의 처리·공급 또는 수용능력이 부족할 것으로 예상되는 지역 중 기반시설의 설치가 곤란한 지역을 대상으로 건폐율이나 용적률을 강화하여 적용하기 위하여 지정하는 구역

① 입지규제최소구역
② 시가화조정구역
③ 도시자연공원구역
④ 개발밀도관리구역

> **해설**
> 개발밀도관리구역
> 시장 또는 군수는 주거·상업 또는 공업지역에서의 개발행위로 인하여 기반시설(도시계획시설을 포함)의 처리·공급 또는 수용능력이 부족할 것으로 예상되는 지역 중 기반시설의 설치가 곤란한 지역을 개발밀도관리구역으로 지정할 수 있다. 개발로 인하여 기반시설이 부족할 것이 예상되나 기반시설의 설치가 곤란한 지역을 대상으로 건폐율 또는 용적률을 강화하여 적용하기 위하여 지정하는 구역을 말한다.

49 바다, 하천, 호수 등 수변공간을 가지는 육지에 개발된 공간을 무엇이라 하는가?

① 워터프론트
② 역세권
③ 지하공간
④ 텔레포트

> **해설**
> 워터프론트(水邊空間, Waterfront)란 바다, 하천, 호수 등 수변공간을 가지는 육지에 인공적으로 개발된 공간을 말한다. 대한민국에서는 해변, 강변 등 비교적 규모가 큰 수역의 육지에 진행되는 개발을 의미하고, 일본에서는 해안선에 접한 육역 주변 및 그것에 근접한 수역을 병행한 공간을 의미한다.

50 도시화의 단계에 관한 설명으로 옳지 않은 것은?

① 도시화 단계는 도시지역에 인구집중이 일어나기 때문에 도시지역의 주거환경 정비와 개선이 중요한 문제가 된다.
② 교외화 단계에서는 교외지역의 도시개발이 활성화되기 때문에 도심으로의 통근교통문제와 도시의 외연적 확장이 문제가 된다.
③ 반도시화 단계에서는 도시민들의 소득 향상과 쾌적한 환경을 찾아 농촌지역으로 이동하는 현상이 일어나 도심부의 쇠퇴현상이 두드러지게 나타난다.
④ 재도시화 단계에서는 재개발사업과 주거환경 개선으로 교외지역에 새로운 개발수요가 나타난다.

> **해설**
>
> | 4단계 | 재도시화 (Stage of Reurban-ization) | • 재개발사업의 도입, 교통여건의 개선, 주거환경의 질적 수준 개선, 도심 상업지역 내 보행지물의 조성, 사회 하부구조의 개선 등의 도시개발 또는 도시재생사업을 통해 도심부의 기능을 활성화하는 방안 모색
• 대도시의 반도시화 추세와 함께 새로운 도시화 현상의 하나
• 재도시화를 통해 과거와 다른 새로운 도시개발 수요를 창출할 것으로 예상 |
> |---|---|---|
>
> ※ 재도시화로 인해 새로운 개발수요가 나타나는 곳은 도심부이다.

정답 47 ④ 48 ④ 49 ① 50 ④

51 다음 중 사업타당성을 판단할 수 없는 도시개발사업은?

① A사업의 순현재가치(FNPV)가 1,000억 원이다.
② B사업의 내부수익률(FIRR)은 10%이며, 기대수익률은 9%이다.
③ C사업의 비용편익비(B/C Ratio)가 0.95이다.
④ D사업은 1년차에 비용이 1,000억 원 발생하고, 5년차에 수익이 1,100억 원 발생하였다.

해설
연차별 비용이 모두 제시되어야 순현재가치 혹은 B/C 등을 계산할 수 있는데 D사업의 경우는 2, 3, 4년차의 비용과 수익을 알 수 없으므로 사업타당성을 판단할 수 없다. 또한, 1년차 비용 1,000억 원과 5년차 수익 1,100억 원이 전부라 할지라도 이자율이 제시되지 않았으므로 현재가치화가 불가능하여 직접적인 비교가 불가능하다. 따라서 D사업이 사업타당성의 판단이 불가능한 사업이다.

52 시장에서 이루어지는 도시개발 과정에 공공(公共)이 개입하는 이유로 거리가 먼 것은?

① 시장 실패
② 공공재정 확충
③ 세대 간 형평성
④ 자연환경의 불가역성

해설
공공재정의 확충, 즉 국고의 증대나 지방재정 건전화를 위해 공공이 개발과정에 개입하지는 않는다.

53 다음 중 Robert Goodland(1994)가 제안한 지속 가능한 도시개발을 위한 지속성의 분류에 해당하지 않는 것은?

① 기술적 지속성 : 과학, 기술개발
② 사회적 지속성 : 문화, 역사, 제도
③ 경제적 지속성 : 경제자본, 산업, 사업
④ 환경적 지속성 : 환경의 질, 생태계 용량, 자연자원

해설
Robert Goodland(1994)가 제안한 지속가능한 도시개발을 위한 지속성 요소에는 사회문화적 지속성, 경제적 지속성, 경관 및 환경적 지속성 세가지가 있다.

54 토지의 취득방식에 따른 개발방식의 설명으로 틀린 것은?

① 토지 취득방식에 따라 개발방식을 분류하면 환지방식, 수용·사용방식, 전면매수방식, 혼용방식, 신탁개발방식으로 구분할 수 있다.
② 신탁개발방식은 신탁회사가 토지소유권을 이전받아 토지를 개발한 후 분양하거나 임대하여 그 수익을 신탁자에게 돌려주는 방식이다.
③ 혼용방식은 한 사업지구 안에서 수용·사용방식과 환지방식을 혼합하여 적용하는 방식이다.
④ 전면매수방식은 사업 후 개발토지 중 사업에 소요된 비용을 충당하기 위한 토지와 공공용지를 제외한 토지를 원소유자에게 되돌려주는 방식이다.

해설
도시개발사업방식의 종류(토지확보방식(토지의 취득방식)에 따른 도시개발사업의 유형)
- 전면매수방식(수용 또는 사용에 의한 방식) : 도시개발구역 안의 토지 등을 수용 또는 사용방식에 의한 사업 시행(공영개발)
- 환지방식 : 사업비용을 구역 내의 토지를 처분하여 조달, 줄어든 토지를 환지받음(예전의 토지구획정리사업)
- 혼용방식 : 부분적으로 전면매수방식과 환지방식에 의해시행될 때

55 다음 조건에 따른 상업용지의 수요 면적은?

- 상업지역 예상 이용인구 : 407천 명
- 이용인구 1인당 평균상면적 : 15m²
- 평균층수 : 5층
- 건폐율 : 65%
- 공공용지율 : 40%

① 0.75 km²
② 1.13 km²
③ 3.13 km²
④ 5.81 km²

해설
상업지역 면적 산출

$$\text{상업지 면적} = \frac{\text{이용인구} \times \text{1인당 상면적}}{\text{평균층수} \times \text{건폐율} \times (1 - \text{공공공지율})}$$

$$= \frac{407,000 \times 15}{5 \times 0.65 \times (1-0.4)} = 3,130,769 \text{m}^2 = 3.13 \text{km}^2$$

56 재개발을 시행하는 방식에 따른 분류에 해당하지 않는 것은?

① 수복재개발(Rehabilitation)

② 단지재개발(Reblocking)
③ 보존재개발(Conservation)
④ 전면재개발(Redevelopment)

해 설
시행방법에 따른 재개발방식의 분류
- 수복(보수)재개발(Rehabilitation)
- 보전(보존)재개발(Conservation)
- 철거(전면)재개발(Redevelopment)

57 다음 중 가구분할계획으로 가장 거리가 먼 것은?

① 단독주택지의 소가구 방향은 주택의 남향배치가 용이하도록 가능한 동서장방향으로 구성한다.
② 대로변 완충녹지와 접하게 되는 단독주택지의 소가구는 가능한 2열 가구로 구성한다.
③ 대가구의 규모는 어린이 놀이터의 이용반경과 소가구의 적절한 조합방식에 의해 결정된다.
④ 상업편익시설용지의 가구 구성은 일반적으로 대로변에 접하게 되는 바깥가구를 안쪽가구보다 크게 구획한다.

해 설
상업용지의 획지 및 가구계획
1. 가구계획
   - 구역 중심지의 주간선도로 또는 보조간선도로의 교차로 주변에 계획
   - 주간선도로 또는 보조간선도로를 따라 1열 배열이 되도록 하고 그 뒷면에 2열 배열로 하여 도로에서 접근이 용이하도록 함
   - 가능한 한 정형화된 형태를 유지
2. 가구 규모 : 시설입지에 대한 다양한 요구를 충족시킬 수 있도록 다양한 규모로 계획
3. 가구의 단변 : 1열 배치인 경우 20~60m, 장변은 단변의 2 내지 3배인 80~200m가 적당

58 도시개발을 위한 재원조달방식 중 "지분조달방식"이 "부채조달방식"에 비하여 갖는 단점으로 옳지 않은 것은?

① 자본시장의 여건에 따라 조달이 민감한 영향을 받는다.
② 조달 규모의 증대로 소유주의 지분 축소가 불가피하다.
③ 기업 가치의 불안정으로 매매활성화에 한계가 있다.
④ 중소기업의 경우 신용이 취약한 기업은 차입수단, 규모, 시기, 비용 상의 문제점이 존재한다.

해 설
지분조달방식과 부채조달방식의 장단점

구분	단점
지분조달	• 회사의 통제권 일부를 포기해야 함 • 판매된 지분은 향후 재회수가 어려움 • 지분투자가들이 사업계획에 동의하지 않을 경우 문제 발생 가능 • 자금조달 과정이 복잡하여 전문가 자문 필요 • 시장의 여건에 따라 조달조건이 민감하게 변화함 • 조달규모가 커지면 상대적으로 소유주의 지분 축소가 불가피함 • 중소기업 등은 주식 공개매매, 유통시장이 발달되지 않았음 • 기업가치가 불안정하게 되므로 매매 활성화가 어려울 수 있음
부채조달	• 원리금상환 부담 • 규모가 클수록 재무구조가 열악해지고 부도 위험이 높음 • 저신용(중소)기업은 차입기회를 얻기 어려움

※ 저신용기업의 차입기회 차단 등은 부채조달방식의 단점이다.

59 텔레포트 단지 개발에서 통신설비의 배치방식과 거리가 먼 것은?

① 중심배치형   ② 외곽배치형
③ 분리배치형   ④ 내부배치형

해 설
텔레포트(Teleport)
- 전기통신(Telecommunication)과 항구(Port)의 합성어
- 통신위성과 정보통신망을 통하여 정보의 출입이 이루어지는 항구 역할을 하는 기지라는 의미
- 텔레포트 단지개발 시 통신설비 배치방식 : 중심배치형, 외곽배치형, 분리배치형

60 도시개발사업에 필요한 경비를 충당하기 위한 방법은?

① 체비지 매각   ② 원인자 부담금
③ 수익지 부담금   ④ 국고 보조금

해 설
환지계획에서 시행자는 도시개발사업에 필요한 경비에 충당하기 위하여 일정한 토지를 환지로 정하지 아니하고 보류지로 정할 수 있으며, 그 중 일부를 체비지로 정하여 매각을 통해 필요한 경비에 충당할 수 있다.

정답 57 ② 58 ④ 59 ④ 60 ①

제4과목 국토 및 지역계획

61 A지역의 고용통계가 아래와 같을 때, 지역발전의 경제기반이론에 기초하여 산정한 A지역의 기반승수는?

- 기반산업부문고용 : 25,000명
- 비기반산업부문고용 : 50,000명
- 총인구 : 150,000명

① 0.17   ② 0.50
③ 2.00   ④ 3.00

해설

경제기반승수
$= \dfrac{\text{기반인구} + \text{비기반인구}}{\text{기반인구}}$
$= \dfrac{25{,}000 + 50{,}000}{25{,}000} = 3.00$

62 수도권 정비위원회의 심의내용이 아닌 것은?

① 종전 대지의 이용계획에 관한 사항
② 대규모개발사업의 개발계획에 관한 사항
③ 도시·군관리계획의 수립 및 변경에 관한 사항
④ 과밀억제권역에서 추진될 공업지역의 지정에 관한 사항

해설

수도권정비계획법 제21조(수도권정비위원회의 설치 등)
② 위원회는 다음 각 호의 사항을 심의한다.
1. 수도권정비계획의 수립과 변경에 관한 사항
2. 수도권정비계획의 소관별 추진계획에 관한 사항
3. 수도권의 정비와 관련된 정책과 계획의 조정에 관한 사항
4. 과밀억제권역에서 추진될 공업지역의 지정에 관한 사항
5. 종전 대지의 이용계획에 관한 사항
6. 제18조에 따른 총량규제에 관한 사항
7. 대규모개발사업의 개발계획에 관한 사항
8. 그 밖에 수도권의 정비에 필요한 사항으로서 대통령령으로 정하는 사항

63 다음 중 국토계획과 지역계획의 성격으로 옳지 않은 것은?

① 국토계획 : 분배계획(Allocative Planning)의 성격을 갖는다.
② 국토계획 : 조언적 계획(Indicative Planning)의 성격을 갖는다.
③ 지역계획 : 미래지향적 계획(Future Oriented Planning)의 성격을 갖는다.
④ 지역계획 : 단일한 이념체계(Specific Ideological)로 구성되는 성격을 갖는다.

해설

우리나라 국토 및 지역계획의 특징
공간문제를 다루는 국토 및 지역계획에서는 다목적 성격이 강하다.

64 지역의 외부수요가 지역경제의 성장을 선도함을 전제한 모형은?

① 섹터모형   ② 수출기반모형
③ 지역혁신모형   ④ 투입산출모형

해설

경제기반이론(經濟基盤理論, Economic Base Theory)
- 수출기반성장이론(Export Base Model)이라고도 하며, 지역의 성장은 신고전학 모형이 주장하는 것처럼 생산요소의 유입·유출로 인한 외부관계에 있는 것이 아니라 지역 내부에 기인한다는 입장이다.
- 지역성장은 지역 내부의 풍부한 천연자원으로 말미암아 이 자원을 원료로 하는 산업이 타 지역에 비해 비교우위를 갖게 됨에 따라 자본과 노동이 유입되어 지역의 성장을 가져왔다는 미국의 실증적 경험을 바탕으로 발전된 이론이다.

65 지역을 동질지역(Homogeneous Region)과 결절지역(Nodal Region)으로 분류한 학자는?

① 후버(E. M. Hoover)
② 퍼로프(H. S. Perloff)
③ 로젠버그(N. Rosenverg)
④ 리차드슨(H. Richardson)

해설

후버(E. M. Hoover)는 동질과 결절로 지역을 구분했고, 부드빌(O. Boudeville)은 동질, 결절, 계획으로 구분하였다.

66 생산요소의 지역 간 이동이 자유롭게 허용된다면 자연히 지역 간 형평이 달성된다고 보는 지역 균형성장론에 해당하는 것은?

정답 61 ④ 62 ③ 63 ④ 64 ② 65 ① 66 ④

① 종속이론
② 누적인과모형
③ 성장거점이론
④ 신고전학파의 지역경제성장이론

해설
신고전이론
• 정의 : 생산성의 증가를 성장의 기초로 여겨 공급 측면을 강조한 성장이론으로 지역 간 생산요소의 이동에 의해 성장을 파악하였다.
• 지역균형성장 : 지역 간 요소 가격의 차이 → 지역 간 자유로운 생산요소의 이동 → 해당 지역 요소생산성의 증대 → 생산능력 증대 → 생산 증가 → 지역경제 성장

67 제1차 국토종합개발계획에서의 권역 설정으로 옳은 것은?

① 9개 광역생활권
② 4개 대도시경제권
③ 4대권 8중권 17소권
④ 28개 지방정주생활권

해설
제1차 국토종합개발계획에서의 권역 설정
• 4대권(한강, 금강, 낙동강, 섬진강)
• 8중권(수도권, 태백권, 충청권, 전주권, 대구권, 부산권, 광주권, 제주권)
• 17소권

68 다음 중 컴팩트 시티(Compact City)에 대한 설명으로 옳지 않은 것은?

① 고밀개발을 통해 도심의 지가를 안정시킨다.
② 도시의 무분별한 교외확산을 방지할 수 있다.
③ 인프라 및 에너지의 효율적 이용을 도모할 수 있다.
④ 주거와 직장 및 도시 서비스의 분리를 최소화한다.

해설
고밀개발은 도심의 지가 상승의 원인이 된다.

69 지역획정의 원칙 중 동일한 중심결절과의 관계를 가지고 있는 주변지역을 하나의 지역으로 통합했을 때 적용한 원칙은?

① 계획성의 원칙
② 동질성의 원칙
③ 기능결합의 원칙
④ 순위규모의 법칙

해설
결절이 동일하면서 주변에 흩어져 있는 지역을 통합하는 것은 기능결합의 원칙에 해당한다.

70 지역문제가 발생하는 원인으로 틀린 것은?

① 지역마다 가지고 있는 자연자원 또는 입지적 조건의 차이가 있기 때문에 발생한다.
② 지역분석에 대한 기술의 개발에 따라 상대적인 비교 방법이 발달하였기 때문에 발생한다.
③ 지역마다 특유한 산업구조를 갖게 되며 이것이 경제적으로 영향을 주기 때문에 발생한다.
④ 지역주민의 발전의지, 발전이나 성장에 유익한 가치관이나 문화적 특성이 지역마다 다르기 때문에 발생한다.

해설
지역문제 발생요인
• 지역 특유의 산업구조 문제
• 지역의 자연자원 또는 지리적(입지적) 조건
• 지역 간 인구특성의 차이 : 도시(과밀), 농촌(과소), 발전의지, 가치관과 문화적 특성의 차이

71 지역계획의 근본적 목적에 어긋나는 것은?

① 지역자원의 효율적 이용
② 지역주민의 평등성 유지
③ 개발정책의 효과성 제고
④ 지역적 집중투자로 경쟁력 강화

해설
지역계획이라 함은 국토의 각 지역별로 균등한 성장기회를 주고, 국가적으로 자원을 효율적으로 이용하게 하기 위함이다. 이를 통해 가장 효과적인 개발정책을 수립할 수 있는 근간을 마련하는 것이 바로 지역계획이다. 따라서 지역적 집중투자로 경쟁력을 강화하는 것은 근본적 목적에 부합한다고 보기 어렵다.

72 다음의 도시계획이론 중 상황의 종합적 분석과 최적의 대안선택이 가능하다고 보는 규범적이며 이상적인 접근방법은?

① 합리적 접근방법
② 만족화 접근방법
③ 점진적 접근방법
④ 혼합주사적 접근방법

정답 67 ③ 68 ① 69 ③ 70 ② 71 ④ 72 ①

> **[해설]**
> 합리적 접근방법(Tinbergen, M. Dimock, J. Dewey)
> - 상황을 종합적으로 분석하고 최적의 대안 선택이 가능하다고 보는 규범적이며 이상적인 접근방법
> - 조건 : 명확한 규정, 완전한 지식과 정보, 인간과 조직의 합리성
> - 절차 : 문제의 객관화·구체화 → 조직화를 통한 계량화 → 완전한 정보를 이용한 분석 → 대안 추출 → 각각의 대안 비교·분석 → 객관적, 합리적 기준에 의해 최적대안 선정
> - 순수합리모형, 종합적 합리모형이라고도 함

73 도시규모 이론에 있어서 대도시론을 주장한 학자는?

① 언윈(R. Unwin)
② 코미(T. Comey)
③ 하워드(E. Howard)
④ 테일러(G. R. Taylor)

> **[해설]**
> 코미(T. Comey)는 지역계획이론과 함께 대도시론을 주장하였다.

74 다음 중 도시공간의 확장과 분화는 지속적인 침입(Invasion)과 계승(Succession)의 과정을 통해 이루어진다고 설명하는 도시공간 구조 이론은?

① 다핵이론
② 선형이론
③ 동심원이론
④ 다차원이론

> **[해설]**
> 도시공간의 형성 요인
> 동심원이론
> - 도시 내부의 거주지 분화과정 :
>   침입(Invasion) → 경쟁(Competition) → 계승(Succession)의 과정
> - 도시를 사회, 경제, 문화의 요소들로 구성된 도시생태계로 파악
> - 내부공간구조 : 동심원 형태로 분화

75 사회간접자본의 민자유치 방법 중 BOT 방식에 대한 설명으로 옳은 것은?

① 공공이 건설, 운영, 소유권을 담당하다가 일정 기간이 지나면 민간에 매각 이전하는 방식
② 민간이 건설하고 일정기간 운영하며 수익을 취득한 후 정부에 시설을 이전시키는 사업방식
③ 민간이 건설하고 운영하며, 민간이 운영에 실패하면 일정조건하에 다른 민간 기업에 이전시키는 사업방식
④ 정부가 건설하고 민간이 운영한 후 민간의 운영 효율성이 검증되면 일정 조건하에 민간에 시설을 이전시키는 사업방식

> **[해설]**
> BOT(Build-Operate-Transfer 건설·운영 후 양도방식) 사회간접자본시설의 준공 후 일정 기간 동안 사업시행자에게 해당 시설의 소유권이 인정되며 그 기간의 만료 시 시설소유권이 국가 또는 지방자치단체에 귀속하는 방식

76 레닌(V. I. Lenin, 1933년)이 종속이론에서 주장한 후진국의 자본주의적 발전 특성으로 옳은 것은?

① 선진 자본주의 국가의 자본은 후진국을 지배하지 않는다.
② 선진 자본주의 국가는 후진국에 대한 국제적 독점권을 형성한다.
③ 선진 자본주의 국가는 후진국에서 경제적 상호주의의 입장을 취한다.
④ 선진 자본주의 국가의 자본은 후진국에서 많은 이윤을 남기고, 이것을 후진국에 재투자한다.

> **[해설]**
> 종속이론(Dependent Theory)
> 1. 중심과 주변의 관계는 종속관계이며 이 불평등 관계가 항구적인 현상임을 강조
> 2. 신지역발전이론(비판적 지역성장이론)으로 1960년대 등장
> 3. 종속이론에 관한 레닌(V. I. Lenin, 1993년)의 주장
>   - 자본주의제는 구조적으로 선진국의 독점 및 불균형 발전을 지향하므로 개발도상국은 착취를 당하여 결국 저발전 상태에 존재하게 된다는 이론
>   - 선진자본주의 국가는 후진국에 대한 국제적 독점권을 형성한다.
> 4. 불균등 거래에 따른 소득격차의 발생
>   - 후진국에서 발생한 이윤의 선진국 송금
>   - 회전효과(상품 제조과정에 중소기업이 참여하여 발전하는 효과)가 일어나지 않음
>   - 선진국에서 도입되는 과학기술이 후진국의 산업발전에 기여하지 못함
>   - 선진국과 후진국 사이의 종속관계에 의한 문제점, 도시와 농촌 사이에도 출현

77 2003년 도입된 국토의 계획 및 이용에 관한 법률의 내용으로 옳지 않은 것은?

① 도시관리계획은 광역도시계획 및 도시기본계획

과 부합되게 입안한다.
② 개발행위허가제도 실시지역을 도시지역에서 전 국토로 확대하여 적용한다.
③ 전 국토를 종전 4개의 용도지역에서 5개의 용도지역으로 세분화하여 난개발을 방지한다.
④ 종전 국토이용관리법의 적용대상이었던 비도시지역에도 도시기본계획 및 도시관리계획을 수립하도록 한다.

[해설]
국토의 계획 및 이용에 관한 법률이 규정하는 용도지역은 도시, 관리, 농림, 자연환경보전지역 4개가 있다.

78 다음 중 수출기반모형에 대한 설명으로 옳지 않은 것은?

① 정부지출 또는 민간투자의 역할이 중요시된다.
② 경제구조를 기반활동과 비기반활동으로 구분한다.
③ 도시의 성장은 기반산업의 성장에 의해 주도된다.
④ 산업구조가 변해도 경제기반승수가 일정하다는 가정은 비현실적이다.

[해설]
경제기반이론(수출기반이론)
- 경제기반이론은 산업을 기반산업(=수출부문)과 비기반산업(=지방부문)으로 구분
- 기반산업이란 지역성장활동을 담당하는 산업이며 비기반산업이란 지역성장활동을 지원하는 산업
- 기반산업의 특징은 수출산업으로 외부로부터 화폐를 벌어들이는 산업으로 경쟁력을 갖추고 있어야 하며 타 산업보다 고용인구가 많은 산업으로 제조업 등이 주류를 이룸
- 단순하고 이해하기 쉬워 설득력이 강하다.
- 도시, 지역, 국가에 이르기까지 다양한 공간적 범역에 적용 가능
- 지방의 경제·산업정책을 수립하는 데 유용한 정보 제공
※ 수출기반이론은 산업구조가 변해도 경제기반승수가 일정하다고 가정하는데, 기반산업에 근거한 산업구조가 변하면 경제기반승수가 일정할 수 없으므로 가정이 비현실적이라는 특성이 있다.

79 지역의 소득격차를 측정하는 방법이 아닌 것은?

① 지니계수   ② 허프모형
③ 로렌츠곡선 ④ 쿠즈네츠비

[해설]
소득분포 파악기법에는 로렌츠곡선, 지니의 집중계수, 쿠즈네츠의 역U곡선, 테일의 지수가 있다. 허프 모형은 경제활동의 공간적 배분

시 사용한다.

80 지역 교통계획의 분포통행량 예측(Trip Distribution)에서 성장인수법(Growth Factor Method)에 해당되지 않는 것은?

① 중력모형(Gravity Model)
② 프라타모형(Fratar Model)
③ 디트로이트모형(Detroit Model)
④ 평균성장인수법(Average Growth Factor Method)

[해설]
통행분포모형에는 성장률법, 중력모형, 간섭기회모형, 엔트로피모형 등이 있다. 이 중 성장인수를 사용하지 않는 방법은 중력모형이다.

제5과목 도시계획관계법규

81 택지개발촉진법이 지향하는 것이 아닌 것은?

① 시급한 주택난 해소
② 국민 주거생활의 안정
③ 택지의 소유 상한 설정
④ 택지의 취득·개발·공급 및 관리

[해설]
택지개발촉진법 제1조(목적)
이 법은 도시지역의 시급한 주택난을 해소하기 위하여 주택건설에 필요한 택지의 취득·개발·공급 및 관리 등에 관하여 특례를 규정함으로써 국민 주거생활의 안정과 복지 향상에 이바지함을 목적으로 한다. [전문개정 2011.5.30.]

82 도시·군관리계획 입안에 있어 주민 의견 청취 공고 및 공람에 관한 설명 중 옳은 것은?

① 중앙지 일간신문에 1회 이상 공고하고 14일간 일반이 열람할 수 있도록 하여야 한다.
② 중앙지 일간신문에 2회 이상 공고하고 20일간 일반이 열람할 수 있도록 하여야 한다.
③ 해당 지역을 주된 보급지역으로 하는 하나의 일간신문에 공고하고 14일간 일반이 열람할 수 있도록 하여야 한다.

정답 78 ① 79 ② 80 ① 81 ③ 82 ④

④ 해당 지역을 주된 보급지역으로 하는 2 이상의 일간신문과 해당 시군의 인터넷 홈페이지에 14일 이상 일반이 열람할 수 있도록 하여야 한다.

> **해 설**
> 도시·군관리계획 수립지침
> 8-1-3-2. 도시·군기본계획의 타당성 검토, 기초조사, 계획안의 작성, 계획안의 공고 및 열람, 주민의 의견청취 등의 과정을 거친 후 최종 계획안을 작성한다.
> (3) 도시·군관리계획안의 공고 및 열람
> ① 도시·군관리계획안의 입안에 관하여 주민의 의견을 청취하고자 할 때에는 입안하고자 하는 도시·군관리계획안의 주요내용을 전국 또는 해당 시군의 지역을 주된 보급지역으로 하는 2 이상의 일간신문에 공고하고 14일 이상 일반인에게 열람시켜야 한다.

83 다음 중 수도권 정비계획법령상 과밀부담금을 내야 하는 인구집중유발시설에 해당하지 않는 것은?

① 공공청사　　② 연수시설
③ 업무용 건축물　　④ 판매용 건축물

> **해 설**
> 수도권정비계획법 제12조(과밀부담금의 부과·징수)
> ① 과밀억제권역에 속하는 지역으로서 대통령령으로 정하는 지역에서 인구집중유발시설 중 업무용 건축물, 판매용 건축물, 공공 청사, 그 밖에 대통령령으로 정하는 건축물을 건축하려는 자는 과밀부담금을 내야 한다.

84 지방도시계획위원회를 설치할 수 없는 관할 구역은?

① 도　　② 읍
③ 광역시　　④ 자치구

> **해 설**
> 국토의 계획 및 이용에 관한 법률 제113조(지방도시계획위원회)
> ② 도시·군관리계획과 관련된 다음 각 호의 심의를 하게 하거나 자문에 응하게 하기 위하여 시·군(광역시의 관할구역에 있는 군을 포함한다. 이하 이 조에서 같다) 또는 구(자치구를 말한다. 이하 같다)에 각각 시·군·구도시계획위원회를 둔다.

85 건축법에 따른 건축허가의 제한에 관한 설명이 옳지 않은 것은?

① 특별시장·광역시장·도지사가 도시·군계획에 특히 필요하다고 인정하여 건축허가를 제한하고자 하는 경우에는 지방도시계획위원회의 심의를 거쳐야 한다.
② 국토교통부장관이 건축허가를 제한하는 경우 그 내용을 상세하게 정하여 허가권자에게 통보하고, 통보를 받은 허가권자는 지체없이 이를 공고하여야 한다.
③ 특별시장·광역시장·도지사가 지역계획에 특히 필요하다고 인정하여 시장·군수·구청장의 건축허가를 제한한 경우 즉시 국토교통부 장관에게 보고하여야 한다.
④ 국토교통부장관은 국토관리를 위하여 특히 필요하다고 인정하는 경우 건축허가의 제한기간을 2년 이내로 하며, 1회에 한하여 1년 이내의 범위에서 제한기간을 연장할 수 있다.

> **해 설**
> 건축법 제18조(건축허가 제한 등)
> ① 국토교통부장관은 국토관리를 위하여 특히 필요하다고 인정하거나 주무부장관이 국방, 문화재 보존, 환경보전 또는 국민경제를 위하여 특히 필요하다고 인정하여 요청하면 허가권자의 건축허가나 허가를 받은 건축물의 착공을 제한할 수 있다. 〈개정 2013.3.23〉
> ② 특별시장·광역시장·도지사는 지역계획이나 도시·군계획에 특히 필요하다고 인정하면 시장·군수·구청장의 건축허가나 허가를 받은 건축물의 착공을 제한할 수 있다. 〈개정 2011.4.14, 2014.1.14〉
> ③ 국토교통부장관이나 시·도지사는 제1항이나 제2항에 따라 건축허가나 건축허가를 받은 건축물의 착공을 제한하려는 경우에는 「토지이용규제 기본법」 제8조에 따라 주민의견을 청취한 후 건축위원회의 심의를 거쳐야 한다. 〈신설 2014. 5.28.〉
> ※ 특별시장·광역시장·도지사가 도시·군계획에 특히 필요하다고 인정하여 건축허가를 제한하고자 하는 경우에는 지방도시계획위원회의 심의가 아니라 건축위원회의 심의를 거쳐야 한다.

86 주차장의 효율적인 설치 및 관리운영을 위하여 지방자치단체에 설치하는 주차장특별회계의 설치 등에 관한 설명으로 옳지 않은 것은?

① 시장, 군수, 구청장이 설치할 수 있다.
② 지방도시교통사업특별회계와 통합하여 운용할 수 있다.
③ 노외주차장의 설치자에게 노외주차장의 설치비용의 일부를 보조할 수 있다.
④ 부설주차장의 설치자에게 부설주차장의 설치비용의 일부를 융자할 수 없다.

> **해 설**
> 주차장법에 의한 주차장 특별회계의 설치 등
> ⑥ 특별시장·광역시장, 시장·군수 또는 구청장은 노외주차장 또는 부설주차장의 설치자에게 주차장 특별회계로부터 노외주차장 또는 부설주차장의 설치비용의 일부를 보조하거나 융자할 수 있다. 이 경우 보조 또는 융자의 대상·방법 및 융자금의 상환 등에 관하여 필요한 사항은 해당 지방자치단체의 조례로 정한다.

87 다음 중 도시·군관리계획으로 결정할 수 없는 용도지구는?

① 경관지구
② 보존지구
③ 침수지구
④ 시설보호지구

> **해 설**
> 도시·군관리계획 수립지침
> 도시·군관리계획으로 지정 가능한 용도지구는 경관지구(자연, 시가지, 특화), 고도지구, 방화지구, 방재지구, 보호지구(중요시설물, 생태계, 역사문화환경), 취락지구(자연, 보호, 집단), 개발진흥지구(주거개발, 산업·유통, 관광·휴양, 복합, 특정), 특정용도제한지구, 복합용도지구이다.
> ※ 법규 변경에 따라 전항 정답 처리

88 다음 중 국토의 계획 및 이용에 관한 법률에 따른 용도구역의 종류가 아닌 것은?

① 개발제한구역
② 시가화조정구역
③ 도시자연공원구역
④ 특정시설제한구역

> **해 설**
> 국국토의 계획 및 이용에 관한 법률 제38조(개발제한구역의 지정), 제38조의2(도시자연공원구역의 지정), 제39조(시가화조정구역의 지정), 제40조(수산자원보호구역의 지정), 제40조의3(도시혁신구역의 지정 등), 제40조의4(복합용도구역의 지정 등), 제40조의5(도시·군계획시설입체복합구역의 지정)

89 통행의 안전과 차량의 소통을 원활하게 하기 위해서 도로의 교차각과 너비에 따라 교차점으로부터 후퇴하는 것은?

① 사선 제한
② 도로 경계선
③ 건축 지정선
④ 도로모퉁이의 길이

> **해 설**
> 도시·군계획시설의 결정·구소 및 설치기순에 관한 규칙 제14조(도로모퉁이의 길이 등)
> ① 도로의 교차지점에서의 교통을 원활히 하고 시야를 충분히 확보하기 위하여 필요한 경우 도로모퉁이의 길이를 별표의 기준 이상으로 하여야 한다.

90 주택법의 제정목적으로 가장 타당한 것은?

① 주거생활의 안정도모
② 도시의 건전한 발전도모
③ 주택건축행정의 지도와 규제
④ 택지의 건설 및 공급의 촉진

> **해 설**
> 주택법 제1조(목적)
> 이 법은 쾌적하고 살기 좋은 주거환경 조성에 필요한 주택의 건설·공급 및 주택시장의 관리 등에 관한 사항을 정함으로써 국민의 주거안정과 주거수준의 향상에 이바지함을 목적으로 한다.

91 도시개발법상 도시개발사업의 환지계획 작성 시 포함하여야 할 사항으로 옳지 않은 것은?

① 환지설계
② 필지별로 된 환지명세
③ 축척 1,000분의 1 이하의 환지예정지도
④ 필지별과 권리별로 된 청산 대상 토지 명세

> **해 설**
> 도시개발법 제28조(환지계획의 작성)
> ① 시행자는 도시개발사업의 전부 또는 일부를 환지방식으로 시행하려면 다음 각 호의 사항이 포함된 환지계획을 작성하여야 한다. 〈개정 2011.9.30, 2013.3.23〉
> 1. 환지설계
> 2. 필지별로 된 환지명세
> 3. 필지별과 권리별로 된 청산 대상 토지 명세
> 4. 제34조에 따른 체비지 또는 보류지의 명세
> 5. 제32조에 따른 입체 환지를 계획하는 경우에는 입체 환지용 건축물의 명세와 제32조의3에 따른 공급방법·규모에 관한 사항
> 6. 그 밖에 국토교통부령으로 정하는 사항

92 수도권 정비계획에 관한 설명으로 옳지 않은 것은?

① 수도권정비계획법령상 '수도권'이란 서울특별시와 인천광역시를 말한다.

정답 87 전항정답 88 ④ 89 ④ 90 ① 91 ③ 92 ①

② 국토교통부장관은 중앙행정기관의 장과 서울특별시장·광역시장 또는 도지사의 의견을 들어 수도권정비계획안을 입안한다.
③ 국토교통부장관은 수도권정비계획안을 수도권정비위원회의 심의를 거친 후 국무회의의 심의와 대통령의 승인을 받아 결정한다.
④ 수도권정비계획은 수도권의 도시·군계획, 그 밖에 다른 법령에 따른 토지이용계획 또는 개발계획 등에 우선하며, 그 계획의 기본이 된다. 다만, 수도권의 군사에 관한 사항에 대하여는 그러하지 아니하다.

[해설]
수도권이란 서울특별시, 인천광역시, 경기도를 말한다.

93. 택지개발촉진법상 간선시설의 설치에 관한 내용으로 옳지 않은 것은?

① 일반적으로 도로는 지방자치단체가 설치한다.
② 간선시설의 설치 비용은 설치의무자가 부담한다.
③ 일반적으로 상수도시설은 택지개발사업 시행자가 설치한다.
④ 주택단지까지의 전기시설은 해당 지역에 전기를 공급하는 자가 설치한다.

[해설]
택지개발촉진법 제14조(간선시설의 설치)
간선시설의 설치에 관하여는 「주택법」 제28조를 준용한다. 〈개정 2016.1.19.〉

주택법 제28조(간선시설의 설치 및 비용의 상환)
① 사업주체가 대통령령으로 정하는 호수 이상의 주택건설사업을 시행하는 경우 또는 대통령령으로 정하는 면적 이상의 대지조성사업을 시행하는 경우 다음 각 호에 해당하는 자는 각각 해당 간선시설을 설치하여야 한다. 다만, 제1호에 해당하는 시설로서 사업주체가 제15조제1항 또는 제3항에 따른 주택건설사업계획 또는 대지조성사업계획에 포함하여 설치하려는 경우에는 그러하지 아니하다.
 1. 지방자치단체 : 도로 및 상하수도시설
 2. 해당 지역에 전기·통신·가스 또는 난방을 공급하는 자 : 전기시설·통신시설·가스시설 또는 지역난방시설
 3. 국가 : 우체통
※ 상하수도시설의 설치비용은 지방자치단체가 부담한다.

94. 수도권정비계획법령상 대규모 개발사업에 해당하지 않는 것은?

① 「택지개발촉진법」에 따른 사업부지면적이 100만m² 이상인 택지개발사업
② 「주택법」에 따른 사업부지 면적이 100만m² 이상인 주택건설사업 및 대지조성사업
③ 「산업입지 및 개발에 관한 법률」에 따른 사업부지 면적이 30만m² 이상인 산업단지 개발사업
④ 「관광진흥법」에 따른 관광지 조성사업으로서 시설계획지구의 면적이 5만m² 이상인 것

[해설]
대규모개발사업이 되려면 「관광진흥법」에 따른 관광지 조성사업으로서 시설계획지구의 면적이 10만m² 이상이어야 한다.

95. 도시 및 주거환경정비법상 조합에 대한 설명으로 옳은 것은?

① 조합은 법인으로 할 수 없다.
② 조합은 그 명칭 중에 "정비사업조합"이라는 문자를 사용하여야 한다.
③ 조합은 조합 설립의 인가를 받은 날부터 60일 이내에 등기함으로써 성립한다.
④ 조합의 공식적 업무 시작일은 대통령령으로 정하는 사업승인일로부터 시작된다.

[해설]
도시 및 주거환경정비법 제38조(조합의 법인격 등)
① 조합은 법인으로 한다.
② 조합은 조합설립인가를 받은 날부터 30일 이내에 주된 사무소의 소재지에서 대통령령으로 정하는 사항을 등기하는 때에 성립한다.
③ 조합은 명칭에 "정비사업조합"이라는 문자를 사용하여야 한다.
[일부개정 2017. 10. 24. 법률 제14943호, 시행 2017. 10. 24.]

96. 다음 중 노상주차장의 구조·설비기준에 대한 내용으로 옳지 않은 것은?

① 주간선도로에 설치하여서는 아니 된다.
② 종단경사도가 6%를 초과하는 도로에 설치하여서는 아니 된다.
③ 고속도로, 자동차 전용도로 또는 고가도로에 설치하여서는 아니 된다.
④ 지방자치단체의 조례로 따로 정하지 않는 경우 너비 6미터 미만의 도로에 설치하여서는 아니 된다.

정답 93 ③ 94 ④ 95 ② 96 ②

해 설

주차장법 시행규칙 제4조(노상주차장의 구조·설비기준)
① 법 제6조제1항에 따른 노상주차장의 구조·설비기준은 다음 각 호와 같다. 〈개정 2014.2.6〉
1. 노상주차장을 설치하려는 지역에서의 주차수요와 노외주차장 또는 그 밖에 자동차의 주차에 사용되는 시설 또는 장소와의 연관성을 고려하여 유기적으로 대응할 수 있도록 적정하게 분포되어야 한다.
2. 주간선도로에 설치하여서는 아니 된다. 다만, 분리대나 그 밖에 도로의 부분으로서 도로교통에 크게 지장을 주지 아니하는 부분에 대해서는 그러하지 아니하다.
3. 너비 6미터 미만의 도로에 설치하여서는 아니 된다. 다만, 보행자의 통행이나 연도(연도)의 이용에 지장이 없는 경우로서 해당 지방자치단체의 조례로 따로 정하는 경우에는 그러하지 아니하다.
4. 종단경사도(자동차 진행방향의 기울기를 말한다. 이하 같다)가 4퍼센트를 초과하는 도로에 설치하여서는 아니 된다. 다만, 다음 각 목의 경우에는 그러하지 아니하다.
   가. 종단경사도가 6퍼센트 이하인 도로로서 보도와 차도가 구별되어 있고, 그 차도의 너비가 13미터 이상인 도로에 설치하는 경우
   나. 종단경사도가 6퍼센트 이하인 도로로서 해당 시장·군수 또는 구청장이 안전에 지장이 없다고 인정하는 도로에 제6조의2제1항제1호에 해당하는 노상주차장을 설치하는 경우
5. 고속도로, 자동차전용도로 또는 고가도로에 설치하여서는 아니 된다.
6. 「도로교통법」 제32조 각 호의 어느 하나에 해당하는 도로의 부분 및 같은 법 제33조 각 호의 어느 하나에 해당하는 도로의 부분에 설치하여서는 아니 된다.
7. 도로의 너비 또는 교통 상황 등을 고려하여 그 도로를 이용하는 자동차의 통행에 지장이 없도록 설치하여야 한다.
8. 노상주차장에는 다음 각 목의 구분에 따라 장애인 전용주차구획을 설치하여야 한다.
   가. 주차대수 규모가 20대 이상 50대 미만인 경우: 한 면 이상
   나. 주차대수 규모가 50대 이상인 경우: 주차대수의 2퍼센트부터 4퍼센트까지의 범위에서 장애인의 주차수요를 고려하여 해당 지방자치단체의 조례로 정하는 비율 이상
② 노상주차장의 주차구획 설치에 필요한 사항은 해당 지방자치단체의 조례로 정할 수 있다.
[전문개정 2010.10.29.][타법개정 2016. 12. 30. 국토교통부령 제382호, 시행 2016. 12. 30.]
※ 종단경사도가 4%를 초과하는 도로에 설치하여서는 아니된다.

97 '국민주택규모'란 주거전용면적이 1호 또는 1세대당 얼마 이하인 주택을 말하는가?(단, 수도권을 제외한 도시지역이 아닌 읍 또는 면 지역의 경우는 고려하지 않는다.)

① 60m² ② 66m²
③ 85m² ④ 100m²

해 설

주택법 제2조(정의)
6. "국민주택규모"란 주거의 용도로만 쓰이는 면적(이하 "주거전용면적"이라 한다)이 1호(호) 또는 1세대당 85제곱미터 이하인 주택(「수도권정비계획법」 제2조제1호에 따른 수도권을 제외한 도시지역이 아닌 읍 또는 면 지역은 1호 또는 1세대당 주거전용면적이 100제곱미터 이하인 주택을 말한다)을 말한다. 이 경우 주거전용면적의 산정방법은 국토교통부령으로 정한다. [일부개정 2017. 8. 9. 법률 제14866호, 시행 2017. 11. 10.]

98 도시·군계획시설의 결정·구조 및 설치기준에 관한 규칙에 관한 내용으로 옳은 것은?

① 도로는 규모별 구분과 기능별 구분이 일치하여야 한다.
② 주차장은 원활한 교통의 연계를 위하여 주간선도로에 진·출입구를 설치하도록 한다.
③ 철도역은 제1종전용주거지역·보전녹지지역 및 보전관리지역 외의 지역에 설치하여야 한다.
④ 교차점 광장은 각종 차량과 보행자 흐름을 방해할 우려가 있으므로 주요도로의 교차지점에는 가급적 설치를 피한다.

해 설

도시·군계획시설의 결정·구조 및 설치기준에 관한 규칙
제9조(도로의 구분)
 도로는 다음 각호와 같이 구분한다.
 1. 사용 및 형태별 구분
 2. 규모별 구분
 3. 기능별 구분
제23조(철도의 결정기준)
 5. 철도역은 제1종전용주거지역·보전녹지지역 및 보전관리지역 외의 지역에 설치할 것
제30조(주차장의 결정기준 및 구조·설치기준)
 ① 주차장의 결정기준은 다음 각호와 같다.
  2. 주간선도로에 진·출입구가 설치되지 아니하도록 할 것. 다만, 별도의 진·출입로 또는 완화차선을 설치하는 경우에는 그러하지 아니하다.
제50조(광장의 결정기준)
 1. 교통광장
  가. 교차점 광장
   (1) 혼잡한 주요도로의 교차지점에서 각종 차량과 보행자를 원활히 소통시키기 위하여 필요한 곳에 설치할 것

정답 97 ③ 98 ③

99 다음은 도시공원 및 녹지 등에 관한 법령에 따른 도시공원의 면적기준이다. ㉠과 ㉡에 들어갈 말로 모두 옳은 것은?

> 하나의 도시지역 안에 있어서의 도시공원의 확보기준은 해당 도시지역 안에 거주하는 주민 1인당 (㉠) 이상으로 하고, 개발 제한구역 및 녹지지역을 제외한 도시지역 안에 있어서의 도시공원의 확보기준은 해당 도시지역 안에 거주하는 주민 1인당 (㉡) 이상으로 한다.

① ㉠ : 6 m², ㉡ : 3 m²
② ㉠ : 7 m², ㉡ : 4 m²
③ ㉠ : 8 m², ㉡ : 5 m²
④ ㉠ : 9 m², ㉡ : 6 m²

해 설

도시공원 및 녹지 등에 관한 법률 시행규칙 제4조(도시공원의 면적기준)
하나의 도시지역 안에서 도시공원의 확보기준은 다음과 같다.
- 해당 도시지역 안에 거주하는 주민 1인당 6m² 이상
- 개발제한구역 및 녹지지역을 제외한 도시지역 안에 있어서의 도시공원의 확보기준은 해당 도시지역 안에 거주하는 주민 1인당 3m² 이상으로 한다.

100 건축법상 지역의 환경을 쾌적하게 조성하기 위하여 대통령령으로 정하는 용도와 규모의 건축물에 일반이 사용할 수 있도록 설치한 소규모 휴식시설은?

① 공개 공지
② 공공 공지
③ 공공 녹지
④ 대지 안의 공지

해 설

건축법 제43조(공개 공지 등의 확보)
① 다음 각 호의 어느 하나에 해당하는 지역의 환경을 쾌적하게 조성하기 위하여 대통령령으로 정하는 용도와 규모의 건축물은 일반이 사용할 수 있도록 대통령령으로 정하는 기준에 따라 소규모 휴식시설 등의 공개 공지(공지: 공터) 또는 공개 공간을 설치하여야 한다. 〈개정 2014.1.14.〉 [일부개정 2017. 4. 18. 법률 제14792호, 시행 2017. 10. 19.]

2회 2018년 기출문제

제1과목 도시계획론

01 보행자 교통안전에 대한 대책으로 교통의 흐름을 단순화하고 유도하는 사항이 아닌 것은?

① 일방통행 ② 추월금지
③ 도류로 표시 ④ 횡단보도 설치

해설
일방통행을 시행하면 차량이 한쪽 방향으로만 이동하게 되어 상충수가 감소하게 된다. 추월을 금지하면 흐름이 단순화되어 추월로 인해 발생되는 사고를 예방할 수 있다. 도류로를 표시하게 되면 이질교통류의 분리, 즉 직진과 좌·우회전 교통류를 분리할 수 있게 되어 상충수 감소에 도움이 된다. 따라서 일방통행, 추월금지, 도류로 표시 등을 통해 보행자 교통안전도를 향상시킬 수 있다. 횡단보도의 설치로 보행자의 교통안전도를 높일수는 있지만 흐름을 단순화시키기는 어렵다.

02 인구성장의 상한선을 두고 있지 않은 도시인구예측모형은?

① 지수성장모형 ② 곰페르츠모형
③ 로지스틱모형 ④ 수정된 지수성장모형

해설
지수성장모형은 인구성장의 상한선 없이 기하급수적으로 증가함을 가정한 모형이다. 증가율은 과거 일정기간에 나타난 실제 인구의 변화로부터 계산하고 단기간에 급속히 인구가 팽창하는 신도시에 적용한다.

03 중세시대 이슬람 사회의 특성을 나타내고 있는 도시와 국가의 연결이 틀린 것은?

① 라바트(Rabat) - 모로코
② 바스라(Basra) - 튀니지
③ 푸스타트(Fustat) - 이집트
④ 코르도바(Cordoba) - 스페인

해설
바스라(Basra)는 이라크의 이슬람 도시이고, 튀니지의 이슬람 도시는 카이로완(Kairouan)이다.

04 미래의 도시계획과 관련하여 새로운 계획패러다임의 방향으로 옳지 않은 것은?

① 지속가능한 도시개발로의 인식 전환
② 자원·에너지 절약형 도시개발로의 전환
③ 시민참여의 확대와 계획 및 개발주체의 다양화
④ 도시기능의 평면적·일률적 분리를 통한 토지이용관리

해설
도시기능의 평면적·일률적 분리보다는 입체적·기능통합적 토지이용관리가 필요하다.

05 다음과 같은 조건에서 A도시의 섬유산업에 대한 입지계수는?

- 전국의 고용인구 : 5천만명
- 전국의 섬유산업 종사자수 : 1백만명
- A도시의 고용인구 : 2백만명
- A도시의 섬유산업 종사자수 : 5만명

① 0.5 ② 0.8
③ 1.25 ④ 1.50

해설
$$LQ_i = \frac{E_i^r / E^r}{E_i^n / E^n} = \frac{5만/200만}{100만/5,000만} = 1.25$$

06 200만m²를 초과하는 다음의 지역 중 공동구 설치의 의무대상이 아닌 곳은?

① 개발촉진지구 ② 도시개발구역
③ 택지개발지구 ④ 경제자유구역

해설
국토의 계획 및 이용에 관한 법률에 의거 공동구 설치의 의무대상은 도시개발구역, 택지개발지구, 경제자유구역, 정비구역, 공공주택지구, 도청이전신도시이다.

07 도시기능별 입지조건에 대한 설명으로 옳지 않은 것은?

① 상업지역 : 기능의 활성화를 위하여 접근성이 좋아야 한다.
② 녹지지역 : 생활권과 유기적으로 공원을 연결하고 녹지축을 형성해야 한다.
③ 주거지역 : 지역민이 가장 오랜 시간을 보내는 곳

정답 01 ④ 02 ① 03 ② 04 ④ 05 ③ 06 ① 07 ④

으로 안정성과 쾌적성이 좋아야 한다.
④ 공업지역 : 향후 확장에 따른 환경오염 피해를 최소화하기 위하여 대상 부지가 좁아야 한다.

> **해설**
> 공업지역은 광대한 지역으로 지가가 저렴한 곳에 입지하여야 한다. 부지가 좁으면 공업지역으로서의 기능을 발휘하기 어렵다.

08 뉴어바니즘(New Urbanism)에 대한 설명으로 옳지 않은 것은?

① 근린주구는 용도와 인구에 있어서 다양해야 한다.
② 커뮤니티 설계에 있어서 자동차뿐만 아니라 보행자와 대중교통도 중요하게 다루어져야 한다.
③ 도시적 장소는 그 지역의 역사, 기후, 생태를 고려하되 기존의 건축관행은 지양되도록 설계되어야 한다.
④ 도시와 타운은 어디서든지 접근이 가능하고, 물리적으로 규정된 공공공간과 커뮤니티 시설에 의해 형태를 갖추어야 한다.

> **해설**
> 뉴어바니즘에서는 기존 주택의 유형, 규격, 규모를 유사한 범위에서 배치하고 다양한 주거양식을 혼합하고자 했다. 따라서 기존 건축관행의 일정 부분을 계승하여 발전시키려는 노력이 필요하다.

09 도시·주거환경정비 기본계획의 수립 기간으로 옳은 것은?

① 5년   ② 10년   ③ 15년   ④ 20년

> **해설**
> 도시 및 주거환경정비법 제4조(도시·주거환경정비기본계획의 수립)에 의거 특별시장·광역시장·특별자치시장·특별자치도지사 또는 시장은 관할 구역에 대하여 도시·주거환경정비기본계획을 10년 단위로 수립하여야 한다.

10 프리드만이 학문적 전통에 따라 사상적 배경을 분류한 계획이론으로 옳지 않은 것은?

① 사회개혁(Social reform) 이론
② 사회맥락(Social context) 이론
③ 사회학습(Social learning) 이론
④ 사회동원(Social mobilization) 이론

> **해설**
> 존 프리드만(John Friedmann)은 계획이론을 사회개혁이론(Social reform), 정책분석이론(Policy analysis), 사회학습이론(Social learning), 사회동원이론(Social mobilization)으로 분류하였다.

11 U-City의 개념에 대한 설명으로 옳은 것은?

① 고밀 개발을 통한 직주근접을 목표로 하는 도시
② 물, 에너지, 자원 등이 효율적으로 이용되고 재활용되는 오염 없는 도시
③ 도시의 통행수요 및 에너지 사용을 감소시키는 에너지 절약적인 도시
④ 다양한 정보망을 이용하여 네트워크를 형성하여 시간과 장소의 제한을 받지 않는 미래형 도시

> **해설**
> Ubiquitous란 라틴어로 '언제 어디서나 존재한다'는 의미로 때와 장소 없이 전산망에 접근할 수 있는 네트워크를 지칭하며, 우리나라에서는 시공자재(時空自在)라는 한자어로 표현한다. 즉, 유비쿼터스 도시란 다양한 정보망을 이용하여 네트워크를 형성하여 시간과 장소의 제한을 받지 않는 미래형 도시를 의미한다.

12 계획이론 중에서 약자의 이익을 보호하고 지역주민의 이익을 대변하는 접근방법인 옹호이론을 주장한 학자는?

① 다비도프   ② 에티지오니
③ 린드블롬   ④ 프리드만

> **해설**
> 옹호적 계획(Advocacy Planning, 옹호이론)은 다비도프(Paul Davidoff)에 의해 주창된 이론이다. 강자에 대한 약자의 이익을 보호하는 데 적용되었고 지역주민의 이익을 대변하였다. 다원적인 가치가 혼재하고 있는 사회에서는 단일 계획안보다는 복수의 다원적인 계획안들을 수립하는 것이 바람직하다고 보았다.

13 1999년 제정된 도시개발법의 주요 특징으로 옳지 않은 것은?

① 민간에 토지수용권을 무한정하게 부여하였다.
② 민간법인도 도시개발구역의 지정을 제안할 수 있도록 하였다.
③ 용지보상을 위해 현금대신 토지상환채권을 발행할 수 있도록 하였다.

④ 민간도 도시개발사업의 시행자가 되어 도시개발사업에 참여할 수 있도록 하였다.

해설
도시개발법에서는 민간에 토지수용권을 제한적으로 부여하였다. 민간법인도 도시개발구역의 지정을 제안할 수 있도록 하였고 용지보상을 위해 현금대신 토지상환채권을 발행할 수 있도록 하였다. 민간도 조합, 민간 또는 민관합동법인 등의 형태로 도시개발사업의 시행자가 되어 도시개발에 참여할 수 있도록 하였다.

14 현대적 도시문제에 대한 설명으로 옳지 않은 것은?

① 대도시로의 급격한 인구집중과 도시성장은 오늘날의 도시문제를 유발한 원인이 되었다.
② 현대도시는 사회·문화·경제뿐만 아니라 물리적으로도 주변 도시들과 상호 긴밀하게 연관되어 있다.
③ 도시의 과밀화로 인해 주택부족, 교통문제, 공공시설과 생활편의시설의 부족 등의 문제가 나타난다.
④ 도시의 성장이나 쇠퇴로 인해 나타나는 도시문제들은 전체 시민보다 일부 계층에 한정적으로 영향을 미친다.

해설
도시의 성장이나 쇠퇴로 인해 나타나는 도시문제들은 도시 전체에게 포괄적으로 영향을 미친다.

15 경관에 대한 설명으로 옳지 않은 것은?

① 사람에 따라 동일한 대상을 주시하더라도 서로 다른 가치판단을 내릴 수 있다.
② 대상 자체의 순수한 성질을 말하는 것으로 대상이 가지고 있는 본질을 의미한다.
③ 보여지는 풍경과 그 속에 내재하는 환경 그리고 이를 관찰하는 사람사이의 상호작용이다.
④ 경관의 대상은 단일대상을 대상으로 하지 않고 복수의 대상 또는 전체를 바라보는 경우를 보는 대상으로 하고 있다.

해설
"경관"(景觀)이란 자연, 인공 요소 및 주민의 생활상(生活相) 등으로 이루어진 일단(一團)의 지역환경적 특징을 나타내는 것을 말한다. 대상 자체만의 의미가 아닌 다의적, 복합적, 결합적 의미를 가진다.

16 연구규모를 기준으로 한 독시아디스(C. A. Doxiadis)의 인간 정주사회 단계에 속하는 것은?

① 부심도시(subpolis)
② 행정도시(politipolis)
③ 다핵도시(multipolis)
④ 세계도시(ecumenopolis)

해설
독시아디스는 인간 정주사회 단계에 따라 도시를 거대도시, 연담도시, 대상도시, 도시화지역, 대륙도시, 세계도시의 6단계로 구분하였다.

17 국토의 계획 및 이용에 관한 법률에서 규정하는 용도구역으로 옳지 않은 것은?

① 개발제한구역   ② 시가화조정구역
③ 자연환경보전구역   ④ 수산자원보호구역

해설
국토의 계획 및 이용에 관한 법률에서 지정한 용도구역은 개발제한구역, 도시자연공원구역, 시가화조정구역, 수산자원보호구역, 도시혁신구역, 복합용도구역, 입체복합구역이다. (도시혁신구역, 복합용도구역, 입체복합구역은 24.02.06 추가되었음) 이다. 국토의 계획 및 이용에 관한 법률에 의거 용도지역의 구분 중 자연환경보전 '구역'이 아닌 자연환경보전 '지역'이 있다.

18 해당 토지에 대한 용도지역·지구·구역, 도시계획시설, 도시계획사업과 입안내용, 각종 규제에 대한 저촉 여부를 확인하는 내용 및 지적도에 도시계획선을 표시한 도면으로 구성된 것을 무엇이라 하는가?

① 토지대장   ② 건축물대장
③ 재산세 과세대장   ④ 토지이용계획확인서

해설
토지이용계획확인서는 「토지이용규제 기본법」 제5조 각 호에 따른 지역·지구 등의 지정 내용과 그 지역·지구 등에서의 행위제한 내용, 그리고 같은 법 시행령 제9조 제4항에서 정하는 사항을 포함한다.

19 도시의 일반적인 구성요소가 아닌 것은?

① 물리적인 요소 : 시설(facility)
② 물리적인 요소 : 건물(building)
③ 사회문화적 요소 : 시민(citizen)
④ 사회문화적 요소 : 활동(activity)

정답 14 ④   15 ②   16 ④   17 ③   18 ④   19 ②

해설
도시의 일반적인 구성요소라 함은 유기적요소를 뜻한다. 시민(인구), 활동, 토지 및 시설이 이에 해당한다.

20 국토기본법에 의한 국토계획에 해당되지 않는 것은?

① 지역계획 ② 부문별계획
③ 도종합계획 ④ 국토기본계획

해설
국토기본법에 의한 국토계획은 국토종합계획 예하 도종합계획, 시군종합계획, 도시기본계획과 도시관리계획이 있고, 그 외 지역계획과 부문별계획으로 구분된다.

제2과목 도시설계 및 단지계획

21 지구단위계획을 관계 행정기관의 장과의 협의, 국토교통부장관과의 협의 및 중앙 또는 지방도시계획위원회의 심의를 거치지 아니하고 변경할 수 있는 기준으로 옳지 않은 것은?

① 획지면적의 30퍼센트 이내의 변경인 경우
② 건축물의 배치·형태 또는 색채의 변경인 경우
③ 건축물 높이의 30퍼센트 이내의 변경인 경우(층수변경이 수반되는 경우를 포함한다)
④ 가구(관련 조항에 따른 별도의 구역을 포함한다.) 면적의 10퍼센트 이내의 변경인 경우

해설
건축물높이의 변경은 층수변경이 수반되는 경우를 포함하여 건축물 높이의 20% 이내의 변경인 경우에 심의없이 변경 가능하다.

22 단지계획의 도로망 구성에 있어서 도로의 폭원에 따라 도로를 구분할 때, 중로에 속하지 않는 규모는?

① 12m ② 15m
③ 20m ④ 25m

해설
중로는 3류가 12m 이상 15m 미만, 2류가 15m 이상 20m 미만, 1류가 20m 이상 25m 미만이다. 따라서 12m 이상 25m 미만이 중로의 폭원 범위가 된다.

23 우리나라의 도시설계 관련 제도에 관한 설명으로 옳지 않은 것은?

① 1980년대에는 건축법에 도시설계 관련 규정이 처음 포함되었다.
② 1990년대에는 건축법에 상세계획제도가 도입되었다.
③ 2000년대에는 도시계획법 개정을 통해 지구단위계획 제도가 도입되었다.
④ 우리나라의 도시설계는 독일의 지구상세계획(B-Plan), 일본의 지구계획제도의 영향을 받아 제도화되었다.

해설
1990년대에 도시계획법을 통해 상세계획구역의 지정 조항을 통해 상세계획제도가 도입되었다.

24 바람직한 도시경관을 형성하기 위해서 건축물의 높이기준이 제시된다. 이 때 최고높이 규제가 필요한 경우에 해당하지 않는 경우는?

① 도로에 접한 벽면의 높이와 폭이 이루는 비율을 적절하게 형성되고, 균형을 이루어 건축물의 높이에 균일성을 주고자 하는 경우
② 문화재 주변, 도시지역과의 경계 등과 같이 개발규모에 현저한 차이가 발생하는 전이(轉移)부분이 있는 경우
③ 이면(裏面)도로 또는 주거지의 경계에 대규모 건축물이 들어섬으로써 이면도로에 과부하(過負荷)를 주거나 주거환경에 침해를 주는 것이 예상되는 경우
④ 간선도로변 또는 주요 결절점에 가설건물, 소규모 및 저층건축물이 난립하여 적정한 토지이용 밀도를 유지하지 못하거나 현저하게 경관 저해가 발생될 경우

해설
지구단위계획 수립지침에 의거 간선도로변 또는 주요 결절점에 규모가 적은 건축물이나 저층건축물이 난립되어 적정한 토지이용 밀도를 유지하지 못하거나 현저하게 경관 저해가 예상되는 경우에 최고높이 규제가 필요하다. 소규모 및 저층건물은 규제의 대상이나 가설건물은 해당하지 않는다.

정답 20 ④ 21 ③ 22 ④ 23 ② 24 ④

25 전원도시론과 관련된 설명으로 옳지 않은 것은?

① 하워드는 도시와 농촌의 상점을 살릴 수 있도록 공업지역을 단지의 중심에 배치하였다.
② 하워드는 전원도시의 규모로서 30000명 정도의 소규모 집단을 주장하였으며, 사람들이 대도시로부터 전원도시로 이주하게 되면 대도시는 지배기능을 상실하고 수백 개의 분산된 전원도시로 대부분의 인구가 분산될 것이라 기대하였다.
③ 찰스퓨리에의 영향을 받은 하워드(Ebenezer Howard : 1850-1928)는 1989년에 "Garden Cities of Tomorrow"를 출간하면서 산업혁명 이후 발생한 불평등과 오염된 환경을 배척하기 위한 목표를 가지는 전원도시(garden city)개념을 발표하였다.
④ 근린생활의 중심은 파이형태의 조각으로서 각각의 지구는 1000가구씩 5000명을 수용하는 규모이며, 여기에 20×130 제곱피트의 필지의 단독주택이 배치되었다. 주택은 반원형의 구획 안에 위치하며, 이는 대가로(grand avenue)에 경계하였다.

해 설
하워드의 전원도시는 도시와 전원의 조화를 도모하고자 도시 주변에 넓은 농업지대를 보유하고 도시 내부에 충분한 공지를 확보할 것을 주장하였다. 공업지역을 단지의 중심에 배치하면 전원도시 본연의 목적을 달성하기 어렵다.

26 건축물의 대지는 몇 m 이상이 도로에 접하는 것을 기준으로 하는가? (단, 자동차만의 통행에 사용되는 도로는 제외한다.)

① 2m   ② 3m   ③ 4m   ④ 5m

해 설
건축물의 대지는 도로와 2m 이상 접해야한다. 도로는 지형적 조건으로 차량통행을 위한 도로설치가 불가능한 경우 너비 3m 이상, 보행 및 자동차 통행이 가능한 경우 너비 4m 이상이 필요하다.

27 다음 중 지구단위계획으로 결정할 수 있는 도시·군계획시설에 해당하지 않는 것은?

① 공간시설 - 묘지공원
② 유통·공급시설 - 공동구
③ 교통시설 - 자동차운전학원
④ 공공·문화체육시설 - 도서관

해 설
지구단위계획으로 결정하는 도시·군계획시설로 공간시설에는 광장, 공원, 녹지, 유원지, 공공공지가 있다. 공간시설의 공원중 묘지공원은 제외한다. 교통시설에서 자동차운전학원은 2018.12.27. 법개정을 통해 삭제되었고, 공공문화체육시설에서 도서관은 2016.2.12. 법개정을 통해 삭제되었다.

28 산업혁명 이후 발생한 영국의 전원도시 운동의 전개과정에 대한 설명으로 옳지 않은 것은?

① 레치워스(Letchworth), 웰윈(Welwyn) 등이 건설되면서 본격화되었다.
② 레치워스(Letchworth)는 스와송(Louis de Soissons)에 의하여 계획되었다.
③ 도시인구의 대부분이 도시산업시설의 집적지에 혼재함으로써 나타난 도시사회의 문제들을 해결하고자 제시되었다.
④ 전원도시운동의 파급효과는 이후 여러 나라의 위성도시 및 신도시의 개발방향으로 계승되었다.

해 설
레치워스(Letchworth)는 레이몬드 언윈(Raymond Unwin)과 배리 파커(Barry Parker)에 의해 건설되었다.

29 다음 중 공동구(지하매설물)의 장점이 아닌 것은?

① 최초의 건설비가 적게 든다.
② 가로 및 도시미관에 도움을 준다.
③ 노면의 이용가치를 높일 수 있다.
④ 빈번한 노면 굴착을 하지 않아도 된다.

해 설
공동구는 초기설치비용이 과다한 단점이 있다.

30 단독 주택지 블록(가구) 구성 시 중앙의 보행자 도로와 녹지를 겹쳐 집약하기에 가장 유리한 국지도로 형태는?

① T자형
② 격자형
③ 루프형(Loop)
④ 쿨데삭형(Cul-de-sac)

정답 25 ① 26 ① 27 ①, ③, ④ 28 ② 29 ① 30 ③

> **해설**
> 루프형 도로는 통과교통감소로 안전한 도로공간 및 생활공간을 형성하고 국지도로를 생활공간으로 이용하는 것이 가능한 형태이다. 가구내부 주민에게 독점적으로 활용되는 쾌적한 도로 공간이 형성되므로 가구의 규모에 따라 정돈된 경관 연출 가능한 장점이 있다. 단독주택지 블록(가구) 구성 시 중앙의 보행자 도로와 녹지를 겹쳐 집약하기에 가장 유리한 국지도로 형태이다. 그러나 도로길이가 길어지고 도로율이 높아지는 단점이 있다.

31 근린주구이론의 가치와 비판론 중 적절치 못한 것은?

① 미국의 교외화 및 주거지의 대량 건설의 필요성 등장에 따라 근린주구이론은 실용적이고 현실적인 의미를 가지게 된다.
② 근린주구이론의 사회적 가치는 주민들에게 근린이라는 안정적인 환경을 제공함으로써 급속한 도시화에 따른 사회적인 변화에 개인들이 쉽게 적응하도록 한 완충적 역할에서 찾아볼 수 있다.
③ 근린주구이론은 보행권을 대면접촉이 가능한 공동사회의 원칙으로 삼아 같은 계층의 사람들끼리 모여 사는 것을 강조하여, 이에 대한 선호는 결과적으로 사회적 혼합(social mix) 개념 태동의 근거가 되었다.
④ 근린주구이론은 대량생산시대에 걸맞는 주거지 건설의 표준으로서의 역할을 하였지만, 보편화 및 표준화 개념을 바탕으로 하였기 때문에 주거지의 동질화 현상이 발생하고 지역간의 특수성과 생활양식의 다양성을 반영하지는 못하였다.

> **해설**
> 미국에서 발달한 근린주구계획은 커뮤니티 형성을 위하여 비슷한 계층을 집합시키는 계획이 이루어짐으로써 인종적 분리, 소득계층의 분리를 가져와 지역사회 형성을 오히려 방해하였다.

32 기능별 구분에 따른 각 도로에 대한 설명으로 옳은 것은?

① 가구(街區 : 도로로 둘러싸인 일단의 지역을 말한다. 이하 같다)를 구획하는 도로는 국지도로이다.
② 근린주거지역의 교통을 보조간선도로에 연결하여 근린주거지역 내 교통의 집산기능을 하는 도로로서 근린주거지역의 내부를 구획하는 도로는 보조간선도로이다.
③ 주간선도로를 집산도로 또는 주요 교통발생원과 연결하여 시·군 교통의 집산기능을 하는 도로로서 근린주거구역의 외곽을 형성하는 도로는 주간선도로이다.
④ 시·군내 주요지역을 연결하거나 시·군 상호간을 연결하여 대량통과교통을 처리하는 도로로서 시·군의 골격을 형성하는 도로는 집산도로이다.

> **해설**
> 국지도로란 가구(도로로 둘러싸인 일단의 지역)를 구획하는 도로를 말한다. 근린주거구역의 교통을 보조간선도로에 연결하여 근린주거구역 내 교통의 집산기능을 하는 도로로서 근린주거구역의 내부를 구획하는 도로는 집산도로이다. 주간선도로를 집산도로 또는 주요 교통 발생원과 연결하여 시·군 교통의 집산기능을 하는 도로로서 근린주거구역의 외곽을 형성하는 도로는 보조간선도로이다. 시·군내 주요지역을 연결하거나 시·군 상호 간을 연결하여 대량통과교통을 처리하는 도로로서 시·군의 골격을 형성하는 도로는 주간선도로이다.

33 다음 중 생활권공원에 해당하지 않는 것은?

① 소공원　　② 근린공원
③ 수변공원　④ 어린이공원

> **해설**
> 생활권공원은 도시생활권의 기반공원 성격으로 설치·관리되는 공원으로 소공원과 어린이공원, 근린공원으로 구분된다.

34 가, 나 지점 사이의 평균 경사도는? (단, 두 지점 사이의 수평거리는 500m이다.)

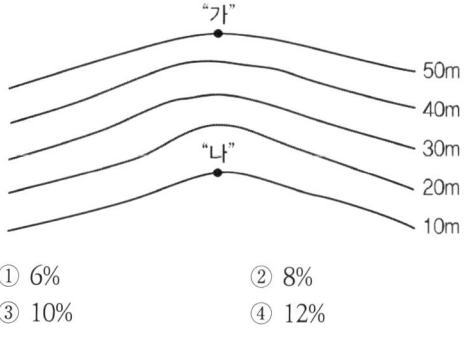

① 6%　　② 8%
③ 10%　④ 12%

> **해설**
> 경사도 $= \dfrac{40}{500} \times 100 = 8\%$

35 지구단위계획수립지침에서의 환경관리계획에 대한 설명으로 옳지 않은 것은?

① 대기오염원이 되는 생산활동은 주거지 안에서 일어나지 않도록 한다.
② 구릉지에는 가급적 고층 위주로 계획하며 주변 지역과 유사한 스카이라인을 형성하도록 한다.
③ 구릉지 등의 개발에서 절토를 최소화하고 절토면이 드러나지 않게 대지를 조성하여 전체적으로 양호한 경관을 유지시킨다.
④ 쓰레기 수거는 가급적 건물 후면에서 이루어지도록 설계하며, 폐기물 처리시설을 설치하는 경우 바람의 영향을 감안하고 지붕을 설치하도록 한다.

[해 설]
환경관리계획 상 자연환경 보전을 위해 구릉지 등의 개발시에는 절토를 최소화하고 절토면이 드러나지 않게 대지 조성하여야 한다. 이때, 자연지형을 살릴 수 있도록 가급적 저층 위주로 계획한다.

36 도시·군관리계획과 지구단위계획의 성격에 대한 설명으로 옳지 않은 것은?

① 도시·군관리계획은 토지이용계획과 기반시설의 장비 등에 중점을 둔다.
② 도시·군관리계획은 그 범위가 특별시·광역시·특별자치시·특별자치도·시 또는 군 전체에 미친다.
③ 지구단위계획은 관할 행정구역 내의 일부 지역을 대상으로 토지이용계획과 건축물계획이 서로 한류되도록 한다.
④ 지구단위계획은 특정 필지에 대한 입체적 토지이용계획과 평면적 시설계획이 조화를 이루도록 하는데 중점을 둔다.

[해 설]
지구단위계획은 특정 필지에 대해서만 조화를 이루고 자 함이 아니라 전체적인 지구의 조화에 목적이 있다.

37 도시공원 및 녹지 등에 관한 법률에 따른 녹지의 세분에 해당하지 않는 것은?

① 경관녹지   ② 시설녹지
③ 연결녹지   ④ 완충녹지

[해 설]
도시공원 및 녹지 등에 관한 법률에 의한 녹지는 완충녹지, 경관녹지, 연결녹지로 구분된다.

38 페리의 근린주구이론에서 근린단위(neighborhood unit)의 규모를 결정하는 구분 기준이 되는 시설은?

① 놀이터   ② 우체국
③ 동사무소   ④ 초등학교

[해 설]
근린주구 이론의 근린단위 규모결정 기준시설은 "초등학교"이다.

39 다음 중 단지계획의 획지 및 가구구성 방법으로 옳지 않은 것은?

① 각 건물의 일조(日照)가 방해되지 않도록 한다.
② 획지 및 가구의 크기는 건물의 사용 목적에 적합하도록 한다.
③ 획지에 따른 가로는 기능별로 구분하고 폭원은 교통량과 조화를 이루도록 한다.
④ 단지 내 가로는 경사가 없도록 하고 시거(視距)의 확보를 위하여 가급적 직선 가로를 연속되게 한다.

[해 설]
단지내 가로는 획일적 계획에서 탈피하여 변화있는 외부공간을 창출하도록 분할해야 한다.

40 구릉지 주택의 획지계획에 있어 일조와 조망을 확보하기 위하여 우선적으로 고려해야 할 사항은?

① 토질(Soil)
② 경사향(Aspect)
③ 수문(Hydrology)
④ 미기후(Micro-climate)

[해 설]
일조와 조망을 확보하기 위해 우선적으로 고려해야 할 사항은 경사향(Aspect)이다.

정답   35 ②   36 ④   37 ②   38 ④   39 ④   40 ②

제3과목 도시개발론

41 도시의 외연적 확산이 도시개발에 주는 영향으로 가장 거리가 먼 것은?

① 통근 비용 증대
② 기반시설 투자비용 확대
③ 도심 공동화 유발
④ 도시재생(Urban renewal) 촉진

[해설]
교외화의 특징
- 도시교통의 발달로 인하여 공기가 맑고 땅값이 싼 교외지역으로 주거지가 이전하게 되며, 또한 업무중심지구는 땅 값이 비싸고 생활환경이 나빠 자연히 주거지로의 기능이 약화되어 교외화가 촉진됨
- 도심공동화(都心空洞化, Donut Phenomenon) 야기교외화로 인한 도시권의 확장은 기존 도시 중심부의 인구와 산업 등이 교외지나 농촌지역으로 이전함으로써 도시 중심부는 인구감소현상이 나타남
- 직주분리현상 발생 : 교외화는 도심의 직장과 교외(변두리)의 거주지로 직장과 주거의 분리를 야기 통근비용의 증가를 유발함

42 공영개발의 원칙에 대한 설명이 틀린 것은?

① 도시의 균형개발 추진
② 사유재산권의 보호 필요
③ 쾌적한 주거편익시설의 설치
④ 국민주택건설용지와 국민주택규모 이하의 임대주택용지에 대하여는 무상으로 공급

[해설]
국민주택건설용지와 국민주택규모 이하의 임대주택용지라도 무상으로 공급하지는 않는다.

43 프로젝트 파이낸싱(Project financing)에 대한 설명으로 옳지 않은 것은?

① 자금원 중 선순위채권은 프로젝트 파이낸싱에서 가장 큰 비중을 차지하는 자금이다.
② 프로젝트 파이낸싱은 프로젝트 자체의 사업성과 그로부터의 현금흐름을 바탕으로 자금을 조달하는 방식이다.
③ 프로젝트 파이낸싱을 도입할 경우 일반적인 기업금융에 비해 금융기관의 위험(risk)이 줄고 금융비용도 줄일 수 있다.
④ 비소구금융 및 부외금융의 효과를 얻을 수 있는 반면에 다양한 이해관계자들의 협상에 의해 이루어지기 때문에 복잡한 금융절차를 가진다.

[해설]
프로젝트 파이낸싱(PF ; Project Financing)의 단점
- 금융기관이 부담하는 위험이 통상적인 기업금융에 비해 높고, 기업금융에 비해 높은 금융비용이 요구됨
- 복잡한 금융절차, 위험배분 및 참여조건 결정에 많은 시간이 소요되며 이해관계 조정에 전문성이 요구됨

44 다음 중 저당제도와 비교하여 담보신탁제도가 갖는 특징으로 옳지 않은 것은?

① 담보설정방식 : 근저당권 설정
② 물상대위권 행사 : 압류 불필요
③ 신규 임대차·후순위권리 설정 : 배제가능(담보가치 유지에 유리)
④ 환가방법 : 신탁회사 공매

[해설]
담보설정방식에서 근저당권을 설정하는 방식은 저당 제도의 특징이다. 담보신탁제도는 신탁회사에 소유권을 이전하는 방식을 취한다.

45 TND(Traditional Neighborhood Development)에 대한 설명으로 틀린 것은?

① 보행중심적 근린주구를 의미한다.
② 도시 내 보행, 자전거, 대중교통 이용을 장려한다.
③ 현대 도시에서 나타나는 고밀개발의 폐해를 비판하고 저밀개발을 유도한다.
④ 커뮤니티가 살아있던 이전 도시들을 모티브로 삼아 과거 도시의 계획적 특성을 현대 도시에 적용하고자 한 도시개발 수법이다.

[해설]
TND는 고밀도 복합개발을 유도한다.

46 인구가 10만 명인 도시에서 다음 조건에 맞게 상업지역의 면적을 산출하면 약 얼마인가?

- 1인당 평균 연상면적 : 15m²
- 상업지역 이용인구 : 전체 인구의 50%
- 평균층수 : 3층

정답 41 ④ 42 ④ 43 ③ 44 ① 45 ③ 46 ③

- 건폐율 : 70%
- 공공용지율 : 40%

① 21.4ha ② 35.7ha
③ 59.5ha ④ 262.5ha

해설

상업지면적 = $\dfrac{50,000 \times 15}{3 \times 0.7 \times (1-0.4)}$ = 595,238 = 59.5ha

47 국내 텔레포트단지의 유형 중 순수 통신설비의 배치방식에 따른 분류에 해당하지 않는 것은?

① 중심배치형 ② 분산배치형
③ 외곽배치형 ④ 분리배치형

해설

텔레포트 단지개발 시 통신설비 배치방식에는 중심배치형, 외곽배치형, 분리배치형이 있다.

48 다음 중 Miles, Berens and Weiss(2000)의 정의를 바탕으로 하는 도시개발에서의 타당성 분석에 포함되는 개념으로 옳지 않은 것은?

① 타당성 분석은 선택된 수단의 적합성을 실험하는 것이다.
② 타당성은 그 프로젝트의 확실한 성공을 보장하지는 않는다.
③ 타당성은 분석 이전에 설정된 프로젝트의 명료한 목적에 대한 충족 여부에 따라 결정된다.
④ 타당성 분석이란 제약사항이 없는 상태에서 프로젝트의 적합성을 실험하는 것이다.

해설

Miles, Berens and Weiss는 타당성 분석은 제도적, 물리적, 재정적, 환경적 제약하에서 프로젝트의 적합성을 실험하는 것이라고 주장하였다.

49 공간적으로 밀집된 대도시권들 사이의 경제적 연계를 바탕으로, 거대한 하나의 도시로서 기능하는 도시의 개념은?

① 메트로폴리스 ② 혁신클러스터
③ 컴팩트시티 ④ 메갈로폴리스

해설

고트만은 메갈로폴리스란 각 도시가 띠 모양으로 연속되어 여러 분야에 관해서 상호 연대하고 유기적으로 연결되어 마치 하나의 도시활동을 하는 광역 지역을 이루고 있는 것이라고 주장하였다.

50 「도시 및 주거환경정비법」에서 정의하는 정비사업의 유형이 아닌 것은?

① 재건축사업 ② 재개발사업
③ 주거환경개선사업 ④ 국민주택건설사업

해설

도시 및 주거환경정비법에서 정의하는 정비사업은 주거환경개선사업, 재개발사업, 재건축사업이다.

51 다음 중 개별 소매점의 고객 흡입력을 계산하는 방법으로 Reilly와 Converse의 소매 인력이론을 실제 적용가능하게 하려고 수정·보완한 것은?

① 한정시간모형 ② Huff모형
③ JA모형 ④ 인과분석모형

해설

허프(Huff)의 소매지역이론은 대도시에서 쇼핑패턴을 결정하는 중력(확률)모형으로 개별 소매점의 고객흡입력을 계산하는 기법이다. 경쟁점포수·거리·크기에 따라 확률이 달라지는 특성이 있다. Reilly와 Converse의 소매 인력이론을 실제 적용가능하게 하려고 수정·보완한 이론이며 상권에 대한 이론을 가장 체계적으로 정립한 이론으로 평가받고 있다.

52 다음 중 「도시개발법령」에 따른 도시개발구역으로 지정할 수 있는 대상지역 및 규모기준의 연결이 옳지 않은 것은?

① 도시지역 내 주거지역 : 1만m² 이상
② 도시지역 내 상업지역 : 3만m² 이상
③ 도시지역 내 공업지역 : 3만m² 이상
④ 도시지역 내 자연녹지지역 : 1만m² 이상

해설

도시개발구역의 규모는 아래와 같다.
- 주거지역, 상업지역, 자연녹지·생산녹지 : 1만 m² 이상
- 공업지역 : 3만 m² 이상
- 도시지역 밖 : 30만 m² 이상
→ 도시지역 내 상업지역은 1만 m² 이상이다.

정답 47 ② 48 ④ 49 ④ 50 ④ 51 ② 52 ②

53 환지방식에 대한 설명으로 옳지 않은 것은?

① 시행자는 도시개발사업의 전부 또는 일부를 환지 방식으로 시행하려면 환지 설계, 필지 별로 된 환지 명세, 필지별과 권리별로 된 청산 대상 토지 명세, 체비지 또는 보류지 명세, 그 밖에 국토교통부령으로 정하는 사항을 포함하여야 한다.
② 시행자는 도시개발사업에 필요한 경비에 충당하거나 일정한 토지를 환지로 정하지 아니하고 보류지로 정할 수 있으며, 그 중 일부를 체비지로 정할 수 있으나 도시개발사업에 필요한 경비로는 충당할 수 없다.
③ 시행자는 토지 면적의 규모를 조정할 특별한 필요가 있으면 면적이 작은 토지는 과소 토지가 되지 아니하도록 면적을 늘려 환지를 정하거나 환지 대상에서 제외할 수 있고, 면적이 넓은 토지는 그 면적을 줄여서 환지를 정할 수 있다.
④ 환지 계획은 종전의 토지와 환지의 위치·지목·면적·토질·수리·이용 상황·환경, 그 밖의 사항을 종합적으로 고려하여 합리적으로 정하여야 한다.

해설
시행자는 도시개발사업에 필요한 경비에 충당하거나 규약·정관·시행규정 또는 실시계획이 정하는 목적을 위하여 일정한 토지를 환지로 정하지 아니하고 체비지 또는 보류지로 정할 수 있다.

54 도시개발사업의 사업성 평가지표인 "수익성 지수(profitability index)"의 설명으로 옳은 것은?

① 프로젝트에서 발생하는 할인된 전체 수입에서 할인된 전체비용을 뺀 값이다.
② 수익성 지수가 0보다 클 때 프로젝트의 사업성은 있다고 할 수 있다.
③ 수익성 지수는 경제성 평가 지표인 편익 비용비와 동일한 개념이다.
④ 수입과 비용을 동일하게 만들어 주는 할인율을 사용한다.

해설
프로젝트에서 발생하는 할인된 전체 수입에서 할인된 전체비용을 뺀 값으로 사업성을 평가하는 기법은 순현재가치법이다. 수익성 지수는 경제성 평가 지표인 편익 비용비와 동일한 개념으로 1보다 커야 사업성이 있다고 할 수 있다. 수입과 비용을 동일하게 만들어주는 할인율을 사용하는 평가기법은 내부수익률법이다.

55 경제적 개념으로 일단의 다른 토지와 구별되어 가격 수준이 비슷한 토지 군을 뜻하는 것은?

① 가구   ② 대지
③ 필지   ④ 획지

해설
획지(Lot)란 개발이 이루어지는 최소의 단위이며, 획지계획은 장래 일어날 단위개발의 토지기반을 마련하는 과정이다. 계획적 관점(토지분할행위), 물리적 관점(건축물의 구조와 형태를 달리하는 개별단위로서의 토지), 경제적 관점(동일한 가격평가의 기준이 되는 단위토지, 일단의 다른 토지와 구별되어 가격 수준이 비슷한 토지 군)에서 계획하여야 한다.

56 다음 중 운용시장의 형태가 공개시장(public market)이고 자본의 성격이 대출투자(debt financing)인 유형에 속하는 부동산 투자는?

① 상업용 저당채권   ② 사모부동산펀드
③ 직접대출   ④ 직접투자

해설

구분	공개시장 (Public Market)	민간시장 (Private Market)
자본투자 (Equity Financing)	• 부동산투자회사 (REITs) • 부동산간접투자기구	• 직접투자 • 사모부동산펀드
대출투자 (Debt Financing)	• 상업용저당채권 (CMBS) • 부동산간접투자기구	• 직접대출(Loans) • 사모부동산펀드

→ 공개시장이면서 대출투자인 부동산투자는 상업용 저당채권과 부동산간접투자기구이다.

57 「도시개발법」에 아래와 같이 규정한 내용은?

> 행정청인 시행자는 도시개발사업의 시행으로 사업 시행 후의 토지 가액(價額)의 총액이 사업시행 전의 토지 가액의 총액보다 줄어든 경우에는 그 차액에 해당하는 금액을 대통령령으로 정하는 기준에 따라 종전의 토지 소유자나 임차권자등에게 지급하여야 한다.

① 환지청산금   ② 입체환지보상금
③ 감보보상금   ④ 감가보상금

해설
도시개발법 제45조(감가보상금)
행정청인 시행자는 도시개발사업의 시행으로 사업 시행 후의 토지가액(價額)의 총액이 사업 시행 전의 토지가액의 총액보다 줄어든 경우에는 그 차액에 해당하는 감가보상금을 대통령령으로 정하는 기준에 따라 종전의 토지 소유자나 임차권자 등에게 지급하여야 한다.

58 압축도시(compact city)에 대한 설명으로 옳지 않은 것은?

① 토지이용은 고밀개발을 추구한다.
② 압축도시 개발은 직주근접과 관련이 있다.
③ 압축도시 개발을 위해서는 단일용도의 토지 이용이 이루어져야 한다.
④ 에너지 사용을 줄이고 환경오염을 최소화 할 수 있는 도시형태이다.

해설
압축도시 개발을 위해서는 고밀도 복합용도 개발이 필수적이다.

59 「택지개발촉진법」상에 규정하고 있는 택지개발사업의 시행자에 해당되지 않는 것은?

① 국가·지방자치단체
② 한국토지주택공사
③ 한국수자원공사
④ 「지방공기업법」에 따른 지방공사

해설
택지개발촉진법에 의한 택지개발사업의 시행자는 국가·지방자치단체, 한국토지주택공사, 지방공사, 주택건설등 사업자, 공동출자법인이 있다.

60 민간이 자금을 투자하여 사회기반시설을 건설하면 정부가 일정 운영기간 동안 이를 임차하여 시설을 사용하고 그 대가로 임대료를 지급하는 방식은?

① BTO 방식
② BTL 방식
③ BOT 방식
④ BOO 방식

해설
BTL(Build-Transfer-Lease 건설·이전 후 리스방식)이란 민간시행자가 사회간접자본을 건설한 후 주무관청에 소유권을 넘겨주고 관리운영권을 일정 기간 리스하여 사용하는 방식을 말한다.

제4과목 국토 및 지역계획

61 그리스의 도시계획가인 독시아디스(Doxiadis)가 제시한 인간정주사회의 구성요소가 아닌 것은?

① 문화
② 인간
③ 자연
④ 네트워크

해설
독시아디스의 인간정주학 구성요소(5요소)는 인간, 사회, 자연, 네트워크, 구조물이다.

62 A도시의 인구는 100만, B도시의 인구는 25만이며 두 도시간의 거리가 60km일 때, 두 도시의 세력이 분기되는 지점은 A도시로 부터의 거리가 얼마인가? (단, 두 도시 사이에는 아무런 도시도 입지하지 않는다고 가정한다.)

① 20km
② 30km
③ 40km
④ 45km

해설
레일리의 법칙은 만유인력법칙을 이용한다.

$F = \dfrac{1{,}000{,}000}{x^2} = \dfrac{250{,}000}{(60-x)^2} = \dfrac{250{,}000}{60^2 - 2\times 60x + x^2}$

$= 1{,}000{,}000(3{,}600 - 120x + x) = 250{,}000x^2$

$X = 40,\ -120 \qquad \therefore X = 40$

63 사회간접자본시설을 배치함에 있어 고려하여야 할 요소로서 상대적으로 비중이 낮은 것은?

① 기후분포
② 도시분포
③ 산업분포
④ 인구분포

해설
사회간접자본시설을 배치함에 있어 고려하여야 할 요소는 도시분포, 인구분포, 산업분포 등이다. 기후분포는 사회간접자본시설의 배치에 영향을 줄 정도의 핵심요소는 아니다.

정답 58 ③ 59 ③ 60 ② 61 ① 62 ③ 63 ①

64 최상위 도시의 인구를 기준으로 도시의 순위와 인구규모와의 관계를 이용하여 도시 정주체계를 분석한 대표적인 학자는?

① 지프(Zipf) ② 뢰쉬(Losch)
③ 아이자드(Isard) ④ 베버(A. Weber)

해설
순위-규모법칙은 한 국가에서 수위도시의 인구(최상의 도시인구)를 바탕으로 도시 순위 간 인구분포를 이용하여 도시의 정주체계를 분석하는 방법이다. 지프의 모형과 Auerbach 모형이 대표적이다.

65 안스타인(S. Arnstein)이 주장한 주민참여 8단계에서 주민권리로서 참여 단계에 해당하지 않는 것은?

① 상담(consultation)
② 협동관계(partnership)
③ 주민통제(citizen control)
④ 권한위임(delegated power)

해설
안스타인(S. Arnstein)의 주민참여 8단계에서 주민권력 참여단계는 주민통제, 권한위임, 협동관계이며 형식적 참여단계로 회유, 상담, 정보제공이 있다. 비참여에는 치료와 조작이 해당한다.

66 도종합계획에 대한 설명으로 옳지 않은 것은?

① 도종합계획을 수립하였을 때에는 국토교통부장관의 승인을 받아야 한다.
② 도종합계획안을 작성하였을 때에는 공청회를 열어 일반 국민과 관계 전문가 등으로부터 의견을 들어야 한다.
③ 국토교통부장관이 작성하는 도종합계획 수립지침에는 도종합계획의 기본사항과 수립절차 등이 포함되어야 한다.
④ 도종합계획의 수립 주체는 도지사, 시장, 군수이다. 다만, 다른 법률에 따라 따로 계획이 수립된 도로서 대통령령으로 정하는 도는 도종합계획을 수립하지 아니할 수 있다.

해설
도종합계획의 수립 주체는 도지사이다. 다만, 다른 법률에 따라 따로 계획이 수립된 도로서 대통령령으로 정하는 도는 도종합계획을 수립하지 아니할 수 있다. 이 때 대통령령으로 정하는 도는 경기도, 제주특별자치도이다.

67 다음 중 경제기반이론(Economic Base Theory)에 관한 설명으로 가장 거리가 먼 것은?

① 지역의 성장이 지역에서 생산되는 재화의 외부 수요에 의해 결정된다는 것에 기초한다.
② 경제기반승수가 계속 변화한다고 가정하기 때문에 모형은 실제로 단기 예측에는 부적절하다.
③ 개념적으로 지역의 경제활동을 단순하게 기반활동과 비기반활동으로 분류하기 어려운 산업활동이 있다.
④ 기반활동만이 지역경제의 원동력이고 비기반활동은 지역성장에 기여하지 않는 부수적인 활동이라고 가정한다.

해설
수출기반성장이론(Export Base Model)에서는 경제기반승수가 일정하다고 가정한다. 이 가정은 수출기반성장이론을 비현실적으로 만드는 단점이다.

68 우리나라 제1차 국토계획의 성과로 보기 어려운 것은?

① 공업개발기반 확충
② 개발제한구역의 지정
③ 수도권 인구집중 방지
④ 고속도로 건설 등 교통통신망 확충

해설
제1차 국토계획은 거점개발방식의 채택으로 경부축 중심의 교통통신망 등 공업개발기반을 확충하였다. 이로 인해 양극화 및 지역격차가 심화되었다. 이는 수도권의 인구집중을 가져왔고, 이에 따라 필연적으로 환경파괴, 생활환경 악화의 결과가 뒤따랐다. 이에 정부는 개발제한구역을 지정하여 도시의 무분별한 확산을 저지하고자 하였다.

69 국토 및 지역계획 수립과정에서 사업의 경제적 타당성과 우선순위를 결정하는 방법으로 비용·편익분석방법이 있다. 이의 구체적인 측정방법이 아닌 것은?

① 내부수익률(IRR)
② 순현재가치(NPV)
③ 비용-편익비(B/C Ratio)
④ 지역승수(regional multiplier)

정답 64 ① 65 ① 66 ④ 67 ② 68 ③ 69 ④

해설
경제성 분석기법에는 순현재가치법(NPV ; Net Present Value), 편익/비용비법(B/C Ratio ; Benefit of Cost Ratio), 내부수익률법(IRR ; Internal Rate of Return), 초기연도 수익률법(FYRR ; First Year Rate of Return), 자본회수기간법(PBP ; Pay Back Period) 등이 있다.

70 국토계획에서 지역을 획정하기 위하여 일반적으로 강조하는 특성 3가지에 해당하지 않는 것은?

① 동일 행정구역상에 있는 지역
② 물리적 혹은 거주의 근접성이 있는 지역
③ 사회·문화·경제 및 정치적 동질성이 있는 지역
④ 중심지와 주변 지역 간 기능적 상호 의존성이 있는 지역

해설
지역획정을 위해 일반적으로 강조하는 특성은 중심지와 주변 지역 간 기능적 상호 의존성이 있는 지역, 물리적 혹은 거주의 근접성이 있는 지역, 사회·문화·경제 및 정치적 동질성이 있는 지역 3가지이다.

71 다음의 지역개발이론 중 성격이 다른 하나는?

① 기본수요이론(Basic Needs Approach)
② 농정적개발론(Agropolitan Development)
③ 불균형성장이론(Non-balanced Growth Theory)
④ 지속가능한개발론(Ecologically Sustainable Development)

해설
불균형성장이론은 하향적 개발이론이고 다른 이론들은 상향적 개발이론이다.

72 크리스탈러(W. Christaller)의 중심지이론에서 중심지의 계층을 형성하는 포섭원리에 해당하지 않는 것은?

① 교통 원리   ② 시장 원리
③ 행정 원리   ④ 임계 원리

해설
포섭원리는 시장, 교통, 행정, 제4의 원리(시장행정)로 이루어져 있다.

73 A지역의 한계사회비용이 100만원이고 한계 사회편익이 90만원일 때, 한센(N. Hansen)의 지역구분 중 어느 것에 해당하는가?

① 과밀지역   ② 낙후지역
③ 중간지역   ④ 침체지역

해설
한센의 동질지역구분에 의하면 한계사회비용이 한계사회편익보다 크면 과밀지역, 한계비용이 한계편익보다 작으면 중간지역, 소규모 농업과 침체산업이 지배적인 경제구조를 지니고, 새로운 경제활동을 흡인할 수 있는 입지매력이 거의 없는 지역이면 낙후지역으로 구분된다. 문제에서 한계사회비용이 100만원이고 한계사회편익이 90만원으로 한계사회비용이 한계사회편익보다 큰 지역이므로 이 지역은 과밀지역에 해당한다.

74 다음을 목적으로 하는 법은?

> 국토를 합리적으로 이용·개발·보전하기 위하여 지방의 발전잠재력을 개발하고 민간부문의 자율적인 참여를 유도하여 지역개발사업이 효율적으로 시행될 수 있도록 하며 아울러 지방중소기업을 적극적으로 육성함으로써 인구의 지방정착을 유도하고 지역경제를 활성화시켜 국토의 균형 있는 발전에 이바지함을 목적으로 한다.

① 수도권정비법
② 민자유치촉진법
③ 산업입지 및 개발에 관한 법률
④ 지역균형개발 및 지방중소기업 육성에 관한 법률

해설
지역균형개발 및 지방중소기업 육성에 관한 법률의 목적에 대한 문제이다. 산업입지 및 개발에 관한 법률은 산업입지의 원활한 공급과 산업의 합리적 배치를 통하여 균형 있는 국토개발과 지속적인 산업발전을 촉진함으로써 국민경제의 건전한 발전에 이바지함을 목적으로 한다. 현행법령상 수도권정비계획법은 있으나 수도 권정비법은 없고, 민자유치촉진법도 없다.

75 수도권정비계획법에서 구분하고 있는 권역의 종류로서 옳지 않은 것은?

① 과밀억제권역   ② 개발촉진권역
③ 성장관리권역   ④ 자연보전권역

정답 70 ① 71 ③ 72 ④ 73 ① 74 ④ 75 ②

해설
수도권정비계획법에 의한 권역은 과밀억제권역, 성장관리권역, 자연보전권역으로 구분된다.

76 어느 지역의 총 고용인구는 500,000명이고 비기반부문의 고용인구가 400,000명일 때, 이 지역에 외부지역으로의 수출만을 목적으로 하는 기반활동이 새롭게 입지하여 5,000명의 고용인구의 증가가 예상된다면, 이 지역의 총 고용인구는 얼마나 증가하는가?

① 10,000명　　② 15,000명
③ 20,000명　　④ 25,000명

해설
총 고용인구의 변화 = 경제기반승수 × 기반산업 고용인구 변화

$$경기기반승수 = \frac{총 고용인구}{기반산업 고용인구}$$

$$= \frac{500,000}{(500,000 - 400,000)} = 5$$

경제기반승수는 단기적으로 변화가 없으므로
총 고용인구 변화 = 경제기반승수 × 기반산업 고용인구 변화
= 5 × 5,000 = 25,000명

77 국토기본법령상 국토조사의 실시에 관한 설명으로 옳지 않은 것은?

① 국토조사는 정기조사와 수시조사로 나뉘며, 정기조사는 매 3년마다 실시한다.
② 국토교통부장관은 효율적인 국토 조사를 위하여 필요하면 조사를 전문기관에 의뢰할 수 있다.
③ 국토조사는 국토에 관한 계획 또는 정책의 수립, 공간정보의 제작 등을 위하여 필요할 때에는 미리 인구, 경제 등에 대하여 조사할 수 있다.
④ 국토교통부장관은 중앙행정기관의 장 또는 지방자치단체의 장에게 조사에 필요한 자료의 제출을 요청할 수 있다.

해설
정기조사는 매년 실시하는 조사이다.

78 수도권으로의 기능 집중에 따른 도시 문제로 가장 거리가 먼 것은?

① 인력난 가중　　② 환경문제심화
③ 교통난의 심화　　④ 도시경관의 악화

해설
인력난 가중은 지방의 문제이다.

79 지역이 가지고 있는 입지 특성이나 생산환경의 변화에 따른 추세를 고려하여 지역산업의 전문화 정도를 추계하는 지역산업 성장분석기법은?

① 변이할당분석법(Shift-Share Analysis)
② 지역산업연관분석(Input-Output Analysis)
③ 경제기반승수법(Economic Base Multiflier Analysis)
④ 경제활동참가율(Labor Force Participation Rate) 분석

해설
변이할당분석(Shift-Share Analysis)은 도시의 주요 산업별 성장원인을 규명하고, 도시의 성장력을 측정하는 방법이다. 도시 및 도시산업의 성장효과를 전국의 경제성장효과, 지역의 산업구조효과, 도시의 입지경쟁력에 의한 효과 등으로 구분하여 분석한다. 변이할당분석에 따르면 특정지역 R에 위치한 산업 i의 성장요인은 크게 3단계로 나눈다. 성장요인 = 국가성장효과(NG) + 산업구조효과(IM) + 지역할당효과(Rs) = 도시총소득(총고용성장)

80 콥-더글라스(Cobb-Douglas)의 생산함수에 관한 설명 중 ( ) 안에 알맞은 것은?

지역의 1인 당 소득 성장률은 기술진보와는 (㉠)의 관계를, 자본증가율과는 (㉡)의 관계를 갖는다.

① ㉠ 정(正), ㉡ 부(負)　　② ㉠ 부(負), ㉡ 정(正)
③ ㉠ 정(正), ㉡ 정(正)　　④ ㉠ 부(負), ㉡ 부(負)

해설
콥-더글라스 함수는 1934년 임금이론(The Theory of Wages)에 발표된 함수로 간단히 더글라스 함수라고도 한다. 지역의 1인당 소득 성장률은 기술진보 및 자본증가율과 정(正)의 관계를 갖는다고 주장하였다. 즉, 각 생산요소를 동시에 같은 비율로 증가시키면 산출량도 같은 비율로 증가한다는 의미이다.

제5과목 도시계획관계법규

81 노상주차장의 구조·설비기준으로 옳은 것은? (단, 일반적인 경우에 한하며 단서조건은 고려하지 않는다.)

① 주간선도로에 설치할 수 있다.
② 너비 6미터 미만의 도로에 설치하여서는 아니 된다.
③ 고속도로, 자동차전용도로 또는 고가도로에 설치할 수 있다.
④ 주차규모대수 10대 이상의 경우 장애인 전용 주차구획을 한 면 이상 설치하여야 한다.

[해설]
노상주차장은 주차장법 시행규칙 제4조에 의거 주간선도로, 너비 6미터 미만의 도로, 고속도로, 자동차전용도로, 고가도로에 설치하여서는 아니된다. 주차규모대수 20대 이상 50대 미만인 경우 장애인 전용 주차구획을 한 면 이상 설치하여야 한다.

82 다음 중 개발밀도관리구역에 대한 설명으로 옳지 않은 것은?

① 개발밀도관리구역은 개발행위로 인한 기반시설의 설치가 곤란한 주거지역에 대해서만 지정할 수 있다.
② 개발밀도관리구역을 지정하거나 변경하려면 해당 지방자치단체에 설치된 지방도시계획 위원회의 심의를 거쳐야 한다.
③ 개발밀도관리구역의 지정기준, 관리 등에 관하여 필요한 사항은 대통령령으로 정하는 바에 따라 국토교통부장관이 정한다.
④ 특별시장·광역시장·특별자치시장·특별자치도 지사·시장 또는 군수는 개발밀도관리구역에서는 대통령령으로 정하는 범위에서 관련 조항에 따른 건폐율 또는 용적률을 강화하여 적용한다.

[해설]
개발로 인하여 기반시설이 부족할 것이 예상되나 기반시설의 설치가 곤란한 지역을 대상으로 건폐율 또는 용적률을 강화하여 적용하기 위하여 지정하는 구역이라면 지정 가능하다.

83 다음 중 시장·군수·구청장이 시·도지사의 승인을 받지 않아도 되는 경미한 조성계획의 변경 기준으로 옳지 않은 것은?

① 관광시설계획면적의 100분의 20 이내의 변경
② 관광시설계획 중 시설지구별 건축 연면적의 100분의 30 이내의 변경
③ 관광시설계획 중 시설지구별 토지이용계획 면적의 100분의 40 이내의 변경
④ 관광시설계획 중 시설지구별 토지이용계획 면적의 2200㎡ 미만인 경우에는 660㎡ 이내의 변경

[해설]
- 관광시설계획면적의 20% 이내의 변경 ← ①
- 시설지구별 토지이용계획 면적의 30% 이내의 변경 (단, 시설지구별 토지이용면적이 2,200㎡ 미만인 경우 660㎡ 이내의 변경) ← ②
- 시설지구별 건축연면적의 30% 이내의 변경(단, 시설지구별 토지이용면적이 2,200㎡ 미만인 경우 660㎡ 이내의 변경) ← ③, ④
- 관계행정기관의 장과 승인권자에게 각각 통보하여야 한다.

84 건축법상 '지하층'이란 건축물의 바닥이 지표면 아래에 있는 층으로 바닥에서 지표면까지 평균 높이가 해당 층 높이의 얼마 이상인 것을 말하는가?

① $\frac{1}{5}$ ② $\frac{1}{4}$
③ $\frac{1}{3}$ ④ $\frac{1}{2}$

[해설]
건축법상 "지하층"이란 건축물의 바닥이 지표면 아래에 있는 층으로서 바닥에서 지표면까지 평균높이가 해당 층 높이의 2분의 1 이상인 것을 말한다.

85 다음 중 도시공원의 종류에 해당하지 않는 것은?

① 국립공원   ② 근린공원
③ 묘지공원   ④ 체육공원

[해설]
도시공원은 크게 생활권공원과 주제공원으로 구분되며 생활권공원에 소공원, 어린이공원, 근린공원이 있고, 주제공원에 역사공원, 문화공원, 수변공원, 묘지공원, 체육공원, 특별시·광역시 또는 도의 조례가 정하는 공원이 있다.

정답 81 ② 82 ① 83 ③ 84 ④ 85 ①

86 도시개발법령상 도시개발구역의 지정에 대한 설명으로 옳지 않은 것은?

① 도시개발구역으로 지정할 수 있는 상업지역의 규모는 3만 제곱미터 이상이다.
② 국토교통부장관은 관계 중앙행정기관의 장이 요청하는 경우 도시개발구역을 지정할 수 있다.
③ 대도시장을 제외한 시장·군수 또는 구청장은 시·도지사에게 도시개발구역의 지정을 요청할 수 있다.
④ 도시개발구역의 지정권자는 도시개발사업의 효율적인 추진과 도시의 경관 보호 등을 위하여 필요하다고 인정하는 경우에는 도시개발구역을 둘 이상의 사업시행지구로 분할할 수 있다.

해설
도시개발구역으로 지정할 수 있는 규모는 주거·상업, 자연·생산녹지(생산녹지지역이 도시개발구역 면적의 30% 이하인 경우) = 1만㎡, 공업지역 = 3만㎡, 도시지역 밖 = 30만㎡ 이상(단, 공동주택 중 아파트·연립주택의 건설계획이 포함되는 경우 20만㎡ 이상 - 관할교육청의 동의, 4차로 이상의 도로 설치 필요)이다.

87 어느 지역에 다음과 같은 조건의 공공청사를 신축할 경우에 올바른 과밀부담금의 산정식은?

- 건축연면적 : 10,000㎡ (주차장면적 포함)
- 주차장면적 : 2,000㎡
- 단위면적당 건축비 : 90,000원/㎡

① (10,000㎡ - 2,000㎡) × 90,000원/㎡ × 0.1
② (10,000㎡ - 2,000㎡) × 90,000원/㎡ × 0.05
③ (10,000㎡ - 2,000㎡ - 1,000㎡) × 90,000원/㎡ × 0.1
④ (10,000㎡ - 2,000㎡ - 1,000㎡) × 90,000원/㎡ × 0.05

해설
공공청사의 신축에 해당하므로 부담금 = (신축면적 - 주차장면적 - 기초공제면적) × 단위면적당 건축비 × 0.1 로 계산한다. 기초공제면적은 수도권정비계획법시행령 별표 2. 3항에 1천제곱미터로 정해져 있다. 따라서 부담금 = (10,000㎡ - 2,000㎡ - 1,000㎡) × 90,000원/㎡ × 0.1 = 63,000,000원이 된다.

88 수도권정비계획의 수립에 대한 설명으로 옳지 않은 것은?

① 수도권정비계획안은 국토교통부장관이 입안한다.
② 수도권정비계획안은 수도권정비위원회의 심의를 거친 후 확정된다.
③ 시·도지사는 수도권정비계획을 실행하기 위한 소관별 추진 계획을 수립하여야 한다.
④ 수도권정비계획의 대통령령으로 정하는 경미한 사항은 수도권정비위원회의 심의를 거쳐 변경할 수 있다.

해설
국토교통부장관은 수도권정비계획안을 수도권정비위원회의 심의를 거친 후 국무회의의 심의와 대통령의 승인을 받아 결정한다.

89 도시개발법에 따른 조합 설립의 인가에 관한 내용 중 ( ) 안에 들어갈 내용이 모두 옳은 것은?

조합 설립의 인가를 신청하려면 해당 도시 개발구역의 토지면적의 (㉠) 이상에 해당하는 토지 소유자와 그 구역의 토지 소유자 총수의 (㉡) 이상의 동의를 받아야 한다.

① ㉠ : $\frac{1}{2}$, ㉡ : $\frac{2}{3}$
② ㉠ : $\frac{2}{3}$, ㉡ : $\frac{2}{3}$
③ ㉠ : $\frac{1}{2}$, ㉡ : $\frac{1}{2}$
④ ㉠ : $\frac{2}{3}$, ㉡ : $\frac{1}{2}$

해설
도시개발법 제13조(조합 설립의 인가)에 의거 제1항에 따라 조합 설립의 인가를 신청하려면 해당 도시개발구역의 토지면적의 3분의 2 이상에 해당하는 토지 소유자와 그 구역의 토지 소유자 총수의 2분의 1 이상의 동의를 받아야 한다.

90 중심상업지역 안에서의 건폐율과 용적률의 기준 중 ( ) 안에 알맞은 것은?

중심상업지역의 건폐율은 (㉠)% 이하,
용적률은 (㉡)% 이상 (㉢)% 이하이어야 한다.

① ㉠ : 80, ㉡ : 500, ㉢ : 1000
② ㉠ : 80, ㉡ : 500, ㉢ : 1500
③ ㉠ : 90, ㉡ : 400, ㉢ : 1000
④ ㉠ : 90, ㉡ : 400, ㉢ : 1500

정답 86 ① 87 ③ 88 ② 89 ④ 90 ④(답없음)

해설
중심상업지역의 건폐율은 90% 이하, 용적률은 400% 이상 1천 500% 이하이어야 한다. ※ 2019.8.6. 법 개정으로 중심상업지역 용적률이 200% 이상 1천500% 이하로 변경되었다.

해설
신고 체육시설업에는 요트장업, 조정장업, 카누장업, 빙상장업, 승마장업, 종합 체육시설업, 수영장업, 체육도장업, 골프 연습장업, 체력단련장업, 당구장업, 썰매장업, 무도학원업, 무도장업이 있다. 자동차 경주장업은 등록 체육시설업에 속한다.

91 택지개발사업 시행자는 토지매수 업무와 손실보상 업무를 위탁할 때 토지매수 금액과 손실보상 금액의 얼마의 범위에서 대통령령으로 정하는 요율의 위탁수수료를 지급하여야 하는가?

① $\frac{2}{100}$ 의 범위
② $\frac{3}{100}$ 의 범위
③ $\frac{4}{100}$ 의 범위
④ $\frac{5}{100}$ 의 범위

해설
택지개발촉진법 제17조(토지매수 업무 등의 위탁) 조항에 의거 지방자치단체가 아닌 시행자가 토지매수 업무와 손실보상 업무를 위탁할 때에는 토지매수 금액과 손실보상 금액의 100분의 3의 범위에서 대통령령으로 정하는 요율의 위탁수수료를 지급하여야 한다.

92 건축법상의 '대지'에 관한 설명으로 옳지 않은 것은?

① 대통령령으로 정하는 토지는 둘 이상의 필지를 하나의 대지로 할 수 있다.
② 「공간정보의 구축 및 관리 등에 관한 법률」 상의 대(垈)와 동일한 개념이다.
③ 「공간정보의 구축 및 관리 등에 관한 법률」에 따라 각 필지(筆地)로 나눈 토지를 말한다.
④ 건축물이 있는 대지는 대통령령으로 정하는 범위에서 해당 지방자치단체의 조례로 정하는 면적에 못 미치게 분할할 수 없다.

해설
건축법 제2조(정의)에 의거 "대지(垈地)"란 「공간정보의 구축 및 관리 등에 관한 법률」에 따라 각 필지(筆地)로 나눈 토지를 말한다. 다만, 대통령령으로 정하는 토지는 둘 이상의 필지를 하나의 대지로 하거나 하나 이상의 필지의 일부를 하나의 대지로 할 수 있다. 대(垈)는 공간정보의 구축 및 관리 등에 관한 법률 제67조(지목의 종류) 중 하나이다.

93 다음 중 신고 체육시설업에 해당하지 않는 것은?

① 빙상장업
② 골프 연습장업
③ 종합 체육시설업
④ 자동차 경주장업

94 택지개발사업을 시행하는데 있어서 간선시설의 설치비용을 국가가 50퍼센트의 범위에서 보조할 수 있는 시설은?

① 가스공급시설
② 상하수도시설
③ 주택단지 내 통신시설
④ 주택단지 내 송·변전시설

해설
주택법에 의거 지방자치단체가 설치하는 도로 및 상하수도시설에 대해서는 해당 간선시설의 설치비용의 50퍼센트 범위에서 국가가 보조할 수 있다.

95 무질서한 시가화를 방지하고 계획적·단계적인 개발을 도모하기 위하여 대통령령으로 정하는 기간 동안 시가화를 유보하기 위해 지정되는 구역은?

① 개발제한구역
② 상세계획구역
③ 시가화조정구역
④ 특정시설제한구역

해설
국토교통부장관 또는 시·도지사는 도시지역과 그 주변의 무질서한 시가화를 방지하기 위하여 5~20년 이내의 기간을 정하여 시가화를 유보할 수 있다. 이 때 지정하는 구역을 시가화 조정구역이라 한다.

96 다음 중 개발제한구역에서 허가를 받아 그 행위를 할 수 있는 건축물의 용도변경에 해당하지 않는 경우는?

① 주택을 종교시설로 용도변경하는 행위
② 공장을 교육원 및 연구소로 용도변경하는 행위
③ 신축된 근린생활시설을 노래연습장으로 용도변경하는 행위
④ 주택을 다른 용도로 변경한 건축물을 다시 주택으로 용도변경하는 행위

정답 91 ② 92 ② 93 ④ 94 ② 95 ③ 96 ③

해설

개발제한구역에서 허가를 받아 주택을 종교시설로, 공장을 교육원 및 연구소로, 주택을 다른 용도로 변경한 건축물을 다시 주택으로 건축물의 용도변경을 할 수 있다. 신축된 근린생활시설은 제2종 근린생활시설로 용도변경 할 수는 있으나 단란주점, 안마시술소, 노래연습장은 제외한다.

97 산업입지 및 개발에 관한 법령상 도시첨단 산업단지의 지정에 관한 설명으로 옳지 않은 것은?

① 도시첨단산업단지의 지정 제외 지역은 특별시와 광역시다.
② 인구의 과밀방지 등을 위하여 대통령령으로 정하는 지역에는 도시첨단산업단지를 지정할 수 없다.
③ 시장·군수 또는 구청장은 시·도지사에게 도시첨단산업단지의 지정을 신청하려는 경우에는 산업단지개발계획을 작성하여 제출하여야 한다.
④ 도시첨단산업단지의 지정권자가 도시첨단 산업단지를 지정하려는 경우에는 산업단지개발계획에 대하여 관계 행정기관의 장과 협의하여야 한다.

해설

산업입지 및 개발에 관한 법률 제7조의2(도시첨단산업단지의지정)에 의거 인구의 과밀 방지 등을 위하여 서울특별시 등 대통령령으로 정하는 지역에는 도시첨단산업단지를 지정할 수 없다. 서울특별시 등 대통령령으로 정하는 지역이란 서울특별시를 말한다.

98 도시개발법상 환지를 정한 토지에 대한 일반적인 청산금 확정시기로 옳은 것은?

① 등기 완료된 날의 다음 날
② 환지계획 인가된 날의 다음 날
③ 환지처분 공고된 날의 다음 날
④ 공사시행 완료 보고된 날의 다음 날

해설

도시개발법 제41조(청산금)에 의거 청산금은 환지처분을 하는 때에 결정하여야 하고, 동법 제42조(환지처분의 효과)에 의거 청산금은 환지처분이 공고된 날의 다음 날에 확정된다.

99 국토기본법에 의한 국토정책위원회에 대한 설명으로 옳은 것은?

① 위원장은 대통령, 부위원장은 국무총리이다.
② 분과위원회의 심의는 국토정책위원회의 심의로 본다.
③ 국토정책위원회는 위원장 1명, 부위원장 1명을 포함한 34명 이내의 위원으로 구성한다.
④ 대통령은 국토계획 및 정책에 관한 전문지식 및 경험이 있는 사람 중에서 전문위원을 위촉할 수 있다.

해설

국토정책위원회의 위원장은 국무총리가 되고, 부위원장은 국토교통부장관과 위촉위원 중에서 호선으로 선정된 위원으로 한다. 분과위원회의 심의는 국토정책위원회의 심의로 본다. 국토정책위원회는 위원장 1명, 부위원장 2명을 포함한 42명 이내의 위원으로 구성한다. 국토정책위원회의 위원장은 국토계획 및 정책에 관한 전문지식 및 경험이 있는 사람 중에서 전문위원을 위촉할 수 있다.

100 부설주차장의 설치 의무가 면제되는 시설물의 위치·용도·규모 및 부설주차장의 규모 기준으로 옳지 않은 것은?

① 주차대수가 500대 규모의 부설주차장의 경우
② 연면적 1만제곱미터 이상의 판매시설 및 운수시설에 해당하지 아니하는 시설물
③ 연면적 1만 5천제곱미터 이상의 문화 및 집회시설, 위락시설에 해당하지 아니하는 시설물
④ 「도로교통법」에 따른 차량통행의 금지 또는 주변의 토지이용 상황으로 인하여 부설주차장의 설치가 곤란하다고 시장·군수 또는 구청장이 인정하는 장소

해설

주차장법 시행령 제7조(부설주차장의 인근설치) 제1항 조항에 의거 주차대수가 300대 이하인 규모의 부설주차장의 경우 설치의무가 면제된다.

4회 2018년 기출문제

제1과목 도시계획론

01 광역도시계획의 내용으로 옳지 않은 것은?

① 광역시설의 배치·규모·설치에 관한 사항
② 광역계획권의 공간구조와 기능분담에 관한 사항
③ 광역계획권의 녹지관리체계와 환경보전에 관한 사항
④ 10년을 단위로 광역계획권 지정 목적의 달성에 필요한 사항

해설
국토의 계획 및 이용에 관한 법률 제12조(광역도시계획의 내용)
① 광역도시계획에는 다음 각 호의 사항 중 그 광역계획권의 지정목적을 이루는 데 필요한 사항에 대한 정책 방향이 포함되어야 한다. 〈개정 2011.4.14.〉
  1. 광역계획권의 공간 구조 및 기능 분담에 관한 사항
  2. 광역계획권의 녹지관리체계 와 환경 보전에 관한 사항
  3. 광역시설의 배치·규모·설치에 관한 사항
  4. 경관계획에 관한 사항
  5. 그 밖에 광역계획권에 속하는 특별시·광역시·특별자치시·특별자치도·시 또는 군 상호 간의 기능 연계에 관한 사항으로서 대통령령으로 정하는 사항

02 도시·군계획시설의 민간 투자방식에 대한 설명으로 옳지 않은 것은?

① BOO 방식 : 시설의 준공과 동시에 국가 또는 지방자치단체에 소유권이 인정되는 방식
② BOT 방식 : 시설의 준공 후 일정 기간 동안 사업시행자에게 소유권이 인정되며, 기간 만료 시 국가 또는 지방자치단체에 소유권이 이전되는 방식
③ BTO 방식 : 시설의 준공과 동시에 국가 또는 지방자치단체에 소유권이 귀속되며, 사업 시행자에게 일정 기간 시설의 관리 운영권을 인정하는 방식
④ BLT 방식 : 사업시행자가 시설 준공 후 일정 기간 동안 운영권을 정부에 임대하고 임대 기간 종료 후 시설물을 국가 또는 지방자치단체에 이전하는 방식

해설
BOO(Build – Own – Operate 건설·소유 운영방식)는 사회간접자본시설의 준공과 동시에 사업시행자에게 당해 시설의 소유권을 인정하는 방식이다.

03 일정지역의 개발을 법규에서 정한 규정 이상으로 강하게 규제할 필요가 있을 경우 이에 대한 보상으로써, 문화재 보호나 환경보전 등에 있어 활용되는 방식으로 그 지역의 토지소유자로 하여금 재산상 손실부분만큼 다른 지역에서 만회할 수 있도록 하는 제도는?

① 유도지역제도(ICZ)
② 개발권이양제도(TDR)
③ 계획단위개발제도(PUD)
④ 복합용도개발제도(MXD)

해설
- 문화재 보존이나 환경보호 등을 위해 해당 지역의 토지소유자로 하여금 다른 지역에 대한 개발권을 부여하는 제도
- 기존 지역제에서 역사적 건축물의 보전과 농지나 자연환경의 보전 등을 위해 정해진 용적률 등 중에서 정해진 미 이용 부분을 인근 토지소유자에게 양도 또는 매매를 통한 이전이 가능하도록 한 제도

04 도시조사에 있어 자료원에 대한 접근이 직접적 혹은 간접적이냐에 따라 1차 자료와 2차 자료로 구분한다. 도시조사에 대한 설명으로 옳지 않은 것은?

① 1차 자료는 계획가가 원하는 현실감 있는 정확한 정보를 제공해 줄 수 있다는 장점이 있다.
② 도시계획을 위한 도시조사에서는 1차 조사와 2차 조사가 병행하여 이루어지는 것이 일반적이다.
③ 2차 자료에 비해 1차 자료는 비교적 적은 노력과 비용으로 계획가가 원하는 정보를 얻을 수 있다.
④ 1차 자료는 도시계획의 대상이 되는 단위 지역이나 당해 지역의 주민들로부터 현지조사나 관찰 및 면접 등을 통해 직접적으로 도출한 자료이다.

해설
1차 자료는 2차 자료에 비해 시간과 비용이 많이 드는 것이 단점이다.

05 도시재개발사업의 문제점 및 개선방안에 대한 설명으로 옳지 않은 것은?

① 상위계획에 입각한 일관성 있는 정책이기보다 행정편의 위주의 대책으로 시행된 경우가 많았다.
② 주로 지구단위의 미시적 관점에서 진행되어 주

정답 01 ④ 02 ① 03 ② 04 ③ 05 ④

변 지역과 전체 도시와의 체계성이 상실되고 있다.
③ 토지이용의 고도화를 위해 고층의 업무 및 상업 기능 위주로 진행되어 다양한 도시문제를 양산하고 있다.
④ 도심 내에서 재개발을 하는 경우에는 도시 활성화와 주거환경의 개선을 위해 복합용도개발보다는 순수한 주택단지 계획기술의 개발에 힘쓸 필요가 있다.

해 설
복합용도개발을 통해 직주근접을 실현할 필요가 있음

06 토지이용계획의 수립과정으로 옳은 것은?
① 현황 파악 → 계획구역 설정 → 계획 목표 및 지표 설정 → 면적수요 산정
② 계획구역 설정 → 현황 파악 → 계획 목표 및 지표 설정 → 면적수요 산정
③ 계획구역 설정 → 현황 파악 → 면적수요 산정 → 계획 목표 및 지표 설정
④ 현황 파악 → 계획구역 설정 → 면적수요 산정 → 계획 목표 및 지표 설정

해 설
수립과정 : 계획구역 설정 → 현황 파악 → 계획 목표 및 지표 설정 → 면적수요 산정

07 토지이용계획에서 수요예측을 하는데 가장 중요한 요소로서 비교적 쉽고 간편하게 추정이 가능하여 자주 이용되는 요소는?
① 인구 현황
② 재정여건 현황
③ 건축물 면적 현황
④ 도시기반시설 현황

해 설
수요예측 중 규모계획에서는 우선 시설계획에 기초한 주거, 상업, 공업, 녹지, 공공기반시설 및 시설용지의 면적을 추정하고, 인구와 경제활동 예측을 통한 전체 도시 활동량을 예측한 후 시설별 목표지표를 토대로 용도지역별 시설, 기반시설별로 필요한 용지면적을 추정하게 된다. 이 때, 주요 지표로 인구(상주인구 및 유동인구)가 사용된다.

08 다음 설명에 해당하는 행동을 수행한 단체는?

- 20세기 초 미국의 상업주의적 개발방식과 겉치레에 그치는 도시미화운동에 비판을 가하며 삶의 토대를 구체적 장소환경에서 찾아야 하며 가장 인간주의적이고 문화적 폭이 넓은 도시계획이 되어야 함을 강조한다.
- 도시구조형식은 근린주구의 개념을 따르며 소단위의 새로운 주거형태의 개발을 주장하였다.

① 르네상스운동회
② 세계건축가협회
③ 에키스틱스협회
④ 미국지역계획가협회

해 설
20세기 초 미국의 상업주의적 개발방식과 도시미화운동 비판하며 도시구조형식은 근린주구 개념을 따르며 새로운 소단위의 주거형태 개발을 주장했던 단체는 미국지역계획가협회이다.

09 아래 그림이 나타내는 이론과 3(빗금친 부분)에 해당하는 토지이용이 올바르게 연결된 것은?

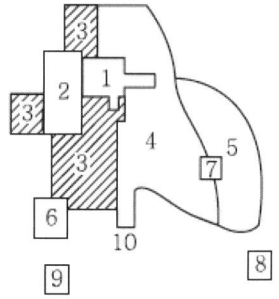

① 선형이론 – 점이지대
② 선형이론 – 도매경공업지구
③ 다핵심이론 – 고소득층 주거지구
④ 다핵심이론 – 저소득층 주거지구

해 설
- 다핵설(해리스, 울만) : 지리학적 입장, 동심+선형, 대도시 토지이용 형태, 설명(유동적 현대도시에 적합), 동태적 설명 부족, 가장 비조직적 이론
- 1 : CBD, 3 : 저소득, 7 : 외곽상업지구

10 용도지역의 분류에 해당하지 않는 것은?
① 환경지역
② 관리지역
③ 도시지역
④ 농림지역

> **해설**
> 국토의 계획 및 이용에 관한 법률에 의해 용도지역은 도시지역, 관리지역, 농림지역, 자연환경보전지역으로 구분된다.

11 토지이용계획의 실행수단은 간접적 실행수단과 직접적 실행수단으로 구분할 수 있다. 간접적 실행수단에 해당되지 않는 것은?

① 도로정비와 같은 도시기반시설 설치
② 지구 차원의 토지이용 지침이 포함된 지구단위계획 수립
③ 개발 사업자가 토지를 확보하여 스스로 건축행위를 하여 실현
④ 주거지역, 상업지역 등 용도를 지정하여 합치되는 용도만을 허용하는 용도지역제 운영

> **해설**
> 간접적 실행수단에는 규제수단, 계획수단, 유도적 수단이 있으며 직접적 실행수단에는 도시계획사업과 기타개발사업이 있다. 개발사업자가 토지를 확보하여 스스로 건축행위를 하여 실현하는 경우라면 직접적 실현 수단에 해당한다. 기반시설의 설치와 용도지역제는 규제수단, 지구단위계획 수립은 계획수단에 해당한다.

12 1990년대 미국과 캐나다에서 도시의 무분별한 확산에 의한 도시문제를 극복하기 위해 제시된 도시개발 패러다임은?

① 낭만주의   ② 효용주의
③ 뉴어바니즘   ④ 창조혁신도시

> **해설**
> 뉴어바니즘(New Urbanism)이란 1990년대 미국과 캐나다에서 도시의 무분별한 확산에 의한 도시 문제를 극복하기 위해 제시된 도시개발 패러다임을 말한다. 현대도시가 겪어온 여러 가지 문제점들을 해결하기 위해서 도시중심을 복원하고, 확산하는 교외를 재구성하며, 파괴적인 개발행위를 영속화하려는 정책과 관례를 바꾸려는 운동이다.

13 국토공간계획지원체계(KOrea Planning Support System, KOPSS)에 포함되어 있지 않은 분석모형은?

① 세움이(건축계획지원)
② 경관이(경관계획지원)
③ 재생이(도시정비계획지원)
④ 시설이(도시기반시설계획지원)

> **해설**
> 국토공간계획지원체계(KOPSS ; KOrea Planning Support System)란 국토공간계획 및 정책의 수립·시행·평가과정에서 의사결정에 필요한 정보를 지원코자 개발된 계획지원도구이다. 포함된 분석모형으로는 경관이(경관계획지원), 재생이(도시정비계획지원), 시설이(도시기반시설계획지원)가 있다.

14 미래 도시의 새로운 계획 패러다임 방향으로 옳지 않은 것은?

① 지속 가능한 도시 개발로의 전환
② 미래 사회에 맞는 새로운 U-도시계획
③ 시민참여의 확대와 계획 및 개발주체의 다양화
④ 지역별 특화를 위한 도·농 분리적 계획체계로의 전환

> **해설**
> 도시계획의 새로운 패러다임에서는 도시성장 관리, 집중과 분산, 도농통합도시, 농촌도시권, 농도지구 등의 균형 성장을 추구한다.

15 고대 메소포타미아와 이집트의 도시에서 시작되었던 것을 히포다무스(Hippodamus)가 그리스의 도시계획에 적용시킨 것은?

① 성곽의 축조   ② 격자형 가로망
③ 공중정원의 설치   ④ 공공시설의 중앙배치

> **해설**
> 히포다무스(Hippodamus, 도시계획의 아버지)는 격자형 가로망, 건축통제 및 하부구조 강조, 도시계획학문과 도시계획가가 직업인으로 되어야 함을 주장하였다.

16 공업지역의 입지 결정에 고려되어야 할 조건으로 옳지 않은 것은?

① 용수가 충분하고 전력 공급이 가능한 지역
② 주거지역 또는 상업지역과 완벽하게 이격이 되는 지역
③ 평탄지역으로 적정규모 이상의 부지 공급이 가능한 지역
④ 지역 간 수송이 원활하도록 고속도로 및 국도 접근이 용이한 지역

정답 11 ③ 12 ③ 13 ① 14 ④ 15 ② 16 ②

> **해 설**
> 공업지역은 다음의 입지조건을 갖는다.
> - 교통·동력·용수·노동력 획득이 편리한 곳
> - 지형이 평탄한 곳
> - 광대한 지역으로 지가가 저렴한 곳
> - 철도의 연변, 하천, 항만의 연안
> - 오수·배수 처리가 가능한 곳
> → 가급적 전용화시켜 그룹화하고, 위험한 공업은 시가지에서 먼 곳에 배치하지만, 반드시 주거 또는 상업지역과 완벽하게 이격되는 지역이어야만 하는 것은 아니다.

17 프리드만(Friedmann)이 주장한 것으로 계획의 집행에 직접적으로 영향을 받는 사람들과 상호 대화를 통하여 수립하는 계획은?

① 교류적 계획 ② 점진적 계획
③ 종합적 계획 ④ 급진적 계획

> **해 설**
> 교류적 계획은 인간의 존엄성에 기초를 두는 신휴머니즘적 사고에 기초하고 계획가와 계획에 영향 받는 사람들 간의 대화와 이를 통한 사회적 학습과정 형성을 중시하였다.

18 과거 10년간 등비급수적으로 인구가 증가하여 현재 인구가 123만명이고, 10년 전 인구는 100만명인 도시가 있다. 이 도시의 연평균 인구증가율은?

① 약 1.1% ② 약 2.1%
③ 약 4.1% ④ 약 5.1%

> **해 설**
> $P_n = P_o(1+r)^n,$
> $P_{10} = P_o(1+r)^{10}$
> $1{,}230{,}000 = 1{,}000{,}000(1+r)^{10}$
> $r \fallingdotseq 2.1\%$

19 크리스탈러(W. Christaller)의 중심지 이론에서 작은 중심지로부터 큰 중심지로 확대되어가는 중심지 계층의 포섭이론 중 K = 7에 해당되는 원리는?

① 교통원리 ② 시장원리
③ 행정원리 ④ 문화원리

> **해 설**
> 행정원리(K = 7 System)은 중심지가 배후지를 능률적으로 관리할 수 있도록 하는 포섭원리이다.

20 공동구의 장점으로 옳지 않은 것은?

① 수용하는 도관의 유지관리가 용이하다.
② 가로와 도시의 미관을 개선할 수 있다.
③ 기존 가로에 도관의 이설 및 신설이 용이하다.
④ 빈번한 노면굴착에 의한 교통 장애를 제거할 수 있다.

> **해 설**
> 공동구는 기존 가로에 적용하기 어려워 신설 도로 위주로 설치되는 특성을 갖는다.

제2과목 도시설계 및 단지계획

21 주차장법 시행규칙상 노외주차장의 설치에 대한 계획기준에 관한 아래 내용 중 ( ) 안에 들어갈 알맞은 것은?

> 주차대수 (   )대를 초과하는 규모의 노외주차장의 경우에는 노외주차장의 출구와 입구를 각각 따로 설치하여야 한다.

① 100 ② 200
③ 300 ④ 400

> **해 설**
> 주차장법 시행규칙
> 제5조(노외주차장의 설치에 대한 계획기준)
> 법 제12조 제1항 및 법 제12조의3제1항에 따른 노외주차장 설치에 대한 계획기준은 다음 각 호와 같다. 〈개정 2014.2.6., 2016.4.12.〉
> 7. 주차대수 400대를 초과하는 규모의 노외주차장의 경우에는 노외주차장의 출구와 입구를 각각 따로 설치하여야 한다. 다만, 출입구의 너비의 합이 5.5미터 이상으로서 출구와 입구가 차선 등으로 분리되는 경우에는 함께 설치할 수 있다.

22. 구조물의 높이(H)와 그 외부공간의 거리(D)의 관계에서 공간 폐쇄감의 상실(공허감)이 시작되는 각도는?

① 약 14° ② 약 18°
③ 약 20° ④ 약 25°

해 설
약 14° 이상에서 폐쇄감을 상실, 노출감을 인식하고, 약 18°가 폐쇄감을 느끼는 최소의 비례이며 약 30°에서 균형감, 안정감, 거리감을 인식할 수 있다. 약 45°이상부터 폐쇄감을 느끼기 시작하고, 건물 높이에 대한 인식이 불가능해진다.

23. 다음 중 획지계획에 대한 설명으로 옳지 않은 것은?

① 용도에 맞는 적정 획지를 계획하도록 한다.
② 다양한 규모의 획지로 분할하여 여러 계층의 수요를 고르게 만족시킬 수 있도록 하여야 한다.
③ 획지계획의 기본목표는 주택용지의 경우 토지이용의 효율성과 주거의 쾌적성을 보장하는 것이다.
④ 간선가로망 주변에 소형 가구를 많이 배치하여 상업시설과 부대시설에 의한 가로변의 미관 저해를 방지토록 한다.

해 설
간선가로망 주변에 소형가구를 많이 배치하면 미관이 저해된다.

24. 래드번에 처음 채택된 슈퍼블럭을 구성함에 따라 얻어질 수 있는 효과가 아닌 것은?

① 보도와 차도의 완전한 혼합형 개발 가능
② 충분한 공동의 오픈스페이스 확보 가능
③ 건축물을 집약화함으로써 고층화·효율화 가능
④ 전기·하수·쓰레기 수거 등 도시시설의 공동화 가능

해 설
슈퍼블럭에서는 보도와 차도를 입체적으로 분리(=보차분리)하고자 하였다.

25. 교차로의 우선방향이 명확하기 때문에 교통사고의 위험이 적으며, 주택지에서 적극적으로 이용될 수 있는 교차로 형태는?

① T 형 ② 十 형
③ Ring 형 ④ Loop 형

해 설
T 형 교차로는 손실되는 토지가 적고 단조로운 가구형성의 가능성이 있고, 구획도로와 국지도로의 빈번한 교차가 발생되는 단점이 있으나, 교차로 우선방향이 명확하여 교통사고 위험 적고 주택지에서 적극적으로 이용 가능하다는 장점이 있다.

26. 학교의 결정기준에 관한 아래 내용 중 ( )안에 들어갈 알맞은 것은?

학교의 결정기준에서 중학교는 ( )개 근린주거구역 단위에 1개의 비율로 배치해야 한다.

① 1 ② 2
③ 3 ④ 4

해 설
도시·군계획시설의 결정·구조 및 설치기준에 관한 규칙
제89조(학교의 결정기준)
① 학교의 결정기준은 다음 각 호와 같다.
〈개정 2011.11.1., 2012.6.28., 2012.10.31., 2013.8.30.〉
10. 초등학교는 2개의 근린주거구역단위에 1개의 비율로, 중학교 및 고등학교는 3개 근린주거구역 단위에 1개의 비율로 배치할 것.

27. 도시공원 및 녹지 등에 관한 법률 시행규칙상 아래 ( )안에 들어갈 알맞은 것은?

도시공원 및 녹지 등에 관한 법률상 개발제한구역 및 녹지지역을 제외한 도시지역 안에 있어서의 도시공원의 확보기준은 해당도시지역 안에 거주하는 주민 1인당 ( )제곱미터 이상으로 한다.

① 2 ② 3
③ 5 ④ 10

해 설
개발제한구역 및 녹지지역을 제외한 도시지역 안에서 의 도시공원 확보기준은 해당 도시지역 안에 거주하는 주민 1인당 3㎡ 이상으로 한다.

정답 22 ① 23 ④ 24 ① 25 ① 26 ③ 27 ②

28 지구단위계획과 도시설계 및 상세계획 간의 차이점에 대한 설명으로 옳지 않은 것은?

① 법적 근거는 3개 제도가 모두 달랐다.
② 상세계획을 제외하고 지정 기준의 규모제한이 없다.
③ 제도 도입시기는 도시설계, 상세계획, 지구단위계획 순이다.
④ 계획변경은 도시설계의 경우 도시설계 작성절차, 상세계획의 경우 도시계획 결정절차, 지구단위계획의 경우 도시·군관리계획 결정절차에 준한다.

해 설
지구단위계획은 국토의 계획 및 이용에 관한 법률, 도시설계제도는 건축법, 상세계획제도는 도시계획법을 법적 근거로 한다. 상세계획제도는 구역지정을 통해 규모의 제한을 둔다. 도입시기는 도시설계제도(1980.01), 상세계획제도(1991.12), 지구단위계획(2000.01) 순이다. 계획변경은 도시설계의 경우 도시설계 작성절차, 상세계획의 경우 도시계획 결정절차, 지구단위계획의 경우 도시·군관리계획 결정절차에 준한다.

29 축척이 1/50,000인 지형도 위에 20m 간격으로 등고선이 그려져 있고 5줄 마다 계곡선이 있다. 어떤 사면의 경사를 알기 위해 측정한 계곡선 간의 수평거리가 1.2cm이었을 때 이 사면의 경사도는?

① 약 9%   ② 약 12%
③ 약 17% ④ 약 20%

해 설
5줄마다 있는 계곡선간의 수평거리이므로 20m에 5를 곱해주어야 하고, 1/50,000 축척의 지형도이므로 계곡선간의 수평거리가 1.2cm에 50,000을 곱해주어야 한다.

경사도 = $\dfrac{\text{등고선 간격(높이)}}{\text{등고선 간의 수평거리}} \times 100$

경사도 = $\dfrac{20m \times 5}{1.2cm \times 50,000} \times 100 ≒ 0.17$

30 지구단위계획에서 도시·군관리계획도서의 지형도 축척으로 옳은 것은?

① 1/500 ~ 1/1,000
② 1/1,000 ~ 1/5,000
③ 1/5,000 ~ 1/10,000
④ 1/10,000 ~ 1/25,000

해 설
도시·군관리계획 수립지침
제3절 도시·군관리계획조서 및 도면
- 도시·군관리계획조서는 도시·군관리계획조서 작성기준에 맞추어 별도로 작성한다.
- 도시·군관리계획도면은 도시·군관리계획도면 작성지침에 맞추어 정확하게 표시하고, 계획도면은 축척 1/1,000 또는 1/5,000(1/1,000 또는 1/5,000 축척이 없는 경우에는 1/25,000)의 지형도(수치지형도를 포함한다.)로 한다. 다만, 지형도가 없는 경우에는 해도·해저지형도 등의 도면으로 지형도를 갈음할 수 있다.

31 공동주택의 일조 등의 확보를 위한 높이 제한에 관한 설명 중 ( )안에 알맞은 것은?

같은 대지에서 두 동 이상의 건축물이 마주보고 있는 경우에 건축물 각 부분사이의 거리는 기준의 거리 이상을 띄어 건축할 것. 다만, 그 대지의 모든 세대가 (㉠)를 기준으로 (㉡)시에서 (㉢)시 사이에 (㉣)시간 이상을 계속하여 일조를 확보할 수 있는 거리 이상으로 할 수 있다.

① ㉠ : 하지, ㉡ : 9, ㉢ : 15, ㉣ : 2
② ㉠ : 하지, ㉡ : 12, ㉢ : 16, ㉣ : 2
③ ㉠ : 동지, ㉡ : 12, ㉢ : 16, ㉣ : 2
④ ㉠ : 동지, ㉡ : 9, ㉢ : 15, ㉣ : 2

해 설
건축법 시행령 제86조(일조 등의 확보를 위한 건축물의 높이 제한)
③ 법 제61조 제2항에 따라 공동주택은 다음 각 호의 기준에 적합하여야 한다. 다만, 채광을 위한 창문 등이 있는 벽면에서 직각 방향으로 인접 대지경계선까지의 수평거리가 1미터 이상으로서 건축조례로 정하는 거리 이상인 다세대주택은 제1호를 적용하지 아니한다. 〈개정 2009.7.16., 2013.5.31., 2015. 7.6.〉
2. 같은 대지에서 두 동(棟) 이상의 건축물이 서로 마주보고 있는 경우(한 동의 건축물 각 부분이 서로 마주보고 있는 경우를 포함한다)에 건축물 각 부분 사이의 거리는 다음 각 목의 거리 이상을 띄어 건축할 것. 다만, 그 대지의 모든 세대가 동지(冬至)를 기준으로 9시에서 15시 사이에 2시간 이상을 계속하여 일조(日照)를 확보할 수 있는 거리 이상으로 할 수 있다.

32 조례로 정한 용적률 500%의 근린상업지역 내 대지에 상징시설을 위한 광장면적을 전체대지면적의 20%로 조성하면서 수립하는 지구단위계획에서 인센티브에 의한 최대 용적률은?(단, 가

중치는 0.8로 한다.)
① 550% ② 600%
③ 650% ④ 700%

해설
도시지역내 지구단위계획구역에서 대지 면적의 일부가 공공시설 또는 기반시설 중 학교와 해당 시·도 또는 대도시의 도시·군계획조례로 정하는 기반시설의 부지로 제공되는 것으로 계획되는 경우
용적률=(조례로 정하는 용적률)×[1+1.5×가중치×(공공시설등의 부지로 제공하는 면적)/(공공시설등의 부지 제공후 대지면적)]이내
=500%×[1+1.5×0.8×(20%)/(80%)]=650%

33 정연한 도시환경 질서 위에 가변성이 큰 오픈스페이스 체계를 계획함으로써 과도한 정형성을 완화하고 동시에 양호한 접근로를 조성하는 오픈스페이스 배치 형태는?
① 연속(sequence)
② 위요(encirclement)
③ 결절화(nodalization)
④ 중첩(superimposition)

해설
정연한 도시환경 질서 위에 가변성이 큰 오픈스페이스 체계를 계획함으로써 과도한 정형성을 완화하고 동시에 양호한 접근로를 조성하는 오픈스페이스 배치 형태

34 지역물류 중계지로서의 특징을 지니고 내수화물 및 도소매 품목을 취급하며 부차적으로 농산물의 집하와 1차 가공기능 입지로서의 기능을 수행하는 물류단지의 유형은?
① 전국 거점형 물류단지
② 산업단지 지원형 물류단지
③ 중소도시 지원형 물류단지
④ 내륙대도시 지원형 물류단지

해설
물류단지는 입지에 따라 내륙대도시지원형 물류단지, 임항형 물류단지, 산업단지 지원형 물류단지, 중소도시 지원형 물류단지로 구분할 수 있다. 지역물류 중계지로서의 특징을 지니고 내수화물 및 도소매 품목을 취급하며 부차적으로 농산물의 집하와 1차 가공기능 입지로서의 기능을 수행하는 물류단지는 중소도시 지원형 물류단지이다.

35 주택단지 계획시 주택용지율 70% 총 인구밀도를 210인/ha로 한다면, 순인구밀도는?
① 147 인/ha ② 210 인/ha
③ 300 인/ha ④ 333 인/ha

해설
$$순인구밀도 = \frac{총 인구밀도}{주택용지율} = \frac{210}{0.7} = 300인/ha$$

36 다음 중 근린주구(Neighborhood Unit)와 관련이 없는 것은?
① 페리(C. A.. Perry)
② 아디케스(F. Adickes)
③ 래드번(Radburn) 계획
④ 스타인(Clarence S. Stein)

해설
페리는 근린주구이론을 처음 주장하였고, 라이트와 스타인이 근린주구 이론을 적용하여 래드번 계획을 제시하였다. 1902년에 독일에서 시행된 아디케스법은 민간의 토지를 지방정부가 도시계획에 따라 개발한 후 재분배하는 토지구획정리에 대한 법이다.

37 전통적으로 구분되는 유기적 방법과 구성적 방법으로 도시설계 기법을 제시한 학자는?
① David Gosling
② Paul Meadows
③ Oscar Newman
④ Goeffrey Broadbent

해설
오스카 뉴만(Oscar Newman)
① 전통적으로 구분되는 유기적 방법과 구성적 방법으로 도시설계 기법을 제시
② 도시공간의 위계적 구성체계(공적, 반공적, 사적 영역의 매개공간 계획)
③ 방어공간(Defensible Space) 개념 제시

38 단지경관의 기본이론인 맥락(Context) 중 2차적 맥락을 적합하게 설명한 것은?
① 지역의 특징적 형태나 유형 등을 참조하여 지역의 향토적 흐름을 유추하는 단계를 말한다.
② 건축언어를 일치시키는 것이 목적이며, 여기에

정답 33 ④ 34 ③ 35 ③ 36 ② 37 ③ 38 ①

는 색채, mass, 높이 처마선 등이 포함된다.
③ 외형상 주변 건물의 파사드를 맞추는 작업으로 시각적 조화를 바탕으로 하는 통일성에 초점을 둔다.
④ 이미지 유추와 같은 추상적 형태를 반영하며 역사나 철학을 바탕으로 설계가의 작품관과 합해진 형태를 추구한다.

> **해설**
> 2차적 맥락은 지역의 특징적 형태나 유형 등 제반현상들을 참조하여 지역의 향토적 흐름을 형태적으로 유추하는 단계를 말한다. 건축유형학적(Architectural Typology) 관점에 초점을 두며 실현 방안으로 건축구조, 재료, 건축양식, 공조규성방법 등이 있다.
> 1차적 맥락에서는 외형상 주변 건물의 파사드를 맞추는 작업으로 시각적 조화를 바탕으로 하는 통일성에 초점을 두고 건축언어를 일치시키는 것이 목적이며, 여기에는 색채, mass, 높이 처마선 등이 포함된다.
> 3차적 맥락에서는 이미지 유추와 같은 추상적 형태를 반영하며 역사나 철학을 바탕으로 설계가의 작품관과 합해진 형태를 추구한다.

39 도시설계이론 중 설계자의 주관, 직관, 창의력 등에 의존해서 이루어지는 설계접근방식으로 설계대상의 규모가 작고 규제가 한정되는 경우에 사용되는 도시설계 방법은?

① 개괄적 설계방법 ② 내향적 설계방법
③ 다원적 설계방법 ④ 점진적 설계방법

> **해설**
> 해미드 쉬라바니(Hamid Shiravani)는 도시설계 방법을 내향적, 개괄적, 점진적, 단편적, 다원적, 급진적 설계방법으로 분류하였다. 이 중 설계자의 주관, 직관, 창의력 등에 의존해서 이루어지는 설계접근방식으로 설계대상의 규모가 작고 규제가 한정되는 경우에 사용되는 도시설계 방법은 내향적 설계방법 (the internalized method of design)이다.

40 도시설계에 관하여 아래와 같이 주장한 미국의 사회학자는?

> 근대도시의 획일화된 형태와 기능적인 용도분리, 가로와의 관계를 의식하지 않은 비정형적인 오픈스페이스 등은 사회범죄와 전통적인 커뮤니티의 해체, 기계적이고 단조로운 인간생활을 조장함으로써 도시는 점점 삭막해져가고 있다. 이러한 문제의식을 바탕으로 전통적인 도시공간의 사례조사를 통하여 용도혼합에 의한 가로공간의 조성과 적정밀도의 저층고밀 개발, 보차공존도로의 조성 등을 통하여 근대도시의 부정적 속성을 해결하여야 한다.

① Herbert Gans ② Jane Jacobs
③ Kevin Lynch ④ Paul D.Spreiregen

> **해설**
> 제이콥스(Jane Jacobs)는 근대도시의 문제점을 분석하여 물리적 환경(공간, 밀도 등)에 대한 전문가적 관심을 가졌다.

제3과목 도시개발론

41 다음 중 도시개발사업의 전부 또는 일부를 환지방식으로 시행하려 할 때 환지계획의 작성에 포함되지 않는 내용은?

① 환지 설계
② 필지별로 된 환지 명세
③ 환지 청산금 징수시기
④ 필지별과 권리별로 된 청산 대상 토지 명세

> **해설**
> 환지계획에 포함되는 사항은 환지설계, 필지별로 된 환지명세, 필지별·권리별로 된 청산 대상 토지명세, 체비지 또는 보류지의 명세(환지예정지 지정 명세는 포함되지 않음), 축척 1,200분의 1 이상의 환지예정지도이다.

42 전원도시이론의 영향을 받아 1904년 만들어진 세계 최초의 전원도시 레치워스(Letch worth)를 계획한 사람은?

① 오웬 ② 페리
③ 언윈 ④ 스타인

> **해설**
> 레치워스(Letchworth)는 레이몬드 언윈(Raymond Unwin)과 배리 파커(Barry Parker)에 의해 런던 북쪽 35mile(54km) 거리에 건설되었다.

43 지역의 문화전통과 자연환경에 첨단기술산업의 활력을 도입하여 첨단기술산업군, 학술연구기관, 쾌적한 생활환경의 3가지 기능이 잘 조합된

도시 조성을 실현하여 미래지향적인 새로운 정주 체계를 달성하고자 하는 개발은?

① 연구단지 개발
② 테크노폴리스 개발
③ 첨단산업단지 개발
④ 기술창업보육센터 개발

해설
테크노폴리스
- 정의 : Technology(기술) + Polis(도시)의 합성어로 반도체, 전자, 신소재, 정밀기계와 같은 첨단산업과 이공계 대학의 연구소와 매력적인 주거환경이 잘 조화된 고도의 집적도시
- 테크노폴리스의 유형 : 자립도시 형성형, 부도심 형성형, 모도시 거점형, 다핵도시형
- 테크노폴리스의 입지조건 : 고속의 교통체계, 양질의 노동력, 도시기능 및 학술기능의 집적, 양호한 주거환경

44. 도시·군계획시설로서의 도로의 일반적 결정기준에 관한 설명이 옳지 않은 것은?

① 기존 도로를 확장하는 경우에는 원칙적으로 양쪽 방향으로 동일한 폭만큼씩 확장한다.
② 국도대체우회도로에는 집산도로 또는 국지도로가 직접 연결되지 아니하도록 한다.
③ 도로의 폭은 당해 시·군의 인구 및 발전전망을 감안한 교통수단별 교통량분담계획, 당해 도로의 기능과 인근의 토지이용계획에 의하여 정한다.
④ 도로가 전력·전화선 등을 가설하거나 변압기탑·개폐기탑 등 지상시설물이나 상하수도·공동구 등 지하시설물을 설치할 수 있는 기반이 되도록 해야 한다.

해설
기존 도로를 확장하는 경우에는 원칙적으로 한쪽 방향으로 확장하도록 한다.

45. '부동산증권화'의 효과 중 맞는 것은?

① 자산보유자의 입장에서 증권화를 통해 유동성을 낮출 수 있다.
② 투자자 입장에서는 위험이 크지만 수익률이 좋은 금융상품에 대한 투자기회를 가지게 된다.
③ 자산보유자의 입장에서는 대출회전율이 높아져 총수익이 증가하고 대출시장에서의 시장점유율을 높일 수 있다.
④ 차입자 입장에서는 단기적으로 직접적 혜택이 크며, 장기적으로 대출한도의 확대와 금리인하로 인한 차입여건 개선이 가능하다.

해설
리츠란 부동산과 금융을 결합한 형태로 부동산투자의 약점으로 꼽히는 유동성 문제와 소액투자 곤란의 문제를 극복하기 위하여 증권화를 이용하여 유동성 문제를 해결하는 방식을 말한다. 리츠를 활용하게 되면 자산 보유자의 입장에서는 대출회전율이 높아져 총수익이 증가하고 대출시장에서의 시장점유율을 높일 수 있는 효과가 있다.

46. 계획단위개발(PUD)의 문제점으로 가장 거리가 먼 것은?

① 평범한 고밀도단지를 형성할 우려가 있다.
② 고용기회를 갖추지 못한 채 대량의 인구를 입주시킬 우려가 있다.
③ PUD의 제안, 심사, 협상, 공청회 등 시행과정에 과도한 시간이 소요된다.
④ 주택형식 디자인의 유동성이 크고 클러스터링으로 인해 다양한 배치가 불가능하다.

해설
계획단위개발(PUD)은 최소면적, 개발자의 자격요건, 용적률, 건축물의 높이, 주차시설 등에 관한 일반지침을 정해주고 개발자는 이 지침의 범위 내에서 사업대상지와 사업내용의 특성에 맞추어 토지이용계획과 단지계획을 수립하여 정부의 인가를 받은 후 종합적으로 개발하는 방식이므로 토지이용규제가 갖는 경직성 완화와 토지이용의 효율성의 향상 가능성을 가진 것이 장점이다. 따라서 주택형식 디자인의 유동성을 가지고 다양한 배치가 가능한 것이 장점이 된다.

47. 기업의 자금조달 구조를 크게 내부자금과 외부자금으로 분류할 때에 다음 중 내부자금의 형태에 해당하는 것은?

① 국제리스
② 상업차관
③ 회사채 발행
④ 감가상각충당금

해설
내부자금에는 기업의 이익의 사내유보금, 준비금, 감가상각 충당금 등이 있다.

정답 44 ① 45 ③ 46 ④ 47 ④

48 재개발의 목적에 관한 설명으로 옳지 않은 것은?

① 주택 및 물리적 시설의 불량, 노후화를 개선, 예방
② 도시적 형태와 기능을 지니지 않은 토지에서 도시적 기능을 부여
③ 재개발지구 주민들의 사회 경제적 조건을 향상시키며 공동체적 삶의 질을 향상
④ 교통시설과 교통체계의 정비, 지역사회를 위한 학교, 공원, 우체국 등 다양한 공공시설과 서비스를 적정 배치 공급

해설
재개발은 주택 및 물리적 시설의 불량·노후화의 개선과 예방, 다양한 공공시설과 서비스의 적정한 배치 및 공급, 주민의 사회경제적 조건 향상과 공동체적 삶의 질 향상을 목적으로 한다.

49 다음 중 급속한 도시화와 과도한 개발로 인한 여러 가지 문제점을 극복하여 지속가능한 개발을 할 수 있도록 하기 위하여 등장한 도시개발 패러다임으로 가장 성격이 다른 하나는?

① 유비쿼터스도시(U-City)
② 컴팩트시티(Compact City)
③ 어반 빌리지(Urban Village)
④ 뉴어바니즘(New Urbanism)

해설
컴팩트시티, 어반 빌리지, 뉴어바니즘은 균형성장과 환경을 중시하는 개발성향을 나타내고, 유비쿼터스도시는 첨단도시 개발성향을 나타내므로 성격이 조금 다르다.

50 Robert Goodland(1994)가 제안한 지속가능한 도시개발(sustainable urban development)의 요소에 해당하지 않는 것은?

① 경제적 지속성   ② 물리적 지속성
③ 사회적 지속성   ④ 환경적 지속성

해설
굿랜드는 지속가능한 도시개발을 위한 지속성 요소로 사회문화적 지속성, 경제적 지속성, 경관 및 환경적 지속성을 제안하였다.

51 다음 중 부동산과 금융을 결합한 형태로서 유동성 문제와 소액투자 곤란의 문제를 증권화라는 방식을 이용하여 해결하고 있는 부동산 펀드의 대표적인 형태는?

① 부동산 신디케이션
② 에스크로우(Escrow)
③ 자산담보부증권(ABS)
④ 부동산투자신탁(REITs)

해설
유동성 문제와 소액투자 곤란의 문제를 증권화라는 방식을 이용하여 해결한 방식을 리츠(REITs ; Real Estate Investment Trusts)라 한다.

52 도시정책에서 복합용도개발의 근본적인 목표로 가장 거리가 먼 것은?

① 직주근접 유도
② 원거리 통행 감소
③ 분산적 도시화 추진
④ 도시의 외연적 확산 완화

해설
복합용도개발은 분산적 도시화를 저지하여 도심공동화를 방지하고 토지이용효율을 극대화하는 기법이다.

53 주택재개발사업 시행방식의 종류에 관한 설명으로 옳지 않은 것은?

① 순환재개발 방식은 오래된 재개발아파트부터 순차적으로 생애주기별로 재개발해 나가는 방식을 말한다.
② 자력재개발 방식은 도로, 공원 등 도시기반 시설은 공공이 설치하고, 주민은 토지구획정리사업의 환지기법을 적용하여 환지받은 토지에 각자가 건물을 짓도록 하는 방식을 말한다.
③ 위탁재개발 방식은 철거를 기본수단으로 하는 사업방식으로 정부가 건설업체를 알선하고 주민이 재정을 부담하여 5층 이하의 공동주택을 건립하는 사업이었다.
④ 합동 재개발 방식은 주민과 건설업자, 정부의 3자가 공동의 이익을 추구하는 사업으로, 점유한 국·공유지는 싸게 불하받아 주민을 수용하는 주택이외에 여유분의 주택을 지어 매각함으로써 주민은 사업비 부담을 대폭 경감할 수 있는 방식을 일컫는다.

정답 48 ② 49 ① 50 ② 51 ④ 52 ③ 53 ①

> **해 설**
> 순환재개발(환류재개발, Regeneration)은 재개발구역의 일부 지역 또는 당해 재개발구역 외의 지역에 주택을 건설하거나 건설된 주택(양 주택을 합하여 "순환용주택"이라 함)을 활용하여 재개발구역을 순차적으로 개발하거나 재개발구역 또는 재개발사업시행지구를 수개의 공구로 분할하여 순차적으로 시행하는 재개발방식을 말한다. 반드시 재개발아파트부터 순차적으로 수행한다는 의미는 아니다.

54 대중교통중심개발(TOD)의 주요 원칙으로 틀린 것은?

① 지역 내 목적지간 보행친화적인 가로망을 구축한다.
② 생태적으로 민감한 지역이나 수변지, 양호한 공지의 보전을 추구한다.
③ TOD내에는 대중교통서비스를 제공할 수 있는 수준의 저밀도 공동주택만을 조성한다.
④ 대중교통 정류장으로부터 보행거리 내에 상업, 주거, 업무, 공공시설 등을 혼합배치한다.

> **해 설**
> TOD내에는 주택의 유형, 밀도, 비용의 혼합배치가 원칙이다.

55 일반적인 주거용지의 배치기준에 관한 설명으로 옳지 않은 것은?

① 아파트용지는 각종 제한사항이 적은 지역에 배치
② 단독주택용지는 주변의 단독주택과 접한 위치에 배치
③ 연립주택용지는 소규모택지, 고도제한지역, 고지대 등에 배치
④ 준주거용지는 대규모 상업지역과 공업지역의 완충역할이 필요한 지역에 배치

> **해 설**
> 준주거용지는 대규모 상업지역과 "주거지역"과의 완충역할이 필요한 지역에 배치한다.

56 다음 중 프로젝트 금융(Project Financing)에 대한 설명으로 옳지 않은 것은?

① 금융기관이 부담하는 각종 위험이 통상적인 기업금융에 비해 적은 편이다.
② 다양한 이해관계자들의 협상에 의해 이루어지기 때문에 복잡한 금융절차를 가진다.
③ 사업추진 과정상의 제약요인들을 다양하고 유연한 사업기법을 적용하여 사업성과 생산성을 높일 수 있다.
④ 별도의 프로젝트회사를 설립하여 사업을 수행하므로 비소구금융 및 부외금융의 효과를 얻을 수 있다.

> **해 설**
> 프로젝트 파이낸싱의 단점은 금융기관이 부담하는 위험이 통상적인 기업금융에 비해 높고, 기업금융에 비해 높은 금융비용이 요구된다는 것과 복잡한 금융절차, 위험배분 및 참여조건 결정에 많은 시간이 소요되며 이해관계 조정에 전문성이 요구된다는 것이다.

57 참여정부에서 추진했던 혁신도시의 유형 중 맞지 않는 것은?

① 혁신거점도시   ② 교육·문화도시
③ 지식기반도시   ④ 친환경 녹색도시

> **해 설**
> 혁신도시는 혁신거점도시, 특성화 도시, 친환경 녹색도시, 교육·문화도시의 4가지 유형으로 구분된다.

58 개발권양도(Transfer of Development Rights, TDR) 제도에서 개발에 대한 규제가 강한 지역은?

① 개발유도지역   ② 개발권 발급지역
③ 개발권 이전지역   ④ 개발권 유통지역

> **해 설**
> 발급지역(Sending site)은 규제로 개발권이 생성되는 지역이고, 이전지역(Receiving site)은 보전지역의 개발권을 매입할 수 있는 지역을 말한다. 따라서 개발에 대한 규제가 강한 지역은 개발권을 매입한 이전지역이 된다.

59 도시마케팅의 구성요소 중 고객으로 간주하기 힘든 것은?

① 주민   ② 투자기업
③ 경쟁도시   ④ 관광객 및 방문객

> **해 설**
> 도시마케팅의 고객은 주민, 투자기업, 관광객 및 방문객이다.

정답 54 ③ 55 ④ 56 ① 57 ③ 58 ③ 59 ③

60 수출기반모형에서 가정하는 사항들 중에 가장 알맞은 것은?

① 오픈된 경제
② 동일한 생산비
③ 동일한 생산기술
④ 동일한 소비수준

해설
수출기반모형은 동일한 노동 생산성(지역과 전국 간의 노동생산성이 동일), 동일한 소비수준(지역과 전국 간의 동일한 소득수준으로 가정함), 폐쇄된 경제(국가 간교역이 없음을 의미)를 가정한다.

제4과목 국토 및 지역계획

61 다음 중 수도권정비계획안의 승인권자는?

① 대통령
② 국무총리
③ 경기도지사
④ 국토교통부장관

해설
국토교통부장관(입안) → 수도권정비위원회(심의) → 국무위원회(심의) → 대통령(승인)

62 국토 및 지역계획에서 기본수요이론 및 접근방식 등을 적용하는데 현실적으로 지적되는 한계점으로 옳지 않은 것은?

① 기본수요접근법에는 아직도 통일된 기본개념이 없는 실정으로 국가에 따라 그리고 지역에 따라 서로 다른 형태로 운영되고 있다.
② 기본수요이론의 접근방식은 지역사회의 구조적 변화를 요구하고 있다. 그런데 국가의 권력 및 국가의 사회구조가 바뀌지 않는 한 지역의 사회구조는 바뀔 수 없는 것이다.
③ 기본수요이론은 새로운 생산체계를 도입하려고 하며 기존의 생산체계를 무시하려 한다. 그런데 새로운 생산체계의 도입이나 기존 생산체계의 무시는 기존의 기득권과의 갈등관계를 초래한다.
④ 기본수요이론은 성장을 통해서 주민들의 소득이 높아지고 주민들의 소득이 높아지면 기본수요가 충족될 수 있다고 강조하지만 기본수요의 보장을 통한 균형분배는 성장동력으로 미약하다.

해설
기본수요이론은 소득이 우선되고 그 다음 수요가 충족되는 개념이 아닌 소득과 수요의 충족이 동시에 이루어져야 하는 균형발전이론이다.

63 다음 중에서 인구 5만명 이상의 도시를 포함하거나, 도시화지역을 포함하면서 총인구가 10만명 이상이 되어야 한다고 규정하고 있는 곳은?

① 미국의 대도시통계지역(Metropolitan Statistical Area)
② 영국의 표준대도시권(Standard Metropolitan Labour Area)
③ 일본의 기능적 도시권(Functional Urban Region)
④ 우리나라의 광역도시권

해설
미국의 대도시통계지역(Metropolitan Statistical Area) : 인구 5만명 이상의 도시를 포함하거나, 도시화지역을 포함하면서 총인구가 10만명 이상인 지역

64 다음 외국의 수도이전 사례 중 기존 수도의 혼잡과 집중을 방지하기 위하여 신수도를 건설한 사례에 해당하는 것은?

① 터키의 앙카라
② 브라질의 브라질리아
③ 말레이시아의 푸트라자야
④ 파키스탄의 이슬라마바드

해설
말레이시아의 푸트라자야 : 기존 수도의 혼잡과 집중을 방지하기 위하여 신수도를 건설

65 지역개발을 위한 지역계획의 목표와 가장 거리가 먼 것은?

① 경제발전 도모
② 주민복지 증대
③ 민간자본의 활용
④ 주민소득의 향상

해설
우리나라 국토 및 지역계획의 목표는 경제발전, 주민복지, 주민소득 향상을 목표로 하였다. 민간자본의 활용 자체가 목적인 것은 아니다.

66. 지속가능한 지역발전이론과 관련된 내용으로 옳지 않은 것은?

① 경제성장 위주의 발전이 아닌 환경친화적 발전 개념이다.
② 1992년 일본 교토에서 개최된 UNCED에서 공식으로 채택되었다.
③ 1972년 UN인간환경회의에서 생태학적 발전이라는 개념이 도입되었다.
④ 1987년 UN산하 환경과 발전위원회에서 제출한 보고서에서 제안되었다.

> 해 설
> UNCED(United Nations Conference on Environment and Development)는 1992년 "브라질 리우데자네이루"에서 개최된 환경과 개발에 관한 UN회의를 말한다.

67. 아래에서 설명하고 있는 A도시를 가장 잘 설명하고 있는 것은?

> A도시는 성장거점도시로 육성되면서 역류효과가 심화되고 있고 이로 인하여 도시의 인구증가속도가 도시산업의 성장속도보다 빠른 현상이 나타나고 있다.

① 주거환경이 향상된다.
② 공식부문(Formal Sector)이 늘어난다.
③ 전체 생산량이 늘어나 살기가 좋아진다.
④ 가도시화(Pseudo - Urbanization) 현상이 나타난다.

> 해 설
> 역류효과가 발생하면 인구와 산업의 집중이 발생하게 되나 인구증가율이 산업의 성장속도보다 빠를 경우 비공식 3차 산업의 인구가 증가하는 가도시화 현상이 발생하게 된다. 가도시화는 도시의 부양능력에 비해 지나치게 많은 인구가 집중하여 인구적으로만 비대해진 도시화를 말한다. 제3세계로 불리는 개발도상국가들에서 흔히 볼 수 있는 산업화와 무관한 도시화를 의미한다.

68. 다음 자료를 이용하여 선형모형(직선법)에 의해 추계한 2015년의 인구는? (단, 기준년도는 1995년이다.)

연도	인구(명)	증가수
1995	100만	-
2000	120만	20만
2005	150만	30만
2010	190만	40만

① 190만명
② 200만명
③ 210만명
④ 220만명

> 해 설
> 선형모형(직선법)에 의해 추계하는 방법은 년도는 1995년부터 2010년까지 3번 측정되었고, 총 증가수는 20만+30만+40만=90만이므로 평균 증가수는 90만/3회=30만/회가 된다. 따라서 2015년에는 최종 인구인 190만에서 30만이 더해진 220만명이 추계인구가 된다.

69. 다음 지역계획의 이론들을 그 발생시기가 빠른 것부터 순서대로 올바르게 나열한 것은?

> A. 사회계획론(Mannheim)
> B. 혼합주사적계획(Etzioni)
> C. 합리주의(Simon)
> D. 교류적계획(Friedmann)

① A - B - C - D
② A - B - D - C
③ A - C - D - B
④ A - C - B - D

> 해 설
> 지역계획이론의 발생순서는 사회계획론 → 합리주의 → 점증이론 → 혼합주사적 계획(체계적 종합 이론) → 선택이론 → 교류적계획(거래·교환이론) 순이다.

70. P. Cooke(1992)가 제안한 개념으로 "제품·공정·지식의 상업화를 촉진하는 기업과 제도들의 네트워크"라고 정의한 대안적 지역개발이론에 가장 가까운 것은?

① 혁신환경론
② 신산업공간론
③ 클러스터이론
④ 지역혁신체계론

> 해 설
> P. Cooke(1992)는 지역혁신체계란 제품·공정·지식의 상업화를 촉진하는 기업과 제도들의 네트워크로 정의하였다.

정답 66 ② 67 ④ 68 ④ 69 ④ 70 ④

71 다음의 지역발전이론 중 그 성격이 가장 다른 하나는?

① 기초수요전략　② 성장거점이론
③ 농정적 개발론　④ 농촌종합개발전략

> **해설**
> 성장거점이론은 특화된 지역이나 거점을 집중개발하는 전략이며, 그 외의 보기는 전체적인 개발전략이다.

72 입지상은 어떤 지역의 산업이 전국의 동일산업에 대한 상대적인 중요도를 측정하는 방법으로서, 그 지역산업의 상대적인 특화정도를 나타내는 계수이다. [보기]의 경우 지역산업의 입지계수는?

> [보기]
> - 전국의 총 고용인구 1,000만명
> - 전국 I 산업의 고용인구 200만명
> - A 지역의 총 고용인구 10만명
> - A 지역의 I 산업의 고용인구 3만명

① 1　② 1.5　③ 2　④ 2.5

> **해설**
> $LQ = \dfrac{3만\ 명/10만\ 명}{200만\ 명/1,000만\ 명}$
> $LQ = 1.5$ 특화산업(기반산업)

73 인구예측모형을 요소모형과 비요소모형으로 구분할 때, 요소모형에 해당하는 것은?

① 곰페르츠모형　② 로지스틱모형
③ 인구이동모형　④ 지수성장모형

> **해설**
> 요소모형에는 연령집단생잔모형과 인구이동모형이 포함된다. 비요소모형에 선형, 지수, 수정된 지수, 곰페르츠, 로지스틱, 비교, 비율 예측방법 등이 있다.

74 공간적 거점을 중심으로 기능적 연계가 밀접하게 형성된 공간단위를 의미하는 지역의 종류는?

① 결절지역　② 계획지역
③ 동질지역　④ 사업지역

> **해설**
> 결절지역은 지역은 서로 이질적이나 기능적으로 밀접한 관계를 가진 공간단위로 구성되며 구성공간단위 간의 기능적 분화를 전제로 한다.

75 다음 중 클라센(L, H, Klaassen)의 지역 분류 기준은?

① 기능적 연계
② 호혜적 영향력
③ 소득수준과 성장률
④ 사회간접자본과 생산활동

> **해설**
> 클라센(L. Klaassen)은 성장률과 소득을 가지고 동질지역을 구분하였다.
> $\left(\dfrac{g_i}{g} = g_o\ 성장률\right)$, $\left(\dfrac{y_i}{y} = y_0\ 소득\right)$
> 여기서, g_i, y_i는 지역의 성장률과 지역의 소득
> g, y는 국가의 성장률과 국가의 소득

76 다음의 지역투입산출모형 중 그 성격이 다른 것은?

① 다지역 모형　② 지역간 모형
③ 균형지역 모형　④ 특수지역 모형

> **해설**
> 투입산출모형은 전국투입산출모형과 지역투입산출모형으로 구분할 수 있다. 이 중 지역투입산출모형은 단일지역모형, 다수지역모형으로 구분되고, 다시 다수지역모형을 지역간투입산출모형과 다지역투입산출모형으로 구분할 수 있다.

77 다음 중 동질적인 집단을 대상으로 분석하는데 가장 유용한 통계적 기법은?

① 로짓모형(Logit Model)
② 군집분석(Cluster Analysis)
③ 회귀분석(Regression Analysis)
④ 분산분석(Analysis of Variance)

> **해설**
> 개체들을 서로 유사한 것끼리 군집화하거나 상관관계가 큰 변수들끼리 집단으로 묶는 통계적 방법을 군집분석이라 한다. 권역을 설정하는데 가장 유용한 기법이다. 분석을 위해 개체들 간의 유사성(Similarity) 또는 이와 반대 개념인 거리(Distance)에 근거하여 개체들을 집단으로 군집화하기도 한다.

정답 71 ② 72 ② 73 ③ 74 ① 75 ③ 76 ④ 77 ②

78 본 튀넨(Von Thuenen)이 제시한 농업용 토지의 지대이론에서 토지의 지대를 결정하는 요인에 해당하지 않는 것은?

① 거리
② 인구 밀도
③ 생산단위비용
④ 제품의 단위가격

해 설
본 튀넨은 농업입지론에서 농산물 가격(제품의 단위가격), 생산비, 수송비(거리), 인간의 행태 변화가 지대를 변화시킨다고 주장하였다. 농업용 토지대이론에서 인구의 밀도는 고려되지 않는다.

79 제1차 국토종합개발계획(1972-1981)에서 구분한 8중권에 속하지 않는 권역은?

① 대구권 개발
② 대전권 개발
③ 제주권 개발
④ 태백권 개발

해 설
제1차 국토종합개발계획에서 구분한 8중권은 수도권, 태백권, 충청권, 전주권, 대구권, 부산권, 광주권, 제주권이다.

80 한센(N. Hansen)이 과밀지역, 중간지역, 낙후지역으로 지역을 구분한 기준은?

① 기능지역
② 계획지역
③ 동질지역
④ 사업지역

해 설
한센(N. Hansen)은 동질지역의 구분에서 과밀, 중간, 낙후지역 구분기준을 사용하였다.

제5과목 도시계획관계법규

81 도시개발법에 의한 개발계획의 수립 및 변경에 관한 설명으로 옳은 것은?

① 개발계획은 지정권자가 수립하여야 한다.
② 개발계획 수립 시 지구단위계획을 첨부하여야 한다.
③ 개발계획을 수립함에 있어서는 공청회 또는 주민공람을 거쳐 주민의 의견을 청취하여야 한다.
④ 도시개발구역지정권자는 도시개발사업을 환지방식으로 시행하고자 하는 경우 개발계획을 수립하는 때에는 환지방식이 적용되는 지역의 토지면적의 3분의 2 이상에 해당하는 토지소유자와 그 지역의 토지소유자 총수의 3분의 2 이상의 동의를 얻어야 한다.

해 설
도시개발법 제4조(개발계획의 수립 및 변경)
① 지정권자는 도시개발구역을 지정하려면 해당 도시개발구역에 대한 도시개발사업의 계획(이하 "개발계획"이라 한다)을 수립하여야 한다.

82 도시·군계획시설의 결정·구조 및 설치기준에 관한 규칙상 다음의 도시·군계획시설에 대한 설명 중 옳지 않은 것은?

① "주차장"이라 함은 주차장법 규정에 의한 노외주차장과 노상주차장을 말한다.
② 유원지의 규모는 1만제곱미터 이상으로 당해 유원지의 성격과 기능에 따라 적정하게 한다.
③ 광장의 결정기준에 따른 분류에는 교통광장, 일반광장, 경관광장, 지하광장 및 건축물부설 광장이 있다.
④ "운동장"이라 함은 국민의 건강증진과 여가선용에 기여하기 위하여 설치하는 종합운동장으로써, 관람석 수 1천석 이하의 소규모 실내운동장을 제외한다.

해 설
도시·군계획시설의 결정·구조 및 설치기준에 관한 규칙에서 말하는 주차장은 「주차장법」에 의한 노외주차장을 말한다.

83 국토의 계획 및 이용에 관한 법률에 따른 도시·군관리계획의 결정 또는 변경결정에서 주민 및 지방의회의 의견청취를 필요로 하지 않는 것은?

① 도시철도
② 주간선도로
③ 여객자동차터미널
④ 소공원 및 어린이공원

해 설
도시·군관리계획수립지침에 의거 철도 중 도시철도, 도로 중 주간선도로, 자동차정류장 중 여객자동차터미널(시외버스운송사업용에 한한다), 공원은 의견청취를 하여야 한다. 다만, 공원 중 「도시공원 및 녹지 등에 관한 법률」에 따른 소공원 및 어린이공원을 제외한다.

정답 78 ② 79 ② 80 ③ 81 ① 82 ① 83 ④

84 건축법상 용어의 정의로 옳지 않은 것은?

① "용적률"이란 대지면적에 대한 연면적의 비율을 말한다.
② "건폐율"이란 대지면적에 대한 건축면적의 비율을 말한다.
③ "건축"이란 건축물을 신축·증축·개축·재축·이전 또는 대수선하는 것을 말한다.
④ "대지"란 공간정보의 구축 및 관리 등에 관한 법률에 따라 각 필지로 나눈 토지를 말한다.

해설
- 건축 : 건축물을 신축·증축·개축·재축(再築)하거나 건축물을 이전하는 것
- 대수선 : 건축물의 기둥(3개 이상 수선), 보(3개 이상 수선), 지붕틀(3개 이상 수선), 내력벽(30㎡ 이상 수선), 방화벽(수선 이상), 주계단(피난계단 등의 수선 이상), 등의 구조나 외부 형태를 수선·변경(미관지구에서 담장 포함, 가구나 세대 간 경계벽 수선 이상)하거나 증설하는 것

85 개발제한구역관리계획에 관한 설명으로 옳지 않은 것은?

① 개발제한구역관리계획에는 시설설치에 따라 수용될 토지 등의 세목이 첨부되어야 한다.
② 개발제한구역관리계획은 5년 단위로 수립하여 국토교통부장관의 승인을 받아야 한다.
③ 개발제한구역관리계획을 승인하고자 할 경우에는 중앙도시계획위원회의 심의를 거쳐야 한다.
④ 개발제한구역관리계획은 개발제한구역안의 취락지구의 지정 및 정비에 관한 사항을 포함하여야 한다.

해설
개발제한구역 관리계획에 수용될 토지의 세목에 관한 내용은 들어있지 않다.

86 도시개발법상 도시개발사업에서 토지소유자에 포함되는 자는?

① 임차권자
② 전세권자
③ 지역권자
④ 지상권자

해설
도시개발법 제11조(시행자 등)

토지 소유자 또는 제1항 제7호부터 제11호까지의 규정에 해당하는 자가 제5항에 따라 도시개발구역의 지정을 제안하려는 경우에는 대상 구역 토지면적의 3분의 2 이상에 해당하는 토지 소유자(지상권자를 포함한다)의 동의를 받아야 한다.

87 건축법령에서 규정하고 있지 않은 것은?

① 지역 및 지구의 지정에 관한 규정
② 건축물의 유지와 관리에 관한 규정
③ 건축물의 대지 및 도로에 관한 규정
④ 건축물의 구조 및 재료 등에 관한 규정

해설
지역 및 지구의 지정에 관한 규정은 국토의 계획 및 이용에 관한 법률에 의한 도시·군관리계획 수립지침에서 규정하고 있다.

88 개발제한구역내 토지 중 매수청구가 있는 경우 매수대상여부와 매수예상가격 등을 매수청구인에게 알려주어야 하는 기간은?

① 토지의 매수를 청구받은 날부터 2개월 이내
② 토지의 매수를 청구받은 날부터 3개월 이내
③ 토지의 매수를 청구받은 날부터 6개월 이내
④ 토지의 매수를 청구받은 날부터 1년 이내

해설
개발제한구역의 지정 및 관리에 관한 특별조치법 제18조(매수청구의 절차 등)
① 국토교통부장관은 토지의 매수를 청구받은 날부터 2개월 이내에 매수대상 여부와 매수예상가격 등을 매수청구인에게 알려주어야 한다. 〈개정 2013.3.23.〉

89 택지개발촉진법에 의하여 시행자가 한 처분에 의의가 있을 때 지정권자에게 행정심판을 제기할 수 있는 기간은?

① 처분이 있은 것을 안 날부터 3개월 이내
② 처분이 있은 날로부터 6개월 이내
③ 처분이 있은 것을 안 날부터 1개월 이내, 처분이 있은 날부터 3개월 이내
④ 처분이 있은 것을 안 날부터 3개월 이내, 처분이 있은 날부터 6개월 이내

해설
택지개발촉진법 제27조(행정심판)

이 법에 따라 시행자가 한 처분에 대하여 이의가 있을 때에는 그 처분이 있은 것을 안 날부터 1개월 이내, 처분이 있은 날부터 3개월 이내에 지정권자에게 행정심판을 제기할 수 있다.
[전문개정 2011. 5. 30.]

90 광역도시계획의 수립권자에 대한 설명으로 옳지 않은 것은?

① 국가계획과 관련된 광역도시계획의 수립이 필요한 경우 국토교통부장관이 수립한다.
② 광역계획권이 둘 이상의 시·도의 관할 구역에 걸쳐 있는 경우 관할 도지사가 단독으로 수립한다.
③ 광역계획권이 같은 도의 관할구역에 속하여 있는 경우 관할 시장 또는 군수가 공동으로 수립한다.
④ 광역계획권을 지정한 날부터 3년이 지날 때까지 관할 시·도지사로부터 광역도시계획의 승인 신청이 없는 경우 국토교통부장관이 수립한다.

해설
광역계획권이 둘 이상의 시·도의 관할 구역에 걸쳐 있는 경우 관할 시·도지사가 공동으로 수립한다.

91 도시개발법상 환지계획의 작성사항에 해당하지 않는 것은?

① 환지 설계
② 권리별로 된 환지 명세
③ 필지별과 권리별로 된 청산 대상 토지 명세
④ 입체 환지를 계획하는 경우에는 입체 환지용 건축물의 명세

해설
환지계획에 포함되는 사항은 환지설계, 필지별로 된 환지명세, 필지별·권리별로 된 청산 대상 토지명세, 체비지 또는 보류지의 명세, 입체 환지를 계획하는 경우에는 입체 환지용 건축물의 명세, 공급방법·규모에 관한 사항, 축척 1,200분의 1 이상의 환지예정지도, 환지전후대비도, 과부족면적표시도 및 환지전후 평가단가 표시도, 수입·지출 계획서, 평균부담률 및 비례율과 그 계산서, 건축 계획, 토지평가협의회 심의 결과 등이다.

92 주택법에 의한 사업계획의 승인을 득하였을 때 국토의 계획 및 이용에 관한 법률에 의해 의제처리되는 사항이 아닌 것은?

① 실시계획의 인가
② 도시·군관리계획의 결정
③ 도시·군계획시설 사업시행자의 지정
④ 도시·군계획시설에 대한 지형도면의 고시

해설
주택법 제19조(다른 법률에 따른 인가·허가 등의 의제 등)에 의거 도시·군관리계획의 결정, 개발행위의 허가, 도시·군계획시설사업 시행자의 지정, 실시계획의 인가, 타인의 토지에의 출입허가가 의제처리된다.

93 주차장법령상 노외주차장에 설치할 수 있는 부대시설에 해당하지 않는 것은? (단, 시·군 또는 구의 조례로 정하는 시설의 경우는 고려하지 않는다.)

① 관리사무소
② 자동차 관련 수리 판매시설
③ 간이매점, 자동차 장식품 판매점
④ 노외주차장의 관리·운영상 필요한 편의시설

해설
노외주차장에 설치할 수 있는 부대시설(총 시설면적의 20% 이하)
• 관리사무소 및 휴게소, 공중화장실
• 노외주차장 운영상 필요한 편의시설
• 간이매점 및 자동차 장식품 판매점
• 시·군 또는 자치구의 조례로 정하는 이용자 편의시설
※ 수리시설은 설치 불가

94 주택법상 공동주택 리모델링 지원센터의 업무에 해당하지 않는 것은?

① 권리변동계획 수립에 관한 지원
② 설계자 및 시공자 선정 등에 대한 지원
③ 공동주택 리모델링의 부정행위 관리감독
④ 리모델링주택조합 설립을 위한 업무 지원

해설
주택법 제75조(리모델링 지원센터의 설치·운영)
② 리모델링 지원센터는 다음 각 호의 업무를 수행할 수 있다.
  1. 리모델링주택조합 설립을 위한 업무 지원
  2. 설계자 및 시공자 선정 등에 대한 지원
  3. 권리변동계획 수립에 관한 지원
  4. 그 밖에 지방자치단체의 조례로 정하는 사항

정답 90 ② 91 ② 92 ④ 93 ② 94 ③

95 도시공원 및 녹지 등에 관한 법률상 아래 내용에 대한 벌칙 기준은?

> - 위탁 또는 인가를 받지 아니하고 도시공원 또는 공원시설을 설치하거나 관리한 자
> - 허가를 받지 아니하거나 허가받은 내용을 위반하여 도시공원 또는 녹지에서 시설·건축물 또는 공작물을 설치한 자

① 300만원 이하의 벌금
② 50만원 이하의 과태료
③ 1년 이하의 징역 또는 1천만원 이하의 벌금
④ 3년 이하의 징역 또는 2천만원 이하의 벌금

해 설

도시공원 및 녹지 등에 관한 법률 제53조(벌칙)
다음 각 호의 어느 하나에 해당하는 자는 1년 이하의 징역 또는 1천만원 이하의 벌금에 처한다. 〈개정 2015. 1. 6.〉
 1. 제20조제1항 또는 제21조제1항을 위반하여 위탁 또는 인가를 받지 아니하고 도시공원 또는 공원시설을 설치하거나 관리한 자
 2. 제24조제1항, 제27조제1항 단서 또는 제38조제1항을 위반하여 허가를 받지 아니하거나 허가받은 내용을 위반하여 도시공원 또는 녹지에서 시설·건축물 또는 공작물을 설치한 자

96 관광진흥법령상 관광단지 조성사업에 따른 이주자를 위한 이주대책 수립 시 포함되어야 할 사항이 아닌 것은?

① 이주민 민원처리 방식
② 이주방법 및 이주시기
③ 택지 및 농경지의 매입
④ 택지 조성 및 주택건설

해 설

관광진흥법 시행령 제57조(이주대책의 내용)
사업시행자가 법 제66조제1항에 따라 수립하는 이주 대책에는 다음 각 호의 사항이 포함되어야 한다.
1. 택지 및 농경지의 매입 2. 택지 조성 및 주택 건설
3. 이주보상금   4. 이주방법 및 이주시기
5. 이주대책에 따른 비용   6. 그 밖에 필요한 사항

97 다음 중 국토교통부장관이 개발제한구역이 해제된 지역에 대하여 해제 후 최초로 결정되는 도시·군관리계획의 내용이 해제의 목적이나 용도에 부합하지 아니하는 경우, 도시·군관리계획을 조정하도록 요구할 수 있는 기간은?

① 도시·군관리계획이 결정·고시된 날부터 14일 이내
② 도시·군관리계획이 결정·고시된 날부터 1개월 이내
③ 도시·군관리계획이 결정·고시된 날부터 3개월 이내
④ 도시·군관리계획이 결정·고시된 날부터 6개월 이내

해 설

개발제한구역의 지정 및 관리에 관한 특별조치법 제5조(해제된 개발제한구역의 재지정 등에 관한 특례)
① 국토교통부장관은 개발제한구역이 해제된 지역에 대하여 해제 후 최초로 결정되는 도시관리계획의 내용이 해제의 목적이나 용도 등에 부합하지 아니하는 경우에는 그 도시관리계획이 결정·고시된 날부터 3개월 이내에 해제지역을 관할하는 특별시장·광역시장·특별자치도지사·시장 또는 군수에게 상당한 기한을 정하여 도시관리계획을 조정하도록 요구할 수 있다.

98 개발행위의 허가 대상으로 볼 수 없는 것은?

① 토석의 채취
② 경작을 위한 토지의 형질변경
③ 건축물의 건축 또는 공작물 설치
④ 녹지지역·관리지역 또는 자연환경보전지역에 물건을 1개월 이상 쌓아 놓는 행위

해 설

2. 국토의 계획 및 이용에 관한 법률 제56조(개발행위의 허가)
 ① 다음 각 호의 어느 하나에 해당하는 행위로서 대통령령으로 정하는 행위(이하 "개발행위"라 한다)를 하려는 자는 특별시장·광역시장·특별자치시장·특별자치도지사·시장 또는 군수의 허가(이하 "개발행위허가"라 한다)를 받아야 한다. 다만, 도시·군계획사업에 의한 행위는 그러하지 아니하다. 〈개정 2011.4.14.〉
 1. 건축물의 건축 또는 공작물의 설치
 2. 토지의 형질 변경(경작을 위한 경우로서 대통령령으로 정하는 토지의 형질 변경은 제외한다)
 3. 토석의 채취
 4. 토지 분할(건축물이 있는 대지의 분할은 제외한다)
 5. 녹지지역·관리지역 또는 자연환경보전지역에 물건을 1개월 이상 쌓아 놓는 행위
 → 경작을 위한 경우 대통령령으로 정하는 토지의 형질 변경은 제외하므로 허가 대상으로 볼 수 없다.

99 다음 중 주차장법상 주차장의 종류에 해당하지 않는 것은?

① 노상주차장　② 노변주차장
③ 노외주차장　④ 부설주차장

해설

주차장법 제2조(정의)　이 법에서 사용하는 용어의 뜻은 다음과 같다. 〈개정 2011. 6.8., 2012.1.17., 2016.1.19.〉
1. "주차장"이란 자동차의 주차를 위한 시설로서 다음 각 목의 어느 하나에 해당하는 종류의 것을 말한다.
　가. 노상주차장(路上駐車場) : 도로의 노면 또는 교통광장(교차점광장만 해당한다. 이하 같다)의 일정한 구역에 설치된 주차장으로서 일반(一般)의 이용에 제공되는 것
　나. 노외주차장(路外駐車場) : 도로의 노면 및 교통광장 외의 장소에 설치된 주차장으로서 일반의 이용에 제공되는 것
　다. 부설주차장 : 제19조에 따라 건축물, 골프연습장, 그 밖에 주차수요를 유발하는 시설에 부대(附帶)하여 설치된 주차장으로서 해당 건축물·시설의 이용자 또는 일반의 이용에 제공되는 것

100 문화재 · 전통사찰 등 역사 · 문화적으로 보존가치가 큰 시설 및 지역의 보호와 보존할 필요가 있어 지정하는 용도지구는?

① 특화경관지구
② 특정개발진흥지구
③ 중요시설물보존지구
④ 역사문화환경보호지구

해설

국토의 계획 및 이용에 관한 법률 시행령 제31조(용도지구의 지정)
② 국토교통부장관, 시 · 도지사 또는 대도시 시장은 법 제37조제2항에 따라 도시 · 군관리계획결정으로 경관지구 · 방재지구 · 보호지구 · 취락지구 및 개발진흥지구를 다음 각 호와 같이 세분하여 지정할 수 있다. 〈개정 2005. 1. 15., 2005. 9. 8., 2008. 2. 29., 2009. 8. 5., 2012. 4. 10., 2013. 3. 23., 2014. 1. 14., 2017. 12. 29.〉
5. 보호지구
　가. 역사문화환경보호지구 : 문화재 · 전통사찰 등 역사 · 문화적으로 보존가치가 큰 시설 및 지역의 보호와 보존을 위하여 필요한 지구

정답　99 ②　100 ④

2019년 기출문제

제1과목 도시계획론

01 아래 그림은 도시화의 단계와 집적 이익의 발생 관계에 대한 것이다. 각 구간 A-B-C에 알맞은 도시화 단계를 순서대로 올바르게 나열한 것은?

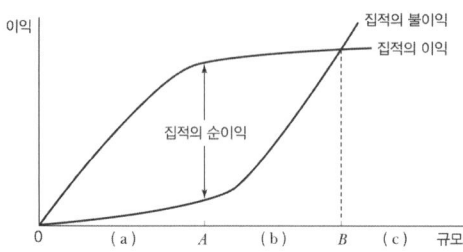

① 집중적 도시화 - 역도시화 - 분산적 도시화
② 분산적 도시화 - 탈도시화 - 집중적 도시화
③ 집중적 도시화 - 분산적 도시화 - 역도시화
④ 분산적 도시화 - 집중적 도시화 - 역도시화

해 설
클라센의 도시화 3단계는 집중적 도시화, 분산적 도시화, 역도시화 순이다. 집적의 순이익이 극대화 될 때 까지가 집중적 도시화, 집적의 불이익과 이익이 같아질 때까지가 분산적 도시화, 그 이후가 역도시화로 진행된다.

02 도시 조사 자료에 대한 설명으로 옳지 않은 것은?

① 2차 자료에 비해 1차 자료는 비교적 적은 노력과 비용으로 계획가가 원하는 정확한 정보를 얻을 수 있다.
② 도시계획을 위한 도시 조사는 1차 자료에 대한 조사와 2차 자료에 대한 조사를 병행하는 것이 일반적이다.
③ 1차 자료는 도시계획의 대상이 되는 단위 지역이나 당해 지역의 주민들로부터 현지 조사나 관찰, 면접 등을 통해서 직접적으로 도출한 자료이다.
④ 2차 자료는 연구자가 탐구하고자 하는 현상에 대한 정보를 담고 있는 기존의 여러 가지 기록을 의미하는 것으로 서적이나 간행물, 각종 통계 자료 등이 해당된다.

해 설
1차자료는 자료원에 대한 접근법으로 현지조사, 면접조사, 설문조사 등을 사용하는 반면, 2차자료는 문헌조사, 통계조사, 지도분석 등의 방법을 사용하므로 1차 자료에 비해 2차 자료가 비교적 적은 노력과 비용으로 계획가가 원하는 정보를 얻을 수 있다.

03 미래 사회에 대비한 새로운 도시 계획 패러다임의 방향으로 옳지 않은 것은?

① 시민 참여 확대와 개발 주체의 다양화
② 입체적 및 기능 통합적 토지 이용 관리
③ 자원 및 에너지 절약형 도시 개발로의 전환
④ 생태 환경 보존을 위한 도시와 농촌을 분리하여 계획 수립

해 설
도시계획의 새로운 패러다임으로 환경중시, 균형성장, 도시의 문화화, 시민이 함께 만드는 도시, 통일 대비 도시계획, 3차원 가상도시, U시티 등이 있다. 새로운 패러다임에서는 도시와 농촌의 통합도시를 통해 균형성장을 이루고자 한다.

04 무질서한 도시 팽창 및 직주 분리로 인한 이동거리 확대에 따른 불필요한 에너지 소비와 공해 발생 등을 방지하고 해소하기 위한 도시개발 이론은?

① 유-시티(U-City)
② 에코-시티(Eco-City)
③ 스마트 시티(Smart City)
④ 컴팩트 시티(Compact City)

해 설
압축도시(Compact City)란 90년대 유럽위원회가 제안한 도시개념으로 무질서한 도시 팽창 및 직주 분리로 인한 이동거리 확대에 따른 불필요한 에너지 소비와 공해 발생 등을 방지하고 해소하기 위한 도시개발 이론이다. 고밀도 도시개발을 통하여 도시 주변의 자연환경을 보존하며 개발하는 방법. 즉, 주거, 공공시설을 일정공간에 집적화, 나머지 지역을 녹색 도시화하며 난방, 전력공급, 교통 등에서 효율적인 에너지 절약 목표를 달성할 수 있는 도시로, 환경적으로 지속 가능한 도시의 형태를 말한다. 시가화된 기존의 도시 또는 신도시로 설정된 지역을 고밀도로 집중 개발하는 방식을 취한다.

05 경관의 유형 구분에 대한 설명으로 옳지 않은 것은?

① 경관의 현상에 따라 부감경, 양감경, 수평경으로 분류할 수 있다.
② 경관 자원의 특성에 따라 자연경관, 인공경관으로 구분할 수 있다.

③ 경관 자원의 형태에 따라 점적인 형태, 선적인 형태, 면적인 형태로 구분할 수 있다.
④ 경관의 대상 범위에 따라 광역적 경관, 도시적 경관, 지구적 경관으로 분류할 수 있다.

[해설]
경관의 '시점'에 따라 부감경, 양감경, 수평경으로 분류한다. 시점에서 대상을 내려보면 부감경, 시점에서 대상을 올려보면 양감경, 시점과 대상의 높이가 같으면 수평경이라 한다.

06 하워드(Ebenezer Howard)가 주장한 전원도시에 대한 설명으로 옳지 않은 것은?

① 도시의 계획 인구를 제한하였다.
② 철도와 도로로 연결되는 위성도시가 발달하게 되었다.
③ 도시 발달에 따른 개발 이익은 공유화하되 토지는 사유화를 원칙으로 하였다.
④ 도시 주위에 넓은 농업 지대를 영구히 보전하여 도시와 농촌의 장점을 결합하였다.

[해설]
전원도시에서는 개발이익을 공유화(사회환수)하였고, 토지는 공유하였으며 그 사용권을 제한하였다.

07 장래 인구 예측에 있어서 초기년도와 최종년도의 인구만을 고려하여 증가율을 산정할 경우 해당기간 동안 인구의 증감이 교차되는 도시에서 적용하기가 어려운데 이와 같은 결점을 보완한 인구 예측 방법은?

① 등차급수법   ② 등비급수법
③ 최소자승법   ④ 회귀분석법

[해설]
최소자승법은 $P_n = a + bn$ 공식에 의해 산정한다. 공식의 모양대로 선형의 특성을 지니므로, 단위기간에 따른 증가량을 일정하게 산정할 수 있는 장점이 있다. 인구의 증감이 교차되는 경우 교차점을 기준으로 구분 후, 각각의 구간별 증가량을 계산하면 인구의 증감의 교차로 인한 계산 오류를 제거할 수 있게 된다.

08 도시 지역의 경제를 분석하는 방법으로 수출기반 모형에 대한 설명으로 옳지 않은 것은?

① 수출기반모형은 수출산업과 수입산업으로 구분한다.
② 수출산업과 수입산업의 구분은 민간부문에만 해당되고 공공부문은 제외된다.
③ 수출산업이란 지역 내에서 생산된 상품이나 서비스가 최종적으로 지역 외부인에 의해 소비되는 산업을 말한다.
④ 수입산업이란 지역 내에서 생산된 제품이나 서비스가 지역 외부로 수출되지 않고 지역주민들에 의해 소비되는 산업을 말한다.

[해설]
수출기반모형에서 수출산업과 수입산업의 대상(구분)은 민간부문 뿐만아니라 공공부문도 포함하여야 한다. 제외된 부분이 있으면 정확한 수입·수출 산업 활동량의 계산이 어렵기 때문이다.

09 도시화에 따른 집적의 이익 중에서 외부 이익에 대한 설명으로 옳지 않은 것은?

① 접촉 이익이 있다.
② 승수의 효과가 있다.
③ 규모의 경제 효과가 있다.
④ 예비능력의 비축효과가 있다.

[해설]
외부이익은 외부경제라고도 하며, 동일하거나 유사한 기능이 모여 서로에게 이익을 주는 현상을 말한다. 외부이익의 종류로는 승수효과(연관산업의 입지)와 예비능력비축효과(재고량 분담), 접촉효과(접촉이익, 기술과 정보의 접근성 증대효과)이 있다. 규모의 경제 효과는 내부이익(내부경제)에 해당되는 내용이다.

10 저층 주택을 중심으로 편리한 주거 환경 조성을 위한 용도지역은?

① 제1종 전용주거지역
② 제2종 전용주거지역
③ 제1종 일반주거지역
④ 제2종 일반주거지역

[해설]
편리한 주거환경을 조성하기 위하여 필요한 지역은 일반주거지역이다. 그 중, 저층주택을 중심으로 하는 지역은 제1종에 해당한다. 전용주거지역은 양호한 주거환경을 보호하기 위하여 필요한 지역이다.

정답 06 ③ 07 ③ 08 ② 09 ③ 10 ③

11
장기계획의 신뢰성 제고, 의사결정 절차의 일원화, 조직체의 통합 운용, 자원 배분의 합리화와 예산절약 등의 장점이 있으나 목표설정의 어려움, 정보 관리 체제의 미숙, 계량화의 어려움 등의 한계가 있는 예산편성 제도는?

① 계획 예산제도
② 품목별 예산제도
③ 영기준 예산제도
④ 성과주의 예산제도

해설
계획예산제도(PPBS ; Planning Programming Budgeting System)에 대한 설명이다. 도시정부의 예산편성제도 중 조직목표 달성에 중점을 둔 예산제도로, 장기적인 계획수립과 단기적인 예산편성을 유기적으로 혼합하고 자원배분에 관한 의사결정을 합리적이고 일관성 있게 행하려는 제도이다. 계량화가 어려워 목표를 설정하기 힘든 단점을 가진 방법이기도 하다.

12
도시계획 실행을 위한 중장기 재정계획 수립과정의 순서로 옳은 것은?

① 총괄계획 작성 → 계획의 여건분석·예측 → 부문별 투자조정 → 기본방향과 계획지표 설정
② 총괄계획 작성 → 기본방향과 계획지표 설정 → 계획의 여건분석·예측 → 부문별 투자조정
③ 기본방향과 계획지표 설정 → 부문별 투자조정 → 계획의 여건분석·예측 → 총괄계획 작성
④ 기본방향과 계획지표 설정 → 계획의 여건분석·예측 → 부문별 투자조정 → 총괄계획 작성

해설
중장기 재정계획수립 단계는 상위계획 등을 바탕으로 기본방향과 계획지표를 설정하고, 재원 검토를 통한 계획의 여건분석 및 예측단계를 거친다. 그 다음 각종 사업별로 타당성 분석 결과와 주민의견 등을 종합하여 투자 우선순위를 결정한 다음 지출계획을 수립하고 피드백을 거친 다음 총괄 계획안을 작성하게 된다.

13
다음 조건에 따라 필요한 주거지역의 면적은?

- 계획인구 : 18,000인
- 가구당 인구 : 3인
- 1호당 부지면적 : 200㎡
- 공공용지율 : 60%

① 1,000,000 ㎡
② 1,800,000 ㎡
③ 2,000,000 ㎡
④ 3,000,000 ㎡

해설
- 주택 수 = 18,000/3 = 6,000가구
- 주택부지면적 = 주택 수 × 주택 1호당 부지면적 = 6,000 × 200 = 1,200,000㎡
- 주택용지 = 주택 부지면적 × 1/(1 − 공공용지율) = 1,200,000㎡ × {1/(1 − 0.6)} = 3,000,000㎡
- 주거지 면적 = 주택용지 × 1/(1 − 혼합률)
  혼합률이 주어지지 않았으므로 0으로 놓고 풀면 주택용지 = 주거지면적이 됨
∴ 3,000,000㎡

14
도시·군관리계획의 입안권자에 해당되지 않는 자는?

① 군수
② 구청장
③ 광역시장
④ 특별자치도지사

해설
국토의 계획 및 이용에 관한 법률 제24조에 의거 도시·군관리계획의 입안권자는 특별시장·광역시장·특별자치시장·특별자치도지사·시장 또는 군수가 된다.

15
도시공원에 대한 설명으로 옳은 것은?

① 근린공원은 규모에 따라 근린생활권, 도보권, 도시지역권, 광역권으로 구분할 수 있다.
② 체육공원은 어린이의 보건 및 정서생활의 향상에 기여하기 위하여 설치하는 공원이다.
③ 소공원은 하천 및 호수 등의 수변과 접하고 있어 친수공간을 조성할 수 있는 곳에 주로 설치한다.
④ 주제공원의 종류로 역사공원, 문화공원, 수변공원, 묘지공원, 체육공원, 국가도시공원 등이 있다.

해설
도시공원 및 녹지 등에 관한 법률 시행규칙 별표3에 의거 근린공원은 근린생활권 근린공원과 도보권 근린공원, 도시지역권 근린공원과 광역권 근린공원으로 구분된다. 체육공원은 체육활동을 통하여 건전한 신체와 정신을 배양함을 목적으로 설치하는 공원을 말한다. 어린이의 보건 및 정서생활의 향상에 기여하기 위하여 설치하는 공원은 어린이공원이다. 소공원은 소규모 토지를 이용하여 도시민의 휴식 및 정서 함양을 도모하기 위하여 설치하는 공원이다. 하천 및 호수 등의 수변과 접하고 있어 친수공간을 조성할 수 있는 곳에 주로 설치하는 공원은 수변공원이다.
주제공원의 종류는 역사공원, 문화공원, 수변공원, 묘지공원, 체육공원, 도시농업공원, 법 제15조제1항제3호사목에따른공원(그 밖에 특별시·광역시·특별자치시·도·특별자치도 또는 「지방자치법」 제

175조에 따른 서울특별시·광역시 및 특별자치시를 제외한 인구 50만 이상 대도시의 조례로 정하는 공원이다.
국가도시공원은 도시공원 및 녹지 등에 관한 법률 제25조의2 조항에 의거 국토교통부장관은 국가적 기념사업의 추진, 자연경관 및 역사·문화 유산 등의 보전, 국토의 균형발전 등을 위하여 국가적 차원에서 필요한 경우 관계 부처 협의와 중앙도시공원위원회의 심의를 거쳐 설치·관리하는 도시공원을 말한다.

16 토지 이용 과정에서 도시 문제를 발생시키는 주요 요인으로 옳지 않은 것은?

① 외부 효과
② 토지의 난개발
③ 이용 주체간의 경합
④ 기능 중심의 교통 계획과 차별성

해 설
기능 중심의 교통계획과 차별성으로 도시문제를 줄일 수 있다.

17 다비도프(Paul Davidoff)에 의해 주창된 옹호적 계획에 대한 설명으로 옳지 않은 것은?

① 강자에 대한 약자의 이익을 보호하는데 적용하였다.
② 인간의 존엄성에 기초를 두는 신휴머니즘적 사고와 관련이 깊다.
③ 사회 정책의 수립 과정을 막후의 협상에서 공개적인 계획 과정으로 바뀌도록 하였다.
④ 다원적인 가치가 혼재하고 있는 사회에서는 단일 계획안보다는 복수의 다원적인 계획안들이 바람직한 것으로 하였다.

해 설
도시계획이론과 주장한 학자
옹호적 계획(Advocacy Planning)
• 다비도프(Paul Davidoff)에 의해 주창된 이론
• 강자에 대한 약자의 이익을 보호하는 데 적용
• 사회정책의 수립 과정을 막후 협상에서 공개적인 계획과정으로 끌어내는 데 기여함
• 다원적인 가치가 혼재하고 있는 사회에서는 단일계획안 보다 복수의 다원적인 계획안들을 수립하는 것이 바람직함→ 인간의 존엄성에 기초를 두는 신휴머니즘적 사고와 관련이 깊은 계획은 프리드만(J. Friedmann)의 교류적 계획(Transaction Planning)이다.

18 중세 도시계획의 특징으로 옳지 않은 것은?

① 광장이 중심이다.
② 가로망은 규칙적이다.
③ 성곽을 중심으로 밀집된 구조이다.
④ 시설의 규모가 인간 척도에 맞는 구조이다.

해 설
중세도시의 도시계획에서 도로망 형태는 집중형이 대부분이었다. 불규칙적이며 폭이 좁은 특징을 갖는다.

19 버제스(Burgess)가 주장한 도시공간이론으로 수공업이나 소규모의 공장이 입자함으로써 주거환경이 악화되고 지가가 하락하여 비공식 부문의 종사자들이 유입되면서 슬럼 및 불량주택지구를 형성하는 지대는?

① 점이지대
② 슬럼지대
③ 통근자지대
④ 노동자 주택지대

해 설
버제스의 동심원이론에서 점이지대는 변천지대라고도 하며, 유동성이 심한 특징을 갖는다. 점이지대는 도심 주변에서 주거기능을 담당하던 지역이 도심과의 거리가 가깝기 때문에 수공업이나 소규모 공장이 입지하게 되어 주거환경이 악화되고 지가의 하락으로 이어져 비공식적인 종사자들의 대거 유입됨으로써 슬럼, 불량주택지구를 형성하게 된다.

20 광역도시계획의 지정목적을 이루는 데 필요한 사항이 아닌 것은?

① 경관계획에 관한 사항
② 광역 시설 설치에 소요되는 예산에 관한 사항
③ 광역계획권의 공간구조와 기능 분담에 관한 사항
④ 광역계획권의 녹지 관리 체계와 환경 보전에 관한 사항

해 설
국토의 계획 및 이용에 관한 법률 제12조(광역도시계획의 내용) 조항에 의거 광역도시계획의 지정목적을 이루는 데 필요한 사항에는 경관계획에 관한 사항, 광역계획권의 공간구조와 기능 분담에 관한 사항, 광역계획권의 녹지 관리 체계와 환경 보전에 관한 사항이 포함되어야 한다. 광역시설과 관련된 내용으로는 광역시설의 배치·규모·설치에 관한 사항이 포함되어야 한다. 예산과 관련된 사항은 나와 있지 않다.

정답 16 ④ 17 ② 18 ② 19 ① 20 ②

제2과목 도시설계 및 단지계획

21 다음 중 페리(C. A. Perry)가 주장한 근린주구의 개념과 가장 거리가 먼 것은?

① 근린주구의 경계는 간선도로에 의해 구획되도록 한다.
② 내부의 가로체계는 통과교통을 배제할 수 있도록 한다.
③ 학교, 공공건축용지는 단지의 중심 위치에 적절히 통합해야 한다.
④ 초등학교 1개를 유지할 수 있는 인구규모를 가지며, 물리적 규모는 인구밀도와 상관없이 동일하여야 한다.

해설
근린주구의 인구는 초등학교생 1,000~2,000명, 거주인구 5,000~6,000명(2,000~3,000세대 정도)로 물리적 규모는 차이가 크지는 않지만 인구 밀도에 따라 조금씩 변화한다.

22 주거환경을 구성하는 요소를 물리적 요소, 사회적 요소, 생태적 요소로 구분할 때, 생태적 요소에 포함되지 않는 것은?

① 소음　② 배수
③ 지세　④ 이미지

해설
단지계획의 요소는 물리적 요소, 사회적 요소, 생태적 요소, 시각적 요소로 구분할 수 있다. 생태적 요소는 자연적 요소와 환경적 요소로 나뉘며 자연적 요소에 지형, 지세, 일조, 통풍, 채광, 미기후, 수문, 지하수 등이 있으며 환경적 요소에는 환경오염, 소음, 쓰레기 등이 있다. 이미지는 사회적 요소에 해당한다.

23 단지계획 중 공원 및 녹지계획과 관련된 설명으로 적절하지 않은 것은?

① 기존의 생태환경은 최대한 보존 · 활용한다.
② 비옥도가 양호한 표토층은 채취 · 보관 후 활용하도록 한다.
③ 친환경적인 단지조성을 위해 자연지형은 최대한 살리며 절성토를 최소화하여야 한다.
④ 소수의 대규모 공원보다는 다수의 소공원을 조성하는 것이 생태성 강화 및 종의 다양성 확보를 위해 바람직하다.

해설
생태성 강화와 종다양성 확보를 위해서는 대규모 녹지를 확보하는 것이 유리하다.

24 단독주택지의 소가구 구성에서 다음의 가구 크기 중 가장 일반적인 규모로 옳은 것은?

① 장변 60m, 단변 20m
② 장변 120m, 단변 50m
③ 장변 220m, 단변 150m
④ 장변 500m, 단변 250m

해설
소가구 획지기법으로 단변의 길이는 30~50m, 장변의 길이는 90~130m이 적합하다.

25 주거단지계획은 인간의 행위를 담는 공간을 창조하는 것으로, 그 기준이 되는 인간의 척도를 나타내는 내용 중 옳지 않은 것은?

① 르 꼬르뷔제는 인체와 관련한 모듈을 사용함에 있어 1:1.618의 황금비 사용을 주장하였다.
② 페리는 주거단위는 초등학교 두 개의 단위에 필요한 인구규모를 가져야 한다고 주장하였다.
③ 메르텐스는 시각적 측면에서 인간이 대상물을 명백하고 쉽게 지각할 수 있는 최대 각도를 약 27°라 규정하였다.
④ 독시아디스는 고대도시 그리스를 연구한 결과 인간이 걷기 편한 최대의 거리를 1km(10~20분)로 결론내렸다.

해설
페리는 주거단위는 초등학교 한 개의 단위에 필요한 인구규모를 가져야 한다고 주장하였다.

26 단지계획에서 보 · 차 공존도로의 설치 목적과 가장 거리가 먼 것은?

① 노상주차 억제를 통한 안전성 확보
② 통과교통 억제를 통한 안전성 확보
③ 식재 공간 확보를 통한 쾌적성 증대
④ 국지도로와의 교차지점 감소를 통한 효율성 확보

정답　21 ④　22 ④　23 ④　24 ②　25 ②　26 ④

해설
보차공존도로는 안전성(통과교통 억제, 주행속도 억제, 노상주차 억제), 편리성(주민의 진출입 및 배달·수거 편리), 쾌적성(식재공간 확보, 쾌적한 보행환경, 경관향상)을 위해 설치한다.

27 다음 중 케빈 린치(Kevin Lynch)가 제안한 도시 이미지 형성의 5가지 요인에 해당하지 않는 것은?

① 결절점(node)
② 지구(district)
③ 중심지(C.B.D)
④ 랜드마크(landmark)

해설
케빈 린치의 도시 이미지(물리적 구조에 관한 요소) 형성의 5가지 요인은 경계(Edge), 결절점(Node), 도로(Path), 지구(District), 랜드마크(Landmark)이다.

28 도시 안에서 상업 등 특정기능을 강화하거나 도시팽창에 따라 기존 도시의 기능을 흡수·보완하는 새로운 시가지를 개발하고자 하는 경우의 지구단위계획구역의 지정 목적은?

① 복합용도개발
② 신시가지의 개발
③ 기존 시가지의 관리
④ 기존 시가지의 정비

해설
지구단위계획의 유형과 그 목적에 관한 문제이다. 신시가지의 개발은 도시 안에서 상업 등 특정 기능을 강화하거나 도시 팽창에 따라 기존 도시의 기능을 흡수·보완하는 새로운 시가지를 개발하고자 하는 경우이다. 기존시가지의 관리는 도시 성장 및 발전에 따라 그 기능을 재정립할 필요가 있는 곳으로서 도로 등 기반시설을 재정비하거나 기반시설과 건축계획을 연계시키고자 하는 경우, 기존 시가지의 정비는 기존 시가지에서 도시기능을 상실하거나 낙후된 지역을 정비하고자 하는 경우, 복합용도개발은 2 이상의 지정목적을 복합하여 달성하고자 하는 경우에 해당한다.

29 도시·군계획시설인 체육시설을 설치할 수 있는 용도지역은?

① 준주거지역
② 보전녹지지역
③ 유통상업지역
④ 일반공업지역

해설
도시·군계획시설의 결정·구조 및 설치기준에 관한 규칙 제100조(체육시설의 결정기준)에 의거 제1종전용주거지역·유통상업지역·전용공업지역·일반공업지역·보전녹지지역·생산관리지역·보전관리지역·농림지역 및 자연환경보전지역외의 지역에 설치하여야 한다.

30 도시인구가 20만 명, 취업률이 30%, 제조업인구구성비가 25%, 제조업인구 1인당 점유토지면적이 300㎡인 A 지역의 공업단지 총 소요면적은? (단, 공공용지율은 40%이다.)

① 600ha ② 750ha
③ 900ha ④ 1,100ha

해설
공업부지면적 = 업종별 종업원 1인당 면적의 원단위×종업원수 = 300×(200,000×0.3×0.25) = 4,500ha
공업지역 전체면적 = 공업부지면적/(1 - 공공용지율)
= 4,500/(1 - 0.4) = 4,500/0.6 = 750ha

31 단지 가로경관의 연출기법에 관한 설명으로 옳지 않은 것은?

① 보도 : 보행자의 움직임을 고려한 효과 있는 배열 필요
② 집산도로변 : 승용차·특수버스가 주체인 도로는 다양한 변화를 주고 서서히 간선도로와 연결되도록 함
③ 국지도로 : 굴곡이 있는 가로 형태는 운전자의 주의를 집중시키고, 속도를 감소시키는 역할을 하므로 세가로 계획에 적용
④ 간선도로 및 보조간선도로변 : 가까운 거리에 있는 것보다 원거리의 경관에, 세부(detail) 보다는 매스(mass)의 형태에 따른 경관이 중요함

해설
승용차, 특수버스가 주체인 도로에 다양한 변화를 주면 사고발생확률이 높아지므로 해당 기법의 적용은 가급적 지양해야 한다.

32 도시설계 작성과정의 기본구상 흐름도에 대한 순서가 올바르게 나열된 것은?

ⓐ 접근수단 및 도시설계 구상

정답 27 ③ 28 ② 29 ① 30 ② 31 ② 32 ①

ⓑ 도시설계의 과제정립 및 목표설정
ⓒ 기본구상안 제시
ⓓ 도시설계의 전략 및 기본방향 수립

① ⓑ → ⓓ → ⓐ → ⓒ
② ⓐ → ⓒ → ⓑ → ⓓ
③ ⓐ → ⓑ → ⓓ → ⓒ
④ ⓓ → ⓒ → ⓐ → ⓑ

[해설]
도시설계 작성과정의 기본구상 순서는 먼저 도시설계의 과제정립 및 목표를 설정한다. 그 다음 과제와 목표에 따른 전략과 기본방향을 수립하고 세부적인 수단 및 설계 구상을 수행한 다음 상기 과정을 종합하여 기본구상안을 제시하는 순서로 진행된다.

33 커뮤니티 구성의 세 가지 기본요소에 해당하지 않는 것은?

① 영역성
② 공동유대
③ 주거밀도
④ 사회적 상호작용

[해설]
커뮤니티는 주민들의 사회적 상호작용을 촉진하여 주민들간의 친밀감과 유대를 강화하는 공동체 의식 형성의 기능을 하여야 하고, 주거 이외에도 여가생활을 영위할 수 있는 여가활용 기능과 함께 영역성, 정보교환 등의 기능을 함께 가져야 한다.

34 주택단지의 총세대수가 2,000세대 이상인 경우 기간도로와 접하거나 기간도로로부터 당해 단지에 이르는 진입도로의 폭은 최소 얼마 이상이어야 하는가?

① 8m 이상
② 12m 이상
③ 15m 이상
④ 20m 이상

[해설]
진입도로 최소폭원
- 1~300세대 : 6m
- 300~500세대 : 8m
- 500~1,000세대 : 12m
- 1,000~2,000세대 : 15m
- 2,000세대 이상 : 20m

35 현대의 모더니즘에 관한 주거단지개발의 대안으로서 혼합용도를 지향하며 대중교통 및 보행으로 이동이 가능한 권역들이 자율적으로 성장하는 커뮤니티 개발모델은?

① 어반빌리지(urban village)
② 스마트성장(smart growth)
③ 지속가능 개발(sustainable development)
④ 전통적 근린지역(traditional neighborhood district)

[해설]
어반빌리지(urban village)는 1980년대 후반 영국의 찰스황태자가 이끌던 Urban Village Group이 현대의 모더니즘에 대한 반항으로 제안한 대안으로 혼합용도를 지향하며 대중교통 및 보행으로 이동이 가능한 권역들이 자율적으로 성장하는 커뮤니티 개발모델이다. 과거의 인간적이고 아름다운 경관을 지닌 주거환경을 추구한다.

36 국지도로의 형태 중 하나인 루프형 도로에 대한 설명으로 옳지 않은 것은?

① 불필요한 차량의 진입이 배제된다.
② 교차점이 많아 방향성이 불분명하다.
③ 주거환경의 안전성이 어느정도 확보된다.
④ 외곽부에서 내부로의 진입이 제한되므로 차량의 우회교통이 발생한다.

[해설]
교차점이 많은 것은 격자형의 단점이다.

37 조선시대 건조된 읍성(邑城)에 대한 설명으로 옳지 않은 것은?

① 우리나라의 전통적인 지리적 방식에 의해 입지가 결정되었다.
② 지역의 지형특징에 따라 주요 시설들의 배치가 이루어졌다.
③ 외부의 적으로부터 효과적인 방어를 위해 주로 산 정상에 건조되었다.
④ 당시 지방의 통치를 위해 관료를 파견하기 위한 행정도시의 성격을 갖는다.

[해설]
방어를 고려하긴 하였으나 산 정상에 건조하지는 않았다.

38. 건축법령상 공동주택의 구분에 따른 분류가 옳지 않은 것은? (단, 2개 이상의 동을 지하주차장으로 연결하는 경우에는 각각의 동으로 본다.)

① 주택으로 쓰는 층수가 6개 층인 주택은 아파트다.
② 주택으로 쓰는 1개 동의 바닥면적 합계가 450㎡인 3층의 주택은 다세대주택이다.
③ 주택으로 쓰는 1개 동의 바닥면적 합계가 660㎡인 5층의 주택은 연립주택이다.
④ 종업원을 위하여 쓰이는 것으로서 1개 동의 공동취사시설 이용 세대 수가 전체의 50% 이상인 것은 기숙사이다.

해설
5층 이상의 주택을 아파트로 분류한다.

39. 다음 그래프 중 공간의 다양성과 흥미와의 관계를 가장 잘 나타낸 것은?

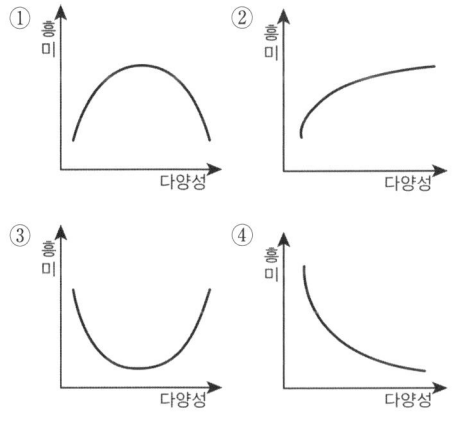

40. 지구단위계획구역의 지정 절차에서 국토교통부장관이 결정하는 경우 심의를 거쳐야 하는 곳은?

① 시·도공동위원회
② 중앙도시계획위원회
③ 시·도도시계획위원회
④ 시·군도시계획위원회

해설
중앙부처의 장관인 국토교통부장관이 결정하면 중앙도시계획위원회의 심의를 거친다.

제3과목 도시개발론

41. 도시개발사업의 관련 사업이 아닌 것은?

① 일단의 주택지 조성사업
② 일단의 공업용지 조성사업
③ 시가지 조성사업
④ 수도권 정비사업

해설
도시개발사업은 주거, 상업, 산업, 유통, 정보통신, 생태, 문화, 보건 및 복지 등의 기능이 있는 단지 또는 시가지를 조성하기 위하여 시행하는 사업을 말한다. 수도권 정비에 관한 사업은 수도권정비계획법에 의한다.

42. 경제성 분석 시, 계량화 및 가치화가 불가능한 효과에 금전적 가치를 부여해야 할 필요성이 있는 경우 사용하는 방법은?

① 권리분석
② 시장성분석
③ 변이-할당분석
④ 조건부 가치측정법

해설
조건부가치측정법은 계량화 및 가치화가 불가능한 효과에 금전적 가치를 부여해야 할 필요성이 있는 경우 사용하는 방법으로 가상적인 상황을 시뮬레이션하여 제시한 후, 관련 대상자들이 해당 상황에서 어떻게 행동할 것인지를 설문조시를 통해 자료를 수집한 다음 조사대상자들의 지불의사액(WTP)을 측정하는 기법이다.

43. 도시개발 전략 수립 시 고려하여야 할 사항이 아닌 것은?

① 개인적 성격과 취미
② 재무적 타당성
③ 지분 구조
④ 개발 대상지

해설
도시개발전략 수립시 고려사항 – 다양한 재무적 투자형태를 고려하여 가장 바람직한 지분구조를 도출한다. 사회적 목표, 재무적 목표, 비즈니스 계획 등을 포함하여 전반적인 기본구상을 설정한다. 개발 기본계획의 내용 뿐만아니라 시장과 경쟁시설에 대한 상세한 분석을

정답 38 ③ 39 ① 40 ② 41 ④ 42 ④ 43 ①

시행하여 재무적 타당성을 결정한다. 부지 및 주변지역의 기반시설, 지형, 지세, 각종 규제, 토지이용계획 등을 고려하여 개발대상지를 분석한다. 개인적인 성격과 취미는 도시개발 전략과 거리가 멀다.

44 Calthorpe이 제시한 TOD의 7가지 원칙에 해당되지 않는 것은?

① 지구 내에는 걸어서 목적지까지 갈 수 있는 보행친화적인 가로망 구성
② 기존 근린지구 내에 대중교통 노선을 따라 재개발 촉진
③ 공공공간을 건물배치 및 근린생활의 중심지로 조성
④ 주택의 유형, 밀도, 비용 등은 고층, 고밀, 고급화를 지향하고 통일된 유형을 배치

해설
피터 칼소프(Peter Calthorpe, 1993)의 TOD 7가지 원칙은 ① 대중교통서비스를 유지할 수 있는 고밀도를 유지, ② 역으로부터 보행거리 내에 주거, 상업, 직장, 공원, 공공시설 배치, ③ 지구 내에는 걸어서 목적지까지 갈 수 있는 보행친화적인 가로망 구성, ④ 주택의 유형, 밀도, 비용의 혼합배치, ⑤ 양질의 자연환경과 공지 보전, ⑥ 공공공간을 건물배치 및 근린생활의 중심지로 조성, ⑦ 기존 근린지구 내에 대중교통 노선을 따라 재개발 촉진이다.

45 개발형태에 의한 개발사업의 분류는 크게 신개발사업과 재개발사업으로 분류되고 있는데, 다음 중 신개발사업에 포함되지 않는 것은?

① 건축물 증개축사업
② 토지형질변경사업
③ SOC사업
④ 도시개발사업

해설
건물의 증개축사업은 재개발사업에 속한다.

46 부동산펀드의 유형을 운용시장의 형태에 따라 구분할 때, 다음 중 민간시장(private market) 부문에 해당하지 않는 것은?

① 직접투자
② 사모부동산 펀드
③ 상업용저당채권
④ 직접대출(loans)

해설
상업용 저당채권(CMBS)는 공개시장(Public Market)에 해당한다.

47 부동산 신탁의 종류 중 임대형 토지신탁과 분양형 토지신탁이 속하는 종류는?

① 관리형 신탁
② 운용형 신탁
③ 처분형 신탁
④ 관리 · 처분형 신탁

해설
개발신탁(운용형신탁)은 개발 후 건물을 임대하는 임대형 토지신탁과 분양하는 분양형 토지신탁으로 구분된다.

48 재개발의 유형에 대한 설명이 옳은 것은?

① 철거 재개발(redevelopment) : 도시환경 및 시설에 있어서 불량 또는 노후화 현상이 현재까지는 발생하지 않았으나 현 상태로 방치할 경우 환경악화가 예상되는 지역에 예방적 조처로 시행하는 방식
② 수복 재개발(rehabilitation) : 관리상 부실로 인하여 도시환경이 악화될 우려가 있거나 이미 악화된 지역에 대하여 기존시설을 보존하면서 구역 전체의 기능과 환경을 회복하거나 개선하는 소극적인 방식
③ 보존 재개발(conservation) : 낙후되고 노후화된 기존 도시지역의 시설을 보수, 확장, 새로운 시설을 첨가하는 방법을 통하여 도시환경을 개선하는 방식
④ 개량 재개발(improvement) : 기존의 시설을 전면적으로 철거하고 새로운 시설물로 대체시켜 쾌적하고 능률적이며 기능적인 도시환경을 창출해내는 적극적인 방식

해설
철거재개발은 기존의 시설을 전면적으로 철거하고 새로운 시설물로 대체시켜 쾌적하고 능률적이며 기능적인 도시환경을 창출해내는 적극적인 방식이다.
보존재개발은 도시환경 및 시설에 있어서 불량 또는 노후화 현상이 현재까지는 발생하지 않았으나 현 상태로 방치할 경우 환경악화가 예상되는 지역에 예방적 조처로 시행하는 방식이다.
개량재개발은 새로운 시설 첨가를 통해 도시기능을 제고하는 재개발로 철거재개발과 반대방식으로 수행하는 재개발 방식이며 지구 내의 주거환경을 점진적으로 개선해 나가는 재개발 방식이다.

정답 44 ④ 45 ① 46 ③ 47 ② 48 ②

49 다음 중 계획단위개발(PUD)의 4단계 시행절차에 해당되지 않는 것은?

① 현황조사분석 ② 개략개발계획
③ 예비개발계획 ④ 최종개발계획

해설
계획단위개발(PUD ;Planned Unit Development)의 시행순서는 사전회의 – 개별개발계획 – 예비개발계획 – 최종개발계획 순이다.

50 다음 중 역사보존도시에 대한 설명으로 옳지 않은 것은?

① 역사보존도시는 개성적인 역사환경을 통해 도시에 다양성을 부여한다.
② 역사환경은 도시 내 중요한 문화 창조의 자원이며 도시 활성화의 자원으로 활용이 가능하다.
③ 역사보존도시의 전통적 기반 보존을 통해 다른 도시와의 차별성을 부각할 수 있다.
④ 역사보존도시는 과거의 역사와 현재의 조화보다는 과거의 역사환경보존에 더 중심을 두어야 한다.

해설
역사보존도시는 과거의 역사와 현재의 조화에 중심을 두어야 한다.

51 도시개발 여건 분석에 대한 설명으로 틀린 것은?

① 부지의 이용가치를 극대화하기 위해 그 부지의 입지조건을 면밀히 분석할 필요가 있다.
② 입지의 특성은 물리적 요인과 지리적 요인, 법적·제도적 요인, 경제적 요인 등으로 구분할 수 있다.
③ 입지분석은 개발의 컨셉을 사업화하기 위한 일련의 타당성 분석 과정 가운데 가장 먼저 행해지게 된다.
④ 물리적 요인을 분석하는 것을 일반분석이라 하고, 지리적 요인 및 제도적·경제적 요인을 분석하는 것을 부지분석이라 한다.

해설
물리적 요인을 분석하는 것을 부지분석이라 하고, 지리적 요인, 제도적·경제적 요인을 분석하는 것을 일반분석이라 한다.

52 우리나라 도시개발의 흐름에서 제조업과 관광업 등 산업입지와 경제활동을 위해 민간기업 주도로 개발된 도시로, 산업·연구와 주택·교육·의료·문화 등 자족적 복합기능을 가진 도시조성을 위해 개발된 도시는?

① 기업도시 ② 공업도시
③ 혁신도시 ④ 행정복합도시

해설
물리적 요인을 분석하는 것을 부지분석이라 하고, 지리적 요인, 제도적·경제적 요인을 분석하는 것을 일반분석이라 한다.

53 주거지역의 양호한 환경조성과 시가지의 도시경관을 보호하기 위해 지정하는 지구는 무엇인가?

① 자연경관지구 ② 중심지미관지구
③ 시가지경관지구 ④ 일반미관지구

해설
시가지경관지구는 주거지역의 양호한 환경조성과 시가지의 도시경관을 보호하기 위하여 필요한 지구를 말한다. 자연경관지구는 산지·구릉지 등 자연경관의 보호 또는 도시의 자연풍치를 유지하기 위하여 필요한 지구를 말한다.

54 다음 중 도시개발사업 과정에서의 허가(許可)에 대한 설명으로 옳은 것은?

① 허가를 받지 않고 한 행위는 처벌의 대상이 되지 않는다.
② 법령에 의하여 금지되어 있는 행위를 해제하여 적법하게 하는 것을 의미한다.
③ 제3자의 행위를 보충하여 그 법률상의 효력을 완성시키는 행위를 말한다.
④ 국가 또는 지방자치단체가 특정행위에 대하여 부여하는 동의의 뜻이다.

해설
허가(許可)란 일반적으로 금지되어 있는 행위를 특정한 경우에 해제하여 적법하게 그 행위를 할 수 있게 하는 행정처분을 말한다. 금지가 부작위 의무를 명하는 행정행위인 데 대해, 허가는 그 반대로 기존의 금지를 해제하는 행정행위이다.

정답 49 ① 50 ④ 51 ④ 52 ① 53 ③ 54 ②

55 지분조달방안의 수법으로 2인 이상의 주체(극소수의 개인투자가 또는 기관)가 부동산 개발 등의 목적을 달성하기 위해 공동으로 사업하는 기업형태는?

① 합작사업(Joint Venture)
② 신디케이트(Syndicate)
③ 유한 파트너십(LP : Limited Partnership)
④ 유한 책임 파트너십(LLP : Limited Liability Partnership)

해 설
합작사업(Joint Venture)이란 2인 이상의 주체(극소수의 개인투자가 또는 기관)가 부동산개발 등의 목적을 달성하기 위해 공동으로 사업하는 기업형태를 말한다. 부동산 투자를 원하는 보험회사와 전문성이 뛰어난 개발업자가 합작회사를 구성하여 사업하는 방식을 취한다.

56 신고전주의학파의 경제이론에 의거하여, 도시 중심지역에서 지대가 높아지는 원인으로 가장 적합한 것은?

① 교통비용과 지대와의 상쇄관계
② 노동생산성의 반영
③ 토지이용의 공적규제
④ 개발금융의 활성화

해 설
신고전 도시경제이론에 의하면 도시 중심지역에 가까울수록 지대가 높아지는 이유는 지대와 교통 비용간의 상쇄관계(trade-off)에 의해 설명된다. 그 골자는 도시 중심지역에의 접근성이 뛰어날수록, 즉 교통비용이 감소할수록, 지대가 이를 상쇄할 만큼 증가함으로써 도시 내 어느 곳에 입지하더라도 특별히 불리하지 않은 공간적 입지의 균형(equilibrium)이 유지된다는 점에 있다.

57 중력모형(Gravity Model)에 관한 설명으로 옳은 것은?

① 개별 소매점의 고객흡입력을 계산하는 방법
② 거리요소, 규모요소, 상수의 세 가지 요소에 의한 모형
③ 각 변수들이 수요에 미치는 영향의 정도를 결정해 주는 방법
④ 소비자가 주어진 상업시설을 이용할 확률은 상업시설의 크기에 비례하고 그 곳까지 이동하는데 걸리는 시간에 반비례한다는 개념을 적용

해 설
중력모형은 인구·경제 활동의 규모는 크기에 비례하고 거리에 반비례한다는 모형이다. 중력모형의 3요소는 거리, 도시의 규모, 상수가 있다. 개별 소매점의 고객흡입력을 계산하는 방법으로 소비자가 주어진 상업시설을 이용할 확률은 상업시설의 크기에 비례하고 그곳까지 이동하는 데 걸리는 시간에 반비례한다는 개념을 적용하는 이론은 허프(Huff)의 소매지역이론이다. 각 변수들이 수요에 미치는 영향의 정도를 결정해주는 방법은 인과분석법(Casuality Test)이다.

58 다음 중 "재개발 시행방식"에 따라 분류한 것이 아닌 것은?

① 전면재개발 ② 수복재개발
③ 주거재개발 ④ 보존재개발

해 설
재개발 사업을 시행방식에 따라 분류하면 수복, 보수, 보전, 철거, 전면, 자력재개발로 분류할 수 있다. 주거재개발은 재개발 대상지의 토지이용에 따른 분류(주거지, 상업업무지, 공공시설의 정비)에 해당한다.

59 수익성지수(Profitability Index, PI)에 대한 설명으로 틀린 것은?

① 수익성지수가 1보다 클 때 해당 프로젝트는 사업성이 있는 것으로 평가한다.
② 프로젝트로부터 발생하는 할인된 전체 수입을 할인된 전체 비용으로 나눈 값이다.
③ 순현재가치(NPV)가 0이면 수익성지수도 0이다.
④ 여러 프로젝트의 평가에서 순현재가치법과 수익성지수평가법은 서로 다른 대안을 택할 수 있다.

해 설
수익성지수는 현금유입의 현재가치를 현금유출의 현재가치로 나눈 값을 가지고 판단하는 기법이다. 순현재가치가 0이면 현금유입의 현재가치 - 현금유출의 현재가치가 0이라는 의미이므로, 수익성지수가 1이 된다.

60 다음 중 ( )안에 들어갈 수치로 모두 옳은 것은?

> 지정권자는 환지(煥地) 방식의 도시개발사업에 대한 개발계획을 수립하려면 환지 방식이 적용되는 지역의 토지면적의 (ⓐ) 이상에 해당하는 토지 소유자와 그 지역의 토지 소유자 총수의 (ⓑ) 이상의 동의를 얻어야 한다.

정답 55 ① 56 ① 57 ② 58 ③ 59 ③ 60 ④

① ⓐ 1/2, ⓑ 1/2 ② ⓐ 1/2, ⓑ 2/3
③ ⓐ 2/3, ⓑ 2/3 ④ ⓐ 2/3, ⓑ 1/2

해설
환지방식을 적용하려 할 때는 토지면적의 2/3 이상에 해당하는 토지소유자와 그 지역의 토지소유자 총수의 1/2 이상의 동의를 얻어야 함(국가, 지자체는 예외)

제4과목 국토 및 지역계획

61 우리나라 국토계획의 필요성에 대한 설명으로 가장 거리가 먼 것은?

① 국토자원이용의 효율성 증대
② 향상된 생활환경의 균등한 공급
③ 지역격차 완화 및 균형된 지역발전
④ 생활여건이 우수한 지역이 더욱 발전하는 기반마련

해설
국토계획은 대도시의 집중과 과밀, 지역 불균형 개발문제를 해결해야 하는데 이미 우수한 지역이 더욱 발전하도록 계획을 추진하면 불균형 문제가 더욱 심각해지게 된다.

62 다음 중 광역권에 대한 설명으로 가장 거리가 먼 것은?

① 일반적으로 생활권 중심의 광역권은 통근이나 통학이 중심이다.
② 일반적으로 생활권 중심의 광역권은 교외화 현상과 관련 있다.
③ 일반적으로 생활권 중심의 광역권이 경제권 중심의 광역권보다 넓다.
④ 일반적으로 생활권 중심의 광역권과 경제권 중심의 광역권으로 구분할 수 있다.

해설
일반적으로 경제권 중심의 광역권이 생활권 중심의 광역권 보다 넓다.

63 지역발전이론 중 1980년대 말과 1990년대 초에 핵심적으로 부각된 이론은?

① 기초수요이론
② 지역균형이론
③ 유연적 축적론
④ 지역불균형발전이론

해설
1980년대 말부터 1990년대 초에 핵심적으로 부각된 이론은 유연적 축적론이다. 데이비드 하비의 이론으로 자본의 축적이 지속되는 경향을 설명하고 유연성(Flexibility)을 탈 근대문화를 만든 원인으로 규명하였다.

64 도시체계 속에서 한 도시의 규모는 도시의 등급에 역비례한다는 관계를 설명하는 이론은?

① 순위-규모 법칙(Rank-size Rule)
② 균형화이론(Equalization Theories)
③ 표준화기법(Standardization Technique)
④ 연쇄체계모형(Recursive System Model)

해설
순위규모법칙(Rank-size Rule)은 도시 체계 속에서 도시 규모가 어떠한 모양으로 분포되는가를 설명하는 이론이며 도시체계 속에서 한 도시의 규모는 도시의 등급에 역비례한다는 관계를 설명하는 이론이다. 한 국가에서 수위도시의 인구(최상의 도시인구)를 바탕으로 도시 순위 간 인구분포를 이용, 도시의 정주체계를 분석하는 방법이다.

65 크리스탈러(Christaller)의 중심지 이론에서 1개의 중심지가 그 중심지 및 3개의 하위 중심지를 포섭하는 원리는?

① 교통의 원리 ② 근린의 원리
③ 시장의 원리 ④ 행정의 원리

해설
포섭의 원리
시장원리(K=3) : 상위 중심지가 하위 중심지 3개를 포섭함
교통원리(K=4) : 상위 중심지가 하위 중심지 4개를 포섭함
행정원리(K=7) : 상위 중심지가 하위 중심지 7개를 포섭함
문제에서 주어진 그 중심지 및 3개의 하위 중심지란 총 4개의 하위 중심지를 의미함

66 수출기반모형(export base model)에서 산업들의 수출량을 계산하는데 있어 기본 가정이 아닌 것은?

① 폐쇄의 경제
② 동일한 노동 생산성
③ 동일한 소득수준(또는 소비수준)
④ 지역내 투자된 하부시설의 동일성

정답 61 ④ 62 ③ 63 ③ 64 ① 65 ① 66 ④

해설
수출기반모형은 동일한 노동 생산성(지역과 전국 간의 노동생산성이 동일), 동일한 소비수준(지역과 전국 간의 동일한 소득수준으로 가정함), 폐쇄된 경제(Closed Economy, 국가 간 교역이 없음을 의미)을 가정한다.

67 국토 및 지역계획의 수립절차로 가장 적절한 것은?

① 문제인식 → 현황조사 → 목표설정 → 계획수립 → 집행 → 평가 → 환류
② 목표설정 → 문제인식 → 현황조사 → 계획수립 → 집행 → 평가 → 환류
③ 목표설정 → 현황조사 → 문제인식 → 계획수립 → 집행 → 평가 → 환류
④ 문제인식 → 목표설정 → 계획수립 → 현황조사 → 집행 → 평가 → 환류

해설
계획의 수립을 위해 가장 먼저 이루어져야 할 절차는 문제인식이며, 현황조사를 통해 목표를 설정한 후 계획을 수립한다.

68 다음의 대도시성장관리 정책에 대한 설명으로 옳지 않은 것은?

① 종주도시권의 다핵개발은 자유방임정책보다 오히려 대도시권으로의 인구와 산업의 집중을 유발한다.
② 반자력중심도시의 육성은 대도시의 통근권 밖인 60~160km 떨어진 도시를 육성하는 정책이다.
③ 대도시 집중억제의 한 수단으로서 소규모 서비스 중심지 및 농촌의 개발은 소요투자의 효율성에 문제가 있다.
④ 대도시의 관리정책으로서의 지역중심도시와 하위체계 개발시책은 투자재원의 한계성 때문에 모든 지역을 동시에 개발할 수 없다.

해설
대도시권 성장관리 전략에 광역도시권 개발을 통한 연계강화 유도 사항이 있는데, 통근권 밖인 60~160km 떨어진 도시를 육성하는 것으로는 도시 간 연계강화를 유도하기 어렵다.

69 친환경적 공간계획(국토계획, 지역계획, 도시계획)의 수단으로 적합하지 않은 것은?

① Green GNP 개념 도입
② 거대도시와 도시광역화 개발
③ 압축도시(Compact City) 개발
④ 복합토지이용(Mixed Land Use) 도입

해설
친환경적 공간계획의 수단으로 Green GDP(환경오염에 의한 피해와 자연자원 감소의 경제적 손실을 GDP에서 차감하여 계산한 GDP로 자원의 고갈 및 환경훼손에 따른 기회비용을 계산하는 방법), 압축도시(환경적으로 지속가능하고 도시민의 삶의 질을 증진시키기 위해 교통수요는 감소시키며 복합적 토지이용을 통한 도시개발), 복합토지이용(상호보완이 가능한 용도를 합리적으로 계획하여 서로 밀접한 관계를 가질 수 있도록 연계하여 개발)이 있다. 거대도시와 도시광역화로는 환경유해요소의 발생을 효과적으로 차단하기 어려우므로 친환경적 공간계획과는 거리가 멀다.

70 다음의 조건에서 청주의 A산업에 대한 입지계수(L.Q)는?

구분	청주	전국
A산업 고용자수	4,000명	250,000명
총 고용자수	60,000명	7,500,000명

① 0.07   ② 0.75
③ 1.67   ④ 2.00

해설
$$LQ = \frac{\frac{4,000}{60,000}}{\frac{250,000}{7,500,000}} = 2 \text{(기반산업 = 특화산업)}$$

71 제4차 국토종합계획 수정계획(2011~2020)의 기본목표가 아닌 것은?

① 살기좋은 복지국토
② 품격있는 매력국토
③ 경쟁력있는 통합국토
④ 지속가능한 친환경국토

해설
제4차 국토종합계획 수정계획(2011~2020)의 4대 기본목표는 경쟁력 있는 통합국토, 지속가능한 친환경국토, 품격있는 매력국토, 세계로 향한 열린국토이다.

72 계획이란 '선택을 통해 가장 적절한 미래의 행위를 결정하는 일련의 절차'라고 정의한 학자는?

① C.A. Perry
② Davidoff와 Reiner
③ E. Howard
④ Le Corbusier

해설
다비도프(Davidoff)와 라이너(Reiner)는 계획을 '계속되는 선택을 통하여 가장 적절한 미래의 행위를 결정하는 일련의 절차'라고 정의하였고, 동시에 '행동이야말로 계획 행위의 궁극적인 산물'이라고 부연하였다. 따라서 계획은 미래 지향적인 행위를 수반하게 되며 이러한 행위의 결과에 따른 계획의 영향을 받는 객체들의 개선된 미래의 상태를 포함하여야 함을 의미한다.

73 GIS를 활용한 다각형 자료에 대한 공간분석 중 그 성격이 다른 것은?

① 다각형 중첩(polygon overlay)
② 공간적 집합(spatial aggregation)
③ 다각형 내 점(point-in-polygon) 분석
④ 코로플레스 도면화(choroplethic mapping)

해설
GIS 자료에는 점자료, 선자료, 다각형자료가 있고, 다각형 자료에는 블록, 필지, 지역지구 등 다각형으로 둘러싸이고 면적을 지니는 대상체가 포함된다. 다각형의 중첩이나 다각형 내 점, 코로플레스 도면은 2차원의 다각형 자료에 해당한다. 코로플레스 도면이란 어떤 특정 주제의 분포를 표현한 주제도를 만들 때, 그 구역의 정도나 비율에 따라 색을 칠하거나 사선(해칭)을 그어 해당 주제의 분포상태를 표현하는 지도를 말한다. 공간적 집합은 2차원 자료로 보기 어려우므로 공간분석의 성격이 다르다고 보아야 할 것이다.

74 도시나 지역의 인구 예측 방법에서 인구 성장 한계를 나타내는 인구 추정식은?

① 선형식
② 포물선식
③ 지수 곡선식
④ 로지스틱 곡선식

해설
인구성장에 한계를 두는 예측방법에는 로지스틱곡선법과 곰페르츠 모형이 있다.

75 다음 중 토지의 환경성을 평가하여 보전이 필요한 지역과 개발이 가능한 지역을 구분하고, 그 결과를 지형도에 표시한 도면은?

① 비오톱지도
② 생태·자연도
③ 토지적성평가도
④ 국토환경성평가지도

해설
환경정책기본법 제23조(환경친화적 계획기법 등의 작성·보급) 환경부장관은 국토환경을 효율적으로 보전하고 국토를 환경친화적으로 이용하기 위하여 국토에 대한 환경적 가치를 평가하여 등급으로 표시한 환경성 평가지도를 작성·보급할 수 있다.

76 대도시 성장관리와 관련된 설명으로 가장 거리가 먼 것은?

① 도시가 성장함에 따라 규모와 생산성은 정비례하여 증가한다.
② 집적의 이익과 불이익을 명시적으로 밝히는 데는 큰 어려움이 있다.
③ 외부효과 때문에 개인과 사회가 받는 이익과 비용이 서로 차이가 있다.
④ 일반적으로 도시규모에 따라 도시기반시설 비용은 U자형 곡선을 나타낸다.

해설
도시가 성장함에 따라 규모와 생산성은 일정기간 정비례하여 증가하다가 집적의 이익보다 불이익이 커지는 시점부터 규모에 반비례하여 생산성이 감소하게 된다.

77 후버-피셔의 지역발전 5단계설의 두 번째 단계에 해당하는 것은?

① 2차 산업의 도입단계
② 다양한 공업화의 이행단계
③ 수출용 3차 산업 전문화 단계
④ 1차 산업 전문화 및 지역 간 교역의 단계

해설
후버 피셔의 지역발전 5단계는 자족적 최저생존경제단계, 1차 산업단계, 2차 산업 도입단계, 공업의 다양화단계, 3차 산업의 전문화단계로 구성된다.

정답 72 ② 73 ② 74 ④ 75 ④ 76 ① 77 ④

78 지역계획(regional planning)에 대한 설명으로 가장 옳은 것은?

① 지역계획은 국가 경제성장 정책의 수행을 위한 사회 경제적 수단을 제시하는 전략적 종합 계획이다.
② 지역계획은 최소 1개 이상의 공간 단위를 대상으로 한 전국계획(national planning) 하위 체계의 공간 계획이다.
③ 지역계획은 도시의 광역화에 따라 발생하는 문제를 효과적으로 대처하기 위한 중앙정부에 의한 조정적 계획이다.
④ 지역계획은 최하위 공간 단위계획(local planning)과 전국계획(national planning) 사이의 중간 계층적 공간 계획을 의미한다.

해설
공간계획은 동원되거나 조작되는 변수의 영향크기에 따라 전국계획, 지역계획, 지방 및 지역사회계획의 순으로 나누어지고 집행의 주체가 결정된다. 따라서 지역계획은 중간 계층적 공간계획으로서의 역할을 수행하게 된다.

79 다음 중 수도권 인구 및 산업 집중의 억제 대책이 아닌 것은?

① 공장의 신·증설 억제
② 대학의 신·증설 억제
③ 임대주택의 공급 확대
④ 중앙행정 권한의 지방 이양

해설
수도권 인구 및 산업 집중의 억제대책으로 학교와 공장 등의 인구집중유발시설이 수도권에 집중하지 않도록 총 허용량 규제하고, 수도권 소재 공공기관을 지방 이전 조치하였다.

80 M시의 수출산업 종사인구(E_B)는 50,000명, 지역산업 종사인구(E_N)는 100,000명이다. M시의 수출산업 종사자 1명을 고용한다면 늘어나는 총 고용자 수(E_T)는?

① 1명 ② 2명 ③ 3명 ④ 4명

해설
$$경제기반승수 = \frac{지역의\ 총\ 고용인구}{지역의\ 수출산업고용인구} = \frac{150,000}{50,000} = 3$$

따라서 수출산업 종사자 1명을 고용하면 경제기반승수를 곱한 3명의 총 고용자가 늘어나게 된다.

제5과목 도시계획관계법규

81 도시공원 및 녹지 등에 관한 법률에 따른 생활권공원의 종류에 해당하지 않는 것은?

① 소공원 ② 근린공원
③ 묘지공원 ④ 어린이공원

해설
도시공원은 크게 생활권공원과 주제공원으로 구분되며 생활권공원에 소공원, 어린이공원, 근린공원이 있다.

82 국토기본법령상 국토조사에 대한 아래 설명 중 ( )안에 들어갈 용어가 바르게 나열된 것은?

(㉠)은/는 국토조사를 효율적으로 실시하기 위하여 국토조사 항목 및 조사주체 등 필요한 사항에 대하여 관계 중앙행정기관의 장 및 (㉡)와/과 사전협의를 거쳐 국토 조사계획을 수립할 수 있다.

① ㉠ : 국토교통부장관 ㉡ : 시·도지사
② ㉠ : 국토교통부장관 ㉡ : 국토정책위원회
③ ㉠ : 국토정책위원회 ㉡ : 시·도지사
④ ㉠ : 국토정책위원회 ㉡ : 국토교통부장관

해설
국토기본법 시행령 제10조(국토조사의 실시) 제2항에 의거, 국토교통부장관은 국토조사를 효율적으로 실시하기 위하여 국토조사 항목 및 조사주체 등 필요한 사항에 대하여 관계 중앙행정기관의 장 및 시·도지사와 사전협의를 거쳐 국토조사계획을 수립할 수 있다.

83 택지개발지구 내에서 관할 특별자치도지사·시장·군수 또는 자치구의 구청장의 허가를 받아야 하는 행위에 해당하지 않는 것은?

① 죽목의 벌채 및 식재
② 토석의 채취 또는 토지의 굴착
③ 건축물의 건축, 대수선 또는 용도변경
④ 경작을 위한 토지의 형질변경 또는 관상용 식물의 가식

> **해설**
> 경작을 위한 토지의 형질 변경, 관상용 식물의 가식은 경미한 변경에 해당한다.

84 관광진흥법에 따른 관광개발계획에 관한 설명으로 옳지 않은 것은?

① 관광개발기본계획은 5년마다 수립한다.
② 확정된 권역계획에 대하여 대통령령으로 정하는 경미한 사항을 변경하는 경우 관계부처의 장과의 협의를 갈음하여 문화체육관광부장관의 승인을 받아야 한다.
③ 권역계획에 대하여 대통령령으로 정하는 경미한 사항의 변경에는 관광지 등 면적의 100분의 30 이내의 확대를 포함한다.
④ 시·도지사(특별자치도지사는 제외한다.)는 기본계획에 따라 구분된 권역을 대상으로 권역별 관광개발계획을 수립하여야 한다.

> **해설**
> 관광개발기본계획은 10년마다 수립한다. 5년마다 수립하는 계획은 권역별 관광개발계획 (권역계획)이다.

85 국토의 계획 및 이용에 관한 법률상 도시·군계획시설이 아닌 것은?

① 공동구　　② 도축장
③ 유수지　　④ 예식장

> **해설**
> "도시·군계획시설"이란 기반시설 중 도시·군관리계획으로 결정된 시설을 말한다. 국토의 계획 및 이용에 관한 법률 시행령 제2조(기반시설) 조항에 의거, 공동구는 유통·공급시설에 해당하고, 도축장은 보건위생시설, 유수지는 방재시설에 해당한다.

86 국토교통부장관이 산업단지 외의 지역에서의 공장설립을 위한 입지지정과 지정 승인된 입지의 개발에 관한 기준 작성 시 포함되어야 할 사항으로 옳지 않은 것은?

① 주택건설 및 공급에 관한 사항
② 토지가격의 안정을 위하여 필요한 사항
③ 산업시설 용지의 적정이용기준에 관한 사항
④ 환경보전 및 문화재 보존을 위하여 필요한 사항

> **해설**
> 산업입지 및 개발에 관한 법률 시행령 제45조에 의거, 입지지정 및 개발에 관한 기준에 포함될 사항은 산업시설용지의 적정이용기준에 관한 사항, 토지가격의 안정을 위하여 필요한 사항, 환경보전 및 문화재 보존을 위하여 필요한 사항 등이다. 국민주택·임대주택 건설 및 공급에 관한 사항은 주택법에 의한 주택종합계획에 포함되어야 할 내용이다. (※ 2015.6.22. 부로 주택종합계획 관련 조항인 주택법 7,8조가 삭제되었다.) (※ 2024.5.7. 부로 환경보전 및 "국가유산" 보존을 위하여 필요한 사항으로 조항의 내용이 변경되었다.)

87 수도권정비계획법령상 대규모 개발사업의 종류에 해당하지 않는 택지조성사업은?(단, 면적이 모두 100만㎡ 이상인 경우)

① 「주택법」에 따른 주택건설사업
② 「택지개발촉진법」에 따른 택지개발사업
③ 「도시 및 주거환경정비법」에 따른 주거환경개선사업
④ 「산업입지 및 개발에 관한 법률」에 따른 산업단지 및 특수지역에서의 주택지 조성사업

> **해설**
> 수도권정비계획법 시행령 제4조(대규모 개발사업의 종류 등)에 의거 대규모 개발사업이란 다음 각 목의 어느 하나에 해당하는 택지조성사업(이하 "택지조성사업"이라 한다)으로서 그 면적이 100만제곱미터 이상인 것을 말한다.
> 가. 「택지개발촉진법」에 따른 택지개발사업
> 나. 「주택법」에 따른 주택건설사업 및 대지조성사업
> 다. 「산업입지 및 개발에 관한 법률」에 따른 산업단지 및 특수지역에서의 주택지 조성사업

88 택지개발지구가 고시된 날부터 얼마 이내에 택지개발사업 실시계획의 작성 또는 승인신청을 하지 아니하는 경우, 그 지정이 해제되는가?

① 6개월 이내　　② 1년 이내
③ 2년 이내　　　④ 3년 이내

> **해설**
> 택지개발촉진법에 의한 택지개발지구의 지정 등
> 택지개발법 제3조에 의거 지정권자는 제1항 또는 제3항에 따른 택지개발지구가 제6항에 따라 고시된 날부터 3년 이내에 제9조에 따라 시행자가 택지개발사업 실시계획의 작성 또는 승인 신청을 하지 아니하는 경우에는 그 지정을 해제하여야 한다.

정답 84 ①　85 ④　86 ①　87 ③　88 ④

89 수도권정비계획법령상 관계 행정기관의 장이 성장관리권역에서 공업지역으로 지정할 수 없는 지역은?

① 인구증가율이 수도권의 평균 인구증가율보다 낮은 지역
② 공장이 밀집된 지역을 재정비하기 위하여 필요한 지역
③ 과밀억제권역에서 이전하는 공장 등을 계획적으로 유치하기 위하여 필요한 지역
④ 개발 수준이 다른 지역에 비하여 뚜렷하게 낮은 지역의 주민 소득 기반을 확충하기 위하여 필요한 지역

해설
수도권정비계획법에 의한 성장관리권역의 행위 제한
수도권정비계획법 시행령 제12조(성장관리권역의 행위제한) 조항에 의거, 과밀억제권역에서 이전하는 공장 등을 계획적으로 유치하기 위하여 필요한 지역, 개발 수준이 다른 지역에 비하여 뚜렷하게 낮은 지역의 주민 소득 기반을 확충하기 위하여 필요한 지역, 공장이 밀집된 지역을 재정비하기 위하여 필요한 지역, 관계 중앙행정기관의 장이 산업정책상 필요하다고 인정하여 국토교통부장관에게 요청한 지역은 성장관리권역에서 공업지역으로 지정할 수 있다. 인구증가율은 지정 조건에 해당하지 않는다.

90 자연재해대책법상 자연재해가 발생하거나 발생할 우려가 있는 경우 신속한 국가 지원을 위하여 긴급에너지 수급 지원 등에 관한 사항에 대하여 긴급지원계획을 수립하여야 하는 중앙행정기관은?

① 조달청
② 국토교통부
③ 산업통상자원부
④ 과학기술정보통신부

해설
자연재해대책법 제35조(중앙긴급지원체계의 구축) 조항에 의거, 산업통상자원부는 긴급에너지 수급 지원 등에 관한 사항에 대한 긴급지원계획을 수립하여야 한다. 조달청은 복구자재 지원 등에 관한 사항, 국토교통부는 비상교통수단 지원 등에 관한 사항, 과학기술정보통신부는 재해발생지역의 통신 소통 원활화 등에 관한 사항에 대해 긴급지원계획을 수립한다.

91 국토의 계획 및 이용에 관한 법률상 국토교통부장관, 시·도지사 또는 대도시 시장은 도시·군계획시설사업의 실시계획을 인가하려면 미리 대통령령으로 정하는 바에 따라 그 사실을 공고하고, 관계 서류의 사본을 며칠 이상 일반이 열람할 수 있도록 하여야 하는가?

① 3일 ② 5일
③ 7일 ④ 14일

해설
국토의 계획 및 이용에 관한 법률 제90조(서류의 열람 등) 조항에 의거 국토교통부장관, 시·도지사 또는 대도시 시장은 제88조제3항에 따라 실시계획을 인가하려면 미리 대통령령으로 정하는 바에 따라 그 사실을 공고하고, 관계 서류의 사본을 14일 이상 일반이 열람할 수 있도록 하여야 한다.

92 택지개발촉진법상의 규정 내용을 기술한 것으로 옳은 것은?

① 택지개발사업에 관한 자료 제출 또는 보고를 거짓으로 한 자는 1년 이하의 징역 또는 1천만원 이하의 벌금에 처한다.
② 시행자가 행한 처분에 이의가 있을 때 국토교통부장관에게 1개월 이내에 행정심판을 제기해야 한다.
③ 지정하려는 택지개발지구의 면적이 대통령령으로 정하는 규모 이상인 경우에는 국토교통부장관의 승인을 받아야 한다.
④ 택지개발사업 실시계획 승인신청서에는 수용할 토지 등의 소유권 및 소유권 이외에 권리자의 성명, 주소를 포함한다.

해설
택지개발촉진법 제35조(과태료) 조항에 의거, 택지개발사업에 관한 자료 제출 또는 보고를 거짓으로 한 자는 1천만원 이하의 과태료를 부과한다.
택지개발촉진법 제27조(행정심판) 조항에 의거, 시행자가 행한 처분에 이의가 있을 때에는 그 처분이 있은 것을 안 날부터 1개월 이내, 처분이 있은 날부터 3개월 이내에 지정권자에게 행정심판을 제기할 수 있다.
택지개발촉진법 시행령 제8조(실시계획의 작성 및 승인 등) 3항 6목에 의거, 수용할 토지 등의 소재지, 지번 및 지목, 면적, 소유권 및 소유권 외의 권리의 명세와 그 소유자 및 권리자의 성명·주소를 적은 서류(법 제8조제1항제4호에 따라 개발계획에 포함된 사항과 그 내용이 다른 것으로 한정한다)를 첨부하여야 한다.

93 대기오염, 소음, 진동, 악취 그 밖에 이에 준하는 공해와 각종 사고나 자연재해, 그 밖에 이에 준하는 재해 등의 방지를 위하여 설치하는 녹지는?

① 경관녹지 ② 공원녹지
③ 완충녹지 ④ 연결녹지

해설
도시공원 및 녹지 등에 관한 법률 제35조(녹지의 세분) 조항에 의거 완충녹지란 대기오염, 소음, 진동, 악취, 그 밖에 이에 준하는 공해와 각종 사고나 자연재해, 그 밖에 이에 준하는 재해 등의 방지를 위하여 설치하는 녹지를 말한다.

94 주택법상 각각 별개의 주택단지로 볼 수 있도록 해당 토지의 분리가 가능한 시설에 해당하지 않는 것은?

① 폭 15m 이상인 일반도로
② 철도 · 고속도로 · 자동차전용도로
③ 폭 8m 이상인 도시계획예정도로
④ 일반국도 · 특별시도 · 광역시도 또는 지방도

해설
주택법 제2조(정의) 12항 조항에 의거, "주택단지"란 제15조에 따른 주택건설사업계획 또는 대지조성사업계획의 승인을 받아 주택과 그 부대시설 및 복리시설을 건설하거나 대지를 조성하는 데 사용되는 일단(一團)의 토지를 말한다. 다만, 다음 각 목의 시설로 분리된 토지는 각각 별개의 주택단지로 본다.
가. 철도 · 고속도로 · 자동차전용도로
나. 폭 20미터 이상인 일반도로
다. 폭 8미터 이상인 도시계획예정도로
라. 가목부터 다목까지의 시설에 준하는 것으로서 대통령으로 정하는 시설
→ 폭 20미터 이상인 일반도로가 해당한다.

95 다음 중 아래에서 설명하는 지역계획은?

> 성장 잠재력을 보유한 낙후지역 또는 거점지역 등과 그 인근지역을 종합적 · 체계적으로 발전시키기 위하여 수립하는 계획

① 지구단위계획 ② 지역개발계획
③ 수도권정비계획 ④ 수도권발전계획

해설
국토기본법 제16조(지역계획의 수립) 1항 2목에 의거 지역개발계획이란 성장 잠재력을 보유한 낙후지역 또는 거점지역 등과 그 인근지역을 종합적 · 체계적으로 발전시키기 위하여 수립하는 계획을 말한다.

96 택지개발촉진법에 의한 택지개발 사업의 시행자가 될 수 없는 기관은?

① 조합
② 순천시청
③ 강남구청
④ 한국토지주택공사

해설
택지개발촉진법 제7조(택지개발사업의 시행자 등) 1항 조항에 의거, 택지개발사업 공공시행자는 국가, 지방자치단체, 한국토지주택공사, 지방공사이고, 택지개발사업 시행자는 공공시행자+등록업자가 된다.

97 학교의 결정기준에 대한 내용으로 옳지 않은 것은?

① 학교주변에는 녹지 등 차단공간을 둘 것
② 대학은 당해 대학의 기능과 특성에 적합하도록 하여야 하며 대학의 배치에 관하여는 광역도시계획을 고려할 것
③ 통학에 위험하거나 지장이 되는 요인이 없어야 하며, 교통이 빈번한 도로, 철도 등이 관통하지 아니할 것
④ 통학권의 범위, 주변환경의 정비상태 등을 종합적으로 검토하여 건전한 교육목적 달성과 주민의 문화교육향상에 기여할 수 있는 중심시설이 되도록 할 것

해설
「도시 · 군계획시설의 결정 · 구조 및 설치기준에 관한 규칙」제89조(학교의 결정기준) 1항 13목 조항에 의거 대학은 당해 대학의 기능과 특성에 적합하도록 하여야 하며 대학의 배치에 관하여는 <u>도시 · 군기본계획</u>을 고려하여야 한다.

98 수도권 정비계획을 실행하기 위한 소관별 추진계획을 수립할 수 없는 자는?

① 군수 ② 도지사
③ 서울특별시장 ④ 중앙행정기관의 장

해설
수도권정비계획법 제5조(추진 계획) 1항 조항에 의거 <u>중앙행정기관의장 및 시 · 도지사</u>는 수도권정비계획을 실행하기 위한 소관별 추진 계획을 수립하여 국토교통부장관에게 제출하여야 한다.

정답 94 ① 95 ② 96 ① 97 ② 98 ①

99 도시 및 주거환경정비법상 정비사업을 지정하는데 적합하지 않은 지역은?

① 도시저소득 주민이 집단거주하는 지역
② 현재의 지구환경은 양호하나 장래 불량하게 될 우려가 있는 지역
③ 정비기반시설이 열악하고 노후·불량건축물이 밀집한 지역
④ 정비기반시설은 양호하나 노후·불량건축물에 해당하는 공동주택이 밀집한 지역

해 설

도시 및 주거환경정비법 제2조(정의) 2항 조항에 의거 "정비사업"이란 이 법에서 정한 절차에 따라 도시기능을 회복하기 위하여 정비구역에서 정비기반시설을 정비하거나 주택 등 건축물을 개량 또는 건설하는 다음 각 목의 사업을 말한다.

가. 주거환경개선사업: 도시저소득 주민이 집단거주하는 지역으로서 정비기반시설이 극히 열악하고 노후·불량건축물이 과도하게 밀집한 지역의 주거환경을 개선하거나 단독주택 및 다세대주택이 밀집한 지역에서 정비기반시설과 공동이용시설 확충을 통하여 주거환경을 보전·정비·개량하기 위한 사업
나. 재개발사업: 정비기반시설이 열악하고 노후·불량건축물이 밀집한 지역에서 주거환경을 개선하거나 상업지역·공업지역 등에서 도시기능의 회복 및 상권활성화 등을 위하여 도시환경을 개선하기 위한 사업
다. 재건축사업: 정비기반시설은 양호하나 노후·불량건축물에 해당하는 공동주택이 밀집한 지역에서 주거환경을 개선하기 위한 사업

100 교통광장의 결정기준에 대한 설명으로 옳지 않은 것은?

① 교통광장은 교차점광장, 역전광장 및 주요시설광장으로 구분한다.
② 역전광장은 대중교통수단 및 주차시설과 원활히 연결되도록 설치한다.
③ 교차점광장은 혼잡한 주요도로의 교차지점에서 각종 차량과 보행자를 원활히 소통시키기 위하여 필요한 곳에 설치한다.
④ 주요시설광장에는 주민의 집회·행사 또는 휴식을 위한 시설과 보행자의 통행에 지장이 없는 시설을 설치한다.

해 설

도시·군계획시설의 결정·구조 및 설치기준에 관한 규칙에 의거 교통광장 중 주요시설광장은 항만·공항 등 일반교통의 혼잡요인이 있는 주요시설에 대한 원활한 교통처리를 위하여 당해 시설과 접하는 부분에 설치하여야 하고, 주요시설의 설치계획에 교통광장의 기능을 갖는 시설계획이 포함된 때에는 그 계획에 의하여야 한다.

2019년 기출문제

제1과목 도시계획론

01 지리정보시스템(GIS)에서 활용하는 자료에 대한 설명으로 옳은 것은?

① GIS의 자료는 크게 도형자료와 속성자료로 구분된다.
② 래스터 자료는 자료 저장과 표현의 기본 단위로 점(point)을 이용한다.
③ 래스터 자료는 저장의 기본 단위 크기를 크게 할수록 정밀도가 향상된다.
④ 자료 구조 측면에서 GIS자료는 그리드(grid)와 래스터(raster) 자료로 구분된다.

해설
래스터 자료는 격자방식을 사용하며 저장의 기본단위를 작게 할수록 정밀도가 향상된다. GIS는 자료 구조(부호화) 측면에서 격자방식과 선추적방식으로 구분된다.

02 1967년 도시 내의 상업·업무지역을 중심형 상업지구(nucleation), 가로변 상업지구(ribbon), 특화지구(specialized area)로 구분한 학자는?

① 프라우푸트(Proudfoot)
② 샤핀과 카이저(Chapin & Kaiser)
③ 베리(Berry)
④ 무쓰(Muth)

해설
1967년 베리(Berry)는 도시 내의 상업·업무지역을 중심형 상업지구(Nucleation), 가로변 상업지구(Ribbon) 및 특화지구(Specialized Area)로 구분하였다.

03 도시계획이론에 대한 설명으로 틀린 것은?

① 합리적 계획 모형은 합리성과 의사 결정을 위한 일련의 선택 과정을 강조한다.
② 정치 경제 계획 모형(Political Economy Planning)은 자본주의 사회 계층 간의 갈등은 도시 계획의 집행 결과에 따른 현상으로 조명돼야 한다고 주장한다.
③ 점진적 계획(Incremental Planning)은 인간 합리성의 한계를 인정하고 지속적인 조정과 적용을 통해 계획의 목표를 추구하는 접근 방법을 제시한다.
④ 옹호적 계획(Advocacy Planning)은 공공정책 결정을 위한 기준을 제시하는 기술관료적 역할을 중시한다.

해설
옹호적 계획은 도시계획의 기술적 측면을 과소평가하게 되어 정치화하게 되며, 반대를 위한 반대운동이 전개되는 폐단이 있다.

04 우리나라 최초의 도시계획법이라고도 볼 수 있으며, 지역지구의 법적 근거를 최초로 마련한 법규는?

① 조선시가지계획령
② 토지구획정리사업법
③ 도시계획령
④ 건축법

해설
조선시가지계획령은 일제강점기인 1934년 6월 20일에 제정되었다. 우리나라 최초의 도시계획법으로 도로 등 23개 기반시설을 규정하였으며 지역지구의 법적 근거를 최초로 마련하였다.

05 상업지역 이용인구 40,000명, 1인당 평균상업적 15m², 건폐율 50%, 공공용지율 40%, 평균 층수가 10층인 경우 상업지역의 소요면적은?

① 20.0ha
② 15.8ha
③ 12.5ha
④ 10.0ha

해설
$$상업지\ 면적 = \frac{40,000 \times 15\text{m}^2}{10 \times 0.5 \times (1-0.4)}$$
$$= 200,000\text{m}^2 = 20.0\text{ha}$$

06 현재 시행되고 있는 토지 관련 부담금의 종류가 아닌 것은?

① 「개발이익 환수에 관한 법률」에 따른 개발부담금
② 「개발제한구역의 지정 및 관리에 관한 특별 조치법」에 따른 개발제한구역 보전부담금
③ 「기반시설 부담금에 관한 법률」에 따른 기반시설 부담금
④ 「대도시권 광역교통 관리에 관한 법률」에 따른 광역교통시설 부담금

정답 01 ① 02 ③ 03 ④ 04 ① 05 ① 06 ③

해설

기반시설부담금 제도는 연면적 200㎡을 초과하는 건축물을 지을 경우에, 도로, 공원, 녹지, 수도, 하수도 등 기반시설의 설치비용을 개발업자가 내도록 한 제도로, 2006년 7월 시행되었다가 분양가 상승, 이중과세 문제로 2008년 3월 28일 기반시설부담금에 관한 법률 폐지 법률이 국회를 통과하며 사문화 되었다.

07 재해관리정보시스템 구축을 위한 기본조사 항목과 가장 관계가 없는 것은?

① 방재관련 업무 분석
② 표준안 및 시스템 구축 지침 작성
③ 데이터베이스 개념설계 및 기술 수요 분석
④ 재해 관련 부서 간 네트워킹 체계 및 업무 협조 체계 구축

해설

재해관리정보시스템 구축을 위한 기본조사 항목
• 방재 관련 업무 분석
• 표준안 및 시스템 구축 지침 작성
• 데이터베이스 개념 설계 및 기술 수요 분석

08 머디(R. A. Muride, 1997)가 미국의 여러 도시들을 대상으로 한 사회공간구조의 분석결과 밝혀낸 다핵 패턴을 이루게 되는 유형에 해당하지 않는 것은?

① 사회·경제적 지위
② 가족구조
③ 인종그룹
④ 사회제도구조

해설

머디는 다핵 패턴을 이루게 되는 유형을 사회·경제적 지위, 가족구성·세대유형, 인종그룹으로 구분하였다. 인종 또는 민족에 따라 서로 다른 다핵 형태의 거주지 형성되고 가족수, 자녀수, 연령, 혼인상태 등의 가족 구조에 따라 다른 거주지역(대가족·젊은세대 – 도시외곽, 소가족·노년층 – 도심부 거주)으로 동심원 형태의 거주지 형성되며 소득수준, 교육정도, 직업 등의 사회·경제적 계층에 따라 공간상 이용형태(고급, 저급주택지구)를 달리하는 주거지가 형성된다고 보았다.

09 도시계획에서의 아래의 설명에 해당하는 GIS 활용분야는?

전 국토의 환경 친화적이고 지속가능한 개발을 고장하고 개발과 보전이 조화되는 '선 계획 후 개발'의 국토관리체계를 구축하기 위하여 각종의 토지이용계획이나 주요 시설의 설치에 관한 계획을 입안하고자 하는 경우에 토지의 환경생태적·물리적·공간적 특성을 종합적으로 고려 및 평가하여 보전할 토지와 개발 가능한 토지를 체계적으로 판단하는 것이다.

① 토지적성평가
② 토지이용평가
③ 토지보전가치평가
④ 국토관리평가

해설

토지적성평가란 전 국토의 "환경 친화적이고 지속가능한 개발"을 보장하고 개발과 보전이 조화되는 "선 계획 – 후 개발의 국토관리체계"를 구축하기 위하여 각종의 토지이용계획이나 주요시설의 설치에 관한 계획을 입안하고자 하는 경우에 토지의 환경생태적·물리적·공간적 특성을 종합적으로 고려하여 개별 토지가 갖는 환경적·사회적 가치를 과학적으로 평가함으로써 보전할 토지와 개발 가능한 토지를 체계적으로 판단할 수 있도록 계획을 입안하는 단계에서 실시하는 기초조사를 말한다.

10 지속가능한 도시가 추구하여야 할 기본 목표가 아닌 것은?

① 환경부하가 높은 첨단도시
② 도시경관의 개선 및 보전
③ 환경친화적 교통·물류체계의 정비
④ 쾌적한 도시공간의 정비 및 확보

해설

지속가능한 도시는 환경에 미치는 영향이 적은, 즉 환경부하가 낮은 도시여야 한다.

11 독시아디스(C.A. Doxiadis)가 주장하는 3차원의 공간에 대한 4차원의 시간에 초점을 맞춘 미래도시 개념은?

① 연담도시
② 다이나폴리스
③ 메트로폴리스
④ 메갈로폴리스

> **해설**
> 독시아디스(C. A. Doxiadis, 1913)
> • 그리스의 도시계획가
> • 에키스틱스(EKISTICS) 이론을 발전시켜 델로스(Delos)선언을 채택
> • 인간정주학 구성요소(5요소) : 인간, 사회, 자연, 네트워크, 구조물
> • 3차원 공간에 대한 4차원으로서 시간에 초점을 맞추어 다이내믹하게 발전하는 미래도시 : 다이나폴리스(Dynapolis)

12 주택지의 말단부에는 자동차와 사람이 공존하는 것이 더 바람직하며, 주택지 내 도로는 단순한 교통시설이 아니라 시민생활의 터전이 되어야 한다는 생각으로 네덜란드의 델프트에서 처음 등장한 보차공존도로 방식은?

① 본엘프(woonerf)
② 커뮤니티몰(community mall)
③ 거주환경지역(environmental area)
④ 보행자데크(pedestrian deck)

> **해설**
> 네덜란드의 본엘프(Woonerf)는 '생활의 터'라는 뜻으로 보행자와 차량을 동일한 공간에 배치하되 차량통행 억제 등의 다양한 기법 사용하는 보차공존도로방식의 교통정온화기법을 말한다.

13 국토계획의 개념으로 틀린 것은?

① 국토계획은 전 국토를 대상으로 하는 계획이다.
② 국토계획은 국토에서 일어나는 여러 가지 인간 활동의 공간적 배분 문제를 다루는 공간계획이다.
③ 국토계획은 국토의 공간구성과 관련되는 모든 분야가 망라되는 종합계획이다.
④ 국토계획은 지방지치단체가 주체가 되어 수립한 계획을 종합한 계획이다.

> **해설**
> 국토계획은 하위운영계획의 지침을 제시하는 지침 제시적 계획으로 국가 주체의 국가 정책계획이다.

14 기반시설로서 광장의 구분에 해당하지 않는 것은?

① 공중광장
② 일반광장
③ 경관광장
④ 건축물부설광장

> **해설**
> 기반시설로서 광장은 교통, 일반, 경관, 지하, 건축물부설광장으로 구분한다.

15 학자와 계획안의 연결이 틀린 것은?

① Ebenezer Howard - 전원도시
② Tony Garnier - 공업도시
③ P. Abercrombie - 대런던계획
④ Frank Lloyd Wright - 빛나는 도시

> **해설**
> 빛나는 도시는 르 코르뷔지에가 주장하였다.

16 비용편익분석에서 경제성을 평가하는 지표가 아닌 것은?

① B/C Ratio
② Multiplier
③ NPV
④ IRR

> **해설**
> 경제성 분석기법에는 순현재가치법(NPV ; Net Present Value), 편익/비용비법(B/C Ratio ; Benefit of Cost Ratio), 내부수익률법(IRR ; Internal Rate of Return), 초기연도 수익률법(FYRR ; First Year Rate of Return), 자본회수기간법(PBP ; Pay Back Period) 등이 있다.

17 도시조사에 이용되는 지적도에 대한 설명이 틀린 것은?

① 토지대장에 등록된 토지의 경계를 밝혀주는 공부다.
② 필지별 토지의 소재, 지번, 지목, 경계 등 소유권의 범위를 표시하고 있다.
③ 필지 경계 외에도 지형 및 건물의 배치가 표기되어 있어 도시계획에 있어 필수적인 자료다.
④ 도면상의 지적과 공부상의 면적이 일치하지 않는 지적불부합의 문제가 있다.

> **해설**
> 지형 및 건물의 배치뿐만 아니라 필지경계선도 표기되어 있으므로 규모가 작은 단지 내지 지구차원의 구체적인 도시계획을 위해 필수적인 도면은 항측도이다.

정답 12 ① 13 ④ 14 ① 15 ④ 16 ② 17 ③

18 토지이용의 밀도 유형과 측정지표가 잘못 연결된 것은?

① 1인당주거면적 = 주거건물면적 / 가구수
② 용적률 = 건물연면적 / 대지면적
③ 건폐율 = 건축면적 / 대지면적
④ 호수밀도 = 주택수 / 대지면적

해설
주거건물면적 / 가구수 는 가구당 주거면적이 된다.

19 토지이용에서 도시문제를 야기하는 대표적인 요인으로 보기 어려운 것은?

① 이용주체간의 경합
② 외부효과
③ 토지의 난개발
④ 계획성 있는 토지이용계획

해설
기능 중심의 교통계획과 차별성으로 도시문제를 줄일 수 있다.

20 도시계획이론으로서 옹호적 계획(Advocacy Planning)을 주창한 학자는?

① C. Lindblom
② E. Etizioni
③ P. Davidoff
④ H. Simon

해설
옹호적 계획(Advocacy Planning, 옹호이론)은 다비도프(Paul Davidoff)에 의해 주창된 이론이다. 강자에 대한 약자의 이익을 보호하는 데 적용되었고 지역주민의 이익을 대변하였다. 다원적인 가치가 혼재하고 있는 사회에서는 단일 계획안보다는 복수의 다원적인 계획안들을 수립하는 것이 바람직하다고 보았다.

제2과목 도시설계 및 단지계획

21 도시지역 내 지구단위계획구역을 지정할 수 있는 용도지구가 아닌 것은?

① 경관지구
② 보호지구
③ 개발진흥지구
④ 리모델링지구

해설
용도지구에는 경관, 고도, 방화, 방재, 보호, 취락, 개발진흥, 복합용도지구, 특정용도제한지구가 있다.
※ 참고 : 2017.12.29.부로 국토의 계획 및 이용에 관한 법률 시행령 제31조(용도지구의 지정) 조항이 개정되면서 미관지구와 시설보호지구 조항이 삭제되고, 복합용도지구가 추가되었으며, 보존지구가 보호지구로 변경되었다.

22 생활편익시설의 배치 시, 노선형에 비해 집합형으로 배치하였을 때의 특징으로 틀린 것은?

① 시설 상호 간의 유기적 관련성이 높다.
② 활력 있는 가로 분위기를 조성할 수 있다.
③ 상점의 입장에서는 충분한 주차공간의 확보가 어렵다.
④ 공공공간의 공동이용으로 용지의 면적이 절약된다.

해설
활력 있는 가로 분위기는 노선형의 특징이다.

23 다음 중 등고선과 단면의 관계가 옳지 않은 것은?

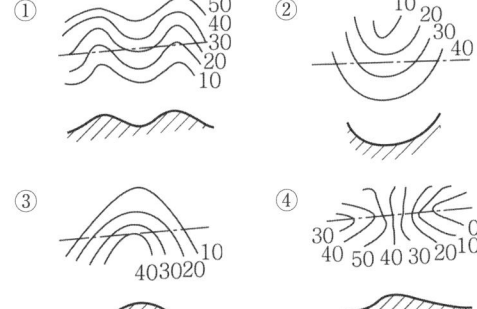

해설
①번의 경우 좌측으로부터 30-20-30-20-30의 높이를 가지므로, 단면이 반대로 되어야 한다.

24 계획 인구 5만명, 주택용지율 75%의 단지계획에서 1인당 택지 점유율이 30㎡일 때, 계획대상 단지의 면적은 얼마인가?

① 11.25ha
② 66.66ha
③ 150ha
④ 200ha

해설

주거단지의 면적 = $\dfrac{100 \times 1인당 \text{ }택지점유율 \times 계획인구}{주택용지율}$

주거단지의 면적 = $\dfrac{100 \times 30\text{m}^2 \times 50{,}000명}{75} = 2{,}000{,}000\text{m}^2$
$= 200ha$

25 근린생활권의 위계 중에서 주민 간에 면식이 가능한 최소단위의 생활권으로, 유치원·어린이공원 등을 공유하는 반경 약 250m가 설정기준이 되는 것은?

① 인보구 ② 근린기초구
③ 근린분구 ④ 그린주구

해설

주택단지의 구성단위
근린분구는 150~200m 전후의 반경을 가지며 인구는 3~5천명정도 이다. 4~6개의 인보구로 구성되며 주민 간에 면식이 가능한 최소단위이다.

26 케빈 린치가 도시환경의 이미지를 분석할 때 정의한 3가지 구성 요소가 아닌 것은?

① 정체성(Identity)
② 구조(Structure)
③ 의미(Meaning)
④ 행동장면(Behavior Setting)

해설

케빈 린치는 환경이미지가 특징(Identity), 구조(Structure), 의미(Meaning)로 구성된다고 정의하였다.

27 하수배제 방식 중 분류식(Separate System)에 관한 설명으로 옳은 것은?

① 합류식에 비해 우천시 다량의 토사가 유입된다.
② 수로를 통폐합하고 우수배제 계통을 종합적으로 관리할 수 있다.
③ 기존 측구를 유지할 경우 관리 및 미관상 문제가 발생할 수 있다.
④ 오수, 우수관거의 2계통을 건설하는 것에 비해 저렴하나 오수관거만을 건설하는 것에 비해 고가이다.

해설

합류식은 우천시 다량의 토사가 유입되며 수로를 통폐합하고 우수배제계통을 종합적으로 관리할 수 있다는 특징이 있다. 또한 오수, 우수관거의 2계통을 건설하는 것에 비해 저렴하나 오수관거만을 건설하는 것에 비해 고가이다. 분류식은 합류식에 비해 처리장 토사유입이 적고, 오수, 우수관거의 2계통을 건설하는 경우, 고가 오수관거만을 건설할 경우 저렴하다.

28 아래 설명에 적합한 가로망 형태는?

> 막다른 도로의 형태로 통과교통이 최대한 배제되고 도로주변 주민들이 독점적으로 활용할 수 있는 구획도로가 형성되지만, 일정한 도로폭을 유지하여야 차량의 회전과 생활공간의 확보가 가능하다.

① Cul-de-sac형
② U자형(Loop)
③ 방사형
④ 격자형

해설

쿨데삭(Cul-de-sac)형 도로는 Dead-end라고도 부른다. 미국의 래드번 계획에 최초로 사용되었고 영국의 뉴타운에서 많이 볼 수 있다. 도로에 막다른 길을 만들어 놓아 주택가의 통과교통과 소음을 방지하는 효과를 얻는 세가로 계획 방식이다.

29 일반적으로 도시공간에서 건물의 높이와 수평거리의 비율이 얼마일 때부터 폐쇄감을 느끼기 시작하는가?

① 4:1 ② 2:1
③ 1:2 ④ 1:4

해설

$2 \leq D/H \leq 3(18°)$인 경우가 폐쇄감을 느끼는 최소의 비례이다. 수평거리가 2이고 높이가 1일 때이므로 1:2가 된다.

30 다음 중 경관분석 방법에 해당하지 않는 것은?

① 기호화 방법
② 군락측도방법
③ 사진에 의한 방법
④ 메쉬(mesh)에 의한 방법

정답 25 ③ 26 ④ 27 ③ 28 ① 29 ③ 30 ②

> **해설**
> 경관분석기법에는 기호화방법, 심미적 요소의 계량화 방법, 메쉬(Mesh)분석방법, 시각 회랑에 의한 방법, 사진에 의한 분석방법, 게슈탈트(Gestalt:심리현상은 요소의 가산적 총화로는 설명할 수 없고 전체성을 갖는 동시에 구조화되어 있다는 의미)에 의한 방법이 있다.

31 다음 중 지구단위계획 수립 시 환경관리계획의 목표로 가장 거리가 먼 것은?

① 개발로 인한 자연환경의 피해 최소화
② 자연생태계 보존 및 순환체계의 유지
③ 자연에너지의 활용 및 에너지 절감
④ 불투수포장의 확대로 인한 물순환체계의 유지

> **해설**
> 지구단위계획 수립 시 환경관리계획의 목표에는 자연환경보전, 에너지 및 자원 재활용, 환경오염방지 등이 있다.

32 범죄예방환경설계(CPTED)와 관련성이 가장 적은 것은?

① 자연적 접근 통제
② 교통 편의성
③ 영역성 강화
④ 자연적 감시

> **해설**
> 범죄예방환경설계의 기본 원리는 자연스러운 감시와 자연스러운 접근 통제, 영역성을 갖게 하는 것이다.

33 교차점광장의 결정 기준이 아닌 것은?

① 차량과 보행자를 원활히 소통시키기 위하여 필요한 곳에 설치한다.
② 다수인의 집회·행사·사교 등을 위하여 필요한 경우에 설치한다.
③ 혼잡한 주요도로의 교차지점 중 필요한 곳에 설치한다.
④ 자동차전용도로의 교차지점인 경우에는 입체교차방식으로 설치한다.

> **해설**
> 다수인의 집회·행사·사교 등을 위하여 필요한 경우에 설치하는 광장은 일반광장 중 중심대광장이다.

34 어린이공원의 규모 및 유치거리 기준이 옳은 것은?

① 1,500m² 이상, 250m 이하
② 2,000m² 이상, 250m 이하
③ 2,500m² 이상, 300m 이하
④ 3,000m² 이상, 300m 이하

> **해설**
> 「도시공원 및 녹지 등에 관한 법률 시행규칙」 [별표 3] 〈개정 2013.11.22.〉 도시공원의 설치 및 규모의 기준(제6조 관련) 조항에 의거 어린이공원의 유치거리는 250m 이하이며, 규모는 1천5백m² 이상이다.

35 학자가 주장한 주요 개념의 연결이 틀린 것은?

① 고든 쿨렌(Cordon Cullen) : 연속장면(Serial Vision)
② 케빈 린치(Kevin Lynch) : 가독성(Legibility)
③ 카밀로 지테(Camillo Sitte) : 연속경관(Choregraphic Sequence)
④ 필립 티엘(Philip Thiel) : 스마트 스페이스(Smart Space)

> **해설**
> 필립 티엘(Philip Thiel)은 Object, Surface, Screen의 3가지 공간 구성요소를 주장하였다.

36 사업주지와 공공시설로 제공되는 부지의 용적률이 다를 경우에는 공공시설 부지의 용적률과 사업주지의 용적률 비율("가중치"라 한다)을 감안하여 용적률 완화 범위를 정할 수 있게 되는데 다음 조건에서 가중치는?

> 용적률 800% 상업지역에서 공공시설인 공개공지 제공부지 200m²와 용적률 200% 주거지역에서 도로시설제공부지 100m²인 경우

① 0.7   ② 0.75
③ 0.8   ④ 0.85

> **해설**
> 1. 공공시설등의 제공부지의 평균용적률(용적률 적용이 다른 부지면적으로 가중평균한 용적률) 산정
>   공공시설등의 제공부지의 평균용적률
>   = (800%×200m²+200%×100m²)/(200m²+100m²) =600%

2. 가중치 산정
가중치
= (공공시설등의 제공부지의 평균용적률/사업부지 용적률)
= 600%/800% = 3/4 = 0.75

37. 다음 중 저밀도 개발 대상지로서 가장 바람직한 지역은?

① 평탄하고 도심지로의 접근로상에 위치한 고지가 지역
② 주위에 상업시설이 밀집되어 있고 재개발이 추진되고 있는 지역
③ 구릉지로서 자연경관과 지형이 어우러진 지역
④ 역세권에 위치하여 대중교통의 연계성이 우수한 소규모 지역

해설
구릉지는 평지에 비해 고밀개발이 어렵고, 자연경관과 지형이 어우러진 지역이라면 경관의 유지를 위해서도 저밀개발로 추진하는 것이 타당성이 높다.

38. 지구단위계획이 다른 도시계획행위와 구별되는 특징에 대한 설명이 틀린 것은?

① 도시 전체를 대상으로 하지 않고 도시 내부의 특정 지구로 한정된다.
② 공공의 일상적 공간을 특정지구의 여건에 비추어 바람직한 장소로 만들어가는 것을 목표로 한다.
③ 지구단위계획은 3차원적 요소에도 관여한다.
④ 지구단위계획은 장소를 구성하는 물리적 요소가 갖고 있는 개체적 특성을 중시하지만 다른 공간계획은 그것들이 이루는 집합된 형태에 중점을 둔다.

해설
지구단위계획은 공공의 장소를 바람직한 곳으로 만들기 위한 것이기 때문에 장소를 구성하는 물리적 요소가 갖고 있는 개체적 특성보다는 그것들이 이루는 집합된 형태에 중점을 두게 된다.

39. 지구단위계획 중 건축물의 용도에 관한 계획에서 공공적 성격이 강하여 특별히 확보해야 하는 시설의 경우에 적용하는 용도제한의 종류는?

① 지정   ② 권장
③ 불허   ④ 지하층

해설
지구단위계획에서 지정이라함은 공공적 성격이 강하여 특별히 확보해야 하는 시설의 경우에 적용하는 용도제한을 말한다. 권장은 구역 위상에 부합하는 용도의 입지를 통한 기능 강화가 필요한 경우 등에 사용하고, 불허는 구역의 지정목적과 계획목표에 부합하지 않는 용도의 입지 등에 사용한다. 지하층은 공공지하공간과의 연계가 필요한 경우 등에 사용한다.

40. 단지 조사 시 등고선도의 활용만으로 가능한 분석내용은?

① 토양토심
② 국지지후
③ 지면경사
④ 지하수망

해설
단지 조사시 등고선만으로 알 수 있는 내용은 지형 및 지세이다. 조사를 통해 지형을 알 수 있다면 지면경사도 알 수 있다는 의미가 된다.

제3과목 도시개발론

41. 개발사업 시행주체에 따른 도시개발방식에 대한 설명으로 가장 거리가 먼 것은?

① 공공개발은 국가나 지방자치단체가 직접 시행하는 도시개발이며, 공사 또는 지방공기업이 시행하는 경우는 공공개발에서 제외된다.
② 합동개발이란 공공이 사업주체가 되고 민간이 자본과 기술을 투입하여 택지를 조성하는 공영개발 방식으로 이해되기도 한다.
③ 민간개발이란 토지소유자 또는 토지소유자로 구성된 조합, 순수 민간기업 등이 사업시행자가 되는 경우를 말한다.
④ 제3섹터개발은 관·민 양 부분이 공동출자하여 설립된 반관반민의 법인조직이 개발하는 것을 말한다.

해설
공영(공공)개발이라 함은 국가, 지방자치단체, 공사 또는 공기업이 개발의 주체가 되는 방식을 말한다.

정답 37 ③ 38 ④ 39 ① 40 ③ 41 ①

42 국토의 개발 및 이용에 관한 법률에서 개발로 인하여 기반시설이 부족할 것으로 예상되나 기반시설을 설치하기 곤란한 지역을 대상으로 건폐율이나 용적률을 강화하여 지정하는 구역은?

① 용도구역 ② 기반시설부담구역
③ 개발밀도관리구역 ④ 입지규제최소구역

해설
국토의 계획 및 이용에 관한 법률 제2조(정의) 조항에 의거 "개발밀도관리구역"이란 개발로 인하여 기반시설이 부족할 것으로 예상되나 기반시설을 설치하기 곤란한 지역을 대상으로 건폐율이나 용적률을 강화하여 적용하기 위하여 제66조에 따라 지정하는 구역을 말한다.

43 기업도시의 기능별 유형에 해당하지 않는 것은?

① 산업교역형 ② 지식기반형
③ 관광레저형 ④ 특성화형

해설
기업도시는 기능별로 산업교역형, 지식기반형, 관광레저형 도시로 구분된다. 혁신거점형 도시로도 구분했으나, 현재는 3가지 유형으로만 구분하고 있다.

44 도시 및 주거환경정비법에서 정의하고 있는 정비사업이 아닌 것은?

① 주거환경개선사업 ② 재개발사업
③ 도시환경정비사업 ④ 재건축사업

해설
도시 및 주거환경정비법 제2조(정의) 조항에 의한 정비사업의 종류는 주거환경개선사업, 재개발사업, 재건축사업의 세가지이다.

45 마케팅전략의 3단계인 STP전략 중 새로운 제품에 대해 다양한 욕구, 행동, 특성을 가진 소비자들을 동질적인 집단으로 나누는 것은?

① 시장 세분화 ② 표적시장 선정
③ 전략적 판촉 ④ 제품 포지셔닝

해설
시장세분화(Segmentation)는 수요자집단을 동질적인 집단끼리 세분화하고, 상품판매의 지향점을 설정하는 단계이다.

46 미국의 샌프란시스코(1981년)를 필두로 하여 도심재개발에 적용된 연계정책(Linkage Policy)에 대한 설명으로 가장 거리가 먼 것은?

① D. Keating, G. McMahon 등이 링키지(linkage)란 용어를 사용하였다.
② 링키지에 대한 정의의 폭이 각기 다른 것은 연계프로그램의 정책적 내용이 차츰 확대되어 나가고 있음을 반영하는 것으로 볼 수 있다.
③ 시당국이 신규로 상업적 개발을 허가해 주는 대신 개발업자에게 일정한 주택, 고용기회, 보육시설, 교통시설 등의 건설을 촉구하는 다양한 프로그램으로 정의하기도 한다.
④ 업무, 상업시설 등을 고려하여 고소득 주택과의 연계만을 추구하는 것이 일반적이다.

해설
연계정책의 개발형태 중 초광의적 개념 : 지역사회의 요구에 부응하기 위해 자금의 여유가 있는 부문에서 모자란 부문으로 강제 이전시킴으로써 소득의 재분배 효과를 기대하는 개발유형이다. 따라서 고소득 주택과의 연계만을 추구하는 것은 옳지 않다.

47 도시개발수요를 분석하기 위한 정성적 예측모형 중 조사하고자 하는 특정사항에 대하여 전문가집단을 대상으로 반복 앙케이트를 수행하여 의견을 수집하는 방법은?

① 델파이법 ② 지수평활법
③ 박스젠킨스법 ④ 의사결정나무기법

해설
델파이(Delphi)법은 개발수요를 예측하기 위한 예측 기법 중 전문가 집단을 대상으로 반복 앙케이트를 행하여 의견을 수집하는 방법을 말한다.

48 재개발방식에 따른 재개발 유형에 해당하지 않는 것은?

① 공공시설정비재개발 ② 수복재개발
③ 전면재개발 ④ 보존재개발

해설
시행방법에 따른 재개발은 수복재개발, 보수재개발, 보전재개발, 철거재개발, 전면재개발, 자력재개발이 있다.

정답 42 ③ 43 ④ 44 ③ 45 ① 46 ④ 47 ① 48 ①

49 지역지구제에 대한 설명이 틀린 것은?

① 용도지역에 따라 건축물의 용도 이외에 건축물의 형태, 규모의 규제가 가능하다.
② 지역지구제는 공공의 건강과 복리 증진을 위해 경찰권을 사용하여 개인의 토지이용에 제한을 가하는 법적 배경을 가진다.
③ 용도지역지구제에서 지역과 지역, 지역과 지구, 지구와 지구간은 상호 모순되지 않는 한 중복 지정이 가능하다.
④ 용도구역은 도시집중과 그에 따른 무질서한 시가화를 방지하고 계획적·단계적으로 시가지를 조성하기 위해 지정한다.

> **해 설**
> 지역과 지구, 지구와 지구간은 상호 모순되지 않는 한 중복 지정이 가능하나 지역과 지역은 중복지정 불가하다.

50 민관합동 부동산개발금융방식인 프로젝트파이낸싱(project financing)의 자금조달 형태에 관한 설명이 틀린 것은?

① 자기 자본투자는 투자 회수 순위에서 가장 높은 순위를 지니므로 위험도가 가장 낮다고 할 수 있다.
② 자기 자본투자자는 전략적 투자자와 재무적 투자자로 분류되며 재무적 투자자는 사업에 의한 배당수익에 투자목적이 있다.
③ 선순위 채권(senior debt)은 프로젝트파이낸싱에서 가장 큰 비중을 차지하는 자금이다.
④ 선순위 채권(senior debt)은 대부분 상업은행으로부터의 차입금이 이에 해당되며 이자수익을 목적으로 투자한다.

> **해 설**
> 자기 자본투자는 투자회수의 순위에서 가장 낮은 순위를 지니므로 위험도가 가장 높다고 할 수 있다.

51 도시개발사업에서의 인·허가에 대한 설명이 틀린 것은?

① 허가(許可)란 법령에 의하여 금지되어 있는 행위를 해제하여 적법하게 하는 것을 의미한다.
② 인가(認可)란 제3자의 행위를 보충하여 그 법률상의 효력을 완성시키는 행위를 의미한다.
③ 승인(承認)은 국가 또는 지방자치단체가 특정 행위에 대하여 부여하는 동의·승낙 등을 의미한다.
④ 허가를 요하는 행위를 허가없이 행하거나, 인가를 받지 않고 한 행위는 처벌의 대상이 된다.

> **해 설**
> 허가와 인가를 구분하여야 한다. "허가"를 요하는 행위를 허가 없이 행하면 처벌의 대상이 되지만, 인가의 대상이 되는 행위를 인가 없이 행한다 해도 처벌이나 강제를 받지는 않는다.

52 Jenson과 Meckling(1976)이 대리인 문제로부터 발생하는 금전적·비금전적 비용을 분류한 내용에 해당하지 않는 것은?

① 감시비용 ② 거래비용
③ 잔여손실 ④ 확증비용

> **해 설**
> 대리인 비용이란 대리인 문제로부터 발생하는 금전적, 비금전적인 비용을 말한다. 대리인 비용은 감시비용(대리인의 행위 감시를 위한 비용)과 확증비용(대리인을 확증하기 위한 비용), 잔여손실(감시와 확증에도 불구하고 발생하는 기업가치 감소분)으로 구분된다.

53 버그가 구분한 도시화의 단계 중 아래 설명에 해당하는 것은?

> 3차 산업 종사자수의 비중이 높아지고 소득향상이 지속됨에 따라 악화되니 도시환경을 피하여 농촌지역에서의 생활을 선호하는 사람들의 수가 증가하게 된다. 이에 따라 기존 도심부의 쇠퇴, 유유화 현상이 두드러지고 신도시 개발보다 도시쇠퇴지역 재생에 대한 개발수요가 발생한다.

① 도시화 단계(stage of urbanization)
② 교외화 단계(stage of suburbanization)
③ 반도시화 단계(stage of deurbanization)
④ 재도시화 단계(stage of reurbanization)

> **해 설**
> 버그의 도시화 단계 중 3단계인 역도시화(반도시화) 단계에 대한 설명이다. 역도시화(반도시화)는 도시화가 지속적으로 진행되어 도시 규모가 커지게 되어 집적 불이익이 집적 이익보다 커지게 되는 단계이다. 도시로 인구가 집중할수록 집적으로 인한 불이익과 문제가 커지게 되어 인구가 다시 고향이나 주변 지역으로 이주하는 U-턴 또는 L턴 현상이 발생되며 도시권 전체의 인구가 감소하는 단계이다.

54 토지상환채권의 발행 규모는 그 토지상환채권으로 상환할 토지·건축물이 해당 도시개발사업으로 조성되는 분양토지 또는 분양건축물 면적의 얼마를 초과하지 아니하도록 하여야 하는가?

① 2분의 1　　② 3분의 1
③ 4분의 1　　④ 5분의 1

해설
토지상환채권은 시행자는 토지 소유자가 원하면 토지 등의 매수 대금의 일부를 지급하기 위하여 사업 시행으로 조성된 토지·건축물로 상환하는 채권을 말하며, 상환할 토지·건축물이 분양토지 또는 분양건축물 면적의 1/2 미만이어야 한다.

55 도시재정비 촉진을 위한 특별법이 규정하는 재정비촉진계획의 내용이 아닌 것은?

① 경관계획
② 인구·주택 수용계획
③ 교육시설, 문화시설, 복지시설 등 기반시설 설치계획
④ 분양계획

해설
도시재정비 촉진을 위한 특별법 제9조(재정비촉진계획의 수립) 조항에 의한 계획의 내용에 분양계획은 들어있지 않다.

56 개발권양도제(TDR)의 목적으로 가장 거리가 먼 것은?

① 납세자 보호
② 역사적 건축물 보호
③ 과밀지역의 개발 제한
④ 사업 인프라비용 절감

해설
개발권양도제(TDR)의 목적은 대체할 수 없는 자원(역사적 고건물, 문화재, 공공녹지공간, 생태계 등)을 신개발의 압력으로부터 보호하는 것이다. 이 과정에서 역사적 건축물의 보호와 과밀지역의 개발제한 목적 달성이 가능하며, 납세자의 권익도 보장할 수 있게 된다.

57 자산담보부증권(ABS)에 대한 설명으로 옳지 않은 것은?

① 자산을 기초로 발행하는 경우 대차대조표에는 영향을 미치지 않는 부외금융이라는 이점이 있다.
② 사업주의 신용이 낮은 경우에는 자금을 조달할 수 있다.
③ 대출과 달리 유가증권의 형태로 유동화 한다.
④ 다른 수단에 비하여 간편하지만 운용보수가 높다.

해설
자산담보부증권(ABS)는 다른 방법에 비해 간편하고 운용보수 등이 저렴하다.

58 부채에 의한 재원조달 방식이 아닌 것은?

① 회사채　　② 자산담보부증권
③ 투자조합　　④ 대출

해설
조합은 신디케이션에 의한 재원조달방식이다.

59 도시개발사업의 평가를 위한 지표인 수익성 지수(PI)를 산정하는 식으로 옳은 것은?

r^c : 기업의 할인율
T : 프로젝트의 최종년도
R_t : t년도 발생한 프로젝트의 수입
C_t : t년도 발생한 프로젝트의 비용

① $\sum_{t=0}^{T} \frac{R_t}{(1+r^c)^t} - \sum_{t=0}^{T} \frac{C_t}{(1+r^c)^t}$

② $\sum_{t=0}^{T} \frac{R_t}{(1+r^c)^t} + \sum_{t=0}^{T} \frac{C_t}{(1+r^c)^t}$

③ $\sum_{t=0}^{T} \frac{R_t}{(1+r^c)^t} \div \sum_{t=0}^{T} \frac{C_t}{(1+r^c)^t}$

④ $\sum_{t=0}^{T} \frac{R_t}{(1+r^c)^t} \times \sum_{t=0}^{T} \frac{C_t}{(1+r^c)^t}$

해설
수익성 지수(PI ; Profitability Index)
$PI = \sum_{t=0}^{T} \frac{R_t}{(1+r^c)^t} / \sum_{t=0}^{T} \frac{C_t}{(1+r^c)^t}$
여기서, R_t : t년도에 발생한 사업수입, C_t : t년도에 발생한 사업비용, r^c : 기업의 할인율, T : 프로젝트의 최종연도
PI>1 비용에 비해 더 큰 수입 → 수익성 있음

정답　54 ①　55 ④　56 ④　57 ④　58 ③　59 ③

60 도시재정비 촉진을 위한 특별법에 따른 재정비촉진지구 지정 면적을 기준 면적의 2분의 1까지 완화하여 적용하는 기준이 옳은 것은?

① 인구가 100만 이상이고 150만 미만인 광역시 또는 시의 주거지형 : 30만 제곱미터 이상
② 인구가 100만 미만인 광역시 또는 시의 주거지형 : 20만 제곱미터 이상
③ 기반시설이 열악한 지역으로서 정비구역이 4 이상 연접한 지역의 주거지형 : 10만 제곱미터 이상
④ 산지로 주거여건이 열악하면서 경관을 보호할 필요가 있는 지역의 주거지형 : 15만제곱미터 이상

> **해 설**
> 도시재정비 촉진을 위한 특별법에 따른 재정비촉진지구 지정 면적을 기준 면적의 2분의 1까지 완화하여 적용하는 기준은 인구가 100만 이상이고 150만 미만인 광역시 또는 시의 주거지형은 40만 제곱미터 이상, 인구가 100만 미만인 광역시 또는 시의 주거지형은 30만 제곱미터 이상, 기반시설이 열악한 지역으로서 정비구역이 4 이상 연접한 지역의 주거지형 : 15만 제곱미터 이상이다.
> → 2023.12.26. 법규개정, 2024.04.23. 시행령 개정으로 해당 조항의 완화 적용 기준이 개정 및 삭제되었다.

제4과목 국토 및 지역계획

61 국토 및 지역계획수립을 위한 자료조사방법 중 1차 자료가 아닌 것은?

① 면접조사 ② 설문조사
③ 현지조사 ④ 통계자료조사

> **해 설**
> 1차 자료는 현지, 면접, 설문조사가 해당하고, 2차자료에 문헌, 통계, 지도분석 등이 해당한다.

62 도시순위규모법칙에 따른 q값이 과거 1.0에서 현재 2.0으로 증가한 어느 나라의 도시체계에 관한 설명으로 가장 옳은 것은?

① 과거보다 도시화의 속도가 2배로 증가하였다.
② 과거보다 수위 도시 또는 소수의 몇몇 대도시에 더욱 많은 인구가 집중하였다.
③ 과거에는 도시 인구의 분포가 균등하지 못하였으나 현재는 균등한 분포에 근접하고 있다.
④ 과거에는 인구분포가 균형을 이루었으나 현재는 주요 도시의 인구가 농촌 인구의 2배가 되었다.

> **해 설**
> 과거 1.0에서 현재 2.0으로 증가하였다는 것은 종주화가 더욱 진행되었음을 의미하는 것으로, 과거보다 수위도시나 대도시에 인구가 더욱 많이 집중하였음을 나타낸다고 볼 수 있다.

63 제4차 국토종합계획 수정계획(2011~2020)의 주요 내용으로 가장 거리가 먼 것은?

① 점적 개방(3개축)을 중심으로 국토 골격 형성
② 해외 자원 확보 및 공동개발 추진
③ 행정구역을 초월한 5+2 광역경제권
④ 수도권의 경쟁력 강화 및 계획적 성장관리

> **해 설**
> 점적 개방(3개축)을 중심으로 국토 골격 형성하는 계획은 제4차 국토종합계획 수정계획(2006~2020)의 내용이다.

64 지속가능한 개발(Sustainable Development)의 개념에 대한 설명으로 옳지 않은 것은?

① 환경오염 규제만을 강화하는 개발 방법
② 지구의 환경용량 내에서 삶의 질을 향상시키는 개발
③ 미래세대 수요충족을 저해하지 않으면서 현세대의 수요충족을 보장하는 개발
④ 자연과 사회체계의 생명력을 보호하면서 기초적인 모든 서비스를 모든 공동체 주민에게 제공하는 것

> **해 설**
> 환경오염 규제만을 강화하는 개발 방법은 지속가능한 개발이라 할 수 없다. 환경오염 규제 뿐만 아니라 다음 세대가 필요로하는 여건 전체에 대한 보존 노력이 필요하고, 이를 유지하며 개발하는 방법이 지속가능한 개발이라 할 수 있다.

65 로렌츠 곡선(Lorenz curve)을 통해 파악할 수 있는 것은?

① 지역고용구조 ② 지역생산구조
③ 지역소득분배 ④ 지역소득수준

정답 60 ④ 61 ④ 62 ② 63 ① 64 ① 65 ③

해설

로렌츠 곡선

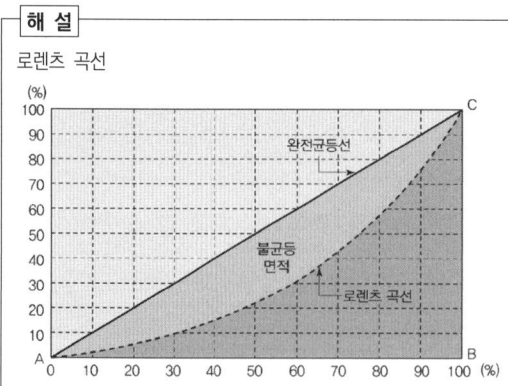

- 횡축(저소득 인구부터 소득인구 누적분 백분비), 종축(소득액의 누적 백분비)
- 완전 평등분포 : 45°의 직선
- 현실의 소득분포 곡선은 아래쪽으로 활처럼 굽는 경향
- 불평등 면적 : 완전평등분포선과 곡선 사이의 면적
- → 로렌츠 곡선의 소득액의 백분비로 지역소득분배 경향을 알 수 있다.

66 국토의 계획 및 이용에 관한 법률에서 명시하고 있는 구역에 해당하지 않는 것은?

① 개발제한구역
② 국토자연구역
③ 수산자원보호구역
④ 입지규제최소구역

해설

국토의 계획 및 이용에 관한 법률에서 지정한 용도구역은 개발제한구역, 도시자연공원구역, 시가화조정구역, 수산자원보호구역, 도시혁신구역, 복합용도구역, 도시·군계획시설입체복합구역이다. (24.02.06 개정으로 입지규제최소구역이 삭제되고 도시혁신구역, 복합용도구역, 도시·군계획시설입체복합구역이 추가되었다.)

67 다음 중 부드빌(Boudeville)에 의한 지역 분류로 옳은 것은?

① 과밀지역 - 중간지역 - 후진지역
② 동질지역 - 결절지역 - 계획권역
③ 보완지역 - 대체지역 - 발전지역
④ 성장지역 - 침체지역 - 쇠퇴지역

해설

부드빌은 동질지역(공통특성에 따라 묶는 지역), 결절지역(기능적으로 밀접한 관계를 가진 공간단위), 계획지역(계획의 필요에 따라 설정된 지역)으로 지역을 분류하였다.

68 지역 간 균형과 사회계층 간 형평성을 중시하는 개발 방식을 주요 전략으로 하며 지역생활권개발의 이론적 근거가 되는 것은?

① 중심지이론
② 경제기반이론
③ 기본수요이론
④ 성장거점이론

해설

기본수요이론(Basic Needs Theory)은 1970년대 등장한 균형발전이론이다. 생활권을 중심으로 한 개발전략으로 일상생활권과 주간생활권에 관심을 두어 지역생활권 개발의 이론적 근거가 된다.

69 다음 중 지역문제의 발생 원인으로 가장 거리가 먼 것은?

① 지역주민들의 요구 수준의 차이
② 지역 내 특정 자연자원의 부존여부와 입지조건의 차이
③ 정부가 추진하는 선(先)성장, 후(後)분배의 경제개발 정책방향
④ 해당 지역 지배 산업의 전 세계 또는 다른 지역의 산업들과의 경쟁력 수준

해설

지역문제는 주민의 요구수준보다는 정책, 산업경쟁력, 자원상황, 입지 등에 의해 영향을 받는다.

70 국토계획평가를 실시한 후 그 결과를 심의하는 의원회는?

① 국토계획위원회
② 국토정책위원회
③ 국토평가위원회
④ 중앙도시계획위원회

해설

국토기본법 제19조의3(국토계획평가의 절차) 제2항에 의거 국토교통부장관은 국토계획평가를 실시한 후 그 결과에 대하여 국토정책위원회의 심의를 거쳐야 한다.

71 지역생활권이론의 기본적인 개념으로서 도농통합전략에 대한 설명으로 옳은 것은?

① 성장거점이론의 실천적 개념이다.
② J.Friedmann과 K.Popper가 주장하였다.
③ 기본 아이디어는 도농지구(Agropolitan)이다.
④ 도농 간 차이를 인정하면서 보완적이지만 기능적으로 통합되지 않는다.

정답 66 ②, ④ 67 ② 68 ③ 69 ① 70 ② 71 ③

해설
도농통합전략인 중심-주변모형은 내발적 발전전략을 가지고 있고, 성장거점이론은 수출 주도형 발전전략을 가지고 있다. 프리드만과 더글라스가 주장하였다. 지역생활권 이론에서는 배후 농촌지역을 결합하고자 한다.

72 성장거점이론의 기본개념과 가장 거리가 먼 것은?

① 파급효과(Spread effect)
② 선도산업(Leading industry)
③ 극화효과(Polarization effect)
④ 경쟁효과(Competition effect)

해설
성장거점이론의 기본개념
1. 선도산업(Leading Industry)
 • 성장에 대한 열의를 고무할 수 있는 새로운 기술의 역동적인 산업
 • 산업의 규모가 커서 경제적 지배력을 행사할 수 있는 산업
 • 수요에 대한 소득 탄력성이 높아 다른 산업에 비해 성장속도가 빠른 산업
 • 여타 부분과의 산업 간 연계성이 높은 산업(전후방 연계성이 높음)
2. 극화현상 : 성장극이 주변지역의 경쟁에서 항상 유리한 입장을 취하여 성장극 주변지역에서 유능한 두뇌를 흡수하여 주변지역의 경제활동을 둔화시키는 현상
3. 확산효과 : 중심지의 잉여자본과 과학기술이 주변지역으로 흘러들어오는 것으로서 역류효과가 보다 강력하므로 불균형 성장 유발

73 총 고용이 50만 명인 어느 지역의 경제기반승수가 2라면 기반활동 고용이 1만 명 증가할 때 총 고용은 어떻게 변하는가?

① 51만 명으로 증가
② 52만 명으로 증가
③ 53만 명으로 증가
④ 54만 명으로 증가

해설
$2 = \dfrac{50만}{x}$ ∴ $x = 25만$,
$2 = \dfrac{y}{(25만+1만)}$ ∴ $y = 52만$으로 증가한다.

74 다음 중 가장 큰 규모의 공간단위는?

① 메갈로폴리스
② 메트로폴리스
③ 인구밀집지역(DID)
④ 표준대도시통계지역

해설
지역보다는 도시가 큰 개념이다. 거대도시(Metropolis, 200만)보다 대상도시(Megalopolis, 1억 명)가 훨씬 큰 개념이며, 대도시통계지역은 거대도시와 비슷한 개념이다.

75 합리적 계획모형을 비판하는데서 출발하여 계획은 자본주의 생산양식의 관점에서 분석되어야 하며 특정 이념에만 기능하는 대신 역사적 관계와 정치·사회·경제적 맥락을 전반적으로 조명하여야 한다고 강조하는 지역계획모형은?

① 옹호적 계획(advocacy planning) 모형
② 혼합주사적 계획(mixed planning) 모형
③ 교류적 계획(transactive planning) 모형
④ 정치경제 계획(political economy planning) 모형

해설
정치경제계획(Political Economy Planning)모형은 합리적 계획모형에 대한 비판적 입장에서 비롯된 이론이다. 계획을 정부의 집합적인 간섭으로 조망하면서, 도시에서의 끊임없는 계층 간의 갈등을 정부가 간섭하는 과정을 통해 현대의 계획을 분석하고 설명하는 이론이며 계획의 실행은 정치·사회·역사적 맥락 안에서 비판적으로 분석되어야 한다고 주장한다.

76 매년 1천2백만 원의 임대료수익(R)을 영구히 주는 토지의 현재가치(PV)는? (단, 연간이자율(i)은 10%이다.)

① 4천 8백만 원
② 9천 6백만 원
③ 1억 2천만 원
④ 무한대

해설
토지의 현재가치(V) = y/r
 여기서, y : 땅에서 매년 기대되는 순소득,
  r : 할인율(이자율)
V = 1,200/0.1 ∴ V = 12,000만원

77 다음 중 최소비용이론에 입각하여 공업입지이론을 제안한 학자는?

① 웨버(A. Weber)
② 뢰쉬(A. Loesch)
③ 튀넨(Von Thuenen)
④ 크리스탈러(W. Christaller)

정답 72 ④ 73 ② 74 ① 75 ④ 76 ③ 77 ①

해설
알프레드 베버(A. Weber)의 공업입지이론은 다른 여건이 동일하다면 수송비가 가장 적은 곳에 입지한다는 이론이다.

78 다음 중 국토기본법상 국토관리의 기본이념으로 옳지 않은 것은?

① 환경친화적 국토관리
② 국토의 균형있는 발전
③ 경쟁력 있는 국토 여건의 조성
④ 거점개발에 의한 집적이익의 추구

해설
국토계획은 국토의 균형 있는 발전과 경쟁력 있는 국토 여건의 조성, 환경친화적 국토관리를 그 기본방향으로 한다.

79 프로젝트 A의 실행에 따라 다음과 같이 비용과 편익이 발생한다면 순현재가치(Net Present Value)는? (단, 당해연도부터 편익이 발생하였으며, 할인율은 8%, 단위는 백만 원이다.)

구분	원년	1년	2년	3년
비용	50	40	35	40
편익	55	50	40	55

① 30.45백만 원 ② 40.45백만 원
③ 50.45백만 원 ④ 60.45백만 원

해설
순현재가치(NPV)
투자로 인한 현금유입과 유출을 화폐의 시간적 가치를 고려하여 투자 여부 결정

$NPV = \sum_{n=1}^{n} \frac{B_n - C_n}{(1+r)^n} > 0$일 때 수익성 있음

$B = \frac{55}{(1+0.08)^0} + \frac{50}{(1+0.08)^1} + \frac{40}{(1+0.08)^2} + \frac{55}{(1+0.08)^3}$
$= 179.25$

$C = \frac{50}{(1+0.08)^0} + \frac{40}{(1+0.08)^1} + \frac{35}{(1+0.08)^2} + \frac{40}{(1+0.08)^3}$
$= 148.80$

NPV = B − C = 179.25 − 148.80 = 30.45

80 과밀억제권역으로부터 이전하는 인구와 산업을 계획적으로 유치하고 산업의 입지와 도시의 개발을 적정하게 관리할 필요가 있는 지역에 해당하는 권역은?

① 개발제한권역 ② 개발유도권역
③ 자연보전권역 ④ 성장관리권역

해설
성장관리권역이란 과밀억제권역으로부터 이전하는 인구와 산업을 계획적으로 유치하고 산업의 입지와 도시의 개발을 적정하게 관리할 필요가 있는 지역을 말한다.

제5과목 도시계획관계법규

81 국토교통부장관이 개발제한구역의 지정 및 해제를 도시·군관리계획으로 결정할 수 있는 경우로 가장 거리가 먼 것은?

① 도시의 무질서한 확산을 방지할 필요가 있는 경우
② 올림픽 등 국제행사에 대비하여 대규모 자연공간을 확보할 필요가 잇는 경우
③ 국방부장관의 요청으로 보안상 도시의 개발을 제한할 필요가 있다고 인정되는 경우
④ 도시민의 건전한 생활환경을 확보하기 위하여 도시의 개발을 제한할 필요가 있는 경우

해설
국토의 계획 및 이용에 관한 법률 제38조(개발제한구역의 지정) 조항에 의거 국토교통부장관은 도시의 무질서한 확산을 방지하고 도시 주변의 자연환경을 보전하여 도시민의 건전한 생활환경을 확보하기 위하여 도시의 개발을 제한할 필요가 있거나 국방부장관의 요청이 있어 보안상 도시의 개발을 제한할 필요가 있다고 인정되면 개발제한구역의 지정 또는 변경을 도시·군관리계획으로 결정할 수 있다.

82 수도권정비계획법령상 과밀부담금의 감면에 관한 내용으로 옳지 않은 것은?

① 국가나 지방자치단체가 건축하는 건축물에는 부담금을 부과하지 아니한다.
② 「과학기술기본법」에 따른 과학연구단지에는 부담금을 부과하지 아니한다.
③ 건축물 중 수도권만을 관할하는 공공법인(지점을 포함한다)의 사무소에 대하여는 부담금을 부과하지 아니한다.
④ 「도시 및 주거환경정비법」에 따른 재개발사업으로 건축하는 건축물에는 부담금의 100분의 50을 감면한다.

정답 78 ④ 79 ① 80 ④ 81 ② 82 ②

> **해 설**
> 국가, 지자체, 수도권공공법인인 경우에 부담금을 부과하지 아니한다.

83 주차장법령상 단지조성사업 등으로 설치되는 노외주차장에 경형자동차 및 환경친화적 자동차를 위한 전용자차구획을 노외주차장 총 주차대수의 얼마 이상이 되도록 설치하여야 하는가?

① 100분의 3
② 100분의 5
③ 100분의 10
④ 100분의 15

> **해 설**
> 2016.7.19. 법이 개정되어 노외주차장 총 주차대수의 10% 이상이 되었다.

84 하나의 도시지역 안에 있어서의 도시공원의 확보기준은 해당도시지역 안에 거주하는 주민 1인당 얼마 이상으로 하는가?

① 6m²
② 7m²
③ 8m²
④ 9m²

> **해 설**
> 도시공원 및 녹지 등에 관한 법률에 의거 도시공원의 확보기준은 하나의 도시지역 안에서 도시공원의 확보기준은 다음과 같다.
> • 해당 도시지역 안에 거주하는 주민 1인당 6m² 이상
> • 개발제한구역 및 녹지지역을 제외한 도시지역 안에 있어서의 도시공원의 확보기준은 해당 도시지역 안에 거주하는 주민 1인당 3m² 이상으로 한다.

85 도시공원의 구분에 따른 규모 기준으로 옳은 것은?

① 묘지공원 - 1,000m² 이상
② 체육공원 - 3,000m² 이상
③ 어린이공원 - 1,500m² 이상
④ 도보권 근린공원 - 2,000m² 이상

> **해 설**
> 묘지공원은 100,000m², 도보권 근린공원은 30,000m², 체육공원 10,000m² 이다.

86 도시공원 및 녹지 등에 관한 법률상 공원시설에 관한 설명으로 옳지 않은 것은?

① 점용허가의 대상이다.
② 도시공원 조성계획에 포함된다.
③ 민간인도 허가를 받아 관리할 수 있다.
④ 도시공원의 효용을 다하기 위하여 설치되는 시설이다.

> **해 설**
> 도시공원에서 공원시설 외의 시설·건축물 또는 공작물을 설치하는 행위, 토지의 형질변경, 죽목(竹木)을 베거나 심는 행위, 흙과 돌의 채취, 물건을 쌓아놓는 행위는 점용허가의 대상이나, 도시공원 자체는 점용허가의 대상이 아니다.

87 도시개발법상 도시개발구역을 지정할 수 없는 자는?

① 구청장
② 도지사
③ 광역시장
④ 특별시장

> **해 설**
> 도시개발법 제3조(도시개발구역의 지정 등) 조항에 의거, 도시개발구역은 특별시장, 광역시장, 도지사, 특별자치도지사, 서울특별시와 광역시를 제외한 인구 50만 이상의 대도시의 시장이 지정할 수 있다.

88 택지개발촉진법상 환매권에 관한 설명으로 옳지 않은 것은?

① 환매권자는 환매로써 제3자에게 대항할 수 있다.
② 보상금에 가산하는 환매가액은 보상금 산정일부터 환매일까지의 법정이자이다.
③ 수용한 토지 등의 전부 또는 일부가 필요 없게 되었을 때에 환매권자는 필요 없게 된 날부터 1년 이내에 환매할 수 있다.
④ 환매권자는 토지 등의 수용 당시 받은 보상금에 대통령령으로 정한 금액을 가산하여 시행자에게 지급하고 이를 환매할 수 있다.

> **해 설**
> 택지개발촉진법 제13조(환매권) 조항에 의거 택지개발지구의 지정 해제 또는 변경, 실시계획의 승인 취소 또는 변경, 그 밖의 사유로 수용한 토지등의 전부 또는 일부가 필요 없게 되었을 때에는 수용 당시의 토지 등의 소유자 또는 그 포괄승계인[이하 "환매권자(還買權者)"라 한다]은 필요 없게 된 날부터 1년 이내에 토지 등의 수용 당시 받은 보상금에 대통령령으로 정한 금액을 가산하여 시행자에게 지급하고 이를 환매할 수 있다.
> 택지개발촉진법 시행령 제10조(환매가액) 조항에 의거 법 제13조 제1항에서 "대통령령으로 정한 금액"이란 보상금 지급일부터 환매일까지의 법정이자를 말한다.

정답 83 ③ 84 ① 85 ③ 86 ① 87 ① 88 ②

→ 따라서 보상금에 가산하는 환매가액은 보상금 "산정일"부터 환매일까지의 법정이자가 아니라 보상금 "지급일"부터 환매일까지의 법정이자를 말한다.

89 국토의 계획 및 이용에 관한 법률에 따른 기반시설에 속하지 않는 것은?

① 광장 · 공원 · 녹지 등 공간시설
② 도로 · 철도 · 항만 · 항공 · 주차장 등 교통시설
③ 아파트 · 연립주택 · 다세대주택 등 주거시설
④ 하수도, 폐기물처리 및 재활용시설, 빗물저장 및 이용시설 등 환경기초시설

해 설
기반시설은 공간시설, 공공 · 문화체육시설, 교통시설, 유통 · 공급시설, 보건위생시설, 환경기초시설, 방재시설을 말한다.

90 수도권정비계획법의 정의에 부합되지 않는 것은?

① "수도권"이란 서울특별시와 대통령령으로 정하는 그 주변 지역을 말한다.
② "공업지역"이란 「국토기본법」에 따라 지정된 공업지역을 말한다.
③ "수도권정비계획"이란 「국토기본법」에 따른 국토종합계획을 기본으로 하여 관련 조항에 따라 수립되는 계획을 말한다.
④ "인구집중유발시설"이란 학교, 공장, 공공청사, 업무용 건축물, 판매용 건축물, 연수시설, 그 밖에 인구 집중을 유발하는 시설로서 대통령령으로 정하는 종류 및 규모 이상의 시설을 말한다.

해 설
"공업지역"이란 「국토의 계획 및 이용에 관한 법률」에 따라 지정된 공업지역을 말한다.

91 국토의 계획 및 이용에 관한 법령에 따른 용도지구 중 문화재 · 전통사찰 등 역사 · 문화적으로 보존가치가 큰 시설 및 지역의 보호와 보존을 위하여 필요한 지구는?

① 복합개발진흥지구
② 특정개발진흥지구
③ 중요시설물보호지구
④ 역사문화환경보호지구

해 설
국토의 계획 및 이용에 관한 법률 시행령 제31조(용도지구의 지정)에 의거 ② 국토교통부장관, 시 · 도지사 또는 대도시 시장은 법 제37조제2항에 따라 도시 · 군관리계획결정으로 경관지구 · 방재지구 · 보호지구 · 취락지구 및 개발진흥지구를 다음 각 호와 같이 세분하여 지정할 수 있다. 〈개정 2017. 12. 29.〉
5. 보호지구
  가. 역사문화환경보호지구 : 문화재 · 전통사찰 등 역사 · 문화적으로 보존가치가 큰 시설 및 지역의 보호와 보존을 위하여 필요한 지구
  나. 중요시설물보호지구 : 중요시설물(제1항에 따른 시설물을 말한다. 이하 같다)의 보호와 기능의 유지 및 증진 등을 위하여 필요한 지구
  다. 생태계보호지구 : 야생동식물서식처 등 생태적으로 보존가치가 큰 지역의 보호와 보존을 위하여 필요한 지구

92 관광진흥법령상 관광객 이용시설업의 종류에 해당하지 않는 것은?

① 전문휴양업
② 종합휴양업
③ 관광유람선업
④ 일반유원시설업

해 설
관광이용시설업에는 전문휴양업, 종합휴양업(제1종 종합휴양업, 제2종 종합휴양업), 야영장업(일반야영장업, 자동차야영장업), 관광유람선업(일반관광유람선업, 크루즈업), 관광공연장업, 외국인관광도시민박업이 있다. 일반유원시설업은 유원시설업에 속한다. (24.2.27부로 유원시설업이 테마파크업으로 명칭이 변경되었다.)

93 도시 및 주거환경정비법상 분양신청 현황을 기초로 한 관리처분계획 수립 시 포함하여야 하는 사항이 아닌 것은?

① 분양설계
② 분양대상자의 주소 및 성명
③ 관리처분계획의 인가 연월일
④ 분양대상자별 종전의 토지 또는 건축물명세

해 설
도시 및 주거환경정비법 제74조(관리처분계획의 인가 등) 조항에 의거 ① 사업시행자는 제72조에 따른 분양신청기간이 종료된 때에는 분양신청의 현황을 기초로 다음 각 호의 사항이 포함된 관리처분계획을 수립하여 시장 · 군수등의 인가를 받아야 하며, 관리처분계획을 변경 · 중지 또는 폐지하려는 경우에도 또한 같다. 다만, 대통령령으로 정하는 경미한 사항을 변경하려는 경우에는 시장 · 군수등에게 신고하여야 한다. 〈개정 2018. 1. 16.〉
1. 분양설계
2. 분양대상자의 주소 및 성명

7. 분양대상자의 종전 토지 또는 건축물에 관한 소유권 외의 권리 명세

94 택지개발촉진법령상 수의계약으로 공급할 수 있는 택지로 부적합한 것은?

① 「주택법」에 따른 사업주체 중 국가, 지방자치단체 또는 국토교통부령으로 정하는 공공기관에 공급할 경우
② 면적이 100만 m² 이상인 예정지구안에서 지형조건 및 다양한 시설용도 등을 고려하여 복합적이고 입체적인 개발이 필요한 경우
③ 도로, 학교, 공원, 공용의 청사 등 일반인에게 분양할 수 없는 공공시설용지를 국가, 지방자치단체, 그 밖에 법령에 따라 해당 공공시설을 설치할 수 있는 자에게 공급할 경우
④ 주택조합의 조합원에게 공급하여야 할 주택을 건설하는 데 필요한 토지 면적의 2분의 1 이상을 취득한 주택조합이 그 토지의 전부를 관련 법률에 따른 협의에 응하여 시행자에게 양도하였을 때 해당 주택조합에 국토교통부령으로 정하는 면적의 범위에서 택지를 공급하는 경우

해설

택지개발촉진법 시행령 제13조의2(택지의 공급방법 등) ⑤항 조항에 의거 다음 각 호의 어느 하나에 해당하는 경우에는 수의계약의 방법으로 공급할 수 있다.
1. 「주택법」에 따른 사업주체 중 국가, 지방자치단체 또는 국토교통부령으로 정하는 공공기관에 공급할 경우
2. 도로, 학교, 공원, 공용의 청사 등 일반인에게 분양할 수 없는 공공시설용지를 국가, 지방자치단체, 그 밖에 법령에 따라 해당 공공시설을 설치할 수 있는 자에게 공급할 경우
6. 택지개발지구에서 주택을 건설하기 위하여 「주택법」 제11조에 따라 설립인가를 받은 주택조합으로서 제5조 제2항에 따른 공고일 현재 그 주택조합의 조합원에게 공급하여야 할 주택을 건설하는 데 필요한 토지 면적의 2분의 1 이상을 취득한 주택조합이 그 토지의 전부를 「공익사업을 위한 토지 등의 취득 및 보상에 관한 법률」에 따른 협의에 응하여 시행자에게 양도하였을 때 해당 주택조합에 국토교통부령으로 정하는 면적의 범위에서 택지를 공급하는 경우

95 산업입지 및 개발에 관한 법률에 따른 산업단지에 해당하는 것으로만 나열된 것은?

① 국가산업단지, 일반산업단지, 농공단지
② 국가산업단지, 지역산업단지, 농공단지
③ 국가산업단지, 도시산업단지, 농공산업단지
④ 국가산업단지, 일반산업단지, 특수산업단지

해설

산업입지 및 개발에 관한 법률 제2조(정의) 8항에 의거, "산업단지"란 국가산업단지, 일반산업단지, 도시첨단산업단지, 농공단지(農工團地)를 말한다.

96 중앙도시계획위원회에 관한 설명으로 옳은 것은?

① 공무원이 아닌 위원의 수는 10명 이상으로 하고, 그 임기는 3년으로 한다.
② 위원장·부위원장 각 1명을 포함한 30명 이상 40명 이하의 위원으로 구성한다.
③ 광역도시계획·도시·군계획·토지거래계약허가구역 등 국토교통부장관의 권한에 속하는 사항의 심의 업무를 수행한다.
④ 위원은 관계 중앙행정기관의 공무원과 도시·군계획과 관련된 분야에 관한 학식과 경험이 풍부한 자 중에서 위원장이 임명하거나 위촉한다.

해설

국토의 계획 및 이용에 관한 법률 제107조(조직)
① 항에 의거 중앙도시계획위원회는 위원장·부위원장 각 1명을 포함한 25명 이상 30명 이하의 위원으로 구성한다. 〈개정 2015.12.29.〉
② 항에 의거 중앙도시계획위원회의 위원장과 부위원장은 위원 중에서 국토교통부장관이 임명하거나 위촉한다. 〈개정 2013.3.23.〉
④ 항에 의거 공무원이 아닌 위원의 수는 10명 이상으로 하고, 그 임기는 2년으로 한다.

국토의 계획 및 이용에 관한 법률 제106조(중앙도시계획위원회) 다음 각 호의 업무를 수행하기 위하여 국토교통부에 중앙도시계획위원회를 둔다. 〈개정 2011.4.14., 2013.3.23.〉
1. 광역도시계획·도시·군계획·토지거래계약허가구역 등 국토교통부장관의 권한에 속하는 사항의 심의

97 주택법상 사업주체가 대통령령으로 정하는 호수 이상의 주택건설사업을 수행하는 경우 지방자치단체가 설치하는 도로 및 상하수도시설에 대하여 국가가 보조할 수 있는 설치비용의 범위는?

① 그 비용의 전부
② 그 비용의 30%
③ 그 비용의 50%
④ 그 비용의 75%

정답 94 ② 95 ① 96 ③ 97 ③

해설
주택법 제28조(간선시설의 설치 및 비용의 상환) ①항에 의거 사업주체가 대통령령으로 정하는 호수 이상의 주택건설사업을 시행하는 경우 또는 대통령령으로 정하는 면적 이상의 대지조성사업을 시행하는 경우 다음 각 호에 해당하는 자는 각각 해당 간선시설을 설치하여야 한다.
1. 지방자치단체 : 도로 및 상하수도시설
2. 해당 지역에 전기·통신·가스 또는 난방을 공급하는 자 : 전기시설·통신시설·가스시설 또는 지역난방시설
3. 국가 : 우체통
③ 제1항에 따른 간선시설의 설치 비용은 설치의무자가 부담한다. 이 경우 제1항 제1호에 따른 간선시설의 설치 비용은 그 비용의 50퍼센트의 범위에서 국가가 보조할 수 있다.

98 시가화조정구역에서 특별시장·광역시장·특별자치시장·특별자치도지사·시장 또는 군수의 허가를 받아 할 수 있는 행위에 대한 내용으로 옳지 않은 것은?

① 입목의 벌채, 조림, 육림, 토석의 채취, 그 밖에 대통령령으로 정하는 경미한 행위
② 건축물의 건축 및 공작물 중 대통령령으로 정하는 종류의 공작물을 설치하는 행위
③ 농업·임업 또는 어업용의 건축물 중 대통령령으로 정하는 종류와 규모의 건축물이나 그 밖의 시설을 건축하는 행위
④ 마을공동시설, 공익시설·공공시설, 광공업 등 행위로서 대통령령으로 정하는 행위

해설
국토의 계획 및 이용에 관한 법률 제81조(시가화조정구역에서의 행위 제한 등)
② 시가화조정구역에서는 제56조와 제76조에도 불구하고 제1항에 따른 도시·군계획사업의 경우 외에는 다음 각 호의 어느 하나에 해당하는 행위에 한정하여 특별시장·광역시장·특별자치시장·특별자치도지사·시장 또는 군수의 허가를 받아 그 행위를 할 수 있다. 〈개정 2011.4.14.〉
1. 농업·임업 또는 어업용의 건축물 중 대통령령으로 정하는 종류와 규모의 건축물이나 그 밖의 시설을 건축하는 행위
2. 마을공동시설, 공익시설·공공시설, 광공업 등 주민의 생활을 영위하는 데에 필요한 행위로서 대통령령으로 정하는 행위
3. 입목의 벌채, 조림, 육림, 토석의 채취, 그 밖에 대통령령으로 정하는 경미한 행위

99 택지개발촉진법령상 택지개발지구 안에서의 관할 특별자치도지사·시장·군수 또는 자치구의 구청장의 허가를 받아야 하는 행위가 아닌 것은?

① 토지의 형질변경
② 죽목의 벌채 및 식재
③ 건축물의 건축 또는 공작물의 설치
④ 재해 복구 또는 재난 수습에 필요한 응급조치를 위하여 하는 행위

해설
택지개발촉진법 제6조(행위제한 등) ②항에 의거 다음 각 호의 어느 하나에 해당하는 행위는 제1항에도 불구하고 허가를 받지 아니하고 할 수 있다.
1. 재해 복구 또는 재난 수습에 필요한 응급조치를 위하여 하는 행위
2. 그 밖에 대통령령으로 정하는 행위

100 관광진흥법상 관광개발기본계획에 따라 구분된 권역을 대상으로 수립하는 권역별 관광개발계획에 포함하는 사항으로 옳지 않은 것은?

① 환경보전에 관한 사항
② 관광지 연계에 관한 사항
③ 관광권역별 관광개발의 기본방향에 관한 사항
④ 관광자원의 보호·개발·이용·관리 등에 관한 사항

해설
관광진흥법 제49조(관광개발기본계획 등) ②항에 의거 시·도지사(특별자치도지사는 제외한다)는 기본계획에 따라 구분된 권역을 대상으로 다음 각 호의 사항을 포함하는 권역별 관광개발계획(이하 "권역계획"이라 한다)을 수립하여야 한다. 〈개정 2008. 6. 5., 2009. 3. 25.〉
1. 권역의 관광 여건과 관광 동향에 관한 사항
2. 권역의 관광 수요와 공급에 관한 사항
3. 관광자원의 보호·개발·이용·관리 등에 관한 사항
4. 관광지 및 관광단지의 조성·정비·보완 등에 관한 사항
4의2. 관광지 및 관광단지의 실적 평가에 관한 사항
5. 관광지 연계에 관한 사항
6. 관광사업의 추진에 관한 사항
7. 환경보전에 관한 사항
8. 그 밖에 그 권역의 관광자원의 개발, 관리 및 평가를 위하여 필요한 사항

4회 2019년 기출문제

제1과목 도시계획론

01 다음 설명에 해당하는 것은?

- 찰스황태자의 「영국건축비평서」가 출발점이 되었다.
- 10가지 원칙을 토대로 복합적 토지 이용과 오픈 커뮤니티를 지향한다.
- 교외지역의 녹지개발보다는 기성시가지 및 기개발 지역의 재생에 주안점을 두었다.

① 뉴어바니즘　　② 도시 미화 운동
③ 전통 이웃 개발　④ 어반 빌리지 운동

해설
어반빌리지(Urban Village)는 1980년대 후반 영국의 찰스황태자가 이끌던 Urban Village Group이 현대의 모더니즘에 대한 반항으로 제안한 대안으로 10가지 원칙(장소, 위계, 스케일, 조화, 위요, 재료, 장식, 예술, 사인·조명, 커뮤니티)을 토대로 복합적 토지이용과 오픈 커뮤니티를 지향하는 특징을 보인다. 뉴어바니즘과의 차이점은 지역적 특성을 반영한 고품격 도시설계에 중점을 두었다는 것이다.

02 도시·군관리계획의 주요 내용이 아닌 것은?

① 기반시설의 설치, 정비 또는 개량
② 지구단위계획구역의 지정 또는 변경
③ 용도지역, 용도지구의 지정 또는 변경
④ 관할 구역에 대한 기본적인 공간구조와 장기발전 방향 제시

해설
국토의 계획 및 이용에 관한 법률 제2조(정의) 조항에 의거 "도시·군관리계획"이란 특별시·광역시·특별자치시·특별자치도·시 또는 군의 개발·정비 및 보전을 위하여 수립하는 토지 이용, 교통, 환경, 경관, 안전, 산업, 정보통신, 보건, 복지, 안보, 문화 등에 관한 다음 각 목의 계획을 말한다.
가. 용도지역·용도지구의 지정 또는 변경에 관한 계획
나. 개발제한구역, 도시자연공원구역, 시가화조정구역(市街化調整區域), 수산자원보호구역의 지정 또는 변경에 관한 계획
다. 기반시설의 설치·정비 또는 개량에 관한 계획
라. 도시개발사업이나 정비사업에 관한 계획
마. 지구단위계획구역의 지정 또는 변경에 관한 계획과 지구단위계획
바. 입지규제최소구역의 지정 또는 변경에 관한 계획과 입지규제최소구역계획 〈삭제〈2024. 2. 6.〉〉
사. 도시혁신구역의 지정 또는 변경에 관한 계획과 도시혁신계획
아. 복합용도구역의 지정 또는 변경에 관한 계획과 복합용도계획
자. 도시·군계획시설입체복합구역의 지정 또는 변경에 관한 계획

03 4단계 교통수요 추정법에 대한 설명으로 옳지 않은 것은?

① 교통수요 추정에서 전통적으로 가장 많이 사용되어 온 방법이다.
② 계획가나 분석가의 주관이 개입될 여지가 전혀 없다는 특징이 있다.
③ 분석결과에 대한 적절성을 검증하면서 순서적으로 추정해가는 장점이 있다.
④ 총체적 자료에 의존하기 때문에 통행자의 형태적 측면은 거의 고려하지 않는다.

해설
4단계 교통수요추정법은 총체적 자료에 의존하므로 통행자의 개별 행태 측면이 고려되지 않고, 계획가나 분석가의 주관이 개입될 우려가 있는 단점을 가진 추정방법이다.

04 토지이용계획 실현수단을 크게 규제수단, 계획수단, 개발수단, 유도수단으로 나눌 때, 다음 중 직접적인 토지이용 '계획수단'에 해당하는 것은?

① 지구단위계획　　② 세금 혜택
③ 도시재개발사업　④ 도시계획시설 정비

해설
지구단위계획은 계획수단에 해당하며, 세금혜택과 도시계획시설 정비는 간접적 수단 중 유도적수단, 도시재개발사업은 직접적 수단 중 도시계획사업에 해당한다.

05 도시화의 과정에서 도시산업의 발달 속도보다 도시인구의 증가 속도가 훨씬 크게 되는 현상은?

① 가도시화　　② 간접도시화
③ 종주도시화　④ 과잉도시화

해설
가도시화(Pseudo-Urbanization)란 도시의 부양(고용)능력에 비해 지나치게 많은 인구가 집중하여 인구만 비대해진 도시화현상을 말한다.

06 도시조사 자료 중에서 2차 자료에 해당하지 않는 것은?

① 면접자료　② 통계자료
③ 행정자료　④ 도면자료

정답 01 ④　02 ④　03 ②　04 ①　05 ①　06 ①

> **해설**
> 2차자료에는 행정자료(문헌자료, 통계자료), 지도분석(도면자료)이 있다. 면접자료는 1차자료에 해당한다.

07 파젠스(M. Fagence)가 제시한 직접적이고 영향이 큰 쇄신적 주민참여 기법에 해당하지 않는 것은?

① 델파이 방법 ② 샤레트 방법
③ 명목 집단 방법 ④ 혼합형 탐색 방법

> **해설**
> 주민참여란 일정지역이 비엘리트 주민이 공적인 결정권을 가진 자들에게 정책 또는 계획의 결정에 관하여 영향을 미칠 의도를 가지고 하는 행위를 말한다. 이러한 행위의 기법으로 파젠스는 델파이, 명목 집단, 샤레트 방법을 사용하여 직접적이고 영향이 큰 쇄신적 주민참여를 이루고자 하였다.

08 광장의 종류와 설치 목적이 바르게 연결된 것은?

① 근린광장 – 교통이 혼잡한 주요시설에 대한 원활한 교통처리
② 역전광장 – 주민의 휴식·오락 공간 조성 및 경관·환경의 보전
③ 중심대광장 – 다수인의 집회·행사·사교 등을 위해 필요한 경우 교통중심지에 설치
④ 건축물부설광장 – 혼잡한 주요 도로의 교차지점에서 차량과 보행자의 원활한 소통 도모

> **해설**
> 근린광장 – 주민의 휴식·오락 공간 조성 및 경관·환경의 보전(교통이 혼잡한 주요시설에 대한 원활한 교통처리 – 주요시설광장), 역전광장 – 역전에서의 교통혼잡을 방지하고 이용자의 편의를 도모(주민의 휴식·오락 공간 조성 및 경관·환경의 보전 – 근린광장), 건축물부설광장 – 건축물의 이용효과를 높이기 위하여 건축물의 내부 또는 그 주위에 설치(혼잡한 주요 도로의 교차지점에서 차량과 보행자의 원활한 소통 도모 – 교차점광장)

09 공원 및 녹지에 관한 설명으로 옳은 것은?

① 수변공원은 3만m² 이상 규모에서 지정이 가능하다.
② 녹지의 종류는 완충녹지, 경관녹지, 시설녹지로 구분된다.
③ 도시공원 및 녹지 등에 관한 법률에 의해 도시·군관리계획으로 결정된다.
④ 녹지는 자연환경을 보전하거나 개선하고, 공해나 재해를 방지함으로써 도시경관의 향상을 도모하기 위한 것이다.

> **해설**
> 녹지는 완충녹지, 경관녹지, 연결녹지로 구분된다. 수변공원은 규모의 제한이 없다. 녹지는 국토의계획및이용에관한법률에 의해 도시관리계획으로 결정되는 공공시설이다.

10 인구의 규모, 분포, 구조, 그리고 주택의 특성을 파악하기 위해 실시하는 우리나라 인구주택 총조사의 실시 주기는?

① 2년 ② 5년
③ 7년 ④ 10년

> **해설**
> 인구주택총조사(센서스, Census)는 매 5년을 기준으로 실시하는 것을 원칙으로 한다.

11 국토기본법에 의한 지역계획의 범주에 속하는 것은?

① 광역권개발계획
② 수도권발전계획
③ 개발촉진지구개발계획
④ 특정용도지역개발계획

> **해설**
> 국토기본법에 의한 지역계획은 수도권발전계획, 지역개발계획, 그 밖에 다른 법률에 따라 수립하는 지역계획이 있다.

12 전체의 고용이 10,000명이고 수입부문에 종사하는 고용자가 6,000명인 지역에서 1,000명을 고용하는 공장이 준공되었는데, 그 공장에서 생산된 제품 전부는 지역 외부로 수출한다면 전체적인 고용 증가는?

① 250 ② 500명
③ 2,500명 ④ 5,000명

> **해설**
> E^T : 지역 총 고용인구

Ex^r : 지역 내 산업 중 수출부문에 종사하는 총 고용인구
Em^r : 지역 내 산업 중 수입부문에 종사하는 총 고용인구
지역의 수출량 한 단위가 지역경제에 미치는 영향 = λ^r (=수출승수 (export multiplier))

$$\lambda^r = \frac{E^r}{Ex^r}$$ 로 표현 가능

$$\lambda^r = \frac{E^r}{E^r - Em^r} = \frac{1}{1 - \frac{Em^r}{E^r}}$$

지역 R_1의 수출승수 $\lambda^{R_1} = \dfrac{1}{1 - \dfrac{6,000}{10,000}} = 2.5$

(2.5의 의미 : 수출부문에 종사하는 고용인구 1명 + 수입부문에 종사하는 고용인구 1.5명)
지역 전체의 고용증가는 1,000×2.5=2,500명이 된다.

13. 쾌적한 주거환경을 확보하면서 과밀·과대 도시의 폐해를 해결하기 위해 도시와 전원을 일체화하는 전원도시를 주장한 사람은?

① 마타
② 하워드
③ 게데스
④ 가르니에

해설
하워드는 전원도시 이론에서 거대도시 또는 과다한 도시화를 방지, 완화하면서 도시와 전원의 조화를 도모하여야 한다고 주장하였다.

14. 도시계획의 실체적 이론과 절차적 이론에 대한 설명으로 옳지 않은 것은?

① 실체적 이론은 특정 계획 분야의 전문 지식에 관한 이론이다.
② 절차적 이론은 계획이 실행되는 환경이나 계획의 대상이 되는 현상을 이해하는데 사용되는 이론이다.
③ 팔루디(Faludi)는 실체적 이론과 절차적 이론이 완전히 상호 배타적이지는 않다고 주장하였다.
④ 도시계획에서 실체적 이론이란 토지이용계획, 교통계획 등 전문적 지식과 기술에 바탕을 둔 일련의 행위과정을 의미 한다.

해설
계획이 실행되는 환경이나 계획의 대상이 되는 현상을 이해하는데 사용되는 이론은 실체적 이론이다.

15. 국토계획의 개념에 대한 설명으로 옳지 않은 것은?

① 현안 문제들을 대상으로 단기적 개선 대안을 수립하는 계획이다.
② 국토의 공간구성과 관련되는 모든 분야가 망라되는 종합계획이다.
③ 하위계획과 구체적인 집행 계획에 지침을 제시하는 지침 제시적 계획이다.
④ 국토에서 일어나는 여러 가지 인간 활동의 공간적 배분 문제를 다루는 공간계획이다.

해설
국토계획은 계획기간이 20년인 장기계획이다.

16. 환경적으로 건전하고 지속가능한 개발을 위해 환경보전과 개발을 조화시키려고 하는 추세에 따라 도시의 환경문제 해결에 적용하는 도시 개념으로, 미국의 시바노, 독일의 카빌을 사례로 들 수 있는 것은?

① U-City
② Eco-City
③ Smart City
④ Compact City

해설
환경을 뜻하는 Eco를 도시(City)와 합성하여 환경적 도시개발을 강조하는 도시가 Eco-City이다.

17. 교통존(Traffic Zone)의 설정 기준으로 옳지 않은 것은?

① 동질적인 토지 이용이 포함되도록 한다.
② 행정구역과 가급적 일치시킨다.
③ 간선도로는 존 경계와 일치시킨다.
④ 가능한 다양한 통행 특성을 가진 지역이 포함되도록 한다.

해설
동질의 토지이용, 행정구역을 일치시키는 등의 기준을 따르는 이유는 통행 특성의 다양성을 최소화하여 조사시 발생할 수 있는 오류를 최소화하기 위함이다.

정답 13 ② 14 ② 15 ① 16 ② 17 ④

18 호이트의 선형이론에 대한 설명으로 옳지 않은 것은?

① 상류층의 거주지 입지 선택 능력에 의해 도시 내 거주지 유형이 결정된다.
② 도시의 달달은 교통축을 따라 도심에서 외곽으로 부채꼴 모양으로 분화되어 간다.
③ 도심부에 고급 주택지가 형성되어 있고 외곽지로 갈수록 저소득층의 주택지가 형성된다.
④ 버제스의 동심원 이론에 교통망의 중요성을 부각하고 도시성장 패턴의 방향성을 추가한 것으로 볼 수 있다.

해설
선형이론의 내부구조는 방사상의 교통로에 의한 지대분포의 유형에 의하여 선상으로 배열된다. 중심업무지구 → 도매·경공업지구 → 저급주택지구 → 중산층 주택지구 → 고급주택지구의 순으로 배열된다.

19 국토의 계획 및 이용에 관한 법률상 용도지역 중 관리지역의 종류에 해당되지 않는 것은?

① 보전관리지역　② 생산관리지역
③ 환경관리지역　④ 계획관리지역

해설
용도지역 중 관리지역에는 보전, 생산, 계획관리지역이 있다.

20 도시의 구성 요소에 대한 설명으로 옳지 않은 것은?

① 게데스는 도시 활동을 생산과 소비로 구분하였다.
② 토지와 시설에 대한 물리적 계획의 3대 요소는 밀도, 동선, 배치라고 할 수 있다.
③ 시민은 도시를 구성하는 가장 기본적인 요소인 동시에 도시가 존재하는 이유이기도 하다.
④ 토지와 시설은 도시 공간상에서 물리적 상태로 존재하며 도시의 형태를 만들어 내도록 한다.

해설
게데스는 도시활동을 주거와 생산으로 구분하였다.

제2과목 도시설계 및 단지계획

21 도시·군계획시설의 결정·구조 및 설치기준에 관한 규칙에 의한 보행자전용도로의 최소폭은?

① 1.0 m　② 1.5 m
③ 2.0 m　④ 2.5 m

해설
도시·군계획시설의 결정·구조 및 설치기준에 관한 규칙에 의한 보행자전용도로란 폭 1.5m 이상의 도로로서 보행자의 안전하고 편리한 통행을 위하여 설치하는 도로를 말한다.

22 슈퍼블록(Super block)에 관한 설명으로 옳지 않은 것은?

① 충분한 공동의 오픈스페이스를 확보할 수 있다.
② 건물의 집약화와 도시기반시설의 공동화에 유리하다.
③ 1960년대 이후 영국의 주택이론가들에 의해 창안되었다.
④ 불필요한 도로의 면적을 줄이고 보도와 차도의 분리가 가능하다.

해설
슈퍼블록은 충분한 공동의 오픈스페이스 확보하고, 건물 집약화를 통한 고층화, 효율화로 도시기반시설의 공동화에 유리하다. 보도와 차도의 완전한 분리가 가능하며 불필요한 도로의 면적을 줄일 수 있다.

23 계획의 수립 주체에 따른 도시 계획에의 접근 방식 중, 주민과 국가 차원의 요구가 조화를 이룰 수는 있으나 이를 위해 주민들의 자치와 협동, 상당한 수준의 지도력이 요청되고 지역 사회 자체의 자원 동원 능력이 요구되는 것은?

① 절충식 계획　② 상향식 계획
③ 중앙식 계획　④ 하향식 계획

해설
절충식 계획은 주민차원과 국가차원의 욕구 및 의사 조화, 과다투쟁, 지역간의 대립 및 시간의 낭비 극소화, 자발적이고 창의적인 지역성 승화, 획일성, 인위적인 계획내용과 지방의 실정과의 조정 등의 장점을 가지나, 주민들의 창의와 협동, 그리고 상당한 수준의 지도력이 요청되며 지역사회 자체의 자원 동원능력이 필요하다는 단점을 갖는다.

정답 18 ③　19 ③　20 ①　21 ②　22 ③　23 ①

24. 프리드만(A. Z. Friedmann)이 제시한 옥외공간을 대상으로 한 설계 평가 시 고려해야 할 사항이 아닌 것은?

① 이용자
② 설계자
③ 주변 환경
④ 물리적 및 사회적 환경

[해설]
옥외공간을 대상으로 한 설계평가시 고려해야 할 사항은 물리적 및 사회적 환경분석, 주변환경분석, 이용자 행태 분석이 고려된다.

25. 지구단위계획수립지침상 경관상세계획을 수립하는 것을 원칙으로 하는 지역으로 옳지 않은 것은?

① 수림대·구릉지·하천변·청정호수 등 자연경관이 양호한 지역
② 고도지구 및 특정용도제한지구에 지정된 지구단위계획구역
③ 전통적 건조물, 시대적 건축특성이 반영되어 있는 건물군 등의 주변 지역
④ 개발압력이 존재하고 있어 양호한 자연환경 및 경관의 보전이 필요한 지역

[해설]
경관상세계획 수립 대상지역은 다음과 같다.
(1) 광역도시계획·도시·군기본계획 또는 도시·군관리계획에서 경관상세계획을 수립하도록 결정한 지역
(2) 수림대·구릉지·하천변·청정호수 등 자연경관이 양호한 지역
(3) 주요 문화재나 한옥 등 전통적 건조물, 시대적 건축특성이 반영되어 있는 건물들이 밀집해 있어 보존이 요구되는 역사환경지역
(4) 깨끗한 공기, 맑은 하늘, 주위의 산세, 양호한 수림대, 구릉지, 하천변, 청정호수 등 우수한 기후 및 지리적 조건을 갖은 시·군에 개발압력이 존재하고 있어 양호한 자연환경 및 경관의 보전이 필요한 지역
(5) 독특한 경관형성이 요구되는 시·군의 상징적 도로, 녹지대, 문화재나 한옥 등 전통적 건조물, 시대적 건축특성이 반영되어 있는 건물군 등의 주변 지역
(6) 경관지구에 지정된 지구단위계획구역

26. 지구단위계획수립지침에 따른 지구단위계획의 입안권자가 아닌 자는? (단, 계획의 입안을 위임한 경우는 고려하지 않는다.)

① 군수
② 시장
③ 구청장
④ 특별자치시장

[해설]
지구단위계획의 입안권자는 특별시장·광역시장·시장·군수이다.

27. 연립주택용지의 획지분할에 관한 내용으로 적합하지 않은 것은?

① 공동의 옥외 공간 확보가 용이하도록 분할한다.
② 소규모 획지는 개별주택의 남향배치가 용이하도록 남북축이 긴 장방향으로 한다.
③ 연립주택의 유형과 평형을 고려하여 획지 규모를 결정한다.
④ 차량 및 보행동선, 판매시설 등을 종합적으로 고려하여 시설이용에 편리하도록 분할한다.

[해설]
동서축 가구획지는 세장비(앞길이에 대한 안길이의 비)를 크게 하고, 남북축 가구의 획지는 세장비를 작게 하는 것이 일조권 확보에 유리하다.

28. 지구단위계획수립지침에 따른 지구단위계획의 성격으로 옳지 않은 것은?

① 지구단위계획 수립의 주된 목적은 도시경관관리를 하기 위함이다.
② 지구단위계획구역 및 지구단위계획은 도시·군관리계획으로 결정한다.
③ 지구단위계획은 인간과 자연이 공존하는 환경친화적 환경을 조성하고 지속가능한 개발 또는 관리가 가능하도록 하기 위한 계획이다.
④ 지구단위계획은 난개발 방지를 위하여 개별개발 수요를 집단화하고 기반시설을 충분히 설치함으로써 개발이 예상되는 지역을 체계적으로 개발·관리하기 위한 계획이다.

[해설]
지구단위계획을 시행하게 되면 계획으로 인한 개선효과가 지구단위계획구역 인근에 미쳐 도시 전체의 기능이나 미관 등의 개선에 도움을 주게 된다. 따라서 도시경관관리는 지구단위계획 수립의 주된 목적이라기보다 계획으로 인해 부수적으로 얻게 되는 긍정적 효과라고 볼 수 있다.

정답 24 ② 25 ② 26 ③ 27 ② 28 ①

29 지구단위계획 수립 시 상업용지의 획지 및 가구계획 기준으로 틀린 것은?

① 도로에서의 접근이 용이하도록 계획한다.
② 구역 중심지의 주간선도로 또는 보조간선도로의 교차로 주변에 계획한다.
③ 가구 규모는 시설입지에 대한 다양한 요구를 충족시킬 수 있도록 다양한 규모로 계획한다.
④ 주간선도로 또는 보조간선도로를 따라 배치되는 가구는 2열 이상으로 배열이 되도록 한다.

> **해설**
> 가구계획시 주간선도로 또는 보조간선도로를 따라 1열 배열이 되도록 하고 그 뒷면에 2열 배열로 하여 도로에서 접근이 용이하도록 하여야 한다.

30 지구단위계획의 특별계획구역에 대한 설명으로 옳지 않은 것은?

① 특별계획구역에 대한 계획내용은 지구단위계획에 포함하여 결정한다.
② 지구단위계획 입안 시, 현상설계 등에 의하여 창의적 개발안을 받아들일 필요가 있을 경우 특별계획구역으로 반영하여 함께 지정한다.
③ 도시·군관리계획으로 결정하는데 있어 법령에서 지구단위계획으로 결정하도록 한 부분이 있는 경우에는 이를 모두를 도시·군관리계획으로 결정하여야 한다.
④ 지구단위계획구역 중에서 계획의 수립 및 실현에 상당한 기간이 걸릴 것으로 예상되어 별도의 개발안이 필요한 경우에는 특별계획구역으로 지정할 수 없다.

> **해설**
> 특별계획구역이라함은 지구단위계획구역 중 계획안을 작성하는 데 상당한 기간이 소요될 것으로 예상되어 충분한 시간을 가질 필요가 있을 때 별도의 개발안을 만들어 지구단위계획으로 수용, 결정하는 구역을 말한다.

31 300세대 이상 500세대 미만의 주택단지를 건설하는 경우, 설치하지 않아도 되는 주민공동시설은?

① 경로당   ② 어린이집
③ 어린이놀이터 ④ 주민운동시설

> **해설**
> 주택건설기준 등에 관한 규정 제55조의2(주민공동시설) 3항 2목에 의거 300세대 이상의 주택단지에는 주민공동시설로 경로당, 어린이놀이터, 어린이집을 포함하여 설치하여야 한다.

32 주요 조망점으로 활용하는 동시에 조망대상으로도 계획할 수 있고 진입부로부터 공간 및 시각적 연계성을 통해 단지의 중심적 역할을 담당하는 것은?

① 경관축   ② 경관거점
③ 경관관역   ④ 경관지점

> **해설**
> 경관거점은 단지 내에서 우월한 경관적 가치를 가지고 있거나 잠재력을 가지고 있는 공간이나 시설을 설정한다. 이는 주요 조망점으로 활용하는 동시에 조망대상으로도 계획할 수 있고, 진입구로부터 공간 및 시각적 연계성을 통해 단지의 중심적 혹은 권역의 중심적 역할을 담당 할 수 있도록 한다.

33 공동주택의 배치에서 도로 및 주차장의 경계선으로부터 공동주택의 외벽까지 이격하여야 하는 거리 기준은?

① 2 m 이상   ② 3 m 이상
③ 5 m 이상   ④ 10 m 이상

> **해설**
> 주택건설기준 등에 관한 규정 제10조(공동주택의 배치) 2항 조항에 의거 도로(주택단지 안의 도로를 포함하되, 필로티에 설치되어 보도로만 사용되는 도로는 제외한다) 및 주차장(지하, 필로티, 그 밖에 이와 비슷한 구조에 설치하는 주차장 및 그 진출입로는 제외한다)의 경계선으로부터 공동주택의 외벽(발코니나 그 밖에 이와 비슷한 것을 포함한다. 이하 같다)까지의 거리는 2미터 이상 띄어야 하며, 그 띄운 부분에는 식재등 조경에 필요한 조치를 하여야 한다.

34 인간이 최소한의 폐쇄감을 느끼는 거리(W)와 수직면 높이(H)의 관계는?

① W/H=1(45°)   ② W/H=2(27°)
③ W/H=3(18°)   ④ W/H=4(14°)

> **해설**
> 2 ≤ W/H ≤ 3(18°)인 경우가 폐쇄감을 느끼는 최소의 비례이다.

35 중수도 순환방식 중 폐쇄순환방식에 해당하지 않는 것은?

① 개별순환방식   ② 광역순환방식
③ 복합순환방식   ④ 지구순환방식

해설
중수도 순환방식은 개방순환방식과 폐쇄순환방식으로 크게 구분되며, 폐쇄순환방식에 개별, 지구, 광역순환방식이 포함된다.

36 지구단위계획수립지침에 따른 환경관리계획에 관한 내용으로 틀린 것은?

① 차도와 주거지 사이에 방음벽을 설치하는 경우에는 소음원에서 멀리 설치하고, 소음원과 건물 사이에 가급적 둔덕을 설치하지 않도록 한다.
② 개발행위로 인하여 환경에 큰 영향이 가해질 수 있는 생태민감지역을 보존하여 시(군)내의 오픈 스페이스 체계에 연결시킨다.
③ 지역에 산재한 저수지·호수·마을연못 등의 자원을 조사하여 마을 내 수자원의 보전과 전체적인 수자원의 순환체계를 고려한 수자원계획을 수립한다.
④ 강우 시 유출수에 의한 환경오염을 저감하기 위하여 투수성 포장 등 비점원오염(non-point source pollution)물질을 줄일 수 있는 방안을 고려하여야 한다.

해설
차도와 주거지 사이에 방음벽을 설치하는 경우에는 소음원에 가깝게 설치하여야 하며, 자연지형을 적극적으로 이용하여 소음원과 건물사이에 둔덕을 설치하는 것이 바람직하다.

37 가로구역별 건축물의 높이를 지정·공고하고자 할 때 고려하여야 할 사항이 아닌 것은?

① 도시미관 및 경관계획
② 해당 가로구역의 주차 능력
③ 해당 가로구역이 접하는 도로의 너비
④ 해당 가로구역의 상·하수도 등 간선시설의 수용능력

해설
지구단위계획에서 가로구역별 건축물 최고 높이를 지정하고자 할 때 고려할 사항으로는 도시관리계획 등의 토지이용계획, 당해 가로구역이 접하는 도로의 너비, 당해 가로구역의 상하수도 등 기반시설의 수용능력, 도시미관 및 경관계획, 당해 도시의 장래 발전계획이 있다.

38 공동주택단지의 lost space 중, 주민접근이 제한되거나 이용시설이 설치되지 않아 공간이용에 어려움이 있는 유형은?

① 배타적 공간(anti space)
② 황량한 공간(prairie space)
③ 소극적 공간(negative space)
④ 애매한 공간(ambiguous space)

해설
소극적 공간(Negative Space)은 토지이용이 적극적으로 이루어지지 못하는 공간으로서, 소극적·부분적으로만 이용되고 있는 공간이거나 향후 공간 사용을 위해 존치하고 있으나 현재는 사용이 이루어지지 않고 있는 공간을 말한다. 이 공간은 주민접근이 제한되거나 이용시설이 설치되지 않아 공간이용에 어려움이 있는 유형이다.

39 일률적으로 규제되는 전통적 지역지구제의 단점을 보완하거나 구체적 환경목표를 적극적으로 실현하는 특수적 규제수법과 가장 거리가 먼 것은?

① 특별허가(special permit)
② 적용특례(zoning variance)
③ 유도지역제(incentive zoning)
④ 중복지역지구제(overlay zoning)

해설
특수적 규제수법에는 적용특례(Zoning Variance), 특별허가(Special Permits), 중복지역지구제(Overlay Zoning), 특별지역지구제 지구(Special Zoning District)가 있다. 유도지역제는 보너스 제도에 해당한다.

40 다음 ( )안에 들어갈 내용으로 옳은 것은?

국지도로 간의 배차간격은 가구의 짧은 변 사이의 경우(㉠)내외, 긴 변 사이의 경우 (㉡) 내외로 한다.

① ㉠: 60m 내지 100m, ㉡: 20m 내지 50m
② ㉠: 80m 내지 120m, ㉡: 30m 내지 50m
③ ㉠: 90m 내지 150m, ㉡: 25m 내지 60m
④ ㉠: 100m 내지 200m, ㉡: 50m 내지 80m

해설
국지도로의 배치간격 : 가구의 짧은 변 사이의 배치간격은 90m 내지 150m 내외, 긴 변 사이의 배치간격은 25m 내지 60m 내외

정답 35 ③ 36 ① 37 ② 38 ③ 39 ③ 40 ③

제3과목 도시개발론

41 다음 중 부동산개발금융의 지분조달방식에 관한 설명으로 옳지 않은 것은?

① 지분에 의한 조달은 일반적으로 신디케이션, 합작회사, 파트너십 형태로 이루어진다.
② 지분조달방법은 원리금이나 이자의 상환 부담이 없는 것이 장점이다.
③ 지분 조달방법에서 레버리지 효과(Leverage Effect)가 나타난다.
④ 조합원의 공적인 모집인 경우 다양한 규제에 의해 지분투자자의 이익이 보호된다.

해 설
레버리지는 자기자본을 사용하지 않으므로 발생되는 이득을 가리키는 용어로, 부채조달방식(대출, 공적차입 등)에서 나타나는 특징적인 현상이다.

42 도시개발사업의 방식 중 "수용 또는 사용방식"이 환지방식이나 혼용방식과 비교하여 갖는 특징으로 옳지 않은 것은?

① 초기투자비가 막대한 편이다.
② 사업기간이 상대적으로 많이 걸린다.
③ 이주대책을 마련하는 데에 어려움이 따를 수 있다.
④ 전면매수에 따른 토지주의 반발이 많아질 수 있다.

해 설
수용 또는 사용에 의한 방식은 매수에 의해 이루어지므로 환지와 관련된 협의 및 행정처리기간이 필요 없어 기간이 상대적으로 적게 걸린다.

43 도시개발의 정의를 설명한 내용 중 광의의 개념으로 가장 적절한 것은?

① 건축에 의한 개량 행위들
② 도시 확산을 위한 신개발, 재개발과 같은 도시공간 개발
③ 도시변화의 수요에 대응하여 도시발전을 도모하기 위한 우연한 행위
④ 도시성장을 관리하고 도시발전을 도모하기 위한 경제, 사회 등 모든 개발행위의 총체

해 설
도시개발의 광의의 개념은 도시성장을 관리하고 도시발전을 도모하기 위한 경제, 사회 등 모든 개발행위의 총체를 말한다. 도시개발의 일반적 정의는 도시변화의 수요에 대응하여 도시발전을 도모하기 위한 일련의 의도적 행위를 말한다. 도시개발의 협의의 개념은 물리적 측면에서의 신개발, 재개발과 같은 도시공간개발과 조성에 의한 개량, 건축에 의한 개량을 의미한다.

44 도시개발 사업지구 A의 장래 인구는 초기에 완만하게 성장하다가 일정기간이 지나면 급속하게 증가하고, 다시 일정기간이 지나면 증가율이 점차 감소하여 일정수준을 유지할 것으로 보인다. A 사업지구의 장래인구 추정방법으로 가장 알맞은 것은?

① 지수모형
② 로지스틱모형
③ 선형모형
④ 수정지수모형

해 설
로지스틱모형은 인구성장의 상한선을 미리 상정한 후에 미래 인구를 추계하는 인구예측모형으로 급속한 증가를 보인 후 완만해지는 모형이다.

45 압축도시(Compact City)에 대한 설명으로 틀린 것은?

① 압축도시의 개념은 직주근접과 관련이 있다.
② 교외지역 주거지를 저밀도로 확산시키는 개발 방식이다.
③ 지속가능한 개발이 가능하도록 등장한 도시개발 패러다임 중 하나이다.
④ 환경부하를 최소화하고 정주지 개발의 효율성을 높이려는 목적을 갖는다.

해 설
압축도시는 다수의 확산 개발보다는 소수의 고밀개발을 통하여 환경부하를 최소화함으로써 고효율 정주지 개발을 도모하는 개발방식이다.

46 우리나라 도시개발 제도의 역사에서 서울시의 경우 강북과 강남의 상대적 격차를 줄이고 강북의 쇠퇴한 주거지 정비를 통해 강북 시민의 삶의 질 향상과 도시기반시설 정비를 통해 서울시 내부의 균형발전 차원에서 추진된 사업은 무엇인가?

정답 41 ③ 42 ② 43 ④ 44 ② 45 ② 46 ①

① 뉴타운사업　② 도시재생사업
③ 혁신도시사업　④ 스마트도시사업

해 설
서울시의 뉴타운 사업은 강북과 강남의 상대적 격차를 줄이고 강북의 쇠퇴한 주거지 정비를 통해 강북시민의 삶의 질 향상과 도시기반시설 정비, 서울시 내부의 균형발전 차원에서 추진된 사업이다. 도심형, 주거중심형, 신시가지형 뉴타운 사업으로 구분하여 추진되었다.

47 다음 중 경제성분석에서 사회적 편입과 비용의 측정에 사용되는 기본원칙으로 옳지 않은 것은?

① 세금, 이자비용 등 이전비용 등은 사회적 순현재가치에 포함한다.
② 사회적 편익과 비용은 가능하면 경쟁가격으로 측정되어야 하나 경쟁가격이 없을 경우 잠재가격으로 측정한다.
③ 사회적 순현재가치는 사회적 편익과 사회적 비용을 사회적 할인율로 할인하여 계산한다.
④ 경제성 분석은 일반적으로 비용편익 분석을 통해 이루어진다.

해 설
세금이나 이전비용(Transfer Payment)은 고려하지 않는다. 이를 고려할 경우 항목의 이중계상 문제가 발생하게 된다. 예를 들면 이자비용은 이용자의 입장에서 지출이지만 은행의 입장에서는 수입이 되므로, 국가적인 차원에서 분석하는 경제성분석의 경우에는 수입과 지출이 동시에 잡혀 의미가 없어지게 된다는 뜻이다.

48 『도시개발법령』에서 규정하는 도시개발사업의 시행 방식에 해당되는 것은?

① 순환정비방식　② 현지개량방식
③ 관리처분방식　④ 환지방식

해 설
도시개발법 제21조 도시개발사업의 시행방식 조항에 의거, 도시개발사업의 시행방식은 환지방식, 매수방식, 혼용(환지+매수)방식이 있다.

49 경제성분석에서 가치화 불능효과에 대한 설명으로 옳은 것은?

① 가치화 불능효과는 조건부 가치측정법을 이용하여도 금전적인 가치로 나타낼 수 없다.
② 가치화 불능효과는 구체적인 수치로 나타낼 수는 있으나 효과의 가치를 화폐단위로 나타낼 수 없는 효과다.
③ 가치화 불능효과와 시장재 효과를 명확하게 구분하는 기준이 존재하여 경제성 분석에 유용하다.
④ 가치화 불능효과의 예로는 재화, 서비스 시장의 변화를 들 수 있다.

해 설
가치화 불능효과는 구체적인 수치로 나타낼 수 있고, 효과의 가치를 화폐단위로 나타낼 수 없는 효과를 말한다. 전염병의 발병률, 교통사고 발생률, 사망률, 환경수준의 변화 등이 이에 해당한다.

50 환지계획에서 사업에 필요한 경비를 조달하고 공공시설 설치에 필요한 용지를 확보하기 위해 정하는 것은?

① 체비지·보류지　② 청산환지
③ 입체환지　　　④ 증환지

해 설
환지방식에 의한 도시개발사업의 시행에 있어, 도시개발사업으로 인하여 발생하는 사업비용을 충당하기 위하여 사업시행자가 취득하여 집행 또는 매각하는 토지를 체비지(보류지)라 한다.

51 마케팅의 개념에서 D.Schultz가 공급자 관점의 4P전략을 수요자 입장의 4C전략으로 전환한 내용의 연결이 옳은 것은?

① 상품(product) → 소비자(customer value)
② 상품(product) → 비용(cost to the customer)
③ 홍보(promotion) → 편리성(convenience)
④ 장소(place) → 의사소통(communication)

해 설
D. Schultz(1996)는 공급자 관점의 4P 전략을 수요자 입장의 4C 전략으로 전환하였다. 세부사항을 살펴보면 제품(Product)을 소비자 가치(Customer value)로, 가격(Price)을 소비자 비용(Cost of the Customer)으로, 장소(Place)를 편리성(Convenience)으로, 홍보(Promotion)를 의사소통(Communication)으로 전환하였다.

52 일반적인 부동산개발금융 방식의 구분 중 부채에 의한 조달 방식으로 대출자가 부동산 개발에 의해 발생하는 수익의 배분에 일부 참여하는 방식은?

① sale & lease back
② participation loasn

정답 47 ① 48 ④ 49 ② 50 ① 51 ① 52 ②

③ interest only loans
④ 자산매입 조건부대출

[해설]
수익참여대출(Equity Participation Loan)이란 대출자가 낮은 계약금리로 돈을 빌려주고 부동산이 생성하는 소득에 참여하는 방식이다.

53 단일 프로젝트의 사업성을 평가하기 위한 시간대별 비용과 수입이 추정되었을 때 평가 지표와 거리가 가장 먼 것은?

① 수익성지수(profitability index)
② 순현재가치(Financial Net present value)
③ 내부수익률(Financial Internal rate of return)
④ 다지역투입산출(Multi-region input-output)

[해설]
사업성 평가지표에는 수익성 지수(PI ; Profitability Index), 순현재가치법(Net Present Value), 내부수익률(FIRR) 이 있다.

54 다음은 사업성분석의 단계를 나타내고 있는데, 이중 분석과정을 가장 알맞게 나타내고 있는 것은? (단, 1단계부터 4단계까지로 나타냄)

① 할인율 설정 → 연차별투자비용 추정 → 연차별 분양수입추정 → 현금 흐름표 작성
② 직접비 및 간접비 추정 → 분양계획 → 용지별 분양가격 추정 → 사업성 평가
③ 할인율 설정 → 현금 흐름표 작성 → 연차별 투자비용 추정 → 연차별 분양수입 추정
④ 분양계획 → 현금 흐름표 작성 → 용지별 분양가격 추정 → 직접비 및 간접비 추정

[해설]
사업성분석은 분석의 전제(사업의 개요, 투자계획과 분양계획, 할인율 설정), 연차별 투자비용 추정(직접비 및 간접비 추정, 연차별 투자비용 추정), 연차별 분양수입 추정(용지별 분양가격 추정, 연차별 분양수입 추정), 사업성 평가(현금흐름표 작성, 사업성 평가)의 순서로 이루어진다.

55 도시마케팅에 대한 설명으로 가장 거리가 먼 것은?

① 도시마케팅의 시장은 공공서비스를 생산하고 공급하는 도시정부와 그것을 소비하는 단위들이 커뮤니케이션 하는 도시공간이다.
② 도시정부 혹은 도시 내의 공·사적 주체가 목표 시장에 대해 경쟁 도시보다 효율적으로 상품을 제공하고 만족을 극대화하기 위해 효율적으로 관리하는 것이다.
③ 도시나 도시 내 특정 장소를 상품화하는 것으로, 일반 재화나 용역과는 다른 특징을 갖는다.
④ 재화나 서비스를 다른 지역에서 수입하여 부가가치를 창출하는 것을 주요 목적으로 한다.

[해설]
도시마케팅은 부가가치의 창출보다는 도시의 발전이나 성장을 주요 목표로 한다.

56 현재 인구가 50만명이고 연평균 인구증가율이 2.5%인 도시의 경우, 등비급수법에 의해 추정한 20년 후의 인구는 약 얼마인가?

① 70만명 ② 77만명
③ 82만명 ④ 90만명

[해설]
$P_n = P_0(1+r)^n$,
$P_n = 500,000(1+0.025)^{20} = 819308.2201$
∴ 약 82만 명

57 바다, 하천, 호수 등의 공간을 가지는 육지에 인공적으로 개발된 공간을 무엇이라 하는가?

① 역세권 ② 지하공간
③ 텔레포트 ④ 워터프론트

[해설]
워터프론트(水邊空間, Waterfront)란 바다, 하천, 호수 등 수변공간을 가지는 육지에 인공적으로 개발된 공간을 말한다. 대한민국에서는 해변, 강변 등 비교적 규모가 큰 수역의 육지에 진행되는 개발을 의미하고, 일본에서는 해안선에 접한 육역 주변 및 그것에 근접한 수역을 병행한 공간을 의미한다.

58 다음 중 주택재개발사업의 사업시행방식이 아닌 것은?

① 차관재개발 ② 위탁재개발
③ 수복재개발 ④ 순환재개발

해설
주택재개발사업의 사업시행방식에는 자력, 차관, 위탁, 합동, 순환재개발방식이 있다. 수복재개발방식은 주택재개발이 아닌 일반적재개발방식으로 구분된다.

59 용도지역제(zoning)와 획지분할규제(subdivision control)를 근간으로 하는 미국의 종래 택지개발방식이 지니는 문제점을 타개하기 위한 제도로서 일반의 지구를 하나의 계획단위로 보아 그 지구의 특성에 맞는 설계기준을 개발자와 그 개발을 관장하는 당국 간의 협상과정을 통해 융통성 있게 능률적으로 책정·허용함으로써 공적 입장에서 요구되는 환경의 질과 개발자의 입장에서 요구되는 사업성을 동시에 추구해 가는 제도는?

① 개발신용제(CDR)
② 대중교통중심개발(TOD)
③ 계획단위개발(PUD)
④ 근린주구제(NUD)

해설
계획단위개발(PUD)이란 일단의 지구를 하나의 계획단위로 보아 그 지구의 특성에 맞는 설계기준을 개발자와 그 개발을 관장하는 당국 간의 협상과정을 통해 융통성 있게 능률적으로 책정, 허용함으로써 공적 입장에서 요구되는 환경의 질과 개발자의 입장에서 요구되는 사업성을 동시에 추구하는 제도이다. 우리나라의 지구단위계획 내의 특별계획구역제도와 유사한 제도이다.

60 공동주택을 대상으로 하는 리모델링 사업의 근거법은 무엇인가?

① 도시공원 및 녹지 등에 관한 법률
② 주택법
③ 국토의 계획 및 이용에 관한 법률
④ 임대주택법

해설
리모델링 사업은 주택법 제66조(리모델링의 허가 등) 조항에 의거한다.

제4과목 국토 및 지역계획

61 1970년대 신 인간주의(New Humanism)에 기초하여 발전된 교류적 계획(transactive planning)과 관련이 없는 것은?

① 프리드만(John Friedmann)
② 계획가와 피계획가 간의 대화 중시
③ 인간의 존엄성 강조
④ 총체주의(Synopticism)

해설
교류적 계획(transactive planning)은 1970년대 인간의 존엄성에 기초한 신휴머니즘(신인간주의, New Humanism)적 사고를 기반으로 한다. 프리드만(John Friedmann)이 주장하였고 계획가와 계획에 영향 받는 사람들 간의 대화와 이를 통한 사회적 학습과정 형성을 중시하였다.

62 하겟(Hagget)이 제시한 도시공간조직의 구성요소에 해당하지 않는 것은?

① 경향면(surface)
② 네트워크(network)
③ 결절(node)
④ 기후(climate)

해설
헤게트(Haggett, 1965)의 결절지역의 공간구조요소로는 움직임(Movement), 네트워크(Networks), 결절(Nodes), 계층(Hierarchy), 경향면(Surface)이 있다.

63 케빈 린치가 제시한 도시경관이미지의 구성요소가 아닌 것은?

① 선(linear)
② 결절점(node)
③ 지구(district)
④ 지표물(landmark)

해설
케빈 린치(Kevin Lynch)가 분류한 도시 이미지의 5가지 요소는 경계(Edge), 결절점(Node), 도로(Path), 지구(District), 랜드마크(Landmark)이다.

정답 59 ③ 60 ② 61 ④ 62 ④ 63 ①

64 지역 간 소득격차 분석에 사용되는 지표로 거리가 먼 것은?

① 지니계수
② 로렌츠 곡선
③ 데이비드의 종주화지수
④ 윌리암슨의 가중변이계수

해설
지역 간 소득격차 분석에 사용되는 지표에는 로렌츠 곡선, 지니의 집중계수, 쿠즈네츠의 역U곡선(윌리엄슨의 가중변이계수), 테일의 지수가 있다.

65 제2차 국토종합개발계획(1982~1991)의 특수지역 개발 대상에 해당되지 않는 것은?

① 광산도읍(鑛山都邑)
② 휴전선 인전지역
③ 낙도지역(落島地域)
④ 산악지역(山岳地域)

해설
제2차 국토종합개발계획(1982~1991)에서는 인구정착기반 조성 방안으로 대도시정비, 농어촌 및 특수지역 개발이 제시되었다. 여기서 특수지역이란 광산도읍, 낙도지역, 휴전선 인접지역을 의미한다.

66 다음의 조건을 가진 A시의 섬유업에 관한 LQ 지수는?

- A시의 섬유업 총 고용자수 : 5만명
- A시의 총 고용자수 : 40만명
- 전국의 섬유업 총 고용자수 : 35만명
- 전국의 총 고용자수 : 140만명

① 0.5
② 1.2
③ 2.0
④ 2.4

해설
$$LQ = \frac{50,000/400,000}{350,000/1,400,000} = 0.5 \text{(비기반산업)}$$

67 도로망 구성형태 중 방사형 도로망의 특징으로 옳은 것은?

① 대각선을 삽입하여 격자형의 단점을 보완한 형태이다.
② 도심의 기념비적인 건물을 중심으로 주변과 연결된다.
③ 고대 및 중세 봉건도시에서 볼 수 있는 전형적인 형태이다.
④ 지형이 평탄한 도시에 적합하고 부정형한 토지가 적다.

해설
도심의 기념비적인 건물을 중심으로 주변과 연결하는 형태로는 방사형과 방사환상형이 있다. 대각선을 삽입하여 격자형의 단점을 보완한 형태는 대각선 삽입 격자형, 고대 및 중세 봉건도시에서 볼 수 있는 전형적인 형태로 지형이 평탄한 도시에 적합하고 부정형한 토지가 적은 곳에 사용하는 도로망은 격자형이다.

68 우리나라 국토 및 지역계획의 특징으로 가장 거리가 먼 것은?

① 다목적 계획
② 빗물리적 계획
③ 하향적 계획
④ 지표적 계획

해설
우리나라 국토 및 지역계획은 다목적, 하향적, 지표적 계획이라는 특성이 있다.

69 성장거점모형에서 경제공간의 지리적 공간으로의 변환을 최초로 설명한 학자는?

① 페로우(Perroux, F.)
② 부드빌(Boudeville, J.)
③ 미드달(Myrdal, G.)
④ 허쉬만(Hirschman, A.)

해설
페로우(Perroux, F.)의 제자인 부드빌(Boudeville, J.)은 경제성장의 중심점인 성장극을 지리적인 성장거점으로 대체하여 저개발지역의 산업화와 경제성장을 위한 전략으로 제시하였다. 부드빌은 이 과정을 통해 성장거점모형에서 경제공간의 지리적 공간으로의 변환을 최초로 설명하였다.

70 다음 중 특별시, 광역시, 시·도 수준의 지방정부차원에서 수립하는 지역계획에 해당하지 않는 것은?

① 광역도시계획
② 도시·군기본계획
③ 수도권정비계획
④ 도시·군관리계획

정답 64 ③ 65 ④ 66 ① 67 ② 68 ② 69 ② 70 ③

[해설]
수도권정비계획법 제4조(수도권정비계획의 수립)에 의거하여 국토교통부장관은 수도권의 인구 및 산업의 집중을 억제하고 적정하게 배치하기 위하여 중앙행정기관의 장과 서울특별시장·광역시장 또는 도지사(이하 "시·도지사"라 한다)의 의견을 들어 수도권정비계획안을 입안한다.

71 우리나라 수도권을 질서있게 정비하고 균형있게 발전시키며 지역균형발전을 위해 시도되었던 정책으로 적합하지 않은 것은?
① 건축허가총량 지역안배
② 공장총량 규제
③ 공공기관의 분산 및 이전
④ 대학정원 규제

[해설]
수도권정비계획법 시행령 제12조(성장관리권역의 행위 제한) 조항과 동법 시행령 제21조(공장 총량규제의 대상), 동법 시행령 제24조(학교에 대한 총량규제) 조항에 의거 학교, 공공청사, 연수시설, 공장에 대해 균형발전을 위한 규제를 시행한다.

72 문제지역(Problem Area)의 유형 중 낙후지역(Backward Regions)의 특징에 해당되지 않는 것은?
① 높은 실업률
② 단기적 경기침체
③ 지속적인 인구 감소
④ 낮은 소득수준 및 생활수준

[해설]
낙후지역(落後地域, Backward Regions)
- 지역개발계획에서 다른 지역의 일반적인 사회·경제적인 지표의 수준 이하에 머물러 있는 지역
- 지역균형개발사업 - 낙후지역의 개발을 위한 기반시설의 설치와 지역주민의 생활 및 소득수준 향상을 위하여 필요하다고 인정되는 사업으로서 시행령에서 규정한 도로사업, 상하수도 시설사업, 하천의 개축·보수사업, 관광지 및 관광단지조성사업, 공업단지조성사업, 어항시설사업 및 기타 사업
- 소규모 농업과 침체산업이 지배적인 경제구조를 지니고, 새로운 경제활동을 흡인할 수 있는 입지 매력이 거의 없는 지역(한센의 동질지역 구분)
→ 낙후지역은 장기적 경기침체를 겪는다.

73 다음 지역개발전략 중 성격이 다른 하나는?
① 내생적 개발전략
② 불균형 개발전략
③ 하향식 개발전략
④ 성장거점 개발전략

[해설]
하향식 개발에 성장거점, 불균형 개발이 포함되며, 상향식 개발에 내생적, 지역주도 개발이 포함된다.

74 어떤 국가의 도시규모가 지프(Zipf)의 순위-규모 법칙에 의한 순위규모분포(q=1)를 따른다고 할 때, 수위 도시의 인구가 100만명이라면 제4순위 도시의 인구는 얼마로 예상할 수 있는가?
① 20만 명
② 25만 명
③ 33만 명
④ 40만 명

[해설]
순위-규모 법칙(Rank-size Rule)
$$P_r(r번째\ 순위도시인구) = \frac{P_1}{r^q} = \frac{최상위\ 도시의\ 인구}{도시순위^q}$$
여기서, P_1 = 100만 명, $q=1$, $r=4$일 때
$$P_4 = \frac{P_1}{4^{(1)}} = \frac{100만}{4} = 25만\ 명$$

75 국토기본법에 의한 국토조사 중 정기조사를 실시하는 기간 기준은?
① 매년
② 2년 단위
③ 3년 단위
④ 5년 단위

[해설]
정기조사는 매년 실시하는 조사이다.

76 크리스탈러가 중심지 이론에서 제시한 공간 조직 원리에 해당하지 않는 것은?
① 교통원리
② 시장원리
③ 입지원리
④ 행정원리

[해설]
크리스탈러의 중심지 계층의 포섭원리에는 시장원리(K=3), 교통원리(K=4), 행정원리(K=7)가 있다.

정답 71 ① 72 ② 73 ① 74 ② 75 ① 76 ③

77 North의 경제기반이론(economic base theory)에 따라 다음 중 다른 셋과 구별되는 부문은?

① 수출부문(export sector)
② 비기반부문(non-basic sector)
③ 지방부문(local sector)
④ 서비스부문(service sector)

해설
기반부문(Basic Sector)은 경쟁력을 갖추고 있는 수출산업으로 재화나 용역을 외부에 수출함으로써 화폐를 벌어들여 도시경제의 성장을 가져오게 하는 부문으로 수출부문(Export Sector), 생산부문이라고도 한다. 비기반부문(Non-basic Sector)은 생산된 재화나 용역은 지역 자체 내에서 소비됨으로써 외부지역으로 수출되지 않고 기반산업을 보조하는 중간재 역할을 한다. 지방부문(Local Sector), 서비스부문(Service Sector)이라고도 한다.

78 제조업이나 상업활동에 관련된 쇄신이 도시계층을 따라 전파되는 과정을 가장 체계적으로 종합한 사람은?

① Berry
② Hudson
③ Pederson
④ Beckman

해설
베리(Berry)는 제조업이나 상업활동에 관련된 쇄신이 도시계층을 따라 전파되는 과정을 전염적 확산과 계층적 확산 유형으로 구분하여 체계적으로 분석, 종합하였다.

79 국토 및 지역계획과 관련한 사회 여건의 변화 중, 후기 포디즘과 비교하여 포디즘이 갖는 특징으로 틀린 것은?

① 포디즘 사회에서는 대규모 도시, 대규모 공장, 대규모 노동력 등을 통해 규모의 경제 및 집적의 경제를 추구한다.
② 포디즘하의 국가는 사회복지에 대한 재정지원을 강화하고 공공서비스에 대한 예산지원을 확대하고 있다.
③ 포디즘 사회에서는 공공 임대주택사업이나 노숙자 관리 등을 비영리 기관, 제3섹터, 민간기구 등에서 담당한다.
④ 포디즘 사회에서는 국가 경제의 성장에 역점을 두고 국가가 주도적으로 경제 발전을 추진해 나간다.

해설
포디즘은 국가 주도적인 성향을 말한다. 따라서 공공임대주택사업, 노숙자 관리 등은 정부가 직접 담당한다.

80 튀넨의 농업입지론에서 재배작물의 유형을 결정하는 요소에 해당하지 않는 것은?

① 지대
② 생산비
③ 운송비
④ 경작지 규모

해설
재배작물의 유형을 결정하는 요소로 지대가 가장 큰 영향을 미치며, 이에 관여하는 요소들로는 매상고, 생산비, 수송비가 있다. 본 튀넨의 농업입지론에서 경작지의 규모와 재배작물의 유형은 관계가 없다.

제5과목 도시계획관계법규

81 도시·군계획시설 중 유원지에 설치하는 아래 시설들이 해당되는 것은?

| 동물원 | 식물원 | 공연장 | 예식장 |

① 유희시설
② 휴양시설
③ 위락시설
④ 특수시설

해설
「도시·군계획시설의 결정·구조 및 설치기준에 관한 규칙」제58조(유원지의 구조 및 설치기준) 2항 조항에 의거 동물원·식물원·공연장·예식장·마권장외발매소(이와 유사한 것을 포함한다)·관람장·전시장·진열관·조각·야외음악당·야외극장·온실·수목원·광장은 특수시설로 구분한다.

82 수도권정비계획법상의 총량규제에 관한 내용이 틀린 것은?

① 국토교통부장관은 인구집중유발시설이 수도권에 과도하게 집중되지 아니하도록 하기 위하여 신설·증설의 총허용량을 정할 수 있다.
② 국토교통부장관은 인구집중유발시설이 수도권에 과도하게 집중되지 아니하도록 하기 위하여 기준을 초과하는 신설·증설을 제한할 수 있다.
③ 공장에 대한 총량규제의 내용과 방법은 수도권정

비위원회의 심의를 거쳐 결정하며, 관할 시·도지사는 이를 고시하여야 한다.
④ 관계 행정기관의 장은 인구집중유발시설의 신설·증설에 대하여 규정에 의한 총량규제의 내용과 다르게 허가 등을 하여서는 아니 된다.

해설
수도권정비계획법 제18조(총량규제) ②항 조항에 의거 공장에 대한 제1항의 총량규제의 내용과 방법은 대통령령으로 정하는 바에 따라 수도권정비위원회의 심의를 거쳐 결정하며, 국토교통부장관은 이를 고시하여야 한다. 〈개정 2013.3.23.〉

83 도시공원의 설치 규모 기준이 틀린 것은?

① 어린이공원 : 1,500m² 이상
② 묘지공원 : 30,000m² 이상
③ 도시농업공원 : 100,000m² 이상
④ 근린생활권 근린공원 : 10,000m² 이상

해설
묘지공원은 100,000m², 도시농업공원은 10,000m² 이상이다.

84 다음 중 도시 및 주거환경정비법에 따른 정비기반시설에 해당하지 않는 것은? (단, 주거환경개선사업을 위하여 기정·고시된 정비구역에 설치하는 공동이용시설로 시장·군수 등이 관리하는 것으로 포함된 시설은 제외한다.)

① 상하수도   ② 공공공지
③ 비상대피시설   ④ 도서관

해설
도시 및 주거환경정비법 제2조에 의거 "정비기반시설"이란 도로·상하수도·공원·공용주차장·공동구(「국토의 계획 및 이용에 관한 법률」 제2조제9호에 따른 공동구를 말한다. 이하 같다), 그 밖에 주민의 생활에 필요한 열·가스 등의 공급시설로서 대통령령으로 정하는 시설을 말한다. 도시 및 주거환경정비법 시행령 제3조(정비기반시설) 조항에 의거 법 제2조제4호에서 "대통령령으로 정하는 시설"이란 다음 각 호의 시설을 말한다. 1. 녹지 2. 하천 3. 공공공지 4. 광장 5. 소방용수시설 6. 비상대피시설 7. 가스공급시설 8. 지역난방시설

85 도시·군계획시설 부지의 매수청구에 관한 내용으로 틀린 것은?

① 매수의무자가 지방자치단체이고 토지소유자가 원하는 경우 도시·군계획시설채권을 발행하여 매수 대금을 지급할 수 있다.
② 도시·군계획시설채권의 상환기간은 15년 이내로 한다.
③ 매수 의무자는 매수 청구를 받은 날부터 6개월 이내에 매수 여부를 결정하여야 한다.
④ 도시·군계획시설채권의 이율은 1년 만기 정기예금금리의 평균 이상이어야 하며, 구체적인 상환기간과 이율은 지방자치단체의 조례로 정할 수 있다.

해설
국토의 계획 및 이용에 관한 법률 제47조(도시·군계획시설 부지의 매수 청구) ③항 조항에 의거 도시·군계획시설채권의 상환기간은 10년 이내로 한다.

86 도·시 도시계획위원회의 구성 기준으로 옳은 것은? (단, 공동으로 도시계획위원회를 설치하는 경우는 고려하지 않는다.)

① 위원장 및 부위원장 각 1명을 포함한 15명 이상 25명 이하의 위원으로 구성한다.
② 위원장 및 부위원장 각 1명을 포함한 25명 이상 30명 이하의 위원으로 구성한다.
③ 위원장 1명과 부위원장 2명을 포함한 20명 이상 25명 이하의 위원으로 구성한다.
④ 위원장 1명과 부위원장 2명을 포함한 25명 이상 30명 이하의 위원으로 구성한다.

해설
국토의 계획 및 이용에 관한 법률 시행령 제111조(시·도도시계획위원회의 구성 및 운영) ①항 조항에 의거 시·도도시계획위원회는 위원장 및 부위원장 각 1명을 포함한 25명 이상 30명 이하의 위원으로 구성한다.

87 도시·군기본계획에 대한 타당성 여부는 몇 년마다 전반적으로 재검토하여 정비하여야 하는가?

① 3년   ② 5년
③ 10년   ④ 20년

해설
국토의 계획 및 이용에 관한 법률 제23조(도시·군기본계획의 정비) 조항에 의거 특별시장·광역시장·특별자치시장·특별자치도지사·시장 또는 군수는 5년마다 관할 구역의 도시·군기본계획에 대하여 그 타당성 여부를 전반적으로 재검토하여 정비하여야 한다. 〈개정 2011.4.14.〉

정답 83 ②, ③   84 ④   85 ②   86 ②   87 ②

88 다음 중 관할 구역에 대한 도시·군기본계획의 수립권자에 해당하지 않는 자는?

① 국토교통부장관　② 광역시장
③ 시장 또는 군수　④ 특별시장

해설
국토의 계획 및 이용에 관한 법률 제18조(도시·군기본계획의 수립권자와 대상지역) ①항에 의거 특별시장·광역시장·특별자치시장·특별자치도지사·시장 또는 군수는 관할 구역에 대하여 도시·군기본계획을 수립하여야 한다. 다만, 시 또는 군의 위치, 인구의 규모, 인구감소율 등을 고려하여 대통령령으로 정하는 시 또는 군은 도시·군기본계획을 수립하지 아니할 수 있다. 〈개정 2011.4.14.〉

89 관광진흥법령상 관광사업의 종류와 그 세분에 해당하는 내용의 연결이 틀린 것은?

① 여행업 : 일반여행업, 국외여행업, 국내여행업
② 야영장업 : 일반야영장업, 산림야영장업
③ 관광유람선업 : 일반관광유람선업, 크루즈업
④ 호텔업 : 가족호텔업, 호스텔업, 소형호텔업

해설
야영장업은 일반야영장업과 자동차야영장업으로 분류된다.

90 건축법령상 용도별 건축물의 연결이 틀린 것은?

① 단독주택 : 다중주택
② 공동주택 : 다가구주택
③ 제1종 근린생활시설 : 의원
④ 의료시설 : 병원

해설
건축법 시행령 별표 1 용도별 건축물의 종류에 의거 단독주택은 단독주택, 다중주택, 다가구주택, 공관으로 구성된다. 공동주택은 아파트, 연립주택, 다세대주택, 기숙사로 구성된다. 의원은 제1종근린생활시설에 포함되며 의료시설에는 병원과 격리병원이 있다. 다가구주택은 단독주택에 해당한다.

91 도시·군계획시설의 결정·구조 및 설치 기준에 관한 규칙상 용도지역별 도로율 기준이 옳은 것은? (단, 간선도로의 경우는 고려하지 않는다.)

① 주거지역 : 20% 이상 30% 미만
② 상업지역 : 25% 이상 35% 미만
③ 공업지역 : 10% 이상 20% 미만
④ 녹지지역 : 5% 이상 15% 미만

해설
주거지역은 15% 이상 30% 미만, 공업지역은 8% 이상 20% 미만이다. 녹지지역은 도로율 기준이 없다.

92 도시재정비 촉진을 위한 특별법에 따른 재정비촉진지구의 유형 구분에 해당하지 않는 것은?

① 주거지형　② 중심지형
③ 고밀복합형　④ 저밀복합형

해설
도시재정비 촉진을 위한 특별법 제2조(정의) 조항에 의거 도시재정비 촉진을 위한 특별법에 따른 재정비 촉진지구의 유형은 주거지형, 중심지형, 고밀복합형으로 구분된다.

93 주택법에 따른 용어의 정의가 틀린 것은?

① 공동주택이란 건축물의 벽·복도·계단이나 그 밖의 설비 등의 전부 또는 일부를 공동으로 사용하는 각 세대가 하나의 건축물 안에서 각각 독립된 주거생활을 할 수 있는 구조로 된 주택을 말한다.
② 민영주택이란 국민주택을 제외한 주택을 말한다.
③ 도시형 생활주택이란 150세대 미만의 국민 주택 규모에 해당하는 주택을 말한다.
④ 에너지절약형 친환경주택이란 저에너지 건물조성기술 등 대통령령으로 정하는 기술을 이용하여 에너지 사용량을 절감하거나 이산화탄소배출량을 저감할 수 있도록 건설된 주택을 말한다.

해설
도시형 생활주택 : 300세대 미만의 국민주택규모에 해당하는 주택

94 주택법령상 '준주택'의 범위와 종류에 해당하지 않는 것은?

① 건축법 시행령의 관련 규정에 따른 기숙사
② 건축법 시행령과 노인복지법의 관련 규정에 따른 노인복지주택
③ 건축법 시행령의 관련 규정에 따른 오피스텔
④ 건축법 시행령의 관련 규정에 따른 단독주택

> **해 설**
> 주택법 시행령 제4조(준주택의 종류와 범위) 조항에 의거 준주택에는 기숙사, 다중생활시설, 노인복지주택, 오피스텔이 해당한다.

95 과밀부담금에 대한 설명으로 옳은 것은?

① 과밀부담금은 건축비의 100분의 20으로 하는 것을 원칙으로 한다.
② 건축물 중 주차장의 용도로 사용되는 건축물은 부담금을 감면할 수 없다.
③ 과밀부담금은 부과 대상 건축물이 속한 지역을 관할하는 시·도지사가 부과·징수한다.
④ 과밀부담금에 반영되는 건축비는 기획재정부장관이 고시하는 표준건축비를 기준으로 산정한다.

> **해 설**
> 수도권정비계획법 제14조(부담금의 산정 기준) 조항에 의거
> ① 부담금은 건축비의 100분의 10으로 하되, 지역별 여건 등을 고려하여 대통령령으로 정하는 바에 따라 건축비의 100분의 5까지 조정(調整)할 수 있다.
> ② 제1항에 따른 건축비는 국토교통부장관이 고시하는 표준건축비를 기준으로 산정한다. 〈개정 2013.3.23.〉
> 수도권정비계획법 제13조(부담금의 감면) 조항에 의거 건축물 중 주차장이나 그 밖에 대통령령으로 정하는 용도로 사용되는 건축물은 대통령령으로 정하는 바에 따라 부담금을 감면할 수 있다.

96 도시개발사업의 전부 또는 일부를 환지방법으로 시행하려는 경우 환지 계획에 작성하여야 할 사항이 아닌 것은?

① 환지설계
② 필지별로 된 환지 명세
③ 청산금 지급 예정일
④ 체비지 또는 보류지의 명세

> **해 설**
> 도시개발법 제28조(환지계획의 작성) ① 시행자는 도시개발사업의 전부 또는 일부를 환지방식으로 시행하려면 다음 각 호의 사항이 포함된 환지계획을 작성하여야 한다. 〈개정 2011.9.30, 2013.3.23〉
> 1. 환지설계
> 2. 필지별로 된 환지명세
> 3. 필지별과 권리별로 된 청산 대상 토지 명세
> 4. 제34조에 따른 체비지 또는 보류지의 명세
> 5. 제32조에 따른 입체 환지를 계획하는 경우에는 입체 환지용 건축물의 명세와 제32조의3에 따른 공급방법·규모에 관한

사항
6. 그 밖에 국토교통부령으로 정하는 사항

97 다음 중 수도권정비위원회의 위원장은?

① 국무총리
② 기획재정부장관
③ 국토교통부장관
④ 서울특별시장

> **해 설**
> 수도권정비계획법 제22조(구성) 조항에 의거 수도권정비위원회의 위원장은 국토교통부장관이 된다.

98 도시개발법상 토지등의 수용 또는 사용에 관하여 ( ) 안에 들어갈 내용으로 옳은 것은?

> 시행자는 도시개발사업에 필요한 토지등을 수용하거나 사용할 수 있다. 다만 (……)에 해당하는 시행자는 사업대상 토지면적의 ( )에 해당하는 토지를 소유하고 토지 소유자 총수의 2분의 1 이상에 해당하는 자의 동의를 받아야 한다.

① 2분의 1 이상
② 3분의 1 이상
③ 3분의 2 이상
④ 4분의 3 이상

> **해 설**
> 도시개발법 제22조(토지 등의 수용 또는 사용) 조항에 의거 시행자는 도시개발사업에 필요한 토지등을 수용하거나 사용할 수 있다. 다만, 제11조 제1항 제5호 및 제7호부터 제11호까지의 규정(같은 항 제1호부터 제4호까지의 규정에 해당하는 자가 100분의 50 비율을 초과하여 출자한 경우는 제외한다)에 해당하는 시행자는 사업대상 토지면적의 3분의2 이상에 해당하는 토지를 소유하고 토지 소유자 총수의 2분의 1 이상에 해당하는 자의 동의를 받아야 한다.

99 다음 중 건폐율에 관한 내용이 틀린 것은?

① 건폐율이란 대지면적에 대한 건축면적의 비율이다.
② 도시지역 내 주거지역의 건폐율 최대한도는 70% 이하이다.
③ 관리지역 내 보전관리지역의 건폐율 최대한도는 10% 이하이다.
④ 농림지역의 건폐율 최대한도는 20% 이하이다.

> **해 설**
> 관리지역 내 보전관리지역의 건폐율 최대한도는 20%이다.

정답 95 ③ 96 ③ 97 ③ 98 ③ 99 ③

100 공원녹지법상 녹지의 기능별 세분 내용이 모두 옳은 것은?

① 완충녹지와 경관녹지
② 시설녹지와 경관녹지
③ 완충녹지와 휴양녹지
④ 자연녹지와 생산녹지

> **해 설**
> 도시공원 및 녹지 등에 관한 법률 제35조(녹지의 세분) 조항에 의거 녹지는 그 기능에 따라 완충녹지, 경관녹지, 연결녹지로 세분한다.

1·2회 2020년 기출문제

제1과목 도시계획론

01 우리나라의 제3차 국가GIS사업(2006~2010)의 기본 방향에 해당하지 않는 것은?

① GIS 기반 전자정부 구현
② GIS를 이용한 뉴비즈니스 창출
③ 유비쿼터스 환경을 지향한 지능형 국토건설
④ 국가 공간정보의 디지털 구축 초석 마련

해설
3차 목표는 GIS 기반 전자정부 구현, GIS 서비스를 통한 삶의 방식 개선, GIS를 이용한 뉴비즈니스 창출, 유비쿼터스 환경을 지향한 지능형 국토건설이다. 국가 공간정보의 디지털 구축 초석 마련은 2차 사업(2001~2005)의 목표였다.

02 다음 중 쇼버그(G. Sjoberg)가 정의한 도시의 의미로 옳은 것은?

① 지적 엘리트를 포함한 각종 비농업적 전문가가 많으며 상당한 규모의 인구와 인구밀도를 갖는 공동체
② 주민의 대부분이 공업적 또는 상업적인 영리수입에 의해 생활하고 정주하는 곳
③ 농촌에 비해 전문직 종사자가 많고 인공환경이 우월하며 인구구성의 이질성이 강한 곳
④ 도시의 결정요인은 예술·문화·종교·민주적인 정치형태이며, 평등한 시민이 활기에 차 있는 곳

해설
쇼버그(G. Sjoberg)는 도시를 지적(知的) 엘리트를 포함한 비농업적 전문가가 많은 공동체라고 정의하였다.

03 계획인구의 산정 방법 중 과거 추세에 의한 방법이 아닌 것은?

① 로지스틱 곡선법
② 집단생잔법
③ 지수함수법
④ 최소자승법

해설
과거추세에 의한 방법은 비요소모형에 해당하고, 선형, 지수, 수정된 지수, 곰페르츠, 로지스틱, 비교, 비율예측방법 등이 있다. 집단생잔모형은 요소모형에 해당한다.

04 토지이용 관련이론 중 동심원 지대이론에 대한 설명으로 틀린 것은?

① 제3지대는 근로자 주거지대에 해당한다.
② 일반적인 구조는 5개의 동심원으로 구성된다.
③ 호이트가 1939년 논문을 통해 독자적으로 전개한 이론이다.
④ 도시 성장의 일반적인 과정 속에는 집중과 분산의 개념이 동시에 포함된다고 본다.

해설
동심원이론은 1925년 버제스에 의해 발표되었다.

05 1920년대에 르꼬르뷔제가 제안한 현대도시 계획안에서의 도시계획과 설계 이론을 구성하는 요소에 해당하지 않는 것은?

① 수직적 건물구성
② 고층 건물 사이의 충분한 녹지공간
③ 보차접근의 분리
④ 도시중심부의 대규모 상징적 오픈스페이스

해설
르 코르뷔지에(Le Corbusier)의 빛나는 도시(The Radiant City)에서는 도시의 과밀을 완화하고 도심의 고밀도화를 고층화하여 거주밀도를 높이고, 공지면적을 넓혀 수목면적을 높이며 교통수단을 확충할 것을 주장하였다.

06 다음 중 아래의 설명에 해당하는 시스템은?

> 도시를 대상으로 하는 공간자료와 속성자료를 통합하여 토지 및 시설물의 관리, 도로의 계획 및 보수자원 활용 및 환경보존 등 다양한 사용목적에 맞게 구축된 공간정보 데이터베이스로, 행정체계·도로·건물의 형상 및 면적·인구·지명 등의 속성자료로 구성되어 있다.

① UIS(Urban Information System)
② GPS(Global Positioning System)
③ KLIS(Korea Land Information System)
④ KOPSS(KOrea Planning Support System)

정답 01 ④ 02 ① 03 ② 04 ③ 05 ④ 06 ①

> [해설]
> 도시정보시스템(UIS, UGIS)이란 도시를 대상으로 한 GIS 체계로 도시정보를 컴퓨터로 일괄 관리, 검색, 분석, 집계하여 도시 서비스를 증진하는 시스템을 말한다.

07 경관의 유형 구분이 틀린 것은?

① 경관자원의 특성에 따라 크게 자연경관, 인공경관으로 구분할 수 있다.
② 경관자원의 형태에 따라 점적인 형태, 선적인 형태, 면적인 형태로 구분할 수 있다.
③ 경관의 대상 범위에 따라 광역적 경관, 도시적 경관, 시가지 경관, 지구적 경관으로 분류할 수 있다.
④ 경관의 현상에 따라 부감경, 앙감경, 수평경으로 분류 할 수 있다.

> [해설]
> 경관의 '시점'에 따라 부감경, 앙감경, 수평경으로 분류한다. 시점에서 대상을 내려보면 부감경, 시점에서 대상을 올려보면 앙감경, 시점과 대상의 높이가 같으면 수평경이라 한다.

08 환지방식으로 도시개발사업을 시행할 때 환지설계에 있어 환지규모를 결정하는 방법에 해당하지 않는 것은?

① 평가식
② 면적식
③ 절충식
④ 서열식

> [해설]
> 환지설계의 방법(환지규모를 결정하는 방법)에는 평가식(사업시행 전후의 토지의 평가가액에 비례)과 면적식(시행전 토지면적 및 위치 기준), 절충식이 있다.

09 옹호적 계획(Advocacy Planning)에 대한 설명이 틀린 것은?

① 다비도프(Davidoff)에 의해 주창된 옹호적 계획은 피해 구제 절차(adversary procedures)와 같은 사회제도를 계획개념으로 수용한 것이라고 할 수 있다.
② 계획의 직접적 영향을 받는 사람들 조차도 무관심한 계획안으로부터 발생할 수 있는 이익을 주민의 관점에서 옹호한다.
③ 이론상으로 사회는 너무 많은 차원의 가치가 혼재하고 있는 공간이기 때문에 복수의 다원적인 계획보다는 단일 계획안을 수립하는 것이 바람직하다고 본다.
④ 계획이 일방적으로 공공의 이익을 규정하는 전통을 타파하는데 성공적이었다.

> [해설]
> 옹호적계획은 다원적인 가치가 혼재하고 있는 사회에서는 단일 계획안보다는 복수의 다원적인 계획안들을 수립하는 것이 바람직하다고 보았다.

10 우리나라 국토종합계획의 배경에 대한 아래 내용에서 ㉠ ~ ㉣에 들어갈 말이 차례대로 모두 옳은 것은?

구분	계획 배경
(㉠) 국토종합계획	국력의 신장과 공업화 추진
(㉡) 국토종합계획	국토균형발전, 동북아의 중심국가로 도약하기 위한 개방형 통합국토 구축
(㉢) 국토종합계획	국민생활 환경의 개선과 수도권의 과밀 완화
(㉣) 국토종합계획	사회간접자본시설의 미흡에 따른 경쟁력 강화와 자율적 지역개발전개

① ㉠제1차 ㉡제2차 ㉢제3차 ㉣제4차
② ㉠제1차 ㉡제3차 ㉢제4차 ㉣제2차
③ ㉠제1차 ㉡제3차 ㉢제2차 ㉣제4차
④ ㉠제1차 ㉡제4차 ㉢제2차 ㉣제3차

> [해설]
> 제1차 국토종합계획은 국력의 신장과 공업화, 제2차 국토종합계획은 국민생활환경의 개선과 수도권의 과밀 완화를 추진 배경으로 한다. 제3차 국토종합계획은 사회간접자본시설의 미흡에 따른 경쟁력 강화와 자율적 지역개발전개, 제4차 국토종합계획은 국토균형발전, 동북아의 중심국가로 도약하기 위한 개방형 통합국토 구축을 계획배경으로 한다.

11 용도지역에 대한 설명으로 틀린 것은?

① 국토의 계획 및 이용에 관한 법률에 따라 도시지역, 관리지역, 농림지역, 자연환경보전지역으로 구분한다.

② 도시지역은 주거지역, 상업지역, 공업지역으로 구분한다.
③ 근린지역에서의 일용품 및 서비스의 공급을 위하여 필요한 지역에 대해서 근린상업지역으로 지정이 가능하다.
④ 토지의 이용 및 건축물의 용도, 건폐율, 용적률, 높이 등을 제한함으로써 토지를 경제적·효율적으로 이용하고 공공복리의 증진을 도모하기 위하여 서로 중복되지 않게 도시·군관리계획으로 결정한다.

해설
도시지역은 주거지역, 상업지역, 공업지역, 녹지지역으로 구분한다.

12 아래의 설명에 해당하는 것은?

- 도시계획 및 개발 시 도시의 소프트웨어적 측면을 중요시하는 경향 중 하나로 문화, 정보, 미디어 분야 등을 중심으로 관, 산, 학, 연 간의 효과적인 융합이 시너지 효과를 일으킬 수 있는 새로운 산업기반을 갖춘 미래형 도시를 말한다.
- 성공적 조성 사례로 캐나다 서드베리, 프랑스 소피아 앙티폴리스, 스웨덴의 시스타 등을 들 수 있다.

① 창조적 혁신도시 ② 친환경 생태도시
③ 행정중심복합도시 ④ 도시재생

해설
창조적 혁신도시의 정의이다. 혁신도시는 공공기관 지방이전에 따른 혁신도시 건설 및 지원에 관한 특별법에 정의되어있다. 혁신도시라 함은 이전공공기관을 수용하여 기업·대학·연구소·공공기관 등의 기관이 서로 긴밀하게 협력할 수 있는 혁신여건과 수준 높은 주거·교육·문화 등의 정주(定住)환경을 갖추도록 이 법에 따라 개발하는 미래형도시를 말한다.

13 주거, 상업, 공업 등의 용도에 따른 규제가 아니고 실제의 토지이용에 기초하여 발생하는 각종 결과를 기준으로 주변에 대한 영향에 따라 규제하고자 하는 방식은?

① 유도지역제 ② 계획단위규제
③ 성능지역규제 ④ 혼합지역제

해설
성능지역규제(performance zoning)는 산업공원의 출현과 관련된 규제책으로 근린에 미치는 실질적인 영향만을 규제하는 방법이다. 실제의 토지이용에 기초하여 발생하는 각종 결과를 주변에 대한 영향에 따라 규제하는 특성을 갖는다.

14 도시환경문제에 대한 자각에서 시작된 도시개발 개념으로 브라질의 리우데자네이루에서 개최된 UNCED를 통해 일반화 된 것으로, 미래 세대의 필요를 만족시키는 능력을 손상시키지 않으면서 현 세대의 필요를 만족시키는 개발 개념은?

① 지속가능한 개발 ② 유비쿼터스 개발
③ 성장관리적 개발 ④ 복합밀도형 개발

해설
지속가능한 개발이란 환경의 수용능력을 고려하여 그 범위 내에서 개발하는 것을 말한다. 1992년 브라질 리우데자네이루에서 개최된 환경과 개발에 관한 UN회의(UNCED ; United Nations Conference on Environment and Development)를 통하여 '환경적으로 건전하고 지속가능한 개발(ESSD ; Environmentally Sound and Sustainable Development)'의 개념이 일반화되었다.

15 아래의 설명에 해당하는 우리나라 신라시대의 가장 대표적인 도시는?

월성(月城)을 축조하여, 이를 중심으로 각처에 수많은 궁전과 관아, 귀족들의 저택, 분황사와 황룡사 등 웅장한 대사찰과 불탑들이 신라 문화를 장식하였다.

① 광주 ② 진주
③ 공주 ④ 경주

해설
월성을 중심으로 대사찰과 불탑이 설치된 도시는 경주이다.

16 도시 내 한 지역에서 통행거리를 감소시키기 위한 교통 계획 사항과 거리가 먼 것은?

① 직장과 주거기능의 적절한 혼합
② 다양한 근린시설들의 입지
③ 용도지역의 철저한 분리
④ 근린시설로의 접근성 제고

해설
압축도시에서는 통행거리 감소를 위해 교통계획을 시행한다. 직주근접, 고밀개발로 통행거리를 줄여 접근성을 높인다. 용도지역을 분리하게 되면 토지의 용도에 따라 통행이 발생하게 되므로 통행거리가 증가하게 된다.

정답 12 ① 13 ③ 14 ① 15 ④ 16 ③

17 로마시대의 도시계획 및 도시의 특성에 대한 설명이 옳은 것은?

① 인슐라(Insula)는 로마사회에서 특권이 높은 계층이 사는 중층의 건물로, 도괴방지를 위해 건물의 높이를 제한하였다.
② 포럼(Forum)은 도시 외곽에 설치된 신전을 모시는 공간이다.
③ 정치·경제적인 목적으로 건설된 도시 중 콜로니아(Colonia)로 불리는 도시들은 주민이 로마와 같은 시민권을 가졌다.
④ 수도 로마는 지형 조건의 제약 때문에, 도로와 하수도 체계를 제대로 갖추지 못했다.

해설
인슐라는 로마사회의 일반시민이 거주하던 공간이다. 특권이 높은 계층이 거주하는 건물은 단독주택인 도무스였다. 포럼은 도시중심에 위치한 교차로 광장으로, 그리스의 아고라와 유사한 시설이다. 도시 외곽에 신전을 모시는 곳은 아테네의 아크로폴리스이다. 로마인들은 건축물의 미적감각에는 그리스에 뒤떨어졌으나 실용적 토목건조물인 도로, 교량, 상하수도 등에서는 탁월한 재능을 발휘하였다. 수도교를 통해 구릉지에도 급수가 가능했다.

18 지역사회가 필요로 하는 복합사무실, 연구소, 다세대주택 등을 위한 용도로의 토지이용을 목적으로 집중 Zoning이나 PUD(Planned Unit Development)에 있어 주로 사용하며, 조례상에는 특정한 용도지구로 설정하고 그 요건을 미리 정하지만 구체적으로 어디에 설정할지는 유보하는 것을 의미하는 기법은?

① 계약용도지역(Contract Zoning)
② 조건부용도지역(Conditional Zoning)
③ 부동지역지구(Floating Zoning District)
④ 누적지역지구(Cumulative zoning district)

해설
부동지역제(Float Zoning)
• 적용특례나 특례조치는 Zoning의 완결을 전제로 개별 용도 차원에서 이루어지지만, 부동지역제는 Zoning의 결정에 탄력성을 부여할 목적으로 용도지역 차원에서 이루어지는 특례조치이다.
• Floating이라는 단어는 일반적인 Zoning 조례의 규제규정에서 볼 수 있는 모든 토지 용도지구가 반드시 Zoning 도면에 처음부터 선이 그어지는 것이 아니라, Zoning 조례상에는 특정 용도지구로 설정하고, 그 요건을 미리 정하나 구체적으로 어디에 설정할 것인지는 유보해둠으로써 단지 관념상으로는 이 용도지구는 자치단체구역 내의 여기저기를 '부동(浮動)'하기 때문에 사용되었다. Zoning 조례가 요건을 만족시키는 용도가 신청되면 그 시점에 Zoning 도면상에 '고정'되게 된다.
• PUD, 대형 쇼핑센터 등 특정개발자의 구체적 제안을 지자체 및 의회의 협의를 거쳐 유연하게 적용하는 용도지역제

19 통행 기종점표에 나타난 존간 통행량의 신뢰성을 검증하기 위한 조사는?

① 쿼터라인조사
② 대중교통통행조사
③ 스크린라인조사
④ 보행자통행조사

해설
스크린라인 조사는 통행 기종점표에 나타난 존간 통행량의 신뢰성을 검증하기 위한 조사로 조사지역 내 조사된 교통량의 정밀도를 점검하고 수정·보완하기 위해 시행한다.

20 다음 중 순수공공재의 특성과 관련이 없는 것은?

① 배제의 원칙
② 공동소비
③ 소비의 비경합성
④ 무임승차문제

해설
순공공재는 비경합성, 비배제성 특성을 갖는다. 경찰, 국방, 소방, 공원, 도로, 일기예보 등의 특별한 비용 부담 없이 제공받는 서비스들을 말한다. 비용은 세금으로 충당한다. 배제의 원칙을 적용할 수 있는 것은 준공공재 중 요금제에 해당한다.

제2과목 도시설계 및 단지계획

21 지구단위계획 중 특별계획구역의 지정대상에 해당하지 않는 것은?

① 순차개발하는 경우 후순위개발 대상지역
② 공공사업 시행 이외의 모든 사업에 대하여 지구단위계획구역의 지정 목적을 달성하기 위하여 필요한 경우
③ 지구단위계획구역 안의 일정 지역에 대하여 우수한 설계안을 반영하기 위하여 현상설계 등을 하고자 하는 경우
④ 하나의 대지 안에 여러 동의 건축물과 다양한 용도를 수용하기 위하여 특별한 건축적 프로그램을 만들어 복합적 개발을 하는 것이 필요한 경우

해설

특별계획구역의 지정대상
- 하나의 대지 안에 여러 동의 건축물과 다양한 용도를 수용하기 위해 특별한 건축 프로그램에 의한 복합적 개발이 필요한 경우 : 대규모 쇼핑단지, 전시장, 터미널, 농수산물 도매시장, 출판단지 등 일반화되기 어려운 특수기능의 건축시설 등
- 지형조건상 지반고 차이가 심하여 건축적으로 상세한 입체계획이 수립되어야 할 경우 : 복잡한 지형의 재개발구역을 종합적으로 개발하는 경우 등
- 지구단위계획구역 내 일정지역에 대해 좋은 설계안을 반영하기 위해 현상설계 등을 하고자 할 경우
- 주요 지표물 지점으로서 지구단위계획안 작성 당시에는 대지 소유자의 개발프로그램이 뚜렷하지 않으나 앞으로 협의를 통하여 좋은 개발안을 유도할 필요가 있는 경우
- 공공사업 시행, 대형 건축물 등 공동개발 필요지역
- 기타 지구단위계획구역의 지정 목적을 달성하기 위하여 필요한 경우

22 광장의 결정기준에서 교통광장에 해당하지 않는 것은?

① 주요시설광장　② 지하광장
③ 교차점광장　　④ 역전광장

해설

교통광장에는 교차점광장, 역전광장, 주요시설광장이 포함된다.

23 도로의 폭원을 기준으로 한 대로3류의 규모 기준이 옳은 것은?

① 12m 이상 15m 미만
② 15m 이상 20m 미만
③ 20m 이상 25m 미만
④ 25m 이상 30m 미만

해설

12m 이상 15m 미만은 중로 3류, 15m 이상 20m 미만은 중로 2류, 20m 이상 25m 미만은 중로 1류, 25m 이상 30m 미만은 대로 3류에 해당한다.

24 래드번(Radburn) 계획의 기본 원리가 아닌 것은?

① 슈퍼블럭(Super Block)을 구성하였다.
② 주택들은 쿨데삭형 가로망으로 연결되었다.
③ 건물은 저층화·저밀도로 계획하였다.
④ 보도와 차도의 분리가 가능하였다.

해설

건물을 저층화, 저밀도로 계획하면 동선이 길어지고, 직주근접이 어려워지는 문제가 생겨 래드번 계획의 취지와 맞지 않게 된다.

25 지구단위계획구역의 지정 및 지구단위계획 수립을 위해 실시하여야 하는 기초조사를 실시하지 아니할 수 있는 경우가 아닌 것은?

① 해당 지구단위계획구역이 도심지(상업지역과 상업지역에 연접한 지역)에 위치하는 경우
② 해당 지구단위계획구역의 지정목적이 해당 구역을 정비 또는 관리하고자 하는 경우로서 지구단위계획의 내용에 폭 15m 이상 도로의 설치계획이 있는 경우
③ 해당 지구단위계획구역이 다른 법률에 따라 지역·지구 등으로 지정되거나 개발계획이 수립된 경우
④ 해당 지구단위계획구역 안의 나대지 면적이 구역 면적의 2%에 미달하는 경우

해설

해당 지구단위계획구역의 지정목적이 해당 구역을 정비 또는 관리하고자 하는 경우로서 지구단위계획의 내용에 너비 12미터 이상 도로의 설치계획이 없는 경우에는 기초조사를 하지 아니할 수 있다.

26 주거형 지구단위계획에서 단독주택용지의 가구 및 획지 계획 기준으로 틀린 것은?

① 획지의 형상은 건축물의 규모와 배치, 인동간격, 높이, 토지이용, 차량동선, 녹지공간의 확보 등을 고려하여 장방형 또는 정방향의 형태를 결정하되, 가능하면 남북방향으로의 긴 장방형으로 한다.
② 단독주택용 획지로 구성된 소가구는 근린의식 형성이 용이하도록 10~24획지 내외로 구성하며 장변이 120m를 초과할 경우에는 장변 중간에 보행자도로를 삽입하는 것이 좋다.
③ 대가구의 규모는 어린이 놀이터 하나를 유지하는 거리로 반경 300m를 기준으로 한다.
④ 대가구내 도로계획은 단조로움과 통과교통 방지를 위하여 3지 교차도로 및 루프(loop)형 도로를 배치한다.

해설

대가구의 단위규모는 어린이놀이터의 이용반경과 주거가구를 인지

정답　22 ②　23 ④　24 ③　25 ②　26 ③

할 수 있는 소가구의 적절한 조합으로 결정하며 길을 건너지 않고 어린이놀이터를 이용할 수 있는 반경 100~150m를 기준으로 한다.

27 도시공원 및 녹지 등에 관한 법률상 개발제한구역 및 녹지지역을 제외한 도시지역 안에 있어서의 도시공원의 확보기준은 해당 도시지역 안에 거주하는 주민 1인당 최소 얼마 이상을 기준으로 하는가?

① 2m²
② 3m²
③ 4m²
④ 6m²

해설
개발제한구역 및 녹지지역을 제외한 도시지역 안에서의 도시공원 확보기준은 해당 도시지역 안에 거주하는 주민 1인당 3㎡ 이상으로 한다.

28 도시설계와 관련된 공간 척도에 대한 설명이 틀린 것은?

① 르네상스 시대의 건축가인 알베르티는 광장의 경우, 장변과 단변의 비는 2:1, 주변 건물의 높이는 광장 단변폭의 3분의 1 또는 7분의 2가 적당하다고 하였다.
② 19세기 독일의 건축가 메르텐츠는 건물과 시점간의 거리(D)와 건물 높이(H)와의 비율 D/H=2, 앙각 45도에서 건축을 전체적으로 파악할 수 있다고 하였다.
③ 헷지맨과 피이츠는 건축높이의 약 2배만큼의 거리에서 보지 않으면, 건축을 전체로서 볼 수 없다고 하였다.
④ 요시노부 아시하라는 도로폭보다 작은 치수의 점포폭이 반복될 때 가로는 활기에 넘친다고 하였다.

해설
메르텐츠(H. Maertents)는 19세기 독일의 건축가로, 인간이 전방을 바라볼 때, 40도의 앙각이 되며, 건물 상부에 있는 하늘을 바라보는 각도를 고려한다면, 건물과 시점 간의 거리(D)와 건물의 높이(H)와의 비율은 D/H=2, 앙각 27도에서 건축을 전체적으로 파악할 수 있다고 하였다.

29 주택건설기준 등에 관한 규정상 소음방지 대책의 수립과 관련하여, 공동주택을 건설하는 지점의 소음도 기준으로 옳은 것은?

① 35 dB 미만
② 45 dB 미만
③ 55 dB 미만
④ 65 dB 미만

해설
공동주택의 소음도는 65dB 이하이어야 하며 소음이 기준치보다 높을 경우 소음저감대책을 강구하여야 한다.

30 뉴어바니즘(New Urbanism)의 원칙에 어긋나는 것은?

① 대중교통을 중심으로 지역의 성장한계를 압축적으로 조직한다.
② 도시의 밀도, 주거형태 등에 있어 다양성을 추구한다.
③ 공공장소는 지역 주민의 활동과 건물의 방향을 고려하여 배치한다.
④ 토지이용은 기능분리의 원칙을 적용하여 단일 용도의 개발을 추진해야 한다.

해설
뉴어바니즘은 복합용도개발을 통해 기능의 혼합을 유도하여 이동거리를 단축하고 이를 통해 자동차 이용감소를 유도하여 환경파괴를 막으며 토지자원의 절약을 통한 삶의 질 향상과 지속가능한 개발을 목표로 하고 있다.

31 토지이용계획을 수립함에 있어 정량적인 예측 변수에 해당하지 않는 것은?

① 가구규모
② 인구규모
③ 고용자수
④ 생활양식의 변화

해설
정량적인 예측변수에는 인구규모, 가구규모, 고용자 수, 주택보급률(공가율), 주택규모 및 용적률 등이 있다.

32 해미드 쉬라바니(Hamid Shiravani)가 제시한 도시설계의 규범적 접근방식(Cannonic Approach)의 분류에 포함되지 않는 것은?

① 개괄적 방법(The Synoptic Method)
② 점진적 방법(The Incremental Method)
③ 단편적 방법(The Fragmental Process)
④ 체계적 방법(The System Approach)

> **해설**
> 해미드 쉬라바니(Hamid Shiravani)는 도시설계 방법을 내향적, 개괄적, 점진적, 단편적, 다원적, 급진적 설계방법으로 분류하였다.

33 주차장 설계 시 고려사항인 각도 주차 방식에 대한 설명이 틀린 것은?

① 30° 전진주차는 차로 진행방향으로 긴 주차폭이 필요하다.
② 45° 교차식 주차형식은 1대장 최소 주차 소요면적이 작은 편이다.
③ 각도주차는 주차 및 발차 시 다른 자동차의 간섭을 적게 받는다는 이점이 있다.
④ 90° 전진주차의 경우, 45° 전진주차방식보다 1대당 최소 주차 소요 면적이 작다.

> **해설**
> 주차 소요면적은 30° 전진주차가 가장 크다. 45° 교차식 주차형식은 1대장 최소 주차 소요면적이 작은 편이다. 각도주차는 주차 및 발차 시 다른 자동차의 간섭을 적게 받는다는 이점이 있다. 90° 주차가 대체로 면적이 적게 소요된다.(전항정답)

34 해미드 쉬라바니(Hamid Shiravani)가 제시한 도시설계의 요소에 해당하지 않는 것은?

① 보존(Preservation)
② 토지이용(Landuse)
③ 환경의 질(Quality of Environment)
④ 건물형태와 매싱(Building Form and Massing)

> **해설**
> 해미드 쉬라바니(Hamid Shiravani)가 제시한 도시설계의 3요소는 토지 이용(Landuse), 건물형태와 매싱(Building Form and Massing), 보존(Preservation) 이다. 환경의 질(Quality of Environment)은 계획단위개발(PUD)에서 추구하는 사항이다.

35 공동주택을 건설하는 주택단지에서 기간도로와 접하거나 기간도로로부터 당해 단지에 이르는 진입도로의 폭 기준이 주택단지의 총 세대수에 따라 옳게 연결된 것은?

① 300세대 미만 : 4m 이상
② 300세대 이상 500세대 미만 : 8m 이상
③ 500세대 이상 1천세대 미만 : 15m 이상
④ 1천세대 이상 2천세대 미만 : 20m 이상

> **해설**
> 진입도로 최소폭원
> • 1~300세대 : 6m   • 300~500세대 : 8m
> • 500~1,000세대 : 12m   • 1,000~2,000세대 : 15m
> • 2,000세대 이상 : 20m

36 경관분석을 위해 구역의 넓이, 분석의 정밀도 등에 따라 그리드(grid)의 크기를 나누고 등급화 하여 등급별 그리드 수에 의해 경관의 특색을 도출하는 경관 분석 방법은?

① 심미적 방법
② 기호화 방법
③ 생태학적 방법
④ 메쉬(Mesh)에 의한 방법

> **해설**
> 메쉬(Mesh)분석방법은 경관의 타입을 체계화하고, 이 체계화된 각 요인을 일정 간격의 메시로 구획한 도상에서 각각 분석하고 이를 통합하여 경관의 질을 평가하는 방법으로 구역의 넓이, 분석의 정밀도 등에 따라 그리드(grid)의 크기를 나누고 등급화 하여 등급별 그리드 수에 의해 경관의 특색을 도출한다.

37 등고선 간격이 2m이고, 경사도가 4% 일 때 수평거리는 얼마인가?

① 5m   ② 20m
③ 50m   ④ 200m

> **해설**
> $4 = \frac{2}{D} \times 100 \quad \therefore D = \frac{2}{4} \times 100 = 50$

38 도보권 근린공원의 유치거리와 규모 기준이 모두 옳은 것은?

① 500m 이하, 30,000m² 이상
② 500m 이하, 50,000m² 이상
③ 1,000m 이하, 30,000m² 이상
④ 1,000m 이하, 50,000m² 이상

> **해설**
> 근린공원 중 도보권 근린공원은 1,000m 이하의 유치거리와 30,000m² 이상의 규모를 충족하여야 한다. 해당공원의 면적은 30,000m² 이상 100,000m² 미만이며 건폐율 15%, 공원시설부지 면적은 40% 이하여야 한다.

정답 33 전항정답 34 ③ 35 ② 36 ④ 37 ③ 38 ③

39 공동구의 설치로 인한 이점으로 가장 거리가 먼 것은?

① 도시미관의 향상을 도모할 수 있다.
② 수용시설의 유지 관리가 용이하다.
③ 매설물의 최초 설치 비용을 절감할 수 있다.
④ 빈번한 노면 굴착을 방지할 수 있다.

해설
공동구는 초기설치비용이 과다한 단점이 있다.

40 근린주구단위(neighborhood unit)라는 개념을 정립하고 초등학교 학구를 기준으로 하는 커뮤니티 구성을 제안한 사람은?

① C.A Perry
② G. Golany
③ Ruth Glass
④ Suzzane Keller

해설
페리(C.A Perry)는 근린주구단위(neighborhood unit)라는 개념을 도입하여 초등학교를 중심으로 한 공공시설과 상업시설의 배치를 시도하였다. 초등학교를 중심으로 하는 만큼, 어린이 교통안전을 고려하여 통과교통이 내부를 관통하지 않고 네 면 모두가 간선도로에 의해 구획된다.

제3과목 도시개발론

41 도시개발구역의 지정에 관한 내용으로 옳은 것은?

① 기초조사, 도시계획위원회의 심의, 공청회, 국토교통부장관의 승인, 고시의 순서로 이루어진다.
② 기초조사는 대통령령이 정하는 바에 따라 시행하지 아니할 수 있다.
③ 도시개발구역이 지정·고시된 경우 해당 구역은 도시지역과 대통령령으로 정하는 지구단위계획구역으로 결정되어 고시된 것으로 본다.
④ 도시개발구역을 지정하거나 개발계획을 변경하고자 하는 때에는 중앙도시계획위원회 또는 시·도의 도시계획위원회의 심의를 거쳐야 한다.

해설
도시개발구역으로 지정고시될 때=도시지역과 지구단위계획구역으로 결정고시된 것으로 본다.
• 도시개발구역지정권자 : 시·도지사, 국토교통부장관(국가의 30만m², 100만m² 이상은 승인)
• 절차 : 제안(도시개발사업 시행자) → 요청(시장·군수, 구청장) → 시·도지사, 국토교통부장관
• 주민 등의 의견 청취 : 시·도지사, 국토교통부장관이 도시개발구역을 지정하거나, 시장·군수, 구청장이 도시개발구역의 지정을 요청하고자 하는 때에는 공람 또는 공청회(100만m² 이상)를 통하여 주민 또는 관계 전문가로부터 의견을 청취해야 한다.

42 다음 ( ) 안의 내용이 순서대로 모두 옳은 것은?

a. 타인 자본 때문에 발생되는 이자가 지렛대의 역할을 하여 영업이익의 변화에 대한 순이익의 변화폭이 커지는 현상을 ( )라고 한다.
b. ( )은 상충이론과 더불어 기업의 자본구조를 설명하는 영향력 있는 이론 중 하나로, 기업이 영업활동에 필요한 자금을 조달함에 있어 특정 우선순위를 가진다.
c. ( )은 소유와 경영이 분리된 기업 환경 하에서 수탁 책임을 가지는 경영자들이 주체인 주주들이 원하는 목적과 다른 목적을 추구함으로써 문제가 발생한다는 이론이다.

① 지렛대 효과, 대리인 이론, 자본조달순서이론
② 재무레버리지 효과, 자본조달순서이론, 대리인 이론
③ 재무레버리지 효과, 자본조달순서이론, 경영인 이론
④ 지렛대 효과, 경영인 이론, 자본조달순서이론

해설
레버리지 효과(Leverage Effect, 지렛대 효과)란 타인의 자본 때문에 발생하는 이자가 지렛대 역할을 하여 영업이익의 변화에 대한 주당이익의 변화폭이 더욱 커지는 현상을 말한다. 자본조달 순서이론(Pecking Order Theory)은 기업이 영업활동에 필요한 자금을 조달함에 있어 우선순위가 있어 역선택비용이 적은 자본조달 원천부터 선택하고, 내부유보자금 → 부채조달(원화부채 → 외화부채) → 주식발행(국내주식시장 → 해외주식시장) 순으로 선택해야 한다는 이론이다. 대리인 이론(Agency Theory)은 소유와 경영이 분리된 기업환경 하에서 수탁책임을 가지는 경영자들이 주체인 주주들이 원하는 기업가치의 극대화보다는 기업의 외형적 성장, 매출액의 극대화 혹은 경영자의 사적이득을 추구함으로써 문제가 발생한다는 이론이다.

43 토지의 혼합적 이용에 따른 장점이 아닌 것은?

① 에너지 낭비의 감소
② 도심지의 평면적 확산 방지
③ 직주근접을 통한 교통난 완화
④ 토지용도구분의 단순화에 따른 외부불경제 효과 감소

해설
복합용도개발(MXD ; MiXed use Development, 혼합용도개발)은 도시의 외연적 확산 완화, 토지이용 효율 극대화, 도심공동화 방지, 주차장 시간대별 이용으로 효율 극대화, 직주근접에 따른 통행거리 감소, 도시개발 리스크의 감소 등의 장점을 갖는다. 복합용도개발은 토지용도구분을 다양하게 해야하므로 단순화와는 거리가 있다.

44 아래의 ㉠과 ㉡에 들어갈 말이 모두 옳은 것은?

> 도시개발구역을 지정하는 자가 환지방식에 대한 개발계획을 수립하려면 환지방식이 적용되는 지역 토지면적의 (㉠) 이상에 해당하는 토지 소유자와 그 지역의 토지 소유자 총수의 (㉡) 이상의 동의를 받아야 한다.

① ㉠ 2/3, ㉡ 2/3   ② ㉠ 2/3, ㉡ 1/2
③ ㉠ 1/2, ㉡ 1/2   ④ ㉠ 1/2, ㉡ 2/3

해설
도시개발법 제4조(개발계획의 수립 및 변경) 조항에 의거 지정권자는 환지(換地) 방식의 도시개발사업에 대한 개발계획을 수립하려면 환지 방식이 적용되는 지역의 토지면적의 3분의 2 이상에 해당하는 토지 소유자와 그 지역의 토지 소유자 총수의 2분의 1 이상의 동의를 받아야 한다. 환지 방식으로 시행하기 위하여 개발계획을 변경(대통령령으로 정하는 경미한 사항의 변경은 제외한다)하려는 경우에도 또한 같다. 〈개정 2012. 1. 17.〉

45 다음 중 수용 또는 사용방식에 비하여 환지 방식이 갖는 장점으로 가장 거리가 먼 것은?

① 기존의 시설 부지를 최대한 반영할 수 있다.
② 조성 후 분양을 통한 수익을 기대할 수 있다.
③ 체비지매각대금을 통하여 사업비 부담이 경감된다.
④ 최소한의 사업비 투입으로 공공시설을 확보할 수 있다.

해설
환지방식은 택지화가 되기 전의 토지의 위치, 지목, 면적, 등급, 이용도 등의 필요사항을 고려하여 택지개발 후 개발된 감소 토지를 토지소유주에게 재배분하는 것이므로 분양수익을 기대하기는 어렵다.

46 마케팅 전략수단인 4Ps전략의 4Cs 전략으로의 전환 내용이 옳은 것은?

① 홍보(Promotion) → 의사소통(Communication)
② 상품(Production) → 편리성(Convenience)
③ 가격(Price) → 소비자(Customer)
④ 장소(Place) → 비용(Cost to the Customer)

해설
4Ps전략의 4Cs 전략으로의 전환

4Ps	4Cs
제품(Product)	→ 소비자 가치(Customer value)
가격(Price)	→ 소비자 비용(Cost to the Customer)
장소(Place)	→ 편리성(Convenience)
홍보(Promotion)	→ 의사소통(Communication)

47 다음 중 지분조달방식과 비교하여 부채조달방식이 갖는 단점으로 옳은 것은?

① 원리금 상환부담이 존재한다.
② 기업가치의 불안정으로 매매 활성화에 한계가 있다.
③ 조달 규모의 증대로 소유주의 지분 축소가 불가피하다.
④ 자본시장의 여건에 따라 조달이 민감한 영향을 받는다.

해설
지분조달방식과 부채조달방식의 장단점

구분	장점	단점
지분조달	• 원리금이나 이자의 상환부담이 없음 • 사업아이디어가 발전적으로 진행됨 • 투자가가 자문가로서의 역할을 수행	• 회사의 통제권 일부를 포기해야 함 • 판매된 지분은 향후 재회수가 어려움 • 지분투자가들이 사업계획에 동의하지 않을 경우 문제 발생 가능 • 자금조달 과정이 복잡하여 전문가의 자문 필요 • 시장의 여건에 따라 조달조건이 민감하게 변화함 • 조달규모가 커지면 상대적으로 소유주의 지분 축소가 불가피함 • 중소기업 등은 주식 공개매매, 유통시장이 발달되지 않았음 • 기업가치가 불안정하게 되므로 매매 활성화가 어려울 수 있음
부채조달	• 차입여건 충족시 차입 용이 • 기업이자비용 손비 인정 • 금융비 절감 가능	• 원리금상환 부담 • 규모가 클수록 재무구조가 열악해지고 부도 위험이 높음 • 저신용(중소)기업은 차입기회를 얻기 어려움

48 도시마케팅에서 필수적인 고려사항과 가장 거리가 먼 것은?

① 도시자족성   ② 도시운영성과
③ 도시경쟁력   ④ 아이디어 및 차별성

> **해설**
> 도시마케팅에서는 도시자족성(고용, 생활, 환경자족성)과 도시 상품 가치를 높이는 도시경쟁력, 그리고 창의적 아이디어를 통한 차별화된 이미지 형성이 필수적으로 고려되어야 한다.

49 대중교통중심개발(TOD)에 대한 설명이 틀린 것은?

① 철도역, 버스정류장 등 대중교통역과 대중교통노선의 거점을 중심으로 저밀도로 개발하여 쾌적성을 추구한다.
② 대중교통 수단으로 보행접근거리 및 시간을 단축시킴으로써 자동차에 대한 의존도를 줄일 수 있도록 한다.
③ 대중교통의 이용률을 높임으로써 교통 혼잡과 도시에너지 소비를 경감시킬 수 있도록 한다.
④ 생태적으로 민감한 지역이나 수변지, 양질의 자연환경을 보전하기 위하여 양호한 공지의 보전을 추구한다.

> **해설**
> 대중교통중심개발(TOD)은 고밀도개발을 기본전제로 한다.

50 신도시의 개발 목적으로 가장 거리가 먼 것은?

① 저개발지역의 발전을 촉진하여 지역발전의 거점으로 성장시키고자 하는 경우
② 대도시에 인구나 산업의 집중을 꾀하고자 하는 경우
③ 새로운 산업기지로 발전시켜 고용기회를 확대하고 주민의 소득 증대를 꾀하고자 하는 경우
④ 국가적 필요에 따라 신수도로 활용하기 위하여 도시를 새로 개발하는 경우

> **해설**
> 신도시 입지를 선정할 때는 기존 대도시의 집중이 아닌 분산 및 균형 발전을 그 목적으로 한다.

51 델파이법(Delpi method)에 대한 설명이 틀린 것은?

① 조사하고자 하는 특정 사항에 대해 전문가 집단을 대상으로 반복 앙케이트를 통해 의견(직관)을 수집하는 방법이다.
② 우수한 전문가는 전문분야에 대하여 훌륭하게 전망한다는 것, 예측을 하는데 회의 방식보다 서면을 통한 앙케이트(설문)방식이 올바른 결론에 도달할 가능성이 높다는 가정을 근거로 삼는다.
③ 토론의 경우 일어나기 쉬운 심리적 교란의 염려가 크다는 단점이 항시 존재한다.
④ 최초의 앙케이트를 반복 수렴하므로 여러 사람의 판단이 피드백되기 때문에 결론을 의미있게 받아들일 수 있다는 장점이 있다.

> **해설**
> 델파이(Delphi) 방법은 전문가 집단을 대상으로 반복 설문조사를 시행하므로 토론에 의한 심리교란의 우려가 없다.

52 일반적으로 도시개발의 유형을 신개발과 재개발로 분류하는 기준은?

① 개발 주체에 따른 분류
② 개발 대상지의 상태에 따른 분류
③ 토지의 용도에 따른 분류
④ 토지의 취득방식에 따른 분류

> **해설**
> 도시개발은 개발대상지별로 신개발과 재개발로 구분하고, 개발형태별로 신개발사업과 재개발사업으로 구분한다.

53 다음 중 도시마케팅의 고객이 아닌 것은?

① 주민   ② 지방자치단체
③ 투자기업   ④ 관광객 및 방문객

> **해설**
> 도시마케팅의 고객은 크게 투자기업, 관광객 및 방문객, 주민 등으로 구분될 수 있다. 도시마케팅에서는 도시정부(지방자치단체) 혹은 도시 내의 공·사적 주체가 목표 시장에 대해 경쟁 도시보다 효율적으로 상품을 제공하고 만족을 극대화하기 위해 효율적으로 관리한다. 지방자치단체는 주체적 입장이므로 고객이라고 보기 어렵다.

54 환지계획구역의 면적이 1,000m², 보류지의 면적이 400m², 시행자에게 무상귀속되는 공공시설면적이 150m²일 때, 환지계획구역의 평균 토지부담률은 약 얼마인가?

① 19.4% ② 29.4%
③ 39.4% ④ 49.4%

해설

토지부담률

$$= \frac{\text{보류지면적} - \text{시행자에게 무상귀속되는 공공시설 면적}}{\text{환지계획구역면적} - \text{시행자에게 무상귀속되는 공공시설 면적}} \times 100$$

$$= \frac{400 - 150}{1,000 - 150} \times 100 = 29.41\%$$

55 재개발사업의 시행 방법 중 수복재개발에 대한 설명으로 틀린 것은?

① 현재의 불량·노후상태가 관리나 이용부실로 발생된 경우 본래의 기능을 회복하기 위하여 시행한다.
② 기존 시설을 보존하면서 노후·불량화의 요인만을 제거한다.
③ 소극적인 도시재개발의 대표적인 예이다.
④ 부적당한 기존 환경을 제거하고 새로운 환경으로 대체하는 전형적인 도시재개발의 유형이다.

해설

수복재개발은 노후·불량화요인을 제거시키는 재개발을 말한다. 부적당한 기존 환경을 제거하고 새로운 환경으로 대체하는 전형적인 도시재개발은 철거재개발(전면재개발, Redevelopment)이다.

56 도시개발의 사업성 분석을 위한 사업성 평가 지표중, 순현재가치(FNPV)에 관한 설명으로 옳은 것은?

① 프로젝트로부터 발생하는 할인된 전체 수입을 할인된 전체 비용으로 나눈 값이다.
② 프로젝트로부터 발생하는 수입과 비용을 같게 만들어 주는 할인율이다.
③ 순현재가치가 1보다 크면 프로젝트의 사업성이 있고, 1보다 작으면 프로젝트의 사업성이 없는 것으로 평가한다.
④ 프로젝트로부터 발생하는 할인된 전체 수입에서 할인된 전체 비용을 뺀 값이다.

해설

FNPV는 프로젝트로부터 발생하는 할인된 전체 수입에서 할인된 전체 비용을 뺀 값이 0보다 큰 경우 사업성이 있다고 판단하는 기법이다. 수입을 비용으로 나누면 B/C 방법이고 그 숫자가 1보다 크면 사업성이 있는 것으로 판단한다. 수입과 비용을 같게 만들어 주는 할인율을 찾는 방법은 IRR이다.

57 도시개발을 신개발과 재개발로 구분할 때, 재개발에 대한 설명이 틀린 것은?

① 재개발은 신개발에 비해 그 절차가 간편하고 시간이 적게 걸린다.
② 재개발은 기존 시가지의 일부를 개수 혹은 재건축하고 시설을 확충하는 개발행위라고 할 수 있다.
③ 재개발의 유형은 재개발 대상의 공간적 범위와 토지이용, 재개발방식 등에 따라 여러 가지로 나눌 수 있다.
④ 재개발의 일반적인 목적은 주거 환경을 개선함으로써 주민의 주거안정을 도모하고 공동체적 삶의 질을 향상시키는 것이다.

해설

재개발은 신개발에 비해 그 절차가 복잡하고 시간이 많이 걸린다.

58 재건축사업을 위한 정비계획을 수립할 수 있는 해당 지역 조건이 아닌 것은?

① 건축물의 일부가 멸실되어 붕괴나 그 밖의 안전사고의 우려가 있는 지역
② 재해 등이 발생할 경우 위해의 우려가 있어 신속히 정비사업을 추진할 필요가 있는 지역
③ 노후·불량건축물의 수가 전체 건축물 수의 2분의 1이상이고, 노후·불량건축물의 연면적의 합계가 전체 건축물의 연면적 합계의 3분의 2 이상인 지역
④ 노후·불량건축물로서 기존 세대수가 200세대 이상이거나 그 부지면적이 1만제곱미터 이상인 지역

해설

재건축사업을 위한 정비계획을 수립할 수 있는 해당 지역 조건은 노후·불량건축물이 당해 지역 안에 있는 건축물수의 2/3 이상이거나, 노후·불량건축물이 당해 지역 안에 있는 건축물의 1/2 이상으로서 준공 후 15년 이상이 경과한 다세대 주택 및 다가구 주택이 당해 지역 안에 있는 건축물 수의 3/10 이상이어야 한다.

정답 54 ② 55 ④ 56 ④ 57 ① 58 ③

59 부동산 투자 중 자본의 성격은 대출투자(debt financing)이고 운용시장의 형태는 공개시장(public market)으로 이루어지는 투자 유형은?

① 부동산 투자회사　② 상업용저당채권
③ 사모부동산펀드　④ 직접대출

해설

부동산 투자의 유형

구분	공개시장 (Public Market)	민간시장(Private Market)
자본투자 (Equity Financing)	부동산투자회사(REITs) 부동산간접투자기구	직접투자 사모부동산펀드
대출투자 (Debt Financing)	상업용 저당채권(CMBS) 부동산간접투자기구	직접대출(Loans) 사모부동산펀드

60 공업화의 진전과 교통수단의 발달 등으로 교외지역의 도시개발이 활성화되며, 이에 따라 신시가지 또는 신도시에 대한 개발수요가 높아지는 도시화의 단계는?

① 교외화 단계　② 도시화 단계
③ 재도시화 단계　④ 반도시화 단계

해설

분산적도시화(교외화, Sub-urbanization)를 가능하게 하는 것은 도시교통기관의 발달 때문이다. 분산적 도시화가 지속되면 인구가 밀집한 외곽지역을 중심으로 부도심이나 지구중심이 형성되어 도시구조는 다핵화 현상으로 발전하게 된다. 이로 인해 도심공동화(都心空洞化, Donut Phenomenon)현상이 야기되고 이는 결국 신도시 건설수요의 증가로 이어진다.

제4과목 국토 및 지역계획

61 후버와 지아라타니(Hoover & Giaratani)가 주장한 전형적인 문제지역에 대한 설명으로 옳은 것은?

① 낙후지역은 산업화의 수준은 미약하고 인구는 과잉상태로 되어 있는 지역을 말한다.
② 침체지역은 산업화되지 않은 상태에서 인구가 집중하여 전체적인 침체를 겪는 지역이다.
③ 과열성장지역은 인구는 감소하나 산업은 계속 성장하는 지역을 말한다.
④ 번성지역은 인구와 산업이 급속히 성장하는 지역을 말한다.

해설

낙후지역은 지역개발계획에서 다른 지역의 일반적인 사회, 경제적인 지표의 수준 이하에 머물러 있는 지역으로 산업화 수준은 미약하고 인구는 과잉상태로 되어 있는 지역을 말한다.

62 기반부문 고용 인구 50,000명, 비기반부문 고용 인구 75,000명, 총 인구수가 250,000명일 때 경제기반이론에 의한 기반승수는?

① 0.75　② 1.5
③ 2.5　④ 5.0

해설

$$경제기반승수 = \frac{기반인구+비기반인구}{기반인구}$$
$$= \frac{50,000+75,000}{50,000} = 2.5$$

63 다음 중 프랑스 파리권의 집중 억제를 위하여 실시한 정책이 아닌 것은?

① 오스만의 파리대개조계획
② 파리소재 대학의 지방이전
③ 신축 건물에 대한 부담금제도
④ 일정 규모 이상의 기업체의 신·증축 시 사전허가제 적용

해설

파리대개조계획은 도시환경을 개선하기 위한 계획이었다.

64 지역계획과정에서 주민 참여의 기대 효과로 볼 수 없는 것은?

① 주민요구에 대한 행정책임의 면제
② 주민의 심리적 욕구충족과 주체성 회복
③ 주민의 지지와 협조를 통한 집행의 효율화
④ 주민요구를 통한 행정 수요 파악으로 사업의 우선순위 결정에 도움

해설

주민참여에 따른 의견수렴과 실제 주민이 원하는 지역을 만들 수 있다는 순기능을 갖지만, 문제가 발생했을 때 주민이 요구한대로 사업진행을 했다는 사실로 행정처리상의 책임을 면제 받을 수는 없다.

65 베버(Alfred Weber)의 공업입지론에서 공장의 최적입지를 결정하는 세 가지 요인에 해당하지 않는 것은?

① 소비자 규모
② 노동비
③ 집적의 이익
④ 운송비

해설

알프레드 베버(A. Weber)의 공업입지이론의 입지결정인자는 수송비, 노동비, 집적이익(집적경제)이다.

66 제4차 국토종합계획(2000~2020)에서 설정한 광역권과 그 개발방향이 옳은 것은?

① 부산·울산·경남권 – 환동해경제권의 국제교류 거점 강화
② 광주·목포권 – 중국 및 동남아경제권과의 국제교류거점 육성
③ 대구·포항권 – 국제적 휴양·관광거점으로 육성
④ 대전·청주권 – 관광문화자원을 활용한 국제자유도시 기반 조성

해설

부산·울산·경남권 – 국제항 확충 및 국제교육 증대를 통한 국제기능 강화
강원·동해안권 – 환동해경제권의 국제교류거점 강화
광주·목포권 – 중국 및 동남아경제권과의 국제교류거점 육성
대구·포항권 – 환동해경제권에 대비한 국제경제거점 육성
국내 및 동아시아 관광 휴양 중심거점으로 육성 – 국제적 휴양·관광거점으로 육성
대전·청주권 – 국가중추행정 및 업무기능 수용기반 구축
중부내륙광역권 – 관광문화자원을 활용한 국제자유도시

67 다음 중 수자원의 효율적 이용 및 개발에 있어 가장 바람직한 개발 방향은?

① 경제성장을 주도하는 공업 부문의 지원을 강화하기 위하여 공업 용수원 확충을 우선 집중적으로 개발하여야 한다.
② 수계단위의 일관성 있는 종합개발에 의한 광역 용수 개발과 대단위 용수 공급망을 확충하여야 한다.
③ 수자원의 이용률을 제고하기 위해 상류에 댐을 건설하는 것 보다 하구언 건설을 먼저 시행하여야 한다.
④ 지하수는 수자원으로 볼 수 없으므로 수자원개발계획에서 제외시켜도 무방하다.

해설

제4차 국토종합계획 수정계획(2006~2020)에서 계획목표의 실현을 위한 6대 추진전략 중 5번째 항목으로 지속가능한 국토 및 자원관리를 선정하고 있다. 이 목표에서 수자원의 효율적 관리를 제시하고 있으며 국토종합계획인만큼 일관성있는 종합개발을 기초로 하여 광역 용수 개발과 대단위 용수 공급망을 확충할 것을 제안하고 있다.

68 다음 중 독일의 도시계획관련 제도로 가장 적당한 것은?

① ZAC
② PUD
③ F - plan과 B - plan
④ Structure Plan과 Local Plan

해설

F - plan과 B - plan은 독일의 도시계획 관련 제도를 말하는 것으로 토지이용계획(F-plan ; Flachennutzungs plan), 지구상세계획(B-plan ; Bebaungs plan)을 의미한다.

69 지역발전이론 중 중심지와 주변의 관계를 중요시하며, 기술혁신의 파급 과정이 지역 성장의 기초와 밀접하다고 보는 접근법은?

① 주민중심적 개발론
② 종속이론
③ 지속가능한 개발이론
④ 기본수요이론

해설

종속이론은 중심과 주변의 관계는 종속관계이며 이 불평등 관계가 항구적인 현상임을 강조한 신 지역발전이론(비판적 지역성장이론)으로 1960년대 등장하였다. 특히 기술혁신의 파급 과정이 지역 성장의 기초와 밀접하다고 보았다.

70 성장거점개발론에 있어서 성장극(Growth Pole)이라는 개념을 주장한 학자는?

① William Alonso
② Hugh O.Nourse
③ Francois Perroux
④ Torsten Haegerstrand

정답 65 ① 66 ② 67 ② 68 ③ 69 ② 70 ③

해설
성장거점이론은 초기 페로우(Francois Perroux)에 의해 경제적 차원에서 다루어졌으며 이때 성장극(Growth Pole)이란 경제적 지배력을 가질 만큼 큰 규모의 대기업이나 다른 산업보다 빠른 성장속도를 갖는 산업으로서 자체적으로 성장을 유도하고 이를 연관산업으로 전파하여 전체 산업을 성장하게 하는 대기업이나 선도산업을 말하였다.

71 A국가의 인구 센서스 결과, 1위 도시의 인구는 9백8십만명이고 5위 도시의 인구는 1백4십만명이었다. 순위규모법칙에 따른 q값은 얼마인가? (단, log5=0.7, log7=0.8 이다.)

① 0.62 ② 0.88
③ 1.14 ④ 2.67

해설

$P_r (r번째\ 순위도시인구) = \dfrac{P_L}{r^q}$

$= \dfrac{최상위\ 도시의\ 인구}{도시순위^q}$

$P_5 = 1,400,000 = \dfrac{9,800,000}{5^q}$

$5^q = \dfrac{9,800,000}{1,400,000} = 7$

log를 취하면

$q\log 5 = \log 7,\ q = \dfrac{\log 7}{\log 5} = \dfrac{0.8}{0.7} = 1.143,\ 약 1.14$

72 주거기능·상업기능·공업기능·유통물류기능·관광기능·휴양기능 등을 집중적으로 개발·정비할 필요가 있을 때 지정하는 용도지구는?

① 개발진흥지구 ② 보존지구
③ 시설보호지구 ④ 특정용도제한지구

해설
국토의 계획 및 이용에 관한 법률 제37조(용도지구의 지정) 에 의거
① 국토교통부장관, 시·도지사 또는 대도시 시장은 다음 각 호의 어느 하나에 해당하는 용도지구의 지정 또는 변경을 도시·군관리계획으로 결정한다. 〈개정 2011. 4. 14., 2013. 3. 23., 2017. 4. 18.〉
7. 개발진흥지구 : 주거기능·상업기능·공업기능·유통물류기능·관광기능·휴양기능 등을 집중적으로 개발·정비할 필요가 있는 지구

73 국토기본법에서 정한 국토관리의 기본 이념으로 적합하지 않은 것은?

① 국토의 균형있는 발전
② 환경친화적인 국토관리
③ 국토에 따른 사회체제의 개혁
④ 경쟁력 있는 국토여건의 조선

해설
국토계획은 국토의 균형 있는 발전과 경쟁력 있는 국토 여건의 조성, 환경친화적 국토관리를 그 기본방향으로 한다.

74 인구이동모형에 대한 설명으로 틀린 것은?

① 마코브모형(Markovian Models)은 인구 이동의 원인을 설명하기보다 동태적 인구 이동과정을 서술하고 그를 토대로 예측하는데 공헌하였다.
② 로리(Lowry)모형은 일반적인 경제적 변수와 중력모형의 변수를 결합한 모형으로 미국 대도시 지역 간의 인구이동을 설명하였다.
③ 토다로(M. Todaro)는 도·농간 실제 소득의 차이가 인구이동을 결정한다고 분석했다.
④ 모릴(Morril)은 인구이동에 미치는 비경제적 변수에 연구의 초점을 두었다.

해설
토다로(M. Todaro)는 지역 간 인구이동을 지역 간의 기대소득 격차에 의해 발생한다고 주장하였다.

75 지역의 소득격차를 측정하는 방법 또는 지표가 아닌 것은?

① 지니계수   ② 허프모형
③ 로렌츠곡선 ④ 쿠즈네츠비

해설
지역의 소득격차를 측정하는 방법
• 파레토계수, 로렌츠계수, 지니의 집중계수, 쿠즈네츠의 비, 테일의 지수 등이 사용
• 허프 모형은 경제활동의 공간적 배분 시 사용

76 부드빌(Boudeville)이 정의한 지역구분에 해당하지 않는 것은?

① 동질지역(homogeneous region)
② 결절지역(nodal region)
③ 계획지역(planning region)
④ 추진지역(propulsive region)

해설
부드빌(O. Boudevile)은 지역을 동질지역(同質地域, Homogeneous Area), 결절지역(結節地域, Node Region), 계획지역(計劃地域, Planning Region)으로 구분하였다.

77 결절지역(Nodal region)내 중심지의 크기와 그 지점 간의 거리에 대한 관계를 언급한 레일리(W. J. Reilly)의 법칙에 대한 설명으로 옳은 것은?

① 두 중심 지점 간의 흐름은 그 중심 지점의 크기와 지점 간의 거리의 제곱에 비례한다.
② 두 중심 지점 간의 흐름은 그 중심 지점의 크기에 비례하고 그 지점 간의 거리의 제곱에 반비례한다.
③ 두 중심 지점 간의 흐름은 그 중심 지점의 크기에 반비례하고 그 지점 간의 거리의 제곱에 비례한다.
④ 두 중심 지점 간의 흐름은 그 중심 지점의 크기와 지점 간의 거리의 제곱에 반비례한다.

해설
레일리의 법칙은 만유인력법칙을 이용한 방법으로 두 중심 지점 간의 흐름은 그 중심 지점의 크기에 비례하고 그 지점 간의 거리의 제곱에 반비례한다는 법칙이다.
$$R = \frac{A시의 인구}{x^2} = \frac{B시의 인구}{(A시와의 거리 - x)^2}$$

78 아래의 설명에 해당하는 개발계획은?

- 산업 및 생활기반시설 등이 다른 지역에 비해 현저히 낙후된 지역을 종합적으로 개발함으로써 지역주민의 소득증대와 복지향상을 기하고 지역 간 격차를 해소하여 국토의 균형 있는 발전을 도모함을 목적으로 하였다.
- 1988년에 관련법률이 제정·공포되었고, 1990년에는 10개년 계획이 확정되었다.

① 오지종합개발계획
② 접경지역개발계획
③ 도서종합개발계획
④ 개발밀도정비계획

해설
오지개발촉진법에 의한 오지종합개발계획에 대한 내용이다. 산업 및 생활기반시설 등이 다른 지역에 비하여 현저히 낙후된 오지지역을 종합적으로 개발함으로써 지역주민의 소득증대와 복지향상을 기하고, 지역 간 격차를 해소하여 국토의 균형 있는 발전을 도모하기 위하여 수립되었고, 1990년에 10개년 계획이 확정되었으나 2007년 11월 폐지되었다.

79 수도권정비계획법상 국토교통부장관이 수도권 정비계획안의 입안 시 포함되는 사항이 아닌 것은? (단, 각 사항에 대한 계획의 집행 및 관리에 관한 사항과 대통령령으로 정하는 수도권 정비에 관한 사항은 고려하지 않는다.)

① 인구와 산업 등의 배치에 관한 사항
② 광역적 교통시설의 정비에 관한 사항
③ 환경 보전에 관한 사항
④ 개발이익의 환수 시기 및 방법에 관한 사항

해설
수도권정비계획법 제4조(수도권정비계획의 수립)
① 국토교통부장관은 수도권의 인구 및 산업의 집중을 억제하고 적정하게 배치하기 위하여 중앙행정기관의 장과 서울특별시장·광역시장 또는 도지사(이하 "시·도지사"라 한다)의 의견을 들어 다음 각 호의 사항이 포함된 수도권정비계획안을 입안한다. 〈개정 2013.3.23.〉
1. 수도권 정비의 목표와 기본 방향에 관한 사항
2. <u>인구와 산업 등의 배치에 관한 사항</u>
3. 권역(圈域)의 구분과 권역별 정비에 관한 사항
4. 인구집중유발시설 및 개발사업의 관리에 관한 사항
5. <u>광역적 교통 시설과 상하수도 시설 등의 정비에 관한 사항</u>
6. <u>환경 보전에 관한 사항</u>
7. 수도권 정비를 위한 지원 등에 관한 사항
8. 제1호부터 제7호까지의 사항에 대한 계획의 집행 및 관리에 관한 사항
9. 그 밖에 대통령령으로 정하는 수도권 정비에 관한 사항
→ 개발이익의 환수 시기 및 방법에 관한 사항은 개발이익의 환수에 관한 법률에 의해 정한다.

80 농업의 입지패턴을 통해 토지이용에 대한 최초의 규범적 이론 정립을 시도한 독일의 학자는?

① 튀넨 ② 뢰쉬
③ 그린허트 ④ 르퍼버

해설
본 튀넨(Von Thüen)은 농업입지론(1차 산업 입지이론)에서 1차 산업인 농업적 토지이용을 바탕으로 도시의 정주체계를 설명하였고, 토지이용패턴이 시장으로부터의 거리에 따라 분화됨을 설명하였다. 뢰쉬는 경제지역이론, 그린헛은 수익극대화이론을 주장하였다.

정답 77 ② 78 ① 79 ④ 80 ①

제5과목 도시계획관계법규

81 도시개발채권에 대한 설명으로 틀린 것은?

① 지방자치단체의 장은 도시개발사업에 필요한 자금을 조달하기 위하여 도시개발채권을 발행할 수 있다.
② 도시개발채권의 소멸시효는 상환일부터 기산하여 원금은 2년, 이자는 5년으로 한다.
③ 시·도지사가 도시개발채권을 발행하려는 경우 행정안전부장관의 승인을 받아야 한다.
④ 도시개발채권의 상환은 5년부터 10년까지의 범위에서 지방자치단체의 조례로 정한다.

> **해 설**
> 도시개발채권의 소멸시효는 상환일부터 기산(起算)하여 원금은 5년, 이자는 2년으로 한다.

82 도시개발법령에 따라 도시개발구역의 지정 대상 지역 및 규모 기준이 옳은 것은?

① 도시지역 중 주거지역 : 3만 제곱미터 이상
② 도시지역 중 공업지역 : 5만 제곱미터 이상
③ 도시지역 중 자연녹지지역 : 1만 제곱미터 이상
④ 도시지역 외의 지역 : 66만 제곱미터 이상

> **해 설**
> 도시개발구역의 규모는 도시지역의 경우 주거지역, 상업지역, 자연녹지·생산녹지는 1만 m² 이상, 공업지역은 3만 m² 이상이다. 도시지역 외의 지역은 30만 m² 이상이다.

83 관광진흥법상 시·도지사가 권역별 관광개발계획의 수립 시 포함하여야 하는 사항에 해당하지 않는 것은?

① 환경보전에 관한 사항
② 관광권역(觀光圈域)의 설정에 관한 사항
③ 관광자원의 보호·개발·이용·관리 등에 관한 사항
④ 관광지 및 관광단지의 조성·정비·보완 등에 관한 사항

> **해 설**
> 관광권역(觀光圈域)의 설정에 관한 사항은 문화체육관광부장관이 수립하는 관광개발기본계획의 수립 시에 포함하여야 하는 사항이다.

84 주차장법상 '주차장'의 정의에 따른 종류에 해당하지 않는 것은?

① 부설주차장 ② 노상주차장
③ 지하주차장 ④ 노외주차장

> **해 설**
> 주차장법 제2조(정의) 조항에 의한 주차장은 노상, 노외, 부설주차장을 말한다.

85 개발제한구역의 지정에 따른 매수가격의 산정을 위한 감정평가 등에 드는 비용을 부담하는 자는?

① 대통령
② 국무총리
③ 국토교통부장관
④ 해당 지역의 시장·군수

> **해 설**
> 개발제한구역의 지정 및 관리에 관한 특별조치법 제19조(비용의 부담) 1항에 의거 국토교통부장관은 매수가격의 산정을 위한 감정평가 등에 드는 비용을 부담한다.

86 주택법 및 주택법령에 따른 주택 유형에 관한 설명이 틀린 것은?

① 공동주택이라 함은 다가구주택과 아파트를 지칭한다.
② 아파트는 주택으로 쓰는 층수가 5개 층 이상인 주택을 말한다.
③ 연립주택과 다세대주택은 1개 동의 바닥면적 합계 규모에 따라 구분된다.
④ 다세대주택은 주택으로 쓰는 1개 동의 바닥면적 합계가 660제곱미터 이하이고, 층수가 4개 층 이하인 주택을 말한다.

> **해 설**
> 건축법 시행령 별표1 용도별 건축물의 종류(제3조의5 관련) 조항에 의거 공동주택이라 함은 아파트, 연립주택, 다세대주택, 기숙사를 말한다.

정답 81 ② 82 ③ 83 ② 84 ③ 85 ③ 86 ①

87 다음 중 도시개발사업의 시행자가 될 수 없는 자는?

① 국가나 지방자치단체
② 「지방공기업법」에 따라 설립된 지방공사
③ 도시개발구역의 토지 소유자
④ 해당 도시개발구역의 토지면적의 2분의 1 이상에 해당하는 토지소유자와 그 구역의 토지 소유자 총수의 2분의 1 이상의 동의를 얻어 구성된 토지 소유자의 조합

해 설
도시개발법 제11조 1항에 의거 도시개발사업의 시행자는 국가나 지방자치단체, 대통령령으로 정하는 공공기관, 대통령령으로 정하는 정부출연기관, 「지방공기업법」에 따라 설립된 지방공사, 도시개발구역의 토지소유자가 도시개발을 위하여 설립한 조합이 될 수 있다. 이 때, 조합이 시행자로 지정받을 수 있는 경우는 도시개발사업의 전부를 환지 방식으로 시행하는 경우에만 해당한다.

88 국토의 계획 및 이용에 관한 법령상 도시·군 관리계획도서 중 계획도를 작성하는 기준으로 옳은 것은?

① 축척 1천분의 1 지형도에 도시·군관리계획 사항을 명시한 도면으로 작성하여야 한다.
② 축척 6백분의 1 지적도에 도시·군관리계획 사항을 명시한 도면으로 작성하여야 한다.
③ 축척 1만분의 1 지형도에 도시·군관리계획 사항을 명시한 도면으로 작성하여야 한다.
④ 축척 1천2백분의 1 항공측량도에 도시·군관리계획 사항을 명시한 도면으로 작성하여야 한다.

해 설
계획도는 축척 1천분의 1 또는 축척 5천분의 1(축척 1천분의 1 또는 축척 5천분의 1의 지형도가 간행되어 있지 아니한 경우에는 축척 2만5천분의 1)의 지형도(수치지형도를 포함한다. 이하 같다)에 도시·군관리계획사항을 명시한 도면으로 작성하여야 한다.

89 도시·군계획시설의 결정에 관한 기준이 틀린 것은?

① 둘 이상의 도시·군계획시설을 같은 토지에 함께 결정할 수 없다.
② 도시·군계획시설이 위치하는 지역의 적정하고 합리적인 토지이용을 촉진하기 위하여 필요한 경우에는 도시·군계획시설이 위치하는 공간의 일부만을 구획하여 도시·군계획시설결정을 할 수 있다.
③ 입체적 도시·군계획시설을 설치하고자 하는 때에는 미리 토지소유자, 토지에 관한 소유권 외의 권리를 가진 자 및 그 토지에 있는 물건에 관하여 소유권 그 밖의 권리를 가진 자와 구분지상권의 설정 또는 이전 등을 위한 협의를 하여야 한다.
④ 건축물인 도시·군계획시설은 그 구조 및 설비가 건축법에 적합하여야 한다.

해 설
도시·군계획시설의 결정·구조 및 설치기준에 관한 규칙 제3조(도시·군계획시설의 중복결정)에 의거 토지를 합리적으로 이용하기 위하여 필요한 경우에는 둘 이상의 도시·군계획시설을 같은 토지에 함께 결정할 수 있다.

90 인구와 산업이 밀집되어 있거나 밀집이 예상되어 그 지역에 대하여 체계적인 개발·정비·보전 등이 필요한 지역에 지정하는 용도지역은?

① 관리지역
② 도시지역
③ 농림지역
④ 자연환경보전지역

해 설
1. 관리지역 : 도시지역의 인구와 산업을 수용하기 위하여 도시지역에 준하여 체계적으로 관리하거나 농림업의 진흥, 자연환경 또는 산림의 보전을 위하여 농림지역 또는 자연환경보전지역에 준하여 관리할 필요가 있는 지역
2. <u>도시지역 : 인구와 산업이 밀집되어 있거나 밀집이 예상되어 그 지역에 대하여 체계적인 개발·정비·관리·보전 등이 필요한 지역</u>
3. 농림지역 : 도시지역에 속하지 아니하는 「농지법」에 따른 농업진흥지역 또는 「산지관리법」에 따른 보전산지 등으로서 농림업을 진흥시키고 산림을 보전하기 위하여 필요한 지역
4. 자연환경보전지역 : 자연환경·수자원·해안·생태계·상수원 및 문화재의 보전과 수산자원의 보호·육성 등을 위하여 필요한 지역

91 다른 법률에 따라 따로 계획이 수립된 도서로, 도 종합계획을 수립하지 아니할 수 있는 곳은?

① 기업도시개발특별법에 따른 기업도시
② 제주특별자치도 설치 및 국제자유도시 조성을 위한 특별법에 따른 종합계획이 수립되는 제주특별자치도
③ 경제자유구역의 지정 및 운영에 관한 법률에 따른 사업계획이 수립되는 경기도
④ 신행정수도 후속대책을 위한 연기·공주지역 행정중심복합도시 건설을 위한 특별법에 따른 행정중심복합도시

정답 87 ④ 88 ① 89 ① 90 ② 91 ②

해설

국토기본법 제13조제1항, 국토기본법 시행령 제5조제1항에 의거 「수도권정비계획법」 제4조에 따른 수도권정비계획이 수립되는 경기도와 「제주특별자치도 설치 및 국제자유도시 조성을 위한 특별법」 제140조제1항에 따른 종합계획이 수립되는 제주특별자치도는 도종합계획을 수립하지 아니할 수 있다.

92 도시·군계획시설 결정을 할 때, 시설의 기능 발휘를 위해 설치하는 중요한 세부시설에 대한 조성 계획을 함께 결정하지 않아도 되는 것은?

① 항만
② 유원지
③ 유통업무설비
④ 폐기물처리시설

해설

도시·군계획시설의 결정·구조 및 설치기준에 관한 규칙 제2조(도시·군계획시설결정의 범위) 조항에 의거 <u>항만</u>, 공항, <u>유원지</u>, <u>유통업무설비</u>, 학교, 체육시설, 문화시설에 대해서는 시설의 기능발휘를 위하여 설치하는 중요한 세부시설에 대한 조성계획을 함께 결정해야 한다

93 도시개발법상 환지 처분의 효과와 관련한 아래 내용에서 ㉠에 공통으로 들어갈 내용으로 옳은 것은?

(제1항) 환지 계획에서 정하여진 환지는 그 환지처분이 공고된 날의 다음 날부터 종전의 토지로 보며, 환지 계획에서 환지를 정하지 아니한 종전의 토지에 있던 권리는 그 환지처분이 공고된 날이 끝나는 때에 소멸한다.
(제2항) (생략)
(제3항) 도시개발구역의 토지에 대한 (㉠)은 제1항에도 불구하고 종전의 토지에 존속한다. 다만, 도시개발사업의 시행으로 행사할 이익이 없어진 (㉠)은 환지처분이 공고된 날이 끝나는 때에 소멸한다.

① 지역권
② 전세권
③ 지상권
④ 점유권

해설

도시개발법 제42조(환지처분의 효과) 제3항에 의거 도시개발구역의 토지에 대한 <u>지역권(地役權)</u>은 제1항에도 불구하고 종전의 토지에 존속한다. 다만, 도시개발사업의 시행으로 행사할 이익이 없어진 <u>지역권</u>은 환지처분이 공고된 날이 끝나는 때에 소멸한다.

94 산업단지의 지정 또는 변경에 관한 주민 등의 의견청취를 위한 공고가 있는 지역 및 산업단지 안에서 특별시장·광역시장·특별자치시장·특별자치도지사·시장 또는 군수의 허가를 받아야 하는 행위 대상 기준이 아닌 것은?

① 죽목의 식재
② 토지의 굴착
③ 토지분할
④ 이동이 용이한 물건을 3월 이상 쌓아놓는 행위

해설

산업입지 및 개발에 관한 법률 시행령 제14조(행위허가의 대상) 제1항 조항에 의거 건축물의 건축 등, 공작물의 설치, 토지의 형질변경, 토석의 채취, 토지분할, 물건을 쌓아놓는 행위, 죽목의 벌채 및 식재 행위를 할 경우에는 특별시장·광역시장·특별자치시장·특별자치도지사·시장 또는 군수의 허가를 받아야 한다.

95 개발밀도관리구역 지정 지역 기준이 틀린 것은?

① 당해 지역의 도로서비스 수준이 매우 낮아 차량통행이 현저하게 지체되는 지역
② 당해 지역의 도로율이 국토교통부령이 정하는 용도지역별 도로율에 20% 이상 미달하는 지역
③ 향후 2년 이내에 당해 지역의 하수발생량이 하수시설의 시설용량을 초과할 것으로 예상되는 지역
④ 향후 2년 이내에 당해 지역의 학생수가 학교수용능력을 50% 이상 초과할 것으로 예상되는 지역

해설

국토의 계획 및 이용에 관한 법률 시행령 제63조(개발밀도관리구역의 지정기준 및 관리방법) 조항에 의거 개발밀도관리구역은 도로·수도공급설비·하수도·학교 등 기반시설의 용량이 부족할 것으로 예상되는 지역 중 기반시설의 설치가 곤란한 지역으로서 다음 각 목의 다음 각 목의 하나에 해당하는 지역에 대하여 지정할 수 있도록 하여야 한다.
<u>마. 향후 2년 이내에 당해 지역의 학생 수가 학교수용능력을 20퍼센트 이상 초과할 것으로 예상되는 지역</u>

96 주택가격상승률이 물가상승률보다 현저히 높은 지역으로서 지역의 주택가격·주택거래 등과 지역 주택시장 여건 등을 고려하였을 때 주택가격이 급등하거나 급등할 우려가 있는 지역 중 대통령령으로 정하는 기준을 충족하는 지역에 대하여

지정하는 것은?

① 최저주거기준 적용 지역
② 분양가상한제 적용 지역
③ 기반시설 부담금 적용 지역
④ 장수명 주택 의무공급 적용 지역

해설
주택법 제58조제1항에 의거 국토교통부장관은 주택가격상승률이 물가상승률보다 현저히 높은 지역으로서 그 지역의 주택가격·주택거래 등과 지역 주택시장 여건 등을 고려하였을 때 주택가격이 급등하거나 급등할 우려가 있는 지역 중 대통령령으로 정하는 기준을 충족하는 지역은 주거정책심의위원회 심의를 거쳐 분양가상한제 적용 지역으로 지정할 수 있다.

97 수도권정비계획법상 대규모 개발사업에 대한 규제에 관하여 아래의 ㉠과 ㉡에 들어갈 말이 모두 옳은 것은?

> 관계 행정기관의 장은 수도권에서 대규모개발 사업을 시행하거나 그 허가등을 하려면 그 개발 계획을 (㉠)의 심의를 거쳐 (㉡)과(와) 협의하거나 승인을 받아야 한다. 국토교통부 장관이 대규모개발사업을 시행하거나 그 허가 등을 하려는 경우에도 또한 같다.

① ㉠ 국토교통부장관, ㉡ 수도권정비위원회
② ㉠ 수도권정비위원회, ㉡ 국토교통부장관
③ ㉠ 도시계획위원회, ㉡ 시·도지사
④ ㉠ 시·도지사, ㉡ 도시계획위원회

해설
수도권정비계획법 제19조(대규모개발사업에 대한 규제) 조항에 의거 관계 행정기관의 장은 수도권에서 대규모 개발사업을 시행하거나 그 허가 등을 하려면 그 개발계획을 수도권정비위원회의 심의를 거쳐 국토교통부장관과 협의하거나 승인을 받아야 한다. 국토교통부장관이 대규모개발사업을 시행하거나 그 허가 등을 하려는 경우에도 또한 같다. 〈개정 2013. 3.23.〉

98 도시공원의 설치에 관한 도시·군관리계획이 결정되었을 때, 그 도시공원의 조성계획을 입안하여야 하는 자는?

① 관할 시장 또는 군수
② 시설관리공단 이사장
③ 국토교통부 장관
④ 행정안전부 장관

해설
도시공원 및 녹지 등에 관한 법률 제16조(공원조성계획의 입안)제1항에 의거 도시공원의 설치에 관한 도시·군관리계획이 결정되었을 때에는 그 도시공원이 위치한 행정구역을 관할하는 특별시장·광역시장·특별자치시장·특별자치도지사·시장 또는 군수는 그 도시공원의 조성계획을 입안하여야 한다.

99 수도권정비계획법에 따른 인구집중유발시설의 기준이 틀린 것은?

① 「고등교육법」에 따른 학교로서 대학, 산업대학, 교육대학 또는 전문대학
② 「산업집적활성화 및 공장설립에 관한 법률」에 따른 공장으로서 건축물의 연면적이 200m² 이상인 것
③ 중앙행정기관 및 그 소속 기관의 청사 중 건축물의 연면적이 1,000m² 이상인 것
④ 복합시설이 주용도인 건축물로서 그 연면적이 25,000m² 이상인 건축물

해설
산업집적활성화 및 공장설립에 관한 법률의 규정에 따른 공장으로서 건축물의 연면적이 500m² 이상인 것이어야 한다.

100 건축법 시행령상 공개공지등의 확보에 대한 설명으로 틀린 것은?

① 공개공지등의 면적은 대지면적의 100분의 20 이상의 범위에서 건축조례로 정한다.
② 매장문화재의 현지보존 조치 면적을 공개공지등의 면적으로 할 수 있다.
③ 연간 60일 이내의 기간 동안 건축조례로 정하는 바에 따라 주민들을 위한 문화행사를 열거나 판촉활동을 할 수 있다.
④ 모든 사람들이 환경친화적으로 편리하게 이용할 수 있도록 긴 의자 또는 조경시설 등 건축조례로 정하는 시설을 설치해야 한다.

해설
건축법 시행령 제27조의2(공개 공지 등의 확보) 제2항에 의거 공개공지등의 면적은 대지면적의 100분의 10 이하의 범위에서 건축조례로 정한다.

정답 97 ② 98 ① 99 ② 100 ①

3회 2020년 기출문제

제1과목 도시계획론

01 1893년 시카고에서 개최된 만국박람회를 계기로 D. Burnham의 도시디자인 철학에 따라 모든 도시들은 역사적 공간에 오픈 스페이스를 확보하고 광장과 정원에 분수를 설치하도록 하였으며 도시규모에 따라 공공건축물 규제하였던 것으로, 미국 도시설계의 기원을 이룬 것은?

① 도시미화운동
② 전원도시운동
③ 근린주구론
④ 이상도시론

해설
도시미화운동은 1933년 미국 시카고세계무역박람회의 개최를 계기로 하여 모든 도시들은 역사적 공간에 오픈스페이스를 확보하고, 건축예술의 강조, 가로광장 등의 문화적 조형과 도시공원의 건설을 추구하는 운동으로 다니엘 번햄(D. H. Burnham)이 주도하여 19C 말~20C 초까지 활발히 진행되었다.

02 현대도시와 관련한 계획가와 그들이 주장한 관련 계획 내용의 연결이 옳은 것은?

① 멈포드 – 근린주구단위계획
② 르 코르뷔제 – 대런던계획
③ 라이트 – 브로드 에이커 시티
④ 아베크롬비 – 보아잔 계획

해설
① 멈포드(L. Mumford) – 미국지역계획가협회
② 르 코르뷔지에(Le Corbusier) – 빛나는 도시
③ 라이트(F. L. Wright) – 브로드에이커시티(Broad acre City)
④ 아베크롬비(P. Abercrombie) – 대런던계획

03 도시공간구조이론과 이론가의 연결이 틀린 것은?

① 상쇄모형 – 윌리암스(M. Williams)
② 다핵모형 – 해리스(C. Harris)와 울만(E. Ulman)
③ 선형모형 – 호이트(H. Hoyt)
④ 동심원이론 – 버제스(E. Burgess)

해설
상쇄모형은 알론소(Alonso, 1964)에 의해 주장되었다.

04 계획이론 중 종합적 계획이 갖는 비현실성에 대한 비판과 보완에서 출발하여, 논리적 일관성이나 최적의 해결 대안을 제시하는 것보다는 지속적인 조정과 적용을 통하여 계획의 목표를 추구하는 접근 방법을 제시한 학자와 이론의 연결이 옳은 것은?

① 프리드만 : 교류적(Transactive) 계획
② 다비도프 : 옹호적(Advocacy) 계획
③ 팔루디 : 체계적(System) 계획
④ 린드블룸 : 점진적(Incremental) 계획

해설
논리적 일관성이나 최적의 해결대안을 제시하기보다는 지속적인 조정과 적응을 통한 계획의 목표를 추구하는 접근방법은 린드블럼의 점진적 계획이다.

05 국내 · 국제 · 북한의 주요 통계를 한 곳에 모아 이용자가 원하는 통계를 한 번에 찾을 수 있도록 통계청이 제공하는 one-stop 통계 서비스는?

① KOSIS
② KLIS
③ KOPSS
④ KOSPI

해설
KOSIS : KOrean Statistical Information Service 국가통계포털
KLIS : Korea Land Information System 한국 토지정보 시스템
KOPSS : KOrea Planning Support System 국토공간계획지원체계
KOSPI : Korea Composite Stock Price Index 종합주가지수

06 고대 그리스 도시국가에 관한 설명으로 틀린 것은?

① 아테네를 제외한 대부분의 폴리스는 소규모의 성벽에 의해 도시부와 전원부로 구분되는 형태를 취하였다.
② 도시 형태는 원칙적으로 정방형 또는 직사각형이며, 카르도와 데쿠마누스가 격자가로망의 기초이었다.
③ 시가지 내에는 아고라(Agora)라는 광장이 있어 정치 및 교역활동과 같은 다양한 용도로 사용되었다.
④ 밀레투스, 비잔티움, 시라쿠사, 네아폴리스, 알렉산드리아는 대표적인 그리스의 식민도시다.

정답 01 ① 02 ③ 03 ① 04 ④ 05 ① 06 ②

해설
카르도와 데쿠마누스는 "로마"를 4등분하는 십자형 간선도로이다.

07 변이할당분석에서 지역산업의 변화를 파악하는 세 가지 요인에 해당하지 않는 것은?

① 사회 인구학적 요인
② 국가 전체의 성장 요인
③ 산업 구조적 요인
④ 지역 경쟁력 요인

해설
변이할당분석에서는 총변화 효과, 즉 도시의 총소득(총 고용성장)은 국가경제성장효과+산업구조변화효과+도시입지경쟁력효과로 구성된다고 보았다. 따라서, 지역산업의 변화를 파악하는 세가지 요인은 국가 전체의 성장요인, 산업 구조적 요인, 지역 경쟁력 요인으로 볼 수 있다.

08 페리(C. A. Perry)가 주장한 근린주구이론에 대한 비판의 의견과 관계가 없는 것은?

① 근린주구단위가 교통량이 많은 간선도로에 의해 구획됨으로써 도시 안의 섬이 되었고, 이로써 가정의 욕구는 만족되었을지 몰라도 고용의 기회가 많이 줄어드는 계기가 되었다.
② 근린주구계획은 초등학교에 초점을 맞추고 있는데, 대부분 사회적 상호작용이 어린 학생으로부터 유발된 친근감을 통하여 시작 된다는 것은 불명확하다.
③ 지역 특성에 따른 다양한 형태의 주거단지와 대규모의 상업시설을 배치시킴으로써, 지역 커뮤니티를 와해시키는 결과를 초래하였다.
④ 미국에서 발달한 근린주구계획은 커뮤니티형성을 위하여 비슷한 계층을 집합시키는 계획이 이루어짐으로써 인종적 분리, 소득계층의 분리를 가져와 지역사회의 형성을 오히려 방해하였다.

해설
근린주구 이론은 생활양식의 다양성과 지역 특수성 반영이 미흡하고 도시정체성 확보 곤란하다는 문제점이 있다. 따라서, 다양한 형태의 주거단지와 대규모 상업시설을 배치하였다는 것은 근린주구이론에 대한 비판과 관계 없다.

09 도시정부의 예산편성제도 중 조직목표 달성에 중점을 두고 장기적인 계획수립과 단기적인 예산편성을 유기적으로 관련시킴으로써 자원 배분에 관한 의사결정을 합리적이고 일관성 있게 수행하는 것은?

① 계획예산제도
② 복식예산제도
③ 영기준예산제도
④ 성과주의 예산제도

해설
계획예산제도(PPBS ; Planning Programming Budgeting System)
• 도시정부의 예산편성제도 중 조직목표 달성에 중점을 둠
• 장기적인 계획 수립과 단기적인 예산편성을 유기적으로 혼합
• 자원배분에 관한 의사결정을 합리적이고 일관성 있게 행하려는 제도

10 도시성장관리의 주요 목적으로 가장 거리가 먼 것은?

① 어반스프롤(Urban Sprawl)의 방지
② 교통용량의 축소 및 개발 수요 억제
③ 도시민의 삶의 질 향상
④ 효율적인 도시 형태의 구축

해설
도시성장관리의 목적은 도시성장으로 인한 교통의 혼잡 가중 방지하여 어반 스프롤(Urban Sprawl)을 방지하고, 도시민의 생활의 질을 향상시키며, 궁극적으로 효율적인 도시 형태를 구축하는데 있다. 교통용량을 확장하게 되면 도시성장을 가중시켜 목적에 부합치 않은 결과를 초래하게 된다.

11 인구 성장의 상한선을 미리 상정한 후 미래 인구를 추계하는 인구 예측모형으로, S자형의 비대칭 곡선으로 이루어진 추세분석 모형은?

① 등차급수모형
② 곰페르츠모형
③ 로지스틱모형
④ 회귀모형

해설
곰페르츠 모형은 수정된 지수모형으로 지역인구가 처음에는 완만하게 증가하다 어느 시점을 지나면 급격히 증가하고 다시 완만하게 증가(비대칭 S자형 성장)하는 지역에 적용하는 모형이다.

12 도시개발사업 방식에 대한 아래의 설명에서 ㉠~㉣에 들어갈 용어가 순서대로 모두 옳게 나열된 것은?

정답 07 ① 08 ③ 09 ① 10 ② 11 ② 12 ③

(㉠)란 사업 시행 전에 존재하던 권리 관계에 변동을 가하지 않고 각 토지의 위치, 지적, 토지이용상황 및 환경 등을 고려하여 사업 시행 후 새로이 조성된 대지에 기존의 권리를 이전하는 행위를 말하며, 시행자가 도시개발사업에 필요한 경비를 충당하기 위하여 취득하여 집행 또는 매각하는 토지는 (㉡)라고 한다.
(㉡)에 따라 종전의 토지면적에 비해 (㉢)의 면적이 다소 감소하게 되는데, 이와 같이 토지구획정리에서 공공용지 조성에 소요된 만큼 권리자의 토지면적을 줄이는 것을 (㉣)라고 말한다.

① 환지 - 입체환지 - 체비지 - 감보
② 체비지 - 환지 - 체비지 - 감보
③ 환지 - 체비지 - 환지 - 감보
④ 체비지 - 입체환지 - 환지 - 감보

해설
- 환지 : 택지화가 되기 전 토지의 위치, 지목, 면적, 등급, 이용도 등의 필요사항을 고려하여 택지개발 후 개발된 감소 토지를 토지소유주에게 재배분하는 것으로 구획정리기법의 권리변환방식이다.
- 체비지 : 사업에 필요한 경비 조달, 공공시설 설치에 필요한 토지
- 감보 : 시행지구 내의 모든 토지소유자는 환지방식 개발사업으로 얻은 각각의 수익에 따라 사업비용의 충당과 공공시설의 설치를 위한 용지(체비지 또는 보류지)를 부담하여야 하는데, 이에 따라 종전의 토지면적에 비해 환지의 면적이 다소 감소하게 되는 경우가 있을 수 있다. 이러한 면적의 감소를 가리켜 감보(減步)라고 한다.

13 18~19세기에 제안된 이상도시의 계획가와 이상도시안에 대한 설명으로 옳은 것은?

① Robert Owen : 도시 대신 단일 건물인 팔란스테르(Phalanstere)를 제안하였다.
② Buckingham : 농업과 공업이 결합된 이상적 도시안인 이상공장촌을 제안하였다.
③ Ledoux : 산업혁명을 의식하여 새로운 생산체제를 도입한 이상도시 쇼우(Chaux)를 제안하였다.
④ C. Fourier : 근대건축기술이나 과학적 진보를 적극적으로 도입할 필요성을 제시하면서 유리로 덮인 도시 빅토리아(Victoria)를 제안하였다.

해설
① 오웬(Owen, Robert)의 협동마을(Village of Unity and Cooperation)
② 오웬(R.Owen)의 이상공장촌
③ 르두(C. N. Ledoux)의 쇼(Chaux)
④ 푸리에(Fourier, Charles)의 팔란스테르(Phalanstere)

14 지역의 기능별 입지조건에 대한 설명으로 가장 거리가 먼 것은?

① 상업지역 : 기능의 활성화를 위하여 접근성이 좋아야 한다.
② 녹지지역 : 생활권과 유기적으로 공원을 연결하고 녹지축을 형성해야 한다.
③ 주거지역 : 지역민이 가장 오랜 시간을 보내는 곳으로 안정성과 쾌적성이 좋아야 한다.
④ 공업지역 : 향후 확장에 따른 환경오염 피해를 최소화하기 위하여 대상 부지가 최대한 좁아야 한다.

해설
공업지역은 광대한 지역으로 지가가 저렴한 곳에 입지하여야 한다. 부지가 좁으면 공업지역으로서의 기능을 발휘하기 어렵다.

15 우리나라 도시계획제도의 성립과 변화 과정에 대한 설명으로 옳지 않은 것은?

① 근대 도시계획제도는 1934년 제정된 조선시가지계획령에서 비롯되었다.
② 1962년 도시계획법이 제정되면서 일제의 잔재를 청산하고 새로운 도시계획체계를 확립하였다.
③ 1981년 도시계획법이 전면 개정되면서 20년 장기의 도시기본계획수립을 제도화하였다.
④ 2002년 국토의 계획 및 이용에 관한 법률을 제정하면서 각각 다른 법률에 의하여 도시지역과 비도시지역으로 관리하도록 운영을 이원화하였다.

해설
2002년 국토의 계획 및 이용에 관한 법률을 제정하면서 종전 도시지역과 비도시지역으로 구분하여 도시계획법과 국토이용관리법으로 이원화되어 있던 법률을 통합하였다.

16 용적률이 600%이고 12층인 건축물의 건폐율은?

① 80% ② 40%
③ 50% ④ 60%

해설
$$건폐율 = \frac{용적률}{평균층수}, \quad 건폐율 = \frac{600\%}{12층} = 50\%$$

17 토지이용을 고도화하거나 특정 목적 달성을 위하여 부여한 토지용도의 취지를 개별 건축물에 구체적으로 반영하고자 하는 구역으로, 도시지역 내 지구단위계획구역을 지정할 수 있는 용도지구가 아닌 것은?

① 경관지구 ② 복합용도지구
③ 개발진흥지구 ④ 고도지구

해설
지구단위계획 수립지침 제2절 지구단위계획구역의 입안 및 지정 2-2-4 조항에 의거 도시지역내 지구단위계획구역을 지정할 수 있는 지역은 토지이용을 고도화하거나 특정 목적달성을 위하여 부여한 토지용도의 취지를 개별건축물에 구체적으로 반영하고자 하는 구역으로, 용도지구는 경관지구(법률 제14795호 「국토의 계획 및 이용에 관한 법률」부칙 제2조1항에 따라 경관지구로 지정된 것으로 보기 이전의 미관지구를 포함한다. 이하 같다)·고도지구·방화지구·방재지구·보호지구·취락지구·개발진흥지구·특정용도제한지구를 말한다.

18 토지이용계획의 역할과 목적으로 가장 거리가 먼 것은?

① 공공의 이익을 위해서 토지이용의 규제와 실행수단을 제시해 준다.
② 체계적인 계획과 도시의 발전을 도모하는 외연적 확산을 촉진시킨다.
③ 자연적으로 보존해야 하는 지역에 대해 토지이용에 대한 제한을 설정한다.
④ 도시의 현재와 미래 모습을 고려하여 적절한 용도지역을 부여하여 개발 및 관리를 추진한다.

해설
토지이용계획의 역할
• 도시의 현재와 미래 공간 구성
• 토지이용 규제와 실행수단 제시 : 지상·공중·지하의 3차원적 공간계획을 대상으로 하여 기능배치뿐만 아니라 밀도와 형태를 포함
• 지구단위계획에 대한 지침 제시 : 국토 및 지역계획의 지침을 수용하고 지구단위계획에 지침을 전달
• 난개발 방지(외연적 확산 예방)
• 장래를 위한 토지의 보존
→ 난개발 방지를 통해 외연적 확산을 예방한다.

19 주민의 사교, 오락, 휴식 및 공동체 활성화 등을 위하여 근린주거구역별로 설치하고, 시·군 전반에 걸쳐 계통적으로 균형을 이루도록 설치하는 일반광장의 종류는?

① 중심대광장 ② 교차점광장
③ 경관광장 ④ 근린광장

해설
일반광장 중 근린광장은 아래의 조건을 만족하여야 한다.
(1) 주민의 사교, 오락, 휴식 및 공동체 활성화 등을 위하여 근린주거구역별로 설치할 것
(2) 시장·학교 등 다수인이 모였다 흩어지는 시설과 연계되도록 인근의 토지이용현황을 고려할 것
(3) 시·군 전반에 걸쳐 계통적으로 균형을 이루도록 할 것

20 용도지역 중 상업지역에 해당하지 않는 것은?

① 전용상업지역 ② 근린상업지역
③ 일반상업지역 ④ 유통상업지역

해설
상업지역은 중심상업, 일반상업, 유통상업, 근린상업으로 구분된다.

제2과목 도시설계 및 단지계획

21 케빈 린치(Kevin Lynch)가 그의 저서 "도시의 이미지"에서 공공이미지를 만들어 내는 5가지 요소로 정의하지 않은 것은?

① 결절점 (node) ② 지구 (district)
③ 통로 (paths) ④ 조경 (landscape)

해설
케빈 린치의 도시이미지(물리적 구조에 관한 요소)는 경계(Edge), 결절점(Node), 도로(Path), 지구(District), 랜드마크(Landmark)이다.

22 상업시설용지의 배치유형을 집중형과 노선형으로 구분할 때, 집중형에 비해 노선형이 갖는 특징으로 틀린 것은?

① 자동차 위주의 접근을 유도한다.
② 단일 목적의 활동이 일어나는 것이 기대될 때 적용한다.
③ 도시미관이 손상될 우려가 있다.
④ 도로와 거주지 사이의 소음을 완충하는 역학을 한다.

정답 17 ② 18 ② 19 ④ 20 ① 21 ④ 22 ①

> **해 설**
> 상업시설이 한곳에 집중되어 있어 자동차를 이용하지 않으면 접근하기 어려운 방식이 집중형이다.

23 당해 지구단위계획구역의 토지이용을 합리화하고 그 기능을 증진시키며, 경관·미관을 개선하고 양호한 환경을 확보하며, 당해 구역을 체계적·계획적으로 개발·관리하기 위하여 건축물 그 밖의 시설의 용도·종류 및 규모 등에 대한 제한을 완화하거나 건폐율 또는 용적률을 완화하여 수립하는 계획은?

① 택지개발계획 ② 경관계획
③ 토지이용계획 ④ 지구단위계획

> **해 설**
> 지구단위계획이란 토지 이용을 합리화하고 그 기능을 증진시키며, 경관과 미관을 개선하고, 체계적 및 계획적으로 개발·관리하기 위하여 건축물 및 그 밖의 시설의 용도와 종류 및 규모, 건폐율 또는 용적률을 완화하여 수립하는 계획을 말한다.

24 테라스(Terrace)형 집합주택의 특성에 대한 내용으로 틀린 것은?

① 경사진 지형을 활용하기 위한 주택의 집합방법이다.
② 우리나라에서 가장 높은 비율을 차지하고 있는 주택유형이다.
③ 일광과 훌륭한 전망을 유지할 수 있다.
④ 옥상의 활용을 극대화 할 수 있다.

> **해 설**
> 우리나라에서 가장 높은 비율을 차지하고 있는 주택유형은 아파트이다.

25 주거단지의 도로 설계 시 고려하여야 할 사항으로 가장 거리가 먼 것은?

① 선형(線型) ② 시거(視距)
③ 종단경사 ④ 서비스수준

> **해 설**
> 주거단지의 도로는 이동성보다는 접근성을 고려하여 설계하여야 한다. 서비스수준을 고려한다는 것은 가급적 많은 시간당 교통량을 통과시키고자 함을 의미하므로 이동성을 고려한다는 뜻이다. 따라서 주거단지의 도로 설계 시 고려하여야 할 사항으로 서비스수준이 가장 거리가 멀다.

26 도보권 근린공원의 설치 및 규모 기준에 관한 내용으로 틀린 것은?

① 유치거리 기준은 2km이하이다.
② 설치기준에 관한 제한은 없다.
③ 규모는 3만m² 이상을 기준으로 한다.
④ 주로 도보권 안에 거주하는 자의 이용에 제공할 것을 목적으로 하는 근린공원이다.

> **해 설**
> 도보권 근린공원의 유치거리 기준은 1km이하이다.

27 도시지역내 지구단위계획구역에서 대지면적의 일부가 공공시설 부지로 제공되도록 계획되는 다음의 조건에서 완화 받을 수 있는 건폐율의 기준은?

- 당초의 대지면적 : 10,000m²
- 해당 용도지역에 적용되는 건폐율 : 50%
- 공공시설부지로 제공하는 면적 : 1,000m²

① 50% 이내 ② 55% 이내
③ 65% 이내 ④ 70% 이내

> **해 설**
> 건폐율 완화 = 당초 건폐율 $\left(1 + \dfrac{\text{공공시설부지 제공면적}}{\text{당초 대지면적}}\right)$
> $= 0.5\left(1 + \dfrac{1,000}{10,000}\right) = 0.5(1.1) = 0.55$ ∴ 55% 이내

28 유비쿼터스 도시(U-City)에 대한 설명으로 가장 적합한 것은?

① 인터넷에 가상으로 존재하는 도시를 통칭
② 도시 공간에 IT기술이 융·복합되어 시민에게 다양한 서비스를 제공하는 도시
③ 사용 에너지의 합과 생산 에너지의 합이 최종적으로 0이 되는 도시
④ 녹지공간이 풍부하여 쾌적하고 살기 좋은 도시

> **해 설**
> Ubiquitous란 라틴어로 '언제 어디서나 존재한다'는 의미로, 때와 장소 없이 전산망에 접근할 수 있는 네트워크를 지칭한다. 따라서 Ubiquitous City는 물리 공간에 IT기술이 융·복합되어 시민에게 다양한 서비스를 제공하는 도시를 의미한다.

29 단지계획 시 고려해야 할 사항으로 가장 거리가 먼 것은?

① 건물을 등고선에 따라 배치시키는 것이 자연지형을 파괴하지 않는 가장 경제적인 방법이다.
② 위요감이 없는 외부공간은 장소성·식별성·방어감·일체감에 유리하다.
③ 시대 흐름에 맞게 첨단정보통신기술이 적용된 새로운 형태의 단지계획기법이 필요하다.
④ 자원·에너지절약형 설계요소 도입으로 지속가능한 발전을 추구하고자 한다.

> **해설**
> 주변 건물 높이 대비 위요공간 폭의 넓이가 1:2~3의 비율인 적절한 위요감은 편안함을 주는 것으로 알려져 있다.

30 범죄예방환경설계(CPTED)의 기법으로 바람직하지 않은 것은?

① 주변에서 눈에 띄지 않게 외부공간을 조성한다.
② 주민들이 모여 어울릴 수 있는 장소를 조성한다.
③ 도시 및 단지 내 시설물을 깨끗하고 정상적으로 유지한다.
④ 건물 및 시설물과 외부공간은 서로 잘 보이도록 배치를 조절한다.

> **해설**
> 자연스러운 감시원리를 적용하여 주변에서 눈에 띄도록 외부공간을 조성한다.

31 건축한계선의 지정 목적으로 가장 적합한 것은?

① 상점가의 1층 벽면에 일정한 특성을 부여할 필요가 있는 경우에 지정할 수 있다.
② 공동주택 1층에 설치된 필로티 형태의 주차장에 차량 주출입구를 확보하기 위한 것을 주요 지정 목적으로 한다.
③ 가로경관이 연속적인 형태를 유지하거나 구역 내 중요 가로변의 건축물을 가지런히 할 필요가 있는 경우에 사용한다.
④ 도로에 있는 사람이 개방감을 가질 수 있도록 건축물을 도로에서 일정거리 후퇴시켜 건축하게 할 필요가 있는 곳에 지정할 수 있다.

> **해설**
> 지구단위계획 수립지침 제10절 건축물의 배치와 건축선
> 3-10-5.건축한계선은 도로에 있는 사람이 개방감을 가질 수 있도록 건축물을 도로에서 일정거리 후퇴시켜 건축하게 할 필요가 있는 곳에 지정할 수 있다.

32 단지의 획지 분할에 관한 설명으로 틀린 것은?

① 모든 획지는 남북 방향으로 길어야 한다.
② 건축물의 용도에 맞게 적절한 규모가 되도록 획지 규모를 정한다.
③ 상업용지의 획지 분할은 수요자 요구에 맞게 적정하고 다양한 규모의 분할을 추구하는 것이 바람직하다.
④ 획지의 규모는 가로구성, 경관조성 등에 영향을 준다.

> **해설**
> 획지의 형상은 가능한 한 정방형 또는 장방형으로 획지를 분할하되, 개별 주거동이 남향배치가 용이하도록 가능한 한 동서장방형 획지가 되도록 분할

33 지구단위계획 중 관계 행정기관의 장과의 협의, 국토교통부장관과의 협의 및 중앙도시 계획위원회·지방도시계획위원회 또는 공동위원회의 심의를 거치지 않고 변경할 수 있는 경우의 기준이 틀린 것은?

① 가구면적의 20% 이내의 변경인 경우
② 획지면적의 30% 이내의 변경인 경우
③ 건축물높이의 20% 이내의 변경인 경우
④ 건축선의 1미터 이내의 변경인 경우

> **해설**
> 「건축법」 등 다른 법령의 규정에 따른 건폐율 또는 용적률 완화 내용을 반영하기 위하여 지구단위계획을 변경하는 경우
> → 가구면적의 10% 이내의 변경인 경우 생략 가능하다.

34 도시생활권의 위계를 소·중·대생활권으로 구분할 때, 소생활권에 알맞은 생활편익시설로 가장 거리가 먼 것은?

① 약국
② 놀이터
③ 백화점
④ 행정복지센터

정답 29 ② 30 ① 31 ④ 32 ① 33 ① 34 ③

해설

소생활권은 1차 생활권으로 근린생활권이라고도 하며, 인보구, 근린분구, 근린주구로 구성된다. 약국과 행정복지센터는 근린주구 규모에 존재하고, 놀이터는 인보구 규모에 존재한다. 백화점은 3차생활권(대생활권)에 해당하는 시설이다.

35 폐기물처리 및 재활용시설의 결정기준으로 틀린 것은?

① 폐기물처리시설은 공업지역, 녹지지역, 관리지역, 농림지역(농업진흥지역 제외), 자연환경보전지역에 설치한다.
② 풍향과 배수를 고려하여 주민의 보건위생에 위해를 끼칠 우려가 없는 지역에 설치한다.
③ 용수와 동력을 확보하기 쉽고 자동차가 접근하기 편리한 지역에 설치한다.
④ 매립의 방법으로 처리하는 시설은 지형상 고지대, 저수지, 평지 등에 설치한다.

해설

도시·군계획시설의 결정·구조 및 설치기준에 관한 규칙 제157조(폐기물처리 및 재활용시설의 결정기준) 조항에 의거 매립의 방법으로 처리하는 시설은 지형상 저지대·저습지·협곡·계곡·공유수면매립예정지 등에 설치하여야 하며, 매립후의 토지이용계획을 미리 고려할 것

36 지구단위계획에 대한 도시·군관리계획 결정도의 표시기호가 옳은 것은?

① 공동개발   o → ← o
② 차량진출입구   △
③ 건축한계선   ······
④ 공공보행통로   ▨▨▨▨

해설

① 합벽건축 ② 보행주출입구 ③ 대지분할가능선

37 근린생활권의 규모에 따른 위계로 옳은 것은?

① 근린주구 > 근린분구 > 인보구
② 근린분구 > 근린주구 > 인보구
③ 인보구 > 근린분구 > 근린주구
④ 근린분구 > 인보구 > 근린주구

해설

근린생활권의 위계

구분	인보구	근린분구	근린주구
반경	100m 전후	150~200m 전후	300~400m 전후
인구	200~800명 정도	3,000~5,000명 정도	10,000~20,000명 정도

38 보행자우선도로의 결정기준으로 틀린 것은?

① 보행자의 안전을 위하여 경사가 심한 곳에는 설치하지 아니한다.
② 안전하고 쾌적한 보행을 위하여 보행자전용도로 및 녹지체계 등과 최단거리로 연결되도록 한다.
③ 도시지역 내 간선도로의 이면도로서 차량통행과 보행자의 통행을 구분하기 어려운 지역 중 보행자의 통행이 많은 지역에 설치한다.
④ 차량속도, 차량통행량 및 보행자의 통행량을 고려한 사전검토계획을 통해 차량속도는 시속 40km 이하로 계획한다.

해설

도시·군도시·군계획시설의 결정·구조 및 설치기준에 관한 규칙 제19조의2 (보행자우선도로의 결정기준) 조항에 의거 보행자우선도로는 차량속도, 차량통행량 및 보행자의 통행량을 고려한 사전검토계획을 수립하여 설치하되, 이 경우 차량속도는 시속 30킬로미터 이하로 계획하여야 한다.

39 경관분석의 방법에 해당하지 않는 것은?

① 기호화 방법
② 게슈탈트(Gestalt)에 의한 방법
③ 시각회랑(visual corridor)에 의한 방법
④ 그린 매트릭스(green matrix)에 의한 방법

해설

경관분석기법에는 기호화방법, 심미적 요소의 계량화 방법, 메쉬(Mesh)분석방법, 시각 회랑에 의한 방법, 사진에 의한 분석방법, 게슈탈트(Gestalt:심리현상은 요소의 가산적 총화로는 설명할 수 없고 전체성을 갖는 동시에 구조화되어 있다는 의미)에 의한 방법이 있다.

40 주택건설기준 등에 관한 규정상 방음시설을 설치하여야 하는 공동주택을 건설하는 지점의 소음도(실외소음도) 기준은?

① 75dB 이상 ② 65dB 이상
③ 55dB 이상 ④ 45dB 이상

[해설]
공동주택의 소음도는 65dB 이하여야 하며 소음이 기준치보다 높을 경우 소음저감대책을 강구하여야 한다.

제3과목 도시개발론

41 산업입지와 경제활동을 위하여 민간기업이 산업·연구·관광·레저·업무 등의 주된 기능과 주거·교육·의료·문화 등의 자족적 복합기능을 고루 갖추도록 개발하는 도시는?

① 행정중심복합도시 ② 기업도시
③ 뉴타운 ④ 혁신도시

[해설]
기업도시란 민간기업이 도시개발에 주도적으로 참여할 수 있도록 여건을 개선함으로써, 민간기업의 지역투자 활성화 및 지역의 균형발전 도모를 목표로 하는 자급자족적 복합기능도시를 말한다.

42 다음 중 토지의 취득방식에 따른 도시개발 사업의 유형에 해당하지 않는 것은?

① 혼용방식 ② 제3섹터개발방식
③ 환지방식 ④ 수용 또는 사용방식

[해설]
토지취득방법에 따른 도시개발사업방식에는 환지방식, 매수(수용 또는 사용)방식, 혼용(환지+매수)방식이 있다.

43 다음 중 개발권양도제(TDR)에 대한 설명으로 틀린 것은?

① 토지소유자의 개발제한에 대한 보상을 하므로 높은 공정성을 확보할 수 있다.
② 보상가격산정에 있어 시장기구를 활용할 수 없다.
③ 자원배분의 왜곡을 어느 정도 방지할 수 있다.
④ 보상비용이 과다할 수 있으며, 제도의 시행에 많은 준비와 기획이 요구된다.

[해설]
개발권양도제(TDR)는 보상가격 산정에 있어 시장기구를 활용할 수 있어 자원배분의 왜곡을 방지할 수 있다.

44 도시 및 주거환경정비법에 따른 정비구역의 지정권자는 정비구역등을 해제하여야 하는 경우에도 불구하고, 정비사업의 추진 상황으로 보아 주거환경의 계획적 정비 등을 위하여 정비구역등의 존치가 필요하다고 인정하는 경우, 관련 규정에 따른 해당 기간을 최대 몇 년의 범위에서 연장하여 정비구역 등을 해제하지 아니할 수 있는가?

① 1년 ② 2년
③ 3년 ④ 5년

[해설]
도시 및 주거환경정비법 제20조(정비구역등의 해제) 제6항 조항에 의거 정비구역의 지정권자는 규정에 따른 해당 기간을 2년의 범위에서 연장하여 정비구역등을 해제하지 아니할 수 있다.

45 다음 중 역세권에 대한 설명으로 틀린 것은?

① 좁은 의미로 역사로부터 타 교통수단에 의존하지 않고 도보로 도달할 수 있는 지역을 뜻한다.
② 역사를 중심으로 작은 지역을 이룰 수 있는 공간으로, 도시민들에게 서비스나 편의를 제공한다.
③ 최근에는 역을 중심으로 한 복합적 토지이용을 지양하고 수송의 역할에 충실한 역세권을 개발하려고 한다.
④ 기차의 정착에 따라 종착역세권, 환승역세권, 통과역세권으로 나눌 수 있다.

[해설]
최근의 역세권 개발은 역을 중심으로 혼합토지이용개발(MXD)이 이루어지며, 지상뿐만 아니라 지하공간까지 활용하고 있다.

정답 40 ② 41 ② 42 ② 43 ② 44 ② 45 ③

46 미래의 불확실성에 대응하기 위한 시나리오 분석 방법에 대한 설명으로 틀린 것은?

① 장래에 일어날 수 있는 일이 어떠한 영향을 미치게 되는가를 시나리오적인 문장으로 표현한다.
② 보통 현상 연장형, 낙관적 시나리오, 비관적 시나리오의 3가지 종류를 준비한다.
③ 전문가에게 각 시나리오 중 어느것이 실현될 것인가를 평가받거나 또는 각각의 시나리오의 발생확률을 평가받는다.
④ 연속된 의사결정이 도식적으로 표현되어 이해가 쉽고, 각 시나리오별 대안의 기댓값 산출이 가능하다.

해설
연속된 의사결정이 도식적으로 표현되어 이해가 쉽고, 각 시나리오별 대안의 기댓값 산출이 가능한 기법은 의사결정나무를 통한 분석법이다.

47 도시 및 주거환경정비법에서 규정하고 있는 "정비사업"의 종류가 아닌 것은?

① 재건축사업   ② 재개발사업
③ 주거환경개선사업   ④ 도시환경정비사업

해설
도시 및 주거환경정비법 제2조(정의) 2항에 의거 정비사업이란 주거환경개선사업, 재개발사업, 재건축사업을 말한다.

48 다음 조건에 따른 상업용지의 수요 면적은?

- 상업지역 예상 이용인구 : 407천명
- 이용인구 1인당 평균상면적 : 15m²
- 평균층수 : 5층
- 건폐율 : 65%
- 공공용지율 : 40%

① 0.75km²   ② 1.13km²
③ 3.13km²   ④ 5.81km²

해설
상업지 면적
$$= \frac{\text{이용인구} \times \text{1인당 상면적}}{\text{평균층수} \times \text{건폐율} \times (1-\text{공공공지율})}$$
$$= \frac{407{,}000 \times 15}{5 \times 0.65 \times (1-0.4)} = 3{,}130{,}769\text{m}^2 = 3.13\text{km}^2$$

49 프로젝트파이낸싱과 관련한 아래 설명에서 '㉠'에 해당하는 것은?

> 프로젝트 파이낸싱과 관련한 다양한 이해관계자들은 자금을 조달받는 주체가 있어야 하기에 ㉠을(를) 구성한다. ㉠은(는) 채권이나 토지 등 자산을 기초로 증권을 발행하여 이를 판매하는 특수 목적을 가진 회사로, 주로 유동화하는 자산은 채권이다.

① Special Corporation
② Special Purpose Corporation
③ Project Financing Corporation
④ Project Management Company

해설
금융기관과 일반기업의 자금조달을 원활하게 하여 재무구조의 건전성을 높이기 위하여 「자산유동화에 관한 법률」에 의하여 설립된 유한회사로 파산위험 분리 등의 목적으로 유동화 대상자산을 양도받아 유동화 업무를 담당하는 명목상의 회사(Paper Company)를 말한다. 금융기관에서 발생한 부실채권을 매각하기 위해 일시적으로 설립된 특수목적(Special Purpose)회사로 채권 매각과 원리금 상환이 끝나면 자동으로 없어지는 회사이다.

50 도시기능의 회복이 필요하거나 주거환경이 불량한 지역을 계획적으로 정비하고 노후·불량건축물을 효율적으로 개량하기 위하여 필요한 사항을 규정한 것은?

① 건축법
② 도시개발법
③ 도시 및 주거환경정비법
④ 국토의 계획 및 이용에 관한 법률

해설
도시 및 주거환경정비법 제1조(목적) 이 법은 도시기능의 회복이 필요하거나 주거환경이 불량한 지역을 계획적으로 정비하고 노후·불량건축물을 효율적으로 개량하기 위하여 필요한 사항을 규정함으로써 도시환경을 개선하고 주거생활의 질을 높이는 데 이바지함을 목적으로 한다.

51 수요예측을 위한 시계열분석법 중 다른 기법과 비교하여 이동평균법이 갖는 특징에 대한 설명으로 틀린 것은?

① 단기 분석에 사용한다.
② 규모가 작은 신제품의 시장 예측에 사용한다.

③ 배우기 쉬우나 결과 해석이 어렵다.
④ 이용 비용이 매우 적다.

[해설]
시계열분석기법의 하나인 이동평균법은 3개월 미만의 단기분석에 적용하고 신제품시장을 예측하는데 사용하는 방법으로 배우기 쉽고 결과해석이 용이하다는 장점이 있으나, 이용 비용이 높다는 단점이 있다.

52 수요예측의 정성적 예측모형으로 조사하려는 특정 사항에 대한 전문가 집단을 대상으로 반복 앙케이트를 시행하여 의견을 조사하는 방법은?

① 델파이방법
② 판단결정모델
③ 로짓모형
④ 허프(Huff)모형

[해설]
델파이 방법은 전문가 집단을 대상으로 하여 특정사항에 대해 설문조사를 반복함으로써 의견(직관)을 조사하는 방법으로 지속적인 피드백이 실시된다는 장점이 있다.

53 다음 중 제3섹터의 특징이 아닌 것은?

① 단기간 내의 채산성 확보가 어렵다.
② 주민의 적극적인 자원봉사를 전제로 한다.
③ 불안정성과 실패에 대한 책임 소재가 불분명하다.
④ 공공의 안정성, 계획성과 민간의 효율성을 결합하여 합리적인 사업 추진이 가능하다.

[해설]
제3섹터란 공공부문과 민간부문이 공동출자하여 독립적으로 만든 합동법인 형태의 기구 및 사업주체가 시행하는 사업방식이므로 자원봉사를 전제하지는 않는다.

54 다음 중 지속가능한 토지이용계획을 위한 전략으로 가장 거리가 먼 것은?

① 대중교통지향적인 도시개발 (Transit-Oriented Urban Development)
② 혼합적 토지이용 (Mixed Land-use Development)
③ 직주근접개발(Job-Housing Balanced Development)
④ 도시확산개발(Urban Decentralization Development)

[해설]
지속가능한 토지이용계획을 위해 대중교통중심개발(TOD)로 승용차 이용을 줄이는 것이 필요하고, 혼합적 토지이용과 직주근접개발을 통해 통근통학거리를 줄여 차량이용을 억제할 필요가 있다. 도시를 확산개발 하게되면 도시의 크기와 범위가 넓어져 승용차 이용률이 증가하게 되고, 이로 인한 교통사고, 환경저해 등의 문제가 발생하므로 지속가능한 토지이용계획을 위해서는 확산개발 대신 압축도시(Compact City)의 계획이 필요하다.

55 마케팅 활동에서 사용하는 여러 가지 전략을 종합적으로 균형이 잡히도록 조정·구성하는 마케팅믹스(4P's Mix)의 4P로 옳은 것은?

① Property, Price, Place, Pride
② Property, Price, Purpose, Pride
③ Product, Price, Place, Promotion
④ Product, Price, Purpose, Promotion

[해설]
D. Schultz(1996)가 주장한 4Ps 는 제품(Product), 가격(Price), 장소(Place), 홍보(Promotion)이다.

56 1960년대 이후 미국의 계획단위개발(PUD)의 본격적 시행을 통하여 도출된 계획단위개발의 문제점과 가장 거리가 먼 것은?

① 평범한 고밀도단지를 형성할 우려가 있다.
② 고용기회를 갖추지 못한 채 대량의 인구를 입주시킬 우려가 있다.
③ 사도(Private street), 많은 양의 공동 오픈 스페이스 등의 유지 관리 비용이 많이 든다.
④ 승인 과정 상 지방자치단체의 개발 관리 능력이 현저히 저하될 우려가 있다.

[해설]
계획단위개발(PUD : Planned Unit Development)은 일단의 지구를 하나의 계획단위로 보아 그 지구의 특성에 맞는 설계기준을 개발자와 그 개발을 관장하는 당국 간의 협상과정을 통해 융통성 있게 능률적으로 책정, 허용함으로써 공적 입장에서 요구되는 환경의 질과 개발자의 입장에서 요구되는 사업성을 동시에 추구하는 제도로 우리나라의 지구단위계획 내의 특별계획구역제도와 유사한 제도이다. 따라서, PUD는 공적 입장에서 요구되는 사항의 관철을 위해 지방자치단체의 업무추진 능력과 협상력이 강하게 요구되므로 개발 관리능력이 증대되는 효과도 있다.

정답 52 ① 53 ② 54 ④ 55 ③ 56 ④

57 시간대별 비용과 수입이 추정되었을 때 프로젝트의 사업성 평가에 일반적으로 사용하는 지표로 적합하지 않은 것은?

① 순현재가치(FNPV)
② 내부수익률(FIRR)
③ 이전비용(Transfer Payment)
④ 수익성지수(PI)

해 설
사업성 평가지표에는 수익성 지수(PI ; Profitability Index), 순현재가치법(Net Present Value), 내부수익률(FIRR) 이 있다.

58 도시개발법상 아래 설명에서 ⓒ에 들어갈 내용으로 옳은 것은?

> 시행자는 도시개발사업에 필요한 경비에 충당하거나 규약·정관·시행규정 또는 실시계획으로 정하는 목적을 위하여 일정한 토지를 (㉠)(으)로 정하지 아니하고 (ⓒ)(으)로 정할 수 있으며, 그 중 일부를 (ⓒ)(으)로 정하여 도시개발사업에 필요한 경비에 충당 할 수 있다.

① 체비지 ② 환지
③ 보류지 ④ 국유지

해 설
도시개발법 제34조 체비지 등 ① 시행자는 도시개발사업에 필요한 경비에 충당하거나 규약·정관·시행규정 또는 실시계획으로 정하는 목적을 위하여 일정한 토지를 환지로 정하지 아니하고 보류지로 정할 수 있으며, 그 중 일부를 체비지로 정하여 도시개발사업에 필요한 경비에 충당할 수 있다.

59 다음 중 도시계획의 성격이 가장 다른 하나는?

① 라이트와 스타인의 래드번(Radburn) 계획
② 아버크롬비의 대런던계획(Greater London Plan)
③ 안드레 듀아니의 시사이드(Seaside) 계획
④ 밀류친(N.A. Miliutin)의 스탈린그라드 계획

해 설
라이트와 스타인의 래드번(Radburn) 계획은 근린주구 이론을 적용한 계획으로 슈퍼블록을 이용하여 통과교통을 배제하였고, 개발녹지로 둘러싸인 부지를 확보하여 녹지내에 학교, 상점, 중심시설로 향하는 도로와 보행자도로를 배치하였다.
아버크롬비의 대런던계획(Greater London Plan)은 바로우보고서를 바탕으로하여 런던 주위에 환상의 그린벨트를 설치하고 그린벨트 외곽에 신도시를 건설하는 계획이다.
안드레 듀아니의 시사이드(Seaside) 계획(1981)은 미국 플로리다에 위치한 가로격자형 도시로 편리한 수변접근과 바다전망을 가질 수 있도록 계획되어 미국 어바니즘에 있어서 대단히 중요한 장소로 평가받는다.
밀류친(N.A. Miliutin)의 스탈린그라드 계획은 사회주의 사상을 배경으로 한 계획으로 소리아 이 마타의 선형도시론과 그 맥을 같이한다.
→ 래드번, 대런던, 시사이드 계획은 격자형 도시계획에 가깝고, 스탈린그라드 계획은 선형계획에 가깝다.

60 마케팅을 활성화하기 위한 경영 활동의 계획에서 반드시 수반되어야 하는 마케팅전략(STP)의 세 단계는?

① Stimulating, Tightening, Positioning
② Stimulating, Tightening, Pursuing
③ Standardization, Targeting, Pursuing
④ Segmentation, Targeting, Positioning

해 설
STP 전략(Segmentation, Target, Positioning)은 시장세분화(Segmentation), 표적시장(Targeting), 차별화(Positioning) 단계로 이루어진다.

제4과목 국토 및 지역계획

61 수도권정비계획법에 따른 권역의 구분에 해당하지 않는 것은?

① 자연보전권역 ② 과밀억제권역
③ 성장관리권역 ④ 개발유보권역

해 설
수도권정비계획법에 의한 권역은 과밀억제권역, 성장관리권역, 자연보전권역으로 구분된다.

62 웨버(Weber)의 최소비용 산업입지이론에서 최적 입지를 결정하는 생산비용 결정 요소에 해당하지 않는 것은?

① 노동비 ② 수송비
③ 집적경제 ④ 토지비용

정답 57 ③ 58 ① 59 ④ 60 ④ 61 ④ 62 ④

해설
베버의 입지결정인자는 수송비, 노동비, 집적이익(집적경제)이다.

63 테네시계곡 개발계획(TVA 계획)은 어느 나라의 지역 계획인가?

① 독일   ② 미국
③ 영국   ④ 프랑스

해설
테네시계곡 개발공사(TVA ; Tennessee Valley Authority)는 미국 남부의 종합적 개발을 위하여 설립된 공사(公社)로 1933년 뉴딜 정책의 일환으로 연방정부에 의하여 창설되었다.

64 고전적인 변이할당분석(shift-share-analysis)에 관한 설명으로 틀린 것은?

① 도시성장의 원인이 산업성장에 있으며 성장은 산업 자체의 구성변화를 가져온다는 점을 중요시한다.
② 지역 내 산업 간 연관관계를 반영하지 못하는 단점이 있다.
③ 지역성장을 횡적, 종적 차원에서 동시에 분석할 수 있고 분석결과를 이해하기가 쉽다.
④ 지역의 경쟁요인이 시간이 지남에 따라 변한다고 가정한다.

해설
변이할당모형은 지역산업의 변화를 국가전체의 성장요인, 산업구조적 요인, 지역의 경쟁력 요인으로 구분하여 지역의 산업성장을 분석하는 방법이다. 지역의 경쟁력 요인은 지역이 지닌 특수한 생산적 환경으로 인해 발생하는 성장의 효과로, 시간이 지나도 변하지 않는다는 가정을 전제로 한다.

65 지역계획 입안 과정에서 주민이 참여함으로써 나타나는 효과로 가장 기대하기 어려운 것은?

① 주민의사의 계획 반영
② 주민의 지역계획 관심 증대
③ 주민 상호 간의 이해 대립의 해소
④ 주민의 자발적 협조에 의한 집행의 용이

해설
주민 참여로 인해 주민의식 성숙, 의사의 계획 반영, 관심 증대, 자발적 협조 등의 순기능을 기대할 수 있으나, 상호간의 이해가 얽히게 되면 쉽게 대립이 일어날 수 있는 역기능도 있다.

66 균형발전이론 중 1975년에 등장한 도농(agropolitan) 접근법에 대한 설명으로 틀린 것은?

① 적극적인 외부의 원조를 받아 균형발전을 도모하고 주민 참여는 제한한다.
② 생산의 다양화, 자원의 공영제, 기회의 균등을 중시한다.
③ 주민은 스스로 기본적 생활 수준을 유지하고 자립을 이루기 위하여 선별적으로 적정 수준의 지역범위를 결정한다.
④ 다른 지역과의 자유무역을 억제하고 비교우위의 원칙이나 다국적 기업의 이념을 제한한다.

해설
도농통합전략(Aglopolitan approach)의 기본 아이디어는 도농지구(Agropolitan)로, 적극적인 외부의 원조를 받아 균형발전을 도모하고 주민 참여를 권장한다.

67 도시 A와 도시 B가 있다. 컨버스(Converse)의 수정소매인력이론을 이용한 도시 A로부터 상권 분기점까지의 거리는? (단, 도시 A의 인구는 100,000명, 도시 B의 인구는 900,000명, 도시 A와 도시 B간의 거리는 200km이다.)

① 30 km   ② 50 km
③ 75 km   ④ 100 km

해설
$$R = \frac{100,000}{x^2} = \frac{900,000}{(200-x)^2} = \frac{900,000}{200^2 - 400x + x^2}$$
$200^2 - 400x + x^2 = 9x^2$
$40,000 - 400x - 8x^2 = 0$
$(400 - 8x)(100 + x) = 0$
$X = 50, -100$ ∴ $X = 50$

68 다음 중 지역계획의 수립 시 가장 우선적으로 고려하여야 하는 계획지표는?

① 고용창출율   ② 교육기관 입지율
③ 인구   ④ 재정상태

해설
지역계획은 지역간 성장격차를 완화하고 불균형을 개선하고자 하는 노력에서 시작되었다. 이를 위해 최우선적으로 고려되어야 하는 가장 기본적인 접근 지표는 인구이다. 인구의 규모에 따라 고용, 교육, 재정 등의 계획수립 방향이 달라지게 되기 때문이다.

정답 63 ② 64 ④ 65 ③ 66 ① 67 ② 68 ③

69 기업의 지방 입지 유도를 위해 지원하는 내용으로 가장 거리가 먼 것은?

① 과밀 부담금, 중과세 부과
② 재정·금융 지원의 확대, 토지이용규제 완화
③ 도로, 항만, 용수, 전력, 통신 등 기반 시설 지원
④ 소요 인력의 자체 육성을 위한 교육기관 설립권 우선 부여

> **해설**
> 기업의 지방입지 유도를 위해서 과밀 부담금의 중과세를 '감면'하여 준다.

70 지역계획의 발전에 기여한 학자와 주요 내용의 연결이 옳은 것은?

① 튀넨 - 지대론
② 페로우 - 산업클러스터론
③ 뢰쉬 - 상호의존적 입지론
④ 크리스탈러 - 수출기반이론

> **해설**
> 페로우는 성장거점이론, 뢰쉬는 경제지역이론, 크리스탈러는 중심지 이론을 주장하였다.

71 지프(Zipf)의 순위규모법칙에 따라 수위도시의 인구가 1,000만 명 일 때 2위 도시의 인구는 몇 명인가? (단, $q = 1$ 이다.)

① 500만명　② 250만명
③ 100만명　④ 50만명

> **해설**
> $P_r(r$번째 순위도시인구$) = \dfrac{P_L}{r^q} = \dfrac{최상위\ 도시의\ 인구}{도시순위^q}$
>
> 여기서, $P_1 = 1000$만 명, $q = 1$, $r = 2$일 때
>
> $P_2 = \dfrac{P_1}{2^{(1)}} = \dfrac{1,000만}{2} = 500$만 명

72 쇄신의 전염적 확산을 통계적 시뮬레이션 모델로 발전시킨 학자는?

① 레벤스타인　② 베리
③ 헤거스트란트　④ 미르달

> **해설**
> 베리(Berry)의 쇄신 확산을 통계적 시뮬레이션 모델로 발전시킨 학자는 헤거스트란트이다.

73 통일이 된 이후의 국토공간구조를 구상함에 있어서 기본방향이 되기 어려운 것은?

① 국토의 일체성을 회복하고자 노력한다.
② 단기간 내에 남·북의 국토공간구조를 동일화 하는 전략을 우선 추진한다.
③ 국토의 미래상을 설정하고 장기종합계획을 수립한다.
④ 외부에 대해 능동적이고 진취적인 구조로 개편한다.

> **해설**
> 국토공간구조는 단기간내에 동일화되기 어려우므로 단기간 내에 남·북의 국토공간구조를 동일화 하는 전략을 우선 추진하는 것은 기본방향으로 보기 어렵다.

74 다음 중 국토기본법상 국토종합계획에 포함되어야 하는 내용이 아닌 것은? (단, 부수되는 사항은 고려하지 않는다.)

① 국토의 현황 및 여건 변화 전망에 관한 사항
② 지하 공간의 합리적 이용 및 관리에 관한 사항
③ 주택, 상하수도 등 생활 여건의 조성 및 삶의 질 개선에 관한 사항
④ 재정확충 및 도시·군기본계획의 시행을 위하여 필요한 재원조달에 관한 사항

> **해설**
> 재정확충 및 도시·군기본계획의 시행을 위하여 필요한 재원조달에 관한 사항은 국토의 계획 및 이용에 관한 법률 시행령 제15조(도시·군 기본계획의 내용) 제6항에 도시·군기본계획의 내용으로 들어간 사항이었는데, 2015. 7. 6일부로 국토의 계획 및 이용에 관한 법률 시행령에서 삭제되었다.

75 지역경제의 성장 잠재력과 삶의 질 차원의 지역격차 분석을 위해 이용하는 변수로 가장 거리가 먼 것은?

① 취업률　② 소득
③ 1일 평균 강수량　④ 생활환경 지표

정답 69 ① 70 ① 71 ① 72 ③ 73 ② 74 ④ 75 ③

> **해 설**
> 지역경제의 성장 잠재력과 삶의 질 차원의 지역격차 분석을 위해 이용하는 변수로 취업률, 소득, 생활환경 지표 등이 있다. 1일 평균 강수량, 즉 하루에 비나 눈이 얼마나 오는지에 대한 데이터로는 지역경제의 성장 잠재력이나 삶의 질 차원의 지역격차 분석을 하기 어렵다.

76 입지상법(Location Quotient)에 따른 입지상 계수의 계산 방법이 옳은 것은?

> LQ_i^r : r지역의 i산업에 대한 입지상 계수
> E_i^r : r지역의 i산업의 경제활동
> E^r : r지역의 전체 경제 활동
> E_i^n : 전국의 i산업의 경제활동
> E^n : 전국의 전체 경제활동

① $LQ_i^r = \dfrac{E_i^r}{E_i^n} / \dfrac{E^n}{E^r}$ ② $LQ_i^r = \dfrac{E^r}{E_i^r} / \dfrac{E^n}{E_i^n}$

③ $LQ_i^r = \dfrac{E_i^r}{E^r} / \dfrac{E_i^n}{E^n}$ ④ $LQ_i^r = \dfrac{E^n}{E_i^n} / \dfrac{E_i^r}{E^r}$

> **해 설**
> 입지계수란 어떤 지역의 산업이 전국의 동일산업에 대한 상대적인 중요도를 측정하는 방법으로 산업의 상대적인 특화 정도를 나타내는 지수를 말한다.
> $LQ = \dfrac{E_i^r / E^r}{E_i^n / E^n}$
> $LQ = \dfrac{r\text{지역의 } i\text{산업 고용수}/r\text{지역전체 고용수}}{\text{전국의 } i\text{산업고용수}/\text{전국의 고용수}}$
> 이를 다르게 표현하면 아래와 같다.
> $LQ = \dfrac{E_i^r / E^r}{E_i^n / E^n} = \dfrac{E_i^r}{E^r} / \dfrac{E_i^n}{E^n}$

77 성장극(growth pole)의 특성이 아닌 것은?

① 성장을 유도하고 그 성장을 다른 곳으로 확산시킨다.
② 성장을 촉진시키는 쇄신, 새로운 아이디어를 받아들이는 성향을 갖는다.
③ 다른 산업보다 빠르게 성장한다.
④ 다른 산업과의 연계성(linkage)이 없다.

> **해 설**
> 성장극은 대규모성(大規模性), 급속한 성장, 타 산업과의 높은 연계성(連繫性), 전방연쇄효과(Forward Linkages), 후방연쇄효과(Backward Linkages)의 특성이 있다.

78 국토계획, 지역계획, 도시계획으로 구분하는 기준으로 옳은 것은?

① 시간적 차이   ② 공간적 범위
③ 토지 이용 상태 ④ 경제적 수준

> **해 설**
> 국토계획, 지역계획, 도시계획으로 구분하는 기준은 공간의 범위, 즉 계획이 영향을 미칠 대상의 크기가 기준이 된다.

79 제3차 국토종합개발계획(1992~2001)의 기본 목표에 해당하는 것은?

① 세계화에 대비한 국토공간 조성
② 지방분산형 국토골격의 형성
③ 인구의 지방정착 유도
④ 사회간접자본 확충

> **해 설**
> 제3차 국토종합개발계획(1992 ~ 2001)의 기본목표는 다음과 같다.
> ① 지방 분산형 국토 골격 형성
> ② 생산적·절약적인 국토 이용 체계의 구축
> ③ 국민 복지 향상과 국토 환경의 보전
> ④ 남북 통일에 대비한 국토 기반 조성

80 다음 각 학자들과 그들이 주장한 지역구분이 바르게 짝지어진 것은?

① Boudeville - 번성·발전도상저개발·잠재적 저개발·저개발지역
② Herbertson - 지리적·경제·사회문화지역
③ Hilhorst - 과밀·중간·낙후지역
④ Hansen - 대도시·중소도시·농촌지역

> **해 설**
> 부더빌(Boudeville)의 지역 분류는 동질지역, 결절지역(분극지역), 계획지역으로 구성된다. 힐호스트(Hilhorst)는 분극지역, 계획권역, 동질지역, 사업지역으로, 한센(N. Hansen)은 동질지역을 과밀지역, 중간지역, 낙후지역으로 구분하였다.

정답 76 ③ 77 ④ 78 ② 79 ② 80 ②

제5과목 도시계획관계법규

81 주차장법규상 노외주차장에 설치할 수 있는 부대시설에 해당되지 않는 것은? (단, 시·군 또는 자치구의 조례로 정하는 이용자 편의시설은 고려하지 않는다.)

① 관리사무소
② 공중화장실
③ 자동차 관련 수리시설
④ 노외주차장의 관리·운영상 필요한 편의시설

해 설
노외주차장에 설치할 수 있는 부대시설(총 시설면적의 20% 이하)
• 관리사무소 및 휴게소, 공중화장실
• 노외주차장의 관리·운영상 필요한 편의시설
• 간이매점 및 자동차 장식품 판매점
• 시·군 또는 자치구의 조례로 정하는 이용자 편의시설
→ 수리시설은 설치 불가

82 건축법상 허가권자가 가로구역별로 건축물의 높이를 지정·공고할 때 고려하지 않아도 되는 사항은?

① 도시·군관리계획 등의 토지이용계획
② 해당 가로구역이 접하는 도로의 길이
③ 도시미관 및 경관계획
④ 해당 가로구역의 상·하수도 등 간선시설의 수용 능력

해 설
건축법 시행령 제82조(건축물의 높이 제한) 조항에 의거 해당 가로구역이 접하는 도로의 '너비'를 고려하여야 한다.

83 다음 중 재정비촉진지구의 유형에 해당하지 않는 것은?

① 주거지형　　② 중심지형
③ 고밀복합형　④ 연계개발형

해 설
도시재정비 촉진을 위한 특별법 제2조(정의) 조항에 의거 도시재정비 촉진을 위한 특별법에 따른 재정비 촉진지구의 유형은 주거지형, 중심지형, 고밀복합형으로 구분된다.

84 수도권정비실무위원회의 위원장은?

① 국무총리
② 국토교통부장관
③ 국토교통부 제1차관
④ 서울특별시 2급 공무원

해 설
수도권정비계획법 시행령 제30조(수도권정비실무위원회의 구성)
• 법 제23조 제1항에 따른 수도권정비실무위원회(이하 "실무위원회"라 한다.)는 위원장 1명과 25명 이내의 위원으로 구성한다.
• 실무위원회의 위원장은 국토교통부 제1차관이 되고, 위원은 교육부, 국방부, 행정안전부, 문화체육관광부, 농림축산식품부, 산업통상자원부, 환경부, 국토교통부 및 심의사항과 관련하여 실무위원회의 위원장이 지정하는 중앙행정기관의 고위공무원단에 속하는 일반직공무원, 서울특별시의 2급 또는 3급 공무원과 인천광역시, 경기도의 3급 또는 4급 공무원 중에서 소속 기관의 장이 지정한 자 각 1명과 수도권정비정책과 관계되는 분야의 학식과 경험이 풍부한 자 중에서 수도권정비위원회의 위원장이 위촉하는 자가 된다. 〈개정 2010. 3. 15., 2011. 8. 19., 2013. 3. 23., 2014. 11. 19., 2017. 7. 26.〉

85 도시개발법상 조합 설립의 인가를 신청하기 위한 동의 기준이 옳은 것은?

① 해당 도시개발구역의 토지면적의 1/2 이상에 해당하는 토지 소유자와 그 구역의 토지 소유자 총수의 1/3 이상의 동의
② 해당 도시개발구역의 토지면적의 1/2 이상에 해당하는 토지 소유자와 그 구역의 토지 소유자 총수의 1/2 이상의 동의
③ 해당 도시개발구역의 토지면적의 1/2 이상에 해당하는 토지 소유자와 그 구역의 토지 소유자 총수의 2/3 이상의 동의
④ 해당 도시개발구역의 토지면적의 2/3 이상에 해당하는 토지 소유자와 그 구역의 토지 소유자 총수의 1/2 이상의 동의

해 설
도시개발법 제13조(조합 설립의 인가)에 의거 조합 설립의 인가를 신청하려면 해당 도시개발구역의 토지면적의 3분의 2 이상에 해당하는 토지 소유자와 그 구역의 토지 소유자 총수의 2분의 1 이상의 동의를 받아야 한다.

86 주차장법령상 건축물의 연면적 중 주차장으로 사용되는 부분의 비율이 얼마 이상인 경우를 주차전용건축물이라고 하는가?

① 80%   ② 85%
③ 90%   ④ 95%

[해 설]
주차장법 시행령 제1조의2(주차전용건축물의 주차면적비율) 제1항 조항에 의거 "대통령령으로 정하는 비율 이상이 주차장으로 사용되는 건축물"이란 건축물의 연면적 중 주차장으로 사용되는 부분의 비율이 95퍼센트 이상인 것을 말한다.

87 다음 중 산업단지개발사업의 시행자가 될 수 없는 자는?

① 「중소기업진흥에 관한 법률」에 따른 중소벤처기업진흥공단
② 「한국농어촌공사 및 농지관리기금법」에 따른 한국농어촌공사
③ 해당 산업단지개발계획에 적합한 시설을 설치하여 입주하려는 자와 산업단지개발에 관한 자문계약을 체결한 부동산투자자문회사
④ 「산업집적활성화 및 공장설립에 관한 법률」에 따라 설립된 한국산업단지공단

[해 설]
산업입지 및 개발에 관한 법률 제16조(산업단지개발사업의 시행자) 1항 2목 조항에 의거
「중소기업진흥에 관한 법률」에 따른 중소벤처기업진흥공단, 「산업집적활성화 및 공장설립에 관한 법률」 제45조의9에 따라 설립된 한국산업단지공단 또는 「한국농어촌공사 및 농지관리기금법」에 따른 한국농어촌공사가 시행자가 될 수 있다.
→ 부동산투자자문회사는 해당 법률에 나와있지 않다.

88 도시재생을 촉진하기 위하여 산업·상업·주거·복지·행정 등의 기능이 집적된 지역 거점을 우선적으로 조성할 필요가 있는 지역에 대하여 지정·고시되는 지구는?

① 도시재생활성화지구   ② 도시재생혁신지구
③ 도시재생선도지구   ④ 특별재생지구

[해 설]
도시재생 활성화 및 지원에 관한 특별법 제2조(정의) 1항 6의2 조항에 의거 "도시재생혁신지구"란 도시재생을 촉진하기 위하여 산업·상업·주거·복지·행정 등의 기능이 집적된 지역 거점을 우선적으로 조성할 필요가 있는 지역으로 이 법에 따라 지정·고시되는 지구를 말한다.

89 다음 중 주택법에 따른 용어에 대한 설명으로 틀린 것은?

① 국가·지방자치단체의 재정 또는 주택도시기금으로부터 자금을 지원받아 건설되거나 개량되는 주택으로 국민주택규모 이하인 주택을 국민주택이라 한다.
② 수도권을 제외한 도시지역이 아닌 읍 또는 면 지역은 1호 또는 1세대당 주거전용면적이 85m² 이하인 주택을 국민주택규모라 한다.
③ 주택조합은 지역주택조합, 직장주택조합, 리모델링주택조합으로 구분한다.
④ 도시형 생활주택이란 300세대 미만의 국민주택규모에 해당하는 주택으로서 대통령령으로 정하는 주택을 말한다.

[해 설]
주택법 제2조(정의) 조항에 의거 6. "국민주택규모"란 주거의 용도로만 쓰이는 면적(이하 "주거전용면적"이라 한다)이 1호(戶) 또는 1세대당 85제곱미터 이하인 주택(「수도권정비계획법」 제2조 제1호에 따른 수도권을 제외한 도시지역이 아닌 읍 또는 면 지역은 1호 또는 1세대당 주거전용면적이 100제곱미터 이하인 주택을 말한다)을 말한다. 이 경우 주거전용면적의 산정방법은 국토교통부령으로 정한다.

90 계획관리지역·생산관리지역 및 대통령령으로 정하는 녹지지역에서 성장관리방안을 수립한 경우 대통령령으로 정하는 건폐율 완화기준이 틀린 것은?

① 계획관리지역 : 50퍼센트 이하
② 자연녹지지역 : 30퍼센트 이하
③ 생산관리지역 : 30퍼센트 이하
④ 보전녹지지역 : 20퍼센트 이하

[해 설]
국토의 계획 및 이용에 관한 법률 시행령 제84조의3(성장관리방안 수립지역에서의 건폐율 완화기준)
② 법 제77조 제5항에서 "대통령령으로 정하는 기준"이란 다음 각 호의 기준을 말한다. 다만, 공장의 경우에는 성장관리방안에 제56조의2 제2항 제4호에 따른 환경관리계획 또는 경관계획이 포함된 경우만 해당한다.
1. 계획관리지역 : 50퍼센트 이하
2. 자연녹지지역 및 생산관리지역 : 30퍼센트 이하
※ 국토의 계획 및 이용에 관한 법률 제77조(용도지역의 건폐율) 제⑤항 및 동법 시행령 제84조의3 (성장관리방안 수립지역에서의 건폐율 완화기준) 조항은 2021.7.6. 법 개정으로 삭제되었음 ∴ 현행법령상 답 없음

정답 86 ④ 87 ③ 88 ② 89 ② 90 ④(답없음)

91 쾌적하고 살기 좋은 주거환경 조성에 필요한 주택의 건설·공급 및 주택시장의 관리 등에 관한 사항을 정함으로써 국민의 주거안정과 주거수준의 향상에 이바지함을 목적으로 하는 것은?

① 주택법
② 택지개발촉진법
③ 자연재해대책법
④ 도시 및 주거환경정비법

해설
주택법 제1조(목적) 조항에 의거 쾌적하고 살기 좋은 주거환경 조성에 필요한 주택의 건설·공급 및 주택시장의 관리 등에 관한 사항을 정함으로써 국민의 주거안정과 주거수준의 향상에 이바지함을 목적으로 한다.

92 과밀부담금에 대한 설명으로 틀린 것은?

① 과밀부담금은 부과 대상 건축물의 신축·증축 시 부과한다.
② 공공 청사 신축의 경우, 과밀부담금 기초공제면적은 5천m²이다.
③ 과밀부담금 관련 건축비는 국토교통부 장관이 고시하는 표준건축비를 기준으로 산정한다.
④ 과밀부담금은 부과 대상 건축물이 속한 지역을 관할하는 시·도지사가 부과·징수한다.

해설
수도권정비계획법 시행령 별표 2. 부담금의 산정방식(제18조 관련) 조항에 의거 3. 제3조 제3호의 공공 청사의 경우이면서 가. 신축의 경우 기초공제면적은 1천 제곱미터로 한다.

93 막다른 도로의 길이가 35m 이상인 경우, 그 도로의 너비가 최소 얼마 이상이면 건축법령상 도로로 정의되는가?(단, 특별자치시장·특별자치도지사 또는 시장·군수·구청장이 지형적 조건으로 인하여 차량 통행을 위한 도로의 설치가 곤란하다고 인정하여 그 위치를 지정·공고하는 구간 및 도시지역이 아닌 읍·면지역 도로의 경우는 제외한다.)

① 2m
② 3m
③ 6m
④ 10m

해설
건축법 시행령 제3조의3(지형적 조건 등에 따른 도로의 구조와 너비) 조항에 의거 건축법령상 도로로 정의되려면 막다른 도로의 길이가 35미터 이상인 경우 도로의 너비는 6미터로 하되, 도시지역이 아닌 읍·면 지역은 4미터 이상인 도로이어야 한다.

94 국토의 계획 및 이용에 관한 법률상 도시·군계획시설사업의 시행자가 도시·군계획시설 사업에 관한 조사·측량을 위해 타인의 토지에 출입하고자 할 때, 출입하려는 날의 며칠 전까지 그 토지의 소유자·점유자 또는 관리인에게 그 일시와 장소를 알려야 하는가?(단, 시행자가 행정청인 경우는 고려하지 않는다.)

① 14일
② 7일
③ 5일
④ 3일

해설
국토의 계획 및 이용에 관한 법률 제130조(토지에의 출입 등) 조항에 의거 타인의 토지에 출입하려는 자는 특별시장·광역시장·특별자치시장·특별자치도지사·시장 또는 군수의 허가를 받아야 하며, 출입하려는 날의 7일 전까지 그 토지의 소유자·점유자 또는 관리인에게 그 일시와 장소를 알려야 한다. 다만, 행정청인 도시·군계획시설사업의 시행자는 허가를 받지 아니하고 타인의 토지에 출입할 수 있다.

95 주차장의 주차단위구획 기준에 따라 장애인전용 주차 구획의 최소 면적은? (단, 평행주차형식 외의 경우다.)

① 7.2 m²
② 12.5m²
③ 16.5m²
④ 18.15m²

해설
장애인·노인·임산부 등의 편의증진 보장에 관한 법률 시행규칙 별표 1〈개정 2018. 2. 9.〉 조항에 의거 폭 3.3미터 이상, 길이 5미터 이상으로 하여야 한다. 따라서 3.3×5=16.5m²가 된다.

96 국토정책위원회에 관한 내용으로 틀린 것은?

① 국토 계획 및 정책에 관한 중요 사항을 심의하기 위하여 국무총리 소속으로 둔다.
② 국토종합계획, 도종합계획, 지역계획에 관한 사항을 심의한다.

③ 위원장은 국토교통부장관이다.
④ 업무를 효율적으로 수행하기 위하여 대통령령으로 정하는 바에 따라 분야별로 분과위원회를 둔다.

> **해 설**
> 국토기본법 제27조(구성 등) ②항에 의거 위원장은 국무총리가 되고, 부위원장은 국토교통부장관과 위촉위원 중에서 호선으로 선정된 위원으로 한다. 〈개정 2013.3.23.〉

97 국토기본법상 다른 법률에서 다른 위원회의 심의를 거치도록 한 경우 국토정책위원회의 심의를 거치지 아니하는 사항은?

① 부문별계획에 관한 사항
② 도종합계획에 관한 사항
③ 국토계획평가에 관한 사항
④ 국토종합계획에 관한 사항

> **해 설**
> 국토기본법 제26조 2항에 의거 지역계획에 관한 사항과 부문별 계획에 관한 사항의 경우, 다른 법률에서 다른 위원회의 심의를 거치도록 한 경우에는 국토정책위원회의 심의를 거치지 아니한다.

98 도시 및 주거환경정비법상 임대주택 및 주택규모별 건설비율에 대한 아래 내용에서 ㉠과 ㉡에 들어갈 내용이 모두 옳은 것은?

> 정비계획의 입안권자는 주택수급의 안정과 저소득 주민의 입주기회 확대를 위하여 정비사업으로 건설하는 주택에 대하여 국토교통부장관이 정하여 고시하는 임대주택 및 주택규모별 건설비율 등을 정비계획에 반영하여야 한다.
> 1. 「주택법」제2조제6호에 따른 국민주택 규모의 주택이 전체 세대수의 (㉠) 이하에서 대통령령으로 정하는 범위
> 2. 임대주택이 전체 세대수 또는 전체 연면적의 (㉡) 이하에서 대통령령으로 정하는 범위

① ㉠ 100분의 90 , ㉡ 100분의 50
② ㉠ 100분의 50 , ㉡ 100분의 30
③ ㉠ 100분의 90 , ㉡ 100분의 30
④ ㉠ 100분의 50 , ㉡ 100분의 20

> **해 설**
> 도시 및 주거환경정비법 제10조(임대주택 및 주택규모별 건설비율)

1항 조항에 의거 1.「주택법」제2조제6호에 따른 국민주택규모의 주택이 전체 세대수의 100분의 90 이하에서 대통령령으로 정하는 범위와 2. 임대주택(「민간임대주택에 관한 특별법」에 따른 민간임대주택 및 「공공주택 특별법」에 따른 공공임대주택을 말한다. 이하 같다)이 전체 세대수 또는 전체 연면적의 100분의 30 이하에서 대통령령으로 정하는 범위를 정비계획에 반영하여야 한다.

99 도시개발법에 의한 개발계획의 규모가 100만 m² 이상인 경우 도시공원 또는 녹지의 확보 기준으로 옳은 것은?

① 상주인구 1인당 3m² 이상 또는 개발 부지면적의 5% 이상 중 큰 면적
② 상주인구 1인당 5m² 이상 또는 개발 부지면적의 7% 이상 중 큰 면적
③ 상주인구 1인당 7m² 이상 또는 개발 부지면적의 10% 이상 중 큰 면적
④ 상주인구 1인당 9m² 이상 또는 개발 부지면적의 12% 이상 중 큰 면적

> **해 설**
> 개발규모 100만 ㎡ 이상인 경우 상주인구 1인당 9㎡ 이상 또는 개발 부지 면적의 12%이상 중 큰 면적을 사용한다.

100 국토교통부장관이 개발제한구역을 조정하거나 해제할 수 있는 경우 기준이 아닌 것은?

① 개발제한구역에 대한 환경평가 결과 보존가치가 낮게 나타나는 곳으로서 도시용지의 적절한 공급을 위하여 필요한 지역
② 도로(국토교통부장관이 정하는 규모의 도로만해당)·철도 또는 하천 개수로로 인하여 단절된 3천 제곱미터 미만의 토지
③ 주민이 집단적으로 거주하는 취락으로서 주거환경 개선 및 취락 정비가 필요한 지역
④ 도시의 균형적 성장을 위하여 기반시설의 설치 및 시가화 면적의 조정 등 토지이용의 합리화를 위하여 필요한 지역

> **해 설**
> 개발제한구역의 지정 및 관리에 관한 특별조치법 시행령 제2조(개발제한구역의 지정 및 해제의 기준) 3항 5목에 의거 5. 도로(국토교통부장관이 정하는 규모의 도로만 해당한다)·철도 또는 하천 개수로(開水路)로 인하여 단절된 3만제곱미터 미만의 토지에 대하여 국토교통부장관이 개발제한구역을 조정하거나 해제할 수 있다.

정답 97 ① 98 ③ 99 ④ 100 ②

4회 2020년 기출문제

제1과목 도시계획론

01 고대 그리스 도시의 특징으로 틀린 것은?

① 도시 입구와 신전을 축으로 중간지점에 아고라를 배치하였다.
② 주로 자연항을 사용하였으나 필요한 경우 제방을 쌓아 인공항만을 건설하였다.
③ 본토의 해안지역에서 자연적으로 발생한 도시는 질서 있는 격자형의 도로망을 갖추었다.
④ 페르시아와의 전쟁 후 복구 과정에서 격자형 가로망 체계가 일부 본토의 도시에서 채택되었다.

해설
자연 발생형 도시는 방사환상형인 경우가 많다. 격자형 도로망은 계획도시에서 볼 수 있다.

02 케빈 린치가 제시한 도시경관이미지의 구성요소가 아닌 것은?

① Landmark   ② Edge
③ District   ④ Zone

해설
케빈 린치(Kevin Lynch)가 분류한 도시 이미지의 5가지 요소는 경계(Edge), 결절점(Node), 도로(Path), 지구(District), 랜드마크(Landmark)이다.

03 지리정보시스템(GIS)에 대한 설명으로 틀린 것은?

① GIS의 자료는 도형자료(graphic data)와 속성자료(attribute data)로 구분할 수 있다.
② GIS를 도시계획분야에 적용하고자 하였으나, 관련 자료의 취득이 어려워 현재 시스템 적용이 어렵다.
③ GIS는 지리적 공간상에서 실세계의 각종 객체들의 위치와 관련된 속성정보를 다루는 것이다.
④ GIS의 공간자료는 토지 측량, 항공 및 위성사진 측량, 범세계 위치결정체계(GPS)를 사용하여 수집할 수 있다.

해설
지리정보시스템(GIS)은 국토계획, 지역계획, 자원개발계획, 공사계획 등 각종 계획의 입안과 추진에 필요한 토지, 자원, 환경, 사회, 문화에 관계된 각종 자료를 컴퓨터에 종합적·체계적으로 저장 처리하는 시스템으로 현재 도시계획분야에서 매우 활발히 활용되고 있다.

04 친환경적인 도시개발과 사회적 비용을 최소화하기 위해 토지이용 집적을 통해 토지의 이용가치를 높이기 위한 도시개발을 강조하는 도시는?

① 유시티(U-City)
② 에코시티(Eco-City)
③ 스마트시티(Smart-City)
④ 컴팩트시티(Compact-City)

해설
압축도시(Compact-city)
- 전원도시론과 같이 교외지역에 주거지역을 저밀도로 확산시키는 개발방식 대신 시가화된 기존의 도시 또는 신도시로 설정된 지역을 고밀도로 집중적으로 개발하는 방식이다.
- 고밀도 도시개발을 통하여 도시 주변의 자연환경을 보존하는 방법, 즉 주거, 공공시설을 일정공간에 집적화, 나머지 지역을 녹색 도시화하며 난방, 전력공급, 교통 등에서 에너지 절약을 효율적으로 달성할 수 있는 도시로, 환경적으로 지속 가능한 도시의 형태이다.

05 다음 중 도시공원의 구분에 따른 분류가 다른 하나는?

① 어린이공원   ② 문화공원
③ 수변공원   ④ 체육공원

해설
도시공원 및 녹지 등에 관한 법률 제15조(도시공원의 세분 및 규모) 제1항 조항에 의거 도시공원은 크게 국가도시공원, 생활권공원, 주제공원으로 구분된다. 문화공원, 수변공원, 체육공원은 주제공원이나, 어린이공원은 생활권공원에 속한다.

06 1980년대 계획된 우리나라의 제1기 신도시와 비교하여 2000년대에 추진된 제2기 신도시 계획이 갖는 특징이 아닌 것은?

① 대중교통지향적인 교통체계를 갖추었다.
② 녹지율을 높여 그린네트워크를 지향하였다.
③ 친환경, 첨단과 같은 신도시로서의 테마를 강조하였다.
④ 제1기 신도시에 비해 토지이용에 있어 고밀도를 유지하였다.

정답 01 ③ 02 ④ 03 ② 04 ④ 05 ① 06 ④

해설
1기 신도시에 비해 2기 신도시는 토지 이용에 있어 저밀도를 유지하였다.

07 우리나라에서 도시기본계획을 도입하게 된 배경으로 보기 어려운 것은?

① 주민참여의 구체적 실현
② 개발수요에 대한 합리적 대응
③ 도시관리계획의 잦은 변경 방지
④ 합리적이고 과학적인 도시계획 수립

해설
도시·군기본계획은 특별시·광역시·시·군의 관할구역에 대하여 기본적인 공간구조와 장기발전방향을 제시하는 종합계획으로서 도시관리계획 수립의 지침이 되는 계획으로, 개발수요에 합리적으로 대응하고, 도시관리계획의 잦은 변경을 방지하며 합리적이고 과학적인 도시계획을 수립하는데 그 목적이 있다.

08 텔레커뮤니케이션(tele-communication)을 위한 기반시설이 인간의 신경망처럼 도시 구석구석까지 연결된 도시이며, 다양한 도시 부분에 ICT의 첨단 인프라가 적용된 지능형 도시는?

① Eco-City   ② Green-City
③ Smart-City   ④ Compact-City

해설
스마트 시티(Smart City)
• 텔레커뮤니케이션을 위한 기반시설이 도시 구석구석까지 연결된 도시
• ICT의 첨단인프라가 적용된 도시
• 지능형 도시

09 지역의 산업성장을 국가전체의 성장요인, 산업구조적 요인, 지역의 경쟁력 요인으로 구분하여 지역경제를 분석하고 예측하는 기법은?

① 경제기반모형   ② 투입산출분석
③ 변이할당분석   ④ 비용편익분석

해설
변이할당분석(Shift-share Analysis)은 도시의 주요 산업별 성장 원인을 규명하고, 도시의 성장력을 측정하는 방법이다. 성장의 요인을 전국의 경제성장효과, 지역의 산업구조효과, 도시의 입지경쟁력에 의한 효과 등으로 구분하여 분석한다.

10 토지이용계획과 지역지구제(zoning system)에 대한 설명으로 가장 거리가 먼 것은?

① 지역지구제를 통해 해당 지역의 계획 및 개발사업에 필요한 비용을 충당할 수 있다.
② 지역지구제는 토지이용계획의 실현수단이다.
③ 우리나라의 지역지구제는 지역, 지구, 구역으로 구분된다.
④ 토지의 용도와 기능을 계획지침에 부합되도록 유도하는 제도적 장치이다.

해설
우리나라의 지역지구제는 용도지역, 용도지구, 용도구역으로 구분된다. 지역지구제는 토지이용계획의 실현수단이며 토지의 용도와 기능을 계획지침에 부합되도록 유도하는 제도적 장치이다.
→ 지역지구제를 실행하는 것으로 필요한 비용을 충당할 수는 없다.

11 뉴어바니즘(New Urbanism)의 기본 개념으로 틀린 것은?

① 다양한 주거양식의 혼합
② 디자인코드(Design Code)에 의한 건축물
③ 도시공간의 위계 파괴를 통한 자연스러운 토지이용 유도
④ 근린주구 구성기법에 근거한 걷고 싶은 보행환경 체계 구축

해설
뉴어바니즘(New Urbanism)은 복합용도개발을 통해 다양한 주거양식의 혼합을 유도하며, 이동거리를 단축하고 이를 통해 자동차 이용감소를 유도하고 보행교통을 권장한다. 디자인 코드(Design Code)에 의한 건축물의 건립으로 편의성, 아름다움, 장소성의 창출을 도모한다.

12 가도시화(Pseudo-urbanization)에 대한 설명이 옳은 것은?

① 개발도상국가들 보다는 인구의 정체가 일어나는 국가나 지역에서 발생하는 현상이다.
② 도시의 부양능력에 비해 많은 인구가 유입되면서 인구적으로 비대해진 현상이다.
③ 도심의 공동화로 인해 슬럼화되는 현상을 해결하기 위해서 도심을 재생하여 활성화를 도모하는 현상이다.
④ 대도시에서 비도시지역으로 인구가 전출되면서 대도시의 상주인구가 급격하게 감소하는 현상이다.

정답 07 ① 08 ③ 09 ③ 10 ① 11 ③ 12 ②

> **해 설**
>
> 가도시화(Pseudo-urbanization)
> - 도시의 부양능력에 비해 지나치게 많은 인구가 집중하여 인구만 비대해진 도시화
> - 제3세계로 불리는 개발도상국가에서 흔히 볼 수 있는 산업화와 무관한 도시화 – 맥기(T.C. McGee)

13 계획이론 중 정치 경제 계획 모형의 이론적 입장에서 합리적 계획모형에 대하여 제기하는 비판으로 가장 거리가 먼 것은?

① 지나치게 장기적인 사회구조적 해결책만을 강조하여 부분적이고 단기적인 개선에는 소홀하다.
② 합리성의 지나친 강조로 현실성이 결여되었다.
③ 계획의 실행에 있어서의 목적과 계획이 실행되는 사회구조적 특성을 무시함으로써 계획을 현실에 응용하는데 괴리가 있다.
④ 계획의 목표와 내용보다는 계획안을 만들어내는 계획수립과정을 지나치게 강조하였다.

> **해 설**
>
> 지나치게 장기적인 사회구조적 해결책만을 강조하여 부분적이고 단기적인 개선에는 소홀한 것은 정치경제계획모형의 단점이다.

14 개발로 인하여 기반시설이 부족할 것으로 예상되나 기반시설을 설치하기 곤란한 지역을 대상으로 건폐율이나 용적률을 강화하여 적용하기 위해 지정하는 구역은?

① 개발밀도관리구역   ② 기반시설부담구역
③ 시가화조정구역   ④ 성장억제구역

> **해 설**
>
> "개발밀도관리구역"이란 개발로 인하여 기반시설이 부족할 것으로 예상되나 기반시설을 설치하기 곤란한 지역을 대상으로 건폐율이나 용적률을 강화하여 적용하기 위하여 제66조에 따라 지정하는 구역을 말한다.

15 지역 내의 조망대상을 한 눈에 조망할 수 있고 시계의 범위가 넓으며 파노라마적인 경관을 감상할 수 있는 경관유형은?

① 부감경   ② 양감경
③ 수평경   ④ 입체경

> **해 설**
>
> 부감경은 시점에서 대상을 내려보는 범위를 가지며 지역 내의 조망대상을 한 눈에 조망할 수 있는 경관특성을 나타낸다. 주요 시점은 건축물 옥상 등이며 시계의 범위가 넓으며 파노라마적인 경관을 감상할 수 있는 경관유형이다.

16 도시·군기본계획에 대한 설명이 틀린 것은?

① 도시·군관리계획의 상위계획적 성격을 갖는다.
② 5년마다 타당성을 전반적으로 재검토하여 정비하여야 한다.
③ 인구·산업·재정 등 사회·경제적 측면을 포괄하는 종합계획의 성격을 갖는다.
④ 수립기준은 대통령령으로 정하는 바에 따라 특별시장, 광역시장, 특별자치시장, 특별자치도지사, 시장 또는 군수가 정한다.

> **해 설**
>
> 도시·군기본계획의 수립기준은 국토교통부장관이 결정한다.

17 해리스와 울만이 제시한 다핵심구조이론에서의 기능지역에 해당하지 않는 것은?

① 도시교통시설지역   ② CBD
③ 중공업지역   ④ 교회주거지역

> **해 설**
>
> 다핵심이론의 기능지역에는 1. CBD 2. 도매·경공업지구 3. 저소득주택지구 4. 중급주택지구 5. 고급주택지구 6. 중공업지구 7. 교외주택지구 8. 주변업무지구 9. 교외공업지구 10. 교외지구 및 위성도시가 있다.

18 다음의 설명에 해당하는 도시는?

> - 상업도시에 기원을 두고 건설되었다.
> - 주도로 중 머큐리오(Mercurio) 거리는 32피트의 너비로 가장 넓었다.
> - 격자형 가로구성과 도로의 포장 및 보도를 설치하였다.
> - 도시는 이중 벽으로 둘러싸인 달걀모양의 형태이었다.

① 폼페이   ② 아오스타
③ 카스트라 ④ 팀가드

정답 13 ① 14 ① 15 ① 16 ④ 17 ① 18 ①

해설
폼페이(Pompeii)는 AD 79년 화산폭발로 잿더미 속에 묻혀 있다가 1,700여 년 만에 발굴된 도시로 원형이 그대로 보존되어있어 역사적 가치가 높은 도시이다. 머큐리오거리, 격자형 가로구성, 달걀모양의 도시형태를 가지고 있다.

19 도시인구예측모형에 대한 설명이 옳은 것은?

① 도시인구예측모형은 인구변화의 규칙성을 수식으로 나타낸다.
② 요소모형에서 인구변화는 출생, 사망이라는 두 가지 요소로 이루어져 있다.
③ 요소모형은 비요소모형보다 도시인구 예측모형으로 활용성이 높다.
④ 대개의 도시인구예측은 요소모형에 주로 의존한다.

해설
요소모형에서 인구변화는 출생, 사망, 인구이동이라는 세가지 요소로 이루어져 있다. 요소모형은 집단생잔모형과 인구이동모형으로만 구성되므로 활용도가 비요소모형보다 낮다. 따라서 대개의 도시인구예측은 비요소모형에 주로 의존한다.

20 집산도로의 기능에 대한 설명으로 옳은 것은?

① 가구를 구획하고 택지로의 접근성을 높이는 것을 목적으로 한다.
② 근린주구구역의 교통을 보조간선도로에 연결하여 근린주구구역 내 교통이 모였다 흩어지도록 한다.
③ 시·군내 주요 지역을 연결하거나, 시·군의 골격을 형성한다.
④ 대량 통과교통의 처리를 목적으로 하여 도시 내의 골격을 형성한다.

해설
집산도로(集散道路) : 근린주구구역의 교통을 보조간선도로에 연결하여 근린주구구역내 교통이 모였다 흩어지도록 하는 도로로서 근린주거구역의 내부를 구획하는 도로

제2과목 도시설계 및 단지계획

21 경관창조를 위한 공동주택 주거동의 바람직한 배치에 대한 설명으로 가장 거리가 먼 것은?

① 스카이라인에 율동감을 준다.
② 기존 지형에 과다한 절·성토를 피한다.
③ 주거동의 고층화를 억제하며, 중·고밀도로 자연에 순응하는 군집형태로 건물을 배치한다.
④ 연립 및 중·고층아파트의 배치는 주보행로를 중심으로 접지성이 약한 순서인 고층, 중층, 저층의 건축물을 차례로 배치한다.

해설
주 보행로를 중심으로 접지성이 약한 순서인 저층, 중층, 고층의 건축물을 차례로 배치한다.

22 지구단위계획 수립의 일반원칙에 대한 내용으로 틀린 것은?

① 입안권자는 지구단위계획을 작성하는 때에 도시·군계획, 건축, 경관, 토목, 조경, 교통 등 필요한 분야의 전문가의 협력을 받을 수 있다.
② 쾌적하고 편리한 환경이 조성되도록 지역현황 및 성장 잠재력을 고려하여 적절한 개발밀도가 유지되도록 하는 등 환경친화적으로 계획을 수립하여야 한다.
③ 도로, 상·하수도, 전기공급설비 등 기반시설의 처리·공급 수용능력과 건축물의 연면적이 적정한 조화를 이루도록 하여 기반시설 용량이 부족하지 아니하도록 한다.
④ 정비구역 및 택지개발지구에서 시행되는 사업이 완료된 후 5년이 경과한 지역에 수립하는 지구단위계획은 기존의 기반시설 및 주변 환경에 적합하고 과도한 재건축이 되지 않도록 하여야 한다.

해설
지구단위계획 수립지침
제3절 지구단위계획 수립의 일반원칙
2-3-5. 정비구역 및 택지개발예정지구에서 시행되는 사업이 완료된 후 10년이 경과한 지역에 수립하는 지구단위계획은 기존의 기반시설 및 주변환경에 적합하고 과도한 재건축이 되지 않도록 하여야 한다.

23 주거단지 계획 시 고려하여야 할 자연·환경적 요소로 가장 거리가 먼 것은?

① 지형(등고선)을 고려하여 건물의 배치를 결정한다.
② 여름철 과다한 일조를 피하기 위해 인동 간격을 최대한 좁힌다.
③ 주건단지의 통풍을 고려하여 도로와 건물을 배치한다.
④ 토양이나 식생이 덮인 지표면을 확대하여 온도와 습도를 조절한다.

정답 19 ① 20 ② 21 ④ 22 ④ 23 ②

> **해 설**
> 여름철 과다한 일조를 피하기 위해 인동간격을 좁히는 것이 전체적으로 악영향을 미칠 수 도 있으므로 계절, 절기, 시간, 향 등을 고려하여 건물의 배치를 결정하여야 한다.

24 슈퍼블록(super block)의 장점으로 틀린 것은?

① 보도와 차도의 완전한 분리가 가능하다.
② 충분한 공동의 오픈스페이스를 확보할 수 있다.
③ 건물을 집약화함으로써 고층화·효율화가 가능하다.
④ 대형 가구의 내부에 자동차의 통과를 유도하여 도로율을 증가시킬 수 있다.

> **해 설**
> 슈퍼블록은 통과교통을 배제한다.

25 영국의 밀톤 케인즈(Milton Keynes)에 대한 설명으로 틀린 것은?

① 전형적인 주거 중심의 침상도시(Bed Town)로 자족 기능을 배제하였다.
② 영국 런던의 확산 인구를 수용하기 위해 세워진 신도시이다.
③ 근린주구계획에 의해 근린분구 구성을 통해 사회계층의 혼합을 도모하였다.
④ 주요 간선도로는 격자형으로 이루어져 있고, RED WAY를 통해 차량과 보행자를 분리하였다.

> **해 설**
> 밀톤케인즈는 영국 런던의 확산 인구를 수용하기 위한 신도시였고, 블록 내부에 다양한 주거형식와 녹지체계 도입하고 블록 중심에 중심시설을 배치(간선도로 교차부)한 자족가능한 제3세대의 신도시였다.

26 단독주택용지의 가구 및 획지계획 기준으로 틀린 것은?

① 단독주택용 획지로 구성된 소가구는 근린의식 형성이 용이하도록 10~24획지 내외로 구성한다.
② 대가구 내 도로계획은 단조로움과 통과교통 방지를 위하여 3지 교차도로 및 루프(loop)형 도로를 배치한다.
③ 대가구의 규모는 어린이 놀이터 하나를 유지하는 거리로 반경 100~150m를 기준으로 한다.
④ 획지의 형상은 건축물의 규모와 배치, 높이 등을 고려하여 결정하되, 가능하면 동서방향으로의 긴 장방형으로 한다.

> **해 설**
> 동서축 가구획지는 세장비를 크게 하는 것이 유리하다.

27 주택건설기준 등에 관한 규정 상 관리사무소 등의 설치에 관한 아래 내용에서 ( )에 들어갈 내용으로 옳은 것은? (단, 면적의 합계가 100제곱미터를 초과하는 경우는 고려하지 않는다.)

> 50세대 이상의 공동주택을 건설하는 주택단지에는 다음 각 호의 시설을 모두 설치하되, 그 면적의 합계가 10제곱미터에 50세대를 넘는 매 세대마다 ( )제곱센티미터를 더한 면적 이상이 되도록 설치해야 한다.
> 1. 관리사무소
> 2. 경비원 등 공동주택 관리 업무에 종사하는 근로자를 위한 휴게시설

① 200
② 300
③ 500
④ 1,000

> **해 설**
> 주택건설기준 등에 관한 규정 제28조(관리사무소) 제1항 조항에 의거 50세대 이상의 공동주택을 건설하는 주택단지에는 다음 각 호의 시설을 모두 설치하되, 그 면적의 합계가 10제곱미터에 50세대를 넘는 매 세대마다 **500제곱센티미터**를 더한 면적 이상이 되도록 설치해야 한다. 다만, 그 면적의 합계가 100제곱미터를 초과하는 경우에는 설치면적을 100제곱미터로 할 수 있다.
> 1. 관리사무소
> 2. 경비원 등 공동주택 관리 업무에 종사하는 근로자를 위한 휴게시설

28 각 가구를 잇는 도로가 하나이며 막다른 도로의 형태로 통과교통을 최소화하고, 부정형한 지형에 적용이 용이하며 주거환경의 쾌적성과 안전성을 용이하게 확보할 수 있는 국지도로의 형태는?

① 십(+)자형
② 쿨데삭형
③ T자형
④ 격자형

> **해 설**
> 쿨데삭형 도로는 Dead-end라고도 부르는데, 그 이유는 각 가구를 있는 도로가 하나이며, 막다른 도로의 형태를 가지고 있기 때문이다. 하나의 도로만 있기 때문에 부정형 지형에 적용이 용이하고, 회차부분을 활력있는 공간으로 조성할 수 있다. 또한 막다른 도로의 특성상 통과교통이 배제되므로 주거환경의 쾌적성과 안전성을 용이하게 확보할 수 있게 된다.

29 환경 친화적인 주거단지를 건설하기 위한 성·절토 방법으로 가장 거리가 먼 것은?

① 토취장 선정 시 양호한 수림대의 구릉지 등은 계획에 적극 반영한다.
② 자연 지형이 급격히 훼손되지 않도록 주변 부지의 대지 조성고를 결정한다.
③ 단지 내의 수공간으로 활용 가능한 저습지등은 자연 지형을 최대한 살려서 계획한다.
④ 대지조성 설계는 평지 위주의 지반 계획보다 원지형을 살릴 수 있도록 다단계식 지반을 조성한다.

해설
양호한 수림대의 구릉지 등을 토취장으로 선정하게 되면 수림대를 훼손하게 되므로 계획에서 배제하는 것이 좋다.

30 생활권의 크기가 작은 것부터 큰 순서대로 바르게 나열된 것은?

① 인보구 - 근린분구 - 근린주구
② 인보구 - 근린주구 - 근린분구
③ 근린분구 - 근린주구 - 인보구
④ 근린분구 - 인보구 - 근린주구

해설
생활권의 위계는 인보구, 근린분구, 근린주구, 지역 순으로 커진다.

31 용적률 500%, 평균 층수가 20층 일 때 건폐율은?

① 25% ② 40%
③ 60% ④ 75%

해설
건폐율 = $\dfrac{용적률}{층수}$, 건폐율 = $\dfrac{500\%}{20}$ = 25%

32 경험주의적 전통에 입각한 도시설계 기법을 적용한 것으로 평가받는 도시 설계가는?

① 르 꼬르뷔지에(Le Corbusier)
② 알도 로시(Aldo Rossi)
③ 롭 크리에(Rob Krier)
④ 고든 쿨렌(gordon Cullen)

해설
고든 쿨렌(Gordon Cullen)은 경험주의적 전통에 입각한 도시설계가로 평가받는다. 도시이미지 연구와 연속시각이론을 주장하였고, 도시경관은 건축적 요소, 회화적 요소, 시각적 요소 및 실제적 요소 등을 혼합한 연속된 시각적인 개념이라고 주장하였다.

33 지구단위계획의 벽면한계선에 대한 설명으로 옳은 것은?

① 가로경관이 연속적인 형태를 유지하거나 구역 내 중요 가로변의 건축물을 가지런하게 할 필요가 있는 경우에 사용할 수 있다.
② 특정지역에서 상점가의 1층 벽면을 가지런하게 하거나 고층부의 벽면의 위치를 지정하는 등 특정층의 벽면의 위치를 규제할 필요가 있는 경우에 지정할 수 있다.
③ 도로에 있는 사람이 개방감을 가질 수 있도록 건축물을 도로에서 일정 거리를 후퇴시켜 건축하게 할 필요가 있는 곳에 지정할 수 있다.
④ 특정한 층에서 보행공간(공공보행통로등) 등을 확보할 필요가 있는 경우에 사용할 수 있다.

해설
지구단위계획 수립지침 제10절 건축물의 배치와 건축선 3-10-6 조항에 의거 벽면한계선은 특정한 층에서 보행공간(공공보행통로등) 등을 확보할 필요가 있는 경우에 사용할 수 있다. 이 경우 건축한계선의 후퇴부분에는 보행공간 등에 필요한 도시설계적 계획요소를 제시한다.
- 건축지정선 : 가로경관이 연속적인 형태를 유지하거나 구역내 중요 가로변의 건축물을 가지런하게 할 필요가 있는 경우에 사용할 수 있다.
- 벽면지정선 : 특정지역에서 상점가의 1층벽면을 가지런하게 하거나 고층부의 벽면의 위치를 지정하는 등 특정층의 벽면의 위치를 규제할 필요가 있는 경우에 지정할 수 있다.
- 건축한계선 : 도로에 있는 사람이 개방감을 가질 수 있도록 건축물을 도로에서 일정거리 후퇴시켜 건축하게 할 필요가 있는 곳에 지정할 수 있다.

34 다음 도시공원 중 구분 유형이 다른 하나는?

① 소공원 ② 근린공원
③ 역사공원 ④ 어린이공원

해설
소공원, 근린공원, 어린이공원은 생활권공원에 속하고, 역사공원은 주제공원에 속한다.

정답 29 ① 30 ① 31 ① 32 ④ 33 ④ 34 ③

35 생활권 계획의 기본목표를 사회적 측면과 물리적 측면으로 구분할 때, 다음 중 사회적 측면의 기본 목표에 해당하지 않는 것은?

① 주민간의 동질의식 함양 및 지역사회에 대한 소속감을 높인다.
② 생활권 계층에 따른 편익시설 및 서비스를 제공한다.
③ 안전의식 및 안정감을 고취시킨다.
④ 이웃 간의 면식과 상호간의 교류를 촉진한다.

해 설
생활권 계층에 따른 편익시설 및 서비스를 제공하는 것은 물리적 측면의 기본 목표에 해당한다.

36 다음 중 건축법령상 공동주택의 유형에 해당하지 않는 것은?

① 다가구주택   ② 다세대주택
③ 연립주택   ④ 기숙사

해 설
건축법 시행령 별표 1. 용도별 건축물의 종류 조항에 의거 공동주택은 아파트, 연립주택, 다세대주택, 기숙사로 구분된다. 다가구주택은 단독주택으로 구분된다.

37 도시설계의 보너스 제도와 관련된 설명으로 가장 거리가 먼 것은?

① 인센티브 제공을 통해 확보되는 쾌적 요소(amenity unit)는 사유지 내에 확보되는 가로 광장이나 아케이드 등의 공개공지가 대표적이다.
② 성능지역지구제(performance zoning)는 상세한 설계기준에 의거하여 토지의 이용을 판단하는 제도이다.
③ 보상지역지구제(incentive zoning)는 개발자에게 적당한 개발 보너스를 부여하는 대신 공공에게 필요한 쾌적 요소를 제공하도록 유도하기 위해 개발된 방법이다.
④ 조건부지구제(conditional zoning)는 민간개발이 지역지구제 조례에서 제시하고 있는 특별 조건을 만족하는 경우, 민간의 요구에 부응하여 해당 토지의 용도를 재지정하는 방법이다.

해 설
성능지역지구제는 규제적 성격이 강한 제도 중 기타규제수법에 해당한다.

38 특별계획구역에 대한 설명으로 틀린 것은?

① 지구단위계획구역 중에서 현상설계 등에 의하여 창의적 개발안을 받아들일 필요가 있거나 계획의 수립 및 실현에 상당한 기간이 걸릴 것으로 예상되어 충분한 시간을 가질 필요가 있을 때에 별도의 개발안을 만들어 지구단위계획으로 수용 결정하는 구역을 말한다.
② 복잡한 지형의 재개발구역을 종합적으로 개발하는 경우와 같이 지형 조건상 지반의 높낮이 차이가 심하여 건축적으로 상세한 입체계획을 수립하여야 하는 경우 지정한다.
③ 특별계획구역에 대한 계획내용은 지구단위 계획에 포함하여 결정한다.
④ 순차개발을 위하여 특별계획구역을 지정하는 경우에는 특별계획구역의 면적이 전체 구역 면적의 1/3을 초과하지 않아야 한다.

해 설
지구단위계획수립지침 3-15-3 조항에 의거 순차개발을 위하여 특별계획구역을 지정하는 경우에는 특별계획구역의 면적이 전체구역 면적의 2/3을 초과하지 않아야 한다.

39 우리나라에 도시설계 제도가 도입된 것에 관한 설명으로 틀린 것은?

① 도시설계 제도와 관련된 법규 중 지구지정 규정의 신설은 1991년에 이루어졌다.
② 도시설계 제도가 도입된 지 5년 후인 1985년에 상세계획제도가 도입되었다.
③ 도시설계를 처음 도입할 당시 주된 관심사는 간선가로변의 미관 개선에 있었다.
④ 제도로서의 도시설계를 처음 도입한 것은 1980년 건축법에 도시설계 조항을 법제화한 것이다.

해 설
상세계획제도
• 1991년 12월 도시계획법 개정 : 상세계획구역의 지정(구 도시계획법 제20조의3)이라는 조항으로 도입
• 1994년 건설부 훈령으로 상세계획 수립지침을 제정하여 시행

40 격자형 국지도로망의 단점으로 가장 거리가 먼 것은?

① 통과 교통이 생기기 쉽다.
② 시각적으로 단조로운 형태를 갖는다.
③ 차량에 의한 접근이 불리하다.
④ 차도와 보도가 교차한다.

[해설] 격자형 국지도로망은 차량에 의한 접근이 유리한 형태이다.

제3과목 도시개발론

41 정비기반시설은 양호하나 노후·불량건축물에 해당하는 공동주택이 밀집한 지역에서 주거 환경을 개선하기 위해 시행하는 정비사업은?

① 주거환경개선사업 ② 재개발사업
③ 재건축사업   ④ 도시환경정비사업

[해설] 도시 및 주거환경정비법 제2조(정의) 조항에 의거 정비기반시설은 양호하나 노후·불량건축물에 해당하는 공동주택이 밀집한 지역에서 주거환경을 개선하기 위한 사업은 재건축사업이다.

42 워터프론트(waterfront)의 특성과 가장 거리가 먼 것은?

① 조망성이 우수하다.
② 대중교통이 잘 발달되어 있다.
③ 자연과 접하기 쉬운 공간이다.
④ 문화, 역사가 많이 축적된 공간이다.

[해설] 워터프론트의 특성
· 자연과 접하기 쉬운 공간
· 문화나 역사가 많이 축적된 공간
· 조망이 좋아 도시의 활력과 생동감 증대

43 도시·군계획시설로서 도로의 규모별 구분에 따른 대로 1류의 기준으로 옳은 것은?

① 폭 40미터 이상 50미터 미만인 도로
② 폭 35미터 이상 40미터 미만인 도로
③ 폭 30미터 이상 35미터 미만인 도로
④ 폭 25미터 이상 30미터 미만인 도로

[해설] 도로의 규모별 구분에서 대로는 1, 2, 3류로 구분되며, 대로 1류는 폭 35미터 이상 40미터 미만인 도로를 말한다.

44 개발권양도제에 대한 설명으로 틀린 것은?

① 개발유도지역의 지가수준이 높거나 토지이용규제가 강하면 개발권에 대한 수요가 줄어든다.
② 도시의 성장관리수법의 하나로 활용되는 제도이다.
③ 공공이 토지소유주에게 용토 규제에 상응하는 토지주의 손실 금액 만큼의 개발권을 부여한다.
④ 개발권의 신축적인 운영을 위해 개발권 수급은행의 운영을 고려할 수 있다.

[해설] 개발유도지역의 지가수준이 높거나 토지이용규제가 강하다는 것은 그만큼 개발이익이 높다는 것을 의미하므로 개발권에 대한 수요는 높아지게 된다.

45 생활환경을 저해할 원인이 있거나 구조적으로는 보존가능하나 유지관리가 불충분하게 행해지는 경우, 기존시설을 보존하면서 노후 및 불량화 요인만을 제거하는 소극적 재개발 방식은?

① 전면재개발(Redevelopment)
② 개량재개발(Improvement)
③ 수복재개발(Rehabilitation)
④ 보전재개발(Conservation)

[해설] 수복 재개발(Rehabilitation)은 관리상 부실로 인하여 도시환경이 악화될 우려가 있거나 이미 악화된 지역에 대하여 기존 시설을 보존하면서 구역 전체의 기능과 환경을 회복하거나 개선하는 소극적인 방식이다.

46 파라미터 값의 변화가 정책 분석의 최종 결과에 미치는 정도를 분석하여, 정책의 경제성에 가장 큰 영향을 미치는 요소를 도출하고 그 대안을 제시할 수 있게 하는 방법은?

① 민감도분석   ② 재무분석
③ 경제성분석   ④ 파급효과분석

정답 40 ③ 41 ③ 42 ② 43 ② 44 ① 45 ③ 46 ①

해설
분석결과의 불확실성은 파라미터 값의 불안정성에 기인한다고 할 수 있으며, 이러한 파라미터 값들의 불확실성에 대해 분석자가 취할 수 있는 방법이 민감도 분석(Sensitivity analysis)이다. 파라미터 값의 변화가 정책분석의 최종결과에 미치는 정도를 분석하여 그 결과를 바탕으로 정책의 경제성에 가장 큰 영향을 미치는 핵심 파라미터를 도출할 수 있게 되며, 이를 바탕으로 분석된 정책에 대한 대안도 제시할 수 있게 된다.

47 일반적으로 마케팅이 5단계에 걸쳐 이루어진다고 할 때, 다음 중 실행단계의 마케팅에 속하지 않는 것은?

① 광고 및 판매 촉진(Promotion)
② 판매 및 유통경로 관리(Sales)
③ 상품기획(Merchandising)
④ 사후관리(After service)

해설
실행단계의 마케팅에는 광고 및 판매 촉진(프로모션), 판매 및 유통경로 관리(세일즈), 사후관리(애프터서비스)가 있다. 상품기획은 마케팅 전략 수립 전 단계에서 이루어진다.

48 도시개발사업 아이템의 정량적 수요예측 기법 중 상권에 대한 이론을 가장 체계적으로 정립한 것으로, 개별 소매점의 고객흡입력을 구하는 기법은?

① 델파이법
② 인과분석법
③ HUFF모형
④ 판단결정모형

해설
허프(Huff)의 소매지역이론은 대도시에서 쇼핑패턴을 결정하는 중력(확률)모형으로 개별 소매점의 고객흡입력을 계산하는 기법이다. Reilly와 Converse의 소매 인력이론을 실제 적용가능하게 하려고 수정·보완한 이론으로, 경쟁점포수·거리·크기에 따라 확률이 달라지고, 상권에 대한 이론을 가장 체계적으로 정립하였다고 평가받는다.

49 도시개발의 수요예측모형에 있어서, 정량적 분석방법이 아닌 것은?

① 이동평균법
② 델파이법
③ 박스젠킨스법
④ 지수평활법

해설
이동평균법, 박스젠킨스법, 지수평활법은 모두 정량적 분석방법 중 시계열분석(Time Series Analysis) 기법의 한 종류이다.

50 다음의 경우 상업용지의 면적을 추계한 값으로 옳은 것은?

- 상업지 이용인구 : 58,800명
- 1인당 상면적 : 20m²
- 평균층수 : 3층
- 건폐율 : 70%
- 공공용지율 : 30%

① 800,000m²
② 1,000,000m²
③ 1,020,400m²
④ 1,120,000m²

해설
$$\text{상업지 면적} = \frac{58,800 \times 20}{3 \times 0.7 \times (1-0.3)} = 800,000\,m^2$$

51 특정 지역의 부동산 가격 규제로 인해 주변지역의 부동산 가격이 상승하는 현상을 무엇이라 하는가?

① 교외화(suburbanization)
② 도시화(urbanization)
③ 풍선효과(balloon effect)
④ 공동화효과(donut effect)

해설
풍선효과(Balloon Effect)란 당면 과제를 해결하기 위해 정책을 펼치면, 그 정책으로 인해 또 다른 문제가 발생되는 현상을 말한다. 특정지역의 부동산 가격규제가 원인이 되어 주변 지역의 부동산 가격이 상승되는 현상이 대표적이다.

52 수출기반모형(Expert Base Model)에서 기반활동에 포함되지 않는 것은?

① 지역 내부에서 소비되는 재화와 용역을 생산하여 판매하는 활동
② 수출을 전제로 한 재화의 생산 활동
③ 타 지역에서 온 사람에게 서비스를 제공하고 그 대가로 화폐를 받는 활동
④ 노동을 타 지역으로 보내고 그 대가로 화폐를 받는 활동

해설
기반활동이란 경쟁력을 갖추고 있는 수출산업으로 재화나 용역을 외

부에 수출함으로써 화폐를 벌어들여 도시경제의 성장을 가져오게 하는 부문을 말한다. 수출부문(Export Sector), 생산부문이라고도 한다. 지역 내부에서 소비되는 재화와 용역을 생산하여 판매하는 활동은 외부 수출활동과는 거리가 있으므로 기반활동에 포함된다고 보기 어렵다.

53 도시학자인 Witherspoon이 정의한 MXD(복합용도개발)의 개념으로 옳은 것은?

① 독립적 수익성을 지닌 3개 이상의 용도를 수용하여야 한다.
② 각 기능 요소들이 차량 중심의 동선체계를 통해 직접 연결되어야 한다.
③ 건축기능별 다수의 마스터플랜에 따라 다양하고 복합적인 계획을 구성하여야 한다.
④ 건축용도별로 독자성을 유지하고 물리적인 연계를 차단하여야 한다.

해설
위더스푼(Witherspoon)이 정의한 복합용도개발(MXD ; MiXed use Development, 혼합용도개발)은 독립적인 수익활동을 3가지 이상 포함하며 상호 보완적 역할을 하여 수용된 요소 간 기능적·물리적 통합으로 고밀도 토지이용 및 보행동선단축을 기초로 혼합적 토지이용개념에 근거하여 주거와 업무, 상업, 문화 등 상호보완이 가능한 용도를 서로 밀접한 관계를 갖도록 연계하여 개발하는 기법을 말한다.

54 제3섹터 개발방식에 대한 설명이 옳은 것은?

① 국가나 지방자치단체, 정부투자기관인 공사 또는 지방공기업 등이 사업시행자이다.
② 토지소유자나 순수 민간기업 등이 사업시행자이다.
③ 토지의 취득방식에 따른 개발방식의 유형구분에 해당한다.
④ 민·관이 공동출자하여 설립한 법인 조직이 개발하는 방식이다.

해설
공공부문과 민간부문이 공동출자하여 독립적으로 만든 합동법인 형태의 기구 및 사업주체가 시행하는 사업방식으로 공공과 민간이 별도의 역할을 수행한다기보다 공공부문과 민간부문이 공동으로 참여하여 동일한 역할을 수행하기 때문에 제3섹터를 민관합동방식이라고도 한다.

55 역사보존도시의 필요성 및 의의와 가장 거리가 먼 것은?

① 도시의 품격보다 수적인 인구 유발을 통해 도시의 활력을 부여하는 역할을 한다.
② 개성있고 다양한 경관을 나타내어, 고층화·대형화·획일화되어 가는 도시 환경의 문제점을 해소하여 도시에 다양성을 부여한다.
③ 역사 환경이 형성된 배경과 사상을 이해하고, 과거와 현재를 연결시켜 도시의 역사성을 인식하는 도시 속 경험을 통해 도시생활을 풍부하게 한다.
④ 도시의 발전과 맥락을 이해할 수 있는 전통적 기반 보존을 통해 다른 도시와의 차별성을 부각시킬수 있다.

해설
역사보존도시는 역사환경을 도시활성화의 자원으로 활용 가능하므로, 문화 관광자원으로 도시에 활력을 부여한다.

56 도시개발 관련 법과 이에 따른 개발사업의 연결이 틀린 것은?

① 도시개발법 - 도시개발사업
② 주택법 - 택지개발사업
③ 도시 및 주거환경정비법 - 주거환경개선사업
④ 국토의 계획 및 이용에 관한 법률 - 도시·군계획시설사업

해설
택지개발사업은 택지개발촉진법을 근거로 한다.

57 기업금융과 대별되는 프로젝트 파이낸싱(PF)에 대한 설명으로 옳은 것은?

① 비소구금융 및 부외금융의 특성을 갖는다.
② 상환재원은 사업주의 전체 재원을 기반으로 한다.
③ 공공기관 입장에서는 사업위험의 분산 효과가 작다.
④ 민간의 입장에서는 기업금융에 비하여 금융비용의 절감이 불가능하다.

해설
프로젝트 파이낸싱(PF ; Project Financing) 방법
- 담보 : 해당 프로젝트 자산
- 상환재원 : 프로젝트에서 발생하는 수익
- 차입비용 : 일반대출금리보다 높음
- 채무수용능력 : 부외금융으로 채무수용능력 제고
- 정부지원 : 많은 경우 정부의 강력한 지원 필요
- 사업성 검토 : 프로젝트 평가능력이 사업 성패의 관건

정답 53 ① 54 ④ 55 ① 56 ② 57 ①

- 사후관리 : 엄격한 사후관리
- 적용분야 : 발전소, 고속도로, 터널 등 대형 사업 부문
- 비소구금융(Non-Recourse Financing) : 투자의 부담을 투자액 범위 내로 한정하는 방식, PF는 완전한 비소구금융 조건은 드물며 대부분 제한적인 비소구금융 형태를 취함(모기업에 대한 소구권 행사 배제 또는 제한, 상환 청구권 제한)
- 부외금융(Off-Balance-Sheet Financing) : 프로젝트 회사의 부채가 대차대조표에 나타나지 않으므로 부채 증가가 사업주의 부채율에 영향을 미치지 않음을 의미함. 프로젝트 수행을 위해 일정한 조건을 갖춘 별도의 프로젝트 회사(SPC)를 설립함으로써 부외금융 효과를 얻을 수 있음

58 대기오염, 소음, 진동, 악취, 그 밖에 이에 준하는 공해와 각종 사고나 자연재해, 그 밖에 이에 준하는 재해 등의 방지를 위하여 설치하는 녹지는?

① 방재녹지 ② 경관녹지
③ 연결녹지 ④ 완충녹지

해설
대기오염, 소음, 진동, 악취, 그 밖에 이에 준하는 공해와 각종 사고나 자연재해, 그 밖에 이에 준하는 재해 등의 방지를 위하여 설치하는 녹지는 완충녹지이다.

59 프로젝트 파이낸싱(PF)의 자금조달 형태 중 가장 큰 비중을 차지하며 대부분 상업은행에서 제공되는 차입금(이자수익을 목적으로 투자)이 해당하는 것은?

① 선순위 채권 ② 후순위 채무
③ 자기자본 ④ 부동산펀드

해설
프로젝트 파이낸싱의 자금원은 자기자본, 선순위채권, 후순위채권으로 구분되는데, 이 중 선순위 채권(Senior Debt)은 PF에서 가장 큰 비중을 차지하며 대부분 상업은행으로부터의 차입금(이자수익을 목적으로 투자)으로 구성된다.

60 다음 중 지분조달방식의 일반적인 특징이 아닌 것은?

① 투자금액을 상환하지 않아도 된다.
② 회사 통제권을 일부 포기해야 한다.
③ 사업자가 현금이 긴요할 경우 선호되지 않는다.
④ 지분투자자가 항상 사업계획에 동의하는 것은 아니므로 이에 따른 문제 발생도 고려해야 한다.

해설
지분조달, 부채조달 모두 자금을 조달하는 방식이므로 현금이 긴요할 경우 선호된다.

제4과목 국토 및 지역계획

61 제4차 국토종합계획 수정계획(2011~2020)의 기본목표가 아닌 것은?

① 품격 있는 매력국토
② 경쟁력 있는 통합국토
③ 지속 가능한 친환경국토
④ 활기 넘치는 웰빙국토

해설
제4차 국토종합계획 수정계획(2011~2020)의 4대 기본목표는 경쟁력 있는 통합국토, 지속가능한 친환경국토, 품격있는 매력국토, 세계로 향한 열린국토이다.

62 미국 지역개발계획의 선구적 사례가 된 것은?

① 다모달개발사업
② 테네시계곡개발사업
③ 실리콘밸리사업
④ 리서치트라이앵글사업

해설
테네시계곡 개발공사(TVA ; Tennessee Valley Authority)는 1930년대 전후 실업자 구제 및 공업도시 개발을 위해 테네시강 유역에 다수의 다목적댐을 건설하여 전력과 수자원공급을 목표로 하였던 공사로 미국에서 지역개발계획의 선구적 사례가 되었다.

63 도시인구예측모형을 요소모형과 비요소모형으로 구분할 때, 다음 중 요소모형에 해당하는 것은?

① 선형모형 ② 인구이동모형
③ 지수성장모형 ④ 곰페르츠모형

해설
요소모형에는 연령집단생잔모형과 인구이동모형이 포함된다. 비요소모형에 선형, 지수, 수정된 지수, 곰페르츠, 로지스틱, 비교, 비율 예측방법 등이 있다.

정답 58 ④ 59 ① 60 ③ 61 ④ 62 ② 63 ②

64 A시의 총 고용인구가 100만 명, 이 지역 기반산업의 고용인구가 70만 명일 때 기반산업에 대한 총고용의 승수효과는?

① 1.43   ② 2.33
③ 3.33   ④ 4.53

해설
경제기반승수 = $\dfrac{100만 명}{70만 명}$ = 1.43

65 국토기본법에 의한 지역계획으로 성장 잠재력을 보유한 낙후지역 또는 거점지역 등과 그 인근 지역을 종합적·체계적으로 발전시키기 위하여 수립하는 것은?

① 수도권발전계획   ② 광역권 개발계획
③ 지역개발계획   ④ 개발촉진지구개발계획

해설
국토기본법 제16조(지역계획의 수립) 1항 조항에 의거 중앙행정기관의 장 또는 지방자치단체의 장은 지역 특성에 맞는 정비나 개발을 위하여 필요하다고 인정하면 관계 중앙행정기관의 장과 협의하여 관계 법률에서 정하는 바에 따라 다음 각 호의 구분에 따른 지역계획을 수립할 수 있다. 〈개정 2014.6.3.〉
2. 지역개발계획 : 성장 잠재력을 보유한 낙후지역 또는 거점지역 등과 그 인근지역을 종합적·체계적으로 발전시키기 위하여 수립하는 계획

66 지역계획에 사용되는 자료를 1차 자료와 2차 자료로 나눌 때, 2차 자료에 의한 조사의 한계점으로 가장 거리가 먼 것은?

① 자료수집에 있어 현실감 있는 정보를 얻을 수 있으나, 수집에 소요되는 비용과 시간이 많이 소요된다.
② 목적을 달리하는 다양한 출처로부터 도출되기 때문에 계획가의 필요를 충분히 충족시켜 주지 못하는 경우가 많다.
③ 어떤 자료들은 정확성이 매우 떨어져 자료의 일관성이 부족한 경우가 있다.
④ 기준지역이 행정구역 중심으로 되어 있는 경우가 많아서 자료의 해석·사용에 제약이 따른다.

해설
1차 자료에 의한 조사는 현지, 면접, 설문조사 등이 해당하며, 자료수집에 있어 현실감 있는 정보를 얻을 수 있으나, 수집에 소요되는 비용과 시간이 많이 소요되는 특징이 있다.

67 지역개발의 기본수요(Basic need) 접근이론에 관한 설명과 가장 거리가 먼 것은?

① 투자의 효율성 추구를 통한 지역 간 균형화를 유도한다.
② 기본수요의 접근은 재산과 소득의 재분배가 포함된다.
③ 기본수요는 물적 요구뿐만 아니라 교육과 보건 등 공공서비스가 포함된다.
④ 기본수요는 동태적으로서 하위의 기본수요가 충족되면 그 상위의 기본수요가 대상이다.

해설
기본수요이론은 객관적 수요와 주관적 수요를 혼합하여 기본수요(Basic Minimum Needs)라고 표현하며 균형발전이론의 하나로 생활권을 중심으로 한 개발전략을 가지고 있으므로 투자의 효율성을 추구하지는 않는다.

68 지프(Zipf)의 순위규모모형($P_r = \dfrac{P_1}{r^q}$)에 대한 설명이 옳은 것은? (단, P_r : 순위 r번째 도시 인구, P_1 : 수위도시 인구, r : 인구규모에 의한 도시의 순위, q : 상수)

① $q = 1$일 때 도시규모 분포 상의 도시체계가 가장 불균형한 상태로, 순위규모 분포를 나타내지 않는다.
② q 값은 국가의 크기에 관계가 없다.
③ q가 1보다 크면 클수록 종주분포가 심화되어 있음을 나타낸다.
④ q가 0에 가까울수록 같은 규모의 도시가 적게 분포함을 나타낸다.

해설
$q < 1$: 중간규모분포(중간규모 도시가 우세), $q = 1$: 순위규모분포(1, 1/2, 1/3), $q > 1$: 과두분포(상위 몇 개 도시에 집중), $q \gg 1$: 종주분포(수위도시에 집중) → 종주분포가 심화되어있음을 나타냄

69 수도권정비계획 수립 시 수도권정비계획안 입안에 포함시키는 사항이 아닌 것은?

① 인구와 산업 등의 배치에 관한 사항
② 권역의 구분과 권역별 정비에 관한 사항
③ 입지규제최소구역의 지정과 변경에 관한 사항
④ 광역적 교통시설과 상하수도 시설 등의 정비에 관한 사항

> **해 설**
> 수도권정비계획법 제4조(수도권정비계획의 수립)
> ① 국토교통부장관은 수도권의 인구 및 산업의 집중을 억제하고 적정하게 배치하기 위하여 중앙행정기관의 장과 서울특별시장·광역시장 또는 도지사의 의견을 들어 다음 각 호의 사항이 포함된 수도권정비계획안을 입안한다. 〈개정 2013.3.23.〉
> 2. 인구와 산업 등의 배치에 관한 사항
> 3. 권역(圈域)의 구분과 권역별 정비에 관한 사항
> 5. 광역적 교통 시설과 상하수도 시설 등의 정비에 관한 사항

70 제3차 국토종합계획에서 수도권 비대화를 견제하기 위한 지방 대도시의 기능특화방향이 틀린 것은?

① 부산 - 제조업, 의료산업
② 대구 - 업무, 첨단기술, 패션산업
③ 광주 - 첨단산업, 예술·문화
④ 대전 - 행정, 과학연구, 첨단산업

> **해 설**
> 부산은 국제무역, 금융기능이 특화된 도시이다.

71 국토계획의 배경 및 필요성으로 가장 거리가 먼 것은?

① 한정된 국토 자원의 효과적인 활용
② 지역격차와 불균형문제의 해소
③ 정책 간의 상충을 미연에 방지
④ 공공부문과 민간부문의 원활한 교류

> **해 설**
> 국토계획은 한정된 국토자원을 효과적으로 활용하고 지역격차와 불균형문제의 해소(도농간의 격차, 종주도시와 낙후지역 문제를 해결)하며, 하위정책의 지침을 제시하는 등 정책간 상충을 방지하고 국가 주도적 경제개발 추진 문제 해결을 위해 필요하다.

72 클라센(L. H. Klassen)의 지역 구분에 해당하지 않는 것은?

① 저개발 지역
② 매개지역
③ 번영하는 지역
④ 잠재적 저개발 지역

> **해 설**
> 클라센(L. Klaassen)의 동질지역 구분 : 번성지역, 발전도상 저개발 지역, 잠재적 저개발지역, 저개발지역

73 아래와 같은 특징을 갖는 지역의 종류는?

> • 한 때는 경제성장을 하였으나 여러 가지 경제여건의 변화로 장기적인 경제적 침체 단계에 들어간 지역
> • 석탄 등 풍부한 지하자원의 개발로 한 때 호황을 누렸던 지하자원 채취지역이나 한 때 수요가 많았던 제품을 생산했던 산업화된 지역

① 과밀지역
② 과소지역
③ 번성지역
④ 침체지역

> **해 설**
> 문제지역은 침체, 낙후, 과밀지역으로 구분되며, 침체지역은 한때는 경제적으로 성장하였으나 여러 가지 경제여건의 변화로 장기적인 경제적 침체단계에 들어간 지역을 말한다.

74 지역 간 소득격차는 국가경제의 성장단계에 따라 역U자형 곡선을 보인다고 주장한 사람은?

① Hirchmann
② Myrdal
③ Williamson
④ Friedman

> **해 설**
> 윌리엄슨(Williamson)은 지역 간 소득격차의 변화에 응용하여 지역 간 격차도 경제발전 초기 단계에 증가하고 후기에 감소하는 역U곡선의 형태임을 입증하였다.

75 변이할당(shift-share) 분석에 관한 설명이 틀린 것은?

① 산업 상호 간의 연관성을 파악할 수 있다.
② 두 시점에서의 자료만 확보되면 동태적인 분석이 가능하다.
③ 지역의 산업구조와 시차적인 구조 변화를 동시에 살펴볼 수 있다.
④ 산업구조와 지역 경제 성장 간의 관계를 분석할 수 있다.

> **해 설**
> 변이할당분석(Shift-share Analysis)은 산업 상호 간의 연관성을 파악하기 어렵다는 단점이 있다.

76 지역계획의 수립과정에 있어 상향식(Bottom-Up)방식의 특징에 해당하는 것은?

① 미시적이고 지역 변화에 적응하는 접근의 모색
② 성장 거점에 의한 개발 파급효과의 가속
③ 총량적인 개발과 성장의 지향
④ 계획의 신속한 수립과 집행

해설
상향적 계획의 특징은 지역주민의 기본수요를 중시하고 소규모 지역사회의 주민참여에 의해 입안되고 관리된다. 즉, 지역변화에 적응하는 접근을 모색하는 미시적 기법이라는 특징을 갖는다.

77 부드빌(S.Boudeville)의 지역분류에 속하지 않는 것은?

① 계획지역
② 분극지역
③ 경제지역
④ 동질지역

해설
부드빌은 동질, 결절, 계획지역으로 지역을 분류하였다.

78 로렌츠(Lorenz)곡선을 이용한 지역소득격차 측정방법은?

① 변이 계수
② 지니 계수
③ 평균 편차
④ 표준 편차

해설
지니의 집중계수(지니계수)는 로렌츠 곡선을 이용하여 지역소득격차를 측정한다. 로렌츠의 불평등 면적을 2배한 것이 지니의 집중계수로, 지니계수가 0이 되면 완전 균형, 1이 될 경우 완전 불균형이 된다.

79 지방 분산형 국토구조를 조직화하기 위한 지방분산 정책의 방향으로 가장 거리가 먼 것은?

① 지방대시의 수도권 경제 기능 강화 및 중소도시의 경쟁력 제고
② 도 · 농간, 도시 간 기능적 연계강화
③ 농 · 어촌의 구조개선과 낙후 지역의 개발촉진
④ 과밀부담금제도의 완화

해설
과밀부담금제도를 완화하면 수도권의 과밀이 더욱 가중되어 개발격차가 더욱 커지게 된다. 결과적으로 지방분산 정책에 반하게 된다.

80 샤핀(F. Stuart Chapin Jr.)이 주장한 토지이용 결정의 고려 요인 중 공공의 이익에 해당하지 않는 것은?

① 경제성
② 광역성
③ 보건성
④ 쾌적성

해설
샤핀(F. Stuart Chapin Jr.)이 주장한 토지이용을 결정하는 때에 고려하여야 하는 요소는 경제성, 공공복지적 요인(보건성, 쾌적성)이다.

제5과목 도시계획관계법규

81 도시지역 막다른 도로의 길이가 35m일 경우, 건축법령상 도로의 정의에 해당하기 위하여 도로의 너비는 얼마 이상이 되어야 하는가?

① 2m
② 4m
③ 6m
④ 10m

해설
건축법 시행령 제3조의3(지형적 조건 등에 따른 도로의 구조와 너비) 제2항에 의거 막다른 도로의 길이가 35m 이상인 경우 도로의 너비는 6m(도시지역이 아닌 읍 · 면 지역은 4m) 이상이어야 한다.

82 다음 중 국토기본법에 따른 국토계획의 구분으로 틀린 것은?

① 국토종합계획 : 국 전역을 대상으로 하여 국토의 장기적인 발전 방향을 제시하는 종합계획
② 도종합계획 : 도 또는 특별자치도의 관할구역을 대상으로 하여 해당 지역의 장기적인 발전 방향을 제시하는 종합계획
③ 시 · 군발전계획 : 특 시 · 광역시 · 시 또는 군(광역시의 군은 제외한다)의 관할구역을 대상으로 해당 지역의 기본적인 공간구조와 장기 발전 방향을 제시하는 계획
④ 지역계획 : 특 지역을 대상으로 특별한 정책목적을 달성하기 위하여 수립하는 계획

해설
국토기본법에 의한 국토계획은 국토종합계획, 도종합계획, 시 · 군종합계획, 지역계획, 부문별 계획이 있다.

83 도시 및 주거환경정비법령상 정비사업의 시행을 위한 토지 또는 건축물의 소유권과 그 밖의 권리에 대한 수용 또는 사용에 관하여「공익사업을 위한 토지 등의 취득 및 보상에 관한 법률」을 준용하는 경우, 해당 법령에 따른 사업 인정 및 그 고시가 있는 것으로 보는 기준은?(단, 정비사업의 시행에 따른 손실보상의 기준 및 절차에 관한 사항은 고려하지 않는다.)

① 기본계획의 승인이 있는 때
② 정비구역의 지정이 있는 때
③ 관리처분인가의 고시가 있는 때
④ 사업시행계획인가의 고시가 있는 때

해 설
공익사업을 위한 토지 등의 취득 및 보상에 관한 법률을 준용함에 있어서 사업시행인가의 고시가 있은 때에는 공익사업을 위한 토지 등의 취득 및 보상에 관한 법률 제20조 제1항 및 제22조 제1항의 규정에 의한 사업인정 및 그 고시가 있은 것으로 본다. 〈개정 2007.12.21.〉

84 국토기본법에 의한 국토정책위원회에 대한 설명으로 옳은 것은?

① 위원장 1명, 부위원장 3명을 포함한 40명 이내의 위원으로 구성한다.
② 국무총리 소속으로 둔다.
③ 위촉위원의 임기는 3년으로 한다.
④ 위원장은 국토교통부장관이 되고 부위원장은 위촉위원 중에서 위원장이 임명한다.

해 설
국토정책위원회는 위원장 1명, 부위원장 2명을 포함한 42명 이내의 위원으로 구성하고, 위원은 당연직위원과 위촉위원으로 구성한다. 국무총리 소속이므로 위원장은 국무총리가 맡고, 부위원장은 국토교통부장관과 위촉위원 중에서 호선으로 선정된 위원으로 한다. 위촉위원의 임기는 2년이다.

85 산업단지 및 개발에 관한 법률상 산업단지 지정의 제한에 대한 아래 설명과 관련하여 밑줄 그은 부분에 대한 기준이 틀린 것은?

산업단지지정권자는 지정된 산업단지의 면적 또는 미분양 비율이 산업단지의 종류별로 대통령령으로 정하는 면적 또는 미분양 비율에 해당하는 지방자치단체인 경우에는 산업단지를 지정하여서는 아니된다.

① 국가산업단지 : 시·도별로 미분양 비율 15% 이상
② 일반산업단지 : 시·도별로 미분양 비율 30% 이상
③ 도시첨단산업단지 : 시·도별로 미분양비율 15% 이상
④ 농공단지 : 시·군·구별로 100만m²부터 200만m²까지의 범위에서 농공단지개발세부지침이 정하는 면적 이상 또는 미분양 비율 30% 이상

해 설
도시첨단산업단지 : 시·도별로 미분양비율 30% 이상

86 개발제한구역의 지정 및 관리에 관한 특별조치법상 개발제한구역을 관할하는 시·도지사는 몇 년 단위로 개발제한구역관리 계획을 수립하여 승인을 받아야 하는가?

① 2년   ② 3년
③ 5년   ④ 10년

해 설
시·도지사가 5년 단위로 일정한 사항이 포함된 관리계획을 수립한다.

87 다음 공원시설 중 휴양시설에 해당하지 않는 것은? (단, 도시공원 및 녹지 등에 관한 법령에 따른다.)

① 야유회장   ② 야영장
③ 노인복지관   ④ 전망대

해 설
도시공원 및 녹지 등에 관한 법률 시행규칙 별표 1에 의거 휴양시설은 야유회장 및 야영장 그 밖에 이와 유사한 시설로서 자연공간과 어울려 도시민에게 휴식공간을 제공하기 위한 시설, 경로당, 노인복지관, 수목원이 해당한다.

88 수도권정비계획법령상 수도권정비계획을 실행하기 위해 확정된 소관별 추진 계획을 고시하여야 하는 자는?

① 시·도지사   ② 대통령
③ 국무총리   ④ 국토교통부장관

> **해 설**
> 수도권정비계획법 제5조(추진 계획)
> ① 중앙행정기관의 장 및 시·도지사는 수도권정비계획을 실행하기 위한 소관별 추진 계획을 수립하여 국토교통부장관에게 제출하여야 한다. 〈개정 2013.3.23.〉
> ② 제1항에 따른 추진 계획은 수도권정비위원회의 심의를 거쳐 확정되며, 국토교통부장관은 추진 계획이 확정되면 중앙행정기관의 장 및 시·도지사에게 통보하여야 한다.
> ③ 시·도지사는 확정된 추진 계획을 통보받으면 지체 없이 고시하여야 한다.

89 국토의 계획 및 이용에 관한 법령상 용도지역별 건폐율 기준이 틀린 것은?

① 보전관리지역 : 20% 이하
② 자연환경보전지역 : 20% 이하
③ 계획관리지역 : 20% 이하
④ 농림지역 : 20% 이하

> **해 설**
> 국토의 계획 및 이용에 관한 법률 시행령 제84조(용도지역안에서의 건폐율) 제1항 조항에 의거 계획관리지역의 건폐율은 40퍼센트 이하이다.

90 국가 또는 지방자치단체가 도시영세민을 집단이주시켜 형성된 낙후지역으로서 기반시설이 열악하여 사업시행자의 부담만으로는 기반시설을 확보하기 어려운 경우, 국가가 기반시설의 설치에 드는 비용을 지원하는 금액한도 기준이 옳은 것은?

① 설치에 드는 비용의 전부
② 설치에 드는 비용의 100분의 10 미만
③ 설치에 드는 비용의 100분의 80 이상
④ 설치에 드는 비용의 100분의 10 이상 100분의 50 이하

> **해 설**
> 국가 또는 지방자치단체가 도시영세민을 집단 이주시켜 형성된 낙후지역 등 대통령령으로 정하는 지역으로서 기반시설이 열악하여 사업시행자의 부담만으로는 기반시설을 확보하기 어려운 경우에 국가는 대통령령으로 정하는 기반시설의 설치에 드는 비용의 100분의 10 이상 100분의 50 이하의 범위에서 대통령령으로 정하는 금액의 한도에서 지원하여야 한다. → 2023. 12. 26 법규 개정으로 100분의 50 이하에서 100분의 70 이하로 변경되었다. 따라서 보기에 답이 없다.

91 자주식주차장으로서 지하식 또는 건축물식 노외주차장의 사람이 출입하는 통로의 경우, 벽면에서부터 50센티미터 이내를 제외한 바닥면의 최소 조도 기준이 옳은 것은?

① 10럭스 이상
② 50럭스 이상
③ 300럭스 이상
④ 최소 조도 기준 없음

> **해 설**
> 주차장법 시행규칙 제6조(노외주차장의 구조·설비기준) ①항 9호
> 9. 자주식 주차장으로서 지하식 또는 건축물식 노외주차장에는 벽면에서부터 50센티미터 이내를 제외한 바닥면의 최소 조도(照度)와 최대 조도를 다음 각 목과 같이 한다.
>   다. 사람이 출입하는 통로 : 최소 조도는 50럭스 이상, 최대 조도는 없음

92 도시개발법상 환지와 청산금에 대한 설명이 틀린 것은?

① 토지 소유자의 신청에 의해 환지 대상에서 제외한 토지등에 대하여는 청산금을 교부하는 때에 청산금을 결정할 수 있다.
② 시행자는 환지를 정하지 아니하기로 결정된 토지 소유자나 임차권자등에게 해당 토지 또는 해당 부분의 사용 또는 수익을 정지시켜서는 아니된다.
③ 시행자는 토지 면적의 규모를 조정할 특별한 필요가 있으면 면적이 작은 토지는 과소 토지가 되지 아니하도록 면적을 늘려 환지를 정하거나 환지 대상에서 제외할 수 있다.
④ 환지를 정하거나 그 대상에서 제외한 경우 그 과부족분은 종전의 토지 및 환지의 위치·지목·면적·토질·수리·이용 상황·환경, 그 밖의 사항을 종합적으로 고려하여 금전으로 청산하여야 한다.

> **해 설**
> 도시개발법 제37조(사용·수익의 정지) 제1항에 의거 시행자는 환지를 정하지 아니하기로 결정된 토지 소유자나 임차권자등에게 날짜를 정하여 그날부터 해당 토지 또는 해당 부분의 사용 또는 수익을 정지시킬 수 있다.

93 주택법상 하나의 주택단지에서 대통령령으로 정하는 기준에 따라 둘 이상으로 구분되는 일단의 구역으로, 착공신고 및 사용검사를 별도로 수행할 수 있는 구역은?

① 공동구
② 임대구
③ 송신구
④ 공구

정답 89 ③ 90 ④ (답없음) 91 ② 92 ② 93 ④

> **해 설**
> 주택법 제2조(정의) 18. "공구"란 하나의 주택단지에서 대통령령으로 정하는 기준에 따라 둘 이상으로 구분되는 일단의 구역으로, 착공신고 및 사용검사를 별도로 수행할 수 있는 구역을 말한다.

94 다음의 설명에 해당하는 것은?

> 개발밀도관리구역 외의 지역으로서 개발로 인하여 도로, 공원, 녹지 등 대통령령으로 정하는 기반시설의 설치가 필요한 지역을 대상으로 기반시설을 설치하거나 그에 필요한 용지를 확보하게 하기 위하여 지정·고시하는 구역

① 기반시설확보구역   ② 개발밀도제한구역
③ 기반시설부담구역   ④ 시가화조정구역

> **해 설**
> 국토의 계획 및 이용에 관한 법률 제2조(정의)
> 19. "기반시설부담구역"이란 개발밀도관리구역 외의 지역으로서 개발로 인하여 도로, 공원, 녹지 등 대통령령으로 정하는 기반시설의 설치가 필요한 지역을 대상으로 기반시설을 설치하거나 그에 필요한 용지를 확보하게 하기 위하여 제67조에 따라 지정·고시하는 구역을 말한다.

95 주택법의 정의에 따른 복리시설에 해당하지 않는 것은?(단, 입주자 등의 생활복리를 위하여 대통령령으로 정하는 시설의 경우는 고려하지 않는다.)

① 관리사무소   ② 어린이놀이터
③ 근린생활시설   ④ 주민운동시설

> **해 설**
> 14. "복리시설"이란 주택단지의 입주자 등의 생활복리를 위한 다음 각 목의 공동시설을 말한다.
> 가. 어린이놀이터, 근린생활시설, 유치원, 주민운동시설 및 경로당
> 나. 그 밖에 입주자 등의 생활복리를 위하여 대통령령으로 정하는 공동시설

96 도시공원 조성계획의 입안·결정 및 도시 공원의 관리에 관한 내용이 틀린 것은?

① 도시공원 조성계획은 도시·군관리계획으로 결정하여야 한다.
② 민간공원추진자는 도시공원의 설치에 관한 도시·군관리계획이 결정된 도시공원에 대하여 자기의 비용과 책임으로 그 공원을 조성하는 내용의 공원조성계획을 입안하여 줄 것을 특별시장·광역시장·특별자치시장·특별자치도지사·시장 또는 군수에게 제안 할 수 있다.
③ 도시공원의 설치에 관한 도시·군관리계획 결정은 그 고시일부터 10년이 되는 날까지 공원조성계획의 고시가 없는 경우에는 「국토의 계획 및 이용에 관한 법률」제48조에도 불구하고 그 10년이 되는 날의 다음 날에 그 효력을 상실한다.
④ 도시공원 결정의 효력이 상실될 것으로 예상되는 국유지의 경우 대통령령으로 정하는 바에 따라 5년 이내의 기간을 정하여 1회에 한정하여 도시공원 결정의 효력을 연장할 수 있다.

> **해 설**
> 도시공원 및 녹지 등에 관한 법률 제17조(도시공원 결정의 실효) 제3항 조항에 의거 도시공원 결정의 효력이 상실될 것으로 예상되는 국유지 또는 공유지의 경우 대통령령으로 정하는 바에 따라 <u>10년 이내</u>의 기간을 정하여 1회에 한정하여 도시공원 결정의 효력을 연장할 수 있다.

97 주차장법령상 노상주차장의 주차대수 규모가 최소 몇 대 이상일 경우 한 면 이상의 장애인 전용주차구획을 설치해야 하는가? (단, 지방자치단체의 조례로 정하는 경우는 고려하지 않는다.)

① 10대   ② 20대
③ 30대   ④ 40대

> **해 설**
> 주차장법 시행규칙 제4조(노상주차장의 구조·설비기준)
> 8. 노상주차장에는 다음 각 목의 구분에 따라 장애인 전용주차구획을 설치하여야 한다.
> 가. 주차대수 규모가 20대 이상 50대 미만인 경우 : 한 면 이상

98 수도권정비계획법령에서 규정하는 광역적 기반시설에 해당하지 않는 것은? (단, 그 밖에 광역적 정비가 필요한 시설의 경우는 고려하지 않는다.)

① 대규모 개발사업지구와 주변 도시 간의 교통시설
② 환경오염 방지시설 및 폐기물 처리시설
③ 용수공급계획에 의한 용수공급시설
④ 대규모 개발사업지구 내의 주요 연구시설

정답 94 ③ 95 ① 96 ④ 97 ② 98 ④

> **해 설**
> 수도권정비계획법 시행령
> 제25조(광역적 기반 시설의 설치계획)
> ① 법 제19조 제2항에 따른 광역적 기반 시설은 대규모 개발사업지구와 그 사업지구 밖의 지역을 연계하여 설치하는 다음 각 호의 기반 시설을 말한다.
> 1. 대규모 개발사업지구와 주변 도시 간의 교통시설
> 2. 환경오염 방지시설 및 폐기물 처리시설
> 3. 용수공급계획에 의한 용수공급시설
> 4. 그 밖에 광역적 정비가 필요한 시설

99 다음 중 도시개발사업의 위탁 등에 대한 설명으로 옳은 것은?

① 시행자는 공유수면의 매립에 관한 업무를 대통령령으로 정하는 바에 따라 지방자치단체에 위탁하여 시행할 수 있다.
② 시행자가 관할 지방자치단체에 주민 이주 대책 사업을 위탁하는 경우에는 이주대책의 수립·실시 또는 이주정착금의 지급과 관련된 부대업무만을 위탁할 수 있다.
③ 시행자가 업무을 위탁하여 시행하는 경우에는 대통령령으로 정하는 요율의 위탁수수료를 그 업무를 위탁받아 시행하는 자에게 지급하여야 한다.
④ 모든 시행자는 지정권자의 승인을 받지 않고 신탁업자와 신탁계약을 체결하여 도시개발사업을 시행할 수 있다.

> **해 설**
> 도시개발법 제12조(도시개발사업시행의 위탁 등)
> ① 시행자는 항만·철도, 그 밖에 대통령령으로 정하는 공공시설의 건설과 공유수면의 매립에 관한 업무를 대통령령으로 정하는 바에 따라 국가, 지방자치단체, 대통령령으로 정하는 공공기관·정부출연기관 또는 지방공사에 위탁하여 시행할 수 있다.

100 관광진흥법에 의한 권역계획에 관한 설명으로 틀린 것은?

① 권역계획은 그 지역을 관할하는 문화체육관광부장관이 수립하여야 한다.
② 수립한 권역계획은 문화체육관광부장관의 조정과 관계 행정기관의 장과의 협의를 거쳐 확정하여야 한다.
③ 시·도지사는 권역계획이 확정되면 그 요지를 공고하여야 한다.
④ 대통령령으로 정하는 경미한 사항의 변경에 대하여는 관계 부처의 장과의 협의를 갈음하여 문화체육관광부장관의 승인을 받아야 한다.

> **해 설**
> 관광진흥법상 권역별관광개발계획(권역계획)
> ㉠ 수립권자 : 시·도지사(기본계획에 의하여 구분된 권역을 대상으로 함), 2 이상의 시·도에 걸치는 경우 : 협의, 문화체육관광부장관이 지정
> ㉡ 수립시기 : 5년마다 수립

정답 99 ① 100 ①

2021년 기출문제

제1과목 도시계획론

01 자본주의 사회의 도시계획에 대한 비판적 분석을 통해 형성되었으며 도시에서 일어나는 끊임없는 계층 간의 갈등에 정부가 간섭하는 과정을 통하여 현대의 도시계획을 분석하고 설명한 계획이론 모형은?

① 협력적 계획 모형
② 유기적 계획 모형
③ 합리적 계획 모형
④ 정치경제 계획 모형

해설
정치경제계획(Political Economy Planning) 모형은 합리적 계획모형에 대한 비판적 입장에서 비롯된 이론으로 1970년대 계획이론이 다원화 시대로 접어들 때 가장 대표적인 패러다임이었다. 계획을 정부의 집합적인 간섭으로 조망하면서, 도시에서의 끊임없는 계층 간의 갈등을 정부가 간섭하는 과정을 통해 현대의 계획을 분석하고 설명하는 특성을 갖는다.

02 다음 중 도시계획을 둘러싼 최근의 경향으로 보기 어려운 것은?

① 각종 개발 사업의 민간 자본 참여 축소
② 환경문제에 대한 의식 증대
③ 지방정부의 권한 강화 및 각종 이해집단의 영향력 증대
④ 복합용도지구의 확대

해설
도시계획의 최근의 경향은 환경과 문화, 균형성장, 민간 참여를 중시한다. 따라서 민간자본의 참여가 증대되는 경향을 보인다.

03 도시계획 수립을 위한 조사·분석에 대한 설명이 틀린 것은?

① 목표를 달성하는데 걸림돌로 작용할 수 있는 제약요건을 찾아낸다.
② 현황조사·분석은 주로 정태적인 측면에서만 파악되어야 한다.
③ 목표설정화 현황조사·분석은 서로 영향을 주고받으며 동시에 진행되어야 한다.
④ 현황조사에는 도면자료와 현지답사를 통한 실태조사가 모두 필요하기도 하다.

해설
현황조사·분석은 정태적, 동태적 분석이 모두 이루어져야 한다. 즉, 일정 시점에서의 분석과 일정 기간에서의 분석이 동시에 이루어져야 함을 의미한다.

04 튀넨이 주장한 지대이론의 기본가정과 거리가 먼 것은?

① 농업 생산품이 유일한 단핵도시다.
② 토지의 비옥도, 기후, 기타 물리적 요소가 균일한 지역이다.
③ 모든 사람들은 이윤 극대화를 추구한다.
④ 수송비는 도심으로부터의 거리에 반비례한다.

해설
튀넨의 고립국 이론에서 수송비는 도심으로부터의 거리에 비례하는 것으로 가정한다. 즉, 거리가 증가할수록 수송비도 증가한다.

05 도로의 노면 또는 교통광장(교차점광장만 해당)의 일정한 구역에 설치된 주차장으로 일반의 이용에 제공되는 것은?

① 노상주차장
② 노외주차장
③ 부설주차장
④ 기계식주차장

해설
주차장법 제2조(정의) 조항에 의거 노상주차장(路上駐車場)이란 도로의 노면 또는 교통광장(교차점광장만 해당한다)의 일정한 구역에 설치된 주차장으로서 일반(一般)의 이용에 제공되는 것을 말한다.

06 A도시의 2015년 인구수는 50만명이었고, 2020년에는 58만명으로 증가하였다. 등차급수법에 따른 2025년의 추정 인구는?

① 18만 5천명
② 66만명
③ 80만명
④ 350만명

해설
과거추계에 의한 방법 : 과거의 인구변화 추이가 미래에도 지속될 것으로 가정하여 미래의 인구를 산정하는 방법
㉠ 등차급수법 $P_n = P_0(1 + r \cdot n)$
P_0 : 초기 연도 인구, r : 인구증가율,
n : 1년 단위 기간, K : 인구성장한계
㉡ 연평균 인구증가율
$$r = \frac{\left(\frac{P_n}{P_0} - 1\right)}{n} = \frac{\left(\frac{58}{50} - 1\right)}{5} = 0.032, 3.2\%$$
㉢ 2010년의 추정 인구
$P_n = 58(1 + 0.032 \times 5) = 67.28$
※ 엄밀히 따지면 답이 없으나, 발표된 답은 2번으로, 가장 근사한 값을 답으로 선택한 것으로 판단된다.

07 도시 가로망 형태 중 도시의 기념비적인 건물을 중심으로 주변과 연결하고 중심지를 기점으로 주요 간선로를 따라 도시 개발축을 형성하는 특징을 갖는 것은?

① 격자형　② 방사형　③ 쿨데삭형　④ 선형

해설
도심의 기념비적인 건물을 중심으로 주변과 연결하는 형태는 방사형, 방사환상형이다.

08 우리나라의 도시계획 제도에 관한 설명이 틀린 것은?

① 도시·군기본계획은 도시의 미래상을 제시하는 장기적·종합적인 성격의 계획이다.
② 특별시·광역시·시 또는 군의 관할 구역에서 수립되는 다른 법률에 따른 토지의 이용·개발 및 보전에 관한 계획은 도시·군계획의 기본이 된다.
③ 지역주민은 공청회, 공람 등을 통하여 도시 계획과정에 직·간접적으로 참여할 수 있다.
④ 도시·군관리계획은 광역도시계획과 도시·군기본계획에 부합되어야 한다.

해설
도시·군계획이 시 또는 군의 관할구역에서 수립되는 계획보다 높은 위계의 계획이다. 따라서, 도시·군계획이 시 또는 군의 관할구역에서 수립되는 계획의 기본이 된다.

09 둘 이상의 시 또는 군의 공간구조 및 기능을 상호 연계시키고 환경을 보전하며 광역시설을 체계적으로 정비하기 위하여 필요한 경우 지정한 계획권의 장기발전방향을 제시하는 계획은?

① 도시·군기본계획　② 국토 및 지역계획
③ 수도권정비계획　④ 광역도시계획

해설
국토의 계획 및 이용에 관한 법률 제2조(정의) 조항에 의거 "광역도시계획"이란 제10조에 따라 지정된 광역계획권의 장기발전방향을 제시하는 계획을 말한다. 같은 법 제10조(광역계획권의 지정) 조항에 의거 국토교통부장관 또는 도지사는 둘 이상의 특별시·광역시·특별자치시·특별자치도·시 또는 군의 공간구조 및 기능을 상호 연계시키고 환경을 보전하며 광역시설을 체계적으로 정비하기 위하여 필요한 경우에는 인접한 둘 이상의 특별시·광역시·특별자치시·특별자치도·시 또는 군의 관할 구역 전부 또는 일부를 대통령령으로 정하는 바에 따라 광역계획권으로 지정할 수 있다. 〈개정 2013.3.23.〉

10 1980년대 미국을 중심으로 출현한 도시 개발 패러다임인 뉴어바니즘(New Urbanism)운동의 기본적인 원칙과 거리가 먼 것은?

① 도시에 미치는 악영향을 최소화하기 위한 단일 용도의 토지이용
② 에너지 효율의 증대와 친환경적인 개발을 통한 환경 영향의 최소화
③ 다양한 연령, 계층, 문화, 인종의 수용이 가능한 혼합용도개발
④ 대중교통중심의 개발

해설
뉴어바니즘은 복합용도개발을 통해 기능의 혼합을 유도하여 이동거리를 단축하고 이를 통해 자동차 이용감소를 유도하여 환경파괴를 막으며 토지자원의 절약을 통한 삶의 질 향상과 지속가능한 개발을 목표로 하고 있다.

11 집단생잔법에 대한 설명으로 옳은 것은?

① 기준년도의 인구와 출생률, 사망률, 인구이동 요인을 고려하여 장래인구를 예측한다.
② 과거의 일정 기간에 나타난 실제 인구의 변화자료에 복리이율방식을 적용하여 장래인구를 예측한다.
③ 업종별 취업인구의 예측결과를 바탕으로 장래인구를 예측한다.
④ 경제적 압출요인과 흡인요인이 도시인구를 변화시키는 요소라고 가정하고, 이들 간의 관계를 방정식으로 표현하여 장래인구를 예측한다.

해설
집단생잔방법(Cohort Survival Method)은 출생률, 사망률, 인구이동 등을 고려해 인구를 추정하는 방법이다.

12 샤핀(F.S.Chapin, 1965)이 제시한 토지이용의 결정요인 분류에 해당하지 않는 것은?

① 공공의 이익요인
② 경제적 요인
③ 문화적 요인
④ 사회적 요인

해설
샤핀은 토지이용의 결정요인을 공공의 이익, 경제·사회적 요인으로 구분하였다.

정답　07 ②　08 ②　09 ④　10 ①　11 ①　12 ③

13 도시계획의 필요성으로 틀린 것은?

① 공공재의 부족을 방지하기 위하여
② 토지이용의 효율화를 높이기 위하여
③ 인간사회의 개인적인 목표를 이루기 위하여
④ 도시가 원활히 기능할 수 있게 하기 위하여

해설
도시계획은 개인적인 목표보다는 인간사회의 공동목표와 가치를 구현하기 위해 필요하다.

14 아래와 같은 르네상스시대의 이상도시를 구성하고자 하였던 사람은?

> 중앙광장과 방사형도로로 도시를 구성하고, 도시에 장중함을 부여하고 군사전략상 이동을 원활하게 하기 위하여 넓고 곧은 도로를 선호하였다. 경관적인 면에서는 도로를 따라 세워져 있는 건물들이 한꺼번에 많이 시야에 들어 올 수 있도록 고려하였다.

① 비아지오 로제티(Biaggio Rossetti)
② 도메니코 폰타나(Domenico Fontana)
③ 레온 알베르티(Leon Alberti)
④ 레오나르도 다빈치(Leonardo da Vinci)

해설
르네상스 시대의 대표적인 도시계획가로 레온 알베르티(Alberti), 아벨리노(Averlino), 스카모찌(Scamozzi) 등을 꼽을 수 있으며, 이 중 알베르티는 르네상스시대의 이상도시안을 제시한 최초의 인물로 평가된다.

15 토지이용계획의 실현수단을 직접적 수단과 간접적 수단으로 구분할 때, 다음 중 간접적 수단이 아닌 것은?

① 보조금 혜택
② 도시개발사업
③ 도시 시설 정비
④ 지역, 지구 지정

해설
도시개발사업과 기타 개발사업은 직접적 수단에 해당한다.

16 도시지역과 그 주변지역의 무질서한 시가화를 방지하고 계획적·단계적인 개발을 도모하기 위해 일정 기간 동안 시가화를 유보할 필요가 있다고 인정하여 지정하는 용도구역은?

① 개발제한구역
② 도시자연공원구역
③ 계획관리구역
④ 시가화조정구역

해설
국토의 계획 및 이용에 관한 법률 제39조(시가화조정구역의 지정) 조항에 의거 시·도지사는 직접 또는 관계 행정기관의 장의 요청을 받아 도시지역과 그 주변지역의 무질서한 시가화를 방지하고 계획적·단계적인 개발을 도모하기 위하여 대통령령으로 정하는 기간 동안 시가화를 유보할 필요가 있다고 인정되면 시가화조정구역의 지정 또는 변경을 도시·군관리계획으로 결정할 수 있다. 다만, 국가계획과 연계하여 시가화조정구역의 지정 또는 변경이 필요한 경우에는 국토교통부장관이 직접 시가화조정구역의 지정 또는 변경을 도시·군관리계획으로 결정할 수 있다. 〈개정 2013.7.16.〉

17 중심지이론의 시장원리에 관한 설명이 옳은 것은?

① 한 중심지가 주변에 있는 6개의 차하위 중심지를 완전히 지배하여 통제 효율의 극대화를 도모한다.
② 고차중심지의 보완구역 크기는 4배수로 증가한다.
③ 고차중심 재화가 될 수 있는 한 짧은 거리를 이동하면서 주변의 저차 보완구역에 공급 되려고 한다.
④ 교통로상에 입지하는 중심지의 수를 극대화하는 포섭원리이다.

해설
시장원리는 K=3 시스템으로 시장권이 3개의 상위중심지에 의해 1/3씩 분할 포섭(6×1/3+1=3)되고, 고차중심지의 보완구역은 저차중심지보다 3배가 넓어지는 특성을 갖는다. 이 때문에 시장원리를 K=3 System이라고 부르며, 고차중심 재화가 될 수 있는 한 짧은 거리를 이동하면서 주변의 저차 보완구역에 공급되려고 하는 특성을 나타낸다.

18 국토의 계획 및 이용에 관한 법령에 따라 현재 지정되는 용도지구의 분류가 옳은 것은?

① 미관지구 : 중심미관지구, 역사문화미관지구, 일반미관지구
② 경관지구 : 자연경관지구, 수변경관지구, 시가지경관지구
③ 보존지구: 문화자원보존지구, 중요시설물보존지구, 생태계보존지구
④ 취락지구: 자연취락지구, 집단취락지구

해설
미관지구와 보존지구는 2017.12.29. 국토의계획및이용에관한법률 개정시 삭제되었다. 경관지구에는 자연, 시가지, 특화경관지구가 있고, 취락지구에는 자연, 집단취락지구가 있다.

정답 13 ③ 14 ③ 15 ② 16 ④ 17 ③ 18 ④

19 교통수요예측의 4단계 과정을 옳게 나열한 것은?

① 통행발생(trip generation) - 수단분담(modal split) - 통행배분(trip distribution) - 노선배정(trip assignment)
② 통행발생(trip generation) - 수단분담(modal split) - 노선배정(trip assignment) - 통행배분(trip distribution)
③ 통행발생(trip generation) - 통행배분(trip distribution) - 수단분담(modal split) - 노선배정(trip assignment)
④ 통행발생(trip generation) - 통행배분(trip distribution) - 노선배정(trip assignment) - 수단분담(modal split)

해 설
4단계 교통수요추정법은 통행발생(Trip Generation), 통행배분(Trip Distribution), 수단선택(Modal Split), 노선배정(Traffic Assignment) 순으로 구성된다.

20 국토의 계획 및 이용에 관한 법령에 따른 기반시설의 정의 및 구분에 따라, 다음 중 보건위생시설에 해당하지 않는 것은?

① 도축장
② 장사시설
③ 종합의료시설
④ 수질오염방지시설

해 설
기반시설 중 수질오염방지시설은 환경기초시설에 해당한다.

제2과목 도시설계 및 단지계획

21 공동주택을 건설하는 주택단지에 설치하는 도로의 폭 기준은? (단, 해당 도로를 이용하는 공동주택의 세대수가 100세대 미만이고 해당 도로가 막다른 도로로서 그 길이가 35m 미만인 경우)

① 4m 이상
② 6m 이상
③ 8m 이상
④ 12m 이상

해 설
주택건설기준 등에 관한 규정 제26조(주택단지 안의 도로) 조항에 의거 해당도로를 이용하는 공동주택의 세대수가 100세대 미만이고 해당 도로가 막다른 도로로서 그 길이가 35미터 미만인 경우 로의 폭을 4미터 이상으로 할 수 있다.

22 다음과 같은 조건을 가진 주택단지에서 합리식(Rational Method)에 의한 최대계획 우수유출량은? (단, 배수면적(A) : 30ha, 유출계수(C) : 0.6, 평균강우강도(I) : 30mm/h)

① 1.5㎥/sec
② 2.0㎥/sec
③ 2.4㎥/sec
④ 3.6㎥/sec

해 설
최대계획 우수유출량의 산정방법. 500ha 미만의 경우에 사용한다.
$Q = \frac{1}{360} \cdot C \cdot I \cdot A$
여기서, Q : 최대계획 우수유출량(m^3/sec),
C : 유출계수
I : 유달 시간(T) 내의 평균 강우강도(mm/hr),
A : 배수면적(ha)
$Q = \frac{1}{360} \cdot C \cdot I \cdot A = \frac{1}{360} \cdot 0.6 \cdot 30 \cdot 30 = 1.5$

23 도로의 배치간격 기준이 틀린 것은? (단, 도시·군계획시설의 결정·구조 및 설치기준에 관한 규칙에 따른다.)

① 보조간선도로와 집산도로: 250m 내외
② 주간선도로와 주간선도로: 1,500m 내외
③ 주간선도로와 보조간선도로: 500m 내외
④ 국지도로간: 가구의 짧은변 사이의 배치 간격은 90m 내지 150m 내외, 가구의 긴변사이의 배치간격은 25m 내지 60m 내외

해 설
주간선도로와 주간선도로의 배치간격 : 1,000m 내외

24 도시공원 및 녹지 등에 관한 법령상 어린이공원의 규모와 유치거리 기준이 모두 옳은 것은?

① 1,500㎡ 이상, 200m 이하
② 1,500㎡ 이상, 250m 이하
③ 2,000㎡ 이상, 200m 이하
④ 2,000㎡ 이상, 250m 이하

해 설
도시공원 및 녹지 등에 관한 법률 시행규칙 [별표 3] 도시공원의 설치 및 규모의 기준(제6조 관련) 조항에 의거 어린이공원은 규모 1,500㎡ 이상, 유치거리 250m 이하여야 한다.

정답 19 ③ 20 ④ 21 ① 22 ① 23 ② 24 ②

25 경관상세계획의 수립 대상 지역에서 경관상세계획을 수립하는 경우 고려사항으로 가장 거리가 먼 것은?

① 조망점을 설정하는 경우 모든 조망점에서 근경보다 원경이 원활하게 확보되도록 한다.
② 당해 구역의 미래상을 개개의 건축물을 통하여 체험하는 것이 아니라 구역전체를 미래 지향적인 관점에서 입체적으로 체험할 수 있도록 한다.
③ 안내표지판·가로시설물 등은 당해 구역의 이미지를 연출하는데 중요한 역할을 하므로, 새로운 경관미를 연출하여 구역분위기의 특성과 정체성을 인지할 수 있도록 구체적인 설치기준을 제시한다.
④ 지표물은 주민이나 방문자에게 방향감을 제공하는 등 당해 지역에 대한 이미지를 강화시켜줄 수 있도록 상징적 요소를 개발하여 적재적소에 배치하도록 한다.

해설
경관상세계획 수립 시 조망점을 설정하는 경우에는 근경과 원경 모두에서 주변과 조화되도록 한다.

26 향(向)분석에 관한 설명으로 틀린 것은?

① 태양과 기후조건에 효율적으로 대처하는 구조를 찾아낼 수 있다.
② 향(向)이 변화함에 따라 주택의 형태가 적응할 수 있도록 해야 한다.
③ 식생은 단지에서 주호군의 향(向)을 결정하는데 가장 큰 영향을 미치는 주 요소다.
④ 강풍에 의한 피해를 방지하기 위해서 주호군의 형태는 날개와 같은 모양으로 되어 바람이 그 위를 미끄러져 가게 하는 것이 좋다.

해설
주호군의 향을 결정할 때에는 태양과 식생뿐 아니라 지형 및 경사도, 기후 등도 결정적 역할을 한다.

27 래드번(Radburn)계획의 기본원리와 가장 거리가 먼 것은?

① 슈퍼블럭의 구성
② 보·차의 혼용
③ 공동의 오픈스페이스 조성
④ 기능에 따른 도로 구분

해설
래드번(Radburn) 계획에서는 기본적으로 보도와 차도를 입체적으로 분리(고가차도)하고자 하였다.

28 전통적 지역지구제의 한계성을 극복하여 개발자에게 적당한 개발 이익을 부여하는 대신, 공공에게 필요한 쾌적 요소를 제공하도록 유도하기 위해 개발된 계획기법은?

① 보상지역지구제(incentive zoning)
② 개발권이양제(TDR)
③ 계획단위개발(PUD)
④ 혼합공동개발(MXD)

해설
보상지역지구제(Incentive Zoning)는 유도적 성격이 강한 제도 중 보너스제도에 해당하는 도시설계 제어기법으로 전통적 지역지구제의 한계성을 극복하여 개발자에게 적당한 개발 이익을 부여하는 대신, 공공에게 필요한 쾌적요소를 제공하도록 유도하기 위해 개발된 계획기법을 말한다.

29 획지형태와 토지이용에 대한 설명으로 틀린 것은?

① 토지이용의 효율성 측면에서 세장비를 가능한 크게 계획하는 경향이 있다.
② 세장비는 앞너비에 대한 깊이의 비(깊이/앞너비)를 말한다.
③ 같은 길이의 도로에 많은 획지가 접하려면 가능한 한 단위획지의 앞너비는 최소가 되는 것이 좋다.
④ 동서축 가구의 획지는 세장비를 작게 하는 것이 일조권의 확보에 유리하다.

해설
1. 세장비의 정의 : 앞길이에 대한 안길이의 비
2. 세장비의 특징
• 동서축 가구획지-세장비를 크게, 남북축 가구획지-세장비를 작게
  ⇒ 일조권 확보에 유리하다.
• 획지규모가 180~240m²일 경우 세장비는 1.2~1.5정도가 적당
• 획지규모가 작을 경우 토지이용의 효율성을 위해서는 세장비는 가능한 한 크게 하는 것이 좋다.
3. 세장비의 용도 : 세장비는 가구 전체의 도로율 향상이 목적이 아니라 일조권 확보를 통한 효율적인 가구 구성을 위해 사용된다.

30 획지 계획에 대한 설명으로 틀린 것은?

① 상업용지의 경우 수요자 요구에 맞는 적정하고 다양한 규모의 획지분할을 추구해야 한다.
② 건축될 건물의 형태는 고려하지 않아도 된다.
③ 상업용지의 획지규모는 도로의 위계에 큰 영향을 받는다.
④ 획지의 규모가 과대 또는 과소할 경우, 건축물의 개발을 불가능하게 하거나 지연시킬 수 있다.

해설
획지 계획은 건축될 건물의 형태를 반드시 고려하여야 한다. 왜냐하면, 획지의 규모에 따라 건축물의 개발이 불가능하거나 지연될 수도 있기 때문이다.

31 주택건설기준 등에 관한 규정에 따른 근린생활시설 등에 관한 아래 설명에서 ( )에 들어갈 내용으로 옳은 것은?

> 하나의 건축물에 설치하는 근린생활시설 및 소매시장·상점을 합한 면적이 ( )를 넘는 경우에는 주차 또는 물품의 하역 등에 필요한 공터를 설치하여야 하고, 그 주변에는 소음·악취의 차단과 조경을 위한 식재 그 밖에 필요한 조치를 취하여야 한다.

① 500㎡ ② 1,000㎡
③ 1,500㎡ ④ 2,000㎡

해설
주택건설기준 등에 관한 규정 제50조(근린생활시설 등) 조항에 의거 하나의 건축물에 설치하는 근린생활시설 및 소매시장·상점을 합한 면적(전용으로 사용되는 면적을 말하며, 같은 용도의 시설이 2개소 이상 있는 경우에는 각 시설의 바닥면적을 합한 면적으로 한다)이 1천제곱미터를 넘는 경우에는 주차 또는 물품의 하역등에 필요한 공터를 설치하여야 하고, 그 주변에는 소음·악취의 차단과 조경을 위한 식재 그 밖에 필요한 조치를 취하여야 한다.

32 공동주택 주거단위의 단면을 단층형과 복층형에서 동일 층으로 하지 않고 한 층씩 어긋나게 배치하는 단면 구성형식은?

① 플랫형(flat type)
② 스킵형(skip floor type)
③ 메조넷형(maisonette type)
④ 탑상형(tower type)

해설
스킵형(Skip floor type) 단면 구성 형식은 주거단위의 단면을 단층형과 복층형에서 동일층으로 하지 않고 반 층씩 어긋나게 하는 형식으로 엘리베이터 정지 층수를 줄일 수 있는 특징이 있다.

33 도시·군계획시설의 결정·구조 및 설치기준에 관한 규칙에 따라 광장을 교통광장과 일반광장으로 구분할 때, 다음 중 교통광장에 해당하지 않는 것은?

① 역전광장 ② 교차점광장
③ 중심대광장 ④ 주요시설광장

해설
교통광장에는 교차점광장, 역전광장, 주요시설광장이 포함된다.

34 다음 중 페리(Clarence. A. Perry)가 제안한 근린주구(Neighborhood Unit)의 물리적 기본요소에 해당하지 않는 것은?

① 초등학교 ② 작은 가게
③ 공동체 의식 ④ 작은 공원과 운동장

해설
페리(C.A Perry)는 근린주구의 물리적 4가지 기본요소로 초등학교(기준거리 반경 약 400m, 최대통학거리 800m), 작은 공원과 운동장, 작은 가게, 건물배치와 도로체계를 설정하였다.

35 도시설계의 역할에 해당되지 않는 것은?

① 지구 특성 반영
② 도시 슬럼화 촉진
③ 바람직한 도시개발로의 유도수단
④ 도시계획과 건축규제 사이의 매개적 관리 수단

해설
도시설계는 지구특성을 반영한 지역특성을 유지, 발전시키고 도시계획과 건축규제 등 도시공간 구성요소 간 관계를 설정하는 역할을 하며 이 과정에서 도시 슬럼화를 방지하는 역할도 수행한다.

36 주민이 지구단위계획의 수립 및 변경에 관한 사항을 제안하는 때에 갖추어야 할 요건 중, 제안한 지역의 대상 토지면적의 얼마 이상에 해당하는 토지소유자의 동의가 있어야 하는가? (단, 국공유지가 포함된 경우는 고려하지 않는다.)

① 1/4 이상 ② 1/3 이상
③ 1/2 이상 ④ 2/3 이상

해설
국토의 계획 및 이용에 관한 법률 시행령 제19조의2(도시·군관리계획 입안의 제안)
② 법 제26조 제1항에 따라 도시·군관리계획의 입안을 제안하려는 자는 다음 각 호의 구분에 따라 토지소유자의 동의를 받아야 한다. 이 경우 동의 대상 토지 면적에서 국·공유지는 제외한다.
  2. 법 제26조제1항제2호 및 제3호의 사항에 대한 제안의 경우 : 대상 토지 면적의 3분의 2 이상

정답 31 ② 32 ② 33 ③ 34 ③ 35 ② 36 ④

37 도시의 스카이라인 형성에 직접적인 영향을 미치는 지표로 가장 거리가 먼 것은?
① 용적률
② 입면차폐도
③ 건축물 높이
④ 가구(街區)의 크기

해 설
입면차폐도, 용적률, 건축물 높이는 수직적인 변수들이나, 가구의 크기는 직접적인 수직 변수라고 보기 어렵다.

38 지구단위계획에 대한 도시·군관리계획결정도의 표시기호가 틀린 것은?
① 건축지정선
② 건축한계선
③ 벽면지정선
④ 공공보행통로

해 설
점선으로 표시되는 기호는 "대지분할가능선"이다.
"건축한계선"은 실선이다.

39 건폐율 60%, 용적률 540%를 적용할 경우 최대 층수는? (단, 각 층의 평면이 동일한 경우이다.)
① 3층
② 5층
③ 9층
④ 14층

해 설
$$층수 = \frac{용적률}{건폐율} = \frac{540}{60} = 9층$$

40 도시지역외 지역에 지정하는 지구단위계획구역을 당해 구역의 중심기능에 따라 구분할 때, 그 분류에 해당하지 않는 것은?
① 주거형
② 역사문화형
③ 산업유통형
④ 관광휴양형

해 설
도시지역외 지역에 지정하는 지구단위계획구역은 당해 구역의 중심기능에 따라 주거·산업유통·관광휴양·복합형·용도지구 대체형 등으로 구분한다.

제3과목 도시개발론

41 도시환경 및 시설에 대해 현재까지는 불량·노후화 현상이 발생하지 않았으나 현 상태로 방치할 경우 환경악화가 예상되는 지역에 예방적 조처로 시행하는 것으로, 역사적 혹은 문화적인 가치를 보존해야 할 시설물이 존재하는 지역에서 주로 시행되는 방식은?
① 철거재개발(redevelopment)
② 수복재개발(rehabilitation)
③ 개량재개발(improvement)
④ 보전재개발(conservation)

해 설
보전재개발(conservation)은 보존재개발이라고도 하며, 사전에 불량·노후화의 진행을 방지하는 소극적 방법이다. 재개발 대상지가 현재는 그런대로 바람직스럽지만 앞으로 악화될 염려가 있거나 역사적, 문화적으로 보존해야 될 건축물을 포함하는 경우 용도를 규제하고 건축을 제한함으로써 재개발대상지가 이보다 더 악화되는 것을 방지하고 그 가치를 보존하려는 수법이다.

42 지역의 문화 전통과 자연 환경에 첨단기술산업의 활력을 도입하여 첨단기술산업군, 학술연구기관, 쾌적한 생활환경의 3가지 기능이 잘 조화된 도시조성을 실현하여 미래지향적인 새로운 정주체계를 달성하고자 개발하는 것은?
① 연구단지
② 테크노폴리스
③ 공유경제단지
④ 기술창업보육센터

해 설
테크노폴리스
- 정의 : Technology(기술) + Polis(도시)의 합성어로 반도체, 전자, 신소재, 정밀기계와 같은 첨단산업과 이공계 대학의 연구소와 매력적인 주거환경이 잘 조화된 고도의 집적도시
- 테크노폴리스의 유형 : 자립도시 형성형, 부도심 형성형, 모도시 거점형, 다핵도시형
- 테크노폴리스의 입지조건 : 고속의 교통체계, 양질의 노동력, 도시기능 및 학술기능의 집적, 양호한 주거환경

43 허프(Huff) 모형을 이용한 상업 시설의 수요추정에 대한 설명이 틀린 것은?
① 수요는 상업 시설의 크기와는 반비례한다.
② 수요는 상업 시설까지의 거리에 반비례한다.

정답 37 ④ 38 ② 39 ③ 40 ② 41 ④ 42 ② 43 ①

③ 소비자가 상업 시설을 선정하는 행동을 확률적으로 보여준다.
④ 개별 소매점의 고객흡입력을 계산하는 정량적 수요 예측 모형이다.

> **해 설**
> 허프(Huff)의 소매지역이론은 아래 세가지 특징을 갖는다.
> • 소비자는 가까운 곳에서 상품을 선택하는 경향이 있다.(이동시간에 반비례함)
> • 적당한 거리에 고차중심지가 있으면 인근의 저차를 지나친다.(상업시설의 크기에 비례함)
> • 고차계층일수록 수송가능성이 더 확대된다.(상업시설의 크기가 클수록 상권이 큼)

44 기업금융과 비교하여 프로젝트 파이낸싱이 갖는 특징에 대한 설명이 틀린 것은?

① 담보 : 사업자산 및 현금흐름
② 사후관리 : 채무 불이행시 상환청구권 행사
③ 채무수용능력 : 부외금융으로 채무수용능력 제고
④ 소구권행사 : 모기업에 대한 소구권 행사 배제 또는 제한

> **해 설**
> PF는 대부분 제한적인 비소구금융형태를 취한다. 즉, 모기업에 대한 소구권 행사 배제 또는 제한, 혹은 상환청구권이 제한된다.

45 도시 및 주거환경정비법령상의 정비사업과 관련하여, 사업시행자가 정비구역의 안과 밖에 새로 건설한 주택 또는 이미 건설되어 있는 주택의 경우 그 정비사업의 시행으로 철거되는 주택의 소유자 또는 세입자를 임시로 거주하게 하는 등 그 정비구역을 순차적으로 정비하여 주택의 소유자 또는 세입자의 이주대책을 수립하는 것은?

① 자력재개발방식   ② 위탁개발방식
③ 순환정비방식   ④ 합동재개발방식

> **해 설**
> 순환재개발이란 환류재개발이라고도 하며, 재개발구역의 일부 지역 또는 당해 재개발구역 외의 지역에 주택을 건설하거나 건설된 주택(양 주택을 합하여 "순환용주택"이라 함)을 활용하여 재개발구역을 순차적으로 개발하거나 재개발구역 또는 재개발사업시행지구를 수 개의 공구로 분할하여 순차적으로 시행하는 재개발방식을 말한다.

46 공영개발의 원칙에 대한 설명이 틀린 것은?

① 도시의 균형개발 추진
② 사유재산권의 보호 필요
③ 쾌적한 주거편익시설의 설치
④ 국민주택건설용지와 국민주택규모 이하의 임대주택용지에 대하여는 무상으로 공급

> **해 설**
> 국민주택건설용지와 국민주택규모 이하의 임대주택용지라도 무상으로 공급하지는 않고, 조성원가로 공급한다.

47 도시개발법령상 도시개발구역으로 지정할 수 있는 대상 지역 및 규모 기준이 틀린 것은? (단, 도시지역의 경우)

① 주거지역 : 1만㎡ 이상
② 상업지역 : 1만㎡ 이상
③ 공업지역 : 1만㎡ 이상
④ 자연녹지지역 : 1만㎡ 이상

> **해 설**
> 도시지역 내 공업지역은 3만㎡ 이상이다.

48 국토의 계획 및 이용에 관한 법령상 아래와 같이 정의되는 구역은?

> 개발로 인하여 기반시설이 부족할 것으로 예상되나 기반시설을 설치하기 곤란한 지역을 대상으로 건폐율이나 용적률을 강화하여 적용하기 위하여 지정하는 구역

① 입지규제최소구역   ② 시가화조정구역
③ 도시자연공원고역   ④ 개발밀도관리구역

> **해 설**
> 시장 또는 군수는 주거·상업 또는 공업지역에서의 개발행위로 인하여 기반시설(도시계획시설을 포함)의 처리·공급 또는 수용능력이 부족할 것으로 예상되는 지역 중 기반시설의 설치가 곤란한 지역을 개발밀도관리구역으로 지정할 수 있다. 개발로 인하여 기반시설이 부족할 것이 예상되나 기반시설의 설치가 곤란한 지역을 대상으로 건폐율 또는 용적률을 강화하여 적용하기 위하여 지정하는 구역을 말한다.

정답 44 ② 45 ③ 46 ④ 47 ③ 48 ④

49 도시개발사업 방식 중 환지방식에 대한 설명으로 틀린 것은?

① 체비지 매각 등을 통해 적은 자본으로도 사업 시행이 가능하다.
② 공공기관이 사업을 주도함으로써 개발 이익의 사유화를 방지할 수 있다.
③ 최소한의 사업비 투입으로 공공시설을 확보할 수 있다.
④ 해당 토지의 지가가 주변보다 높거나 대지의 효용 증진을 위한 정비를 목적으로 할 경우 시행하는 방식이다.

해설
환지방식 도시개발사업이란 택지화가 되기 전 토지의 위치, 지목, 면적, 등급, 이용도 등의 필요사항을 고려하여 택지개발 후 개발된 감소 토지를 토지소유주에게 재배분하는 것을 말한다. 공공기관이 사업을 주도한다고 해도 개발 이익을 토지 소유주들로부터 환수할 수는 없으므로 개발 이익의 사유화를 방지할 수는 없다.

50 경제기반모형(economic base model)에 대한 설명이 틀린 것은?

① 지역경제를 구성하는 산업을 크게 기반산업과 비기반산업으로 구분한다.
② 지역의 수출량 한 단위가 지역경제에 미치는 영향을 지역의 수출승수라고 하며 수출승수는 시간에 대해 일정하다고 가정한다.
③ 지역 내 산업의 경제규모는 해당 산업에 종사하는 고용인구로 나타낸다.
④ 산업 간 연관 관계가 구체적으로 고려되어 있어 산업별 수출량 증가가 지역경제에 미치는 효과를 분석하는데 주로 활용된다.

해설
경제기반모형은 산업연관표 작성이 어려운 경우 유용하다. 즉, 산업 간 연관 관계가 구체적으로 고려되지 않는 특징이 있다.

51 부동산과 금융을 결합한 형태로서 유동성 문제와 소액 투자 곤란의 문제를 증권화라는 방식을 이용하여 해결하고 있는 부동산 펀드의 대표적인 형태는?

① 부동산 신디케이션
② 에스크로우(Escrow)
③ 자산담보부증권(ABS)
④ 부동산투자신탁(REITs)

해설
유동성 문제와 소액투자 곤란의 문제를 증권화라는 방식을 이용하여 해결한 방식을 리츠(REITs ; Real Estate Investment Trusts)라 한다.

52 다음 중 88올림픽 이후의 주택가격 폭등에 대처하기 위한 주택 대량 공급 방안으로 건설된 수도권 1기 신도시만을 나열한 것은?

① 분당, 일산, 과천, 김포, 목동
② 분당, 일산, 평촌, 산본, 중동
③ 화성, 송파, 동탄, 분당, 왕숙
④ 목동, 과천, 상계, 영통, 교산

해설
우리나라의 신도시
• 1기 신도시 : 분당, 일산, 중동, 평촌, 산본
• 2기 신도시 : 화성(동탄신도시), 판교, 김포, 파주, 수원, 양주옥정 신도시

53 민간이 자금을 투자하여 사회기반시설을 건설하면 정부가 일정 운영 기간 동안 이를 임차하여 시설을 사용하고 그 대가로 임대료를 지급하는 방식은?

① BTO 방식
② BTL 방식
③ BOT 방식
④ BOO 방식

해설
BTL(Build-Transfer-Lease 건설·이전 후 리스방식)이란 민간 시행자가 사회간접자본을 건설한 후 주무관청에 소유권을 넘겨주고 관리운영권을 일정 기간 리스하여 사용하는 방식을 말한다.

54 도시 및 주거환경정비법령에 따른 정비사업의 유형이 아닌 것은?

① 주거환경개선사업
② 재개발사업
③ 재건축사업
④ 가로주택정비사업

해설
도시 및 주거환경정비법 제2조(정의) 2항에 의거 정비사업이란 주거환경개선사업, 재개발사업, 재건축사업을 말한다.

2021년 1회 기출문제

55 수출기반모형의 가정 사항이 아닌 것은?
① 동일한 노동 생산성   ② 동일한 소비 수준
③ 폐쇄된 경제   ④ 동일한 생산비

> **해 설**
> 수출기반모형은 동일한 노동 생산성(지역과 전국 간의 노동생산성이 동일), 동일한 소비수준(지역과 전국 간의 동일한 소득수준으로 가정함), 폐쇄된 경제(국가 간 교역이 없음을 의미)를 가정한다.

56 도시개발사업의 시장분석과 관련하여 수요분석을 위한 정성적 예측모형에 해당하지 않는 것은?
① 시나리오법   ② 인과분석법
③ 델파이법   ④ 판단결정모델

> **해 설**
> 정성적 예측모형에는 델파이, 집단회의법, 시나리오법, 의사결정나무법, 판단결정모델, 비교 유추법이 있고, 정량적 예측모형에는 인과분석법, 시계열모형, 다변량해석법, 중력모형, Huff모형, 마르코프 과정 등이 있다.

57 재개발사업을 위한 정비계획은 노후·불량건축물의 수가 전체 건축물의 수의 얼마 이상인 지역을 기준으로 입안하는가?
① 2분의 1   ② 3분의 1
③ 3분의 2   ④ 4분의 3

> **해 설**
> 재개발 사업을 위한 정비계획은 노후·불량건축물의 수가 전체 건축물의 수의 3분의 2(시·도조례로 비율의 10퍼센트포인트 범위에서 증감할 수 있다) 이상인 지역을 기준으로 입안한다.

58 도시마케팅의 구성요소 중 고객으로 간주하기 힘든 것은?
① 주민   ② 투자기업
③ 경쟁도시   ④ 관광객 및 방문객

> **해 설**
> 도시마케팅의 고객은 주민, 투자기업, 관광객 및 방문객이다.

59 계획단위개발(PUD)의 4단계 시행절차의 순서가 옳은 것은?

> a. 예비개발계획   b. 사전회의
> c. 최종개발계획   d. 개략개발계획

① a → b → c → d   ② b → c → d → a
③ b → d → a → c   ④ a → d → b → c

> **해 설**
> 계획단위개발(PUD)이란, 일단의 지구를 하나의 계획단위로 보아 그 지구의 특성에 맞는 설계기준을 개발자와 그 개발을 관장하는 당국 간의 협상과정을 통해 융통성 있게 능률적으로 책정, 허용함으로써 공적 입장에서 요구되는 환경의 질과 개발자의 입장에서 요구되는 사업성을 동시에 추구하는 제도로 우리나라의 지구단위계획 내의 특별계획구역제도와 유사한 제도이다. 계획단위개발은 사전회의 - 개략개발계획 - 예비개발계획 - 최종개발계획의 순으로 시행한다.

60 델파이법에 관한 설명이 틀린 것은?
① 조사하고자 하는 특정사항에 대해 일반인을 대상으로 반복 앙케이트를 행하여 의견을 수집하는 방법이다.
② 예측을 하는데 회의방식보다 서면을 통한 설문방식이 올바른 결론에 도달할 가능성이 높다는 가정에 근거한다.
③ 예측과제의 추출처리 → 조사표 설계 → 조사대상자 선정 → 조사실시 → 조사결과의 집계와 분석 과정을 거친다.
④ 최초의 앙케이트를 반복 수렴한다는 데에서 여러 사람의 판단이 피드백 되기에 결론을 의미있게 받아들일 수 있다.

> **해 설**
> 델파이법은 조사하고자 하는 특정 사항에 대해 "전문가 집단"을 대상으로 반복 앙케이트를 행하여 의견을 수집하는 방법이다.

제4과목 국토 및 지역계획

61 국토기본법상 "국토계획"의 정의에 따른 세부구분에 해당하지 않는 것은?
① 국토종합계획   ② 시·군종합계획
③ 도시계획   ④ 부문별계획

정답 55 ④ 56 ② 57 ③ 58 ③ 59 ③ 60 ① 61 ③

> **해설**
> 국토기본법 제6조(국토계획의 정의 및 구분) 조항에 의거 국토계획은 국토종합계획, 도종합계획, 시군종합계획, 지역계획, 부문별 계획으로 구분된다.

62 경제기반이론(Economic Base Theory)의 단점으로 비판받는 내용이 아닌 것은?

① 실제로는 기반부문과 비기반부문으로 구분하기 어려운 산업이 있다.
② 분석대상지역의 범위에 따라 기반산업이 가변적이다.
③ 수입 부분을 완전히 무시하고 있다.
④ 지역 경제 구조에 따라 기반비가 변한다고 가정하여 예측 내용의 신뢰가 떨어진다.

> **해설**
> 경제기반이론(Economic Base Theory)은 경제기반승수가 일정하다고 가정한다.

63 학문적으로 지역계획에 대한 설명이 옳은 것을 모두 고른 것은?

> ㉠ 종합적이며 복합적이다.
> ㉡ 도시주변의 농촌만 다룬다.
> ㉢ 경제학, 지리학 및 사회학을 넘나드는 학제 간 계획이다.

① ㉠,㉡ ② ㉠,㉢
③ ㉡,㉢ ④ ㉠,㉡,㉢

> **해설**
> 지역계획은 공간적 배분과 형평성을 중시하는 공간적 학문으로써, 도시 주변 농촌 뿐만아니라 지역 전체에 대해 분석하는 종합적, 복합적 성격을 갖는다.

64 버제스(Burgess)의 동심원 구조에서 근로자(저소득층) 주택지대에 해당하는 것은?

① 1 ② 2 ③ 3 ④ 4

> **해설**
> 0. CBD(중심업무지구), 1. 점이지대, 2. 근로자 주택지대, 3. 중산층 주택지대, 4. 통근자지대

65 쇄신의 확산 과정의 특성을 구성하는 요소로 가장 거리가 먼 것은?

① 쇄신의 채택율 ② 시간
③ 거리 ④ 생산력

> **해설**
> 쇄신의 확산 과정은 공간적 확산과 계층적 확산으로 구분되며, 이를 구성하는 요소는 쇄신의 채택율과 시간, 거리이다.

66 'Competitive Advantage of Nations'란 저서를 통해 국가 경제의 경쟁력은 투입요소 뿐 아니라 사회 전반적인 여건이나 환경에도 크게 영향을 받는다는 산업클러스터론을 제안한 학자는?

① 필립 쿠크 ② 마이클 포터
③ 알버트 허쉬만 ④ 헤리 리차드슨

> **해설**
> 1947년생인 마이클 포터(Michael E. Porter)는 26세에 하버드경영대학원 교수가 되었고, 1990년 국가경쟁력이론(Competitive Advantage of Nations)으로 "산업클러스터"라는 용어를 학계 전반에 확산시킨바 있다.

67 다음 중 지역계획이 하나의 학문영역으로서 출발하게 된 세 가지 근간으로 가장 거리가 먼 것은?

① 지리학과 경제학의 공간정책적 접근방법의 발전된 형태로서 정립된 지역계획학
② 현실 지향적이며 참여적이고 사회적 측면을 강조하는 경향으로부터 발전한 지역계획학
③ 도시계획의 확대된 개념으로서 도시계획과 농촌계획을 연속적 개념으로 접근하는 지역계획학
④ 사회주의 내지 계획경제체제 하에서 국가계획의 하위계획 이론으로서 성립된 지역계획학

> **해설**
> 지역계획의 근간은 도시+농촌, 지리학+경제학, 계획경제+국가하위계획으로 정리할 수 있다.

정답 62 ④ 63 ② 64 ② 65 ④ 66 ② 67 ②

68 정부가 국민의 쾌적하고 살기 좋은 생활을 영위하기 위하여 필요하다고 설정한 가구구성별 최소 주거면적, 방의 수, 화장실의 설비기준, 안전성, 쾌적성 등을 고려한 주택의 구조, 성능 및 환경기준을 무엇이라 하는가?

① 일반주거기준 ② 평균주거기준
③ 목표주거기준 ④ 최저주거기준

> **해설**
> 최저주거기준이란 정부가 정한 가구구성별 최소 주거면적, 용도별 방의 개수, 전용부엌, 화장실의 설비기준, 안전성, 쾌적성 등을 고려한 주택의 구조, 성능 및 환경 기준을 말한다.

69 지역혁신체제론에 관한 아래 설명에서 ( )에 들어갈 내용으로 옳은 것은?

> 지역혁신체제론은 ( )이 "새로운 기술의 창출, 변경, 확산을 유도하는 공적·사적 제도들의 네트워크"라고 정의한 국가혁신체제이론에서 파생되었다.

① Weber ② Marshall
③ Cooke ④ Freeman

> **해설**
> 프리만(Freeman)의 국가혁신체제이론에서는 국가혁신체제를 새로운 기술의 창출, 변경, 확산을 유도하는 공적, 사적 제도들의 네트워크라고 정의하였다. 지역혁신체제론은 이러한 국가혁신체제이론에서 파생되었다.

70 지역 간 인구이동에 관한 라벤슈타인(E. G. Ravenstein)의 인구이동 법칙에 대한 설명으로 옳은 것은?

① 지역 간의 인구이동은 지역 간의 거리에 비례한다.
② 교통수단, 상업과 산업의 발전은 인구이동의 감소를 유도한다.
③ 도시-농촌 간 인구이동 성향에 있어서 일반적으로 도시 출신이 농촌 출신보다 높은 이동성향을 지니고 있다.
④ 지역 간 인구이동은 농촌에서 근처의 소도시로, 소도시에서 가장 빨리 성장하는 다른 도시로 이동하는 단계적 이동형태를 취한다.

> **해설**
> 라벤슈타인의 인구이동 법칙에서 지역간의 인구이동은 지역간의 거리에 반비례하며, 인구이동 성향에 있어서 일반적으로 도시출신이 농촌출신보다 낮은 이동성향을 지니고 있다고 판단하였다. 교통, 통신수단의 발달과 상공업 발달의 결과로 인구이동은 시간의 흐름에 따라 증가하는 내재적 경향을 가진다고 보았다.

71 다음 회귀모형의 결정계수(R^2)에 대한 설명으로 옳은 것은? (단, T : 평균통행횟수, P : 가구당 인구, V : 가구당 자동차 보유대수)

> ○ 모형 : $T = -0.65 + 0.95P + 0.61V$
> ○ 결정계수(R^2) : 0.69

① P가 1단위 증가할 때 T도 1단위 증가한다.
② V가 1단위 증가할 때 T도 1단위 증가한다.
③ P와 V가 1단위 증가할 때 T가 69% 증가한다.
④ 자료에 대한 회귀모형의 설명력이 69%이다.

> **해설**
> 각 독립변수의 단위증가량 대비 종속변수의 증가량은 독립변수의 계수값에 비례하여 증가한다. 결정계수는 회귀모형의 설명력을 나타내며, 1에 가까울수록 좋은 회귀모형이다.

72 생산요소의 지역 간 이동이 자유롭게 허용된다면 자연히 지역 간 형평이 달성된다고 보는 지역균형성장론에 해당하는 것은?

① 종속이론
② 누적인과모형
③ 성장거점이론
④ 신고전학파의 지역경제성장이론

> **해설**
> 신고전이론
> • 정의 : 생산성의 증가를 성장의 기초로 여겨 공급 측면을 강조한 성장이론으로 지역 간 생산요소의 이동에 의해 성장을 파악하였다.
> • 지역균형성장 : 지역 간 요소 가격의 차이 → 지역 간 자유로운 생산요소의 이동 → 해당 지역 요소생산성의 증대 → 생산능력 증대 → 생산 증가 → 지역경제 성장

73 국토 및 지역계획 수립 과정에서 반드시 고려해야 할 사항으로 가장 거리가 먼 것은?

① 계획집행수단 강구 ② 해외 유사 사례 분석
③ 대안의 비교 및 검토 ④ 문제의 진단 및 분석

[해설] 계획의 수립과정에서 해외 사례 분석을 반드시 해야만 하는 것은 아니다.

74 다음 중 수도권정비계획법에 의한 권역구분이 아닌 것은?

① 개발제한권역 ② 과밀억제권역
③ 성장관리권역 ④ 자연보전권역

[해설] 수도권정비계획법에 의한 권역은 과밀억제권역, 성장관리권역, 자연보전권역으로 구분된다.

75 부드빌(O. Boudeville)에 의한 지역 구분에 해당하지 않는 것은?

① 낙후지역(lagging region)
② 계획지역(planning region)
③ 분극지역(polarized region)
④ 동질지역(homogeneous area)

[해설] 부드빌은 동질, 결절(분극), 계획지역으로 지역을 분류하였다.

76 인간이 필요로 하는 최소한의 재화와 서비스 품목을 최저 소득집단에게 공급해 주고자 하는 지역개발전략은?

① 기본수요전략 ② 농촌개발전략
③ 성장거점전략 ④ 오지개발전략

[해설] 기본수요이론(Basic Needs Theory)
- 기존 지역발전 이론으로 인해 발생된 지역불균형, 빈곤, 산업문제 등에 대처
- 빈곤계층이 품위 있는 생활을 하는 데 기본이 되는 최소한의 물품과 서비스를 보장

77 A시의 기반부문 고용자수가 4만명, 비기반부문 고용자수가 6만5천명 일 때 경제기반승수는?

① 0.381 ② 0.615
③ 1.62   ④ 2.625

[해설]
$$경제기반승수 = \frac{지역의\ 총\ 고용인구}{지역의\ 수출산업\ 고용인구}$$
$$= \frac{105,000}{40,000} = 2.625$$

78 다음 중 제4차 국토종합계획 수정계획(2006~2020)의 7+1 경제권역 구분에 해당하지 않는 것은?

① 수도권 ② 강원권
③ 충청권 ④ 전남권

[해설] 제4차 국토종합계획 수정계획(2006~2020)의 다핵연계형 국토구조 (7+1)에 의한 경제권역 구분은 수도권, 강원권, 충청권, 전북권, 광주권, 대구권, 부산권 + 제주도이다.

79 크리스탈러가 주장한 중심지이론(central place theory)의 포섭 원리가 아닌 것은?

① 중심 원리 ② 시장 원리
③ 교통 원리 ④ 행정 원리

[해설] 크리스탈러의 중심지 계층의 포섭원리에는 시장원리(K = 3), 교통원리(K = 4), 행정원리(K = 7)가 있다.

80 다음 중 리(E. S. Lee)가 인구이동을 설명하기 위해 사용한 개념에 해당하지 않는 것은?

① 흡인요인   ② 확률적 요인
③ 밀어내는 요인 ④ 중간개입 장애요인

[해설] 리(E. S. Lee)가 인구이동을 설명하기 위해 사용한 개념에는 긍정적인 의미의 선별성이 높은 인구흡인요인, 부정적인 의미의 선별성이 높은 인구배출요인, 출발지와 목적지 간의 중간 개입 장애요인이 있다.

제5과목 도시계획관계법규

81 도시 및 주거환경정비법령상 비용부담의 원칙에 따라 시장·군수가 그 건설에 소요되는 비용의 전부 또는 일부를 부담할 수 있는 주요 정비 기반시설에 해당하지 않는 것은?

① 공원 ② 하천
③ 공용주차장 ④ 소방용수시설

해설
주요 정비기반시설에는 도로, 상·하수도, 공원, 공용주차장, 공동구, 녹지, 하천, 공공공지, 광장, 임시수용시설이 있다.

82 국토의 계획 및 이용에 관한 법령에서 규정한 용도지구에 해당하는 것은?

① 보존지구 ② 미관지구
③ 시설보호지구 ④ 개발진흥지구

해설
용도지구에는 경관, 고도, 방화, 방재, 보호, 취락, 개발진흥, 복합용도지구, 특정용도제한지구가 있다.
※ 참고 : 2017.12.29.부로 국토의 계획 및 이용에 관한 법률 시행령 제31조(용도지구의 지정) 조항이 개정되면서 미관지구 와 시설보호지구 조항이 삭제되고, 복합용도지구가 추가되었으며, 보존지구가 보호지구로 변경되었다.

83 국토기본법상 국토정책위원회에 관한 설명이 옳은 것은?

① 위원장 1명, 부위원장 2명을 포함한 40명 이내의 위원으로 구성한다.
② 국토교통부장관 소속으로 둔다.
③ 분과위원회의 심의는 국토정책위원회의 심의로 본다.
④ 부위원장은 국무총리와 위촉위원 중에서 호선으로 선정된 위원으로 한다.

해설
국토정책위원회는 위원장 1명, 부위원장 2명을 포함한 42명 이내의 위원으로 구성하고, 위원은 당연직위원과 위촉위원으로 구성한다. 국무총리 소속이므로 위원장은 국무총리가 맡고, 부위원장은 국토교통부장관과 위촉위원 중에서 호선으로 선정된 위원으로 한다. 위촉위원의 임기는 2년이다.

84 관광진흥법상 용어의 정의가 옳은 것은?

① 휴양 콘도미니엄업은 관광객 이용시설업에 해당한다.
② 관광지란 자연적 또는 문화적 관광자원을 갖추고 관광객을 위한 기본적인 편의시설을 설치하는 지역이다.
③ 관광지 및 관광단지의 지정권자는 문화체육 관광부장관이다.
④ 전국을 대상으로 하는 관광개발 기본계획의 수립권자는 시·도지사다.

해설
휴양콘도미니엄업은 관광숙박업에 해당한다. 관광지 및 관광단지는 문화체육관광부령으로 정하는 바에 따라 시장·군수·구청장의 신청에 의하여 시·도지사가 지정한다. 전국을 대상으로 하는 관광개발 기본계획의 수립권자는 문화체육관광부장관이다.

85 ㉠과 ㉡에 들어갈 말이 모두 옳은 것은?

국토교통부장관은 도시 및 주거환경을 개선하기 위하여 (㉠)마다 기본방침을 정하고, (㉡)마다 타당성을 검토하여 그 결과를 기본방침에 반영하여야 한다.

① ㉠ 10년 ㉡ 5년 ② ㉠ 10년 ㉡ 2년
③ ㉠ 5년 ㉡ 3년 ④ ㉠ 5년 ㉡ 2년

해설
도시 및 주거환경정비법 제3조(도시·주거환경정비 기본방침)에 의거 국토교통부장관은 도시 및 주거환경을 개선하기 위하여 10년마다 다음 각 호의 사항을 포함한 기본방침을 정하고, 5년마다 타당성을 검토하여 그 결과를 기본방침에 반영하여야 한다.

86 도시 및 주거환경정비법령상 "정비기반시설"에 해당하지 않는 것은? (단, 주거환경개선사업을 위하여 지정·고시된 정비구역에 설치하는 공동이용시설로서 법 제52조에 따른 사업시행계획서에 해당 특별자치시장·특별자치도지사·시장·군수 또는 자치구의 구청장이 관리하는 것으로 포함된 시설의 경우는 고려하지 않는다.)

① 공원 ② 공용주차장
③ 공동구 ④ 체육시설

해설
도시 및 주거환경정비법 제2조에 의거 "정비기반시설"이란 도로·상하수도·공원·공용주차장·공동구(「국토의 계획 및 이용에 관한 법률」 제2조제9호에 따른 공동구를 말한다. 이하 같다), 그 밖에 주민의 생활에 필요한 열·가스 등의 공급시설로서 대통령령으로 정하는 시설을 말한다.

정답 82 ④ 83 ③ 84 ② 85 ① 86 ④

87 과밀부담금의 산정 기준이 옳은 것은?

① 과밀부담금은 건축비의 100분의 10으로 한다.
② 지역별 여건에 따라 과밀부담금을 건축비의 100분의 3까지 조정할 수 있다.
③ 건축비는 해당 권역 건축물들의 표준 건축비를 기준으로 한다.
④ 과밀부담금의 산정 방식은 신축과 증축의 경우 모두 동일하다.

해 설
수도권정비계획법 제14조(부담금의 산정 기준)
• 부담금은 건축비의 100분의 10으로 하되, 지역별 여건 등을 고려하여 대통령령으로 정하는 바에 따라 건축비의 100분의 5까지 조정(調整)할 수 있다.
• 제1항에 따른 건축비는 국토교통부장관이 고시하는 표준건축비를 기준으로 산정한다. 〈개정 2013.3. 23.〉

88 도시공원 및 녹지 등에 관한 법령상 녹지의 기능에 따른 세분에 해당하는 것으로만 나열한 것은?

① 완충녹지, 자연녹지 ② 자연녹지, 생산녹지
③ 생산녹지, 경관녹지 ④ 경관녹지, 완충녹지

해 설
도시공원 및 녹지 등에 관한 법률 제35조(녹지의 세분) 조항에 의거 녹지는 그 기능에 따라 완충녹지, 경관녹지, 연결녹지로 세분한다.

89 수도권 정비계획법령상의 인구집중유발시설 기준이 틀린 것은?

①「고등교육법」에 따른 산업대학 또는 전문대학
②「산업집적활성화 및 공장설립에 관한 법률」에 따른 공장으로서 건축물의 연면적이 500㎡ 이상인 것
③ 중앙행정기관 및 그 소속 기관의 청사로서 건축물의 연면적이 500㎡ 이상인 것
④ 업무용시설이 주용도인 건축물로서 그 연면적이 25,000㎡ 이상인 건축물

해 설
공공 청사로서 건축물의 연면적이 1천제곱미터 이상인 것

90 노외주차장의 출구와 입구를 각각 따로 설치하여야 하는 주차대수 규모 기준으로 옳은 것은?

① 200대 초과 ② 300대 초과
③ 400대 초과 ④ 500대 초과

해 설
주차장법 시행규칙 제5조(노외주차장의 설치에 대한 계획기준) 7항에 의거 주차대수 400대를 초과하는 규모의 노외주차장의 경우에는 노외주차장의 출구와 입구를 각각 따로 설치하여야 한다.

91 환지에 의한 도시개발사업에서 과소 토지의 기준에 관한 설명이 틀린 것은?

① 토지 소유자가 환지 계획에 따라 환지가 이루어질 경우 도시개발사업으로 조성되는 토지에서 받을 수 있는 토지의 면적을 권리면적이라 한다.
② 과소 토지 여부의 판단은 권리면적을 기준으로 한다.
③ 기존 건축물이 없는 경우 과소 토지의 기준이 되는 면적을 국토교통부장관이 정하는 바에 따라 규약·정관 또는 시행규정에서 따로 정할 수 있다.
④ 환지로 지정할 토지의 필지수가 도시개발 사업으로 조성되는 토지의 필지수보다 적은 경우, 과소 토지의 기준이 되는 면적을 국토교통부장관이 정하는 바에 따라 규약·정관 또는 시행규정에서 따로 정할 수 있다.

해 설
환지로 지정할 토지의 필지수가 도시개발사업으로 조성되는 토지의 필지수보다 "많은" 경우, 대통령령이 정하는 바에 따라 과소 토지의 기준이 되는 면적을 따로 정할 수 있다.

92 주택법령상 간선시설의 설치에 관한 아래의 내용에서 ㉠과 ㉡에 해당하는 규모 기준이 모두 옳은 것은?

사업주체가 ㉠대통령령으로 정하는 호수 이상의 주택건설사업을 시행하는 경우 또는 ㉡대통령령으로 정하는 면적 이상의 대지 조성사업을 시행하는 경우 각 호에 해당하는 자는 각각 해당 간선시설을 설치하여야 한다.

① ㉠ 100호(또는 세대) ㉡ 16,500㎡
② ㉠ 100호(또는 세대) ㉡ 33,000㎡
③ ㉠ 200호(또는 세대) ㉡ 16,500㎡
④ ㉠ 200호(또는 세대) ㉡ 33,000㎡

정답 87 ① 88 ④ 89 ③ 90 ③ 91 ④ 92 ①

해설
주택법 제28조제1항 및 동법 시행령 제39조(간선시설의 설치 등) 조항에 의거 100호 이상의 주택건설사업 또는 16,500m2 이상의 대지조성사업을 시행하는 경우 그 해당자는 간선시설을 설치해야 한다.

93 국토기본법에서 수립하는 조사 및 계획의 원칙적인 수립 주체가 잘못 연결된 것은?

① 국토종합계획의 수립 - 국토교통부장관
② 도종합계획의 수립 - 도지사
③ 부문별계획의 수립 - 중앙행정기관의 장
④ 국토조사 - 국토연구원장

해설
국토조사는 국토교통부장관이 한다.

94 도심·부도심의 상업기능 및 업무기능의 확충을 위하여 지정하는 용도지역은?

① 근린상업지역 ② 중심상업지역
③ 유통상업지역 ④ 일반상업지역

해설
국토의 계획 및 이용에 관한 법률 시행령 제30조(용도지역의 세분) 조항에 의거 상업지역은 중심, 일반, 근린, 유통으로 구분되며, 이 중 도심·부도심의 상업기능 및 업무기능의 확충을 위하여 지정되는 지역은 중심상업지역이다.

95 주택법령상 세대구분형 공동주택이 갖추어야 할 기준이 틀린 것은? (단, 주택법 제15조에 따른 사업계획의 승인을 받아 건설하는 공동주택의 경우를 말한다.)

① 세대별로 구분된 각각의 공간마다 별도의 욕실, 부엌과 현관을 설치할 것
② 하나의 세대가 통합하여 사용할 수 있도록 세대 간에 연결문 또는 경량구조의 경계벽 등을 설치할 것
③ 세대구분형 공동주택의 세대수가 해당 주택단지 안의 공동주택 전체 세대수의 3분의 1을 넘지 않을 것
④ 세대별로 구분된 각각의 공간의 주거전용면적 합계가 해당 주택단지 전체 주거전용면적 합계의 3분의 2를 넘지 않을 것

해설
주택법 시행령 제9조(세대구분형 공동주택) 법 제2조제19호에서 "대통령령으로 정하는 건설기준, 설치기준, 면적기준 등에 적합한 주택"이란 다음 각 호의 구분에 따른 요건을 충족하는 공동주택을 말한다. 〈개정 2019.2.12.〉
라. 세대별로 구분된 각각의 공간의 주거전용면적(주거의 용도로만 쓰이는 면적으로서 법 제2조제6호 후단에 따른 방법으로 산정된 것을 말한다. 이하 같다) 합계가 해당 주택단지 전체 주거전용면적 합계의 3분의 1을 넘지 않는 등 국토교통부장관이 정하여 고시하는 주거전용면적의 비율에 관한 기준을 충족할 것

96 도시개발구역 지정의 해제에 관한 아래 내용 중 ( )안에 공통으로 들어갈 내용으로 옳은 것은?

도시개발구역의 지정은 다음 각 호의 어느하나에 규정된 날의 다음 날에 해제된 것으로 본다.
- 도시개발구역이 지정·고시된 날부터 ( )이 되는 날까지 제 17조에 따른 실시계획의 인가를 신청하지 아니하는 경우에는 그 ( )이 되는 날

① 2년 ② 3년
③ 5년 ④ 7년

해설
도시개발구역의 지정은 다음 각 호의 어느 하나에 규정된 날의 다음 날에 해제된 것으로 본다.
1. 도시개발구역이 지정·고시된 날부터 3년이 되는 날까지 제17조에 따른 실시계획의 인가를 신청하지 아니하는 경우에는 그 3년이 되는 날

97 관광단지 조성사업 시행 시 사업시행자가 수용 또는 사용할 수 있는 물건 또는 권리에 해당하지 않는 것은?

① 물의 사용에 관한 권리
② 토지에 관한 소유권 외의 권리
③ 토지에 속한 토석 또는 모래와 조약돌
④ 토지에 정착한 건물의 소유권에 관한 권리

해설
관광진흥법 제61조(수용 및 사용) 조항에 의거 사업시행자가 수용 또는 사용할 수 있는 물건 또는 권리는 토지에 관한 소유권 외의 권리, 토지에 정착한 입목이나 건물, 그 밖의 물건과 이에 관한 소유권 외의 권리, 물의 사용에 관한 권리, 토지에 속한 토석 또는 모래와 조약돌이다.

정답 93 ④ 94 ② 95 ④ 96 ② 97 ④

98 수도권정비계획법령에 따른 '수도권'의 정의가 옳은 것은?

① 서울특별시와 인천광역시를 말한다.
② 서울특별시와 경기도를 말한다.
③ 인천광역시와 경기도를 말한다.
④ 서울특별시, 인천광역시와 경기도를 말한다.

해 설
수도권이란 서울특별시, 인천광역시, 경기도를 말한다.

99 산업단지와 그 지정권자의 연결이 틀린 것은?

① 국가산업단지: 국토교통부장관
② 일반산업단지: 시·도지사
③ 도시첨단산업단지: 시·도지사
④ 농공단지: 농림축산식품부장관

해 설
산업입지 및 개발에 관한 법률 제8조(농공단지의 지정) 조항에 의거 농공단지는 특별자치도지사 또는 시장·군수·구청장이 지정한다. 〈개정 2011.8.4.〉

100 도시·군계획시설의 결정·구조 및 설치기준에 관한 규칙상 장례식장과 유통업무설비가 모두 입지할 수 있는 용도지역은?

① 일반주거지역   ② 준공업지역
③ 유통상업지역   ④ 생산녹지지역

해 설
모두 입지 가능한 용도지역 : 준주거지역, 일반상업지역, 근린상업지역, 일반공업지역, 준공업지역, 계획관리지역

구분	입지 가능한 용도지역
장례식장	준주거지역·일반상업지역·근린상업지역·일반공업지역·준공업지역·보전녹지지역·자연녹지지역 및 계획관리지역
유통업무설비	준주거지역·중심상업지역·일반상업지역·근린상업지역·유통상업지역·일반공업지역·준공업지역 및 계획관리지역

※ 2018. 12. 27부로 제146조(장례식장의 결정기준) 조항은 삭제되었다.

2회 2021년 기출문제

제1과목 도시계획론

01 영국의 도시계획가인 게데스(P. Greddes)가 구분한 도시활동의 3요소가 아닌 것은?
① 생활
② 생산
③ 교통
④ 위락

해설
도시성격에 따른 기본적 도시기능을 게데스(P. Geddes)는 생활, 생산, 위락으로 구분하였고, 르 코르뷔지에(Le Corbusier)는 여기에 교통을 추가하였다.

02 도시개발사업의 시행 방식에서 수용 및 사용방식의 장점으로 틀린 것은?
① 기반시설확보 용이
② 토지소유자의 재정착 가능
③ 사업의 공공성 확보 및 일괄 시행
④ 공사기간의 단축 및 대규모 개발 가능

해설
수용 또는 사용에 의한 방식은 매수에 의해 이루어지므로 환지와 관련된 협의 및 행정처리기간이 필요 없어 기간이 상대적으로 적게 걸리는 장점이 있다. 하지만 수용된 토지에 대한 토지소유자의 소유권이 개발 주체로 이관되므로 토지소유자의 재정착이 어렵다는 단점이 있다.

03 행정구역 단위인 꼬뮌을 대상으로 수립하는 것으로, 도시기본계획의 내용을 구체화한 중·단기 토지이용계획인 토지점용계획(POS) 제도를 시행하는 국가는?
① 영국
② 독일
③ 프랑스
④ 일본

해설
프랑스의 토지이용계획제도 중 토지점용계획(POS : plan d'occupation des sols)은 1967년 12월 토지이용기본법(Loi d'orientation foncière)이 제정되면서 만들어진 계획으로 도시정비기본계획(SDAU : schèma directeur d'aménagement et d'urbanisme)와 함께 토지이용계획 체계를 확립시켰다.

04 다음 설명에 해당하는 도시경제 분석방법은?

- 경제활동의 분석에 있어 최종생산물의 생산에 투입되는 중간재를 고려하고 있다.
- 생산구조와 산업구조의 예측, 지역 간의 산업관련 등을 분석하는데 주로 사용된다.
- 방법이 간단하고 신뢰성이 있으나 투입 계수의 불변성이라는 단점을 가지고 있다.

① 입지상모형
② 지수곡선모형
③ 투입산출모형
④ 변이-할당분석모형

해설
지역산업 연관모형(지역 투입산출모형, Regional Input output Model)
1. 장점
 - 통계적 시계열분석법이 보여 줄 수 없는 지역 간 및 지역 내의 산업 연관관계 파악 가능
 - 최종수요부문에서의 수요 증가가 중간 재생산부문에 미치는 경제적 효과 측정
 - 장래의 최종수요 증가에 따르는 고용승수효과 측정 가능
2. 단점
 - 구조방정식이 지닌 1차성의 가정은 일정불변의 생산계수를 의미
 - 1차성의 가정은 모든 재화와 원료의 가격, 기업의 판매상태가 일정불변임을 의미(비현실적)
 - 산업부문을 정확하게 구분하기 위해서는 전문적 지식 필요
 - 자료수집에 있어서 현장조사 필요(자료수집이 어려우며 많은 비용 필요)

05 계획이론을 실체적 이론(Substantive Theories)과 절차적 이론(Procedural Theories)으로 구분할 때 실체적 이론에 대한 설명으로 틀린 것은?
① 특정 계획 분야의 전문 지식에 관한 이론들이다.
② 계획 현상이나 계획 대상에 관한 이론이라 할 수 있다.
③ 경제 또는 사회의 구조나 현상 등을 설명하고 예측하여 문제의 해결 대안을 제시하는 이론이다.
④ 계획이 추구하는 목표와 가치에 따라 계획안을 만들어 내는 과정에 관한 공통적이고 일반적인 이론이다.

해설
실체적이론(Substantive Theories)은 경제 또는 사회의 구조나 현상 등을 설명하고 예측하는 이론이고, 계획현상이나 계획대상에 관

정답 01 ③ 02 ② 03 ③ 04 ③ 05 ④

한 이론이며, 다양한 계획 활동에 있어 각기 필요로 하는 분야별 전문지식에 관한 이론이다. 계획이 추구하는 목표와 가치에 따라 계획안을 만들어 내는 과정에 관한 공통적이고 일반적인 이론은 "절차적 이론(Procedural Planning Theory)"에 대한 설명이다.

06 완충녹지의 설치 목적 및 기준으로 가장 거리가 먼 것은?

① 전용주거지역, 교육 및 연구시설의 조용한 환경조성
② 재해 발생 시 피난지대로서의 기능
③ 도시지역 내 훼손된 자연환경의 개선·복원
④ 도로, 철도 등 교통시설에서 발생하는 공해 차단 및 완화

해설
도시지역 내 훼손된 자연환경의 개선·복원을 위한 녹지는 경관녹지이다.

07 우리나라 제1기 신도시와 비교하여 제2기 신도시(판교, 화성, 김포, 송파 등) 계획의 특징으로 옳은 것은?

① 고밀도 유지
② 자가용교통 전제
③ 프로젝트 파이낸싱 활용
④ 주택도시로서의 완결성만 추구

해설
제2기 신도시 계획의 특성
• 친환경, 첨단과 같은 신도시로서의 테마를 강조한다.
• 대중교통지향적인 교통체계를 갖추었다.
• 녹지율을 높여 그린네트워크를 지향한다.
• 프로젝트 파이낸싱을 적극 활용하였다.

08 어느 도시의 최근 10년 간 인구가 60만명에서 90만명으로 증가하였을 때, 연평균 증가율은? (단, 등차급수법에 따른다.)

① 2.5%
② 5.0%
③ 6.5%
④ 7.0%

해설
과거추세에 의한 방법 : 과거의 인구변화 추이가 미래에도 지속될 것으로 가정하여 미래의 인구를 산정하는 방법
㉠ 등차급수법 $P_n = P_0(1 + r \cdot n)$
P_0 : 초기 연도 인구, r : 인구증가율, n : 1년 단위 기간
㉡ 연평균 인구증가율

$$r = \frac{\left(\frac{P_n}{P_0}\right) - 1}{n} = \frac{\left(\frac{90}{60}\right) - 1}{10} = 0.05, 5.0\%$$

09 메소포타미아 지방에 B.C. 3,200년경 수메르인이 세운 고대도시국가가 아닌 것은?

① 우르(Ur)
② 우르크(Urk)
③ 라가시(Lagash)
④ 모헨조다로(Mohenjo-Daro)

해설
수메르(smer) 문명이란 기원전 5,000년경 메소포타미아 지역에서 시작된 도시국가들을 말한다. 기원전 2,700년경 우르(Ur)와 우르크(Uruk), 아가데(Agade) 등의 도시국가가 발전하였고, 기원전 2,400년경 라가시(Lagash), 그 뒤를 이어 바빌로니아 왕국의 거점이었던 바빌론(Babylon)과 아시리아 왕국의 도시였던 님루드(Nimrud)와 니네베(Nineveh)가 통치와 교역의 중심지로 발달하였다. 모헨조다로(Mohenjo-Daro)는 기원전 2,000년경 인더스강 유역에서 형성된 농촌부락이 도시로 발전된 사례이다.

10 아래 그림이 나타내는 이론과 3(빗금친 부분)에 해당하는 토지이용이 올바르게 연결된 것은?

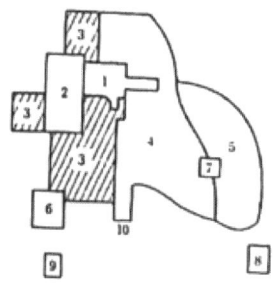

① 선형이론 – 점이지대
② 선형이론 – 도매경공업지구
③ 다핵심이론 – 고소득층 주거지구
④ 다핵심이론 – 저소득층 주거지구

해설
• 다핵설(해리스, 울만) : 지리학적 입장, 동심+선형, 대도시 토지이용 형태 설명(유동적 현대도시에 적합), 동태적 설명 부족, 가장 비조직적 이론
• 1 CBD 2 도매·경공업지구 3 저소득주택지구 4 중급주택지구 5 고급주택지구 6 중공업지구 7 교외주택지구 8 주변업무지구 9 교외공업지구 10 교외지구 및 위성도시

11 지속가능한 도시가 추구하는 목표로 가장 거리가 먼 것은?

① 쾌적한 도시공간의 정비·확보
② 환경 친화적 교통·물류체계정비
③ 환경부하의 저감, 자연과의 공생
④ 현재 건축물 형태의 계속적 보존

해설
건축물의 계속적 보존은 지속가능한 도시를 위한 목적을 가져야 한다. 보존 자체가 목적이 되지는 않는다.

12 농촌과 상대되는 개념으로서 도시가 갖는 일반적인 특징으로 틀린 것은?

① 규모와 인구밀도가 높다.
② 공동체 의식이 강하다.
③ 익명성과 이질성이 강하다.
④ 인구의 유동성이 강하다.

해설
도시 주민은 이질적이고 개성이 강한 구성을 가지고 있어 공동체 의식이 약한 특성이 있다.

13 시가지의 토지이용에 있어 지나친 기능분리나 사적 공간의 확보를 지양하고 적절한 기능의 혼재와 이동거리 단축에 의한 토지자원의 절약, 자동차에 의한 환경의 파괴를 막아보자는 노력으로 등장한 개념은?

① 뉴어바니즘(New Urbanism)
② 도시재생(Urban Regeneration)
③ 친환경 생태도시(Eco City)
④ 창조도시(Creative City)

해설
뉴어바니즘(New Urbanism)의 기본원칙 : 뉴어바니즘은 복합용도 개발을 통해 기능의 혼합을 유도하여 이동거리를 단축하고 이를 통해 자동차 이용 감소를 유도하여 환경 파괴를 막으며 토지자원의 절약을 통한 삶의 질 향상과 지속가능한 개발을 목표로 하고 있다.

14 하워드가 주장한 전원도시에 대한 설명으로 틀린 것은?

① 도시의 계획 인구를 제한하였다.
② 철도와 도로로 연결되는 위성도시가 발달하게 되었다.
③ 도시 발달에 따른 개발 이익은 공유화하되 토지는 사유화를 원칙으로 하였다.
④ 도시 주위에 넓은 농업 지대를 영구히 보전하여 도시와 농촌의 장점을 결합하였다.

해설
전원도시에서는 개발이익을 공유화(사회환수)하였고, 토지는 공유하였으며 그 사용권을 제한하였다.

15 우리나라 토지이용계획의 실현 수단을 직접적 수단과 간접적 수단으로 구분할 때, 다음 중 직접적 수단에 해당하는 것은?

① 도시개발사업
② 지구단위계획
③ 지역·지구·구역의 지정
④ 도시계획시설의 정비

해설
토지이용계획을 실현하기 위한 가장 직접적인 수단이 도시개발사업이다.

16 도시 및 주거환경정비법에 따른 사업의 추진 절차 중 정비사업의 복잡한 권리관계를 정리하기 위해 사업시행 전·후의 권리변환에 대한 내용을 담고 있는 것은?

① 환지처분계획
② 관리처분계획
③ 사업시행계획
④ 조성토지공급계획

해설
도시 및 주거환경정비법 제74조(관리처분계획의 인가 등) 조항에 의거 사업시행자는 분양대상자의 종전 토지 또는 건축물에 관한 소유권 외의 권리명세, 세입자별 손실보상을 위한 권리명세 및 그 평가액 등을 관리처분계획으로 수립하여 인가를 받도록 하고 있다.

17 아래의 설명에 해당하는 계획이론은?

> 프리드만에 의해 발전된 계획이론으로 공익이라고 정의되는 불확실한 계획의 목표를 추구하기 위한 과학적 접근방법을 비판하면서 인간적 요소를 강조하여 계획의 집행에 직접 영향을 받는 사람들과의 대화를 통해 계획을 수립하여야 한다.

정답 11 ④ 12 ② 13 ① 14 ③ 15 ① 16 ② 17 ④

① 종합적 계획(Synoptic Planning)
② 옹호적 계획(Advocacy Planning)
③ 점진적 계획(Incremental Planning)
④ 교류적 계획(Transactive Planning)

해 설

교류적 계획(Transactive Planning)
• 프리드만(J. Friedmann)에 의해 발전한 계획
• 공익이라는 불확실한 목표를 추구하기보다는 계획과 관련된 사람들 간의 상호교류와 대화를 통해 계획을 수립하는 것으로 계획은 합리적이고 과학적이어야 한다는 인식에 대한 비판적 반응
• 인간의 존엄성에 기초를 두는 신휴머니즘적 사고에 기초
• 계획가와 계획에 영향을 받는 사람들 간 대화와 이를 통한 사회적 학습과정 형성을 중시

18 계획인구를 산정하는 지수성장모형에 관한 설명으로 옳은 것은?

① 안정적인 인구 변화 추세를 나타내는 도시에 적용하는 경우에도 인구의 과도 예측을 초래할 위험이 없다.
② 이자 계산 시 단리율 적용방식을 인구예측에 원용한 것이다.
③ 단기간에 급격한 인구증가를 나타내는 경우에 유용하다.
④ 대상 도시의 미래 인구는 그 도시가 속한 더 큰 공간적 범위의 인구의 일정 비율이 될 것이라고 가정한다.

해 설

지수모형(지수성장모형)은 단기간에 급속히 팽창하는 신개발지역의 인구 예측에 유용하다.

19 4단계 교통수요추정법에 대한 설명으로 틀린 것은?

① 통행발생, 통행배분, 교통수단선택, 노선배정의 분석 단계를 통해 장래 통행량을 예측한다.
② 현재 교통여건을 지배하고 있는 교통체계의 메커니즘이 장래에도 크게 변하지 않는다고 가정한다.
③ 4단계를 거치는 동안 계획가나 분석가의 주관이 개입될 여지가 없어, 객관적인 분석결과를 얻을 수 있다.
④ 총체적 자료에 의존하기 때문에 통행자의 총체적·평균적 특성만 산출될 뿐, 행태적 측면은 거의 무시된다.

해 설

4단계 교통수요추정법은 계획가나 분석가의 주관이 개입될 우려가 있는 단점을 가지고 있다.

20 토지이용계획의 역할로 가장 거리가 먼 것은?

① 도시의 외연적 확산을 촉진시킨다.
② 토지이용의 규제와 실행수단을 제시해 준다.
③ 계획적인 개발을 유도하여 난개발을 억제시킨다.
④ 도시의 현재 및 장래의 공간구성과 토지이용 형태를 결정한다.

해 설

토지이용계획은 계획적인 개발을 유도하여 난개발을 억제함으로써 도시의 외연적 확산을 예방한다.

제2과목 도시설계 및 단지계획

21 지구단위계획에서의 대지 내 공지에 대한 설명으로 옳은 것은?

① 공개공지란 건축법에 의한 공지로, 일반이 사용할 수 있도록 설치하는 소규모 휴식시설 등의 공개공지 또는 공개 공간을 뜻한다.
② 공개공지를 필로티 구조로 할 경우에는 유효높이가 10m 이상이 되도록 한다.
③ 쌈지형 공지란 일반 대중에게 특정 시기에 개방하고, 교목, 벤치 등을 일체 설치할 수 없는 공지를 말한다.
④ 침상형 공지란 지하공공보행통로와 연결되는 지하 부분의 대지 내 공지를 말한다.

해 설

공개공지란 건축법 제43조(공개 공지 등의 확보) 조항에 의거 일반이 사용할 수 있도록 소규모 휴식시설등의 공개공지(공터) 또는 공개 공간을 말한다.

22 공동주택의 배치 시 도로 및 주차장의 경계선으로부터 공동주택의 외벽까지의 거리는 최소 얼마 이상을 띄워야 하는가? (단, 주택건설기준 등에 관한 규정에 따르며, 기타의 경우는 고려하지 않는다.)

① 1m   ② 2m
③ 3m   ④ 5m

해설

주택건설기준 등에 관한 규정 제10조(공동주택의 배치) 2항 조항에 의거 도로(주택단지 안의 도로를 포함하되, 필로티에 설치되어 보도로만 사용되는 도로는 제외한다) 및 주차장(지하, 필로티, 그 밖에 이와 비슷한 구조에 설치하는 주차장 및 그 진출입로는 제외한다)의 경계선으로부터 공동주택의 외벽(발코니나 그 밖에 이와 비슷한 것을 포함한다. 이하 같다)까지의 거리는 2미터 이상 띄어야 하며, 그 띄운 부분에는 식재 등 조경에 필요한 조치를 하여야 한다.

23 생활권의 위계를 구성단위의 크기가 큰 것부터 순서대로 올바르게 나열한 것은?

① 근린주구 〉 근린분구 〉 인보구
② 근린분구 〉 근린주구 〉 인보구
③ 인보구 〉 근린주구 〉 근린분구
④ 근린주구 〉 인보구 〉 근린분구

해설

근린생활권의 위계

구분	인보구	근린분구	근린주구
반경	100m 전후	150~200m 전후	300~400m 전후
인구	200~800명 정도	3,000~5,000명 정도	10,000~20,000명 정도

24 도시·군계획시설의 결정·구조 및 설치기준에 관한 규칙상 보조간선도로와 집산도로의 배치간격(m) 기준은?

① 60m 내외
② 150m 내외
③ 250m 내외
④ 500m 내외

해설

주간선도로와 주간선도로의 배치간격 : 1,000m 내외, 주간선도로와 보조간선도로의 배치간격 : 500미터 내외, 보조간선도로와 집산도로의 배치간격 : 250미터 내외

25 1875년 영국에서 불결한 도시주거환경을 제거하기 위해 새로이 건설되는 주택의 상하수도 시설과 정원크기 및 주변 도로의 폭 등 주거환경 기준을 규제하는 목적으로 개정된 법은?

① 건축법(Building Code)
② 단지조성법(Site Planning Act)
③ 공중위생법(Public Health Act)
④ 미관지구법(Law of Beautification District)

해설

공중위생법(Public Health Act)은 노동자들의 열악한 주거 및 주거환경 문제를 해결하기 위한 노력의 일환으로 1875년 제정, 시행되었다.

26 국토의 계획 및 이용에 관한 법령상 국토교통부장관, 시·도지사, 시장 또는 군수가 전부 또는 일부에 대하여 지구단위계획구역을 지정할 수 있는 지역 기준이 틀린 것은? (단, 기타 대통령령으로 정하는 지역의 경우는 고려하지 않는다.)

① 주택법에 따른 대지조성사업지구
② 관광진흥법에 따라 지정된 관광특구
③ 택지개발촉진법에 따라 지정된 택지개발지구
④ 국토의 계획 및 이용에 관한 법률에 따라 지정된 도시자연공원구역

해설

국토의 계획 및 이용에 관한 법률 제51조(지구단위계획구역의 지정 등) 조항에 의거 주택법에 따른 대지조성사업지구, 관광진흥법에 따라 지정된 관광특구, 택지개발촉진법에 따라 지정된 택지개발지구는 국토교통부장관, 시·도지사, 시장 또는 군수가 전부 또는 일부에 대하여 지구단위계획구역을 지정할 수 있는 지역이다.

27 아래와 같은 특징을 갖는 주택 형태는?

- 1가구의 단층형 주택으로, 주거공간이 마당 부분 또는 전부 에워싸는 형태다.
- 중정에 면한 실들에 채광과 통풍을 제공하는 동시에 마당이나 정원 등의 역할을 한다.

① 테라스 하우스
② 아파트
③ 파티오 하우스
④ 연립 주택

해설

파티오(Patio)란 건물에 의해 둘러싸인 정원, 즉 중정(中庭)을 뜻한다.

28 래드번 계획의 특징으로 가장 거리가 먼 것은?

① 보도와 차도를 분리하여 계획하였다.
② 주택 내부의 공간 배치에 있어서 침실은 차량 접근 도로 쪽에 가깝게 배치하였다.
③ 쿨데삭형의 가로망을 일정한 간격으로 배열하고 그 주변에 주택을 배치하였다.
④ 주택 단지 어디로나 통할 수 있는 공동 오픈스페이스를 조성하였다.

정답 23 ① 24 ③ 25 ③ 26 ④ 27 ③ 28 ②

해설
래드번(Radburn) 계획에서 침실은 접근 도로부터 먼 쪽으로 배치하였다.

29 주택단지 계획 시 주택용지율을 70%, 총 인구 밀도를 210 인/ha로 한다면, 순 인구밀도는?

① 147 인/ha ② 210 인/ha
③ 300 인/ha ④ 333 인/ha

해설
$$\text{순인구밀도} = \frac{\text{총 인구밀도}}{\text{주택용지율}} = \frac{210}{0.7} = 300 \text{인/ha}$$

30 주차장의 장애인전용 주차단위구획 규모 기준이 옳은 것은? (단, 아래 수치는 '너비 × 길이'이며, 평행주차형식 외의 경우다.)

① 2.0m × 3.6m 이상 ② 2.3m × 5.0m 이상
③ 2.5m × 5.1m 이상 ④ 3.3m × 5.0m 이상

해설
주차장법에 의거 지체장애자 전용주차장은 너비×길이가 3.3m×5.0m 이상이어야 한다.

31 구릉지 주택의 획지계획에 있어 일조와 조망을 확보하기 위해 우선적으로 고려해야 할 사항은?

① 토질(Soil) ② 경사향(Aspect)
③ 수문(Hydrology) ④ 미기후(Micro-climate)

해설
경사향(Aspect)은 토지이용, 건물배치, 주택유형, 도로 등의 기반시설 계획에 활용되는 계획요소로서 일조와 조망을 확보하기 위해 우선적으로 고려해야 할 사항이다.

32 지구단위계획에 대한 도시·군관리계획결정도의 표시기호인 ㉠과 ㉡의 명칭이 모두 옳은 것은?

㉠ ─ · · ─   ㉡ ─ ─ ─

① ㉠ 획지경계선, ㉡ 건축지정선
② ㉠ 획지경계선, ㉡ 건축한계선
③ ㉠ 지구단위계획구역, ㉡ 건축지정선
④ ㉠ 지구단위계획구역, ㉡ 건축한계선

해설
표시기호의 명칭은 ㉠ 지구단위계획구역, ㉡ 건축지정선이다.

33 지구단위계획 수립 시 각 용지별 토지이용계획 수립기준이 틀린 것은?

① 일조권을 감안하여 단독주택 용지가 아파트 용지의 진북방향으로 입지하는 때에는 충분한 이격 거리가 유지되도록 하여야 한다.
② 녹지용지는 쾌적한 주거환경을 조성하는데 필요한 근린공원·어린이공원·완충녹지·경관녹지·광장·보행자전용도로·친수공간 등으로 구획한다.
③ 상업용지는 주거용지 면적의 5% 내외에서 계획하는 것을 원칙으로 하되, 당해 구역의 경제권 및 생활권의 규모와 구조 등을 감안하여 적정한 비율을 확보하도록 한다.
④ 주거용지와 면하는 철도부지변에는 폭 30m 미만의 완충녹지, 폭 25m 이상의 도시·군 계획 도로변에는 폭 10m 미만의 완충녹지를 설치하는 것이 바람직하다.

해설
지구단위계획 수립지침
1. 주거형 지구단위계획 수립기준 - 토지이용계획
 ⑩ 주거용지와 면하는 철도부지변에는 폭 30m 이상의 완충녹지, 폭 25m 이상의 도시계획도로변에는 폭 10m "이상"의 완충녹지, 철도역 등과 인접해서는 폭 10m 내외의 완충녹지를 설치하는 것이 바람직하다.

34 도시·군계획시설로서 보행자전용도로의 최소 폭 기준으로 옳은 것은?

① 1.0m 이상 ② 1.2m 이상
③ 1.5m 이상 ④ 2.0m 이상

해설
도시·군계획시설의 결정·구조 및 설치기준에 관한 규칙에 의한 보행자전용도로란 폭 1.5m 이상의 도로로서 보행자의 안전하고 편리한 통행을 위하여 설치하는 도로를 말한다.

35 주택단지 안의 도로에 관한 아래 내용에서 ( )에 들어갈 내용으로 옳은 것은? (단, 주택건설기준 등에 관한 규정에 따른다.)

( )세대 이상의 공동주택을 건설하는 주택단지 안의 도로에는 어린이 통학버스의 정차가 가능하도록 국토교통부령으로 정하는 기준에 적합한 어린이 안전보호구역을 1개소 이상 설치하여야 한다.

① 300 ② 500 ③ 1,500 ④ 3,000

정답 29 ③ 30 ④ 31 ② 32 ③ 33 ④ 34 ③ 35 ②

해설

주택건설기준 등에 관한 규정 제26조(주택단지 안의 도로) ④항에 의거 500세대 이상의 공동주택을 건설하는 주택단지 안의 도로에는 어린이 통학버스의 정차가 가능하도록 국토교통부령으로 정하는 기준에 적합한 어린이 안전보호구역을 1개소 이상 설치하여야 한다.

36 구조물의 높이(H)와 그 외부 공간의 거리(D)의 관계에서 공간 폐쇄감을 거의 상실(공허감)하는 각도(D/H)는?

① 약 14° ② 약 27° ③ 약 45° ④ 약 60°

해설

약 14° 이상에서 폐쇄감을 상실, 노출감을 인식하고, 약 18°가 폐쇄감을 느끼는 최소의 비례이며 약 30°에서 균형감, 안정감, 거리감을 인식할 수 있다. 약 45° 이상부터 폐쇄감을 느끼기 시작하고, 건물 높이에 대한 인식이 불가능해진다.

37 공동구의 설치로 인한 장점이 아닌 것은?

① 도시미관 향상   ② 방재효율 향상
③ 설비 갱신 용이   ④ 초기 설치비 절감

해설

공동구는 초기설치비용이 과다한 단점이 있다.

38 1991년 도시설계제도의 한계를 보완하기 위해 상세계획제도를 도입하게 된 근거 법령은?

① 건축법
② 도시계획법
③ 국토이용관리법
④ 국토의 계획 및 이용에 관한 법률

해설

상세계획제도는 1991년 12월 「도시계획법」 개정으로 상세계획구역의 지정(「구도시계획법」 제20조의3)이라는 조항으로 도입되었고, 1994년 건설부 훈령으로 상세계획 수립지침을 제정하여 시행하였다.

39 수목의 식재기법 중 정형(定刑)식재 패턴에 해당하지 않는 것은?

① 교호식재   ② 단식식재
③ 일렬식재   ④ 부등변삼각식재

해설

부등변삼각식재는 자연풍경식재 패턴에 해당한다.

40 Litton이 산림경관을 분석하는데 사용한 시각회랑에 의한 방법에서, 경관의 변화요인(variable factors)에 해당하지 않는 것은?

① 시간(time)   ② 계절(season)
③ 거리(distance) ④ 연속(sequence)

해설

경관변화의 8가지 변화 요인 : 운동, 빛, 계절, 시간, 기후조건, 거리, 관찰위치, 규모

제3과목 도시개발론

41 어느 개발 사업의 연차별 운영 수익이 아래와 같을 때, 이 사업의 순현재가치는 약 얼마인가? (단, 이자율 10%, 억 단위 미만은 버린다.)

기간	1년	2년	3년
수익	100억원	100억원	100억원

① 약 149억원   ② 약 248억원
③ 약 331억원   ④ 약 374억원

해설

$$\frac{100}{(1+0.1)^1} + \frac{100}{(1+0.1)^2} + \frac{100}{(1+0.1)^3} = 약 248억 원$$

42 빈집 및 소규모주택 정비에 관한 특례법상 소규모주택정비사업에 해당하지 않는 것은?

① 자율주택정비사업   ② 가로주택정비사업
③ 소규모재건축사업   ④ 밀집구역정비사업

해설

빈집 및 소규모주택 정비에 관한 특례법 제2조(정의) 1항 조항에 의거 "소규모주택정비사업"이란 이 법에서 정한 절차에 따라 노후·불량건축물의 밀집 등 대통령령으로 정하는 요건에 해당하는 지역 또는 가로구역(街路區域)에서 시행하는 다음 각 목의 사업을 말한다.
  가. 자율주택정비사업: 단독주택, 다세대주택 및 연립주택을 스스로 개량 또는 건설하기 위한 사업
  나. 가로주택정비사업: 가로구역에서 종전의 가로를 유지하면서 소규모로 주거환경을 개선하기 위한 사업
  다. 소규모재건축사업: 정비기반시설이 양호한 지역에서 소규모로 공동주택을 재건축하기 위한 사업

정답 36 ① 37 ④ 38 ② 39 ④ 40 ④ 41 ② 42 ④

라. 소규모재개발사업: 역세권 또는 준공업지역에서 소규모로 주거환경 또는 도시환경을 개선하기 위한 사업

43 다음 중 주민참여형 도시개발의 유형과 가장 거리가 먼 것은?

① BTL방식 ② 민간협약
③ 주민투표 ④ 개발협정

해 설
주민참여형 도시개발에는 개발협정, 주민투표, 주민발의, 민간협약, 지구차원의 계획 등이 있다.

44 특수목적회사(SPC)에 대한 설명으로 틀린 것은?

① 채권 매각과 원리금 상환이 주요 업무이다.
② 유동화 업무가 끝난 후 개발회사로 발전한다.
③ 파산 위험 분리 등의 목적으로 유동화 대상 자산을 양도받아 유동화 업무를 담당한다.
④ 부실채권을 매수해 국내외의 투자자들에게 매각하는 중개기관 역할을 한다.

해 설
유동화전문회사, 특수목적회사(SPC ; Special Purpose Company)는 도시 개발프로젝트를 실현하기 위하여 사업주체들이 주주로 출자하는 운영 및 경영법인을 지칭하는 용어이다. 자산관리와 자산매각 등을 통해 투자원리금 상환을 위한 자금 마련으로 부실채권 처리업무가 끝나면 자동으로 사라지게 된다.

45 나폴레옹 3세의 명령에 의해 오스만이 추진한 것으로, 근대적 도시재개발의 시작이라고 할 수 있는 것은?

① 런던 개조 계획
② 파리 개조 계획
③ 콜럼비아 도시미 운동
④ 말로법에 의한 주거환경개선사업

해 설
파리 대개조 계획은 나폴레옹 3세의 명령에 의해 오스만이 추진한 것으로 근대적 도시재개발의 시작이라고 할 수 있는 계획이다. 이 계획은 도시환경 개선에 목적을 두고 시행된 계획으로 도로, 상하수도, 스카이라인 등 현대 파리의 모습을 완성한 도시계획이라고 할 수 있다.

46 개발형태에 의한 개발사업을 신개발사업과 재개발사업으로 분류할 때, 다음 중 신개발사업에 포함되지 않는 것은?

① 건축물 증개축사업 ② 관광단지조성사업
③ 도시개발사업 ④ SOC사업

해 설
건물의 증개축사업은 재개발사업에 속한다.

47 도시 및 주거환경정비법에 따른 관리처분계획의 수립 기준에 대한 설명으로 틀린 것은?

① 종전의 토지 또는 건축물의 면적·이용 상황·환경, 그 밖의 사항을 종합적으로 고려하여 대지 또는 건축물이 균형있게 분양신청자에게 배분되고 합리적으로 이용되도록 한다.
② 너무 좁은 토지 또는 건축물이나 정비구역 지정 후 분할된 토지를 취득한 자에게는 현금으로 청산할 수 없다.
③ 지나치게 좁거나 넓은 토지 또는 건축물은 넓히거나 좁혀 대지 또는 건축물이 적정 규모가 되도록 한다.
④ 재해 또는 위생상의 위해를 방지하기 위하여 토지의 규모를 조정할 특별한 필요가 있는 때에는 너무 좁은 토지를 넓혀 토지를 갈음하여 보상을 하거나 건축물의 일부와 그 건축물이 있는 대지의 공유지분을 교부할 수 있다.

해 설
도시 및 주거환경정비법 제76조(관리처분계획의 수립기준) 1항 3목 조항에 의거 너무 좁은 토지 또는 건축물을 취득한 자나 정비구역 지정 후 분할된 토지 또는 집합건물의 구분소유권을 취득한 자에게는 현금으로 청산할 수 "있다".

48 도시개발사업의 사업성 평가지표인 수익성지수 (profitability index)에 대한 설명이 옳은 것은?

① 프로젝트에서 발생하는 할인된 전체 수입에서 할인된 전체 비용을 뺀 값이다.
② 수익성 지수가 0보다 클때 사업성이 있다고 평가한다.
③ 수익성 지수는 경제성 평가 지표인 편익/비용비와 동일한 개념이다.
④ 수입과 비용을 동일하게 만들어 주는 할인율을 사용한다.

정답 43 ① 44 ② 45 ② 46 ① 47 ② 48 ③

해설
프로젝트에서 발생하는 할인된 전체 수입에서 할인된 전체비용을 뺀 값으로 사업성을 평가하는 기법은 순현재가치법이다. 수익성 지수는 경제성 평가 지표인 편익 비용비와 동일한 개념으로 1보다 커야 사업성이 있다고 할 수 있다. 수입과 비용을 동일하게 만들어주는 할인율을 사용하는 평가기법은 내부수익률법이다.

49 개발수요분석에 활용되는 예측 모형 중 정량적 모형에 해당하지 않는 것은?

① Huff모형 ② 중력모형
③ 시계열분석 ④ 델파이법

해설
정성적 예측모형에는 델파이, 집단회의법, 시나리오법, 의사결정나무법, 판단결정모델, 비교 유추법이 있고, 정량적 예측모형에는 인과분석법, 시계열모형, 다변량해석법, 중력모형, Huff모형, 마르코프과정 등이 있다.

50 이미 악화된 지역에 대하여 기존시설을 보존하면서 노후 및 불량화 요인만을 제거하는 부분적인 철거재개발 형식으로, 구역의 기능과 환경을 회복·개선하는 소극적 재개발방식은?

① 전면재개발(redevelopment)
② 수복재개발(rehabilitation)
③ 보전재개발(conservation)
④ 합동재개발(partnership)

해설
수복재개발은 노후·불량화 요인을 제거시키는 재개발로 지구수복에 의한 재개발은 도시기능과 생활환경이 점차 악화되고 있는 대상지에서 건축물의 신축을 부분적으로 허용하되 나머지 건축물을 수리·개조함으로써 점진적으로 개선하는 재개발방법이다.

51 문화재 보존이나 환경보호 등을 위해 해당 지역의 토지소유자로 하여금 재산상의 손실 부분만큼을 다른 지역에 대한 개발권으로 이전하여 주는 제도는?

① TOD ② TDR
③ PUD ④ Floating zoning

해설
개발권양도제(TDR)는 역사적 보존가치가 있는 지역에 높이 등 건축 제한을 할 필요가 있는 경우, 제한으로 인해 개발하지 못하는 부분만큼 다른 지역 토지소유주에게 매각해서 보상하는 방법

52 도시개발을 위한 자금조달 수단 중 지분조달방식에 대한 설명으로 틀린 것은?

① 지분투자자가 항상 사업 계획에 동의하는 것은 아니므로 이에 따른 문제의 발생도 고려하여야 한다.
② 지분투자로 자금을 조달하게 되면 투자금액을 상환하지 않아도 되므로 특히 현금이 긴요할 때 사용할 수 있는 주요 투자수단이 된다.
③ 중소기업의 경우 신용이 취약한 기업은 차입수단, 규모, 시기, 비용 상의 문제점이 존재한다.
④ 회사 통제권의 일부를 포기해야 한다.

해설
지분조달방식은 원리금이나 이자의 상환부담이 없고, 사업아이디어가 발전적으로 진행되며 투자가가 자문가로서의 역할을 수행하는 방식이다. 투자자에게 지분을 나누어주고 자본을 차입하므로 금융기관을 통하는 신용에 의한 레버리지를 쓰지 않는 특징이 있어 자본 차입의 문제로부터 다소 자유롭다.

53 도시 및 주거환경정비법령상 재개발사업을 위한 정비계획 입안 대상 지역 기준이 틀린 것은? (단, 노후·불량 건축물의 수가 전체 건축물 수의 3분의 2 이상인 지역인 경우)

① 순환용 주택을 건설하기 위하여 필요한 지역
② 철거민이 50세대 이상 규모로 정착한 지역이거나 인구가 과도하게 밀집되어 있고 기반시설의 정비가 불량하여 주거환경이 열악하고 그 개선이 시급한 지역
③ 인구·산업 등이 과도하게 집중되어 있어 도시기능의 회복을 위하여 토지의 합리적인 이용이 요청되는 지역
④ 건축물의 일부가 멸실되어 붕괴나 그 밖의 안전사고의 우려가 있는 지역

해설
도시 및 주거환경정비법 시행령 [별표 1] 정비계획의 입안대상지역(제7조제1항 관련) 제1호 라목에 의거 철거민이 50세대 이상 규모로 정착한 지역이거나 인구가 과도하게 밀집되어 있고 기반시설의 정비가 불량하여 주거환경이 열악하고 그 개선이 시급한 지역은 주거환경개선사업을 위한 정비계획의 입안 대상 지역 기준이지만, 제2호 사목에 의해 제1호라목 또는 마목에 해당하는 지역도 재개발사업을 위한 정비계획에 포함하므로, 재개발사업을 위한 정비계획 입안 대상지역 기준으로 볼 수 있다.
건축물의 일부가 멸실되어 붕괴나 그 밖의 안전사고의 우려가 있는 지역은 주거환경개선사업 및 재개발사업에 해당하지 않는 지역을 대상으로 하는 재건축사업을 위한 정비계획 기준이다.

정답 49 ④ 50 ② 51 ② 52 ③ 53 ④

54 수도권에 집중되어 있는 공공기관의 지방 이전을 계기로 이들 기관과 지역의 대학, 연구소, 지방자치단체가 협력하여 지역의 새로운 성장동력을 창출하는 것을 목표로 하는 것은?

① 혁신도시개발사업
② 기업도시개발사업
③ 도시환경재정비사업
④ 행정중심복합도시사업

해 설
혁신도시의 목적 : 공공기관 지방이전 시책 등에 따라 수도권에서 수도권이 아닌 지역으로 이전하는 공공기관 등을 수용하는 혁신도시의 건설을 위하여 필요한 사항과 해당 공공기관 및 그 소속 직원에 대한 지원에 관한 사항을 규정함으로써 공공기관의 지방이전을 촉진하고 국가균형발전과 국가경쟁력 강화에 이바지함

55 주택법상 정의에 따라 국민주택규모의 1호 또는 1세대당 주거전용면적 기준이 옳은 것은? (단, 수도권을 제외한 도시지역이 아닌 읍 또는 면 지역은 제외한다.)

① 65㎡ 이하
② 85㎡ 이하
③ 100㎡ 이하
④ 120㎡ 이하

해 설
주택법 제2조(정의) 6항 조항에 의거 "국민주택규모"란 주거의 용도로만 쓰이는 면적(이하 "주거전용면적"이라 한다)이 1호(戸) 또는 1세대당 85제곱미터 이하인 주택(「수도권정비계획법」제2조제1호에 따른 수도권을 제외한 도시지역이 아닌 읍 또는 면 지역은 1호 또는 1세대당 주거전용면적이 100제곱미터 이하인 주택을 말한다)을 말한다.

56 민관합동 부동산개발금융방식인 프로젝트파이낸싱(PF)에 대한 설명으로 틀린 것은?

① 협의의 의미로 프로젝트 자체의 사업성과 그로부터의 현금흐름을 바탕으로 자금을 조달하는 것을 말한다.
② 기업금융과 대별되는 PF의 특징 중 하나인 비소구금융(non-recourse financing)이란 투자자의 부담을 투자액 범위 내로 한정하는 방식을 말한다.
③ 기업금융과 대별되는 PF의 특징 중 하나인 부외금융(off-balance-sheet financing)이란 프로젝트회사의 부채가 손익계산서상에 나타나게 함으로써 프로젝트회사의 자본감소가 사업성에 영향이 없도록 하는 것을 의미한다.
④ 광의의 의미로 특정 사업의 소요자금을 조달하기 위한 일체의 금융방식을 의미하며 개발 사업과 관련한 모든 금융방식을 프로젝트 파이낸싱이라 할 수 있다.

해 설
부외금융(Off-balance-sheet Financing)이란 프로젝트 회사의 부채가 대차대조표에 나타나지 않으므로 부채 증가가 사업주의 부채율에 영향을 미치지 않음을 의미한다. 프로젝트 수행을 위해 일정한 조건을 갖춘 별도의 프로젝트 회사(SPC)를 설립함으로써 부외금융 효과를 얻을 수 있다.

57 기업의 자금조달 방법을 직접금융과 간접금융으로 분류할 때, 다음 중 직접금융에 관한 설명으로 옳은 것은?

① 정부의 각 부처에서 실시 중인 정책금융으로부터 조달을 포함한다.
② 은행 등 일반금융으로부터의 조달, 불특정다수인으로부터의 사채발행을 통한 자금조달을 포함한다.
③ 개별적인 금전소비대차계약에 의한 차입과 사채발행을 통한 자금조달로 분류할 수 있다.
④ 일반투자자를 주주로 끌어들이는 방법을 통해 기업이 필요로 하는 자금을 조달한다.

해 설
직접금융이란 대출자와 차입자 간에 직접자금을 거래하는 형태를 말하며 주주를 모집하여 기업에 필요한 자금을 조달(신주발행, 기업공개, MBO, MBJ, 트레이드 세일즈, M&A)하는 방식을 말한다.

58 기업의 자금조달 구조를 크게 내부자금과 외부자금으로 구분할 때, 다음 중 내부자금의 형태에 해당하는 것은?

① 국제리스
② 상업차관
③ 회사채 발행
④ 감가상각충당금

해 설
내부자금에는 기업의 이익의 사내유보금, 준비금, 감가상각 충당금 등이 있다.

59 시장실패를 해결하기 위하여 정부가 개입하는 토지이용규제의 형태로, 토지의 평면적 이용에 기능적 특성을 부여하여 토지 이용에 따르는 기능 간의 상충을 막는 제도는?

① 뉴어바니즘 ② 지역지구제
③ 스마트성장 ④ 획지분할제도

> **해설**
> 지역지구제 (Zoning system)란 토지이용의 특화 또는 순화를 도모하기 위하여 도시의 토지용도를 구분함으로써 이용목적에 부합하지 않는 건축 등의 행위는 규제하고 부합하는 행위는 유도하는 제도적 장치이다. 이 제도는 공공의 건강과 복리를 증진시키기 위한 것으로 이의 실현을 위해 경찰권(police power)을 사용하여 개인의 토지이용에 제한을 가한다. 그러나 지역지구제는 지구단위계획과 같이 개별 건축설계에 대한 강제적인 규제가 아니라, 지역을 단위로 하는 포괄적이며 일반적인 용도지역 규제 (zoning control)의 의미를 가진다.

60 Calthorpe가 제시한 대중교통중심개발(TOD)의 원칙에 해당하지 않는 것은?

① 주택의 유형, 밀도의 혼합 배치
② 자동차 중심의 중·저밀 개발 유지
③ 지구 내 목적지 간 보행 친화적 가로망 구축
④ 역으로부터 보행거리 내에 주거, 상업, 직장, 공원, 공공시설 설치

> **해설**
> 피터 칼소프(Peter Calthorpe, 1993)의 TOD는 대중교통서비스를 유지할 수 있는 고밀도를 유지하고자 했다.

제4과목 국토 및 지역계획

61 다음 지역계획의 이론들을 그 발생 시기가 빠른 것부터 순서대로 올바르게 나열한 것은?

A. 사회 계획론(Mannheim)
B. 혼합주사적 계획(Etzioni)
C. 합리주의 계획(Simon)
D. 교류적 계획(Friedmann)

① A - B - C - D ② A - B - D - C
③ A - C - D - B ④ A - C - B - D

> **해설**
> 지역계획이론의 발생순서는 사회계획론 → 합리주의 → 점증이론 → 혼합주사적 계획(체계적 종합 이론) → 선택이론 → 교류적계획(거래·교환이론) 순이다.

62 전국 및 j지역의 고용인구가 아래와 같을 때, j지역 i산업의 입지계수(location quotient)는?

	i산업 고용인구	전체 산업 고용인구
전국	10,000명	20,000명
지역(j)	2,000명	3,000명

① 약 0.33 ② 약 0.83
③ 약 1.33 ④ 약 1.83

> **해설**
> $$LQ = \frac{2,000/3,000}{10,000/20,000} = 1.33$$

63 한센(N. Hansen)의 동질지역 구분에 해당하지 않는 것은?

① 낙후지역(lagging regions)
② 침체지역(recession regions)
③ 과밀지역(congested regions)
④ 중간지역(intermediate regions)

> **해설**
> 한센은 동질지역을 과밀, 중간, 낙후지역으로 구분하였다.

64 도종합계획에 대한 설명이 틀린 것은?

① 국토종합계획의 이념과 기본 목표에 기초를 둔다.
② 상위계획을 지역 특성에 맞게 수용한다.
③ 해당 도의 관할 구역에서 수립되는 시·군종합계획과는 상호 관계가 없다.
④ 경기도와 제주특별자치도는 도종합계획을 수립하지 아니할 수 있다.

> **해설**
> 국토기본법 제7조(국토계획의 상호 관계) 조항에 의거 도종합계획은 해당 도의 관할구역에서 수립되는 시·군종합계획의 기본이 된다.

정답 59 ② 60 ② 61 ④ 62 ③ 63 ② 64 ③

65 지프(Zipf)의 순위규모법칙 모형($P_r = P_1/r^q$)에서 상수(q)에 대한 설명으로 가장 거리가 먼 것은?

① $q=1$ 인 경우 : 등위규모분포 상태로 도시체계가 전체적으로 균형 잡힌 상태다.
② $q<1$ 인 경우 : 종주분포로서 상위 몇몇 도시에 인구가 과다하게 밀집한다.
③ q가 0으로 접근하는 경우 : 도시 계층이 형성되지 못한 상태로 모든 도시들이 같은 규모를 가진다.
④ q가 무한대로 수렴하는 경우 : 한 개 도시만 형성 즉, 도시국가를 의미한다.

해설
$q<1$인 경우는 중간규모분포(중간규모 도시가 우세) 상태를 나타낸다.

66 어느 지역의 총 고용인구는 500,000명이고 비기반부문의 고용인구가 400,000명일 때, 이 지역에 외부지역으로 수출만을 목적으로 하는 기반활동이 새롭게 입지하여 5,000명의 고용인구의 증가가 예상된다면, 이 지역의 총 고용인구는 얼마나 증가하는가?

① 10,000명 ② 15,000명
③ 20,000명 ④ 25,000명

해설
총 고용인구의 변화 = 경제기반승수 × 기반산업 고용인구 변화
경제기반승수 = $\dfrac{\text{총 고용인구}}{\text{기반산업 고용인구}}$
$= \dfrac{500,000}{(500,000-400,000)} = 5$
경제기반승수는 단기적으로 변화가 없으므로 총 고용인구 변화
= 경제기반승수 × 기반산업 고용인구 변화
= 5 × 5,000 = 25,000명

67 지역계획의 형성 배경으로 틀린 것은?

① 지역적 문제의 심각성을 인식하고 개선하고자 했던 계획적 노력과 이론적 발전이 있었기 때문이다.
② 산업화 및 도시화에 따른 지역의 기능적인 문제가 발생하였기 때문이다.
③ 지역주의 또는 지방주의에 부응하는 지역계획에 대한 요구 때문이다.
④ 고도의 경제 성장으로 인해 발생한 산업 간 성장 격차를 줄여 산업 간 균형 성장을 우선 도모할 필요가 있었기 때문이다.

해설
지역계획은 지역의 개발과 사회 경제적 문제 해결 및 지역 간 불균형을 개선하고자 하는 노력에서 시작되었다. 따라서 고도경제성장에서 발생한 산업 간 성장 격차가 아닌 지역 간 성장격차 완화를 위한 노력이다.

68 다음 중 제4차 국토종합계획이 제4차 국토종합계획 수정계획(2006-2020)으로 변경된 배경으로 가장 거리가 먼 것은?

① 지역 간, 계층 간 통합과 상생발전을 위한 방안 제시의 필요성
② 주요 대도시의 주택 부족문제를 해결하기 위한 주택의 대량 건설과 보급의 필요성
③ 행정중심복합도시 등 국가 중추 기능의 지방분산에 따른 국토공간구조의 변화를 반영할 필요성
④ 남·북한 교류협력을 더욱 심화시키고 장기적인 국토통일을 염두에 둔 한반도 차원의 국토구상 마련 필요성

해설
제4차 국토종합계획 수정계획(2006~2020년)의 기본 틀

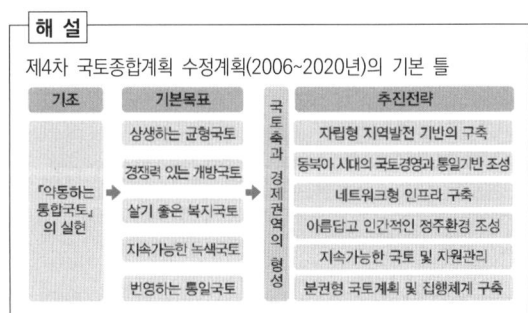

69 허쉬만이 주장한 적하(trickling down)효과에 대한 설명과 가장 거리가 먼 것은?

① 소득이 높은 중심 도시가 잉여 자본을 주변 지역에 투자하면 주변 지역은 빠르게 성장하게 된다.
② 중심 도시가 주변 지역에서 농산물을 구입하면 주변 지역은 수출의 증대로 성장하게 된다.
③ 중심 도시는 주변 지역의 실업자를 흡수하게 되고 주변 지역의 근로자들은 중심 도시에서 직업을 구하고 소득을 올릴 수 있게 된다.
④ 중심 도시가 주변 지역의 경제력을 흡수하여 성장 발전을 하게 되어, 주변 지역의 발전은 둔화된다.

> **해설**
> 허시만(A. O. Hirschman, 1958)은 성극효과, 적하효과(분극효과)가 장기적으로는 중심지역이 제공하는 분극효과를 통해 배후지역의 경제도 성장하게 될 것이라고 전망하였다.

70 도시규모 이론에 있어서 대도시론을 주장한 학자는?
① 언윈(R. Unwin)
② 코미(T. Comey)
③ 하워드(E. Howard)
④ 테일러(G.R. Taylor)

> **해설**
> 코미(T. Comey)는 지역계획이론과 함께 대도시론을 주장하였다.

71 제3차 수도권정비계획(2006~2020)의 주요 정비 목표에 해당하지 않는 것은?
① 동북아 경제중심지로서의 경쟁력 있는 수도권 형성
② 지속가능한 수도권 성장관리기반 구축
③ 지방과 더불어 발전하는 수도권 구현
④ 수도권 혁신성장 역량 제고

> **해설**
> 제3차 수도권정비계획(2006~2020)의 4대 정비목표는 ① 선진국 수준의 삶의 질을 갖춘 수도권으로 정비 ② 지속가능한 수도권 성장관리기반 구축 ③ 지방과 더불어 발전하는 수도권 구현 ④ 동북아 경제중심지로서 경쟁력 있는 수도권 형성이다.

72 원료지향적 산업과 비교하여 시장지향적인 산업의 특징에 해당하는 것은?
① 수요의 변동이 심하여 많은 재고량을 확보해 두어야 한다.
② 전반적인 수송비가 다른 비용보다 지역에 따라 폭 넓게 변화한다.
③ 제품의 제조과정에서 원료의 중량이 크게 감소하는 경향이 있다.
④ 단위 당 원료의 수송비용이 단위 당 최종 생산물의 수송비용보다 크거나 같다.

> **해설**
> 시장지향적인 산업이라는 의미는 고객의 변심, 혹은 유행에 따라 수요가 큰 폭으로 변화하는 산업을 의미한다. 따라서 상품의 주문이 급증할 경우를 대비하여 충분한 재고를 확보해두는 것이 필요하다.

73 P.Cooke(1992)가 제시한 지역혁신체제의 상부구조(super structure)에 해당하지 않는 것은?
① 지역의 규범
② 지역의 문화
③ 지역의 조직과 제도
④ 지역의 도로, 공항 및 통신망

> **해설**
> P. Cooke(1992)는 지역혁신체제 상부구조(Super Structure)를 조직과 제도, 문화, 규범으로 정의하였다.

74 결절지역(nodal region)에 대한 설명이 틀린 것은?
① 이질적인 공간경제의 속성과 공간적 차원을 중요하게 다루는 개념이다.
② 기능적 측면에서 공간상의 흐름, 접촉, 상호 의존성을 고려한 개념이다.
③ 인구와 경제적 활동이 집적하게 되므로 중심지역과 주변지역으로 나뉘어진다.
④ 지역경제 및 지역정책 목적을 효과적으로 달성하기 위해 인위적으로 설정한 지역이다.

> **해설**
> 결절(분극)지역(結節地域, Node Region)은 상호 의존적·보완적 관계를 가진 몇 개의 공간단위를 하나로 묶은 지역으로서 지역 내의 특정 공간 단위에 경제활동이나 인구가 집중되어 있는 공간단위를 흔히 결절(Node) 또는 분극(Focus)이라고 한다. 결절지역에서는 경제활동은 물론 정치적·문화적 관계에 있어서도 그 흐름이나 유대가 그 지역을 지배하는 중심점을 향해 이루어진다. 지역은 서로 이질적이나 기능적으로 밀접한 관계를 가진 공간단위로 구성되며, 구성공간단위 간의 기능적 분화를 전제로 한다. 따라서 결절지역은 인위적으로 설정하기 어렵다.

75 고트만(J. Gottmann)은 미국 동북부 대서양 연안 지대에 나타나는 연담도시형의 대규모 대도시군을 무엇이라 하였는가?
① 메트로폴리스
② 메갈로폴리스
③ 다이애나폴리스
④ 에큐메네폴리스

> **해설**
> 미국 동해안의 보스턴에서 뉴욕을 거쳐 워싱턴에 이르는 약 800km의 지대가 연속된 거대한 도시화 지대로 이를 American Megalopolis라고 한다. 메갈로폴리스는 메트로폴리스보다 더욱 넓은 개념의 초거대도시이다.

정답 70 ② 71 ④ 72 ① 73 ④ 74 ④ 75 ②

76 이론가와 산업입지이론의 연결이 틀린 것은?

① 튀넨 – 중심지 입지론
② 뢰쉬 – 최대수요 입지론
③ 베버 – 최소비용 입지론
④ 호텔링 – 상호의존적 입지론

해 설
튀넨은 지대론을 주장하였다.

77 토다로(Michael Todaro)의 인구이동 모형에 대한 설명으로 가장 적합한 것은?

① 주로 선진국의 농촌과 도시 간의 인구이동 현상을 설명하는 모형이다.
② 도시에서 주변 농촌으로 역류하는 인구이동 현상을 설명하는 모형이다.
③ 실질 소득보다 기대 소득의 개념으로 인구이동 현상을 설명하는 모형이다.
④ 사회주의 국가의 농촌과 도시 간의 인구이동 현상을 설명하는 모형이다.

해 설
토다로(M. Todaro)는 지역 간 인구이동을 지역 간의 기대소득 격차에 의해 발생한다고 주장하였다.

78 국토 및 지역계획 수립 과정에서 사업의 경제적 타당성과 우선 순위를 결정하는 비용·편익 분석 방법의 구체적인 측정 방법이 아닌 것은?

① 내부수익률(IRR)
② 순현재가치(NPV)
③ 편익-비용비(B/C Ratio)
④ 지역승수(regional multiplier)

해 설
경제성 분석기법에는 순현재가치법(NPV ; Net Present Value), 편익/비용비법(B/C Ratio ; Benefit of Cost Ratio), 내부수익률법(IRR ; Internal Rate of Return), 초기연도 수익률법(FYRR ; First Year Rate of Return), 자본회수기간법(PBP ; Pay Back Period) 등이 있다.

79 카스텔(Castells)이 사회구성이론을 통해 도시구조의 발전 과정을 설명하고자, 경제 부문을 분류한 4가지의 공간 유형이 아닌 것은?

① 여가공간(Leisure Space)
② 교환공간(Exchange Space)
③ 생산공간(Production Space)
④ 소비공간(Consumption Space)

해 설
카스텔(Castells)은 도시공간을 경제 부문 측면에서 생산, 소비, 교환, 분배의 4가지 공간으로 분류하였다.

80 우리나라의 제1차 국토종합개발계획(1972~1982)에서 전국을 4대권과 9중권, 17소권으로 구분하였다. 이 때 4대권의 설정 기준으로 옳은 것은?

① 하천수계
② 군 단위 행정구역
③ 경제권
④ 도 단위 행정구역

해 설
제1차 국토종합개발계획의 4대권은 한강, 금강, 낙동강, 섬진강을 기준으로 한다. 즉, 하천수계가 그 기준이었다.

제5과목 도시계획관계법규

81 수도권정비계획법령상 자연보전권역에서 수도권정비위원회의 심의를 거쳐 허용될 수 있는 택지조성사업의 최대 면적 기준은? (단, 오염총량관리계획 시행지역이 아닌 지역에서 시행하는 택지조성사업인 경우)

① 3만㎡ 이하
② 6만㎡ 이하
③ 10만㎡ 이하
④ 100만㎡ 이하

해 설
수도권정비계획법 시행령 제14소(자연보전권역의 행위 제한 완화)
① 항 조항에 의거 관계 행정기관의 장은 법 제9조 각 호 외의 부분 단서에 따라 자연보전권역에서 다음 각 호의 어느 하나에 해당하는 행위나 그 행위의 허가등을 할 수 있다. 〈개정 2013. 3. 23.〉
1. 오염총량관리계획 시행지역이 아닌 지역에서 시행하는 택지조성사업, 도시개발사업, 지역종합개발사업 또는 관광지조성사업 중 그 면적(관광지조성사업의 경우에는 시설계획지구의 면적을 말한다)이 6만제곱미터 이하인 것으로서 수도권정비위원회의 심의를 거친 것

82 개발제한구역의 지정 및 관리에 관한 특별조치법령에 따른 취락지구의 지정기준 및 정비에 관한 설명 중 틀린 것은?

① 취락을 구성하는 주택의 수가 10호 이상이어야 한다.
② 취락지구 1만㎡당 주택의 수가 원칙적으로 30호 이상이어야 한다.
③ 취락지구의 경계 설정 시, 지목이 대인 경우에는 가능한 한 필지가 분할되지 아니하도록 한다.
④ 취락지구정비사업을 시행할 때에는 국토의 계획 및 이용에 관한 법률에 따라 취락지구를 지구단위계획구역으로 지정한다.

해설
개발제한구역의 지정 및 관리에 관한 특별조치법 시행령 제25조(취락지구의 지정기준 및 정비)
① 법 제15조 제2항에 따른 취락지구(이하 "취락지구"라 한다)의 지정기준은 다음 각 호와 같다. 〈개정 2009.8.5, 2012.4.10., 2013.3.23〉
2. 취락지구 1만 제곱미터당 주택의 수(이하 "호수밀도"라 한다)가 10호 이상일 것. 다만, 시·도지사는 해당 지역이 상수원보호구역에 해당하거나 이축(移築) 수요를 수용할 필요가 있는 등 지역의 특성상 필요한 경우에는 취락지구의 지정 면적, 취락지구의 경계선 설정 및 제4항에 따른 취락지구정비계획의 내용에 대하여 국토교통부장관과 협의한 후, 해당 시·도의 도시·군계획에 관한 조례로 정하는 바에 따라 호수밀도를 5호 이상으로 할 수 있다.

83 도시개발법령상 도시개발구역의 전부를 환지 방식으로 시행하는 도시개발사업의 경우, 지정권자가 시행자로 지정하여야 하는 자는?

① 국토교통부장관
② 행정안전부장관
③ 「지방공기업법」에 따라 설립된 지방공사
④ 도시개발구역의 토지 소유자가 도시개발을 위하여 설립한 조합

해설
도시개발법 제11조 1항에 의거 도시개발사업의 시행자는 국가나 지방자치단체, 대통령령으로 정하는 공공기관, 대통령령으로 정하는 정부출연기관, 「지방공기업법」에 따라 설립된 지방공사, 도시개발구역의 토지소유자가 도시개발을 위하여 설립한 조합이 될 수 있다. 이 때, 조합이 시행자로 지정받을 수 있는 경우는 도시개발사업의 전부를 환지 방식으로 시행하는 경우에만 해당한다.

84 주택법령에 따른 간선시설의 종류별 설치범위 기준이 틀린 것은?

① 도로 : 주택단지 밖의 기간이 되는 도로부터 주택단지의 경계선까지로 하되, 그 길이가 150m를 초과하는 경우로서 그 초과부분에 한한다.
② 상하수도시설 : 주택단지 밖의 기간이 되는 상·하수도시설부터 주택단지의 경계선까지의 시설로 하되, 그 길이가 200m를 초과하는 경우로서 그 초과부분에 한한다.
③ 지역난방시설 : 주택단지 밖의 기간이 되는 열수송관의 분기점부터 주택단지 안의 각 기계실입구 차단밸브까지로 한다.
④ 통신시설 : 관로시설은 주택단지 밖의 기간이 되는 시설부터 주택단지 경계선까지, 케이블 시설은 주택단지 밖의 기간이 되는 시설부터 주택단지 안의 최초 단자까지로 한다.

해설
도로 - 주택단지 밖의 기간이 되는 도로로부터 주택단지의 경계선까지로 하되, 그 길이가 200m를 초과하는 경우로서 그 초과부분에 한한다.

85 노상주차장의 원칙적인 설치권자가 아닌 자는?

① 경찰서장   ② 특별시장   ③ 군수   ④ 구청장

해설
주차장법 제7조(노상주차장의 설치 및 폐지) ① 노상주차장은 특별시장·광역시장, 시장·군수 또는 구청장이 설치한다.

86 지구단위계획에 관한 아래 설명 중 밑줄 친 부분에 해당하는 내용으로만 옳게 나열된 것은?

> 지구단위계획은 도로, 상하수도 등 <u>대통령령으로 정하는 도시·군계획시설</u>의 처리·공급 및 수용능력이 지구단위계획구역에 있는 건축물의 연면적, 수용인구 등 개발밀도와 적절한 조화를 이룰 수 있도록 하여야 한다.

① 주차장, 공원, 공공공지
② 방송통신시설, 유수지, 시장
③ 공공청사, 대학교, 열공급설비
④ 고등학교, 공공직업훈련시설, 체육시설

정답 82 ② 83 ④ 84 ① 85 ① 86 ①

해설

「국토의 계획 및 이용에 관한 법률」 제52조(지구단위계획의 내용) 제3항에 의거 법 제2조 제1항에 따른 기반시설을 말한다. 법 제2조 제1항에 따른 기반시설은 다음과 같다.
6. "기반시설"이란 다음 각 목의 시설로서 대통령령으로 정하는 시설을 말한다.
  가. 도로·철도·항만·공항·주차장 등 교통시설
  나. 광장·공원·녹지 등 공간시설
  다. 유통업무설비, 수도·전기·가스공급설비, 방송·통신시설, 공동구 등 유통·공급시설
  라. 학교·공공청사·문화시설 및 공공필요성이 인정되는 체육시설 등 공공·문화체육시설
  마. 하천·유수지(遊水池)·방화설비 등 방재시설
  바. 장사시설 등 보건위생시설
  사. 하수도, 폐기물처리 및 재활용시설, 빗물저장 및 이용시설 등 환경기초시설

87 국토기본법령상 국토정책위원회에 관한 설명으로 옳은 것은?

① 위원장은 국토교통부장관이 된다.
② 위원장 1명, 부위원장 2명을 포함한 42명 이내의 위원으로 구성한다.
③ 위촉위원의 임기는 3년으로 한다.
④ 위원 중 위촉위원은 대통령령으로 정하는 중앙행정기관의 장과 국무조정실장으로 한다.

해설

국토정책위원회는 위원장 1명, 부위원장 2명을 포함한 42명 이내의 위원으로 구성하고, 위원은 당연직위원과 위촉위원으로 구성한다. 국무총리 소속이므로 위원장은 국무총리가 맡고, 부위원장은 국토교통부장관과 위촉위원 중에서 호선으로 선정된 위원으로 한다. 위촉위원의 임기는 2년이다.

88 시장·군수·구청장이 시·도지사의 승인을 받지 않아도 되는 경미한 조성계획의 변경기준이 틀린 것은?

① 관광시설계획면적의 100분의 20 이내의 변경
② 관광시설계획 중 시설지구별 건축 연면적의 100분의 30 이내의 변경
③ 관광시설계획 중 시설지구별 토지이용계획 면적의 100분의 40 이내의 변경
④ 관광시설계획 중 시설지구에 설치하는 시설의 명칭 변경

해설

관광진흥법에 의한 조성계획의 수립 등, 경미한 변경

- 관광시설계획면적의 20% 이내의 변경 ← ①
- 시설지구별 건축연면적의 30% 이내의 변경(단, 시설지구별 토지이용면적이 2,200㎡ 미만인 경우 660㎡ 이내의 변경) ← ②
- 시설지구별 토지이용계획 면적의 30% 이내의 변경(단, 시설지구별 토지이용면적이 2,200㎡ 미만인 경우 660㎡ 이내의 변경) ← ③
- 관광시설계획 중 시설지구에 설치하는 시설의 명칭 변경 ← ④

89 국토에 관한 계획 및 정책의 수립·시행에 관한 기본적인 사항을 정함으로써 국토의 건전한 발전과 국민의 복리향상에 이바지함을 목적으로 제정·시행되는 것은?

① 국토기본법
② 도시개발법
③ 택지개발촉진법
④ 국토의 계획 및 이용에 관한 법률

해설

국토기본법 제1조(목적) 조항에 의거 이 법은 국토에 관한 계획 및 정책의 수립·시행에 관한 기본적인 사항을 정함으로써 국토의 건전한 발전과 국민의 복리향상에 이바지함을 목적으로 한다.

90 아래에서 ( )에 들어갈 내용으로 옳은 것은?

도시·군관리계획 결정의 효력은 지형도면을 ( )부터 발생한다.

① 고시한 날
② 작성한 날
③ 고시한 날 1개월 후
④ 고시한 날 3개월 후

해설

도시관리계획결정의 효력은 지형도면을 고시한 날부터 발생 〈개정 2013.7.16.〉 개정 전은 고시한 날부터 5일 후부터였으나 개정 후 지형도면을 고시한 날부터 효력이 발생한다.

91 건축법령에서 규정하고 있지 않은 것은?

① 지역 및 지구의 지정에 관한 규정
② 건축물의 유지와 관리에 관한 규정
③ 건축물의 대지 및 도로에 관한 규정
④ 건축물의 구조 및 재료 등에 관한 규정

해설

지역 및 지구의 지정에 관한 규정은 국토의 계획 및 이용에 관한 법률에 의한 도시·군관리계획 수립지침에서 규정하고 있다.

정답 87 ② 88 ③ 89 ① 90 ① 91 ①

92. 도시 및 주거환경정비법에 의한 정비계획의 개발규모가 5만㎡ 이상인 경우 도시공원 또는 녹지의 확보 기준으로 옳은 것은? (단, 도시공원 및 녹지 등에 관한 법령에 따른다.)

① 상주인구 1인당 3㎡ 이상 또는 개발 부지 면적의 5% 이상 중 큰 면적
② 상주인구 1인당 6㎡ 이상 또는 개발 부지 면적의 9% 이상 중 큰 면적
③ 1세대당 3㎡ 이상 또는 개발 부지면적의 5% 이상 중 큰 면적
④ 1세대당 2㎡ 이상 또는 개발 부지면적의 5% 이상 중 큰 면적

해 설
정비계획의 개발규모가 5만 m2 이상인 경우 1세대당 2m2 이상 또는 개발부지면적의 5% 이상 중 큰 면적을 사용한다.

93. 한국토지주택공사가 대통령령으로 정하는 호수 이상의 주택건설사업을 시행하는 경우, 사업계획승인을 받고자 사업계획승인권자에게 제출하여야 할 서류가 아닌 것은? (단, 표본설계도서에 따라 신청하는 경우)

① 신청서
② 사업계획서
③ 공사설계도서
④ 주택과 그 부대시설 및 복리시설의 배치도

해 설
주택법 시행령 제27조(사업계획의 승인) 제6항에 의거 주택건설사업계획 승인신청의 경우 제29조에 따른 표본설계도서에 따라 사업계획승인을 신청하는 경우에는 라목의 서류는 제외한다.
라. 공사설계도서. 다만, 대지조성공사를 우선 시행하는 경우만 해당하며, 사업주체가 국가, 지방자치단체, 한국토지주택공사 또는 지방공사인 경우에는 국토교통부령으로 정하는 도서로 한다.

94. 도시 및 주거환경정비법령의 정의에 따라 정비기반시설은 양호하나 노후·불량건축물에 해당하는 공동주택이 밀집한 지역에서 주거 환경을 개선하기 위해 시행하는 사업은?

① 주거환경개선사업　② 재개발사업
③ 재건축사업　　　　④ 도시환경정비사업

해 설
도시 및 주거환경정비법 제2조(정의) 조항에 의거 재건축사업이란 정비기반시설은 양호하나 노후·불량건축물에 해당하는 공동주택이 밀집한 지역에서 주거환경을 개선하기 위한 사업을 말한다.

95. 도시공원 및 녹지 등에 관한 법령상 도시공원을 관리하는 '공원관리청'에 해당하는 자는?

① 국립공원공단 이사장　② 국토교통부장관
③ 시장 또는 군수　　　　④ 구청장

해 설
도시공원 및 녹지 등에 관한 법률 제19조(도시공원의 설치 및 관리) 제1항에 의거 도시공원은 특별시장·광역시장·특별자치시장·특별자치도지사·시장 또는 군수가 공원조성계획에 따라 설치·관리한다.

96. 수도권정비계획법령상 관계 행정기관의 장이 성장관리권역에서의 시설의 신설·증설에 대한 허가를 하여서는 아니되는 경우는?

① 수도권에서의 학교 이전
② 수도권정비위원회의 심의를 거친 소규모대학의 신설
③ 수도권에서 이전하는 연수 시설로, 종전 규모의 2배 신축
④ 기존 연수 시설의 건축물 연면적의 100분의 20 범위에서의 증축

해 설
수도권정비계획법 시행령 제12조 1항 조항에 의거 수도권에서 이전하는 연수 시설의 종전 규모의 범위에서의 신축, 증축 또는 용도변경은 가능하나, 2배 신축은 허가의 대상이 될 수 없다.

97. 주차장법령상 주차장 외의 용도로 사용되는 부분이 판매시설인 주차전용건축물의 경우, 건축물의 연면적 중 주차장으로 사용되는 부분의 비율이 최소 얼마 이상이어야 하는가?

① 70% 이상　② 80% 이상
③ 90% 이상　④ 95% 이상

해 설
주차장법 시행령 제1조의2(주차전용건축물의 주차면적비율) ①항 조항에 의거 주차장 외의 용도로 사용되는 부분이 「건축법 시행령」

정답　92 ④　93 ③　94 ③　95 ③　96 ③　97 ①

별표 1에 따른 단독주택, 공동주택, 제1종 근린생활시설, 제2종 근린생활시설, 문화 및 집회시설, 종교시설, 판매시설, 운수시설, 운동시설, 업무시설, 창고시설 또는 자동차 관련 시설인 경우에는 주차장으로 사용되는 부분의 비율이 **70퍼센트**(법 제4조제1항에 따른 주차환경개선지구 내에 위치한 건축물의 경우에는 60퍼센트) 이상인 것을 말한다.

98 도시개발사업의 전부 또는 일부를 환지 방식으로 시행하기 위하여 시행자가 작성하여야 하는 환지계획의 내용에 해당하지 않는 것은?

① 환지설계
② 환지예정지 지정 명세
③ 필지별로 된 환지 명세
④ 축척 1,200분의 1 이상의 환지예정지도

해설

도시개발법 제28조(환지계획의 작성) 및 동법 시행규칙 제26조(환지 계획에 포함되어야 하는 내용) 조항에 의거 환지계획에 포함되는 사항은 환지설계, 필지별로 된 환지명세, 필지별·권리별로 된 청산대상 토지명세, 체비지 또는 보류지의 명세, 입체 환지를 계획하는 경우에는 입체 환지용 건축물의 명세, 공급 방법·규모에 관한 사항, 축척 1,200분의 1 이상의 환지예정지도, 환지전후대비도, 과부족면적표시도 및 환지전후 평가단가 표시도, 수입·지출 계산서, 평균부담률 및 비례율과 그 계산서, 건축 계획, 토지평가협의회 심의 결과 등이다.

99 도시재정비 촉진을 위한 특별법령에 따른 재정비촉진사업에 해당하지 않는 것은?

① 도시개발법에 따른 도시개발사업
② 택지개발촉진법에 따른 택지개발사업
③ 전통시장 및 상점가 육성을 위한 특별법에 따른 시장정비사업
④ 빈집 및 소규모주택 정비에 관한 특례법에 따른 가로주택정비사업

해설

도시재정비 촉진을 위한 특별법 제2조(정의) 2항에 의거 재정비촉진사업이란
가. 「도시 및 주거환경정비법」에 따른 주거환경개선사업, 재개발사업 및 재건축사업, 「빈집 및 소규모주택 정비에 관한 특례법」에 따른 가로주택정비사업, 소규모재건축사업 및 소규모재개발사업
나. 「도시개발법」에 따른 도시개발사업
다. 「도시재생 활성화 및 지원에 관한 특별법」에 따른 주거재생혁신지구의 혁신지구재생사업
라. 「공공주택 특별법」에 따른 도심 공공주택 복합사업
마. 「전통시장 및 상점가 육성을 위한 특별법」에 따른 시장정비사업
바. 「국토의 계획 및 이용에 관한 법률」에 따른 도시·군계획시설사업

100 다음 중 건축법령상 공동주택에 해당하지 않는 것은?

① 연립주택
② 다가구주택
③ 다세대주택
④ 기숙사

해설

공동주택에는 아파트, 연립주택, 다세대주택, 기숙사가 있다.

2021년 기출문제

제1과목 도시계획론

01 도시인구의 증가 속도가 도시산업의 발달 속도보다 훨씬 커서 직장과 주택이 없는 사람들이 도시빈민화되고 슬럼지구를 형성하는 등의 도시문제가 발생하는 현상을 무엇이라 하는가?

① 젠트리피케이션
② 역도시화
③ 가도시화
④ 종주도시화

해설
① 젠트리피케이션 : 도심공동화 현상에 따른 문제를 해결하기 위해 재개발사업 등을 통해 도심의 활성화를 도모하는 현상
② 역도시화 : 일명 유턴(U-turn) 현상이라고도 하며 대도시에서 비도시지역으로 인구의 전출이 전입을 초과함으로써 대도시의 상주인구가 감소하는 현상
④ 종주도시화 : 한 국가의 많은 도시 중에서 인구 규모나 기능 등이 한 도시에 집중되어 여타 도시들을 지배하는 현상으로 개발도상국에서 나타나는 도시화 과정 중에 이같은 도시불균형상태가 심하게 나타나며, 종주도시는 시민소득이나 소비성향, 정치·문화 활동의 집중 그리고 고용기회 등이 도시에 편중되어 도시 간의 이중구조현상을 나타낸다.

02 U-city에 대한 설명으로 가장 적합한 것은?

① 고밀 개발을 통한 직주근접을 실현하는 도시
② 물, 에너지, 자원 등이 효율적으로 이용되고 재활용되는 오염 없는 도시
③ 도시의 통행 수요 및 에너지 사용을 감소시켜 에너지를 절약하는 도시
④ 다양한 정보망을 이용하는 네트워크를 형성하여 시간과 장소의 제한을 받지 않는 미래형 도시

해설
Ubiquitous란 라틴어로 '언제 어디서나 존재한다'는 의미로 때와 장소에 상관 없이 전산망에 접근할 수 있는 네트워크를 지칭하며, 우리나라에서는 시공자재(時空自在)라는 한자어로 표현한다. 즉, 유비쿼터스 도시란 다양한 정보망을 이용하여 네트워크를 형성하여 시간과 장소의 제한을 받지 않는 미래형 도시를 의미한다.

03 용도지역제인 유클리드 지역제(Euclidean zoning)에 대한 설명 중 틀린 것은?

① 과도한 민간개발을 막기 위하여 개발촉진 보다는 억제에 더 관심을 두었다.
② 실제의 토지이용에 근거하여 발생하는 각종 결과를 기준하여 규제하는 성과규제지역제이다.
③ 토지이용의 규제단위를 각각의 필지로 하여 이를 통해 양호한 시가지를 형성하고자 하였다.
④ 상위용도(주거 등)를 하위용도(공장 등)로부터 보호하면 충분하다는 전제하에 누적식 지역제를 채택하였다.

해설
유클리드 지역제
• 용도를 사전에 확정적으로 계획
• 상위용도(주거 등)를 하위용도(공장 등)로부터 보호
• 과도한 민간개발을 막기 위해 발전 억제에 주력
• 토지이용의 규모단위를 개별의 필지로 하여 누적시킴으로써 양호한 시가지 형성
• 주택지에 있어서 공장, 아파트 등을 극력배제, 용도순화

04 성장관리란 주 및 지자체가 자신의 행정구역에 대해 장래 개발의 속도, 양, 형태, 위치, 질에 의도적인 영향을 주고자 하는 것으로 정의한 학자는?

① 고트만(J. Gottmann)
② 힐리(P. Healey)
③ 갓샤크(D. Godshalk)
④ 호이트(H. Hoyt)

해설
D. Godshalk – 현대적 의미의 도시성장관리는 광역자치단체 및 기초자치단체가 자신의 행정구역 내에서 장래 개발의 속도, 양, 형태, 위치, 질에 의도적인 영향을 주고자 하는 행위로 이해할 수 있다.

05 도시·군기본계획에서 토지이용계획을 위한 토지의 용도 구분에 해당하지 않는 것은?

① 보전용지
② 시가화용지
③ 보전예정용지
④ 시가화예정용지

해설
도시군기본계획 수립지침 4-4-3. 용도구분 및 관리 조항에 의거 목표연도 토지수요를 추정하여 산정된 면적을 기준으로 시가화예정용지, 시가화용지, 보전용지로 토지이용을 계획한다.

정답 01 ③ 02 ④ 03 ② 04 ③ 05 ③

06 1970년대 중반 이후 넬슨(Arthur C. Nelson)과 듀칸(James B. Ducan)이 강조한 미국 성장관리 정책의 목적과 거리가 먼 것은?

① 효율적인 도시 형태 구축
② 경제적 형평성 제고
③ 어반 스프롤의 방지
④ 납세자의 보호

해설
도시성장관리는 지속가능 발전이 목적이므로 효율적인 도시형태를 구축하여 어반스프롤을 방지하고, 납세자를 보호하여 도시민 생활의 질을 향상시키는데 그 목적이 있다.

07 도시에서 보전 가치가 높은 특정 지역에 대해 용도를 규제하는 대신 그에 상응하는 개발권을 토지소유자에게 부여하여 제한되는 권리만큼의 손실을 보상해주는 제도는?

① 개발권환수 제도
② 개발권양도 제도
③ 도시재정비 제도
④ 뉴타운개발 제도

해설
개발권양도제란 토지의 개발권을 이전할 수 있는 권리로 개발권 이양제라고도 한다. 기존 지역제에서 역사적 건축물의 보전과 농지나 자연환경의 보전 등을 위해 정해진 용적률 등 중에서 정해진 미 이용 부분을 인근 토지소유자에게 양도 또는 매매를 통한 이전이 가능하도록 한 제도이다.

08 복합적 요소로 형성된 도시를 전적으로 계획가에게 맡겨두기보다 계획가와 주민들(피계획가) 간의 상호 관계를 중요시함과 동시에 인간주의적 가치에 중점을 두는 계획이론은?

① 옹호적 계획
② 교류적 계획
③ 선택적 계획
④ 점진적 계획

해설
프리드만(J. Friedmann)에 의해 발전한 교류적 계획(Transactive Planning)은 계획가와 계획에 영향을 받는 사람들 간의 대화와 이를 통한 사회적 학습과정 형성을 중시하였고, 인간의 존엄성에 기초를 두는 신휴머니즘적 사고에 기초한 계획이론이었다.

09 A도시는 2005년부터 10년 간 인구가 일정하게 증가하여 2015년 인구가 120만 명이 되었다. 2005년의 인구가 50만 명이었다면, A도시의 인구 증가율은 얼마인가? (단, 등차급수법에 따른다.)

① 7%
② 10%
③ 14%
④ 24%

해설
등차급수법 $P_n = P_0(1+r \cdot n)$
P_0 : 초기 연도 인구, r : 인구증가율, n : 1년 단위 기간
ⓒ 연평균 인구증가율
$$r = \frac{\left(\frac{P_n}{P_0}\right)-1}{n} = \frac{\left(\frac{120}{50}\right)-1}{10} = 0.14, 14\%$$

10 세계 최초의 환지방식에 의한 도시개발로 「토지구획정리사업에 관한 법률」을 제정하여 현대적 의미의 지역지구제를 처음으로 실시한 국가는?

① 일본
② 미국
③ 독일
④ 프랑스

해설
독일은 세계 최초의 환지방식에 의한 도시개발로 「토지구획정리사업에 관한 법률」(일명 아디케스(Adickes)법)을 제정하여 현대적 의미의 지역지구제를 처음으로 실시한 나라이다.

11 국토공간계획지원체계(KOrea Planning Support System, KOPSS)에 포함된 분석모형이 아닌 것은?

① 세움이(건축계획지원모형)
② 경관이(경관계획지원모형)
③ 재생이(도시정비계획지원모형)
④ 시설이(도시기반시설계획지원모형)

해설
국토공간계획지원체계(KOPSS ; KOrea Planning Support System)란 국토공간계획 및 정책의 수립·시행·평가 과정에서 의사결정에 필요한 정보를 지원코자 개발된 계획지원도구이다. 포함된 분석모형으로는 경관이(경관계획지원), 재생이(도시정비계획지원), 시설이(도시기반시설계획지원)가 있다.

정답 06 ② 07 ② 08 ② 09 ③ 10 ③ 11 ①

12 경관요소의 구분에 따른 설명이 틀린 것은?

① 1차적 경관요소는 간접적으로 경관을 조작하여 경관 개선을 유도하는 비물리적 경관계획요소이다.
② 2차적 경관요소의 주 내용은 경관컨트롤을 위한 규제 및 인센티브요소이다.
③ 3차적 경관요소는 인간의지와 관계없이 형성되는 경관으로서 비물리적, 비조작적 영역으로 볼 수 있는 상징적 경관요소이다.
④ 경관계획의 궁극적 목표는 3차적 경관을 바람직하게 형성하는데 둘 수 있다.

해 설
1차적 경관요소는 직접적으로 경관을 조작하여 경관의 개선을 유도하는 물리적 경관계획요소이다. 간접적으로 경관을 조작하여 경관의 개선을 유도하는 비물리적 경관계획요소는 2차적 경관요소에 대한 설명이다.

13 중세도시의 특징에 대한 설명이 틀린 것은?

① 도로망은 불규칙적이며 폭이 좁았다.
② 기능적 성격으로 구분하면 성채도시, 정기시도시, 상업도시 등으로 구분할 수 있다.
③ 상업도시의 경우 경제적 부흥으로 인구가 유입되면서 인구 10만을 넘는 도시가 다수 발생하기 시작했다.
④ 물리적 요소로 성벽, 시장, 사원 등이 있으며, 특히 성벽과 대사원은 중세도시의 스카이라인을 형성하는 중요한 요소였다.

해 설
중세도시의 도시계획
- 보루형 도시 : 방어를 위해 성벽 등을 갖는 도시로 개별도시가 고립됨
- 간선도로망 형태 : 집중형, 중세적 광장(Square), 불규칙적이며 폭이 좁음
- 중세도시 물리적 요소 : 성벽, 시장, 사원
- 중세도시 구별 : 성채도시, 상업도시 등
※ 중세도시의 인구는 발전이 정점에 달한 파리나 베네치아의 경우가 약 10만 정도였고, 그 외의 경우는 그 이하의 인구규모를 나타냈다.

14 토지이용계획의 계획 과정을 상향적 접근과 하향적 접근으로 구분할 때, 이에 대한 설명이 틀린 것은?

① 기성 시가지의 유형별 대책을 수립하는 것은 상향적 접근이다.
② 도시 내 지구수준의 문제점 해결을 우선하는 것은 상향적 접근이다.
③ 도시 차원에서 도시 전체의 기본 구조를 중시하는 것은 하향적 접근이다.
④ 상위계획의 지침을 받아 도시의 기본계획을 설정하는 것은 상향적 접근이다.

해 설
상위계획의 지침을 받아 계획을 설정하는 것은 하향적 계획이다.

15 지리정보시스템(GIS)에 대한 설명이 틀린 것은?

① 지리·공간적 정보 및 자료를 체계적으로 저장, 검색, 변형, 분석하여 사용자에게 유용한 정보를 제공한다.
② GIS에 의한 분석은 자료의 질과 사용자의 분석 능력에 영향을 적게 받아 결과의 정확도나 가치가 보장된다.
③ 자료의 수집, 예비적 처리, 자료의 관리, 자료의 변환 및 분석, 결과물 제작 등이 주요 기능이다.
④ GIS를 이용하여 위치, 조건, 추세, 경로, 패턴, 모형 등을 조사·분석할 수 있다.

해 설
GIS에 의한 분석은 자료의 질과 사용자의 분석 능력에 영향을 많이 받아 결과의 정확도나 가치가 보장되지 못하는 경우가 있다.

16 단기교통계획과 비교하여 장기교통계획이 갖는 특징으로 옳은 것은?

① 환류 지향적이다.
② 시설 지향적이다.
③ 다수의 서로 다른 대안을 고려한다.
④ 다양한 교통수단을 동시에 고려한다.

해 설
장기교통계획은 시설 지향, 자본 집약, 수요 고정, 소수 대안, 단일 수단의 특징을 갖는다.

17 인구가 기하급수적인 증가를 나타내고 있어 단기간에 급속히 팽창하는 신도시의 인구 예측에 유용하나, 안정적 인구변화추세를 나타내는 도시에 사용할 경우 인구의 과도 예측을 초래할 위험

정답 12 ① 13 ③ 14 ④ 15 ② 16 ② 17 ②

이 있는 인구예측모형은?

① 선형모형 ② 지수성장모형
③ 로지스틱모형 ④ 집단생잔모형

해 설
지수모형(지수성장모형)은 단기간에 급속히 팽창하는 신개발지역의 인구예측에 유용하나, 인구의 과도 예측을 초래할 위험성이 있는 모형이다.

18 일반적인 도시화의 진행 단계가 옳은 것은?

① 교외화 → 역도시화 → 도시화 → 재도시화
② 도시화 → 역도시화 → 재도시화 → 교외화
③ 교외화 → 재도시화 → 도시화 → 역도시화
④ 도시화 → 교외화 → 역도시화 → 재도시화

해 설
버그(Van den Berg)와 클라센(Klassen)은 집중적 도시화 → 교외화 → 역도시화 → 재도시화의 4단계로 도시공간의 순환과정을 정리하였다.

19 뒤르켐(Durkheim)이 지적한 도시의 아노미 현상(Anomie)에 대한 설명으로 옳은 것은?

① 도시 인구의 증가로 인한 도시 기반시설의 부족현상이다.
② 도시의 기능분화로 인해 발생하는 도시의 물리적 문제이다.
③ 타인의 심리나 상황을 조작하여 타인에 대한 지배력을 강화하는 행위 일체를 말한다.
④ 도시화의 진행에 따라 나타나는 사회병리현상으로 흔히 대도시화로 인한 인간소외 등의 몰가치상황을 의미한다.

해 설
아노미(Anomie) 현상은 도시화의 진행에 따라 나타나는 사회병리현상의 하나로서 흔히 대도시화로 인한 인간소외 등의 몰가치상황을 의미한다. 도시에서의 인구규모의 증가, 인구밀도의 증대는 도시사회의 이질성을 제고시키고 도시 내 활동을 강화시키는 동시에 도시산업화에 따른 인간주체성의 상실로 인한 인간소외 현상이 심한 경우에 도시민들은 도덕적 규범을 상실하게 한다는 것을 Emile Durkheim이 1897년 처음으로 지적하면서 탄생한 개념이다.

20 고대 메소포타미아와 이집트의 도시에서 시작되었던 것을 히포다무스(Hippodamus)가 그리스의 도시계획에 적용시킨 것은?

① 성곽의 축조
② 격자형 가로망
③ 공중정원의 설치
④ 공공시설의 중앙배치

해 설
히포다무스(Hippodamus, 도시계획의 아버지)는 격자형 가로망, 건축통제 및 하부구조 강조, 도시계획 학문과 도시계획가가 직업인으로 되어야 함을 주장하였다.

제2과목 도시설계 및 단지계획

21 범죄예방환경설계(CPTED)와 관련성이 가장 적은 것은?

① 자연적 접근 통제 ② 교통 편의성
③ 영역성 강화 ④ 자연적 감시

해 설
범죄예방환경설계의 기본 원리는 자연스러운 감시와 자연스러운 접근 통제, 영역성을 갖게 하는 것이다.

22 축척이 1/50,000인 지형도 위에 20m 간격으로 등고선이 그려져 있고 5줄마다 계곡선이 있다. 어떤 사면의 경사를 알기 위해 측정한 계곡선 간의 수평거리가 1.2cm일 때 이 사면의 경사도는?

① 약 9% ② 약 12%
③ 약 17% ④ 약 20%

해 설
$$경사도 = \frac{등고선 간격(높이)}{등고선 간의 수평거리} \times 100,$$
$$경사도 = \frac{20m \times 5}{1.2cm \times 50000} \times 100 ≒ 0.17$$
5줄마다 있는 계곡선간의 수평거리이므로 20m에 5를 곱해주어야 하고, 1/50,000 축척의 지형도이므로 계곡선간의 수평거리가 1.2cm에 50,000을 곱해주어야 한다.

23 도시설계 작성과정의 기본구상 흐름도에 대한 순서가 올바르게 나열된 것은?

ⓐ 접근수단 및 도시설계 구상
ⓑ 도시설계의 과제정립 및 목표설정
ⓒ 기본구상안 제시
ⓓ 도시설계의 전략 및 기본방향 수립

① ⓑ → ⓓ → ⓐ → ⓒ　　② ⓒ → ⓐ → ⓑ → ⓓ
③ ⓐ → ⓑ → ⓓ → ⓒ　　④ ⓓ → ⓒ → ⓐ → ⓑ

해설
도시설계 작성과정의 기본구상 순서는 먼저 도시설계의 과제정립 및 목표를 설정한다. 그 다음 과제와 목표에 따른 전략과 기본방향을 수립하고 세부적인 수단 및 설계 구상을 수행한 다음 상기 과정을 종합하여 기본구상안을 제시하는 순서로 진행된다.

24 도시·군계획시설의 결정·구조 및 설치기준에 관한 규칙상 단지계획의 가로망을 구성할 때 주간선도로와 보조간선도로가 접속되는 교차지점의 도로 모퉁이 부분에서 보도와 차도의 경계선에 대한 곡선 반경 기준은?

① 8미터 이상　② 10미터 이상
③ 12미터 이상　④ 15미터 이상

해설
보도와 차도의 경계선에 대한 곡선반경은 주간선 15m, 보조간선 12m, 집산 10m, 국지 6m 이상을 기준으로 한다.

25 인센티브 및 페널티에 관한 설명으로 틀린 것은?

① 면적 등에 비례하여 인센티브를 산정하는 것을 정량적 인센티브라고 한다.
② 지구단위계획 지침 준수 시 일정 인센티브를 부여하는 것을 정성적 인센티브라고 한다.
③ 보상적 인센티브란 지구단위계획에서 강제 규정이 아닌 권장 규정의 준수를 유도하기 위해 권장 규정 준수 시 제공하는 인센티브를 말한다.
④ 지구단위계획의 목표 달성을 위해 중요한 규정을 준수하지 않을 때 부과되는 마이너스 인센티브를 페널티라고 한다.

해설
보상적 인센티브는 의무 이상의 기준을 달성하는 경우 부여하는 인센티브를 말한다.

26 도시지역 외 지역에 지정하는 지구단위계획구역의 중심기능에 따른 구분에 해당하지 않는 것은?

① 주거형　　② 산업유통형
③ 관광휴양형　④ 자연보전형

해설
도시지역외 지역에 지정하는 지구단위계획구역은 당해 구역의 중심기능에 따라 주거·산업유통·관광휴양·복합형·용도지구 대체형 등으로 구분한다.

27 뷰캐넌보고서(Buchanan Report)의 "통과교통으로부터의 생활환경 보호"의 개념과 관련하여 아래 내용에 해당하는 것은?

통과교통을 허용하는 환상도로에 둘러싸여 사람들이 자동차의 위험 없이 생활하고 일하고 쇼핑하고 걸어다닐 수 있는 일단의 단지

① 슈퍼블록　　② 획지분할
③ 보행자데크　④ 거주환경지역

해설
1963년에 발표된 뷰캐넌 보고서는 거주환경지역지정과 이를 보호하는 도로망 구성을 위해 같은 위계 혹은 차 상위 및 차하위 도로가 접속하게 하여, 자동차는 간선도로를 장애 없이 주행할 수 있는 동시에 통과교통으로부터 거주자의 일상생활 보호와 건축물과 도로의 유기적 관계를 유지하게 한다는 원칙을 거주지역에 적용하고자 하는 방안을 가지고 있다.

28 주택건설기준 등에 관한 규정상 2,000세대 이상의 공동주택을 건설하는 주택단지는 기간도로에 접하거나 기간도로로부터 당해 단지에 이르는 진입도로의 폭을 최소 얼마 이상으로 하여야 하는가?

① 8m 이상　　② 12m 이상
③ 15m 이상　④ 20m 이상

해설
진입도로 최소폭원 : 1~300세대 : 6m, 300~500세대 : 8m, 500~1,000세대 : 12m, 1,000~2,000세대 : 15m, 2,000세대 이상 : 20m

29 일반적으로 도시 공간에서 건물의 높이와 수평거리의 비율이 얼마일 때부터 폐쇄감을 느끼기 시작하는가?

① 4:1　② 2:1　③ 1:2　④ 1:4

해설
$2 \leq D/H \leq 3(18°)$인 경우가 폐쇄감을 느끼는 최소의 비례이다. 수평거리가 2이고 높이가 1일 때이므로 1:2가 된다.

정답　24 ④　25 ③　26 ④　27 ④　28 ④　29 ③

30 지구단위계획에서의 공동개발 및 합벽건축에 대한 설명으로 틀린 것은?

① 미관개선만을 목적으로 하는 공동개발 또는 합벽건축의 지정은 피한다.
② 교통 혼잡을 유발하는 대규모 시설이 입지하지 못하도록 필요한 경우에는 대지규모의 상한 기준을 정하여 적정규모의 공동개발이 되도록 유도한다.
③ 대지의 규모와 형상, 주변상황 등을 고려하여 공동개발을 권장하거나 억제하는 등 다양한 수법을 제시할 수 있다.
④ 공동개발의 계획수립에서는 주민의 의견은 반영하지 않고, 전문가의 미래 예측 능력과 주관적인 판단에 따르는 것이 가장 중요하다.

해설
공동개발의 계획 수립은 주민의 의견이 무엇보다 중요하다.

31 밀톤케인즈(Milton Keynes) 신도시 계획의 주요 내용으로 옳지 않은 것은?

① 지구 전체를 순환하는 보행자전용도로인 레드 웨이(RED WAY)를 계획하였다.
② 주요 간선도로는 격자형으로 이루어져 있다.
③ 커뮤니티센터는 모든 주택으로부터 500m를 넘지 않도록 계획되어 있다.
④ 초기의 뉴타운에서와 같이 내부로 향하는 내향적 근린주구로서 계획되었다.

해설
밀톤케인즈는 도시의 각 지역에 신속히 연결할 수 있는 확장 가능한 교통노선을 가지고 있었던 외향적 계획도시이다.

32 일반적인 단지계획 수립 과정의 순서가 바르게 나열된 것은?

① 조사분석 → 기본구상 · 대안설정 → 기본계획 · 기본설계 → 목표설정 → 실시설계 · 집행계획
② 목표설정 → 기본계획 · 기본설계 → 실시설계 · 집행계획 → 조사분석 → 기본구상 · 대안설정
③ 기본구상 · 대안설정 → 기본계획 · 기본설계 → 조사분석 → 목표설정 → 실시설계 · 집행계획
④ 목표설정 → 조사분석 → 기본구상 · 대안설정 → 기본계획 · 기본설계 → 실시설계 · 집행계획

해설
단지계획 수립과정 : 목표 설정(Goal-Setting) – 조사 · 분석 – 기본구상 · 대안설정 – 기본계획 · 기본설계 – 실시설계 · 집행계획

33 공업지역의 입지 조건으로 적합하지 않은 것은?

① 교통, 용수, 노동력의 편의를 얻을 수 있는 지역
② 평탄하고 지가가 저렴하며 넓은 지역
③ 쓰레기 처리가 용이한 지역
④ 근린주구와 연속된 지역

해설
공업지역은 교통 · 동력 · 용수 · 노동력 획득이 편리한 곳, 지형이 평탄한 곳, 광대한 지역으로 지가가 저렴한 곳, 철도의 연변, 하천, 항만의 연안, 오수 · 배수 처리가 가능한 곳에 입지하는 것이 좋다.

34 주거환경을 구성하는 요소를 물리적요소, 사회적 요소, 생태적 요소로 구분할 때, 생태적 요소에 포함되지 않는 것은?

① 소음   ② 배수
③ 지세   ④ 이미지

해설
단지계획의 요소는 물리적 요소, 사회적 요소, 생태적 요소, 시각적 요소로 구분할 수 있다. 생태적 요소는 자연적 요소와 환경적 요소로 나누며 자연적 요소에 지형, 지세, 일조, 통풍, 채광, 미기후, 수문, 지하수 등이 있으며 환경적 요소에는 환경오염, 소음, 쓰레기 등이 있다. 이미지는 사회적 요소에 해당한다.

35 공동주택을 건설하는 지점의 소음도가 최소 얼마 이상인 경우에 방음벽 · 방음림 등의 방음시설을 설치하여야 하는가?

① 45 데시벨   ② 55 데시벨
③ 65 데시벨   ④ 75 데시벨

해설
공동주택의 소음도는 65dB 이하여야 하며 소음이 기준치보다 높을 경우 소음저감대책을 강구하여야 한다.

36 오픈스페이스의 기능에 대한 설명으로 거리가 가장 먼 것은?

① 시냇물 · 연못 · 동산 등과 같은 자연 경관적 요소들을 제공한다.

② 기존의 자연환경을 보전·향상시켜줄 수 있는 수단을 제공한다.
③ 공기정화를 위한 순환통로의 기능을 수행함으로써 미기후의 형성에 영향을 준다.
④ 오픈스페이스의 적극적 확보를 위하여 평탄한 곳과 차량 접근성이 뛰어난 곳을 우선 확보하여 제공하여야 한다.

> **[해설]**
> 오픈스페이스(Open Space)의 기능
> ① 생태적 기능 : 단지생태계의 기반 조성, 대기오염 및 수질오염의 정화, 미기후의 조절
> ② 사회적 기능 : 단지주민의 정신건강·정서 함양에 기여, 단지 주민 간 접촉기회의 증진
> ③ 경관적 기능 : 단지의 정체성 고양, 단지 외부공간의 차경 또는 차폐
> ※ 오픈스페이스의 확보와 접근성은 큰 관계가 없다.

37. 도시설계 관련 제도가 도입되었던 당시의 법적 근거가 잘못 연결된 것은?

① 지구단위계획제도 : 국토의 계획 및 이용에 관한 법률
② 도시설계 지구지정제도 : 도시계획법
③ 상세계획제도 : 도시계획법
④ 미관지구제도 : 건축법

> **[해설]**
> 미관지구제도는 국토의 계획 및 이용에 관한 법률을 법적 근거로 한다.

38. 각종 국지도로 형태의 장·단점에 대한 설명이 틀린 것은?

① 쿨데삭(Cul-de-sac)형은 통과교통을 방지함으로써 주거환경의 쾌적성과 안전성이 모두 확보된다.
② 격자형은 가로망의 형태가 단순·명료하고, 계획적으로 조성되는 시가지에 가장 많이 이용된다.
③ T자형은 쿨데삭형의 문제점을 개선한 형태로, 택지의 이용효율이 떨어지지만, 보행자는 편리하게 이용할 수 있다.
④ 루프(Loop)형은 불필요한 차량 진입이 배제되는 효과가 있다.

> **[해설]**
> T자형은 격자형의 문제점을 개선한 형태이다.

39. 도시공원 및 녹지 등에 관한 법률에 근거하여 대기오염, 소음, 진동, 악취 그 밖에 이에 준하는 공해와 각종 사고나 자연재해, 그 밖에 이에 준하는 재해 등의 방지를 위하여 설치·관리하는 녹지는?

① 완충녹지
② 경관녹지
③ 연결녹지
④ 조절녹지

> **[해설]**
> 도시공원 및 녹지 등에 관한 법률에 의해 완충녹지란 대기오염, 소음, 진동, 악취, 그 밖에 이에 준하는 공해와 각종 사고나 자연재해, 그 밖에 이에 준하는 재해 등의 방지를 위하여 설치하는 녹지를 말한다.

40. 계획인구 5만명, 주택용지율 75%의 단지계획에서 1인당 택지 점유율이 30㎡일 때, 계획대상 단지의 면적은 얼마인가?

① 11.25 ha
② 66.66 ha
③ 150 ha
④ 200 ha

> **[해설]**
> $$주거단지의 면적 = \frac{100 \times 1인당\ 택지점유율 \times 계획인구}{주택용지율}$$
> $$= \frac{100 \times 30㎡ \times 50,000명}{75} = 2,000,000㎡ = 200ha$$

제3과목 도시개발론

41. 도시 및 주거환경정비법령상 정비사업의 구분에 해당하지 않는 것은?

① 재개발사업
② 재건축사업
③ 주거환경개선사업
④ 도시재생사업

> **[해설]**
> 도시 및 주거환경정비법 제2조(정의) 2항에 의거 정비사업이란 주거환경개선사업, 재개발사업, 재건축사업을 말한다.

42. 도시개발법상 도시개발구역의 전부를 환지방식으로 시행하는 경우 원칙적으로 시행자로 지정될 수 있는 자는? (단, 기타의 경우는 고려하지 않는다.)

① 한국관광공사
② 국가나 지방자치단체
③ 「지방공기업법」에 따라 설립된 지방공사
④ 도시개발구역의 토지소유자가 설립한 조합

해설
도시개발법 제11조(시행자 등) 1항 조항에 의거 도시개발구역의 전부를 환지 방식으로 시행하는 경우에는 토지 소유자나 조합을 시행자로 지정한다.

43 단일 또는 소수의 프로젝트를 신디케이트하는 경우 또는 부동산 사업에 자본을 모집하기 위한 수단인 파트너십의 형태 중, 아래의 설명에 해당하는 것은?

> 의무와 채무에 대하여 무한책임을 부담하는 일반 파트너가 존재하지 않는 형태다. 주로 공인 회계사, 변호사, 건축사 등의 업무 및 관련 사업을 위하여 구성되는 전문직 동업 형태다.

① 일반 파트너십(General Partnership)
② 유한 파트너십(Limited Partnership)
③ 무한 파트너십(Unlimited Partnership)
④ 유한책임 파트너십(Limited Liability Partnership)

해설
유한책임 파트너십(LLP ; Limited Liability Partnership)은 무한책임을 지는 일반파트너가 존재하지 않는 형태로 주로 공인중개사, 변호사, 건축사 등의 업무 및 관련 사업을 위하여 구성되는 전문직 동업형태를 의미한다. 일반 파트너십(GP ; General Partnership)은 민법상 조합으로 둘 이상의 동업자(partner)가 공동으로 사업을 수행하고 이윤을 분할하는 형태를 말하고, 유한 파트너십(LP ; Limited Partnership)은 최소 한 명 이상의 일반파트너(사업의 소유자 - 무한책임, 경영참여)와 기타의 유한파트너(출자한도 내에서 유한책임 - 경영이나 지배 참여 불가능)로 구성된다.

44 근대도시운동에서 1928년 근대건축국제회의(CIAM)에 관한 설명으로 거리가 가장 먼 것은?

① 공업기술이 가져온 무한히 크고 새로운 자원과 방법을 활용해야 한다고 주장하였다.
② 도시의 시간적 변화와 성장에 맞춰 단기적이고 즉각적인 전환과 변신에 대응하고자 하였다.
③ 기능주의를 부각시켜 지역지구제, 보차분리 등의 계획개념을 도입하였다.
④ CIAM의 정신에 의해 세워진 대표적인 도시로 샹디가르와 브라질리아가 있다.

해설
도시의 시간적 변화와 성장은 장기적 관점에서 이상을 추구하는 방향으로 대응해야 한다고 주장하였다.

45 시계열 분석 기법에 대한 설명이 틀린 것은?

① 이동평균법은 규모가 작은 신제품의 시장예측에 주로 활용되며, 결과 해석이 용이하다.
② 과거에 발생했던 일이 미래에도 관련성 있게 나타날 것이라는 전제를 바탕으로 한다.
③ 시계열분석은 시간과 설명 변수 사이에 다중공선성이 나타날 위험이 없어, 개발수요 분석 시 용이하다.
④ 시계열 분석을 위해서는 과거시계열 자료가 반드시 필요하다.

해설
시계열 분석의 단점은 시간과 설명변수 사이의 다중공선성이 발생할 수 있어 분석이 부정확해 질 수 있다는 것이다.

46 도시 및 주거환경정비법령에 따라 기본계획의 수립권자가 기본계획을 수립하려는 경우 주민에게 공람하여 의견을 들어야 하는 기간의 기준은?

① 14일 이상 ② 14일 미만
③ 7일 이상   ④ 7일 미만

해설
도시 및 주거환경정비법 제6조(기본계획 수립을 위한 주민의견청취 등) 1항 조항에 의거 기본계획의 수립권자는 기본계획을 수립하거나 변경하려는 경우에는 14일 이상 주민에게 공람하여 의견을 들어야 하며, 제시된 의견이 타당하다고 인정되면 이를 기본계획에 반영하여야 한다.

47 마케팅전략의 세 가지 단계로 구성된 STP 전략 중 새로운 제품에 대해 다양한 욕구, 행동, 특성을 가진 소비자들을 동질적인 집단으로 나누는 것은?

① 시장 세분화   ② 표적시장 선정
③ 전략적 판촉   ④ 제품 포지셔닝

해설
시장세분화(Segmentation)는 수요자집단을 동질적인 집단끼리 세분화하고, 상품판매의 지향점을 설정하는 단계이다.

48 다음 중 시행방식에 따른 재개발사업의 분류에 해당하지 않는 것은?

① 전면재개발 ② 환류재개발
③ 수복재개발 ④ 보전재개발

해설
시행방법에 따른 재개발은 수복재개발, 보수재개발, 보전재개발, 철거재개발, 전면재개발, 자력재개발이 있다.

49 다음 중 주민참여형 도시개발의 유형이 아닌 것은?

① 주민발의 ② 개발협정
③ 주민투표 ④ 공공협약

해설
주민참여형 도시개발에는 개발협정, 주민투표, 주민발의, 민간협약, 지구차원의 계획 등이 있다.

50 다음 중 개발행위허가를 받지 않아도 되는 경미한 행위 기준이 틀린 것은?

① 높이 100센티미터 이내의 절토
② 농림지역 안에서의 농림어업용 비닐하우스의 설치(비닐하우스 안에 설치하는 육상어류양식장 제외)
③ 도시지역에서 채취면적이 25㎡ 이하인 토지에서의 부피 50㎥ 이하의 토석 채취
④ 조성이 완료된 기존 대지에 건축물이나 그 밖의 공작물을 설치하기 위한 토지의 형질변경(절토 및 성토는 제외)

해설
국토의 계획 및 이용에 관한 법률 시행령 제53조(허가를 받지 아니하여도 되는 경미한 행위) 3. 토지의 형질변경 조항에 의거 높이 50센티미터 이내(여러 차례에 걸쳐 이루어지는 경우에는 누적하여 산정한다) 또는 깊이 50센티미터 이내(여러 차례에 걸쳐 이루어지는 경우에는 누적하여 산정한다)의 절토·성토·정지 등(포장을 제외하며, 주거지역·상업지역 및 공업지역외의 지역에서는 지목변경을 수반하지 아니하는 경우에 한한다)은 허가를 받지 않아도 되는 경미한 행위로 본다.

51 아래와 같은 등장배경을 갖는 도시개발 관련 기법(정책)은?

- 도심 일대에서 진행되고 있는 세계도시화의 영향을 도시내부의 사회적·물적 활성화에도 파급되도록 하는 정책이 필요하다.
- 1980년대에 자본시스템의 세계적 변화로 대두된 세계화 및 주정부가 환경평가제도를 채택하고 지방정부에 의한 개발부담금 징수제도가 존재하고 있었다는 점과 관련이 있다.

① 획지분할(Subdivision)
② 연계정책(linkage policy)
③ 기반도시개발(Infra-city development)
④ 개발권양도(transfer of development rights)

해설
연계정책(Linkage Policy)은 도시재생 또는 도시부흥에 의해 쇠퇴한 도심과 기성시가지의 재도시화로 인해 도시 내부의 양극화 현상의 심화로 이원도시(Dual City)를 형성하게 되고 이에 대한 대책으로 양극화를 해소할 수 있는 새로운 유형의 도시개발로 선진국의 도시에서 채택하기 시작한 정책이다. 1980년대에 자본시스템의 세계적 변화로 대두된 세계화 및 주정부가 환경평가제도를 채택하고 지방정부에 의한 개발부담금 징수제도가 존재하고 있었다는 점과 관련이 있다.

52 다음의 수요추정방법 중 정량적인 예측모형이 아닌 것은?

① 회귀분석법 ② Huff 모형
③ 시나리오법 ④ 중력모형

해설
시나리오법은 비계량적(정성적) 방법이다.

53 복합용도개발(MXD)의 사회적·경제적 효과로 거리가 가장 먼 것은?

① 도시개발 리스크의 감소
② 도시의 외연적 확산 완화
③ 직주근접에 따른 통행거리 감소
④ 수직 통행의 감소를 통한 교통 혼잡 완화

해설
복합용도개발은 수직통행의 증가를 가져온다. 수직통행이 감소될 경우, 감소한 통행이 수평통행으로 전환되므로 교통혼잡이 가중될 우려가 있다.

54 특정 도시개발사업에 대해 초기연도에 700억원을 투자하여, 사업 운영기간(3년) 동안 매년 말

정답 48 ② 49 ④ 50 ① 51 ② 52 ③ 53 ④ 54 ②

300억원의 수익이 기대될 경우, 이 사업의 순현재가치(NPV)는 약 얼마인가? (단, 할인율은 10% 이다.)

① 19억원 ② 46억원
③ 121억원 ④ 305억원

해 설

$$NPV = -700 + \frac{300}{(1+0.1)^1} + \frac{300}{(1+0.1)^2} + \frac{300}{(1+0.1)^3}$$
$$= 46.056$$

55 사업성 평가지표에 대한 설명이 옳은 것은?

① 일반적으로 수익성 지수(PI), 순현재가치(NPV), 내부수익률(IRR)과 같은 지표를 사용한다.
② 순현재가치가 0보다 클 때 프로젝트의 사업성을 판단할 수 없다.
③ 내부수익률이 자본비용보다 작을 때 사업성이 있는 것으로 평가된다.
④ 수익성 지수가 1보다 작을 때 사업성이 있는 것으로 평가된다.

해 설

사업성 평가에 일반적으로 사용되는 지표로는 수익성 지수(PI), 순현재가치(NPV), 내부수익률(IRP), 편익·비용비(B/C ratio) 등이 있다. 순현재가치가 0보다 클 때 프로젝트의 사업성이 있다고 판단할 수 있다. 내부수익률이 사회적 할인율(혹은 이자율)보다 클 때 사업성이 있는 것으로 평가된다. 수익성 지수가 1보다 클 때 사업성이 있는 것으로 평가된다.

56 도시개발법령에 따른 환지방식에 대한 설명이 틀린 것은?

① 시행자는 도시개발사업의 전부 또는 일부를 환지방식으로 시행하려면 환지 설계를 포함한 환지 계획을 작성하여야 한다.
② 시행자는 일정한 토지를 환지로 정하지 아니하고 보류지로 정하여, 그중 일부를 체비지로 정할수 있으나 도시개발사업에 필요한 경비로는 충당할 수 없다.
③ 시행자는 토지 면적의 규모를 조정할 특별한 필요가 있으면 면적이 작은 토지는 과소 토지가 되지 아니하도록 면적을 늘려 환지를 정하거나 환지 대상에서 제외할 수 있다.
④ 환지 계획은 종전의 토지와 환지의 위치·지목·면적·토질·수리·이용 상황·환경, 그 밖의 사항을 종합적으로 고려하여 합리적으로 정하여야 한다.

해 설

시행자는 도시개발사업에 필요한 경비에 충당하거나 규약·정관·시행규정 또는 실시계획이 정하는 목적을 위하여 일정한 토지를 환지로 정하지 아니하고 체비지 또는 보류지로 정할 수 있다.

57 도시개발사업을 위한 재원조달방안인 지분조달방식에 대한 설명으로 틀린 것은?

① 원리금이나 이자의 상환부담이 없다.
② 중소기업의 경우 주식 공개매매, 유통시장이 발달되지 않는다.
③ 자본시장의 여건에 따라 조달이 민감하게 영향을 받는다.
④ 조달규모가 증대되면 소유자의 지분이 크게 확대되어 회사 통제권을 갖게 된다.

해 설

지분조달방식의 특징
1. 장점
 • 원리금이나 이자의 상환부담이 없음
 • 사업아이디어가 발전적으로 진행됨
 • 투자가가 자문가로서의 역할을 수행
2. 단점
 • 회사의 통제권 일부를 포기해야 함
 • 판매된 지분은 미래에 다시 회수하기 어려움
 • 지분투자가들은 사업계획에 동의하지 않으므로 문제발생 가능
 • 자금조달이 복잡하여 변호사나 회계사 등의 전문가 자문 필요
 • 자본시장의 여건에 따라 조달조건이 민감하게 변함
 • 조달규모 증대 시 소유주의 지분축소가 불가피
 • 중소기업 등은 주식 공개매매, 유통시장이 발달되지 않음
 • 기업가치 불안정으로 매매활성화에 한계가 존재함

58 부동산투자의 유형을 운용시장의 형태에 따라 구분할 때, 다음 중 민간시장(private market) 부문에 해당하지 않는 것은?

① 직접투자 ② 사모부동산 펀드
③ 상업용저당채권 ④ 직접대출(loans)

해 설

상업용 저당채권(CMBS)는 공개시장(Public Market)에 해당한다.

59 프로젝트 금융(Project Financing)에 대한 설명으로 틀린 것은?

① 금융기관이 부담하는 각종 위험이 통상적인 기업금융에 비해 적은 편이다.
② 다양한 이해관계자들의 협상에 의해 이루어지기 때문에 복잡한 금융절차를 가진다.
③ 사업 추진 과정 상의 제약 요인들에 대해 다양하고 유연한 사업 기법을 적용하여 사업성과 생산성을 높일 수 있다.
④ 별도의 프로젝트회사를 설립하여 사업을 수행하므로 비소구금융 및 부외금융의 효과를 얻을 수 있다.

해설
프로젝트 파이낸싱의 단점은 금융기관이 부담하는 위험이 통상적인 기업금융에 비해 높고, 기업금융에 비해 높은 금융비용이 요구된다는 것과 복잡한 금융절차, 위험배분 및 참여조건 결정에 많은 시간이 소요되며 이해관계 조정에 전문성이 요구된다는 것이다.

60 상업적 또는 공공적인 목적을 위해 지상 공간의 하부에 자연적으로 형성되어 있던 공간의 개발이나 인위적인 굴착을 통해 생성한 공간을 무엇이라 하는가?

① 지하공간   ② 녹지
③ 오픈스페이스 ④ 주차장

해설
지하공간이란 사전적 의미로 땅속이나 땅속을 파고 만든 구조물의 공간을 말한다. 지하공간의 개발은 상업적, 공공적인 목적을 위해 지상공간의 하부에 자연적으로 형성되어 있던 공간의 개발이나 인위적인 굴착을 통해 생성한 공간의 개발을 의미한다.

제4과목 국토 및 지역계획

61 국토기본법상 중앙행정기관의 장 또는 지방자치단체의 장이 지역 특성에 맞는 정비나 개발을 위하여 필요하다고 인정하여 수립하는 지역계획의 구분 중, 성장 잠재력을 보유한 낙후지역 또는 거점지역 등과 그 인근지역을 종합적·체계적으로 발전시키기 위하여 수립하는 것은?

① 지역개발계획 ② 수도권발전계획
③ 광역권개발계획 ④ 획지계획

해설
국토기본법 제16조(지역계획의 수립) 1항 조항에 의거 중앙행정기관의 장 또는 지방자치단체의 장은 지역 특성에 맞는 정비나 개발을 위하여 필요하다고 인정하면 관계 중앙행정기관의 장과 협의하여 관계 법률에서 정하는 바에 따라 다음 각 호의 구분에 따른 지역계획을 수립할 수 있다. 〈개정 2014.6.3.〉
2. 지역개발계획 : 성장 잠재력을 보유한 낙후지역 또는 거점지역 등과 그 인근지역을 종합적·체계적으로 발전시키기 위하여 수립하는 계획

62 안스타인(S. Arnstein)이 주장한 주민참여 8단계 중, 주민권리로서의 참여 단계에 해당하지 않는 것은?

① 상담(consultation)
② 협동관계(partnership)
③ 주민통제(citizen control)
④ 권한위임(delegated power)

해설
안스타인(S. Arnstein)의 주민참여 8단계에서 주민권력 참여단계는 주민통제, 권한위임, 협동관계이며 형식적 참여단계로 회유, 상담, 정보제공이 있다. 비참여에는 치료와 조작이 해당한다.

63 전국 및 A지역의 산업별 종사자수가 아래와 같을 때, A지역 제조업의 입지상(location quotient) 계수는? (단, 종사자수의 단위는 천명이다.)

지역 산업	전국	A 지역
농·어업	150	40
광업	100	20
제조업	320	80
기타	430	110
계	1,000	250

① 0.25 ② 0.32 ③ 0.50 ④ 1.00

해설
$$LQ = \frac{E_i^r / E^r}{E_i^n / E^n}$$

$$LQ = \frac{r\text{지역의 } i\text{산업 고용수}/r\text{지역 전체 고용수}}{\text{전국의 } i\text{산업 고용수}/\text{전국의 고용수}}$$

$$LQ = \frac{80/250}{320/1,000} = 1$$

64 제4차 국토종합계획 수정계획(2011~2020)의 기본목표에 해당하지 않는 것은?

① 품격있는 매력 국토
② 경쟁력 있는 통합국토
③ 지속가능한 친환경 국토
④ 안전하고 지속가능한 스마트국토

해설
제4차 국토종합계획 수정계획(2011~2020)의 4대 기본목표는 경쟁력 있는 통합국토, 지속가능한 친환경국토, 품격있는 매력국토, 세계로 향한 열린국토이다.

65 교통수요 및 수요 예측을 위한 4단계 추정법에 관한 설명으로 틀린 것은?

① 교통량의 발생은 대상 도시의 활동량에 따라 변한다.
② 교통량의 분배(trip distribution)는 통행 유출량과 통행 유입량을 연결시키는 단계이다.
③ 중력모형은 교통수단의 선택(modal split)단계에서 가장 많이 사용되는 모형이다.
④ 교통수단의 선택(modal split)은 통행자, 통행목적, 사용가능한 교통 수단의 존재 여부에 따라 결정된다.

해설
중력모형은 통행분포(Trip Distribution) 단계에서 가장 많이 사용되는 모형이다.

66 국가발전의 목표를 경제적 효율성보다 사회 내 모든 집단과 개인 생활의 질적 향상에 치중하는 개발전략에 해당하는 이론은?

① 기초수요이론   ② 성장거점이론
③ 종속이론   ④ 불균형개발이론

해설
기초수요이론(Basic Needs Theory)은 1970년대 등장한 균형발전이론이다. 인간의 수요는 인간으로서 정상적인 기능을 함에 필요한 최저수요라는 의미의 객관적 수요와 인간이 충족되어야 할 것으로 인지하는 주관적 수요 두 가지 측면을 가지고 있는데, 이 객관적 수요와 주관적 수요를 혼합하여 기본수요(Basic Minimum Needs)라고 표현하였다. 이러한 특성을 가진 기초수요이론은 국가 발전의 목표를 경제적 효율성보다 사회 내 모든 집단과 개인생활의 질적 향상에 둔다.

67 우리나라의 제1차 국토종합개발계획에서 구분한 4대강 유역권에 해당하지 않는 것은?

① 한강유역권
② 금강유역권
③ 섬진강유역권
④ 영산강유역권

해설
제1차 국토종합개발계획은 전국 권역을 4대권(한강, 금강, 낙동강, 섬진강 유역권), 8중권(수도권, 태백권, 충청권, 전주권, 대구권, 부산권, 광주권, 제주권), 17소권으로 구분하였다.

68 지역산업연관분석(imput-output analysis) 모형의 가정과 가장 거리가 먼 것은?

① 외부경제와 비경제는 없다.
② 모든 산업은 하나의 선형적·동질적 생산함수를 갖는다.
③ 측정 기간 동안 교역계수는 동일하다.
④ 각 산업의 생산물은 결합생산물로 추계한다.

해설
생산물은 원초적 생산요소, 중간재, 최종재로 구분하여 추계한다.

69 도시지역의 주거입지를 설명하는 상쇄모형(Residential trade-off model)의 주택가격 함수에서 상쇄의 대상이 되는 것은?

① 소득과 소비
② 주거비용과 통근비용
③ 주택규모와 주택의 질적 수준
④ 자가용유지비와 대중교통비용

해설
주거지 상쇄모형은 도시 내 토지이용자들이 교통비용과 임대료 간의 상호교환(trade-off)을 통해 입지비용을 최소화하려고 노력하는 모형이다.

70 결절지역(nodal 또는 polarized regions)에 대한 설명으로 틀린 것은?

① 지역경제 내지 지역정책의 목적 달성을 위해 행정조직에 근거하여 인위적으로 설정한 영역이다.
② 미국의 표준 대도시 통계지역(SMSA), 일본의 인구집중지구(DID)를 예로 들 수 있다.
③ 결절지역을 분석하는 데 중력모형이 유용하게 이용될 수 있다.
④ 기능적 측면에서 공간의 상호 의존성을 고려하여 분류한 지역개념이다.

해설
결절(분극)지역(結節地域, Node Region)은 상호 의존적·보완적 관계를 가진 몇 개의 공간단위를 하나로 묶은 지역으로서 지역 내의 특정 공간 단위에 경제활동이나 인구가 집중되어 있는 공간단위를 흔히 결절(Node) 또는 분극(Focus)이라고 한다. 결절지역에서는 경제활동은 물론 정치적·문화적인 관계에 있어서도 그 흐름이나 유대가 그 지역을 지배하는 중심점을 향해 이루어진다. 지역은 서로 이질적이나 기능적으로 밀접한 관계를 가진 공간단위로 구성되며, 구성공간단위 간의 기능적 분화를 전제로 한다. 따라서 결절지역은 인위적으로 설정하기 어렵다.

71 다음 중 알론소의 입찰지대이론과 가장 거리가 먼 개념은?

① 무차별곡선(Indifference Curve)
② 단일도심(Monocentric City)
③ 입찰지대(Bid Rent)
④ 필터링(Filtering)

해설
입찰지대이론(Bid Rent Theory)은 토지 이용은 최고의 지대 지불의사가 있는 이용 용도에 따른다는 이론이다. 이 이론에서 소비자의 만족은 한계효용 체감의 법칙을 따르는 무차별곡선(Indifference Curve)을 나타낸다. 튀넨의 고립국이론을 바탕으로 하므로 단일도심(Monocentric City)을 가정한다.

72 도시체계에서 한 도시의 규모는 그 도시의 등급에 반비례한다는 관계를 설명하는 이론은?

① 순위-규모 법칙(Rank-size Rule)
② 균형화이론(Equalization Theories)
③ 표준화기법(Standardization Technique)
④ 연쇄체계모형(Recursive System Model)

해설
순위규모법칙(Rank-size Rule)은 도시 체계 속에서 도시 규모가 어떠한 모양으로 분포되는가를 설명하는 이론이며 도시체계 속에서 한 도시의 규모는 도시의 등급에 역비례한다는 관계를 설명하는 이론이다. 한 국가에서 수위도시의 인구(최상의 도시인구)를 바탕으로 도시 순위 간 인구분포를 이용, 도시의 정주체계를 분석하는 방법이다.

73 수도권정비계획법령에 따른 권역 구분에 해당하지 않는 것은?

① 과밀억제권역 ② 성장관리권역
③ 자연보전권역 ④ 개발제한권역

해설
수도권정비계획법에 의한 권역은 과밀억제권역, 성장관리권역, 자연보전권역으로 구분된다.

74 선도 또는 추진산업(leading or propulsive industry)의 일반적인 특징으로 틀린 것은?

① 다른 산업과의 연계성이 낮은 산업이다.
② 전체 산업의 평균 성장률보다 빠른 성장률을 가진다.
③ 성장을 유도하고 그 성장을 다른 곳으로 확산시킨다.
④ 진보된 수준의 기술을 요구하는 새롭고 역동적인 산업이다.

해설
추진산업(선도산업)
- 페로우(F. Perroux)가 제시
- 성장에 대한 열의를 고무할 수 있는 새로운 기술의 역동적인 산업
- 산업의 규모가 커서 경제적 지배력을 행사할 수 있는 산업
- 수요에 대한 소득 탄력성이 높아 다른 산업에 비해 성장속도가 빠른 산업
- 여타 부문과의 산업 간 연계성이 높은 산업(전후방 연계성이 높음)

75 인구예측모형을 요소모형과 비요소모형으로 구분할 때, 다음 중 요소모형에 해당하는 것은?

① 곰페르츠모형 ② 로지스틱모형
③ 인구이동모형 ④ 지수성장모형

해설
요소모형에는 연령집단생잔모형과 인구이동모형이 포함된다. 비요소모형에 선형, 지수, 수정된 지수, 곰페르츠, 로지스틱, 비교, 비율 예측방법 등이 있다.

정답 70 ① 71 ④ 72 ① 73 ④ 74 ① 75 ③

76 다음 중 동질적인 집단을 규명하기 위한 분석에서 가장 유용한 통계적 기법은?

① 로짓모형(Logit Model)
② 군집분석(Cluster Analysis)
③ 회귀분석(Regression Analysis)
④ 분산분석(Analysis of Variance)

해설
개체들을 서로 유사한 것끼리 군집화하거나 상관관계가 큰 변수들끼리 집단으로 묶는 통계적 방법을 군집분석이라 한다. 권역을 설정하는데 가장 유용한 기법이다. 분석을 위해 개체들 간의 유사성(Similarity) 또는 이와 반대 개념인 거리(Distance)에 근거하여 개체들을 집단으로 군집화하기도 한다.

77 도시와 농촌의 구분이 불분명해지고 도시계획과 농촌계획의 통합적 접근이 필요하게 됨에 따라 1932년 도시계획법을 「도시 및 농촌계획법」으로 개정한 나라는?

① 영국 ② 미국 ③ 독일 ④ 프랑스

해설
1890년 도시화율이 50%를 상회하게 된 영국은 도시와 농촌의 통합적 계획이 필요하다고 판단하여 1932년 도시계획법을 도시 및 농촌계획법으로 개정하였다.

78 지역개발이론의 주창자와 대표 이론의 연결이 옳은 것은?

① 페로우(Perroux) - 수출기반이론
② 로스토우(Rostow) - 단계적성장이론
③ 미르달(Myrdal) - 쇄신이론
④ 노스(North) - 지역간균형성장이론

해설
월트 휘트먼 로스토우(Walt Whitman Rostow, 1916~2003)는 경제성장단계설을 주장하였는데 경제성장이라는 관점에서 인류의 전 역사를 전통적 사회 → 도약을 위한 선행조건이 발전하는 시기(과도적 사회) → 도약기 → (공업화 과정을 통한) 성숙기 → 고도의 대량 소비사회 단계를 거쳐 성장하는 것으로 보았다. 근대화를 위한 정치적 지도력의 원천으로 군부를 지목하였는데, 이러한 모델은 경제학에서 중요한 사회변화이론으로 여겨지고 있다.
페로우(Perroux) - 성장극이론, 미르달(Myrdal) - 역류효과, 노스(North) - 경제기반이론(=수출기반이론), 슘페터(Schumpeter) - 쇄신이론

79 우리나라의 국토 및 지역계획 수립과정에서의 공간적 제약요소로 가장 거리가 먼 것은?

① 협소한 국토   ② 국토의 분단
③ 산업의 분산   ④ 지역간 불균형 성장

해설
우리나라 국토 및 지역계획 수립과정에서의 공간적 제약요소로는 협소하고 분단된 국토, 그리고 지역간 불균형 성장을 들 수 있다.

80 지역계획의 학문적 성격으로 가장 거리가 먼 것은?

① 종합 과학적인 학문이다.
② 순수이론만을 다루는 학문이다.
③ 규범적이고 실천적인 학문이다.
④ 공간의 문제에 바탕을 둔 학문이다.

해설
지역계획은 정치·경제·사회 모든 분야를 망라할 뿐 아니라 인문과학과 자연과학의 종합된 종합과학이고, 행위를 규제하는 규범적, 실천적 학문이며 공간을 대상으로 공간적 배분과 형평성을 중시하는 학문이다.

제5과목 도시계획관계법규

81 국토의 계획 및 이용에 관한 법령에 따라 해당 용도지역별 용적률의 최대 한도가 가장 낮은 것부터 순서대로 옳게 나열한 것은? (단, 조례로 따로 정하는 경우는 고려하지 않는다.)

㉠ 제1종전용주거지역   ㉡ 중심상업지역
㉢ 준주거지역   ㉣ 일반상업지역
㉤ 전용공업지역   ㉥ 보전녹지지역

① ㉥, ㉠, ㉢, ㉤, ㉣, ㉡
② ㉥, ㉠, ㉢, ㉣, ㉤, ㉡
③ ㉥, ㉠, ㉤, ㉢, ㉡, ㉣
④ ㉥, ㉠, ㉤, ㉢, ㉣, ㉡

해설
녹지, 공업, 주거, 상업 순으로 높아진다.
• 제1종전용주거지역 : 100% 이하
• 중심상업지역 : 1,500% 이하
• 준주거지역 : 500% 이하

정답 76 ② 77 ① 78 ② 79 ③ 80 ② 81 ④

- 일반상업지역 : 1,300% 이하
- 전용공업지역 : 300% 이하
- 보전녹지지역 : 80% 이하

82 국토의 계획 및 이용에 관한 법령상 기반시설 중 공공·문화체육시설에 해당하지 않는 것은?

① 시장
② 학교
③ 사회복지시설
④ 청소년수련시설

해 설
공공·문화체육시설에는 학교·운동장·공공청사·문화시설·공공필요성이 인정되는 체육시설·연구시설·사회복지시설·공공직업훈련시설·청소년수련시설이 해당한다. 시장은 유통·공급시설이다.

83 주택법령상 주택건설사업을 시행하려는 자가 사업계획 승인권자에게 사업계획승인을 받아야 하는 주택건설사업의 규모 기준으로 옳은 것은? (단, 단독주택으로서, 건축법 시행령에 따른 한옥을 건설하는 경우)

① 10호 이상
② 20호 이상
③ 30호 이상
④ 50호 이상

해 설
주택법 시행령 제27조(사업계획의 승인) ①항 조항에 의거 30호 이상의 단독주택을 건설할 경우 사업계획승인을 받아야 하나, 건축법 시행령」 제2조제16호에 따른 한옥의 경우에는 50호 이상의 단독주택을 건설할 경우에 사업계획승인을 받아야 한다.

84 도시 및 주거환경정비법령의 정의에 따라 "노후·불량 건축물"에 해당하는 설명이 아닌 것은?

① 건축물이 훼손되거나 일부가 멸실되어 붕괴, 그 밖의 안전사고의 우려가 있는 건축물
② 내진성능이 확보되지 아니한 건축물 중 중대한 기능적 결함이 있는 건축물로서 대통령령으로 정하는 건축물
③ 건축물을 철거하고 새로운 건축물을 건설하는 경우 건설에 드는 비용과 효용의 차이가 없을 것으로 예상되는 건축물로서 시·도 조례로 정하는 건축물
④ 도시미관을 저해하거나 노후화된 건축물로서 대통령령으로 정하는 바에 따라 시·도 조례로 정하는 건축물

해 설
도시 및 주거환경정비법 제2조(정의) 조항에 의거 정의된 노후 불량 건축물이란 건축물을 철거하고 새로운 건축물을 건설하는 경우 건설에 드는 비용과 비교하여 효용의 현저한 증가가 예상되는 건축물로서 시·도 조례로 정하는 건축물을 말한다.

85 수도권정비계획법령상 총량규제에 관한 설명 중 틀린 것은?

① 국토교통부장관은 인구집중유발시설이 수도권에 지나치게 집중되지 아니하도록 하기 위하여 일정한 기준을 초과하는 신설 또는 증설을 제한할 수 있다.
② 국토교통부장관이 인구집중유발시설의 신설 또는 증설을 제한하는 경우, 신설 또는 증설의 총허용량과 그 산출 근거는 국토교통부장관이 고시한다.
③ 공장에 대한 총량규제의 내용과 방법은 수도권정비위원회의 심의를 거쳐 결정하며, 관할 시·도지사는 이를 고시하여야 한다.
④ 관계 행정기관의 장은 인구집중유발시설의 신설 또는 증설에 대하여 관련 규정에 따른 총량규제의 내용과 다르게 허가 등을 하여서는 아니 된다.

해 설
수도권정비계획법 제18조(총량규제) ②항 조항에 의거 공장에 대한 제1항의 총량규제의 내용과 방법은 대통령령으로 정하는 바에 따라 수도권정비위원회의 심의를 거쳐 결정하며, 국토교통부장관은 이를 고시하여야 한다. 〈개정 2013.3.23.〉

86 도시공원 및 녹지 등에 관한 법령상 하나의 도시지역 안에 있어서의 도시공원의 확보기준은? (단, 개발제한구역 및 녹지지역을 제외한 도시지역 안의 경우는 고려하지 않는다.)

① 해당 도시지역 안에 거주하는 주민 1인당 3㎡ 이상
② 해당 도시지역 안에 거주하는 주민 1인당 4㎡ 이상
③ 해당 도시지역 안에 거주하는 주민 1인당 5㎡ 이상
④ 해당 도시지역 안에 거주하는 주민 1인당 6㎡ 이상

해 설
도시공원 및 녹지 등에 관한 법률 시행규칙 제4조(도시공원의 면적기준) 조항에 의거 하나의 도시지역 안에서 도시공원의 확보기준은 다음과 같다.
- 해당 도시지역 안에 거주하는 주민 1인당 6㎡ 이상
- 개발제한구역 및 녹지지역을 제외한 도시지역 안에 있어서의 도시공원의 확보기준은 해당 도시지역 안에 거주하는 주민 1인당 3㎡ 이상으로 한다.

87 주택법령상 주택건설사업을 시행하려는 자가 대통령령으로 정하는 호수 이상의 주택단지를 공구별로 분할하여 주택을 건설·공급하고자 할 때, 사업계획승인을 받기 위해 사업계획승인권자에게 첨부하여 제출하여야 할 서류에 해당하지 않는 것은?

① 사용검사계획서 ② 주택관리계획서
③ 입주자모집계획서 ④ 공구별 공사계획서

해 설
주택법 제15조(사업계획의 승인) 제3항 조항에 의거 주택건설사업을 시행하려는 자는 대통령령으로 정하는 호수 이상의 주택단지를 공구별로 분할하여 주택을 건설·공급할 수 있다. 이 경우 제2항에 따른 서류와 함께 다음 각 호의 서류를 첨부하여 사업계획승인권자에게 제출하고 사업계획승인을 받아야 한다.
1. 공구별 공사계획서
2. 입주자모집계획서
3. 사용검사계획서

88 건축법상 건축물의 대지는 최소 얼마 이상이 도로에 접하여야 하는가? (단, 자동차만의 통행에 사용되는 도로는 제외한다.)

① 2m ② 4m ③ 5m ④ 6m

해 설
건축법 제44조(대지와 도로의 관계) 제1항 조항에 의거 건축물의 대지는 2m 이상을 도로(자동차만의 통행에 사용되는 도로를 제외)에 접해야한다.

89 도시공원 및 녹지 등에 관한 법령상 도시공원의 세분에 해당하지 않는 것은? (단, 조례로 정하는 경우는 고려하지 않는다.)

① 근린공원 ② 묘지공원
③ 체육공원 ④ 국립공원

해 설
도시공원 및 녹지 등에 관한 법률 제15조(도시공원의 세분 및 규모) 조항에 의거 도시공원은 크게 국가도시공원, 생활권공원과 주제공원으로 구분되며 생활권공원에 소공원, 어린이공원, 근린공원이 있고, 주제공원에 역사공원, 문화공원, 수변공원, 묘지공원, 체육공원, 특별시·광역시 또는 도의 조례가 정하는 공원이 있다.

90 주차장법령상 단지조성사업 등으로 설치되는 노외주차장에 경형자동차를 위한 전용주차구획과 환경친화적 자동차를 위한 전용주차구획을 합한 주차구획의 설치기준으로 옳은 것은?

① 노외주차장 총 주차대수의 1% 이상
② 노외주차장 총 주차대수의 3% 이상
③ 노외주차장 총 주차대수의 5% 이상
④ 노외주차장 총 주차대수의 10% 이상

해 설
주차장법 시행령 제4조(경형자동차 및 환경친화적 자동차 전용주차구획의 설치비율) 조항에 의거 법 제12조의3 제3항, 동법 시행령 제4조에 따라 노외주차장에는 경형자동차를 위한 전용주차구획과 환경친화적 자동차를 위한 전용주차구획을 합한 주차구획이 노외주차장 총 주차대수의 100분의 10 이상이 되도록 설치하여야 한다.
(2021. 3. 30. 개정)

91 국토의 계획 및 이용에 관한 법령에 따라, 건축물을 건축하고자 하는 자가 그 대지의 일부를 공공시설부지로 제공하는 경우 당해 건축물에 대한 규정 용적률의 200% 이하의 범위 안에서 대지면적의 제공비율에 따라 용적률을 따로 정할 수 있는 지역·지구 또는 구역에 해당하지 않는 것은?

① 상업지역
② 개발진흥지구
③ 도시 및 주거환경정비법에 따른 재건축사업을 시행하기 위한 정비구역
④ 도시 및 주거환경정비법에 따른 재개발사업을 시행하기 위한 정비구역

해 설
국토의 계획 및 이용에 관한 법률 시행령 제46조(도시지역 내 지구단위계획구역에서의 건폐율 등의 완화적용) 제7항 조항에 의거 개발진흥지구는 120% 이내에서 정할 수 있다.

92 국토기본법상 국토정책위원회에 관한 설명으로 옳은 것은?

① 위원장은 국토교통부장관이 한다.
② 위촉위원은 국무조정실장이 임명한다.
③ 당연직위원은 국토계획 및 정책에 관하여 학식과

경험이 풍부한 사람으로서 국무총리가 위촉한 사람으로 한다.
④ 위촉위원의 임기는 2년으로 하되, 사임 등으로 인하여 새로 위촉된 위원의 임기는 전임위원 임기의 남은 기간으로 한다.

해설
① 위원장은 국무총리이다.
② 위촉위원은 국토계획 및 정책에 관하여 학식과 경험이 풍부한 사람으로서 국무총리가 위촉한 사람이다.
③ 당연직위원은 대통령령으로 정하는 중앙행정기관의 장과 국무조정실장, 「국가균형발전 특별법」에 따른 지역발전위원회 위원장이 맡는다.

93 도시재생 활성화 및 지원에 관한 특별법령상 도시재생지원센터의 수행 업무가 아닌 것은?

① 국가지원 사항이 포함된 도시재생사업에 대한 심의
② 도시재생전략계획의 수립과 관련 사업의 추진 지원
③ 도시재생활성화지역 주민의 의견조정을 위하여 필요한 사항
④ 현장 전문가 육성을 위한 교육프로그램의 운영

해설
도시재생 활성화 및 지원에 관한 특별법 제11조(도시재생지원센터의 설치) 조항에 의거 도시재생지원센터는 아래와 같은 업무를 수행한다.
1. 도시재생전략계획 및 도시재생활성화계획 수립과 관련 사업의 추진 지원
2. 도시재생활성화지역 주민의 의견조정을 위하여 필요한 사항
3. 현장 전문가 육성을 위한 교육프로그램의 운영
4. 마을기업의 창업 및 운영 지원
5. 그 밖에 대통령령으로 정하는 사항

94 도시 및 주거환경정비법령상 정비계획의 변경시 주민에 대한 서면통보, 주민설명회, 주민공람 및 지방의회의 의견청취 절차를 거치지 아니할 수 있는 경우의 기준이 아닌 것은? (단, 기타의 경우는 고려하지 않는다.)

① 정비구역의 면적을 10퍼센트 미만의 범위에서 변경하는 경우
② 공동이용시설 설치계획을 변경하는 경우
③ 건축물의 건폐율을 축소하는 경우
④ 정비사업시행예정시기를 5년의 범위에서 조정하는 경우

해설
도시 및 주거환경정비법 시행령 제13조(정비구역의 지정을 위한 주민공람 등) 제4항 조항에 의거 정비구역의 면적을 10퍼센트 미만의 범위에서 변경하는 경우와 공동이용시설 설치계획을 변경하는 경우, 건축물의 건폐율 또는 용적률을 축소하거나 10퍼센트 미만의 범위에서 확대하는 경우에는 주민에 대한 서면통보, 주민설명회, 주민공람 및 지방의회의 의견청취 절차를 거치지 아니할 수 있다.

95 도시개발법상 시행자가 도시개발사업을 원활히 시행하기 위하여 특히 필요한 경우에 토지 또는 건축물 소유자의 신청을 받아 건축물의 일부와 그 건축물이 있는 토지의 공유지분을 부여하는 것을 무엇이라 하는가?

① 보류지   ② 체비지
③ 증감환지 ④ 입체환지

해설
입체환지
- 토지소유자의 동의를 얻어 환지의 목적인 토지에 갈음하여 시행자가 처분할 권한이 있는 건축물의 일부와 그 건축물이 있는 토지의 공유지분을 부여
- 집단체비지 내에 공동주택 또는 상가를 건설하는 경우

96 국토교통부장관이 산업단지 외의 지역에서의 공장설립을 위한 입지 지정과 지정 승인된 입지의 개발에 관한 기준 작성 시 포함되어야 할 사항에 해당하지 않는 것은? (단, 기타 다른 계획과의 조화를 위하여 필요한 사항은 고려하지 않는다.)

① 주택건설 및 공급에 관한 사항
② 토지가격의 안정을 위하여 필요한 사항
③ 산업시설용지의 적정이용기준에 관한 사항
④ 환경보전 및 문화재 보존을 위하여 필요한 사항

해설
산업입지 및 개발에 관한 법률 시행령 제45조에 의거, 입지지정 및 개발에 관한 기준에 포함될 사항은 산업시설용지의 적정이용기준에 관한 사항, 토지가격의 안정을 위하여 필요한 사항, 환경보전 및 문화재 보존을 위하여 필요한 사항 등이다. 국민주택·임대주택 건설 및 공급에 관한 사항은 주택법에 의한 주택종합계획에 포함되어야 할 내용이다. (※ 2015.6.22. 부로 주택종합계획 관련 조항인 주택법 7,8조가 삭제되었다.)(※ 2024.5.7. 부로 환경보전 및 「국가유산」 보존을 위하여 필요한 사항으로 조항의 내용이 변경되었다.)

정답 93 ① 94 ④ 95 ④ 96 ①

97 건축법령상 각 시설군에 속하는 건축물의 용도가 잘못 연결된 것은?

① 전기통신시설군 – 발전시설
② 문화집회시설군 – 운동시설
③ 영업시설군 – 숙박시설
④ 주거업무시설군 – 단독주택

해설
건축법 시행령 제14조(용도 변경) 제5항에 의거 법 제19조 제4항 각 호의 시설군에 속하는 건축물의 용도는 다음 각 호와 같다.
4. 문화집회시설군
   가. 문화 및 집회시설
   나. 종교시설
   다. 위락시설
   라. 관광휴게시설
5. 영업시설군
   가. 판매시설
   나. 운동시설
   다. 숙박시설
   라. 제2종 근린생활시설 중 다중생활시설

98 수도권정비계획법령상 과밀부담금의 산정 및 배분 기준에 관한 내용 중 틀린 것은?

① 건축비의 100분의 10으로 한다.
② 지역별 여건을 감안하여 100분의 5까지 조정할 수 있다.
③ 건축비는 시장이 고시하는 표준건축비를 기준으로 산정한다.
④ 징수된 부담금의 100분의 50은 부담금을 징수한 건축물이 있는 시·도에 귀속한다.

해설
수도권정비계획법 제14조(부담금의 산정 기준) 제2항 조항에 의거 건축비는 국토교통부장관이 고시하는 표준건축비를 기준으로 산정한다. 〈개정 2013.3.23.〉

99 도시·군계획시설의 결정·구조 및 설치기준에 관한 규칙에 따른 광장의 세분에 해당하지 않는 것은?

① 교통광장   ② 건축물부설광장
③ 미관광장   ④ 지하광장

해설
도시·군계획시설의 결정·구조 및 설치기준에 관한 규칙 제50조(광장의 결정기준) 조항에 의거 광장은 교통, 일반, 경관, 지하, 건축물부설광장으로 구분된다.

100 수도권정비계획법령상 대규모 개발사업의 정의에 해당하지 않는 택지조성사업은? (단, 면적이 모두 100만㎡ 이상인 경우)

① 「주택법」에 따른 주택건설사업
② 「택지개발촉진법」에 따른 택지개발사업
③ 「도시 및 주거환경정비법」에 따른 주거환경개선사업
④ 「산업입지 및 개발에 관한 법률」에 따른 산업단지 및 특수지역에서의 주택지 조성사업

해설
수도권정비계획법 시행령 제4조(대규모 개발사업의 종류 등) 에 의거 대규모 개발사업이란 다음 각 목의 어느 하나에 해당하는 택지조성사업(이하 "택지조성사업"이라 한다)으로서 그 면적이 100만제곱미터 이상인 것을 말한다.
가. 「택지개발촉진법」에 따른 택지개발사업
나. 「주택법」에 따른 주택건설사업 및 대지조성사업
다. 「산업입지 및 개발에 관한 법률」에 따른 산업단지 및 특수지역에서의 주택지 조성사업

2022년 기출문제

제1과목 도시계획론

01 20세기 이후에 발표된 도시계획 헌장 중 최초의 도시계획 헌장으로 세계 도시계획 및 설계분야의 발전에 많은 영향을 미친 것은?

① 아테네(Athens) 헌장
② 메가리드(Megaride) 헌장
③ 맞추픽추(Machu-Picchu) 헌장
④ 뉴어바니즘(New Urbanism) 헌장

해설
아테네(Athens) 헌장 : 1933년 그리스 아테네에서 개최된 제4회 근대건축국제회의의 결론인 도시계획헌장을 말한다. 20세기 이후 발표된 도시계획 헌장들 중 최초의 것으로 전 세계 도시계획 및 설계 분야의 발전에 많은 영향을 미쳤다.

02 케빈 린치(Kevin Lynch)가 그의 저서 'The image of the city'를 통해 주장한 도시이미지를 구성하는 5가지 요소가 모두 옳은 것은?

① 도로(Path), 경계(Edge), 결절점(Node), 지구(District), 랜드마크(Landmark)
② 고속도로(Highway), 하천(River), 경계(Edge), 결절점(Node), 지구(District)
③ 도로(Path), 경계(Edge), 결절점(Node), 건축물(Building), 경관(Streetscape)
④ 도로(Path), 경계(Edge), 건축물(Building), 지구(District), 랜드마크(Landmark)

해설
케빈 린치(Kevin Lynch)가 분류한 도시 이미지의 5가지 요소는 경계(Edge), 결절점(Node), 도로(Path), 지구(District), 랜드마크(Landmark)이다.

03 용도지역·지구제에 대한 설명으로 옳지 않은 것은?

① 일종의 토지이용규제 수단이다.
② 토지의 경제적·효율적 이용과 공공복리 증진을 도모하기 위하여 지정한다.
③ 용도지역은 도시계획구역 전체를 대상으로 지정하며 동일한 위치에 중복하여 지정할 수 있다.
④ 국토의 계획 및 이용에 관한 법률에서는 용도지역, 용도지구, 용도구역을 두고 있다.

해설
국토의 이용 및 계획에 관한 법률 제2조(정의) 15. "용도지역"이란 토지의 이용 및 건축물의 용도, 건폐율, 용적률, 높이 등을 제한함으로써 토지를 경제적·효율적으로 이용하고 공공복리의 증진을 도모하기 위하여 서로 중복되지 아니하게 도시·군관리계획으로 결정하는 지역을 말한다.
→ 용도지역의 중복지정은 불가하다.

04 고대 도시의 도시계획 특성에 관한 설명으로 옳지 않은 것은?

① 메소포타미아의 고대 도시들은 신권통치를 위한 지배 공간으로서 소비의 중심지였다.
② 이집트에서는 새로운 왕이 즉위할 때 마다 행정수도를 이전하는 관습이 있었다.
③ 고대 그리스 도시는 도시 입구와 신전을 축으로 중간 지점에 아고라를 배치하였다.
④ 로마의 도시들은 그리스 도시들보다 소규모의 정방형 형태로 구릉이나 언덕에 형성되었다.

해설
고대 로마도시는 평탄한 지형에 형성되었고, 그리스 도시들보다 체계적이고 대규모로 건설되었다.

05 도시조사에 이용되는 회귀분석모형에 대한 설명으로 옳지 않은 것은?

① 단순회귀분석이란 하나의 종속변수와 하나의 독립변수 사이의 관계를 추정하는 분석이다.
② 다중회귀분석이란 하나의 종속변수와 여러개의 독립변수 사이의 관계를 추정하는 분석이다.
③ 회귀계수는 추정하려는 독립변수의 파라메타를 뜻하며 일반적으로 최소제곱법에 의하여 회귀계수를 추정한다.
④ 추정된 회귀선이 표본자료를 얼마나 잘 설명하는가를 나타내는 통계량을 상관계수라고 하며 S^2로 표시한다.

정답 01 ① 02 ① 03 ③ 04 ④ 05 ④

[해설]

회귀분석법(Regression Analysis, 인과분석법)
1. 정의 : 독립변수와 종속변수의 인과관계를 규명하고 이를 근거로 종속변수에 대한 미래 예측을 실시하는 통계적 분석방법
2. 종류 : 단순선형회귀분석, 다중선형회귀분석
3. 특징
- 토지이용계획의 분석과정에서 하나의 도구다.
- 예측과 추정능력을 높일 수 있다.(최소제곱법 사용)
- 여러 변수의 인과관계를 통계학적 분석기법으로 예측, 추정능력을 높일 수 있다.
- 컴퓨터의 발달로 많은 변수의 계산 및 해석도 가능하다.
- 질적 변수처리와 다중 공선성 문제(설명변수 간 상관관계)를 가진다.
※ 상관계수는 R로 표현한다.

06 아래의 조건에 따른 밀도별 주거지역의 토지수요 예측 값이 옳은 것은? (단, 목표연도의 예측인구는 200,000인이다.)

	인구밀도	거주인구비율
ⓐ 저밀도	100 인/ha	30%
ⓑ 중밀도	200 인/ha	40%
ⓒ 고밀도	300 인/ha	30%

① ⓐ 300ha ⓑ 200ha ⓒ 100ha
② ⓐ 400ha ⓑ 400ha ⓒ 200ha
③ ⓐ 600ha ⓑ 300ha ⓒ 100ha
④ ⓐ 600ha ⓑ 400ha ⓒ 200ha

[해설]

주거지역의 토지수요 = 인구 ÷ 인구밀도 × 거주인구비율
ⓐ 저밀도 = 200,000인 ÷ 100인/ha × 0.3 = 600ha
ⓑ 중밀도 = 200,000인 ÷ 200인/ha × 0.4 = 400ha
ⓒ 고밀도 = 200,000인 ÷ 300인/ha × 0.3 = 200ha

07 도시·군계획시설의 민간 투자방식에 대한 설명으로 틀린 것은?

① BOO 방식 : 시설의 준공과 동시에 국가 또는 지방자치단체에게 소유권이 인정되는 방식
② BOT 방식 : 시설의 준공 후 일정 기간동안 사업시행자에게 소유권이 인정되며, 기간 만료시 국가 또는 지방자치단체에 소유권이 이전되는 방식
③ BTO 방식 : 시설의 준공과 동시에 국가 또는 지방자치단체에 소유권이 귀속되며, 사업 시행자에게 일정 기간 시설의 관리 운영권을 인정하는 방식
④ BLT 방식 : 사업시행자가 시설 준공 후 일정 기간동안 운영권을 정부에 임대하고 임대 기간 종료 후 시설물을 국가 또는 지방자치단체에 이전하는 방식

[해설]

BOO(Build-Own-Operate 건설·소유 운영방식)는 사회간접자본시설의 준공과 동시에 사업시행자에게 당해 시설의 소유권을 인정하는 방식이다.

08 장기미집행 도시·군계획시설 일몰제에 대한 설명으로 옳지 않은 것은? (단, 지방자치단체의 조례로 정하는 내용은 고려하지 않는다.)

① 사유 재산권을 보호하기 위한 제도이다.
② 2000년 7월 1일 이전에 결정·고시된 도시계획시설 결정의 실효에 관한 결정·고시일의 기산일은 2000년 7월 1일이다.
③ 매수 의무자가 매수하지 않기로 결정한 토지의 소유자는 건축법령상 제1종근린생활시설로서 5층 이하인 건축물을 설치할 수 있다.
④ 도시·군계획시설결정이 고시된 도시·군계획시설에 대하여 그 고시일부터 20년이 지날 때 까지 그 시설의 설치에 관한 도시·군계획시설사업이 시행되지 아니하는 경우 그 도시·군계획시설결정은 그 고시일부터 20년이 되는 날의 다음날에 그 효력을 잃는다.

[해설]

매수 의무자가 매수하지 않기로 결정한 토지의 소유자는 국토의 계획 및 이용에 관한 법률 시행령 제41조5항2목에 의거 건축법령상 제1종근린생활시설로서 3층 이하인 건축물을 설치할 수 있다.

09 도시의 물리적 계획의 3대 요소로 가장 거리가 먼 것은?

① 정보 ② 밀도 ③ 배치 ④ 동선

[해설]

도시의 구성요소
- 유기적 3대 구성요소 : 인구, 활동, 토지·시설
- 물리적 3대 구성요소 : 밀도, 배치, 동선

10 도시화의 과정에서 도시산업의 발달 속도보다 도시인구의 증가 속도가 훨씬 크게 되어 인구적으로만 비대해진 도시화 현상은?

① 가도시화
② 간접도시화
③ 종주도시화
④ 과잉도시화

해 설
가도시화(Pseudo-Urbanization)란 도시의 부양(고용)능력에 비해 지나치게 많은 인구가 집중하여 인구만 비대해진 도시화현상을 말한다.

11 연속적인 경관(Visual Sequence)에서 나타나는 공간과 경관의 의미적 해석에 초점을 맞춰 인간의 지각적 경험을 기준으로 경관분석과 방법론을 제안한 영국 도시경관파의 대표적인 학자는?

① Kevin Lynch
② Gordon Cullen
③ Amos Rapoport
④ Donald W. Meinig

해 설
고든 컬렌은 시경관은 건축적인 요소, 회화적인 요소, 시각적 요소 및 실제적인 요소 등을 혼합한 "연속된 시각적인 개념"이라고 주장하였다.

12 도시계획에 활용되는 자료원에 대한 접근방법을 직접적·간접적이냐에 따라 1차 자료와 2차 자료로 분류할 때 다음 중 2차 자료에 해당하는 것은?

① 통계조사자료
② 현지조사자료
③ 면접조사자료
④ 설문조사자료

해 설
현지조사, 면접조사, 설문조사는 1차자료이고, 문헌자료, 통계자료, 지도분석은 2차자료에 해당한다.

13 도시의 경제기반 약화, 인구감소, 고령화 사회 등 경제·사회적 여건 변화에 대응하여 과거 국토해양부가 제시한 '미래도시 비전 2020'에서의 4대 정책목표(4C City)가 아닌 것은?

① 경쟁력(Competitive) 있는 활력도시
② 편리한(Convenient) 생활도시
③ 조용한(Calm) 전원도시
④ 깨끗한(Clean) 녹색도시

해 설
미래도시 비전 2020에서 제시한 4대 정책목표(4C City)는 경쟁력 있는(Competitive) 활력도시, 편리한(Convenient) 생활도시, 매력적인(Charming) 문화도시, 깨끗한(Clean) 녹색도시이다.

14 이자 계산 시 복리율 적용방식을 원용한 것으로 단기간에 급속히 팽창하는 신도시의 인구 예측에 유용하나, 안정적 인구변화추세를 나타내는 경우 적용하면 인구의 과도 예측을 초래할 위험이 있는 도시 인구 예측 모형은? (단, pn : n년 후의 추정인구, p0 : 현재인구, n : 경과년수, r : 인구증가율, a,b : 상수, k : 상한인구수)

① $p_n = p_0(1+r)^n$
② $p_n = p_0(1+rn)$
③ $p_n = p_0 \times e^{rn}$
④ $p_n = \dfrac{k}{1+e^{a+bn}}$

해 설
인구가 기하급수적인 증가를 나타내고 있어 단기간에 급속히 팽창하는 신도시의 인구 예측에 유용하나 인구의 과도 예측을 초래할 위험성이 있는 인구예측모형은 지수모형(지수성장모형)이다. 지수모형(지수성장모형)은 $p_n = p_0(1+r)^n$로 표현된다.

15 영국에서 1932년 지자체 행정구역 전역을 대상으로 공간계획을 수립하는 제도를 만든 근거 법령은?

① 도시기본법
② 연방건설법
③ 건축법과 건축령
④ 도시 및 농촌계획법

해 설
영국 환경부 1932년 도시 및 농촌계획법(Town and Country Planning Act)은 지자체 행정구역 전역을 대상으로 공간계획을 수립하는 제도로 영국의 도시계획을 총괄하는 기본법이다.

16 도시계획의 실체적 이론과 절차적 이론에 대한 설명으로 옳지 않은 것은?

① 실체적 이론은 특정 계획 분야의 전문 지식에 관한 이론이다.

정답 10 ① 11 ② 12 ① 13 ③ 14 ① 15 ④ 16 ②

② 절차적 이론은 계획이 실행되는 환경이나 계획의 대상이 되는 현상을 이해하는데 사용되는 이론이다.
③ 팔루디(Faludi)는 실체적 이론과 절차적 이론이 완전히 상호 배타적이지는 않다고 주장하였다.
④ 도시계획에서 실체적 이론이란 토지이용계획, 교통계획 등 전문적 지식과 기술을 바탕으로 구체적인 계획안을 생산해내고 집행하는 일련의 행위과정을 의미한다.

> **해 설**
> 계획이 실행되는 환경이나 계획의 대상이 되는 현상을 이해하는데 사용되는 이론은 실체적 이론이다.

17 존 프리드만이 주장한 교류적 계획(Transactive Planning)에 대한 설명으로 옳지 않은 것은?

① 현장 조사나 자료 분석보다는 개인 상호간의 대화를 통한 사회적 학습의 과정을 형성하는데 중점을 둔다.
② 인간의 존엄성에 기초를 두고 있는 신휴머니즘(New Humanism)의 철학적 사고에서 파생하였다.
③ 계획의 집행에 직접적으로 영향을 받는 사람들과의 상호 교류와 대화를 통하여 계획을 수립하여야 한다.
④ 계획의 직접적 영향을 받는 사람들조차도 무관심한 계획안으로부터 발생할 수 있는 이익을 주민의 관점에서 지지하였다.

> **해 설**
> 영향을 받으나 직접 참여하지 못하는 사람의 이익에 관해서는 주민의 관점에서 지지하지 못한다.

18 도시의 분류와 관련하여 아래 내용에 해당하는 것은?

> 독시아디스는 미래도시는 3차원의 동심원적 성장이 아니라 여기에 4차원적인 시간 개념이 도입되어 다이내믹하게 발전된다고 주장하였다.

① 대륙도시(Urbanized continent)
② 플러그 인 시티(Plug-in city)
③ 움직이는 도시(Walking city)
④ 다이나폴리스(Dynapolis)

> **해 설**
> 독시아디스(C. A. Doxiadis, 1913)는 3차원 공간에 대한 4차원으로서 시간에 초점을 맞추어 다이내믹하게 발전하는 미래도시 다이나폴리스(Dynapolis)를 제시하였다.

19 교통존(Traffic Zone)의 설정 기준으로 옳지 않은 것은?

① 행정구역과 가급적 일치시킨다.
② 동질적인 토지 이용이 포함되도록 한다.
③ 간선도로는 가급적 존 경계와 일치시킨다.
④ 가능한 다양한 통행 특성을 가진 지역이 포함되도록 한다.

> **해 설**
> 동질의 토지이용, 행정구역을 일치시키는 등의 기준을 따르는 이유는 통행 특성의 다양성을 최소화하여 조사시 발생할 수 있는 오류를 최소화하기 위함이다.

20 아래와 같은 특징을 갖는 도시정부의 예산편성제도는?

> 점증적 예산편성의 폐단을 시정하기 위해 계속사업이라 하더라도 예산 편성 시 신규 사업처럼 능률성, 효과성, 사업의 계속·축소·확대 여부를 새로이 분석·검토하고, 사업의 우선순위를 결정하여 예산과 사업계획에 관한 결정을 명확히 하려는 제도이다.

① 계획예산제도
② 영기준예산제도
③ 복식예산제도
④ 품목별 예산제도

> **해 설**
> 영기준예산제도(零基準豫算制度, ZBB ; Zero-based budgeting)란 전년도 예산에 기초하지 않고 신규사업처럼 영(0)을 기준으로 원점에서 재검토한 뒤 예산을 편성하는 방법을 말한다.

제2과목 도시설계 및 단지계획

21 당해 구역의 중심기능에 따라 구분한 도시지역외 지역에 지정하는 지구단위계획구역의 유형 구분에 속하지 않는 것은?

① 주거형
② 산업유통형
③ 관광휴양형
④ 환경친화형

> **해설**
> 도시지역외 지역에 지정하는 지구단위계획구역은 당해 구역의 중심 기능에 따라 주거·산업유통·관광휴양·복합형·용도지구 대체형 등으로 구분한다.

22 영국의 계획도시 할로우(Harlow)에 관한 설명으로 옳지 않은 것은?

① 고밀도 개발을 원칙으로 하였다.
② 런던 주변에 개발된 초기 뉴타운의 대표적인 예이다.
③ 주택지는 크게 4개의 그룹으로 나누어 그 내부에 근린주구를 배치하였다.
④ 도시 내의 간선도로는 주택지 그룹 사이에 있는 녹지 속을 통과한다.

> **해설**
> 할로우(Harlow)는 1947년 영국 런던 북쪽 30마일 지점에 설치된 신도시이다. 전원도시로 저밀도 개발을 원칙으로 하였다.

23 페리(C. A. Perry)가 주장한 근린주구의 구성 요소에 해당하지 않는 것은?

① 규모(size)
② 랜드마크(landmark)
③ 오픈스페이스(open space)
④ 상업시설(shopping district)

> **해설**
> 페리는 근린주구 구성의 6가지 원리로 규모, 경계, 오픈스페이스, 공공시설, 근린상가(상업시설), 지구내 가로체계를 주장하였다.

24 도시설계에 관하여 아래와 같이 주장한 미국의 사회학자는?

> 근대도시의 획일화된 형태와 기능적인 용도분리, 가로와의 관계를 의식하지 않은 비정형적인 오픈스페이스 등은 사회범죄와 전통적인 커뮤니티의 해체, 기계적이고 단조로운 인간생활을 조장함으로써 도시는 점점 삭막해져가고 있다. 이러한 문제의식을 바탕으로 전통적인 도시공간의 사례조사를 통하여 용도혼합에 의한 가로공간의 조성과 적정밀도의 저층고밀 개발, 보차공존도로의 조성 등을 통하여 근대도시의 부정적 속성을 해결하여야 한다.

① Herbert Gans
② Jane Jacobs
③ Kevin Lynch
④ Paul D.Speriregen

> **해설**
> 제이콥스(Jane Jacobs)는 근대도시의 문제점을 분석하여 물리적 환경(공간, 밀도 등)에 대한 전문가적 관심을 가졌다.

25 지구단위계획구역의 지정과 관련한 아래 내용에서 ( )에 공통으로 들어갈 내용은?

> 지구단위계획구역의 지정에 관한 도시·군 관리계획 결정의 고시일부터 ( ) 이내에 그 지구단위계획구역에 관한 지구단위계획이 결정·고시되지 아니하면 그 ( )이 되는 날의 다음날에 그 지구단위계획구역의 지정에 관한 도시·군관리계획결정은 효력을 잃는다.

① 1년
② 3년
③ 5년
④ 7년

> **해설**
> 국토의 계획 및 이용에 관한 법률 제53조(지구단위계획구역의 지정 및 지구단위계획에 관한 도시·군관리계획결정의 실효 등)
> ① 지구단위계획구역의 지정에 관한 도시·군관리계획결정의 고시일부터 **3년** 이내에 그 지구단위계획구역에 관한 지구단위계획이 결정·고시되지 아니하면 그 **3년**이 되는 날의 다음날에 그 지구단위계획구역의 지정에 관한 도시·군관리계획결정은 효력을 잃는다.

26 지구단위계획에서 단독주택용지의 획지 및 가구계획 기준으로 옳지 않은 것은?

① 획지의 형상은 가능하면 동서방향으로의 긴 장방형으로 한다.
② 단독주택용 획지로 구성된 소가구는 근린의식 형성이 용이하도록 10~24획지 내외로 구성하는 것이 좋다.
③ 대가구의 규모는 어린이 놀이터 하나를 유지하는 거리로 반경 100~150m를 기준으로 한다.
④ 보행자의 주동선 방향이 긴 가구로 단절되는 경우에는 보행자전용도로를 가구의 장방향과 직각으로 배치하여 보행자의 불편을 최소화한다.

> **해설**
> 획지의 형상은 가능하면 남북방향으로의 긴 장방형으로 한다.

정답 22 ① 23 ② 24 ② 25 ② 26 ①

27 공동주택을 건설하는 주택단지의 총세대수가 2,000세대 이상인 경우 기간도로와 접하거나 기간도로로부터 당해 단지에 이르는 진입도로의 폭은 최소 얼마 이상이어야 하는가? (단, 진입도로가 2개 이상인 경우는 고려하지 않는다.)

① 8m 이상 ② 12m 이상
③ 15m 이상 ④ 20m 이상

해설
진입도로 최소폭원 : 1~300세대 : 6m, 300~500세대 : 8m, 500~1,000세대 : 12m, 1,000~2,000세대 : 15m, 2,000세대 이상 : 20m

28 슈퍼블럭을 구성함으로써 얻는 효과로 거리가 가장 먼 것은?

① 건물을 집약화 함으로써 고층화 및 효율화에 기여한다.
② 충분한 공동의 오픈스페이스 확보가 가능하다.
③ 보도와 차도의 완전한 통합을 통해 가구 내부로 통과 교통의 흐름을 원활하게 한다.
④ 전력, 난방, 하수, 쓰레기 등 도시시설의 공동화가 용이하다.

해설
보도와 차도의 완전한 분리가 가능하다는 것이 슈퍼블럭을 구성함으로써 얻는 효과이자 장점이다.

29 어린이공원의 규모 및 유치거리 기준이 옳은 것은?

① 1,500㎡ 이상, 250m 이하
② 2,000㎡ 이상, 250m 이하
③ 2,500㎡ 이상, 300m 이하
④ 3,000㎡ 이상, 300m 이하

해설
「도시공원 및 녹지 등에 관한 법률 시행규칙」 [별표 3] 〈개정 2013.11.22.〉 도시공원의 설치 및 규모의 기준(제6조 관련) 조항에 의거 어린이공원의 유치거리는 250m 이하이며, 규모는 1천5백㎡ 이상이다.

30 주거단지 내에서 차량의 감속을 유도하기 위하여 설치하는 것은?

① 험프(hump) ② 졸음쉼터
③ 가드레일 ④ 도로 반사경

해설
주거단지 내에서 차량의 감속을 유도하기 위해 초커, 시케인, 라운드어바웃, 교통정온화, 지구교통개선사업 등의 기법을 적용한다. 이러한 기법들에 험프(hump, 과속방지턱)는 기본적인 감속유도시설로 포함된다.

31 지구단위계획에서 건축물의 배치와 관련하여 아래 설명에 해당하는 용어는?

> 특정지역에서 상점가의 1층벽면을 가지런하게 하거나 고층부의 벽면의 위치를 지정하는 등 특정층의 벽면의 위치를 규제할 필요가 있는 경우에 지정할 수 있다.

① 건축지정선 ② 벽면지정선
③ 건축한계선 ④ 벽면한계선

해설
지구단위계획 수립지침 제10절 건축물의 배치와 건축선 3-10-4. 벽면지정선은 특정지역에서 상점가의 1층벽면을 가지런하게 하거나 고층부의 벽면의 위치를 지정하는 등 특정층의 벽면의 위치를 규제할 필요가 있는 경우에 지정할 수 있다.

32 1980년경 새롭게 등장한 뉴어바니즘의 주요 계획요소에 해당하지 않는 것은?

① 다양한 주택(Mixed-Housing)
② 보행성(Walkability)
③ 연결성(Connectivity)
④ 위요(Enclosure)

해설
뉴어바니즘의 기본원리(헌장, 1996년)
보행환경(Walkability), 연계성(Connectivity), 복합용도와 다양성(Mixed-use & Diversity), 주택혼합(Mixed Housing), 도시설계와 건축(Urban Design&Architecture), 근린주구 구조(Neighborhood Structure), 고밀도 개발(Increased Density), 스마트 교통체계(Smart Transportation), 지속가능성(Sustainability), 삶의 질(Quality of Life)
→ '위요'란 둘러싸인 경관을 뜻하는 단어이다.

33 지구단위계획수립지침상 경관상세계획을 수립하는 것을 원칙으로 하는 지역으로 옳지 않은 것은? (단, 광역도시계획·도시·군기본계획 또는 도시·군관리계획에서 경관상세계획을 수립 하도록 결정한 지역의 경우는 고려하지 않는다.)

① 수림대·구릉지·하천변 등 자연경관이 양호한 지역
② 고도지구 및 특정용도제한지구에 지정된 지구단위계획구역
③ 전통적 건조물, 시대적 건축특성이 반영되어 있는 건물군 등의 주변 지역
④ 우수한 기후 및 지리적 조건을 갖은 시·군에 개발압력이 존재하고 있어 양호한 자연환경 및 경관의 보전이 필요한 지역

해설
경관상세계획 수립 대상지역은 다음과 같다.
(1) 광역도시계획·도시·군기본계획 또는 도시·군관리계획에서 경관상세계획을 수립하도록 결정한 지역
(2) 수림대·구릉지·하천변·청정호수 등 자연경관이 양호한 지역
(3) 주요 문화재나 한옥 등 전통적 건조물, 시대적 건축특성이 반영되어 있는 건물들이 밀집해 있어 보존이 요구되는 역사환경지역
(4) 깨끗한 공기, 맑은 하늘, 주위의 산세, 양호한 수림대, 구릉지, 하천변, 청정호수 등 우수한 기후 및 지리적 조건을 갖은 시·군에 개발압력이 존재하고 있어 양호한 자연환경 및 경관의 보전이 필요한 지역
(5) 독특한 경관형성이 요구되는 시·군의 상징적 도로, 녹지대, 문화재나 한옥 등 전통적 건조물, 시대적 건축특성이 반영되어 있는 건물군 등의 주변 지역
(6) 경관지구에 지정된 지구단위계획구역

34 공원·녹지 체계의 유형 중 일정 폭의 녹지를 직선으로 길게 띠모양으로 조성하는 것으로 완충녹지에서 많이 볼 수 있으며 인도의 찬디가르(Chandigarh)에서 볼 수 있는 유형은?

① 집중형
② 분산형
③ 대상형
④ 격자형

해설
상디가르(Chandigarh)는 인도 편잡주의 수도이며 르 코르뷔지에에 의해 설계되었으며 풍부한 녹지대 확보(대상형 녹지대 확보)가 특징이다.

35 지구단위계획구역 중에서 현상설계 등에 의하여 창의적 개발안을 받아들일 필요가 있거나 계획의 수립 및 실현에 상당한 기간이 걸릴 것으로 예상되어 충분한 시간을 가질 필요가 있을 때에 별도의 개발안을 만들어 지구단위계획으로 수용·결정하는 구역은?

① 인센티브구역
② 특별계획구역
③ 우선개발구역
④ 신속통합계획구역

해설
특별계획구역이란 지구단위계획구역 중 현상설계 등에 의하여 창의적 개발안을 받아들일 필요가 있거나 계획안을 작성하는 데 상당한 기간이 소요될 것으로 예상되어 충분한 시간을 가질 필요가 있을 때 별도의 개발안을 만들어 지구단위계획으로 수용, 결정하는 구역으로 미국식 PUD 제도를 국내에 도입한 제도이다.

36 다음 중 저밀도 개발 대상지로 가장 바람직한 지역은?

① 평탄하고 도심지로의 접근로상에 위치한 고지가 지역
② 주위에 상업시설이 밀집되어 있고 재개발이 추진되고 있는 지역
③ 구릉지로서 자연경관과 지형이 어우러진 지역
④ 역세권에 위치하여 대중교통의 연계성이 우수한 소규모 지역

해설
구릉지는 평지에 비해 고밀개발이 어렵고, 자연경관과 지형이 어우러진 지역이라면 경관의 유지를 위해서도 저밀개발로 추진하는 것이 타당성이 높다.

37 공동주택단지의 lost space 중, 주민 접근이 제한되거나 이용시설이 설치되지 않나 공간 이용에 어려움이 있는 유형은?

① 배타적 공간(anti space)
② 황량한 공간(prairie space)
③ 소극적 공간(negative space)
④ 애매한 공간(ambiguous space)

해설
소극적 공간(Negative Space)은 토지이용이 적극적으로 이루어지지 못하는 공간으로서, 소극적·부분적으로만 이용되고 있는 공간이거나 향후 공간 사용을 위해 존자하고 있으나 현재는 사용이 이루어지지 않고 있는 공간을 말한다. 이 공간은 주민접근이 제한되거나 이용시설이 설치되지 않아 공간이용에 어려움이 있는 유형이다.

38 주택건설기준 등에 관한 규정과 관련한 아래에서 ( )에 공통으로 들어갈 알맞은 내용은?

정답 34 ③ 35 ② 36 ③ 37 ③ 38 ③

사업주체는 공동주택을 건설하는 지점의 소음도가 ( )미만이 되도록 하되, ( )이상인 경우에는 방음시설을 설치하여 해당 공동주택의 건설지점의 소음도가 ( )미만이 되도록 관련법령에 따른 소음방지대책을 수립하여야 한다.

① 45 dB ② 55 dB ③ 65 dB ④ 75 dB

해설
주택건설 기준 등에 관한 규정 제9조(소음방지대책의 수립)에 의거 공동주택의 소음도는 65dB 이하여야 하며 소음이 기준치보다 높을 경우 소음저감대책을 강구하여야 한다.

39 다음 중 경관분석 방법에 해당하지 않는 것은?

① 기호화 방법
② 군락측도방법
③ 사진에 의한 방법
④ 메쉬(mesh)에 의한 방법

해설
경관분석기법에는 **기호화**방법, 심미적 요소의 계량화 방법, **메쉬(Mesh)**분석방법, 시각 회랑에 의한 방법, **사진**에 의한 분석방법, 게슈탈트(Gestalt:심리현상은 요소의 가산적 총화로는 설명할 수 없고 전체성을 갖는 동시에 구조화되어 있다는 의미)에 의한 방법이 있다.

40 도로의 규모별 구분에 따라 다음 중 중로에 속하지 않는 것은?

① 폭 12m ② 폭 15m ③ 폭 20m ④ 폭 30m

해설
중로는 3류가 12m 이상 15m 미만, 2류가 15m 이상 20m 미만, 1류가 20m 이상 25m 미만이다. 따라서 12m 이상 25m 미만이 중로의 폭원 범위가 된다.

제3과목 도시개발론

41 인구가 10만 명인 도시에서 다음 조건에 맞게 산출한 상업지역의 소요 면적은?

- 1인당 평균 연상면적 : 15㎡
- 상업지역 이용인구 : 전체 인구의 50%
- 평균층수 : 3층 · 건폐율 : 70% · 공공용지율 : 40%

① 21.4ha ② 35.7ha
③ 59.5ha ④ 262.5ha

해설
$$\text{상업지 면적} = \frac{50{,}000 \times 15}{3 \times 0.7 \times (1-0.4)} = 595238 = 59.5\text{ha}$$

42 다음 설명에 해당하는 도시개발기법은?

일단의 지구를 하나의 계획단위로 보아 그 지구의 특성에 맞는 설계기준을 개발자와 그 개발을 관장하는 당국 간의 협상과정을 통해 융통성 있게 능률적으로 책정, 허용함으로써 공적 입장에서 요구되는 환경의 질과 개발자의 입장에서 요구되는 사업성을 동시에 추구하는 제도

① 마찌쯔쿠리   ② 개발권양도제(TDR)
③ 계획단위개발(PUD) ④ ABC정책

해설
계획단위개발(PUD : Planned Unit Development) 이란 일단의 지구를 하나의 계획단위로 보아 그 지구의 특성에 맞는 설계기준을 개발자와 그 개발을 관장하는 당국 간의 협상과정을 통해 융통성 있게 능률적으로 책정, 허용함으로써 공적 입장에서 요구되는 환경의 질과 개발자의 입장에서 요구되는 사업성을 동시에 추구하는 제도로 우리나라의 지구단위계획 내의 특별계획구역제도와 유사하다.

43 부동산 투자의 유형 중 자본의 성격은 자본투자(equity financing)이면서 운용시장의 형태가 공개시장(public market)에 해당하는 것은?

① 사모부동산펀드   ② 부동산투자회사
③ 상업용저당채권   ④ 직접대출

해설
부동산 투자의 유형

구분	공개시장 (Public Market)	민간시장 (Private Market)
자본투자 (Equity Financing)	부동산투자회사(REITs) 부동산간접투자기구	직접투자 사모부동산펀드
대출투자 (Debt Financing)	상업용 저당채권(CMBS) 부동산간접투자기구	직접대출(Loans) 사모부동산펀드

44. 공사 진행속도가 공정표 상의 일정보다 지연될 위험이 '공사완공 지연위험'의 관리 방안으로 거리가 먼 것은?

① 설계 및 설계변경 관리
② 우수시공사와 책임시공에 대한 협약
③ CM(construction management)사 선정 및 관리
④ 공사완공보험 가입 및 공사 지연 시 지체 보상금 부과

해설
공사완공 지연위험 관리방안
• 책임시공에 대한 협약
• 공사완공보험가입
• 공사 지연 시 지체보상금 부과
• CM(Construction Management)사 선정 관리

45. 공공(公共)이 도시개발 과정에 개입하는 다양한 형태에 대한 설명으로 옳지 않은 것은?

① 각종 토지이용규제를 통하여 도시개발을 제어한다.
② 조세정책이 아닌 금융정책을 통해서만 도시개발을 촉진시키거나 지연시키는 효과를 갖는다.
③ 개발업자 등의 자격을 제한하는 시장진입 규제, 토지 등의 거래행위에 대한 규제, 각종 부담금 등을 통해 개발이익 분배 과정에 개입한다.
④ 공부(公簿) 등을 통해 토지나 건물에 대한 권리관계를 확인하고 보장해 주는 역할을 담당한다.

해설
공공은 세율 및 세목 등을 이용한 조세정책과 금리 및 대출규제 등을 이용한 금융정책을 복합적으로 이용하여 도시개발 과정에 개입한다.

46. Calthorpe가 제안한 대중교통중심개발(TOD)의 개발 주요 원칙으로 옳은 것은?

① 대중교통 중심지의 효율적 토지이용을 위해 녹지와 오픈스페이스를 최소화한다.
② 토지이용의 용도 복합을 통해 다양한 시설이 혼합되도록 배치한다.
③ 지역내 목적지 간에는 자가용 이동 위주의 보행공간을 구축한다.
④ 대중교통 중심지는 저밀·분산개발을 지향한다.

해설
② → 토지이용 용도가 복합되어야 보다 효율적인 토지이용이 가능해지고, 이를 기반으로 동선을 줄일 수 있게 된다.
① → 양질의 자연환경과 공지 보전을 위해 녹지와 오픈스페이스를 최대한 확보하여야 한다.
③ → 지역 내 목적지 간에는 보행친화적인 가로망을 구성한다.
④ → 중심지는 고밀개발, 외곽지역은 저밀개발을 지향한다.

47. 재건축사업을 위한 정비계획 입안 대상 지역 기준에 해당하지 않는 것은? (단, 시·도 조례로 정하는 사항은 고려하지 않는다.)

① 재해 등이 발생할 경우 위해의 우려가 있어 신속한 정비사업을 추진할 필요가 있는 지역
② 건축물의 일부가 멸실되어 붕괴나 그 밖의 안전사고의 우려가 있는 지역
③ 노후·불량건축물의 기존 세대수가 100세대 이상인 지역
④ 노후·불량 건축물의 부지 면적이 1만㎡ 이상인 지역

해설
재건축사업을 위한 정비계획 입안 대상 지역기준은 노후·불량건축물로서 기존 세대수가 200세대 이상이거나 그 부지면적이 1만 제곱미터 이상인 지역이다.

48. 그림과 같은 거리와 지대/밀도의 관계 그래프에서 도시용 토지와 농업 등의 생산용도로 이용하고자 하는 토지로 나누어지는 지점은? (단, Ra는 농업지대곡선, Rr는 주거지대곡선, Rc는 상업·업무 지대곡선이다.)

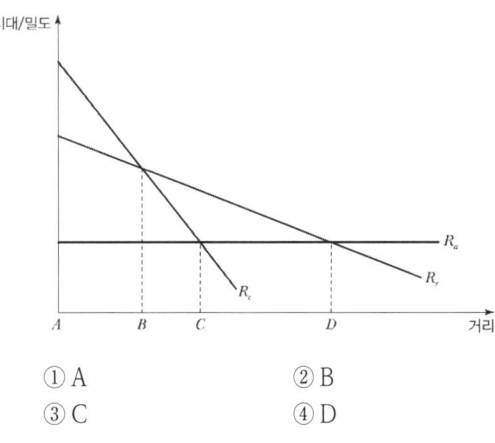

① A
② B
③ C
④ D

해 설
도시용 토지와 농업 등의 생산용도로 이용하고자 하는 토지로 나누어지는 지점은 주거지구에서 농업지구로 바뀌는 D 지점이 된다.

49 개발사업의 실행(사업성) 평가를 위해 사용되는 경제적 타당성 분석의 지표가 아닌 것은?

① 순현재가치(NPV) ② B/C 비
③ 내부수익률(IRR) ④ 승수효과

해 설
경제성 분석기법의 사업성 평가 지표는 순현재가치(NPV), 편익/비용비법(B/C), 내부수익률(IRR), 초기연도수익률법(FYRR), 자본회수기간법(PBP)가 있다. 승수효과는 정부가 지출을 늘리면 지출한 금액보다 많은 수요가 창출되는 현상을 말한다.

50 해외 텔레포트와 그 유형의 연결이 틀린 것은?

① 일본 동경 - 임해부 부도심의 기반구조형
② 미국 뉴욕 - 정보통신 관련 산업단지형
③ 미국 Bay Area - 해안 관광도시형
④ 영국 런던 - 도시재개발형

해 설
텔레포트란 텔레커뮤니케이션(Telecomunication, 전기통신)과 포트(Port, 항)의 합성어로, 미국 Bay Area는 샌프란시스코만 일대의 해안 관광도시를 말하는 것으로 전기통신과 직접적인 관련이 없다.

51 도시개발법령상 도시개발구역으로 지정할 수 있는 대상 지역 및 규모 기준의 연결이 옳지 않은 것은?

① 도시지역 내 주거지역 : 1만㎡ 이상
② 도시지역 내 상업지역 : 3만㎡ 이상
③ 도시지역 내 공업지역 : 3만㎡ 이상
④ 도시지역 내 자연녹지지역 : 1만㎡ 이상

해 설
도시지역 내 상업지역은 1만 ㎡ 이상이다.

52 공공기관 지방이전을 계기로 성장 거점지역에 조성되는 미래형 도시로, 이전된 공공기관과 지역의 대학·연구소·산업체·지방자치단체가 협력하여 새로운 성장 동력을 창출하는 기반이 될 것으로 기대하는 것은?

① 행복도시 ② 혁신도시
③ 기업도시 ④ 뉴타운

해 설
혁신도시의 목적 : 공공기관 지방이전 시책 등에 따라 수도권에서 수도권이 아닌 지역으로 이전하는 공공기관 등을 수용하는 혁신도시의 건설을 위하여 필요한 사항과 해당 공공기관 및 그 소속 직원에 대한 지원에 관한 사항을 규정함으로써 공공기관의 지방이전을 촉진하고 국가균형발전과 국가경쟁력 강화에 이바지함

53 사업 시행자가 정비구역의 안과 밖에 새로 건설한 주택 또는 이미 건설되어 있는 주택을 이용하여 정비사업의 시행으로 철거되는 주택의 소유자 또는 세입자를 임시로 거주하게 하는 등 그 정비구역을 순차적으로 정비하여 주택의 소유자 또는 세입자의 이주대책을 수립하는 정비사업의 시행 방식은?

① 합동정비방식 ② 자력정비방식
③ 위탁정비방식 ④ 순환정비방식

해 설
순환재개발이란 환류재개발이라고도 하며, 재개발구역의 일부 지역 또는 당해 재개발구역 외의 지역에 주택을 건설하거나 건설된 주택(양 주택을 합하여 "순환용주택"이라 함)을 활용하여 재개발구역을 순차적으로 개발하거나 재개발구역 또는 재개발사업시행지구를 수 개의 공구로 분할하여 순차적으로 시행하는 재개발방식을 말한다.

54 우리나라 도시개발 제도의 역사에서 서울시의 경우 강북과 강남의 상대적 격차를 줄이고 강북의 쇠퇴한 주거지 정비를 통해 강북 시민의 삶의 질 향상과 도시기반시설 정비를 통해 서울시 내부의 균형발전 차원에서 추진된 사업은?

① 뉴타운사업 ② 도시선도사업
③ 혁신도시사업 ④ 스마트도시사업

해 설
서울시의 뉴타운 사업은 강북과 강남의 상대적 격차를 줄이고 강북의 쇠퇴한 주거지 정비를 통해 강북시민의 삶의 질 향상과 도시기반시설 정비, 서울시 내부의 균형발전 차원에서 추진된 사업이다. 도심형, 주거중심형, 신시가지형 뉴타운 사업으로 구분하여 추진되었다.

55 부동산신탁의 종류 중 임대형 토지신탁과 분양형 토지신탁이 속하는 종류는?

① 관리형 신탁　　② 운용형 신탁
③ 처분형 신탁　　④ 관리·처분형 신탁

> **해설**
> 개발신탁(운용형신탁)은 개발 후 건물을 임대하는 임대형 토지신탁과 분양하는 분양형 토지신탁으로 구분된다.

56 부동산개발금융의 재원 조달 방식 중 지분조달방식과 비교하여 부채조달방식이 갖는 단점에 해당하는 것은?

① 원리금의 상환부담이 있다.
② 자본시장의 여건에 따라 조달이 민감한 영향을 받는다.
③ 중소기업의 경우 주식 공개매매, 유통시장이 발달되지 않는다.
④ 조달 규모가 증가하면 소유주의 지분 축소가 불가피하다.

> **해설**
> 지분조달방식과 부채조달방식의 장단점
>
> | 구분 | 장점 | 단점 |
> |---|---|---|
> | 지분조달 | • 원리금이나 이자의 상환부담이 없음
• 사업아이디어가 발전적으로 진행됨
• 투자가가 자문가로서의 역할을 수행 | • 회사의 통제권 일부를 포기해야 함
• 판매된 지분은 향후 재회수가 어려움
• 지분투자가들이 사업계획에 동의하지 않을 경우 문제 발생 가능
• 자금조달 과정이 복잡하여 전문가의 자문 필요
• 시장의 여건에 따라 조달조건이 민감하게 변화함
• 조달규모가 커지면 상대적으로 소유주의 지분 축소가 불가피함
• 중소기업 등은 주식 공개매매, 유통시장이 발달되지 않았음
• 기업가치가 불안정하게 되므로 매매 활성화가 어려울 수 있음 |
> | 부채조달 | • 차입여건 충족 시 차입 용이
• 기업이자비용 손비 인정
• 금융비 절감 가능 | • 원리금상환 부담
• 규모가 클수록 재무구조가 열악해지고 부도 위험이 높음
• 저신용(중소)기업은 차입기회를 얻기 어려움 |

57 부동산 시장 및 각종 생산과 설비를 위한 투자의 경우에도 널리 사용되는 개념으로, 기업의 부채에 대한 이자가 영업 이익의 변동 세후 순이익의 변동을 확대시키는 현상은?

① 승수효과　　② 꾸르노효과
③ 파레토효과　　④ 레버리지효과

> **해설**
> 레버리지 효과(Leverage Effect, 지렛대 효과)란 타인의 자본 때문에 발생하는 이자가 지렛대 역할을 하여 영업이익의 변화에 대한 주당이익의 변화폭이 더욱 커지는 현상을 말한다.

58 부동산금융에 관한 설명 중 틀린 것은?

① 부동산금융은 기간을 기준으로 단기금융과 장기금융으로 구분할 수 있다.
② 부동산개발금융은 단기금융과 타인자본이 가장 큰 비중을 차지한다.
③ 개발단계에서는 사업의 총비용과 개발에 따른 수익성을 가장 중요시하므로 주로 부동산투자회사, 연기금과 같은 장기 투자자 및 대출자가 많다.
④ 관리운용단계에서는 개발된 부동산의 임대나 매각 등과 관련한 사업 자체의 수익성이 중요한 고려 요소이다.

> **해설**
> 1. 부동산금융의 분류
>
> | 구분 | 단기금융 | 장기금융 |
> |---|---|---|
> | 자기자본 | • 직접투자
• 합작투자 | • 장기투자
• 연기금, 생명보험회사, 리츠 등 |
> | 타인자본 | • 가장 큰 비중을 차지 | • 장기대출
• 연기금, 생명보험회사 등 |
>
> 2. 단계에 따른 구분
>
> | 구분 | 계획단계 | 시공단계
(개발단계) | 운영단계
(관리운용단계) |
> |---|---|---|---|
> | 비용형태 | 사업계획, 토지매입, 인허가 관련 비용 | 시공, 마케팅 관련 비용 | 운영 및 임대 관련 비용 |
> | 자금형태 | 자기자본, 연결금융, 대출 | 공사대출
(단기대출) | 장기대출,
장기투자 |
> | 자금조달처 | 개발자, 합작투자가 | 은행 중심의 민간금융기관 | 연기금, 보험사 리츠 등의 장기 투자기관 |

정답 55 ②　56 ①　57 ④　58 ③

59 ⓐ, ⓑ에 들어갈 내용이 모두 옳은 것은?

> 지정권자는 환지 방식의 도시개발사업에 대한 개발계획을 수립하려면 환지 방식이 적용되는 지역의 토지면적의 (ⓐ)에 해당하는 토지소유자와 그 지역의 토지소유자 총수의 (ⓑ)의 동의를 받아야 한다.

① ⓐ 3분의 2 이상 ⓑ 3분의 2 이상
② ⓐ 3분의 2 이상 ⓑ 2분의 1 이상
③ ⓐ 2분의 1 이상 ⓑ 2분의 1 이상
④ ⓐ 2분의 1 이상 ⓑ 3분의 2 이상

해 설
환지방식을 적용하려 할 때는 토지면적의 2/3 이상에 해당하는 토지소유자와 그 지역의 토지소유자 총수의 1/2 이상의 동의를 얻어야 함(국가, 지자체는 예외)

60 관광진흥법령에 따른 권역별 관광개발계획의 수립주기 기준으로 옳은 것은?

① 3년   ② 5년
③ 7년   ④ 10년

해 설
관광개발기본계획은 10년, 권역별 관광개발계획(권역계획)은 5년마다 수립한다.

제4과목 국토 및 지역계획

61 North의 경제기반이론(economic base theory)에 따라 다음 중 다른 셋과 구별되는 부문은?

① 수출부문(export sector)
② 비기반부문(non-basic sector)
③ 지방부문(local sector)
④ 서비스부문(service sector)

해 설
기반부문(Basic Sector)은 경쟁력을 갖추고 있는 수출산업으로 재화나 용역을 외부에 수출함으로써 화폐를 벌어들여 도시경제의 성장을 가져오게 하는 부문으로 수출부문(Export Sector), 생산부문이라고도 한다. 비기반부문(Non-basic Sector)은 생산된 재화나 용역은 지역 자체 내에서 소비됨으로써 외부지역으로 수출되지 않고 기반산업을 보조하는 중간재 역할을 한다. 지방부문(Local Sector), 서비스부문(Service Sector)이라고도 한다.

62 다음 중 Boudeville의 지역유형 분류에 근거한 결절지역에 해당하지 않는 것은?

① 캐나다의 센서스 대도시권(CMA)
② 레일리(W. Relly)의 도시세력권
③ 클라센(L. Klaassen)의 저개발지역
④ 미국의 표준대도시통계지역(SMSA)

해 설
결절(분극)지역(結節地域, Node Region)에 대한 문제이다. 캐나다의 대도시권, 레일리의 도시세력권, 미국의 표준대도시통계지역 등이 결절지역에 해당한다. 클라센의 지역구분은 동질지역에 해당한다.

63 아래의 설명에 해당하는 기구는?

> 전국적 차원에서 지역계획을 조정하고 적절한 부처에서 계획을 집행할 수 있도록 감독, 조정하는 프랑스의 수상 직속 기구이다.
> 균형도시정책의 대안으로 완전한 권한을 행사할 수 있는 지역중심도시를 구상하였다.
> 프랑스 내 국토정책에서 유럽연합 등의 확대된 국제사회에 대응하는 글로벌 경쟁력 제고 등으로 기능을 강화하기 위하여 2005년 12월 31일 DATAR에서 이것으로 확대 개편되었다.

① DIACT   ② CNAT
③ CAR   ④ CODER

해 설
중앙정부의 각 부처가 추진하는 부문정책을 중앙정부 차원에서 조정하는 전담기구로 프랑스에는 DIACT(구 DATAR), 영국에는 지역정책조정위원회(RCU)가 있다. 프랑스의 총리직속 국토균형 및 지역경쟁력 강화개발청(DIACT)은 중앙정부의 부문별 정책을 범부처 차원에서 조정함과 동시에 공공기관 지방이전과 같은 전략적 지역정책들을 직접 주도해왔다.

64 콥-더글라스(Cobb-Douglas)의 생산함수에 관한 설명 중 ( )안에 알맞은 것은?

> 지역의 1인당 소득 성장률은 기술진보와는 (ⓐ)의 관계를, 자본증가율과는 (ⓑ)의 관계를 갖는다.

① ⓐ 정(正), ⓑ 부(負)　② ⓐ 부(負), ⓑ 정(正)
③ ⓐ 정(正), ⓑ 정(正)　④ ⓐ 부(負), ⓑ 부(負)

해설
콥-더글라스 함수는 1934년 임금이론(The Theory of Wages)에 발표된 함수로 간단히 더글러스 함수라고도 한다. 지역의 1인당 소득 성장률은 기술진보 및 자본증가율과 정(正)의 관계를 갖는다고 주장하였다. 즉, 각 생산요소를 동시에 같은 비율로 증가시키면 산출량도 같은 비율로 증가한다는 의미이다.

65 다음 중 하향식 지역개발전략에 가장 적합한 것은?

① 기본수요접근　② 거점 중심 개발
③ 일반 주민 주도 개발　④ 소단위지역 단위 개발

해설
하향식 지역개발전략이란 선도적 산업과 도시에 선별적으로 투자하여 그 투자이익이 다시 여타 산업이나 주변지역에 흘러 들어가기를 기대하는 개발방식을 말한다. 따라서 거점중심개발, 불균형개발 등이 이에 해당한다.

66 계획이란 '선택을 통해 가장 적절한 미래의 행위를 결정하는 일련의 절차'라고 정의한 학자는?

① C.A. Perry　② Davidoff와 Reiner
③ E. Howard　④ Le Corbusier

해설
다비도프(Davidoff)와 라이너(Reiner)는 계획을 '계속되는 선택을 통하여 가장 적절한 미래의 행위를 결정하는 일련의 절차'라고 정의하였고, 동시에 '행동이야말로 계획 행위의 궁극적인 산물'이라고 부연하였다. 따라서 계획은 미래 지향적인 행위를 수반하게 되며 이러한 행위의 결과에 따른 계획의 영향을 받는 객체들의 개선된 미래의 상태를 포함하여야 함을 의미한다.

67 크리스탈러가 주장한 중심지이론의 기본 가정이 아닌 것은?

① 지리적 공간은 자원 및 인구분산이 균등하게 분포되어 있는 평면공간이다.
② 평면 상 서비스를 공급받지 못하는 지역이 있다.
③ 생산자와 소비자는 시장에 대한 완전한 지식을 갖고 있으며 합리적인 의사결정을 내리는 자다.
④ 수송비는 거리에 비례한다.

해설
크리스탈러는 중심지이론에서 등질의 평야지대, 교통수단과 접근성이 동일하며, 소비자의 성향과 구매력 모두 동일하다고 가정하였다. 따라서 가정에 의하면 평면 상 서비스를 공급받지 못하는 지역은 없다.

68 국토를 친환경적·계획적으로 보전하고 이용하기 위하여 환경적 가치를 종합적으로 평가하여 환경적 중요도에 따라 5개 등급으로 구분하고 색채를 달리 표시하여 알기 쉽게 작성한 것으로, 환경정책기본법을 근거로 작성 및 보급되는 지도는?

① 비오톱지도　② 생태·자연도
③ 토지적성평가도　④ 국토환경성평가지도

해설
환경정책기본법 제23조(환경친화적 계획기법 등의 작성·보급) 환경부장관은 국토환경을 효율적으로 보전하고 국토를 환경친화적으로 이용하기 위하여 국토에 대한 환경적 가치를 평가하여 등급으로 표시한 환경성 평가지도를 작성·보급할 수 있다.

69 다음 중 개발도상국에서의 지역 간 인구 이동 요인으로 가장 설득력이 적은 것은?

① 취업기회의 차이
② 문화적 욕구 충족의 차이
③ 교육 수준과 기회의 차이
④ 소득과 임금의 지역 간 격차

해설
개발도상국에서의 지역 간 인구이동 요인으로 소득과 임금의 지역 간 격차, 교육 수준과 기회의 차이, 취업 기회의 확대를 들 수 있다. 개발도상국에서 문화적 욕구에 의해 지역간 인구이동이 발생한다고 보기는 어렵다.

70 A시의 수출산업(기반활동) 종사자수는 5만 명, 비기반활동 종사자수가 10만 명이다. A시의 수출산업(기반활동) 종사자수가 1명 증가할 때, 총 고용자수는 얼마나 증가하는가?

① 0.5명　② 2명
③ 3명　④ 4명

정답 65 ② 66 ② 67 ② 68 ④ 69 ② 70 ③

[해설]

경제기반승수 = $\dfrac{\text{지역의 총 고용인구}}{\text{지역의 수출산업고용인구}} = \dfrac{150,000}{50,000} = 3$

따라서 수출산업 종사자 1명을 고용하면 경제기반승수를 곱한 3명의 총 고용자가 늘어나게 된다.

71 아래와 같은 조건에서 A시의 IT산업 입지계수(LQ : Location Quotient)는?

- 전국의 총 고용자수 : 1,000만 명
- 전국의 IT산업 총 고용자수 : 100만 명
- A시의 총 고용자수 : 20만 명
- A시의 IT산업 고용자수 : 3만 명

① 0.67   ② 1
③ 1.5   ④ 2

[해설]

$LQ = \dfrac{30,000/200,000}{1,000,000/10,000,000} = 1.5$

72 국토의 계획 및 이용에 관한 법률상 용도구역에 해당하지 않는 것은?

① 개발제한구역   ② 국토자연구역
③ 수산자원보호구역   ④ 입지규제최소구역

[해설]

국토의 계획 및 이용에 관한 법률에서 지정한 용도구역은 개발제한구역, 도시자연공원구역, 시가화조정구역, 수산자원보호구역, 도시혁신구역, 복합용도구역, 도시·군계획시설입체복합구역이다.
(24.02.06 개정으로 입지규제최소구역이 삭제되고 도시혁신구역, 복합용도구역, 도시·군계획시설입체복합구역이 추가되었다.)

73 1930년대와 1940년대 초 자연자원 중심의 대표적 지역계획인 테네시계곡 개발계획(TVA)이 이루어진 곳은?

① 미국   ② 영국
③ 독일   ④ 이탈리아

[해설]

테네시계곡 개발공사(TVA ; Tennessee Valley Authority)는 미국 남부의 종합적 개발을 위하여 설립된 공사(公社)로 1933년 뉴딜 정책의 일환으로 연방정부에 의하여 창설되었다.

74 고용 또는 소득의 극대화나 지역개발의 극대화 등 정책적 목적을 가장 효과적인 방법으로 달성케 하는 연속적 공간으로 계획의 필요에 따라 인위적으로 설정된 지역은?

① 결절지역   ② 계획지역
③ 동질지역   ④ 분극지역

[해설]

고용 또는 소득의 극대화나 지역개발의 극대화 등 어떤 목적을 가장 경제적인 방법으로 달성케 하는 연속적 공간으로 계획의 필요에 따라 인위적으로 설정된 지역을 계획지역(計劃地域, Planning Region)이라 한다. 대개의 경우 정치·경제·사회·문화적인 유대가 깊고 특히 어떤 중심지와 주변지역과의 기능적 의존관계가 존재하는 범위를 묶어 하나의 계획지역으로 설정하게 된다.

75 퍼로우(F. Perroux)가 제시한 성장극(growth pole)의 특성으로 옳지 않은 것은?

① 성장극은 전체산업의 평균성장률보다 빠른 성장 속도를 갖는다.
② 성장극은 자체의 성장을 유도하고 성장을 다른 곳으로 확산시킨다.
③ 성장극은 경제적 지배력을 가질 수 있을 만큼 충분히 큰 규모를 갖는다.
④ 성장극은 독립성이 강하여 다른 산업과의 연계성이 매우 낮다.

[해설]

성장극은 선도산업으로 여타 부문과의 산업 간 연계성이 높은 산업(전후방 연계성이 높음)이다.

76 P. Cooke(1992)가 제안한 개념으로 "제품·공정·지식의 상업화를 촉진하는 기업과 제도들의 네트워크"라고 정의한 대안적 지역개발이론에 가장 가까운 것은?

① 혁신환경론   ② 신산업공간론
③ 클러스터이론   ④ 지역혁신체계론

[해설]

P. Cooke(1992)는 지역혁신체계란 제품·공정·지식의 상업화를 촉진하는 기업과 제도들의 네트워크로 정의하였다.

정답 71 ③   72 ②, ④   73 ①   74 ②   75 ④   76 ④

77 우리나라 국토계획의 목적과 가장 거리가 먼 것은?

① 도시지역과 농촌지역이 유기적인 관계를 맺으며 균형있게 발전하게 한다.
② 1·2·3차 산업이 발전할 수 있도록 모든 산업을 조화있게 배치한다.
③ 국민이 보다 안전하고 풍요한 생활을 누릴 수 있도록 국토구조와 환경을 개선한다.
④ 노동조건의 개선, 농촌의 기계화로 노동시간을 단축한다.

해설
국토기본법 제2조(국토관리의 기본 이념)에 의거 국토는 모든 국민의 삶의 터전이며 후세에 물려줄 민족의 자산이므로, 국토에 관한 계획 및 정책은 개발과 환경의 조화를 바탕으로 국토를 균형 있게 발전시키고 국가의 경쟁력을 높이며 국민의 삶의 질을 개선함으로써 국토의 지속가능한 발전을 도모할 수 있도록 수립·집행하여야 한다.
→ 노동의 조건개선이나 기계화 등은 국가 차원의 국토계획 목적이라고 보기에는 그 목표의 크기가 너무 작다.

78 기준년도의 인구와 출생율, 사망률 및 인구이동의 변화요인을 고려하여 장래의 인구를 추정하는 방법은?

① 비율적용법(ratio method)
② 선형모형(linear growth model)
③ 집단생잔법(cohort survival method)
④ 로지스틱커브법(logistic curve method)

해설
출생률, 사망률, 인구이동 등을 고려하여 인구를 추정하는 기법을 집단생잔법(cohort survival method)이라고 한다.

79 수도권으로의 인구집중, 수도권의 과밀·과대화를 억제하기 위한 방법으로 옳지 않은 것은?

① 수도권 내 고등 교육기관의 증설
② 수도권 소재 공공기관의 지방 이전
③ 수도권 내 공장의 신·증설 억제
④ 수도권 외 지역의 거점 도시 육성

해설
수도권 내 고등 교육기관의 증설은 수도권으로의 인구집중을 유발하므로 과밀·과대화를 억제하기 위한 방법으로 옳지 않다.

80 국토의 다핵화를 위하여 대전 및 광주 등 제1차 성장거점과 청주, 춘천, 전주 등 제2차 성장거점을 제시하고 전국을 28개의 지역 생활권으로 나누어 생활권의 성격과 규모에 따라 5개의 대도시 생활권, 17개의 지방도시생활권, 6개의 농촌도시생활권으로 구분하였던 계획은?

① 제1차국토종합개발계획
② 제2차국토종합개발계획
③ 제3차국토종합개발계획
④ 제4차국토종합계획

해설
제2차 국토종합개발계획(1982~1991)은 양대도시의 성장 억제 및 성장거점 도시의 육성에 의한 국토균형 발전을 추구하였고, 28개 지역생활권(대도시생활권 5, 지방도시생활권 17, 농촌도시생활권 6)과 4개 지역경제권(수도권, 중부권, 서남권, 동남권), 특정지역(태백산, 제주도, 다도해, 88 고속국도 주변)으로 국토를 다각화하여 개발하려 하였다.

제5과목 도시계획관계법규

81 개발제한구역관리계획의 수립과 관련한 아래 내용에서 ( )에 들어갈 내용으로 옳은 것은?

> 개발제한구역을 관할하는 시·도지사는 개발제한구역을 종합적으로 관리하기 위하여 ( )단위로 개발제한구역관리계획을 수립하여 국토교통부장관의 승인을 받아야 한다.

① 3년　　② 5년
③ 7년　　④ 10년

해설
개발제한구역의 지정 및 관리에 관한 특별조치법 제11조(개발제한구역관리계획의 수립 등) ①항 조항에 의거 개발제한구역을 관할하는 시·도지사는 개발제한구역을 종합적으로 관리하기 위하여 5년 단위로 다음 각 호의 사항이 포함된 개발제한구역관리계획을 수립하여 국토교통부장관의 승인을 받아야 한다.

82 도시개발법상 원칙적으로 도시개발구역을 지정할 수 없는 자는?

정답　77 ④　78 ③　79 ①　80 ②　81 ②　82 ①

① 구청장　　　② 도지사
③ 광역시장　　④ 특별시장

해설
도시개발법 제3조(도시개발구역의 지정 등) 조항에 의거, 도시개발구역은 특별시장, 광역시장, 도지사, 특별자치도지사, 서울특별시와 광역시를 제외한 인구 50만 이상의 대도시의 시장이 지정할 수 있다.

83 건축법령상 용도별 건축물의 종류 구분에 따른 문화 및 집회시설에 해당하지 않는 것은?

① 전시장　　　② 수족관
③ 독서실
④ 공연장(제2종 근린생활시설에 해당하지 아니하는 것)

해설
건축법 시행령 [별표 1] 용도별 건축물의 종류(제3조의5 관련) 조항에 의거 문화 및 집회시설에는 공연장, 집회장으로서 제2종 근린생활시설에 해당하지 아니하는 것, 관람장, 전시장, 동·식물원(동물원, 식물원, 수족관, 그 밖에 이와 비슷한 것이) 있다. 독서실은 제2종근린생활시설에 속한다.

84 수도권정비계획법령상 과밀부담금에 대한 설명으로 옳은 것은?

① 부담금은 건축비의 100분의 20으로 한다.
② 부담금은 지역별 여건 등에 따라 건축비의 100분의 10까지 조정할 수 있다.
③ 건축물 중 주차장의 용도로 사용되는 건축물에 대해 부담금을 감면할 수 없다.
④ 부담금은 부과 대상 건축물이 속한 지역을 관할하는 시·도지사가 부과·징수한다.

해설
수도권정비계획법 제14조(부담금의 산정 기준) 조항에 의거 ① 부담금은 건축비의 100분의 10으로 하되, 지역별 여건 등을 고려하여 대통령령으로 정하는 바에 따라 건축비의 100분의 5까지 조정(조정)할 수 있다. ② 제1항에 따른 건축비는 국토교통부장관이 고시하는 표준건축비를 기준으로 산정한다. 〈개정 2013.3.23.〉
수도권정비계획법 제13조(부담금의 감면) 조항에 의거 건축물 중 주차장이나 그 밖에 대통령령으로 정하는 용도로 사용되는 건축물은 대통령령으로 정하는 바에 따라 부담금을 감면할 수 있다.
수도권정비계획법 제15조(부담금의 부과·징수 및 납부 기한 등) ① 항 조항에 의거 부담금은 부과 대상 건축물이 속한 지역을 관할하는 시·도지사가 부과·징수하되, 건축물의 건축 허가일, 건축 신고일 또는 용도변경일을 기준으로 산정하여 부과한다.

85 다음 중 건폐율에 관한 내용이 틀린 것은?

① 건폐율이란 대지면적에 대한 건축면적의 비율이다.
② 도시지역 내 주거지역의 건폐율 최대한도는 70% 이하이다.
③ 관리지역 내 보전관리지역의 건폐율 최대한도는 10% 이하이다.
④ 농림지역의 건폐율 최대한도는 20% 이하이다.

해설
관리지역 내 보전관리지역의 건폐율 최대한도는 20%이다.

86 주택법령상 아래의 정의에 해당하는 용어는?

> 하나의 주택단지에서 대통령령으로 정하는 기준에 따라 둘 이상으로 구분되는 일단의 구역으로, 착공신고 및 사용검사를 별도로 수행할 수 있는 구역

① 가구　　　② 공구
③ 특구　　　④ 환구

해설
주택법 제2조(정의) 18. "공구"란 하나의 주택단지에서 대통령령으로 정하는 기준에 따라 둘 이상으로 구분되는 일단의 구역으로, 착공신고 및 사용검사를 별도로 수행할 수 있는 구역을 말한다.

87 도시 및 주거환경정비법령상 도시·주거환경정비 기본계획의 수립 과정에 관한 아래 내용의 밑줄 친 내용 중 옳지 않은 것은?

> · 기본계획의 수립권자는 도시·주거환경정비 기본계획을 ⓐ 10년 단위로 수립한다.
> · 기본계획의 수립권자는 기본계획을 수립하거나 변경하려는 경우에는 ⓑ 14일 이상 주민에게 공람하고 지방의회의 의견을 들어야 한다.
> · 지방의회는 기본계획의 수립권자가 기본계획을 통지한 날부터 ⓒ 30일 이내에 의견을 제시하여야 하며, 의견 제시 이후에는 지방도시계획위원회의 심의를 거쳐야 한다.
> · 기본계획의 수립권자는 기본계획을 수립하거나 변경한 때에는 지체 없이 이를 해당 지방자치단체의 공보에 고시하고 이를 ⓓ 국토교통부장관에게 보고하여야 한다.

① ⓐ　　② ⓑ　　③ ⓒ　　④ ⓓ

해설

도시 및 주거환경정비법 제4조(도시·주거환경정비기본계획의 수립) ①항에 의거 특별시장·광역시장·특별자치시장·특별자치도지사 또는 시장은 관할 구역에 대하여 도시·주거환경정비기본계획을 10년 단위로 수립하여야 한다.
도시 및 주거환경정비법 제6조(기본계획 수립을 위한 주민의견청취 등) ① 기본계획의 수립권자는 기본계획을 수립하거나 변경하려는 경우에는 **14일** 이상 주민에게 공람하여 의견을 들어야 하며, 제시된 의견이 타당하다고 인정되면 이를 기본계획에 반영하여야 한다. ② 기본계획의 수립권자는 제1항에 따른 공람과 함께 지방의회의 의견을 들어야 한다. 이 경우 지방의회는 기본계획의 수립권자가 기본계획을 통지한 날부터 **60일** 이내에 의견을 제시하여야 하며, 의견제시 없이 60일이 지난 경우 이의가 없는 것으로 본다.
도시 및 주거환경정비법 제7조(기본계획의 확정·고시 등) ④ 기본계획의 수립권자는 제3항에 따라 기본계획을 고시한 때에는 국토교통부령으로 정하는 방법 및 절차에 따라 **국토교통부장관에게 보고**하여야 한다.

88 주차법령상 주차장의 주차단위구획 설치기준에 대한 설명으로 옳지 않은 것은?

① 경형자동차 전용주차구획의 주차단위구획은 파란색 실선으로 표시하여야 한다.
② 평행주차형식 외이고 장애인 전용인 경우, 주차단위구획의 길이는 5미터 이상이다.
③ 평행주차형식 외이고 장애인전용인 경우, 주차구획의 너비는 3.3미터 이상이다.
④ 평행주차형식이고 일반형인 경우, 주차단위구획의 길이는 6.5미터 이상이다.

해설
평행주차형식이고 일반형인 경우 주차단위구획은 너비 2.0미터 이상, 길이 6.0미터 이상이다.

89 도시·군계획시설로서 하천에 해당하지 않는 것은?

① 국가하천 ② 지방하천 ③ 운하 ④ 유수지

해설
도시·군계획시설의 결정·구조 및 설치기준에 관한 규칙 제115조(하천) 조항에 의거 국가하천, 지방하천, 소하천, 운하가 하천에 해당한다.

90 국토의 계획 및 이용에 관한 법령상 다음 중 공동구의 원칙적인 관리자는? (단, 대통령령으로 관리·운영을 위탁하는 기관의 경우는 고려하지 않는다.)

① 구청장   ② 시장 또는 군수
③ 행정안전부장관   ④ 시설관리공단장

해설
도시 및 주거환경정비법 시행규칙 제17조(공동구의 관리) ①항 조항에 의거 **공동구는 시장·군수등이 관리한다.**

91 건축법령상 건축면적에 대한 설명으로 옳은 것은?

① 건축물 지상층에 일반인이나 통행할 수 있도록 설치한 보행통로는 건축면적에 산입한다.
② 건축물 외벽의 바깥 부분 외곽선으로 둘러싸인 부분의 수평투영면적을 말한다.
③ 지표면으로부터 1m 이하에 있는 부분은 건축면적에 산입한다.
④ 건축물의 외벽이 없는 경우 외곽부분의 기둥을 건축물의 외벽으로 본다.

해설
건축법 시행령 제119조(면적 등의 산정방법) 조항에 의거 지표면으로부터 1미터 이하에 있는 부분과 건축물 지상층에 일반인이나 차량이 통행할 수 있도록 설치한 보행통로나 차량통로는 건축면적에 산입하지 않는다. 건축면적은 건축물의 외벽의 중심선으로 둘러싸인 부분의 수평투영면적으로 한다.

92 도시개발법령상 도시개발사업 시행자가 청산금을 징수·교부하여야 하는 원칙적인 시기 기준은? (단, 환지를 정하지 아니하는 토지에 대한 경우는 고려하지 않는다.)

① 환지설계 후   ② 환지계획 후
③ 환지처분 공고 후   ④ 환지예정지 지정 후

해설
도시개발법 제46조(청산금의 징수·교부 등)에 의거 시행자는 환지처분이 공고된 후에 확정된 청산금을 징수하거나 교부하여야 한다.

93 도시개발사업의 시행자가 될 수 있는 대통령령으로 정하는 공공기관에 해당하지 않는 것은? (단, 혁신도시 조성 및 발전에 관한 특별법에 따른 매입공공기관의 경우는 고려하지 않는다.)

① 한국자산관리공사   ② 한국관광공사
③ 한국농어촌공사   ④ 한국수자원공사

정답 88 ④ 89 ④ 90 ② 91 ④ 92 ③ 93 ①

> **해설**
> 도시개발법 시행령 제18조(시행자) 1항에 의거 한국토지주택공사, **한국수자원공사, 한국농어촌공사, 한국관광공사**, 한국철도공사, 혁신도시 조성 및 발전에 관한 특별법에 따른 매입공공기관이 이에 해당한다.

94 주택법령상 주택조합의 구분에 해당하지 않는 것은?

① 지역주택조합   ② 직장주택조합
③ 특수주택조합   ④ 리모델링주택조합

> **해설**
> 주택법 제2조 11항에 의거 주택조합은 지역주택조합, 직장주택조합, 리모델링주택조합으로 구분된다.

95 체육시설의 설치·이용에 관한 법령상 공공체육시설의 구분에 해당하지 않는 것은?

① 전문체육시설   ② 재활체육시설
③ 직장체육시설   ④ 생활체육시설

> **해설**
> 체육시설의 설치·이용에 관한 법률 제5~7조에 의거 공공체육시설은 전문체육시설, 생활체육시설, 직장체육시설로 구분된다.

96 수도권정비계획법령상 수도권정비 실무위원회의 위원장은?

① 국무총리   ② 경기도지사
③ 서울특별시장   ④ 국토교통부제1차관

> **해설**
> 수도권정비계획법 시행령 제30조(수도권정비실무위원회의 구성) 2항 조항에 의거 실무위원회의 위원장은 국토교통부 제1차관이 된다.

97 주차장법령상 노상주차장의 원칙적인 설치권자가 아닌 자는?

① 군수   ② 구청장
③ 특별시장   ④ 시설관리공단장

> **해설**
> 주차장법 제7조(노상주차장의 설치 및 폐지) 1항 조항에 의거 노상주차장은 특별시장·광역시장, 시장·군수 또는 구청장이 설치한다.

98 국토의 계획 및 이용에 관한 법령상 공동주택 중심의 양호한 주거환경을 보호하기 위하여 세분하여 지정하는 용도지역은?

① 제1종 전용주거지역   ② 제2종 전용주거지역
③ 제1종 일반주거지역   ④ 제2종 일반주거지역

> **해설**
> 국토의 계획 및 이용에 관한 법률 시행령 제30조(용도지역의 세분) 제1항제1목 조항에 의거 제2종전용주거지역은 공동주택 중심의 양호한 주거환경을 보호하기 위하여 필요한 지역에 지정한다.

99 국토의 계획 및 이용에 관한 법령상 '기반시설'에 속하지 않는 것은?

① 광장·공원·녹지 등 공간시설
② 도로·철도·항만·공항 등 교통시설
③ 하수도·폐기물처리시설 등 환경기초시설
④ 아파트·연립주택·다세대주택 등 주거시설

> **해설**
> 기반시설은 교통시설, 공간시설, 유통·공급시설, 공공·문화체육시설, 방재시설, 보건위생시설, 환경기초시설을 말한다.

100 국토기본법령상 환경친화적 국토관리의 내용으로 가장 거리가 먼 것은?

① 국토에 관한 계획 또는 사업을 수립·집행할 때에는 자연환경과 생활환경에 미치는 영향을 사전에 검토함으로써 환경에 미치는 부정적인 영향을 최소화하고 환경정의가 실현될 수 있도록 하여야 한다.
② 국토의 무질서한 개발을 방지하고 국민 생활에 필요한 토지를 원활하게 공급하기 위하여 토지 이용에 관한 종합적인 계획을 수립하고 이에 따라 국토공간을 체계적으로 관리하여야 한다.
③ 지역 간 경쟁을 통하여 국민생활의 질적 향상을 도모하고 국토의 지리적 특성을 살려 국가 경쟁력을 강화할 수 있는 기간 시설의 설치를 확대하여 국토 정주 여건을 관리하여야 한다.
④ 자연생태계를 통합적으로 관리·보전하고 훼손된 자연생태계를 복원하기 위한 종합적인 시책을 추진함으로써 인간이 자연과 더불어 살 수 있는

쾌적한 국토 환경을 조성하여야 한다. 및 특수지역에서의 주택지 조성사업

해설

국토기본법 제5조(환경친화적 국토관리) 1~3항 조항에 의거
① 국가와 지방자치단체는 **국토에 관한 계획 또는 사업을 수립·집행할 때에는** 「환경정책기본법」에 따른 환경계획의 내용을 고려하여 자연환경과 생활환경에 미치는 영향을 사전에 검토함으로써 환경에 미치는 부정적인 영향을 최소화하고 환경정의가 실현될 수 있도록 하여야 한다. 〈개정 2016.12.2, 2019.8.20., 2021.1.5〉
② **국가와 지방자치단체는 국토의 무질서한 개발을 방지하고 국민생활에 필요한 토지를 원활하게 공급하기 위하여 토지이용에 관한 종합적인 계획을 수립하고 이에 따라 국토 공간을 체계적으로 관리하여야 한다.**
③ 국가와 지방자치단체는 산, 하천, 호수, 늪, 연안, 해양으로 이어지는 **자연생태계를 통합적으로 관리·보전하고 훼손된 자연생태계를 복원하기 위한 종합적인 시책을 추진함으로써 인간이 자연과 더불어 살 수 있는 쾌적한 국토 환경을 조성하여야 한다.**

2022년 기출문제

제1과목 도시계획론

01 계획이론을 실체적 이론(substantive theories)과 절차적 이론(procedural theories)으로 구분할 때, 다음 중 절차적 이론에 대한 설명으로 옳지 않은 것은?

① 보다 효율적이고 합리적인 계획을 수립하고, 실행하기 위한 계획의 과정에 관한 이론이다.
② 경제 또는 사회의 구조나 현상 등을 설명하고 예측하여 문제의 해결 대안을 제시하는 이론이다.
③ 계획의 대상이 되는 현상에 대한 이해보다는 계획 그 자체가 어떻게 작용하는가에 관한 이론이다.
④ 계획의 대상에 관계없이 계획이 추구하는 목표와 가치에 따라 계획안을 만들어내는 과정에 관한 공통적이고 일반적인 이론이다.

[해설]
실체적이론(Substantive Theories)은 경제 또는 사회의 구조나 현상 등을 설명하고 예측하는 이론이고, 계획현상이나 계획대상에 관한 이론이며, 다양한 계획 활동에 있어 각기 필요로 하는 분야별 전문지식에 관한 이론이다.

02 머디(R. A. Murdie, 1997)가 미국의 여러 도시를 대상으로 한 사회공간구조의 분석 결과 밝혀낸 다핵 패턴을 이루게 되는 유형에 해당하지 않는 것은?

① 사회·경제적 지위
② 정보화단계
③ 가족구조
④ 인종그룹

[해설]
머디는 다핵 패턴을 이루게 되는 유형을 사회·경제적 지위, 가족구성·세대유형, 인종그룹으로 구분하였다. 인종 또는 민족에 따라 서로 다른 다핵 형태의 거주지가 형성되고 가족수, 자녀수, 연령, 혼인 상태 등의 가족 구조에 따라 다른 거주지역(대가족·젊은세대 – 도시 외곽, 소가족·노년층 – 도심부 거주)이 동심원 형태로 형성되며 소득수준, 교육정도, 직업 등의 사회·경제적 계층에 따라 공간상 이용 형태(고급, 저급주택지구)를 달리하는 주거지가 형성된다고 보았다.

03 우리나라 인구주택총조사의 실시 주기는?

① 2년 ② 5년 ③ 7년 ④ 10년

[해설]
인구주택총조사(센서스, Census)는 매 5년을 기준으로 실시하는 것을 원칙으로 한다.

04 도시정부의 예산편성제도 중 조직목표달성에 중점을 두고 장기적인 계획수립과 단기적인 예산편성을 유기적으로 관련시킴으로써 자원 배분에 관한 의사결정을 합리적이고 일관성 있게 행하려는 제도는?

① 성과주의 예산제도
② 품목별 예산제도
③ 복식 예산제도
④ 계획 예산제도

[해설]
계획예산제도(PPBS ; Planning Programming Budgeting System)
• 도시정부의 예산편성제도 중 조직목표 달성에 중점을 둠
• 장기적인 계획 수립과 단기적인 예산편성을 유기적으로 혼합
• 자원배분에 관한 의사결정을 합리적이고 일관성 있게 행하려는 제도

05 토지이용계획 실현수단을 크게 규제수단, 계획수단, 개발수단, 유도수단으로 나눌 때, 다음 중 직접적인 토지이용 '계획수단'에 해당하는 것은?

① 세금 혜택
② 지구단위계획
③ 도시재개발사업
④ 도시계획시설 정비

[해설]
지구단위계획은 계획수단에 해당하며, 세금혜택과 도시계획시설 정비는 간접적 수단 중 유도적수단, 도시재개발사업은 직접적 수단 중 도시계획사업에 해당한다.

06 다음 중 재정비촉진지구의 유형 구분에 해당되지 않는 것은?

① 주거지형
② 근린재생형
③ 중심지형
④ 고밀복합형

[해설]
도시 재정비 촉진을 위한 특별법 제2조(정의) 조항에 의거 재정비촉진지구는 주거지형, 중심지형, 고밀복합형으로 구분된다.

07 우리나라의 용도지역 · 지구제에 대한 설명으로 옳지 않은 것은?

① 토지의 효율적인 이용 및 관리를 위해 지정한다.
② 하나의 용도지역에 2개 이상의 용도지구가 지정될 수 있다.
③ 도시지역의 용도지역은 크게 주거지역, 상업지역, 공업지역, 녹지지역, 관리지역으로 구분된다.
④ 토지의 이용목적에 부합하지 않는 건축 등의 행위는 규제하고 부합하는 행위는 유도하는 제도적 장치다.

해 설
국토의 계획 및 이용에 관한 법률 제36조(용도지역의 지정)
용도지역은 도시지역, 관리지역, 농림지역, 자연환경보전지역으로 구분되고, 이 중 도시지역은 주거, 상업, 공업, 녹지지역으로 구분된다.

08 다음 중 교통수요 4단계 추정법의 순서가 옳게 나열된 것은?

ⓐ 통행발생(trip generation)
ⓑ 통행배분(trip distribution)
ⓒ 수단선택(modal split)
ⓓ 노선배정(trip assignment)

① ⓐ - ⓒ - ⓓ - ⓑ
② ⓐ - ⓒ - ⓑ - ⓓ
③ ⓐ - ⓓ - ⓒ - ⓑ
④ ⓐ - ⓑ - ⓒ - ⓓ

해 설
4단계 수요추정방법은 통행 발생 - 통행 분포 - 교통수단 선택 - 노선 배정 순이다.

09 계획 대상 구역의 공간적 범위에 따른 공간계획의 분류에 해당하지 않는 것은?

① 국토계획
② 지역경제계획
③ 도시계획
④ 단지계획

해 설
공간계획은 국토종합계획하에 도종합계획과 시군종합계획, 그리고 횡적인 구분으로 지역계획과 부문별 계획으로 구분된다.

10 지리정보체계(GIS)를 이용한 공간분석 기법과 그 활용 사례에 대한 설명으로 옳지 않은 것은?

① Buffer : 도로에서 발생하는 소음의 영향권을 분석한다.
② Overlay : 두 개 이상의 서로 다른 특성을 가진 도면을 중첩하여 적지를 분석한다.
③ Query : 특정한 조건을 만족하는 데이터를 검색한다.
④ Tessellation : 행정구역과 같은 특정 폴리곤의 기하학적 중심점을 찾는다.

해 설
버퍼(buffer) 분석 : 한 지점을 중심으로 하는 영향권 분석
중첩(Overlay) 분석 : 2개의 입력지도를 서로 공유하여 적지를 분석
쿼리(Query) : 사용자가 데이터베이스 관리시스템이나 GIS를 통하여 데이터베이스에 요청하는 질문. 특정한 조건을 만족하는 데이터를 검색할 때 사용
Tessellation : 각각의 지형점에서부터 원을 넓혀가며 다각형을 생성하는 분할 분석법
→ Tessllation은 정해진 지점에서 시작하여 폴리곤을 생성하는 기법이므로 보기의 설명과는 순서가 반대된다.

11 아래의 설명에 해당하는 것은?

어느 특정 지역이 용도상으로 필요하다고 규정만 해 두고 도면상의 배치결정은 유보하는 지역제 기법이다. 즉, 조례에서는 특정용도지역을 설정하지만 위치에 대해서는 규정하지 않고 차후에 특정 개발자의 구체적 제안을 기다렸다가 해당 자치제 의회와의 협의를 거쳐 배치하는 방법이다.

① 부동지역제(float zoning)
② 특례조치(special exception)
③ 혼합지역제(inclusive zoning)
④ 성능지역규제(performance zoning)

해 설
부동지역제(Float Zoning)
• 적용특례나 특례조치는 Zoning의 완결을 전제로 개별 용도차원에서 이루어지지만, 부동지역제는 Zoning의 결정에 탄력성을 부여할 목적으로 용도지역차원에서 이루어진다.
• Floating이라는 의미는 일반적인 Zoning 조례의 규제규정에서 볼 수 있는 모든 토지 용도지구가 반드시 Zoning도면에 처음부터 선이 그어지는 것이 아니라, Zoning 조례상에는 특정한 용도지구로 설정하고, 그 요건을 미리 정하나 구체적으로 어디에 설정할 것인지는 유보해둠으로써 단지 관념상으로는 이 용도지구는 자치단체 구역 내의 여기저기를 '부동(浮動)'하기 때문이다. Zoning 조례가 요건을 만족시키는 용도가 신청되면 그 시점에 Zoning 도면 상에 '고정'되게 된다.
• PUD, 대형쇼핑센터 등 특정개발자의 구체적 제안을 지자체 및 의회의 협의를 거쳐 유연하게 적용하는 용도지역제

정답 07 ③ 08 ④ 09 ② 10 ④ 11 ①

12 일반적인 도시화의 진행 과정으로 옳은 것은?

① 집중적 도시화 → 역도시화 → 분산적 도시화
② 분산적 도시화 → 집중적 도시화 → 역도시화
③ 집중적 도시화 → 분산적 도시화 → 역도시화
④ 분산적 도시화 → 역도시화 → 집중적 도시화

해설
클라센 – 버그(Klassen & Berg)는 도시화의 진행과정을 집중적도시화 → 분산적 도시화 → 역도시화의 순서로 구분하였다.

13 미국의 보스턴, 뉴저지, 로스엔젤레스를 대상으로 지도그리기 방법으로 도시이미지를 구성하는 요소를 구분하였으며, 도시경관의 명료성을 살릴 수 있는 도시경관의 특성을 부여하고 개념을 제시하고자 하였던 학자는?

① Amos Rapoport   ② Kevin Lynch
③ Allen Jacobs   ④ G. Murphy

해설
케빈 린치(Kevin Lynch)는 경계(Edge), 결절점(Node), 도로(Path), 지구(District), 랜드마크(Landmark)의 5가지로 도시 이미지의 요소를 구분하였고 도시경관의 명료성을 살릴 수 있는 도시경관의 특성을 부여하고 개념을 제시하고자 하였다.

14 도시·군기본계획에 대한 설명으로 거리가 가장 먼 것은?

① 공간구조 및 토지이용에 관한 한 부문별 정책이나 계획 등에 우선한다.
② 도시의 기본적 공간 구조를 다루고 장기적 발전방향을 제시하는 계획이다.
③ 정책계획과 전략계획을 실현할 수 있는 도시·군관리계획의 지침적 계획으로서의 위상을 갖는다.
④ 도시 시설의 설치 원칙을 제시하고 시민들의 건축 활동에 대해 법적 구속력을 행사하는 것을 주요 목적으로 한다.

해설
도시군기본계획수립지침에 의거 대상지역의 기본적인 공간구조와 장기발전방향을 제시하는 토지이용·교통·환경 등에 관한 종합계획이 되도록 하여야 하며, 도시 군 관리계획수립의 지침이 된다. 공간구조 및 토지이용에 관한 한 부문별 정책이나 계획 등에 우선한다.
법적 구속력을 행사하기 위해 기본계획을 수립하지는 않는다.

15 국토의 계획 및 이용에 관한 법령상 중고층주택을 중심으로 편리한 주거환경을 조성하기 위해 지정하는 용도지역은?

① 준주거지역   ② 제2종일반주거지역
③ 제2종전용주거지역 ④ 제3종일반주거지역

해설
국토의 계획 및 이용에 관한 법률 시행령 제30조(용도지역의 세분) 조항에 의거 중고층주택을 중심으로 편리한 주거환경을 조성하기 위하여 필요한 지역은 제3종일반주거지역이다.

16 중세 유럽 도시들의 공통적인 물리적 특성에 대한 설명으로 옳지 않은 것은?

① 성벽과 대규모 사원이 도시 공간의 주된 구성요소이었다.
② 방어를 위해 사용된 해자, 운하, 강이 개별 도시를 고립시켰다.
③ 도심을 강조하기 위해 직선 도로를 중심으로 계획하고, 엄격한 용도규제를 통하여 도시 내부 기능을 분리하였다.
④ 도시 내의 통행은 도보와 가축을 활용하였다.

해설
중세 유럽 도시들의 공통적인 물리적 특성은 간선도로망 형태가 집중형(불규칙적이며 폭이 좁음)으로 생성되고 중세적 광장(Square)을 가지고 있었다는 것이다.

17 어느 도시의 인구는 등차급수적으로 증가하며 2013년도 인구가 40만, 2018년도 인구가 56만 명인 경우, 2023년도의 예상 인구는?(단 2013년을 기준연도로 한다.)

① 56만 명 ② 72만 명 ③ 80만 명 ④ 88만 명

해설
등차급수법 $P_n = P_0(1 + r \cdot n)$
P_0 : 초기 연도 인구, r : 인구증가율,
n : 1년 단위 기간
연평균 인구증가율
$r = \dfrac{\left(\dfrac{P_n}{P_0} - 1\right)}{n} = \dfrac{\left(\dfrac{56}{40} - 1\right)}{5} = 0.08, 8\%$

2023년의 추정 인구 (2013년을 기준으로 하므로 $P_0 = 40$, $n = 10$)
$P_n = 40(1 + 0.08 \times 10) = 72$

제2과목 도시설계 및 단지계획

18 도시조사에 이용되는 지적도에 대한 설명으로 틀린 것은?

① 토지대장에 등록된 토지의 경계를 밝혀주는 공부다.
② 필지별 토지의 소재, 지번, 지목, 경계 등 소유권의 범위를 표시하고 있다.
③ 필지 경계 외에도 지형 및 건물의 배치가 표기되어 있어 도시계획에 있어 필수적인 자료다.
④ 도면상의 지적과 공부상의 면적이 일치하지 않는 지적불부합의 문제가 있다.

해설
지형 및 건물의 배치분만 아니라 필지경계선도 표기되어 있으므로 규모가 작은 단지 내지 지구차원의 구체적인 도시계획을 위해 필수적인 도면은 항측도이다.

19 다음 중 도시·군관리계획으로 결정하는 용도지구의 구분에 해당하지 않는 것은?

① 보존지구
② 보호지구
③ 개발진흥지구
④ 특정용도제한지구

해설
국토의 계획 및 이용에 관한 법률 제37조(용도지구의 지정) 제1항 조항에 의거 용도지구는 경관, 고도, 방화, 방재, **보호**, 취락, **개발진흥**, **특정용도제한**, 복합용도, 그 밖에 대통령령으로 정하는 지구로 구분된다.

20 도심공동화로 인해 나타나는 현상으로 옳은 것은?

① 도심의 주거환경 개선
② 기성시가지의 활성화
③ 직주근접현상 심화
④ 야간인구의 격감

해설
도심공동화(都心空洞化, Donut Phenomenon) 란 교외화로 인한 도시권의 확장으로 기존 도시 중심부의 인구와 산업 등이 교외지나 농촌지역으로 이전하게 되어 도시 중심부의 야간 인구가 감소하는 현상을 말한다.

21 주거형 지구단위계획 시 상업용지의 획지 및 가구계획 수립 기준으로 거리가 가장 먼 것은?(단, 기타 사항은 고려하지 않는다.)

① 구역 중심지의 주간선도로 또는 보조간선도로의 교차로 주변에 계획한다.
② 가구의 단변은 1열 배치인 경우 20~60m가 적당하다.
③ 주간선도로 또는 보조간선도로를 따라 2열 배열이 되도록 하고 그 뒷면에 1열 배열로 하여 도로의 이면에서 접근이 용이하도록 한다.
④ 가구 규모는 시설입지에 대한 다양한 요구를 충족시킬 수 있도록 다양한 규모로 계획한다.

해설
상업용지의 획지 및 가구계획시에는 주간선도로 또는 보조간선도로를 따라 1열 배열이 되도록 하고 그 뒷면에 2열 배열로 하여 도로에서 접근이 용이하도록 한다.

22 도시·군계획시설로서 학교의 결정기준과 관련하여, 새로이 개발되는 지역의 경우 1개의 근린주거구역의 범위는 몇 세대를 기준으로 결정하는가? (단, 이미 개발된 지역과 인접한 지역의 개발여건을 고려하여 세대수를 조정하는 경우 등은 고려하지 않는다.)

① 500세대 내지 1,000세대
② 1,000세대 내지 2,000세대
③ 2,000세대 내지 3,000세대
④ 5,000세대 내지 10,000세대

해설
근린주거구역의 범위는 이미 개발된 지역의 경우에는 개발현황에 따라 정하고, 새로이 개발되는 지역(재개발 또는 재건축되는 지역을 포함한다)의 경우에는 2천 세대 내지 3천 세대를 1개 근린주거구역으로 한다. 다만, 인접한 지역의 개발 여건을 고려하여 필요한 경우에는 2천 세대 미만인 지역을 근린주거구역으로 할 수 있다.

23 조선시대에 건조된 읍성(邑城)에 대한 설명으로 옳지 않은 것은?

정답 18 ③ 19 ① 20 ④ 21 ③ 22 ③ 23 ③

① 우리나라의 전통적인 지리적 방식에 의해 입지가 결정되었다.
② 지역의 지형 특징에 따라 주요 시설들의 배치가 이루어졌다.
③ 외부의 적으로부터 효과적인 방어를 위해 주로 산 정상에 건조되었다.
④ 당시 지방의 통치를 위해 관료를 파견하기 위한 행정도시의 성격을 갖는다.

> **해설**
> 방어를 고려하긴 하였으나 산 정상에 건조하지는 않았다.

24 주택건설기준 등에 관한 규정상 사업주체는 공동주택을 건설하는 지점의 소음도가 얼마 미만이 되도록 소음방지대책을 수립하여야 하는가?

① 65 데시벨
② 90 데시벨
③ 120 데시벨
④ 160 데시벨

> **해설**
> 주택건설 기준 등에 관한 규정 제9조(소음방지대책의 수립) 조항에 의거 공동주택의 소음도는 65dB 이하여야 하며 소음이 기준치보다 높을 경우 소음저감대책을 강구하여야 한다.

25 공동주택의 배치에서 도로 및 주차장의 경계선으로부터 공동주택의 외벽까지 이격하여야 하는 최소 거리 기준은? (단, 주택건설기준 등에 관한 규정 기준)

① 2m 이상
② 3m 이상
③ 5m 이상
④ 10m 이상

> **해설**
> 주택건설기준 등에 관한 규정 제10조(공동주택의 배치) 2항 조항에 의거 도로(주택단지 안의 도로를 포함하되, 필로티에 설치되어 보도로만 사용되는 도로는 제외한다) 및 주차장(지하, 필로티, 그 밖에 이와 비슷한 구조에 설치하는 주차장 및 그 진출입로는 제외한다)의 경계선으로부터 공동주택의 외벽(발코니나 그 밖에 이와 비슷한 것을 포함한다. 이하 같다)까지의 거리는 2미터 이상 띄어야 하며, 그 띄운 부분에는 식재 등 조경에 필요한 조치를 하여야 한다.

26 지구단위계획에 대한 설명으로 옳지 않은 것은?

① 지구단위계획구역 및 지구단위계획은 도시·군 기본계획으로 결정한다.
② 인간과 자연이 공존하는 환경친화적 환경을 조성하고 지속가능한 개발 또는 관리가 가능하도록 하기 위한 계획이다.
③ 향후 10년 내외에 걸쳐 나타날 시·군의 성장·발전 등의 여건변화와 향후 5년 내외에 개발이 예상되는 일단의 토지 또는 지역과 그 주변지역의 미래 모습을 상정하여 수립하는 계획이다.
④ 지구단위계획을 통한 구역의 정비 및 기능 재정립의 개선효과가 인근까지 미쳐 시·군 전체의 기능이나 미관 등의 개선에 도움을 주기 위한 계획이다.

> **해설**
> 국토의 계획 및 이용에 관한 법률 제50조(지구단위계획구역 및 지구단위계획의 결정)에 의거 지구단위계획구역 및 지구단위계획은 도시·군관리계획으로 결정한다.

27 지구단위계획구역 중 특별계획구역 지정대상 기준으로 옳지 않은 것은?

① 순차개발하는 경우 선순위개발 대상지역
② 지구단위계획구역안의 일정 지역에 대하여 우수한 설계안을 반영하기 위하여 현상설계를 하고자 하는 경우
③ 지형조건상 지반의 높낮이가 차이가 심하여 건축적으로 상세한 입체계획을 수립하여야 하는 경우
④ 주요 지표물 지점으로서 지구단위계획안 작성 당시에는 대지소유자의 개발프로그램이 뚜렷하지 않으나 앞으로 협의를 통하여 우수한 개발안을 유도할 필요가 있는 경우

> **해설**
> 지구단위계획 수립지침 제15절 특별계획구역 3-15-2조항에 의거 순차개발하는 경우 후순위개발 대상지역에 대해 특별계획구역으로 지정한다.

28 단지계획의 접근 방법과 이론가의 연결이 잘못된 것은?

① 생태적 접근 : Mcharg
② 행태적 접근 : Altman
③ 미학적 접근 : Chapin
④ 사회·심리적 접근 : E. T. Hall

> **해설**
> 단지계획의 접근방법과 이론가
> ① 기능주의적 접근 : 르꼬르뷔지에(Le Corbusier)

정답 24 ① 25 ① 26 ① 27 ① 28 ③

② 신합리주의적 접근 : 알도 로시(Aldo Rossi), 롭 크리에(Rob Krier)
③ 경험주의적 접근 : 고든 쿨렌(Gordon Cullen), 케빈 린치(Kevin Lynch), 크리스토퍼 알렉산더(Christoper Alexander), 카밀로 지테(Camillo Sitte)
④ 통합적 접근
⑤ 실천적 접근 : 건축적 접근, 조경계획적 접근, 도시계획적 접근
⑥ 생태적 접근 : 이안 맥하그(Ian McHarg)
⑦ 사회 행태적 접근 : 알트만(Altman)
⑧ 사회 심리적 접근 : 홀(E. T. hall)

29 라이트(H. Wright)와 스타인(C. Stein)이 래드번 단지계획에서 제시한 기본 원리로 옳지 않은 것은?

① 보도와 차도의 입체적 분리
② 기능에 따른 4가지 종류의 도로 구분
③ 자동차 통과도로를 위한 슈퍼블록 구성
④ 주택 단지 어디로나 통과할 수 있는 공동의 오픈스페이스 조성

해설
슈퍼블록(Super Block)은 개발녹지로 둘러싸이고 자동차 통과교통이 배제되었다.

30 주택건설기준 등에 관한 규정상 500세대의 주택을 건설하는 주택단지에 주민공동시설을 설치하는 경우 해당 주택단지에 포함되어야 하는 시설에 해당하지 않는 것은? (단, 사업계획승인권자가 설치할 필요가 없다고 인정하는 시설, 입주예정자의 과반수가 서면으로 반대하는 시설 및 기타 사항은 고려하지 않는다.)

① 경로당
② 유치원
③ 주민운동시설
④ 어린이놀이터

해설
유치원은 2,000세대 이상의 주택단지 규모일 때 의무적으로 설치해야 하므로 500세대 이상일 경우는 설치하지 않아도 된다.

31 단지경관의 기본 이론인 맥락(context) 중 2차적 맥락에 대한 설명으로 가장 적합한 것은?

① 지역의 특징적 형태나 유형 등을 참조하여 지역의 향토적 흐름을 유추하는 단계를 말한다.
② 건축언어를 일치시키는 것이 목적이며, 여기에는 색채, mass, 높이, 처마선 등이 포함된다.
③ 외형상 주변 건물의 파사드를 맞추는 작업으로 시각적 조화를 바탕으로 하는 통일성에 초점을 둔다.
④ 이미지 유추와 같은 추상적 형태를 반영하며 역사나 철학을 바탕으로 설계가의 작품관과 합해진 형태를 추구한다.

해설
2차적 맥락은 지역의 특정적 형태나 유형 등 제반현상들을 참조하여 지역의 향토적 흐름을 형태적으로 유추하는 단계를 말한다. 건축유형학적(Architectural Typology) 관점에 초점을 두며 실현 방안으로 건축구조, 재료, 건축양식, 공조규성방법 등이 있다.
1차적 맥락에서는 외형상 주변 건물의 파사드를 맞추는 작업으로 시각적 조화를 바탕으로 하는 통일성에 초점을 두고 건축언어를 일치시키는 것이 목적이며, 여기에는 색채, mass, 높이 처마선 등이 포함된다.
3차적 맥락에서는 이미지 유추와 같은 추상적 형태를 반영하며 역사나 철학을 바탕으로 설계가의 작품관과 합해진 형태를 추구한다.

32 주요 조망점으로 활용하는 동시에 조망대상으로도 계획할 수 있고 진입부로부터 공간 및 시각적 연계성을 통해 단지나 권역의 중심적 역할을 담당하는 것은?

① 경관축
② 경관거점
③ 경관권역
④ 경관지점

해설
경관거점은 단지 내에서 우월한 경관적 가치를 가지고 있거나 잠재력을 가지고 있는 공간이나 시설을 설정한다. 이는 주요 조망점으로 활용하는 동시에 조망대상으로도 계획할 수 있고, 진입구로부터 공간 및 시각적 연계성을 통해 단지의 중심적 혹은 권역의 중심적 역할을 담당 할 수 있도록 한다.

33 다음 건물의 용적률은 얼마인가? (단, 대지는 정사각형의 평지이고 지하층이 없는 4층의 14m 높이의 건물이다.)(단위 : m)

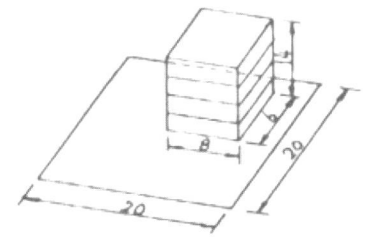

① 168%　② 148%　③ 48%　④ 22%

해설
용적률 = 건물면적/토지면적 = 평균 층수 × 건폐율
용적률 = $\frac{(8 \times 6) \times 4}{20 \times 20}$ = 0.48, 48%

34 지구단위계획수립지침상 환경관리계획 시 고려할 공통 사항으로 거리가 가장 먼 것은?

① 대기오염원이 되는 생산활동은 주거지 안에서 일어나지 않도록 한다.
② 구릉지에는 가급적 고층 위주로 계획하며 주변 지역과 유사한 스카이라인을 형성하도록 한다.
③ 구릉지 등의 개발에서 절토를 최소화하고 절토면이 드러나지 않게 대지를 조성하여 전체적으로 양호한 경관을 유지시킨다.
④ 쓰레기 수거는 가급적 건물 후면에서 이루어지도록 설계하며, 폐기물 처리시설을 설치하는 경우 바람의 영향을 감안하고 지붕을 설치하도록 한다.

해설
환경관리계획 상 자연환경 보전을 위해 구릉지 등의 개발시에는 절토를 최소화하고 절토면이 드러나지 않게 대지 조성하여야 한다. 이때, 자연지형을 살릴 수 있도록 가급적 저층 위주로 계획한다.

35 우리나라의 도시설계관련 제도에 대한 설명으로 옳지 않은 것은?

① 1980년대에는 건축법에 도시설계 관련 규정이 처음 포함되었다.
② 1990년대에는 건축법에 상세계획제도가 도입되었다.
③ 2000년대에는 도시계획법 개정을 통해 지구단위계획 제도가 도입되었다.
④ 우리나라의 도시설계는 독일의 지구상세계획(B-plan), 일본의 지구계획제도의 영향을 받아 제도화되었다.

해설
1990년대에 도시계획법의 상세계획구역의 지정 조항을 통해 상세계획제도가 도입되었다.

36 조례로 정한 용적률 500%의 근린상업지역 내 대지에 상징시설을 위한 광장 면적을 전체 대지면적의 20%로 조성하면서 수립하는 지구단위계획에서, 인센티브에 의한 최대 용적률은? (단, 가중치는 0.8로 한다.)

① 550%　② 600%　③ 650%　④ 700%

해설
도시지역내 지구단위계획구역에서 대지 면적의 일부가 공공시설 또는 기반시설 중 학교와 해당 시·도 또는 대도시의 도시·군계획조례로 정하는 기반시설의 부지로 제공되는 것으로 계획되는 경우
용적률=(조례로 정하는 용적률)×[1+1.5×가중치×(공공시설등의 부지로 제공하는 면적)/(공공시설등의 부지 제공 후 대지면적)]이내=
500% × [1+1.5×0.8×(20%)/(80%)] = 650%

37 건축물의 배치와 관련하여 건축선에 관한 설명으로 옳은 것은?

① 벽면한계선은 가로경관이 연속적인 형태를 유지하거나 구역 내 중요 가로변의 건축물을 가지런하게 할 필요가 있는 경우에 사용할 수 있다.
② 건축지정선은 특정 지역에서 상점가의 1층 벽면을 가지런하게 하거나 고층부 벽면의 위치를 지정하는 등 특정 층의 벽면 위치를 규제할 필요가 있는 경우에 지정할 수 있다.
③ 벽면지정선은 특정한 층에서 보행공간 등을 확보할 필요가 있는 경우에 사용할 수 있다.
④ 건축한계선은 도로에 있는 사람이 개방감을 가질 수 있도록 건축물을 도로에서 일정 거리 후퇴시켜 건축하게 할 필요가 있는 곳에 지정할 수 있다.

해설
지구단위계획 수립지침 제10절 건축물의 배치와 건축선
벽면한계선 : 특정한 층에서 보행공간(공공보행통로 등) 등을 확보할 필요가 있는 경우에 사용할 수 있다. 이 경우 건축한계선의 후퇴부분에는 보행공간 등에 필요한 도시설계적 계획요소를 제시한다.
건축지정선 : 가로경관이 연속적인 형태를 유지하거나 구역내 중요 가로변의 건축물을 가지런하게 할 필요가 있는 경우에 사용할 수 있다.
벽면지정선 : 특정지역에서 상점가의 1층벽면을 가지런하게 하거나 고층부의 벽면의 위치를 지정하는 등 특정층의 벽면의 위치를 규제할 필요가 있는 경우에 지정할 수 있다.
건축한계선 : 도로에 있는 사람이 개방감을 가질 수 있도록 건축물을 도로에서 일정거리 후퇴시켜 건축하게 할 필요가 있는 곳에 지정할 수 있다.

정답　34 ②　35 ②　36 ③　37 ④

38. 도시·군계획시설로서 광장의 결정기준 중 교통광장에 대한 설명으로 옳지 않은 것은?

① 교통광장은 교차점광장, 역전광장, 주요시설광장으로 구분한다.
② 교통광장은 다수인의 집회·행사 등으로 일시에 다수인이 모였다 흩어지는 경우의 교통량을 고려하여 교통중심지에 설치한다.
③ 역전광장은 역전에서의 교통혼잡을 방지하고 이용자의 편의를 도모하기 위하여 철도역 앞에 설치한다.
④ 교차점광장은 주간선도로의 교차지점에 설치하는 경우 접속도로의 기능에 따라 입체교차방식으로 하거나 교통섬, 변속차로 등에 의한 평면교차방식으로 한다.

해 설
도시·군계획시설의 결정·구조 및 설치기준에 관한 규칙 제50조 (광장의 결정기준)
다수인의 집회·행사 등으로 일시에 다수인이 모였다 흩어지는 경우의 교통량을 고려하여 교통중심지에 설치하는 광장은 일반광장 중 중심대광장이다.

39. 근린생활권의 위계 중에서 주민 간에 면식이 가능한 최소단위의 생활권으로, 유치원·어린이공원 등을 공유하는 반경 약 250m가 설정기준이 되는 것은?

① 인보구
② 근린기초구
③ 근린분구
④ 근린주구

해 설
주택단지의 구성단위

구분	근린분구
반경	150~200m 정도
인구	3,000~5,000명 정도
중심기본시설	근린상점, 유치원, 어린이공원, 버스정류장, 진료소
상호관계	• 4~6개의 인보구 • 주민 간에 면식이 가능한 최소단위
특징	국지도로를 골격으로 함

40. 지구단위계획에 대한 도시·군관리계획결정도에서 아래 표시기호가 의미하는 것은?

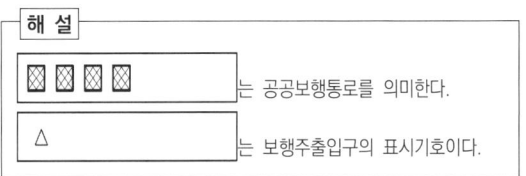

① 보차분리통로
② 공공보행통로
③ 보행주출입구
④ 공개공지접근로

해 설

는 공공보행통로를 의미한다.

△ 는 보행주출입구의 표시기호이다.

제3과목 도시개발론

41. 일반적인 부동산개발금융 방식의 구분 중 부채에 의한 조달 방식으로 대출자가 부동산 개발에 의해 발생하는 수익의 배분에 일부 참여하는 방식은?

① sale & lease back
② participation loan
③ interest only loans
④ 자산 매입 조건부 대출

해 설
수익참여대출(Equity Participation Loan)이란 대출자가 낮은 계약금리로 돈을 빌려주고 부동산이 생성하는 소득에 참여하는 방식이다.

42. 수요 예측 모형에 대한 설명으로 옳지 않은 것은?

① 중력모형은 시장, 재화, 차량, 정보 등의 공간적 이동을 묘사하는 수학적 모형으로서, 공간상호작용모형(spatial interaction model)으로도 불린다.
② 다중 회귀분석은 종속 변수와 여러 개의 설명변수들 사이의 인과관계를 밝히기 위한 통계학적 분석기법이다.
③ 시계열분석은 일정 기간 동안 진행되는 변화의 트렌드를 분석한다.
④ 시계열분석, 인과분석법, 중력모형은 정성적 예측 모형이다.

해 설
시계열, 인과분석, 중력모형은 계량적(정량적)방법이다.

43 아래 설명 중 ( )에 들어갈 용어로 옳은 것은?

> 시행자는 도시개발사업에 필요한 경비에 충당하거나 규약·정관·시행규정 또는 실시계획으로 정하는 목적을 위하여 일정한 토지를 환지로 정하지 아니하고 보류지로 정할 수 있으며, 그 중 일부를 ( )로 정하여 도시개발사업에 필요한 경비에 충당할 수 있다.

① 기타용지 ② 공공용지
③ 체비지   ④ 매각지

해설
도시개발법 제34조 체비지 등
① 시행자는 도시개발사업에 필요한 경비에 충당하거나 규약·정관·시행규정 또는 실시계획으로 정하는 목적을 위하여 일정한 토지를 환지로 정하지 아니하고 보류지로 정할 수 있으며, 그 중 일부를 체비지로 정하여 도시개발사업에 필요한 경비에 충당할 수 있다.

44 재정비촉진지구에서 시행되는 재정비촉진사업에 해당되지 않는 것은?

① 「도시개발법」에 따른 도시개발사업
② 「도시 및 주거환경정비법」에 따른 택지개발사업
③ 「전통시장 및 상점가 육성을 위한 특별법」에 따른 시장정비사업
④ 「국토의 계획 및 이용에 관한 법률」에 따른 도시·군계획시설사업

해설
도시재정비촉진을 위한 특별법 제2조(정의) 이 법에서 사용하는 용어의 뜻은 다음과 같다. 〈개정 2011. 4. 14., 2012. 2. 1., 2017. 2. 8.〉
2. "재정비촉진사업"이란 재정비촉진지구에서 시행되는 다음 각 목의 사업을 말한다.
가. 「도시 및 주거환경정비법」에 따른 주거환경개선사업, 재개발사업 및 재건축사업, 「빈집 및 소규모주택 정비에 관한 특례법」에 따른 가로주택정비사업 및 소규모재건축사업
나. 「도시개발법」에 따른 도시개발사업
다. 「도시재생 활성화 및 지원에 관한 특별법」에 따른 주거재생혁신지구의 혁신지구재생사업
라. 「공공주택 특별법」에 따른 도심 공공주택 복합사업
마. 「전통시장 및 상점가 육성을 위한 특별법」에 따른 시장정비사업
바. 「국토의 계획 및 이용에 관한 법률」에 따른 도시·군계획시설사업
→ 택지개발사업은 「택지개발촉진법」을 따른다.

45 우리나라 도시개발의 흐름에서 제조업과 관광업 등 산업입지와 경제활동을 위해 민간기업 주도로 개발된 도시로, 산업·연구·주택·교육·의료·문화 등 자족적 복합기능을 가진 도시 조성을 목적으로 개발된 도시는?

① 기업도시   ② 공업도시
③ 혁신도시   ④ 행정중심복합도시

해설
기업도시란 민간기업이 도시개발에 주도적으로 참여할 수 있도록 여건을 개선함으로써, 민간기업의 지역투자 활성화 및 지역의 균형발전 도모를 목표로 하는 자급자족적 복합기능도시를 말한다. 기업도시는 기능별로 산업교역형, 지식기반형, 관광레저형 도시로 구분된다. 혁신거점형 도시로도 구분했으나, 현재는 3가지 유형으로만 구분하고 있다.

46 사업시행자가 정비구역의 안과 밖에 새로 건설한 주택 또는 이미 건설되어 있는 주택의 경우 그 정비사업의 시행으로 철거되는 주택의 소유자 또는 세입자를 임시로 거주하게 하는 등 그 정비구역을 순차적으로 정비하여 주택의 소유자 또는 세입자의 이주대책을 수립하는 정비방식은?

① 순환정비방식   ② 합동정비방식
③ 자력정비방식   ④ 위탁정비방식

해설
순환재개발이란 환류재개발이라고도 하며, 재개발구역의 일부 지역 또는 당해 재개발구역 외의 지역에 주택을 건설하거나 건설된 주택(양 주택을 합하여 "순환용주택"이라 함)을 활용하여 재개발구역을 순차적으로 개발하거나 재개발구역 또는 재개발사업시행지구를 수 개의 공구로 분할하여 순차적으로 시행하는 재개발방식을 말한다.

47 도시개발 실시 과정에서 매장 문화재의 출토, 환경오염 및 지역 주민 민원에 의한 공사 중단, 추가 공사의 발생 등과 관련된 위험의 유형은?

① 시장위험(market risk)
② 재해위험(disaster risk)
③ 금융위험(financial risk)
④ 건설관련위험(construction risk)

해설
건설 관련 위험(Construction Risk)
• 도시개발 실시과정에서 매장문화재 출토, 환경오염 및 지역주민의 민원에 의한 공사 중단, 추가공사의 발생, 시공회사의 도산 등과 관련한 위험
• 도시개발조사 및 기획단계에서 사전조사 철저, 지역주민에 대한 설명회, 개발대상지 축소, 손해보험 및 보증보험 가입의 제도화 등을 실시함

48 아래의 설명에 해당하는 도시 개발 개념은?

- 20세기에는 도시 문제를 공공계획을 통해 영구적으로 해결할 수 있다고 생각하였으나, 21세기의 사회적 변화 속에서 대규모 도시 프로젝트는 막대한 자본과 오랜 시간이 필요하며 더 이상 장기적인 프로젝트의 성공을 보장할 수 없다는 도시계획체계의 한계를 극복하고자 등장하였다.
- 계획 수립 과정은 다양한 주체들의 참여로 이루어지는 상향식 계획의 성격을 갖는다.
- 사례지역으로 미국 뉴욕의 타임스 스퀘어, 영국 킹스 크로스 생태 수영장이 있다.
- 유사 개념으로 게릴라 어바니즘, 린 어바니즘, 팝업 어바니즘이 있다.

① 그린 어바니즘
② 택티컬 어바니즘
③ 커뮤니티 어바니즘
④ 랜드스케이프 어바니즘

해설
택티컬 어바니즘(Tactical Urbanism)은 전술적(tactical), 게릴라(guerrilla)적으로 조금씩 빠르게 도시를 바꾸어 나가는 새로운 도시디자인 개념이다. 기존 도시계획의 한계를 극복하고자 등장하였으며, 상향식 성격을 갖는다.

49 경제성분석의 가치화 불능효과에 대한 설명으로 옳은 것은?

① 가치화 불능효과는 조건부 가치측정법을 이용하여도 금전적 가치로 나타낼 수 없다.
② 가치화 불능효과는 구체적인 수치로 나타낼 수는 있으나 효과의 가치를 화폐단위로 나타낼 수 없는 효과다.
③ 가치화 불능효과와 시장재 효과를 명확하게 구분하는 기준이 존재하여 경제성 분석에 유용하다.
④ 가치화 불능효과의 예로는 재화, 서비스 시장의 변화를 들 수 있다.

해설
가치화 불능효과는 구체적인 수치로 나타낼 수 있고, 효과의 가치를 화폐단위로 나타낼 수 없는 효과를 말한다. 전염병의 발병률, 교통사고 발생률, 사망률, 환경수준의 변화 등이 이에 해당한다.

50 도시정책에서 복합용도개발의 근본적인 목표로 거리가 가장 먼 것은?

① 직주근접 유도
② 원거리 통행 감소
③ 분산적 도시화 추진
④ 도시의 외연적 확산 완화

해설
복합용도개발은 분산적 도시화를 저지하여 도심공동화를 방지하고 토지이용효율을 극대화하는 기법이다.

51 다음에서 이상도시의 제안자와 계획안의 연결이 틀린 것은?

① 풀만(Pullman) - 빅토리아
② 마타(A. Soria Y Mata) - 선형도시
③ 푸리에(C. Fourier) - 팔란스테르
④ 리차드슨(Richardson) - 헤이지아

해설
풀만(Pullman)은 모형도시(Model Town)를 계획하였다.

52 계획단위개발(Planned Unit Development)에 대한 설명으로 옳지 않은 것은?

① 충분한 규모 이상의 경우 혼합 토지이용을 함으로써 상업 및 공공시설의 유치가 가능하다.
② PUD 지구에서의 밀도 기준은 밀도전이와 밀도보너스제를 택하는 것이 대부분이다.
③ 공동 오픈스페이스의 확보가 용이하다.
④ 획지분할방식에 의한 택지개발방식을 택한다.

해설
PUD는 획지분할방식을 근간으로하는 택지개발방식의 문제점을 극복하기 위해 도입된 제도이다. 예컨대 공공오픈스페이스 확보 곤란 등을 타개하기 위한 제도로서 일단의 지구를 하나의 계획단위로 보아 그 지구의 특성에 맞는 설계기준을 개발자와 그 개발을 관장하는 당국간의 협상과정을 통해 융통성 있게 능률적으로 책정, 허용함으로써 공적 입장에서 요구되는 환경의 질과 개발자의 입장에서 요구되는 사업성을 동시 추구하는 제도라 할 수 있다.

53 환지방식 개발사업의 특성이 아닌 것은?

① 원칙적으로 지구 내 토지소유자는 토지를 수용 당

하거나 떠나야 하는 문제가 없다.
② 권리자는 소유하고 있는 토지가 환지됨으로써 발생되는 이익과 면적 등에 비례하여 토지의 일부를 내놓음으로써 사업에 필요한 비용을 비교적 공평하게 분담한다.
③ 사업시행자는 토지를 매입할 필요가 없으므로 그만큼 비용이 줄어든다.
④ 공공시설 관리자는 필요한 공공용지를 조성원가에 확보할 수 있고, 사업시행에 유리한 장소에 용지를 마련하여 이윤을 최대화 할 수 있다.

> **해설**
> 공공시설 관리자는 필요한 공공용지를 무상으로 확보할 수 있고, 공공용지의 위치도 주민들이 이용하기에 편리한 장소에 마련할 수 있다.

54 경제적 개념으로 일단의 다른 토지와 구별되어 가격 수준이 비슷한 토지 군을 뜻하는 것은?
① 가구 ② 대지 ③ 필지 ④ 획지

> **해설**
> 획지(Lot)란 개발이 이루어지는 최소의 단위이며, 획지계획은 장래 일어날 단위개발의 토지기반을 마련하는 과정이다. 계획적 관점(토지분할행위), 물리적 관점(건축물의 구조와 형태를 달리하는 개별단위로서의 토지), 경제적 관점(동일한 가격평가의 기준이 되는 단위토지, 일단의 다른 토지와 구별되어 가격 수준이 비슷한 토지 군)에서 계획하여야 한다.

55 공공사업의 비용과 편익을 사회적 측면에서 분석하여 수익률을 계산하고 이를 바탕으로 공공투자사업이나 정책의 타당성을 분석하는 것은?
① 재무 분석 ② 민감도 분석
③ 자금순환 분석 ④ 경제성 분석

> **해설**
> 사회적 할인율을 바탕으로 비용과 편익을 사회적 측면에서 분석하여 수익률을 계산하면 경제성분석이고, 이자율을 바탕으로 순수한 수입, 지출로만 판단하면 재무성분석이 된다.

56 다음 중 사업타당성을 판단할 수 없는 도시개발 사업은?
① A 사업의 순현재가치(FNPV)가 1,000억원이다.
② B 사업의 내부수익률(FIRR)은 10%이며, 기대수익률은 9% 이다.
③ C 사업의 비용편익비(B/C Ratio)가 0.95이다.
④ D 사업은 1년차에 비용이 1,000억원 발생하고, 5년차에 수익이 1,100억원 발생하였다.

> **해설**
> 연차별 비용이 모두 제시되어야 순현재가치 혹은 B/C 등을 계산할 수 있는데 D사업의 경우는 2, 3, 4년차의 비용과 수익을 알 수 없으므로 사업타당성을 판단할 수 없다. 또한, 1년차 비용 1,000억 원과 5년차 수익 1,100억 원이 전부라 할지라도 이자율이 제시되지 않았으므로 현재가치화가 불가능하여 직접적인 비교가 불가능하다. 따라서 D사업은 사업타당성의 판단이 불가능하다.

57 다음 중 운용시장의 형태가 공개시장(public market)이고 자본의 성격이 대출투자(debt financing)에 속하는 부동산 투자 유형은?
① 상업용저당채권 ② 사모부동산펀드
③ 직접 대출 ④ 직접 투자

> **해설**
> 공개시장이면서 대출투자인 부동산투자는 상업용 저당채권과 부동산간접투자기구이다.

58 일반마케팅과 비교하여 도시마케팅이 갖는 특징으로 옳지 않은 것은?
① 마케팅의 핵심 주체는 도시정부다.
② 도시의 발전이나 성장보다는 이윤의 극대화를 주요 목표로 한다.
③ 도시 또는 도시 내 특정 장소라는 일정한 공간적 단위 그 자체를 상품화한다.
④ 상품 자체가 지리적으로 이동할 수 없어, 이를 생산·판매·소비하는 경제 주체들의 이동이 중요하다.

> **해설**
> 도시마케팅은 도시의 발전이나 성장을 주요 목표로 한다.

59 현재 인구가 50만 명이고 연평균 인구증가율이 2.5%인 도시의 경우, 등비급수법에 따라 추정한 20년 후의 인구는 약 얼마인가?
① 70만명 ② 75만명 ③ 82만명 ④ 90만명

해설

$P_n = P_0(1+r)^n$
$P_n = 500,000(1+0.025)^{20} = 819308.2201$, ∴ 약 82만 명

60 도시개발 대상지의 토지 취득방법에 따른 개발방식의 분류에 해당하지 않는 것은?

① 철거방식 ② 환지방식
③ 혼용방식 ④ 전면매수방식

해설

토지취득방법에 따른 도시개발사업방식에는 환지, 매수(수용 또는 사용), 혼용(환지+매수) 방식이 있다.

제4과목 국토 및 지역계획

61 다음 중 제4차 국토종합계획(2000~2020)에서 제시한 통합 국토축과 발전 전략의 연결이 옳지 않은 것은?

① 서울 · 부산축 : 산업구조 개편 및 정비기반 구축
② 환동해축 : 환동해권 국제관광 및 기간산업의 고도화
③ 환남해축 : 국제물류 · 관광 · 산업특화지대로 육성
④ 북부내륙축 : 수도권기능 분산수용 및 산악-연안 연계관광 활성화

해설

수도권기능 분산수용은 제3차 국토종합개발계획(1992~2001)에서 제시된 내용이다.

62 다음 중 소자(E. Soja, 1971)가 계획단위로서의 공간특성을 거리(distance)로 분류한 내용에 해당하지 않는 것은?

① 시간거리(time distance)
② 마찰거리(frictional distance)
③ 인식거리(perceived distance)
④ 물리적거리(physical distance)

해설

에드워드 소자(Edward Soja, 1971)의 거리의 종류는 3가지로, 물리적 거리, 인식거리, 시간거리가 있다.

63 도시순위규모법칙에 따른 q값이 과거 1.0에서 현재 2.0으로 증가한 어느 나라의 도시체계에 관한 설명으로 가장 옳은 것은?

① 과거보다 도시화의 속도가 2배로 증가하였다.
② 과거보다 수위 도시 또는 소수의 몇몇 대도시에 더욱 많은 인구가 집중하였다.
③ 과거에는 도시 인구가 불균등하게 분포하였으나 현재는 균등한 분포에 근접하고 있다.
④ 과거에는 인구 분포가 균형을 이루었으나 현재는 주요 도시의 인구가 농촌 인구의 2배가 되었다.

해설

q = 1은 순위규모분포로 어느 나라에서 수위도시의 인구분포가 1이라면 나머지 도시의 인구는 1/2, 1/3, 1/4…으로 분포됨을 의미한다. q = 2는 수위도시의 인구를 1로 했을 때 나머지 도시의 인구는 1/4, 1/9, 1/16…라는 것을 의미하고, 이는 하위도시로 갈수록 인구수가 급격히 작아지는 것을 의미한다. 따라서, q가 1에서 2로 변한다는 것은 수위도시나 소수의 대도시로의 인구집중이 더욱 커짐을 의미한다.

64 안스타인(S. Arnstein)이 제시한 주민참여의 8단계를 크게 참여 부재 · 형식적 참여 · 주민권리로서 참여의 3단계로 구분할 때, 다음 중 형식적 참여에 해당하는 형태는?

① 정보 제공 ② 여론 조작
③ 권한 위임 ④ 파트너쉽

해설

안스타인의 주민참여 8단계 중 1~2단계(치료, 조작)는 비참여, 3~5단계(정보제공, 상담, 회유)는 형식적 참여, 6~8단계(협동관계, 권한위임, 주민통제)는 주민권력단계이다.

65 쇄신의 확산 유형을 진행과정과 정보전달의 방법 측면으로 나누어 구분할 때, 진행 과정상에 따른 분류와 관련하여 일반적으로 아래와 같은 특징을 갖는 것은?

- 확산과정에 있어 거리가 반드시 강한 영향력이라고 할 수는 없다.
- 각종 유행이 대도시에서 작은 도시로 전파되는 과정을 예로 들 수 있다.
- 대도시의 사회구조와 성향이 새로운 아이디어나 쇄신의 채택에 더 유리하다.

① 전염 확산 ② 계층 확산
③ 이동 확산 ④ 파상 확산

해설
계층확산 : 대도시나 중요한 사람에게 쇄신의 정보가 전달되면 도시계층이나 사회계층을 따라 그 아래로 건너뛰는 유형의 확산이다. 따라서 계층확산에서는 도시계층의 형태 또는 구성이 큰 영향을 미치며, 거리는 상대적으로 중요한 영향을 미치지 않게 된다. 대도시의 사회구조와 성향이 새로운 아이디어나 쇄신의 채택에 더 유리하다.

66 A지역의 인구 및 고용현황이 아래와 같을 때 경제기반승수는?

- 기반산업부문 고용자수 : 25,000명
- 비기반산업부문 고용자수 : 50,000명
- 총 인구수 : 150,000명

① 0.17 ② 0.50 ③ 2.00 ④ 3.00

해설
$$경제기반승수 = \frac{기반인구 + 비기반인구}{기반인구}$$
$$= \frac{25,000 + 50,000}{25,000} = 3.00$$

67 지속가능한 개발을 위한 토지이용전략으로 거리가 가장 먼 것은?

① 직주근접형 도시개발
② 대중교통 지향적인 교통망계획
③ 개발권 양도를 통한 녹지지역의 보전
④ 교외지역의 주택개발을 통한 도시 확산 유도

해설
도시 확산을 억제하고 직주근접, 대중교통지향개발, 복합적 토지이용, 녹지보전 등의 지속가능한 개발을 위해서는 압축도시(Compact City)개발이 필요하다. 교외지역의 주택을 개발하게 되면 도시가 확산되어 지속가능한 개발이 어렵게 된다.

68 알프레드 베버(A. Weber)가 제시한 공업입지론에서 입지를 결정하는 요인에 해당하지 않는 것은?

① 운송비 ② 노동비
③ 집적이익 ④ 생산자수

해설
알프레드 베버(A. Weber)의 공업입지이론에서 입지결정인자는 수송비, 노동비, 집적이익(집적경제)이다.

69 성장거점모형에서 경제공간의 지리적 공간으로 변환을 최초로 설명한 학자는?

① 페로우(Perroux, F.)
② 부드빌(Boudeville, J.)
③ 미르달(Myrdal, G.)
④ 허쉬만(Hirschamn, A.)

해설
페로우(Perroux, F.)의 제자인 부드빌(Boudeville, J.)은 경제성장의 중심점인 성장극을 지리적인 성장거점으로 대체하여 저개발지역의 산업화와 경제성장을 위한 전략으로 제시하였다. 부드빌은 이 과정을 통해 성장거점모형에서 경제공간의 지리적 공간으로의 변환을 최초로 설명하였다.

70 다음 중 수도권의 인구 및 산업 집중 억제 대책이 아닌 것은?

① 공장의 신·증설 억제
② 대학의 신·증설 억제
③ 임대주택의 공급 확대
④ 중앙행정 권한의 지방 이양

해설
수도권 과밀화 억제방안은 다음과 같다.
① 인구집중유발시설 신설·증설 억제
② 대학, 공공청사, 공장의 총량 규제
③ 수도권 소재 공공기관의 지방 이전
④ 수도권 외 지역의 거점 도시 육성
⑤ 대규모 개발사업 억제
⑥ 과밀부담금 부과
⑦ 권역별 행위 제한

정답 66 ④ 67 ④ 68 ④ 69 ② 70 ③

71 도시계획가 피터 홀이 제안하여 1980년대에 영국에서 제도화 된 것으로, 낙후된 특정 지역에 입지하는 기업에 대해 재산세 등의 조세 감면, 기업 자유 보장, 인·허가 규제 완화 등의 혜택을 부여하여 해당 지역의 경제를 활성화시키고자 지정한 것은?

① 오버레이존
② 개발촉진지구
③ 조세감면지구
④ 엔터프라이즈존

해설
엔터프라이즈존은 시장경제 실현을 위해 영국에서 도입·시행한 제도로 재산세 등 조세 감면, 기업자유보장, 인허가 규제 완화 등을 골자로 하는 제도이다. 영국에서 성공적 정착 후 미국 전역으로 도입되었다.

72 A도시의 인구가 200만 명, B도시의 인구가 50만 명이며 두 도시 간 거리는 40km일 때 시장의 분기점은 A도시로부터 얼마의 거리에 형성되는가? (단, 컨버스의 분기점모형에 따른다.)

① 10.0 km
② 13.3 km
③ 26.7 km
④ 30.0 km

해설
$R = \dfrac{200}{x^2} = \dfrac{50}{(40-x)^2} = \dfrac{50}{40^2 - 80x + x^2}$,
$200(40^2 - 80x + x^2) = 50x^2$
$X = 80, 26.7$, ∴ $X = 26.7$

73 경제기반이론(Economic Base Theory)에 관한 설명으로 거리가 가장 먼 것은?

① 지역의 성장이 지역에서 생산되는 재화의 외부 수요에 의해 결정된다는 것에 기초한다.
② 경제기반승수가 계속 변화한다고 가정하기 때문에 모형은 실제로 단기 예측에는 부적절하다.
③ 개념적으로 지역의 경제활동을 단순하게 기반활동과 비기반활동으로 분류하기 어려운 산업활동이 있다.
④ 기반활동만이 지역경제의 원동력이고 비기반활동은 지역성장에 기여하지 않는 부수적인 활동이라고 가정한다.

해설
수출기반성장이론(Export Base Model)에서는 경제기반승수가 일정하다고 가정한다. 이 가정은 수출기반성장이론을 비현실적으로 만드는 단점이다.

74 크리스탈러(Christaller)의 중심지이론에서 행정원리는 상위 중심지 1개가 차하위 중심지 몇 개를 배후지로 포섭하여 지배하는가?

① 2
② 4
③ 6
④ 8

해설
• 시장의 원리(Marketing Principle, K=3 System) • 교통원리(Transportation Principle, K=4 System)
• 행정원리(K=7 System)
• 제4의 원리(시장-행정모형)
K=7 시스템이란 1개의 상위중심지가 6개의 하위 중심지를 지배하는 시스템을 말한다.

75 국토기본법상 국토계획의 구분 중 아래와 같이 정의하는 사항으로, 국가균형발전 측면에서 도입되어 2022년 8월부터 시행하는 것은?

> 지역의 경제 및 생활권역의 발전에 필요한 연계·협력사업 추진을 위하여 2개 이상의 지방자치단체가 상호 협의하여 설정하거나 지방자치법 제199조의 특별지방자치단체가 설정한 권역으로, 특별시·광역시·특별자치시 및 도·특별자치도의 행정구역을 넘어서는 권역을 대상으로 하여 해당 지역의 장기적인 발전방향을 제시하는 계획

① 광역권개발계획
② 초광역권계획
③ 시·군종합계획
④ 도종합계획

해설
국토기본법 제6조(국토계획의 정의 및 구분)
1의2. 초광역권계획 : 지역의 경제 및 생활권역의 발전에 필요한 연계·협력사업 추진을 위하여 2개 이상의 지방자치단체가 상호 협의하여 설정하거나 「지방자치법」 제199조의 특별지방자치단체가 설정한 권역으로, 특별시·광역시·특별자치시 및 도·특별자치도의 행정구역을 넘어서는 권역(이하 "초광역권"이라 한다)을 대상으로 하여 해당 지역의 장기적인 발전 방향을 제시하는 계획

정답 71 ④ 72 ③ 73 ② 74 ③ 75 ②

76 아래와 같은 지역성장이론을 주장한 학자는?

> · 한 지역은 중심도시와 주변지역으로 구성되며, 중심도시는 성장거점이 되고 그 주변지역은 성장거점의 배후지역이 된다.
> · 중심도시와 주변지역 간에는 순환인과관계가 이루어지고 역류와 확산효과가 나타난다.

① 하겟 ② 미르달 ③ 칼도르 ④ 맥해일

해 설
미르달(G. Myrdal)의 역류효과(逆流效果, Backwash Effects)
① 한 지역은 중심도시와 주변지역으로 구성된다.
② 중심도시와 주변지역 간에는 순환인과 관계가 이루어지고 역류와 확산효과가 이루어진다.
③ 역류효과와 확산효과는 주기적인 상향 또는 하향운동을 일으킴으로써 지역 간 격차를 지속시킨다.
④ 성장지역의 부(富)와 기술 등이 주변지역으로 파급되어 지역 간 격차가 줄어드는 것이 아니라, 오히려 주변지역의 자본, 노동 등 생산요소가 계속해서 성장지역으로 흘러 들어가는 현상
⑤ 이로 인해 성장지역은 계속 성장하고 주변지역은 계속 낙후지역으로 남게 되는 것
⑥ 지역의 경제성장을 순환적·누적적 인과원리(Principle of Circular and Cumulative Causation)로 설명

77 영국에서 1930년대에 지역계획에 많은 영향을 준 보고서와 주요 내용이 올바르게 연결된 것은?

① 바로우(Barlow)보고서 – 미래의 전원도시
② 어스와트(Uthwatt)보고서 – 공업 재배치
③ 스코트(Scott)보고서 – 농촌의 토지이용
④ 하워드(Howard)보고서 – 개발이익환수

해 설
1930년대 영국에서 지역개발과 계획발전에 큰 영향을 미친 세 가지 보고서
㉠ 스코트(Scott) 보고서 : 그린벨트와 농촌계획에 대한 내용
㉡ 바로우(Barlow) 보고서 : 인구분산과 공업재배치에 관한 내용
㉢ 아스와트(Uthwatt) 보고서 : 개발이익환수와 토지공개념에 관한 내용

78 인간이 필요로 하는 최소한의 재화와 서비스 품목을 최저 소득집단에게 공급해주는 것을 근간으로 상향식 개발의 관점을 유지하는 지역개발 이론은?

① 종속이론 ② 도시레짐이론
③ 기본수요이론 ④ 도시한계론

해 설
기본수요이론(Basic Needs Theory)
• 기존 지역발전 이론으로 인해 발생된 지역불균형, 빈곤, 산업문제 등에 대처
• 빈곤계층이 품위 있는 생활을 하는 데 기본이 되는 최소한의 물품과 서비스를 보장

79 도종합계획에 대한 설명으로 옳지 않은 것은?

① 도지사가 도종합계획을 수립하였을 때에는 국토교통부장관의 승인을 받아야 한다.
② 도종합계획안을 작성하였을 때에는 공청회를 열어 일반 국민과 관계 전문가 등으로부터 의견을 들어야 한다.
③ 국토교통부장관이 작성하는 도종합계획 수립지침에는 도종합계획의 기본사항과 수립절차가 포함되어야 한다.
④ 도종합계획의 수립 주체는 도지사, 시장, 군수이다. 다만, 다른 법률에 따라 따로 계획이 수립된 도로서 대통령령으로 정하는 도는 도종합계획을 수립하지 아니할 수 있다.

해 설
도종합계획의 수립 주체는 도지사이다. 다만, 다른 법률에 따라 따로 계획이 수립된 도로서 대통령령으로 정하는 도는 도종합계획을 수립하지 아니할 수 있다. 이 때 대통령령으로 정하는 도는 경기도, 제주특별자치도이다.

80 지역계획이 필요한 이유로 옳지 않은 것은?

① 수자원의 보호
② 인구의 적정 배분
③ 국민의 소비 성향 억제
④ 지역 간의 산업 연관관계 도모

해 설
지역계획은 일상적인 지역문제의 개선, 지역의 변화에 대처, 지역의 입지여건을 보완, 광역적 지역문제를 개선, 자연자원의 개발, 지역격차문제를 개선하기 위해 필요하다. 수자원의 보소는 자연자원의 개발에 해당하고, 인구의 적정배분은 지역격차문제를 개선함에 해당하며, 지역 간의 산업 연관관계 도모는 광역적 지역문제를 개선함에 해당한다. 소비성향을 억제하기 위해 지역계획이 필요하지는 않다.

정답 76 ② 77 ③ 78 ③ 79 ④ 80 ③

제5과목 도시계획관계법규

81 시행자가 도시개발사업을 원활히 시행하기 위하여 특히 필요한 경우에 토지 또는 건축물 소유자의 신청을 받아 건축물의 일부와 그 건축물이 있는 토지의 공유지분을 부여하는 것은?

① 청산환지　② 평면환지
③ 절충환지　④ 입체환지

해설
입체환지란, 토지소유자의 동의를 얻어 환지의 목적인 토지에 갈음하여 시행자가 처분할 권한이 있는 건축물의 일부와 그 건축물이 있는 토지의 공유지분을 부여하는 것으로 집단체비지 내에 공동주택 또는 상가를 건설하는 경우에 사용한다.

82 국토기본법상 국토정책위원회에 대한 설명으로 옳은 것은?

① 위촉위원의 임기는 1년으로 한다.
② 분과위원회의 심의는 국토정책위원회의 심의로 본다.
③ 국토정책위원회는 위원장 1명, 부위원장 1명을 포함한 34명 이내의 위원으로 구성한다.
④ 대통령은 국토계획 및 정책에 관한 전문지식 및 경험이 있는 사람중에서 전문위원을 위촉할 수 있다.

해설
국토정책위원회의 위원장은 국무총리가 되고, 부위원장은 국토교통부장관과 위촉위원 중에서 호선으로 선정된 위원으로 한다. 분과위원회의 심의는 국토정책위원회의 심의로 본다. 국토정책위원회는 위원장 1명, 부위원장 2명을 포함한 42명 이내의 위원으로 구성한다. 국토정책위원회의 위원장은 국토계획 및 정책에 관한 전문지식 및 경험이 있는 사람 중에서 전문위원을 위촉할 수 있다.

83 시가화조정구역의 지정에 관한 설명으로 옳지 않은 것은?

① 5년 이상 20년 이내의 기간 동안 시가화를 유보할 수 있다.
② 시가화조정구역의 지정에 관한 도시·군관리계획의 결정은 시가화유보기간이 끝나는 날부터 효력을 상실한다.
③ 시가화조정구역지정의 실효고시는 실효일자, 실효사유, 실효된 도시·군관리계획의 내용을 관보 또는 공보에 게재하는 방법에 의한다.
④ 국가계획과 연계하여 시가화조정구역의 지정 또는 변경이 필요한 경우에는 국토교통부장관이 직접 시가화조정구역의 지정 또는 변경을 도시·군관리계획으로 결정할 수 있다.

해설
국토의 계획 및 이용에 관한 법률 제39조(시가화조정구역의 지정) ②항 조항에 의거 시가화조정구역의 지정에 관한 도시·군관리계획의 결정은 제1항에 따른 시가화 유보기간이 **끝난 날의 다음날**부터 그 효력을 잃는다. 이 경우 국토교통부장관 또는 시·도지사는 대통령령으로 정하는 바에 따라 그 사실을 고시하여야 한다.

84 도시공원의 구분에 따른 규모 기준이 옳은 것은?

① 묘지공원 : 1만㎡ 이상
② 체육공원 : 3만㎡ 이상
③ 어린이공원 : 1천5백㎡ 이상
④ 도보권 근린공원 : 2만㎡ 이상

해설
묘지공원은 100,000㎡, 도보권 근린공원은 30,000㎡, 체육공원 10,000㎡ 이다.

85 건축법령상 용도별 건축물의 종류가 잘못 연결된 것은?

① 공동주택 : 기숙사, 다세대주택
② 위락시설 : 무도장, 노래연습장
③ 제1종 근린생활시설 : 의원, 목욕장
④ 제2종 근린생활시설 : 기원, 일반음식점

해설
건축법 시행령 별표 1 용도별 건축물의 종류에 의거 위락시설에 무도장은 해당하나, 노래연습장은 제2종 근린생활시설에 해당한다.

86 주택법상 아래의 정의에 해당하는 것은?

> 건강하고 쾌적한 실내환경의 조성을 위하여 실내공기의 오염물질 등을 최소화할 수 있도록 대통령령으로 정하는 기준에 따라 건설된 주택

정답　81 ④　82 ②　83 ②　84 ③　85 ②　86 ②

① 장수명 주택
② 건강친화형 주택
③ 세대구분형 공동주택
④ 에너지절약형 친환경주택

해 설

주택법 제2조(정의) 이 법에서 사용하는 용어의 뜻은 다음과 같다. 〈개정 2017. 12. 26., 2018. 1. 16., 2018. 8. 14., 2020. 6. 9, 2020. 8. 18.〉
19. "세대구분형 공동주택"이란 공동주택의 주택 내부 공간의 일부를 세대별로 구분하여 생활이 가능한 구조로 하되, 그 구분된 공간의 일부를 구분소유할 수 없는 주택으로서 대통령령으로 정하는 건설기준, 설치기준, 면적기준 등에 적합한 주택을 말한다.
21. "에너지절약형 친환경주택"이란 저에너지 건물 조성기술 등 대통령령으로 정하는 기술을 이용하여 에너지 사용량을 절감하거나 이산화탄소 배출량을 저감할 수 있도록 건설된 주택을 말하며, 그 종류와 범위는 대통령령으로 정한다.
22. "건강친화형 주택"이란 건강하고 쾌적한 실내환경의 조성을 위하여 실내공기의 오염물질 등을 최소화할 수 있도록 대통령령으로 정하는 기준에 따라 건설된 주택을 말한다.
23. "장수명 주택"이란 구조적으로 오랫동안 유지·관리될 수 있는 내구성을 갖추고, 입주자의 필요에 따라 내부 구조를 쉽게 변경할 수 있는 가변성과 수리 용이성 등이 우수한 주택을 말한다.

87 도시개발법상 환지방식으로 사업을 시행하는 경우 시행자가 청산금을 징수하거나 교부하는 시기 기준은?(단, 환지를 정하지 아니하는 토지에 대하여는 고려하지 않는다.)

① 등기완료 후
② 환지처분 공고 후
③ 환지계획 인가 후
④ 공사시행 완료 보고 후

해 설

도시개발법 제46조(청산금의 징수·교부 등)에 의거 시행자는 환지처분이 공고된 후에 확정된 청산금을 징수하거나 교부하여야 한다.

88 단지조성사업 등으로 설치되는 노외주차장에 설치하여야 하는 환경친화적 자동차를 위한 전용주차구획의 비율 최소 기준이 옳은 것은?

① 총 주차대수의 100분의 5 이상
② 총 주차대수의 100분의 10 이상
③ 총 주차대수의 100분의 15 이상
④ 총 주차대수의 100분의 30 이상

해 설

주차장법 시행령 제4조(경형자동차 및 환경친화적 자동차 전용주차구획의 설치비율)
법 제12조의3제1항에 따른 단지조성사업등(이하 "단지조성사업등"이라 한다)으로 설치되는 노외주차장에는 같은 조 제3항에 따라 경형자동차 및 환경친화적 자동차를 위한 전용주차구획을 다음 각 호의 비율이 모두 충족되도록 설치해야 한다.
2. 환경친화적 자동차를 위한 전용주차구획: 총주차대수의 100분의 5 이상 [전문개정 2021. 3. 30.]

89 다음 중 도시·군기본계획의 원칙적인 수립권자가 아닌 자는?

① 국토교통부장관
② 광역시장
③ 시장 또는 군수
④ 특별시장

해 설

국토의 계획 및 이용에 관한 법률 제18조(도시·군기본계획의 수립권자와 대상지역) ①항에 의거 특별시장·광역시장·특별자치시장·특별자치도지사·시장 또는 군수는 관할 구역에 대하여 도시·군기본계획을 수립하여야 한다. 다만, 시 또는 군의 위치, 인구의 규모, 인구감소율 등을 고려하여 대통령령으로 정하는 시 또는 군은 도시·군기본계획을 수립하지 아니할 수 있다. 〈개정 2011.4.14.〉

90 도시 및 주거환경정비법상 정의에 따른 정비기반시설에 해당하지 않는 것은?(단, 주거환경개선사업을 위하여 지정·고시된 정비구역에 설치하는 공동이용시설로서 동법 관련 규정에 따른 사업시행계획서에 시장·군수 등이 관리하는 것으로 포함된 시설은 제외한다.)

① 상하수도
② 공공공지
③ 비상대피시설
④ 도서관

해 설

도시 및 주거환경정비법 제2조에 의거 "정비기반시설"이란 도로·**상하수도**·공원·공용주차장·공동구("국토의 계획 및 이용에 관한 법률」 제2조제9호에 따른 공동구를 말한다. 이하 같다), 그 밖에 주민의 생활에 필요한 열·가스 등의 공급시설로서 대통령령으로 정하는 시설을 말한다.
도시 및 주거환경정비법 시행령 제3조(정비기반시설) 조항에 의거 법 제2조제4호에서 "대통령령으로 정하는 시설"이란 다음 각 호의 시설을 말한다. 1. 녹지 2. 하천 3. **공공공지** 4. 광장 5. 소방용수시설 6. **비상대피시설** 7. 가스공급시설 8. 지역난방시설

91 건축법상 건축을 하는 건축주가 해당 지방자치단체의 조례로 정하는 기준에 따라 대지에 조경이나

그 밖에 필요한 조치를 하여야 하는 기준이 옳은 것은? (단, 조경이 필요하지 아니한 건축물로서 대통령령으로 정하는 건축물, 옥상 조경 등 대통령령으로 따로 기준을 정하는 경우는 고려하지 않는다.)

① 면적이 100㎡ 이상인 대지에 건축을 하는 경우
② 면적이 150㎡ 이상인 대지에 건축을 하는 경우
③ 면적이 100㎡ 이상인 대지에 건축을 하는 경우
④ 면적이 100㎡ 이상인 대지에 건축을 하는 경우

> **해 설**
> 건축법 제42조(대지의 조경) 조항에 의거, 면적이 200제곱미터 이상인 대지에 건축을 하는 건축주는 용도지역 및 건축물의 규모에 따라 해당 지방자치단체의 조례로 정하는 기준에 따라 대지에 조경이나 그 밖에 필요한 조치를 하여야 한다.

92 건축법령상 둘 이상의 필지를 하나의 대지로 할 수 있는 토지가 아닌 것은?

① 하나의 건축물을 두 필지 이상에 걸쳐 건축하는 경우 그 건축물이 건축되는 각 필지의 토지를 합한 토지
② 국토의 계획 및 이용에 관한 법률에 따른 도시·군계획시설에 해당하는 건축물을 건축하는 경우 그 도시·군계획시설이 설치되는 일단의 토지
③ 건축물의 사용승인을 신청할 때 둘 이상의 필지를 하나의 필지로 합칠 것을 조건으로 건축허가를 하는 경우 그 필지가 합쳐지는 토지(단, 토지의 소유자가 서로 다른 경우는 제외)
④ 도로의 지표 아래 건축하는 건축물의 경우 국토교통부장관이 그 건축물이 건축되는 토지로 정하는 토지

> **해 설**
> 도로의 지표 아래에 건축하는 건축물의 경우 : 특별시장·광역시장·특별자치시장·특별자치도지사·시장·군수 또는 구청장(자치구의 구청장을 말한다.)이 그 건축물이 건축되는 토지로 정하는 토지여야 한다.

93 행정청이 시행하는 도시개발사업의 시행에 드는 비용을 국고에서 보조하거나 융자할 수 있는 금액의 최고 한도 기준은?

① 사업 시행에 드는 비용의 30%
② 사업 시행에 드는 비용의 50%
③ 사업 시행에 드는 비용의 80%
④ 사업 시행에 드는 비용의 전부

> **해 설**
> 도시개발법 제59조(보조 또는 융자) 도시개발사업의 시행에 드는 비용은 대통령령으로 정하는 바에 따라 그 비용의 전부 또는 일부를 국고에서 보조하거나 융자할 수 있다. 다만, 시행자가 행정청이면 전부를 보조하거나 융자할 수 있다.

94 주택법상 주택단지의 정의와 관련하여, 각각 별개의 주택단지로 볼 수 있도록 하는 시설 기준이 틀린 것은? (단, 대통령령으로 정하는 시설의 경우는 고려하지 않는다.)

① 철도
② 자동차전용도로
③ 폭 15m 이상인 일반도로
④ 폭 8m 이상인 도시계획예정도로

> **해 설**
> 주택법 제2조(정의) 12항 조항에 의거, "주택단지"란 제15조에 따른 주택건설사업계획 또는 대지조성사업계획의 승인을 받아 주택과 그 부대시설 및 복리시설을 건설하거나 대지를 조성하는 데 사용되는 일단(一團)의 토지를 말한다. 다만, 다음 각 목의 시설로 분리된 토지는 각각 별개의 주택단지로 본다.
> 가. 철도·고속도로·자동차전용도로
> 나. 폭 20미터 이상인 일반도로
> 다. 폭 8미터 이상인 도시계획예정도로
> 라. 가목부터 다목까지의 시설에 준하는 것으로서 대통령령으로 정하는 시설
> → 폭 20미터 이상인 일반도로가 해당한다.

95 주차장법에 따른 주차장의 종류가 아닌 것은?

① 공공주차장   ② 노상주차장
③ 노외주차장   ④ 부설주차장

> **해 설**
> 주차장법에 의한 주차장의 분류
> • 노상주차장 : 도로의 노면 또는 교차점 광장의 일정한 구역에 설치된 주차장(일반인 이용)
> • 노외주차장 : 도로의 노면 또는 교차점 광장 외의 장소에 설치된 주차장(일반인 이용)
> • 건축물부설주차장 : 건축물, 골프연습장, 기타 주차수요를 유발하는 시설에 부설된 주차장(시설이용자+일반인 이용)

96 도시공원 및 녹지 등에 관한 법령상 정의에 따른

공원시설의 구분 및 종류가 잘못 연결된 것은? (단, 특정 목적에 따라 조례로 정하는 시설 등 기타의 경우는 고려하지 않는다.)

① 도시농업시설 : 도시텃밭, 농기구 세척장
② 운동시설 : 수영장, 골프장(8홀 이상)
③ 교양시설 : 야외극장, 문화예술회관
④ 공원관리시설 : 울타리, 조명시설

해설
도시공원 및 녹지 등에 관한 법률 시행규칙 제3조(공원시설의 종류)
별표1 4. 운동시설
가. 「체육시설의 설치·이용에 관한 법률 시행령」 별표 1에서 정하는 운동종목을 위한 운동시설. 다만, 무도학원·무도장 및 자동차경주장은 제외하고, 사격장은 실내사격장에 한하며, 골프장은 6홀 이하의 규모에 한한다.
나. 자연체험장

97 개발제한구역 내 토지 중 매수청구가 있는 경우 국토교통부장관이 매수청구인에게 매수대상여부와 매수예상가격 등을 알려주어야 하는 기간 기준은?

① 토지의 매수를 청구받은 날부터 2개월 이내
② 토지의 매수를 청구받은 날부터 3개월 이내
③ 토지의 매수를 청구받은 날부터 6개월 이내
④ 토지의 매수를 청구받은 날부터 1년 이내

해설
개발제한구역의 지정 및 관리에 관한 특별조치법 제18조(매수청구의 절차 등)
① 국토교통부장관은 토지의 매수를 청구받은 날부터 2개월 이내에 매수대상 여부와 매수예상가격 등을 매수청구인에게 알려주어야 한다. 〈개정 2013.3.23.〉

98 국토기본법상 국토계획의 정의 및 구분이 옳지 않은 것은?

① 지역계획은 특정 지역을 대상으로 특별한 정책목적을 달성하기 위하여 수립하는 계획이다.
② 부문별계획은 특정 지역을 대상으로 특정 부문에 대한 단기적인 발전방향을 제시하는 계획이다.
③ 국토종합계획은 국토 전역을 대상으로 하여 국토의 장기적인 발전방향을 제시하는 종합계획이다.
④ 도종합계획은 도 또는 특별자치도의 관할구역을 대상으로 하여 해당 지역의 장기적인 발전 방향을 제시하는 종합계획이다.

해설
특정지역을 대상으로 특별한 정책목적을 달성하기 위하여 수립하는 계획은 지역계획이다.

99 수도권정비계획법령상 '대규모개발사업'의 정의에 따른 사업 종류 및 규모 기준이 틀린 것은?

① 「주택법」에 따른 대지조성사업으로서 그 면적이 100만㎡ 이상인 것
② 「산업집적활성화 및 공장설립에 관한 법률」에 따른 공장설립을 위한 공장용지 조성사업으로서 그 면적이 50만㎡ 이상인 것
③ 「관광진흥법」에 따른 관광지 조성사업으로서 시설계획지구의 면적이 10만㎡ 이상인 것
④ 「도시개발법」에 따른 도시개발사업으로서 그 면적이 100만㎡ 이상인 것

해설
수도권정비계획법 시행령 제4조(대규모 개발사업의 종류 등)
2. 다음 각 목의 어느 하나에 해당하는 공업용지조성사업으로서 그 면적이 30만 제곱미터 이상인 것
라. 「산업집적활성화 및 공장설립에 관한 법률」에 따른 공장설립을 위한 공장용지 조성사업

100 수도권 정비계획법령상 과밀부담금에 대한 설명으로 틀린 것은?

① 과밀억제권역 또는 성장관리권역에 속하는 서울특별시와 경기도 지역에서 인구집중 유발시설 중 업무용건축물을 건축하고자 하는 자는 과밀부담금을 내야 한다.
② 과밀부담금의 부과·징수에 이의가 있는 자는 토지수용법에 따른 중앙토지수용위원회에 행정심판을 청구할 수 있다.
③ '도시 및 주거환경정비법'에 따른 재개발사업에 따른 건축물에 대하여는 대통령령으로 정하는 바에 따라 과밀부담금을 감면할 수 있다.
④ 과밀부담금은 건축비의 100분의 10으로 산정하는 것을 원칙으로 한다.

해설
과밀부담금의 부과 대상은 과밀억제권역 안(서울만 해당)에 속하는 지역이다.

정답 97 ① 98 ② 99 ② 100 ①

저자소개

저자 : 양재호

■ 학력
인천대학교 건설환경공학과 박사(교통공학전공)
한양대학교 도시공학과 석사(교통공학전공)
한양대학교 교통공학과 학사

■ 경력
現) 인천대학교 건설환경공학과 겸임교수
現) 트랜스에듀 대표강사

現) 대한교통학회 종신회원
現) 한국도로학회 종신회원
現) 한국ITS학회 종신회원
現) 대한국토도시계획학회 정회원

서울특별시 금천구 도시계획위원회 심의위원
인천광역시 공공디자인위원회 교통분야 심의위원
인천광역시 교통연수원 교재편찬위원회 심의위원
인천광역시 교통연수원 외래강사
인천광역시 교통영향평가 심의위원
인천광역시 주민참여예산제도 건설교통분과 예산위원
서울특별시 민방위교육 교통안전분과 심의위원
경기도 제안심사위원회 심사위원
인천도시공사 기술자문위원
한국교통안전공단 인천지사 외래교수
서울특별시교통연수원 외래강사
경기도교통연수원 외래강사

인천대학교 공학기술연구소 연구교수
한양대학교 교통물류공학과 연구교수
인천교통공사 교통연수원 전임교수
인천대학교 도시과학연구원 연구원
인천교통공사 사원

■ 저서
교통용어정보사전(골든벨, 2014)
교통기사 필기·실기(예문사, 2015)
서울메트로 필기시험 교통공학(서원각, 2015)
교통경찰 특별채용 구술실기(예문사, 2015)
No.1교통기사 필기(예문사, 2016)
No.1교통기사 실기(예문사, 2016)
교통경찰특채 합격비법서(트랜북스, 2016)
2017 교통경찰특채 합격비법서(트랜북스, 2016)

서울메트로 필기시험 교통공학(서원각, 2017)
No.1 양재호의교통기사필기(예문사, 2017)
No.1 양재호의교통기사실기(예문사, 2017)
No.1 양재호의도시계획기사필기(예문사, 2017)
No.1 양재호의도시계획기사필기기출해설편(예문사, 2017)
2018 양재호의 교통기사 필기(예문사, 2018)
2018 양재호의 교통기사 실기(예문사, 2018)
No.1 양재호의도시계획기사필기(예문사, 2018)
No.1 양재호의도시계획기사필기기출해설편(예문사, 2018)
대구도시철도공사 필기시험 교통공학 기출문제
복원 및 해설(14,15,16,17년도)(이클래스마켓,2018)
경기도교통시설직 기출문제 복원 및 해설
(15,16,17,18년도)(이클래스마켓,2018)
2017년도 상반기 교통안전공단 연구교수 6급 교통
필기시험 기출문제 복원 및 해설(이클래스마켓,2018)
2015 2016 2017 서울특별시 지방공무원 필기시험 7급
도시계획 기출문제 해설(이클래스마켓,2018)
2015 2017 국가공무원 공개경쟁채용 필기시험 7급 방재안전직
도시계획 기출문제 해설(이클래스마켓,2018)
양재호의 도시계획기사 필기 기출편(트랜북스, 2019)
양재호의 도시계획기사 필기 기출편(개정판)(트랜북스, 2019)
양재호의 도시계획기사 필기 이론편(트랜북스, 2019)
양재호의 교통기사 필기 기출편(트랜북스, 2019)
양재호의 교통기사 필기 이론편(트랜북스, 2019)
양재호의 교통기사 실기(트랜북스, 2019)
양재호의 도시계획기사 필기 기출편(트랜북스, 2020)
양재호의 도시계획기사 필기 이론편(트랜북스, 2020)
양재호의 교통기사 필기 기출편(트랜북스, 2020)
양재호의 교통기사 필기 이론편(트랜북스, 2020)
양재호의 교통기사 실기(트랜북스, 2020)
양재호의 도시계획기사 필기 기출편(트랜북스, 2021)
양재호의 도시계획기사 필기 이론편(트랜북스, 2021)
양재호의 교통기사 필기 기출편(트랜북스, 2021)
양재호의 교통기사 필기 이론편(트랜북스, 2021)
양재호의 교통기사 실기(트랜북스, 2021)
양재호의 도시계획기사 필기 기출편(트랜북스, 2022)
양재호의 도시계획기사 필기 이론편(트랜북스, 2022)
양재호의 교통기사 필기 기출편(트랜북스, 2022)
양재호의 교통기사 필기 이론편(트랜북스, 2022)
양재호의 교통기사 실기(트랜북스, 2022)
공무원 도시계획 기출문제 해설(트랜북스, 2022)
공무원·공기업 교통공학 기출문제 복원 및 해설(트랜북스, 2022)
양재호의 도시계획기사 필기 기출편(트랜북스, 2023)
양재호의 도시계획기사 필기 이론편(트랜북스, 2023)
양재호의 교통기사 필기 기출편(트랜북스, 2023)
양재호의 교통기사 필기 이론편(트랜북스, 2023)
양재호의 교통기사 실기(트랜북스, 2023)
양재호의 도시계획기사 필기 기출편(트랜북스, 2024)
양재호의 도시계획기사 필기 이론편(트랜북스, 2024)
양재호의 교통기사 필기 기출편(트랜북스, 2024)
양재호의 교통기사 필기 이론편(트랜북스, 2024)
양재호의 교통기사 실기(트랜북스, 2024)
양재호의 도시계획기사 필기 기출편(트랜북스, 2025)
양재호의 도시계획기사 필기 이론편(트랜북스, 2025)
양재호의 교통기사 필기 기출편(트랜북스, 2025)
양재호의 교통기사 필기 이론편(트랜북스, 2025)
양재호의 교통기사 실기(트랜북스, 2025)

양재호의 도시계획기사 필기 기출편 2026

발 행 일	2019년 1월 30일 1판 1쇄
	2019년 3월 15일 개정1판 1쇄
	2020년 1월 16일 2판 1쇄
	2021년 1월 16일 3판 1쇄
	2021년 10월 31일 4판 1쇄
	2022년 11월 15일 5판 1쇄
	2023년 11월 30일 6판 1쇄
	2024년 11월 30일 7판 1쇄
	2026년 01월 01일 8판 1쇄

저 자	양재호
발 행 인	조정연
기획/제작/마케팅	양재호
발 행 처	트랜북스
주 소	인천광역시 남동구 청능대로 596
홈 페 이 지	https://smartstore.naver.com/tranbooks
I S B N	979-11-93643-38-9 (13530)
값	44,000원

※ 이 책은 대한민국 저작권법의 보호를 받는 저작물입니다.
  트랜북스의 허락 없이 이 책의 일부나 전체를 어떠한 형태로도 가공, 수정 및 재배포 할 수 없으며, 특히 교재를 활용한 동영상강의 등의 2차 가공을 엄격히 금합니다.
※ 낙장 및 파본은 구입하신 서점에서 바꿔드립니다.